Gerd Krüssmann

Rosen Rosen Rosen

Gerd Krüssmann

Direktor des Deutschen Rosariums
und des Botanischen Gartens in Dortmund

unter Mitarbeit von Reimer Kordes,
Rosenzüchter in Sparrieshoop,
und Dr. Martin Hemer, Leiter der Außenstelle
Pflanzenschutz Arnsberg

Verlag Paul Parey

Rosen Rosen Rosen

Unser Wissen über die Rose

162 Abbildungen mit 343 Einzelbildern im Text,
33 Ahnentafeln und 26 Tafeln
mit 120 Abbildungen, davon 40 farbig

Berlin und Hamburg 1974

Im Lexikonteil dieses Buches werden etwa bestehender Sortenschutz oder Warenzeichen nicht erwähnt; dies bedeutet also nicht, daß die Sortennamen frei sind.

Einband- und Schutzumschlaggestaltung: Karl-Heinz Domning, Neuwied (Rhein).

 Anschriften: 1 Berlin 61, Lindenstraße 44—47; 2 Hamburg 1, Spitalerstraße 12. Printed in Germany by A. W. Hayn's Erben, 1 Berlin 36, Schlesische Straße 26. Buchbinderei: Lüderitz & Bauer, 1 Berlin 61.

ISBN 3 489 71722 8

Dem bedeutendsten Rosenzüchter unserer Zeit

Wilhelm Kordes

Sparrieshoop

den ich Onkel Willi nennen darf

in herzlicher Freundschaft gewidmet

Vorwort

„Niemand kann glauben,
was sein Großvater geglaubt hat."
Carlyle

Vor 90 Jahren erschien beim Verlag Paul Parey in Berlin das Rosenbuch von Th. Nietner, ein Werk, das neben dem damaligen allgemeinen Wissen über die Rose auch kurze Beschreibungen von rund 5000 Rosensorten enthielt. Da dieses Werk heute wohl nur noch in wenigen, gut gehüteten Exemplaren vorhanden ist, war es der Wunsch des Verlages, ein neues großes Rosenbuch herauszubringen, das den heutigen Stand unseres Wissens über die Rose zeigen und ebenfalls ein Lexikon der wichtigsten alten und der modernen Rosensorten enthalten sollte. Dieses Buch wird hiermit nach vierjähriger Arbeit vorgelegt.

Obwohl das Buch umfangreicher geworden ist, als es beim Verlag ursprünglich geplant war, konnte dennoch das in den letzten einhundert Jahren erheblich angewachsene Wissen über die Rose nur sehr gestrafft dargestellt werden. Während der Niederschrift kamen immer neue Tatsachen und Ergebnisse hinzu, doch hat schon Goethe gesagt: „So eine Arbeit wird eigentlich nie fertig; man muß sie für fertig erklären, wenn man nach Zeit und Umständen das Mögliche getan hat."

Das Buch weicht erheblich von anderen Rosenbüchern ab; es ist eine weltweite, kritische Darstellung. Das Motto über dem Vorwort soll schon darauf aufmerksam machen, daß vieles, was von Generation zu Generation unbedenklich weitergegeben wurde, sich als unrichtig erwies, wenn man bis zu den Originalquellen vorstieß, vor allem Fragen geschichtlicher Art, aber auch zur Herkunft der Rosen oder der Genetik. Wegen ihrer großen Zahl können sie hier weder aufgezählt oder auch nur angedeutet werden. Die Literaturverzeichnisse bei jedem Kapitel lassen erkennen, in welchem Umfang das Quellenstudium betrieben wurde. Rund 100 amerikanische und englische Rosen-Jahrbücher wurden gründlich durchgearbeitet, ebenso die genetische und archäologische Literatur.

Die Systematik der Wildrosen wurde auf den letzten Stand gebracht. Es wurden wohl alle Wildrosen und ihre Formen behandelt, die wir in den Gärten finden; auf die Hunderte von Formen der Rhodologen einzugehen, scheint nicht erforderlich, da diese Wildrosen nicht in Kultur sind.

Das Lexikon der Gartenrosen enthält in der Hauptsache die Rosen, welche in den fünf großen deutschen Rosengärten (Dortmund, Insel Mainau, Uetersen, Weihenstephan und Zweibrücken) vorhanden sind; die Standorte werden nachgewiesen. Wichtige historische Sorten wurden ebenfalls behandelt wie auch solche, die erst in einem oder zwei Jahren in den Handel kommen werden. Bei sehr vielen Rosen ist auch der „Gartenwert" angegeben, und zwar nach den Ergebnissen der amerikanischen Rosenprüfung mit dem lustigen Namen „Proof of the Pudding".

Viele Spezialisten haben mir bereitwillig geholfen, Klarheit in schwierigen Fragen zu erhalten. Die Leser können sich wohl kaum vorstellen, welche weltweite Korrespondenz erforderlich war, um die wenigen Seiten über das Wort „Rose" in 105 Sprachen zusammenzustellen oder die Listen über die wichtigsten Rosarien oder der Rosengesellschaften zusammenzubekommen. Überall waren gründliche Ermittlungen notwendig, um mehr zu bieten als das übliche Wissen.

Es ist unmöglich, allen zu danken, die mir geholfen haben. In erster Linie sind es jedoch Wilhelm Kordes und sein Sohn Reimer, die alle Manuskripte lasen und wichtige Kommentare gaben, ja, Wilhelm Kordes fuhr sogar eigens nach Kreta, um die ältesten Rosenbilder mit eigenen Augen zu studieren. Beide haben, wie auch meine liebe Frau, alle Korrekturen mitgelesen. Ihnen allen, auch Dr. Reiner Deppe, der ebenfalls das ganze Manuskript las und viele Anregungen gab, sei besonders herzlich gedankt. Das schwierige Gebiet des Pflanzenschutzes bearbeitete Dr. Martin Hemer, Arnsberg, allein, während Prof. Dr. H. D. Wulff, Saarbrücken, den genetischen und cytologischen Teil gründlich durchsah und viele Hinweise gab. Auch diesen beiden Herren herzlichen Dank.

Um das Vorwort nicht zu lang werden zu lassen, können andere, gleichwohl sehr wichtige Helfer, nur ganz kurz aufgezählt werden: Prof. Dr. Th. Eckart, Berlin (Literatur über die Botanik des Altertums); Mrs. Rona Hurst, England (für archäologische und genetische Fragen); Dr. Kilpper, Essen, und Prof. Dr. F. Kirchheimer, Freiburg i. Br. (beide für paläobotanische Fragen); Prof. Dr. H. Kruse, Tokyo (las und ergänzte die Sprachen-Zusammenstellung); Dr. Lapin, Moskau (russische Sprachen); André Leroy, Niort, Frankreich (Hinweise und Ratschläge bei so manchen historischen Fragen); Dr. P. B. Pal, Indien (indische Sprachen); schließlich noch Len Turner, der Sekretär der Royal National Rose Society, England. Allen diesen Herren darf ich für ihre Hilfe Dank sagen, ebenso allen Rosen-Firmen. Für irgendwelche Ergänzungen oder Berichtigungen bin ich jederzeit dankbar.

Das Vorwort würde indessen unvollständig sein ohne den herzlichen Dank an den Verlag Paul Parey, und hier insbesondere Dr. Friedrich Georgi, der stets bereitwillig auf alle Wünsche eingegangen ist und dafür sorgte, daß das Buch die Form erhielt, in der es hier nun vorliegt.

Dortmund (Deutsches Rosarium)
im Frühling 1974

Gerd Krüssmann

Inhalt

Die Rose in vorgeschichtlicher Zeit

Seit wann gibt es Rosen? — Das ist eine Frage, die der Rosenfreund sicherlich sich selbst oder anderen eines Tages stellen wird. Man kann annehmen, daß es lange vor der Evolution des Menschengeschlechtes, die vor 12 bis 15 Millionen Jahren erfolgte, schon Rosen gab.

Paläobotaniker und Geologen haben Pflanzenüberreste in Steinbrüchen, Kohlenbergwerken und in Tongruben gefunden, aus denen sie wichtige Zusammenhänge mit der rezenten Flora erkennen konnten. Nicht selten sind die Reste so gut erhalten, daß man mit Sicherheit oder doch mit sehr großer Wahrscheinlichkeit die Zugehörigkeit zu heute lebenden Pflanzengattungen feststellen kann. Das ist z. B. der Fall bei vielen Farnen und Koniferen. Wir erinnern uns auch an ein Beispiel aus jüngerer Vergangenheit, an die *Metasequoia*, die aus Japan und Spitzbergen bereits fossil bekannt war, aber erst 1945 lebend in China entdeckt wurde. Das verhältnismäßig leichte und sichere Erkennen der Zugehörigkeit der Fossilien von Koniferen (*Ginkgo, Taxodium, Sequoia, Pinus* u. a.) liegt daran, daß diese Pflanzen sich bereits „stabilisiert" hatten, während die meisten krautigen Arten damals nicht bestanden oder noch in Entwicklung waren.

Auch die Rosen, und wir müssen hier die ganze Gattung betrachten, lassen sich nur schwierig in erdgeschichtlicher Zeit mit völliger Sicherheit als existent nachweisen. Bis jetzt hat man im Tertiär Ostasiens, Nordamerikas und Europas Pflanzenreste gefunden, die die Paläontologen als zur Gattung *Rosa* gehörig bezeichnet haben. Wie diese Reste aussehen, zeigen die Abbildungen 4 bis 6. Bedeutsame Rosenkenner, wie z. B. Robert Keller (in Syn. Ros. spont. Eur. Med. S. 47), sehen die bisherigen Funde, auf denen die Annahme der Existenz der Gattung *Rosa* im mittleren Tertiär begründet ist, als nicht ausreichend an. Immerhin sagt Keller, daß Analogieschlüssen oder Folgerungen der pflanzengeographischen Verhältnisse der Rosen der Gegenwart „bisweilen ein mehr oder weniger großer Wirklichkeitsgrad zugesprochen werden kann". Leider aber wissen wir bis heute auf dieser Grundlage nicht, wo oder wann das Genus *Rosa* entstanden ist.

Während es für jeden Botaniker selbstverständlich ist, daß er zur sicheren Bestimmung einer Pflanze alle Teile zur Verfügung haben muß, hat man bei den Rosen bisher nur wenige Blätter, meist nur Fiederblätter, kurze Zweigstückchen, Stacheln und einige andere Teile gefunden. Einige von ihnen sind mit größter Wahrscheinlichkeit wirklich Rosen, indessen ist noch nie eine Blüte gefunden worden; ob die in Abbildung 6 dargestellten Pflanzenteile wirklich eine Blütenknospe bzw. Fruchtreste sind, kann niemand beweisen.

Unbeschadet dieser kritischen Vorbemerkungen soll berichtet werden, welche Funde die Paläontologen der Gattung *Rosa* zugeordnet haben (siehe Tabelle auf Seite 5).

Kurze Beschreibung der wichtigsten Fossilien in der Reihenfolge, wie sie gefunden wurden, zumeist in Anlehnung an F. Kirchheimer (1950).

Die Jahreszahl hinter dem Autorennamen gibt das Jahr der Veröffentlichung der Beschreibung an, nicht das Fundjahr des Fossils; vielfach sind beide gleich.

Rosa penelopes Unger (1848). Gefunden in Parschlug, Steiermark, Österreich; Rosenstachel mit Ansatzstück (Abb. 4).

R. nausikaes Wessel & Weber (1856). Gefunden in Rott bei Siegburg und in Orsberg bei Linz (Rhein); Fiederblättchen und zwei hakenförmige Stacheln (Abb. 4).

R. basaltica Ludwig (1857). Gefunden in Homberg bei Kassel. Ein angebliches Fiederblatt; es wurde bereits 1907 von Schindehütte zu der Monimiaceen-Gattung *Hedycaria* gestellt.

R. angustifolia Ludwig (1860). Gefunden in Münzenberg bei Butzbach, Hessen. Zuerst als ein Fiederblatt von *Rosa* bestimmt, 1868 jedoch zur Gattung *Rhus* gestellt, als *Rhus muenzenbergensis*.

R. lignitum Heer (1869). Gefunden in Rixhöft bei Putzig; 1882 gefunden in Kundratitz bei Leitmeritz, Böhmen; 1904 gefunden in Himmelsberg bei Fulda; 1906 gefunden in Zschipkau bei Senftenberg, Lausitz. Fiederblätter (Abb. 4).

R. bohemica Engelhardt (1882). Gefunden in Kundratitz bei Leitmeritz, Böhmen. Die Fiederblättchen sollen kaum verschieden sein von der rezenten *R. pimpinellifolia* (Abb. 4).

R. hilliae Lesquereux (1883). Gefunden in Florissant, Colorado, 1927 und 1933 in Post und Harney County, Oregon; 1936 in Modec County, Kalifornien; 1938 in Contra Cost, Kalifornien. — 1883 dreizählige Blätter mit angewachsenen Nebenblättern gefunden, 1927 nur Fiederblätter; sehr große Ähnlichkeit mit rezenten Rosen; der Zweigrest eines anderen Fossils, das auch hierzu gestellt wurde, gehört vermutlich nicht hierher (Abb. 6).

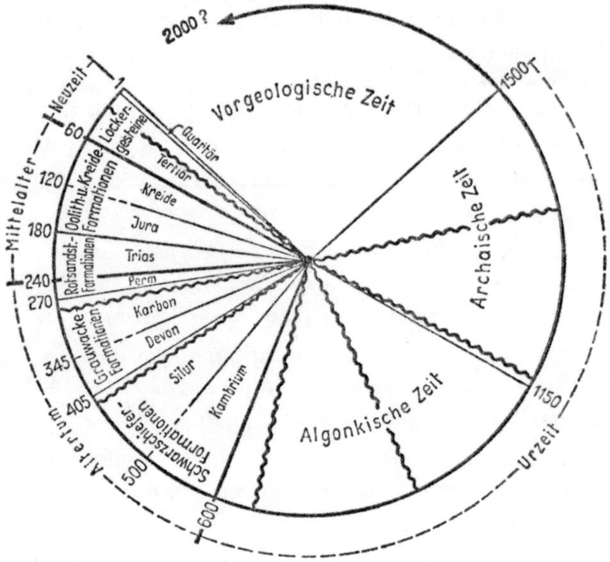

Abb. 1. Die Dauer der erdgeschichtlichen Zeitalter in Jahrmillionen; Wellenlinien bedeuten Gebirgsbildungen (aus v. Bülow, Geologie für jedermann)

R. chareyrei Boulay (1887). Gefunden in Rochessauve bei Privas, Departement Ardèche, Frankreich. Fiederblätter erinnern an *Rosa canina*; außerdem bestachelte Zweigstücke gefunden.

R. ruskiniana Cockerell (1908). Gefunden in Florissant, Colorado. Das Fossil sieht aus wie eine junge Rosenknospe mit gefiederten, drüsigen Sepalen, ist jedoch nicht genügend beweiskräftig (Abb. 6).

R. wilmattae Cockerell (1908). Gefunden in Florissant, Colorado. Reste eines Blattes mit fünf Fiedern; nicht sehr verschieden von den anderen Funden aus Florissant (*R. scudderi*).

R. glangeaudii Marty (1912). Gefunden in Varennes, im Puy-de-Dômes, Frankreich. Fiederblätter.

R. inquirenda Knowlton (1916). Gefunden in Florissant, Colorado. Ein fünfzipfeliger, sternförmiger Rest, ähnlich einem flach ausgebreiteten Kelch einer Rosenfrucht. Sehr unsicher, ob zu *Rosa* gehörig (Abb. 6).

R. scudderi Knowlton (1916). Gefunden in Florissant, Colorado. Fossil eines Blattes mit sieben Fiedern, Endblättchen sehr lang, Seitenblättchen unterschiedlich, unterstes viel kürzer als die übrigen (Abb. 6).

R. aff. *gallica* L. (1929). Gefunden in Kurilo bei Sofia, Bulgarien. Blattreste ähnlich Fiederblättern von *Rosa gallica*; jedoch Zugehörigkeit zu einer *Prunus*-Art ebenfalls nicht ausgeschlossen.

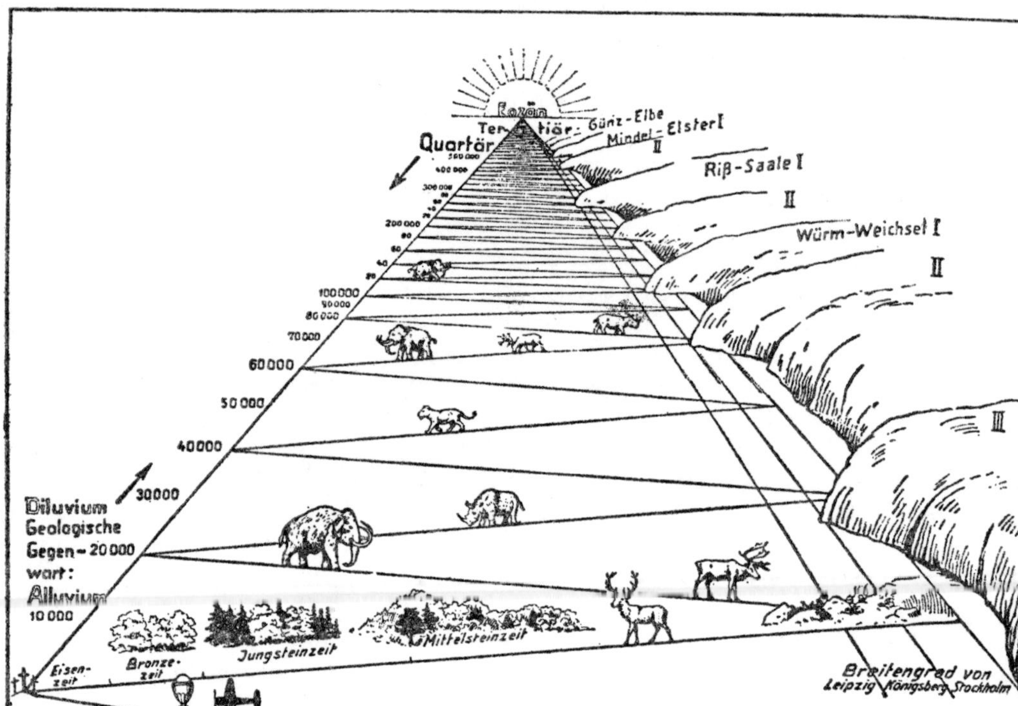

Abb. 2. Trickbild, um geschichtliche und vorgeschichtliche Zeit zu vergleichen sowie die Gliederung der Eiszeit zu zeigen. Jeder Zug 10 000 Jahre (nach v. Bülow, Geologie für jedermann)

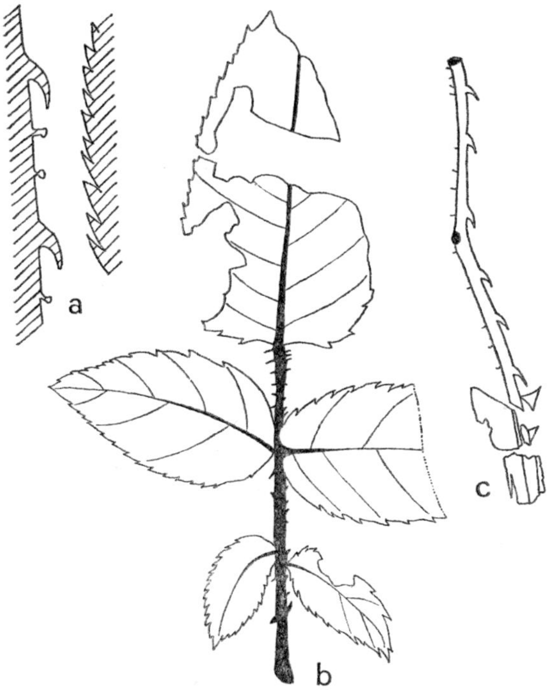

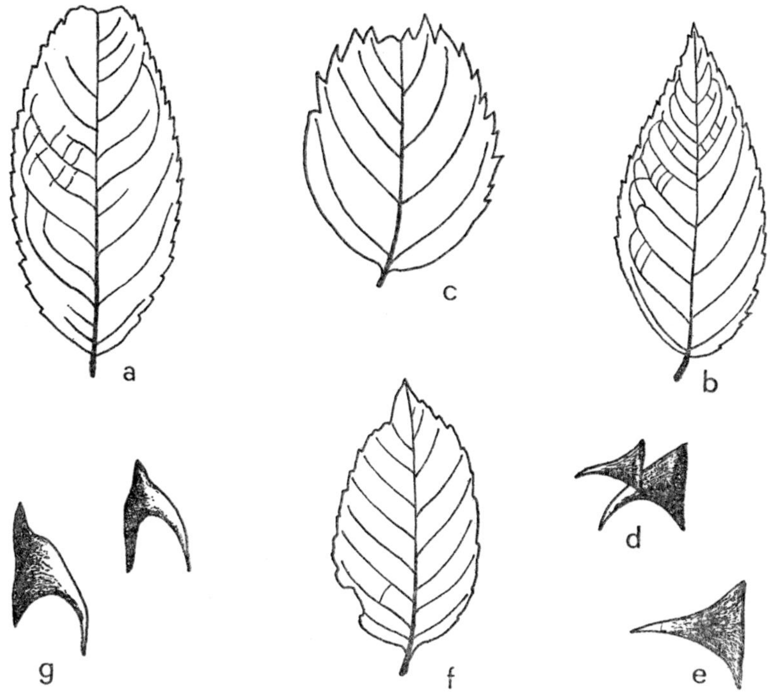

Abb. 3 (links). *Rosa* spec. Weyland (1934). a Stieldrüsen und Stacheln; b ganzes Blatt, links oben Blattrand; c Blattspindelrest mit Nebenblättern (nach D. K. Ferguson, gefunden in Kreuzau bei Düren)

Abb. 4 (rechts). Rosenfossilien aus dem Tertiär Europas. a *Rosa bohemica* (1885, Fiederblatt); b *R. lignitum* Heer (Fiederblatt, nach Engelhardt 1885); c—d *R. nausikaes* Wessel & Weber (1856, Fiederblatt und zwei Stacheln); e *R. penelopes* Unger (1869, Stachel); f *Rosa* spec. (Fiederblatt, nach Stefanoff und Jordanoff 1934); g *Rosa* spec. (Stacheln, nach Szafer 1938)

R. aff. *dumetorum* Thuill. (1929). Gefunden in Kurilo bei Sofia, Bulgarien. Fundstück nicht sehr sicher zu beurteilen, jedoch Fiederblätter sehr ähnlich denen von *Rosa dumetorum.*

R. hoerneri Chaeney (1935). Gefunden in Tieh-chiang-kon, Kansu, China. Fiederblättchen, die denen von *Rosa acicularis* sehr ähnlich sein sollen.

R. cetera Hollick (1936). Gefunden in der Matanuska Cook Inlet Region, Alaska. Seitliches Fiederblatt 4 cm lang, 1,5 cm breit, wahrscheinlich mit *R. confirmata* aus dem gleichen Gebiet, auch sehr ähnlich *R. bohemica* und *R. lignitum* (Abb. 6).

R. confirmata Hollick (1936). Gefunden in der Matanuska Cook Inlet Region, Alaska. Endblättchen 3,5 cm lang, 1,25 cm breit; die Seitenblättchen können vielleicht zu *Rosa cetera* gehören (Abb. 6).

R. multiflora Thunb. (1937). Gefunden in Akashi bei Kobe, Japan. Die Fossilien wurden als Zweigreste von *Rosa polyantha* S. & Z. (= *R. multiflora* Thunb.) gedeutet; die Zugehörigkeit wird als sehr sicher angesehen (Abb. 5).

R. akashiensis Miki (1937). Gefunden in Akashi bei Kobe, Japan, und in Katada bei Kyoto. Das Fossil wurde als sehr ähnlich der rezenten *Rosa roxburghii* angesehen; die Abdrucke von Fiederblättern, bestachelten Zweigen und Scheinfrüchten dürften alle zur gleichen Art gehören (Abb. 5).

R. chanwangensis Chaney (1938). Gefunden in Chanwang, Schantung, China. Fossilien der Fiederblätter sehr ähnlich der rezenten *Rosa rugosa.*

Rosa spec. Weyland (1934; 1971). Gefunden in Kreuzau bei Düren. Blättchen und Reste mit Nebenblättern, ferner Stacheln. Zugehörigkeit zu *Rosa* wahrscheinlich. Bisher nicht benannt (Abb. 3).

Rosa spec. Knobloch (1961). Gefunden in Priskenberg bei Šluknov, Nordböhmen. Fiederblättchen, Rest eines Nebenblattes am Ende der Achse. Eine genaue Bestimmung und Benennung des Fundes steht noch aus.

Rosa bohemica Engelhardt. — 1968 bespricht C. Bucek die Ergebnisse seiner Untersuchungen an den Abdrucken von etwa 40 Fiederblättern sowie Scheinfrüchten (!), die in

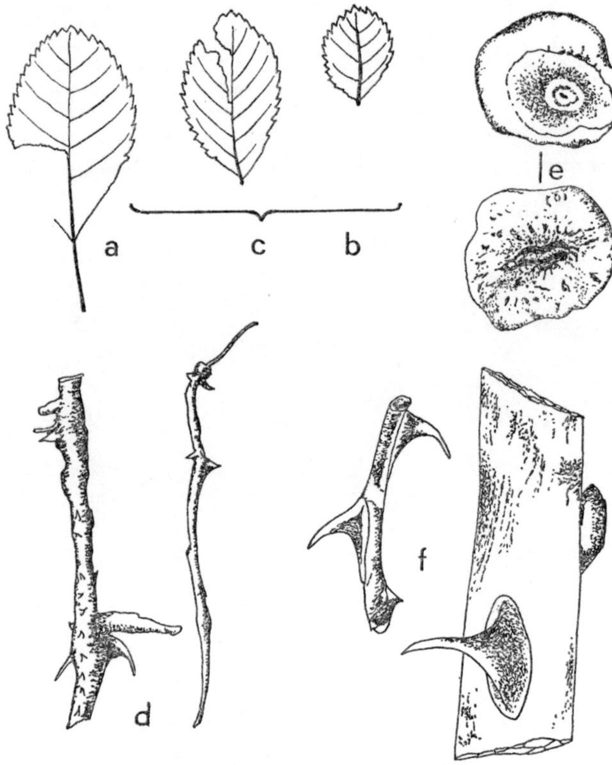

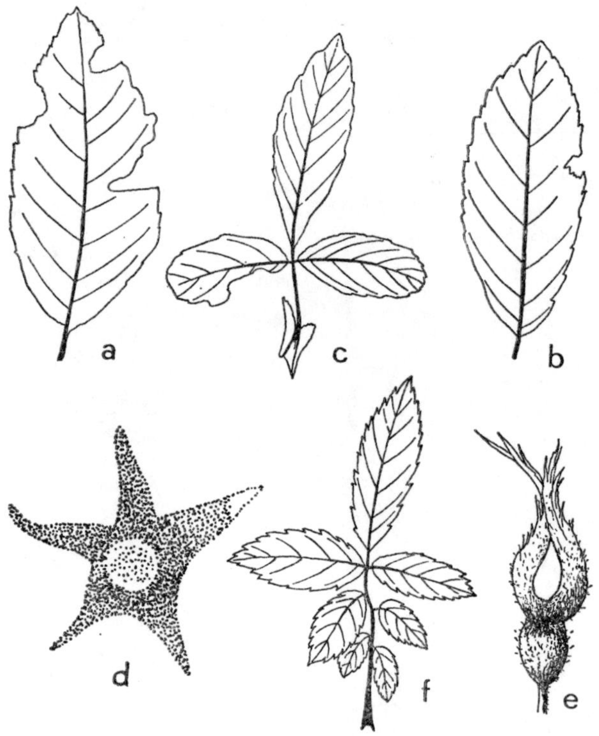

Abb. 5 (links). Rosenfossilien aus dem Tertiär Asiens. a—e *Rosa akashiensis* Miki 1937 (a Endblättchen; b—c Seitenfiedern; d bestachelte Zweigreste); f *Rosa polyantha* S. & Z., fossil (bestachelte Zweige, nach Miki 1937)
Abb. 6 (rechts). Rosenfossilien aus dem Tertiär Nordamerikas. a *Rosa cetera* Hollick 1936 (Seitenfieder); b *R. confirmata* Hollick 1936 (Endblättchen); c *R. hilliae* Lesquereux 1883 (Blatt); d *R. ?inquirienda* Knowlton 1916 (Kelch); e *R. ruskiniana* Cockerell 1908 (Blütenknospe); f *R. scudderi* Knowlton 1916 (Blatt)

Bechlejovice gefunden wurden, ebenso einzelne Stacheln oder Teilstücke mit Stacheln. Er kommt zu dem Schluß, daß *Rosa lignitum* und *R. bohemica* Engelhardt vielleicht ein und dieselbe Art sein können.

R. usyuensis Tanai (1955). Gefunden in Yoshioka und Abusa, Japan. Abdrucke von Fiederblättern, die nach Serratur und Aderung als *Rosa* bestimmt wurden; sehr ähnlich denen von *R. chanwangensis* aus China.

C. E. Resser (1942) hat erklärt, warum so selten Fossilien von Rosen gefunden werden. Er meint, die Rosen hatten früher die gleichen Ansprüche an Boden und Lage wie heute, denn an den Fundstellen der Fossilien finden sich im Tertiär viele mit ihnen vergesellschaftete Gehölzgattungen, die auch heute noch dort vertreten sind. Rosen melden in der Regel nasse oder morastige Standorte und Überschwemmungsgebiete, wo sie leicht als „Moorleichen" für die Ewigkeit hätten erhalten bleiben können. In den von ihnen bevorzugten trockneren Gebieten bestand kaum eine Möglichkeit, Blätter oder Triebe und Früchte zu erhalten. Dies konnte wahrscheinlich nur dann erfolgen, wenn durch vulkanische Eruptionen gewaltige Mengen von Staub ausgeworfen wurden, die alles zudeckten, dann mit nachfolgendem Regen mit der Zeit ein Sediment bildeten, in dem Pflanzen und Tiere unter Luftabschluß vor Zersetzung durch Bakterien bewahrt blieben und so auf uns gekommen sind. Zwar sind bis jetzt nur verhältnismäßig wenige Rosen gefunden worden, doch ist es keineswegs ausgeschlossen, daß man in der Zukunft einmal bessere Belege erhält; vielleicht liegen solche Fossilien bereits unerkannt in Museen.

Noch eine kleine Mitteilung über Florissant, das bei den Paläontologen großes Ansehen genießt. Es ist ein kleines Dorf, etwa 2500 m hoch gelegen, in 50 km Entfernung westlich von Colorado Springs. Die Fossilien wurden dort entdeckt in einem rötlichen Sediment, das früher einmal Schlamm und Vulkanasche war. Die Funde aus jenem Gebiet (1883 bis 1916) sind heute leider in vielen Museen und auch privaten Sammlungen zerstreut.

Zusammenstellung der bisher bekannten Rosenfunde aus vorgeschichtlicher Zeit, geordnet nach ihrem Alter

Erdgeschichtliche Gliederung			Alter in Mill. Jahren	Flora	fossile Rosen		gefunden in			
Periode		Abschnitt			*Rosa*	ähnlich rezent	Europa	Amerika	Asien	Fundjahr
Quartär		Alluvium (Jetztzeit) Diluvium	↓ 0,3	Gegenwartsflora	—	—	—	—	—	—
Tertiär	Jung-Tertiär	Pliozän			*akashiensis* !	*roxburghii*	—	—	Japan	1937
					multiflora !	*multiflora*	—	—	Japan	1937
					hoerneri +	*acicularis*	—	—	China	1935
					bohemica +	*pimpinellifolia*	Böhmen	—	—	1882
				Dryas-Flora	*glangeaudii* +		Frankreich	—	—	1912
					aff. *dumetorum* ?	*dumetorum*	Bulgarien	—	—	1929
				Magnoliaceae	*chareyrei* +	*canina*	Frankreich	—	—	1887
					aff. *gallica* ?	*gallica*	Bulgarien	—	—	1929
		Miozän			*angustifolia* ?		Deutschland	—	—	1860
					hilliae !		—	USA, Col. Cal. Oregon	—	1883
					ruskiniana +		—	USA, Col. Cal. Oregon	—	1908
				Myricaceae	*scudderi* +		—	USA, Col. Cal. Oregon	—	1916
				Lauraceae	*wilmattae* +		—	USA, Col. Cal. Oregon	—	1908
					lignitum +		Deutschland	—	—	1869
				Palmae	*penelopes* ?		Österreich	—	—	1848
					chanwangensis +	*rugosa*	—	—	Japan	1938
					usyuensis +	*taiwanensis*			Japan	1955
	Alt-Tertiär	Oligozän			*nausikaës* ?	*indica*	Deutschland	—	—	1856
					basaltica ?		Deutschland	—	—	1857
			↓ 25		*inquirenda* ?		—	Colorado	—	1916
		Eozän			*cetera* +		—	USA, Alaska	—	1936
			↓		*confirmata* +		—	USA, Alaska	—	1936
		Paleozän	60							
Kreide			95		bisher keine Funde bekannt		—	—	—	—

Erläuterung: ! = sicher; + = wahrscheinlich; ? = zweifelhaft.

LITERATUR

BORCHARD, R.: Of very Ancient Roses. Rose Annual 1966: 31 bis 33.

BUZEK, C.: Tertiary Flora from the Northern Part of the Petipsy Area (North-Bohemian Basin). Ustr. Ustav. Geolog. 1971: 61—62 und Taf. 24. Prag 1971.

FERGUSON, D. K.: The Miocene Flora of Kreuzau, Western Germany. I. The Leaf-remains. Verh. Kon. Ned. Ak. Wetensch., Nat. 2. Ser., 60 (15): 172—175; Abb. 30. Amsterdam 1971.

GOTHAN, W.: Über die Vorgeschichte der Rosengewächse. Ros. Z. 1923: 19—20.

KIRCHHEIMER, F.: Die geologische Geschichte der Rosengewächse. Mitt. Labor. Freitag zu Bodman, 1941: 120—124.

—: Die Rose in der geologischen Vergangenheit. Rosenjahrbuch 1950: 5—23 (mit 4 S. Lit.-Verz.).

KNOBLOCH, E.: Die oberoligozäne Flora des Pirskenberges bei Šluknov in Nord-Böhmen. Sbornik Ustr. Ustav. Geolog. 24: 278. Prag 1961.

RESSER, C. E.: Very Ancient Roses. Amer. Rose Ann. 1942: 11 bis 15.

TANAI, T., and N. SUZUKI: Miocene Floras of Southwestern Hokkaido, Japan. Tertiary Floras of Japan I: 9—149 (1963).

Die „Rose" in den Sprachen der Welt

J. D. Schleiden (1873) hat erstmalig eine kleine Zusammenstellung der Bezeichnungen für die Rose in verschiedenen Sprachen kommentiert und dabei ausgesprochen, daß die aufgeführten Namen alle ein und dasselbe Wort seien, das nach den Gesetzen des Lautwandels in den einzelnen Sprachen einen verschiedenartigen Klang annehme.

Seine Ansicht, daß es sich um einen indogermanischen Wortstamm *vrod* (besser *vṛdh*) oder überhaupt um einen indogermanischen Wortstamm handelt, wird jedoch von H. Kruse (Tokyo) in Zweifel gezogen. Seine Hauptgründe dafür sind einmal die große Verbreitung in den semitischen Sprachen, die sonst wenig indogermanischen Einfluß zeigen, und die Bedeutung des Wortes. Wenn *vrod* (*vṛdh*) soviel bedeutet wie „Gewächs" allgemein, dann kann man sich kaum vorstellen, daß dieser Begriff eines Tages auf die Rose eingeschränkt wird. Kruse meint daher, man könne richtiger annehmen, daß unser Wort Rose aus einem Wort (*ward*) einer vor-indogermanischen Kaukasus-Sprache entstand, das von dort aus sowohl in das Indogermanische wie auch in das Semitische eingedrungen sei, und daß es im Armenischen viele solcher Wörter gebe.

Auf dieser Annahme aufbauend, ließe sich dann folgende Entwicklung aufzeigen:

ward → *warda* → *wareda* → *waridi* → *wered* → ***urt***
└→ *vrad* → *wrodon* → *brodon* → *rhodon* → *rhodia*
rhodia → *rosa* → *rose* → *rozsa* → *ruze* → *ruusu* → usw.

Wie indessen aus ***ward*** das Wort *gul* → ***kul*** → *gol* entsteht, ist mir noch nicht klar geworden.

gul → ***gül*** → ***kul*** → ***golab*** → ***gulab, gulap*** → ***gulabi*** → ***kulab***

Das keltische Wort *rodd* oder *rhudd* (= rot) wird von einigen Autoren ebenfalls, wohl der klanglichen Ähnlichkeit wegen, als möglicher Stamm für das Wort Rose angesehen. Auch diese Kombination ist sicherlich nicht zutreffend, wie ja auch das indogermanische Wort *rot-erythros* nichts mit Rose zu tun hat (Kruse, brieflich).

Eine kurze sprachliche Betrachtung der „Heckenrose" findet sich weiter bei Zander und Teschner, worauf später noch eingegangen wird.

Die nachfolgende Übersicht ist leider nicht vollständig, doch kann man annehmen, daß in den überseeischen Ländern, in welchen europäische Sprachen gesprochen werden, auch die entsprechenden Wörter für die Rose verwendet werden; in allen semitischen Sprachen ist das Wort Rose gleich oder doch sehr ähnlich.

Soweit die Sprachen nicht mit lateinischen Buchstaben geschrieben werden, sind sie neben der Transkription auch noch auf den Tafeln in ihrer Vernakular-Schreibweise dargestellt. Als Anhalt für die Übersicht diente die systematische Aufstellung bei F. Bodmer.

Sprachen mit bekannter Familienzugehörigkeit

I. Indogermanische Sprachen

a. Germanische Sprachen

Rose, rose	(Deutsch, Englisch, Dänisch, Norwegisch)
ros	(Schwedisch)
rós	(Isländisch)
roos	(Niederländisch, Flämisch, Afrikaans)
reuse	(Burgundisch)

b. Keltische Sprachen

rós	(Gälisch)
rhos	(Keltisch; nach Hegi *roschaill*)
reus	(Bretonisch)

c. Romanische Sprachen

rosa	(Lateinisch, Italienisch, Spanisch, Portugiesisch)
rose	(Französisch)
roser	(Provençalisch)
rozé, roz	(Wallonisch)
trandafir	(Rumänisch; ebenso auch in Moldauisch, aber mit kyrillischen Buchstaben geschrieben)

d. Slawische Sprachen

růže	(Tschechisch, Slowakisch)
róża	(Polnisch)
rože	(Slowenisch)
ruže	(Serbokroatisch)
Ruža	(Weißrussisch)
Trojanda	(Ukrainisch)
Roza	(Russisch, Bulgarisch)

Abb. 7. Das Wort „ward" in arabischer Zierschrift, gezeichnet von Sami Kuri, S. J., Beirut

Abb. 8. Übersichtstafel 1. Erläuterungen bei Abbildung 9 (Original)

Abb. 9. Übersichtstafel 2. Die linken Hälften der Kolumnen zeigen das Wort „Rose“ in der Vernakularschreibweise der rechts daneben angegebenen Sprache; in *kursiv* darunter jeweils die lateinische Transkription (Original)

e. Baltische Sprachen

roze	(Lettisch)
roze	(Litauisch)

f. Griechisch

wrodon	(Äolisch; zur Zeit Sapphos)
brodon	(später)
rhodon	(„klassisches“ Griechisch)
triantaphylla	(Neugriechisch)

g. Albanisch

trĕndafil

h. Armenisch

vard

i. Iranische Sprachen

(Altiranische Sprachen)

varəδa	+	Altpersisch, 6.—4. Jahrh. v. Chr.; Keilschrift
—?—	++	Awestisch, 6. Jahrh. v. Chr., in aramäischer Schrift

(Mitteliranische Sprachen)

varta	Pehlewi (= Mittelpersisch) in aramäischer Schrift
nicht belegt	Parthisch; in aramäischer Schrift Soghdisch; eigene Schrift; 8.—9. Jahrh. n. Chr. Chwarezmisch; arabische Schrift, bis 14. Jahrh. n. Chr. Sakisch; in indischer Schrift

(Neuiranische Sprachen)

gul	Neupersisch
gul	Paschto
gul	Tadschikisch
šilan	Kurdisch

k. (Moderne) Indische Sprachen

golāp	(Assami, Bengali)
gulāp	(Orija)
gulāb	(Hindi, Pandschabi, Gudscharati, Marathi, Urdu)

Sanskrit

japā

II. Finnisch-Ugrische Sprachen

ruusu	(Finnisch)
Roos	(Estnisch)
rózsa	(Ungarisch)

III. Semitische Sprachen

kasî ŠAR; SILA ŠAR	(Assyrische Keilschrift, nach Thompson)
wered	(Hebräisch)
wardâ (wrād)	(Aramäisch)
ward(a)	(Arabisch)
urt	(Koptisch; in der „ägyptischen Spätzeit“, 712—332 v. Chr., mit griechischen Buchstaben geschrieben)

Semitensprachen in Äthiopien und Eritrea

caga, gaga, *gaka, kaga*	Amharisch Tigrinya
kalokhim, koloschim	Tigre

IV. Hamitische Sprachen

ourt	(Altägyptisch; mit Hieroglyphen geschrieben; Schriftsprache des Alten Reiches, 2660—2160 v. Chr.)

Kuschitische Sprachen

dayero	(Nord-)Somali
ga-aga	Galla (Arussi)

V. Indo-Chinesische Sprachen

ch'iang²-wei² *mei²-kuei¹*	(Chinesisch)
rgya-bse	(Tibetisch; gesprochen „qya-se“)
hninzi	(Birmanisch)
kulab	(Bangkok-Thai)

VI. Malayo-Javanische Sprachen

mawar	(Malayisch; Indonesisch)

VII. Altaische Sprachen

gül	(Türkisch)
Kul	(Aserbeidschanisch)
Kizil gul	(Kirgisisch)
Atirgul	(Usbekisch)
Goechechek	(Tatarisch)
Kizil gol	(Baschkirisch)

VIII. Drawidische Sprachen

rojapu	(Tamil)
gūlabi	(Telugu, Kanaresisch)
panineer	(Malajalam)

IX. Bantu-Sprachen

waridi	(Suaheli)

SPRACHEN MIT NOCH NICHT GEKLÄRTER FAMILIENZUGEHÖRIGKEIT

X. Mongolische Sprachen

Sarnai čečeg	(Mongolisch)
Ošk ceceg	(Kalmückisch)
Begul gul	(Turkmenisch)
Ležneg Röd Bidmeg	(Komi, = Syrjänisch)
Rozo seseg	(Burjätisch)

XI. Andere Sprachen

bara	(Japanisch)
dschang-mi	(Koreanisch)
hoa h'ông	(Vietnamesisch)
rosa	(Singhalesisch; vermutlich aus dem Portugiesischen übernommen)
vardi	(Georgisch, = Grusinisch)

F. Seiler (Bd. 1: 46) meint ebenfalls, wie schon Schleiden, daß der Name „Rose“ aus einer indogermanischen Sprache Kleinasiens entstanden sein könnte; dies soll hier nur der Vollständigkeit halber berichtet werden. Er meint, ein ursprüngliches Wort „*vardhos*“ (= Dornstrauch) habe später den speziellen Sinn „Rose“ angenommen. Dieses Wort sei dann zu „*vard*“ (Armenisch) und „*vareda*“ (Awestisch) geworden, habe sich zunächst im iranischen, dann im semitischen Sprachraum ausgedehnt, immer mit der Bedeutung „Dornstrauch“, um später im Griechenland Sapphos (um 600 v. Chr.) zu „*wrodon*“, dann „*brodon*“, schließlich zu „*rhodon*“ zu werden. Später hieß der Rosenstrauch in Griechenland „*batos*“ (= Strauch) oder „*kynosbatos*“ (= Hundsstrauch), nur die Blüten hießen „*rhodon*“, wobei jedoch letzteres Wort auch für jede andere große Blüte gebraucht wurde, analog dazu wurde jede kleine Blüte „ion“

genannt, obwohl dieses Wort an sich Veilchen bedeutet (nach Zander und Teschner).

Die Römer, die die Gartenrose von den Griechen erhielten, bezeichneten sie als *„rosa“* (aus *„rhodon“* bzw. dem Plural *„rhodia“*; nach Kruse) und auch als *„flos roseus“*; beides galt zunächst nur für die Blüte, der Strauch selbst hieß *„rubus“*.

Wann das Wort „Rose“ in die deutsche Sprache gelangte, ist bisher nicht geklärt worden, vermutlich aber erst mit den ersten Gartenrosen um etwa 800 n. Chr.

In germanischer Zeit wurden die „Dornsträucher“ nicht so streng unterschieden; die altgermanische Bezeichnung für sie ist *„brama“*, althochdeutsch *„hiufo“*. Aus *„brama“* wurde das deutsche Wort „Brombeere“ und das englische *„bramble“*, die beide sowohl Brombeere (*Rubus*) wie auch *Rosa canina* bezeichneten.

Unser Wort „Hagebutte“ in einigen germanischen Sprachen:

„hiufo“ (Althochdeutsch) wird zu „hiefe“ (Mittelhochdeutsch);
„hiepo“ (Altsächsisch) und „heopa“ (Angelsächsisch) werden zu „hip“ (Neuenglisch) und zu „hyben“ (Dänisch), „nype“ (Norwegisch) und „nypon“ (Schwedisch).

Die Heckenrose ist im Altenglischen „hâêg Δorn“, in Dänemark heute *„hybentorn“*, in Norwegen und Schweden *„nypetorn“*, in einigen schweizerischen Dialekten „Häglidorn“.

Im frühen deutschen Schrifttum werden die wilden Rosen meist nicht Rose, sondern Hagdorn, Rosendorn, Burzeldorn und Weithagen genannt (nach Fischer).

Der Wortteil „-butte“ in Hagebutte bedeutet soviel wie „Butzen“ = „Klumpen“ = „Ball“ (nach Hegi). Bei Hegi IV: 976—977 sind auch noch viele deutsche Bezeichnungen für die Heckenrose angegeben.

Die uralten Bezeichnungen für die Wildrose hielten sich in Deutschland bis ins tiefe Mittelalter, und sie waren deutlich verschieden von den Bezeichnungen für die Gartenrose, wie die folgenden Beispiele zeigen:

In der „Physica“ der Heiligen Hildegard (1098—1179) „Hyffa“ für die Heckenrose und „Rosa“ für die Gartenrose;
im „Buch der Natur“ von Konrad von Megenberg (1309 bis 1374) *„rôsendorn“* oder *„veltdorn“* für die Heckenrose und „rosarius“ oder *„rôsenpaum“* für die Gartenrose;
in „De Hortis Germaniae“ von Konrad Gesner (1561) heißt es *„Rosa sylvestris*, das Maienrösle, das man in Deutschland Hanrose, Haberrose und Feldtrose nennet...“.

In diesem Zusammenhang wäre auch noch zu sagen, daß die Bedeutung des Wortes „Rosengarten“ im Mittelalter umstritten ist. Zander und Teschner schließen, daß, wenn es zutrifft, daß die Gartenrosen erst um 800 zu uns kamen, dann in den „Rosengärten“ vor dieser Zeit nur Wildrosen gestanden haben können, und zwar müsse man unter „Rosengarten“ einen öffentlichen, von einer Wildrosenhecke umgebenen Platz verstehen, wo Feste und Versammlungen abgehalten wurden. Der „Hortus Rosarum“ ist in dieser Form durch eine Urkunde von 1325 belegt.

Das Wort *„Rosarium“* schließlich war schon im alten Rom gebräuchlich für Rosengärten, die nur dem Genuß des Eigentümers dienten, während das „rosetum“ eine gewerbliche Rosenanlage war, also etwa eine Schnittrosenkultur in unserem Sinne; indessen wurden beide Ausdrücke nicht so genau genommen. *„Rosarius“* kann aber auch „Rosenstrauch“ bedeuten, wie schon weiter oben (Megenberg) angegeben.

Im Mittelalter wurde das Wort „Rosarium“ gerne verwendet für Literatur, die wir heute „Blütenlesen“ nennen. So wird z. B. der Titel eines *„Rosarium“* und *„Rosarius“* des um 1310 gestorbenen Arnaldus von Villanova so erklärt: ‚Sammler‘ (Compilator) oder ‚Rosenleser‘ (Rosarius), weil es aus den Schriften des Philosophen kurz zusammengestellt ist.

Guido de Baysio betitelt sein im Jahre 1300 erschienenes kirchenrechtliches Werk „Rosarium“.

Thomas von Kempen wird ein „mystisches Rosarium“ (Rosarium mysticum animae fidelis, 1533) zugeschrieben; außerdem findet man unter seinen Werken einen „Hortulus Rosarum“ (Rosengärtlein) (nach Beissel, 248 ff.).

Bei der Zusammenstellung der Wörter aus über 100 Sprachen bin ich von vielen Instituten bereitwillig unterstützt worden, wofür ich mich hier herzlich bedanken möchte. Ganz besondere Hilfe erhielt ich von Prof. Dr. H. Kruse, Tokyo, der das Manuskript las und in mancher Hinsicht korrigierte; von Dr. P. Lapin, Vice-Direktor des Zentral-Botanischen Gartens in Moskau, der mir die Schreibweisen für das Wort „Rose“ in 20 offiziellen Sprachen der Sowjetunion und der autonomen Republiken der UdSSR mitteilte; Dr. B. P. Pal, Director Indian Agricultural Research Institute, New Delhi, Indien, elf indische Bezeichnungen, und schließlich Dr. Pichi Sermolli, Perugia, fünf äthiopische Sprachen.

Literatur

Beissel, St.: Geschichte der Verehrung Marias im Mittelalter. Freiburg 1909.

Bodmer, F.: Die Sprachen der Welt (deutsche Übersetzung von „The Loom of Language“). Köln 1955.

Brockhaus Enzyklopädie in 20 Bänden; 17. völlig neu bearbeitete Auflage des Großen Brockhaus; Band 1—18 benutzt. Wiesbaden 1966—1973.

FISCHER, H.: Mittelalterliche Pflanzenkunde. Neudruck. Hildesheim 1967.

HEGI, G.: Flora von Mitteleuropa, Bd. IV. München 1924.

SCHLEIDEN, M. J.: Die Rose; Geschichte und Symbolik. Leipzig 1873.

SEILER, F.: Entwicklung der deutschen Kultur im Spiegel des deutschen Lehnwortes, Bd. 1.

TÄCKHOLM, V.: Faraos Blomster. Stockholm 1969.

THOMPSON, R. C.: A Dictionary of Assyrian Botany. London 1949.

ZANDER, R., und C. TESCHNER: Der Rosengarten; eine geschichtliche Studie durch 2 Jahrtausende. Frankfurt (Oder) 1939.

Some English translations to the surveys

Aserbeidschanisch	= Azerbaijan	Kasachisch	= Kazakh
Baschkirisch	= Bashkir	Kirgisisch	= Kirghiz
Burjätisch	= Buryat	Litauisch	= Lithuanian
Estnisch	= Estonian	Moldauisch	= Moldavian
Griechisch	= Greek	Pandschabisch	= Punjabi
Gudscharati	= Gujarati	Tadschikisch	= Tajik
Hebräisch	= Hebrew	Usbekisch	= Uzbek
Kanaresisch	= Kannada	Weißrussisch	= Byelorussian

The author would be glad to receive supplementary words as well as any corrections in vernacular scripture and transliteration.

Die Verbreitung der rezenten Rosen

Das natürliche Verbreitungsgebiet der heute lebenden Rosen liegt in der nördlichen Halbkugel, etwa zwischen dem 20. und 70. Breitengrad; in der südlichen Hemisphäre kommen ursprünglich keine Rosenarten vor. Daß praktisch in allen klimatisch in Betracht kommenden Ländern der Erde Rosen in mehr oder minder großer Zahl von Menschen angepflanzt und gepflegt werden, hat nichts mit der natürlichen Verbreitung zu tun. Dennoch darf bemerkt werden, daß heute auch in Südamerika, in Australien und vor allem in Neuseeland sehr viele Rosen angepflanzt werden und dort vorzüglich gedeihen.

Wie die Verbreitung ursprünglich verlief, weiß niemand, jedoch hat die Chromosomengeographie hier eine Theorie entwickelt (vgl. Seite 16).

Das Areal der Gattung umfaßt, soweit bis heute bekannt, ganz Europa und Asien, hier die arktischen und tropischen Gebiete ausgenommen und einige innerasiatische Gebiete (vgl. Karte Abb. 10). In Mittel- und Südwestasien wird heute das Zentrum der Gattung *Rosa* gesehen. In Afrika gibt es Wildrosen nur im äußersten Nordwesten (Marokko, Algier und Tunis) und in Äthiopien. In Nordamerika finden wir ebenfalls viele Rosenarten im Gebiet der Vereinigten Staaten und in Kanada, während für Mexiko nur eine einzige Art, *Rosa montezumae*, nachgewiesen ist. Die am meisten tropische Rose, *Rosa clinophylla*, kommt in Nordindien und Ostbengalen vor und ist aus klimatischen Gründen nur selten in Europa in Kultur.

Die meisten Wildarten sind in den letzten 150 Jahren durch botanische Sammler, in der Hauptsache Engländer, Amerikaner und Franzosen, in Kultur eingeführt worden und heute in den Botanischen Gärten und Rosarien Europas und Nordamerikas vertreten. Dazu ist noch besonders zu bemerken, daß die europäischen und nordamerikanischen Rosen nur einmal im Jahr blühen, während es in Asien einige Wildrosen gibt, die mehrmals im gleichen Jahr blühen, außerdem sind nur hier die wirklich gelbblühenden Rosen und fast alle Kletterrosen beheimatet.

Eine einzige Art, *Rosa acicularis*, ist zirkumpolar in Europa, Asien und Nordamerika verbreitet. — In Nordnorwegen sind jedoch auch unsere modernen Rosen angepflanzt, vor allem die besonders frostharten *Rosa rugosa* und ihre Gartenformen.

DIE ROSEN IN EUROPA

Es würde den Rahmen dieses Buches bei weitem sprengen, auf die Tausende von beschriebenen Rosenformen aus Mittel- und Nordeuropa einzugehen; hier muß auf die Spezialliteratur verwiesen werden (Ascherson und Graebner, Schwertschlager, Christ, Keller, Crépin u. a.) und auf die Flora Europaea, Bd. 2 (1968). H. Christ (1873) gibt eine gute geographische Übersicht über die Rosen der Schweiz mit Berücksichtigung der umliegenden Gebiete Mittel- und

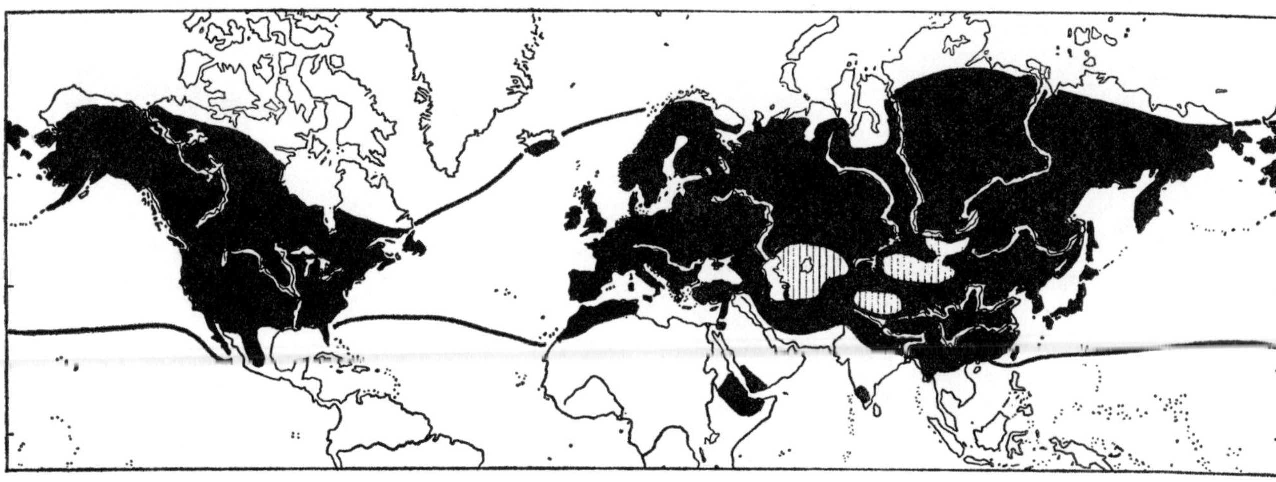

Abb. 10. Gesamtareal der Gattung *Rosa* (Original, mit Korrekturen von Dr. Jäger)

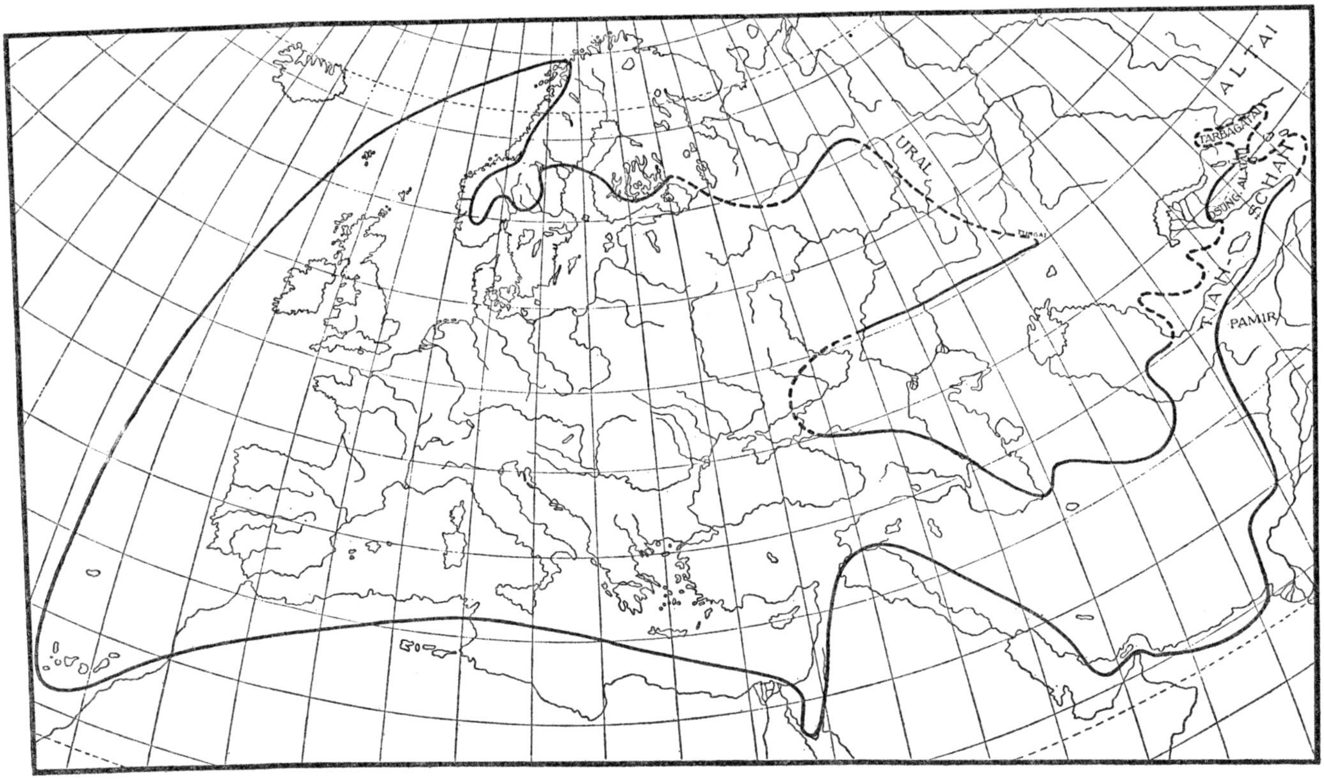

Abb. 11. Areal der Sektion *Caninae* (nach Täckholm)

Südeuropas. Einige allgemein gültige Zitate aus seinen Schriften mögen hier folgen:

„Fassen wir zuerst die schweizerische Jurakette vom Salève bis zum Schaffhauser Hügelland ins Auge, so kann wohl gesagt werden, daß dieses Gebirge der privilegierte Rosengarten Europas ist. Wohl kein Gebiet Europas weist eine solche Fülle von Formen, einen solchen Reichtum von Typen und Varietäten auf."

„Die Rosen sind durchschnittlich Hügel- und Bergpflanzen und bedürfen der Nähe des Waldes und nahrungsreicher, befeuchteter Standorte. Daher beginnen die meisten Arten erst mit der Hügelzone: sie lieben starke Insolation, aber ohne Austrocknung des Bodens. Die eigentlichen Bergrosen (*R. pendulina, reuteri, coriifolia, montana, glauca*) halten sich fast stets in der Tannenregion, ohne tiefer zu steigen. Beobachtete Höhen: *Rosa pomifera* 1800 m, *R. reversa* 1900 m, *R. pendulina* und *R. cinnamomea* 2000 m."

Die nachfolgende Übersicht der Verbreitung der europäischen Wildrosen fußt auf den Angaben in der Flora Europaea Band 2, jedoch sind die nicht in Kultur befindlichen Arten hier ausgelassen worden. Angaben mit einem (×) bedeuten, daß diese außereuropäischen Arten in den angegebenen Gebieten verwildert oder teils auch naturalisiert sind.

Verbreitung der europäischen Wildrosen

Art	Skandinavien	West-Europa	Mittel-Europa	Süd-Europa	Ost-Europa	Südost-Europa
canina (Gruppe)	×	×	×	×	×	×
pimpinellifolia	×	×	×	×	×	×
rubiginosa	×	×	×	×	×	×
tomentosa	×	×	×	×	×	×
sherardii	×	×	×	—	—	—
rugosa	(×)	(×)	(×)	—	—	—
mollis	×	×	—	—	—	—
majalis	×	—	×	—	—	—
acicularis	× (NO)	—	—	—	—	—
micrantha	—	×	×	×	—	—
glauca	—	×	×	×	—	—
arvensis	—	×	×	×	—	—
agrestis	—	×	×	×	—	—
stylosa	—	×	×	—	—	×
elliptica	—	×	×	—	—	—
villosa	—	—	×	×	—	—
pendulina	—	—	×	×	—	—
gallica	—	×	×	×	—	—
foetida	—	—	(×)	(×)	—	—
jundzillii	—	—	×	—	×	—
blanda	—	—	(×)	—	—	—
sempervirens	—	—	—	×	—	—

Art	Skandinavien	West-Europa	Mittel-Europa	Süd-Europa	Ost-Europa	Südost-Europa
serafinii	—	—	—	×	—	×
glutinosa	—	—	—	×	—	×
sicula	—	—	—	×	—	—
montana	—	—	—	×	—	—
orientalis	—	—	—	—	—	×
phoenicia	—	—	—	—	—	×

Eine Zusammenstellung der in der Sowjetunion vorkommenden Rosenarten (nur listenmäßig) findet sich bei Sokolov und Swjasewa, Geographie der Gehölze in der UdSSR (= Bd. 7 der Reihe „Derewja i Kustarniki"), Moskau 1965, in russischer Sprache, mit Verbreitungsnachweis, jedoch ohne Arealkarten für die Rosen.

ÜBERSICHT ÜBER DIE ROSENARTEN IN ASIEN

Hier können nur die Arten aufgezählt werden, die auch gärtnerisch von Bedeutung und in Kultur sind.

a. Kleinasien

Rosa *corymbifera*, *heckeliana*, *hemisphaerica*, *horrida*, *marginata*, *mollis*

b. Mehrere Gebiete

	Kleinasien	Persien	Zentralasien	Himalaja	China
iberica	×	×	—	—	—
canina	×	×	×	—	—
orientalis	×	×	—	—	—
xanthina	—	—	×	—	×
laxa	—	—	×	—	×
sericea	—	—	—	×	×
moschata	—	×	—	×	—
glutinosa	×	×	×	—	—
persica	—	×	×	—	—
foetida	×	×	×	—	—

c. Zentralasien

Rosa *beggeriana*, *ecea*, *fedtschenkoana*, *primula*

d. Himalaja

Rosa *gigantea*, *macrophylla*, *moschata*, *sericea*, *webbiana*

e. China, einschließlich Korea (× auch in Japan)

Rosa ***banksiae***, ***banksiopsis***, *bracteata*, *caudata*, *cerasocarpa*, *chinensis*, *cymosa*, *davidii*, *elegantula*, *ernestii*, *farreri*, *filipes*, *forrestiana*, *fortuniana*, *giraldii*, *helenae*, *hemsleyana*, *laevigata*, *laxa*, *luciae* (×), *moyesii*, *multibracteata*, *odorata*, *prattii*, *roxburghii* (×), *rugosa* (×), *sericea*, *sertata*, *setipoda*, *sinowilsonii*, *soulieana*, *sweginzowii*, *wichuraiana* (×), *willmottiae*, *xanthina*

f. Japan

Rosa *acicularis*, *davurica*, *iwara*, *luciae*, *multiflora*, *rugosa*, *roxburghii*, *sambucina*, *wichuraiana*

Asien, Urheimat der Rosen Aus Asien stammen rund 60 % (oder sogar mehr) aller unserer Gartenblumen, Gemüse- und Obstarten. In einem einzigen Tal fand der französische Missionar und Botaniker Abbé David über 200 Arten *Rhododendron* (!). Heute wird es als das *Rhododendron*-Zentrum der Welt angesehen. Wilson fand im Quellgebiet des Min, eines Nebenflusses des Yang-tse, Tausende und Abertausende von *Lilium regale* beisammen.

Die Rosen kommen in der Hauptsache in den Niederungen, aber auch auf den Hochebenen vor, einige bis fast zur Schneegrenze, andere in den Stranddünen bis zur Meeresküste.

In den Flußniederungen und höher gelegenen Ebenen Chinas, vielfach aber auch an den Berghängen, ist der natürliche Pflanzenwuchs längst durch Kulturpflanzen oder Weideland verdrängt. Unberührte Natur mit großer Vielfältigkeit an Pflanzenarten gibt es heute vor allem noch in den östlichen Teilen des Himalaja und im nördlichen chinesischen Teil, in Höhen von 1500 bis 3000 m. Diese Gebiete sind zumeist stark zerklüftet und schwer zugänglich, so daß in den tiefen Tälern und an den steilen Wänden Ansiedlungen oder Landwirtschaft kaum möglich sind, während das Pflanzenleben hier in mannigfacher Weise günstig beeinflußt wird durch Windschutz, reichlich Feuchtigkeit, gleichmäßiges Klima, in den sonnigen oder schattigen Lagen dazu noch die besonderen Verhältnisse für die lokale Flora.

Ernest H. Wilson („A Naturalist in China", S. 10) beschreibt die Rosenszenerie so:

„Ringsum überall Rosenbüsche, und im April gibt es mehr Rosen als alle anderen Arten von Blüten. *Rosa laevigata* und *R. microcarpa* sind in offenem Gelände allgemein verbreitet. *R. multiflora*, *R. moschata* und *R. banksiae* sind vor allem häufig auf den Felsen, an Abhängen und Schluchten, aber keineswegs hierauf beschränkt. Sie klettern oft auch in sehr hohe Bäume, und ein Baum, dessen Äste von Rosen übersponnen sind, bietet eine unvergeßliche Erinnerung. Ein Gang durch so eine Schlucht zu früher Morgenstunde oder nach einem leichten Schauerregen, wenn die Luft erfüllt ist mit dem süßen Duft von Myriaden von Rosenblüten, ist wirklich ein Wandeln durch ein Paradies auf Erden."

Rosa bracteata, leider bei uns nicht winterhart, aber in ihrer vollendeten Blütenform eine besonders schöne Wildrose aus China; hieraus ist die berühmte Sorte 'Mermaid' entstanden.

Rosa gigantea, die größte Rose der Welt, ebenfalls aus China, wo sie (nach Kingdon Ward) bis 30 m hoch werden und hohe Bäume vollkommen überwuchern kann.

Rosa chinensis 'Minima', der Vorfahr unserer Miniaturrosen, aus China.

Robert Fortune brachte die erste Teerose und die erste gelbe Rose nach Europa.

Neben der Schönheit der Blüte haben die asiatischen Rosen vielfach auch noch schöne, glänzende, große Blätter, große Stacheln, duftendes Laub, rote Rinde usw.

Rosa foetida 'Bicolor' (in England 'Austrian Copper' genannt), innen scharlachrot, außen goldgelb, irgendwo in SW-Asien einmal gefunden, ist ein so einmaliges „Naturerzeugnis", daß hiermit die modernen Züchter die märchenhaft schönen „Farbenrosen" unserer Tage erzielen konnten.

Rosa multiflora hat zwar nur kleine weiße Blüten, aber in großen Rispen und mit vielen roten Früchten im Winter; heute ist sie beliebt als Veredlungsunterlage und auch als Heckenrose.

Rosa rugosa stammt von den felsigen Küsten Japans.

Zum Schluß dieses kleinen Zwischenberichtes einige Angaben über das Klima, insbesondere hier über die Niederschläge. Im großen ganzen ist der asiatische Kontinent gut mit Wasser versorgt, doch gibt es große Unterschiede, wie die folgenden Angaben zeigen (jeweils Jahresniederschlagsmengen):

In den Regenwäldern des Himalaja-Zentralmassivs 4600 bis 7500 mm (ähnliche Zahlen für Tibet, Nepal, Bhutan);
Malaysia, Burma über 2500 mm;
Thailand, Laos, Kambodscha etwa 2500 mm;
Japan etwa 1500 mm;
China etwa 1000 bis 1500 mm;
Korea und Sibirien etwa 1000 mm;
Pakistan, Afghanistan nur etwa 250 mm;
Iran nur 100 bis 750 mm;
Irak etwa 175 mm.

Die Gobi-Wüste in der Mongolei gehört zu den trockensten Gebieten der Erde.

DIE ROSEN IN NORDAFRIKA

Nur wenige Rosen kommen in Nordafrika vor, und zwar sind belegt *Rosa canina, R. corymbifera* (= *R. dumetorum*) sowie *R. sempervirens* für Marokko, Algerien und Tunis, ferner *R. sicula, R. agrestis* (= *R. arabica* Crép.) für Ägypten; *R. richardii* (= *R. sancta*) und *R. moschata* var. *abyssinica* (= *R. abyssinica* Lindl.) für Äthiopien (früher Abessinien), doch springt letztere Art mit ihrem Areal auch über das Rote Meer nach dem Yemen. Über die beiden letztgenannten Arten noch einige besondere Angaben:

Rosa moschata var. *abyssinica* (= *R. abyssinica* Lindl.) soll die einzige Wildrose des Landes sein; sie unterscheidet sich von *R. moschata* durch schwächeren Wuchs und stärkere Bewehrung. Die Angaben in der Literatur sind indessen widersprüchlich. G. S. Thomas sagt, die Rose sei im 4. Jahrhundert aus Syrien eingeführt (wo sie jetzt aber nicht belegt ist!). Sie soll außerordentlich winterhart sein und vor allem in Berglagen von 2400 m und darüber gut gedeihen; Habitus kletternd, meist in Sträuchern und kleinen Bäumen klimmend; Blüten weiß, 7 bis 10 cm breit, remontierend, April—Mai und September—Oktober. In Baumschulen Äthiopiens wurde diese Rose, angeblich mit Erfolg, als Veredlungsunterlage benutzt.

Die zweite Rose, *Rosa richardii* (= *R. sancta*), wird als eine äthiopische Form von *R. gallica* angesehen, soll aber auch in Kleinasien vorkommen. In Äthiopien soll sie in den Bergen im Norden des Landes wachsen. Ihren Namen „*sancta*" soll sie daher haben, daß sie im 1. bis 5. Jahrhundert n. Chr. den Toten als Blume mit ins Grab gegeben wurde und auch heute noch zu Kulthandlungen verwendet werde. Deswegen werde sie auch sehr oft in der Nähe von Kirchen gefunden.

VERBREITUNG DER ROSEN IN NORDAMERIKA

Th. M. Little (1942) hat eine zwar etwas grobe Übersicht über die in Nordamerika verbreiteten Wildrosen, mit einer Reihe von Arealkarten, gegeben, die als Anhalt für diesen Abschnitt diente. Auch hier, wie in Europa, ist die Zahl der beschriebenen Arten sehr groß, insgesamt 170 Arten. Diese Zahl wurde jedoch schon von Rydberg auf 127 Arten ver-

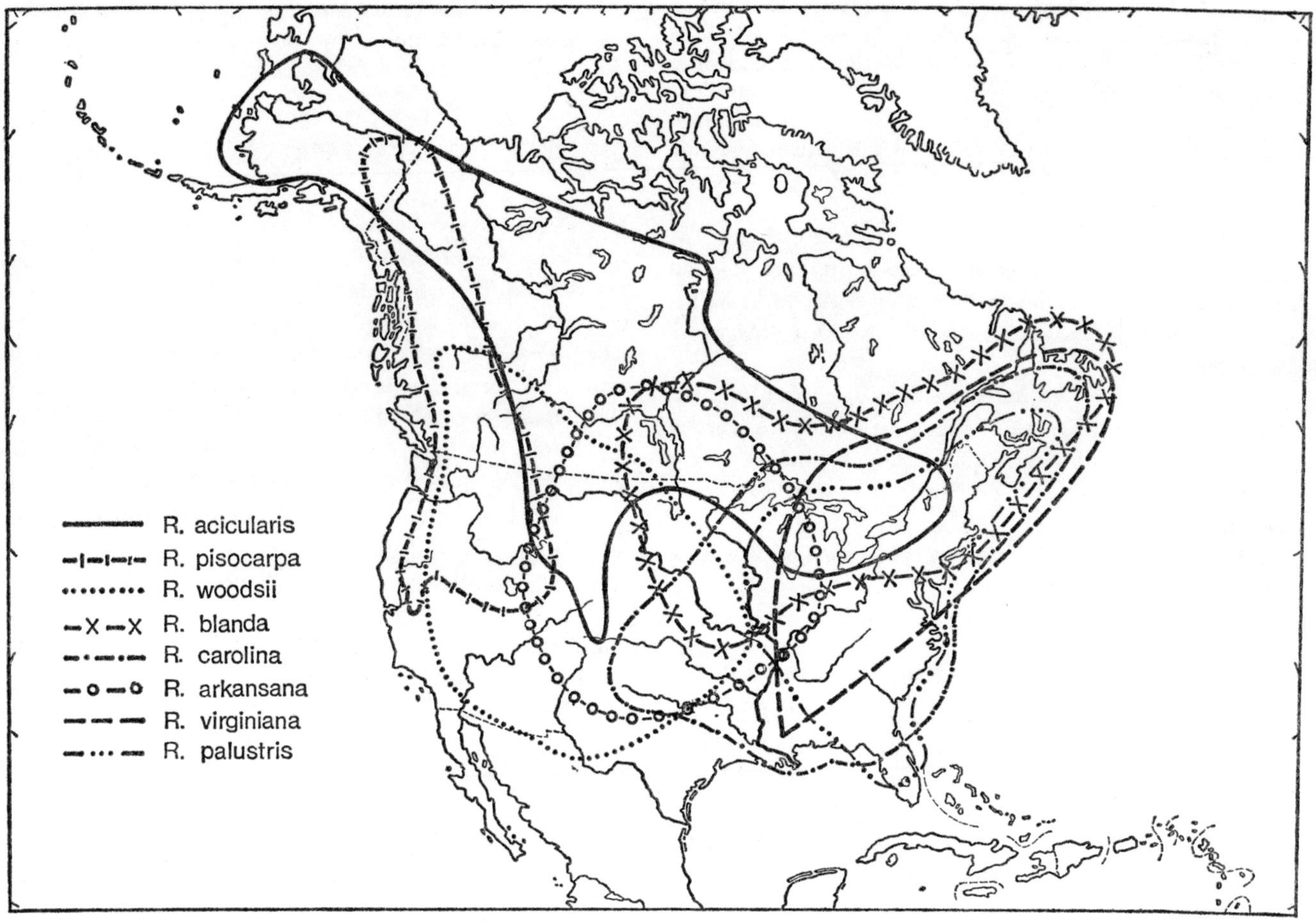

Abb. 12. Die Areale der wichtigsten nordamerikanischen Rosenarten (Original)

ringert und schließlich von Erlanson auf nur 20 gültige Arten zusammengezogen. Im großen ganzen hat auch Rehder die Nomenklatur von Erlanson beibehalten, jedoch einige Arten im Artrang belassen (*R. suffulta* Greene; *R. macounii* Greene). Die amerikanischen Rosen gehören mit vier Ausnahmen alle zur Sektion *Cinnamomeae.* Die Ausnahmen sind *Rosa setigera,* einziger Vertreter der Sektion *Synstylae* in Amerika, und die Sektion *Minutifoliae,* die heute jedoch als besonderes Subgenus *Hesperhodos* (mit den Arten *Rosa stellata* und *mirifica*) angesehen wird.

Die Rosen mit dem größten Areal in Nordamerika sind *Rosa acicularis* im hohen Norden, *R. blanda* im Nordosten, *R. carolina, R. palustris* und *R. virginiana* im Osten, *R. arkansana* im Zentrum des Kontinents und schließlich *R. woodsii* im Westen bis Mittelwesten. Die übrigen Arten haben kleinere, aber noch immer sehr umfangreiche Areale. Es sind dies folgende Arten:

Rosa nutkana, gymnocarpa und *pisocarpa* im Nordwesten, dazu noch ein kleines Areal von *Rosa rugosa* an der Südküste von Alaska, eingewandert aus Ostasien. Im Westen kommen hinzu *Rosa californica,* in Kalifornien und der Sierra Nevada *R. spithamea*; dann *Rosa drummondii* in Kalifornien und Oregon, *R. engelmannii* in den Rocky Mountains und schließlich *R. foliolosa* im Süden (Texas, Oklahoma und Arkansas). Als letzte sei *Rosa nitida* im Nordosten noch genannt.

DIE CHROMOSOMENGEOGRAPHIE DER GATTUNG *ROSA*

Obwohl auf Seite 183 noch ausführlicher auf die Chromosomen (Kernschleifen) eingegangen wird, muß doch schon hier kurz davon gesprochen werden, und zwar im Zusammenhang mit der Verbreitung der Gattung. Die Cytologen und Genetiker (O. Rosenberg 1903, 1909; G. Täckholm 1920, 1922; K. Blackburn und J. W. H. Harrison 1921; C. C. Hurst 1925, 1927, 1929, 1931) konnten eine Menge von Erkenntnissen über die Zytologischen Verhältnisse bei der Gattung *Rosa* sammeln und vergleichen. Sie stellten fest, daß die Geschlechtszellen der Rosen 7 Chromosomen und die der somatischen oder Körperzellen $2 \times 7 = 14$ Chromosomen haben.

7 nennt man die Haploidzahl (Grundzahl) dieser Gattung, meist bezeichnet mit den Buchstaben n oder x (also $n = 7$ oder $x = 7$).

14 ist die Diploidzahl, die in den Körperzellen auftritt; man schreibt hier entsprechend $2n$ oder $2x = 14$.

Nun gibt es bei der Gattung *Rosa* aber auch noch Arten, welche $2x = 21$, 28, 35, 42 und sogar 56 Chromosomen in den somatischen Kernen aufweisen; alle diese Zahlen sind durch 7 teilbar. Wir haben hier eine polyploide Reihe, wie sie bei den meisten Kulturpflanzen und auch bei vielen vielförmigen Wildpflanzen auftritt. Die Stufen dieser Reihe nennt man

haploid	(einfach)	$x = 7$
diploid	(doppelt)	$2x = 14$
triploid	(dreifach)	$2x = 21$
tetraploid	(vierfach)	$2x = 28$
pentaploid	(fünffach)	$2x = 35$
hexaploid	(sechsfach)	$2x = 42$
octoploid	(achtfach)	$2x = 56$

Soweit diese Zahl durch 2 und durch 7 teilbar ist, verläuft der Zellteilungsprozeß und die Paarung der mütterlichen und väterlichen Chromosomen regelmäßig, d. h. Pollenkern und Eikern haben die gleiche Chromosomenzahl und die somatischen Kerne doppelt so viele.

So einfach sind die Verhältnisse bei den Rosen indessen nicht, vor allem nicht bei der Sektion *Caninae*. „Hier gibt es eine Gruppe von Formen mit ganz eigentümlichen, im übrigen Pflanzenreich kaum vorkommenden Verhältnissen, indem die Kerne der weiblichen und männlichen Geschlechtszellen durchaus verschiedene, wenn auch immer durch 7 teilbare Chromosomenzahlen aufweisen. Hierher gehören Formen mit 35 und je einige derjenigen mit 28 und 42 Chromosomen. Die Gesamtzahl der Chromosomen im somatischen Kern von *Rosa vulgaris* Gams beträgt z. B. 35, der Pollenkern enthält aber nur 7, der Eikern dagegen 28 Chromosomen. *Rosa britzensis* hat somatisch auch 35 Chromosomen; hier führt der Pollenkern 14, der Eikern aber 21 Chromosomen. Die Summe der Chromosomen im Pollenkern und Eikern entspricht immer der somatischen Zahl der Chromosomen" (nach Rathlef 1937). Über die Ursache dieser merkwürdigen Erscheinung vgl. Seite 184.

Die Cytologen haben herausgefunden, daß innerhalb einer Gattung die Arten mit dem niedrigsten Chromosomensatz entwicklungsgeschichtlich am ältesten sind. Darüber hinaus aber konnten sie feststellen, daß im Areal einer Art Bestände mit ganz abweichenden Chromosomenzahlen auftreten können; solche Arten stehen noch in der Entwicklung (Evolution).

Nachfolgend noch ein Überblick über die Chromosomenverhältnisse in den fünf artenreichsten Sektionen der Gattung (aus Glasau):

Bei den Arten vorkommende diploide Chromosomenzahl(en) 2n =	Cinnamomeae (51 Arten)		Caninae (26 Arten)		Synstylae (19 Arten)		Pimpinellifolia (9 Arten)		Carolinae (7 Arten)	
	davon mit 2n	% von Gesamtzahl	davon mit 2n	% von Gesamtzahl	davon mit 2n	% von Gesamtzahl	davon mit 2n	% von Gesamtzahl	davon mit 2n	% von Gesamtzahl
14	20	39,22	—	—	18	94,7	5	55,55	2	28,57
14, 21	2	3,92	—	—	—	—	—	—	—	—
14, 21, 28	1	1,96	—	—	—	—	—	—	—	—
14, 28	6	11,86	—	—	1	5,3	4	44,45	3	42,86
14, 28, 42, 56	1	1,96	—	—	—	—	—	—	—	—
28	12	23,73	5	19,23	—	—	—	—	2	28,57
28, 34, 35, 42	—	—	1	3,85	—	—	—	—	—	—
28, 42	1	1,96	—	—	—	—	—	—	—	—
35	—	—	10	38,46	—	—	—	—	—	—
35, 42	—	—	6	23,08	—	—	—	—	—	—
34, 35, 42	—	—	1	3,85	—	—	—	—	—	—
42	8	15,69	3	11,54	—	—	—	—	—	—

Für die einzelne Pflanzenart hat die Polyploidie, die Vielgestaltigkeit in den Chromosomenverhältnissen, aber auch eine praktische Bedeutung, denn solche Pflanzenarten sind viel mehr als andere in der Lage, sich von ihren bisherigen Standorten auszudehnen und dabei Gebiete mit anderen Boden- oder Klimaverhältnissen zu besiedeln, da sie sich viel leichter anpassen können.

In Ostasien, im Genzentrum der Gattung, gibt es (nach Flory) nur einen geringen Grad von Polyploidie; bei der Wanderung nach Westen und nach Norden (bis Nordamerika) steigt er indessen erheblich an, bis zur Oktoploidie bei den nördlichsten Arealen von *Rosa acicularis*. Das ist der höchste Chromosomensatz bei der ganzen Gattung überhaupt. Die Wissenschaftler schließen daraus, daß *Rosa acicularis* hierdurch in die Lage versetzt wurde, sich im arktischen Klima zu behaupten.

In diesem Zusammenhang muß auch kurz auf die Septet-Theorie eingegangen werden, die von C. C. Hurst (1925) aufgestellt wurde. Hiernach soll von einer hypothetischen dekaploiden ($2x = 70$) Rose die Entwicklung der Gattung absteigend vor sich gegangen sein, durch Verlust von „septets" bei Mutationen, bis schließlich die Diploidie erreicht wurde. Außer von Heribert-Nilsson (1953: 287, 295) wird die Hurstsche Theorie heute nicht mehr aufrecht erhalten (ausführlicher hierüber Seite 190).

LITERATUR

BRETSCHNEIDER, E.: History of European Botanical Discoveries. 2 Bde. Reprint of the original edition 1898. Leipzig 1962.

COWAN, J. M.: The Journeys and Plant Introductions of GEORGE FORREST, S. 30. London 1952.

DAY, V. F. P.: Roses in the Arctic. R. Ann. 1967: 121—122.

KEAYS, F. L.: Old China and the Rose. ARA 1942: 7—10.

LEWIS, W. H.: Species Roses in the United States and their Relation to modern Roses. ARA 1970: 78—85. Mit Arealkarten.

LI, H. L.: The Garden Flowers of China; darin ein Abschnitt „The Roses of China". Philadelphia 1959.

LIMPRICHT, W.: Botanische Reisen in den Hochgebirgen Chinas und Ost-Tibets. Repert. spec. nov. Beih. 22: 1—515 (1922).

LITTLE, T. M.: The Distribution of North American Rose Species. ARA 1942: 37—49. 9 Arealkarten.

SOKOLOV, S. JA., und O. A. SWJASEWA: Geographie der Gehölze in der UdSSR (Bd. 7 von „Derewja i Kustarniki"). Moskau 1965 (in Russisch).

STOUT, W.: Asia's Part in Rose History. ARA 1950: 109—114.

—: Asia, Land of Flowers. ARA 1959: 150—155.

Die Rose in Legende und Mythologie

Zahllos sind die Sagen und Legenden, in denen Rosen vorkommen; in fast allen Ländern der nördlichen Halbkugel finden wir sie darüber hinaus auch auf Münzen, Wappen, Fahnen, Siegeln, auf zahllosen Gemälden und Kunstgegenständen.

Rosenlegenden ranken sich um viele Götter, Herrscher, Kirchenfürsten und Heilige, so um Brahma, Buddha, Mohammed, Wischnu, Konfutse, Zoroaster, manche Päpste, Kreuzfahrer, Nero, Kleopatra, Alexander den Großen, Franz von Assisi, Elisabeth von Ungarn, Mary von Schottland, den Heiligen Vincent, Venus, Cupido, Zephir, Aphrodite und viele andere. Einige besonders schöne Sagen oder Legenden sollen hier kurz erzählt werden.

Orient In den ältesten religiösen und Geisteswerken, im Zend Awesta, der Sittenlehre der alten Perser, und im Sanskrit, dem wunderbaren Literaturwerk der alten Inder, spielt die Rose bereits eine symbolische Rolle bei der Erschaffung der Welt und des Menschen. Wischnu, der höchste indische Gott, fand seine Gattin Lakschmi in einer aus 108 großen und 1008 kleinen Blütenblättern bestehenden Rose. So ist die Rose schon in frühester Zeit ein Symbol der Schönheit.

Während die Griechen und Römer die Rose den Göttern widmen, bringen die Perser sie in ihren Gedichten und Gemälden mit der Nachtigall in Verbindung. Einmal beklagten sich die Blumen im Himmel darüber, daß ihre Königin, die Lotosblüte, nachts schlafe. Um sie zu versöhnen, ernannte nun Allah die weiße Rose zur Blumenkönigin. Die Nachtigall war von deren Schönheit so hingerissen, daß sie zur Rose flog, um sie zu umarmen; dabei verletzte sie sich ihre Brust an einem scharfen Stachel. Aus dem heraustropfenden Blut entstanden Rosen; seit jenem Tag gibt es in Persien rote Rosen.

Nach einer mohammedanischen Sage soll die Rose aus dem Schweiß des Propheten Mohammed entstanden sein; doch gibt es auch noch eine zweite Legende, nach der sie aus dem Schweiß einer Frau mit Namen Joun entsprang, deren Antlitz bei Tagesanbruch weiß, mittags aber rosig war.

Oft wird auch berichtet, daß die Rosen im Anfang ganz ohne Dornen gewesen seien und diese nur durch zunehmende Boshaftigkeit der Menschen bekamen, insonderheit nach dem Sündenfall von Adam und Eva.

Ein junges Mädchen sollte in Bethlehem auf dem Scheiterhaufen verbrannt werden. Als sie in die Flammen trat, erflehte sie Gottes Beistand, und sogleich erlöschten die Flammen. Aus den brennenden Scheiten entsprangen rote, aus den übrigen weiße Rosen.

Während in allen Legenden und Sagen nie eine besondere Rosenart genannt wird, soll die Moosrose der Sage nach aus dem Blute Christi entstanden sein, das aus seinen Wunden tropfte und in das Moos fiel, während er am Kreuze hing.

Griechenland Die ältesten Hinweise auf die Rose werden aus Sage und Dichtung ganz allmählich zu wirklichen Beweisen, und aus allem zusammen läßt sich dann ein Bild machen über den Rosenkult und die Rose bei den Griechen.

Hier wird Aphrodite, die Göttin der Liebe, als die Schöpferin der Rose angesehen. Als Adonis, ihr Geliebter, auf der Jagd durch einen wilden Eber tödlich verwundet wurde, eilte sie hinzu, und aus seinem Blut und ihren Tränen entstanden herrliche, blutrote, duftende Rosen. In einer anderen Fassung wird Adonis nur verwundet, und Aphrodite kann ihm helfen. Auf ihrem Lauf zu ihm ritzt sie ihre Haut an einem Rosenstrauch und blutet; die weißen Blüten des Strauches färben sich rot. Schließlich haben wir auch noch eine Erklärung für die Entstehung der weißen Rosen: Als Aphrodite aus dem Schaum der Meeresbrandung geboren wird, fällt der Schaum zur Erde und daraus erwachsen weiße Rosen.

Aphrodite soll auch den Rosenkranz erfunden haben, mit dem sich die Griechen und Römer bei ihren Gastmählern und Gelagen zu schmücken pflegten. Der Rosenkranz war aber auch ein Zeichen des Dionysos (= Bacchus), und er sollte, wie Pindar berichtet, vor Trunkenheit bewahren. Später wurde auch Eros von Bildhauern und Malern immer im Schmuck von Rosengewinden dargestellt, ebenso die Musen und die Grazien.

Eos, die „rosenfingrige" Göttin der Morgenröte, war von großer Schönheit; nach einer Sage soll die Rose als Rest des ersten Morgenrotes auf der Erde zurückgeblieben sein.

Rhodanthe („Rosenblüte"!), die wunderschöne junge Königin von Korinth, hatte viele Verehrer, die ihr ständig folgten. Als eines Tages drei von ihnen sie arg bedrängten, flüchtete sie in den Tempel der Diana. Während die drei Rhodanthe fortschleppen wollten, rief sie laut um Hilfe. Die herbeieilenden Leute waren von der Schönheit der jungen Königin so überwältigt, daß sie ihr die Ehrerbietung erwiesen, anstatt Diana. Apollo, der Bruder von Diana, war hierüber so verärgert, daß er Rhodanthe unverzüglich in einen Rosenstrauch verwandelte, die drei Verehrer in einen Wurm, eine Fliege und einen Schmetterling.

Rom Die Begebenheiten der griechischen Sage kommen zum Teil auch bei den Römern vor. Hier wird Venus von Adonis geliebt, doch Mars, der Kriegsgott, begehrt Venus für sich und will Adonis umbringen, dieser wird aber von Venus eilends gewarnt. Dabei bleibt sie mit dem Fuß in einer Rosenranke hängen, es fließt etwas Blut aus der Wunde, und daraus entstehen dann rote Rosen.

Flora, die Göttin des Frühlings und der Blumen, fand eines Tages den toten Körper ihrer liebsten und schönsten Nymphe; untröstlich darüber bat sie alle Gottheiten, ihr zu helfen, den Körper in die schönste Blume zu verwandeln, die alle anderen Blumen als ihre Königin anerkennen würden. Apollo, der Gott der Kunst, gab ihr belebendes Licht, Bacchus badete sie in Nektar, Vertumnus gab ihr Duft, Pomona eine Frucht, und Flora schließlich gab ihr ein Diadem aus Blütenblättern. So wurde die Rose geboren.

Cupido, ein Gott der Liebe, warf an der Tafel bei Bacchus mit seinem Flügel ein Schale Wein um; daraus wurden Rosen. Die Rose war auch der Venus geweiht als ein Symbol der Schönheit, ebenso Cupido als Zeichen der Liebe.

Noch eine hübsche Sage: Der Gott Zephir liebte Flora so sehr, daß er sich in eine Rose verwandelte, weil die Göttin an nichts anderem interessiert war als an Blumen. Als Flora nun die Rose sah, küßte sie diese, so daß Zephir seinen Wunsch erfüllt bekam.

Auch Bacchus verfolgte einmal eine junge hübsche Nymphe im Wald, die schließlich in einem Dornenstrauch hängen blieb. Bacchus erreichte sie, und um dem Strauch für die erwünschte Hilfe zu danken, berührte er ihn mit seinem Stab und befahl ihm, sich sofort mit rosenroten Blüten zu bedecken.

Eine andere Sage berichtet von Roselia, einer Jungfrau, die von ihrer Geburt an dem Kult der Diana geweiht war. Als sie aber herangewachsen war, wollte ihre Mutter sie mit einem jungen Mann namens Cymedor verheiraten. Als das junge Paar später nach der Vermählung den Tempel verließ, wurde es von Diana entdeckt, deren Wut darüber grenzenlos war. Ihr Pfeil durchbohrte Roselias Herz, und sie sank tot zu Boden. Als sie Cymedor bei seiner toten Braut knien sah, bereute sie ihre Tat und verwandelte den toten Körper in einen schönen Rosenstrauch.

Venus schlief in einem Bett, dessen Kissen täglich frisch mit Rosenblüten gefüllt wurden. Demeter, die Göttin des Ackerbaues, pflegte ihren Früchtekorb mit Rosen und Anemonen zu schmücken.

Und das Wort „Rose“ entstand gar dadurch, daß Flora, die Göttin der Blumen, als sie von Amors Pfeil getroffen wurde, vor Schmerz nicht einmal mehr Eros, sondern nur noch „'ros“ stöhnen konnte. So wäre denn „Rose“ ein Anagramm von Eros; sie ist bei Römern und Griechen das Symbol der Jugend, der Unschuld, der blühenden Lebenskraft, der Liebe, der Schönheit und der Fruchtbarkeit der Natur.

Auf die zahllosen Sagen und Legenden im Zusammenhang mit Rosen in Deutschland und vielen anderen Ländern kann nicht eingegangen werden, zumal in vielen Büchern hierüber ausführlich berichtet wird.

LITERATUR siehe Seite 39.

Die Rose in der Antike bis etwa 500 n. Chr.

Über die Frühgeschichte der Rosen, insbesondere über die Zeit vor Christi Geburt, wird zwar in vielen Rosenbüchern berichtet, doch treffen die Angaben häufig nicht zu. Leider muß dies auch von manchen deutschsprachigen Werken gesagt werden, deren Autoren die so gründlichen Arbeiten von C. C. Hurst, A. Wylie, E. T. Bechtel u. a. nicht gekannt oder aber nicht beachtet haben. In diesem Abschnitt sind nicht nur diese Arbeiten gründlich ausgewertet, sondern auch eine sehr große Anzahl von archäologischen und geschichtlichen Werken zu Rate gezogen worden (vgl. Literaturverzeichnis am Schluß des Abschnittes).

Was wir aus jener Zeit wissen, kann heute als einigermaßen gesichert gelten. Unsere Kenntnis über die Verhältnisse in der Antike stammt aus folgenden Quellen:

1. Historische Inschriften in Stein;
2. Prunkinschriften, Wandmalereien;
3. Religiöse Texte und die Bibel;
4. Klassische Schriftsteller;
5. Münzen;
6. Grabbeigaben.

Zunächst einiges über die „Münzen" der Tsuden (oder Tschuden[1]), eines indogermanischen Volksstammes, über die Schleiden (l. c. 15) berichtet; diese Gräber sollen aus der Zeit um 3000 v. Chr. stammen.

Diese Behauptung stammt aus einem anonymen Artikel (vermutlich von einem Collegien-Rat Müller) in Johann Joseph Haigolds „Beylagen zum Neuveränderten Russland" (2:208; Riga und Leipzig 1770). In diesem Artikel „Die alten Gräber in Sibirien" wird über die Ausgrabungen

1 Tsuden oder Tschuden ist ein zusammenfassender Name für die finnisch-ugrischen Ingern, Liven, Wespen und Woten. „Tsuden-Schürfe" nannte man die diesen Völkern zugeschriebenen, bis zu 20 m tiefen vor- und frühgeschichtlichen Gräben und Gänge, in denen man im Ural und Altai nach Metall suchte. Literatur: A. M. Tallgren in „Reallexikon der Vorgeschichte", herausgegeben von M. Ebert (1925).

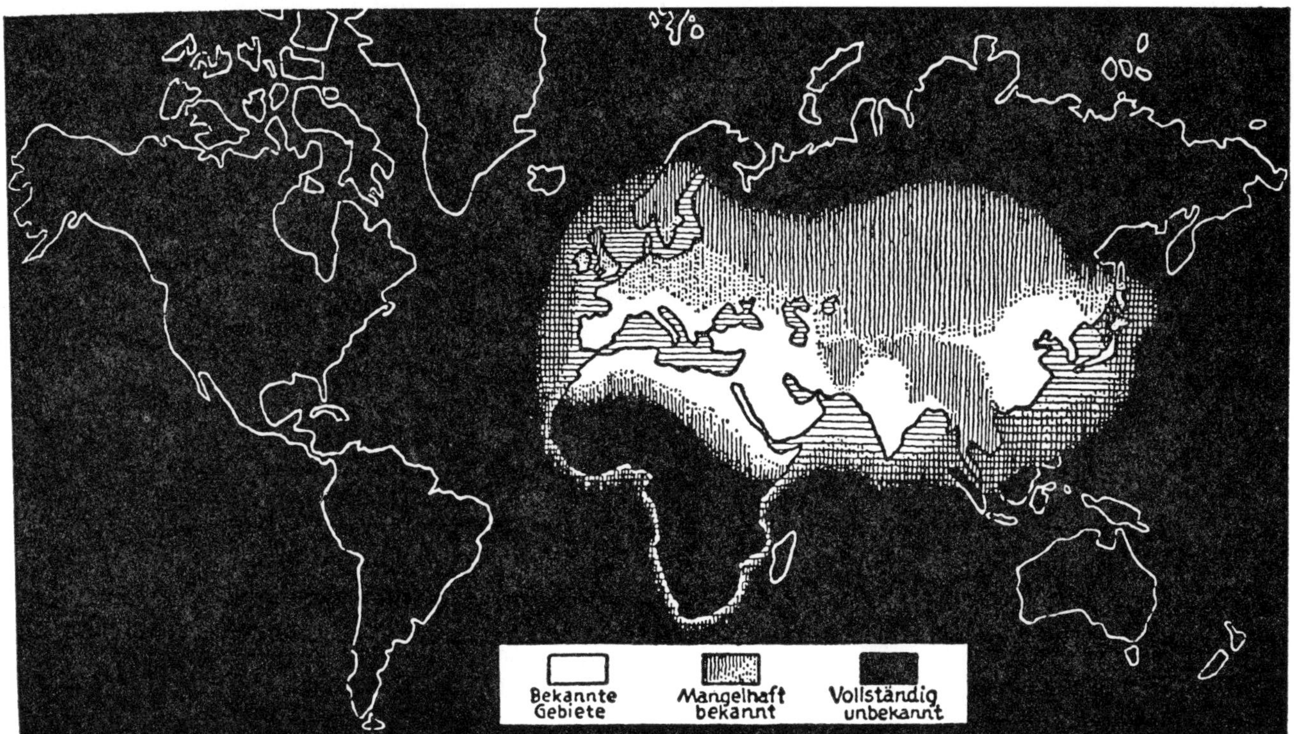

Abb. 13. Das Weltbild um 250 v. Chr. (nach Buschick, Die Eroberung der Erde; Hannover 1930)

Abb. 14. Das Erdbild des Homer, 9. Jahrhundert v. Chr. (aus R. Buschick, Die Eroberung der Erde; Hannover 1930)

oder „Schürfungen“ im Gebiet Kolywana—Wosksenskoj—Zaweb, Sibirien berichtet:

> „Es waren auch einige silberne Münzen dabei, die noch keine Schrift gehabt. Zum wenigsten sind sie älter, als die Einführung der Muhämmedischen Religion bei den Tartaren ist.“

Bei Schleiden ist angegeben, daß diese „Münzen“ das „Gepräge einer aufgeblühten Rose“ hätten. Leider war nicht in Erfahrung zu bringen, wo diese „Münzen“ aufbewahrt sind. Wirkliche Münzen gibt es jedoch erst seit etwa 500 v. Chr.! Die ältesten Münzen mit Rosenprägungen gab es um etwa 400 bis 80 v. Chr. auf Rhodos, während man im nördlichen Asien erst sehr viel später Münzen schlug. Schon aus diesem Grunde sind die Angaben bei Schleiden nicht haltbar.

China In diesem Lande mit seiner uralten Kultur hat vermutlich zum erstenmal ein Mensch eine Rose in seinen Garten gepflanzt. Man glaubt, daß während der Regierungszeit des legendären Herrschers Chin-Nun (2737 bis 2697 v. Chr.) die chinesische Gartenkultur ihren Anfang nahm. Konfutse (Konfuzius), der chinesische Sittenlehrer und Philosoph, 551—479 v. Chr., berichtet in seinen Schriften, daß es umfangreiche Rosenpflanzungen in den kaiserlichen Gärten in Peking gab. Auch soll in der kaiserlichen Bibliothek ein umfangreiches Schrifttum über Rosen vorhanden gewesen sein; verschiedentlich liest man von „600 Werken allein über Rosen“. Man kann aber wohl annehmen, daß hiermit allgemein Werke über Blumen gemeint sind, denn die Rose hat in China niemals die große Rolle gespielt wie die *Paeonia suffruticosa* („Moutan“) oder die Chrysantheme. In Japan war es nicht anders; dort trat die Kirschblüte an die Stelle der Rose.

Während der Han-Dynastien (206 v. Chr. bis 8 n. Chr.) soll die Zahl der Ziergärten in China so groß gewesen sein, daß die landwirtschaftliche Erzeugung auf den übrigen Flächen bedrohlich zurückgegangen war. Die Regierung sah sich genötigt, viele große Gärten und Parks aufzulösen oder zu verkleinern, um die Versorgung der Bevölkerung mit Lebensmitteln sicherzustellen.

Wann die Chinarose und die Teerose entstanden sind, wird vermutlich niemals ermittelt werden können, aber sicherlich ist das in den abgelaufenen 2000 Jahren in China erfolgt, entweder durch Selektion oder auch durch Kreuzung besonders schöner Formen, die dann Anfang des 19. Jahrhunderts nach Europa gelangten. Manche Rosen waren in chinesischen Gärten schon seit Jahrhunderten in Kultur, bevor sie nach Europa kamen.

Persien Was wir von den Rosen aus der Zeit der Meder und Perser wissen, ist wenig genug. Da man aber den Persern nachsagt, sie hätten schon die Kunst der Gewinnung von Rosenwasser und Rosenöl gekannt, müssen dort sicherlich auch Rosen vorhanden gewesen sein. Joret (l. c. S. 14) sagt, daß der nordöstliche Iran, besonders im Gebiet von Masenderan, ein Rosenland sei; hier sollen die Rosen besonders hoch werden und intensiv duften. Dieses Gebiet könnte auch die Wiege der europäischen Gartenrosen gewesen sein, die von hier aus nach Kleinasien, dann nach Griechenland, andererseits auch nach Mesopotamien, Syrien und Palästina gelangt sein dürften.

In manchen Rosenbüchern wird auch gesagt, die Rose sei das Symbol der Staatsgewalt bei den Persern gewesen. Dieses Symbol habe Kyros, der König der Perser, auch bei der Unterwerfung Babylons im Jahre 538 v. Chr. als Amtssymbol eingeführt. Stäbe mit silbernen Rosen oder Äpfeln oder Lilien, Adlern usw. seien damals festliche Attribute gewesen. In der archäologischen Literatur wird indessen hierüber nichts berichtet; alles, was man dort auf den verschiedensten Gegenständen und Denkmälern sehen kann, sind Rosetten, jedoch keine Rosen! Diese Rosetten stellten jedoch stets entweder Lotosblüten dar oder Blüten des allgegenwärtigen *Chrysanthemum coronarium*, oder es waren überhaupt nur geometrische Figuren (siehe Abb. 16 und 17).

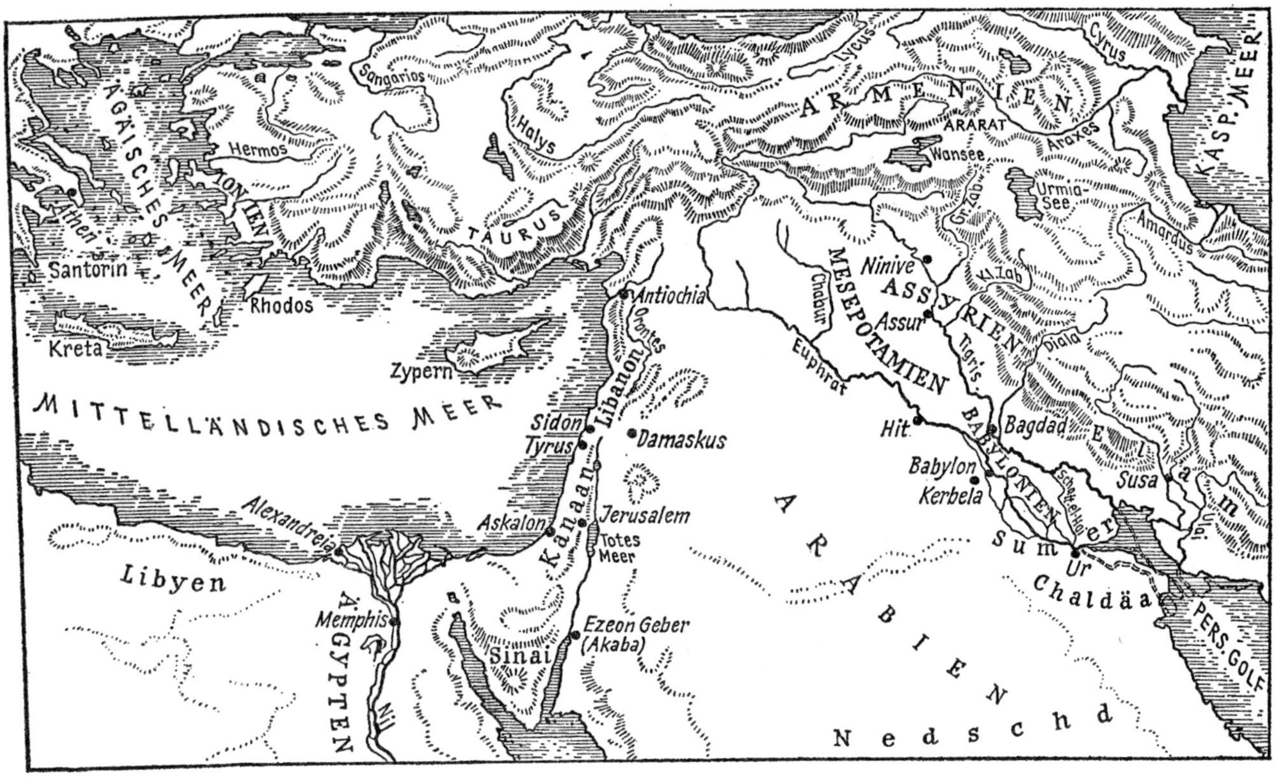

Abb. 15. Übersichtskarte von Vorderasien (aus R. Hennig, Wo lag das Paradies?; Berlin 1950)

Babylon, Assyrien, Mesopotamien Nach allem, was die Monumente, Gegenstände und Wandmalereien aus Mesopotamien aufweisen, sind die Behauptungen, es habe hier schon sehr früh Rosen gegeben, unhaltbar; falls überhaupt, dann haben diese zumindest keine Rolle als Zier- oder Kultpflanze gespielt. Genaue Angaben aus der archäologischen Literatur geben einen besseren Einblick in die Geschichte jener Zeit; sie werden noch durch einige Daten aus anderen Gebieten ergänzt, die nicht direkt etwas mit „Rosen“ zu tun haben.

um 3500 v. Chr. Die Sumerer wandern aus Zentralasien nach Mesopotamien ein.

um 3000 v. Chr. Erste sumerische Stadtstaaten: Ur, Uruk, Kisch, Eridu, Nippur, regiert von Königen oder Priesterfürsten; in Mesopotamien Anbau von Gerste und Emmer.

2800 bis 2400 v. Chr. 1. Dynastie von Ur; Grabanlagen von Fürsten; die „Mosaikstandarte“ von Ur wird gefunden; Kopfschmuck eines Königs mit Pflanzenmotiven in Gold.

2350 bis 2170 v. Chr. Akkad-Dynastie (Semiten); Sargon I. (2350—2295), der große Erobererkönig, zieht bis nach Kleinasien und zum Mittelmeer. Von seinem Kriegszug über den Taurus (Gebiet der heutigen Türkei) bringt er von den Hethitern (einem alten indogermanischen Kulturvolk in Kleinasien) als Kriegsbeute zwei Arten von Feigen, Weinreben und andere Pflanzen mit in seine Residenz Akkad zurück. Erwähnt werden auch der Birnbaum und die Pistazie. Bei Weidner (1922) findet man jedoch nicht den geringsten Hinweis auf die in der gärtnerischen Literatur immer wieder zitierten „Rosen“.

2250 v. Chr. Höhepunkt der sumerisch-akkadischen Kunst; Verwendung der von den Sumerern erfundenen Keilschrift in akkadischer (= assyrischer) Sprache, der „Diplomatensprache“ des Vorderen Orient jener Zeit, auch in Syrien, Kleinasien und Ägypten geschrieben bis etwa zur Zeit Christi Geburt, wenn auch bereits um 1000 v. Chr. als Umgangssprache vom Aramäischen verdrängt. In akkadischer Keilschrift erster Nachweis des Vorkommens der Rose, entdeckt durch den englischen Archäologen Sir Leonard Woolley, der bei seinen Ausgrabungen der Königsgräber von Ur in Chaldäa Tontafeln mit diesen Aufzeichnungen fand. Die Rose hieß damals SILA-ŠAR oder *kasí* ŠAR. Immerhin aber ist nur „die Wahrscheinlichkeit sehr groß“, daß die Rose gemeint ist, und das Wort erscheint auch nur im Zusammenhang mit Rosen-

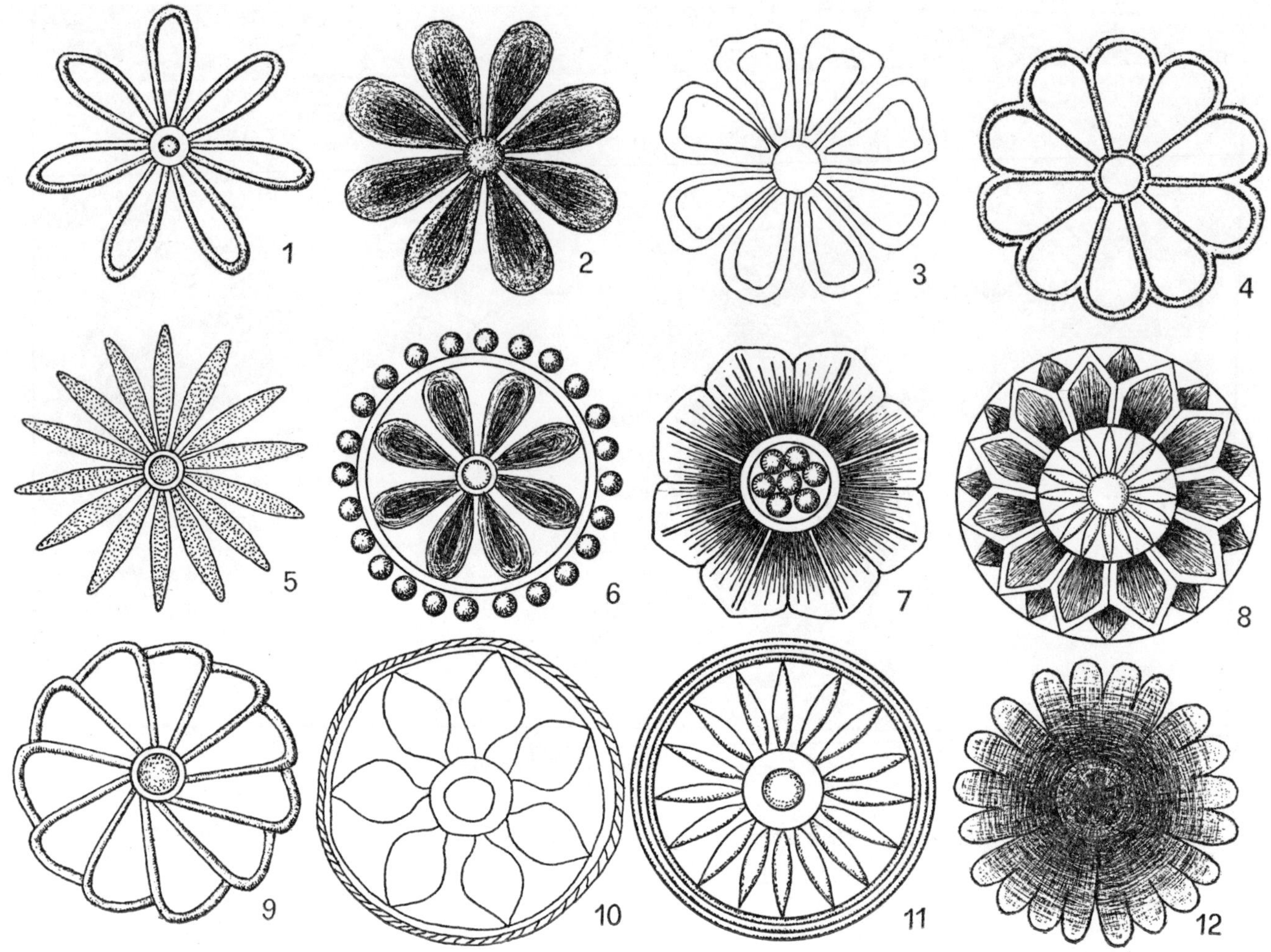

Abb. 16. Die Rosette in der Kunst des Altertums (1) (Original)

1 Rosette (Lotusblüte) auf einer protoattischen Lutrophoros (Vase) um die Wende des 9. zum 8. Jahrhundert v. Chr. (Louvre)

2 Rosette vom Stirnband eines hethitischen Herrschers (Lotusblüte); die Petalen löffelförmig, Mitte knopfförmig

3 Rosette auf einer hethitischen Steinschale aus Elbistan (Lotus?); flach, nur eingeritzte Linien

4 Rosette auf einer assyrischen Vase aus Babylon, Ninib-Tempel (Lotusblüte?); etwa 1000 v. Chr.; Petalen flach, hellblau, Mitte gelb, Konturen erhaben

5 Rosette (Lotusblüte) auf einer Amphora aus Melos, Griechenland, 650 v. Chr. (National-Museum Athen)

6 Rosette von einer Stuckwand, Umrahmung der Darstellung eines Sassanidenkönigs auf der Schwarzwildjagd; 3. bis 7. Jahrhundert n. Chr., in der Nähe von Valamin bei Teheran

7 Rosette einer Lotusblüte vom gleichen Steinzaun wie bei Nr. 8

8 Doppelte Rosette auf einem Steinzaun in Bodh Gaya, Nord-Indien, aus der Zeit um Christi Geburt

9 Rosette auf einer hethitischen Goldscheibe, als Symbol des Sonnengottes; Petalen flach, Konturen erhaben; 2000 v. Chr.

10 Rosette von einer etruskischen Vase aus dem 7. Jahrhundert v. Chr.; ganz flach, nur die Konturen eingeritzt

11 Rosette von einer etruskischen Scheibenkopfstele aus dem 6. Jahrhundert v. Chr.; Petalen und Mitte erhaben, ebenso die drei Ringe am Rand

12 Rosette vom Hadriansbogen in Antalya; etwa 130 n. Chr.; schalenförmig, die Petalen mit drei tiefen Einschnitten, Mitte knopfförmig mit fünf Vertiefungen

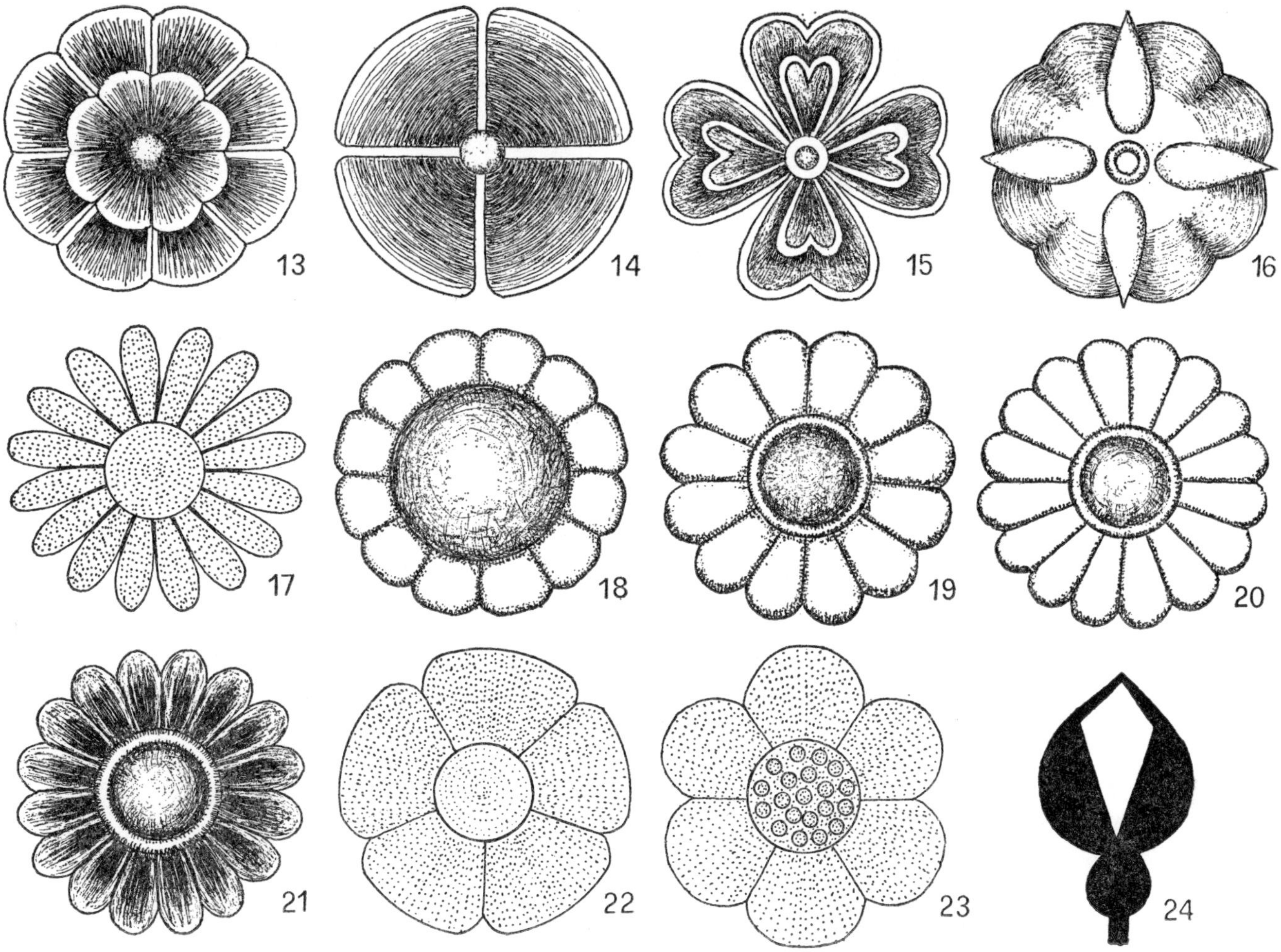

Abb. 17. Die Rosette in der Kunst des Altertums (2) (Original)

13 Rosette von einem Fragment des Heiligtums der Demeter in Eleusis, in der Nähe von Athen (doppelte Mohnblüte); 700 v. Chr.

14 Rosette in einem Fresko in der Villa von Boscoreale, Pompeji (verschüttet 63 n. Chr.); aus L. Curtius, Die Wandmalerei Pompejis. Ob *Papaver*?

15 Kreuzförmige doppelte Rosette aus einer Stuckwand wie bei Nr. 6. 3. bis 7. Jahrhundert n. Chr.

16 Rosette von einer Goldschale des persischen Königs Khusrau II. (590—628 n. Chr.); auf dieser Schale drei Kreise mit je 18 Rosetten

17 Rosette auf einem Wandgemälde aus Schmelzziegeln im Palast Nebukadnezars II., am Ischtar-Tor in Babylon; etwa 600 v. Chr.; alle Rosetten weiß mit gelber Mitte auf blauem Grund (*Chrysanthemum coronarium*)

18 Rosette von einer Bronzetür in Balawat, Neuassyrisches Reich; etwa 860 v. Chr.; Petalen erhaben, Mitte knopfförmig (*Chrysanthemum coronarium*)

19 Rosette von einem Symbolsockel des Königs Tukultiminurtas I. von Assur (1235—1198 v. Chr.); Petalen gewölbt, Ring wulstförmig, Mitte knopfförmig; mittelassyrisch. — Diese Rosette mit zwölf Petalen und einem Discus kommt ebenfalls in der gleichen Ausführung vor in Persien auf einem Relief des Thronbaldachins im Hundertsäulensaal zu Persepolis (550—351 v. Chr.), ferner im Palast des Dareios in Persepolis, an einem Treppenrelief an der Halle des Xerxes („Löwe, einen Stier überfallend") und schließlich an der gleichen Halle an der Freitreppe („Tributzug von Syrern und Baktrern"). *Chrysanthemum*

20 Rosette vom Fußbodenrelief im Palast Assurbanipals in Ninive; etwa 650 v. Chr. (*Chrysanthemum coronarium*)

21 Persische Rosette aus Susa, achmänidisches Kapitell; Petalen löffelförmig vertieft, Mitte knopfförmig mit Ringwulst; derartige Rosetten (Chrysanthemen) mit zwölf Petalen, sonst in gleicher Form, aus Persepolis bekannt. Vgl. Nr. 20

22 Minoische Rose mit fünf Petalen im Fresko des „Blauen Vogels" im Palast zu Knossos, Kreta; 1500 v. Chr.

23 Eine andere Rose aus dem gleichen Fresko in Knossos, jedoch mit sechs Petalen; 1500 v. Chr.

24 Rosenknospe vom Deckel des Chalkidischen Kraters; um 530—525 v. Chr. (in Würzburg)

Wasser und Rosenöl (R. C. Thompson 1949; 194—199). — Chaldäa ist die griechische Bezeichnung für Babylonien, das fruchtbare Talgebiet zwischen dem unteren Euphrat und Tigris, nahe dem Persischen Golf, heute als Irakisches Tiefland bezeichnet.

2\. Jahrtausend v. Chr. Gründung Babyloniens zu Beginn des 2. Jahrtausends, am Euphrat, etwa 80 km südlich von Bagdad, etwa beim heutigen Ort Hillah; im 7. Jahrhundert v. Chr. durch die Assyrer zerstört; ab 605 wieder aufgebaut, mit dem 90 m hohen „Turm zu Babel".

1830 bis 1530 v. Chr. 1. Dynastie von Babylon; Hammurapi (1728—1686) beherrscht ganz Babylonien, Assyrien und Mesopotamien.

17\. Jahrhundert v. Chr. oder früher. Gründung von Ninive, Hauptstadt von Assyrien, auf dem Ostufer des Tigris, gegenüber Mossul; in den Gesimsen der Festhallen waren Rosetten in Stein gemeißelt; Delaporte weist auf ein im Louvre zu Paris stehendes Modell von Ninive hin, das diese „Rosen" aufweist und das einen mit sechspetaligen „Rosen" bestreuten Teppich vorstellen soll, während der Rand mit Lotusblüten und -knospen eingefaßt ist. 602 v. Chr. wird Ninive durch die Meder zerstört und nicht wieder aufgebaut.

12\. Jahrhundert v. Chr. Meder und Perser sollen die Rose, oft auf einem Stab, als religiöses Symbol führen; nach C. C. Hurst könnte dies dann *Rosa gallica* gewesen sein, die in diesem Gebiet damals vermutlich schon wild vorkam. (Keine Abbildung eines solchen Stabes gesehen.)

809 bis 806 v. Chr. herrschte Sammuramat, die Mutter des Assyrerkönigs Adadnirari (nur drei Jahre!); sie stammt aus Babylon und ist besser bekannt unter ihrem griechischen Namen „Semiramis". Ihre „Hängenden Gärten" werden jedoch heute Nebukadnezar II. zugeschrieben.

605 bis 562 v. Chr. Nebukadnezar II. von Babylonien; größte Ausdehnung der Chaldäer-Dynastie während seiner Regierungszeit; er brachte durch seine enorme Bautätigkeit Babylon zur größten Blüte. Sein Palast hatte vier Höfe, von denen der dritte und größte von gelben Säulen umgeben war, die auf azurblauem Grund ein breites Band trugen, das mit weißen „Rosen" mit gelber Mitte verziert war und mit blauen, gelb eingefaßten Rauten (nach Delaporte; hier handelt es sich jedoch eindeutig um Blüten von *Chrysanthemum coronarium,* nicht um Rosen!). Zu dieser Zeit war diese Blume (nicht die Rose!) ein wichtiges Motiv der Architektur und der Kunst.

In der Südburg von Babylon befanden sich die unter der Bezeichnung „Hängende Gärten der Semiramis" weltberühmt gewordenen Bauten, gewölbte Konstruktionen mit Bepflanzung und künstlicher Bewässerung.

„Die hängenden Gärten haben seit Jahrhunderten, oder vielmehr seit Jahrtausenden, die höchste Bewunderung der Welt erregt. Daran trug nicht zum wenigsten die legendäre Verbindung der Sache mit dem Namen Semiramis bei, die gerade bei Didor abgelehnt wird. Auch der Ausdruck ‚hängend' hat den Ruhm dieser Anlage sehr gefördert, obwohl die Ausdrücke ‚cremastos' (= hängend) und ‚pensilis' (= schwebend, d. h. auf Schwibbogen ruhend) für den antiken Techniker lange nicht so viel Wunderbares hatten als für uns. ‚Pensilia' sind für die Römer ‚Balkone', und die hatten an sich nichts besonders Erstaunliches für ihn. Was die hängenden Gärten in die sieben Weltwunder einreihte, war eben die Anlage eines Gartens auf

Abb. 18. Der Mittelmeerraum im Altertum (Original)

der Decke eines benutzbaren Gebäudes" (zit. nach R. Koldewey, S. 100).

587 völlig zerstört; die jüdische Oberschicht wird von ihm nach Babylon in die Gefangenschaft geführt.

539 v. Chr. Kyros II., König der Perser, Gründer des altpersischen Weltreiches, unterwirft Babylon und andere phönizische Städte, die er seinem Reiche einverleibt. Er erlaubt einem Teil der gefangenen Juden die Heimkehr nach Jerusalem. Die ehemals so berühmten „hängenden Gärten" verfielen.

Die „Rose" wird nach Berichten von Herodot Amtssymbol in Babylon (keine Darstellung eines solchen Symbols in der archäologischen Literatur gesehen! Verf.).

331. Eroberung Babyloniens durch Alexander den Großen.

Palästina Ob die Juden zur Zeit Salomos, der im 10. Jahrhundert v. Chr. lebte und von 962 bis 955 den Tempel errichten ließ, schon Rosen kannten, ist sehr umstritten. Hierüber wird noch in dem Abschnitt über die Rosen in der Bibel (Seite 56) eingegangen.

Während der Zeit der römischen Besetzung des Heiligen Landes jedoch wurden Rosen in großem Umfang als Festschmuck verwendet, in erster Linie von den Römern selbst. Diese Rosen kamen entweder aus den Rosenplantagen Roms oder aus Ägypten.

Kreta Die bis jetzt älteste bekannte Darstellung einer Rose fand der britische Archäologe Sir Arthur Evans bei seinen Ausgrabungen in Knossos.

Abb. 19. Die Insel Kreta mit den Hauptgrabungsplätzen und Festungen. 1 Knossos; 2 Phaistos; 3 Hag. Triada; 4 Mallia; 5 Gurnia; 6 Tylissos; 7 Asomatos; 8 Gortyn; 9 Lyktos; 10 Lato; 11 Aptara; 12 Diktynnaion; 13 Mochlos (nach Kirsten und Kraiker)

Knossos liegt am Nordrand der Insel, unmittelbar südöstlich von Iraklion, und war zur Zeit des Königs Minos eine Stadt, heute ein Ruinenfeld. Der berühmte, 140 × 140 Meter große Palast wurde von 2000 bis 1700 v. Chr. erbaut, geschmückt mit zum Teil heute noch erhaltenen prachtvollen Fresken. Um 1450 v. Chr. wurde der Palast durch ein außergewöhnlich heftiges Erdbeben zerstört, jedoch bald wieder aufgebaut, dann brannte er wieder ab und wurde gegen Ende des 15. Jahrhunderts v. Chr. ganz zerstört. Die Blütezeit der minotischen Kultur, aus der heute noch vieles erhalten ist, dauerte von 1700 bis 1400 v. Chr. Ab 1150 v. Chr. begann der völlige Verfall der Kulturstätten Kretas, die von 1898 bis 1936 wieder ausgegraben und teilweise restauriert wurden.

Im Haus der Fresken befindet sich auch das berühmte „Fresko mit dem blauen Vogel" und Blumen. Darüber schreibt Sir Arthur Evans (in „The Palace of Minos", Bd. 2):

> „Aus den Felsen entspringen wilde Erbsen, oder Wicken, die gleichzeitig Hülsen und Blüten in Ähren tragen, Horste von anscheinend kretischen Zwerg-Iris, blau mit orange, und zur Abwechslung auch einmal rosa gerandet mit dunkel rötlichgrün. An der linken Seite, erstmals in der antiken Kunst, erscheint ein Wildrosenbusch, teils gegen einen dunkelroten, teils weißen Hintergrund, während weitere Zweige der gleichen Pflanze vom Felsen herabhängen und sich im Bogen wieder aufrichten. Die Blüten sind von goldener Rosenfarbe, mit orange Mitte, darin dunkelrot gefleckt; der Künstler hat den Blüten sechs anstatt fünf Petalen gegeben und die Blätter vereinfacht auf nur 3 Blättchen, wie bei Erdbeeren."

Viel ist inzwischen über diese Rosendarstellung aus dem 17. Jahrhundert v. Chr. von Archäologen und Botanikern gerätselt worden. Die gelben Blüten und die blaugrünen Blätter wiesen auf *Rosa persica* hin, aber die Zahl der Petalen und der Blättchen paßte nicht dazu. Andere Botaniker hielten die Darstellung eher für eine Form von *Rosa gallica*, künstlerisch vereinfacht und verändert. Möbius (1933), der die Deutung der minotischen Pflanzendarstellungen von Evans einer Durchsicht unterzog, ist überzeugt davon, daß der ganze Habitus, die Blüte, die Knospe mit etwas vorragenden roten Petalenspitzen, die vielen gelben Staubgefäße in der Mitte sowie die gut sichtbaren Stacheln eindeutig eine Rose charakterisieren, wobei Möbius jedoch an die für Kreta angegebene *Rosa canina* oder *R. dumetorum* dachte.

Kritischer zu den Fresken von Knossos äußert sich Rona Hurst (1967), die, botanisch und archäologisch sachverständig, feststellt, daß die Fresken bei dem starken Erdbeben um 1450 v. Chr. in großen und kleinen Stücken von den Wänden fielen und bei der Restaurierung oft mit geringem Sachverstand, ja sogar nach Gefühl zusammengesetzt wurden. Die freien Stellen zwischen den wieder angebrachten Freskoresten wurden ausgemalt von jemand, der kaum sachkundig war. Die Figuren sind stärker stilisiert als im Original, und die neuen Farben sind meist viel leuchtender als die mitunter verblaßten, immerhin 3500 Jahre alten Originale; dagegen sind Fresken aus ägyptischen Gräbern überhaupt

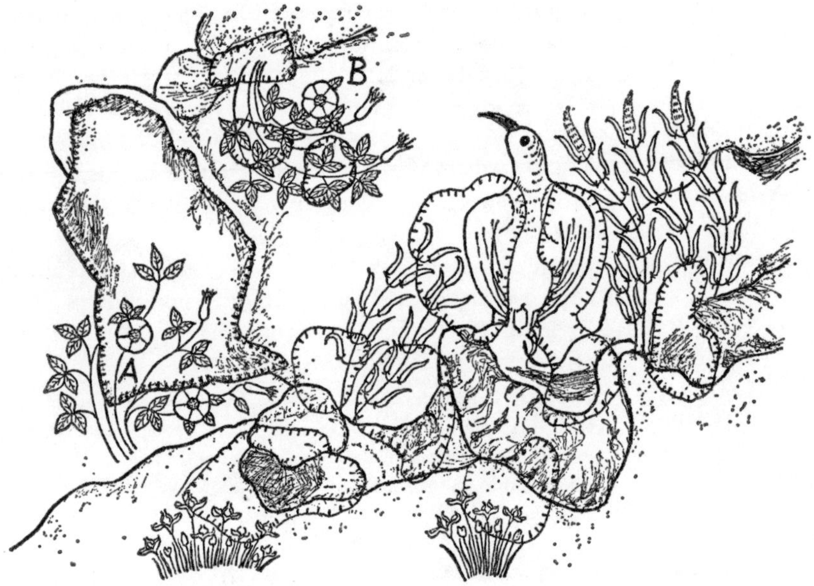

Abb. 20. Das berühmte Fresko mit dem blauen Vogel ist in Wirklichkeit aus angedeuteten Bruchstücken zusammengefügt und nach Gefühl ergänzt worden. Niemand weiß, ob das Original so ausgesehen hat oder ob die Bruchstücke so zusammengehören (Original)

nicht verblaßt, obwohl deren Alter oft noch weit höher ist. Rona Hurst konnte bei ihrem Besuch 1964 in Kreta feststellen, daß die Rosen in diesem Fresko auch weder hellbraun noch gelb, sondern deutlich rosa waren. Ihr Gatte, C. C. Hurst, hatte diese Rosen schon früher (als er sie in England bei Evans sah) vorläufig als *Rosa sancta* (= *R. richardii*) bezeichnet, die heilige Rose aus Abessinien und Ägypten. Nur eine einzige Rosenblüte aus dem Originalfresko ist noch vorhanden (siehe Zeichnung 20, bei A), alle anderen sind bei der Restauration hinzugemalt! Aber diese Originalblüte ist blaßrosa, hat fünf Blütenblätter und sieht aus wie jede andere Rose auch. Wenn Evans sagt (vgl. Zitat), daß die Blüten von schön goldener Rosenfarbe seien, dann hat er damit keineswegs goldgelbe Rosen gemeint, sondern zweifellos sagen wollen, daß die neu hinzugemalten Blüten rosa mit einem goldigen Schimmer waren. Auch der berühmte „blaue Vogel" hatte den Kopf aus dem Originalfresko verloren und wurde ebenfalls gefühlsmäßig ergänzt.

Zusammenfassend kann man (Rona Hurst folgend) von diesem Fresko sagen, daß zweifellos eine Rose dargestellt ist, und zwar die älteste Darstellung einer Rose überhaupt. Sie hat im Original hellrosa ausgesehen, mit fünf Blütenblättern und dreizähligen Blättern; es ist vermutlich *Rosa richardii* (= *R. sancta*) gewesen oder eine Form von *Rosa gallica*. Ob die Freskoreste in der richtigen Stellung angebracht worden sind, ist fraglich. Alles was bisher von Botanikern besprochen wurde, bezog sich nur auf die hinzugemalten Blüten und nicht auf das Originalstück; das gilt auch für Möbius.

Evans fand in Knossos aber auch Fayence-Gefäße, ähnlich Henkeltassen, außen mit gefiederten Blättern bemalt, innen mit einem Reliefschmuck, der sich vom Henkel in den Kelch schmiegt. Hier haben die Blätter fünf oder sieben Blättchen, so daß sie von Evans und Möbius als Rosenzweige bezeichnet werden, obwohl Blüten und Stacheln fehlen (vgl. Abb. 21).

Zuletzt noch ein Fund aus Monastiraki, Nordkreta, ein Steindeckel aus einer frühbronzezeitlichen Siedlung. Dieser Deckel aus hellgrünem Steatit (Buchholz und Kragheorghis Nr. 1120) zeigt einen fünfzackigen Stern, in den Zwickeln Schraffierung, in der Mitte des Sternes einen dicken Knopf zum Anfassen des Deckels. Dieses Ritzmuster erinnert sehr stark an die Rückseite einer einfachen Rosenblüte (Abb. 22).

Griechenland Im heutigen Griechenland lebten um 1400 v. Chr. die Mykener, die keineswegs identisch sind mit den Griechen des Altertums. Ihre Kultur hatte längst nicht den hohen Stand der minoischen Kultur in Kreta. Theseus berichtet, daß die Mykener den Griechen tributpflichtig waren. Beide Völker, Mykener und Griechen, konnten zwar schreiben, aber sie benutzten ihre Schrift nur zur „Buchführung". In Kreta, das die Mykener im 14. Jahrhundert v. Chr. eroberten, fand man einen Stapel von Täfelchen, und die Schrift darauf können die heutigen Gelehrten durchaus lesen. Ein für die Sache der Rosen

Abb. 21. Blumenvasen in Tassenform aus Fayence; aus einem Steintresor in Knossos, links von oben gesehen. Der aufliegende Zweig wird oft als „Rose" gedeutet

besonders wichtiger Fund aus der Zeit um 1200 v. Chr. wurde im Palast des Nestor in Pylos, Peleponnes, gefunden. Auf einem dieser Täfelchen (einer Art von „Quittung" oder „Lieferschein") erfahren wir etwas über „Öl mit Rosenduft". Auf dem Täfelchen Nr. 1223 heißt es:

An Ti-no, Öl, mit Salbeiduft, zum Salben ... LM 2
ferner, mit Rosenduft, zum Salben LM 2

„LM" soll (nach Young) eine Maßeinheit sein, deren Menge zwar nicht genau bekannt ist, aber etwa 11 Liter betragen haben soll. Im 12. Jahrhundert v. Chr., als der Palast des Nestor zerstört und niedergebrannt wurde, buken die „Lieferscheine" in der Glut zu Ziegeln zusammen, und so sind die Notizen bis in unsere Zeit gelangt.

Nach dem Niedergang Kretas gibt es lange Zeit keine Nachrichten über Rosen. Homer, der sagenhafte, blinde Sänger, der im 9. Jahrhundert v. Chr. lebte und als Schöpfer der „Ilias" (Kampf um Troja) und der „Odyssee" (Irrfahrten des Odysseus) gilt— neuerdings wird dies jedoch in Zweifel gezogen —, ist der erste, der die Rose in der griechischen Literatur zitiert. Er berichtet, daß Aphrodite den Leichnam Hectors, der bei der Belagerung Trojas (1206 v. Chr.) durch Achilles getötet wurde, während der Nacht im Lager der Griechen einbalsamierte und mit Rosenöl abrieb. Er erzählt ferner, daß der Schild des Achilles mit Rosen geschmückt wurde. Somit kann man annehmen, daß um jene Zeit die Rosen bereits in Kultur genommen und sehr wahrscheinlich schon bis Griechenland gelangt waren.

Sappho, die berühmte griechische Dichterin, die im 8. Jahrhundert v. Chr. auf der Insel Lesbos lebte, besang in ihren Naturliedern als erste die Rose als die „Königin der Blumen", und das ist sie bis heute geblieben. Nach ihr haben viele andere Dichter die Rose besungen.

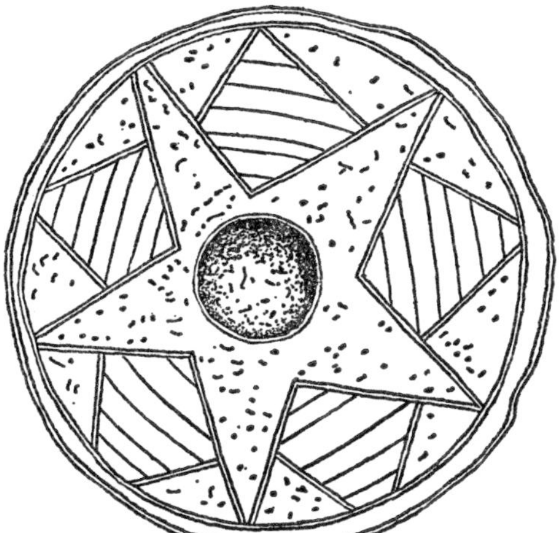

Abb. 22. Deckel aus hellgrünem Steatit aus der Frühbronzezeit, Nordkreta. Die Sternfigur erinnert an eine von unten gesehene Rosenblüte mit Kelch und Petalen, in der Mitte ein Knauf zum Aufheben des Deckels. 15. Jahrhundert v. Chr. (Original)

Archilochos, 719—663 v. Chr., ein Dichter in Kleinasien, verherrlicht in seinen lyrischen Gedichten die Rose; allerdings ist nicht sicher, ob er die Rose aus Griechenland kennt oder auf seinen Reisen gesehen hat. Er sagt in einem Gedicht:

„Myrtenzweiglein hielt sie spielend in der Hand und schön erblühte Rosen."

Der Dichter Stesichoros, 604—555 v. Chr., der in Himera, der griechischen Kolonie an der Nordküste von Sizilien (408 von den Karthagern völlig zerstört) lebte und der Begründer einer Heldenballade ist, sagt, daß der Kranz von Rosen die Schläfen der festlichen Zecher schmücke, während wir von Solon, dem griechischen Gesetzgeber (640—560 v. Chr.) wissen, daß den sogenannten unehrbaren und „gefallenen" Mädchen das Tragen eines Rosenkranzes verboten war. Aber auch Stesichoros sagt von einer „gemeinen Frau"

„tot wirst du liegen und vergessen sein, denn dich schmückten nicht im Leben die Rosen der Musen".

Um das Jahr 500 v. Chr. muß die Rosenkultur in Griechenland bereits sehr verbreitet gewesen sein, denn Pindar, der Musiker und Dichter in Athen (520—447 v. Chr.), schildert die Stadt so:

„Veilchenblüten durchduften voll Süße das Land irdischer Wonnen — und Rosen umkränzen die Schläfe."

Nirgends werden die Rosen jedoch genauer beschrieben, so daß wir nur vermuten können, um welche Arten es sich seinerzeit gehandelt haben kann.

Bei Anakreon (580—490 v. Chr.), dem griechischen Lyriker und Sänger am Hofe des Polykrates auf Samos, müssen wir etwas länger verweilen. Er besang die Liebe und den Wein. Er war es auch, der über die mythische Entstehung der Rose berichtet, und zwar aus dem weißen Schaum, der den Körper der Göttin Aphrodite (bei den Römern Venus) bedeckte, als diese aus dem Meere stieg, und der alsobald in weiße Rosen verwandelt wurde, um die Blöße der Göttin zu bedecken. Viele Rosenbuchautoren erwähnen, daß Anakreon in seiner 51. Ode wohl das erste Gedicht über die Rose schrieb. Da man es selten irgendwo nachlesen kann, möge es hier folgen:

ANAKREON, 51. Ode

Nebst dem kranzgeschmückten Lenze
Sing ich dich, o holde Rose.
Auf Geliebte, hilf mir singen!

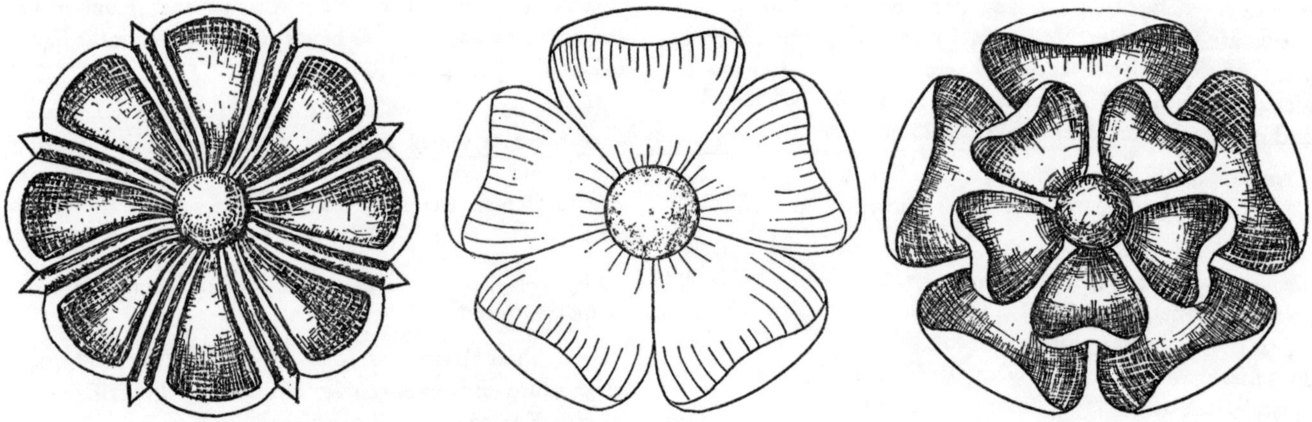

1 2 3

Abb. 23. 1 Rosette von einem Kapitell des alten Artemision in Ephesos; 6. Jahrhundert v. Chr. (im Britischen Museum, London); 2 Rose (keine Rosette!) vom Saum des Kleides der großen Artemis-Statue vom Rathaus zu Ephesus; 4. Jahrhundert v. Chr. (?); 3 Doppelte Rose vom Sarkophag des Celsus Polemaeanus; in der Celsus-Bibliothek; etwa 135 n. Chr. von dem Sohn des Celsus zum Andenken an seinen Vater gestiftet, der den Bau der Bibliothek jedoch nicht erlebte; ebenfalls in Ephesos[1] (Original)

Wohlgeruch haucht sie den Göttern,
Sie ist Wonne für den Menschen;
Sie ist in der Blumenblüte,
Wo die Liebesgötter walten,
Für die Charitinnen Zierde,
Und die Freude Aphroditens;
Sie, sie ist des Dichters Freundin
Und der Musen Lieblingsblume.

Lieblich haucht sie dem entgegen,
Der sie pflückt am Dornenpfade;
Lieblich atmet Eros Blume
Dem der sie, mit mildem Finger,
Reibend, sanft zur Nase bringet.

Sie, sie ist des Sängers Wonne
Bei dem Schmaus, bei Trinkgelagen
Und Lyäens frohen Festen.
Wo wär' etwas ohne Rosen?
Rosenfingerig ist Eos,
Rosenarmig sind die Nymphen,
Und die Rosenhaut Cytherens
Wird gepriesen von den Weisen.

Scheucht von Toten die Verwesung,
Auch den Kranken heilt sie wieder,
Widersteht der Macht der Zeiten,
Reizend selber ist ihr Alter
Durch den Wohlgeruch der Jugend.

Auf! Laßt uns den Ursprung singen!
Als vom Schaum des blauen Meeres
Die betauete Cythere
Einst der Ozean geboren,
Und die kriegerische Pallas,
Des Olympus ernste Göttin,
Auf Kronions Haupt sich zeigte,
Damals ließ auch Mutter Erde
Der bewundernswerten Rose,
Dieses holden Meisterstückes
Ersten jungen Strauch entsprießen.
Und die Schar der sel'gen Götter
Netzte die enthüllte Blüte
Dann mit Nektar, und so prangend
Stieg empor aus Dorngesträuchen
Bacchus ewigjunge Blume.

Wir kommen nun zu Herodot, dem „Vater der Geschichtsschreibung“, 490 bis etwa 420 v. Chr. Er schildert uns die berühmte „Rose mit den 60 Blütenblättern“ des Königs Midas von Phrygien, einer Landschaft in Kleinasien, die aber im 6. Jahrhundert v. Chr. unter lydische und persische Herrschaft geriet. Der König ging nach Makedonien ins Exil (so etwas gab es also auch früher schon), nicht ohne seine Rosen mitzunehmen. Hier sah sie Herodot, der aus Halikarnassos gebürtig war, einem Ort in Karien, ebenfalls in Kleinasien, und dem Rosen schon von Jugend auf vertraut gewesen sein müssen. Er erzählt von den wunderbaren Gärten des Königs Midas in Makedonien; die sechzigblättrigen Rosen dufteten stärker als alle anderen ihm bekannten Rosen. Übrigens, Phrygien wurde gegen Ende des

[1] Ephesos, die ursprünglich ionische Kolonie in Kleinasien, wurde schon um 1200 v. Chr. besiedelt; später die bedeutendste Metropole Kleinasiens im Alterum. Der im 6. Jahrhundert v. Chr. angelegte Tempel der Artemis zählte zu den Sieben Weltwundern.

4. Jahrhunderts wieder von den Makedoniern erobert, und noch später wurde es die 130. römische Provinz. Fast alle Autoren waren der Meinung, es müsse sich hier um *Rosa centifolia* gehandelt haben; heute jedoch sieht man es als sicher an, daß es eine gefülltblühende Form von *Rosa gallica* war oder die gefüllte *Rosa alba,* die es auch bereits gab.

Alexander der Große, 356—323 v. Chr., hat zweifellos von seinen Kriegszügen aus dem Osten auch Samen und Pflanzen als Kriegsbeute mitgebracht, und gewiß auch Rosen.

Der nächste wichtige Berichterstatter ist Theophrastos (372—287 v. Chr.), bekannt als der „Vater der Botanik". Von ihm erfahren wir eine Menge von Tatsachen, die uns auch ein Bild von der Rose in der damaligen Gartenkultur geben. Zunächst einmal unterscheidet er zwei Arten von Rosen, nämlich „rhodon", Rosen mit gefüllten Blüten (siehe auch am Schluß des Abschnittes „Griechenland"), und „kynosbaton", die Hundsrose oder wilde Rose, *Rosa canina* und Formen hiervon. Er erzählt auch, daß die Einwohner der im Jahre 356 v. Chr. von Philipp II. von Makedonien gegründeten christlichen Gemeinde Philippi (heute Felab) sich auf dem Berg Pangaeus, in ihrer Nähe, wildwachsende Rosen in ihre Gärten holten. Möglicherweise lag auch hier, oder in der Nähe, der Rosengarten des Königs Midas. Hier dürfte es sich nur um *Rosa gallica* bzw. gefülltblühende Formen hiervon gehandelt haben, und wenn Theophrast und später Plinius von der „hundertblättrigen" Rose (*Rosa centifolia* bzw. *rhóda hekatontóphylla*) schreiben, dann darf man dies nicht, wie so oft irrtümlich geschehen, mit unserer modernen *Rosa centifolia* gleichsetzen, die ein Kind unserer Zeit ist, eine komplexe Hybride, die seit dem 16. Jahrhundert in Holland gezüchtet und von dort verbreitet wurde.

Aber auch andere Angaben von Theophrast erfordern eine Klarstellung: Bei seiner Schilderung der damaligen Anbaumethoden bei Rosen vergleicht er die Ergebnisse der Vermehrung aus Samen mit der aus der anscheinend sonst üblichen Stockteilung. Wenn in alten Büchern berichtet wird, die Griechen pflegten ihre Rosen häufig, mitunter sogar alljährlich, zu verpflanzen, so kann hiermit nur die Stockteilung gemeint sein, da die Veredlung damals noch nicht bekannt war. Vielleicht waren die Pflanzen auch so starkwüchsig, daß man alljährlich Ableger oder Ausläufer abnehmen konnte. Falsch ist auch eine andere Schilderung, nach der die Griechen alljährlich ihre Rosen „abzubrennen" pflegen sollten, weil sie sonst keine Blüten brächten. Dies ist entweder falsch verstanden oder falsch übersetzt, denn in einem alten französischen Buch wird in einem Bericht des Plinius über Theophrast gesagt, „die Rosen wurden zurückgeschnitten und dann ins Feuer geworfen", wie wir es ja auch heute mit dem Schnittholz tun. Auch hier sehen wir wiederum, eine wie große Bedeutung die Rose schon damals in Griechenland gehabt haben muß.

Schließlich ist zu erwähnen, daß Theophrast auch über die Rosen Ägyptens berichtet, und zwar sollen diese dort zwei Monate früher blühen als in Europa. 30 Jahre später gibt auch Callixenes, von Rhodos, eine ähnliche Information, und daraus kann man schließen, daß die Rosen etwa um 300 v. Chr. nach Ägypten eingeführt worden sein müssen; woher ist unbekannt, mutmaßlich aus Griechenland.

In Athen ließ Epikur (341—271 v. Chr.) sich einen Rosengarten in der Stadt anlegen, um immer frische Rosen zu haben; dies ist sicherlich der bedeutendste private Rosengarten seiner Zeit gewesen.

Die Insel Rhodos was so reich an Rosen, daß schon im 4. Jahrhundert v. Chr. dort Münzen geschlagen wurden mit der Darstellung einer Rose (Tafel 2).

Theokrit, aus Syrakus, um 305—270 v. Chr., der Begründer der griechischen Hirtenpoesie, besingt die Schönheit der Rosen in den Gärten.

Dioskorides, 1. Jahrhundert n. Chr., schrieb ein bedeutendes Werk (Materia Medica, oder „Die gründliche Beschreibung der Materien der Arznei, in 6 Büchern"), das 1546 auch in einer deutschen Ausgabe erschien und damals noch immer „up to date" war; in diesem Buche werden viele Anwendungsarten der Rose in der Heilkunde und der Schönheitspflege aufgezählt.

Als letzter griechischer Autor sei noch Plutarch 46—120 n. Chr., griechischer Historiker, genannt, der beobachtet haben will, daß Knoblauch, der in der Nähe von Rosenbüschen gepflanzt wird, den Duft der Rosenblüten verstärke.

Auch sonst wissen wir noch einiges aus dem Umgang der Griechen mit Rosen. Als ausgesprochen kunstsinniges Volk schätzten sie natürlich Rosen mit vollkommenen, edlen Blüten. In ihren Städten war nur wenig Platz für Rosengärten. Die Straßen waren eng, so daß die reichen Bürger die Rückseite ihrer Häuser zur Straße verlegten und die Wohnräume mit Blick auf den Garten, in dem es Beete mit Lilien, Veilchen, Rosen und anderen Blumen gab. Man glaubte, der Duft der Blumen mache das Haus gesund. Der Garten war Sache der Frau des Hauses.

Es gab auch noch andere Gärten, in denen kleine Rosensträucher mit besonders schönen Blüten gepflegt wurden, die „Adonis-Gärten". Die Rosensträucher standen hier oft sogar in silbernen Gefäßen, und in dieser Weise gelangte man später zur „Topfkultur", von der Theophrast berichtet. Später wurden sogar Dachgärten modern. Theophrast war ein sehr genauer Beobachter. Er schrieb über die Rosen seiner Zeit:

„Die Rosen unterscheiden sich in der Anzahl ihrer Blütenblätter; manche haben fünf, andere zwölf oder zwanzig, einige sogar hundert Blütenblätter. Sie unterscheiden sich aber auch in der Schönheit ihrer Färbung und der Süße ihres Duftes. Manche Rosen sind rauh, und bei den großblumigen duftenden Rosen ist auch der Kelch unter der Blüte rauh. Am süßesten duften die Rosen von Cyrene."

An anderer Stelle sagt er, daß die Rosen rote, rosa und weiße Blüten haben. Bei den stark duftenden Rosen könnte es sich vielleicht auch um *Rosa damascena* gehandelt haben. Was es aber mit den „Rosen von Cyrene" (einer im 7. Jahrhundert v. Chr. von den Griechen in Nordafrika gegründeten Kolonie, später Cyrenaica genannt, bei dem heutigen Ort Bengasi) auf sich hat, ist bis jetzt ungeklärt geblieben.

Rom Die Nachrichten über die Rose im alten Rom sind so zahlreich, daß der Stoff hier einer Gliederung bedarf, um eine gute Übersicht zu bekommen. Zunächst mögen hier chronologisch die Angaben über Rosen aus der alten römischen Literatur folgen, vom 3. Jahrhundert v. Chr. bis zum Niedergang des Römischen Reiches. Über Plinius folgt ein eigener Abschnitt, weil gerade dieser Autor sehr viel über Rosen berichtet hat, das erläutert werden muß. Ein letzter Abschnitt soll über die Rose im täglichen Leben, über Rosenkultur und Rosengärten im alten Rom Aufschluß geben und das Bild abrunden.

a. *Chronologische Angaben aus der römischen Literatur*

Von Griechenland aus sind die Rosen durch griechische Siedler schon früh nach Rom gekommen, ebenso auch nach Nordafrika, Sizilien und Spanien, wo überall griechische Siedlungen oder „Kolonien" entstanden waren. Mit den Rosen war auch die griechische Lebensweise nach Rom gekommen, der Verfall der Sitten in der römischen Oberschicht hatte schon begonnen.

Wahrscheinlich gelangte die Rose auch durch die Griechen nach Gallien und England.

Cato, Marcus Porcius Cato, der Censor, römischer Staatsmann, 234—149 v. Chr., versuchte der sinkenden Moral entgegenzutreten. Er klagte darüber, daß für leichte militärische Siege schon Rosen vergeben würden, was ihren Wert sehr verringere. Nichtsdestoweniger aber trat er dafür ein, in jedem Privatgarten auch Rosen zu pflanzen und zu pflegen, um so den ungeheuren Bedarf an Rosenblüten für Kränze und Gebinde decken zu können.

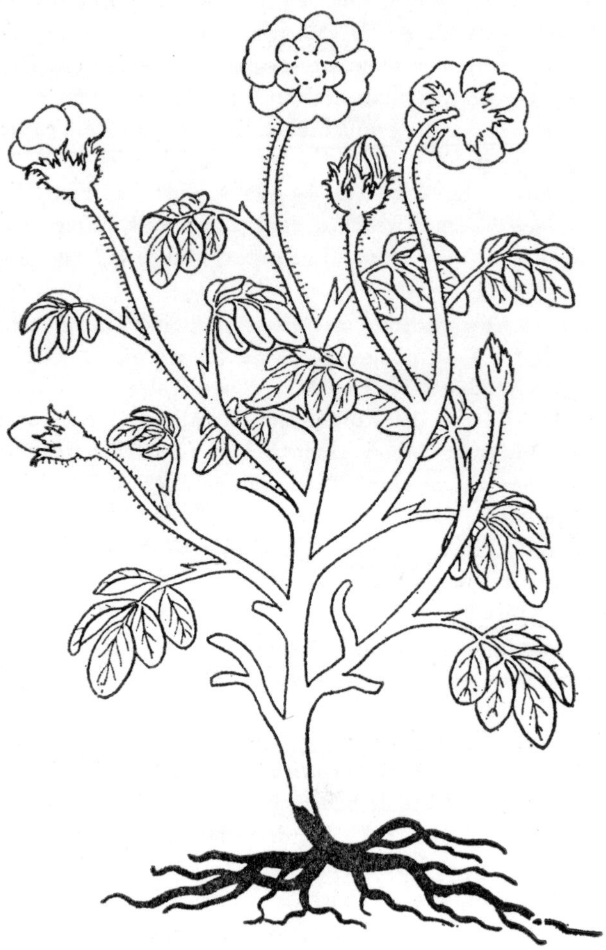

Abb. 24. *Rosa foetida*; nach einer Zeichnung aus Dioscorides, Materia Medica, aus dem Jahre 512

Das Tragen von Rosenkränzen war in Kriegszeiten verboten. Als im 2. Punischen Krieg (218—201 v. Chr.) ein Geldverleiher, Lucius Flavius, am hellichten Tag mit einem Rosenkranz auf seinem Haupt aus dem Fenster seines Ladens sah, ließ der Senat ihn deswegen ins Gefängnis werfen.

Cicero, Marcus Tullius Cicero, der berühmte römische Redner und Politiker, 106—43 v. Chr., hatte den ungetreuen Statthalter von Sizilien, Gajus Verres, angeklagt, wegen seines luxuriösen Lebens und weil er eine riesige Summe Geldes aus der sizilianischen Bevölkerung erpreßt hatte. Besonders verurteilt wurde aber, daß er während seiner Fahrten durch das Land auf Kissen zu sitzen pflegte, die mit Rosenblüten ausgestopft waren, während er auf dem Haupt einen Kranz aus Rosen trug. Unglaublich, er hatte sogar ein „Riechbeutelchen" mit Rosen unter seiner Nase!

Römisches Rosenmosaik aus dem 2. Jahrhundert n. Chr. Gefunden 1903/1904 in den Ruinen eines luxuriösen römischen Hauses in El-Djem, im Osten Tunesiens (früher Thysdrus). Heute im Museum Aloui in Tunis (aus Rosenzeitung 1913)

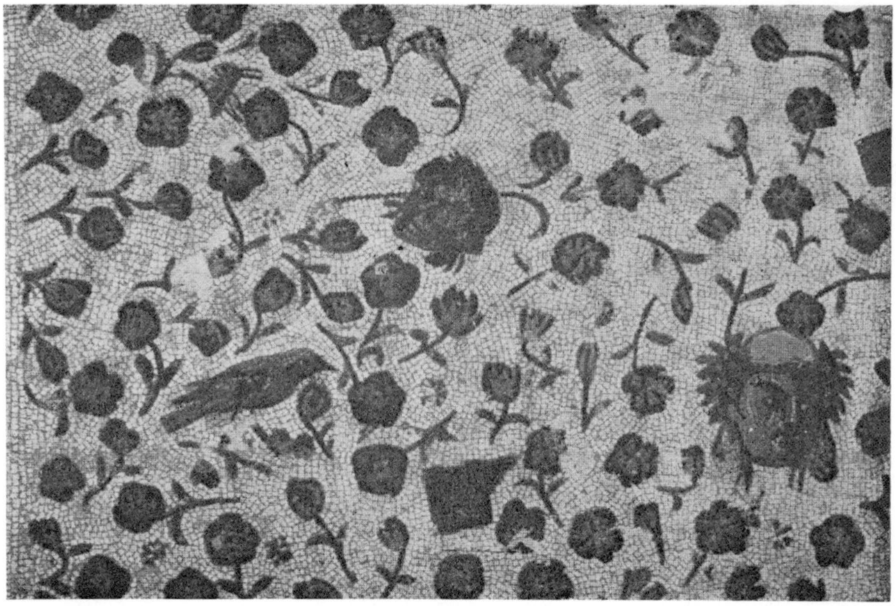

Das berühmte Fresko mit dem „Blauen Vogel“ im Palast von Knossos, Heraklion Museum, Kreta. Das Bild wurde im 16. Jahrhundert v. Chr. gemalt (Text Seite 28)

Tetradrachme von Rhodos; Vorderseite mit Apollo-Kopf, Rückseite Rose (408—395 v. Chr.) (siehe Seite 232)

Didrachme von Rhodos; vorn Helios-Kopf, Rückseite Rose mit Knospe, links Weintraube und „E“ (siehe Seite 232)

Bulgarische 10-Stotinki-Münze von 1913 mit Kranz aus Rosenblüten, Lorbeerblättern und Getreideähren (siehe Seite 233)

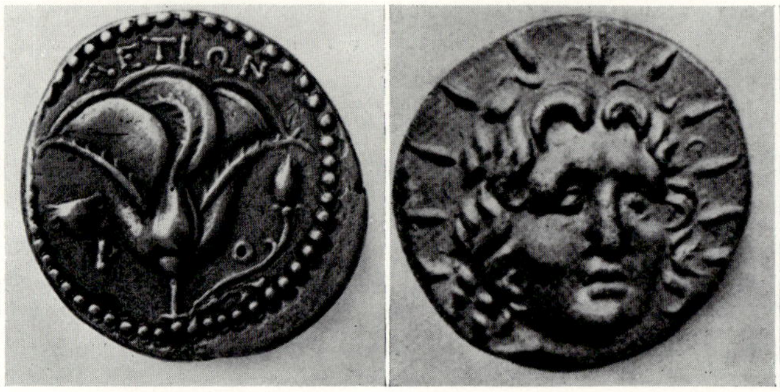

Trihemidrachme aus Rhodos; vorn Helios-Kopf mit Strahlen, Rückseite Rosenblüte mit Knospe (88—43 v. Chr.)

Drachme von Rhodos; Rückseite mit offener Rose, darunter eine Ähre (siehe Seite 232)

Der Orden der Lippischen Rose für Kunst und Wissenschaft, 1. Klasse (Vorderseite)

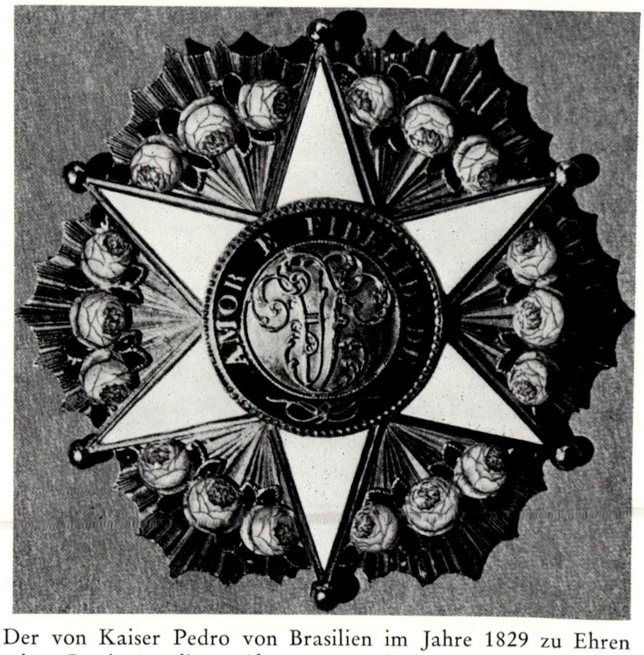

Der von Kaiser Pedro von Brasilien im Jahre 1829 zu Ehren seiner Gattin Amalia gestiftete Rosenorden

Varro (117—28 v. Chr.) schildert uns in seinem Buch „Res Rustica“ die damals übliche Vermehrung der Rose.

Virgil, mit vollem Namen Publius Vergilius Maro, römischer Dichter, 70—19 v. Chr., verfaßte Gedichte über den Landbau; über ihn wird später noch einiges berichtet (Seite 35).

Horaz, genauer Quintus Horatius Flaccus, ebenfalls römischer Dichter, 65—8 v. Chr., berichtet über den zunehmenden Rosenanbau auf Kosten der Flächen für das Getreide (Oden II, 15, 5). Aber trotz dieser Proteste ging der Rosenanbau ungeschmälert weiter.

Die Zeitspanne von 43 v. Chr. bis 14 n. Chr. nennt man auch das „Goldene Zeitalter Roms“.

Ovid, Publius Ovidius Naso, römischer Dichter, 43 v. Chr. bis 18 n. Chr., erwähnt die „Rose von Enna“ in Sizilien.

Zur Zeit des Augustus, Gajus Octavianus Augustus, erster römischer Kaiser, 63 v. Chr. bis 14 n. Chr., sind die Rosenblüten anfänglich noch ein Luxus, doch bald aber werden sie ein Bedürfnis des täglichen Lebens. Es wurde Sitte, Rosengärten für den eigenen Bedarf anzulegen, um den Duft zu genießen und stets frische Rosenblüten zu haben. Außerdem kam es in Mode, zur Rosenblütezeit nach Paestum zu reisen. Man verwendete die Rosen überall im Haus und bei Tisch; auch bei Bestattungen benötigte man sie, ja es gab sogar ein eigenes Rosenfest zu Ehren der Toten.

Seneca, Lucius Annaeus Seneca, römischer Philosoph und Lehrer Neros, 3 v. Chr. bis 65 n. Chr. (Selbstmord auf Befehl Neros), schrieb ein sehr wichtiges Werk „Naturwissenschaftliche Untersuchungen“, das bis ins Mittelalter als Lehrbuch der Physik verwandt wurde. Er schildert auch schon eine Art von „Rosentreiberei“ durch Verwendung warmen Wassers und Kultur in „Treibhäusern“. — Von ihm sind uns auch Nachrichten über die Sybariten (die Bewohner der Stadt Sybaris, heute Sibari, am gleichnamigen Fluß, in Lukanien, Unteritalien, im Jahre 510 v. Chr. von den Griechen zerstört) überliefert, die wegen ihrer Schlemmerei und Üppigkeit berüchtigt und sprichwörtlich waren. Einem Sybariten „kamen schon die Schweißtropfen, wenn er einen Sklaven arbeiten sah“. Einer gar, Sminirides, klagte darüber, er habe die ganze Nacht keinen Schlaf finden können, weil er auf seinem mit Rosen bestreuten Nachtlager auf einem gefalteten Rosenblatt gelegen habe.

Über Plinius, der von 23—79 lebte, wird auf Seite 34 ausführlich berichtet. Hier sei nur gesagt, daß Plinius auch Albion, die „Insel der weißen Rosen“ erwähnt, und meinte, sie habe ihren Namen von den weißen Rosen erhalten. Die Wissenschaft ist jedoch der Meinung, daß Albion ein alter, vielleicht vorkeltischer Name für Britannien (ohne Irland) ist, der sich wohl eher auf die weißen Klippen von Dover bezieht. „Albion“ wird bereits im 6. bis 5. Jahrhundert v. Chr. von dem römischen Dichter Avienus erwähnt. — Gelegentlich wird auch bestritten, daß damit Britannien gemeint sei.

Nun kommen wir zu Nero, Lucius Domitius Ahenobarbus Nero, 37—68 n. Chr., dem grausamen und verschwenderischen römischen Kaiser, der bei einem einzigen berühmten Gastmahl nicht weniger als 4 Millionen Sesterzen für die Beschaffung der Rosen ausgab. 1 Sesterz war eine kleine Silbermünze, 1000 Sesterzen waren um 1870 etwa 150 Mark in Gold, mithin haben wir hier einen Betrag von rund 600 000 Mark in Gold! Bei einer anderen Gelegenheit ließ er das Ufer des Sees von Bajae mit unvorstellbaren Mengen von Rosen bestreuen, die sogar noch höhere Ausgaben, etwa 900 000 Mark in Gold, erforderten. Er liebte es auch — und andere Kaiser nach ihm taten es ebenso —, während der Orgien oder Gastmähler von der Decke Rosen auf seine Gäste herabregnen zu lassen, und zwar mitunter in solchen Mengen, daß Gäste darunter erstickten. Um diese Riesenmengen von Rosenblüten zu erhalten, mußten umfangreiche Rosenkulturen angelegt werden, und die waren vor allem in Paestum.

Martial, Marcus Valerius Martialis, römischer Dichter, 41—100, gebürtig aus Spanien, beweist, auf welcher Höhe die Rosenkultur seiner Zeit schon stand, mit folgenden Versen:

„Nil, die römischen Rosen sind schon heute schöner als deine!
Rosen brauchen wir nicht; aber wir brauchen dein Korn.“

Trotzdem wurden noch immer Rosen aus Ägypten eingeführt, und er berichtet von einem Schiff, das aus Memphis (Ägypten, Nildelta) dem Kaiser Domitian blühende Rosen als besondere Gabe überbringen sollte, doch waren die Ägypter überrascht, überall in Rom blühende Rosensträucher zu finden! Das bewog Martial zu obigem Vers.

Zur Zeit Domitians, Titus Flavius Domitianus, 51 bis 96, römischer Kaiser (81—96), war Rom ein einziges Duftmeer von Rosen, wie seine Zeitgenossen berichten (wir meinen, es roch sicherlich nicht nur nach Rosen!).

Tacitus, der römische Schriftsteller, 55—115, berichtet, daß nach der Schlacht von Bedriacum (einem kleinen Ort zwischen Cremona und Verona) der Kaiser Vitellius, berüchtigt wegen seiner Schwelgerei und Nachlässigkeit in Staatsangelegenheiten, das Schlachtfeld besucht. Mit Recht ist Tacitus darüber empört, daß man dem Kaiser seinen Weg durch die Leichen der noch unbestatteten Soldaten mit Rosen und Lorbeer bestreut und so die Rosen entwürdigt hatte.

Columella, Lucius Junius Moderator Columella, ein römischer Grundbesitzer, um 60 n. Chr., verfaßte 12 Bücher über den Landbau; darin erwähnt er auch die Kultur spätblühender Rosen. Die Kulturmethode weicht kaum von der der Griechen ab. Er empfiehlt, wie schon Varro 100 Jahre vor ihm, die Büsche alljährlich vor Anfang März zu schneiden, und er fügt hinzu, daß die Pflanzen bei guter Pflege viele Jahre blühen würden. Daraus ergibt sich, daß die Pflanzen stets sorgfältig geschnitten wurden, aber keineswegs bis zum Boden.

Plinius der Jüngere, 61—113 n. Chr., beschreibt in seinen Briefen auch seine beiden Besitzungen Tusci und Laurentinum; in Tusci hat er einen Rosengarten, die Rosen sind an der sonnigsten Stelle des Gartens gepflanzt.

Lucianus, ein griechischer Schriftsteller, „Wanderlehrer" in Italien und Gallien, 120—180, kritisierte mit Ironie die Mißstände seiner Zeit, auch die Römer, denen die Rosen im Sommer nichts sagten und die statt dessen Rosen im Winter haben wollten.

Wie schon früher angegeben, war es Sitte, bei Prunkfesten Rosen aus der Höhe auf die Gäste herabregnen zu lassen. Als nun Heliogabal, 204—222, der aus Emasa in Syrien stammte und dort Hoherpriester des Sonnengottes Elagabal war, römischer Kaiser im Alter von 14 Jahren geworden war, wollte er seine Regierungszeit mit einem besonders großen Fest beginnen. Er ließ drei Rosenschauer so schnell und so stark aufeinander folgen, daß viele seiner Gäste darin umkamen; der Kaiser hatte vorher befohlen, alle Türen zu verriegeln, so daß niemand sich retten konnte.

Als letzter Autor sei noch Palladius, Rutilius Taurus Aemilianus, ein landwirtschaftlicher Schriftsteller im 4. Jahrhundert n. Chr., erwähnt, der in seinen 14 Büchern über den Landbau von den Rosen schrieb, daß sie im Februar—März gepflanzt werden sollten, entweder durch „Setzlinge" oder man könne sie auch säen. Die alten Stöcke müsse man mit der Hacke ringsum lockern und dabei auch die schlechten Zweige fortschneiden. An anderer Stelle sagt er, daß man die Stecklinge auch schon im November setzen kann. Frühere Blüte könne man durch Begießen mit warmem Wasser erzielen. Der Boden solle feuchter, lockerer Lehm sein, doch würden die Blüten in trocknem Boden besonders wohlriechend. Wichtig sei auch sonnige Lage und Gaben von Rinderdung.

Ob diese „Kulturbeschreibungen" noch viel genutzt haben, sei dahingestellt, denn nach dem völligen Niedergang des Römischen Reiches, 476 n. Chr., wird es still um die Rosen. Wahrscheinlich wurden sie nur noch in den Klöstern weitergepflegt, dort jedoch nicht wegen der Blüten, sondern wegen der vielen Gesundheitsmittel, die man aus den Hagebutten und Blüten herstellte.

b. *Plinius der Ältere und die Rosen seiner Zeit*

Dieser Autor verfaßte eine 37bändige „Naturgeschichte", von der er nur die ersten zehn Bände selbst sehen konnte, die übrigen 27 Bände erschienen erst nach seinem Tode; er kam beim Ausbruch des Vesuvs im Jahre 79 n. Chr. ums Leben, als Herculanum und Pompeji verschüttet wurden.

Es würde zu weit führen, den Text von Plinius vollständig zu zitieren; zweckmäßiger ist es, seine Ausführungen kritisch zu kommentieren. Die Rosen werden behandelt im 21. Band, Kapitel 10. Darin heißt es u. a.:

> „Unseren Gärtnern sind nur wenige Arten von Kranzblumen bekannt, die im Garten gezogen werden, nämlich fast nur Veilchen und Rosen. Die Rose ist das Erzeugnis eines Dornbusches, der auch wild vorkommt. Auch die wilde Rose hat einen angenehmen, wenn auch schwachen Geruch."
>
> „Bei uns sind die pränestinischen und die kampanischen die berühmtesten Arten; einige nehmen dazu noch die miletische, die die feurigste Farbe und nicht über 12 Blumenblätter hat."
>
> „Nächst dieser kommt die blassere trachinische, dann die alabandische mit weißlichen Blüten; die allergeringste aber hat die meisten, doch sehr kleine Blütenblätter und sehr kleine Dornen."
>
> „Die geringste Zahl der Blumenblätter ist 5; ihre Menge steigt aber so sehr, daß eine Art die hundertblättrige (centifolia) genannt wird, und diese kommt in Italien zu Campanien, und in Griechenland um Philippi, jedoch nicht wild vor."
>
> „In der Nähe des Berges Pangaeus wächst eine Art mit zahlreichen aber kleinen Blütenblättern, die von den dortigen Bewohnern auf ihren Äckern gebauet wird und ihnen einen Nahrungszweig verschafft."

Manche Botaniker haben sich damit befaßt, die Rosen des Plinius zu identifizieren. Heute glaubt man, daß sie richtig erkannt werden konnten. Es handelt sich um folgende Rosen:

Rose von Praeneste; sie war am meisten geschätzt und blühte als späteste von allen (= *Rosa gallica*).

Rose von Campanien, ebenfalls sehr geschätzt, mit hellgrünem oder bläulichem Laub und weißen, duftenden Blüten (= *Rosa alba*).

Rose von Trachys (nach der Stadt Heraclea Trachis). Blühte rosa (wahrscheinlich *R. damascena*).

Rose von Milet; blühte lebhaft rot, mit niemals mehr als 10 Petalen, spät (= *R. gallica*).

Rose von Cyrene; am meisten duftend von allen, Salbe hieraus besonders fein (= *R. moschata*?).

Rose von Pangaeus; wild vorkommend im Gebirge Pangaeus, in der Nähe von Philippi, wurde von den Bewohnern der Gegend ausgegraben und in ihre Gärten gepflanzt (= *R. gallica*).

Alabandica (nach Alabana in Karien); mit vielen weißlichen Blütenblättern, nicht so geschätzt (vermutlich *R. alba* oder Form hiervon).

Coroniola. Die „Rose des Herbstes", mittelgroße Blüten; unklar, vielleicht *Rosa sempervirens*; Blüten wurden zu „Krönchen" verwendet.

Spineola. Die „Stachelige". Nur kurz erwähnt; die Autoren glauben, daß es sich hier um *R. pimpinellifolia* var. *myriacantha* handeln kann, die in Norditalien und Südfrankreich früher sehr verbreitet war.

Die „hundertblättrige" Rose. Sie kam in Campania ebenso wie in Griechenland (bei Philippi) vor und ist sehr oft kurzerhand als *Rosa centifolia* „identifiziert" worden. Unsere heutige Zentifolie gab es damals überhaupt noch nicht; wir können in der alten „hundertblättrigen" Rose nur *Rosa damascena* vermuten. Sie wurde nie für Rosenkränze verwendet.

Graecula. Die kleine griechische Rose; wahrscheinlich *R. canina.*

Graeca; griechisch „Lychnis". Keine Rose, sondern *Agrostemma coronaria.*

Macetum. „Ihre Zweige gleichen denen der Malve, die Blätter erinnern an die Olive." Einige Botaniker glauben hierin *Rosa moschata* zu erkennen, während andere sie für eine Malve, *Alcea rosea,* halten.

c. *Die „Rose von Paestum"*

Über die „Rose von Paestum" ist bereits zuviel falsch berichtet worden; N. Young (l. c.) hat die „Falschmeldungen" aufgezeigt:

„Wahrscheinlich die älteste und am meisten belegte ‚Geister-Rose' ist die Rose von Paestum, diese remontierende Rose, über die uns so oft berichtet wird. Sie gedieh in der klassischen Zeit, und überall können wir lesen, daß Virgil sie schon erwähnte. Virgil hat sie keineswegs erwähnt! Die einzige Berechtigung zu dieser Behauptung liegt in den drei Wörtern, mit denen der Dichter die ‚biferi rosaria Paesti' (die Rosengärten des zweimal tragenden Paestum) nennt."

„Das Wort ‚biferi' (zweimal tragend, das, wohlgemerkt, sich nicht auf eine bestimmte Rose bezieht, nicht einmal auf die Rosengärten, sondern nur auf die Stadt Paestum), ist offensichtlich unklar. Es kann ebensogut ‚zweimal in der Zeit' wie auch ‚zweimal in der Menge' bedeuten. 500 Jahr später schrieb ein römischer Gelehrter, Servius (lateinischer Grammatiker, um 400 n. Chr. in Rom), in einem Kommentar zu den Werken von Virgil ‚Paestum, eine Stadt in Calabrien, wo die Rosen zweimal in einem Jahre blühen'."

„Aber nicht nur Virgil erwähnt die Rose von Paestum nicht, sondern, was noch viel bedeutsamer ist, auch Plinius nicht, der große Naturhistoriker, der alle zu seiner Zeit bekannten Rosen aufführte! Plinius wurde einige vierzig Jahre nach dem Tode Virgils geboren, und ihm müssen doch die Hinweise auf die Rosen in Paestum in dessen Werken genauestens bekannt gewesen sein, ebenso die Erwähnungen bei Horaz, Ovid und bei anderen Autoren. Paestum war ein berühmtes und blühendes Zentrum des Rosenhandels, und ‚Rosen von Paestum' kann nur ein Sammelbegriff gewesen sein wie z. B. ‚Kohl vom Covent Garden'. Paestum war der am besten bekannte Ort für Rosen, aber es gab dort keine eigene Lokal-Sorte, weder remontierend noch einmal blühend! Mit ‚zweimal-tragend' hat Virgil vielleicht nicht anderes als ‚fruchtbar' oder ‚reichtragend' gemeint. Nichtsdestoweniger ist es auch möglich, daß das ‚zweimal' sich doch auf die Zeit bezog und nicht auf die Menge, so daß der Kommentator Servius doch die Wahrheit berichtet hätte. Den Römern waren ja schon — das wissen wir von Plinius — Methoden der Treiberei mittels Wärme bekannt, und in einem so bedeutenden Produktionsgebiet wie Paestum hätte man durchaus zwei Ernten haben können, eine zur natürlichen Blütezeit und die andere aus der Treiberei. So wäre es trotzdem ganz korrekt zu sagen, daß in Paestum ‚die Rosen zweimal im Jahr' blühen — nur waren es dann nicht die gleichen Rosen, die einmal früh und dann noch einmal spät blühten."

Soweit Norman Young, dem wohl nichts mehr hinzuzufügen ist. Heute glauben die Autoren, daß man *Rosa damascena* als die „Rose von Paestum" ansehen muß.

d. *Die Rose und ihre Verwendung im alten Rom*

Hierüber ist so viel bekannt, daß es mühelos ein umfangreiches Kapitel füllen würde; um Wiederholungen zu vermeiden, soll hier nur das berichtet werden, was an anderer Stelle des Buches noch nicht gesagt wurde.

Rosenanbau — Rosenhandel. Das Zentrum der Rosenkultur im Altertum war Paestum, 40 km südlich Neapel, in Lucanien, am Golf von Salerno gelegen, um 600 v. Chr. von den Griechen gegründet als „Poseidonia". Um 270 v. Chr. wurde die Stadt römisch. Hier befanden sich die berühmten Rosengärten. Der Verkauf der Rosen lag oft in den Händen der schönsten Mädchen des Orts, wie wir von den lateinischen Dichtern erfahren. Es wurde damals auch Sitte bei der „feinen" Gesellschaft, zur Rosenblüte nach Paestum zu reisen. Die Rosenkulturen „zum Erwerb", wie wir das heute nennen würden, hießen „roseta", wohl unterschieden von den „rosaria", den Rosengärten, die nur dem Schmuck dienten.

Wer heute Paestum besucht, wegen seiner zahlreichen Tempelruinen aus jener Zeit, findet eine versumpfte Landschaft, die in nichts mehr erinnert an den überaus fruchtbaren Küstenstrich jener Zeit. Dies hat seinen Grund darin, daß der Fluß Silarus (heute Sele) während der Zeit des Niederganges des römischen Reiches verschlammte und versumpfte, wodurch die Rosenkulturen ein Ende fanden.

Wenig Verständnis aber brachten die Besucher der Tempelruinen dafür auf, daß die italienischen Behörden an diesen historischen Stätten moderne Rosen gepflanzt haben; erst auf viele Vorhaltungen dieses Anachronismus will man jetzt diese Rosen gegen *Rosa damascena* auswechseln.

Fast ebenso bekannt wie Paestum waren die Rosenkulturen von Praeneste (heute Palestrina, eine Kleinstadt etwa 30 km südöstlich von Rom), wo hauptsächlich die spätblühenden *Rosa gallica* angebaut wurden. Die Felder dürften sich bis nach Rom hin erstreckt haben. Ein drittes Zentrum gab es in der Ebene von Leporia, aus der die Rosen von Campanien kamen. Das Rosengebiet reichte von der Staatsstraße zwischen Cumae und Puteoli bis nach Capua, etwa 50 km nördlich von Neapel.

Von privaten Rosengärten sind vor allem die Gärten des Lucullus (römischer Feldherr, 117—57 v. Chr.) bei Bajae am Meerbusen von Neapel zu nennen, wo er eine Luxusvilla besaß. Ebenso berühmt waren die Gärten des Tarquinius Superbus in Rom.

Einiges über die Gärten im alten Rom.

„Überall waren die Massen der Gebäude von dem Grün der Gärten und Parks unterbrochen und eingefaßt, und zu allen Zeiten sah man frisches Laub in Fülle. Der Esquilin war von den Gärten des Maecenas, Epaphroditus, Torquatus und anderen wie von einem ungeheuren Park bedeckt; die Gärten der Acilier, des Lucull, Sallust füllten die ganze Fläche des Monte Pincio und der angrenzenden Täler, so daß sich von der heutigen Porta del Popolo bis Santa Croce in Gerusalemme ein einziger, kolossaler, nur von den Thermen des Diocletian unterbrochener Park erstreckte. Auch die weiten Bezirke der Paläste hatten häufig Gärten, mit herrlichen alten Bäumen, von Vogelgesang erfüllt; besonders waren Lotosbäume (das sind *Celtis*) wegen ihrer breiten Schattendächer in Stadtgärten beliebt. Die sechs *Celtis*-Bäume im Garten des Redners Crassus auf dem Palatin, die im Jahre 92 v. Chr. ebenso hoch wie der Palast geschätzt wurden, gingen erst 150 Jahre später beim Neronischen Brande zugrunde. Selbst von den Dächern und Balkonen streuten Blumen und Sträucher ihren Duft. Besonders auf dem rechten Tiberufer und den umgebenden Hügeln breiteten sich zahlreiche, zum Teil kaiserliche Gärten aus. Mehrere dieser Anlagen standen dem Volke offen" (Friedländer 1934).

Die Rosengärten im alten Rom waren, wie von verschiedenen antiken Autoren berichtet wird, von Hecken umgeben und in Beete eingeteilt, doch standen auch einzelne Rosenpflanzen darin.

Damit man auch im Winter Rosenblüten hatte, kannte man bereits eine Art „Treibhäuser", in denen die Rosen unter Glas mit warmem Wasser zur Blüte gelangten. Auch das waren „Wunder", die von den Dichtern Virgil, Ovid und Horaz hochgepriesen wurden. Im Freiland verfrühte man die Blüte dadurch, daß man Gräben zwischen den Rosen oder um die Rosen herum zog, die zweimal täglich mit warmem Wasser gefüllt wurden.

Alle Kulturmaßnahmen aber konnten den ständig steigenden Bedarf an Rosenblüten nicht decken. Wir müssen auch bedenken, daß wir eine Rosenkultur von damals nicht mit unseren modernen Schnittrosengärtnereien vergleichen können, sondern daß die Erträge sehr wahrscheinlich gering waren.

Es blieb daher nichts anderes übrig, als Rosenblüten zu importieren. Das geschah aus den milderen Klimagebieten, in erster Linie aus der Nil-Ebene in Ägypten, dann aber auch aus Carthago. Von Ägypten kamen ganze Schiffsladungen nach Rom, die sechs Tage unterwegs waren. Man kann sich heute noch nicht erklären, auf welche Weise die Blüten während dieser Zeit frisch gehalten werden konnten. Vor allem war es Nero, der auch im Winter Rosenblüten verlangte. Im Winter 89 auf 90 n. Chr. allerdings waren aus Paestum so viele Rosen nach Rom gebracht worden, daß von den überall angebotenen Rosenkränzen die Straßen rot waren, und Ägypten, das sonst im Winter die Rosen lieferte, hätte — so Martial — in diesem Winter die Rosen auch von Paestum beziehen können.

Ägypten Über die Rosen zur Zeit der Pharaonen ist nichts bekannt bzw. ist das, was man dieser Zeit zuschreibt, nicht sicher beweisbar. Woenig (1897), der sich intensiv mit den Pflanzen des alten Ägypten beschäftigt hat, behauptet, daß sie unbedingt bis zum Jahre 631 v. Chr. gefehlt hat, denn sie wird nirgendwo abgebildet noch in den Papyri erwähnt. Somit dürfte auch das bei Schleiden erwähnte koptische Wort „ouert, ourt oder werd", das sich in älteren Hieroglyphenschriften aus dem 14. Jahrhundert v. Chr. findet, nicht richtig gedeutet sein; es ist in diesem Buch in der Abbildung 8 zu sehen. Woenig meint, die Rose sei nicht vor der Zeit der Ptolemäer, also im 4. Jahrhundert v. Chr., nach Ägypten gekommen und dann auch nur im Nil-Tal verbreitet gewesen (Woenig, l. c. 18).

Während der Zeit, da im Palast des Minos auf Kreta die berühmten Fresken entstanden, herrschte in Ägypten die Königin Hatschepsut, 1490—1469 v. Chr. Sie sandte Schiffe aus nach dem Lande Punt, das an der afrikanischen Somali-Küste gewesen sein muß, um dort Pflanzen und Myrrhe (ein Gummiharz) für ihren Palastgarten zu sammeln. Malereien mit der Darstellung dieser Reise kann man noch heute sehen im Palast der Hatschepsut, auf dem Westufer des Nils, gegenüber Luxor. Rosen sind darauf nicht zu sehen.

König Thutmosis III., der Stiefsohn und Nachfolger Hatschepsuts, unternahm um 1450 v. Chr. einen Feldzug nach Syrien, von wo er reiche Beute mitbrachte, darunter nicht weniger als 275 verschiedene Pflanzenarten. Der König war so stolz hierauf, daß er auf einem Relief in Karnak (einem oberägyptischen Dorf auf der rechten Seite des Nils, bei Luxor, an der Stelle des alten Theben) alle diese Pflanzen in Stein meißeln ließ, zusammen mit ihren Bezeichnungen in Hieroglyphen. Sie sind zu sehen in der sogenannten „Botanischen Kammer", einem Nebenraum der am Ostende des großen Ammons-Tempels von Karnak gelegenen Festhalle des Thutmosis. Obwohl der König diese Darstellung ausdrücklich als lebenswahr bestätigte, sind die modernen Botaniker keineswegs so überzeugt, daß alles richtig ist. G. Schweinfurth hat eine Deutung aller dieser Reliefbilder versucht (1919), auch bei V. Täckholm kann man hierüber nachlesen. Wären Rosen darunter gewesen, hätte man sie ganz sicher auch dargestellt. Jedenfalls gab es zu dieser Zeit mit Sicherheit keine Rosen in Ägypten; wenn sie aber unter diesen Pflanzen waren, müssen sie schon vor der „Porträtierung" eingegangen sein.

— Zurück zur Ptolemäerzeit:

Als Alexander der Große, König von Makedonien, 356 bis 323 v. Chr., mehr als Befreier denn als Eroberer nach Ägypten kam (332 v. Chr.), wo sein Günstling Ptolemäus und die von ihm begründete Dynastie Lagides etwa 300 Jahre lang regierten, führte er dort auch die griechische Zivilverwaltung ein. Die Griechen haben mit Sicherheit dann auch die von ihnen so geliebten und besungenen Rosen, die sie schon lange in Kultur hatten, mitgebracht. Theophrast, gestorben 287 v. Chr., berichtet schon, daß die Rosen in Ägypten zwei Monate früher blühen als in Griechenland, und dasselbe schreibt auch Callixenes, aus Rhodos, 30 Jahre später.

Lange Zeit hören wir nichts über die Rosen in Ägypten, als daß sie in zunehmendem Maße nach Rom exportiert werden. Ob die herrschende Schicht auch den Rosenkult betrieb, ist nicht überliefert. Man weiß nur von einem Fall:

Als Cleopatra VII. (69—30 v. Chr.) im Jahre 42 v. Chr. ihrem Liebhaber Marcus Antonius nach Cilicien entgegenreiste, gab sie ihm zu Ehren ein Galadiner, bei dem der Boden 60 cm hoch mit Rosenblüten bedeckt war, so daß die Gäste bis zu den Knien in Rosen standen. Nach anderen Quellen war es nicht der Speisesaal, sondern der Thronsaal, der mit Rosen angefüllt war, für die Cleopatra 1 Talent (= rund 3000 Mark in Gold) ausgegeben hatte. Es ist nicht ausgeschlossen, daß diese Art der „knietiefen Rosenteppiche" überhaupt in Ägypten aufkam, wo es ja Rosen in Hülle und Fülle gab, und dann erst auch in Rom nachgeahmt wurde.

Martial, der römische Dichter, schildert 81 n. Chr. in einem Gedicht an den neuen Kaiser Domitian die Rosen, die diesem zu seinem Geburtstag von den Ägyptern gebracht wurden. Darin sagt er, daß diese „Winterrosen" ein Geschenk ganz neuer Art seien. Er fährt dann fort, daß der Führer der ägyptischen Delegation jetzt über die geringere Größe der ägyptischen Rosenkulturen lachen mußte, als er in Rom durch das Stadttor trat, so stark war dort der süße Duft und die Schönheit der Rosen aus Paestum. Wohin er auch ging, alle Straßen quollen über von Rosen. So endet Martial denn: „O Nil, behalte deine Rosen! Sende uns dein Korn und nimm dafür unsere Rosen!"

Zu jener Zeit, und auch später noch, war die Rose bei allen Zeremonien in Ägypten, wie auch in Griechenland und Rom, vertreten; nahezu alle Kränze und Gewinde wurden aus Rosen gemacht, während die Lotosblume, die doch vorher allein hierzu benutzt worden war, erst in zweiter Linie kam, ja bald sogar ganz in Vergessenheit geriet.

Die Fläche, welche die Rosengärten in Ägypten während des Römischen Reiches einnahm, ist nicht bekannt; wohl aber berichtet Dr. Girardi, der die wissenschaftliche Mission im Gefolge Napoleons, bei dessen Feldzug nach Ägypten, um 1800, führte, daß damals noch eine beachtliche Fläche mit Rosen bestanden war, etwa 200 bis 300 Hektar, in der Nachbarschaft von Médinet-el-Fayoum, und etwa 30 Öfen destillierten Rosenwasser für die reichen Bewohner des Landes. Nach und nach aber wurden die Rosenkulturen aufgegeben, und an ihre Stelle trat die Baumwolle.

Die alten Ägypter konnten sogar künstliche Blumen, auch künstliche Rosen herstellen, wie Plinius berichtet. Die Blütenblätter schnitt man aus dünnen Holzspänen, die dann gefärbt und mit Rosenbalsam duftend gemacht wurden. Später machte man auch Kunstblumen aus Papier und Stoff, die nach Griechenland und Italien exportiert wurden.

Schließlich können noch die „heiligen Rosen" bezeugen, daß sie schon seit mindestens 2000 Jahren in Ägypten beheimatet sind.

Als 1888 Archäologen bei der Ausgrabung eines altägyptischen Grabes bei Haura oder Haware im Gebiet von Fayoum, aus der Zeit um Christi Geburt, darin einen Kranz aus gut erhaltenen Rosenblüten fanden, sandten sie dieses Material zur Bestimmung nach Kew Gardens und auch zu dem besten Rosenkenner jener Zeit, F. Crepin in Brüssel. Dieser identifizierte sie als *Rosa sancta* (= *R. richardii* Rehd.), eine sehr nahe Verwandte von *Rosa gallica,* mit zartrosa einfachen Blüten, die eigentlich nicht in Ägypten heimisch ist, sondern aus Kleinasien dahin gebracht worden sein muß.

Auch der deutsche Professor G. Schweinfurth, der fast sein ganzes Leben lang in Ägypten zubrachte, fand solche Rosen in Gräbern Mittelägyptens, sonst aber auch Rosendarstellungen auf Fresken und auf Stoffen, meist mit fünf Petalen. Man darf jedoch als sicher annehmen, daß die Ägypter die gleichen Rosen besaßen wie die Griechen, also neben den heimischen Rosen auch *Rosa gallica, R. damascena* und die „hundertblättrige" Rose.

Die „heilige Rose", *Rosa richardii,* der ägyptischen Gräber wurde in unserer Zeit lebend aus Tigris (Äthiopien) eingeführt, doch kommt sie heute dort nicht mehr so häufig vor wie noch vor 100 Jahren. Der Gewährsmann, ein Mönch, berichtete jedoch um 1920, daß die „heilige Rose" noch beim Dorf Mai-Tsada, 4 km südlich von Adigrat, Präfektur Agamé (Tigris), im Norden des heutigen Äthiopien, im Gebirge bei 2650 m vorkommt. Früher wuchs sie überall an den Kirchen in Tigris, doch ist sie heute in dieser Provinz völlig verschwunden, bis auf den Rest im genannten Dorf. Die Rosenblüten, die die Ziegen übrig lassen, sammeln die Priester und mischen sie mit Weihrauch.

DIE ROSE IM TÄGLICHEN LEBEN

Die Rosengärten, Rosenhaine, die mythischen Rosengärten der Venus usw. dienten in der Hauptsache dazu, die Rosen zu liefern, deren man für die festlichen Ausschmückungen der Räume und Gastmähler, für bedeutsame feierliche Bekränzungen, für den rein persönlichen Bedarf, für Gräberausschmückungen und schließlich für die religiösen Opfer- und Totenfeste bedurfte. Nie vorher noch nachher hat es in der Welt eine Zeit gegeben, in der die Rose eine so große Rolle spielte. Vor allem war dies der Fall während der römischen Kaiserzeit.

Bei Festen wurden nicht nur die Wohnungen mit Rosen geschmückt, sondern auch die Straßen mit ihren Blüten bestreut, die Monumente und Bildsäulen der Götter mit Girlanden und Kränzen verziert. Bei den Festen trug man Kronen und Kränze aus Rosen, selbst die Sklaven und Flötenspieler, nicht nur aus ganzen Blüten, sondern auch aus einzeln aufgereihten Petalen. Die Rosenkränze sah man als einen adelnden Schmuck an. Die Sitte der Kronen aus Rosen hatten die Römer von den Griechen angenommen, doch war diese auch bei den Hebräern Mode. Daß schon die Babylonier solche Rosenkränze getragen hätten, muß bezweifelt werden, denn woher hätten sie die Blüten holen sollen?

Wer es sich leisten konnte, nahm seine Mahlzeiten, lässig auf Rosen ruhend, ein (berichtet durch Cicero, der diese Mode tadelte). Selbst ihre Betten stopften sie mit Rosenpetalen.

Der römische „Playboy" pflegte sein Fräulein „mea rosa" (meine Rose) zu titulieren, und es war Sitte, ihr die ersten Rosen zu verehren, die man im Frühjahr bekam.

Wenn die Soldaten ins Feld zogen, schmückten sie sich und ihre Streitwagen mit Rosen, und ebenso war es, wenn sie siegreich heimkehrten. Den Heerführern erlaubte der Kaiser, an ihrem Schild eine Rose zu befestigen, eine Sitte, die sich noch lange Zeit nach dem Niedergang des römischen Reiches hielt. Hierin mag auch eine Erklärung dafür liegen, warum auf so vielen alten Familienwappen in Europa Rosen zu finden sind.

Auch bei den Trinkgelagen durften die Rosen nicht fehlen. Manche Zecher trugen Rosenkronen auf dem Kopf, weil sie glaubten, daß sie dadurch trinkfest würden und einen kühlen Kopf behielten. Auch sollte der Rosenduft den unangenehmen Weingeruch, der im Haar haftete, überdecken. Später pflegte man sogar Rosenpetalen in den Wein zu tun, wie von mehreren Autoren überliefert ist.

Rosenwasser war natürlich allgemein gebräuchlich; aber bei besonderen Festen ließ man damit sogar die öffentlichen Brunnen füllen. In der römischen Küche verwendete man Rosenblüten bei der Zubereitung von Pudding, Rosengelee, Rosenhonig und Rosenwein.

Die Rose war der Göttin der Liebe und dem Gott des Weines gewidmet, nicht nur bei den Römern, sondern auch bei den Griechen. Rosen, Wein und Frauen gehörten nach Auffassung dieser Völker zusammen. Die frühe christliche Kirche erkannte diese Auffassung jedoch nicht an, und erst nach Jahrhunderten konnte man es wagen, die Jungfrau Maria als die Himmelsrose zu bezeichnen.

Bei den Römern galt die Rose aber auch als ein Zeichen der Verschwiegenheit, weil die zahlreichen Blütenblätter das Innere verschließen wie die geschlossenen Lippen den Mund. Wenn in Speisesälen oder anderen Räumen eine Rose an der Decke befestigt war oder geschnitzt oder gemalt war, bedeutete dies, daß alle Gespräche in diesem Raum vertraulich waren, so daß „sub rosa" fast gleichbedeutend mit „geheim" waren. Diese Sitte soll ihren Ursprung in folgender Begebenheit haben:

Nachdem die Griechen, 479 v. Chr., zu Lande von dem Perserkönig Xerxes besiegt waren, kamen die griechischen Führer in einer Rosenlaube, nahe bei dem Tempel der Minerva, zusammen und berieten dort einen Überraschungsangriff auf die Truppen des Xerxes zur See, der zu einem glorreichen Siege führte. Dieser geheime Angriffsplan, der „unter der Rose" (sub rosa) beschlossen war, bedeutete für die Griechen — und überhaupt seither, in Deutschland,

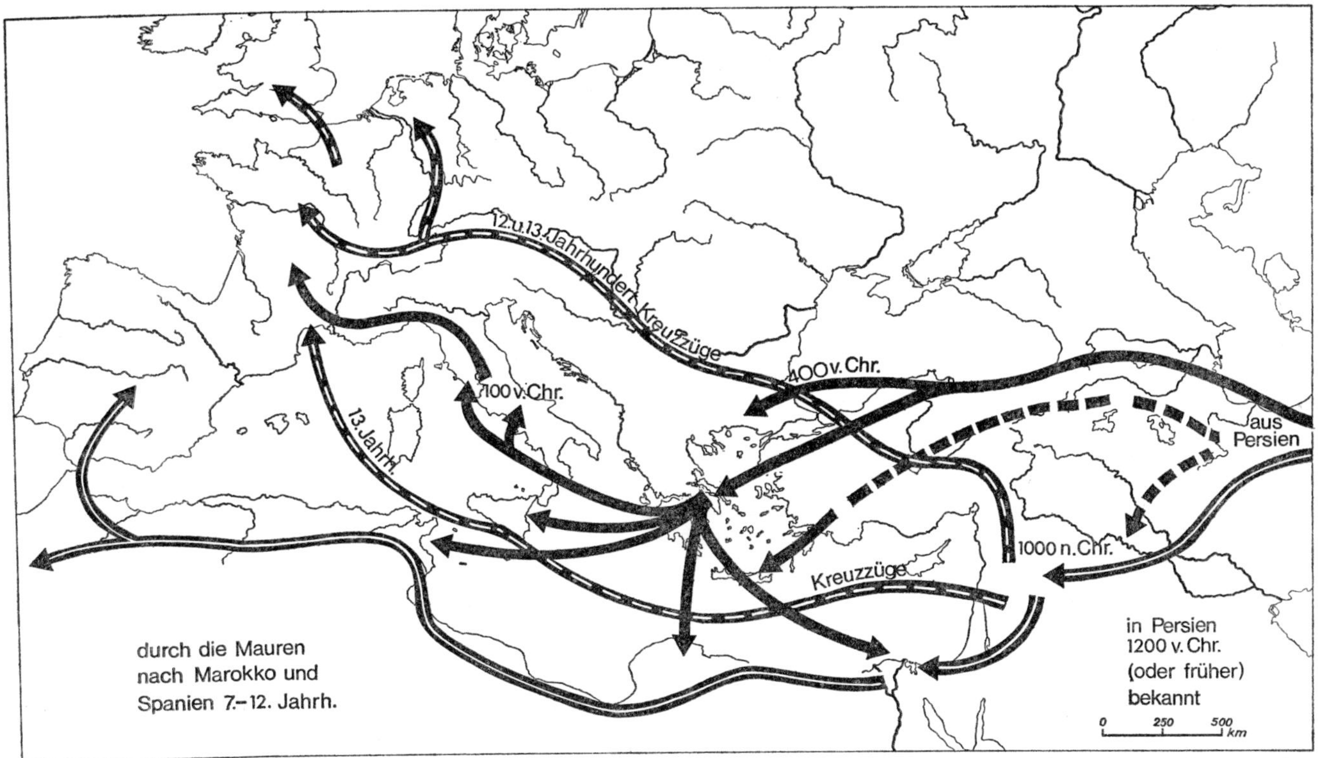

Abb. 25. Die mutmaßliche Ausbreitung der Gartenrosen im Altertum und Mittelalter. Aus Persien (12. Jahrhundert v. Chr. dort schon bekannt) ═══ zuerst nach Kleinasien (- - - -), dann im 5. Jahrhundert v. Chr. nach Makedonien und Griechenland (▬▬▬), von dort Ausstrahlung nach Rom, Ägypten, Sizilien, Südfrankreich (▬▬▬). Im 7. bis 12. Jahrhundert bei der Ausbreitung des Islam über Kleinasien—Ägypten—Nordafrika bis Spanien (═══) und schließlich während der Kreuzzüge, im 12. und 13. Jahrhundert, aus dem Heiligen Lande nach Frankreich, Deutschland und England (▬▬▬) (Original)

Frankreich und England noch bis weit ins Mittelalter hinein — symbolisch, daß Abmachungen „sub rosa" immer vertraulich sind und die Beteiligten zur Verschwiegenheit verpflichten. So stammt aus England das Wort von der weißen Rose „Tod jedem, welcher unter mir geheim vertrautes Wort verrät!". Bis in die neueste Zeit trugen manche Volksgruppen bei besonderen Anlässen in Europa Rosen hinter dem Ohr, um damit anzudeuten, daß sie alles hören, aber nichts weitersagen.

Schließlich aber war die Rose auch noch die Blume der Toten; bei den Griechen ebenso wie bei den Ägyptern. Häufig wurden, wie noch heute, Rosen auf die Gräber gepflanzt. Der 11. Mai war das Totenfest der Römer, der „dies rosarius" oder „dies rosae"; hieraus wurde später bei den Italienern die „Domenica de rosa" oder „pasqua rosa" (= das Pfingstfest).

Literatur

Anson, L.: Numismata Graeca; Greek coin types, classified for immediate identification. Part III: Agriculture; Plants, Trees, Fruits, Flowers. London 1910.

Arias, Paolo Enrico, und Max Hirmer: Tausend Jahre griechische Vasenkunst. 109 S., 240 Taf. München 1960.

(A. S.): Les Roses de Paestum. Les Amis des Roses, Nr. 316: 18 bis 26 (1973). — Enthält 10 farbige Fotos des heutigen Paestum, aber keine Rosen-Bilder, nur wenig Text.

Balis, J.: Roses d'antan. Rosa Belgica 1964: 6—10.

Bechtel, E. T.: Ancient cultivated Roses. Americ. Rose Ann. 1950: 13—23.

Beissel, St.: Geschichte der Verehrung Marias im Mittelalter. Freiburg 1909.

Bernhard, O.: Pflanzenbilder auf griechischen und römischen Münzen. Veröff. schweiz. Ges. f. Gesch. d. Med. u. Naturw. 3. Zürich 1925.

Bertsch, K. und F.: Geschichte unserer Kulturpflanzen; mit umfangreichem Literaturverzeichnis. Stuttgart 1947 (keine Angaben über Rosen).

Boetticher, C.: Der Baumkult der Hellenen. Berlin 1856.

Borchard, Ruth: The Garden Roses of Antiquity. The Rose 10: 195—200 (1962).

—: The Rose in Ancient Greece. The Rose 12: 46—50 (1963).

Bretzl, H.: Botanische Forschungen des Alexanderzuges. Straßburg 1902.

Buchholz, H.-G., und V. Karageorghis: Altägäis und Altkypros. Tübingen 1971.

BUNYARD, E. A.: The earliest illlustration of the Rose in Europe. RA 1937.

BUSCHAN, G.: Vorgeschichtliche Botanik der Cultur- und Nutzpflanzen der Alten Welt auf Grund prähistorischer Funde. 280 S. 1895.

CURTIUS, LUDWIG: Die Wandmalerei Pompejis. 472 S. Darmstadt 1960.

DELAPORTE, L.: Die Babylonier. Freiburg 1933.

FELLNER, S.: Die homerische Flora. Wien 1897.

FISCHER, KLAUS: Schöpfungen indischer Kunst. Von den frühesten Bauten und Bildern bis zum mittelalterlichen Tempel. Köln 1959 (275 Abb. auf Tafeln).

FLETCHER, H. L. V.: The Rose Anthology. London 1963.

FRIEDELL, E.: Kulturgeschichte Ägyptens und des Alten Orients. 3. Aufl. München 1951.

FRIEDLÄNDER, L.: Sittengeschichte Roms; ungekürzte Textausgabe. Berlin und Wien 1934.

FRYE, R.: Persien (Kindlers Kulturgeschichte). 575 S. Zürich 1962 (aus dem Englischen übersetzt).

GOFF, B. L.: Symbols of prehistoric Mesopotamia. New Haven/London 1963.

GRIMAL, P.: Römische Kulturgeschichte. München 1961.

HAIGOLD, J. J.: Beylagen zum Neuveränderten Rußland 2: 208. Riga und Leipzig 1770. Darin die Notiz über die Tsudengräber mit den (angeblich) ältesten Münzen mit Rosendarstellungen.

HEHN, V.: Kulturpflanzen und Haustiere in ihrem Übergange von Asien nach Europa. 8. Aufl. Berlin 1911.

HURST, C. C.: Notes on the origin and evolution of the Rose. Jour. R.H.S. 66: 73—82, 242—250, 282—289 (1941).

HURST, RONA: The Minoan Rose. Rose Ann. 1967: 59—64.

IMHOOF-BLUMER und KELLER: Tier- und Pflanzenbilder auf Münzen und Gemmen des klassischen Altertums. Leipzig 1889.

JESSEN, K. F. W.: Botanik der Gegenwart und Vorzeit. Leipzig 1864.

JORET, C.: La Rose dans l'Antiquité et au moyen âge. Paris 1892.

KEIMER, L.: Die Gartenpflanzen im alten Ägypten. Bd. 1 (alles Erschienene). 187 S. Berlin 1924.

KIRSTEN, E., und W. KRAIKER: Griechenlandkunde, ein Führer zu den klassischen Stätten. 472 S., 102 Abb., 9 Taf. Heidelberg 1955.

KOCH, K.: Die Bäume und Sträucher des alten Griechenlands. 2. Aufl. 270 S. Berlin 1884.

KOLDEWEY, R.: Das wiedererstehende Babylon. 328 S., 255 Abb. Leipzig 1913.

KORDES, W.: Unsere Ur-Gartenrosen. Rosen-Jb. 26: 118—130 (1962).

KRÜSSMANN, G.: Als Gärtner im alten Babylon. Deutsche Baumschule 25: 35—38 (1973).

KÜMMEL, O.: Ägyptische und mykenische Pflanzenornamentik. Diss. Freiburg 1901.

LANGKAVEL, B.: Botanik der späteren Griechen, vom 3.—13. Jahrhundert. Berlin 1866 (Neudruck Amsterdam 1964).

LENZ, H. O.: Botanik der alten Griechen und Römer. 776 S. Gotha 1859.

MATZ, F.: Kreta und frühes Griechenland. 1964.

MEISSNER, B.: Babylonien und Assyrien. 2 Bde. Heidelberg 1920 bis 1925. Viele Abb., umfassende Kulturgeschichte.

MÖBIUS, M.: Pflanzenbilder der minoischen Kunst in botanischer Betrachtung. Jahrb. d. dtsch. archäol. Inst. 48: 1—39 (1933).

—: Geschichte der Botanik. Von den ersten Anfängen bis zur Gegenwart. Jena 1937.

MURR, J.: Die Pflanzenwelt der griechischen Mythologie. Innsbruck 1890.

NYBERG, S.: Religion des alten Iran. Osnabrück 1966.

OSTEN, H. H. V. D.: Die Welt der Perser. Stuttgart 1956. Hauptsächlich Bildband über Baudenkmäler.

OTTE, H.: Handbuch der kirchlichen Kunstarchäologie. 1859.

PARS, H.: Göttlich aber war Kreta. Freiburg 1957.

(PLINIUS. Engl. Übersetzung mit Kommentar betr. Rosen.) ROSTOCK, J., and H. T. RILEY: The Rose; twelve varieties of it. Americ. Rose Ann. 1951.

REINERS, R.: Die Pflanze als Symbol und Schmuck im Heiligtum.

RIEMSCHNEIDER, M.: Die Welt der Hethiter. Stuttgart 1954. Hauptsächlich Bildband über Baudenkmäler, Plastiken und Gerät.

SALIS, A. VON: Die Kunst der Griechen. Zürich 1953.

SARRE, FRIEDRICH: Die Kunst des alten Persien. Mit 152 Tafeln. Berlin 1925.

SCHACHERMEYR, F.: Die ältesten Kulturen Griechenlands. 300 S., 77 Zeichn., 11 Karten, 16 Taf. Stuttgart 1955. Behandelt die Zeit von etwa 5000—2000 v. Chr. in Griechenland und Kreta.

SCHLEIDEN, M. J.: Die Rose. Geschichte und Symbolik in etnographischer und kulturhistorischer Beziehung. 322 S. Leipzig 1873.

SCHWEINFURTH, G.: Über Pflanzenreste aus altägyptischen Gräbern. In Ber. Dtsch. Bot. Ges. 1884: 351—370.

—: Ägyptens auswärtige Beziehungen hinsichtlich der Culturgewächse. In: Verh. Berliner Anthropol. Ges. 1891: 649 bis 669.

—: Pflanzenbilder im Tempel von Karnak (Theben). Bot. Jahrb. 55: 464—480 (1919).

SEWARD, B: The symbolic Rose. New York 1960.

STRENG, G.: Das Rosettenmotiv in der Kunst- und Kulturgeschichte. 1918.

STROMMENGER, E., und HIRMER: 5000 Jahre Mesopotamien. München 1962.

TÄCKHOLM, VIVI: Faraohs Blomster. 308 S., viele Abb. und ausführliches Lit.-Verzeichnis. Stockholm 1969.

TARN, W., und G. T. GRIFFITH: Die Kultur der hellenistischen Welt. 3. Aufl. (Übersetzung von „The Hellenistic Civilization). 448 S., 3 Pläne. Darmstadt 1966.

VACANO, O. W. VON: Die Etrusker. Stuttgart 1955.

—: Die Etrusker in der Welt der Antike. RoRoRo-Band. Hamburg 1957.

WEIDNER, E.: Der Zug Sargons von Akkad nach Kleinasien. Boghazköi-Studien, 6. Heft, 57—99. Leipzig 1922.

WENDLAND, P.: Die hellenistisch-römische Kultur in ihren Beziehungen zum Judentum und Christentum. Tübingen 1912. Enthält keine Angaben über Pflanzen!

WENIGER, L.: Altgriechischer Baumkultus. Leipzig 1919.

WILPERT, J.: Die Malerei in den Katakomben Roms. 1903.

WOLF, W.: Die Welt der Ägypter. Stuttgart 1954.

WYLIE, A. P.: The History of Garden Roses. Parts I—III. Jour. R.H.S. 79: 555—571 (1954); 80: 8—24, 77—87 (1955).

YOUNG, N.: Ghosts of the Rose World. The Rose 15: 110—114.

ZANDER, R., und C. TESCHNER: Der Rosengarten; eine geschichtliche Studie durch 2 Jahrtausende. Frankfurt (Oder) 1939.

Die Rose im Mittelalter etwa von 500 bis 1500 n. Chr.

DIE ROSEN IN FRANKREICH UND DEUTSCHLAND

Der Untergang Roms und seiner Kultur bringt die Rosenliebhaberei zum Erliegen; die Kulturen gehen völlig zurück, und Jahrhunderte hindurch erfahren wir kaum noch etwas über die Rose. Es gab sie zwar noch, aber sie, die früher ein Sinnbild der Liebe, der Schönheit und der Lebensfreude war, diente jetzt fast nur noch als Hilfsmittel, um verschiedene Krankheiten zu kurieren. Nur aus Frankreich haben wir zwei andere, zwar etwas umstrittene, aber doch wohl nicht unglaubwürdige Nachrichten.

Der König Childebert I. (511—558), der Sohn Chlodwigs I., soll, nach einem Bericht des zur gleichen Zeit lebenden Dichters Fortunatus Venantius, für seine Gemahlin Ulthrogotho bei ihrem Palast in Paris einen Rosengarten angelegt haben. Dieser Garten lag, wie auch der Palast, zwischen der Seine und der Abtei St. Germain-des-Prés.

Dann gibt es noch eine Nachricht über Medardus, den Bischof von Noyon (475—545), der der Initiator des „Rosenfestes" sein soll. Alljährlich gab er bei diesem Fest dem tugendsamsten Mädchen seines Hofes einen Kranz aus Rosen und zwanzig Kronen in Gold, damit sie leichter einen Ehemann fände (die Konkurrenz um die Tugend war groß). Rosenkränze („chapelets") durften damals in Frankreich nur die vornehmen Damen und die jungen Herren in Paris tragen; einfachen Mädchen waren sie nur zur eigenen Hochzeit und bei den Rosenfesten der Kirche erlaubt.

Außer in einigen Klostergärten dürfte es damals kaum noch Rosen, zumindest keine Gartenrosen aus der Zeit Roms, in privaten Gärten gegeben haben. Erst zur Zeit Karls des Großen (742—814) wird auf dem „Verordnungswege" die Rose eingeführt bzw. ihre Anpflanzung befohlen. Das geschah durch das „Capitulare de villis" (= kaiserliche Verordnung über die Landgüter), einer Landgüterordnung Karls des Großen für die Krongüter, die nach heutiger Meinun im Jahre 794 entstanden ist. Im 70. Kapitel dieser Verordnung werden alle Pflanzen aufgezählt, welche im Garten anzupflanzen sind. Das Kapitel beginnt:

„Volumus quod in horto omnes herbas habeant id est 1) lilium 2) rosas ..."
(„Wir wünschen, daß sie im Garten alle Kräuter haben mögen, und zwar 1) Lilie, 2) Rosen ...")

Lilien und Rosen stehen also an der Spitze dieser Liste, die fast 100 Pflanzen enthält. Um welche Rosen es sich handelt, wissen wir nicht, weil die urkundlichen Belege für diese Zeit fehlen. Sehr wahrscheinlich ist es aber nur *Rosa gallica,* vielleicht auch noch hier und da *Rosa alba,* die von den römischen Legionären einmal mitgebracht worden sein mag. Sonst können es wohl nur Wildrosen gewesen sein, *Rosa canina* oder andere Arten. Die Rosen gelten hier als Heilpflanzen, und die *Rosa canina* liefert die Drogen „Fructus Cynosbati" und „Semen Cynosbati" (Hundsrosenfrüchte bzw. Hundsrosensamen), *Rosa gallica* die „Flores Rosae" (Rosenblüten).

Außerhalb der Klostergärten und Krongüter hatten gelegentlich die Burgfrauen kleine Arznei- und Gewürzgärtchen für den eigenen Bedarf, darin auch einige Rosen, ursprünglich als „Nutzpflanze", später wegen ihrer Schönheit als Zierpflanze. Die Gartenrosen waren noch immer sehr kostbar und der besondere Stolz des Eigentümers. So blühten die Rosen eigentlich im Verborgenen, und es kann daher weiter nicht wundernehmen, daß die Nachrichten über Rosen nur sehr spärlich sind. Den Benediktinerklostern haben wir wohl in der Hauptsache zu danken, daß die alten Rosen weitergepflegt und verbreitet wurden. Es gab in jedem mittelalterlichen Kloster auch mindestens einen Mönch, der über die Heilkräfte der Rose (und der anderen Pflanzen) genau Bescheid wußte.

Der Plan eines Klostergartens ist uns erhalten geblieben in dem berühmten „Bauriß" des Klosters St. Gallen von 820 (oder 830). Unter den darin vorgesehenen Pflanzen — von jeder ein Beet — finden sich auch Rosen (rosas).

Der nächste Gewährsmann ist Walafrid Strabo (Walafridus Strabus), 809—849, gestorben als Abt des Klosters Reichenau. Er besang in seinem aus 444 Hexametern bestehenden Gedicht 23 Gartenpflanzen, darunter auch die Rose, jedoch weiß er von ihr nur ganz allgemein zu berichten.

Wir kommen nun zu der Heiligen Hildegard, Äbtissin des Klosters auf dem St. Ruprechtsberge bei Bingen, 1098 bis 1179, einer außergewöhnlich vielseitigen, gebildeten und begabten Frau, die mit vielen Großen ihrer Zeit in Kontakt stand. Sie verfaßte zwei medizinisch-naturwissenschaftliche Werke über die Heilmittel und die Heilung von Krankheiten. Darin behandelt sie etwa 300 Pflanzenarten, in der Hauptsache einheimische, 40 davon sind Gehölze. Sie führt ebenfalls die Rose als Heilmittel auf.

Um 1200 scheint, nach den vielen Gedichten seit jener Zeit zu urteilen, die Rose allgemein bekannt und beliebt zu sein, was man auch aus den Abbildungen im „Roman de la Rose“ sehen kann. Da sind die Rosen an Gittern gezogen oder als Hecken gepflanzt, letztere aber meist wohl aus *Rosa rubiginosa* (wegen des Duftes der Blätter) oder nur aus *Rosa canina* bestehend.

Albertus Magnus, eigentlich Graf Albert von Bollstädt, Bischof von Regensburg, ein Dominikanermönch, 1193 bis 1280, war auch botanisch sehr versiert, so daß er uns einige sehr eingehende Beschreibungen der Rosen seiner Zeit hinterläßt. Er verwendet das (wahrscheinlich arabische) Wort „bedegar“ für *Rosa rubiginosa*, nennt dann auch die Heckenrose, *Rosa canina*, *Rosa arvensis*, und unterscheidet hiervon die Gartenrosen, eine gefüllte weiße Rose, zweifellos *Rosa alba*, und eine gefüllte rosa Rose.

Zur Zeit Ludwigs XI. (1226—1270) mußte jeder, der das Privileg erhielt, Rosen zu ziehen, dem Stadtrat alljährlich am Dreikönigstag drei Rosenkronen und am Himmelfahrtstag einen Korb voll Rosen abliefern zur Bereitung von Rosenwasser.

Um 1236 erscheint in Frankreich ein Buch „Roman de la Rose“, eigentlich eine allegorisch-didaktische Poesie von Guilleaume de Lorris, in einem unvollendet gebliebenen ersten Teil mit 4000 Versen, in welchem der Liebende sich des Gegenstandes seiner Liebe, im Traum, bemächtigen will, verkörpert in einer Rose. Die didaktischen Teile der Dichtung sind der „Ars Amandi“ (Liebeskunst) von Ovid entlehnt. Um 1275 erscheint ein zweiter „Roman de la Rose“, mit dem gleichen Rahmen und den gleichen Personen, von Jean de Meung, mit 18 000 Versen, jetzt aber nicht mehr ein Werk der Liebesliteratur, sondern eine Kompilation zeitgenössischer philosophischer Tendenzen und eine Satire höfischer und scholastischer Anschauungen. Bis zu Rabelais (etwa 1490—1553) gab es kein französisches Buch, das mehr gelesen und mehr verlegt wurde, und es gibt hiervon viele Abschriften, manche davon auch mit schönen Miniaturen verziert.

Thibault IV. „der Sänger“, König von Navarra, Graf von Champagne und Brie (1201—1253), brachte bei seiner Rückkehr vom siebenten Kreuzzug im Jahre 1250 aus dem Heiligen Lande eine gefüllte *Rosa gallica* mit, die er auf seinem Schloß in Provins stark vermehrte. Daraus soll im Laufe der Jahre die *Rosa gallica* 'Officinalis' entstanden sein.

Rosa damascena ist ebenfalls während der Kreuzzüge, vermutlich von Syrien aus, nach Frankreich gebracht worden und dort geblieben. Sie wurde ursprünglich (nach Gravereaux) von den Phöniziern als „Rose von Paestum“ nach Süditalien eingeführt, aber auch in Syrien in Kultur genommen und verbessert, wie Avicenna berichtet.

Auf einer Synode in Nimes, um 1284, wurde den Juden befohlen, eine Rose an der Brust zu tragen, damit sie von den Christen zu unterscheiden wären „und nicht die gleiche Beachtung erführen“. Daraus kann man sicherlich entnehmen, daß die Rosen so verbreitet und leicht zu bekommen gewesen sein müssen, daß man sie jederzeit pflücken konnte. Was sie in der rosenlosen Zeit getragen haben mögen, bleibt dunkel.

Um 1300 hatte der Anbau von Rosen in Frankreich bereits ein beträchtliches Ausmaß angenommen, und der Verbrauch von Rosen als Raumschmuck, wie auch für die Tafel und natürlich als persönlicher Schmuck war stark angestiegen. Manche Städte genossen besondere Vorrechte für den Rosenanbau, so vor allem Rouen und Florenz in Italien.

1307 werden in der „Agricultura“ des Italieners Crescentius rote und weiße Rosen erwähnt, jedenfalls sind dies *Rosa gallica* und *Rosa alba*.

Daß der Rosenanbau in der Renaissancezeit (etwa 1340 bis Ende des 16. Jahrhunderts) großen Auftrieb bekam, ist aber auch erkennbar an den Gemälden jener Zeit und auch an den Bauwerken. Viele der alten Rosensorten jener Zeit sind auf den Bildern der Maler (Raffaelo Santi, Leonardo da Vinci, Michelangelo, Sandro Botticelli, Jan Breughel der Ältere, der „Blumen-Breughel“) zu sehen und meist auch gut zu identifizieren.

Seit dem Ende des 14. Jahrhunderts fanden im französischen Parlament regelmäßig Rosenverteilungen (Baillés de Roses) statt, für die ein besonderer „Roserier de la Cour“ die nötigen Blumen zu liefern hatte. Dieser beschaffte die Rosen aus dem Ort Fontenay-aux-Roses (unweit Paris), dessen Einwohner sich vor allem mit der Rosenkultur beschäftigten.

Um 1350 behandelt Konrad von Megenberg, 1309 bis 1374, Domherr von Regensburg, früher Rektor in Wien, in seinem „Buch der Natur“, der ersten deutschen Naturgeschichte, auch kurz die Rosen, aber er weiß nicht viel von ihnen zu berichten, wie auch sein botanisches Wissen nicht sehr bedeutend ist. Er verwendet ebenfalls das Wort „bedegar“.

DIE ENGLISCHEN „ROSENKRIEGE“ (1455—1485)

Wann die ersten Rosen nach England kamen, weiß niemand. Abgesehen von der weißen Rose, *Rosa alba*, die möglicherweise schon von den Römern mitgebracht wurde, und vielleicht auch schon von *Rosa gallica,* liest man in der englischen Literatur, daß die ersten Gartenrosen auch dort vermutlich erst durch die Kreuzfahrer eingeführt wurden; das wäre denn wohl im 12. Jahrhundert oder sogar noch später gewesen. Um diese Zeit müssen es dann *Rosa canina* und gefülltblühende *Rosa gallica* gewesen sein. Es ist bemerkenswert, daß in den alten Kathedralen (so in Canterbury) nur einfache Rosen dargestellt sind, und dies sind wahrscheinlich nur die einheimischen Rosen, also *Rosa canina* oder *R. rubiginosa.*

Wir wollen nun die englischen Rosenkriege betrachten, die nicht etwa so heißen, weil man sich um Rosen stritt, sondern weil die beiden Parteien eine weiße bzw. eine rote Rose als Abzeichen führten. Es gibt kaum ein Rosenbuch, in dem nicht über die Geschichte dieser beiden Wappenrosen geschrieben wird, und zwar in der Regel unrichtig! N. Young (The Rose, 15) erklärt, weshalb die übliche Identifizierung dieser beiden Wappenrosen mit *Rosa gallica* und *Rosa alba* durchaus nicht so berechtigt ist, denn es gibt hierfür überhaupt keine Beweise aus jener Zeit.

Die erste Quelle ist anscheinend der französische Autor Opoix, der vor etwa 100 Jahren eine Geschichte seiner Heimatstadt Provins schrieb. Darin erzählt er, ganz glaubhaft, von Edmund, dem ersten Grafen von Lancaster (er hieß eigentlich Edmund Langley und „Crouchback“ und war der zweite Sohn König Heinrichs III. von England), der 1279 nach Provins geschickt worden war, um hier die Ermordung des englischen Statthalters Guilleaume Pentecôte zu rächen und einen Aufstand zu unterdrücken. Opoix fügt dann ganz unberechtigt hinzu, daß Edmund nach seiner Rückkehr nach England die rote Rose von Provins als Wappenzeichen angenommen habe und daß das „gegnerische“ Haus York nun eine weiße Rose führe, und zwar noch bis zu seiner (d. h. Opoix's) Zeit, wobei er völlig übersah, daß das Haus York erst etwa 100 Jahre später entstand. Somit konnte auch noch keine Rivalität der beiden Häuser (beide Familien waren Linien des Hauses Plantagenet) um die Königskrone bestehen; um 1500 waren beide Linien erloschen. Tatsächlich war Edmund Lancaster im Jahre 1279 im besten Mannesalter, 34 Jahre alt, und es ist sicher, daß er schon lange vorher sein Wappenzeichen gewählt haben muß, sehr wahrscheinlich dann, als sein älterer Bruder, König Edward I., eine goldene Rose als Wappenzeichen annahm. Da die Mutter der beiden Lancaster ebenfalls eine Rose als ihr Wappenzeichen führte — die Farbe der Rose ist allerdings nicht bekannt —, sind sie mutmaßlich auch von dort beeinflußt worden.

N. Young faßt dann zusammen, daß alle diese Wappenrosen ihre Form von der wilden Heckenrose haben und keineswegs bestimmte Gartenrosen darstellen; das wird auch durch die Tatsache bewiesen, daß es Wappenrosen in blauer und anderer Farbe gibt.

Abb. 26. Das „Badge of England“ (Original)

1455 brach der Erbfolgekrieg aus, wobei die beiden Familien sich gegenseitig nahezu ausrotteten. Die erste Schlacht war am 22. Mai in St. Albans, voll von Grausamkeit. Nach 30 blutigen Jahren endeten die „Rosenkriege“ 1485 mit der Schlacht bei Bosworth. Heinrich Tudor, der mit Lancaster

Abb. 27. Münzen mit Rosendarstellungen, jeweils Vorder- und Rückseite. Links: der Rosenobel aus der Zeit Edwards IV. (1465); das Schiff mit der einzelnen Rose soll die Geburt der englischen Seemacht darstellen. — Die rechte Münze aus der Zeit Heinrichs VII. wurde zur Erinnerung an die miteinander verbundenen Häuser von York und Lancaster geschlagen

verwandt war, verheiratete sich 1486 mit Elisabeth von York und vereinigte so, als Heinrich VII. (1485—1509), die Macht der beiden Häuser in seiner Hand. Er vereinigte aber auch die beiden Wappenrosen zu der „Tudor-Rose“, indem er die kleinere weiße auf die rote Rose legte. Diese Tudor-Rose ist noch heute das Abzeichen des englischen Königshauses, das „Royal Badge“ (Abb. 26). Man weiß nicht sicher, seit wann die Rose das Nationalemblem ist, doch nimmt man das Jahr 1486 an. An anderer Stelle liest man aber, daß Edward I. von England (1272—1307) der erste englische Herrscher war, der die Rose als sein Abzeichen — eine goldene Rose (vgl. weiter oben), nicht die Tudor-Rose — angenommen hatte.

Im Jahre 1465 ließ König Edward IV. von England eine sehr schöne Goldmünze prägen, die auf beiden Seiten eine kleine Rose zeigte. Diese Münze ist unter dem Namen „Rosenobel“ sehr bekannt und gesucht (Abb. 27).

Hier muß nun auch noch die dritte Rose, die 'York and Lancaster Rose' erwähnt werden, mit ihrem richtigen Namen *Rosa damascena* 'Versicolor'. Viele Legenden und fromme Geschichten ranken sich um diese Rose, die gerne diese Rose in Verbindung bringen mit dem Ende der Rosenkriege, mit der zweifarbigen Tudor-Rose. Der Sage nach soll diese Rose auf der Hochzeit von Heinrich Tudor mit Elisabeth von York zuerst gesehen worden sein, also 1486; viele strömten herbei, um die Rose zu schauen, deren Blüten die Farben der bisher verfeindeten Häuser zeigten. Indessen sind diese Legenden ohne historischen Inhalt, denn diese Rose wurde erst 70 Jahre nach Ende der Rosenkriege bekannt und zuerst beschrieben von Monardes im Jahre 1551. Es handelt sich um einen Sport von *Rosa damascena*, halbgefüllt, mit teils reinweißen, teils unterschiedlich rosa getönten, teils weiß und rosa gescheckten Blüten. Sie wird oft verwechselt mit *Rosa gallica* 'Versicolor' (= 'Rosa Mundi'), die mutmaßlich noch viel älter ist, wahrscheinlich schon aus dem 12. Jahrhundert, wenngleich sie 1581 von de l'Obel zuerst beschrieben wird.

DIE ROSE BEI DEN PERSERN, ARABERN UND MAUREN IM MITTELALTER

Wie bereits an anderer Stelle gesagt, herrscht heute bei den Sachverständigen die Ansicht vor, daß die westlichen Rosen aus Persien zu uns gekommen sein müssen. Dort sind sie seit urdenklichen Zeiten beliebt gewesen, und dort soll auch die Rosenölgewinnung ihren Anfang genommen haben. Persische Dichter zwischen dem 9. und 14. Jahrhundert besingen ihr Land und den Duft seiner Rosen mit vielen Worten, so besonders Omar-i Chajjam (englisch Omar Khayyam). Das ganze Land soll ein einziger Rosengarten gewesen sein, vor allem die Städte Schiras und Isfahan.

A. Mazaheri (1957) schildert uns das Leben der Muselmanen im Mittelalter, etwa im 9. Jahrhundert, und wir erfahren dort, daß die Orientalen ihre Gärten mit Leidenschaft pflegten. Der Innenhof war oft als Garten angelegt, vielfach saalartig, mit Springbrunnen darin. Wurde jemand eingeladen, so warfen die Diener zuvor Rosenblätter auf die Wasserfläche. Der Gartenhof war stets symmetrisch, mit dem Wasserbecken als Mittelpunkt. Der reiche Blumenschmuck, ganz besonders die vielen Rosen darin, regten die Dichter jener Zeit zu immer wieder neuen Lobessängen an. Die Gärtner waren (wie so oft) kluge, phantasiereiche Männer, die geduldig mit den Blumen experimentierten und auch manche „Neuheit“ gefunden haben. So wird berichtet, sie hätten Rosen erzielt, deren Blüten so tief dunkelrot waren, daß sie „wie aus Samt gemacht“ aussahen, andere hatten leuchtende Farben oder zeigten an derselben Blüte weiße und hellrote Blätter.

Während der allmählichen Ausbreitung des Islam von Indien bis nach Spanien kommt die nächste „Welle der Popularität“ der Rose mit dem Einfall der Mauren (Araber) über Nordafrika nach Spanien. Das war vom 8. bis 10. Jahrhundert. Joret berichtet, daß die Mauren in Marokko schon im 9. Jahrhundert eine rote und eine weiße Rose in Kultur gehabt hätten. Ibn Tamin, ein Dichter des 13. Jahrhunderts, kannte (allerdings nur vom Hörensagen) eine gelbe Rose und wollte auch etwas von einer schwarzen Rose in Persien gehört haben.

Joret führt weiter den Bericht eines Botanikers aus dem 11. Jahrhundert an, der eine weiße „Kampferrose“ genannt habe, mit 100 Petalen. Nach Meinung von Gravereaux ist dies eine weiße gefüllte *Rosa moschata*, deren Duft nach Meinung des arabischen Schriftstellers Ibn-el-Facel an Kampfer erinnere. Sie hat sich später in Südeuropa weiter verbreitet; auch in Persien wurde sie angepflanzt.

Als Saladin, Sultan von Ägypten und Syrien, 1138 bis 1193, der im Jahre 1187 bei Hittin (nordwestlich von Tiberia) ein großes Kreuzfahrerheer schlug und Jerusalem einnahm, betrat er die dortige Omar-Moschee, welche von den Christen in eine Kirche umgewandelt worden war, nicht eher, als bis alle Wände und Höfe gründlich mit Rosenwasser gereinigt waren. 500 Kamellasten an Rosenwasser waren dazu nötig, und diese mußten eigens aus Damaskus herbeigeschafft werden.

Im 12. Jahrhundert berichtet ein anderer Araber Näheres über die Rosen aus Marokko. Er nennt die „Bergrose“ mit nur fünf Petalen, ferner die rote und die weiße Rose, die beide gefüllt waren. Am meisten geschätzt war eine Rose, die sich nicht vollständig öffnete, diese hatte 40 bis 50 Petalen.

Die „blaue Rose" spukte auch schon bei den Mauren. Joret berichtet, daß die Mauren eine Rose hatten, die außen rot und innen blau war. Nun ja, das dürfen wir nicht so genau nehmen. Wir haben ja auch heute noch allerlei Moosrosen und *gallica*-Sorten, die tiefviolett oder purpurviolett sind. Unsere alte 'Veilchenblau' hat tiefrote Knospen und erblüht dann violettblau mit weißer Mitte. Kornblumenblau waren die Rosen der Mauren gewiß nicht.

Sodann gab es die Hundsrose, deren Früchte in der Medizin verwendet wurden. Die Mauren liebten farbenreiche Rosengärten. Sie pflanzten ihre Rosen, wenn diese kräftig genug waren, in große Töpfe und stellten diese dann in Gruppen zu sechs bis acht auf Marmorstufen übereinander auf, so daß sie den Eindruck eines in verschiedenen Farben blühenden Baumes gaben.

Auch der Dichter Saadi schildert in seinem Rosenbuch, 1258, die Beliebtheit, die die Rose in Persien erfuhr.

Um 1300 berichtet der arabische Geschichtsschreiber und Reisende Abu'l'Feda über die „süßeste weiße Rose von Nisibin" (heute Nusaybin in der türkischen Provinz Mardin, 7600 Einwohner); dieser Ort besteht bereits seit dem 1. Jahrtausend vor Christi.

Ebenfalls aus dem 13. Jahrhundert stammt ein Buch des arabischen Schriftstellers Ibn-el-Awam, der genau angab, welche Rosen zu seiner Zeit im Orient in Kultur waren, und der auch alles das zusammenfaßte, was man von den Rosen der Griechen und Römer wußte.

Die „Rose der Magier und Feueranbeter" in Persien ist nichts anderes als *Rosa gallica,* schon um 1200 vor Christi, wie uns ebenfalls Ibn-el-Awam berichtet. Wie man dem Avesta entnehmen kann, war sie dem Schutz eines Engels anvertraut; sie ist die Rose von Djoûr des Dichters Dschelaleddin-Rumi.

Jamain, ein französischer Rosenzüchter, dessen Buch 1870 erschien, gibt an, daß man noch immer in den Gärten der alten Paläste in Valencia, Cordoba und Granada Büsche alter, sehr harter Rosen finden könne. Die Mauren säten die Rosen im Herbst aus und vermehrten sie außerdem im Winter durch Steckholz und Wurzelschnittlinge. Sie veredelten aber auch auf Triebe alter Büsche.

Die „gelbe Rose von Asien" (*Rosa foetida*) wird seit dem 12. Jahrhundert von allen arabischen Schriftstellern genannt; botanisch beschrieben wurde sie allerdings erst 1586 von Dalechamp. In den Rosenlisten der Araber wird auch *Rosa foetida* 'Bicolor' beschrieben, und es heißt, daß diese Rose in Tripolis wächst, die gelbe (normale) Rose in der Gegend von Alexandria. Sogar eine „Rose von China" wird darin erwähnt, aber das ist vermutlich ein Irrtum; vielleicht bezieht sich dies auf eine Malve oder auf einen Fehler des französischen Übersetzers, wobei „Rose de Chine" irrtümlich aus „Rose de Chien" (= Hundsrose) entstanden sein könnte.

Im 14. Jahrhundert lebte in Schiras der Dichter Muhamed Schemseddin, besser bekannt unter dem Namen Hafis, der in vielen Gesängen und Gedichten die Schönheit der Rosen preist. Die Rose war auch die Blume des Ormuzd-Kultes (Ormuzd ist eine persische Bezeichnung für „Ahura-Mazda" [= der „weise Herr", der höchste Gott der persischen Religion]).

Auch Mahomet II., der 1453 Constantinopel eingenommen hatte, betrat die Kirche Hagia Sophia nicht eher, als bis sie mit Rosenwasser vollständig „gereinigt" war; dann wurde sie zur Moschee „umfunktioniert".

Im 15. Jahrhundert muß der Rosenreichtum in Peschawar, nach zeitgenössischen Quellen, alles überboten haben, was man bis dahin aus Teheran, aus Aserbeidschan, überhaupt aus dem Orient kannte. Noch im vorigen Jahrhundert war Persien ein Rosenland, und heute ist die Stadt Schiras, in der Provinz Fars, der Mittelpunkt der Rosenölgewinnung.

DIE ROSE BEI DEN MOGULN

behandelt Q. L. Matthews. Wir lesen hier von Tamerlan (1336—1405), dem Gründer des Zweiten Mongolischen Reiches, Abkömmling des Dschingis Khan (1155—1227). Er eroberte viele Länder auf seinem Zug nach Westen, baute die Stadt Samarkand wieder auf und legte hier die Gärten im Norden der Stadt an. Als die Nachkommen des Tamerlan nach Persien, Afghanistan und Indien kamen, erwachte bei ihnen das Interesse an Blumen und Gärten. Diese Völker liebten die Rose leidenschaftlich; seit undenklicher Zeit waren bei ihnen die Rosen gehegt und gepflegt worden, sie war ein Bestandteil ihrer Religion, Dichtung, Kunst, ja des täglichen Lebens. Als nun Babur (Großenkel des Tamerlan, Begründer der Dynastie der Groß-Moguln, zuerst Herrscher des Turkestan, später auch des Hindustan, 1483 bis 1530) auf seinen Eroberungszügen zum Westen kam, brachte er die Pflanzen, die er im Osten in Blüte fand, dorthin, Bäume aus dem Norden pflanzte er im Süden seines Reiches und umgekehrt. Von überall her brachte er Samen und Blumen mit und säte sie aus, wenn er heimkehrte. Er war der Schöpfer der berühmten großen indischen Gärten. Obwohl sein Land hart, trocken und flach war, legte er dort wirklich königliche Gärten an, seine Edlen folgten ihm hierin. Er sagte von sich, daß er in jeder Ecke seines Landes Gärten angelegt und überall Rosen gepflanzt habe. Auch sein Enkel, Akbar, legte manche großen Gärten an, doch war es Jahangir, der Sohn von Akbar, der die Gartenleidenschaft von Babur erbte und die prächtigsten Gärten schuf; für seine Gattin, Nur Jahan, die „Gärten der Freude" (Nishit Bagh) in Agra und Shalimar im Tal von Kaschmir. Diese gärtnernden Moguln waren es auch, die Aussaaten von Rosen machten, selektierten und so die Rose verbesserten, was vor ihnen noch niemand unternommen hatte. Matthews meint, daß in den Gärten von Kaschmir und Persien in dieser Zeit auch die dauerblühende Rose entstanden ist, durch fortwährende Selektion. Die „hundertblättrige Rose" (Goul sad Berk) aus den Rosengärten in Kaschmir soll im ganzen Orient berühmt gewesen sein. Gegen Ende des 18. Jahrhunderts kam dann *Rosa chinensis* und ihre rotblühende Form *semperflorens,* aus Indien, die dann bekanntlich Bengalrosen genannt wurden. Mit diesen beiden Rosen sowie der gelben und rosa Teerose wurde die ganze Rosenkultur revolutioniert, denn diese Rosen brachten die wundervolle Eigenschaft der Dauerblüte mit. Daß sie aus China kommen, wissen wir sicher, nicht aber, wann und wo sie dort entstanden.

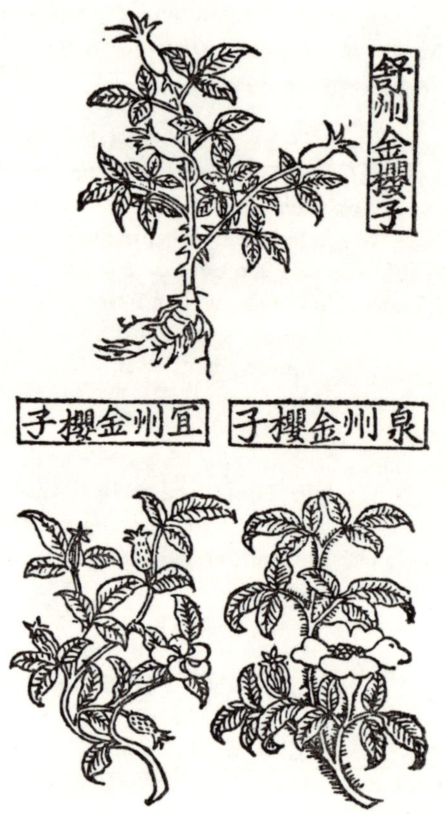

Abb. 28. *Rosa laevigata,* verschiedene Herkünfte. Aus dem Famine Herbal (nach H. L. Li)

Die Rose in China Rosen sind in China seit langer Zeit in Kultur. Auf chinesischen Gemälden aus dem 10. Jahrhundert n. Chr. sind Teerosen schon genau botanisch dargestellt, aber es gilt als wahrscheinlich, daß sie schon lange vorher bekannt gewesen sein müssen. Auch *Rosa rugosa* („Mei kuei") erkennt man auf Bildern.

Etwas ausführlichere Behandlungen verdient *Rosa laevigata,* in USA die „Cherokee Rose" genannt. Sie ist bei Ch'iu Huang Pen Ts'ao in seinem „Famine Herbal" aus dem Jahre 1406 abgebildet (Abb. 28) und in China wild sehr verbreitet. Dort heißt sie „Chin Ying Tzü" (= Goldkirsche, wegen der rötlichen Hagebutten). Nach H. L. Li wurde sie schon im 16. Jahrhundert[1] durch die Ostindien-Kompanie nach Europa eingeführt. Erwähnt wird sie allerdings zum erstenmal in der europäischen Literatur bei Leonard Plukenet, London, in seinem „Amaltheum botanicum" (1705: 185) unter dem Namen *„Rosa alba cheusanensis foliorum marginatis et rhachi medio spinosis"*. Schon früh gelangte sie nach Amerika, wo sie in den Südstaaten rasch verwilderte. 1803 beschrieb sie Michaux als *Rosa variegata* nach Material, das Pursh in Georgia wild gesammelt hatte. Beide waren der Meinung, es handelte sich um eine amerikanische Rosenart. R. E. Shepherd (1954: 91) fällt es schwer zu glauben, daß diese Rose von Europäern nach Amerika gebracht sein könnte. Er erinnert sich, daß angeblich chinesische Mönche schon im 5. Jahrhundert Amerika entdeckt haben sollen, und die könnten die Rose ja schon mitgebracht haben, wenngleich es ihm etwas unwahrscheinlich erscheint. H. L. Li (1959) stellt klar, daß damit wohl der berühmte sagenhafte Buddhist Fa Hsien gemeint sei, der angeblich Amerika entdeckt habe, doch sei diese Geschichte inzwischen von mehreren Autoren widerlegt worden, somit entbehre auch die Annahme Shepherds jeder Grundlage.

[1] Dies ist kaum möglich, denn die englische Ostindien-Kompanie wurde erst im Jahre 1600 gegründet; vermutlich ist das Jahr 1698 richtig.

Rosa rubus (chinesisch „T'u Mi") ist in den chinesischen Gärten bereits seit der Sung-Dynastie (960—1279) weit verbreitet. Wegen ihrer sehr späten Blüte wird sie von den Dichtern besungen („Wenn die T'u Mi blüht, ist die Zeit der Blumen vorüber").

Auch der chinesische Kaiser Chin Ming (Ming-Dynastie, 1368—1644) hatte bereits viele Rosen und andere Blumen in seinen Gärten, doch hat die Rose in China nie die Rolle gespielt wie z. B. die Paeonie. Diese Gärten waren nur dem Kaiser und seiner Familie sowie dem hohen Adel zugänglich. Übrigens kannte man auch schon Rosenwasser und Rosenöl, aber ihr Gebrauch war nur dem Personenkreis gestattet, der auch die Rosengärten besuchen durfte. Personen niederen Standes, die sich „widerrechtlich" Rosenwasser beschafften und es verwendeten, konnten dafür mit dem Tode bestraft werden.

Abb. 29. *Rosa multiflora.* Aus dem Famine Herbal (nach H. L. Li)

Aber in China, dem Heimatland so vieler Wildrosenarten von großem Zierwert, waren auch noch viele andere Rosen schon früh in Kultur. Eine der am meisten verbreiteten Arten war (und ist heute noch) *Rosa multiflora.* Viele Gartenformen hiervon sind dort in Kultur entstanden, so:

var. *thunbergiana,* mit kleinen weißen Blüten;

var. *cathayensis* („Fên T'uan Ch'iang Wei" = Puderball-Rose), mit großen rosa Blüten in flachen Ständen; 'Platyphylla' („Chi Chi Mei" = Sieben Schwestern-Rose), dunkelrosa, großblumig; hieraus entstand 'Crimson Rambler';

'Carnea' („Ho Hua Ch'iang Wei" = Lotosrose); hellrosa, gefüllt.

Auf anderen Bildern begegnet man *Rosa chinensis* (= „Yüeh Chi" oder „Yüeh Yüeh Hung"); sie ist überall und häufig angepflanzt, blüht den ganzen Sommer hindurch, auch noch heute wild vorkommend in den Bergen und Hügeln von Zentralchina. Sie ist seit Jahrhunderten in China in Kultur, buschig oder auch kletternd. Blüten karmin, rosa, weiß oder auch gelb, leicht duftend. Bis zum Anfang des 19. Jahrhunderts war dies die einzige öfterblühende Rose, alle anderen blühten nur einmal.

Rosa banksiae („Mu Hsiang" = Duftgehölz) aus Süd- und Südwestchina ist mindestens ebenso lange in den chinesischen Gärten verbreitet. Einige Formen gibt es hiervon, alle in China entstanden, alle duftend, ausgenommen die gelbe gefüllte.

Rosa odorata, die Teerose („Hsiang Shu Yüeh Chi" = duftende Monatsrose) entstand ebenfalls in China.

Als letzte bedeutende chinesische Gartenrose sei noch *R. xanthina* („Huang Tz'u Mei") genannt, und zwar die gefüllte und die halbgefüllte Form, während der einfachblühende Typ auch heute noch im nordchinesischen Hügelland vorkommt. Soweit über die Rosen des alten China, in der Hauptsache nach Angaben bei H. L. Li.

Die Rosen in Japan Erste Erwähnung in der Literatur in dem berühmten „Manyoshu" (= „Sammlung der Myriade Blätter"), einer Gedichtsammlung aus dem 8. Jahrhundert, später häufiger erwähnt.

Eines der bedeutendsten Werke, in dem die Rose schon früh genannt wird, ist die „Geschichte von Genji", die in der Heian-Periode (794—1192) geschrieben wurde durch Murasaki Shikibu. Diese Dichterin sagte über die Rose, die sie sehr liebte:

> „Die schönste Rose ist eine halb geöffnete Knospe am Fuß einer Brücke."

In der Edo-Periode wurden auch Bücher über Rosenkultur veröffentlicht, aber die Pflege der Rosen war, wie in Europa, eine Liebhaberei der höheren Gesellschaftsschichten. Erst 1868, nach der Meiji-Restauration, wurde die Rosenliebhaberei Allgemeingut.

A c h t A r t e n sind in Japan beheimatet, von denen vier seit altersher in Literatur und Dichtung besungen werden: *R. multiflora, R. wichuraiana, R. rugosa* und *R. laevigata.*

R. multiflora (= „No ibara", „Nihon-no-bara"), in Japan am meisten geschätzt und am meisten verbreitet, in drei Vierteln Japans. Zahlreiche Formen in Japan, wohl alle aus China stammend:

'Crimson Rambler', dunkelrot;

'Seven Sisters', gefüllt;

'Watsoniana' (= Sho-no-suki-ibara);

'Platyphylla' (Sakura-bara, Kirschblütenrose, 3 cm ⌀).

Große Sammlung von *multiflora*-Hybriden im Hirakata-Park in der Nähe von Osaka.

var. *adenochaeta* (= Tsukuschi ibara), in Südjapan, Blüten rosa, Blätter länger, weniger behaart, mit Drüsen; von den Ryukyu-Inseln bis nach Taiwan, Philippinen.

R. wichuraiana (Teri-ha-no-ibara). Von Wichura 1680 benannt, 1873 nach Europa gebracht; Blüten duften nach Klee. Wuchs kriechend. Besonders verbreitet in der Nähe der Küsten von Honshu, Shikoku, Kyushu, dann weitergehend über die Ryukyus, Taiwan, Korea und China. Wildformen bisher nicht gefunden, außer einer buntblättrigen Form.

R. rugosa (Hama-nasu) hat die größten Früchte aller Rosenarten, die bereits zwei Monate nach dem Verblühen ihre volle Größe erreichen. Am meisten verbreitet an den Küsten im Norden, liebt Kühle, und den sandigen Küsten von Hokkaido, Honshu, nach Süden bis Kanto (pazifische Küste von Honshu) bis zum San'n Distrikt (Westseite von Honshu), auch in nördlichen Teilen von Ostasien und den Kurilen. Schon früh beliebt als Gartenrose in Japan; wild vorkommend in groß- und kleinblumigen Formen, beide einfach und gefüllt. 1845 von Thunberg nach Europa gebracht, dort später mitunter verwildert.

R. laevigata (= Naniwa-ibara). Zwar seit den ältesten Zeiten in Japan in Kultur, aber doch in China beheimatet; 1698 durch die Ostindische Kompanie nach Europa gebracht. Heute nur in Südjapan angepflanzt, oft als Hecke, hier sehr starkwüchsig. Blüten weiß, einzeln stehend, flach, 6—9 cm ⌀, Duft nach *Gardenia*. In Japan hiervon auch eine rote Form (f. *rosea*), auf japanisch „Hayota". Kreuzungen hiermit nicht gut.

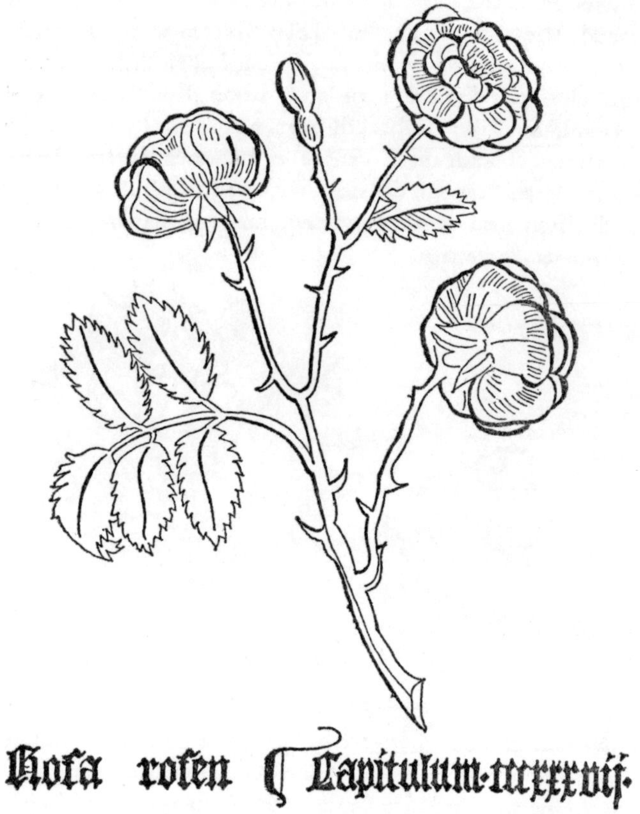

Abb. 30. Rose aus dem Hortus Sanitatis Germanice (Garten der Gesundheit, deutsch; Mainz 1485)

DIE ROSEN DER „KRÄUTERBÜCHER"

Wenn es auch nicht gerade überwältigend ist, was uns die Bücher der „Väter der Botanik" bieten, so erfahren wir doch wenigstens, was damals in den Gärten in Kultur war. Dabei müssen wir uns jedoch klar sein, daß es in vielen Fällen nicht so leicht ist, die Rosen zu identifizieren, die der eine oder andere Autor wirklich gemeint hat; man kann leicht zu falschen Schlüssen kommen. Hinzu kommt auch noch, daß die mittelalterlichen Autoren oft Apotheker waren, die die Rosen aus den verschiedensten Teilen Deutschlands erhalten haben mögen, vielleicht sogar ohne Namen, so daß sie diese dann erst noch benennen mußten. Die Zeichnungen in den Büchern sind oft sehr schön, viele aber sind einander sehr ähnlich, vielleicht sogar von den Zeichnern „nachempfunden". Bei den nun folgenden Angaben der Rosen in den wichtigsten Kräuterbüchern zwischen 1485 und 1666 sollen hin und wieder einige Zitate ein besseres Bild über die Rosen der Gärten bieten.

Im „Hortus Sanitatis Germanice" (= Garten der Gesundheit, in Deutsch), verfaßt von Johann Wonnecke, von 1484 bis 1503 Stadtarzt in Kaub, gibt es nur eine Rosenabbildung (Abb. 30). Der Text behandelt die Rose lediglich als Heilmittel.

Otto Brunfels, 1488—1534, schrieb das „Contrafayt Kreuterbuch" (1532, später mehrmals nachgedruckt), das sehr schöne Abbildungen enthält. Die Tafel 146 zeigt eine sehr schöne Rose, wahrscheinlich *Rosa damascena.*

Leonhart Fuchs, 1501—1566. Von seinen 40 Büchern ist nur das „New Kreuterbuch" (1543) heute noch bekannt; es ist eines der bedeutendsten Werke der frühen botanischen Literatur. Fuchs sagt, die „Rose hat zweyerley Geschlecht, fürnehmlich zahme und wilde. Die zahmen in den Gärten sind weiß und rot, einfach oder gefüllt. Die zahmen Rosen wachsen allenthalben in den Gärten, dahin sie gepflanzet werden. Die wilden findet man hin und wieder auf dem Feld und in den Hecken. Die Rosen sind die letzten Blumen, so im Frühling hervorkommen." Dazu gibt es eine hübsche Tafel, die eine Rose mit zwei einfachen und mehreren gefüllten Blüten zeigt, aber bei beiden sind die Blätter fünfzählig.

Hieronymus Bock (lateinisch Tragus), 1498—1554. Er ist in seinen Schriften in der Regel sehr klar und genau mit seinen Pflanzenbeschreibungen, dennoch nützen uns seine Rosentexte nicht viel. In der Ausgabe von 1577 seines „New Kreutterbuch" mit 465 Holzschnitten gibt es nur einen mit einer Rose, auch hier halb wilde Rose, halb Gartenrose. Er sagt dazu:

Türkisch-zyprischer Teller mit Rosendekor; Anfang 15. Jahrhundert (Victoria und Albert Museum, London)

'Blush China', dargestellt auf einem Gemälde auf Seide, mit einem Hirsch; Huang Ch'uan, 965 (Ausschnitt)

Rose. Ausschnitt aus einem Gemälde des Chan Ching-Feng, auf Seide; Ming-Dynastie, 16. Jahrhundert (aus H. L. Li)

Rosa rugosa, auf einem chinesischen Gemälde („Neujahrstag"); Chao Ch'ang (um 1000)

Chinesischer Garten mit Rosengarten

Rosenlaube mit Liebespaar aus dem „Roman de la Rose“

(Diese beiden Abbildungen stammen aus M. L. Gothein, Geschichte der Gartenkunst)

Der „Rosengarten“ in den Dolomiten, Gruppo del Catinaccio mit den Torri del Vajolet, 2981 m

Abb. 31. Rose, wild (rechts) und veredelt; aus Hieronymus Bock's „Kreutterbuch“, Ausgabe 1551 (Neuzeichnung)

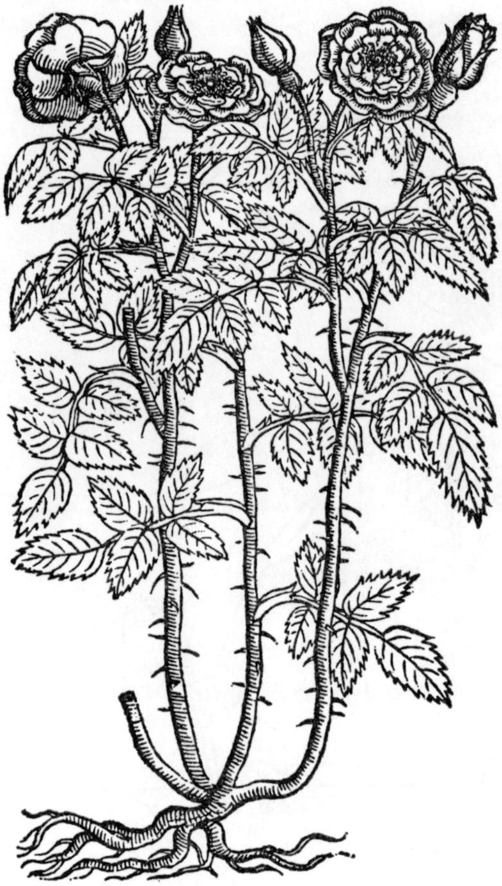

Abb. 32. *Rosa damascena*; aus de l'Obels „Kruydtboeck" (1581)

„Ein jeglicher hat seine Rosen lieb / mir gefallen zum ersten die obgemelten Heiden oder Haberrosen (das waren *R. canina, R. rubiginosa* und *R. arvensis*) / danach die ungefüllte rote Rose / zum dritten die gefüllte rote und leibfarbe Rose / und zum letsten die weiß gefüllte Rose. Das soll man wissen / wann sie noch frisch sind / von weitem besser riechen / denn in der Nähe. Das gegentheil thun die gedörrte Rosen."

Konrad Gessner (mitunter auch Gesner geschrieben), 1516 bis 1565, aus Zürich, schrieb zwei sehr bedeutende Werke, das „Horti Germaniae", 1561, und den „Catalogus Plantarum", in welchem er zehn Sorten beschreibt wie folgt:

„Weiße Gartenrosen, gefüllt, kommen bei uns weit und breit im Ueberfluß in den Gärten vor ...
Rote Stadtrosen, einfach, bei uns allgemein verbreitet ... Dieser Tage sah ich im Garten eines Freundes solch eine Rose, halb schneeweiß, halb purpurn.
Zitronenfarbene oder gelbe Rosen.
Duftende gelbe Moschusrosen. In Augsburg ziehen manche in ihren Gärten feinere gelbe Rosen, die, wie ich höre, geruchlos sind.
Heckenrosen ...
Alexandriner, Persische oder Damaszener Rosen, gewöhnlich Fleischfarbene genannt, vor einigen Jahren bei uns ziemlich rar, jetzt häufig, Lybfarbrosen. Diese Rosen werden bei Italienern, Franzosen, Deutschen u. a. Völkern jetzt oft gezogen und Damaszener genannt, da sie aus Damaskus ... Bei uns ist es etwa dreißig Jahre her, daß wir von dort mit ihnen bekannt wurden.
Große indische Rosen, goldgelb.
Eine Heckenrose, nach dem Monat Mai bei uns allgemein Maienrösle genannt, wird aber auch von manchen bei uns im Garten gezogen.
Eine andere, kleinere Heckenrose wird auf trockenen und offenen Hügeln, am ganzen Strauche süß duftend, gefunden und daher nach dem Wein bei uns Weinröschen genannt.
Moschus- oder Damaszener Rosen, klein, einfach, weiß ... glauben, daß sie aus der Heckenrose hervorgegangen ist, und daß sie allgemein auch Fleischfarbene oder Dreißigblättrige, wegen ihrer dreißig Blätter, oder Weiße oder auch Zentifolie genannt wird.
Moschusrose (eine andere als die vorige), einfach und gefüllt."

Abb. 33. *Rosa holosericea* (= *R. gallica*-Form); aus de l'Obels „Kruydtboeck" II

Jakob Theodor aus Bergzabern, er nennt sich Tabernaemontanus, 1520—1590, ist ein Schüler von H. Bock; in seinem „Kräuterbuch“ behandelt er 3000 Pflanzenarten, von denen er 2400 auch abbildet. Auf S. 1493—1496 finden wir die Darstellungen von 11 Rosen, jede eine Viertelseite groß, sehr hübsch. Es sind dies (in Klammern dahinter die Deutung)[1]:

Rosa alba (= *R. alba* 'Semiplena')
R. rubra (= *R. gallica*)
R. Provincialis Major (= *R. centifolia*)
R. provincialis minor (= *R. centifolia*)
R. sine spinis (= *R. francofurtana*?)
R. muscata alba (= *R. moschata*?? war einfach, weiß)
R. muscata alba multiplex (= *R. centifolia muscosa alba*)
R. lutea (= *R. foetida*)
R. eglenteria (= *R. pimpinellifolia*!!)
R. sylvestris (= *R. canina*)
R. arvina (= *R. arvensis*)

1731 erschien vom selben Autor das „Neu vollkommen Kräuter-Buch“, in dem elf Rosen dargestellt sind, und zwar *Rosa alba, R. gallica* (als *R. rubra*), *R. provincialis* (*major*), *R. provincialis minor* (= *R. gallica parvifolia*?), *R. sine spinis* (= *R. francofurtana*?), *R. moschata* (*alba* und *alba multiplex*), *R. lutea, R. rubiginosa* („Eglenteria“), *R. canina* (als *R. sylvestris*) und *R. spinosissima* (als *R. arvina*).

Charles de L'Ecluse (= Clusius), 1525—1609, aus Arras (damals noch zu Flandern gehörend), schrieb 1583, daß *Rosa batavica* (das ist die Centifolia) in Holland in Kultur sei. Er reiste durch Ungarn zur türkischen Grenze und brachte von dort *Rosa foetida* und auch *R. hemisphaerica* nach Holland. Wir erfahren ferner, daß 1580 im Garten des Hans Fugger nicht weniger als 775 Rosenbüsche standen; und Georg von Fugger kultivierte 1565 die erste Moschusrose, die er vermutlich auch von Clusius bekommen hatte, der in seinem Auftrage Holland, Frankreich und die Mittelmeerländer bereist hatte.

Adam Lonitzer (Lonicerus), 1528—1586, aus Marburg, gab mehrere botanische Schriften heraus; sein „Kreuterbuch“ erlebte von 1557 bis 1783 über 20 Auflagen. Die Abbildungen darin sind meist aus Bock und Fuchs kopiert. Was er über die Rosen seiner Zeit schreibt, ist kaum verschieden von dem, was wir schon 300 Jahre früher von Albertus Magnus wissen. Hier sein Text zu den Rosen:

„die wilden Rosen werden mit einem Nahmen bey den Griechen Cynorrhodos, das ist Canina rosa, nach unserer Teutsche Sprach Feld-Rosen, Heck-Rosen, Frauen-Rosen, Mariendorn, Korn-Rosen, Haber-Rosen, Heyd-Rosen, Wild-Rosen genannt.

Abb. 34. „Dobbel Muscus Roose“ (= *Rosa moschata*); aus de l'Obels „Kruydtboeck“ II

Die zahme, aber schlechte Rosen oder zahme Garten-Rosen: Sie werden allenthalben in den Gärten geziehet eines gantz lieblichen Geruchs, ihre Gertlein seyn grün und voller schwarzen Flecken mit vielen zarten krummen Dörnlein besetzt, die Blätter schwartzlich und etwas zerkerfft. Beyde Geschlecht haben viellerlei Unterschied, dann etliche haben weiße, etliche rothe, bleiche, etliche purpurfarbene, etliche gelbe, ein Theil auch gefüllte und ein Theil ungefüllte Blumen.“

Matthias de l'Obel, aus Flandern, 1538—1619, war Königlicher Botaniker bei Jacob I. von England und hatte einen Garten in Hackney. Er veröffentlichte 1576 sein Werk „Plantarum seu Stirpium Icones“, das 2173 Holzschnitte von Pflanzen enthält; die Bilder sind oft angelehnt an Fuchs. Er beschreibt und gibt Abbildungen von *Rosa centifolia, R. gallica, R. canina, R. cinnamomea, R. eglanteria, R. spinosissima, R. foetida* und drei Formen von *R. moschata*. Woher er seine Kenntnis der Rosen nahm, wissen wir nicht; warum mag er wohl die damals doch gut bekannten *Rosa alba* und *R. damascena* ausgelassen haben? Die Abbildungen

1 Die Originalschreibweise der Namen in den Kräuterbüchern ist hier und auf den folgenden Seiten beibehalten worden.

Abb. 35. Rosa Hollandica siue Bataua (= *Rosa centifolia*); aus Gerard's „Herball“ (1597)

Abb. 36. Rosa Prouincialis siue Damascena; aus Gerard's „Herball“ (1597)

der drei *moschata*-Formen sind nicht so klar, daß man daraus erkennen könnte, was sie eigentlich sein könnten, aber es ist nicht ausgeschlossen, daß er *Rosa moschata* verwechselt hat mit *Rosa arvensis,* die damals mitunter als „europäische Moschusrose“ bezeichnet wurde.

Kaspar Bauhin, aus Basel, 1560—1624, ebenfalls ein sehr berühmter Botaniker, beschrieb in seinem Werk „Pinax theatri botanici“ (Basel 1623) 600 Pflanzen. Unter den ihm bekannten 19 wilden und 17 „zahmen“ Rosen sind auch *Rosa centifolia* und *R. damascena*; erste Nennung von *Rosa arvensis.*

John Gerard, Wundarzt in Holborn, 1545—1612, zog 1596 in seinem Garten neun Sorten Rosen, er gab das damals als „Standardwerk“ geltende „Herball“ (1597) heraus, das aber nach Erscheinen des „Paradisus terrestris“ von Parkinson rasch an Bedeutung verlor. Ein Jahr zuvor hatte er auch einen „Catalogus Plantarum“ herausgebracht, in dem 16 Sorten Rosen beschrieben waren, davon 14 abgebildet.

Aber es ist doch eigentlich erst John Parkinson, Apotheker in London, 1569—1629, der uns in seinem Werk „Paradisus terrestris“ (das irdische Paradies) über die Sortenvielfalt der englischen Gärten jener Zeit berichtet. Er beschreibt nicht weniger als 24 Sorten ausführlich, und zwar in der Reihenfolge ihrer Einführung; 14 davon werden auch abgebildet. Diese Liste ist die bedeutsamste Rosenaufzählung des späten Mittelalters, darum möge sie hier folgen in der ursprünglichen Schreibweise:

R. Anglica alba
R. Incarnata (*R. Belgica* siue *Vitrea*)
R. Anglica rubra (*R. rubra* bei Gerard)
R. Damascena (= *R. prouincialis* bei Gerard)
R. Prouincialis siue *Hollandica Damascena* (*R. Damascena flore multiplici* bei Gerard)

R. Prouincialis rubra (= *R. rubra flore maximo* bei Gerard)
R. Prouincialis alba (= Witte Prouensche Roose bei l'Obel)
R. versicolor (= *R. Praenestina variegata plena*, in Hort. Eystett.) = *R. gallica* 'Versicolor'
R. Chrystallina; nach Parkinson sehr ähnlich der vorigen, nur die rötlichen Partien kräftiger gefärbt
R. rubra humilis siue *pumilis*
R. Francofurtensis (= *R. sine spinis* bei Gerard)
R. Hungarica
R. Holosericea simplex & *multiplex* (*R. holosericea* bei Gerard)
R. sine spinis simplex & *multiplex* (Rose ohne Dornen, einfach und gefüllt)
R. Cinnamomea simplex & *multiplex*
R. lutea simplex (= unsere heutige *R. foetida*)
R. lutea multiplex siue *flore pleno* (= *R. hemisphaerica*)
R. Moschata simplex & *multiplex*
R. Moschata multiplex altera (möglicherweise eine *moschata*-Hybride)
R. Hispanica Moschata simplex (= *R. moschata Hispanica* bei Gerard)
R. Pomifera maior (= *R. pomifera*)
R. siluestris odora siue *Eglenteria simplex* (= *R. rubiginosa*)
R. siluestris odora siue *Eglenteria flore duplici* (= gefüllte *R. rubiginosa*)
R. semper virens

Der Versuch einer Deutung der Zugehörigkeit der bei den einzelnen Autoren aufgeführten und abgebildeten Rosen unterbleibt besser, da er leicht in die Irre führen kann. Die Autoren benannten die Rosen oft willkürlich, und auch die Abbildungen sind keineswegs ganz zuverlässig. Den Versuch eines Vergleiches der Rosen bei Gessner (1561), Wirsing (1582) und Tabernaemontanus (1588) gibt Wilde, jedoch auch unter Vorbehalt.

Basilius Besler, 1581—1629, Apotheker, schrieb den „Hortus Eystettensis“ im Auftrage Johann Konrads von Gemmingen, Bischof von Eichstätt, ein Buch mit 1100 herrlichen Pflanzenabbildungen in vorbildlicher Naturtreue. Dort werden auf sechs großformatigen Tafeln folgende Rosen abgebildet:

Rosa Damascena flore pleno
R. lutea maxima flore pleno (= *R. hemisphaerica*)
R. provincialis flore incarnato plena
R. centifolia rubra
R. praenestina variegata (*R. gallica* Versicolor)

Abb. 37. Mittelalterlicher Garten von Hecken umgeben, um 1600

R. provincialis flore albo
R. Milesia flore rubro pleno (= *R. gallica*-Form)
R. albo flore simplici (= *R. alba*)
R. flore albo pleno (= *R. alba* 'Plena')
R. damascena flore simplici
R. rubicunda („Zucker-Röslein; halbgefüllte *gallica*)
R. lacteola Camerarii („Weiß Preßler-Röslein“)
R. ex rubro nigricans flore pleno; nur wenig gefüllt
R. praecox spinosa alba (= *R. pimpinellifolia*)
R. rubra praecox flore simplici (= *R. majalis*)
R. cinnamomea (Doppelte rothe Zimmet-Rose)
R. lutea flore simplici (= *R. lutea*)
R. eglenteria (= *R. rubiginosa*)
R. Milesia rubra flore simplici
R. sylvestris flore rubro (= *R. canina*)
R. sylvestris odorata incarnato flore

J. S. Elsholz in seinem Buch „Neuangelegter Gartenbau oder Unterricht in der Gärtnerei“ (1666) beschreibt schon, wie man Rosen „außer der Zeit“ haben kann:

„Der Welsche Graff Octavius Brembatus lib. I. Protei Legati pflanzet alle Monate das ganze Jahr durch einige Stöcke auff unterschiedene Gefäße; dann entziehet er ihnen erstlich die Feuchte der Nahrung / darnach begeust er sie starck / daß sie antreiben / und durch solchen monatlichen Wechsel bereitet er sich ein stets blühendes Rosen-gärtlin.“

Abb. 38. Garten mit Abbildung einer Rosenlaube, um 1600

Als letztes Buch sei noch die „Phytanthozaiconographia" von J. W. Weinmann, 1683—1741, erwähnt, die von 1737 bis 1741 erschien, vier Prachtbände mit je 1000 Abbildungen, in Folio. Weinmann war Apotheker in Regensburg, und auch er bildet einige Rosen ab, aber keine darunter hat auch nur entfernt Ähnlichkeit mit unserer heutigen *Rosa centifolia,* woraus man schließen kann, daß er sie noch nicht kannte und daß eben diese Rose auch kaum von Holland aus bis zu ihm gelangt sein dürfte.

Wenig bekannt ist, daß die Rosen im Mittelalter nur eine zweitrangige Rolle spielten. Das ergibt sich, wenn man die Kräuterbücher einmal auf ihre Reichhaltigkeit an Gartenblumen untersucht. Hier dafür zwei Beispiele:

Im „Florilegium" des Sweertius (Emmanuel Sweert), erschienen 1612 in Frankfurt, gibt es 32 Sorten Tulpen, 39 Sorten Anemonen, 44 Sorten Hyazinthen, 60 Sorten Narzissen, aber nur 9 Sorten Rosen!

Noch auffälliger ist das Mißverhältnis (nach unserer heutigen Ansicht) in Frankreich; da zählt Jean de la Quintinie, 1620—1701, Gartendirektor Ludwigs XIV., in Versailles, in seinem Buch „Instructions pour les jardins fruitiers et potagers" (Paris 1690) nicht weniger als 77 Sorten Anemonen, 225 Sorten Nelken, 437 Sorten Tulpen auf, aber nur 14 Sorten Rosen.

Abgesehen von der nunmehr beginnenden Entwicklung der Zentifolien-Rose in Holland blieb die Lage bei den Rosen unverändert, bis die chinesischen immerblühenden Rosen eingeführt wurden, die dann fast schlagartig den Aufschwung brachten. Um 1800 schreibt noch Guillemeau (Histoire Naturelle de la Rose, S. 15), daß man zur Zeit etwa 100 Rosensorten kennt, von denen jedoch viele nur einfache Blüten bringen. Die Vermehrung erfolgt ja in der Hauptsache durch Wurzelabrisse, Ableger und Stecklinge. Die Okulation war zwar bekannt, aber kaum gebräuchlich, ebenso war auch die Aussaat wenig üblich, weil (wie schon Theophrast sagte) sie zu langwierig sei. Diese Meinung wurde immer wieder von den späteren Autoren vertreten und weitergetragen, sogar als eine umunstößliche Tatsache angesehen, so daß man aus diesem Grunde so gut wie niemals neue Rosensorten erhielt. Erst als man die Aussaat nicht mehr zu „langsam" ansah, wurde dies anders:

1815 gab es schon 250 Sorten;
1828 gab es schon 2500 Sorten;
1845 gab es schon 5000 Sorten;
1912 gab es allein im Rosarium L'Hay bei Paris 8000 Sorten!

Über die weitere Entwicklung wird im Abschnitt „Die Geschichte und Entwicklung der modernen Gartenrosen", Seite 67, ausführlich berichtet.

NOCH EIN BLICK NACH PERSIEN

Auf Seite 22 haben wir die Rose in Persien kennengelernt; selbstverständlich ging auch hier die Entwicklung weiter. Persien ist damals das eigentliche Rosenparadies gewesen; hier ist die Rose das Sinnbild der Gottheit, die heilige Pflanze des Islam. Das ist der Grund, weshalb die Rose von den Mohamedanern so sehr geschätzt und oft angepflanzt wird.

Die Perser haben — wie die Germanen — in dem „Rosengarten" („Gulistan" = Rosengarten, Rosenland) einen Platz, an dem alljährlich das Frühlingsfest abgehalten wird, wo Rosen blühen und Nachtigallen schlagen.

Die Gärten von Kaschmir, Peschawar und Schiras sollen märchenhaft schön gewesen sein. Ihre besondere Rose ist *Rosa damascena,* die eigentliche Rose der Perser. John Chardin (bei Loudon) berichtet 1686, daß er in den persischen Gärten keine Parterres, Labyrinthe und sonstige Merkmale europäischer Gärten gefunden habe, doch seien die Gärten voll gewesen von Lilien, Pfirsichbäumen und Rosen. Viele englische Autoren führt Loudon noch an, alle aus der Zeit von 1650 bis fast 1800, die alle in der gleichen Weise über die Gärten berichten, daß wohl kein Land in der Welt die Rosen in solcher Vollkommenheit zeigt wie Persien.

Die Rosengärten von Schiras und von Teheran werden besonders gepriesen; sie sollen teilweise terrassenförmig angelegt gewesen sein.

Isfahan, die Rosenstadt Persiens, war zu Ende des 16., Anfang des 17. Jahrhunderts die Hauptstadt der Safavid-Dynastie. In dieser Zeit, als der Schah Abass der Große regierte, wurde die Stadt erheblich ausgebaut mit Moscheen, Brücken, Denkmälern usw., auf den Ruinen prähistorischer iranischer Kulturen. Seine Lieblingsblume war die Rose.

Abb. 39. Persische Stickerei aus dem frühen 17. Jahrhundert aus Isfahan, mit Darstellung von *Rosa foetida* (links) und 'Persian Yellow' (rechts) sowie mit Nachtigallen und einem Reh (aus einer persischen Kunstausstellung; Neuzeichnung)

Die heutige Hauptstraße durch Isfahan, die Chaharbagh (= vier Gärten), hat ihren Namen daher, daß der Schah Abass seinerzeit hier vier Gärten anlegen ließ, die auf eine Meile Länge diese Straße auf beiden Seiten flankierten.

Auch heute findet man dort noch sehr viele Rosen in den Stadtparks und in den privaten Gärten. Es gibt auch eine mehr oder weniger wissenschaftlich betriebene Rosenkultur und einen etwa 3 ha großen Rosenversuchsgarten. Es werden jährlich Rosenschauen abgehalten. Die beste Zeit zum Besuch der Rosengärten ist das letzte Drittel des Monats Mai, dann ist dort alles in Vollblüte.

DIE ROSE IN DER DEUTSCHEN DICHTUNG

Während die Rose in der spärlichen althochdeutschen Dichtung nicht vorkommt — die geistliche Dichtung nahm ihre Vorbilder aus der Antike —, wird sie im Mittelalter in vielen Liedern besungen. Hier ist sie die Blume des Frühlings, des Angers, der Heide und des Gartens. Einzelne Körperteile, Mund, Wange und Kinn werden mit der Rose in Verbindung gebracht, Frauen werden mit Rosen verglichen, besonders auch Maria, die Mutter Gottes.

Wenn wir nun die Rosengärten betrachten, von denen wir im Mittelalter hören, so den Rosengarten der Kriemhild zu Worms, der „was einer mîlen lang und einer halben breit", so dürfen wir uns keineswegs darunter einen Rosengarten im heutigen Sinne unseres Wortes vorstellen. Es ist vielmehr ein Anger, also eine Wiese, auf der die Ritter ihre Feste und Spiele abhielten, vor allem ihre Turniere. Der Platz war nicht einmal mit Rosen eingefaßt, sondern „von einer Borte fein" (unbekannt, woraus diese bestand).

Das schließt aber keineswegs aus, daß im Laufe der Jahre, wie viele Abbildungen in zeitgenössischen Büchern oder Gemälden zeigen, manche Versammlungsplätze doch von Hekken umgeben waren, aber das waren dann nur Wildrosen, vermutlich in der Hauptsache *Rosa rubiginosa* oder auch *Rosa canina*. Im Inneren dieser Rosengärten mag es auch noch einige Rosensträucher gegeben haben.

Der zweite berühmte „Rosengarten", besungen im „kleinen Rosengartenlied" aus dem 13. Jahrhundert, gehört, nach einer Tiroler Sage, dem Zwergkönig Laurin. Der Garten war von einem seidenen Faden umgeben; wer den Garten verletzte, von dem forderte Laurin den rechten Fuß und die linke Hand. Es war also eindeutig ein Kampfplatz. Rosen gibt es nicht. Laurin hatte noch einen zweiten Platz, den „Anger vor dem hohlen Berge", aber der war ein typischer „Lustgarten", also ein Festplatz, auf dem man Ver-

Abb. 40. Aus dem „Heldenbuch": „Hie haben gestritten Dietlieb von steir und Walther von Wachsenstein. Und jegklicher ferdienet ein rosenkrenczelein und ein helssen un kissen" (um 1500)

sammlungen abhielt, mit einem alten Lindenbaum, auch Blumen, aber Rosen werden auch hier nicht erwähnt.

Es ist nicht möglich, noch weitere Stellen aus der frühen deutschen Dichtung zu bringen; dafür wird auf die umfangreiche Darstellung von Fehrle hingewiesen, deren Studium durch die Unübersichtlichkeit dieser Dissertation leider etwas beschwerlich ist. Einen guten Eindruck von den Rosengärten des Mittelalters erhält man aber auch in der Studie von Zander und Teschner.

DIE ROSEN DER BIBEL

Die Angaben über Rosen sind in der Bibel nicht nur dürftig, sondern durch unrichtige Übersetzungen oder Auslegungen auch noch zweifelhaft. Nur siebenmal insgesamt werden die Rosen in der Bibel genannt, zweimal in den kanonischen Büchern (Hohelied Salomos und Jesaja) und fünfmal in den Apokryphen (Weisheit Salomos, Prediger Salomo und Jesus Sirach). Dazu kommt noch das 3. Makkabäerbuch, das in den Apokryphen unserer Bibel jedoch nicht enthalten ist.

Zunächst die Zitate aus der Bibel:

Hohelied Salomos 2, 1—2 und 16: „Ich bin eine Blume zu Saron, und eine Rose im Tal. Wie eine Rose unter den Dornen, so ist meine Freundin unter den Töchtern. Mein Freund ist mein, und ich bin sein, der unter den Rosen weidet."

Jesaja 35, 1: „Aber die Wüste und Einöde wird lustig sein, und das Gefilde wird fröhlich stehen, und wird blühen wie die Lilien" (hier nahezu richtig! Vgl. weiter unten).

Weisheit Salomos 2, 8: „Wir wollen uns mit dem besten Wein und Salben füllen; laßt uns die Maienblumen nicht versäumen; laßt uns Kränze tragen von Rosenknospen, ehe sie welk werden."

Jesus Sirach 24, 14: „Ich war erhöht ... wie die Rosen in Jericho."

Jesus Sirach 39, 13: „aber kräftig wachsend wie die Rosen am Bache."

Prediger Salomo 1, 8: „... wie die Rosenblüten des neuen Tages ..."

Jesus Sirach 40, 17: „Gehorchet mir, ihr heiligen Kinder, und wachset wie die Rose, am Bächlein gepflanzet."

Das Zitat im sogenannten 3. Makkabäerbuch 7, 17 nennt die Stadt Ptolemais die „rosentragende, wegen der Eigentümlichkeit des Ortes". Damit ist, nach Wehrhahn, jedoch nicht die Stadt in der Cyrenaika gemeint, sondern ein Ort am Bachr Jusuf in Ägypten, westlich von Medinet el-Fajoum, dem heutigen el-Lahum. Das Buch ist etwa um Christi Geburt in griechischer Sprache geschrieben worden.

Sehen wir uns nun die Belegstellen einmal näher an und die Meinungen der Botaniker sowie der Bibelgelehrten dazu:

Im „Hohenlied" und „Jesaja", letzteres um 750 v. Chr. niedergeschrieben, haben wir einmal die „Rose von Saron" und dann die „Lilie", die in der englischen Fassung jedoch als „Rose" übersetzt wurde. Beide Stellen haben jedoch im hebräischen Text das gleiche Wort. Bei der griechischen Übersetzung heißt es aber im ersteren Fall „anthos" (= Blume) und bei Jesaja „krinon" (= Lilie). Andere Botaniker wiederum wollen hierin eine Narzisse erkannt haben, oder *Colchicum autumnale* oder gar *Anemone fulgens.* Diese beiden Stellen im Alten Testament sind also bis heute nicht eindeutig geklärt, aber um Rosen kann es sich jedenfalls hierbei nicht gehandelt haben, so bedauerlich dies auch wegen der beliebten Texte ist.

Wir kommen nun zu den Apokryphen, und hier wird die Rose zum ersten Male erwähnt, in der „Weisheit Salomos". Dieses Buch ist in der Zeit zwischen 100 und 50 v. Chr. in griechischer Sprache niedergeschrieben, mutmaßlich durch einen griechisch gebildeten Juden, der in Alexandria lebte. Wenn er von den Rosenkränzen schreibt, die man beim Gastmahle trug, so ist dies griechischer Geist. Von Griechenland wissen wir, daß man sich bei solcher Gelegenheit mit Rosen bekränzte, später auch bei den Römern. Wenn wir bedenken, daß die Ägypter Rosen nach Rom lieferten, dann dürfen wir als zuverlässig ansehen, daß hier wirklich von Rosen die Rede ist, wahrscheinlich *Rosa gallica.*

Das Buch „Jesus Sirach" wurde etwa 190 bis 170 v. Chr. in Palästina niedergeschrieben, ursprünglich hebräisch, dann aber um 130 v. Chr. von einem Enkel des Verfassers ins Griechische übersetzt. An zwei Belegstellen findet sich hier das Wort „rhodon" (= „Rose"), und zwar in 24, 14 und 39, 13. In einer dritten Stelle aber (50, 8) ist der hebräische Urtext erhalten geblieben, und da heißt das auch dort vorkommende, mit „Rose" übersetzte Wort „schoschanna". Wenngleich dies meist mit „Lilie" übersetzt wird, so ist es aber in diesem Falle eine *Iris,* wie P. Ascherson und H. Christ nachgewiesen haben. Das paßt auch zu der Stelle 39, 19, wo die Pflanzen am Bache stehen.

Mit der Bibel läßt sich mithin nicht beweisen, daß es vor Christi Geburt bereits Rosen in Palästina gab. (Die von Wehrhahn und Jeans genannten Belegstellen fanden sich leider nicht an den angegebenen Orten in der zur Verfügung stehenden deutschen Bibel-Ausgabe; dennoch dürften die Belegstellen richtig sein für die von Wehrhahn benutzte Bibel-Ausgabe.)

Englische und amerikanische Sachverständige sind nicht der Auffassung, daß es sich bei dem in der Bibel gebrauchten Wort „Rose" wirklich um eine Rose handelt, denn diese Übersetzung aus dem Hebräischen betrifft ein Zwiebelgewächs oder einen *Crocus,* aber die Unsicherheit beruht auf der wahrscheinlich ungenauen oder falschen Übersetzung. Unklar ist auch die „Rose von Saron", die „Blume der Ebene" oder „Safran der Ebene". Jedenfalls hat die

Abb. 41. Aus dem „Heldenbuch" das Einleitungsbild zum Rosengartenlied („Hie nach folget der rosengart zu Wurms / mit seinen figuren"); um 1500

„Rose von Saron" auch nichts zu tun mit *Hibiscus syriacus* aus „Syrien" (in Wirklichkeit aus China!!), die in England heute „Rose of Sharon" heißt. Dann aber kommt auch noch der Oleander *Nerium oleander* in Betracht und die Tulpen, *Tulipa montana* und *T. sharonensis*.

Gab es denn keine Wildrosen in Palästina? Ja doch, es gab sie sicherlich schon damals wie auch heute, und zwar *Rosa phoenicia*, mit weißen, in Büscheln stehenden, einfachen, süß duftenden, allerdings rasch verblühenden Blüten; heutiges Verbreitungsgebiet Türkei, Syrien, Palästina, Libanon.

Die „Rosen von Jericho", von denen wir heute nicht selten hören oder lesen, sind ebenfalls keine Rosen, aber dafür verbindet der Volksglaube diese mit „Auferstehungspflanzen". Es handelt sich hier um drei verschiedene Pflanzen, die auf Tafel 9 abgebildet sind.

Asteriscus pygmaeus Coss. & Dur. (= *Osteospermum pygmaeum* Benth. & Hook., die „Jerichorose der Kreuzfahrer") ist eine kleine, etwa 10 cm hohe Composite mit ganz kurzen Strahlenblüten in kleinen Köpfchen, die sternförmig von Hüllblättern umgeben sind. Die graufilzigen Laubblätter vertrocknen bald und fallen ab. Die Blütenköpfe schließen sich bei trockenem Wetter, um das Ausfallen der Samen zu verhindern, öffnen sich bei Feuchtigkeit aber in wenigen Minuten. Heimat Jordantal, besonders bei Jericho, ferner in den Wüsten von Nordafrika und in Südwestasien.

Anastatica hierochuntica L., die „Echte Jerichorose", gehört zu den Cruciferen; eine einjährige Pflanze, bis 10 cm hoch, Wuchs aufrecht, doch fast wie eine „Scheindolde" wachsend, Blätter klein, graugrün, sternhaarig, später verkümmernd; Blüten klein, weiß; nach Ausbildung der Früchte verholzt die Pflanze und stirbt ab, wobei sich die Triebe krallenförmig nach innen biegen. Die Pflanze wird aber nicht, wie oft zu lesen, vom Wind aus dem Boden gerissen und weit über die Steppen getrieben („Steppenläufer", englisch „Rolling Thing"), sondern bleibt durchaus an ihrem Platz stehen. In der Trockenzeit bleiben die Zweige zusammen „gekrallt", bei Beginn der Regenzeit aber breiten sie sich wieder aus und geben dann die Samen frei. Heimat wie bei *Asteriscus*, jedoch nicht in der Umgebung von Jericho. Im Mittelalter bereits eingeführt als „Rosa sanctae Mariae", „Marienrose" und „Auferstehungspflanze".

Die dritte „falsche Rose von Jericho" ist *Selaginella lepidophylla* Spring, eine Selaginellacee (Mooskrautgewächs), aus den Trockengebieten Mexikos und Mittelamerikas. Sie bildet kleine, flache Rosetten, die bei Trockenheit sich ballförmig zusammenrollen, etwa so groß wie ein Tennisball. Infolge ihres hohen Gehaltes an fettem Öl, wodurch das Protoplasma vor dem Austrocknen geschützt ist, können die Pflanzen jahrelang am Leben bleiben und bei eintretender Regenzeit wieder aufleben. Aber auch tote Pflanzen öffnen sich, wenn sie in Wasser geworfen werden, und schließen sich bei Austrocknung. Diese *Selaginella* ist heute häufiger im Handel als die beiden anderen, wird aber als „Fälschung" bezeichnet.

Literatur

Frühe botanische Werke („Kräuterbücher" u. ä.)

Albertus Magnus: Naturalia. Straßburg 1548.

Bauhin, Kaspar: Pinax theatri botanici. 522 S. Basel 1623.

Besler, Basilius: Hortus Eystettensis. 367 Taf. mit Text. Nürnberg 1613. Neudruck München 1964.

Bock, Hieronymus: New Kreutterbuch. 530 Holzschn. Straßburg 1577. Neudruck München 1964.

Brunfels, Otto: Contrafayt Kreüterbuch. 332 S., 170 Abb. Straßburg 1532. Neudruck München 1964.

Camerarius, Joachim: Hortus medicus et philosophicus. Mit Anhang „Icones". Frankfurt 1588.

Clusius, Carolus (Charles de l'Ecluse): Rariorum aliquot stirpium per Pannoniam Austriam et vincinitas Historia. Antwerpen 1583.

Elsholz, Johann Siegesmund: Neuangelegter Gartenbau oder Unterricht von der Gärtnerei. Cölln a. d. Spree 1666.

Fuchs, Leonhart: New Kreüterbuch. 680 S., 518 Abb. Basel 1543. Neudruck München 1964.

Gerard, John: The Herball. 1392 S., 1800 Abb. London 1597.

Gessner, Conrad: Catalogus Plantarum. 162 S. Frankfurt 1543.

—: De Hortis Germaniae. Straßburg 1561.

Hildegardis de Pinguia: Physica S. Hildegardis. 121 S. Straßburg 1533.

Lobelius, Matthias (de l'Obel): Plantarum seu stirpium icones. 2 Bde., zus. 1442 S., 1742 Abb. Antwerpen 1576.

Lonitzer, Adam: Kreuterbuch, neu zugericht. 342 Blatt und 708 Abb. Frankfurt 1557.

Megenberg, Konrad von: Puch der Natur. 292 S. Augspurg 1475.

Parkinson, John: Paradisi in sole Paradisus terrestris. 2. Aufl. 612 S., 110 Abb. London 1656.

—: Theatrum Botanicum, or a herball of a large extent. 1775 S., 2716 Abb. London 1640.

Quintinie, Jean de la: Instructions pour les Jardins fruitiers et potagers. Paris 1690.

Strabo, Walafrid: Hortulus. Translated by R. Payne. Pittsburgh 1966.

Sweert, Emanuel: Florilegium. 2 Teile mit 560 Abb. Frankfurt 1612.

Tabernaemontanus, Jakob Theodor: Neuw Kreuterbuch. 818 S., 558 Abb. Frankfurt 1588.

—: Eicones plantarum seu stirpium, arborum, fruticum, herbarum, lignorum, radicum omnis generis. 1128 S., 2400 Abb. Frankfurt 1590.

Weinmann, Johann Wilhelm: Phytanthoza Iconographia. 4 Bde. mit über 4000 Abb. Regensburg 1737—1741.

Wonnecke, Johann, aus Kaub: Ortus sanitatis auff teutsch Ein Garten der Gesundheit. Mainz 1485. Neudruck München 1966.

Andere Literatur

BAUMANN, H.: Zur Geschichte und Gestalt des Rosengartens. Rosenjahrbuch 22: 106—145 (1961).

CRISP, F.: Mediaeval Gardens. London 1924.

FEHRLE, ERNST: Rose und Rosengarten im deutschen Mittelalter. Diss. Heidelberg 1922.

FISCHER-BENZON, R. VON: Altdeutsche Gartenflora. Kiel 1894.

GRIMM, W.: Der Rosengarten. Göttingen 1836.

HASHAGEN, J.: Kulturgeschichte des Mittelalters. Hamburg 1950.

HERRING, P.: Studier i Rosens Kulturhistorie. 191 S., Ill. Kopenhagen 1928.

KAUFMANN, A.: Der Gartenbau im Mittelalter und während der Renaissance. 5 Vorträge. Berlin 1892.

LAUENSTEIN, D.: Der deutsche Garten des Mittelalters bis in das Jahr 1400. Diss. Göttingen 1900.

LORRIS, G. DE, et G. J. DE MEUNG: Le Roman de la Rose. Herausgegeben von M. GORCE. Paris 1933.

MATTHEWS, Q. L.: The Rose with the Moguls. ARA 1945.

MAZAHÉRI, ALY: So lebten die Muselmanen im Mittelalter. Stuttgart 1957.

OPOIX: Histoire et description de Provins. Um 1807 (zit. in Rose Annual 1954: 141).

RICE, D. T.: Die Kunst des Islam. München 1965.

SA'DI, MUSLIHEDDIN: Der Rosengarten. In der Übersetzung von K. H. GRAF, 1846. Neudruck München 1923.

SPRINGER, A.: Paris im 13. Jahrhundert. 1856.

STEINVORTH, H.: Die fränkischen Kaisergärten, die Bauerngärten in Niedersachsen und die Fensterflora derselben. In Jahreshefte des Naturw. Ver. f. d. Fürstentum Lüneburg 11: 33—66 (1890).

UHLAND, L.: Zum Rosengarten von Worms. In Vj.-Schr. f. deutsch. Altertumskd., herausg. v. PFEIFFER, Bd. 6. 1861.

WEIN, K.: Deutschlands Kulturpflanzen um die Mitte des 16. Jahrh. Beih. Bot. C. Bl. 1914.

WILDE, J.: Kulturgeschichte der Sträucher und Stauden. 303 S. Speyer 1947.

YOUNG, N.: Ghosts of the Rose World. The Rose 15: 110—114.

Literatur zum Abschnitt „Bibel"

BORCHARD, R.: Did Abraham know the Rose? The Rose 11: 128—131 (1962).

Die Bibel, oder die ganze Heilige Schrift. In deutscher Übersetzung von M. LUTHER. 1435 S. Stettin (ohne Jahreszahl).

GRASMÜCK, H.: Die Rosen von Jericho. Deutsch. Baumsch. 25: 126—128 (1973).

J(EANS), G. E.: The Rose of the Bible. Rose Ann. 1946: 78—80.

MOLDENKE, H.: Plants of the Bible. 1952.

WALKER, W.: All the Plants of the Bible. London 1958.

WEHRHAHN, H. R.: Biblische Rosenstudien. Rosenjahrbuch 1936: 74—76.

Die Rose in der Neuzeit, von etwa 1500 bis zum Beginn der modernen Züchtung

Dieses Kapitel, welches im Mittelalter beginnt und bis in den Anfang unseres Jahrhunderts reicht, läßt sich einerseits nicht einer bestimmten Kulturepoche zuordnen, andererseits kann hier auch nicht alles noch einmal geschildert werden, was im Abschnitt über die Entwicklung der modernen Gartenrosen genau dargestellt worden ist. Es ist also mehr ein chronologisch geordneter Extrakt aus den verschiedensten Quellen. Von besonderer Bedeutung ist der Abschnitt über die Einführung der Rosen aus Asien, hier besonders aus China.

Deutschland Vom 16. Jahrhundert an ist die Rose, wie es die alten Kräuterbücher, zahllose Darstellungen auf Gemälden und schließlich auch die Volkslieder beweisen, allgemein in Gartenkultur, wenn auch nicht in großer Zahl.

1539 *Rosa damascena* in Kultur; belegt bei H. Bock.

1561 *Rosa moschata* ist in Kultur (Gessner), 1588 auch durch Tabernaemontanus belegt.

Koelreuters Theorie der Pflanzenhybriden, die den sichersten Beweis für die Sexualität und die Befruchtung der Pflanzen brachte und dessen Versuche in streng wissenschaftlicher Weise durchgeführt wurden, fanden bei seinen Zeitgenossen keine Beachtung. Er hatte aufgezeigt, welche Funktionen die einzelnen Einrichtungen der Blüte haben und welche Rolle die Insekten bei der Bestäubung spielen. Da Koelreuter zuletzt, 1761 bis 1766, auch noch „Oberaufseher“ (Gartendirektor) der Hofgärten in Karlsruhe war, ist es fast unbegreiflich, weshalb sich nicht die Gärtner für seine Versuche interessierten, insbesondere gerade die Gärtner, die immer weiter, wie seit undenklichen Zeiten, nur aussäten und abwarteten, was wohl dabei herauskommen würde.

Vermutlich zwischen 1790 und 1800 kam man auf den Gedanken, durch Okulation auf wild gesammelte *R. canina*-Stämme Hoch- und Halbstämme zu veredeln.

Erst im 19. Jahrhundert wurde die Okulation bei den Buschrosen mehr und mehr gebräuchlich; man kann heute nicht mehr feststellen, in welchem Lande damit zuerst begonnen wurde, wahrscheinlich aber in Frankreich, dem damals führenden Land der Rosenkultur.

Einer unserer besten Informanten aus dem ausgehenden 18. Jahrhundert ist Dr. C. G. Rössig, Leipzig. Er schreibt 1799 (hier nur im Auszuge):

„Die Fortpflanzung der Rosen geschieht durch Wurzel oder Nebenschossen, durch Absenken, durchs oculiren, und zwar sowohl mit dem wachsenden als schlafenden Auge; bey denen welche reifen und vollkommenen Saamen liefern, auch durch Saamen.“

„Die Fortpflanzung durch Wurzel oder Nebenschosse ist die leichteste und schnellste Methode, zumal die mehresten Sorten jährlich viele aus ihrer Wurzel treiben, welche schon im ersten Sommer 1 bis 2 Fuß Höhe erreichen. Man nimmt sie im Herbst, oder bey günstiger Witterung, auch im Winter, oder endlich auch im kommenden Frühjahr mit einigen Wurzelfasern ab, und verpflanzt die schwächern noch ein oder zwey Jahre in eine Pflanzschule, die stärkern aber verpflanzt man so gleich an ihrem bestimmten Ort, wo sie gewöhnlich schon in dem folgenden Sommer blühen.“

„Auch kann man die Stöcke, welche sehr viel Wurzelschossen haben, die schon zu mäßigen Stämmen erwachsen sind, durch gänzliches Zerlegen des Stocks vermehren. Man nimmt in diesem Falle den ganzen Stock heraus, trennt die vielen geschosserten Stämmchen voneinander und verpflanzt sie so gleich an den bestimmten Ort, welches im Herbste oder auch in leidlichen Wintern und im Frühjahr geschehen kann.“

„Das Absenken geschieht durch eingelegte junge Schosse. Zu deren häufigen Vermehrung schlägt Herr Lueder besondere Rosenabsenker-Stühle[1] vor. Man bestimmt zu diesem Behufe eine Anzahl Rosenstöcke besonders, und schneidet solche nach ein oder zwei Jahren über der Erde ab, diese treiben im folgenden Sommer nahe der Erde eine Menge junger Schosse, welche man im nächsten Herbste oder Winter, nachdem man zuvor an einem Gelenke einen Einschnitt gemacht, oder auch, nachdem man sie an den Gelenken nur ein wenig umgedrehet, so, daß die Rinde gebrochen wird, einlegt; worauf sie Wurzeln ansetzen; worauf man sie im folgenden Herbste abnimmt und in die Pflanzschule versetzt. Das Umdrehen der Gelenke ist sonderlich bey der Monats, Damascener und Weinrose bis jetzt hinreichend befunden worden. Einige Sorten bewurzeln sich indessen bey dem Absenken im Herbste langsamer, welches sonderlich der Fall bey der großen Hagebutten-Rose, *Rosa villosa*, Bisamrose, *Rosa moschata*, der Moosrose, *Rosa muscosa*, ist, indem sie oft erst nach zwey Jahren Wurzel machen.“

„Bey den Rosen, welche selten Nebenschosse treiben, und es ist besonders, daß alle schönen Abarten die wenigsten Nebentriebe haben, bedient man sich zur Vermehrung und Fortpflanzung derselben des Okulirens, oder man sucht auch durch dieses Mittel hohe Rosenbäumchen zu erhalten, oder auf einem Stocke mehrere Sorten von Rosen zu ziehen. Man wählt hierzu gern die hohen und starken Schosse der sogenannten Frankfurter

1 d. h. Mutterpflanzen-Beete.

Rose, oder auch andere, welche hohe und starke Wurzelschosse treiben.“

Soweit Rössig; zumindest wissen wir jetzt über die Anzucht und Vermehrung der Rosen im Mittelalter bis zu Anfang des 19. Jahrhunderts Bescheid.

1800 waren *Rosa chinensis* (rosa) und die var. *semperflorens* (karmin) in allen bedeutenderen europäischen Rosengärten vorhanden.

1820 ließ König Friedrich Wilhelm III. auf der Pfaueninsel bei Potsdam ein Rosarium anlegen; Näheres hierüber vgl. Seite 132.

Weitere bedeutende Rosensammlungen in der ersten Hälfte des 19. Jahrhunderts gab es in Düsseldorf (Arnz; van Baerle), ferner in Berlin-Witzleben (Deppe). In diesen Gärten waren die Rosen jedoch nur zur Schau aufgepflanzt.

Um 1820 war es James Booth in Klein-Flottbek bei Altona, der als Besitzer einer bedeutenden Sortimentsbaumschule auch Rosen zog. Er gab 1816 eine eigene Neuheit ‘Königin von Dänemark’ (wahrscheinlich *R. alba* × *R. damascena*) heraus, die wir heute auch noch in Kultur haben. Gleich darauf gab es einen bösen Streit mit Prof. Lehmann, dem Direktor des Botanischen Gartens in Hamburg, welcher behauptete, diese Sorte sei in Frankreich schon lange bekannt. Beide Parteien verfaßten Streitschriften, in denen sie sich heftig angriffen. Lehmann blieb den Beweis aber schuldig; die ‘Königin von Dänemark’ siegte für Booth.

Man hat den Eindruck, daß das Okulieren vor seiner allgemeinen Einführung nur als eine Notlösung bei der Vermehrung angesehen wurde. Wir lesen das auch bei Wilhelm Keller in seinem „Verzeichniss“ (1828). Er hatte eine Handelsgärtnerei in Duisburg und gab ein umfangreiches Verzeichnis seiner Rosen heraus, wohl alles französische Sorten, deren Namen er aber verdeutscht hatte. Er war keineswegs ängstlich mit seinen Preisen für die Rosen, für die er meist 1 bis 3 rheinische Gulden (zu je 16 Groschen) nahm; die Pflanzen waren sicher von einer Qualität, die wir heute nicht verkaufen dürften. Er gab an, daß der größte Teil seiner lieferbaren Rosen „echt aus der Wurzel gezogen ist; man bittet jedoch zu bemerken, ob, falls eine Sorte nicht echt vorräthig seyn sollte, dafür eine oculirte genommen werden dürfe“.

Sehen wir uns einmal an, wie die Rosenneuheitenzüchtung in Deutschland begann. Der erste, der in Deutschland eine Rose benannte und offenbar auch selbst „gezüchtet“ hatte, war der Hofgärtner des Landgrafen Friedrich II. von Hessen, Schwarzkopf, auf Schloß Weißenstein bei Kassel (vgl. Seite 133). Seine Rose hieß auch ‘Perle von Weißenstein’. Schwarzkopf war seit 1769 Hofgärtner und legte auch das Rosarium an, das vermutlich das erste in Deutschland war.

Ernst Herger, Rosenzüchter in Köstritz, hatte 1857 rund 2000 Sorten in Kultur und damit die größte Sammlung jener Zeit in Deutschland. Diese Pflanzen waren zum Verkauf bestimmt.

Der Arzt Dr. Friedrich Ruschpler, Dresden, Liebhaber-Rosenzüchter, gab 1856 eine Rose ‘Dr. Ruschpler’ heraus, sein Sohn Paul zwischen 1877 und 1878 noch vier weitere Rosen.

Um 1870 begann Paul Ruschpler, der in Dresden eine Baumschule besaß, die Anzucht auch der Unterlagen für Rosenhochstämme aus Samen. Die jungen Sämlinge wurden krautartig pikiert und ergaben erstklassige Stämme, die das Sammeln von Wildstämmen im Wald und auf der Wiese überflüssig machten. Vor dieser Zeit gab es in Deutschland Firmen, die sich auf das Sammeln von Waldstämmen spe-

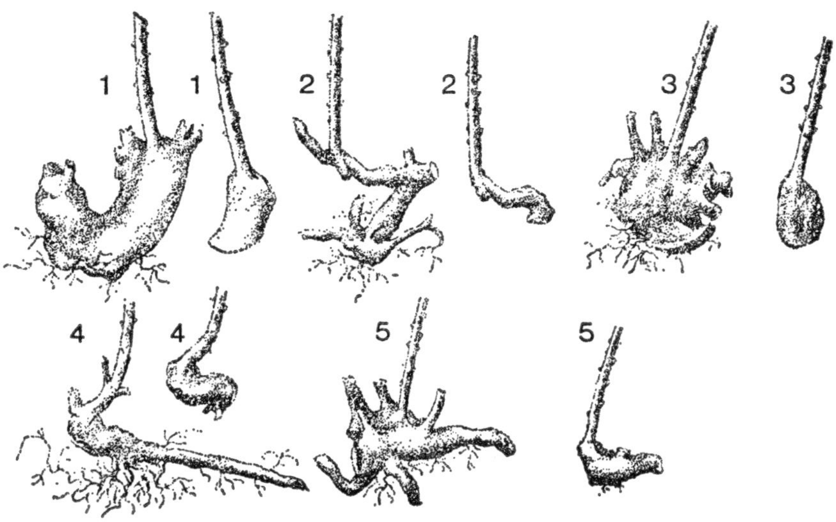

Abb. 42. So sahen die „Waldstämme“ aus, aus denen früher die Hochstämme erzogen wurden, bevor man die modernen Sämlingsstämme hatte. Die Abbildung zeigt fünf gerodete Stämme, rechts daneben „pflanzfertig“ zurechtgeschnitten (aus der Rosen-Zeitung)

zialisiert hatten, meist in Thüringen und Hessen. Wie diese Waldstämme vor und nach dem „Zuschnitt" aussahen, zeigt die Abbildung 42.

Unsere moderne feldmäßige Rosenanzucht durch Okulation ist nach W. Kordes (1953) in Holstein entwickelt worden, und zwar 1880 durch E. L. Meyn, der die ersten *canina*-Unterlagen reihenweise aufschulte und veredelte. Im Laufe der nächsten 10 Jahre folgten die Baumschulen Gustav Frahm, Elmshorn; J. F. Müller, Rellingen; J. Timm & Co., Elmshorn; Conrad Maaß, Rellingen; Wilhelm Kordes, Elmshorn; Mathias Tantau, Uetersen, u. a.

Rektor Droegemüller aus Neuhaus-Elbe gab in der Zeit von 1886 bis 1895 elf Sorten heraus. Dann hört man nichts mehr von ihm.

Peter Lambert begann etwa um 1885 zu züchten. 1891 kam zuerst seine 'Kaiserin Auguste Viktoria'; bis 1906 hatte er erst sechs eigene Züchtungen herausgebracht. Alle anderen deutschen Züchter — immerhin sind es rund 150 an der Zahl — kamen erst nach 1900. Die bedeutenderen von ihnen sind alle aufgezählt im Abschnitt über die Züchter und ihr Werk (Seite 152), alle anderen waren Liebhaber, die oft nur eine oder zwei Sorten hatten.

1893 wurde in Hamburg der Verein Deutscher Rosenfreunde gegründet.

Niederlande 1601 erhält Clusius die gefüllte gelbe Rose, *Rosa hemisphaerica,* von Friedrich Maier aus Straßburg.

Im 17. Jahrhundert kaufte die Stadtapotheke in Leiden nicht weniger als 26 000 „aertrosen" (Freilandrosen) und 8459 „provisyroosen" („Orangerierosen") bei einer Rosengärtnerei in Noordwijk, zu medizinischem Gebrauch. Zu dieser Zeit gab es in Spaarndam eine „roosenoly-stokerij" (= Rosenöl-Destille).

1809 aber gab es in Noordwijk nur noch zwei große Kräutergärten, und darin kultivierte man Rosen. Jedoch wurden die Blütenblätter nach dem Abpflücken in Fässer „eingepökelt" und so nach Ostindien versandt. Dort destillierte man das Rosenöl daraus, und es kam gelegentlich sogar vor, daß dieses Rosenöl dann wieder nach Holland verkauft wurde (nach Geldof).

Bei vielen Autoren können wir lesen, daß in den Niederlanden im 17. und 18. Jahrhundert die Zentifolie[1], die „Rose von Batavia", entwickelt worden sei, später auch die „Rose der Maler" (Rose des Peintres) genannt. Im Laufe der Zeit waren dort an die 2000 Sorten (oder doch Sortennamen) entstanden, darunter auch die Moosrosen.

In der zweiten Hälfte des 19. Jahrhunderts ist es vor allem die Gärtnerei Van Eeden in Haarlem, die sich mit der Kultur von Rosen befaßt, aber von eigenen Züchtungen kann man sicherlich noch nicht reden, und kein Rosenlexikon führt Sorten dieser Firma auf.

Luxemburg 1853 gab es zwölf Rosenschulen, die ein Sortiment von zusammen ungefähr 3000 Rosensorten veredelten, auf *Rosa manettii.* Die bedeutendste Firma war Soupert & Notting, die mit einer großen Zahl eigener Züchtungen, etwa 60, bekannt wurde, darunter die auch heute noch bekannten Sorten 'Eugène Fürst', 'Tour de Malakoff', 'Violacée'.

Italien Im vorigen Abschnitt wurde bereits angedeutet, daß neben Rouen in Frankreich auch Florenz, bereits im 15. Jahrhundert, eine berühmte Rosenstadt war. Alles, was man damals an Rosensorten kannte, soll hier zu sehen gewesen sein. Damit hatte die Rose, die in Italien ihre Mißachtung beim Verfall Roms erleben mußte, ihren alten Platz als Kulturpflanze wieder eingenommen.

1551 *Rosa lutea* im Herbarium von Aldrovandi in Padua bereits vorhanden; in Kultur eingeführt aus Persien jedoch erst 1837 durch Sir H. Wilcox.

Wenn wir hier der Geschichte etwas vorgreifen, so erfahren wir, daß zu Ende des 19. Jahrhunderts die Bauern an der italienischen Riviera damit begannen, ihre Olivenhaine zu roden, den Getreidebau einzuschränken und dafür Rosen zum Schnitt aufzuschulen. Welche Parallele zum Altertum!

England Anfang 1800 gibt es in der Umgebung von London (Hammersmith, Chelsea, Islington und Hackney) Rosenschulen von ansehnlicher Größe. Um 1820 kommt noch die Baumschule Wm. Paul in Cheshunt hinzu, die bald die bekannteste werden sollte.

Zu Anfang des 19. Jahrhunderts entstanden in Schottland die Ayrshire-Rosen aus *Rosa arvensis* und die Pimpinellen (in England Scots Rose oder Burnet-Rose genannt).

[1] *Rosa centifolia.* Über die Herkunft gibt es vier Theorien:

1. Bieberstein hat geäußert, sie sei im Kaukasus gefunden und komme dort auch wild vor; diese Meinung wird jedoch von den russischen Botanikern als unrichtig abgelehnt.

2. Sie sei aus dem alten Rom auf unsere Zeit gekommen; obwohl in vielen Rosenbüchern so angegeben, wird diese Ansicht kaum von einem Botaniker geteilt.

3. Sie sei in der Zeit von 1580 bis 1710 in den Niederlanden allmählich entwickelt, vermutlich aus einer gefüllten *gallica*-Sorte; diese Meinung ist bei Botanikern und Gärtnern ziemlich allgemein verbreitet.

4. Schließlich noch N. Young (1971), der meint, es sei bisher nichts über die Herkunft dieser Rose schlüssig bewiesen; der Ursprung sei völlig dunkel.

1815 Brown aus Slough, England, erzielte eine Hybride aus 'Hume's Blush' mit einer *Rosa gallica*, der er den Namen 'Brown's Superb Blush' gab. Sie wurde zuerst als *Chinensis*-Hybride angesehen, war aber fraglos eine Teehybride, und damit die erste Teehybride, bereits vor den Bourbon-, Noisette- und Remontantrosen existierend, die sonst immer als die Vorläufer der Teehybriden angesehen werden.

1827 gibt Sweet den „Hortus Britannicus" heraus; darin sind 107 Arten und 1059 Sorten von Rosen beschrieben, die meisten der letzteren gehören zu *Rosa gallica*.

1880 brachte Henry Bennett, aus Shepperton, England, eine Teehybride 'William Francis Bennett', dunkelrot, heraus; als er sie 1884 ausstellte, konnte er sie für 5000 $ verkaufen.

Obschon die meisten alten Remontantrosen in Frankreich gezüchtet worden sind, ist ihre eigentliche Heimat doch England geworden. Nirgendwo sind sie besser gepflegt worden; und auch das Klima hier sagt ihnen besser zu. Sie scheinen immer abwechselnd warme und kühle Tage zu lieben. Manche Blüten öffnen sich zwar nicht bei Regenwetter, während es anderen nichts ausmacht. Man hat aber seit langem in England beobachtet, daß an einem kühlen Tag nach voraufgegangenem heißen Tag sich immer viele Blüten in edler Form öffnen. So ist man denn auch in England und in Irland der Meinung, daß es nirgendwo vollendetere Remontantrosen auf der Welt gibt als in diesen beiden Ländern (Foster-Melliar).

Nordamerika Henry William Baron von Stiegel, Glaswarenfabrikant in Nordamerika, dürfte vermutlich der erste gewesen sein, der dort eine Rosensammlung anlegte. Bereits 1773 hatte er ein großes Sortiment zusammengetragen.

Eine der ältesten Baumschulen Nordamerikas war die Prince Nursery, gegründet 1737 durch Robert Prince in Flushing, Long Island. Sie war bereits auf internationalen Handel eingestellt und verbreitete ein ansehnliches Pflanzensortiment in Nordamerika. 1846 veröffentlichte William Robert Prince, ein Enkel des Gründers, ein Rosenbuch, aus dem zu entnehmen ist, daß er bereits über 700 Sorten von Rosen zusammengetragen hatte.

1811 *Rosa chinensis* ('Old Blush') ist mittlerweile auch nach Nordamerika gelangt. Im Garten des Reispflanzers John Champney in Charleston, South Carolina, entstand hieraus, gekreuzt mit *Rosa moschata*, eine neue Rose, 'Champney's Pink Cluster', Vorläufer der nun bald folgenden Noisette-Rosen.

Wenn auch die amerikanische Beteiligung an der Entwicklung der Rosenzüchtung erst in neuerer Zeit, etwa in den letzten 50 Jahren, einen stetig steigenden Umfang annahm, so waren doch auch die ersten Anfänge bereits beachtenswert:

1815 die Noisette-Rose durch John Champney in Charleston, South Carolina;

1836 die *setigera*-Hybriden von Samuel und John Feast in Baltimore, Maryland.

Frankreich Wenn Frankreich hier am Schluß genannt wird, dann deshalb, weil der frühen französischen Rosenzüchtung im Zusammenhang mit der Kaiserin Joséphine ein eigener Abschnitt gewidmet ist (Seite 99). Hier sind lediglich noch einige Angaben gemacht, die dort fehlen.

1815 erzielte Graf Lelieur, der Gartendirektor des französischen Königs, einen Zufallssämling, der die hellrote Blütenfarbe der Portland-Rose und das Öfterblühen der *Rosa chinensis* miteinander verband. Er gab ihr den Namen 'Rose Lelieur', aber das mißfiel dem König. Er wünschte, daß man ihr den Namen 'Rose du Roi' geben solle; und so geschah es auch. 1816 wurde sie von Souchet eingeführt.

1817 entdeckt der französische Botaniker Bréon anläßlich seines Besuches der Bourbon-Insel (jetzt Réunion) eine Naturhybride zwischen *Rosa chinensis* und *R. damascena*, die er 1819 in Form von Samen an Jacques, den Gartendirektor des Herzogs von Orléans in Neuilly sandte. Daraus entstanden vier oder fünf Sämlinge, von denen der beste als „*Rosa canina borbonica*" beschrieben wird. Daraus wurde die Bourbon-Rose, eine Klasse mit 428 Sorten.

1829 gaben die beiden Rosenschulen Desportes und Prévost ihre Kataloge heraus; bei Desportes werden nicht weniger als 2000 Sorten Rosen angeboten und beschrieben.

In Frankreich wurden um 1860 etwa 800 000 veredelte Rosenpflanzen exportiert und etwa 100 000 Wildlinge (bzw. nicht veredelte). Auf dem Blumenmarkt in Paris werden alljährlich (in der Zeit um 1860) für etwa 4 000 000 Fr. Rosenschnittblumen angeboten, darunter für etwa 150 000 Fr. von Treibrosen (nur etwa 25 Sorten!).

Um 1870 gab es etwa 6000 Sorten von Rosen in Kultur.

DIE EINFÜHRUNG DER ROSEN AUS ASIEN

Zuerst wohl Marco Polo (1254—1324), später waren es Reisende, Soldaten und vor allem Kapitäne, die bei ihrer Rückkehr aus asiatischen Häfen durch ihre Schilderungen das Interesse der europäischen Botaniker weckten, später auch das der Gärtner. Es dauerte aber Jahrhunderte, bis man einen Überblick über die Pflanzenwelt unseres Nachbarkontinents hatte. Indessen können wir auch heute noch nicht von einer auch nur annähernd vollständigen Kenntnis der dortigen Pflanzenwelt sprechen. Überraschungen wie die 1944 gefundene, bis dahin jedoch nur als Fossil aus erdgeschichtlicher Vorzeit bekannte *Metasequoia* sind keineswegs ausgeschlossen.

Manche asiatischen Länder, vor allem diejenigen mit schlechten Verkehrswegen im Lande, wo der Reisende in allem allein auf sich gestellt ist, sind leider heute noch, aus politischen Gründen, einer botanischen Erforschung ihrer Territorien durch Fremde verschlossen. Die großen technischen Schwierigkeiten früherer Tage (beschwerliche Reise, lange Fußmärsche, unzulängliche Möglichkeiten zur Lebenderhaltung von Pflanzen und deren raschen Versand) würden heute leicht durch Einsatz von Hubschraubern überwindbar sein, ferner durch Verpackung der Pflanzen in Plastik und Versand auf dem Luftwege, sofern staatliche Stellen hierbei mitwirken und die erforderlichen Mittel bereitstellen.

Von den berühmten Pflanzensammlern des 19. und des frühen 20. Jahrhunderts können nur die wichtigsten hier genannt werden, soweit sie auch Rosen heimsandten.

Aitchison, J. E. P., Engländer, 1836—1898, Afghanistan (1880 *Rosa ecae*).

Booth, J. J., Engländer, Bhutan, um 1850.

David, Abbé Armand, französischer Missionar, 1826 bis 1900, W-China.

Delavay, Abbé J. M., französischer Missionar, 1834 bis 1895, China, Yunnan.

Falconer, Hugh, Engländer, 1808—1865, Indien.

Farrer, Reginald, Engländer, 1880—1920, Tibet, Birma, China.

Forrest, George, Engländer, 1873—1932, China.

Fortune, Robert, Engländer, 1812—1880, China, Japan.

Henry, Augustine, Ire, 1857—1930, China.

Hooker, J. Dalton, Engländer, 1817—1911, Himalaja.

Kerr, William, Engländer, China, in der Zeit von 1804 bis 1813.

Meyer, F. N., Amerikaner, gebürtiger Holländer, Turkestan, Ostasien (1911 *Rosa primula*).

Purdom, W., Engländer, 1880—1921, China, Kansu.

Rock, Joseph, Österreicher, 1884—1962, China, Tibet.

Siebold, Philip Franz von, Deutscher, 1796—1866, Japan.

Soulie, J. A., Père, französischer Missionar, 1858—1905, China.

Wallich, Nathanael, gebürtiger Däne, später Engländer, 1786—1854, Indien.

Ward, Francis Kingdon, Engländer, 1885—1958, W-China, N-Birma.

Wichura, Max Ernst, Deutscher, 1817—1866, Japan.

Wilson, Ernest H., Engländer, 1876—1930, China, Japan, Korea.

In diesem Buch kann allerdings nur auf die Rosen und deren Einführung eingegangen werden und nicht auf andere, vielleicht bedeutendere Einführungen; ohne die asiatischen Rosen würde es heute weder unsere modernen Gartenrosen noch Kletterrosen geben! Die Vorfahren nahezu aller Gartenrosen stammen aus Asien und ergaben durch fortdauernde Züchtung schließlich die Rosen, die heute in unseren Gärten stehen, ohne daß wir uns dieser Tatsache bewußt sind oder werden. Wie schon Shepherd feststellte, sind die asiatischen Rosenarten teilweise remontierend, also wiederholt blühend; ferner gibt es nur dort gelbblühende Rosen und nur dort Rosen mit kletterndem Wuchs.

Die wichtigsten acht Vorfahren unserer Gartenrosen stammen alle aus Asien:

Rosa chinensis	*Rosa moschata*	*Rosa multiflora*
Rosa wichuraiana	*Rosa damascena*	*Rosa foetida*
Rosa odorata		*Rosa rugosa*

China, die „Mutter der Gärten“ Kanton war die einzige Stadt Chinas, die sich bereits im 16. Jahrhundert, kurz nach dem Erscheinen der Portugiesen, dem Welthandel öffnete. Sehr bald danach folgten auch die Holländer, und 1684 errichteten die Engländer in dieser Stadt eine Filiale ihrer später so berühmten Ostindischen Kompanie. Zahllose neue Pflanzen gelangten durch diese Kompanie nach England. In dieser Stadt gab es die Baumschule Fa Tee (oder Fa Ti, soviel wie „Blumenland“), etwa 3 Meilen entfernt, am Südufer des Flusses gelegen. Die Baumschule bestand noch um die Mitte des 19. Jahrhunderts, und sie war sicher 200 Jahre alt, wenn nicht älter. Robert Fortune berichtete über diese Baumschule. Etwa 150 Jahre lang konnten englische Pflanzensammler nur die Pflanzen erreichen, die diese Baumschule liefern konnte oder die man in den Gärten der unmittelbaren Umgebung von Kanton fand. Nachfolgend die wichtigsten Daten über die chinesischen Rosen:

1733 Diese Jahreszahl trägt eine China-Rose im Herbarium des niederländischen Botanikers Gronovius. Es ist jedoch völlig unbekannt, woher dieses Herbarmaterial stammt, vielleicht kam es schon getrocknet nach Holland.

„Hie stritet sifort und der berner"

„Also münch ylsan ein küssen wart von der jungfrowen"

Diese beiden Abbildungen stammen aus der einzigen illustrierten Rosengarten-Handschrift, geschrieben in Straßburg um 1420 (Heidelberg, Univ.-Bibl. Cod. pal. germ. 359 Fol. 22 v, 49 r und 61 r)

Der „Tausendjährige Rosenstock" am Hildesheimer Dom (1972) (Foto: J. Breloer)

Rosengitter im Zisterzienser-Stift, Stams, Tirol, gearbeitet 1709/16 vom Kunstschlosser Bernh. Bachnitzer; rechts Ausschnitt vergrößert

Der „Engelsgruß" von Veit Stoß im Ostchor der St. Lorenz-Kirche in Nürnberg zeigt einen herrlich geschnitzten Kranz aus Rosen (1517—1518)

„Maria im Rosenhag", Gemälde von Martin Schongauer im St. Martins-Dom zu Colmar, Elsaß. Die Rosen im Hintergrund werden als *Rosa gallica* 'Officinalis' gedeutet (1473)

1752 *Rosa chinensis* (noch unter dem Namen *Rosa indica*) gelangte von Kanton nach Schweden, sowohl lebende Pflanzen wie auch Herbarmaterial, das heute noch in Linné's Herbarium, bei der Linné-Gesellschaft in London, vorhanden ist.

1759 kommt *Rosa chinensis* mit rosa Blüten ('Parsons Pink China', 'Old Blush') auch nach England. Der genaue Zeitpunkt ist nicht mit Sicherheit bekannt.

1792 Die Chinesen weigerten sich noch immer, die Europäer in ihr Land zu lassen. Wenn die Engländer in den Häfen erschienen, um Handel zu treiben, wurden sie von den kaiserlichen Behörden scharf kontrolliert. Um diese dauernden Schwierigkeiten endlich beizulegen, ging eine britische Mission unter der Leitung von Lord Macartney nach Peking. Bei dieser Gelegenheit hatte George Staunton, der Sekretär dieser Mission, und einige andere Männer die Gelegenheit, in den Provinzen Schantung und Kiang eine Menge Pflanzen zu sammeln, darunter *Rosa bracteata,* die daher auch „Macartney-Rose" heißt.

1792 bringt ein Kapitän der Englischen Ostindien-Kompanie eine dunkelrote Rose aus dem Botanischen Garten Kalkutta zu Gilbert Slater, einem Direktor seiner Gesellschaft in Knots Green, England. Dieser verbreitet sie unter dem Namen 'Slater's Crimson China'; später erhält sie den heute gültigen Namen *Rosa chinensis* var. *semperflorens.*

1804 sendet Thomas Evans die erste *multiflora*-Rose (*R. multiflora* var. *carnea* Thory) aus China; die normale *R. multiflora* kommt erst 1862 aus Japan nach Frankreich, 1875 nach England.

1807 brachte William Kerr, der von der R. H. S.[1] ausgesandt worden war, die weiße gefüllte *Rosa banksiae* mit, die dann ihren Namen erhielt nach Lady Banks, der Gattin von Joseph Banks, dem Präsidenten dieser Gesellschaft.

1809 importierte Sir Abraham Hume die erste Teerose, die den Namen 'Hume's Blush Tea-scented China' erhielt; heute nicht mehr existent.

1810 *Rosa lawranceana,* eine Zwergform von *R. chinensis* var. *semperflorens,* wird aus Mauritius eingeführt durch Sweet; sie stammt aber ursprünglich auch aus China und wurde vielleicht durch einen Franzosen nach Mauritius gebracht.

1816 Abraham Hume sendet *Rosa multiflora* 'Platyphylla', die 'Seven Sisters', aus China nach England.

1823 Als man in England erfuhr, daß es auch noch eine gelbe gefüllte *Rosa banksiae* gab, sandte die R. H. S. unverzüglich John D. Parks nach China, der sie suchen sollte. Parks reiste nach Kanton und brachte nicht nur die gewünschte Rose, sondern auch noch die gelbe Teerose, *R. odorata* 'Ochroleuca', mit, die bis dahin in Europa nur von chinesischen Gemälden bekannt war. Sie wurde verbreitet unter dem Namen 'Parks Yellow Tea-scented China'; heute nicht mehr existent, doch sind hieraus — und aus 'Hume's Blush' — alle Teerosen entstanden.

1825 *Rosa roxburghii* (die Kulturform) gelangt durch Roxburgh aus dem Botanischen Garten Kalkutta und aus Kanton nach England; die Wildform jedoch erst zwischen 1860 und 1870 aus Japan.

1844 bis 1850 Robert Fortune, der berühmte englische Pflanzensammler, unternahm vier Reisen nach China. Die erste, für die R. H. S., begann er in der Fa Tee (Fa Ti)-Baumschule in Kanton. Er hatte nur die Erlaubnis, sich in den Gärtnereien, Tempelgärten und Privatgärten von Kanton zu bewegen; Fortune störte sich indessen hieran nicht. Er ließ sich sein Haar abrasieren und einen Zopf ankleben; dann legte er chinesische Kleidung an und reiste nun mit einem chinesischen Diener durch die Lande, um Pflanzen zu sammeln. Er brachte drei Rosen mit:

Rosa anemoneflora (= *R. laevigata* × *R. multiflora*) fand er in einem Garten in Schanghai und sandte sie 1844 nach England. 1845 entdeckte er im Garten eines Mandarins in Ningpo die Rose, die dann als 'Fortune's Double Yellow' nach England kam und auch noch heute in Kultur ist. Die dritte Rose, *R. fortuniana,* fand er in den Gärten von Schanghai und Ningpo und sandte sie 1850 nach England.

1881 Bretschneider sendet *Rosa przewalskii* (= *R. bella* Rehd. & Wils.) aus den Bergen um Peking an den Botanischen Garten Petersburg und an das Arnold Arboretum.

1888 General Collett findet in den Shan Hills, Oberbirma, *Rosa gigantea.*

1890 Vilmorin erzielt aus Samen, die ihm die französischen Missionare Delavay, Farges und Soulie sandten, folgende Rosen: *R. sericea* var. *pteracantha, R. moyesii, R. setipoda, R. sertata, R. soulieana.*

1897 Guiseppe Giraldi, italienischer Missionar, sendet *Rosa caudata* nach Europa.

1899 Hugh Scallon (Father Hugo) sendet Samen von *Rosa hugonis* aus Westchina nach Kew Gardens.

Die meisten Rosen aber brachte Ernest H. Wilson, der „chinesische Wilson", von seinen zahlreichen Sammelreisen,

[1] R.H.S. = Royal Horticultural Society (Kgl. Gartenbau-Gesellschaft), London.

die er für Kew Gardens und später für das Arnold Arboretum unternahm, mit nach Hause. Dies waren

1901 *Rosa omeiensis*;
1903 *R. prattii* und *R. sweginzowii*;
1904 *R. murielae* und *R. willmottiae*;
1907 *R. banksiopsis*, *R. gentiliana*, *R. giraldii* mit var. *venulosa*, *R. helenae*, *R. multiflora* var. *cathayensis*, *R. rubus*, *R. saturata*;
1908 *R. corymbulosa*, *R. davidii* mit var. *elongata*, *R. filipes*, *R. glomerata*, *R. moyesii* var. *rosea*, *R. roxburghii* var. *normalis*;
1910 *R. multibracteata*;
1917 *R. koreana*, aus Korea.

1905 bringt John G. Jack die *Rosa jackii* aus China mit.
1907 Frank N. Meyer sendet die gefüllte gelbe *Rosa xanthina* aus Peking nach USA, und zwei Jahre später kann er auch die einfachblühende var. *spontanea* aus Lhushan in Schantung schicken.

Literatur

Bretschneider, E.: History of Botanical Discoveries. 2 Bde. St. Petersburg (1898). — Neudruck Leipzig (1962).

Cox, E. H. M.: Plant Hunting in China. London (1945).

Geldof, W.: Boomkwekerij in vroegere eeuwen (9). De Boomkwekerij, s'Hertogenbosch (1958).

Kölreuter, Jos. Gottlieb: Historie der Versuche, welche von dem Jahre 1691 bis auf das Jahr 1752 über das Geschlecht der Pflanzen angestellt worden sind. München (1771).

—: Vorläufige Nachricht von einigen das Geschlecht der Pflanzen betreffenden Versuchen und Beobachtungen. Leipzig (1761—1766).

Kordes, W.: Das Rosenanbaugebiet Holstein. Rosenjahrb. 7: 27—35 (1953).

Lemmon, K.: The Golden Age of Plant Hunters. London (1968).

Sargent, C. S.: Plantae Wilsonianae. Vols. 1—3. Cambridge, Mass. (1916—1917).

Ward, F. Kingdon: The Romance of Plant Hunting. London (1924).

Young, N., and L. A. Wyatt: The Complete Rosarian. London (1971).

Die Geschichte und Entwicklung der modernen Gartenrosen von etwa 1750 bis heute

Um die Übersichtlichkeit zu wahren, werden in diesem Abschnitt die einzelnen Rosenklassen in der gleichen Reihenfolge behandelt wie in der Klassifizierung der Amerikanischen Rosen-Gesellschaft. Dies ist sicherlich zweckmäßiger für den Leser, als hier wiederum mit den frühesten Rosen zu beginnen und zu schildern, wie aus einer Rosenklasse durch Kreuzung mit einer anderen eine dritte Klasse wurde.

Geschichtliches über die ersten Rosen kann man im Abschnitt über die Rosen im Altertum nachlesen; wie es weiterging, wird im Abschnitt über die Rosen des Mittelalters behandelt. Auch der Abschnitt über die Rosenzüchter und ihr Werk enthält noch viele Angaben, die das Gesamtbild ergänzen und abrunden.

STRAUCHROSEN

Früher war dies eine Sammelgruppe für alle schwierig einzuordnenden Rosen; seit 1965 (mit der Ausgabe von „Modern Roses VI") wird versucht, jede Strauchrose ihrer ursprünglichen Spezies zuzuordnen. Die nachstehenden Wildarten und ihre Gartenformen oder Hybriden sollen hier behandelt werden:

1. *R. acicularis*
2. *R. blanda*
3. *R. pendulina*
4. *R. canina*
5. *R. glauca*
6. *R. pimpinellifolia*
7. *R. roxburghii*
8. *R. moyesii*
9. *R. rugosa*
10. *R. rubiginosa*

Rosa acicularis Lindl. Von dieser formenreichen, zirkumpolaren Art ist eine Hybride bekannt, 'Pike's Peak', von Gunter erzielt und 1940 durch Bobbink & Atkins verbreitet. F. L. Skinner in Dropmore, Canada, hat ebenfalls hiermit gearbeitet und besonders frostfeste Sorten erhalten, die indessen für Europa keine Bedeutung haben.

Rosa blanda Ait., eine starkwüchsige nordamerikanische Art, hat nahezu keine Stacheln, außer an der Basis der Triebe. Auch diese Art ist sehr frosthart und wurde deswegen in N-Amerika und Canada zur Züchtung verwendet.

F. L. Skinner, Dropmore, Canada, kreuzte *R. blanda* mit einer Remontantrose und gab 1925 die so entstandene 'Betty Bland' heraus, rosa, halbgefüllt, die heute noch bekannteste Sorte.

N. E. Hansen, Brooking, S-Dakota, erzielte ebenfalls einige Sorten, alle fast stachellos, so 'Pax Iola' (ähnlich 'Tausendschön', aber rotes Holz).

P. H. Wright, Saskatoon, Canada, kreuzte *R. blanda* mit 'Betty Bland' und erzielte so 1950 'Helen Bland'.

Rosa pendulina L. Hier ist nur zu berichten, daß die bisherige Meinung, *R. l'heritieranea*, die „Boursault-Rose", sei aus einer Kreuzung von *Rosa chinensis* mit *R. pendulina* enstanden, nach Chromosomenzählungen von Gordon Rowley unwahrscheinlich ist (vgl. in Thomas, Climb. Roses, S. 123) und daß dann allerdings keine Kultursorten hiervon bekannt sind, wohl aber einige gärtnerisch unbedeutende Naturhybriden.

Rosa canina L. Über die große Zahl der „Edel-Canina"-Sorten vgl. Seite 110. Hermann Kiese kreuzte 'Général Jacqueminot' mit *Rosa canina,* woraus die sehr starkwüchsige Strauchrose 'Kiese' entstand; 1910 herausgegeben und heute noch im Handel. Stämme stark bewehrt, Blüten rot, einfach.

Rosa glauca Pourr. (= *R. rubrifolia* Vill.). Diese Art kreuzte Miss Isabella Preston aus Ottawa, Canada, mit *Rosa rugosa,* und sie benannte einen Klon hiervon 'Carmenetta' (1923), heute noch im Handel. Die botanische Bezeichnung der Hybride *R. glauca* × *R. rugosa* = *R. rubrosa* Preston veröffentlichte sie allerdings erst 1926. Diese Hybriden sollen jedoch auch schon vor 1903 bekannt gewesen sein. — P. H. Wright kreuzte 'Hansa' mit *R. glauca* und erzielte 'Hansette' (1938).

Rosa pimpinellifolia L. (= *R. spinosissima*). In der gärtnerischen Literatur werden die Gartenformen hiervon als Spinosissima-Hybriden bezeichnet, in der englischen Literatur heißen sie „Scotch Roses", die alten Züchtungen auch wohl „Burnet Roses" („burnet" ist der englische Name für *Pimpinella*). Es ist belegt, daß diese Rose in Europa schon vor 1600 in Gartenkultur war, denn sie wird schon in den Kräuterbüchern von Dodonaeus und Gerarde aufgeführt. Das Verbreitungsgebiet erstreckt

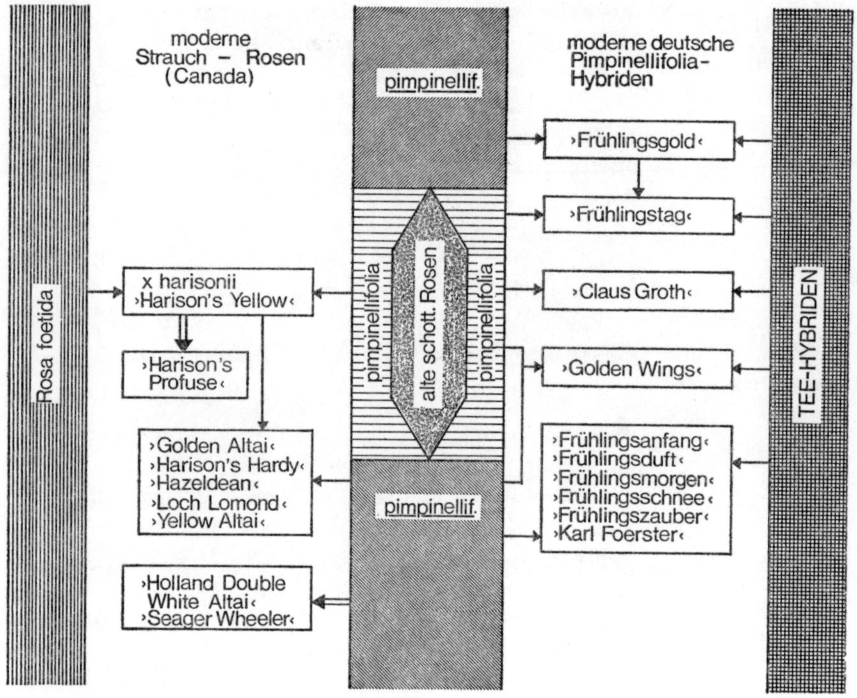

Abb. 43. *Rosa pimpinellifolia* und ihre wichtigsten Abkömmlinge (nach Rowley, verändert)

sich über einen großen Teil Europas und Zentralasiens (siehe Karte Abb. 123).

1793 begannen zwei schottische Gärtner, Robert Brown und sein Bruder, in ihrer Baumschule wild gesammelte *Rosa pimpinellifolia* aufzupflanzen, Samen davon auszusäen und die Ergebnisse wieder zu selektieren. Rowley (l. c. S. 434) berichtet, daß er bereits acht „Sorten" selektiert und benannt hatte. Bald darauf begannen weitere Gärtner, sich hiermit zu beschäftigen: Austin in Glasgow; Malcolm in Kensington; Lee in Hammersmith, außerdem einige Züchter auf dem Kontinent und in Nordamerika. Diese Rosen erfuhren eine solche Beliebtheit, daß die Züchter jedem Sämling einen Namen gaben. So konnte G. Don 1832 bereits 25 gefüllte und 149 einfache Namensorten aufführen und dazu noch 14 botanische Varietäten. Aber durch das Aufkommen der neuen dauerblühenden Bengalrosen war ihr Schicksal besiegelt, wie das vieler einmal blühender Rosen. Einige wenige Sorten sind bis heute erhalten geblieben, aber nur selten anzutreffen, so z. B. 'Albo-plena', weiß, gefüllt; 'Lutea Plena', zitronengelb, zwergig; 'Old Yellow Scotch', schwefelgelb, gefüllt, becherförmig; 'Staffa', zartrosa, später rahmweiß mit rosa Hauch; 'King William III.', dunkelpurpur; 'Painted Lady', innen tiefpurpur, außen silberweiß, ebenfalls gefüllt. Von den einfachblühenden Sorten sind noch zu erwähnen: 'Maxima Lutea', gelb; 'Miss Anne's Rose', blaßpurpur; 'Mrs. Colville', karmin mit weißem Auge.

In New York entstand bei G. F. Harison, vermutlich aus *R. pimpinellifolia* und 'Persian Yellow', eine hübsche, gelbe, halbgefüllte Rose, *Rosa harisonii,* die bald überall in Nordamerika gepflanzt wurde. In Texas erreichte sie eine solche Volkstümlichkeit, daß sie seit jener Zeit bis heute die viel besungene „Yellow Rose of Texas" (Seite 224) blieb.

'Stanwell Perpetual', die einzige remontierende Sorte, ist nach heutiger Auffassung keine Spinosissima-Sorte, sondern 1838 von Lee erzogen aus *R. damascena* var. *semperflorens* × *R. pimpinellifolia.*

Dann wurde es still um die Bibernellrosen, bis Anfang der 1920er Jahre F. L. Skinner und P. H. Wright, beide Canada, damit einige Sorten erzielten, die aber bei uns kaum in Kultur sind.

Um 1930, also nach fast 100 Jahren Pause, setzte Wilhelm Kordes die Züchtung auf diesem Gebiete fort, wobei er sich jedoch der beiden starkwüchsigen Formen *R. pimpinellifolia* var. *altaica* und *R. pimpinellifolia* var. *hispida,* beide etwa bis 2 m hoch, bediente. Diese kreuzte er mit der Teehybride 'Joanna Hill' u. a., woraus die „Frühlingssorten" hervorgingen, die zwar nur einmal, aber überaus reich blühen (vgl. Abb. 43). Die meisten sind halbgefüllt, doch sind die ebenfalls hierher gehörenden 'Maigold' und 'Maiwunder' gut gefüllt. Aus *R. pimpinellifolia* var. *altaica* × 'Frau Karl Druschki' entstand schon 1931 'Karl Foerster'. 1951 kam dann von M. Tantau 'Claus Groth' aus 'R. M. S. Queen Mary' × *R. pimpinellifolia* dazu, und in USA erzielte Shepherd 1956 'Golden Wings', ebenfalls eine Strauchrose, auch 'Soeur Thérèse' × (*R. pimpinellifolia* var. *altaica* × 'Ormiston Roy'). 'Ormiston Roy' wiederum entstand bei S. G. A. Doorenbos in Den Haag aus *R. pimpinellifolia* × *R. xanthina*, 1953. Seither sind anscheinend keine weiteren Züchtungen mit *R. pimpinellifolia* oder ihren Formen bekannt geworden.

Rosa roxburghii Tratt. (= *R. microphylla* Roxburgh). Die gefülltblühende Form hatte Dr. Roxburgh schon 1814 in Kanton, China, gefunden und an den Botanischen Garten in Calcutta gesandt; von hier gelangte sie nach England und blühte dort 1824 zum ersten Male. Die einfachblühende Wildform indessen wurde erst fast 100 Jahre später, 1908, in China gefunden, nur diese ist heute bei uns in Kultur. Sie kann bei uns 4 m hoch werden (so im Garten von W. Kordes), und es müßte wohl möglich sein, mit ihr besonders starkwachsende Hybriden zu erzielen. Bis jetzt ist hiermit nur wenig gearbeitet worden, wie die folgenden Daten zeigen:

1905 Henkel erzielte *R. micrugosa* aus *R. roxburghii* × *R. rugosa*.

1901 In der Roseraie de l'Hay entstand 'Jardin de La Croix', aus *R. roxburghii* × ?; rosa, halbgefüllt.

1939 Dr. Hurst in Cambridge erzielte *R.* 'Coryana' aus *R. roxburghii* × ? *R. macrophylla*.

? 'Roxane' = *R. roxburghii* × *R. sinowilsonii*, von Sir Frederick Stern.

1945 'Tantau's Triumph', von Tantau, aus 'Baby Château' × *R. roxburghii*; hieraus viele Abkömmlinge.

Rosa moyesii Hemsl. & Wils. 1894 und 1903 aus China eingeführt, eine der schönsten Wildrosen. Die typische Art ist intensiv blutrot mit dunklen Staubgefäßen, in Kultur aber auch oft eine mehr rosarote Form, *R. moyesii* var. *rosea*. Van Fleet (USA) begann schon bald damit zu kreuzen, später versuchten sich damit auch noch andere Züchter, wie die Aufstellung zeigt.

1919 'Heart of Gold' (*R. wichuraiana* × *R. setigera*) × *R. moyesii*. Starkwüchsiger Strauch, Blüten tiefkarmin, weiße Mitte, Antheren tiefbraun.

1920 *R. pruhoniciana* Schneid. (= *R. hillieri*). Bei Hillier erzielt. *R. moyesii* × ?. Tiefrot, einfach.

1925 *R.* 'Highdownensis'. *Moyesii*-Abkömmling; von Sir Frederick Stern in Highdown, Goring-by-Sea, Sussex.

1927 'Nevada'. Erzielt von Pedro Dot, Spanien, aus 'La Giralda' × *R. moyesii*. Da beide Eltern von 'La Giralda' tetraploid sind und *R. moyesii* hexaploid, müßte 'Nevada' eigentlich pentaploid sein, mit 14 Chromosomen von 'La Giralda' und 21 von *R. moyesii*, indessen ist sie nur tetraploid, wie Wylie 1954 ermittelte. So ist es unwahrscheinlich, daß die Vatersorte eine typische *R. moyesii* war, sondern vielleicht eine andere tetraploide Art aus der Serie *Cinnamomeae*.

1928 *R. wintonensis* = *R. moyesii* × *R. setipoda*; bei Hillier.

1938 'Geranium'. In Wisley selektierter Sämling; Wuchs gedrungener, weniger bewehrt, Blüten glühendrot.

1938 'Sealing Wax'. Ebenfalls aus Wisley, aber Blüten lebhaft rosa, Selektion aus *R. moyesii* var. *rosea*.

1950 'Eos'. *R. moyesii* × 'Magnifica', bei Ruys in Dedemsvaart.

1951 'Fred Streeter'. Zufallssämling von *R. moyesii* bei Jackman, Woking.

1956 'Eddie's Crimson', bei Eddie, Canada, aus 'Donald Prior' × *moyesii*-Hybride.

1959 'Marguerite Hilling'; Sport von 'Nevada', rosa, bei Hilling, England.

1962 'Eddie's Jewel'. Züchter und Eltern wie 'Eddie's Crimson'.

W. Kordes kreuzte ebenfalls mit *R. moyesii*, und zwar mit der von van Rossem selektierten Form 'Superba', und erzielte hieraus winterharte Polyantha-Hybriden; 'Kordes Sondermeldung' × *R. moyesii* 'Superba' (pentaploid); 'Planten un Blomen' × *R. moyesii* 'Superba' (tetraploid).

Rosa rugosa Thunb. Obwohl heute in ganz Europa eine der am weitesten verbreiteten Arten, ist sie doch erst 1796 aus Japan nach Europa und Nordamerika gelangt, wo sie rasch verwilderte. In der Literatur wird sie 1784 zuerst genannt. Die typische wilde Art wird nur etwa 1 m hoch und verbreitet sich durch Ausläufer; die Triebe sind auf ihrer ganzen Länge dicht mit Stachelborsten besetzt. Blätter tiefgrün und durch die tiefer liegenden Nerven sehr runzelig, daher *rugosa* = runzelig. Blüten ziemlich groß, purpurrosa, mitunter auch weiß, einfach. Früchte sehr groß, flachkugelig, wirtschaftlich wertvoll, da viel Fruchtmark enthaltend. Winterhärte außerordentlich groß.

Aus der Geschichte dieser Art ist folgendes bekannt:

Um 1000 n. Chr. wird diese Rose schon auf chinesischen Gemälden gut erkennbar dargestellt (nach Bunyard).

1784 berichten europäische Reisende hierüber erstmals.

1796 Einführung aus Japan nach Europa, wo sie jedoch lange Zeit nur auf botanische Gärten beschränkt blieb.

1845 Einführung nach USA.

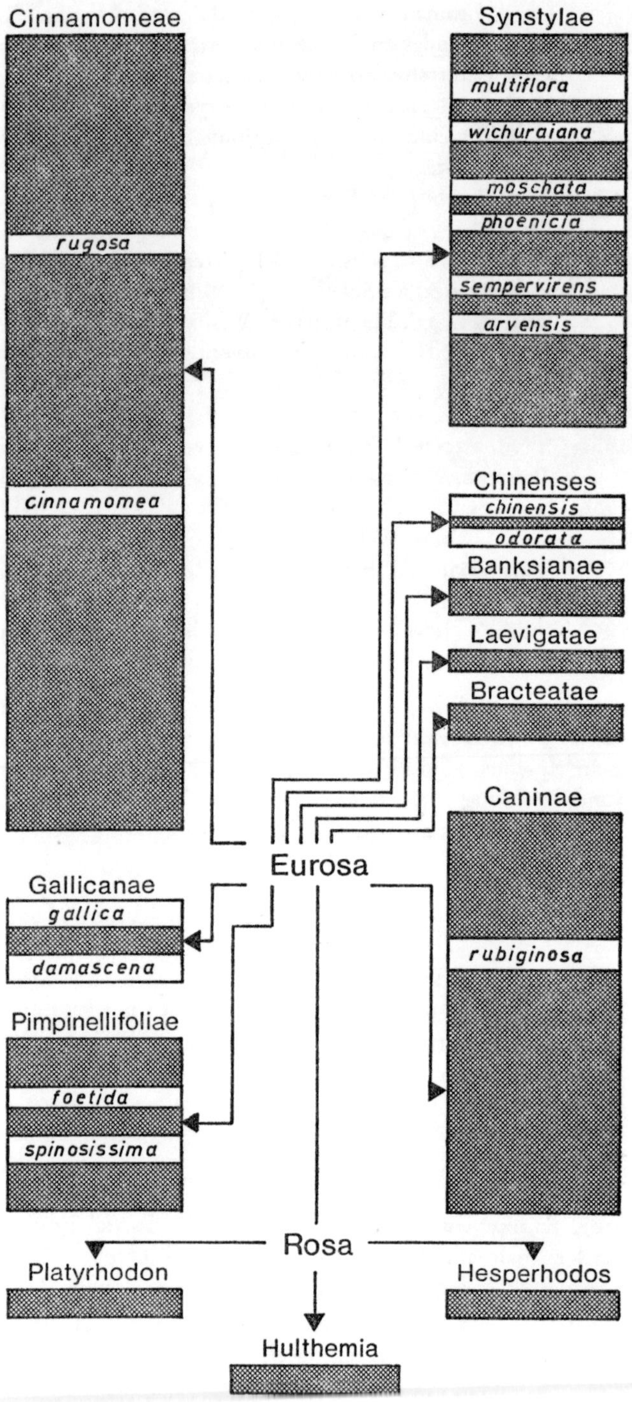

Abb. 44. Die wilden Vorfahren unserer Gartenrosen. Die Größe der Rechtecke entspricht der Anzahl Arten in den einzelnen Sektionen. Die zu Kreuzungen benutzten Arten sind in den Rechtecken angegeben (nach Wylie, verändert)

1887 beginnt die Züchtung mit dieser Art in Frankreich, etwas später in Deutschland, danach auch in USA.

Man kann die *Rugosa*-Hybriden nach ihren Eltern in neun Gruppen einordnen (Hamblin 1965), die hier folgen:

1. *Rugosa* nach Belaubung und Tracht
   Blüten sehr groß, meist dicht gefüllt, flach, meist purpurrot, duftend:

1892 'Blanc Double de Coubert' (Cochet-Cochet), weiß.
1894 'Belle Poitevine' (Bruant), weiß.
1894 'Souvenir de Christophe Cochet' (Cochet-Cochet), rosa.
1895 'Souvenir de Pierre Leperdrieux' (Cochet-Cochet), rot.
1898 'Delicata' (Cooling, England), zart lilarosa.
1899 'Atropurpurea' (William Paul), *R. rugosa* × *R. damascena*, purpurrot.
1899 'Souvenir de Philémon Cochet' (Cochet-Cochet), weiß und rosa.
1901 'Rose à Parfum de l'Hay' und noch etwa zehn weitere Sorten von Jules Gravereaux; dunkelpurpurrot.
1905 'Hansa' (Schaum & van Tol, Holland), purpurrot.
1914 'Fru Dagmar Hastrup' (Hastrup), reinrosa Sämling.
1939 (?) 'Scabrosa' (Einführg. Harkness), violettrot.

2. *Rugosa* vom Remontanttyp
   Starkwüchsig, viel stärker als die üblichen Remontantrosen; *rugosa*-Abkunft nicht erkennbar, außer an der starken Bewehrung, den größeren Blättern und Blüten. Hierzu:

1893 'Arnold' (Jackson Dawson, USA) = *R. rugosa* × 'Général Jacqueminot'.
1925 'Bergers Erfolg' (V. Berger), *rugosa*-Sämling × 'Richmond'.
1899 'Conrad Ferdinand Meyer' (F. Müller) = *rugosa*-Hybride × 'Gloire de Dijon'; muß wohl hier eingeordnet werden; reinrosa.
1907 'Nova Zembla' (Mees 1907). Weißer Sport von 'Conrad Ferdinand Meyer'.

3. *Rugosa* vom *gallica*-Typ
   Wenig Ähnlichkeit mit *R. rugosa*, sehr widerstandsfähig, aber Zierwert gering. Hierzu:

1898 'Agnes Emily Carman' (E. S. Carman, USA) = *R. rugosa* × *R. harisonii*.
1901 'Alice Aldrich' (J. T. Lovett, USA) = *R. rugosa* × 'Caroline de Sansal'.

4. *Rugosa* vom Bengal-Typ
   Wie *R. rugosa*, hochwachsend, Laub ganz feinrunzelig, Blüten in Sträußen, nachblühend; sehr frosthart; wie riesige Floribunda, aber nur für kaltes Klima wertvoll.

1887 'Mme Georges Bruant' (Bruant), wachsweiß.
1900 'New Century' (Van Fleet), fleischrosa.

5. *R. rugosa* × *R. foetida*
Hiervon bislang nur zwei Sorten bekannt:

1900 'Agnes' (Saunders, USA), *R. rugosa* × 'Persian Yellow'. Bernsteingelb, gefüllt, schwachwüchsig, stark bewehrt; früher sehr beliebt.
1923 'Grace' (Saunders), *R. rugosa* × *R. harisonii*. Aprikosengelb, gefüllt; wurde nicht in den Handel gebracht.

6. *Rugosa* vom Floribunda-Typ
Meist 90—120 cm hoch, sehr buschig, sehr frosthart; Blüten teils klein (bei den „Nelkenrosen") oder teils wie bei normalen Floribunda-Sorten. Hierzu:

a) Die sogenannten „Nelkenrosen"; alle leider ohne Duft.

1918 'F. J. Grootendorst' (de Goey/Grootendorst, Holland), hellrot.
1923 'Pink Grootendorst'; rosa Sport.
1936 'Grootendorst Supreme'; dunkelroter Sport.
1962 'White Grootendorst' (Eddy, USA); weißer Sport.
? 'Weiße Nelkenrose' (= 'White Grootendorst' ?), weiß.

b) Floribunda-Rosen mit *rugosa*-Abkunft.

1890 'Clothilde Soupert' (Soupert & Notting), weiß und rosa.
1912 'Schneezwerg' (Lambert), weiß.
1931 'Heidekind' (V. Berger), leuchtendrosa.
1938 'Erna Grootendorst' (Grootendorst), dunkelrot.

7. *Rugosa* vom TH-Typ
Diese können wir auslassen, sie sind unbedeutend und bei uns unbekannt, auch nicht so wertvoll wie echte Teehybriden.

8. *Rugosa* vom Kletterrosentyp
Einige kletternd oder mäßig kletternd, auch als Bodenbedecker geeignet, stark bewehrt, sehr frosthart, Blüten meist einfach. Hierzu:

1900 'Lady Duncan' (Jackson Dawson, USA) = *R. wichuraiana* × *R. rugosa.*
1919 'Max Graf' (Bowditch, USA), *R. rugosa* × *R. wichuraiana.*
Über die hieran anschließende *Rosa kordesii* → Seite 96.

9. *Rugosa* × kletternde Teehybriden
Sehr starkwüchsig, buschig, Blüten wie Teehybriden; für sehr kaltes Klima nicht geeignet, da Frosthärte nur bis —18 °C. Hierzu:

1931 'Dr. Eckener' (Berger), 'Golden Emblem' × *rugosa*-Hybride.
1935 'Golden King' (Beckwith), Sport von 'Dr. Eckener'.

Rosa rubiginosa L. (= *R. eglanteria* L.). Apfelrose, Weinrose, Schottische Zaunrose, Sweet Briar. Europa bis Westasien. Seit ältesten Zeiten in Kultur. Sie wird 2—3 m hoch, Triebe sehr stark bewehrt mit Hakenstacheln, Laub duftend (nach reifen Äpfeln), vor allem bei feuchtem Wetter. Blüten hellrosa, zu 2—3 beisammen, etwas duftend; Früchte eiförmig.

1551 Seit dieser Zeit sicher in Kultur nachweisbar.
1890 Lord Penzance in England beginnt die Züchtung mit dieser Art, die er mit den verschiedensten Rosen kreuzt; ab 1894 erscheinen seine Hybriden, von denen sich einige bis jetzt gehalten haben. Alle diese Sorten sind rosa bis dunkelkarmin, einfach bis halbgefüllt, alle haben duftendes Laub. Die folgenden zehn Züchtungen sind von ihm:
1894 'Amy Robsart', dunkelrosa.
1894 'Anne of Geierstein', dunkelkarmin.
1894 'Brenda', pfirsichrosa.
1894 'Lady Penzance' (= *R. penzanceana* Rehd.); = *R. rubiginosa* × *R. foetida* 'Bicolor', rosa, gelbe Mitte.
1894 'Lord Penzance', *R. rubiginosa* × *R. harisonii*, gelblich-rosa.
1894 'Lucy Ashton', *R. rubiginosa* × Remontantrose, weiß, rosa Rand.
1894 'Meg Merrilies', karminrosa.
1895 'Greenmantle', hellrosa, weißes Auge.
1895 'Julia Mannering', perlrosa.
1895 'Lucy Bertram', dunkelkarmin, weißes Auge.
1916 'Magnifica' (Herm. A. Hesse), 'Lucy Ashton' × 'Lucy Ashton', rosarot.
1928 'Rosenwunder' (Kordes), 'Magnifica' × 'W. E. Chaplin', rosarot.
1940 'Fritz Nobis' (Kordes), 'Magnifica' × 'Joanna Hill', weiß.
1940 'Josef Rothmund' (Kordes), 'Magnifica' × 'Joanna Hill', hellrot und gelblich.
1949 'Rosendorf Ufhoven' (Kordes), 'Magnifica' × 'General MacArthur', karmin.
1950 'Till Uhlenspiegel' (Kordes), 'Magnifica' × 'Holstein', rot, weißes Auge.
1950 'Obergärtner Wiebicke' (Kordes), 'Magnifica' × 'Johannes Boettner', rosa.
1950 'Eos' (Ruys), 'Magnifica' × *R. moyesii*, rosa und weiß.

Kordes kreuzte mit 'Obergärtner Wiebicke' weiter und erzielte schließlich mit 'Baby Château' als Vater 1951 'Florence Mary Morse' und 'Gertrud Westphal', und mit 'Kordes Sondermeldung' 1955 seine 'Ama' u. a.

Schließlich müssen auch noch folgende Sorten erwähnt werden, die ebenfalls alle ein *rubiginosa*-Erbteil besitzen:

1955 'Aschermittwoch' (Kordes), graulila, kletternd.
1955 'Flammentanz' (Kordes), leuchtendrot, einmalblühend.
1953 'Sparrieshoop' (Kordes), zartrosaweiß, großblumig, Strauch.
1956 'Alchymist' (Kordes), goldgelb, kletternd.
1967 'Rote Flamme' (Kordes), dunkelrot, kletternd.

„ALTE ROSEN"

Die Tatsache, daß die sogenannten „alten" Rosen trotz allem im Handel weiterleben, besonders aber in den Rosarien und bei Liebhabern gepflegt werden, sollte dazu führen, sie auch weiter zu beachten.

„Eine Rose ist eine ‚alte' Rose, wenn sie zu einer Klasse gehört, die bereits vor 1867 bestand." Diese **Definition** ist vorgeschlagen vom Classification Committee und vom Old Garden Rose Committee der ARS[1] und wurde vom Vorstand der ARS (1966) gebilligt.

Warum gerade 1867? Weil in diesem Jahre die („erste") Teehybride, 'La France', eingeführt wurde. Alle

[1] ARS = American Rose Society.

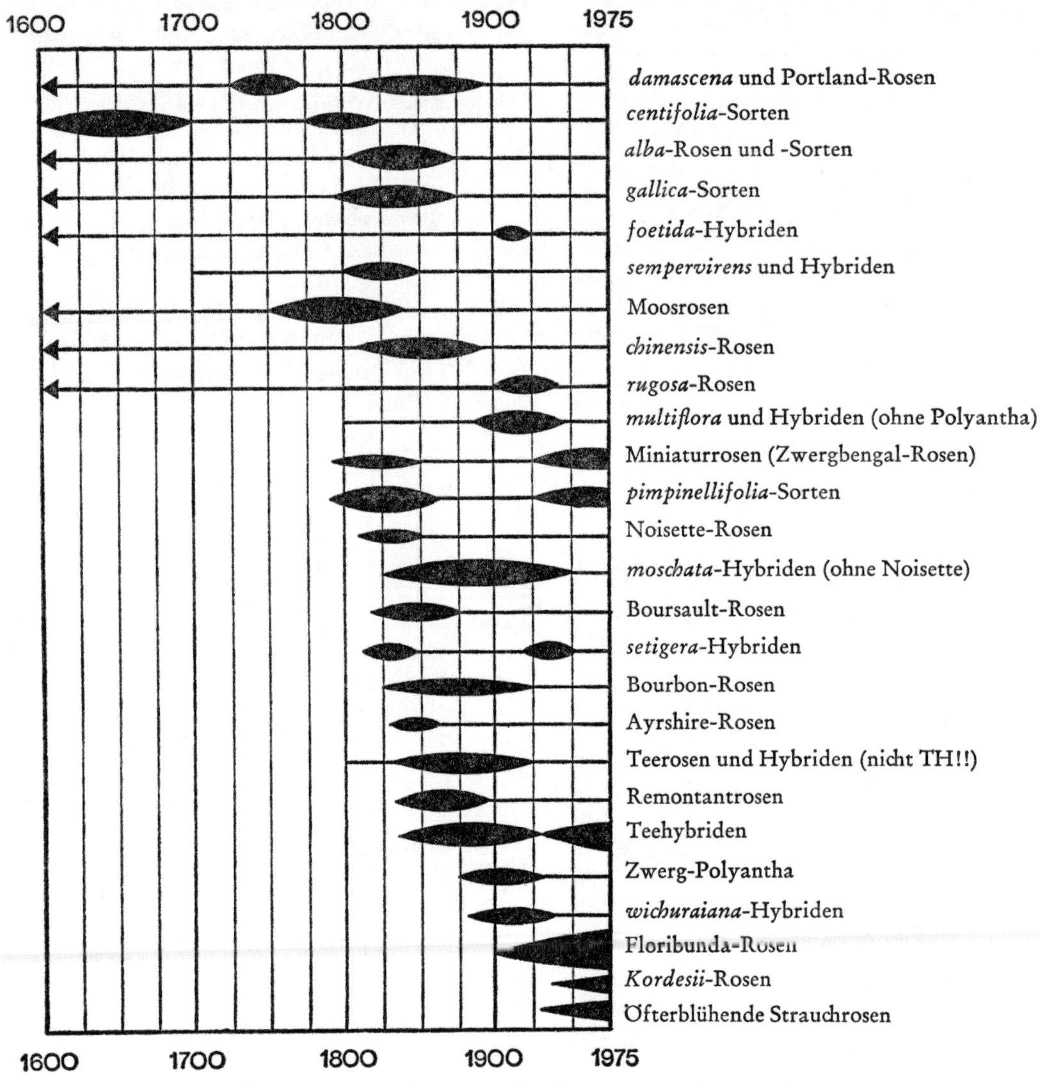

Abb. 45. Die Verbreitung der einzelnen Gartenrosenklassen in den letzten 375 Jahren (nach R. E. Shepherd, verändert und ergänzt)

Klassen, die vor diesem Zeitpunkt bereits bestanden, werden als „alte Gartenrosen“ eingestuft, selbst wenn einzelne Sorten erst später entstanden (z. B. 'Maman Cochet', 1893); wichtig ist nur, daß die Merkmale der Klasse klar ausgeprägt sind (vgl. hierzu die Darstellung Seite 72).

Alte Rosen in diesem Sinne sind:

R. gallica, damascena, centifolia, Moosrosen, *R. alba* (vor 1800), China (vor 1819), Noisette (1819), Bourbon einschließlich Portland (1817); Teerosen (1833); Boursault (1892); Foetida-Hybriden (1837); Remontant (1837); *R. pimpinellifolia* (= *spinosissima*) einschließlich der Hybriden von Kordes (1932); und dazu die Spezies.

Nicht als alte Rosen gelten:

Teehybriden (seit 1867)
Floribunda
Grandiflora
Polyantha
Moschata-Hybriden
Rubiginosa-Hybriden (1894)
Rugosa-Hybriden (1887)
Multiflora-Hybriden
Wichuraiana-Hybriden
Kordesii-Sorten
Strauchrosen

Zu Beginn des 19. Jahrhunderts gab es in Westeuropa, und natürlich auch in Deutschland, nur drei Hauptgruppen von Rosen: Gallica, Centifolia und Damaszener-Rosen, alle einander ziemlich ähnlich, daher wurden die Gruppen oft miteinander verwechselt.

Rosa gallica L. Gallische Rose, Provins-Rose. Diese ursprünglich aus dem westlichen Asien, vielleicht aus dem Kaukasus stammende Art war schon im 12. Jahrhundert v. Chr. den Medern und Persern bekannt. In der Literatur wird häufig behauptet, sie sei dort auch ein religiöses Symbol gewesen und daher auf vielen Gegenständen, Skulpturen und Bauwerken dargestellt. Die archäologische Literatur indessen erwähnt nichts davon! Im Gegenteil, bei den Darstellungen von Rosetten, die wahrscheinlich als Rosen gedeutet worden sind, handelt es sich immer um Lotosblüten oder aber um die Blüten des in Kleinasien weitverbreiteten *Chrysanthemum coronarium* (Abb. 16).

Sehr wahrscheinlich ist *Rosa gallica* bereits seit den ältesten Zeiten in einem großen Teil Europas (→ Arealkarte Abb. 126) heimisch und zur Gewinnung von Duftstoffen bereits seit undenklichen Zeiten verwendet worden. Die typische Art wird kaum 1 m hoch, hat dunkelgrünes, derbes Laub, aufrecht stehende Blüten mit ziemlich glatten Blütenstielen, Triebe mit nur wenigen, schwachen Stacheln. Die Blüten sind rot, doch gab es auch früher schon Pflanzen mit rosa Blüten. Sie breiteten sich durch Ausläufer aus, was früher für eine gärtnerische Vermehrung wichtig war, heute aber als schlechte Eigenschaft gewertet wird.

Nach heutiger Auffassung kann es sich bei der von Plinius in seiner Naturgeschichte, im Jahre 79, beschriebenen roten Rose nur um *Rosa gallica* gehandelt haben, da auf keine andere Rose jener Zeit die Beschreibung zutrifft (nach Shepherd). Hierüber wird im Abschnitt „Die Rose im Altertum bzw. im Mittelalter“ ausführlich berichtet.

Vom 13. bis 18. Jahrhundert wurde *Rosa gallica* in Provins, einer kleinen Stadt südlich von Paris, in großem Umfang angebaut, mit Höhepunkt im 17. Jahrhundert. Es war vor allem *R. gallica* 'Officinalis', die Apothekerrose, mit einfachen roten Blüten, aus der das Rosenöl gewonnen wurde; dies ist belegt in einem Dokument aus dem Jahre 1310. Diese Rose ist auch identisch mit der „Red Rose of Lancaster“. Um 1600 stand an der Hauptstraße von Provins eine Apotheke neben der anderen, und alle erzeugten und verkauften Rosenöl.

Abb. 46. *Rosa gallica* 'Versicolor' aus Besler's „Hortus Eystettensis“, wo sie *Rosa praenestina variegata* heißt

1583 'Rosa Mundi' (= *R. gallica* 'Variegata', *R. gallica* 'Versicolor' in Kultur; bei Besler abgebildet (Abb. 46).

1596 beschreibt Gerarde in seinem „Herball" eine „Velvet Rose"; hier handelt es sich mit großer Wahrscheinlichkeit um jene Sorte, die heute unter dem Namen 'Tuscany' bekannt ist.

R. gallica 'Conditorum', die Ungarische Rose, wurde zwar erst 1900 in Deutschland verbreitet (Dr. Dieck), aber sie war damals in Ungarn schon lange Zeit in Kultur.

1670 begann in Holland die Kultur der Gallica-Rosen, die aus Saat vermehrt wurden und, durch Insektenbestäubung, auch manche Sorten brachten.

1811 hatte die Kaiserin Joséphine in Malmaison nicht weniger als 167 Gallica-Sorten (Provins-Rosen) in ihrer Sammlung. Um diese Zeit erzielte Descemet als erster französischer Rosenzüchter neue Sorten aus künstlicher Bestäubung.

1827 'Duc d'Angoulême' (= 'Duchesse d'Angoulême'), rosa.

1831 'Camaieux', purpurrosa, weiß gestreift.

1837 'Anaïs Ségalas' (Vibert). Oft als Centifolie bezeichnet, doch wird sie besser hier eingeordnet. Karmin, Rand lilarosa.

1840 'Cardinal de Richelieu'. Eine der ältesten holländischen Rosen, hieß ursprünglich, nach ihrem Züchter, 'Rose Van Sian'; Laffay taufte sie um, als er sie in Frankreich in den Handel brachte. Violettpurpur.

1841 'Oeillet Parfait' (Foulard), hellrosa, dunkel gestreift.

1842 'Cosimo Ridolfi' (Vibert), lilarosa, gefleckt.

1845 'La Rubanée' (= 'Perle des Panachées', 'Village Maid') (Vibert), rosa, purpur und weiß gestreift.

1845 'Belle Isis' (Parmentier), fleischrosa.

1846 'Tricolore de Flandre' (Van Houtte), hellrosa, dunkler gestreift.

1848 William Paul beschreibt in seinem Buch 471 Sorten und 52 Hybriden von *R. gallica,* doch zu jener Zeit gab es allein in Frankreich rund 2000 Sorten von *R. gallica,* davon mindestens 500 Sorten von Vibert.

1853 'Georges Vibert' (Robert), purpurrot, weiß gestreift.

1853 'Vivid' (A. Paul, England), altrosa.

1872 'Belle des Jardins' (Guillot), ein Sämling von 'La Rubanée', violettrot und weiß.

1876 'Violacée' (= 'La Belle Sultane') (Soupert & Notting), purpurviolett.

1947 'Rose des Maures' unter der Bezeichnung 'Sissinghurst Castle' neueingeführt; violettkarmin.

1952 'Scharlachglut' (Kordes) = *R. gallica* × 'Poinsettia', scharlach.

Von anderen noch in Kultur befindlichen Gallica-Sorten sind weder die Züchter noch das Jahr der Einführung bekannt; sie wurden deshalb nicht aufgeführt.

Rosa damascena Mill. (= *R. gallica* var. *damascena* Voss; *R. calendarum* Borkh.). Damaszener Rose. Nach heutiger Meinung ein vermutlich aus *R. gallica* × *R. phoenicia* entstandener Naturbastard, zu dem die sommerblühenden (d. h. einmalblühenden) Sorten gerechnet werden, während die herbstblühenden (d. h. zweimalblühenden) Sorten wahrscheinlich *R. gallica* × *R. moschata* als Eltern haben; sichere Beweise hierfür gibt es bis jetzt nicht.

Die Herkunft dieser Rose ist dunkel; zwar liegt nahe, Damaskus in Syrien als ihre Heimat anzunehmen, wie dies nahezu alle Autoren tun. Nur S. G. Thomas (1964) ist anderer Meinung und sagt, daß die „Damask Rose" ziemlich sicher nichts mit Damaskus zu tun hat, sondern eher mit Damast, einem Gewebe mit besonderen Musterarten, was damals etwas ganz Besonderes war. Bei den Rosen wollte man vielleicht hierdurch auch etwas ganz Besonderes kennzeichnen, eventuell den Duft, was aber nach heutiger Auffassung etwas übertrieben ist.

S. F. Hamblin (1965) meint, *R. damascena* stamme aus Persien und sei dann, von Damaskus aus, im 13. Jahrhundert mit den Kreuzfahrern nach Europa gelangt, angeblich um 1254 oder 1270 durch den Kreuzritter Robert de Brie. Von seinem Schloß in der Champagne sei sie dann weiter verbreitet worden.

Die typische *R. damascena* (unsicher, ob noch in Kultur) wird 1,5(—3) m hoch, Triebe bogig abstehend, mitunter etwas „kletterrosenartig", mit vielen großen und kleinen Hakenstacheln bewehrt; Blätter ähnlich wie bei den Centifolien, aber weich und fein behaart; Blüten nickend (! bei *R. gallica* steif aufrecht), einfarbig, mehr oder weniger reinrosa, innere Petalen kleiner als die äußeren, in Büscheln blühend; zuerst wenig, im Verblühen jedoch stark duftend. Hagebutten lang und schmal (bei *R. gallica* mehr kugelig). Sehr winterhart!

Bevor die „Züchtung" mit *R. damascena* begann, gab es bereits die zweifarbige, rosa und weiße *R. damascena* 'Versicolor', viel bekannter als „York und Lancaster-Rose", weil sie nach den englischen Rosenkriegen (1455—1485) erschien (beschrieben wurde sie zuerst 1551 durch Monardes) und in ihren Blüten die Farben der sich befehdenden Häuser York (weiße Rose) und Lancaster (rote Rose) vereinigte. Die Blüten sind teils einfarbig rosa oder weiß oder aber zeigen teils rosa, teils weiße Petalen in der gleichen Blüte; im Gegensatz zu *R. gallica* 'Versicolor', mit der sie immer wieder verwechselt wird; bei letzterer sind die Petalen karmin und weiß gestreift.

Die „York und Lancaster-Rose“ sieht S. G. Thomas als einen Sport von *R. damascena* 'Trigintipetala' an, und so schließt er, daß letztere, die gewerblich noch immer so bedeutsame Ölrose, schon lange vorher in Kultur gewesen sein muß und nicht erst seit etwa 200 Jahren in Bulgarien.

Was man heute als sommerblühende Damaszener-Rosen klassifiziert, hat eigentlich nur die weiße oder zartrosa Blütenfarbe gemeinsam; es fehlen die purpurnen und auch die bräunlichroten Töne von *R. gallica* völlig; alle blühen jährlich nur einmal.

Nachfolgend einige Daten über die Geschichte und die wichtigsten Sorten:

1520 Dr. Linacre, Leibarzt der Könige Heinrich VII. und Heinrich VIII., brachte die Damaszener-Rose aus Italien nach England.

1544 Matthiolus gibt an, die Damaszener-Rose sei erst seit einigen Jahren in Italien bekannt.

1551 Monardes (Spanien) gibt an, diese Rose sei erst seit 30 Jahren in seinem Lande in Kultur, jedoch viel länger schon in Italien, Frankreich und Deutschland.

1580 Montaigne fand *R. damascena* (oder *R. chinensis* ?) in einem Kloster in Ferrara, Italien, die noch im November blühte (siehe auch Seite 79).

1689 Die bulgarische Ölrose, *R. damascena* 'Trigintipetala', wird zum ersten Male erwähnt.

1750 'Celsiana' ist bereits in Frankreich in Kultur; blaßrosa.

1813 'Marie Louise' in Malmaison in Kultur; dunkelrosa.

1817 'Petite Lisette', kräftig rosa.

1830 'Mme Zoetmans' (Maret), fast weiß-fleischrosa.

1827 'Leda' („The Painted Damask“) in England entstanden; rosa, Rand karmin.

1832 'Mme Hardy', bekannteste aller Damaszener-Rosen; reinweiß.

? 'Blush Damask'. Zeit und Ort der Entstehung nicht bekannt; zartrosa.

Vor 1832 'Ispahan' (= 'Rose d'Isfahan'). Soll angeblich in der Türkei zur Gewinnung von Rosenöl benutzt werden; jedoch nicht belegt; rosarot.

Um 1850 In der „Hochzeit“ der Damaszener-Rosen gab es nicht weniger als 300 Sorten hiervon, die aber von den später aufkommenden Remontantrosen, und noch später von den Teehybriden, fast völlig verdrängt wurden.

1890 'Omar Khayyam' in Persien gefunden; hellrosa.

1849 'La Ville de Bruxelles' (Vibert), rosa.

1912 'Hebe's Lip' (W. Paul). Blüht nur sehr kurze Zeit! Weiß und rot.

1938 'Gloire de Guilan'. In Persien als Ölrose verwendet; 1949 von Hilling in England unter diesem Namen verbreitet; rosa.

1939 'Oratam' (Jacobus), Damaszener-Hybride × 'Souvenir de Claudius Pernet'; rosa und kupfrig.

„Herbstblühende“ Damaszener-Rosen

Wie schon weiter oben angeführt, gibt es außer den „sommerblühenden“ (d. h. einmalblühenden) auch die „herbstblühenden“ (d. h. remontierenden) Damaszener-Rosen. Diese Tatsache wurde schon etwa 50 v. Chr. von Virgil berichtet, der sagte, diese Rose habe einen doppelten Frühling. Dies ist vermutlich die „Rose von Paestum“ (= Rose von Pompeji) oder botanisch *Rosa bifera*. Ungefähr 125 Jahre später berichtet Plinius über die zweimal-blühende Rose von Cyrene, die am besten dufte von allen Rosen, und die Rose von Karthago, die im Frühling und im Herbst blühe.

Man kann aber annehmen, daß diese beiden Rosen in Italien nicht wirklich remontieren und daß die Blüten aus Karthago und Cyrene importiert wurden, denn dort war das Klima günstiger als in Italien. So haben in Nordafrika die Rosen im Januar—Februar und im Juli—August einen „Schein“-Ruhezustand, und diese Perioden mögen bewirkt haben, daß die Damaszener-Rose in den darauffolgenden Monaten blühte, obwohl andere Rosen unter den gleichen Verhältnissen nicht so reagierten. Es ist aber wohl sicher, daß die Eigenschaft des Remontierens bei den Damaszener-Rosen rezessiv vorhanden ist und bei einzelnen Individuen sichtbar wird, denn es gab vor 1781 weder in Europa noch in Nordafrika keine andere remontierende Rose, und die herbstblühenden Damaszener-Rosen waren damals längst gut bekannt und verbreitet.

1785 gab es in Frankreich schon vier Sorten der 'Rose de Quatre Saisons', wie sie hier genannt wurde, vielleicht von Montaigne aus Italien mitgebracht; die „rote“ Sorte war nur dunkelrosa.

1795 erhielt André Dupont (Jardin du Luxembourg, Paris) aus Florenz eine rosa *R. damascena*; sie war identisch mit der „roten“ Sorte, die bereits allgemein in Kultur war.

1812 fand man im Garten des Palastes von St. Cloud die erste dauerblühende Damaszener-Rose unbekannter Herkunft, vielleicht entstanden aus *R. damascena* × *R. chinensis*.

1848 führt William Paul in seinem Katalog über 100 zweimalblühende ('Quatre Saisons') Damaszener-Rosen auf.

Die „herbstblühenden“ Damaszener-Rosen wurden dann mit anderen Rosen gekreuzt und ergaben dann schließlich die „dauerblühenden“ Damaszener-Rosen, die unter der

Bezeichnung „Portland-Rosen“ bekannt wurden. Hierüber siehe Seite 82.

Rosa alba L. Weiße Rose. Keine Wildart, sondern eine Hybride mit etwas umstrittener Abstammung, entweder *R. gallica* × *R. corymbifera* oder *R. damascena* × *R. canina*. Die letztere Kombination ist nicht unwahrscheinlich, weil die Chromosomenverhältnisse bei *R. alba* unregelmäßig sind wie bei *R. canina*. *Rosa alba* und ihre Sorten bilden 2—3 m hohe, vielstämmige, fast undurchdringliche Büsche mit auffällig graugrünen, großen Blättern; Blüten milchweiß, bei den Sorten mehr oder weniger rosa getönt, meist nur locker oder halbgefüllt, stark duftend; Hagebutte länglich, weich, glatt, rot, sehr zahlreich.

Es ist bisher unbekannt, wann diese Rose, zu der immerhin rund 200 Sorten gerechnet werden, in Gartenkultur genommen wurde; man glaubt jedoch, daß es die weiße Rose der Römer war, die sie bereits vor 2000 Jahren in ihren Rosengärten pflegten.

Sie kam auch schon frühzeitig nach England, vielleicht schon zur Römerzeit, denn Plinius benutzt das Wort „Albion“ für England; dies soll soviel bedeuten wie „weißes Land“. Einige Autoren beziehen dies auf die weißen Rosen, andere hingegen auf die weißen Kreidefelsen von Dover, was wahrscheinlicher sein dürfte.

Die Weiße Rose war im Mittelalter gut bekannt und weit verbreitet, und zwar die Form 'Semiplena', da sie auf vielen Gemälden aus jener Zeit eindeutig zu erkennen ist. Nachfolgend historische Daten:

13. Jahrhundert. Albertus Magnus berichtet bereits über die Weiße Rose.

1307 empfiehlt der italienische landwirtschaftliche Autor Crescentius diese Rose für Hecken.

1455 bis 1485 In den englischen Rosenkriegen führte das Haus York eine weiße Rose als Abzeichen, das gegnerische Haus Lancaster die rote Rose. Obwohl man fast überall lesen kann, die „Weiße Rose von York“ sei *Rosa alba* bzw. eine Gartenform hiervon gewesen, hat Norman Lambert (RA 1931) hieran starke Zweifel geäußert und vermutet, daß es sich hier um *Rosa arvensis* gehandelt haben werde; vgl. hierzu Seite 97 (bei *R. arvensis*).

1473 Martin Schongauers Gemälde „Maria im Rosenhag“ in Colmar weist zwei Sorten Rosen auf: Die weiße halbgefüllte ist *R. alba* 'Semiplena', die rote wahrscheinlich *R. gallica* 'Officinalis' (Tafel 6).

15. Jahrhundert. Auf italienischen Gemälden sind weiße Rosen abgebildet, die als *R. alba* 'Maxima' und 'Maiden's Blush' erkannt wurden.

1506 Auf einem Gemälde von Lucas Cranach trägt ein Junge einen Korb mit Rosen, die er der Heiligen Dorothea bringt; es sind die gleichen Rosen wie auf Schongauers Bild. — Auch Botticellis Bild mit der „Geburt der Venus“, wobei Rosen auf sie herabregnen, zeigt *R. alba* 'Semiplena'. — Viele Bilder der Renaissance-Maler weisen unverwechselbar durch Blütenform und Laubfarbe diese Rose auf.

1750 wird zum ersten Male über die weiße Ölrose in Bulgarien berichtet, neben der allerdings bedeutenderen *R. damascena* 'Trigintipetala' (= „Rose von Kasanlik“), rosa.

Nur von wenigen *alba*-Sorten ist das Jahr des ersten Erscheinens im Handel bekannt, der Züchter jedoch meist nicht.

1818 'Jeanne d'Arc', fleischrosa.

1816 'Königin von Dänemark' (J. Booth, Hamburg), fleischrosa.

1835 'Mme Plantier' (= *R. alba* × *R. moschata*) (Plantier), weiß.

1836 'Félicité Parmentier' (Parmentier). Erinnert in Wuchs und Belaubung mehr an *R. damascena*; fleischrosa.

1848 'Mme Legras de St. Germain', weiß.

1876 'Pompon Blanc Parfait', weiß.

Rosa centifolia L. Centifolie, Kohlrose, Provence-Rose. Über die geschichtliche Entwicklung dieser Rose gibt es sehr gegensätzliche Meinungen. C. C. Hurst (1941), einer der besten Kenner auf diesem Gebiete, vertritt die Ansicht, es handele sich hier um die jüngste unter den alten Rosen unserer Gärten, die zu Ende des 15. Jahrhunderts in Europa entstanden sei und ihre Entwicklung bis zur Vollendung hauptsächlich in der Zeit von 1580 bis 1710 in Holland gemacht habe. In dieser Zeit sollen dort rund 200 Centifolia-Sorten in Kultur gewesen sein, und Anfang 1800, zur Zeit der Kaiserin Joséphine, gab es noch über 100 Sorten.

Lange Zeit hat man geglaubt (selbst Hurst & Breeze, 1922), *Rosa centifolia* sei die alte Rose, die schon Theophrast (300 v. Chr.) so ausführlich beschrieb, die auch Herodot und Plinius als „hundertblättrige“ Rose schildern, aber diese Ansicht hat man mittlerweile aufgegeben, seit man durch Chromosomenuntersuchung ermittelte, daß es sich um keine Wildart handelt (die Angabe, die Centifolia komme wild in den Wäldern des Kaukasus vor, haben russische Botaniker bestritten!), sondern um eine komplexe Hybride aus vier Wildarten, nämlich *R. gallica*, *R. phoenicia*, *R. moschata* und *R. canina*, die vermutlich in Gartenkultur entstand. Diese Kombination kann natürlich auf verschiedene Weise zustande kommen, und niemand weiß, wie sie erfolgte. Am schnellsten würde es (laut Hurst) durch eine Kreuzung von *R. bifera* (= *R. gallica* × *R. moschata*) × *R. alba* (= *R. canina* × *R. damascena*) erfolgen, dann hat man alle vier Eltern, jedoch die Erfahrung in der Rosenkreuzung hat gezeigt, daß es so einfach auch wieder nicht ist, daß man oft Mißerfolge hat und die Ergebnisse anders sind als vorausberechnet. Immerhin scheint es nun doch klar[1] zu sein, daß die Centifolie, wie schon weiter oben gesagt, in langer Arbeit allmählich in Holland entwickelt wurde. Hier einige Daten:

1596 Erste Nennung in Gerard's Catalog als *Rosa damascena flore multiplici, the Great Holland Rose, commonly called Province Rose.*

1597 Gerarde, Herbal: *Rosa Hollandica sive Batava, The Great Holland Rose or Great Province.*

1581 L'Obel stellt die Centifolia unter dem Namen *Rosa damascena maxima* dar.

1601 Bei Clusius beschrieben als *Rosa centifolia batavica.*

1629 Bei Parkinson beschrieben als *Red Province.*

1733 Miller ändert (als erster?) „Province“ um in „Provence“ und gibt den lateinischen Namen *Rosa provincialis.*

1753 Linné gibt den Namen *Rosa centifolia,* der bis heute gültig ist.

1768 Miller beschreibt die „Kohlrose“ aufgrund der nicht eindeutigen Diagnose von Linné (1753 und 1762) unter dem Namen *Rosa provincialis,* Provence-Rose, was von anderen Autoren der Zeit übernommen wird.

1820 Lindley klärt den Irrtum von Miller auf; seit dieser Zeit heißt die Kohlrose wieder *Rosa centifolia,* wie schon bei Linné.

Da die Zentifolien stark gefüllte Blüten haben, brachten sie nur sehr selten einige Samen; die Gartenformen entstanden alle durch Mutationen. Von einigen der alten Sorten ist das Jahr der Einführung bekannt:

1664 'Parvifolia' (= 'Pompon de Bourgogne').

17.. 'Rose des Peintres'. Das ist die Rose, die so oft auf den Gemälden der niederländischen Maler des 18. Jahrhunderts zu sehen ist, so besonders bei van Huysum. G. S. Thomas meinte lange Zeit, dies sei weiter nichts als eine gewöhnliche Centifolia, aber es scheint doch eine selbständige Sorte zu sein.

1775 'Unique Blanche', weiß.

1789 'De Meaux' (Sweet), hellrosa.

17.. 'Petite de Hollande', rosarot.

1801 'Bullata', rosa.

1805 'Spong', rosarot.

1820 'Cristata' (= 'Chapeau de Napoléon', in der Schweiz gefunden), rosa.

1823 'Ombrée Parfaite' (Vibert), hellrosa mit dunkelpurpur.

18.. 'Duc de Fitzjames', dunkelkarmin.

18.. 'Fantin-Latour', zartrosa.

18.. 'Robert le Diable', scharlachrosa bis purpur.

18.. 'The Bishop', kirschrot bis bläulichpurpur.

1845 'Paul Ricault' (Portemer), rosarot.

1847 'Juno' (Laffay), fleischrosa.

1856 'Tour de Malakoff' (Soupert & Notting).

1856 'La Noblesse' (Soupert), zartrosa.

1845 *centifolia* 'Variegata' (= 'Unique Panachée') mit großen, kugeligen Blüten, weiß, mit schwach rosa und lila gestreift; wenn zuviel gedüngt wird oder der Boden zu nahrhaft ist, werden die Blüten reinweiß. 1845 eingeführt von Vibert, Angers. Oft verwechselt mit 'La Rubanée' (= 'Panachée Double', 'Perle des Panachées', 'Village Maid'), die aber eine *gallica*-Sorte ist, ebenfalls 1845 von Vibert eingeführt; groß, gefüllt, rosa, mit purpur und weiß gestreift.

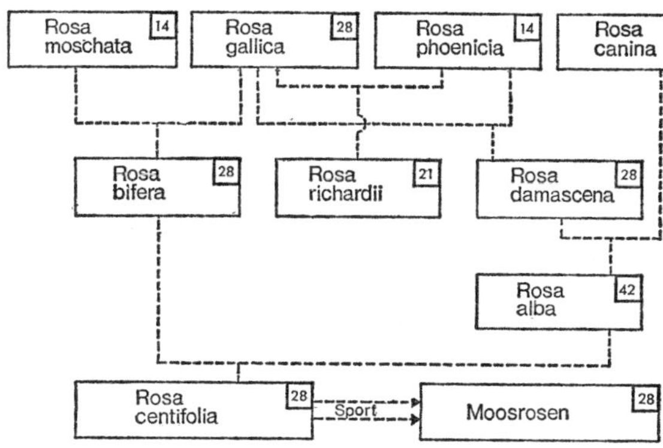

Abb. 47. Die Entwicklung der *Rosa centifolia* und der Moosrosen (nach Rowley und Hurst, verändert)

Moosrosen Sie können genetisch in die gleiche Gruppe eingestuft werden wie die 'Cristata'-Formen der Kakteen, als abnormale Formen, die zwar gärtnerisch interessant sind, aber in der freien Natur wenig Aussicht haben, auf die Dauer zu überleben, sondern nur mit menschlicher Unterstützung.

Für die Rose selbst sind solche „Moosbildungen“ kein Fortschritt, sondern eher eine Belastung durch die Ausbildung vieler überflüssiger Teile. Außerdem scheint, wie beobachtet wurde, hiermit auch Sterilität verbunden zu sein.

1 Vgl. auch die Bemerkungen auf Seite 62.

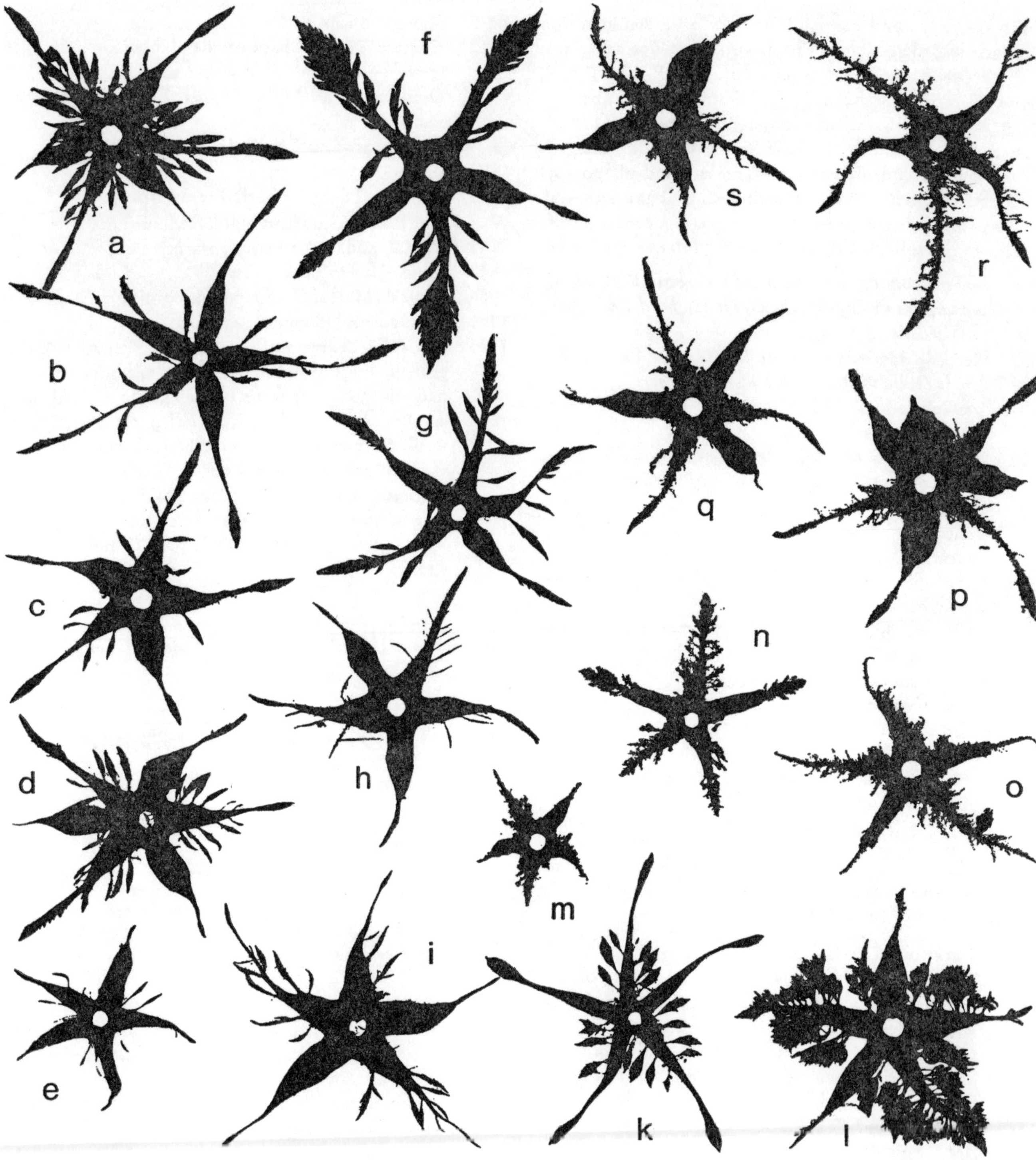

Abb. 48. Kelchformen der Gartenrosen. a—e *gallica*-Sorten; f—h *alba*-Sorten; i—l *centifolia*-Sorten; m—s Moosrosen. a 'Belle des Jardins'; b 'Scharlachglut'; c 'Président Dutailly'; d 'Belle de Crécy'; e 'Cardinal de Richelieu'; f 'Maiden's Blush'; g *alba* 'Carnea'; h 'Königin von Dänemark'; i *centifolia* 'Major'; k 'Reine des Centfeuilles'; l *centifolia* 'Cristata'; m 'Nuits d'Young'; n 'Mme Moreau'; o 'Blanche Moreau'; p 'William Lobb'; q 'Reine des Mosseux'; r 'Malvina'; s 'Lanei' (Original, 3/4 natürliche Größe)

Über die Herkunft des Moos-Phänomens ist viel gerätselt worden, aber heute wird angenommen, daß die Moosrosen entstanden als Mutationen von *R. centifolia.* So haben wir

1. *R. centifolia* 'Muscosa', schon vor 1750 (andere Formen schon vor 1696);
2. *R. centifolia* 'Cristata', 1820.

Der „Moosanteil“ ist je nach Sorte, Wuchskraft, Jahreszeit und Einzelpflanze unterschiedlich.

Die Anordnung der Sepalen ist immer die gleiche: Im Sinne des Uhrzeigers kommen zuerst zwei bemooste, dann eine glatte, dann wieder eine bemooste und wieder eine glatte Sepale (siehe Abb. 48). In der Knospenlage sind die beiden glatten von den drei bemoosten Sepalen überdeckt, doch zeigen erstere mitunter einen schmalen Moosstreifen; das trifft für alle Moosrosen zu.

Die Neigung zur Ausbildung von „Moos“ bzw. blattartigen Gebilden an den Sepalen ist in begrenztem Umfang stets vorhanden (vgl. ARA 1968: 54; Abb. 3), und zwar an allen Cultivaren und Typen von *TH, Fl, Gfl, Pol* und *Min.* Zu den abgewandelten Blattgebilden kommen auch noch abgewandelte Stacheln und Öldrüsen. Das sind Mutationen, die jedoch nicht durch Hinzukommen neuer Gene entstanden sind, sondern durch Blockierung oder teilweise Blockierung eines Hemmstoffes.

Miniatur-Moosrosen, von Moore; der Züchter behandelt seine Arbeit exakt, auch geschichtlich, in ARA 1968: 49—60, mit 4 Abb.

Die Entwicklung der Moosrosen zeigt folgende Daten:

1696 Moosrosen in Carcassone, Südfrankreich, in Kultur (vgl. 1746).

1720 Im Botanischen Garten Leiden in Kultur (nach Boerhave).

1727 In London in Kultur; Miller hat sie aus Leiden erhalten.

1735 'White Moss' in England entstanden; weiß.

1746 Ducastel hatte (nach Paquet, 1845; Jamain & Forney, 1873) Moosrosen in Nordfrankreich (Cotentin, Messin und La Manche) angepflanzt und berichtet, er habe sie aus Carcassone geholt, wo sie bereits seit einem halben Jahrhundert in Kultur seien.

1788 'Shailer's White Moss' (= 'Muscosa Alba') in England entstanden.

1801 'Mossy Rose de Meaux', in England entstanden und von dort nach Frankreich gebracht.

1807 *R. centifolia* 'Andrewsii', rosa, einfach.

1810 'White Bath' (= 'Clifton Moss Rose'), in England entstanden, soll besser und reiner weiß gewesen sein als 'Muscosa Alba' (1788), aber unsicher, ob wirklich verschieden.

1820 'Crested Moss' — siehe bei *R. centifolia.*

1820 traten auch viele einfachblühende Moosrosen auf; später kreuzten die Züchter auch mit Teehybriden und erzielten so remontierende Moosrosen. Davon existiert keine mehr.
Gelbe Moosrosen gab es damals nicht, sie wurden jedoch sehr ersehnt; die 'Golden Moss' gibt es erst seit 1930, aber ihre Schönheit ist nicht überragend.

1843 'Comtesse de Murinais' (Vibert), weiß.

1845 'Lanei' (Laffay), karmin.

1845 'Nuits d'Young', violett.

1850 Um diese Zeit gibt es bereits 50 benannte Moosrosen-Sports, im Laufe der Zeit steigt die Zahl sogar bis auf 200 an.

1852 'Gloire des Mousseux' (Laffay), karminrosa.

1854 'Salet' (Lacharme), rosarot.

1872 'Mme Moreau' (Moreau-Robert), rosa mit weiß.

1874 'Soupert & Notting' (Pernet), dunkelrosa.

1880 'Blanche Moreau' (Moreau-Robert), weiß.

1890 'Striped Moss' (= 'Oeillet Panachée') in England.

1890 'Crimson Globe', karminrot.

1898 'Mme Louis Lévêque' (Lévêque), lachsrosa.

1911 'Goethe' (Lambert), altrosa.

1930 'Golden Moss' (Dot), gelb.

1956 'Parkzauber' (Kordes), dunkelrot.

1958 'Black Boy' (Kordes), schwärzlichrot.

1958 'Blue Boy' (Kordes), rötlichviolett.

Die China-Rose, *Rosa chinensis* (auch „Bengal-Rose“ genannt). Diese Rose ist für die Rosenzüchtung deshalb so besonders wichtig, weil sie zwei Eigenschaften hatte, die den anderen Rosen fehlten: wiederholtes Blühen und wirkliche rote Blütenfarbe. Die geschichtlichen Daten über diese Rose sind ziemlich widersprüchlich, selbst bei sonst zuverlässigen Autoren. Die folgenden Angaben beruhen zum Teil auf den Ermittlungen von C. C. Hurst.

10. Jahrhundert. Auf chinesischen Gemälden jener Zeit sind Rosen dargestellt, welche wahrscheinlich identisch sind mit der 1809 nach England eingeführten 'Blush Tea-scented China'.

1529 Vermutlich erste Darstellung der *Rosa chinensis* durch einen europäischen Maler (Angelo Bronzino, Florenz; Werk No. 651, in der Nationalgalerie London; Venus mit Cupido, der beide Hände voll rosafarbener *Rosa chinensis* hat). Die dargestellten Rosen hat Hurst als sicher identisch mit 'Pink China' erkannt und schließt daraus, daß diese Rose schon früh im 16. Jahrhundert in Italien in Kultur gewesen sein muß.

1580 Der französische Philosoph Montaigne sieht bei einem Besuch des Jesuiten-Klosters Ferrara in Italien im November noch blühende Rosen, und man sagt ihm, daß diese Rosen das ganze Jahr hindurch blühen. Vermutlich sind es die gleichen Rosen wie 1529 (oder *R. damascena*; vgl. Seite 75).

1733 erhielt der holländische Botaniker Gronovius ein getrocknetes Exemplar einer roten China-Rose (nicht von 'Blush China', wie meist fälschlich berichtet!), die er unter der Bezeichnung „*Chineesche Eglantier Roosen*" in sein Herbar nimmt. Dies ist die Rose, auf der 1768 Jacquin seine Abbildung einer roten *Rosa chinensis* begründet. — Auf dem Herbarbogen steht die Jahreszahl 1733; die meist angegebene Jahreszahl 1704 ist daher unrichtig.

1750 segelt Peter Osbeck, ein Schüler Linnés und Pflanzensammler, nach China und Ostindien. 1752 kehrt er zurück und schreibt einen Reisebericht, in dem er angibt, daß er am 29. Oktober 1751 im Garten des Zollhauses in Canton *Rosa indica* entdeckt habe. Es ist mutmaßlich diese Rose, eine „Blush Tea China", welche in Linnés Herbar, auf Bogen 38, deponiert ist.

1781 wird die rosa-blühende *R. chinensis* durch die Niederländisch-Ostindische Companie nach Holland eingeführt; wird angepflanzt im Botanischen Garten Leiden und in Haarlem und kam von hier auch nach England.

1789 Der Kapitän eines Schiffes der Britisch-Ostindien Companie findet eine rote immerblühende Rose in einem Garten in Calcutta und bringt sie nach England, wo er sie Gilbert Slater, einem Direktor seiner Gesellschaft, bringt. Dieser wiederum war ein tüchtiger Gärtner, der die Rose vermehrte und an seine Freunde als „Bengalrose" verteilte. 1794 wurde diese Rose von Curtis im „Botanical Magazine" abgebildet als *Rosa semperflorens*. 1798 wurde sie in Paris von Cels und Thory in Kultur genommen.

1789 Sir Joseph Banks, Direktor von Kew Gardens, brachte von einem Besuch in Holland eine rosablühende China-Rose mit, die zunächst als 'Parson's Pink China' (= 'Old Blush') verbreitet wurde. Diese Rose war bereits viel früher durch Seefahrer aus der alten Fa Tee Nursery in Canton mitgebracht worden, wo viele Rosen gezogen wurden, wie auch diese Rose schon damals in den Gärten von Canton allgemein verbreitet war. Außerdem war sie schon seit Anfang 1700 in den Botanischen Gärten von Calcutta und Singapore in Kultur. Im Jahre 1800 gelangt diese Rose nach Charleston, South Carolina, wo sie bei der Entstehung der kletternden Noisette-Rose beteiligt ist.

1802 *Rosa indica* var. *alba* wird als Sport in einem Garten in England gefunden.

1805 entsteht in England aus 'Parson's Pink China' eine Zwergform, die nach Lyon gelangt und dort später bei der Entwicklung der ersten Polyantha-Rosen beteiligt ist.

1809 *Rosa odorata* wird durch Sir Abraham Hume aus Ostindien eingeführt, offensichtlich eine Hybride von *R. chinensis* × *R. gigantea*. 1810 wird sie von Andrews abgebildet unter dem Namen *Rosa indica odorata*; später erhält sie die Namen *R. indica fragrans* Thory; *R. thea* Savi; 'Hume's Blush Tea-scented China'.

1810 entstand aus 'Parson's Pink China' durch Zufallskreuzung mit einer Herbst-Damaszener auf der Insel Réunion (damals noch „Ile de Bourbon" genannt) eine neue Rosenklasse, die Bourbon-Rose.

1815 erscheinen in England die ersten Hybriden von 'Hume's Blush Tea-scented China' mit *R. gallica*, so 'Brown's Superb Blush' u. a. Die meisten dürften triploid und somit steril gewesen sein; aber um 1830 gab es auch einige fruchtbare Tetraploide, so 'Malton' und 'Athalin', die zwar heute auch vergessen und vergangen sind, aber doch bei der Entstehung unserer heutigen Rosen beteiligt waren. Obwohl sie in allem den China-Rosen glichen, fehlte ihnen das Remontieren der Blüte, sie blühten nur einmal.

1824 Die erste Teerose, von Parks für die Royal Horticultural Society aus China importiert, ist eine großblumige, gelbe, duftende Rose, die als 'Park's Yellow Tea-scented China' verbreitet wird. 1825 kam sie auch nach Paris, zu Hardy, der mit ihr züchtete. Sie wird heute als eine Hybride von *R. chinensis* × *R. gigantea* angesehen und erhielt die Bezeichnung *R. odorata* 'Ochroleuca'. Sie war vermutlich diploid. Seit 1882 nicht mehr in Kultur gesehen. 1835 von Redouté gemalt als „*Rosa indica sulphurea*".

Von den frühen, auch heute noch bekannten Züchtungen sind zu erwähnen:

1825 'Gloire des Rosmanes' (Vibert), rosarot.

1832 'Cramoisi Supérieur' (Coquereau), auch bekannt als 'Agrippina'; dunkelrot.

1840 'Hermosa' (Marcheseau), schon sehr ähnlich den heutigen Floribunda, aber duftend; blaßrosa.

1897 'Gruß an Teplitz' (Geschwind/Lambert) ist bereits ähnlich den Teehybriden, hat jedoch nicht deren spitze Knospen und auch keinen Duft; dunkelscharlachrot.

Über die „Zwergbengal-Rosen" siehe unter „Miniaturrosen", Seite 89.

Paris, Notre Dame, Südquerschiff, mit Rosette (13. Jahrhundert)

Detail mit Rosen aus der Rosette von Notre Dame

Westportal der Elisabeth-Kirche in Marburg (Lahn), mit doppelten Rosen (13. Jahrhundert)

Rosenbogen an der Westfassade des Baseler Münsters, Mittelportal, linke Kapitellzone (14. Jahrhundert)

Die Bourbonrosen Durch die Kreuzung der China-Rosen mit anderen Arten entstanden mehrere neue Klassen, darunter auch die Bourbon-Rosen. Die Entstehung und weitere Entwicklung der ersten Bourbon-Rose geschah auf der „Ile de Bourbon“ (heute Réunion), einer Insel der Maskarenen-Gruppe, etwa 800 km ostwärts von Madagaskar im Indischen Ozean. Dort pflegten die französischen Siedler ihre Felder mit Rosenhecken einzufassen. Die hierzu verwendeten Rosen waren 'Parsons Pink China' und *R. damascena* var. *bifera* (= 'Rose des Quatre Saisons').

1817 findet M. Bréon, Direktor des Botanischen Gartens auf dieser Insel, in einer Hecke, die einem M. Périchon gehört, eine Rose, die anders aussah als die ihm bekannten beiden Rosen. Er grub sie aus und beobachtete sie im Botanischen Garten weiter, wo er schließlich zu der Auffassung kam, es müsse eine neue Sorte sein, entstanden aus der Befruchtung einer China-Rose durch eine Damaszener-Rose. — Nun berichtet jedoch L. Chaix (1851), daß diese Rose bereits seit langen Jahren auf der Ile de Bourbon bekannt und sehr verbreitet sei unter dem Namen 'Rose Edwards'.

1819 sendet Bréon Samen der neuen Rose an seinen Freund Jacques, den Obergärtner des Herzogs von Orléans, in Neuilly bei Paris. Dieser und M. Loiseleur-Deslongchamps stellten fest, daß es sich um eine ganz neue Rose handelt, die man nunmehr als „Bourbon-Rose“ bezeichnete.

1822 malt Redouté die Rose als „*Rosa canina burboniana*“.

1823 wurde die 'Rose Edwards' als Pflanze auch als Strauch von der Ile de Bourbon nach Paris importiert, was M. Pirolle (bei Chaix) berichtet. Möglicherweise sind es doch zwei verschiedene Rosen, und es ist nicht ausgeschlossen, daß die echte 'Rose Edwards' eine Hybride von *R. chinensis*, *R. damascena* und *R. centifolia* ist. — Shepherd (S. 77) hält die Entstehungsgeschichte auf Réunion für problematisch, da eben diese Rose unter ihrem Namen 'Rose Edwards' schon viele Jahre vorher im Botanischen Garten von Calcutta vorhanden gewesen sein soll. Ob sie von Calcutta aus nach Réunion kam oder ob sie hier ein zweites Mal entstand, bleibt ungeklärt.
Während in der Literatur allgemein berichtet wird, die 'Rose Edwards' sei längst nicht mehr existent, schreibt Nancy Steen (1967: 99), daß B. P. Pal aus New Delhi ihr diese Rose gerade übersandt habe.

1828 wird sie durch Desportes als *Rosa burboniana* benannt.

Von den seinerzeit zahllosen Bourbon-Sorten haben sich nur eine kleine Anzahl bis auf unsere Zeit halten können; nur wenige sind nach 1900 hinzugekommen:

1823 'Rosier de l'Ile de Bourbon' (Jacques), dunkelrosa.
1834 'Queen of Bourbons' (Mauget), rosa und gelblich.
1840 'Coupe d'Hébé' (Laffay), dunkelrosa.
1843 'Souvenir de la Malmaison' (Béluze), fleischrosa.
1851 'Louise Odier' (Margottin), rosarot.
1867 'Boule de Neige' (Lacharme), reinweiß.
1868 'Zéphirine Drouhin' (Bizot), rosaweiß.
1872 'Reine Victoria' (J. Schwartz), rosa.
1874 'Commandant Beaurepaire' (Moreau-Robert), rosa, violett und weiß.
1878 'Mme Pierre Oger' (Oger); Sport von 'Reine Victoria', blaßrosa.
1880 'Mme Isaac Pereire' (Garçon), dunkelrosa.
1909 'Variegata di Bologna' (Bonfiglioli), weiß, purpur gestreift.
1920 'Adam Messerich' (Lambert), rosarot.

Die Noisette-Rosen (*Rosa chinensis* × *R. moschata*). Diese in Amerika entstandenen, büschelblütigen Rosen sind entweder sehr starkwüchsig und kletterrosenartig oder aber buschig wachsend und dann auch wohl zu den Teerosen gerechnet. Alle Sorten sind remontierend, und die Blüten sind weiß, rosa oder gelb.

1802 bestäubt John Champney, ein Reispflanzer in Charleston, South Carolina, *Rosa moschata* mit 'Parson's Pink China', welche er kurz vorher von seinem Nachbarn Philippe Noisette (und dieser wiederum von seinem Bruder Louis Noisette in Paris) erhalten hatte. Die erhaltenen Sämlinge nannte er *Rosa moschata hybrida*.

1811 wurde die mittlerweile gut bekannte Rose unter dem jetzigen Namen 'Champney's Pink Cluster' verbreitet. Champney selbst war geschäftlich jedoch nicht daran interessiert und überließ dies seinem Nachbar Philippe Noisette, der die Vermehrung besorgte und nun auch selbst aussäte. Er sandte (1817) sowohl Samen wie auch Pflanzen nach Paris an seinen Bruder.

1818 gab Louis Noisette dem besten Sämling den Namen 'Rosier de Philippe Noisette', und die übrigen hießen Noisette-Rosen.

1818 entstand bei John Fraisier, ebenfalls in Charleston, ein Sämling, der 'Champney's Pink Cluster' sehr ähnlich war und als 'Fraiser's Pink Musk' in den Handel kam.

1821 malte Redouté die *Rosa noisettiana*, die inzwischen weite Verbreitung gefunden hatte.

1825 Etwa seit dieser Zeit versuchten französische Rosenzüchter, gelbe Noisette-Rosen zu erzielen, indem sie 'Blush Noisette' kreuzten mit 'Parks Yellow China'. Die daraus entstandenen Rosen waren aber nicht nur starkwüchsige Noisette-Rosen, sondern auch niedrige echte Teerosen wie auch kletternde Teerosen (siehe dort). Es sind hier zu nennen:

1828 'Aimée Vibert' (Vibert), 'Champney's Pink Cluster' × gefüllte *R. sempervirens*, weiß.

1842 'Céline Forestier' (Trouillard), kletternde Teerose.

1843 'Chromatella' (Coquereau), kletternde Teerose, gelb.

1843 'Solfatare' (Boyeau), kletternde Teerose, gelb.

1837 erzielte Dr. Manetti im Botanischen Garten Mailand die rosa halbgefüllte *Rosa manettii*, die zeitweise Bedeutung hatte als Unterlage, aber sehr anfällig ist für Schwarzflecken.

Die Portland-Rosen Die Geschichte der ersten Rose dieser Gruppe ist (laut G. S. Thomas, 1967: 109) vielleicht eine Legende, die in Italien spielt. Es gab dort unter einer Anzahl alter Rosen auch *Rosa chinensis*, die dort winterhart ist. In der Gegend von Paestum, südlich Neapel, soll um 1800 eine leuchtendrote Rose entstanden sein, vielleicht (nach Hurst) ein Abkömmling von 'Slater's Crimson China', mutmaßlich eine Hybride von *R. damascena* mit *R. chinensis* var. *semperflorens*. Die Herzogin von Portland, die sich damals gerade in Italien aufhielt und eine Rosenliebhaberin war, erfuhr von dieser Rose, und es gelang ihr, sie nach England zu bringen, wo die neue Rose den Namen 'Duchess of Portland' erhielt und die erste Rose einer neuen Gruppe bildete.

Eine Pflanze dieser neuen Sorte ist vermutlich auch nach Paris gelangt, wo sie bei der Entstehung der 'Rose du Roi' beteiligt war. In Frankreich begann man eifrig hiermit zu züchten, da die Rose etwas remontierte, und es dauerte nicht lange, bis es etwa 150 Portland-Sorten gab, alle etwas ähnlich den Bourbon-Rosen, aber die Blüten in der Regel kurzstielig und im Laub sitzend. Bis 1850 waren jedoch nahezu alle Sorten wieder verloren gegangen. Die Abstammung bei vielen war nicht genau bekannt, aber sie bildeten doch innerhalb der Damaszener-Rosen eine eigene Gruppe, denn sie hatten die kräftigeren Blütenfarben der *Gallica*, waren dichter gefüllt, aber die Blüten waren verhältnismäßig klein, erschienen meist nur einmal und, wie schon gesagt, steckten im Laub. Kein Wunder, daß sie bei Aufkommen der Remontantrosen sehr rasch verschwanden. In den alten Rosenbüchern werden sie oft noch unter der Bezeichnung *Rosa bifera* geführt, weil sie (mitunter) etwas nachblühten.

Hier eine kurze Übersicht über die damals wichtigsten Sorten:

Um 1800 'Duchess of Portland', scharlachrot.

1812 'Rose Lelieur' (1815 umbenannt in 'Rose du Roi'; 1819 in England 'Lee's Crimson Perpetual'), hellrot und violett.
'Bernard' und 'Mogador' waren zwei Sports von 'Rose du Roi'.

1849 'Coeline Dubos' (Dubos), hellrosa.

1844 'Palmyre' (Laffay), hellrosa.

1845 'Blanc de Vibert' (Vibert), weiß.

1860 'Pergolèse' (Moreau-Robert), purpurkarmin.

1883 'Rembrandt' (Moreau-Robert), die letzte Portland-Sorte; scharlachrot.

Die Teerosen Diese Rosen sind ihren nächsten Verwandten, den China-Rosen, ähnlich, doch sind ihre Blüten größer, stärker duftend, halb bis voll gefüllt, gelblich bis aprikosengelb, weiß, rosa bis hellrot; dunkelgelb und dunkelrot fehlen. Die Kelchblätter sind ungeteilt. Leider ist ihre Winterhärte in Mittel- und Westeuropa nur gering, so daß sie hier im allgemeinen unter Glas gehalten werden müssen; dagegen eignen sie sich besonders gut für Gebiete mit einem langen Sommer, wie in Südeuropa. (Über die Teerose in China vgl. Seite 80).

1808 wurde die erste Teerose aus der Fan Tee Nursery in Canton, durch Vermittlung der Britisch-Ostindien Companie, nach England gesandt, wo sie 1810 bei Sir Abraham Hume eintraf und von ihm den Namen 'Hume's Blush' erhielt. Sie war halbimmergrün und blühte rosa.

1824 kam die zweite Teerose in Europa an. John Damper Parks, der für die Royal Horticultural Society in China und Java Pflanzen sammelte, hatte sie gefunden. Sie hatte hellgelbe, gefüllte Blüten und erhielt die Bezeichnug 'Parks Yellow Tea-scented China' (= *Rosa odorata* var. *ochroleuca* Lindl.).

1821 bis 1830 wurden von den französischen Züchtern 27 „Teerosen" herausgegeben, die von Desportes katalogisiert wurden. Vgl. die Liste mit Angabe der Züchter und Jahr bei E. E. Robinson („A short history of the Tea Rose").

1830 Etwa seit diesem Jahr begann die Entwicklung der Teerosenzüchtung in Europa, die erst mit der Entstehung der Teehybriden endete. Die ersten Sorten stammten aus Frankreich. Die ersten Sorten wuchsen buschig; früh aber bildeten sich schon kletternde Formen. Die letzteren können in drei Gruppen gegliedert werden:

1. Diese Gruppe ist die größte und umfaßt die kletternden Sports der normalen Teerosen, denen sie bis auf den Wuchs völlig gleichen.

2. Hybriden aus einer niedrigen Teerose mit der starkwüchsigen Bourbon-Rose 'Gloire de Dijon'; großes glänzendes Laub und etwas größere Winterhärte.
3. Kreuzungen zwischen Teerosen und Noisette-Rosen, im Aussehen zwischen diesen beiden Eltern stehend, oft die besten Eigenschaften der Eltern miteinander verbindend und so eine Eingruppierung sehr erschwerend (die zuerst hierzu gerechneten 'Chromatella' und 'Lamarque' werden heute als Noisette-Rosen angesehen!).

In der Zeit von 1821 bis 1940 sind nicht weniger als 1382 Sorten Teerosen gezüchtet und in den Handel gebracht worden, von 274 Züchtern. Die meisten von ihnen waren Franzosen, und unter ihnen am erfolgreichsten die Familie Nabonnand, aus Golfe Juan, mit 188 Sorten in der Zeit von 1877 bis 1914.

Nachfolgend eine Liste der wichtigsten Teerosen:

1833 'Adam' (Adam, Reims), tief rosalila. Erste Teerose mit bekanntem Stammbaum.

1838 'Devoniensis'. Gefunden im Garten eines Mr. Foster in Plymouth, Devonshire, eingeführt 1841 von Lucombe; weiß, zartgelb und lachsrosa. Erste englische Teerose.

1839 'Safrano' (Beauregard), schwefelgelb und dunkelrosa.

1843 'Niphetos' (Bougère), weiß.

1843 'Solfaterre' (= 'Solfatare') (Boyeau), schwefelgelb.

1845 'Fortune's Double Yellow', von Robert Fortune eingeführt. Er schrieb hierüber an die Firma Standish & Noble:

„Diese Rose habe ich im Garten eines reichen Mandarins in Ningpo gefunden, wo sie eine Mauer vollständig bedeckt hatte, und Massen von Blüten zeigte. Die Chinesen nennen sie ‚Wang-jang-ve‘ oder ‚gelbe Rose‘. 1845 habe ich diese Rose an die RHS nach London gesandt“ usw.

Zunächst hatte man in England mit dieser so gerühmten Sorte nur Enttäuschungen erlebt; man wußte nicht, daß die Pflanzen nicht zurückgeschnitten werden dürfen, weil sie nur an den vorjährigen Trieben blühen (Flo.d.S.).

1848 'Mme Bravy' (Guillot), rahmweiß und rosa.

1851 'Sombreuil' (Moreau-Robert), rahmweiß und rosa.

1853 'Gloire de Dijon' (Jacotot), lachsgelb.

1857 'Duchesse de Brabant' (Bernede), zartrosa.

1864 'Maréchal Niel' (Pradel), schwefelgelb. Als Pradel diese Sorte in den Handel brachte, mußten die Kunden ihm 12 Rosen zu einem erhöhten Preis abkaufen, darunter war dann eine 'Maréchal Niel'.

1869 'Cathérine Mermet' (Guillot fils), rosa mit lila.

1871 'Marie van Houtte' (Ducher), rahmgelb.

1872 'Anna Olivier' (Ducher), rosa.

1878 'Mme Lambard' (Lacharme), lachsrosa und gelblich.

1882 'Papa Gontier' (Nabonnand), kupfrigrosa.

1888 'G. Nabonnand' (Nabonnand), rosa und gelblich.

1893 'Maman Cochet' (P. Cochet), rosa.

1897 'Général Schablikine' (Nabonnand), tief kupferkarmin.

1905 'Freiherr von Schilling' (Jacobs), rosa und gelb.

1905 'Charlotte Klemm' (Türke), rot und orange.

1906 'Penelope' (J. Williams), dunkelrot, Mitte weiß.

1908 'William R. Smith' (Smith/Henderson), weiß mit rosa.

1910 'Lady Hillingdon' (Lowe & Shawyer), tiefgelb.

Die große Zeit der Teerosen ist aus der nachfolgenden Übersicht von E. E. Robinson zu ersehen.

Zeitraum	herausgegebene Sorten in den Farben			
	rot	gelb	weiß	insgesamt
1821—1830	16	1	6	23
1831—1840	27	6	8	41
1841—1850	16	5	15	36
1851—1860	48	20	18	86
1861—1870	24	28	12	64
1871—1880	71	53	34	158
1881—1890	153	72	37	262
1891—1900	209	118	75	402
1901—1910	135	64	54	253
1911—1920	15	12	8	35
1921—1930	6	5	3	14
1931—1940	1	3	1	5
	721	387	271	1379

Die Remontantrosen Diese Gruppe kann man eigentlich als das Bindeglied zwischen den „alten“ und den „modernen“ Rosen ansehen. Ihre Entstehung begann 1837 und findet ihr Ende um 1900. In dieser Zeit sind nicht weniger als 4000 Sorten entstanden, die hierher gerechnet werden, fast alle in Frankreich, einige in England und Deutschland, darunter die auch heute noch am meisten bekannte Sorte dieser Gruppe, 'Frau Karl Druschki' (Lambert 1901). Die Abstammung der Remontantrosen ist schwierig zu erklären, weil zu ihrer Entstehung praktisch alle wichtigen Gruppen von Gartenrosen beigetragen haben. Stammbäume der älteren Sorten halten zumeist einer genauen Prüfung nicht stand, weil die Angaben der Elternsorten oft nur Mutmaßungen sind und die Sämlinge sehr oft nicht aus künstlicher Bestäubung, sondern zufällig durch Insekten entstanden. Diese Sämlinge wurden später selektiert, und da es viele Sämlinge gab, konnte man auch viele Sorten benennen.

Die Züchtung dieser Rose war zunächst auf Frankreich beschränkt, zumindest bis 1847; hier war es Laffay, der vor allem die Blütengröße verbessern konnte. Dann muß auch noch Vibert genannt werden. Unter den Vorfahren der ersten Sorten müssen vor allem die kletternde 'Gloire des Rosomanes' (1825) und auch die 'Rose du Roi' genannt werden.

Die meisten Remontantrosen haben von ihren nächsten Vorgängern den kräftigen Wuchs geerbt, aber auch die vielen Stacheln, große, dicht gefüllte Blüten (es gibt auch einige einfachblühende Sorten) und guten Duft. Die Blütenfarbe reicht von Weiß über Rosa und Karmin bis zu dunkel Rotbraun. Gelb fehlt eigentlich völlig, es sei denn, man rechnet die nach 1914 erfolgten vielen Kreuzungen von 'Frau Karl Druschki' mit gelben Teehybriden hierher, wie es S. F. Hamblin (1942) tut.

Die Engländer und Amerikaner verwenden nicht die Bezeichnung Remontantrosen, sondern dafür „Hybrid Perpetuals", also soviel wie „dauerblühende Hybriden", was stark übertrieben ist, denn von „Dauerblüte" wie bei unseren modernen Rosen kann hier noch keine Rede sein. Von den früher einmal 4000 Sorten, die aber sicherlich niemals gleichzeitig in Kultur waren, gibt es heute nur noch etwa 100 Sorten, von denen die wichtigsten nachfolgend genannt werden.

1837 'Princesse Hélène' (Laffay), purpur. Älteste Züchtung.
1837 'Prince Albert' (Laffay), karmin.
1838 bis 1842 erschienen etwa 30 Sorten in Frankreich.
1840 'Mme Verdier' (Verdier), weiß.
1842 'Eliza Balcombe' (Laffay), weiß.
1842 'La Reine' (Laffay), rosa, kugelig. Sehr wichtiger Vorfahr vieler späterer Sorten.
1842 'Baronne Prévost' (Desprez), hellrosa.
1846 'Géant des Batailles' (Mérard), scharlachrot.
1853 'Général Jacqueminot' (Roussel), kräftig rosarot. Bedeutender Vorfahr vieler späterer Sorten.
1853 'Jules Margottin' (Margottin), karminrosa, wenig Duft.
1860 'Reine des Violettes' (Mille-Mallet), purpurlila, später violett.
1861 'Prince Camille de Rohan' (E. Verdier), tiefkarmin, dicht gefüllt.
1865 'Fisher & Holmes' (Verdier), samtig scharlachrot.
1869 'Paul Neyron' (Levet), tiefrosa, riesige Blüten.
1872 bis 1879 soll Verdier allein rund 350 Remontantrosen benannt haben.
1875 'Eugène Fürst' (Soupert & Notting), tiefkarmin, duftend.
1882 'Ulrich Brunner fils' (Levet), hellkarmin, Duft.
1884 Der Katalog von William Paul & Son führt über 800 Sorten von Remontantrosen auf, aber erst neun Teehybriden!
1886 'Erinnerung an Brod' (Geschwind), kirschrot, duftend.
1887 'Mrs. John Laing' (Bennett), rosa mit zartlila Anflug, Duft.
1890 'Roger Lambelin' (Schwartz), samtig karminpurpur, Rand weiß.
1897 'Baron Girod de l'Ain' (Reverchon), karmin, Rand weiß. Sport von 'Eugène Fürst'.
1901 'Frau Karl Druschki' (Lambert), weiß, ohne Duft. Nach heutiger Auffassung allerdings aufgrund der Abstammung eine Teehybride, aber im Aussehen doch völlig eine Remontantrose.
1905 'Hugh Dickson' (Dickson), karminscharlach.
1907 'Gloire de Chédane Guinoisseau' (Chédane & Pajotin), karmin, Duft.
1910 'Georg Arends' (Hinner), rosarot, duftend, fast stachellos.

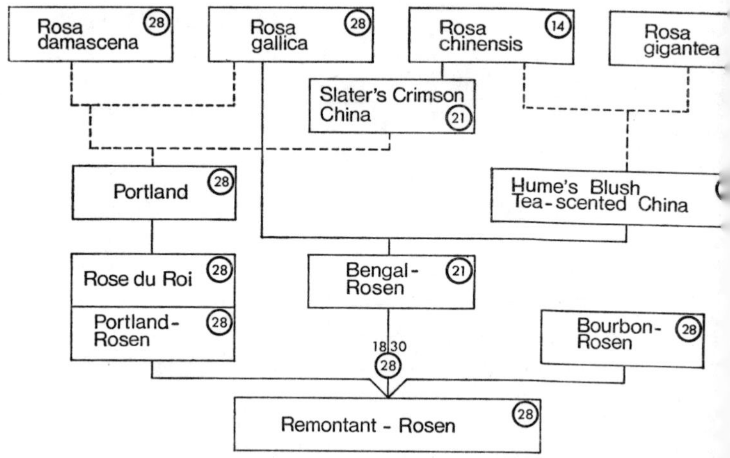

Abb. 49. Die Entwicklung der Remontantrosen, im Kreis die Chromosomenzahl (nach Wylie, verändert)

DIE TEEHYBRIDEN

Die Geschichte der ältesten unter den modernen Rosenklassen wird in den Rosenbüchern (so nach Meinung von N. Young, 1960) nicht korrekt berichtet, und er hält denn auch mit seiner Meinung über die Autoren nicht hinter dem Berg, wenn er sagt:

It has been said, unkindly but with some truth, that the literature of the rose consists of 75 per cent. folklore, 24 per cent. uninformed personal prejudice and 1 per cent. fact.

Als erstes Beispiel für seine Auffassung führt er den „Mythos“ an, die Rose 'La France' (Guillot 1867) sei die erste Teehybride. Im 19. Jahrhundert, als unsere heutige Klassifizierung entwickelt wurde, pflegte man jede neue Sorte bei ihrer Muttersorte einzureihen; wenn sie von dieser aber zu sehr abwich, fügte man das Wort „Hybride“ der Klassenbezeichnung hinzu. So war eine „Teehybride“ eine Rose aus Samen einer Teerose, befruchtet durch eine Rose einer anderen („irgendeiner“) Klasse. Die Pollensorte wurde überhaupt nicht beachtet, einmal deswegen, weil man sie oft nicht identifizieren konnte, dann aber auch, weil man noch meist glaubte, die Pollensorte spiele bei der Bildung einer Hybride nur eine untergeordnete Rolle. (Gezielte Kreuzungen mit Erfolg sind vor 1860 nicht vorgenommen worden.) Heute wissen wir längst, daß das eine irrige Meinung war, denn jede Rose mit normalem Erbgang vererbt ihre Eigenschaften an die Nachkommen in gleicher Weise, ob als Vater- oder als Muttersorte.

Wir haben schon gelesen, daß Sir Abraham Hume im Jahre 1809 'Hume's Blush Tea-scented China' eingeführt hatte. Wenngleich diese Rose anscheinend selbststeril war, so „genas sie doch eines Tages eines Töchterchens“, vermutlich von einem *gallica*-Vater befruchtet, das 1815 in England als 'Brown's Superb Blush' in den Handel kam. D a s war die erste Teehybride! Indessen, sie blühte nur einmal und war vermutlich triploid und steril.

Die dann folgenden Teehybriden waren:

1825 'Duc de Choiseul' (Vibert).

1826 'Jaune Desprez' (Desprez), gelb.

1830 'Lamarque' (Maréchal), weiß und hellgelb.
(In beiden obigen Sorten war 'Parks Yellow Teascented China' die Pollensorte, die ursprüngliche Noisette-Rose die Mutter; eigentlich hätten sie nun als Noisette-Rosen eingestuft werden müssen, aber da die Noisette-Rose selbststeril war und keine reinlinigen Nachkommen brachte, führen diese beiden obigen Sorten widerrechtlich die Bezeichnung „Noisette-Rosen“ und „Vorfahren der Noisette-Linie“. In Wirklichkeit sind beide und ihre Abkömmlinge 'Chromatella', 'Maréchal Niel', 'William Allen Richardson', 'Alister Stella Gray' und andere alles Teehybriden! Daß 'Parks Yellow China' hier Vater- und nicht Muttersorte war, hat nichts zu sagen, denn die Nachkommen wären genau so geworden, wäre die Kreuzung anders herum erfolgt; N. Young).

1833 'Smith's Yellow'.

1853 'Gloire de Dijon' (Jacotot), aus einer unbekannten Teerose × 'Souvenir de la Malmaison', also wieder eine Teehybride.

1859 'Victor Verdier' (Lacharme), aus 'Jules Margottin' × 'Safrano'. Es ist lustig, daß der englische Züchter Pemberton von dieser Sorte meinte, sie müsse mehr Teerosen-„Blut“ haben als die anderen Remontantrosen, aus der Tatsache, daß sie immer von den Kaninchen verbissen wurde. So haben denn anscheinend die Kaninchen mehr von den Hybriden gekannt als die Züchter jener Zeit!

1867 kam endlich 'La France' (Guillot fils). Die Angabe, 'Mme Victor Verdier' und 'Mme Bravy' seien ihre Eltern, ist eine reine Erfindung. Es ist vielmehr so, daß Guillot selbst sagte, er habe diese Pflanze gefunden in einem Beet mit einem Gemisch aus Teerosensaatgut; somit konnte er auch nichts über ihre Eltern wissen. Guillot war kein eigentlicher Züchter, denn in den nächsten 12 Jahren brachte er nur zwei weitere Sorten heraus, beide ebenfalls reine Zufallssämlinge wie 'La France'.

1873 'Captain Christy' (Lacharme), wurde gleich als Teehybride bezeichnet.

1872 'Cheshunt Hybrid' (George Paul).

1883 'Lady Mary Fitzwilliam' (Bennett), aus 'Devoniensis' × 'Victor Verdier'.

1888 'Souvenir of Wootton' (John Cook) ist die erste amerikanische Teehybride, dunkelrot, aus 'Bon Silène' × 'Louis van Houtte'.

1890 'Mme Caroline Testout' (Pernet-Ducher), aus 'Mme de Tartas' × 'Lady Mary Fitzwilliam'. Erst seit dieser Zeit wird die Klassenbezeichnung „Teehybride“ in unserem heutigen Sinne gebräuchlich.

Jetzt war die Zeit der Rosenzüchtung, besonders der Teehybriden, angebrochen, und bis heute sind mehr als 6000 Teehybriden benannt und registriert worden, und so ist diese Gruppe die größte aller Zeiten geworden. Manche der frühen Teehybriden waren zwar kräftig im Wuchs und auch gut winterhart, aber viele empfindlich durch ihre Abstammung von der frostempfindlichen Teerose. Durch die fortgesetzte Kreuzung, Inzucht, Verfolgung bestimmter Zuchtrichtungen degenerierten die Teehybriden mit der Zeit erheblich. Das wurde noch schlechter, als durch die Einkreuzung mit *Rosa foetida* die Pernetiana-Rosen entstanden. Diese verbreiterten die Farbskala zwar sehr erfreulich, verminderten aber die Widerstandsfähigkeit der Pflanzen gegen Krankheiten (insbesondere Schwarzflecken und Rost) beträchtlich und auch die Wüchsigkeit.

In jener Zeit waren folgende Züchter tätig:

In England Bennett, Wm. Paul, Dickson, Cook;

in Deutschland Peter Lambert, Nicola Welter, Droegemüller u. a.;

in Frankreich Pernet-Ducher;
in Holland Verschuren;
in USA E. G. Hill,
um nur einige zu nennen.

An dieser Stelle müssen nun die sogenannten „Pernet-Rosen" behandelt werden, die heute vollkommen mit den Teehybriden verschmolzen sind, aber zu Beginn der Entwicklung eine eigene Gruppe bildeten. Hierzu muß aber zunächst etwas weiter ausgeholt werden.

Die Teehybriden blühten (wenn man von den Nachkommen von 'Parks Yellow Tea-scented China' einmal absieht) im allgemeinen nur rosa, rot oder weiß, mit allen Zwischentönen, während ein wirkliches Gelb fehlte. Eine goldgelbe, ziemlich großblumige Wildrose, *Rosa foetida* (= *R. lutea*) brachte nun Clusius 1542 aus Kleinasien nach Europa, und zwar nach Österreich. Von hier aus wurde sie verbreitet.

1596 kennt Gerarde in England diese Rose bereits, und zwar heißt sie dort 'Austrian Yellow', ebenso auch schon die Mutation 'Austrian Copper', die identisch ist mit *R. foetida* 'Bicolor', letztere eine Rose mit einer wundervollen Farbkombination, goldgelb außen und kupferrot innen. Sie war bedeutend schöner als die heimische hellgelbe Dünenrose, *R. pimpinellifolia.* Beide haben indessen einen Fehler, denn die Blüten haben keinen angenehmen Duft, sie riechen tatsächlich etwas nach Wanzen (falls der Leser solche Tierchen nicht kennt, dann können es auch Blattwanzen sein, die sicherlich jedermann vom Beerenobst her kennt). Außerdem waren die Blätter sehr anfällig für Sternrußtau, und schließlich, und das war entscheidend, die Blüten waren steril.

1837 fand Sir John Willock in Persien eine ziemlich großblumige goldgelbe, gefüllte Form der *Rosa foetida,* die den Namen 'Persian Yellow' erhielt. Sie hatte zwar die gleichen schlechten Eigenschaften der Muttersorte, war aber fertil.

1900 gelang endlich Pernet-Ducher ein erster Anfang. In nahezu allen Rosenbüchern wird über diese Kreuzung nicht korrekt berichtet. Er kreuzte die violettrote Remontantrose 'Antoine Ducher' mit 'Persian Yellow'. Die meisten Sämlinge hieraus waren wertlos, so daß er alle bis auf einen fortwarf, der besonders kräftig war. Als er eines Tages hier nun eine duftende, schöne gelbe Blüte fand, sah er zu seiner Überraschung, daß diese zu einem zufällig daneben stehengebliebenen schwachen Sämling gehörte; dieser schwache Sämling, den er 'Soleil d'Or' benannte, wurde außerordentlich bedeutsam für die Züchtung der Pernetiana-Rosen.

Pernet-Ducher kreuzte weiter mit seinen gelben Rosen und erzielte 1920 'Souvenir de Claudius Pernet' und andere. Nun begannen aber auch die anderen Züchter, mit den gelben Rosen zu kreuzen, und es entstanden die herrlichen Farbtöne unserer modernen Rosen. Dennoch darf nicht übersehen werden, daß um 1940 die Teehybriden den Gipfel ihrer Vollkommenheit bereits überschritten hatten und Anzeichen einer Degeneration aufwiesen.

1945 kam bei den Teehybriden durch die starkwüchsige 'Gloria Dei' (= 'Mme Meilland'; 'Peace'), von F. Meilland, die große Wende. Diese ungemein starkwüchsige Rose war nicht nur kerngesund, sondern hatte auch große, edle Blüten, überhaupt alle Eigenschaften, welche man nur wünschen konnte. Eine neue Periode emsiger Züchtertätigkeit begann, die noch stets anhält. Nur einige wenige Weltrosen können genannt werden.

Zum Schluß dieses Abschnittes nun eine kleine Liste der wichtigsten Teehybriden seit 1912:

1912 'Ophelia' (W. Paul), fleischrosa.
1914 'Hadley' (Montgomery Co.), rot.
1926 'Briarcliff' (Pearson), dunkelrosa.
1926 'Mrs. Pierre S. du Pont' (Mallerin), goldgelb.
1926 'Rapture' (Traendly & Schenck), dunkelrosa.
1935 'Crimson Glory' (Kordes), dunkelrot.
1935 'Texas Centennial' (Watkins), rot und gelb.
1945 'Gloria Dei' (Meilland), gelb, rosa Rand.
1947 'Virgo' (Mallerin), weiß.
1949 'Rouge Meilland' (Meilland), rot.
1950 'Karl Herbst' (Kordes), dunkelscharlach.
1950 'Spek's Yellow' (Verschuren), gelb.
1950 'Sutter's Gold' (Swim), gelb.
1954 'Baccara' (Meilland), rot.
1957 'Kordes Perfecta' (Kordes), hellgelb und karmin.
1960 'Super Star' (Tantau), orangerot.

DIE GRANDIFLORA-ROSEN

W. E. Lammerts, USA, kreuzte 1946 die Teehybride 'Charlotte Armstrong' mit der Floribunda 'Floradora'. Von den 81 Sämlingen hieraus wurde 1948 einer ausgewählt, der sich durch besonders kräftigen Wuchs auszeichnete und 10 cm breite Blüten hatte: 'Queen Elizabeth' (= 'The Queen Elizabeth Rose'); sie kam 1954 in den Handel. Hinsichtlich ihrer Abstammung steht sie in der Mitte zwischen den Teehybriden und den Floribunda. Bei ihrem Erscheinen in USA, später auch in Europa, erhielt diese Rose auf den Wettbewerben die höchste Bewertung. Die All-America Rose Selection (AARS) glaubte nun, für diese Rose eine neue Gruppenbezeichnung aufstellen zu müssen, und man fand dafür den Namen „Grandiflora". Bei Bekanntwerden dieses Entschlusses gab es nicht nur in England, sondern auch in USA heftige Kritik, denn der Name *Rosa grandiflora* bestand bereits, wenn auch jetzt nur noch als Synonym:

Rosa grandiflora Salisbury (1797) = **Rosa gallica** L.
Rosa grandiflora Lindley (1825) = **Rosa spinosissima** var. **altaica** (Willd.) Bean.

Die Verwendung dieses Namens für eine Rosengruppe widerspricht den internationalen Nomenklaturregeln, die auch für den Gartenbau gelten. In USA kümmerte man sich jedoch nicht um diese Regeln, da „Grandiflora" zweifellos eine sehr verkaufsfördernde Bezeichnung ist, und so führen denn die amerikanischen Kataloge wie auch die American Rose Society ganz offiziell die Gruppenbezeichnung „Grandiflora". Es ist auch kaum zu erwarten, daß die amerikanischen Rosenfirmen diese so nützliche Bezeichnung aufgeben werden.

In England fand man einen anderen Namen: *Floribunda-HT type* (Floribunda-Teehybriden-Typ), sachlich sicher korrekt, aber schwerfällig. In Deutschland und einigen anderen europäischen Ländern schreibt man entweder, wie in USA, auch „Grandiflora" oder mitunter Floribunda Grandiflora. Vermutlich werden die Rosenfirmen mit der Zeit alle dem amerikanischen Vorbild folgen, zumal es in „Modern Roses" verankert ist.

Von den hier eingestuften Rosen mögen folgende aufgezählt werden:

1950 'Carrousel' (Duehrsen), dunkelrot.
1951 'Kordes Sondermeldung' (Kordes), ziegelrot.
1954 'Queen Elizabeth' (Lammerts), rosa.
1955 'Montezuma' (Swim), dunkelrot.
1955 'Miss France' (Gaujard), scharlach.
1956 'Queen of Bermuda' (Bowie), zinnoberorange.
1956 'Coup de Foudre' (Hémeray), scharlachrot.
1956 'Brennende Liebe' (Tantau), dunkelrot.
1962 'Diamant' (Kordes), dunkelrot.
1965 'Apricot Nectar' (Boerner), orangegelb.
1966 'Lucky Lady' (Armstrong & Swim), hellrosa.

(Im „Handbook for Selecting Roses 1973" der ARS sind bereits rund 40 Grandiflora-Sorten aufgezählt, die bisher immer noch zu den Floribunda oder den Teehybriden gerechnet wurden.)

In ihrem Erscheinungsbild sind diese Rosen den Teehybriden ähnlich, haben auch meist die lange Knospe und sehr große, oft nur sehr locker gefüllte Blüten, diese einzeln stehend oder in Büscheln.

DIE POLYANTHA-ROSEN

Die Entstehung dieser Gruppe ist nicht so erfolgt, wie man es so oft nachlesen kann. Bei der Frühgeschichte müssen wir einige Zusammenhänge vermuten, wie sie in den Darstellungen von L. Levy (1931) und R. Shepherd (1954) zugrunde gelegt sind. Danach ist die Entwicklung etwa wie folgt verlaufen:

Um 1865 sandte Robert Fortune, der in China und Japan jahrelang tätige Pflanzensammler, auch eine niedrige, einmalblühende Form von *Rosa multiflora* nach England. Die Blüten waren rosa, halbgefüllt und in Rispen. 1870 erhielt auch der Bürgermeister von Lyon in Frankreich eine Pflanze hiervon, die er in einen Park pflanzen ließ. Aus irgendwelchen Gründen wurde sie schon bald wieder entfernt, und diese Pflanze erhielt dann Jean Sisley, ebenfalls in Lyon, der sie in seinen Garten pflanzte und aus ihr eine ganze Reihe interessanter Sämlinge erzog. Nun liegt die Vermutung sehr nahe, daß er einen dieser Sämlinge an seinen Freund, den Baumschulbesitzer Guillot in Lyon, abgab, daß dieser ihn vermehrte und schließlich 1875 unter dem Namen 'Ma Pâquerette' in den Handel gab.

Noch einige Informationen über die Herkunft des Namens *R. polyantha*. Schon 1784 hatte der schwedische Botaniker Thunberg unsere heutige *Rosa multiflora* benannt; 1843 gaben die beiden deutschen Botaniker Siebold und Zuccarini einer asiatischen Rose den Namen *Rosa polyantha*, ohne zu ahnen, daß diese Rose schon lange vorher von Thunberg beschrieben worden war als *Rosa multiflora*. 1876 schließlich gab der französische Gärtner Carrière der Urform von Guillot den Namen *Rosa polyantha*, ebenfalls ohne von dem Bestehen des Namens etwas zu wissen. Rehder (1902) nannte die gleiche Rose *Rosa multiflora* × *R. chinensis*, ohne weitere Bezeichnung. In Frankreich aber blieb man im Gartenbau auch weiterhin bei dem Namen *Rosa polyantha*, der sich als Gruppenbezeichnung bis heute gehalten hat. Soweit über die erste Polyantha-Rose.

Nun begannen sich auch andere Rosenzüchter für die Polyantha-Rosen zu interessieren, zunächst nur Franzosen, dann aber auch Bennett und G. Paul in England, Soupert & Notting in Luxemburg, Peter Lambert und Nicola Welter, beide in Trier, usw.

Die meisten Sorten sind niedrig, sehr buschig, vielblumig; die Blüten meist nur klein, 3—4 cm breit, einfach oder gefüllt, ausgezeichnet für die Beetbepflanzung, aber nicht als Schnittblume geeignet. Die meisten Sorten stammen von europäischen Züchtern, aber auch sehr viele sind Mutationen (Sports). In der Belaubung erinnern die meisten stark an *Rosa multiflora*; manche späteren Sorten aber sind Abkömmlinge von *Rosa wichuraiana*, so 'Ellen Poulsen', oder ganz deutlich sichtbar bei 'The Fairy'. Levavasseur kreuzte auch mit 'Crimson Rambler', Poulsen mit 'Dorothy Perkins', ebenso Tantau ('Johanna Tantau').

Die für die weitere Entwicklung dieser Klasse bedeutsamen Sorten mögen hier folgen; eine vollständige Liste der bis 1930 herausgegebenen Sorten vgl. bei L. Levy (1931).

1880 'Cécile Brunner' (Ducher), rosa mit gelbem Grund (hiervon abstammend 'Gabrielle Privat', 'Bopeep' u. a.).

1881 'Mignonette' (Guillot), rosa und weißlich, enorm reichblühend und frosthart.

1883 'Perle d'Or' (Dubreuil), gelb.

1887 'Gloire des Polyantha' (Guillot), rosa, weißer Grund.

1889 'Clotilde Soupert' (Soupert & Notting), zartrosa, Mitte weiß.

1889 'Eugénie Lamesch' (P. Lambert), ockergelb, Rand karmin.

1889 'Léonie Lamesch' (P. Lambert), hell kupfrig, Mitte gelb.

1901 'Katherina Zeimet' (P. Lambert), reinweiß.

1903 'Mme Norbert Levavasseur' (Levavasseur), karminrot.

1906 'Aennchen Müller' (J. C. Schmidt), hellrosa.

1909 'Orléans Rose' (Levavasseur), geraniumrot.

1910 'Yvonne Rabier' (Turbat), weiß, Mitte gelblich.

1914 'Echo' (P. Lambert), tiefrosa bis fast weiß.

1915 'Greta Kluis' (Kluis & Koning), karminrot.

1918 'Eblouissant' (Turbat), dunkelrot.

1925 'Superba' (de Ruiter), karmin.

1928 'Johanna Tantau' (Tantau), rosa und gelblichweiß.

1929 'Gloria Mundi' (de Ruiter), orangescharlach.

1930 'Paul Crampel' (Kersbergen), orangescharlach.

1931 'Flamboyant' (Turbat), leuchtendrot.

1932 'The Fairy' (Bentall), hellrosa.

1937 'Orange Triumph' (Kordes), scharlachrot.

Im Anschluß an die Polyantha-Rosen sollen hier noch die sogenannten „Compacta-Rosen“ kurz erwähnt werden, die von de Ruiter entwickelt wurden. Sie wachsen außerordentlich gedrungen, haben ziemlich starre Triebe, die schon nach 15—20 cm Höhe in breite oder mehr kegelförmige Blütenstände endigen. Die Höhe beträgt nur 30—40 cm bei 30 cm Breite; herausragende Triebe sollte man einkürzen. Von einigen Sorten sind die Eltern bekannt. Sie wurden in Deutschland und in England mit den Namen der „Sieben Zwerge“ benannt.

1954 'Alberich' (= 'Happy'). 'Robin Hood' × 'Katharina Zeimet'. Hellrot, sehr kleinblumig, halbgefüllt.

1954 'Degenhard' (= 'Doc'). 'Robin Hood' × Polyantha-Sämling. Rosa, halbgefüllt.

1954 'Eberwein' (= 'Dopey'). 'Robin Hood' × Polyantha-Sämling. Karmin, halbgefüllt.

1955 'Balduin' (= 'Sleepy'). ('Orange Triumph' × 'Geheimrat Duisberg') × Polyantha-Sämling. Rosarot, gefüllt, sehr kleinblumig.

1955 'Bertram' (= 'Sneezy'). Rosa, einfach.

1955 'Giesebrecht' (= 'Bashfull'). Rosarot, weißes Auge, einfach.

1956 'Burkhardt' (= 'Grumpy'). Rosa, einfach.

Bei den letzten drei Sorten sind die Eltern nicht bekannt.

Die Polyantha-Hybriden Erfreulicherweise wird dieser etwas unglückliche Name mehr und mehr aufgegeben, und die früher hierunter gerechneten Sorten sind heute sämtlich in die Floribunda-Gruppe einbezogen worden, wo sie auch am besten hingehören. Es gibt auch keine klaren Unterschiede zwischen Polyantha-Hybriden und Floribunda. Hinzu kommt noch ein Einwand aus der Nomenklatur: Die Polyantha-Rosen sind Hybriden, und man kann hier nicht gut Hybriden von Hybriden mit einem anderen Gruppennamen versehen. Der amerikanische Entschluß, beide in einer einzigen Gruppen zu vereinigen, ist deshalb nicht nur sinnvoll, sondern für den Gärtner auch von praktischer Bedeutung.

DIE FLORIBUNDA-ROSEN

Die Bezeichnung stammt ursprünglich von Dr. J. N. Nicolas, USA; sie wird seit 1930 benutzt für Kreuzungen zwischen Teehybriden und Polyantha-Rosen. So gesehen entstand die erste Floribunda-Rose bereits 1908 in Deutschland; es ist die Sorte 'Gruß an Aachen' (Geduldig).

Die Floribunda-Rosen zeichnen sich im allgemeinen durch einen sehr kräftigen, buschigen Wuchs aus, sie sind niedrig bis mittelhoch. Die Blüten stehen in großen oder mittelgroßen, meist flachen Ständen, die einzelnen Blüten sind becherförmig bis flach, oft auch teerosenartig gefüllt, mittelgroß bis groß. Zumeist fehlt ihnen der Duft, dennoch gibt es auch duftende Sorten.

Die gelben Floribunda-Sorten weisen meist einen etwas schwächeren Wuchs auf als die anderen Sorten, und ihre Blätter sind in der Regel auch heller grün.

Alle Blütenfarben sind vertreten, von Weiß bis zum tiefsten Schwarzrot, von Schwefelgelb bis Dunkelgelb, Orange und Kupferbraun, ebenso auch fliederfarbene Blüten ('Lavender Pinocchio') bis Violettpurpur ('News'), und selbstverständlich auch viele zweifarbige Sorten, so gelb/rot, rosa/rot, rot/weiß, lila/braun und andere Abstufungen.

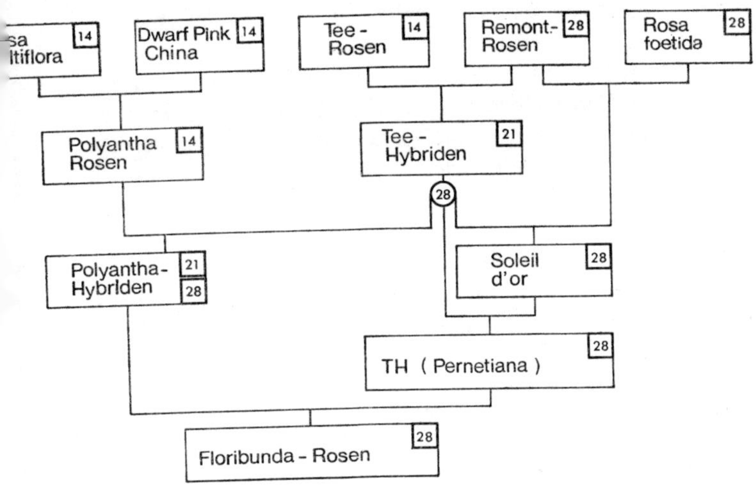

Abb. 50. Die Entwicklung der Floribunda-Rosen, im Kreis die Chromosomenzahlen (nach Wylie, verändert)

Die Entwicklung dieser Gruppe ist in erster Linie mit Svend Poulsen, Dänemark, verbunden, der sich vorgenommen hatte, neue Rosen zu schaffen, welche die kalten skandinavischen Winter aushalten und in den kurzen Sommern ein Maximum an Blüten bringen sollten. Seine erste Einführung war 'Rödhätte' (1911), dann 1924 'Else Poulsen' und 1925 'Kirsten Poulsen'. (Damals wurden alle diese Sorten natürlich noch als Polyantha-Hybriden bezeichnet.)

Nach diesen beiden letzten Sorten begannen nun überall in der Welt die Rosenzüchter sich mit dieser neuen Gruppe zu beschäftigen, und ihr Bemühen hat bis jetzt unvermindert angehalten. Die Zahl der jährlichen Neuerscheinungen ist bereits unübersehbar geworden. Von den Züchtern waren besonders produktiv: M. Tantau, Wilhelm und Reimer Kordes, Svend und Niels Poulsen, Prior, LeGrice, Harkness, Meilland, de Ruiter, S. McGredy, A. Dickson, dann die Amerikaner Boerner, Swim, Lindquist, Howard, Lammers und viele andere. Die wichtigsten Sorten können bei dem Abschnitt über die Züchter und ihr Werk (Seite 152 ff.) nachgeschlagen werden.

Aus der endlosen Liste der Züchtungen möge hier nur eine kleine Liste der für die Weiterzüchtung bedeutenderen Sorten aufgezählt werden (Beschreibung vgl. im „Lexikon", Seite 308 ff.).

1908 'Gruß an Aachen' (Geduldig), zartlachsrosa.
1911 'Rödhätte' (Poulsen), kirschrot.
1912 'Ellen Poulsen' (Poulsen), kirschrosa.
1919 'Natalie Nypels' (Leenders), rosarot.
1921 'Coral Cluster' (Murrell), korallenrosa.
1921 'Joseph Guy' (A. Nonin), kirschrot.
1924 'Else Poulsen' (Poulsen), rosarot.
1925 'Kirsten Poulsen' (Poulsen), scharlach.
1930 'Frau Astrid Späth' (Späth), rosa.
1931 'Heidekind' (V. Berger), rosarot.
1932 'D. T. Poulsen' (Poulsen), blutrot.
1933 'Fortschritt' (Kordes), gelblichrosa.
1934 'Betty Prior' (Prior), rosa und rot.
1934 'Donald Prior' (Prior), dunkelrot.
1935 'Anne Poulsen' (Poulsen), karmin.
1936 'Dagmar Späth' (Späth), weiß.
1936 'Rosenelfe' (Kordes), hellrosa.
1936 'Baby Château' (Kordes), dunkelrot.
1938 'Poulsen's Yellow' (Poulsen), gelb.
1938 'Holstein' (Kordes), dunkelrot.
1939 'Minna Kordes' (Kordes), karminrot.
1940 'Rosenmärchen' (Kordes), lachsrosa.
1942 'Käthe Duvigneau' (Tantau), dunkelrot.
1946 'Alain' (Meilland), dunkelrot.
1946 'Fanal' (Tantau), dunkelrot.
1947 'Garnette' (Tantau), rot.
1947 'Fashion' (Boerner/Jackson & Perkins), lachsrosa.
1948 'Lavender Pinocchio' (Boerner), fliederfarbig und gelb.
1949 'Masquerade' (Boerner), gelb und rot.
1950 'Kordes Sondermeldung' (Kordes), ziegelrot.
1952 'Schweizer Gruß' (Tantau), dunkelrot.
1952 'Moulin Rouge' (Meilland), dunkelrot.
1956 'Circus' (Swim), gelb und rot.
1957 'Sarabande' (Meilland), hellrot.
1958 'Allgold' (LeGrice), gelb.
1958 'Dickson's Flame' (Dickson), orangerot.
1959 'Lilli Marleen' (Kordes), dunkelrot.
1964 'Marlena' (Kordes), dunkelrot.
1963 'Europeana' (de Ruiter), dunkelrot.
1968 'News' (LeGrice), violettrot.
1971 'Picasso' (McGredy), rot und weiß.
1971 'Prominent' (Kordes), orangegelb.

DIE MINIATURROSEN (= Zwerg-Bengalrosen)

Hierunter verstehen wir heute niedrige Rosen, die in der Regel nicht höher als 30 cm werden, in Ausnahmefällen auch bis 60 cm, wenn die anderen Merkmale zutreffen: Triebe dünn, drahtig, mit kurzen Internodien; Blätter klein, Blättchen meist 3 oder 5, im allgemeinen nur etwa 2 cm lang und bis 1 cm breit oder weniger; Blüten einfach oder gefüllt, unter 35 mm breit, einzeln oder in kleinen endständigen Büscheln mit nicht mehr als 10 Blüten. Gute Winterhärte. Zweifellos ursprünglich in China entstanden.

Die Geschichte ihrer Einführung nach Europa ist nicht so klar und einfach, wie sie in der Literatur in der Regel dargestellt wird, ganz im Gegenteil, sie ist völlig dunkel! Die meisten Autoren berichten, diese Rose sei 1810 von Robert Sweet im Botanischen Garten der Insel Mauritius (südlicher Indischer Ozean) gefunden und mit nach England gebracht worden. Diese Version stammt von Lindley (Rosarum Monographia, 1820) und von Syndham Edwards (Botanical Register, 1822).

1815 von Sims beschrieben als *Rosa semperflorens minima* in Botanical Magazine, Taf. 1762; dabei vermerkt, „Miss Lawrance's Rose". Vermutlich gab es schon mehrere Rosen dieses Typs, denn Sims sagt, daß diese Pflanzen meist als „frische Importen aus China" vorgestellt würden, doch meine er, sie seien wohl meist aus Samen hier gezogen worden. Über die botanische Zugehörigkeit war Sims sich nicht klar; diese wurde auch erst 1894 von Voss erkannt.

1817 von Thory beschrieben und von Redouté gemalt als *Rosa indica pumila* (Redouté, Les Roses, Taf. 115).

1818 von Sweet beschrieben als *Rosa lawranceana* (in Hort. Suburb. Lond.) mit Angabe, sie sei 1810 aus Mauritius gekommen, doch kein Hinweis, er habe sie selbst eingeführt.
Nicht unwahrscheinlich, oder doch möglich ist es, daß A. P. de Candolle, Genf, schon vor der Einführung der Pflanze nach England ebenfalls eine Pflanze aus Mauritius erhielt, sie in seinen Garten pflanzte und von dort verbreitete. Denn als diese Pflanze 1920 im Schweizer Jura durch Roulet wiedergefunden wurde, berichtete man ihm, sie sei bereits 100 Jahre lang eine Fensterbrettpflanze der Jurabauern, sicherlich alles Abkömmlinge der ersten Pflanze von De Candolle.

Wann die Züchtung mit den Miniaturrosen begann, ist wahrscheinlich nicht mehr feststellbar, doch sind folgende Daten bekannt:

1823 Seit mindestens diesem Jahr wird in Pariser Gärtnereien eine Zwergrose 'Pompon de Paris' als Treibrose kultiviert, die auch als Topfrose auf dem Markt verkauft wird.

1850 ist die gleiche Rose auch in vielen deutschen Gärtnereien in Kultur, gerät aber dann allmählich in Vergessenheit.

1848 waren bei William Paul in England bereits 15 Sorten Zwergrosen in Kultur.

1906 führt der Katalog von Simon & Cochet 59 Sorten Zwergrosen auf.

1917 findet der Colonel Roulet (oder Dr. Roulet) vor dem Fenster eines Gehöftes in Mauborget, Schweizer Jura, 1176 m, eine Zwergrose im Topf. Dies berichtet er Henri Correvon in Chêne-Bourg bei Genf, der sich sofort aufmacht, um die Rose zu finden. Leider ist das Dorf gerade abgebrannt, und mit ihm alle Rosen, aber im Nachbarort Onnens findet er die Rose und erhält Stecklinge davon.

1920 führt Correvon die Rose unter dem Namen *Rosa Roulettii* („tt" wohl nur Schreibfehler?) ein; P. Lambert und W. Kordes erkennen diese später als 'Pompon de Paris'. Sie fand weite Verbreitung als „kleinste Rose der Welt".

1929 kam diese Rose aus England nach Deutschland, mitgebracht durch Georg Arends, Wuppertal, der sie anfänglich stark vermehrte.

Inzwischen haben sich die Züchter intensiv mit dieser Rose beschäftigt; es sind: Jan de Vink, Holland (11 Sorten, von 1935—1958); Pedro Dot, Spanien (15 Sorten, von 1939 bis 1961); W. Kordes (4 Sorten); M. Tantau (1 Sorte); Meilland (2 Sorten, seit 1961); Ralph S. Moore, USA, hat inzwischen schon über 50 Sorten eingeführt und arbeitet noch stets weiter.

Hier eine Liste der wichtigsten Züchtungen:

1936 'Oakington Ruby' (C. R. Bloom, Cambridge), dunkelroter Sport von 'Pompon de Paris'.
1936 'Péon' (J. de Vink) (in USA 'Tom Thumb'), dunkelrot.
1940 'Estrellita de Oro' (Dot), gelb.
1940 'Midget' (J. de Vink), hellrot.
1940 'Pixie' (J. de Vink) (= 'Little Princess'), weiß.
1942 'Rosina' (Dot) (= 'Josephine Wheatcroft'), gelb.
1944 'Perla de Alcanada' (Dot), dunkelrosa.
1945 'Perla de Montserrat' (Dot), zweifarbig rosa.
1945 'Perla Rosa' (Dot), mittelrosa.
1946 'Sweet Fairy' (J. de Vink), hellrosa.
1946 'Pour toi' (Dot) (= 'Para ti'), weiß mit gelb.
1947 'Granate' (Dot), dunkelrot.
1947 'Mon Petit' (Dot), dunkelrosa.
1948 'La Présumida' (Dot), gelb.
1949 'Anny' (Dot), rosa, später weiß.
1950 'Bo-peep' (J. de Vink), mittelrosa.
1950 'Cineraria' (Dot), rot und weiß.
1950 'Rosada' (Dot), rosa.
1950 'Red Imp' (J. de Vink) (= 'Maid Marion'), dunkelrot.
1951 'Red Elf' (J. de Vink), dunkelrot.
1952 'Cinderella' (J. de Vink), weiß.
1954 'Zwergkönig' (Kordes), mittelrot.

1954 'Zwergkönigin' (Kordes), dunkelrosa.
1956 'Baby Maskerade' (Tantau), gelb und rot.
1956 'Coralin' (Dot), mittelrot.
1957 'Little Buckaroo' (Moore), mittelrot.
1960 'Eleanor' (Moore), zweifarbig rosa.
1960 'Easter Morning' (Moore), weiß.
1961 'Scarlet Gem' (Meilland), scharlach.
1962 'New Penny' (Moore), orangerot.
1963 'Bit O'Sunshine' (Moore), dunkelgelb.
1964 'Baby Darling' (Moore), orange.
1965 'Rosmarin' (Kordes), weiß, rosa Mitte.
1965 'Starina' (Meilland), orange.
1967 'Little Sunset' (Kordes), lachsrosa-weiß.

Inzwischen sind auch einige Climbing-Sports von den oben genannten Sorten entstanden.

DIE KLETTERROSEN

Zunächst eine allgemeine botanische Betrachtung, basierend auf dem Abschnitt von G. D. Rowley (bei G. S. Thomas, 1965).

Die Sektion *Synstylae* der Gattung *Rosa* ist schon im Habitus leicht von den übrigen Sektionen zu erkennen, weil die hierzu gehörenden Arten einen kletternden Wuchs haben; diesen Habitus haben allerdings auch noch die Arten von 4 anderen, kleinen Sektionen, nämlich *Indicae, Banksianae, Laevigatae* und *Bracteatae.* Alle sind diploid (also mit 14 Chromosomen), ebenfalls auch die meisten ihrer Gartennachkommen. Die meisten Arten dieser Sektion sind in SO-Asien beheimatet, und sie erstrecken sich entlang der Südgrenze der Gattung bis nach Indien, Arabien, Nordafrika und Europa; eine Ausnahme gibt es allerdings, denn die ebenfalls hierher gehörende Art *Rosa setigera* wächst in N-Amerika.

Neben dem charakteristischen Habitus sind es aber auch noch andere Merkmale, welche die *Synstylae* gemeinsam haben: Deutlich verschiedene Lang- und Kurztriebe, dann die kleinen, meist weißen Blüten in großen, flachen oder kegelförmigen Ständen, dann die zu einer Säule zusammengedrückten Griffel, die aus der Mitte jeder Blüte weit vorragen und oft auf den kleinen, roten Kugelfrüchten sitzen bleiben.

Die Meinungen der Botaniker über die Aufteilung dieser Sektion gehen weit auseinander, von 12 bis nur 2 Arten, und Hurst zog sie alle zu einer einzigen Art zusammen. Diese letztere Auffassung wird auch durch den *Rosa moschata*-Komplex gestützt, der sich anscheinend als ein ununterbrochener Gürtel hinzieht von Europa (*R. moschata* s. str.) nach NW-Afrika und Arabien (*R. abyssinica*), Indien (*R. brunonii*), Mandschurei (*R. maximowicziana*) zu seinem Gipfel an Vielfalt in Zentralchina, mit *R. sinowilsonii*, deren Blätter bis zu 30 cm lang sind.

Bemerkenswert bei diesen Rosen ist auch, daß die „Umstellung" von Buschform auf Kletterwuchs bei den Wildrosen auch die Bevorzugung eines anderen Milieus nach sich zog; während die normalen Buschformen sich auf offenem Gelände wohlfühlen, ziehen die Kletterrosen den Waldrand vor. Hier finden sie Halt für ihre langen Triebe; sie ertragen als junge Pflanzen Schatten, entfalten aber ihre Blüten später über dem Unterholz.

Naturhybriden zwischen kletternden und buschförmigen Wildarten sind selten, aber bei den Vorfahren der Gartenrosen sind derartige Kreuzungen oft vorgenommen worden. Das ergibt dann intermediäre Habitusformen. Andererseits entstehen nicht selten auch kletternde Sports an Buschrosen, wie auch umgekehrt, und durch Veredlung können solche Sports beständig gemacht werden, was unzählige Male erfolgt ist.

C. C. Hurst führte an, daß die Dauerblüte bei Rosen verknüpft ist mit niedrigem Wuchs, entstanden durch Mutation einer Kletterrose, bei der statt der normalen Langtriebe nun kurze Blütentriebe entstanden. Dies ist jedoch, wie wir wissen, keineswegs zwingend so, denn wir haben heute viele hochwachsende dauerblühende Gartenrosen, und auch die wiederholte Blüte ist keineswegs auf die Abkömmlinge von Kletterrosen beschränkt.

Nun zur Gliederung dieser Gruppe; sie ist weder durch die Amerikaner noch durch die Engländer bisher befriedigend gelöst worden.

Die Amerikaner unterscheiden zwei Gruppen:

1. Rambler.
   Pflanzen mit sehr biegsamen Trieben, die eine Stütze brauchen; Blüten klein; meist Abkömmlinge von *R. wichuraiana,* einmalblühend oder auch remontierend.
2. Großblumige Kletterrosen.
   Pflanzen mit längeren, steiferen Trieben; Blüten größer, in lockeren Büscheln, meist remontierend.
   Außerdem kommen hierzu noch die Climbing-Mutationen (Sports) von Buschrosen.

Die englische Gliederung sieht so aus:

- I. Kletternde Arten
  - a) einfachblühende Wildarten
  - b) gefülltblühende Formen der Wildarten
- II. Kletternde Sorten vor 1970
  - a) Sorten mit biegsamen Trieben
  - b) Sorten mit starren Trieben; letztere unterteilt in
    1. Kletternde Bourbonrosen
    2. Kletternde Noisette-Rosen
    3. Kletternde Tee-Noisette-Rosen

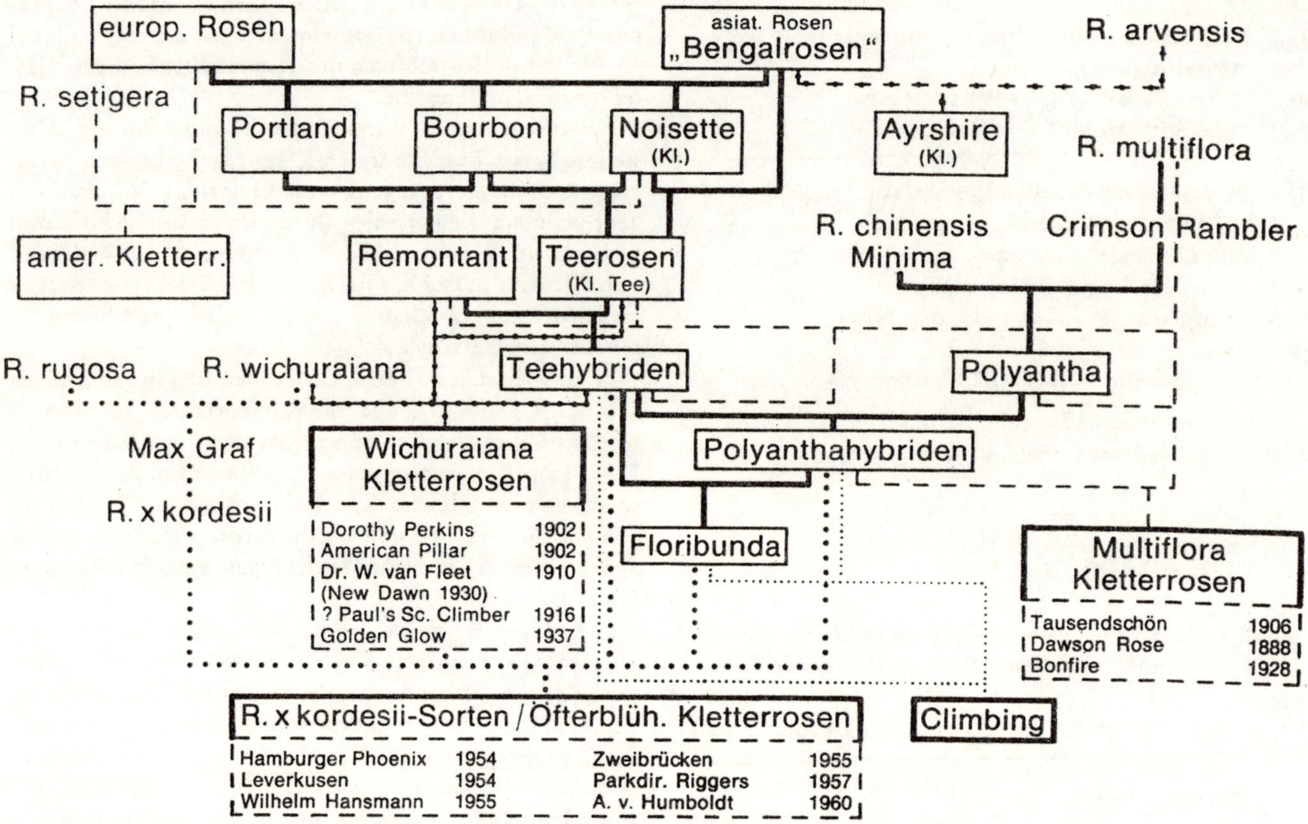

Abb. 51. Die Entwicklung der modernen Kletterrosen (nach J. Sieber)

4. Kletternde Teehybriden
5. Kordesii-Kletterrosen

III. Kletternde Sorten nach 1970

a) aufrechtwachsende Kletterrosen, bis 2,5 m hoch
b) kletternde Sorten; Triebe über 2,5 m lang

Es erscheint hier am zweckmäßigsten, die Entwicklung der heutigen Kletterrosen aus den wichtigsten Wildarten (*R. multiflora, wichuraiana, moschata, sempervirens, arvensis*) aufzuzeigen.

Rosa multiflora Diese ostasiatische Wildrose ist erst 1860 eingeführt worden. Sie wird nur etwa bis 3 m hoch und hat zahlreiche, kräftige Triebe, die nicht selten ganz frei von Stacheln sind. In USA wurden schon vor Jahren (Dr. Lyle, Texas) eine Reihe von Klonen hieraus selektiert, die vor allem für wärmere Gegenden Bedeutung haben. Die kleinen weißen Blüten erscheinen in sehr großen Ständen im Juni. — Für die Züchtung sind einige Formen von *R. multiflora*, die schon sehr früh aus China eingeführt wurden, von Bedeutung gewesen.

1804 wird *R. multiflora* 'Carnea' durch Thomas Evans von der Britischen Ostindien Companie nach England eingeführt; sie wurde zur Stammutter der frühen *multiflora*-Kletterrosen; Blüten blaßrosa, klein, gefüllt.

1817 erhält Charles Greville in London die „Seven Sisters Rose" (*Rosa multiflora platyphylla*) aus China; ähnlich 'Carnea', aber die Blätter größer und runzelig (vermutlich *R. multiflora* 'Carnea' × *R. rugosa*), Blüten lilarosa bis purpurn, unterschiedlich in Füllung und Größe; im Herbst sehr starkwüchsig und dann nicht genügend ausreifend, wodurch oft Frostschäden auftreten.

1844 *R. multiflora* 'Alba' aus Japan eingeführt; sehr dicht gefüllt, zuerst fleischrosa, später weiß werdend.

1862 sendet Coignet, ein französischer Ingenieur im Dienste der japanischen Regierung, Samen von *R. multiflora* an den Bürgermeister von Lyon, der sie an Guillot weitergibt.

1893 wird 'Crimson Rambler' eingeführt. — 1878 fand der Ingenieur Robert Smith, Professor an der Universität Tokio, in einem Garten in Tokio diese Rose, die dort 'Sakura-Ibara' (= Kirschenrose) hieß (chinesisch 'Shi-tz-mei' = zehn Schwestern). Material hiervon sandte er an den Gärtner Thomas Jenner in England, der die Rose nun „The Engineer" taufte, aber gleich an J. Gilbert in Lincoln weitergab. Dort wurde sie nun in größerem Maße vermehrt und 1890 auf einer Schau der RHS zum ersten Male gezeigt. Daraufhin kaufte die Baumschule Turner in Slough den ganzen Vorrat dieser Rose, vermehrte sie nochmals stark und gab sie dann endlich 1893 in den Handel. Es war damals sicherlich eine Sensation! — Die Abstammung ist unbekannt, vermutlich eine Hybride oder eine Mutation von *R. multiflora* var. *cathayensis.*

Heute sind die *multiflora*-Abkömmlinge überholt (an dieser Stelle sind nur die Kletterrosen gemeint) durch ähnliche, aber bessere, remontierende Sorten. Einige Sorten sind aber noch immer anzutreffen:

1895 'Thalia' (Schmitt/Lambert), weiß.
1896 'Aglaia' (Schmitt/Lambert), strohgelb.
1903 'Blush Rambler' (Cant), zartrosa.
1904 'Hiawatha' (Walsh), dunkelrot und weiß.
1906 'Tausendschön' (J. C. Schmidt), rosa, ohne Stacheln.
1907 var. *cathayensis* wird nach Europa eingeführt.
1909 'Veilchenblau' (J. C. Schmidt), purpurviolett.
1913 'Gruß an Freundorf' (Praskac), dunkelkarmin.
1921 'Violetta' (Turbat), noch etwas dunkler als 'Veilchenblau'.
1923 'Phyllis Bide' (Bide), gelb.
1939 'Chevy Chase' (Hansen). Wird als eine „verbesserte 'Crimson Rambler'" bezeichnet, obwohl eigentlich nicht hierher gehörend.
1952 'Coral Dawn' (Boerner), lachsrosa, öfterblühend!
1956 'Solo' (Tantau), feuerrot, öfterblühend!

Rosa wichuraiana-(einschließlich R. luciae-) Abkömmlinge

Es ist für die Leser vielleicht unerfreulich zu erfahren, daß die Sorten, welche früher zu *R. wichuraiana* gerechnet wurden, teilweise von einer anderen, ähnlichen Art, *Rosa luciae,* abstammen. G. S. Thomas hat dies bereits 1965 ausführlich geschildert, doch ist dies bei uns vielleicht nicht bemerkt oder doch nicht zur Kenntnis genommen worden, so daß dieser Sachverhalt hier etwas genauer erklärt werden muß.

Rosa luciae Franch. & Rochebr. ex Crépin (1871). Diese Pflanze wurde 1844 von Callery in China gefunden, 1870 nach Europa eingeführt. Sie ist sehr ähnlich der besser bekannten *R. wichuraiana,* wächst aber aufrecht; Blättchen meist 7, schmaler und dünner, lang zugespitzt, oben etwas glänzend; Blüten kleiner 2—3 cm breit, weiß, Mai—Juni. O-China, Japan, Korea. Winterhärte etwas geringer als bei *R. wichuraiana.* Abgebildet in Bot. Magazine Taf. 7421.

Rosa wichuraiana Crépin (1886) = *R. luciae* var. *wichuraiana* Koidz. (1913). Gefunden 1861 durch Dr. Max Wichura; 1817 aus Japan eingeführt. Wuchs niederliegend (!); Blättchen immergrün, zu 7—9, fast kreisrund bis obovat, derb, Endblättchen nicht größer; Blüten 3—4 cm breit, Juni—Juli. Japan, Korea, Taiwan, O-China. Gut winterhart.

Würde man beide Arten zusammenziehen, müßte die korrekte botanische Bezeichnung *Rosa luciae* lauten, da dies die Prioritätsregel zwingend vorschreibt. Dennoch ist hier davon Abstand genommen worden, obwohl die Amerikaner beide Arten als synonym ansehen. Sicher bekannt ist nur, daß Barbier für seine Kreuzungen *Rosa luciae* benutzte. Die Entwicklung der Züchtung nahm etwa folgenden Verlauf:

1861 Dr. Max Ernst Wichura sendet *Rosa wichuraiana* aus Japan nach Deutschland, aber die Pflanzen gehen ein.

1880 sendet er erneut Pflanzen an die Botanischen Gärten in München und Brüssel; Crépin in Brüssel sieht sie und benennt sie zu Ehren von Wichura.

1883 begann Horvath hiermit zu kreuzen; mit 'Cramoisi Supérieur' und 'Pacquerette' als Pollensorten erzielte er vier großblumige, gut winterfeste Kletterrosen, die 1898 und 1899 durch die Baumschule Pitcher & Mandar, South Orange, N. J., eingeführt wurden ('Pink Roamer', 'South Orange Perfection', 'Manda's Triumph' und 'Universal Favorite'). Außerdem hatte er auch 'Maréchal Niel' verwendet und daraus 'Evergreen Gem' erzielt.

1890 Die Baumschule L. Späth, Berlin, hat diese Wildrose inzwischen auch in Kultur genommen und sandte jetzt Pflanzen davon an das Arnold Arboretum in USA, wo sie vermehrt und an andere amerikanische Gärten verteilt wurde, aber auch in amerikanische Baumschulen gelangte, so auch zu Michael H. Horvath, in der Newport Nursery, Rhode Island.

1899 gab Manda zwei eigene Hybriden, 'Gardenia' und 'May Queen' heraus, beide heute noch in England in Kultur.

1900 Barbier in Orléans war bei Horvath in USA gewesen und hatte nun ebenfalls zu züchten begonnen, doch verwandte er, wie schon weiter oben angegeben, *R. luciae* als Mutter. Hieraus erzielte er 'Alberic Barbier' und 'Paul Transon', die jetzt eingeführt wurden. Später folgten noch weitere Sorten.

In USA waren um diese Zeit noch mehrere andere Züchter am Werk, die alle auch mit *R. wichuraiana* arbeiteten, und zwar: Jackson Dawson (am Arnold Arboretum); Dr. W. van Fleet (in Glenn Dale, Maryland); James A. Farrell (in der Baumschule Hoopes, Bro. & Thomas Co., West Chester, Penn.); Jackson & Perkins (Newark, N. Y.); und schließlich M. H. Walsh in Woods Hall, Mass., der allein schon 40 Sorten in der Zeit von 1901 bis 1920 herausgab.

Besonders bedeutende Abkömmlinge von *R. wichuraiana* sind (außer den bereits genannten):

1900 'Lady Duncan' (Dawson) = **R. jacksonii** Willm. (*R. rugosa* × *R. wichuraiana*), rosa.
1901 'Dorothy Perkins' (Jackson & Perkins), rosa.
1901 'René André' (Barbier), gelborange, später karminrot.
1902 'Débutante' (Walsh), rosarot.
1903 'Léontine Gervais' (Barbier), lachsorange und gelb.
1904 'Gerbe Rose' (Fauque), zartrosa.
1904 'La Perle' (Fauque), gelblichweiß.
1905 'American Pillar' (van Fleet), rot.
1905 'Lady Gay' (Walsh), dunkelrosa.
1905 'Minnehaha' (Walsh), rosa, dann weiß.
1909 'Alexandre Girault' (Barbier), karmin.
1909 'Excelsa' (Walsh), hellkarmin.
1909 'Fräulein Oktavia Hesse' (Herm. A. Hesse), gelblichweiß.
1910 'Dr. W. van Fleet' (van Fleet), rosaweiß.
1911 'Wichmoss' (Barbier), zartrosa-weiß.
1915 'Dr. Huey' (Thomas), dunkelrot.
1918 'Auguste Gervais' (Barbier), kupfriglachs.
1921 'Albertine' (Barbier), kupfriglachs.
1924 'Mary Wallace' (van Fleet), mittelrosa.
1926 'Breeze Hill' (van Fleet), fleischrosa und orange.
1927 'Thelma' (Easlea), korallenrosa.
1930 'New Dawn' (Somerset Nurseries), dauerblühender Sport von 'Dr. W. van Fleet'. Heute noch immer sehr verbreitet. Sie erhielt das amerikanische Pflanzen-Patent Nr. 1. Rosaweiß.
1932 'Blaze' (Kallay), scharlach.
1945 'Direktor Benschop' (Tantau), weiß.

Schließlich muß auch noch auf die „Compacta"-Rosen von de Ruiter hingewiesen werden, die ebenfalls *Rosa wichuraiana* unter ihren Vorfahren haben (Seite 88).

Über *Rosa kordesii* Seite 96.

Rosa moschata, Moschusrose. Auch die Geschichte dieser Rose ist, ganz im Gegensatz zu der üblichen Darstellung in den Rosenbüchern, in Dunkel gehüllt. Besonders intensiv um die Aufklärung der zahlreichen Fragen im Zusammenhang mit dieser Rose hat sich G. S. Thomas (1965: 48—57) bemüht. Die nachfolgende Darstellung berücksichtigt sowohl die bisher vermutlich gesicherten Erkenntnisse als auch die Überlegungen und Ermittlungen von G. S. Thomas.

Rosa moschata und *Rosa brunonii* sind heute zusammengezogen, wobei allerdings letztere als die asiatische Form angesehen wird, vom Typ unterschieden durch den starken Wuchs (10—12 m hoch), stärkere Behaarung der Zweige, Blätter, des Kelches, Blätter auch etwas schmaler, Blüten etwas kleiner, aber in größeren Doldentrauben, in der Regel nur einmalblühend (vgl. auch 1824).

Die echte, typische *Rosa moschata* ist seit alter Zeit bekannt; man glaubt, daß sie einmal aus Indien oder S-China nach S-Europa und N-Afrika sowie Madeira gelangt sein muß. Die heute als echt angesehene Rose wird nur 3—5 m hoch und blüht erst im Spätsommer oder Herbstanfang. Ihre Blätter sind mehr elliptisch. Dieser Typ ist heute auch noch in Kultur, jedoch sehr selten.

Was man heute in der Regel in den Gärten als *Rosa moschata* sieht, die 10—12 m hohen Pflanzen, wurde schon von Ray (1688) als *R. moschata major* beschrieben und ist entweder eine Form von *R. moschata* var. *nepalensis* oder eine Hybride hiervon.

1521 wurde die (echte) *Rosa moschata* aus Spanien nach England eingeführt; bezeugt von John Amble, der damals in einem Kloster in S-England lebte (nach Shepherd).
1540 und 1560 sind andere Daten der Einfuhr nach England.
1565 findet Salomon Gessner, ein deutscher Gärtner, die Moschusrose in einem Kloster in Augsburg; er vermehrte und verteilte sie in Deutschland.
1590 scheint sie allgemein in Kultur gewesen zu sein.
1596 berichtet Weston über *Rosa moschata plena*, in Kultur.
1596 Die „Moschusrose" in Shakespeare's „Sommernachtstraum", ebenso bei den englischen Dichtern Bacon und Keats, ist nach heutiger einmütiger Auffassung *Rosa arvensis* gewesen. Diese blühen im Juli, duften etwas und sind in England heimisch. Shakespeare war zwar ein Naturfreund, jedoch kein Botaniker, und so sind seine Auffassungen auf diesem Gebiet unrichtig.
1597 Gerarde in seinem „Herball" berichtet, daß die Moschusrose im Herbst blüht.
1629 beschreibt Parkinson eine einfache und eine gefüllte Moschusrose. Er bemerkt, daß der Duft der Rose den

Filamenten entstammt, eine Tatsache, die G. S. Thomas (1964) nicht nur bestätigt, sondern auch für die ganze Sektion *Synstylae* feststellt.

1688 erwähnt John Ray eine *Rosa moschata minor,* 3 bis 3,5 m hoch, und eine *Rosa moschata major,* die bereits im Juni blüht; von letzterer sagt er, daß man sie nicht als die echte *R. moschata* ansehen kann, weil diese erst zu Ende des Sommers, Anfang des Herbstes blühe.

1762 *R. moschata* von Herrmann als Herbstblüher beschrieben.

1768 ebenso beschrieben von Miller.

1802 entstand die erste Noisette-Rose, aus *R. moschata* × *R. chinensis.* Vgl. Seite 81.

1807 *R. moschata* var. *abyssinica* (Lindl.) Rehd. eingeführt aus Äthiopien, soll aber auch in China vorkommen; stärker bewehrt und weniger winterhart. Ebenfalls zu Kreuzungen benutzt durch Rev. G. Schoener, Kalifornien, aber die Nachkommen wenig wertvoll.

1820 Lindley beschreibt *Rosa brunonii* (latinisiert von Robert Brown).

1824 Lindley verändert *R. brunonii* in *Rosa moschata* var. *nepalensis.*

1829 werden im Katalog von Desportes neun Hybriden aufgezählt, die schon Anfang des 19. Jahrhunderts von Desportes, Prévost, Vibert und Wells herausgegeben worden waren. Man darf annehmen, daß es sämtlich Abkömmlinge von *Rosa moschata* sind, denn die erste Noisette-Rose war erst 1825 nach Paris gekommen und sicherlich noch nicht so verbreitet. Diese frühen Hybriden sind jedoch alle ohne besondere Bedeutung geblieben.

1835 'The Garland' (Wells). *R. moschata* × *R. multiflora,* wird heute als älteste Sorte von *R. moschata* angesehen.

1866 Bernaix führt *R. moschata* 'Grandiflora' ein.

1879 Einführung von *Rosa moschata* 'Nastarana', der Persischen Moschusrose (= *R. pissardii* Carr.); vielleicht eine Hybride von *R. chinensis* × *R. moschata.* Blüten weiß mit rosa Hauch, halbgefüllt, 5 cm ∅, gut duftend, remontierend, sehr starkwüchsig, blüht am neuen Holz, daher auch nach starken Frostschäden doch sicher blühend. In Persien angeblich allgemein verbreitet, auch schon im alten Persien.

Nun kommen wir zu den Moschata-Hybriden, ein Name, der eigentlich nicht ganz richtig ist, denn die *moschata*-Vorfahren liegen hier bereits einige Generationen zurück; indessen, diese Bezeichnung ist fest verankert, und so mag sie auch so bleiben.

1904 'Trier' (Peter Lambert), die erste dauerblühende Strauchrose, die den Züchter ermutigte, die Züchtung weiterer Rosen dieser Art zu versuchen. Bis 1919 gab er eine kleine Anzahl solcher langblühender Strauchrosen heraus mit der Gruppenbezeichnung „Lambertiana-Rosen". Die wichtigsten hiervon sind die folgenden, die allerdings wohl nur noch in den Rosarien zu finden sind und die durch die „Öfterblühenden modernen Strauchrosen" sowie die Kordesii-Rosen überholt wurden.

1909 'Excellenz von Schubert'(P. Lambert), rosa.

1913 'Arndt' (P. Lambert), fleischrosa.

1914 'Lessing' (P. Lambert), zartrosa.

1916 'Von Liliencron' (P. Lambert), hell gelblichrosa.

1917 'Hoffmann v. Fallersleben' (P. Lambert), lachsrosa.

1919 'Heinrich Conrad Söth' (P. Lambert), rosa, weißes Auge.

1922 'Chamisso' (P. Lambert), rosa, Mitte gelblich.

Auch in England begann nun die Züchtung von Moschata-Hybriden.

1912 Rev. J. H. Pemberton in Havering atte-Bower, Essex, gibt nach und nach nicht weniger als 23 eigene Hybriden heraus, teils niedrige oder höhere Strauchrosen, teils auch Kletterrosen, meist zwar sommerblühend, viele aber im Herbst am besten blühend, am jungen Holz; Blüten von weiß bis gelb und bis karmin, mehr oder weniger stark duftend. Besonders wichtig folgende beiden Sorten:

1913 'Moonlight' (Pemberton), gelblichweiß.

1923 'Penelope' (Pemberton), zart rosaweiß.

1930 übernimmt, nach dem Tode von Pemberton, J. A. Bentall die Baumschule und bringt auch noch einige Sämlinge von Pemberton heraus.

Dann beginnt W. Kordes sich der Züchtung öfterblühender Strauchrosen, ebenfalls zunächst noch „Moschata-Hybriden" oder auch „Lambertiana-Rosen" genannt, anzunehmen. Er kreuzt Sorten mit *moschata*-Vorfahren mit Teehybriden und anderen Rosen. Von seinen Ergebnissen sind folgende Sorten auch heute noch weit verbreitet:

1933 'Eva' ('Robin Hood' × 'J. C. Thornton'), karmin.

1934 'Wilhelm' ('Robin Hood' × 'J. C. Thornton'), dunkelrot.

1934 'Nymphenburg' ('Sangerhausen' × 'Sunmist'), hellgelb.

1935 'Hamburg' ('Eva' × 'Daily Mail Scented Rose'), rot.

1949 'Berlin' ('Eva' × 'Gloria Dei'), feuerrot, Mitte gelb.

1949 'Bonn' ('Hamburg' × 'Kordes Sondermeldung'), ziegelrot.

1950 'Elmshorn' ('Hamburg' × 'Verdun'), hellrot.
1951 'Grandmaster' ('Sangerhausen' × 'Sunmist'), gelborange.
1956 'Ilse Haberland', rosa und gelb.
1964 'Bischofsstadt Paderborn', leuchtend zinnoberrot.
1966 'Lichtkönigin Lucia', goldgelb.
1969 'Westerland', orangegelb und rot.

Aber auch M. Tantau nahm die Züchtung von öfterblühenden Strauchrosen auf und gab folgende Sorten heraus:

1955 'Lichterloh', zinnoberrot.
1956 'Dirigent', feuerrot.
1962 'Feuerwerk', zinnoberrot.

Rosa kordesii und andere öfterblühende Kletterrosen

Innerhalb der jetzt stetig größer werdenden Gruppe der modernen öfterblühenden Kletterrosen bilden die Kordesii-Sorten eine eigene Rasse auf Grund ihrer Abstammung. Es sind allerdings nicht alle „Kletterrosen", denn die aufrechtwachsenden, freitragenden Sorten können ebenso gut auch als Strauchrosen bezeichnet werden; letztere sind in der folgenden Liste durch ein (+) gekennzeichnet. Diese neue Rasse ist von großem Wert für die Gärten — sind doch seit ihrem Erscheinen die nur einmalblühenden Sorten mehr und mehr zurückgegangen und praktisch oft unverkäuflich geworden —, aber auch für den Rosenzüchter, der jetzt manche neue Kombinationsmöglichkeiten in seiner eigenen Arbeit hat. Über die Entwicklungsgeschichte der *Rosa kordesii* sei folgendes berichtet:

1919 entstand in der Rosenschule von J. H. Bowditch in Connecticut, USA, ein Zufallssämling aus *Rosa rugosa* × *R. wichuraiana*, der als 'Max Graf' eingetragen wurde. Er zeichnete sich aus durch niederliegenden Wuchs, sehr gesundes Laub und große Winterhärte, so daß er schon bald in bedeutendem Umfang als Bodenbedecker in den USA Verwendung fand. Die rosa Blüten waren praktisch steril.

1925 (ungefähr) erhielt W. Kordes eine Pflanze von 'Max Graf'; sie setzte bei ihm trotz wiederholter Selbstungen nur dreimal einige Früchte an.

1940 erzielte W. Kordes zwei Sämlinge aus einer 'Max Graf'-Selbstung; davon erinnerte der eine in Blatt und aufrechtem Wuchs stark an *Rosa rugosa*; der andere Sämling hatte mehr *wichuraiana*-Aussehen und niederliegenden Wuchs.

1942 war der *rugosa*-artige Sämling und seine Veredlung erfroren, der andere hingegen war ohne Winterschutz völlig unbeschädigt geblieben und blühte im nächsten Jahre mit locker gefüllten, roten Blüten, denen birnförmige Hagebutten folgten. Die Samen hieraus keimten zu über 75 %. Dieser Vorgang, wobei ein nahezu völlig steriler Bastard einen hochgradig fertilen Nachkommen entwickelt, wurde 1951 von H. D. Wulff auf Grund von Untersuchungen als Amphidiploidie (= zweifaches Auftreten jedes Genoms in der Zygote) erkannt.

1951 wird der Sämling durch H. D. Wulff als *Rosa kordesii* benannt und beschrieben (Der Züchter 21: 123 bis 132), nachdem sich auch gezeigt hatte, daß die neue Sorte echt aus Samen fiel. Kordes begann alsbald, mit dieser neuen Rose zu kreuzen, sowohl als Vater- wie auch als Muttersorte, und erzielte Tausende von Sämlingen. Unter diesen war immer eine ganze Reihe von öfterblühenden Pflanzen mit Kletterwuchs, außerdem mit großer Winterhärte. Die besten hieraus wurden nach und nach in den Handel gebracht. Es waren dies:

1954 'Hamburger Phoenix' (Kordes) = *R. kordesii* × Sämling, hellrot.
1954 'Leverkusen' (Kordes) = *R. kordesii* × 'Golden Glow', hellgelb.
1955 'Wilhelm Hansmann' (Kordes) = *R. kordesii* × ('Baby Château' × 'Else Poulsen'), dunkelrot (+).
1955 'Dortmund' (Kordes) = *R. kordesii* × Sämling, karmin und weiß (+).
1955 'Zweibrücken' (Kordes) = *R. kordesii* × 'Kordes Sondermeldung', dunkelrot (+).
1956 'Aurora' (Kordes) = *R. kordesii*-Abkömmling, lachsorange.
1956 'Köln am Rhein' (Kordes) = *R. kordesii* × 'Golden Glow', lachsrosa.
1956 'Bengt M. Schalin' (Kordes) = *R. kordesii* × 'Eos', nur einmal blühend!, rosarot (+).
1957 'Ilse Krohn' (Kordes) = *R. kordesii* × 'Golden Glow', weiß.
1957 'Karlsruhe' (Kordes) = *R. kordesii* × 'Golden Glow', rosa (+).
1957 'Parkdirektor Riggers' (Kordes) = *R. kordesii* × 'Our Princess', rot.
1958 'Bad Neuenahr' (Kordes) = *R. kordesii*-Sämling, scharlach.
1959 'Gruß an Heidelberg' (Kordes) = *R. kordesii* × ?, rot (+).
1959 'Ritter von Barmstede' (Kordes) = *R. kordesii* × ?, hellrot.
1960 'Raymond Chenault' (Kordes) = *R. kordesii* × 'Montezuma', dunkelrot.

1960 'Alexander von Humboldt' (Kordes) = *R. kordesii* × 'Cleopatra', rot (+).
1961 'Illusion' (Kordes) = *R. kordesii* × 'Montezuma', hellrot.
1962 'Morgengruß' (Kordes) = *R. kordesii* × 'Cleopatra', rosa und orange.
1963 'Gruß an Koblenz' (Kordes) = *R. kordesii* × ?, rot (+).
1964 'Ilse Krohn Superior' (Kordes), Sport von 'Ilse Krohn', weiß.
1964 'Sympathie' (Kordes) = 'Wilhelm Hansmann' × 'Don Juan', rot.
1966 'Goldstern' (Tantau), zur Zeit die beste gelbe Kletterrose (+).

(+ = auch als freistehender Strauch verwendbar)

Neben den Kordesii-Sorten waren inzwischen aber auch einige andere öfterblühende Kletterrosen enstanden, entweder als Climbing-Sports von Teehybriden oder auch von anderen Gruppen. Auch von diesen seien hier die heute bedeutendsten Sorten genannt:

1950 'Climbing Sutter's Gold' (Armstrong), orangegelb.
1952 'Solo' (Tantau), rot.
1958 'Royal Gold' (Jackson & Perkins), goldgelb.
1958 'Golden Showers' (Germain's), gelb.
1960 'Climbing Queen Elizabeth' (Wheatcroft), lachsrosa.
1962 'Climbing Ballett' (Kordes), rosa.
1963 'Casino' (McGredy), rosa.
1965 'Climbing Super Star' (Heitmann), orangerot.
1967 'Bantry Bay' (McGredy), rosa.
1968 'Schwanensee', 'Swanlake' (McGredy), fleischrosa weiß.
1970 'Cordon Rouge' (Vilmorin), rot.

Rosa arvensis und ihre Abkömmlinge

Unsere heimische Feldrose, seit undenklicher Zeit in großen Teilen Europas wild vorkommend, hat in der Rosenzüchtung nur eine sehr unbedeutende Rolle gespielt. Kaum bekannt ist aber, daß sie in der Vergangenheit mehr Ansehen genoß, wenngleich dies erst in neuerer Zeit entdeckt wurde.

So hat Norman Lambert (Rose Annual 1931) seine Überzeugung ausgedrückt, daß nicht *Rosa alba* die „weiße Rose von York" war, sondern *Rosa arvensis*. Er sei oft in Yorkshire gewesen, vor allem in Towton, dem Schlachtfeld, wo die Anhänger von York über das Haus Lancaster siegten. Dort wüchsen mehrere weiße Wildrosenarten, seit uralter Zeit, und hier seien auch undurchdringliche Rosendickichte. Es läge sehr nahe, daß man als Abzeichen des Hauses York eine Rose gewählt habe, die einheimisch und allgemein verbreitet war, und das könne nur *Rosa arvensis* gewesen sein. Obschon viele Autoren wiederholt und uneingeschränkt meinen, dies sei *Rosa alba* gewesen, ist es nicht ausgeschlossen, daß sie sich (nach N. Lambert) hier eben doch geirrt hätten.

1596 besingt Shakespeare in seinem „Sommernachtstraum" auch den Duft der Moschusrose. Hier sind jedoch heute die Rosensachverständigen ziemlich einmütig der Ansicht, daß dies die *Rosa arvensis* gewesen sein müsse, die im Sommer blühe und etwas dufte, während die echte Moschusrose erst im Herbst blüht und zu jener Zeit schwerlich schon so verbreitet war.

1623 beschreibt Caspar Bauhin, Basel, eine *Rosa candida*; das ist wieder *Rosa arvensis*.

1762 erhält *Rosa arvensis* ihren heutigen Namen durch Hudson in seiner Flora Anglica; sie war zu jener Zeit bereits in Kultur in den Botanischen Gärten.

1767 sandte der Botanische Garten von Edinburg, Schottland, einen Mann nach Nordamerika; er sollte in Europa noch unbekannte Pflanzen sammeln. Er brachte auch eine starkwüchsige Rose mit, auf die die Gärtner in Ayrshire bald aufmerksam wurden. Sie wurde zunächst „Orangefield-Rose" genannt, später aber „Ayrshire-Rose". Diese Rose hat jedoch nichts mit den wirklichen (späteren) Ayrshire-Rosen zu tun, denn trotz der kümmerlichen Berichte hierüber scheint es dennoch klar zu sein, daß es sich hier um eine Hybride von *Rosa setigera* gehandelt haben muß.

1830 (ungefähr) beginnen schottische Gärtner (Brown aus Perth; Martin aus Dundee; Robert Austin aus Glasgow) die Züchtung mit diesen Rosen, die den Sammelnamen Ayrshire-Rosen erhielten. Es waren insgesamt etwa 60 Sorten, alles Kreuzungen zwischen *R. arvensis* mit anderen Rosen jener Zeit, oder auch Zufallssämlinge; man kann es heute nicht mehr ermitteln, da es kaum noch Pflanzen davon gibt. Sie blühten meist weiß bis rosa, waren gefüllt, hatten keinen oder nur schwachen Duft, wuchsen aber stark, waren sehr winterhart und somit die Kletterrosen jener Zeit.

'Venusta Pendula' ist eine alte *arvensis*-Hybride unbekannter Herkunft, die von W. Kordes auf dem Ohlsdorfer Friedhof in Hamburg wiedergefunden und wieder in den Handel gebracht wurde.

1931 'Düsterlohe' (Kordes). Wohl die einzige neuzeitliche Hybride von *R. arvensis* ('Venusta Pendula' × 'Miss E. C. van Rossem').

Rosa sempervirens Diese immergrüne Rose aus dem Mittelmeergebiet hat geographisch eine Mittelstellung, denn sie grenzt im Osten an das Gebiet von *Rosa moschata,* im Westen und Norden an das von *Rosa arvensis*; in ihrem Erscheinungsbild steht sie auch zwischen diesen beiden Rosen.

1623 wurde sie erstmals beschrieben als *Rosa moschata sempervirens.*

1629 oder früher wurde sie schon in England eingeführt, und somit ist sie die am längsten in Kultur befindliche Kletterrose.

1824 bis 1832 benutzte sie Jacques, der Gartendirektor des Herzogs von Orléans, auf Schloß Neuilly, zur Züchtung. In dieser Zeit gab er etwa 40 Sorten heraus, jedoch sind davon bis heute wohl nur zwei erhalten, nämlich:

1826 'Adelaide d'Orléans' (Jacques), hellrosa.

1827 'Félicité et Perpétue' (Jacques); weiß gefüllt mit zart rahmweißem Schimmer, duftend; benannt zur Erinnerung an die beiden Märtyrinnen St. Felicitas und St. Perpetua in Karthago.

Rosa setigera, die Prärierose. Sie ist in den USA beheimatet, wo sich ihr Verbreitungsgebiet vom Atlantik bis zu den Rocky Mountains erstreckt, d. h. sie ist praktisch in allen Staaten der Mitte und des Ostens der USA anzutreffen und blüht im Juni—Juli.

1803 wurde sie von Michaux benannt.

1810 in Europa in Kultur genommen. Sie wurde auch zur Züchtung benutzt; Shepherd (1954, S. 43) macht darauf aufmerksam, daß sich diese Art „funktionell zweihäusig" verhält, d. h. daß fruchttragende Pflanzen oft sterilen Pollen haben, während der Pollen nicht fruchtender Pflanzen außerordentlich fertil ist. An den Plätzen ihrer natürlichen Verbreitung findet man häufig große Büsche vollkommen ohne Früchte neben anderen Pflanzen voll mit Früchten.

1825 begann William Prince in Flushing, N. Y., die Züchtung mit dieser Rose, aber keine seiner Züchtungen ('Seraphine' 1840 und 'Gracilis' 1841) dürfte in Europa bekannt oder noch vorhanden sein.

Der nächste Züchter waren die Gebrüder John und Samuel Feast in Baltimore. Von ihnen stammen einige Sorten, die gelegentlich in England noch zu finden sind:

1843 'Baltimore Belle', blaßrosa, sehr dicht gefüllt.

1843 'King of the Prairies', hellrot.

1843 'Queen of the Prairies', tiefrosa, alle Petalen mit einem weißen Streifen. Beste Sorte von Feast.

Auch die Züchtungen der amerikanischen Rosengärtner Prince und Pierce, zwischen 1840 und 1850, sind bei uns nicht bekannt.

1886 gab Geschwind, Ungarn, 'Erinnerung an Brod' heraus, kirschrot, dicht gefüllt, duftend.

1925 bis 1942 sind dann noch eine Anzahl Züchtungen von M. H. Horvath aus Mentor, Ohio, erschienen, meist Kreuzungen zwischen *R. setigera* und Teehybriden. Hiervon sind am wichtigsten und auch heute noch in Kultur:

1934 'Captain Kidd', blutrot, gefüllt, duftend, sehr winterhart.

1934 'Doubloons', goldgelb, groß, gefüllt.

1934 'Jean Lafitte', dunkelrosa, dicht gefüllt.

1934 'Long John Silver', silberweiß, sehr dicht gefüllt, außerordentlich starkwüchsig.

1942 'Meda', krebsrot, dicht gefüllt, sehr hübsch.

LITERATUR

ALLEN, E. F.: *Rosa kordesii* and its Hybrids. The Rose 17, 203—205 (1969).

B. P. (PARK): Grandiflora! RA 1959: 119—120.

CARABIN, J. R.: The admirable old Roses. ARA 1951: 194—201.

CHAIX, L.: Histoire du Rosier du Bourbon; in Flore des Serres et des Jardins de l'Europe 7: 77—80 (1851). — Eine wortgetreue englische Übersetzung dieses wichtigen Beitrages bei MOREY (1953).

CHANDLER, A.: Outlines of Rose History. ARA 1953: 123—128.

COGGIATTI, S.: Storia breve dell'ibridazione delle rose in Italia. Ann. della Rose 1972: 31—45. Mit Angaben über alle italienischen Züchter.

GIBSON, M.: Shrub Roses for every Garden. London 1973. 195 farb. Abb.

GREGORY, C. W.: The Compacta Roses. The Rose 10: 35—37 (1961).

HAMBLIN, S. F.: The Centennial of the Hybrid Perpetuals. ARA 1942: 17—26.

—: History of the modern Rose. American Rose Magazin; February—November 1965. — Französische Übersetzung in „Rosa Belgica".

HURST, C. C.: Notes on the origin and evolution of our garden Roses. Jour. RHS 1941: 73—82; 242—250; 282—289.

HURST and BREEZE: Notes on the origin of the Moss Rose. J.RHS 1922: 26—42.

JÄNICKE, W.: Rosen der „Bürgerkönigszeit" (bis 1840). Rosen-Jb. 32: 97—99 (1966).

KORDES, W.: *Rosa chinensis* Jacq. und *Rosa chinensis semperflorens* Koehne. Rosenjahrbuch 1953: 89—93.

—: Der Rosenstreit (betr. 'Königin von Dänemark'). R.Jb. 1961: 214—215.

—: The History of *Rosa kordesii* Wulff. RA 1965: 99—102.

LEROY, A.: Histoire des Roses. Paris 1954.

—: Les Rosiers. 4. Aufl. 200 S., 58 Abb. Paris 1970.

LEVY, L.: The Advance of the Hybrid Polyantha. RA 1938: 162—165.

—: The History and Evolution of the dwarf Polyantha. RA 1931: 75—85.

MERRELL, J.: The Bourbon Roses. The Rose 13: 249—254 (1965).

MOREY, D. H.: The Bourbon Rose. ARA 1953: 163—167.
PERNET-DUCHER, J.: Die Entstehungsgeschichte der *Rosa Pernetiana* 'Soleil d'Or'. Deutsche Übersetzung nachgedruckt (aus Möll. Dtsch. Gärt. Z. 1900) — in Rosen-Jb. 1956: 117—118.
RATHLEF, H. VON: Vererbungsstudien an der Edelrose. Z. f. Pflanzenzücht. 1928: 9—47.
RIES, W.: Züchtung der Zwergrosen. Rosenjahrbuch 1953: 82—89.
ROBINSON, E. E.: A short History of the Tea Rose. The Rose 17: 178—183 (1969).
ROBINSON, R.: Check List of Red Tea Roses. The Rose 13: 62—67 (1965).
—: The early Hybrid Perpetuals. The Rose 13: 195—202 (1965).
Rosenzeitung: Gravereaux's geschichtlich geordnete Tabelle alter Rosenarten.
ROWLEY, G.: The Scotch Rose and its Gardens Descendents. Jour. RHS #: 433—438 (1960?).
SAAKOV, S.-G.: The Origin of Garden Roses and the Direction of their Breeding. 26 S., 1 Taf. Leningrad 1965; in Russisch, mit ausführlicher englischer Zusammenfassung.
SCHMID, G.: Rosensorten zur Goethezeit in Weimar. Rosen-Jb. 1939: 107—114.
SHEPHERD, R.: Origin of Rose Types. ARA 1950: 33—37.
—: History of the Rose. 264 S., 26 Abb. New York 1954.
SIEBER, J.: Entwicklungsgeschichte der Rosen. Rosenjahrbuch 1968: 5—37.
STEMMLER, D., and N. ITO: Roses of Yesterday. Kansas City 1967.
THOMAS, G. S.: Damask Roses. RA 1964: 37—41.
—: Bourbon Roses. The Rose 11: 159—169; 229—237 (1963).
—: *Rosa rugosa.* RA 1967: 27—32.
WILDING, J. H.: The Romance of the Floribundas. RA 1959: 152—156.
WINTON-LEWIS, B. A. P.: Rugosa roses. The Rose 13: 136—140 (1965).
WULFF, H. D.: *Rosa Kordesii,* eine neue amphidiploide Rose. Der Züchter 21: 123—132 (1951).
WYLIE, ANN P.: The History of Garden Roses. Jour. RHS 1954: 555—571; 1955: 8—24; 77—87.
YOUNG, N.: The History of the Hybrid Teas. The Rose 1960: 159—166 (und eine Berichtigung auf S. 266).

KAISERIN JOSÉPHINE, MALMAISON[1], DIE FRÜHEN FRANZÖSISCHEN ZÜCHTER UND REDOUTÉ

Niemand vor oder nach der französischen Kaiserin Joséphine hat einen so großen Einfluß auf die Kultur und Züchtung der Rosen ausgeübt wie gerade diese Frau. Ihr Name ist untrennbar verbunden mit der großen Zeit der frühen französischen Rosenzüchter. Zunächst einige Daten aus ihrem Leben.

[1] Da man in der Literatur die Schreibweisen „Malmaison“ und „La Malmaison“ nebeneinander findet, auch in Frankreich, sei hier vermerkt, daß die amtliche Schreibweise in allen Dokumenten zur Zeit Napoleons immer „Malmaison“ gewesen ist.

Sie war Kreolin, geboren am 23. Juni 1763, getauft als Marie-Josephe R o s e Tascher de la Pagerie, Tochter eines verarmten Edelmannes und königlichen Hafenkapitäns auf Martinique. Im Alter von 16 Jahren reiste sie nach Paris, heiratete dort den Vicomte de Beauharnais; zwei Kinder entstammten dieser Ehe. Ihr Sohn Eugène wurde Soldat unter seinem späteren Stiefvater Napoleon, ihre Tochter Hortense heiratete Napoleons Bruder Louis und wurde Königin von Holland. 1794 wurde Beauharnais während der Schreckensherrschaft auf der Guillotine hingerichtet, während die ebenfalls gefangen gesetzte Rose jetzt wieder frei wurde, das beschlagnahmte Eigentum ihres Mannes zurückerhielt, ebenso seine Einkünfte. Sie lernte bald darauf auf einem Ball im Palais Luxembourg Napoleon kennen, der sie 1796 heiratete. Da Napoleon ihr Name Marie-Josephe Rose mißfiel, gab er ihr den Namen Joséphine.

1798 kaufte Napoleon für Joséphine das Schloß Malmaison und verbrachte dort, bevor er 1802 Erster Konsul wurde, die meiste Zeit. Hier entstanden Joséphines später so berühmten Sammlungen von Gemälden, Plastiken und Juwelen. Bald begann sie sich sehr intensiv für Gärten zu interessieren, sandte französische Gärtner nach England und stellte auch englische Gärtner ein, so vor allem den großen schottischen Gartengestalter Thomas Blaikie (1750—1838).

Sie unternahm größte Anstrengungen, schöne und seltene Pflanzen aus der ganzen Welt zu sammeln und in ihren Gärten zu pflegen, wobei ihr nicht nur die Wissenschaftler, sondern auch die Diplomaten und Soldaten behilflich waren. Während der Napoleonischen Kriege wurden selbst gekaperte Schiffe nach Pflanzen und Sämereien durchsucht. Einer ihrer Gärtner, der Ire John Kennedy, hatte in den Kriegsjahren einen Freipaß, mit dem er jederzeit ungehindert die britischen und französischen Linien passieren konnte, um Pflanzen einzukaufen und nach Frankreich zu bringen.

Insbesondere aber befaßte sich Joséphine mit Rosen; sie ließ in Malmaison durch André Dupont einen Rosengarten anlegen, der bald der größte und schönste ihrer Zeit werden sollte, da Kosten keine Rolle spielten. Sie versuchte insbesondere, alle bekannten Rosensorten zu erhalten, und war ständig in Kontakt mit den Rosengärtnereien und Baumschulen in England, Belgien, Holland und Deutschland, während die französischen Rosengärtner bei ihr ein und aus gingen. Die großen Botaniker ihrer Zeit dienten ihr bereitwillig, und die Stellung des „Obergärtners“ (Gartendirektors) bei der Kaiserin war sehr begehrt, war sie doch an Einfluß und Bedeutung der eines Staatsministers gleich. Der erste Chefgärtner war Brisseau de Mirbel, 1803—1806; ihm folgte Bonpland (sein richtiger Name war Goujaud, doch

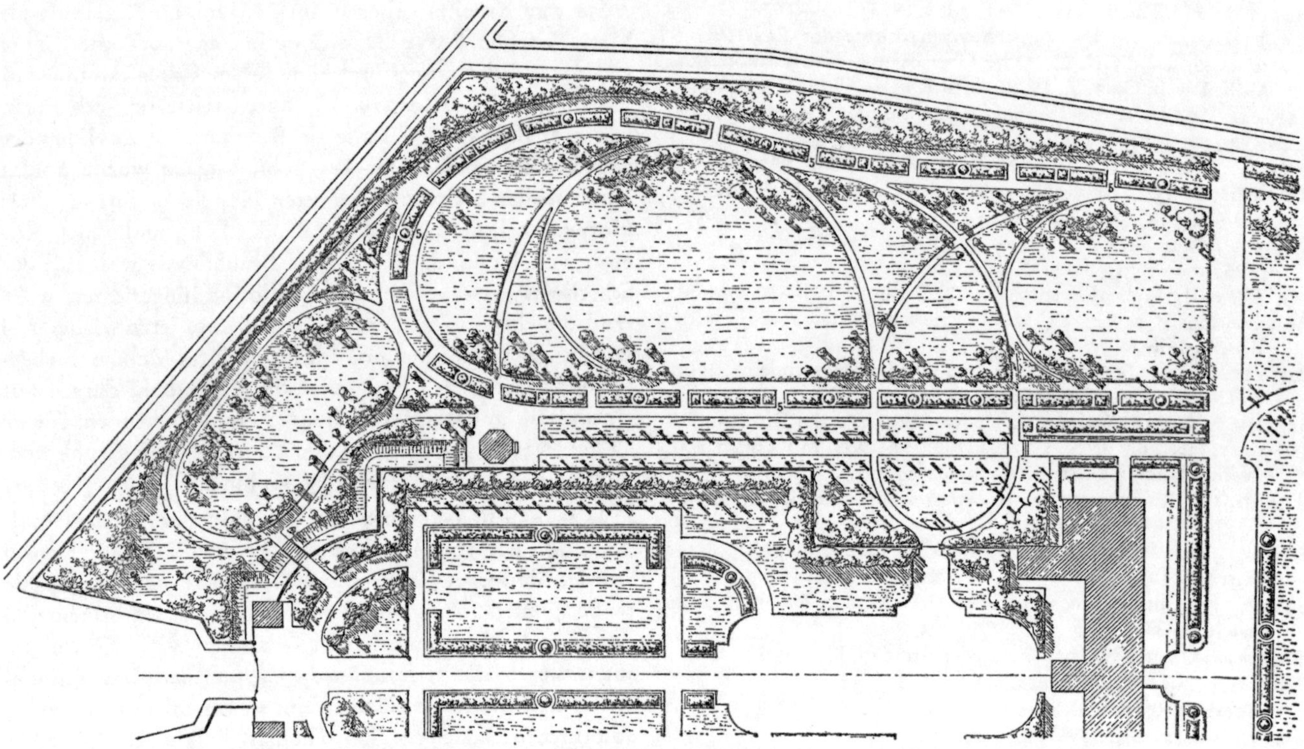

Abb. 52. Der Rosengarten der Kaiserin Joséphine in Malmaison. Die Rosen stehen in der Hauptachse auf den langen rechteckigen Beeten (nach einem Plan von E. Touret)

schon seit seiner Jugend nannte man ihn „Bonpland" wegen seiner glücklichen Hand im Umgang mit Pflanzen), der zusammen mit Humboldt in Zentralamerika Pflanzen gesammelt und viele Sämereien von dort mitgebracht hatte. Weiterhin waren für sie tätig die Botaniker E. P. Ventenat und Delahaye. Über 300 Arten von Erica hatte sie zeitweise in Kultur, viele Kakteen, Dahlien, Paeonien; in den Jahren 1803 bis 1804 kamen in Malmaison nicht weniger als 200 neue Pflanzenarten zum erstenmal in Europa zur Blüte.

Nun müssen wir auf Pierre-Joseph Redouté zu sprechen kommen, den legendären Rosenmaler, über den so vieles falsch berichtet wird. Wenn wir hier den Ausführungen von André Leroy (1951), sicherlich einem der besten Sachkenner, folgen, vermeiden wir die Weitergabe unrichtiger Informationen. Dieser Pierre-Joseph Redouté, später nicht selten der „Raffael der Rose" genannt, 1759 in den belgischen Ardennen geboren, war schon als Junge ein Maltalent. Zwei seiner Brüder lebten in Paris als Maler, und so verwundert es nicht weiter, daß Pierre-Joseph auch nach Paris geht und seinem Bruder, der Theatermaler ist, hilft. Es blieb nicht aus, daß andere Maler auf sein Talent aufmerksam wurden, so auch sein belgischer Landsmann und Hofmaler Gerard van Spaendonk, der zwar für den Jardin des Plantes Blumen zu malen hatte, aber lieber für die reichen Bürger arbeitete. Dieser suchte nun einen fähigen jungen Maler, der ihn bei der botanischen Malerei entlasten könnte, und das wurde Pierre-Joseph Redouté.

Er arbeitete hier in erster Linie als Illustrator für mehrere Botaniker; so fertigte er die 500 Tafeln an für L'Héritier, dann für die „Flora Atlantica" von Desfontaine, ferner für die „Histoire des Plantes Grasses" von De Candolle, die „Histoire des Chênes d'Amérique" von Michaux und den „Nouveau Duhamel" von Loiseleur-Deslongchamps. Rosen hatte er bis dahin überhaupt nicht gemalt.

Er war daneben aber auch ganz offiziell Hofmaler der Kaiserin Marie-Antoinette und später der Kaiserin Joséphine, den Damen hatte er Entwürfe für Stickereien usw. zu liefern, war also das, was wir heute „Designer" nennen. Bei dieser Gelegenheit wurde er auch mit Ventenat bekannt, der ihn bat, auf Veranlassung von Joséphine, seine Pflanzenverzeichnisse zu kolorieren. Von 1802 bis 1816 malte er sein größtes Werk, „Les Liliacées", 8 Foliobände mit 486 Farbtafeln. Da die Kaiserin ihn hierbei unterstützte, widmete er ihr das Werk; da sie bereits 1814 starb, hat sie die Vollendung des Werkes nicht mehr gesehen.

Drei Jahre nach dem Tode Joséphines erscheint der erste Band der „Roses“, sieben Jahre später (1824) ist das Werk in drei Bänden, 30 Lieferungen, mit zusammen 167 Farbtafeln, fertig. Der Preis beträgt 750 Franken; heute wird ein Phantasiepreis von 100 000 DM gefordert[1]! Von 1824 bis 1826 folgte dann noch eine ebenfalls dreibändige Ausgabe im Oktavformat mit 160 Tafeln, für 140 Franken, und schließlich 1828 bis 1830 noch eine letzte Oktavausgabe mit 181 Tafeln. Der Text ist von Thory geschrieben.

Es ist merkwürdig, daß entgegen der heutigen (unrichtigen!) Meinung das Rosenwerk weder auf Veranlassung von Joséphine entstand, noch wird darin etwas über die Rosen von Malmaison berichtet. Vielmehr sagen Redouté und Thory, daß sie ihre Rosen für das Werk sorgfältig in den Gärten zu Paris, Sèvres, Versailles, in den Baumschulen und Rosenschulen gesammelt haben. Wenn ihr gemeinsames Werk erfolgreich sein werde, dann sei dies vor allem den Herren Thouin, Bosc, Le Lieur, Dupont, Cels, Vilmorin, Noisette, Descemet und Biquelin zu verdanken, welche ihnen bereitwillig ihre Rosenschätze zur Verfügung gestellt hätten. Aus den Gewächshäusern von Boursault habe man seltene Rosenarten bekommen, aber auch von de Candolle und einigen anderen Naturforschern aus Frankreich und dem Ausland solche Arten, die im Klima von Paris nicht blühten. Die Herren Humboldt und Bonpland hätten ihnen sogar eine neue Rose übergeben, die sie in Mexiko fanden; kurzum, viele Wissenschaftler und Züchter hätten sehr großzügig für das Werk „ihr Licht leuchten lassen“.

So wird also ganz klar, daß Redouté in keiner Weise die Rosen der Kaiserin Joséphine dargestellt hat, sondern durchaus seine eigenen Ideen hatte. Übrigens bediente sich Redouté der Aquarelltechnik; das war damals etwas ganz Neues, denn üblich war die Guaschmalerei (Malerei mit deckenden Wasserfarben). Er malte drei Gruppen von Rosen: Die schon im Altertum bekannten Rosen, dann die Rosen des Mittelalters und schließlich die modernen Rosen, die gerade zur Zeit seines Schaffens entstanden.

Die erste Gruppe enthält unter anderem *Rosa canina, R. pimpinellifolia, R. sempervirens*, Provins-Rosen, Centifolien, Damaszener-Rosen, *R. alba, R. muscosa*, lauter Rosen, die zumeist selbst aus Mutationen entstanden waren und aus denen später im Verlauf der Jahrhunderte noch viele weitere Mutationen entstanden. Natürlich gehören auch die *gallica*-Sorten hierher.

1 Mit besonderer Freude dürfte es alle jene Liebhaber der Tafeln von Redouté erfüllen, daß die drei Rosen-Bände jetzt, in einer Auflage von allerdings nur 500 Exemplaren, neu gedruckt werden im Verlag de Schutter in Antwerpen; die drei Bände, die ab Dezember 1974 (alljährlich ein Band) erscheinen sollen, kosten zusammen rund 4000,— DM.

Im Mittelalter waren hinzugekommen vor allem *Rosa foetida*, aus der später Pernet-Ducher seine Pernetiana-Rosen entwickeln konnte, dann die Form 'Bicolor' und auch *Rosa hemisphaerica*.

Zur dritten Gruppe schließlich gehören die Rosen, die aus dem fernen Osten nach Europa gelangt waren, also die Teerose, die Bengal-Rose, aber auch *R. rugosa, R. bracteata*, dann amerikanische Wildrosenarten sowie die erste Noisette-Rose 'Champney's Pink Cluster', die Bourbon-Rose und die Boursault-Rose (*R. reclinata* Thory).

Noch einige Worte über das Ende des berühmten Malers. Wie so viele Künstler früher und heute lebte er in den Tag hinein und dachte nicht an die Zukunft. So war er im Alter mittellos und mußte weitermalen, um leben zu können. Vor allem war es das weniger wertvolle Werk „Choix des Roses“. Am 19. Juni 1840 war er gerade dabei, eine Lilie zu malen, die ihm ein junger Schüler gebracht hatte, als sein Herz plötzlich aussetzte. Er senkte sein Haupt, schloß die Augen, um sie nicht wieder zu öffnen.

Doch zurück zu den Rosen der Kaiserin Joséphine. Sie hatte schon früh Verbindung mit André Dupont, dem besten Rosengärtner seiner Zeit in Frankreich. Seine Baumschule, die sich in der Rue Fontaine-au-Roi befand, war 1813 vom König aufgekauft und die Rosensammlung in die Gärten des Palais Luxembourg, in der Nähe der Orangerie, verpflanzt worden. Hier wirkte Hardy, der Gartenchef des Luxembourg, der hier um 1830 mehrere Kreuzungen mit Rosen vornahm und dessen bekannteste Hybride die *Rosa hardii* ist.

Ein wohl ebenso berühmter Zeitgenosse war Descemet, der in St. Denis seine Baumschulen hatte und dort auch Bürgermeister war. Viele Sorten sind bei ihm entstanden, und 1815 hatte er nicht weniger als 15 000 Sämlingsrosen stehen. Diese verkaufte er an Vibert, welcher sie nach Chenevières-sur-Marne verpflanzte.

Ein weiterer Züchter aus jener Zeit ist Cels, der im Ruf stand, die schönste Baumschule Europas zu haben und einen berühmten Garten in Montrouge geschaffen hatte.

M. de Vilmorin besaß schon vor Dupont eine beträchtliche Rosensammlung. Guerrapain hatte seine Kulturen in Troyes. Parmentier war Bürgermeister von Enghien bei Brüssel. Godefroy wohnte in Ville d'Avry. Le Lieur war Verwalter der kaiserlichen Gärten in Ville-sur-Arc. Ledru war Bürgermeister von Fontenay-aux-Roses (collections Ledru-Rollin).

Aus diesen Gärtnereien stammten in der Hauptsache die Rosen, die in Malmaison angepflanzt wurden. Außerdem kamen Rosen aus England, wo die Kaiserin ja in John Kennedy einen fähigen Mitarbeiter gefunden hatte. Nicht vergessen werden darf auch die holländische Baumschule van Eeden, die ebenfalls viele Rosensämlinge lieferte.

Die Bemühungen zum Ausbau der Rosensammlungen in Malmaison, die allen französischen Gärtnern zur Besichtigung offen standen, hatten einen edlen Wettstreit der Gärtner zur Folge, wobei einer den anderen zu übertreffen suchte. Es entstanden damals die Rosenschulen Laffay, Desprez, Vibert, Prévost, Noisette, um nur einige zu nennen.

Während noch im 18. Jahrhundert die angepflanzten Rosen in der Hauptsache holländische, aber auch englische „Züchtungen" waren, wurde durch die beständigen Anregungen der Kaiserin die Rose nun eine französische Blume, und sie blieb es bis weit in das 20. Jahrhundert, ehe der Wettbewerb auf dem Gebiete der Züchtung mit Deutschland und Nordamerika begann.

Zu Anfang des 19. Jahrhunderts gab es, wie die alten Kataloge aufweisen, bereits beträchtliche Sortimente von Rosen, aber es waren viel mehr Namen als Sorten. Manche waren, wie schon Guillemeau und Vibert (1829) berichten, unter 10 bis 15 Synonymen im Handel. Das kam daher, weil die Rosen meist aus Holland eingeführt wurden, oft ohne Namen, ohne Züchter, und so tauften die französischen Rosengärtner die Sorten nach ihrem Geschmack! Auch die Kaiserin beteiligte sich an der Namengebung der Rosen, die ihr besonders gut gefielen. So stammen zum Beispiel von ihr:

'L'Empereur', nach ihrem angebeteten Mann;
'Roxelande', nach dem Fluß in der Nähe ihres Geburtsortes;
'Belle Aurore', 'Calypso', 'Cuisse de Nymphe émue', 'Grand Monarque', 'Noire Couronné', 'Majestueuse', 'Euphrosyne', 'Le Feu Amoureux', 'Le Rosier des Dames' und 'Pallas'.

Der Rosengarten der Kaiserin Joséphine wurde 1804 begonnen und enthielt bei ihrem Tode am 29. Mai 1814 (Napoleon hatte sich schon 1809 von ihr scheiden lassen, weil die Ehe kinderlos blieb) rund 250 Rosensorten, darunter 167 Provins-Rosen (Gallica), 27 Centifolien, 3 Moosrosen, 9 Damascener-Rosen, 22 Bengal-Rosen (*R. chinensis*), 4 *pimpinellifolia*, 8 *alba*-Sorten, 3 *foetida*-Sorten, ferner die Species *R. moschata, alpina, banksiae, laevigata, rubrifolia, rugosa, sempervirens* und *setigera*.

Vergleichen wir diese Zahl einmal mit den Sorten, die die Rosengärtner in Vermehrung hatten: Fillassier bot 1791 in seinem Katalog nur 25 Rosensorten an. Desportes, einer der großen Rosengärtner, führte im Jahre 1829 aber schon 2562 Sorten auf, davon 1213 Gallica, 120 Centifolia, 112 Alba, 18 Moosrosen, manche davon aber auch zweifelhaft. Dieser große Zuwachs an neuen Sorten kommt gewiß auf das Konto der Kaiserin Joséphine, die die Gärtner aufrief, Kreuzungen zu machen. Man hält es heute für sicher, daß André Dupont der erste war, der planmäßig Handbestäubungen vornahm.

1814 lebte die nun schon einsame Frau noch in Malmaison; als Zar Alexander I. sie dort besuchte und ihr seinen Beistand versichterte, gab sie ihm beim Abschied eine Rose aus einer Vase mit den Worten „Un souvenir de la Malmaison". Es ist aber keineswegs die Rose, die wir noch heute unter diesem Namen kennen; diese Bourbon-Rose wurde erst 1843 von Béluze-Lyon in den Handel gebracht.

Wie ging es weiter in Malmaison? 1824 starb auch ihr Sohn Eugène, dem jetzt Malmaison gehörte; schon fünf Jahre später wird es von den Erben Eugènes verkauft an den schwedischen Bankier Hagermann. In den nächsten Jahren wechselt es noch mehrmals den Besitzer. Im Kriege 1870/71 wird das Schloß stark mitgenommen; am 21. Oktober 1870 tobt die Schlacht bei Malmaison (Belagerung von Paris), und erneut vom 18. bis 20. Januar 1871, das Schloß wird verwüstet und geplündert, die Gärten zerstört. Der Staat, dem seit 1870 das Schloß gehörte, hatte anscheinend wenig Interesse daran, denn er verkaufte es. 1896 endlich wurde es von einem reichen Privatmann, André Osiris-Iffla, erworben, der mit der Wiederherstellung begann, aber dann das Besitztum 1904 dem französischen Staat schenkte.

Anscheinend ist dann wiederum alles so liegen geblieben. Jean Ajalbert, von 1907 bis 1917 Konservator von La Malmaison, berichtet aus dem Jahre 1910, daß der Zustand des Gartens chaotisch sei, alles voller Unkraut und Unrat, bis auf den Gemüsegarten eines Arbeiters. In diesem Jahre wurde endlich mit der Wiederherstellung der Gärten begonnen, und zwar auf ständiges Betreiben von Jean Ajalbert, Jules Gravereaux und Mme Philippe de Vilmorin, allerdings in einem anderen Stil als zur Zeit der Kaiserin.

In den Jahren 1900 bis 1905 hatte Jules Gravereaux, einer der besten Rosenkenner, die Frankreich je besaß, aus selbstloser Liebhaberei begonnen, in seinem Rosengarten in L'Hay die Rosensorten der Kaiserin Joséphine wieder zusammenzusuchen. Dabei half ihm M. Thuilleaux, ein weiterer Rosenkenner aus La Celle, St. Cloud. Mit Hilfe des Tafelwerkes von Redouté gelang es den beiden, nicht weniger als 197 Sorten aufzufinden und zu bestimmen. Damit war nun der Grundstock der Sammlung Joséphines wieder beisammen. Der Katalog von Malmaison aus dem Jahre 1912 führt diese 197 Sorten vollständig auf, und sie sind auch am Schluß dieses Abschnittes genannt, da diese Sammlung von historischem Interesse ist.

Diese Rosen hatte Gravereaux 1912 Malmaison geschenkt, weil endlich seit einiger Zeit, nach den Plänen von

Eugène Touret, die Verwaltung der Staatlichen Schlösser (Service d'Architecture des Palais Nationaux) die Wiederherstellung des Parkes in Angriff genommen hatte.

Einige Jahre vorher, 1907, hatte Gravereaux auch schon bei der Einrichtung des Rosengartens Bagatelle in Paris eine Sammlung alter Rosensorten geschenkt, die aber heute nicht mehr vorhanden ist.

Das Schloß Malmaison ist heute ein Museum, und seine reichen Sammlungen aus der Zeit der Kaiserin stehen in vielen Räumen dem Besucher offen. Auch der Park ist in gutem Zustand, und es gibt dort auch viele Rosen; es sind aber (nur) die Rosen unserer Zeit, doch fragst du nach den Rosen der Kaiserin, du findest sie nicht mehr ...

Diese sind die Rosen, die Gravereaux bis 1910 wiedergefunden hatte und in der Roseraie de l'Hay unter der Bezeichnung „Die Rosen der Kaiserin Joséphine" aufgepflanzt hatte. Sie sind in nachstehender Reihenfolge gepflanzt und tragen die Nummern 1 bis 197, beginnend mit A. Die auf den Rasenflächen sonst noch stehenden Sorten gehören **nicht** zur Sammlung! Sie sind mit Nr. 201—420 versehen und stehen im Katalog auf S. 103—106.

I. *La Collection des Roses de l'Impératrice Joséphine*

1.	Agathe carnée	Provins
2.	Beauté Insurmontable	Prov.
3.	Rose du Sérail	Prov.
4.	Mousseuse Couleur de Chair	Centifolia
5.	Aigle Brun	Prov.
6.	Bouquèt de Vénus	Prov.
7.	Belle Junon	Cent.
8.	La Maculée	Prov.
9.	La Louise	Cent.
10.	Incomparable	Prov.
11.	La Belle Lauré	Spin.
12.	Admirable	Prov.
13.	Oeillet	Cent.
14.	Rosier de Francfort (= *R. turbinata*)	
15.	*centifolia*	Cent.
16.	Grandeur Royale	Prov.
17.	Aimable Pourpre	Prov.
18.	Aimable Amie	Prov.
19.	Rosier d'Amour	Prov.
20.	Rouge Superbe Actif	Prov.
21.	Adèle	Prov.
22.	Perle de l'Orient	Cent.
23.	Aglaia	Prov.
24.	Rosier de Quatre Saisons	Dam.
25.	Bengale d'Automne	Beng.
26.	Bengale Bichonne	Beng.
27.	Don Pedro	Dam.
28.	Beauté Tendre (= Elisa)	Alba
29.	Unique Rose	Cent.
30.	Belle Hébé	Prov.
31.	Rosier des Dames	Cent.
32.	Velours Pourpre	Prov.
33.	Unique Admirable	Cent.
34.	Nymphe	Cent.
35.	Belle Aimable	Prov.
36.	Rosier Mousseux	Cent.
37.	Le Rosier Evêque	Prov.
38.	Ornement de Parade	Cent.
39.	La Tendresse	Prov.
40.	La Pucelle	Cent.
41.	Nouveau Petit Serment	Cent.
42.	Belle Sultane	Prov.
43.	Cuisse de Nymphe	Alba
44.	Alector Cramoisi	Prov.
45.	Van Huysum	Dam.
46.	Bacchante	Prov.
47.	Rose du Roi (Rose Le Lieur)	Dam.
48.	Achille	Prov.
49.	André du Pont	Prov.
50.	Pimprenelle de Marienbourg	Spin.
51.	Rosier Vilmorin	Cent.
52.	Belle Biblis	Prov.
53.	Unique Blanche	Prov.
54.	Grand Napoléon	Cent.
55.	Agathe Fatime	Prov.
56.	Nouveau Intelligible	Prov.
57.	La Virginale	Alba
58.	Cocarde Pale	Prov.
59.	Bengale à odeur de Thé	Beng.
60.	Bengale Cerise	Beng.
61.	Beauté Touchante	Prov.
62.	Capucine Rouge (= *foetida* Bicolor!)	Foet.
63.	Cuisse de Nymphe émue	Alba
64.	Jaune à Fleurs doubles	Foet.
64bis	Rosier de la Chine	Chin.
65.	Feu Amoureux	Cent.
66.	Sans Pareille	Prov.
67.	La Quatre Saisons Continue	Dam.
68.	York and Lancaster	Prov.
69.	Mousseuse de la Flèche	Cent.
70.	Rosier Musqué	Moschata
71.	Victorine la Couronné	Prov.
72.	La Bien-Aimée	Prov.
73.	Triomphe de Flore	Prov.
74.	Thalie la Gentille	Prov.
75.	Temple d'Apollon	Prov.
76.	Superbe en Brun	Prov.
77.	Sultane Double	Prov.
78.	Soleil Brillant	Prov.
79.	Provins Renoncule	Prov.
80.	Rosemonde	Prov.
81.	Rosier van de Eeden	Prov.
82.	Rose Pluton	Prov.
83.	Rosier des Parfumeurs	Prov.
84.	Provins Marbré	Prov.
85.	Pourpre Charmant	Prov.
86.	Grande et Belle	Prov.
87.	*Rosa setigera*	
88.	*Rosa arvensis*	
89.	*Rosa ferruginea* (= *R. glauca*!)	
90.	*Rosa banksiae*	
91.	*Rosa carolina*	
92.	*Rosa sempervirens*	

93.	*Rosa centifolia* Bullata	Cent.
94.	Bengale Angévine	Beng.
95.	Bengale Blanc	Beng.
96.	Mousseuse Rouge	Cent.
97.	*Rosa laevigata*	
98.	Rose Bengale à fleurs simples	Beng.
99.	Bengale Aimée	Beng.
100.	Bengale à Bouquets	Beng.
101.	Bengale Cramoisi	Beng.
102.	Bengale Sanguine	Beng.
103.	Bengale Guenille	Beng.
104.	Miss Lawrance Rose	Beng.
105.	Rosier des Indes	Beng.
106.	Miss Lawrance Rouge	Beng.
107.	Bengale Commun	Beng.
108.	Bengale de Cels	Beng.
109.	Fleur de Vénus	Beng.
110.	Bengale Pompon	Beng.
111.	Rose du Bengale	Beng.
112.	Bengale Cent Feuilles	Beng.
113.	*Rosa clinophylla*	
114.	Belle Mathilde	Spin.
115.	Isabelle	Prov.
116.	Grosse Cerise	Prov.
117.	Illustre	Prov.
118.	Hector	Prov.
119.	Henriette	Prov.
120.	Belle Hélène	Prov.
121.	Grand Sultan	Prov.
122.	Grand Monarque	Prov.
123.	Pourpre Ardoisé	Prov.
124.	Feu non rouge	Prov.
125.	La Félicité	Dam.
126.	Euphrosine l'Elégante	Prov.
127.	Estelle	Prov.
128.	Duc de Guiche	Prov.
129.	Belle Parade	Prov.
130.	Cramoisi Triomphant	Prov.
131.	Pimprenelle à fleurs roses	Spin.
132.	*Rosa alpina*	
133.	Junon	Prov.
134.	Nouveau Monde	Prov.
135.	Clio	Prov.
136.	Chloris	Prov.
137.	Bizarre Triomphant	Prov.
138.	Bouquet Charmant	Prov.
139.	Carmin Brillant	Prov.
140.	*Rosa foetida*	
141.	Nouvelle Gagnée	Prov.
142.	Noire Couronnée	Prov.
143.	Minerve	Prov.
144.	Manteau Pourpre	Prov.
145.	Lustre d'Eglise	Prov.
146.	Majestueuse	Prov.
147.	Le Rire Niais	Cent.
148.	*Rosa cinnamomea*	
149.	*Rosa rugosa*	
150.	Calypso	Prov.
151.	Rose of York	Alba
152.	La Roxelane	Prov.
153.	Rosée du Matin	Alba
154.	L'Empereur	Prov.
155.	Beauté Virginale	Alba
156.	Ombre Panachée	Prov.
157.	Nouveau Rouge	Prov.
158.	Ombre Superbe	Prov.
159.	Belle Aurore	Alba
160.	Ornement de la Nature	Prov.
161.	Pallas	Prov.
162.	Jeune Henri	Prov.
163.	Passe-Princesse	Prov.
164.	*Rosa rugosa*	
165.	Passe Velours	Prov.
166.	Rose Chou	Cent.
167.	Pompon Mignon	Cent.
168.	Rose des Peintres	Cent.
169.	Panachée Superbe	Prov.
170.	L'Amitié	Dam.
171.	Agathe de la Malmaison	Prov.
172.	Beauté Renommée	Prov.
173.	Cerisette la Jolie	Prov.
174.	Héloise	Prov.
175.	Agathe Royale	Prov.
176.	Assemblage des Beautés	Prov.
177.	Beauté Superbe	Prov.
178.	Aimable Rouge	Prov.
179.	Belle sans Flatterie	Prov.
180.	Josephina	Prov.
181.	La Précieuse	Prov.
182.	Beauté Suprenante	Prov.
183.	La Pintade	Prov.
184.	Belle Olymphe	Prov.
185.	Belle Brune	Prov.
186.	Capricornus	Cent.
187.	L'Enfant de France	Prov.
188.	Mousseuse Blanche	Cent.
189.	Centfeuille de Descemet	Cent.
190.	Parure des Vierges	Cent.
191.	Quatre Saisons d'Italie	Dam.
192.	Céleste	Alba
193.	Belle Flore	Prov.
194.	Belle Galathée	Prov.
195.	Mousseuse Blanche Nouvelle	Cent.
196.	Belle Pourpre	Prov.
197.	Cramoisi Eblouissant	Prov.

Die Nummern 201 bis 420 waren im Jahre 1912 in Malmaison vorhanden; es waren die Rosen der Zeit um die Jahrhundertwende.

Literatur

Bouvier, R., und E. Maynial: Der Botaniker von Malmaison, Aimé Bonpland. Berlin 1948.

Gravereaux, J.: La Malmaison; les roses de l'Impératrice Joséphine. 106 S. Paris 1912.

—: La Rose dans les Sciences, dans les Lettres et dans les Arts. 144 S. Paris 1906.

—: Les Roses cultivées à l'Hay, en 1902. 232 S. Paris 1902.

Glotin, R.: Joséphine de Beauharnais Impératrice; Sonderdruck aus Jardins de France, 19 S. (ohne Jahreszahl; 1972?).

Die gärtnerische Kultur und Vermehrung der Rosen

(Reimer Kordes und Gerd Krüssmann)

Aus Gründen der Übersichtlichkeit wurde für diesen Abschnitt die Tabellenform gewählt. Die Angaben entsprechen den Arbeitsgängen einer mittleren Baumschule mit geübtem Personal, sind daher nicht anwendbar für Kleinbetriebe oder für Liebhabergärtner.

FREILANDKULTUR

Veredlung durch Okulation

Niedrige Rosen

Vorgang	Zeit	Erläuterungen
Aufpflanzen der Veredlungsunterlagen	**1. Jahr:** zeitiges Frühjahr	Stärke der einjährigen Wildlinge unterschiedlich: bei Edel-Canina am besten 6—8 und 8—12 mm, doch wird in Hessen (Steinfurth) auch 4 bis 6 mm verwendet; bei Multiflora 3—4, 4—6 oder 6—8 mm; 8—12 mm werden leicht zu stark (die „Stärke" ist der Durchmesser der Pflanzen am Wurzelhals, d. h. unmittelbar unter der Erdoberfläche).
		Pflanzabstand: 16 × 70 oder 16 × 75 cm, ergibt pro ha 80 000 Stück nach Abzug der Wendeflächen für die Maschinen.
		Pflanzung mit vierreihiger Rillenscheibe hinter Schlepper; Leistung etwa 3 Std./ha bei normalem Abstand; bei ein- oder zweirilliger Scheibe entsprechend langsamer.
		Frühzeitiges Pflanzen wichtig, damit die Unterlagen zur Veredlungszeit gut entwickelt sind.
Pflanzenschutz		Sofort nach dem Aufpflanzen anhäufeln und „Gesatop" (Simazin) auf den feuchten Boden ausbringen.

Vorgang	Zeit	Erläuterungen
Okulieren	1. Juni-Woche bis 1. September-Woche	Wildlingsreihen werden maschinell frei geblasen (in kleinen Betrieben frei gehackt) und Veredlungsstellen mit Lappen sauber geputzt. Arbeitsgruppe so zusammenstellen: 1 Freimacher 2 Veredler 1 Verbinder (mit Gummi-Schnellverschluß) für 2 Veredler 1 Mann zum Reiserschneiden und Abdornen, für 4 Veredler
		Tagesleistung beim Okulieren: Durchschnitt 120—125 pro Stunde, Spitzen bis 300 pro Stunde, Verbinden 300—600 pro Stunde.
		Veredlungszeit abhängig vom guten Lösen der Unterlagen, vom Vorhandensein ausgereifter Augen, Verfrühung durch reife Augen aus dem Glashaus gut möglich, oder auch durch gekühlte Augen.
		Veredeln mit gekühlten Augen nur in USA und Frankreich üblich; werden im Oktober—November geschnitten, im Kühlhaus gelagert bei etwas über 0 °C, gut haltbar bis zur Veredlungszeit.
		2 Wochen nach Veredlung Anwachsen feststellbar.
Anhäufeln	2 Wochen nach Okulation	Verhütet Austrieb der Augen und lockert den Boden in den Reihen; bei später Veredlung wird oft nicht angehäufelt.
Anwachskontrolle		Besonders gut wachsende Sorten, bei gut ausgereiften Augen bis 95 % Wachser; gute Erfolge stets bei beständig warmer Witterung; Ausfälle oft bei feuchtem Wetter und schwankenden Temperaturen: durchschnittlich 65—75 % Wachser in Norddeutschland, 70—80 % in Hessen, Rheinland; in Bayern klimabedingt schwankend.
		Schlechte Ergebnisse auch bei vorliegender Unverträglichkeit von Unterlage und Edelreis, z. B. 'Garnette' und 'Florida von Scharbeutz' auf 'Heinsohns Record'; 'Europeana' auf 'Laxa' usw.

Vorgang	Zeit	Erläuterungen
Absetzen (Abwerfen der Wildlinge)	**2. Jahr:** März (im Rheinland Februar)	Die Unterlage wird im waagerechten Schnitt des „T" abgeschnitten („abgeworfen"). Im Großbetrieb werden die Unterlagen schon im Januar—Februar mit der Häckselmaschine eingekürzt, der Rest später von Hand (Luftdruckschere!) abgeworfen und auf dem Quartier in einem Eisenkarren verbrannt. In kleineren Betrieben bleibt das Schnittgut noch kurze Zeit liegen und wird dann in Form einer langen Walze über das Quartier gerollt und am Ende verbrannt.
Pflanzenschutz	März	Sofort nach dem Verbrennen Abspritzen der Felder mit Simazin, Anwendung nach Vorschrift.
Pinzieren	ab Mai alle 10 Tage bis Juni	Wenn Veredlungen 4—6 cm hoch, Rückschnitt auf 2 Blätter, damit die Pflanzen sich gut verzweigen; dabei gleichzeitig „abwildern" (Wildtriebe entfernen).
Pflanzenschutz	Mai bis September	Maßnahmen gegen Mehltau, Sternrußtau, Rost, Insekten, Blattläuse; Mittel und Anwendung Seite 119.
Roden	Anfang Oktober	Roden beginnt, wenn die Pflanzen von Natur aus genügend ausgereift sind; wenn dies noch nicht der Fall ist, kann man:
Entblättern		a) zunächst die Triebe mit dem Mähbalken etwas einkürzen; dadurch baldiger Laubfall; b) Blätter mit einer durch die Reihen fahrenden Trommel abschlagen; Tagesleistung 150 000 Stück; c) mit dem Laub auspflügen und später im Schuppen mit der Riementrommel entblättern; d) Blattfall durch Behandlung mit chemischen Mitteln sehr unterschiedlich im Erfolg und nicht ungefährlich! Gerodet wird mit dem Hebe- und Rüttelpflug hinter dem Schlepper (mindestens 50 PS). Leistung: 1 ha/6—8 Std., abhängig von Witterung und Boden; in schweren Böden langsamer; bei nassem Boden noch länger, da dann auch mit 2 Schleppern ausgepflügt wird.
Sortieren, Bündeln		Im allgemeinen erst im Packschuppen nach den BdB-Gütevorschriften (siehe Seite 107).
Lagern		Im Kühlhaus bei 0 bis + 1° C gleichbleibend und 98 % Luftfeuchtigkeit (Schutz vor Austrocknen durch Defensor); Lagerfähigkeit bis Ende Mai.
Pflanzenschutz	alle 2 Wochen	Pilzbekämpfung durch Begasen oder Sprühen mit „Benomyl".
Einschlagen	Sofort nach dem Roden	In Betrieben ohne Kühlhaus üblich, aber auch in Ausnahmefällen in anderen Betrieben, um Nachreife zu verbessern.
Versandbeginn	ab Oktober	Heute allgemein üblich in großen Pappkartons oder lose in Paletten; vorschriftsmäßig gebündelt (BdB-Vorschrift Seite 107).

Hochstammrosen

Vorgang	Zeit	Erläuterungen
Aufpflanzen der Wildlinge)	**1. Jahr:** zeitiges Frühjahr	Genau wie bei den niedrigen Rosen, aber nur starke Unterlagen, 6—8 und 8—12 mm; intensiver Pflanzenschutz wichtig (Triebbohrer!).
Roden	November	Pflanzen werden nach dem Roden nach geraden, kräftigen Trieben (BdB-Vorschrift) sortiert und in Einschlag gelegt; ungeeignete Pflanzen werden als Büsche abgegeben.
Vorbereiten	Winter	Entfernen aller Triebe bis auf den besten und geradesten.
Aufpflanzen	**2. Jahr:** zeitiges Frühjahr	Abstand 25 × 90 cm (nicht mehr als 4—5 Pflanzen pro m², nach BdB-Vorschrift); nach dem Aufpflanzen Drähte spannen, Stämme zweimal heften, aufputzen.
Veredeln	Juni bis September	(2—)3 Augen einsetzen, sonst wie bei den niedrigen Rosen.
Einkürzen	November	Wildkronen werden vor dem Niederlegen stark eingekürzt, von den Drähten gelöst, niedergelegt und zum Winterschutz angepflügt.
Aufrichten, Abwerfen	**3. Jahr:** März	Stämme werden wieder hochgenommen, Krone über dem obersten Auge abgeworfen, Stämme angebunden.
Pinzieren (Stutzen)	ab Mai	Wie bei den niedrigen Rosen, um möglichst viele Doppelkronen zu erzielen (BdB-Vorschrift).

Vorgang	Zeit	Erläuterungen
Weitere Pflege	Sommer	Wie bei niedrigen Rosen; Pflanzenschutz wichtig!
Roden	Ende Oktober	Roden mit Pflug, sortieren, bündeln, etikettieren nach Vorschrift.

Kletterrosen

Vorgang	Zeit	Erläuterungen
		Kultur wie bei niedrigen Rosen, aber die langen Triebe stäben, vor allem die 'Climbing'-Sorten, die sonst leicht ausbrechen.

Veredlungsergebnisse bei der Okulation

Von den zwischen 65—80 % Wachsern sind bei der späteren Sortierung nach den BdB-Vorschriften etwa 80—85 % Güte A, 10—15 % Güte B und bis zu 5 % Ausschuß.

Auszug aus den Gütebestimmungen des Bundes deutscher Baumschulen

(Letzte Fassung vom April 1972)

(III.) Rosen

1. *Niedrige Rosen*

Bei der Anzucht dürfen bei *Rosa canina* und ihren Abarten je Quadratmeter nicht mehr als 10 bis 11 Pflanzen und bei *Rosa multiflora* höchstens 10 Pflanzen aufgeschult worden sein (z. B. Pflanzweite bei *Rosa canina* 14 × 70 cm oder 15 × 65 cm oder 18 × 50 cm, bei *Rosa multiflora* ist jeweils eine 3 cm größere Pflanzweite erforderlich).

Güteklasse A:

Hierunter versteht man einjährige, durch Sommerokulation erzielte Pflanzen mit mindestens drei normal entwickelten, gut ausgereiften Trieben, wovon mindestens zwei aus der Veredlungsstelle kommen müssen, während der dritte Trieb bis 5 cm darüber entspringen darf. Bündelung à 10 Stück hat zweifach zu erfolgen.

Güteklasse B:

Hierunter versteht man schwächere Pflanzen, sonst im allgemeinen aber immer noch gut entwickelte, kräftige Ware mit mindestens zwei kräftigen 30 cm langen und gut ausgereiften Trieben aus der Veredlungsstelle entspringend. Bündelung à 10 Stück hat zweifach zu erfolgen.

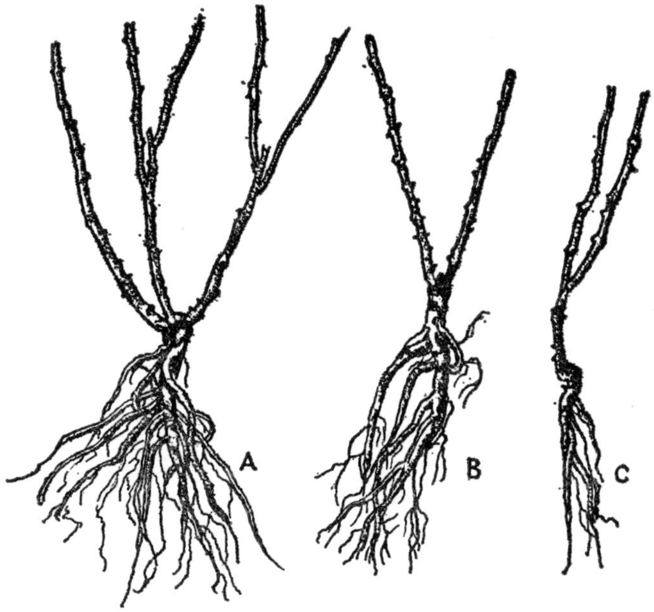

Abb. 53. Die Güteklassen der niedrigen Rosen „A" und "B" (C ist nicht pflanzwürdig) (Original)

In den „Gütebestimmungen des BdB für Rosen" aus dem Jahre 1963 war es noch statthaft, eine ganze Reihe von Sorten mit schwächerem Wuchs schon mit zwei normal entwickelten, gut ausgereiften Trieben als Güteklasse A zu verkaufen. Bei Güte B genügte sogar ein starker, gut verzweigter Trieb. Diese Ausnahmebestimmungen sind zur Qualitätsverbesserung zurückgezogen worden.

2. *Rosenstämme*

Für Rosenstämme sind Edelcaninastammunterlagen zu verwenden. Andere Unterlagen sind ausdrücklich zu kennzeichnen.
Bei der Anzucht dürfen je Quadratmeter nicht mehr als 4 bis 5 Pflanzen aufgeschult worden sein (z. B. 25 × 90 cm = 2250 cm² je Pflanze).

Güteklasse A:

Der Stamm muß kräftig und gerade gewachsen sein und gute Faserbewurzelung haben. Er darf keine größeren überwallten Wunden oder Brandflecken haben. Die Krone muß mindestens drei stark entwickelte, aus zwei Veredlungsstellen entspringende Triebe haben. Der Stammdurchmesser muß unmittelbar unter der Veredlungsstelle gemessen mindestens 9 mm betragen.

Die Stammhöhe muß betragen für:

Hochstämme	ca. 90 cm
Halbstämme	ca. 60 cm
Trauerrosen	ca. 140 cm

Güteklasse B:

Die Beschaffenheit muß, was Stamm und Bewurzelung angeht, der Güteklasse A entsprechen. Die Krone darf auch aus nur einer Veredlung gewachsen sein und muß mindestens zwei normal entwickelte, aus der Veredlungsstelle entspringende Triebe haben.

Sommerveredlung „schlafende Augen" Genau wie die normale Okulation, doch werden die Veredlungen im Herbst des Veredlungsjahres, also nach halbjähriger Kultur schon gerodet. Kostensparende Kultur nur für Schnittrosenkulturen unter Glas.

Vermehrung durch Stecklinge (eigentlich nur für Topfkultur von Miniaturrosen üblich; Kulturdauer: ein halbes Jahr).

Vorgang	Zeit	Erläuterungen
Mutterpflanzen antreiben	März—April	Stecklinge abnehmen, wenn lang genug, und ins Vermehrungsbeet stekken.
Eintopfen	nach 4 Wochen	7-cm-Topf genügt; Pflanzen blühen darin und können in diesem Topf verkauft werden.
Stutzen	nach Erfordernis	

Stecklingsvermehrung auch bei den anderen Rosen technisch durchaus möglich, jedoch wachsen die wurzelechten Pflanzen nicht so schnell, nicht so gleichmäßig und bringen nicht in der gleichen Zeit wie die Okulationen ein auch nur annähernd so gutes Ergebnis.

Vermehrung durch Steckholz Diese Vermehrungsart ist in Deutschland nicht üblich, dagegen allgemein in einigen wärmeren Ländern (Südafrika, Kalifornien u. a.), wo vor allem die Unterlagen (Klone von *R. multiflora*) leicht aus Steckholz in der üblichen Weise angezogen werden können. Zwei Monate nach dem Stecken im Freiland ist das Steckholz bereits so stark bewurzelt, daß okuliert werden kann. Bei uns ist die Unterlagenanzucht aus Steckholz zwar auch möglich, aber zu unsicher wegen der Frostgefahren während der ersten Entwicklung, die große Ausfälle bringen können.

In Holland ist Steckholz von *Rosa rugosa* 'Hollandica' auch heute noch üblich für Hochstammunterlagen; diese Stämme werden hauptsächlich nach England verkauft.

Die Anzucht der Veredlungsunterlagen (Wildlinge)

Vorgang	Zeit	Erläuterungen
Ernte der Hagebutten	September—Oktober	Die gut reifen Hagebutten läßt man noch einige Tage auf kleinen Haufen liegen, zerquetscht sie dann mit einer groben Mühle (Kartoffelquetsche); nach Verrotten des Fruchtfleisches Reinigung mit Wasser.
Stratifizieren	November	Gereinigtes Saatgut schichtweise in feuchtem Sand stratifizieren. Canina-Samen liegen ein Jahr über!
Aussaat	Frühjahr	Multiflora-Saat wird im ersten Frühling nach der Ernte gesät, Canina-Saat jedoch erst im zweiten Frühjahr, wenn die Samen „spitzen" (d. h. auszukeimen beginnen). Aussaat meist auf 1 m breiten Beeten mit 5 Reihen und 40 cm Weg. Ausgezählte Versuche von Rowley ergaben, daß Canina nur zu 33 % keimt. Aus 1 kg Samen erzielt man bei 'Inermis' etwa 6000, bei 'Pfänders' etwa 4000 und bei *R. multiflora* zwischen 8000 und 10 000 Pflanzen.

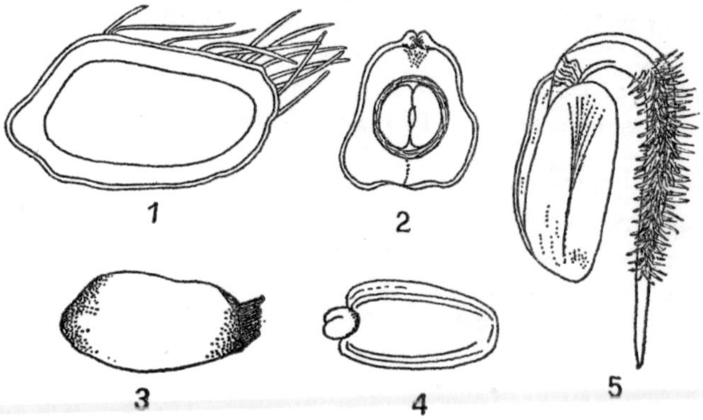

Abb. 54. 1 Achaene (Nüßchen) von *Rosa canina* im Längsschnitt, die dicke Schale und Borsten zeigend; 2 Querschnitt von 1; 3 der Same ohne Schale; 4 wie 3, aber Samenhaut entfernt, Embryo und die beiden großen Kotyledonen sichtbar; 5 Keimling (alles meist 7×; nach Rowley 1956, verändert)

Vorgang	Zeit	Erläuterungen
Pflanzenschutz	ganze Vegetationszeit alle 2 Wochen	Bekämpfung der auftretenden Krankheiten und Schädlinge mit den üblichen Mitteln; gesunde Bestände unerläßlich für die spätere Bestandskontrolle für das Markenetikett. Minuspunkte bei fehlerhaften Beständen.
Roden	November	Mit Hebe- und Rüttelpflug.
Sortieren, Bündeln	und anschließend	Nach BdB-Vorschrift; Leistung etwa 6000 bis 8000 Stück pro Tag.
Lagern	und anschließend	Im Kühlhaus; müssen frühzeitig zur Auslieferung bereit sein.

Auszug aus den Gütebestimmungen des Bundes deutscher Baumschulen

(Letzte Fassung vom April 1972)

3. *Veredlungsunterlagen für niedrige Rosen und Stammrosen (Rosenwildlinge)*

Rosenwildlinge sind Sämlinge der *Rosa canina* und ihrer Sorten, der sogenannten Edelcanina, sowie einiger anderer Wildrosenarten, z.B. *Rosa rubiginosa, R. multiflora.* Sie werden als „Sämlinge“ (S) bezeichnet und müssen einjährig sein.
Rosenveredlungsunterlagen der Güteklasse A müssen einen geraden, glatten Wurzelhals mit mindestens 25 mm Länge haben. Der oberirdische Teil der Pflanzen darf nicht auf weniger als 15 cm Länge vom Wurzelhals abgekürzt worden sein. Geringer Mehltaubefall, auch innerhalb der vorbezeichneten 15-cm-Grenze, bis zu 10 % der Pflanzen, sowie etwas zurückgestockte Spätherbstschosse bedeuten keine Güteminderung, wenn die holzartigen Triebe fest und gesund sind.
Krumme Rosenwildlinge können zur Anzucht von Rosenwildstämmen angeboten und verwandt werden.

4. *Rosenwildstämme*

Rosenwildstämme sind dreijährige, mitunter auch zweijährige, einmal verschulte Pflanzen von *Rosa canina* und ihren Sorten, den sogenannten Edelcanina, deren Triebe bis auf einen für die Veredlung von Rosenhochstämmen geeigneten Trieb weggeschnitten wurden.
Rosa rugosa- (*R. rugosa* 'Hollandica') und Waldstämme müssen als solche bezeichnet werden.

Güteklasse A:

Die Stämme müssen einjährig, gerade und ausgereift sein. Eine leichte Biegung ist lediglich im untersten Teil des Stammes oberhalb des Wurzelhalses statthaft.

(Die Stämme müssen gesund, das heißt frei von Brand, Rost und starken Scheuerstellen sein; sie dürfen keine Verletzungen besitzen, die vom Zapfenschnitt herrühren.)

(Die Wurzeln müssen unterteilt und von der Verteilungsstelle der Wurzel an mindestens 10 cm lang sein und mindestens drei Hauptwurzeln besitzen. Die Stämme sind entweder nach sorgfältig ausgeführtem Zapfenschnitt zu liefern oder mit auf 5—10 cm zurückgeschnittenen Aftertrieben [Zapfen]. Es ist ferner zulässig, die Stämme mit je einem ungekürzten Reservetrieb abzugeben. Die Art der Beschaffenheit der Stämme ist im Schriftwechsel in Angeboten und Rechnungen anzugeben. Der Grad der Bestachelung der Stämme ist Sorteneigenart und deshalb nicht gütemindernd.)

Sortierung und Bündelung der Rosenveredlungsunterlagen

Höhe in cm	Durchmesser	Zu bündeln	Binden
1. Rosenwildstämme			
80—100 100—120 120—140 140—160 160—200 (Veredlungshöhen)	Mindest-∅ bei allen Höhen an der Veredlungsstelle 5 mm, bei 'Pollmers' 4 mm	zu 10 Stück	2—3mal der Länge nach
2. Einjährige Unterlagen			
nicht vorgeschrieben	3—4, 4—6 mm 6—8 mm 8—12 mm	zu 100 Stück zu 50 Stück zu 25 Stück	1—2mal

Die Rosenveredlungsunterlagen („Wildlinge“)

Die Ansicht, eine veredelte Pflanze sei geringwertiger als eine wurzelechte Pflanze, entbehrt jeder Grundlage; im Gegenteil, eine auf der richtigen Unterlage veredelte Sorte ist einer anderen bedeutend überlegen. Einige Tatsachen sind hierbei zu beachten:

1. Keine Unterlage ist für alle Gebiete die allein beste! Daher muß eine Unterlage gewählt werden, die unter den Umweltbedingungen des Anzuchtgebietes am besten gedeiht.
2. Die modernen Edel-Canina, deren Saatgut aus Samenspendeanlagen („Saathecken“) gewonnen wird, geben hervorragend gleichmäßige Unterlagen. Dasselbe gilt auch für *R. multiflora* und die anderen Typen.
3. Die vegetativ vermehrten Klone (kalifornische *multiflora*-Selektionen) kommen für uns, trotz ihrer vorzüg-

lichen Ergebnisse, aus klimatischen Gründen nicht in Betracht.

4. Nur das Veredlungsergebnis, die Güte der erzielten Pflanzen, ist entscheidend; damit muß verbunden sein eine möglichst lange Lebensdauer.

Die deutschen Baum- und Rosenschulen verwenden folgende Unterlagen:

Wichtigste Typen: *R. canina* 'Inermis', 'Pfänders', 'Laxa'; *multiflora* und 'Stachellose Multiflora'.

Weniger wichtig: 'Brögs' und 'Pollmers'.

Geringe Bedeutung: 'Heinsohns Rekord', 'Kokulinsky' und 'Senffs'.

Für Parkrosen: *R. rubiginosa.*

Für Unterglaskultur: 'Manettii' (*R. indica major* wird nur in südlichen Ländern verwendet).

Die Eigenschaften der wichtigsten Rosenunterlagen (in der Reihenfolge ihrer Bedeutung)

Bezeichnung	Gute Eigenschaften	Schlechte Eigenschaften
R. canina 'Inermis' (stammt von Gamon, Lyon, um 1905)	Fast stachellos, sehr wüchsig und sehr langtriebig, bis tief in den Winter hinein wachsend; kann von Juni bis September gleich gut veredelt werden; fast alle Edelrosen wachsen gut hierauf (auch für Unterglaskultur); gute Bewurzelung, keine Laubkrankheiten; ist heute die beste Unterlage der Canina-Reihe; besonders gut für Teehybriden, Floribunda- und Kletterrosen; kein Stammbildner, weil in der Jugend dünntriebig; besonders im Seeklima gut; Wurzeln sehr gut.	Verträgt als Unterlage keine Trockenheit und läßt dann sofort die Blätter fallen, Samen keimen oft schwer; muß im kontinentalen Klima sehr früh veredelt werden, da sie bei Trockenheit schon sehr früh das Wachstum einstellt.
'Pfänders' (von Jakob Pfänder, Beuren, Württemberg, 1945)	Guter Stammbildner; sehr starkwüchsig; gesund; auch für niedrige Rosen gut; frosthart; heute viel gepflanzt; Samen keimen sehr gut. Für alle niedrigen Rosenarten, Teehybriden, Floribunden sowie Kletterrosen gut geeignet.	Wurzeln verhältnismäßig lang und dünn; wenige, aber scharfe Stacheln; mehltauanfällig.
'Laxa' richtige Bezeichnung *R. coriifolia froebelii* Rehd. (von Froebel/Zürich, 1890 verbreitet) Nur wenig in Kultur, in S-England und im Weinbaugebiet	Fast stachellos, aufrecht wachsend; idealer Wurzelhals, fast nie Ausläufer; alle dunkelroten Teehybriden wachsen hierauf sehr gut und bekommen eine besonders leuchtende Farbe; für schwere, kalkreiche Böden besonders geeignet; hat die stärkste Bewurzelung von allen Unterlagen.	Veredlung muß vor Mitte Juli beendet sein, da dann Triebabschluß; nicht alle Teerosen wachsen hierauf; hohes Bedürfnis an Kali und Kalk; bei ungenügendem Kali-Kalk-Vorrat starker Rostbefall.
R. multiflora Thunb. (Heimat: Japan, Korea)	Kräftig wachsend; nimmt die Augen gut an; Saatgut keimt im ersten Frühjahr nach der Ernte mit sehr hohen Keimprozenten; auch aus Steckholz vermehrbar; wächst oft dreimal so stark wie *canina*; sehr gut für Topfrosen; gut für Floribunda und Kletterrosen.	Triebe bogig wachsend, stark bestachelt, sehr starke Wurzelbildung am Wurzelhals, so daß oft kaum Platz zum Veredeln.
'Stachellose Multiflora' (im Handel verschiedene Typen)	Stachellos, sehr handlich beim Veredeln; außerordentlich wüchsig; fast ganz mehltaufrei, nimmt jede Sorte gut an; ideale Unterlage.	Wie bei *multiflora*, muß einige Zeit vor der Veredlung frei gemacht werden, sonst ist der Wurzelhals voller Wurzeln, genau wie bei *multiflora*; die im Handel angebotenen Typen in ihrem Wert sehr unterschiedlich.
'Brögs Stachellose' (von Robert Brög, Rickenbach bei Überlingen, 1902 in den Handel gebracht)	Fast stachellos, sehr starkwüchsig; nimmt die meisten Edelrosen sehr gut an; nie Laubkrankheiten; auch für schwere, tonige Böden geeignet; bis spät im Herbst im Saft stehend, nimmt auch noch spät Veredlungen an; Wurzelhals sehr schlank; neuerdings wieder mehr als Unterlage für Unterglassorten verwendet.	Wurzeln sehr lang und dünn, verhältnismäßig wenig zahlreich, in strengen Wintern frostempfindlich, als Stammbildner leicht anfällig für Rost und Brand, nicht besonders hart; viele Sorten bleiben hierauf auffallend kurztriebig, Stamm sehr markig, beim Niederlegen oft brüchig.

Bezeichnung	Gute Eigenschaften	Schlechte Eigenschaften
'Pollmers' (= 'Pollmeriana'; Selektion von Pollmer, Großenhain, 1904; gehört zu *R. coriifolia*; ist nicht, wie behauptet, *R. setigera* × *R. canina*!)	Hoch- und steilwachsend; nimmt die meisten Edelrosen gut an; auch als Stammbildner verwendbar; besonders in der Dresdener Gegend verbreitet und dort auch ausgezeichnet, doch auch im Weinklima gut; hat viele gute, starke Wurzeln; für Treibrosen.	Mäßig im Wuchs, sehr früh abschließend, muß daher sehr zeitig veredelt werden; im Seeklima gänzlich ungeeignet; mehltauanfällig.
'Heinsohns Rekord' (von Gebr. Heinsohn, Wedel, in den Handel gebracht, 1935)	Sehr starktriebig; als Stammbildner gut; Teehybriden wachsen hierauf gut.	Rostanfällig, Triebe bogig wachsend, daher bei der Kultur sehr hinderlich, stark bestachelt, stark mehltauanfällig. Alle Polyantha-Rosen und *multiflora*-Abkömmlinge werden nach anfänglich gutem Gedeihen abgestoßen, ebenso *foetida* und verwandte Wildformen.
'Kokulinsky' (Baumschule Kokulinsky, Berlin-Lichtenrade, vor 1927)	Fast stachellos, sehr wüchsig; nimmt alle Edelrosen gut an; besonders weiße und Teerosen wachsen gut hierauf; gute Wurzeln; auch als Stammbildner geeignet; wächst in allen Böden gleich gut; Kronen hierauf sehr langlebig und Blüten gut gefärbt, besonders Teehybriden; auf kalireichen Böden, wo sie keinen Rost bekommt, auch heute noch immer eine der besten Unterlagen.	Sehr rostanfällig und deshalb sehr unsicher in der Kultur, ebenso in der Jugend oft Rindenflecken, wenig Samenansatz.
'Senffs' (von Senff in Zerbst, 1919)	Fast stachellos; glänzendes Laub; besonders Teehybriden wachsen gut hierauf (darf nicht in vollem Saft veredelt werden!), hat viele gute und starke Wurzeln.	Stark anfällig gegen Rindenkrankheiten, etwas anfällig gegen Sternrußtau; als Stammbildner ungeeignet, weil zu markig; starke Ausläuferbildung.
R. rubiginosa (= 'Sweet Briar'; hauptsächlich für Parkrosen)	Besonders für hitzige Böden, nur zum Niedrigveredeln; regt die darauf veredelten Sorten zum Remontieren an und verursacht intensivere Blütenfärbung (wird in letzter Zeit wieder mehr gefragt), beste Unterlage für Foetida-Hybriden.	Stark bestachelt, Veredlungen haben im ersten Jahr nach der Pflanzung oft schwächeren Wuchs; läßt sich nur schlecht verpflanzen.
R. manettii Crivelli In S-Frankreich und Algier als Unterlage für Treibrosen gebräuchlich, 1834	Sehr genügsam in bezug auf den Boden; beste Unterlage für die sogenannte „amerikanische Rosentreiberei", für Winterhausveredlung.	Kommt als Unterlage für Freilandrosen nicht in Betracht; nur bis —15 °C winterhart; nur aus Steckholz vermehrbar; schlecht okulierbar; deshalb oft besser kopulieren; Tee- und Foetida-Hybriden werden schlecht angenommen.
R. indica major	Was in Europa als *odorata* geht, ist fast immer weiter nichts als *indica major*; an der Riviera meist gebräuchliche Unterlage; bei uns nicht ausreichend winterhart.	
R. odorata (Heimat: China) Nur in USA als Unterlage für einige Treibsorten in Gebrauch	Besonders für die Wintertreiberei geeignet; in erster Linie für Tee- und Foetida-Hybriden; läßt sich okulieren und kopulieren.	Geringe Winterhärte; kommt als Unterlage für Freilandrosen nicht in Betracht.
R. rugosa 'Hollandica' (= *R. rugosa* × *manettii*; 'Boskooper Rugosa') Hierzu in Holland verschiedene Selektionen, z. B. 'Speks Improved'	Sehr winterhart; Wuchs steif aufrecht; Blüten hierauf groß und reichlich; in Holland (früher auch in Deutschland) stark als Stammbildner verwendet, weil nur diese Sorte auf den feuchten, humosen Boskooper Böden gedeiht, dagegen *canina* und *multiflora* dort vollkommen versagen; für Topfrosen gute Unterlage.	Sehr stark ausläufertreibend; alle hierauf veredelten Sorten haben nur kurze Lebensdauer; Hochstämme hierauf minderwertig, weil sehr dürreempfindlich und brüchig; braucht hohe Bodenfeuchtigkeit und Sandboden; nur aus Steckholz vermehrbar.

UNTERGLASKULTUR

Winterveredlung

(ganze Kultur unter Glas)

Vorgang	Zeit	Erläuterungen
Wildlinge leicht antreiben	Januar	Möglichst 8—12 mm stark, dann abwerfen.
Veredeln		Pfropfen hinter die Rinde.
		Reiser zunächst von ausgereiften Trieben von Gewächshauspflanzen (aus dem Freiland gibt es oft großen Ausfall!).
		Ab Februar schon halbreife Reiser, mit einem Blatt, aus dem Haus.
		Verbinden mit selbstklebendem Kunststoffband, löst sich später selbst.
		Nicht gut verwachsene Veredlungen brechen leicht aus.
		Verbinden auch mit Baumwollfaden üblich, drei Windungen, verrottet bald.
		Leistungen sehr unterschiedlich je nach Organisation:
		Wenn ein Mann alles selbst macht: 50—60 Stück/Std. ohne Abwerfen der Wildlinge und Einschlagen.
		Bei Kolonnenarbeit sind vielleicht etwas höhere Ergebnisse möglich, aber abhängig vom Reisermaterial (hartes oder halbreifes Holz, stachelig oder wenig stachelig); Kolonne so zusammengesetzt: 8 Veredler, 4 Verbinder, 2 Putzer, 1 Wildlingsschneider, 1 Mann zum Einschlagen.
Einschlagen		Sofort nach Veredeln in Substrat in Kästen oder in eingedrahteten Torfballen; Ablieferung an Kunden, wenn Triebe 15—20 cm lang.

(Über die Weiterkultur unter Glas zum Blumenschnitt siehe anschließend.)

Rosenkultur unter Glas

Bodenansprüche. Der Boden soll sein: Lehmiger Sand bis sandiger Lehm, durchlässig, humus- und nährstoffreich; Humusgehalt 7—8 %. pH-Werte: in Mineralböden 5,5—6,5; in torfreichen Substraten um 5,5 (sonst Eisenchlorosen!).

Pflanzabstände. Beete von 1,20 m Breite mit vier Reihen zu 30 cm Abstand, in der Reihe bis 35 cm Zwischenraum; heute aber auch in Deutschland, Holland und Frankreich zwei bis drei Reihen üblich mit 55 cm Abstand, in der Reihe bis 20 cm, = 6 bis 6,5 Pflanzen auf den Netto-qm.

Düngung (nach von Hentig, Kulturkartei). Mäßig salzverträglich; Salzkonzentration in leichten Böden 0,15 %, in schweren 0,25 %, keinesfalls wesentlich darüber. Optimale Nährstoffbereiche in Mineralböden: N 10—30; P_2O_5 60 bis 80; K_2O 85—100; CaO 150 mg/100 g lufttrockener Boden (für humusreiche Substrate größere Mengen); MgO 20 bis 25 mg und Spuren von Mangan, Kupfer, Bor. Für laufende Kultur 250—350 g Mehrnährstoffdünger je m² und Jahr. Bei zuviel P_2O_5 mit 18/6/12 o. ä. nachdüngen. Über CO_2-Gaben bisher keine einheitliche Meinung.

Bewässerung. Durch kurz über dem Boden befestigte Düsenrohre; auch Oberbewässerung sinnvoll, auch zum Ausbringen von Pflanzenschutzpräparaten und Blattdüngern, dadurch jedoch Sternrußtau und Mehltau begünstigt! Bodenfeuchtigkeit regelmäßig prüfen. Wasserbedarf etwa 1 m³ je m² und Jahr.

Treibmethode.

1. Halbwarme Treiberei: Treibbeginn Februar, mit Winterruhe ab September—Oktober, 4—5 Florperioden.
2. Warmtreiberei: Kurze Ruheperiode im Sommer, Treiberei ab September den ganzen Winter hindurch.
3. Kalttreiberei: Winterruhe, natürliches Antreiben unter Glas, Blüte ab Ende April—Mai.

Heizmaterial (nach Möhring/Lambrecht).

a) Wintertreiberei 130 kg Koks/m² oder 72 Liter Leichtöl.
b) Februar-Treiberei 52 kg Koks/m² oder 29 Liter Leichtöl.

Temperaturen. Bei Neuanpflanzungen beginnend mit 5—6 °C; wenn Augen schwellend, allmählich steigend auf 8 °C, dann auf 12 °C; nach Entfaltung der ersten Blätter auf 15 °C, später bis auf etwa 20 °C.

Alte Bestände, nach Rückschnitt, antreiben mit 8—10 °C, bis Augen schwellen, dann allmählich auf 18—21 °C bis Knospen sichtbar, danach 16—20 °C.

Blühtermine. Normalkultur mit 5 Floren; Kulturbeginn frühestens Mitte bis Ende Januar; bis zum ersten Flor mindestens 60 Tage; weitere Erntezeitpunkte alle 40 bis 50 Tage, im Herbst nach 60—70 Tagen; Änderung der Blütezeiten durch „Sommerruhe“. Im Juli—August etwa

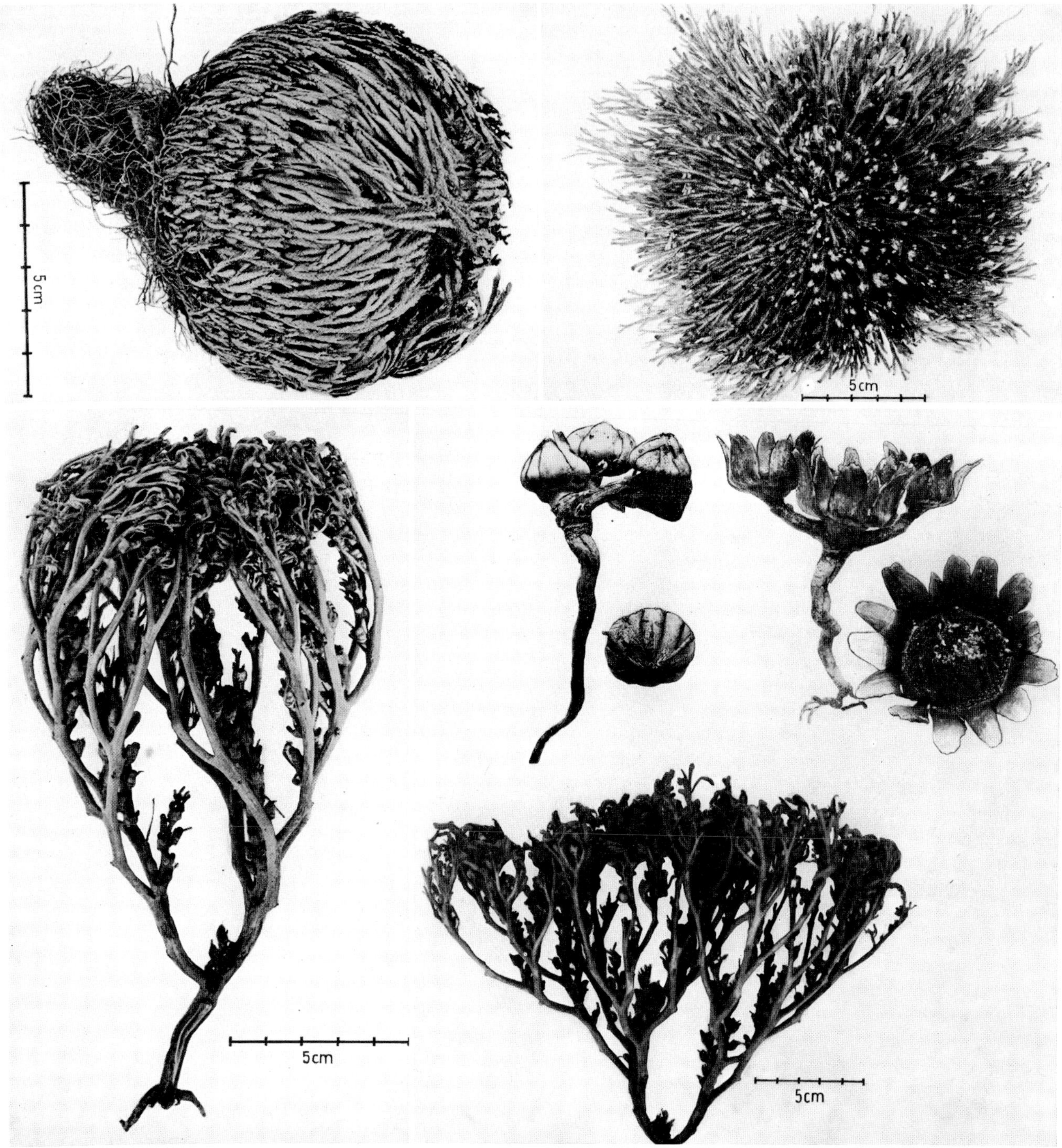

Die „Rosen von Jericho“

Oben *Selaginella lepidophylla,* rechts geöffnet, links geschlossen; *Anastatica hierochuntica,* links unten geschlossen, rechts unten geöffnet; *Asteriscus pygmaeus,* Mitte rechts geöffnet, links geschlossen (Bilder: Grasmück)

Kaiserin Joséphine in Malmaison
(nach einem Gemälde von Prud'hon, Louvre)

Pierre-Joseph Redouté (1759—1840),
der berühmte Rosenmaler

Schloß Malmaison (nach einem Gemälde von Auguste Garneray, National-Museum Malmaison). Das Bild zeigt eine zum Ausritt aufbrechende Gesellschaft an der Parkseite des Schlosses

4—5 Wochen nicht ernten, sondern ausblühen lassen, dann auf 3—4 Normalblätter stutzen und neu beginnen.

Erträge. Über die Erträge von Treibrosensorten zeigten die Versuche von Prof. Dr. Böhnert in den ersten vier Schnittjahren folgende Ergebnisse:

Sorte	Ertrag je Pfl.	je m²	Anteil der Schnittlänge in Prozent 10 bis 20 cm	20 bis 40 cm	40 bis 60 cm	60 bis 90 cm
'Rouge Meilland'	9,3	109	1	31	51	17
'Karl Herbst'	11,5	131	10	74	16	—
'New Yorker'	13,5	154	3	52	40	5
'Gretel Greul'	15,4	176	7	49	41	5
'Gloria Dei'	13,0	148	2	41	47	10
'Spek's Yellow'	14,3	163	—	25	57	18
'Geheimrat Duisberg'	18,6	212	2	54	41	3

Vogelmann (bei Storck 1969) zeigt die Erträge von vier neueren Sorten:

Kultur	Beginn (Pflanzung)	Stück je m² Nettofläche	Kulturdauer bis Aberntung, Jahre	Erträge pro Jahr bzw. Kulturdauer Ermittlungen in Deutschland Stück/Pfl.	in Deutschland Stück/m²	in Holland Stück/m²
Rosen *Haus*	Pflanzung Herbst/Frühjahr	10—13 ∅ 12	5—8	10—20	TH **100 bis 200,** Florib. bis 300	177
'Baccara'	Anheizen ab I—A II			9,5	**115**	ca.115
'Super Star'	Schnitte III—XII			10	125	—
'Geheimrat Duisberg'				16	200	ca.180
'Garnette'				25	300	ca.300
Freiland	Herbst	2,5—3	6—7	10—20	30—60	—

Marktsortierung. Allgemein: Blüten, Stiele und Blätter müssen frisch, gesund und frei von Beschädigungen und Schädlingen aller Art sein. Die Blüten müssen schnittreif sein, ihre Form und Farbe müssen der Sorte entsprechen. Der Stiel muß kräftig und gerade sein und die Blüten aufrecht tragen. Die Länge der Stiele muß zur Größe der Blüten in einem richtigen Verhältnis stehen.

Bündelung: 20 Stück im Bund. Die Rosen sollen in Rosenpapier eingewickelt und sortenrein sortiert sein.

Sortierung:

I A-Qualität: Mindestlänge der Stiele 60 cm. Diese Ware muß in Form und Farbe überdurchschnittlich sein. Gleichmäßig große Blüten.

I. Qualität: Mindestlänge der Stiele 50 cm.

II. Qualität: Mindestlänge der Stiele 38 cm.

III. Qualität: Mindestlänge der Stiele 28 cm.

IV. Qualität: Mindestlänge der Stiele 20 cm. Rosen mit schwachen Stielen, die etwas gebogen sein dürfen.

Kranzware: Alle anderen Rosen, auch offene Rosen in allen Stiellängen, sie müssen aber frisch und unbeschädigt sein.

Freilandrosen

Durch Witterung bedingte Mängel müssen vom Züchter ins Lieferbuch eingetragen werden.

Bündelung: 20 Stück einer Sorte im Bund.

Sortierung: Lang: Mindestlänge 45 cm;
Mittel: Mindestlänge 30 cm;
Kurz: Mindestlänge 18 cm.

Kranzware: Alle Rosen, die diese Bedingungen nicht erfüllen.

Arbeitszeitbedarf für Rosenkulturen unter Glas

Produktionsverfahren I mit Teehybriden (nach Rothenburger 1970)

Gewächshausfläche: 1000 Brutto-qm.

Auspflanzen: III—IV (Winterhandveredlung).

Ernte: 1. Jahr 2,5 Flore mit 50 Blüten je Brutto-qm.
2. Jahr 4,5 Flore mit 100 Blüten je Brutto-qm.
Ab 3. Jahr 5 Flore mit 110 Blüten je Brutto-qm.

Abräumen: 8. Jahr.

Arbeitsgänge	Pflanzen / Blumen	Menge je Arbeitsgang	Leistung je Std. der Arbeitsgänge	Arbeitszeitbedarf in Std. je 1000 Brutto-qm
Erstes Kulturjahr				
1. Bodenbearbeitung, Einbringen von Stalldung und Auspflanzen	8 000	1000 qm	5 qm	200
2. Gießen und düngen mit Bewässerungsanlage (100 Arbeitsgänge)	—	1000 qm	1500 qm	70
3. Drahtnetz anbringen, Triebe stutzen und schneiden[1]			75 qm	10
(1 + 3 Arbeitsgänge)	—	750 qm	18 qm	126
4. Ausbrechen der Seitenknospen[2] (3 Arbeitsgänge)	—	750 qm	150 qm	15
5. Spritzen gegen Schädlinge (15 Arbeitsgänge)	—	1000 qm	700 qm	21
6. Hacken und Unkraut ziehen[4] (2 Arbeitsgänge)	—	750 qm	30 qm	50
7. Ernten 100mal — Rosen schneiden, sortieren, bündeln mit Bündelmaschine, Bunde in Papier einrollen	50 000	10 Ros./Bd.	110 Bl.	455
Arbeitszeit im ersten Kulturjahr für 50 000 verkaufsfähige Schnittrosen, einschließlich auspflanzen (aufgerundet)				950
Zweites Kulturjahr				
1. Gießen und düngen mit Bewässerungsanlage (150 Arbeitsgänge)	—	1000 qm	1500 qm	105
2. Triebe stutzen und schneiden[3] (6 Arbeitsgänge)	—	750 qm	18 qm	250
3. Ausbrechen der Seitenknospen (5 Arbeitsgänge)	—	750 qm	150 qm	25
4. Spritzen gegen Schädlinge (25 Arbeitsgänge)	—	1000 qm	700 qm	35
5. Hacken und Unkraut ziehen[4] (4 Arbeitsgänge)	—	750 qm	30 qm	100
6. Ernten (150mal) wie im ersten Kulturjahr	100 000	10 Ros./Bd.	120 Bl.	833
Arbeitszeitbedarf im zweiten Kulturjahr für 100 000 verkaufsfähige Schnittrosen (aufgerundet)				1350

Arbeitsgänge	Pflanzen / Blumen	Menge je Arbeitsgang	Leistung je Std. der Arbeitsgänge	Arbeitszeitbedarf in Std. je 1000 Brutto-qm
Ab drittem Kulturjahr				
1. bis 7. wie zweites Kulturjahr plus zusätzlich rund 10 % für Schnittarbeiten für 5 statt 4,5 Flore				550
2. Ernten 200mal, wie erstes Kulturjahr	110 000	10 Ros./Bd.	120 Bl.	917
Arbeitszeitbedarf ab drittem Kulturjahr für 110 000 verkaufsfähige Schnittrosen jährlich (aufgerundet)				1475

[1] Unter „Stutzen" wird das Zurücknehmen des ersten Triebes nach dem Pflanzen verstanden. Wird zweimal gestutzt, so ist dieser Arbeitsgang mal 2 zu nehmen (+ 10 Arbeitsstunden). Unter „Schneiden" wird ein Nachschneiden oder Nachputzen nach jedem Flor verstanden.

[2] Zugrundegelegt ist ein mittlerer, aus der Praxis erfahrener Wert. Dieser Wert kann bei bestimmten kleinblumigen Floribunda-Rosen wesentlich höher liegen, bei einigen Teehybriden niedriger.

[3] Enthalten sind ein Rückschnitt, gegebenenfalls ein Stutzen, falls ein Flor verschoben werden soll, und das Nachschneiden.

[4] Diese Tätigkeit läßt sich durch eine Bodendecke (Torf usw.) einschränken. Der Arbeitsbedarf wird jedoch als Ausgleich für das Auffüllen von Torf oder Torf und Dung nach dem Rückschnitt und gegebenenfalls auch das Entfernen von Unkraut, Holzresten oder Laub belassen.

Produktionsverfahren IIa mit kleinblumigen Floribunda-Rosen (nach Rothenburger 1970)

Arbeitszeit für die Ernte.
Sämtliche anderen Arbeitsgänge verglichen mit Produktionsverfahren I.
Ernte: 1. Jahr 100 Blumen je Brutto-qm; ab 2. Jahr 200 Blumen je Brutto-qm.

Arbeitsgänge	Anzahl Blumen	Menge je Arbeitsgang	Leistung je Std. der Arbeitsgänge	Arbeitszeitbedarf in Std. je 1000 Brutto-qm
Erstes Kulturjahr				
Ernten (100mal) Rosen schneiden, sortieren, bündeln mit der Bündel-				

Arbeitsgänge	Anzahl Blumen	Menge je Arbeitsgang	Leistung je Std. der Arbeitsgänge	Arbeitszeitbedarf in Std. je 1000 Brutto-qm
maschine, Bunde in Papier einwickeln	100 000	10 Ros./Bd.	130 Bl.	769
Ab zweitem Kulturjahr				
Ernten (200mal) wie oben	200 000	10 Ros./Bd.	145 Bl.	1380
Arbeitszeitbedarf ab zweitem Kulturjahr für 200 000 verkaufsfähige Schnittrosen (aufgerundet)				1900
Arbeitszeitbedarf für 1000 verkaufsfähige Schnittrosen ohne Auspflanzen und Abräumen				9,5

Produktionsverfahren IIb mit kleinblumigen Floribunda-Rosen

Arbeitszeitbedarf für die Ernte ohne Bunde in Papier einrollen.
Sämtliche anderen Arbeitsgänge verglichen mit Produktionsverfahren I.

Arbeitsgänge	Anzahl Blumen	Menge je Arbeitsgang	Leistung je Std. der Arbeitsgänge	Arbeitszeitbedarf in Std. je 1000 Brutto-qm
Ab zweitem Kulturjahr				
Ernten (200mal) Rosen schneiden, sortieren, bündeln mit der Bündelmaschine	200 000	10 Ros./Bd.	180 Bl.	1111
Arbeitszeitbedarf ab zweitem Kulturjahr für 200 000 verkaufsfähige Blumen (aufgerundet)				1630

Gesamtarbeitsaufwand für einige Rosensorten
(Durchschnittswerte aus der BR Deutschland 1968/69)

Sorte bzw. Gruppe	Erntezahl/ Blumen je Vollertragsjahr und 1000 Brutto-qm	Gesamtarbeitsaufwand in Std. je 1000 Brutto-qm
'Baccara'	7 000	900—1200
'Dr. A. J. Verhage'	8 500	1000—1200 (1600)*
'Super Star'	12 000	1300—1400
'Geheimrat Duisberg'	13 000	1400—1600
kleinblumige Floribunda-Rosen	20 000	1600—1800

* Eine Angabe geht bis 1600 Stunden.

Andere Kulturmethoden

Hydrokultur. In Deutschland, soweit bekannt, erst wenig erprobt, wohl aber in USA, bereits seit 20 Jahren. Qualität der Schnittrosen soll sehr gut sein.

Sandkulturverfahren. In Frankreich (Meilland, für seine Sämlinge); früher auch schon in USA.

Kieskulturverfahren. In USA und in Norwegen in Erprobung.

Torfkulturverfahren. In Finnland in Erprobung, aber noch sehr umstritten; teilweise Kultur unter Verwendung von wurzelechten Rosen (aus Stecklingen).

SORTIMENTS-ZUSAMMENSTELLUNGEN

Was verlangt der Gärtner von einer erstklassigen Schnittrose?

1. Hohe Durchschnittserträge.
2. Gute Haltbarkeit als Schnittrose (muß eine etwas rauhe Behandlung gut vertragen, denn sie wird dauernd in die Hand genommen: beim Schneiden, Sortieren, Verpacken, Auspacken, Abdornen, Einstellen in die Vasen, Verkaufen).
3. Gesunde Belaubung, Widerstandsfähigkeit gegen Krankheiten.
4. Ansprechende Form und Farbe der Blüte und lange Stiele.

Das Sortiment der Unterglasrosen 1965—1973
(unter Benutzung einiger Daten aus Noack/Kallauch/von Hentig, 1972)

Sorte	Typ	Blütenfarbe	Beurteilung	im Handel seit
Farbgruppe Rot				
Garnette	Fl/P	granatrot	**	1947
Baccara	TH	leuchtend-orangerot	***	1954
Velvet Times	TH	samtrot	*	1960
Furore	TH	orangerot	* (Holl.)	1965
Lovita	TH	blutrot	*	1966
Nordia	Fl/T	leuchtendrot	*	1968
Diorette	Fl/P	lachsrot	*	1969
Pimlico	Fl	leuchtend-geraniumrot	*	1970
Prominent	Fl	zinnober-orangerot	*	1971

Sorte	Typ	Blütenfarbe	Beurteilung	im Handel seit
Ilona	TH	rot	? (neu)	1973
Magic Moment	TH	hellrot	? (neu)	1972
Farbgruppe Orange				
Super Star	TH	salmorange	*	1960
Zorina	Fl/T	lachsorange	**	1965
Königin der Rosen	TH	lachsorange mit gelbl. Außenseite	**	1966
Belinda	Fl	bronze-goldorange	***	1971
Mercedes	Fl	granadarot	? (neu)	1974
Farbgruppe Rosa				
Carol	Fl/P	silbrigrosa	**	1953
Kordes Perfecta	TH	gold und lachsrosa	* (nur in Frankr.)	1957
Carina	TH	reinrosa	**	1963
Marimba	Fl/P	korallenrosa	**	1964
Junior Miss	Fl/T	zartrosa	*	1965
Pink Puff	Fl	intensivrosa	**	1967
Bridal Pink	Fl	kräftigrosa	*	1969
Sonia	Fl	porzellanrosa	***	1969
Interflora	TH	hell-lachsrosa	*	1970
Lara	TH	lachsrosa	** (Frankr.)	1970
Forsyte	TH	dunkellachs	(nur in Holl.)	1971
Faberge	Fl	lachsgelb	?	1970
Rosali	Fl	lachsrosa	*	—
Mambo	Fl	lachsrosa	?	1970
La Minuette	Fl	weiß-hellrot	?	1973
Farbgruppe Gelb				
Geheimrat Duisberg	TH	gelb	*	1933
Arlene Francis	TH	goldgelb	*	1958
Dr. A. J. Verhage	TH	altgold	**	1961
Samba	Fl	goldgelb	*	1964
Spanish Sun	Fl	lichtgelb	*	1968
Peer Gynt	TH	goldgelb	**	1968
Minigold	Fl	goldgelb	**	1970
Evergold	Fl	goldgelb	**	1970
Mabella	TH	hellgelb	**	1971
Precilla	TH	goldgelb	**	1973
Yellow Belinda	Fl	goldgelb	**	1973
Bellona	Fl	goldgelb	? (neu)	1974
Farbgruppe Weiß				
Message	TH	weiß und grünlich	*	1957
Tiara	Fl	weiß	*	1960
Jack Frost	Fl	weiß	**	1962
Pascali	TH	reinweiß	**	1963
Akito	Fl	weiß	? (neu)	1971
Sonstige Farben				
Lady X	TH	fliederfarben	—	1964
Mainzer Fastnacht	TH	fliederfarben	—	1964
Shocking Blue	Fl	fliederfarben	—	1974
Sonora	Fl	rosa mit gelb	—	1965
Esther Ofarim	Fl	orange und gelb	**	1971
Anabell	Fl	lachsrosa	**	1973

*** Führende Sorte 1972/73.
** Anbauerfolg gut bis befriedigend.
* Anbau rückläufig.
? Erfahrungen für die Beurteilung noch nicht ausreichend.

Bedeutende Sorten für den Unterglasanbau 1945—1965
(nach Noack/Kallauch/von Hentig, verändert und ergänzt)

Sorte	Typ	Blütenfarbe (Katalogbezeichnung)	Züchter	im Handel seit
Farbgruppe Rot				
Better Times	TH	dunkelblutrot	J. H. Hill	1934
Red Better Times	TH	rot	Asmus	1937
Poinsettia	TH	scharlachrot	Howard & Smith	1938
Perle von Aalsmeer* (NL)	TH	dunkelrot	Verschuren	1941
Garnette*	Fl/P	granatrot	M. Tantau	1941
New Yorker	TH	dunkelrot	Jackson & Perkins	1948
Rouge Meilland	TH	rot	Meilland	1949
Karl Herbst	TH	dunkelkarmesin	W. Kordes' Söhne	1950
Kordes' Sondermeldung	TH	ziegel- bis mennigrot	W. Kordes' Söhne	1950
Spartan	Fl	orangerot	Boerner-Jackson & Perkins	1955
Montezuma	TH	lachsrot	Armstrong Nurseries	1956
Tradition	TH	dunkelrot	W. Kordes' Söhne	1966
Farbgruppe Orange				
Katherine Pechtold	TH	kupferorange	Verschuren-Pechtold	1934
Antheor	TH	orange	Meilland	1947
Souvenir de Jac Verschuren	TH	braunorange	Verschuren-Pechtold	1950
Super Star*	TH	salmorange	M. Tantau	1960
Farbgruppe Rosa				
Gretel Greul	TH	karminrosa	Greul	1939
Printemps	TH	rosa	Mallerin	1948

Sorte	Typ	Blütenfarbe (Katalog-bezeichnung)	Züchter	im Handel seit
Chic	Fl	gelb-lachsrosa	Jackson & Perkins	1953
Kordes' Perfecta	TH	gold u. lachsrosa	W. Kordes' Söhne	1957
Ballett	TH	leuchtendrosa	W. Kordes' Söhne	1958
Elysium	Fl	rosa	W. Kordes' Söhne	1961
Farbgruppe Gelb				
Roselandia* (NL)	TH	lichtgelb	Stuart Low & Co.	1924
Geheimrat Duisberg*	TH	gelb	W. Kordes' Söhne	1933
Gloria Dei	TH	goldgelb m. braunrot. Rand	Meilland	1945
Speks Yellow	TH	leuchtendgelb	Jan Spek	1947
Golden Masterpiece	TH	goldgelb	Boerner-Jackson & Perkins	1953
Farbgruppe Weiß				
Mme Jules Bouché	TH	reinweiß	Croibier	1911
Virgo	TH	blendendweiß	Mallerin	1947
Message*	TH	weiß mit grünl. Schimmer	Meilland	1957

* Im heutigen Anbau noch zu finden.

Für die Topfkultur geeignete Rosen 1973
(nach Noack/Kallauch/von Hentig, verändert)

Sorte	Typ	Blütenfarbe (Katalog-bezeichnung)	Züchter	im Handel seit
Farbgruppe Rot				
Dick Koster fulgens	ZP	hellrot	D. A. Koster	1940
Rote Gabrielle Privat	P	hellrot	W. Kordes' Söhne	1941
Garnette	Fl	granatrot	M. Tantau	1947
Muttertag*	P	leuchtendrot	F. J. Grootendorst	1950
Alberich	ZP	leuchtendrot	de Ruiter	1954
Zwergkönig	Z	blutrot	W. Kordes' Söhne	1954
Coralin	Z	korallenrot	P. Dot	1956
Little Buckaroo	Z	blutrot mit reingelber Mitte	Sequoia Nursery	1957
Vatertag*	ZP	lachsorangerot	M. Tantau	1959
Scarlet Gem	Z	feuerrot	Meilland	1961
Starina	Z	ziegelrot	Meilland	1968
Maywonder*	P	rotorange	Grootendorst	1968
Farbgruppe Rosa				
Gabrielle Privat	P	seidenrosa	B. Privat	1931
Carol	Fl	silbrigrosa	Amling	1953
Zwergkönigin	Z	mattrosa	W. Kordes' Söhne	1955
Marimba	Fl	korallenrosa	G. Verbeek	1964
Rosmarin	Z	silbrigrosa	W. Kordes' Söhne	1965
Little Sunset	Z	lachsrosa auf gelblichem Untergrund	W. Kordes' Söhne	1967
Farbgruppe Gelb				
Baby Maskerade	Z	in voller Blüte leuchtendgoldgelb	M. Tantau	1955
Colibri	Z	orangegelb	Meilland	1958
Bit O'Sunshine	Z	leuchtenddottergelb	R. S. Moore	1963
Farbgruppe Weiß				
Sneprinsesse	ZP	reinweiß	F. J. Grootendorst	1946

* Sorten mit gegenwärtig besonderer Bedeutung.

Freilandsortiment 1973

Sorte	Typ	Blütenfarbe (Katalog-bezeichnung)	Züchter	im Handel seit
Farbgruppe Rot				
Ena Harkness*	TH	scharlachrot	Norman-Harkness	1946
Roter Stern***	TH	orangerot	wahrsch. Meilland	1954
Baccara*	TH	leuchtend-orangerot	Meilland	1954
Montezuma*	TH	lachsrot	Armstrong	1956
Farbgruppe Orange				
Souvenir de Jac Verschuren*	TH	braunorange	Verschuren-Pechtold	1950
Super Star***	TH	salmorange	M. Tantau	1960
Prominent***	Fl	orangerot	W. Kordes' Söhne	1971
Farbgruppe Rosa				
Gretel Greul*	TH	karminrosa	Greul	1939
Queen Elizabeth***	Fl	hellrosa	Germain's Seed Co.	1955
Elysium*	Fl	rosa	W. Kordes' Söhne	1961
Carina***	TH	reinrosa	Meilland	1963
Farbgruppe Gelb				
Gloria Dei**	TH	hellgelb mit rötlichem Rand	Meilland	1945

Sorte	Typ	Blütenfarbe (Katalog-bezeichnung)	Züchter	im Handel seit
Speks Yellow*	TH	leuchtendgelb	Jan Spek	1947
Sutter's Gold**	TH	goldgelb	Swim-Armstrong	1950
Eclipse*	TH	hellgelb	Jackson & Perkins	1955
Rumba*	PH	goldgelb, Knospe braunrot	D. T. Poulsen	1960
Goldkrone*	TH	goldgelb	W. Kordes' Söhne	1962
King's Ransom**	TH	goldgelb	Jackson & Perkins	1960
Farbgruppe Weiß				
Pascali**	TH	blendendweiß	L. Lens	1963
Youki San*	TH	weiß	Meilland	1965

*** Gegenwärtig führende Freilandschnittsorten.
** Mit gutem bis befriedigendem Erfolg im Anbau.
* Abnehmendes Interesse oder keine gesicherten Angaben.

LITERATUR

BÖHNERT, E., und E. MÜHLENDYK: Sortenbeobachtungen an Treibrosen. Gartenbauwiss. 21: 208—227 (1956).
HENTIG, W.-U. VON: Vergleich von Rosensorten unter Glas. Gartenwelt 63: 362—364 (1963).
KRÜSSMANN, G.: Die Baumschule. 3. Aufl. Berlin 1964.
LEEMANS, J. A.: Rootstocks for Roses. Boskoop 1964.
MOE, R.: Kulturen von Topfrosen nach neuen Erkenntnissen. Gartenwelt 71: 295—300; 381—383 (1971).
—: Neue Methode für die Anzucht von Rosen auf eigener Wurzel. Gartenwelt 73: 191—194 (1973). — Behandelt Versuche mit der Hausrose 'Garnette' in Norwegen.
MÖHRING, H.-K., und O. LAMBRECHT: Kulturtechnisches Taschenbuch des Betriebsleiters im Blumen- und Zierpflanzenbau. 2. Aufl. Berlin 1964.
NOACK, E., W. KALLAUCH und W.-U. VON HENTIG: Rosenkultur unter Glas und im Freiland. 3. Aufl. Berlin 1972.
PENNINGSFELD, F.: Boden- und Nährstoffansprüche von Schnittrosen. Südd. Erwerbsgärtner 21: 87—91 (1967).
ROTHENBURGER, W.: Arbeitsbedarf Rosen; bei STORCK (1969).
ROWLEY, G. D.: Germination in *Rosa canina.* ARA 1956: 70—73.
RÜNGER, W.: Licht und Ertrag von Hausrosen. Gartenwelt 67: 5—6 (1967).
RUPPRECHT, H.: Rosen unter Glas. Melsungen 1970.
STEFFEN, L.: Rosen unter Glas und Treibgehölze. Stuttgart 1969.
—: Die richtigen Unterlagen wählen. Gartenwelt 72: 405—407 (1972).
STORCK, H.: Gartenbau, Betriebsführung, Produktion. Stuttgart 1969.
TAYLOR, G. M.: The root system of our garden Roses; a historical record of the art of budding. RA 1944: 15—19.
TINCKER, M. A. H.: Rose seeds; their after-ripening and germination. J.RHS 60: 399—417 (1935). Versuchsberichte.
VOGELMANN (bei STORCK 1969).
WENNEMUTH, G.: Neue Ergebnisse zur Unterlagenfrage. R.Jb. 1969: 64—74.
ZIMMER, K.: Erträge einiger Hausrosen-Sorten im ersten Standjahr. Gartenwelt 68: 196 und 242 (1968).
—: Untersuchungen an Freilandrosen I und II; ein Beispiel für die Auswertung von Sortenvergleichen. Gartenwelt 70: 427 bis 428 und 473—474 (1970).

Pflanzenschutz bei Rosen

(Dr. Martin Hemer[1])

Die Rose in ihren vielen Formen gehört zu den langlebigen Kulturen. Als Hausrose steht sie fünf bis sieben Jahre, im Freiland oft unbegrenzt. Für die Absicherung der Kultur in dieser langen Zeitspanne kommt dem Pflanzenschutz eine wesentliche Bedeutung zu.

Unter Pflanzenschutz im weitesten Sinne verstehen wir Maßnahmen, die den Pflanzen ihren Ansprüchen gemäß optimale Entwicklungsbedingungen schaffen. Das fängt schon bei der Auswahl der Sorten für einen bestimmten Standort und Boden an. Ersterer sollte den Rosen viel Licht und Luft, letzterer die Grundlage für die Ernährung bieten. Dabei sollte er tiefgründig, nicht zu kalkreich und in gutem Kulturzustand sein.

Nach dem Pflanzen verdienen Düngung und Pflege große Beachtung, denn viele Krankheiten und Schädigungen werden durch Kulturfehler (Überdüngung, Trockenheit, Staunässe, starke Temperaturschwankungen usw.) begünstigt oder sogar ausgelöst.

Es ist eine alte Erfahrung, daß optimal versorgte Pflanzen in der Regel eine beachtliche Resistenz gegenüber Krankheiten und Schädlingen aufweisen.

Pflanzenschutz im engeren Sinne, auf den in den nachfolgenden Abschnitten eingegangen werden soll, befaßt sich mit der Verhinderung oder Bekämpfung von Krankheiten, Schädlingsbefall, Virosen, physiologischen Störungen und der Unkrautbekämpfung.

Da die Rosen sowohl im Freiland als auch unter Glas kultiviert werden, ergeben sich daraus schon beträchtliche Unterschiede in den Wachstumsbedingungen, was sich wiederum auf die Anfälligkeit gegenüber Krankheiten und Schädlingen auswirkt. So kann Rosenrost im Freiland erheblichen Schaden anrichten, im Gewächshaus dagegen kann er sich, von Ausnahmen abgesehen, kaum entfalten. Umgekehrt gilt das für den Befall durch die Rote Spinne, die im Freiland höchstens an Kletterrosen größere Schäden verursacht, im Gewächshaus aber die Kultur aller Rosensorten nachhaltig stören kann.

1 Institut für Pflanzenschutz, Außenstelle Arnsberg.

Dieses Beispiel verdeutlicht, daß man nicht umhin kommt, sich mit der Biologie der wichtigsten Krankheiten und Schädlinge zu befassen. Nur so ist es möglich, Bekämpfungsmaßnahmen gezielt und ohne übermäßige Belastung der Kulturen und der Umwelt einzusetzen.

Nach dem deutschen Pflanzenschutzgesetz vom 15. Mai 1968 dürfen auch im Zierpflanzenbau nur noch amtlich geprüfte und zugelassene Pflanzenschutzmittel angewandt werden. Das hat den Vorteil, daß dem Praktiker Mittel in die Hand gegeben werden, die eine mehrjährige Prüfung durch den Pflanzenschutzdienst hinter sich haben; dabei ist wichtig zu wissen, daß für die meisten Präparate auch eine Prüfung auf Verträglichkeit erfolgte.

Ihre Veröffentlichung erfolgt im Pflanzenschutzmittelverzeichnis der Biologischen Bundesanstalt, das jährlich neu aufgelegt wird. Die zugelassenen Präparate führen das nachfolgend abgebildete Anerkennungszeichen mit dem Aufdruck „Amtlich geprüft — zugelassen“ (Abb. 55), Biologische Bundesanstalt für Land- und Forstwirtschaft und ihre Zulassungsnummer.

Nr. 0851

Zulassungsnummer

Abb. 55. Alle in der Bundesrepublik zugelassenen Pflanzenschutzmittel führen das nebenstehende Anerkennungszeichen

Nachteilig ist zu werten, daß in der Regel nur Mittel durch die Industrie zur Prüfung und Zulassung angemeldet werden, die einen größeren Umsatz versprechen. Spezialmittel, wie sie der Zierpflanzenbau oft benötigt, bleiben dadurch ohne Zulassung und dürften nicht angewandt werden. In besonders dringenden Fällen sind unter Einschaltung der Biologischen Bundesanstalt und des Pflanzenschutzdienstes Ausnahmen möglich.

Die nachfolgend erwähnten Mittel sind für ihren Verwendungszweck zugelassen. Da aus Platzmangel nicht alle zugelassenen Handelspräparate aufgeführt werden konnten — bei dem Wirkstoff Dimethoat sind es beispielsweise 22 —, beschränkten wir uns bei der Auswahl auf die Mittel, mit denen wir in Versuchen oder unter Praxisbedingungen die besten Ergebnisse erzielten.

Daß neben der Wirkung auch die „Fleckenfreiheit“ und die Verträglichkeit berücksichtigt wurden, versteht sich von selbst. Weitere Informationen geben die Gebrauchsanweisungen der Hersteller, sie sind Bestandteil der Zulassung und müssen unbedingt vor Gebrauch des Mittels gelesen werden. Man erspart sich dadurch manchen Ärger und oft auch wirtschaftlichen Verlust.

PILZLICHE KRANKHEITEN

Echter Mehltau Schadbild: Auf Blättern, Blütenkelchen und Trieben, besonders den jüngeren, mehliger, fleckenartiger Belag. Befallene Blätter sind meist etwas gekräuselt und rötlich angelaufen. Später kommt es zu Mißbildungen bei Blättern und Blüten.

Ursache: Pilz *Sphaerotheca pannosa* var. *rosae* Lév. Im Spätherbst findet man inmitten des mehligen Belages (Mycel) kleine kugelige Fruchtgehäuse (Perithecien), die die Überwinterungsform des Pilzes darstellen. Ferner kann der Pilz auch in Mycelform in den Knospen überwintern, von wo er im Frühjahr sofort auf die jungen Triebe übergeht und bei leichten Schwächeperioden der Pflanzen sichtbar wird. Biologische Rassenbildung wurde nachgewiesen.

Feuchte Wärme, dumpfe eingeschlossene Lagen, Lichtmangel, schroffer Temperaturwechsel, Zugluft, starke Austrocknung der Erde, Stickstoffüberdüngung und Kalkmangel scheinen das Auftreten zu begünstigen. Auch auf sehr leichten, sandigen oder kalten nassen Böden stehende Rosen haben häufig besonders stark unter Befall zu leiden.

Bekämpfung: Vorbeugend; Auswahl resistenter Sorten, Schaffung von optimalen Wachstumsbedingungen. Bei Kulturen unter Glas Einsatz von kontinuierlich arbeitenden Schwefelverdampfern. Plötzlich auftretende Infektionen können heute durch wirksame Spezialpräparate gebremst werden. Da Bekämpfungsmaßnahmen fast ausschließlich während der Blütezeit durchgeführt werden müssen, gibt man gern Mitteln den Vorzug, die bei guter Wirkung keine sichtbaren Spritzflecke hinterlassen.

Unter den zugelassenen Präparaten haben sich, nicht zuletzt unter diesem Gesichtspunkt, Mittel mit folgenden Wirkstoffen gut bewährt: *Dodemorph* (Compo-, früher BASF-Mehltaumittel 0,25 %), *Chloraniformethan* (Imugan 0,1 % — unter Glas 0,05 bis 0,075 %), *Triforine* (Saprol 0,075 %).

Unter Freilandbedingungen können auch *Benomyl* (Du Pont Benomyl 0,1 %), *Thiophanat* (Cercobin M 0,1 %), *Dichlofluanid* (Euparen 0,5 bis 1 %) u. a. eingesetzt werden. Geringfügige sichtbare Rückstände müssen in Kauf genommen werden.

Unter Glas kann es bei starker Sonneneinstrahlung schon bei normalen Anwendungskonzentrationen zu einer leichten Aufhellung der Blattränder kommen; besonders empfindlich sind die Sorten 'Zorina', 'Sonia' und 'Baccara' (siehe auch Hinweise der Mittelhersteller).

Bei starkem Infektionsdruck ist im Gewächshaus wie im Freiland in der Regel wöchentlich, ansonsten in 8—14tägigem Abstand zu spritzen. Bewährt hat sich sowohl in Versuchen als auch in der Praxis ein ständiges Wechseln der Wirkstoffe bzw. Mittel.

Falscher Mehltau Schadbild: Blattoberseite unregelmäßige, eckige, gelbbraun bis purpurfarbige Flecke, die später eintrocknen. An der Blattunterseite findet man (mit der Lupe) einen feinen grünweißen Schimmelbelag. Stark befallene Blätter rollen sich ein, welken und fallen bei Berührung leicht ab.

Ursache: Pilz *Peronospora sparsa* Berk.
Feuchtigkeit, stehende Luft und starke Temperaturschwankungen begünstigen den Befall, der vor allem in feuchten Sommern in Behelfshäusern und eingeschlossenen Lagen im Freiland auftritt.

Unterschiedliche Anfälligkeit einzelner Sorten wurde nachgewiesen.

Bekämpfung: Vorbeugende Spritzungen mit *Mancozeb* (Dithane Ultra 0,2 %), *Propineb* (Antracol 0,2 %), *Dithianon* (Delan flüssig 0,2 %), letzteres hinterläßt kaum Spritzflecke, bleibt aber in der Wirkung leicht hinter den erstgenannten zurück. Bei der Behandlung muß darauf geachtet werden, daß auch die Blattunterseiten gut benetzt werden. In der kritischen Befallszeit sind sie je nach Witterung in Abständen von 7 bis 10 Tagen zu wiederholen.

Sternrußtau (Schwarzfleckigkeit) Schadbild: Ab Juli—August auf der Blattoberseite braune bis schwarze, bis zu 1 cm große, sternförmige Flecke mit strahlig gefranstem Rand, die bei Sorten mit weichem Holz oft auch auf der grünen Rinde sichtbar werden. Die Blätter vergilben und fallen ab, oft ist der Boden unter den Stöcken dicht mit Blättern übersät. Da die vorzeitig entlaubten Pflanzen meist neu austreiben, werden sie im ganzen stark geschwächt und im Freiland auch frostgefährdet.

Ursache: Pilz *Marssonina rosae* Lib.
Er tritt in mehreren biologischen Rassen auf, deren Angriffsfähigkeit bei einzelnen Rosensorten sehr unterschiedlich ist.

In mehrjährigen Beobachtungen hat sich gezeigt, daß von dem derzeitigen Sortiment nur die Kletter- und Strauchrosen eine gewisse Widerstandsfähigkeit aufweisen. Besonders anfällig scheinen die Sorten 'Tip Top', 'Traumland',

'Valeta', 'Michèle Meilland', 'Kölner Karneval' und 'Gretel Greul' zu sein.

Bekämpfung: Vorbeugend: optimale Düngung, Beseitigung der abgefallenen Blätter. Keine schattigen Standorte wählen.

Sorgfältige, deckende, wiederholte Spritzungen mit *Triforine* (Saprol 0,075 %), *Dodemorph* + *Dodin* (Compo-Rosenfluid 0,3 %), *Dichlofluanid* (Euparen 0,5 bis 0,1 %). Alle Präparate wirken auch gegen Echten Mehltau.

Rosenrost Schadbild: Beim Austrieb im Frühjahr findet man, vornehmlich an Freilandrosen und Wildlingen, orangerote, polsterförmige Anschwellungen (Äzidien), die große Mengen von Sporen enthalten. Später zum Sommer hin beobachtet man auch an den Blättern zahllose, etwa stecknadelkopfgroße, stäubende, gelblich-rote Pusteln, die Sommer-(Uredo-)sporen produzieren. Etwa ab August werden von den sich inzwischen schwarz verfärbten Pusteln Winter-(Teleuto-)sporen gebildet. An den Befallsstellen vergilben die Blätter. Die Triebe verkrümmen sich und brechen sogar gelegentlich ab.

Ursache: Pilz *Phragmidium mucronatum* Schlecht.

Er überwintert als Mycel in den Trieben oder als Winterspore an abgefallenem Laub. Die sich aus dem Pilzgeflecht entwickelnden Uredosporen befallen, durch Wind oder Insekten begünstigt, die Blätter und infizieren sie erneut.

Die sich auf dem abgefallenen Laub entwickelnden Teleutosporen können dagegen auf den jungen Blättern erst dann auskeimen, wenn sie einem Kälteschock ausgesetzt waren. Aus diesem Grunde kommt der Rosenrost im Gewächshaus nur selten zur Entfaltung.

Von dem Pilz existieren offenbar mehrere biologische Rassen mit unterschiedlicher Infektionsfähigkeit. Sorten auf Unterlagen von *Rosa laxa* scheinen anfälliger zu sein als andere. Als relativ widerstandsfähig gelten Sorten auf *Rosa multiflora*.

Bekämpfung: Rückschnitt befallener Triebe, Verbrennen des Schnittholzes, Untergraben der abgefallenen Blätter, ausgeglichene Düngung (vorsichtige Stickstoff-, reiche Kalidüngung).

Zur vorbeugenden Bekämpfung beim Austrieb und während der Vegetation eignen sich *Mancozeb* (Dithane Ultra 0,2 %), *Triforine* (Saprol 0,075 %), *Propineb* (Antracol 0,2 %) und ähnliche Mittel.

Das systemisch wirkende *Oxycarboxin* (Plantvax) kann 0,1%ig sowohl vorbeugend als auch direkt bekämpfend eingesetzt werden. Die Behandlung ist entsprechend Witterung und Wachstum zu wiederholen.

Botrytis-Zweig- und Stielfäule Schadbild: An jungen Zweigen und Blütenstielen, auf denen sich bei feuchter Luft ein mausgrauer stäubender Schimmelrasen entwickelt. Auf den Blüten auch kleine, wässerige, begrenzte Flecke (Pocken).

Nach Rückschnitt werden auch häufig die Wundstellen stark befallen, so daß immer wieder nachgeschnitten werden muß. Größere Schäden können auch im Einschlag oder in Kühlhäusern auftreten.

Ursache: Pilz *Botrytis cinerea* Pers.

Im allgemeinen ein Schwächeparasit, der nur unter bestimmten, für die Pflanze ungünstigen Entwicklungsbedingungen (Licht- und Luftmangel, übermäßige Feuchtigkeit, falsche Ernährung) anzugreifen vermag.

Bekämpfung: Kontrolle der Luftfeuchtigkeit, Verhinderung der Niederschlagsbildung durch Verbesserung der Luftumwälzung. Spritzungen mit *Benomyl* (Du Pont Benomyl 0,05 %), *Anilazin* (Botrysan 0,3 %) oder einem TMTD-Mittel 0,2 %. Bei Rosen unter Glas kann auch das *Chinolinderivat* (B 500-Staub) verwendet werden. Die Behandlung muß bei allen Präparaten wiederholt werden.

Rinden- oder Brandfleckenkrankheit Schadbild: Auf der grünen Rinde vorjähriger Zweige treten zuerst rötliche, meist purpurviolett umrandete, längsovale Flecken auf, die später braun werden und im fortgeschrittenen Stadium krebsartig aufreißen. Bei größerer Ausdehnung wird der darüber liegende Zweigteil ungenügend versorgt und stirbt ab.

Abb. 56. Rindenfleckenkrankheit (*Coniothyrium wernsdorffiae*) an Rosen (aus Pape)

Ursache: Pilz *Coniothyrium wernsdorffiae* Laub.
Hauptbefallszeit Spätsommer und Frühjahr, meist nach Rindenverletzungen oder Frostschäden. Auch starke und späte Stickstoffdüngung begünstigt die Infektion. Unterschiedliche Sortenresistenz ist wahrscheinlich.

Bekämpfung: Nach sorgfältigem Rückschnitt vor dem Austrieb gründlich spritzen mit *Kupferoxychlorid* (Cupravit u. a. 0,5 %), *Captan* (Orthocid), *Folpet* (Ortho-Phaltan) oder *Mancozeb* (Dithane Ultra) 0,2 %.

Geniothyrium-Rindenfleckenkrankheit Schadbild ähnelt dem von *Coniothyrium.* — Ursache: Pilz *Leptosphaeria coniothyrium.* — Bekämpfung: wie *Coniothyrium.*

Sonstige Zweig- und Rindenkrankheiten *Sphaceloma rosarum* (Purpurfleckenkrankheit). Kleine, dunkelrote Blattflecken auf Blättern, Blütenstielen und Trieben, oft zusammenfließend. Gilt bisher als Schwächeparasit.

Septoria rosae. Undeutlich abgegrenzte, fast schwarze, am Rand karminrote, 3—12 mm große Flecke.

Gnomonia rubi. Große, braune, purpur umrandete Flecke. Vergilben und Absterben der Zweige. Ansteckung im Frühjahr über die vom Frost zerstörten Knospen. Übertragung von Brombeeren auf Rosen möglich.

Diplodia rosarum. Dunkle Flecke an Zweigen und Blütenstielen.

Bekämpfung für alle Zweig- und Rindenkrankheiten siehe *Coniothyrium.*

Cylindrocladium-Stammgrund- oder Wurzelhalsfäule Schadbild: Am Stammgrund, meist in der Nähe der Veredlungsstelle, entstehen mißfarbige, sich scharf vom gesunden Holz abzeichnende zundrige Flächen, die sich mehr oder weniger schnell erweitern und den ganzen Trieb umgürten. Die Pflanzen kümmern, bilden nur schwache Triebe und Blüten und gehen später ein.

Die Krankheit wurde häufiger bei Winterveredlungen und an aus Amerika eingeführten Rosen beobachtet.

Ursache: Pilz *Cylindrocladium scoparium* Merg.
Der als Schwächeparasit angesehene Pilz greift besonders bei ungünstigen Wachstumsbedingungen (hohe Bodenfeuchtigkeit, tiefes Pflanzen u. a.) an.

Bekämpfung: In erster Linie durch vorbeugende Maßnahmen, wie Entseuchung von infiziertem Boden, Verwendung von gesunden, abgehärteten Pflanzen, Vermeidung übermäßiger Bodenfeuchtigkeit. Beim Pflanzen sollte die Veredlungsstelle über der Bodenoberfläche liegen.

Versuchsweise Spritzungen mit *Benomyl* (Du Pont Benomyl 0,05 %) oder Angießen mit *Fenaminosulf* Bayer 5072, 0,04 % 4 Liter/qm.

Verticillium-Welke Schadbild: Welken und starker Blattfall im Sommer. Im Gewächshaus meist beim Antreiben im Februar Kippen der Blütenknospen. Die Sorten 'Belinda' und 'Sonia' zeigen sich besonders anfällig.

Ursache: Pilz *Verticillium* sp.

Bekämpfung: Bodenentseuchung, Angießen mit Benomyl (Du Pont Benomyl 0,1 %, 10 l/qm).

TIERISCHE SCHÄDLINGE

Spinnmilben „Rote Spinne" (*Tetranychus urticae* Koch u. a.) Wichtigster Schädling in Rosenkulturen unter Glas.
Feine Gelbsprenkelung der Blätter, besonders längs der Adern, Bildung von feinen Gespinsten, später Vergilben und Verdorren des Laubes zeigen Befall an. Unter der Lupe erkennt man die eiförmigen, etwa 0,5 mm langen, achtbeinigen Spinnmilben, die je nach Ernährungszustand weißlich-grünlich bis rotbraun gefärbt sind.

In Gewächshäusern findet man sie zuerst in der Nähe von Türen und Lüftungsklappen, durch die trockene Außenluft hereinkommt.

Im Freiland treten sie meist nur in trockenen Sommern stark schädigend auf.

Bekämpfung: Vorbeugend; Schaffung bzw. Erhaltung von optimalen Wachstumsbedingungen für die Pflanze. Vermeidung von Zug- sowie zu trockener Luft vor allem bei Luftheizungen. Laufende Kontrolle der relativen Luftfeuchtigkeit, die nicht unter 70 % absinken sollte, durch Anbringung eines Hygrometers. Ausgeglichene Düngung.

Die direkte Bekämpfung mit chemischen Mitteln ist trotz eines ständig zunehmenden Angebotes neuer Präparate eher schwieriger als leichter geworden. Die Gründe dafür sind einerseits in den zunehmenden Resistenzerscheinungen gegenüber einigen Wirkstoffen und andererseits in der gegenüber den Rosen sehr unterschiedlichen Verträglichkeit der noch wirksamen Mittel zu suchen.

Bewährt haben sich unter diesen Gesichtspunkten folgende Präparate und Verfahren:

Vor dem Austrieb der Rosen, Spritzung mit *Tetrasul* (Animert V 101 0,2 %), später während der Vegetation mit *Chlordimeform* + *Formetanat* (Fundal Forte 0,075 %), *Chlordimeform* (Galecron 0,1 %) oder *Mevinphos* (PD 5, 0,05 %).

Zur Verhinderung oder Erschwerung möglicher Resistenzerscheinungen können Spritzungen mit *Pentac* (Pentac 0,08 bis 0,1 %), *Omethoat* (Folimat 0,1 %), *Tricyclohexyl-Zinnhydroxid* (Plictran 0,1 %) oder auch *Keltan* (Keltane MF 0,1 %) eingeschoben werden.

Im Freiland, insbesondere im Hausgarten, reichen die Phosphorsäure-Insektizide, wie z. B. Metasystox 0,1 % oder Dimethoat 0,1 %, die auch gleichzeitig Blattläuse und andere Insekten erfassen, zur Zeit noch aus. Bei den Spritzungen ist bei kleinem Düsenquerschnitt und hohem Druck sorgfältig und deckend zu spritzen. Um unnötige Belastungen der Pflanzen zu vermeiden, sind die von den Herstellern empfohlenen Gebrauchskonzentrationen nicht zu überschreiten. Die Spritzgänge sind nach etwa 6 bis 8 Tagen einmal zu wiederholen, um dann die restlichen aus den Ruhestadien gekommenen Milben zu erfassen.

Eine biologische Bekämpfung wird versucht, scheint aber noch nicht voll praxisreif.

Blattläuse (*Macrosiphum rosae* L. u. a.)

Häufig in dichten Kolonien oft perlschnurartig an Trieben und Blütenknospen. Sie verursachen durch ihre Saugtätigkeit Verkümmern und Verkrüppeln der jungen Triebe.

Bekämpfung: Beim Erscheinen Einsatz von *Demeton* (Metasystox) oder *Dimethoat* 0,1 % im Spritz- oder Sprühverfahren. In Gewächshäusern auch Verdampfen von *Dichlorvos* (Dedevap, Nogos u. a.).

Bei resistenten Stämmen in jungen Beständen oder im Freiland Ausstreuen von *Aldicarb* (Temik 10 G) 5 g/qm.

Rosenzikade (*Typhlocyba rosae* L.)

Blätter oberseits weißlich gesprenkelt oder gescheckt. Unterseits findet man die grünlich, gelbweißen, breitköpfigen, blattlausähnlichen Insekten, die sich springend fortbewegen.

Im Freiland treten sie von Mai bis Juli und Ende August bis September oft massenhaft auf.

Bei starkem Befall wird das Wachstum deutlich beeinträchtigt.

Bekämpfung: Spritzungen mit *Dimethoat* oder *Parathion*-Präparaten 0,1 %, *Mevinphos* (PD 5, 0,05 %), dabei ist intensive Benetzung der Blattunterseite und des Bodens erforderlich. Da die Eier in die Rinde junger Triebe abgelegt werden, kann sich nach vorausgegangenem starkem Befall eine Austriebsspritzung mit *Mineralöl* + *Parathion äthyl* (Folidol- oder Eftol-Öl 0,5 %) lohnen.

Blattwanzen (*Lygus pratensis* L., *L. papulinus* L. u. a.)

Junge Blätter und Blütenknospen weisen meist zahlreiche punktförmige Saugstellen auf. Bei stärkerem Befall, insbesondere in heißen und trockenen Jahren, treiben die Blätter blasenartig auf, und die Triebe verkümmern, befallene Blütenknospen bringen mißgestaltete Blüten.

Die grün, grau oder bräunlichen, 5—10 mm langen, flachen, schildförmigen Tiere sind zum Zeitpunkt des sichtbaren Schadens meist nicht mehr zu finden.

Bekämpfung: Beobachtung der Kultur nach dem Austrieb. Bei stärkerem Anflug — an windgeschützten Stellen und in den frühen Morgenstunden kann man sie am besten beobachten — Behandeln der Pflanzen mit *Parathion* (E 605 f 0,035 % oder E 605 Staub), *Propoxur* (Unden flüssig 0,2 %) oder einem der sonstigen zugelassenen Phosphorinsektizide.

Blasenfüße (*Thrips* spp.)

Schaden durch Anbohren des Pflanzengewebes und Aussaugen des Zellsaftes. Bevorzugt werden blühreife Knospen heimgesucht. Die besogenen Blütenblätter wölben sich auf, werden vom Rande her braunfleckig und verkrüppeln.

Bekämpfung: Kontrolle von Temperatur und Luftfeuchtigkeit, denn Wärme und Trockenheit begünstigen die Entwicklung der Thripse. Gesonderte chemische Bekämpfungsmaßnahmen erübrigen sich meist, da die empfindlichen, etwa 1 mm langen, schlanken, braun-schwarzen, mit gefransten Flügeln versehenen Tiere durch die in der Regel gegen andere Schädlinge notwendigen Insektizidbehandlungen miterfaßt werden.

Blattrollrosenblattwespe — Kleinste Rosenblattwespe (*Blennocampa pusilla* Kl.)

Die einzelnen Fiederblätter rollen sich nach der Mittelrippe zu röhrenförmig nach unten ein. In den Rollen findet man etwa bis Ende Juli 8—9 mm lange, weißlich bis hellgrün gefärbte Larven. Die befallenen Blätter vergilben und

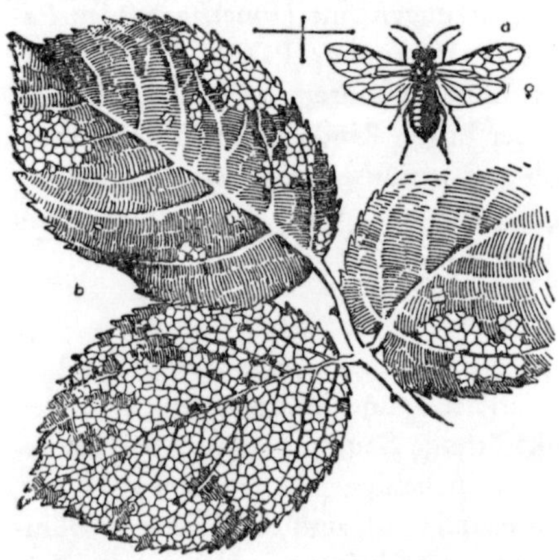

Abb. 57. Skelettierfraß der Larven der Rosenblattwespe (*Caliroa aethiops*) an Rosenblatt; oben, etwas vergrößert, Wespe (aus Pape)

sterben vorzeitig ab. Kletterrosen scheinen bevorzugt zu werden.

Bekämpfung: Bei vereinzeltem Auftreten Entfernen der befallenen Blätter, sonst bei Befallsanzeichen spritzen oder sprühen mit *Parathion-*, *Malathion-* oder *Dimethoat*präparaten in entsprechenden Konzentrationen. Intensive Benetzung der Blattunterseiten ist dabei notwendig.

Sonstige Blattwespen Schneckenförmige Rosenblattwespe (*Caliroa aethiops* Fabr.). — Die 6—10 mm langen, oberseits grasgrünen,

Abb. 58. Rosenbürstenhornwespe (*Arge rosae*). a Wespe, b Kopf der männlichen Wespe, 3×, c Larven beim Fraß, d durch Eiablagen verunstalteter Zweig, e Zweigabschnitt mit Eitaschen, 3× (aus Pape)

schneckenähnlichen Larven skelettieren die Blätter (meist an der Oberseite), so daß sie braun werden und ein siebartiges Aussehen zeigen. In manchen Jahren stärkere Schäden.

Rosenbürstenhornwespe (*Arge rosae* L.). — Die Fiederblätter werden vom Rand her bis zur Mittelrippe abgefressen. Larve bis 2 cm lang, bläulichgrün, oberseits gelblich, mit schwarzen Wärzchen. Körper meist S-förmig gekrümmt.

Weißgegürtelte Rosenblattwespe (*Emphytus cintus* L.). — Die blattunterseits im Ruhestadium schneckenhausförmig gerollten Larven nagen zunächst Löcher in die Blätter und befressen von dort aus die Blattspreiten.

Bekämpfungsmaßnahmen für alle Blattwespenarten siehe Blattrollrosenblattwespe.

Wickler und sonstige Raupen Blätter und Triebe werden abgefressen, häufig auch unter Bildung von Blattwickel oder -rollen. Gelegentlich werden auch Blütenknospen stärker an- oder ausgefressen. Als Verursacher dieser Schadbilder kommen verschiedene Gattungen und Arten in Betracht.

Brauner Rosenwickler (*Cacoecia rosana* L.), Goldgelber Rosenwickler (*Tortrix bergmanniana* L.), Gartenrosenwickler (*Teras forskaleana*), Gelbbrauner Knospenwickler (*Argyroploce ochroleucana* Hb.) besonders an Blütenknospen von Gewächshausrosen.

Darüber hinaus können auch die Larven folgender Großschmetterlinge in manchen Jahren, insbesondere im Gewächshaus, erhebliche Schäden anrichten:

Schwammspinner (*Lymantria dispar* L.), Goldafter (*Enproctis chrysorrhoea* L.), Ringelspinner (*Malacosoma neustria* L.), Gammaeule (*Phytometra gamma* L.), Kleiner Frostspanner (*Cheimatobia brumata* L.).

Bekämpfung: Beim Sichtbarwerden der Schadsymptome Einsatz von *Azinphosmethyl* (Gusathion H 0,2 %), *Mevinphos* (PD 5 0,05—0,1 %), *Propoxur* (Unden fl. 0,2 %).

Okuliermade (*Clinodiplosis oculiperda* Rübs.)

Die 1,5—2 mm lange, zarte Gallmücke legt ihre Eier an die frischen Okulierstellen. Die bald schlüpfenden Larven verhindern durch ihre starke Saugtätigkeit an den Wundstellen das Anwachsen der Veredlung. Die ausgewachsenen Larven überwintern im Boden, wo sie sich im Frühjahr verpuppen.

Nachdem die Okuliermade lange Zeit kaum in Erscheinung trat, werden in jüngster Zeit wieder stärkere Schäden in Baumschulen bekannt.

Bekämpfung: Sorgfältige Anhäufelung der Erde um den Wurzelhals, um die Eiablage zu erschweren. Eine chemische Bekämpfung ist durch das Verwendungsverbot für DDT noch problematischer geworden, als sie ohnehin schon war. Ersatzweise könnte unmittelbar nach dem Veredeln *Lindan* (Nexit stark 0,1 %), *Bromophos* (Nexion 0,1 %) oder *Chlorfenvinphos* (Birlane Fluid 0,1 %) eingesetzt werden, da sie über eine wenn auch begrenzte Dauerwirkung verfügen.

Schildläuse Bei Pflanzen mit schwachem Wuchs kann man an verholzten Trieben und Zweigen gelegentlich Befall durch Schildläuse feststellen. Am häufigsten findet man: Die Kleine Rosenschildlaus (*Aulacaspis rosae* Bché.), Schild weiß, rund, 2—2,5 mm groß; Kommaschildlaus (*Lepidosaphes ulmi* L.), Schild kommaförmig, dunkelbraun, sehr zahlreich; Napfschildlaus (*Eulecanium corni* Bché.), Schild halbkugelförmig, braun.

Durch ihre starke Saugtätigkeit kommt es zu einer Minderung der Wuchsleistung, zum Teil auch zur Verunzierung der Pflanzen durch die klebrigen Ausscheidungen der Tiere.

Bekämpfung: Spritzen der Pflanzen vor dem Austrieb mit *Mineralöl + Parathion-äthyl* (Folidol- oder Eftol-Öl 0,5 %). Nach dem Austrieb *Propoxur* (Unden flüssig 0,2 %) oder *Malathion* (Malathion-Merck u. a. 0,2 %). Spritzungen nach dem Austrieb sollen spätestens nach 8 Tagen mindestens einmal wiederholt werden.

Triebbohrer („Röhrenwürmer") Da bei Befall die oberen Enden der Triebe plötzlich welken und vertrocknen, ist das Schadbild sehr auffällig. Beim Längsspalten des welken Triebes findet man im Mark einen Fraßgang und in diesem eine etwa 1,5 cm lange, gelblich-weiße Afterraupe. Interessanterweise kann der gleiche Schaden von zwei unterschiedlich vorgehenden Blattwespenlarven verursacht werden.

Der Abwärtssteigende Rosentriebbohrer (*Ardis brunniventris* Htg.) frißt von oben nach unten und hinterläßt einen höchstens 4 cm langen Fraßgang.

Der Aufwärtssteigende Rosentriebbohrer (*Monorphadnus elongatus* K.) frißt von unten nach oben. Der Gang hat eine Länge von etwa 6—9 cm.

Bekämpfung: Rückschnitt und Verbrennung der befallenen Triebe vor dem Auswandern der Larven (spätestens August). Spritzungen mit einem länger wirkenden Kontaktinsektizid, wie z. B. *Lindan* (Nexit stark 0,1 %), *Azinphos* (Gusathion H 0,2 %) oder *Endosulfan* (Thiodan emulg. 0,2 %) zur Abtötung der anfliegenden Wespen bzw. der aus dem Ei schlüpfenden Larve.

Dickmaulrüßler (*Otiorrhynchus sulcatus* K. und verwandte Arten)
Die etwa 10 mm langen, schwarzen, mit gelblichen Haaren besetzten Rüsselkäfer schädigen durch Nagen an der Triebrinde, den Okulierstellen und Blattknospen der oberirdischen Pflanzenteile.

Ihre 10—12 mm langen, engerlingsähnlichen Larven wurden in den letzten Jahren zunehmend stärker in Gewächshäusern, Baumschulen und Dauerbepflanzungen auch neben anderen Pflanzen an den Rosenwurzeln schädlich.

Bekämpfung: Gegen Käferfraß können die Pflanzen bei aufmerksamer Beobachtung mit *Azinphos* (Gusathion H 0,2 %) oder *Mevinphos* (PD 5 0,05 %) oder *Lindan* (Nexit stark 0,1 %) geschützt werden. Die bisher schon nicht ganz einfache Bekämpfung der Larven wurde durch die Aufhebung der Zulassung von Aldrin-Gieß- und -Streumitteln für diesen Zweck außerordentlich erschwert. Als Ersatz können versuchsweise Lindan-Gieß- oder -Streumittel eingesetzt werden.

Nematoden Sie schädigen durch Besaugen in oder an den feinen Faserwurzeln. Ihre Anwesenheit im Boden äußert sich durch Nachlassen der Wuchsleistung (Bodenmüdigkeit), Kleinblütigkeit, starke Verzweigung der Wurzel, zum Teil auch in chlorotischen Verfärbungen der Pflanzen.

Als Schädiger kommen verschiedene Arten in Betracht:

Wurzelgallenälchen (*Meloidogyne* spp.). — Bildung von deutlich sichtbaren, knotigen Anschwellungen an den Wurzeln, die mitunter ganz verfilzt sind. Im Zweifelsfall Untersuchungen beim zuständigen Pflanzenschutzamt. — Bei der Ausfuhr für einige Staaten Quarantäneschädling.

Bekämpfung: Im Freiland: Vorbeugend Einschaltung eines mehrjährigen Getreidebaues bei systematischer Unkrautbekämpfung. Stark reduzierend wirkt der Anbau der Studentenblume (*Tagetes*-Arten). Zur Befallstilgung vornehmlich im Gewächshaus: Bodenentseuchung durch Dämpfung, 15—20 Minuten bei 90—95 °C, oder Verwendung von chemischen Entseuchungsmitteln, *Dazomet* (Basamid Granulat 40—50 g/qm), *D-D* (Shell-DD 40 ml/qm), *Me-*

thylbromid (Terabol 50 g/qm) oder *Methylisothiocyanat* + *DD* (Di-Trapex 50 ml/qm).

Freilebende Wurzelälchen (*Pratylenchus* spp.). — Bildung von Faulstellen und Absterben der feinen Saugwurzeln. Sehr verbreitet *Pratylenchus* (*pratensis*) *crenatus*. In Gewächshäusern in Belgien und Holland wurde auch verstärkt *Pratylenchus valnus* festgestellt. Ein Vorkommen in der Bundesrepublik ist nicht auszuschließen.

Bekämpfung: Im Freiland: Vorbeugend mehrjähriger Anbau von Rüben, Kartoffeln und Cruciferen (Raps) — keine Leguminosen als Zwischen- oder Hauptfrucht. Auf kleineren Flächen Anbau von *Tagetes*-Arten als Feindpflanzen. Direkte Bekämpfung siehe Bodenentseuchung bei Wurzelgallenälchen. Die Aufwandmenge kann dabei für alle Mittel leicht reduziert werden (siehe Anwendungsvorschrift der Hersteller). In stehenden Kulturen können *Aldicarb* (Temik 10 G 5 g/qm) oder *Fensulfothion* (Terracar P 25—30 g je qm) angewandt werden.

VIRUSKRANKHEITEN

Rosenmosaik (*Rosa Virus* 1)

Erstmalig 1928 beschrieben, kommt es heute in fast allen Rosenanbaugebieten vor.

Die Symptome variieren stark je nach Sorte und Umwelt, sie sind am deutlichsten im Temperaturbereich von 15 bis 25° C. Typisch ist die Ausbildung chlorotischer Flecke, die einen Teil oder auch die ganze Blattspreite erfassen. Sie beginnt meist an der Mittelrippe und strahlt bis zum Blattrand aus. Gelegentlich treten auch hellgelbe Ringe oder wellenförmige Linien auf. Oft sind die Pflanzen im Wuchs gestaucht, die Blütenstiele bleiben kurz, und die Blüten bleichen aus.

Die Übertragung erfolgt durch Okulieren und Pfropfen. Insekten (Blattläuse u. a.) als Überträger wurden nicht nachgewiesen. Durch Wärmebehandlung infizierter Pflanzen bei 52 °C für eine Zeit von 5 Minuten scheint eine Bekämpfung möglich. Sie dürfte vorwiegend in der Züchtung von Bedeutung sein.

Gelbmosaik (*Rosa Virus* 2)

Im Erscheinungsbild dem Rosenmosaik sehr ähnlich, doch sind die chlorotisch verfärbten Blattpartien leuchtender und heller gelb gefärbt und damit leichter zu diagnostizieren. Eine große Variation der Symptome weist auf das Vorhandensein mehrerer Virusstämme hin.

Eine Übertragung erfolgt durch Okulieren und Pfropfung.

Bekämpfung nur vorbeugend durch Verwendung gesunder Pflanzen zum Pfropfen möglich.

Rosenwelke (*Rosa Virus 3*)

Die Krankheit tritt gewöhnlich in epidemischen Wellen auf. Auf Jahre mit starkem Befall folgen Vegetationsperioden, in denen kaum erkennbare Symptome auftreten.

Typisch für die Erkrankung ist eine besondere Art des Zurückbiegens der Blätter junger Triebe. Zusätzlich treten elliptische, nekrotische Flecke und Blattfall auf. Im weiteren Verlauf verfärben sich die jungen Triebe gelblich grün durchscheinend, die Stengelbasis ist oft braunschwarz verfärbt. Infizierte Pflanzen können sich zeitweilig, aber nicht für dauernd erholen.

Übertragung erfolgt durch Okulieren und Pfropfung sowie durch Vektoren, hier insbesondere durch die Rosenblattlaus (*Macrosiphum rosae* L.). Frühzeitige Vernichtung erkrankter Pflanzen, sorgfältige Beobachtung und Bekämpfung der Blattläuse verhindert eine weitere Ausbreitung.

Rosenstrichel (*Rosa Virus* 4)

Wurde bisher mit Sicherheit nur in Amerika nachgewiesen, doch ist ihr Vorhandensein in Europa durchaus möglich. Charakteristisch für die Krankheit sind angedeutete braun-rötliche Ringe auf Blättern und jungen Trieben. Meist fallen infizierte Blätter vorzeitig ab. Die Blattsymptome treten gelegentlich auch auf den reifenden Stengeln auf.

Übertragung erfolgt durch Pfropfung und Okulieren. Vektoren sind nicht bekannt.

Da erfahrungsgemäß die Diagnose der einzelnen Viruskrankheiten für den Praktiker sehr schwierig, wenn nicht gar unmöglich ist, sollte in dringenden Verdachtsfällen ein Spezialberater des Pflanzenschutzdienstes hinzugezogen werden. Keinesfalls darf Veredlungsmaterial von verdächtigen Pflanzen genommen werden. Beim Okulieren auch ständige Entseuchung des Arbeitsgerätes.

NICHTPARASITÄRE ERKRANKUNGEN

Chlorose oder Gelbsucht Durch Eisenmangel: Junge Blätter vergilben vom Blattrand her. Um die Blattadern verbleibt eine schmale, grün gefärbte Zone. Mangel an löslichem Eisen im Boden durch

Überkalkung, Phosphorsäureüberschuß, stauende Nässe und Wurzelschädigungen können die Ursache sein.

Bekämpfung: Bodenuntersuchung, stärkere Verwendung von Torf und physiologisch sauren Düngern. Spritzungen mit Eisenpräparaten (Fetrilon, Sequestren 138 Fe oder anderen Eisenchelaten). Vorübergehende Blattdüngung zur Entlastung der Wurzeln.

Durch Manganmangel: Gelbfärbung, bei älteren Blättern beginnend. Um Mittelrippe und Blattadern christbaumartiger grüner Hof.

Bekämpfung: Nach Bodenuntersuchung Düngung oder Spritzung des Laubes mit Mangansulfat 0,5 %.

Blattfall (Schwarzfall) Der im Frühjahr und Herbst nach wechselhafter Witterung im Treibrosenanbau gefürchtete Blattfall steht, wie man heute weiß, in sehr engem Zusammenhang mit der Temperatur und Luftfeuchtigkeit im Kulturraum.

Absinkende Temperaturen bei gleichzeitig ansteigender Luftfeuchtigkeit behindern die Pflanze bei der Abgabe des Wassers durch Verdunstung. Der kritische Punkt ist erreicht, wenn die Pflanze überschüssiges Wasser durch Guttation abgibt. Wie Tauperlen säumen dann die Guttationstropfen am Morgen die Blattränder (die Pflanzen schwitzen). In diesem Augenblick ist höchste Gefahr. Durch sofortiges Heizen und Lüften ist dieser Wasserstau in der Pflanze abzubauen, andernfalls treten physiologische Störungen auf, die innerhalb weniger Tage zum vollständigen Blattfall und zur Schädigung der Wurzel führen. Der anstehende Folgeflor wird dabei meist vernichtet.

Besonders anfällig zeigten sich die Sorten 'Baccara', 'New Yorker' und 'Zorina'.

Die richtige Erkennung der Ursache einer Pflanzenkrankheit oder -schädigung ist wegen der variierenden Symptome bei den einzelnen Sorten und unter verschiedenen Standortbedingungen nicht immer leicht. In unklaren Fällen hat der Praktiker die Möglichkeit, sich bei dem Pflanzenschutzdienst seines Landes Auskunft zu holen oder eine örtliche Beratung anzufordern.

In der Bundesrepublik Deutschland sind für die Auskunftserteilung die Pflanzenschutzämter und ihre nachgeordneten Dienststellen zuständig. Spezialfragen und Fragen von grundsätzlicher Bedeutung werden von der Biologischen Bundesanstalt für Land- und Forstwirtschaft (BBA) Braunschweig und Berlin-Dahlem bearbeitet.

Die Auskunftserteilung erfolgt, von Ausnahmen abgesehen, kostenlos. Den Anfragen sind gut verpackte Pflanzenproben und Angaben zum Auftreten der Schädigung beizufügen.

Auch die Untersuchung von Pflanzensendungen bei der Ein- und Ausfuhr, die Überwachung der Baumschulen und Gartenbaubetriebe sowie die Ausstellung von Gesundheits- und Ursprungszeugnissen für die Ausfuhr gehören in Deutschland zu den Aufgaben des Pflanzenschutzdienstes.

Anträge sind bei dem für den Betriebsort zuständigen Pflanzenschutzamt zu stellen.

Nachfolgend eine Aufstellung der in Frage kommenden Institute und Pflanzenschutzämter:

Bundesrepublik Deutschland

Biologische Bundesanstalt für Land- und Forstwirtschaft (BBA), 1 Berlin-Dahlem, Königin-Luise-Straße 19; Institut für Zierpflanzenkrankheiten und Institut für gärtnerische Virusforschung.

Landesanstalt für Pflanzenschutz, 7 Stuttgart-1, Reinsburgstraße 107.

Pflanzenschutzdienst Nordbaden, 75 Karlsruhe 1, Amalienstraße 25.

Pflanzenschutzdienst Nordwürttemberg, 7 Stuttgart-1, Reinsburgstraße 32.

Pflanzenschutzdienst Südbaden, 78 Freiburg/Br., Hauptstraße 34.

Pflanzenschutzdienst Südwürttemberg-Hohenzollern, 74 Tübingen, Keplerstraße 2.

Bayerische Landesanstalt für Bodenkultur, Pflanzenbau und Pflanzenschutz — Gruppe Pflanzenschutz —, 8 München 19, Menzinger Straße 54.

Pflanzenschutzamt Bremen, 28 Bremen, Bahnhofsplatz 29, Tivoli-Hochhaus.

Institut für Angewandte Botanik — Pflanzenschutzamt —, 2 Hamburg 36, Bei den Kirchhöfen 14.

Pflanzenschutzamt Frankfurt/M., 6 Frankfurt (Main)-Hausen, Friedrich-Wilhelm-v. Steuben-Straße 2.

Pflanzenschutzamt Kassel, 35 Kassel-Harleshausen, Am Versuchsfeld 17.

Pflanzenschutzamt Hannover, 3011 Ahlem/Hann., Wunstorfer Landstraße 9.

Pflanzenschutzamt Oldenburg, 29 Oldenburg, Mars-la-Tour-Straße 9—11.

Pflanzenschutzamt Bonn-Bad Godesberg, 53 Bonn-Bad Godesberg, Mittelstraße 99.

Institut für Pflanzenschutz, Saatgutuntersuchung und Bienenkunde der Landwirtschaftskammer Westfalen-Lippe, 44 Münster/Westf., von Esmarch-Straße 12.

Landespflanzenschutzamt Rheinland-Pfalz, 65 Mainz-Bretzenheim, Essenheimer Straße 144.

Pflanzenschutzamt Saarbrücken, 66 Saarbrücken 3, Lessingstraße 12.

Pflanzenschutzamt des Landes Schleswig-Holstein, 23 Kiel, Westring 383.

Pflanzenschutzamt Berlin, 1 Berlin-Dahlem, Altkircher Straße 1 und 3.

Deutsche Demokratische Republik

Biologische Zentralanstalt Berlin, 1532 Kleinmachnow.
Institut für Phytopathologie, 432 Aschersleben.
Pflanzenschutzämter bei den Bezirkslandwirtschaftsräten.

Österreich

Bundesanstalt für Pflanzenschutz, Wien II, Trunnerstraße 5.

Schweiz

Eidg. Versuchsanstalt für Obst-, Wein- und Gartenbau, Wädenswil.

Niederlande

Plantenziektenkundige Dienst, Geertjesweg 15, Wageningen.

Bemerkungen zur Verträglichkeit der wichtigsten Pflanzenschutzmittel
(Stand 1. November 1973)

Mittel	Beurteilung
A. Fungizide	
Kupferoxychlorid	Nur vor dem Austrieb anwenden. An jungen Blättern Verbrennungen möglich.
Imugan	Im Freiland unbeschränkt einsetzbar. Im Gewächshaus nicht bei hohen Temperaturen anwenden. 'Zorina' empfindlich, gefährdet scheinen auch 'Sonia' und 'Baccara', keine sichtbare Spritzfleckenbildung.
Compo (BASF) Mehltaumittel	Im Gewächshaus nicht bei hohen Temperaturen anwenden. Im Freiland unbeschränkt einsetzbar, keine sichtbare Spritzfleckenbildung.
Saprol	Keine Einschränkung, keine sichtbare Spritzfleckenbildung.
Compo-Rosenfluid	Nur im Freiland anwenden. Bei hohen Temperaturen kommt es an jungen Blättern zu Aufhellungen und Randnekrosen, keine sichtbaren Spritzflecken.
Du Pont Benomyl	Gut verträglich, hinterläßt leider deutliche Spritzflecken.
Cercobin M	Nur für Freiland, gut verträglich, leichte Spritzfleckenbildung.
Plondrel	Gut verträglich, beachtliche Dauerwirkung, leichte Spritzfleckenbildung, kann bei empfindlichen Personen Allergien auslösen.
Euparen	Stark zeichnend, nur für Freiland und Baumschule brauchbar.
Antracol	Gut verträglich, stark zeichnend.
B. Insektizide und Acarizide	
Animert-V 101-Spritzpulver	Nur vor dem Austrieb anwenden.
Fundal forte	Bei hohen Temperaturen kommt es insbesondere bei gelbblühenden Sorten ('Dr. Verhage', 'Yellow Belinda') zu Schäden, auch 'Baccara' und 'Sonia' zeigen gelegentlich Blattaufhellungen und Nekrosen.
Temik	Gut verträglich, nur bei jungen stark wachsenden Pflanzen einsetzen.
E 605 forte	Mehrfache Anwendung kann bei Rosen unter Glas zu Schäden führen. Im Freiland ohne Einschränkung.
Metasystox	Bei hohen Temperaturen soll 'Baccara' leichte Blattaufhellungen zeigen. Im Freiland keine Einschränkungen.
Gusathion H	Als Emulsion keine sichtbaren Spritzflecken, aber leicht eingeschränkte Verträglichkeit. Die Spritzpulverformulierung wird besser vertragen.
Pentac	Gut verträglich, leichte Spritzfleckenbildung.
Kelthane MF	Verträglichkeit im Gewächshaus nicht befriedigend. Empfindlich: 'Baccara', 'Zorina', 'Nordia', 'Golden Garnette', 'Carina'. Im Freiland keine Einschränkung.
Dedevap, Nogos	Bei feuchten Pflanzen im Gewächshaus sind Schäden möglich.
Folimat	Mittel nicht bei hohen Temperaturen oder Sonneneinstrahlung einsetzen. Empfindlich: 'Junior Miss', 'Baccara' und 'Garnette'.
Dimethoat	Brauchbares Mittel im Freiland. Im Gewächshaus kann es bei hohen Temperaturen zu Schäden an jungen Trieben kommen.

Literatur

Aglukon-Beratungsservice: Kulturanleitung Gartenbau — Treibrosen (1972).

Heddergott, H.: Taschenbuch des Pflanzenarztes. Münster, Landwirtschaftsverlag Hiltrup (1972).

Hemer, M.: Bekämpfung von Mehltau und Schwarzfleckenkrankheit an Rosen. Deutsche Baumschule 1971: 77—79.

Klinkowski, M.: Virosen der Rose. Pflanzliche Virologie, Bd. II, 242—245. Berlin (1958).

Noack, E., W. Kallauch und W.-U. von Hentig: Rosenkultur unter Glas und im Freiland. 3. Aufl. Berlin (1972).

Paetzold, M.: Kulturbedingungen entscheiden über Rosenkrankheiten. Gartenwelt 72: 414—418 (1972).

Pape, H.: Krankheiten und Schädlinge der Zierpflanzen und ihre Bekämpfung. 5. Aufl. Berlin (1964).

Schindlmayer, B.: Schädlinge und Krankheiten der Rose. Minden (1954).

Stahl, M., und H. Umgelter: Pflanzenschutz im Blumen- und Zierpflanzenbau. Stuttgart (1959).

—, und —: Aktuelle Pflanzenschutzprobleme bei Rosen. Der Erwerbsgärtner 27: 1447—1452.

Woessner, D.: Probleme mit Rosen. Dielsdorf (1973).

Chlorose durch Eisenmangel

Vergiftungserscheinungen durch Kulturfehler

Blattwespenlarven

Sternrußtau

Schäden durch Rosenzikade

Rosenrost

Wicklerraupen und Blattwespenlarven

Blattläuse

Echter Mehltau

1

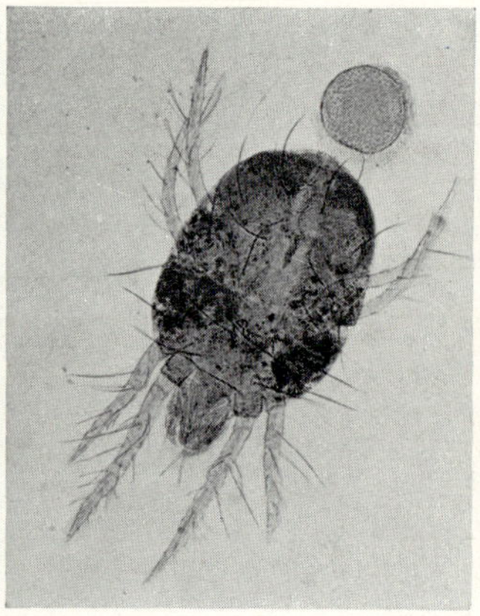

2

3

4

Rosenschädlinge und -krankheiten

1 Knospenstielfäule der Rose, teils durch *Botrytis cinerea* verursacht, teils nichtparasitärer Natur
2 Spinnmilbe, „Rote Spinne" *Tetranychus urticae*, stark vergrößert
3 Rindenfleckenkrankheit an Rosenwildling, verursacht durch den Pilz *Septoria rosae*
4 Falscher Mehltau (*Peronospora sparsa*) an Rosenblatt
5 Blattrollkrankheit der Rose, verursacht durch die Kleinste Rosenblattwespe (*Blennocarpa pusilla*)
6 Von der Rosenzikade (*Typhlocyba rosae*) befallene Rosenblätter. Links weißscheckige Blattoberseite, rechts Zikadenlarven und Jungzikaden auf der Blattunterseite

(alle Abbildungen entnommen aus Pape)

5

6

Rosengärten — Rosenprüfungen — Rosenvereinigungen

ROSENGÄRTEN — ROSENPRÜFUNGEN

Da die Rosengärten oder Rosarien die Schauplätze der Rosenwettbewerbe oder Rosenzüchtungen sind, werden beide am besten im Zusammenhang behandelt. Die alphabetische Aufzählung erfolgt länderweise, innerhalb der Länder nach den Orten, in welchen die Rosengärten liegen, jedoch beginnend mit der Bundesrepublik Deutschland[1].

Einige nicht mehr bestehende, jedoch historisch bedeutsame Rosengärten sind ebenfalls besprochen; bei diesen Gärten sind die Ortsnamen durch Kapitälchen von denen der bestehenden Rosengärten unterschieden.

Die internationalen Rosenprüfungen sind — das ist unbestreitbar — in erster Linie eine Werbung für die veranstaltende Stadt und oft auch ein gesellschaftliches Ereignis, wenngleich die Werbung für die Rose hier nicht geschmälert werden soll. Vollkommen neutral sind eigentlich nur wenige, so in erster Linie die sehr strenge Prüfung der Royal National Rose Society in England, dann aber auch unsere eigene Alldeutsche Rosenprüfung, die im Ausland bedauerlicherweise kaum bekannt ist und deshalb nicht beachtet wird. Über letztere Prüfung und über die beiden amerikanischen Rosenprüfungen AARS (All-America Rose Selection) und die „Proof of the Pudding" wird wegen ihrer besonderen Bedeutung am Schluß dieses Abschnittes noch ausführlich berichtet.

Bundesrepublik Deutschland Baden-Baden. Zwei Rosengärten, und zwar die *Gönner-Anlage* im Kurgarten an der Lichtentaler Allee, errichtet 1908 bis 1910 von Prof. Länger, Techn. Hochschule Karlsruhe, benannt nach dem seinerzeitigen Oberbürgermeister der Stadt, Gönner; enthält etwa 25 000 Rosen in 150 Sorten.

1 Alle Angaben fußen auf eigenen Ermittlungen aus dem Jahre 1973. Ergänzungen und Berichtigungen sind dem Verfasser stets willkommen. Überseeische Rosengärten wurden nicht behandelt.

Der *Prüfungsgarten* für Rosenneuheiten *auf dem Beutig* ist besonders bekannt durch die seit 1952 hier durchgeführte internationale Rosenprüfung eines permanenten Preisgerichtes aus Fachleuten, die jährlich mehrmals die Rosen beurteilen und einmal im Jahr durch ein „großes" Preisgericht ergänzt werden. Initiator dieser Rosenprüfung W. Rieger (1952—1971), ab 1972 leitet B. Weigel als zuständiger Gartenamtsleiter die Prüfung. Als Auszeichnungen werden vergeben: Medaillen in Gold, Silber und Bronze sowie Sonderpreise.

Dortmund. Deutsches Rosarium VDR, Am Kaiserhain 25. Gegründet 1969 durch den Verein Deutscher Rosenfreunde; Träger die Stadt Dortmund; Schirmherr Minister D. Deneke; Leiter G. Krüssmann. Größe zur Zeit 10 ha, jedoch beträchtliche Erweiterungsmöglichkeiten vorhanden. Etwa 40 000 Pflanzen in über 2500 Sorten vorhanden, länderweise geordnet, innerhalb der Länder nach Züchtern, große Wildrosensammlung; Bibliothek (350 Bände), Archiv; alle zwei Jahre hier eine Tagung des Vereins Deutscher Rosenfreunde, außerdem Seminare. Gedruckter Führer und Sortenliste vorhanden. Etwa 2 Millionen Besucher jährlich. Initiator des Rosariums W. Rieger (als Präsident des VDR); Planung und Ausführung durch das Städtische Gartenamt (Abb. 59).

Mit dem Rosarium verbunden ist die Deutsche Rosen-Registerstelle, wo alle in Deutschland in den Handel gebrachten Rosensorten registriert sind, bis 1974 rund 1500 Züchtungen (siehe Seite 201).

Frankfurt (Main). *Rosengarten im Palmengarten.* Ursprünglich angelegt 1884 mit damals rund 10 000 Pflanzen aller Klassen, heute 8 ar groß, mit etwa 6000 Rosen; Gründer der damalige Direktor A. Siebert, heutiger Direktor des Palmengartens Dr. G. Schoser; Bücherei vorhanden. Alljährlich eine Rosenschau mit Vergabe von Preismünzen in Gold, Silber und Bronze, außerdem Gold- und Silbermedaillen der „Gesellschaft der Freunde des Palmengartens". Etwa 1,3 Millionen Besucher jährlich. 1962 Neugestaltung des Gartens durch O. Derreth.

Hamburg. *Internationale Gartenbau-Ausstellung 1973.* Zu dieser Gartenschau wurde ein etwa 1 ha großer Rosengarten angelegt, bepflanzt mit etwa 15 000 Rosen in 25 Sorten, ferner im Rahmen eines Neuheiten-Wettbewerbes fast 200 Sorten mit je 20 Pflanzen. Auch ein Sortiment solcher Rosen, die nicht mehr im Handel sind.

Insel Mainau. *Rosengärten auf der Insel Mainau im Bodensee.* Eigentümer Graf Lennart Bernadotte; Direktor Josef Raff. — 1871 ließ Großherzog Friedrich von Baden den „Italienischen Rosengarten" anlegen, 1946 erweitert;

jetzige Rosenpflanzungen 8,5 ha groß, mit rund 30 000 Rosen in etwa 1000 Sorten, besonders umfangreiche Sammlung von Park- und Strauchrosen; Sortenverzeichnis erhältlich; jährliche Besucherzahl etwa 1,5 Millionen. Besonders verbunden mit dem Aufbau des Rosariums Karl Raff (1941 bis 1961) und Josef Raff (seit 1956).

Karlsruhe. *Rosengarten.* Träger Stadt Karlsruhe. Größe 0,9 ha; etwa 10 000 Rosen in 140 Sorten. Gegründet 1917 durch den Gartendirektor Ries, 1967 umgestaltet durch J. Klahn, jetziger Leiter Gartendirektor Mürb; etwa 1 Million Besucher jährlich. Besonders verbunden mit dem jetzigen Garten (seit 1967) Prof. Dr. Richard Hansen und Prof. Ludwig Roemer.

Mainz. *Mainzer Rosengarten.* Angelegt 1925 durch die Stadt Mainz (Garteninspektor Keim, Garteninspektor Eimler, Gartenarchitekt Waltenberg), umgestaltet 1934/35 durch Bitterling und Mappes; 1961 bis 1965 erneut umgestaltet durch Gartendirektor Schindler; 1 ha groß, 6700 Rosen in

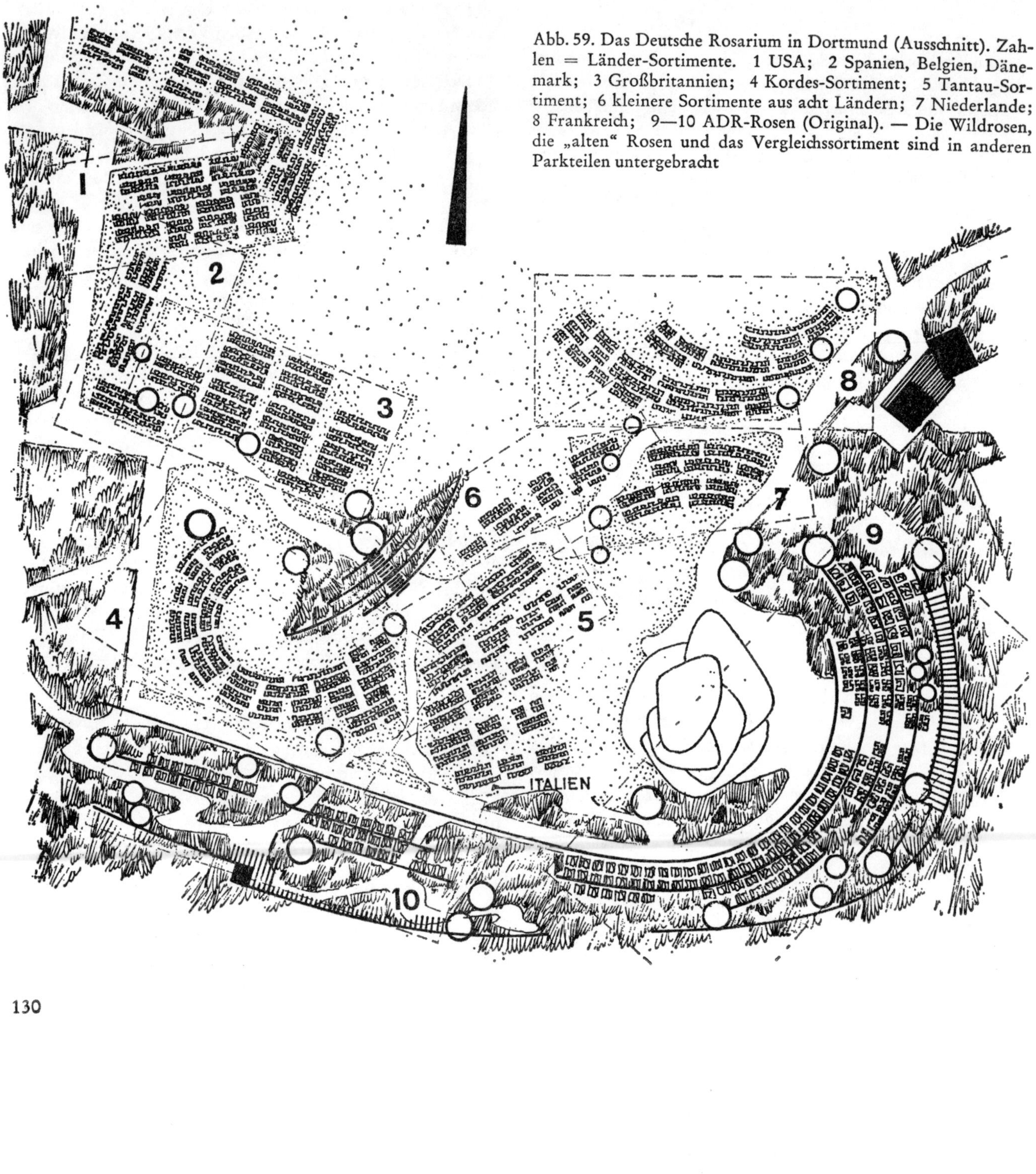

Abb. 59. Das Deutsche Rosarium in Dortmund (Ausschnitt). Zahlen = Länder-Sortimente. 1 USA; 2 Spanien, Belgien, Dänemark; 3 Großbritannien; 4 Kordes-Sortiment; 5 Tantau-Sortiment; 6 kleinere Sortimente aus acht Ländern; 7 Niederlande; 8 Frankreich; 9—10 ADR-Rosen (Original). — Die Wildrosen, die „alten" Rosen und das Vergleichssortiment sind in anderen Parkteilen untergebracht

184 Sorten; derzeitiger Leiter Schröder. Jährliche Besucher etwa 50 000.

R e t h m a r ü b e r L e h r t e. *Rosenprüffeld des Bundessortenamtes* (Sitz 3011 Bemerode/Hannover). Diese Anlage, eine Einrichtung für die Registerprüfung angemeldeter Rosensorten, ist der Öffentlichkeit nicht zugänglich. Zur Zeit etwa 1200 Rosensorten vorhanden, in 16 Farbgruppen geordnet. Über die hier erfolgenden Prüfungen vgl. Seite 204.

S a a r b r ü c k e n. *Rosengarten im Deutsch-Französischen Garten.* Gegründet 1960; Träger die Stadt Saarbrücken; Leiter Gartenbaudirektor Sauer; Größe 0,3 ha; bepflanzt mit 15 000 Rosen in etwa 100 Sorten; keine Sortenliste erhältlich; etwa 300 000 Besucher jährlich.

S e p p e n r a d e, seit 1972 „Rosendorf" im Münsterlande. *Seppenrader Rosengarten.* Träger die Gemeinde Seppenrade; Größe etwa 0,3 ha, bepflanzt mit etwa 3200 Rosen in 250 Sorten, Erweiterung um 50 bis 100 Sorten vorgesehen; hier auch die Sorten des Liebhaberzüchters Ewald Scholle, Seppenrade; derzeitiger Leiter Stadtbaumeister Hans Körholz.

T r i e r. Zwei Rosengärten: *Rosengarten am Weißhaus* (einem ehemaligen Kavaliershaus des Prinzen Heinrich der Niederlande, heute Forsthaus), im Weißhauswald gelegen, in der Nähe der Universität, gut mit Bus aus der Stadt zu erreichen. Angelegt 1933, etwa 0,75 ha groß, etwa 3500 Rosen in etwa 50 meist älteren Sorten. — Die frühere Rosenpflanzung im Wiesental ist aus forstlich-ökonomischen Gründen abgeräumt worden.

Rosengarten im Nells Park, am „Verteilerring" gelegen, angelegt 1958/59, etwa 0,4 ha groß, mit 6000 Rosen in 105 Sorten, in der Hauptsache zur Bewahrung der Tradition der Trierer Rosenzüchter Peter Lambert, Nicola Welter, Mathias Welter, B. J. Felberg, J. Ittenbach, Heinrich Rottmann, Johannes Müller, J. Reiter, Anton Reiter, Gebr. Roth und J. Mock. — Im gleichen Park auch noch das sogenannte *„Lambertinum"*, eine Sammlung der von Peter Lambert gezüchteten Rosensorten; angelegt 1965, jetzige Größe 750 m², mit 400 Rosenpflanzen in 115 Sorten. Jetziger Leiter der Trierer Rosengärten ist Gartenbauamtsrat Grenzhofer.

U e t e r s e n. *Rosarium.* Träger die Stadt Uetersen, in Verbindung mit den dort ansässigen Rosenschulen. Angelegt 1935 durch Gartenarchitekt Thormählen (auch Leiter bis 1969), etwa 7 ha groß, mit etwa 30 000 Rosen in 920 Sorten; jetziger Leiter Gartenmeister Kreft; besonders eng mit dem Rosarium, besonders während der Aufbauzeit, verbunden Mathias Tantau sen. und Wilhelm Kordes (Abb. 60).

W e i h e n s t e p h a n (Freising-). *Sichtungsgarten (Rosengarten).* Träger Freistaat Bayern, Fachhochschule Weihenstephan; gegründet 1948, Größe 0,8 ha; Prüfungsgarten im Rahmen der ADR-Rosenprüfung; Leiter Prof. Dr. Richard Hansen, der auch, ebenso Prof. Dr. J. Sieber, mit dem Aufbau der Rosensammlung besonders verbunden ist.

Z w e i b r ü c k e n. *Rosengarten Zweibrücken.* Gegründet 1912 bis 1914 durch den Verein Pfälzischer Rosenfreunde; heutiger Träger die Stadt Zweibrücken; Leiter E. Ost; Größe 6 ha; etwa 60 000 Rosen in 1700 Sorten vorhanden (viele

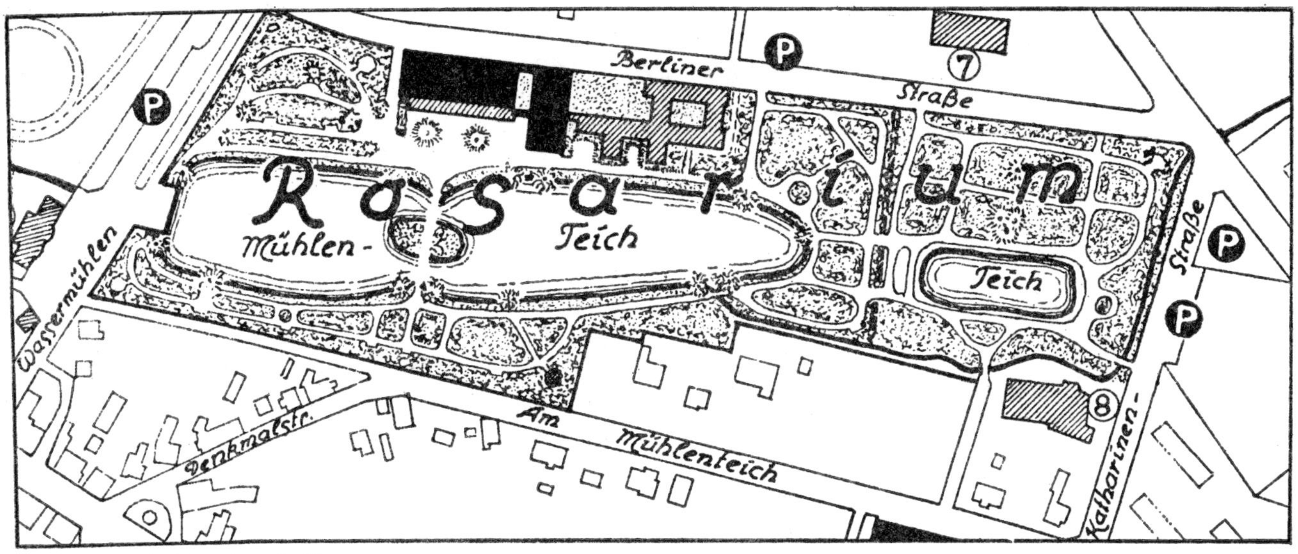

Abb. 60. Plan des Rosariums in Uetersen

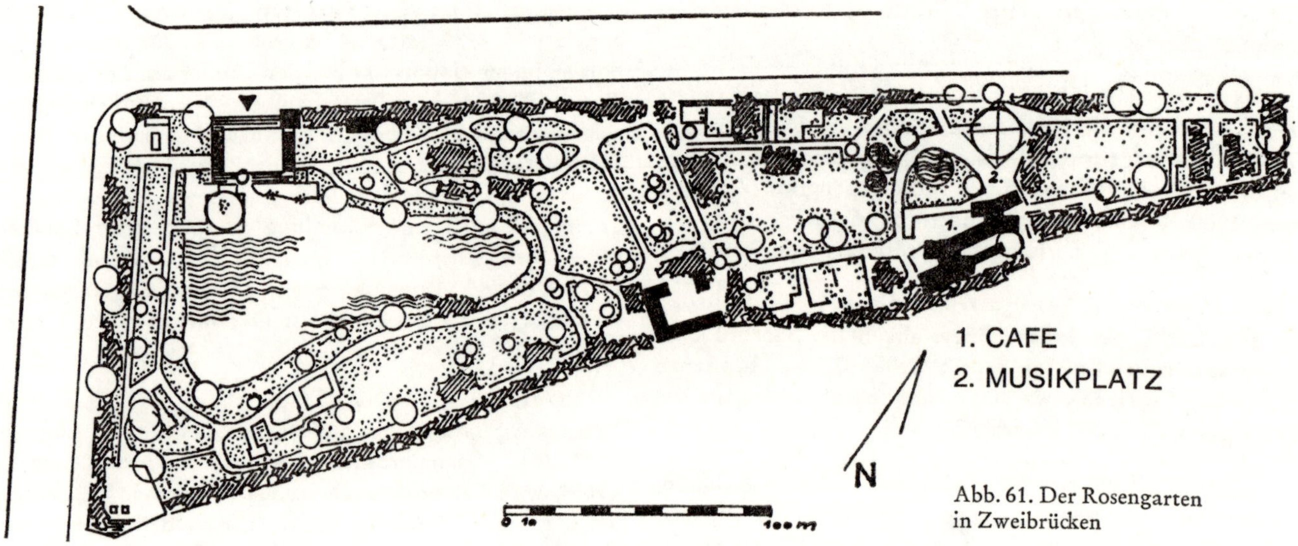

Abb. 61. Der Rosengarten in Zweibrücken

davon nur hier); alljährlich Neupflanzen, vor allem auch französischer Neuheiten. „Zweibrücker Rosentage" in jedem Jahr; etwa 200 000 Besucher jährlich. Besonders eng verbunden mit der Schaffung des Gartens waren 1912 Justizrat Hessert, Zweibrücken; Peter Lambert, Trier; Gartenarchitekt Siesmaier, Frankfurt; von 1912 bis 1950 der Verein der Rosenfreunde Zweibrücken; von 1951 bis 1965 Oskar Scheerer, Zweibrücken (Abb. 61).

Einige historische deutsche Rosengärten

Berlin-West (Verw.-Bezirk Zehlendorf). Rosengarten auf der Pfaueninsel. Heute nicht mehr bestehend, doch historisch bedeutsam als einer der ersten Rosengärten in Deutschland. Die Pfaueninsel war ein Lieblingssitz König Friedrich Wilhelms III. und der Königin Luise. Gärtnerische Gestaltung schon 1799 begonnen durch Hofgärtner Ferdinand Fintelmann, bepflanzt jedoch erst um 1820. Der Garten war 140 preuß. Quadratruten (= 1960 m²) groß. Die benötigten Rosen erhielt der König, auf Vorschlag des Gartendirektors Peter Joseph Lenné, durch Ankauf der Rosensammlung eines Dr. Böhm in Berlin, und zwar 2100 Stammrosen und 9000 niedrige Rosen, in zusammen 140 Sorten. Die Verpflanzung erfolgte im Frühjahr 1821. Der neue Rosengarten war an drei Wochentagen für Besucher geöffnet. Die Sortenliste ist teilweise bekannt. Leider wurde der Garten schon bald vernachlässigt, weil der König auf der Pfaueninsel auch noch einen Tierpark („Menagerie") anlegte, ein Palmenhaus u. a. m. Der Boden war sehr sandig, die Bewässerung nicht ausreichend möglich, mehrere Maikäferjahre dezimierten die Rosen sehr stark, so daß Lenné noch vor seinem Tode (1866) den Rosengarten abräumen lassen mußte. Er wurde auch nicht erneuert, denn der nächste König, Friedrich Wilhelm IV., ließ 1835 im Schlößchen Charlottenhof bei Potsdam einen neuen Rosengarten anlegen. Auch dieser Garten wurde anscheinend nicht gut genug gepflegt, denn diese „Sehenswürdigkeit" mußte gegen Ende des 19. Jahrhunderts wegen Überalterung der Rosen ebenfalls aufgegeben werden. — Der Berliner Tiergarten, gerne als die volkstümlichste aller deutschen Parkanlagen bezeichnet, ursprünglich ein Jagdrevier, aber Ende des 17. Jahrhunderts auf Veranlassung von Sophie Charlotte, Gemahlin des Kurfürsten Friedrich III., in einen „durch Kunst verschönerten Wald" verwandelt, erfuhr viele Veränderungen, bis hier 1909 auch ein Rosengarten angelegt wurde. Tiergartendirektor Freudemann hatte gleich nach seiner Berufung in dieses Amt dem Kaiser und der Kaiserin diesen Garten vorgeschlagen und dazu dann auch die Genehmigung erhalten. Er war etwa 1 ha groß, war mit rund 10 000 Rosen in 43 Sorten bepflanzt, also kein Rosarium, dazu viele Seerosen in den Teichen. Im Garten stand eine Marmorbüste der Kaiserin Auguste Viktoria. Im zweiten Weltkrieg, als der ganze Tiergarten Kampfgelände war, wurde der Rosengarten zerstört; nach dem Kriege nicht wieder hergestellt, sondern in einen Sommerblumengarten verändert. — Liste der 1909 angepflanzten Rosensorten in Gartenflora 59: 418 (1910).

Geisenheim. Villa Monrepos; damals Eigentum des Freiherrn Eduard von Lade (heute Gelände der Fachhochschule für Gartenbau). Der alte Rosengarten war 1200 m²

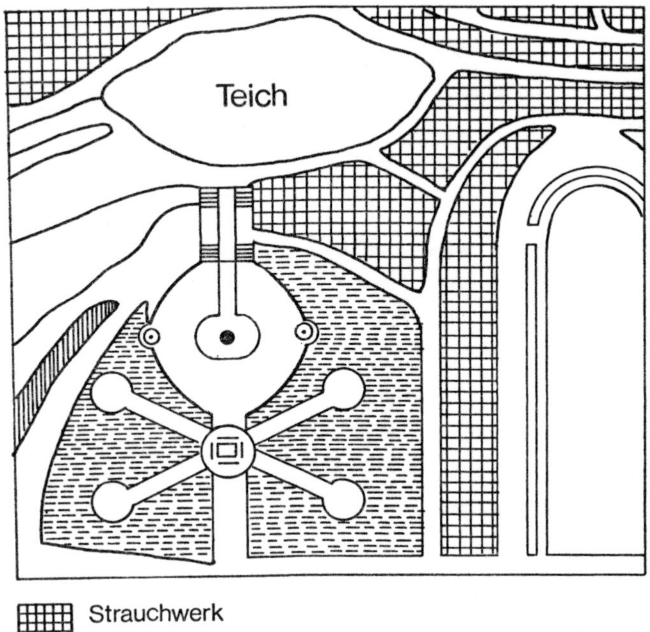

Abb. 62. Der ehemalige Rosengarten von Schloß Weißenstein (Original)

groß und enthielt (1886) etwa 3000 Pflanzen in 800 Sorten. 1904 wurde der Garten wegen „Rosenmüdigkeit" des Bodens aufgegeben. 1933 wurde auf einer Fläche von 4000 m² ein neuer Rosengarten angelegt, der aber schon nach zwei Jahren durch die Lehranstalt wieder umgewandelt wurde.

Kassel. ROSENGARTEN ZU WEISSENSTEIN (heute Wilhelmshöhe). Angelegt um 1765 (erstmals aktenkundig erwähnt 1775) durch den Hofgärtner Schwarzkopf, Schüler des berühmten englischen Gärtners Philip Miller, Chelsea (1691—1771), für seinen Herrn, den Landgrafen Friedrich II. von Hessen. In Böttcher's „Verzeichnis der Bäume und Stauden des Lustschlosses Weißenstein" (1777; Titel hier abgekürzt) wird von 20 Arten und über 100 Spielarten von Rosen berichtet, die Schwarzkopf von Miller aus England, von v. Veltheim in Harbke und von v. Münchhausen in Schwöbber bezogen hatte. 1785 gibt C. Moench sein „Verzeichniß ausländischer Bäume und Stauden des Lustschlosses Weißenstein bey Cassel" heraus; jetzt sind es schon 150 Arten und Abarten von Rosen. Einige davon hat Schwarzkopf durch Aussaat selbst erzielt, darunter auch die 'Perle von Weißenstein', mutmaßlich die erste deutsche „Rosenzüchtung" überhaupt. Der Rosengarten hat nur bis etwa 1786 bestanden, als Wilhelm IX. (1785—1821), der Sohn Friedrichs II., bald nach seinem Regierungsantritt den Garten abräumen und an dessen Platz den Weißenstein-Flügel des Schlosses Wilhelmshöhe errichten ließ. In der Literatur sind die Angaben über das Rosarium nur kurz; die Abbildung 62 wurde nach einem Plan in A. Holtmeyer, „W. Strieders Wilhelmshöhe", Heft 1 (1913) gezeichnet.

Worms. ROSENGARTEN. Angelegt 1910; bepflanzt 1913 mit etwa 15 000 Rosen; 1914 wurde die Erweiterung wegen des Krieges aufgegeben und seither nicht wieder aufgenommen.

Deutsche Demokratische Republik (DDR) Forst (Lausitz). *Forster Rosengarten.* Träger die Stadt Forst. Angelegt 1913 durch Gartendirektor Alfred Boese; 15 ha groß, mit etwa 40 000 Rosen in 400 Sorten; jährliche Besucherzahl etwa 100 000; gedruckter Führer erhältlich. Leiter seit 1947 Gartendirektor Werner Gottschalk.

Sangerhausen. *Rosarium Sangerhausen.* Gegründet 1903 durch den Verein Deutscher Rosenfreunde, Initiator Albert Hoffmann; heute Träger die Stadt Sangerhausen, Leiter Hans Vonholdt; Größe 12,5 ha. Etwa 50 000 bis 60 000 Rosen in 6000 Sorten, darunter besonders umfassende Sortimente nahezu aller Klassen (Bourbon, Centifolia, Multiflora, Noisette, Polyantha, Portland, Gallica, Remontant, Rugosa, Teerosen, Teehybriden und Wildarten); Katalog und Führer erhältlich; kleine Bibliothek. Besonders eng mit dem Garten verbunden waren seit 1897 Peter Lambert, Trier; seit 1898 Albert Hoffmann; 1898 bis 1934 Prof. Ewald Gnau; seit 1902 Richard Vogel; 1926 bis 1949 Max Vogel; 1935 bis 1944 Prof. H. von Rathlef, der die „Zentralstelle für Rosenforschung" im Rosarium leitete. Jährliche Besucherzahl etwa 130 000.

Weitere Rosengärten von ansehnlicher Größe befinden sich in folgenden Orten:

Berlin-Treptow. Rosengarten im Treptower Park.

Dresden. Rosengarten am Neustädter Elbufer.

Erfurt. Internationale Gartenschau „iga".

Eisenhüttenstadt. Rosenpflanzungen auf der Diehloer Höhe.

Torgau. Rosengarten am Schloß.

Wörlitz bei Dessau. Roseninsel im Wörlitzer Park.

Belgien Genk, Prov. Limburg, *Domein* (*Domäne*) *Bokrijk*; „Rozentuin Koningin Astridpark". Leiter Camille Cuyx. Angelegt 1950, umgestaltet 1968; Größe etwa 1 ha, davon die Hälfte mit Rosen bepflanzt, rund 15 000 Pflanzen in etwa 150 Sorten.

Gent. Hier gibt es Rosenpflanzungen, jedoch kein Rosarium.

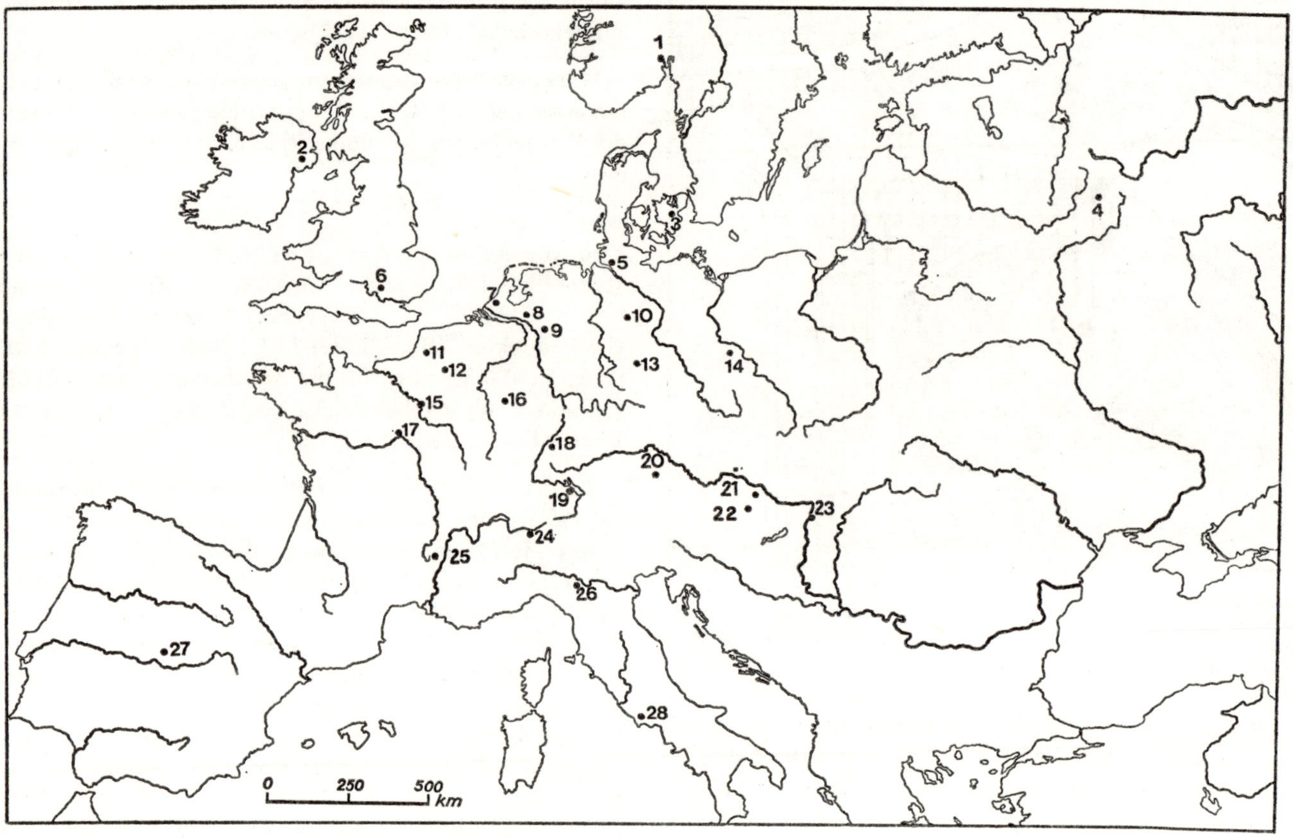

Abb. 63. Die wichtigsten Rosarien und Rosenprüfungsgärten Europas (Original)

1	Vollebekk	8	Wageningen	15	Paris, L'Hay	22	Baden bei Wien
2	Belfast	9	Dortmund	16	Zweibrücken	23	Budateteny
3	Kopenhagen	10	Rethmar	17	Orléans	24	Genf
4	Moskau	11	Kortrijk	18	Baden-Baden	25	Lyon
5	Hamburg, Uetersen	12	Roeulx	19	Insel Mainau	26	Monza
6	London, Hitchin, St. Albans	13	Sangerhausen	20	Weihenstephan	27	Madrid
7	Den Haag	14	Forst	21	Wien	28	Rom

Kalmthout. *Arboretum de Belder.* Private Rosensammlung im Rahmen des Arboretums, hauptsächlich Wildrosen und Parkrosen, auch viele ältere Sorten. Besichtigung nach Anmeldung möglich.

Kortrijk (Courtrai), Prov. West-Flandern. *Internationale Rozentuin voor de Noordzeelanden,* Schloß t'Hooghe, Doornickse Steenweg 281. Träger die Provinz. Sekretariat: Provinciaal Gouvernement, Burg, 4, Brugge. Neben dem Rosengarten gibt es einen Prüfungsgarten für Rosenneuheiten. Als Auszeichnungen werden vergeben: die „Goldene Rose", ferner Gold- und Silbermedaillen sowie ein Preis für Duftrosen.

Melle. *Rosarium der Rijksstation voor Sierplantenteelt.* Träger Landwirtschaftsministerium; gegründet 1962; Direktor Ingenieur J. G. van Onsem; 3 ha groß, bepflanzt mit 14000 Rosen in etwa 150 Sorten; Bibliothek mit etwa 250 Bänden; auch Sortenliste vorhanden.

Roeulx (etwa 10 km nordöstlich von Mons). *Rosarium* im Hospice des Vieillards; Träger die Provinz Hainaut (Hennegau). Alljährlich wird hier eine internationale Rosenprüfung durchgeführt; Auszeichnungen: Gold- und Silbermedaillen, Wertzeugnisse und ein Preis für die beste Duftrose.

Tervuren. Rosenpflanzungen vorhanden, jedoch kein Rosarium.

Dänemark

Kopenhagen. *Rosenhave i Valbyparken* (= Rosengarten im Valby-Park). Träger die

Abb. 64. Der Rosengarten im Valby-Park, Kopenhagen (1972)

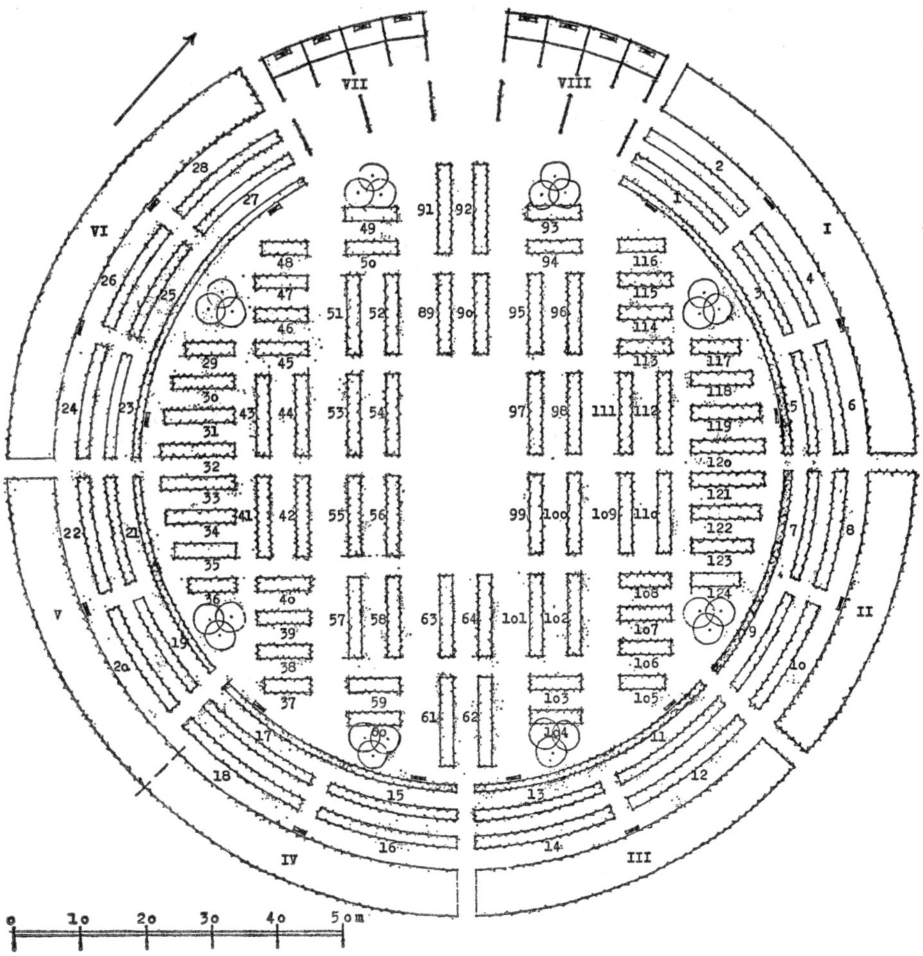

Stadt Kopenhagen; 1,5 ha groß, angelegt 1964 von Stadtgärtner J. Bergmann, auch Leiter bis 1969, dann H. Degnbol; etwa 12 000 Rosen in 275 Sorten vorhanden, ferner ein für Besucher nicht zugänglicher Prüfgarten für Neuheiten, die durch Fachleute viermal jährlich während zwei Jahren geprüft werden; im Rosarium auch eine „öffentliche Beurteilung“ der schönsten Rose durch Abgabe von Stimmzetteln der Besucher, veranstaltet vom Städtischen Gartenamt. Dr. Svend Poulsen eng mit der Schaffung dieses Rosengartens verbunden (Abb. 64).

Noch einige kleinere Rosengärten seien hier genannt:

E g e s k o v (Schloß), Fünen. Graf Ahlefeldt-Laurvig hat hier einen schönen Rosengarten angelegt.

K o l d i n g. *Geografisk Have* (Geographischer Garten). In diesem Botanischen Garten, angelegt um 1965 durch Aksel Olsen, ist ebenfalls eine Rosensammlung vorhanden.

K v i s t g a r d. *Rosengarten der Fa. D. T. Poulsen*; enthält etwa 4000 Rosen in etwa 100 Sorten, hauptsächlich eigene Züchtungen.

L e r c h e n b o r g (Schloß), Seeland. Rosengarten des Grafen Lerche-Lerchenborg. Hauptsächlich Züchtungen von Meilland, nur wenige Sorten anderer Züchter.

L ö v e, Seeland. Rosensammlung Petersen, sehenswert vor allem durch die vielen alten Rosensorten, eine Spezialität des Eigentümers.

Frankreich In zahlreichen Städten des Landes bestehen ansehnliche Rosengärten, ohne daß diese als Rosarien bezeichnet werden können; so z. B. in Angers, Doué-la-Fontaine, Bellegarde-du-Loiret, Marseille usw.

L ' H a y - l e s - R o s e s (Val-de-Marne), *La Roseraie*. Der weltberühmte, 1895 von Jules Gravereaux angelegte Rosengarten, vor allem historisch interessant wegen der bedeutenden Sammlung alter Rosensorten, hauptsächlich aus der Frühzeit der französischen Rosenzüchtung. Größe etwa 11 ha, 25 000 Rosen in 6000 Sorten; in der Sammlung „Rosen von Malmaison“ gibt es noch etwa 40 Sorten aus der Zeit der Kaiserin Joséphine. Direktor M. Brunel (Abb. 65).

L y o n. *Parc de la Tête d'Or*. Hier gibt es drei Rosengärten, zusammen etwa 7 ha groß, mit 100 000 Rosen, und zwar:

1. La Roseraie Paysagère Nouvelle (Der neue landschaftliche Rosengarten), wohl der schönste Rosengarten von ganz Frankreich.
2. Die Rosensammlung im Botanischen Garten.

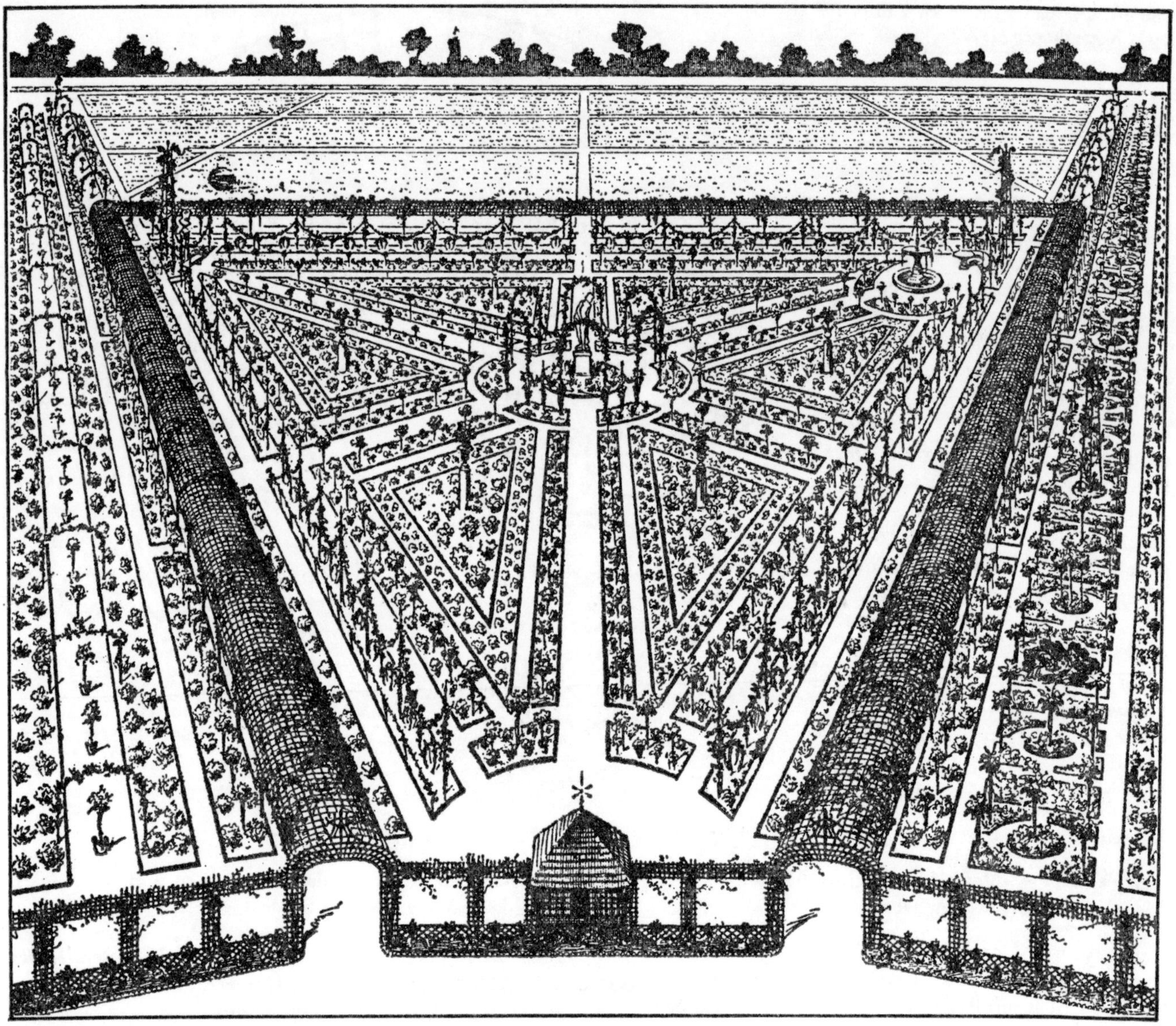

Abb. 65. Das Rosarium von L'Hay (nach einem Plan von Edouard André)

3. Das kleine Rosarium, in welchem die nationale Rosenprüfung von der Stadt Lyon und der französischen Rosengesellschaft veranstaltet wird; nur für französische Rosen offen. Die Jury tritt einmal jährlich zusammen und vergibt eine Goldmedaille für die „Schönste Rose Frankreichs", ferner silbervergoldete Medaillen und Wertzeugnisse.

Orléans. *La Roseraie du Parc Floréal.* Ein großer Rosengarten, in welchem die internationale Prüfung von bereits im Handel befindlichen und bewährten Sorten stattfindet. Die Jury aus Fachleuten und Laien tritt einmal jährlich zusammen und vergibt folgende Auszeichnungen: Die „Goldene Rose" von Orléans, Goldmedaillen, Wertzeugnisse und Sonderpreise.

Paris. *Parc de Bagatelle,* im Bois de Boulogne, im Nordwesten der Stadt. Der Park wurde 1904 von der Stadt Paris angekauft mit der Absicht, hier ein Denkmal gärtnerischer Kultur zu errichten und zugleich eine Erinnerung an das 18. Jahrhundert. Planung durch den damaligen Gartendirektor von Paris, J. C. N. Forestier. Zur Bepflanzung schenkte

Jules Gravereaux 1200 Sorten Rosen. Bald darauf wurden hier regelmäßig Rosen ausgestellt und preisgekrönt. Seit 1907 wird in der internationalen Prüfung, veranstaltet von der Stadt Paris, durch eine Jury aus Fachleuten und Laien die Goldmedaille von Bagatelle vergeben, außer 1910 und 1912; 1943 fiel sie erstmals an eine deutsche Rose ('Kordes Sondermeldung'). Die Prüfung ist hauptsächlich ein gesellschaftliches Ereignis, daher fachlich weniger bedeutsam. Es stehen hier etwa 7000 Rosen, darunter 150 Beete mit Neuheiten, die drei Jahre geprüft werden. Auszeichnungen: Goldmedaille und Wertzeugnisse.

St. André bei Cannet des Maures. Privater Rosen-Prüfungsgarten der Rosenschulen Meilland.

Historische Rosengärten

In der ersten Hälfte des 19. Jahrhunderts war im Parc du Luxembourg in Paris die berühmteste Rosensammlung Frankreichs, begonnen von Dupont, weitergeführt von Hardy, der sie durch eigene Züchtungen und Ankäufe ständig erweiterte und auf drei räumlich getrennte, dem Publikum nicht zugängliche Gärten verteilte; die Gärten waren aber von öffentlichen Wegen gut zu überblicken. Die Sammlung enthielt 1800 bis 2000 Sorten.

Malmaison, am westlichen Stadtrand von Paris, war früher berühmt durch die Rosen und anderen Sammlungen der Kaiserin Joséphine (vgl. den Abschnitt Seite 99); heute nur unbedeutende Pflanzungen von Rosen in den modernen Sorten des Handels.

In St. Cloud legte 1812 der Graf Lelieur einen Rosengarten an.

In St. Denis gründete Descemet, einer der ersten Rosenzüchter überhaupt, um 1800 ein Rosarium, in welchem alle 300 damals bekannten Rosensorten vorhanden waren. Es wurde angeblich 1815 von englischen Truppen zerstört, doch wird ebenso oft behauptet, daß die meisten Rosen noch vorher gerettet und der Sammlung von Vibert eingefügt wurden, wo sie mit etwa 10 000 Pflanzen den Grundstock bildeten (nach Jamain).

Saverne (= Zabern, im Elsaß). Im dortigen Rosengarten, schon vor der Jahrhundertwende angelegt, wird eine Neuheitenprüfung durch französische Fachleute und Liebhaben, mitunter auch mit ausländischer Beteiligung, durchgeführt. Auszeichnungen: Gold- und Silbermedaillen, Wertzeugnisse.

Großbritannien
a. *England*

Bayfordbury, Herts. Die „National Rose Species Collection" in der John Innes Horticultural Institution, angelegt 1948 durch Gordon D. Rowley, war mit etwa 800 Pflanzen aus authentischem Material die umfangreichste Wildrosensammlung der Welt, wurde aber nach seinem Ausscheiden aufgegeben. Ein Teil der Sammlung steht heute in St. Albans.

Hitchin, Herts. Privater Rosengarten der Firma R. Harkness & Co., Ltd., etwa 5 ha groß, mit 30 000 Rosen auf 350 Beeten, zusammen rund 750 Sorten, darunter auch viele alte Sorten.

London. *Regent's Park, Queen Mary Rose Garden.* Vielleicht der bedeutendste Rosengarten in England, 1932 „National Rose Garden", seit 1935 „Queen Mary Rose Garden". Enthält etwa 40 000 Rosen aller Art, teils Beete mit nur einer Sorte, teils viele Sorten auf einem Beet. Direktor: S. M. Gault.

Mottisfont Abbey, bei Dunbridge, Hampshire. *National Trust of old Roses.* Etwa 1 ha großer Garten, 1972 gegründet durch Graham S. Thomas; enthält eine Sammlung von etwa 500 Sorten alter Rosen und solcher aus dem 19. Jahrhundert, zusammen mit Wildarten und Kletterrosen.

Richmond, Kew. *Kew Rose Collection.* Vor dem großen Palmenhaus stehen etwa 550 Rosen, alte und neue Sorten, außerdem eine Sammlung von Wildrosen; Pergolen mit Kletterrosen; eine Hecke mit der *moschata*-Hybride 'Penelope'. Besonders bemerkenswert ist ein noch immer gutes Beet von 70 Jahre alten 'Mme Caroline Testout' auf eigener Wurzel.

St. Albans, Herts. *Rosengarten der Royal National Rose Society.* Etwa 3 ha groß, etwa 450 Sorten vorhanden, außerdem noch ein Prüffeld mit etwa 700 Sorten, meist 6 Pflanzen pro Sorte. Die Gärten sind nicht öffentlich, können aber ab Mitte Juni bis Mitte September von den über 100 000 Mitgliedern der Gesellschaft mit Begleitung besucht werden.

Die RNRS hat mit den Gartenverwaltungen einiger Städte vereinbart, daß diese alljährlich einige neue Rosensorten in ihren Anlagen pflanzen, damit weit von St. Albans wohnende Mitglieder diese Sorten auch kennenlernen können. Solche Gärten sind eingerichtet in

South Wales:	Roath Park in Cardiff;
Yorkshire:	Northern Horticultural Society's Gardens, Harrowgate;
Schottland:	Saughton Park, Edinburgh;
Lancashire:	Botanical Garden, Southport;
Somerset:	Vivary Park, Taunton.

In St. Albans werden auch die englischen Rosenprüfungen durchgeführt, drei Jahre lang, jeder Preisrichter muß jede Sorte dreimal jährlich bonitieren. Die Bestimmungen sind sehr streng; in den beiden ersten Jahren kann eine Rose nur ein Wertzeugnis bekommen, erst im dritten Jahr, wenn die Mehrheit der Preisrichter zustimmt, kann sie eine Goldmedaille bekommen. Die höchste Auszeichnung des Jahres für die beste Rose ist die „President's International Trophy", ohne Beschränkung auf eine bestimmte Klasse. Eine Rose kann also gleichzeitig eine Goldmedaille und die „President's International Trophy" erhalten. Seit 1966 wird auch für die beste Duftrose, die aber schon ein Wertzeugnis haben muß, die „Edland Memorial Medal" verliehen. Während die Goldmedaille in jedem Jahr nur an zwei oder drei Rosen vergeben wird, ist die Zahl der Wertzeugnisse (Certificate of Merit und Trial Ground Certificate) nicht begrenzt.

Hier eine Übersicht über die bisher vergebenen „President's International Trophies", die zugleich mit der Goldmedaille den folgenden Rosen zuerkannt wurden:

1952	'Moulin Rouge' (Meilland)
1953	'Concerto' (Meilland)
1954	'Spartan' (Boerner)
1955	'Queen Elizabeth' (Lammerts)
1956	'Dr. Faust' (Kordes)
1957	'Kordes Perfecta' (Kordes)
1958	'Dickson's Flame' (A. Dickson)
1959	'Wendy Cussons' (Gregory)
1960	'Super Star' (Tantau)
1961	'Mischief' (McGredy)
1962	— nicht verliehen —
1963	'Elizabeth of Glamis' (McGredy)
1964	'Duftwolke' (Tantau)
1965	'Grandpa Dickson' (A. Dickson)
1966	— nicht verliehen —
1967	'City of Belfast' (McGredy)
1968	'Molly McGredy' (McGredy)
1969	'Red Planet' (A. Dickson)
1970	'Alec's Red' (Cocker)
1971	'Fontaine' (Tantau)
1972	'Topsi' (Tantau)
1973	— nicht verliehen —

b. *Nord-Irland* Belfast. International Rose Trials, im Sir Thomas and Lady Dixon Park, Upper Malone; der ganze Park ist etwa 60 ha groß, davon zur Zeit etwa 3 ha mit 20 000 Rosen und 500 Sorten bepflanzt. Träger die Stadt Belfast, Parks Department; Planung des Rosengartens 1964 durch Reginald Wesley; Leitung Director J. Craig Wallace. — Alljährlich ein internationaler großer Wettbewerb, mit folgenden Auszeichnungen: Goldmedaille und Preis der Stadt Belfast für die beste Teehybride; der „Goldene Dorn", vom Landwirtschaftsministerium für Nord-Irland, für die beste Floribunda; der Uladh-Preis für die beste Duftrose, gestiftet vom Fremdenverkehrsverband. Außerdem bis zu sechs Wertzeugnisse jährlich.

Derriaghy bei Belfast. Der private Rosenschaugarten der Firma McGredy besteht nicht mehr.

Italien Monza (Prov. Milano). *Rosarium Villa Reale*, am Sitz der Associazione Italiana della Rose. Gegründet 1963, etwa 1 ha groß, bepflanzt mit 5000 Rosen in 1000 Sorten; 440 m² Gewächshäuser; entworfen von V. Faglia, Monza. Jährlich mehrere Tausend Besucher. Hier werden auch die offiziellen Rosenwettbewerbe der Gesellschaft durchgeführt, und zwar:

Internationaler Wettbewerb für die beste Duftrose, ohne Vorschrift der Klasse; Auszeichnung dafür die „Goldene Krone der Königin Theudelinde".

Internationaler Wettbewerb „Die Rose des Jahres"; Auszeichnungen je eine Goldmedaille für die schönste Teehybride und die schönste aus einer anderen Klasse.

Nationaler Wettbewerb um die „Schönste Rose Italiens", nur für italienische Züchter offen; Auszeichnung: Goldmedaille.

Rom. *Roseto di Roma.* Der städtische Rosengarten auf dem Monte Aventino, begonnen 1928, Beete in halbkreisförmigen Bögen angeordnet wie ein Amphitheater; etwa 1000 Sorten mit je fünf Pflanzen pro Sorte, auch Kletterrosen und Wildrosen. Im ebenfalls vorhandenen Prüfungsgarten alljährlich eine internationale Neuheitenprüfung, veranstaltet durch die Stadt Rom; Jury aus Fachleuten und Laien. Auszeichnungen: Goldmedaillen und Wertzeugnisse.

Luxemburg Bad Mondorf. *Rosengarten.* Träger das Staatsbad Mondorf. Angelegt 1958, Größe 1,5 ha; bepflanzt mit etwa 8000 Rosen in 250 Sorten; Berater von 1957 bis 1960 war Oskar Scheerer, Zweibrücken; Leiter Kurdirektor Jules Thyes; jährliche Besucherzahl etwa 150 000.

Niederlande Amsterdam. *Rosarium im Amstelpark.* Angelegt 1970 für die „Floriade", durch das Gartenamt der Stadt Amsterdam; Planer und heutiger Leiter Gartenarchitekt E. Mos, Gartenamt Amsterdam-Oost; Größe 1 ha, bepflanzt mit etwa 10 000 Rosen in rund 230 Sorten; täglich geöffnet von 9 bis 21 Uhr, Eintritt frei.

Den Haag. *Rosarium Westbroekpark.* Träger die Stadt Den Haag, Gartenverwaltung; angelegt 1960 durch Garten-

Abb. 66. Das Rosarium im Westbroekpark, Den Haag

direktor J. Rijnveld; vorhanden etwa 20 000 Rosenpflanzen in 350 Sorten. Internationale Prüfungen in drei Klassen:

Wettbewerb A: Sorten, die noch nicht im Handel sind, Prüfung nur durch Fachleute; laufende Bonitierung durch das Gartenamt.

Wettbewerb B: Sorten, die bereits im Handel sind; Bewertung durch Fachleute und Liebhaber; laufende Bonitierung durch das Gartenamt.

Wettbewerb C: Rosen, die sich besonders eignen für öffentliche Anlagen oder für private Gärten; Bewertung durch Fachleute.

Auszeichnungen: Die beste Rose des Jahres wird mit der „Goldenen Rose von Den Haag" ausgezeichnet, die besten in den einzelnen Klassen mit Goldmedaillen; weiter gibt es Wertzeugnisse. Die beste Duftrose aus den Wettbewerben A und B erhält den „Kristallpreis für Duft", beurteilt durch eine Damen-Jury (Abb. 66).

Wageningen. *Rosensammlung* des Instituut voor de Veredeling van Tuinbouwgewassen, Abt. Identifizierung und Registrierung. Diese Sammlung kann man nur mit besonderer Erlaubnis besuchen. Sie gehört zur Landwirtschaftlichen Hochschule; angelegt 1947, etwa 0,5 ha groß, enthält etwa 4000 Rosen in 780 Sorten; in der Bibliothek sind vor allem Serien von Rosen-Zeitschriften vorhanden. Leiter war von 1947 bis 1965 Dr. B. K. Boom, dann Ing. F. Schneider.

Norwegen Vollebekk. *Rosarium der Landw. Hochschule* (Noregs Landbrukshøgskole Aas); staatlich; 3,6 ha groß, 2800 Rosen in 370 Sorten, darunter auch alle eigenen Züchtungen sowie viele alte Rosensorten; Leiter Arne Lundstad; eng verbunden mit dem Aufbau des Rosariums Prof. Olav Aspesaeter, 1957—1964; auch Bibliothek vorhanden.

Österreich B a d e n b e i W i e n. *Österreichisches Rosarium.* Angelegt durch die Stadt Baden und die österreichischen Baumschulen, die das Rosarium auch tragen, 1967 durch Gartendirektor W. Writzmann; Größe 9 ha; etwa 50 000 Rosen in 800 Sorten. Im Rosarium auch der Österreichische Rosenprüfungsgarten, welcher in seiner internationalen Rosenprüfung, nach voraufgegangener Bonitierung durch Fachleute, das Badener Stadtwappen in Gold, Silber und Bronze vergibt und Wertzeugnisse erteilt. Jährliche Besucherzahl etwa eine Million; gedruckter Führer erhältlich. Mit der Schaffung des Rosariums waren weiter verbunden Dr. Ernst Matula, Alfred Grumer, Albert Stöckl, Josef Stöckl.

L i n z. *Rosarium im Botanischen Garten.* Träger die Stadt Linz. 6000 m² groß, angelegt 1967 durch Gartendirektor Sigurd Lock; vorhanden 1000 Rosen in etwa 300 Sorten, vor allem alte und historisch wichtige Sorten; jetziger Leiter des Gartens Siegfried Schmid.

W i e n. *Donaupark WIG 1964.* Träger die Stadt Wien, angelegt und verwaltet durch das Gartenamt; derzeitiger Leiter AR Ing. Schweinburg; etwa 2 ha groß, etwa 20 000 Rosen in 195 Sorten; jährliche Besucherzahl zwischen 600 000 und 800 000.

Rumänien T i m i s o a r a. *Rosengarten.* Der ursprünglich von Arpad Mühle vor dem ersten Weltkriege angelegte Rosengarten, mit etwa 600 Rosensorten, wurde im zweiten Weltkrieg zerstört. Zur Zeit plant das städtische Gartenamt in Timisoara auf 9 ha ein neues Rosarium, in dem 1500 Rosensorten angepflanzt werden, pro Sorte 25 Pflanzen. Fertigstellung 1975. Es soll das bedeutendste Rosarium Südosteuropas werden.

Schweden N o r r k ö p i n g. *Rosariet vid Statens Trädgårdsskola* (Rosarium der Staatlichen Gartenbauschule). Angelegt 1965 bis 1970 durch Rektor Helmer Hellgren, der auch heute noch die Leitung hat; etwa 275 Sorten, meist nur je eine Pflanze, vor allem winterharte und alte Sorten (Rugosa-Hybriden usw.). Gedruckter Führer mit ausführlichen Beschreibungen aller Sorten erhältlich.

Schweiz B e r n. *Rosengarten Bern* (früher „Rosengarten-Friedhof“, 1913 als Friedhof geschlossen, jedoch bereits 1818 letzte Bestattung). 1918 als eigentlicher Rosengarten angelegt, Größe 2,3 ha, davon 1,5 ha mit Rosen bepflanzt, etwa 12 500 Rosen in 190 Sorten, durch Stadtgärtner Emil Albrecht; 1957 völlig umgestaltet durch Stadtgärtner Liechti; Leitung und Unterhaltung durch die Stadtgärtnerei. Mit seinem alten Baumbestand und Ausblick auf die Alpen und die Altstadt ist der Garten eine der schönsten und beliebtesten Promenaden Berns.

B r a u n w a l d, Kt. Glarus. Träger die Gemeinde Braunwald; angelegt von der Gemeinde und der Gesellschaft Schweizerischer Rosenfreunde; sechs Gärten in verschiedenen Höhenlagen, zwischen 1200 bis 1900 m; jeder Garten 100 bis 200 m² groß, bepflanzt insgesamt mit etwa 150 Sorten zu je 10 bis 20 Pflanzen. Die alpine Rosenprüfung dauert fünf Jahre. Besonders verbunden mit diesen Gärten Dietrich Woessner.

D o t t i k o n, Kt. Aargau. *Schaugarten Rothenbühl.* Privater Rosengarten der Baumschule Richard Huber; angelegt 1949, Größe 1,2 ha, etwa 15 000 Rosen in 700 Sorten vorhanden; jährliche Besucherzahl etwa 10 000; Rosenkatalog erhältlich.

F r a u e n f e l d, Kt. Thurgau. Privater Rosengarten von Max Stutz, Gartengestalter; angelegt 1957, etwa 100 Aren groß; umfangreiche Sammlung von etwa 280 alten und 200 modernen Rosensorten; Besuch gestattet. Plan und Sortenlisten in „Rosenblatt“ 15 (1971).

G e n f. *Parc de la Grange.* Träger die Stadt Genf, Gartenamt; Rosarium im Park angelegt 1941 durch Eric Bois und Armand Auberson; enthält etwa 12 000 Rosen in 180 Sorten; derzeitiger Leiter Charles Babel, Gartendirektor von Genf; alljährlich internationale Rosenprüfung von Sorten, die noch nicht im Handel sind; Bonitierung durch das Gartenamt; Jury tritt nur einmal zusammen und vergibt den Sonderpreis der Stadt Genf, Gold- und Silbermedaillen, Wertzeugnisse und die „Coupe de Parfum“ für die beste Duftrose (Abb. 67).

N e u h a u s e n a m R h e i n f a l l, Kt. Schaffhausen. *„Charlottenfels.“* Träger der Kanton Schaffhausen. Park der Landwirtschaftlichen Schule Charlottenfels 6 ha groß, davon 0,25 ha Rosenpflanzungen, etwa 14 000 Rosen in 700 Sorten; als Rosarium aufgebaut seit 1938 von Dietrich Woessner, der auch bis 1971 eng mit dieser Anlage verbunden war; örtlicher Leiter Peter Kuert. Eines der schönsten Rosarien der Schweiz!

R a p p e r s w i l, Kt. St. Gallen. *Rosengarten der Stadt.* 1050 m² groß, angelegt 1965 durch den Verkehrsverein Rapperswil-Jona, angeregt durch Stadtrat Hans Rathgeb (heutiger Leiter) und gestaltet durch Dietrich Woessner; etwa 4500 Rosen in 110 Sorten; jährliche Besucherzahl 30 000. — Ein weiterer Garten mit vorwiegend alten Rosensorten entsteht zur Zeit.

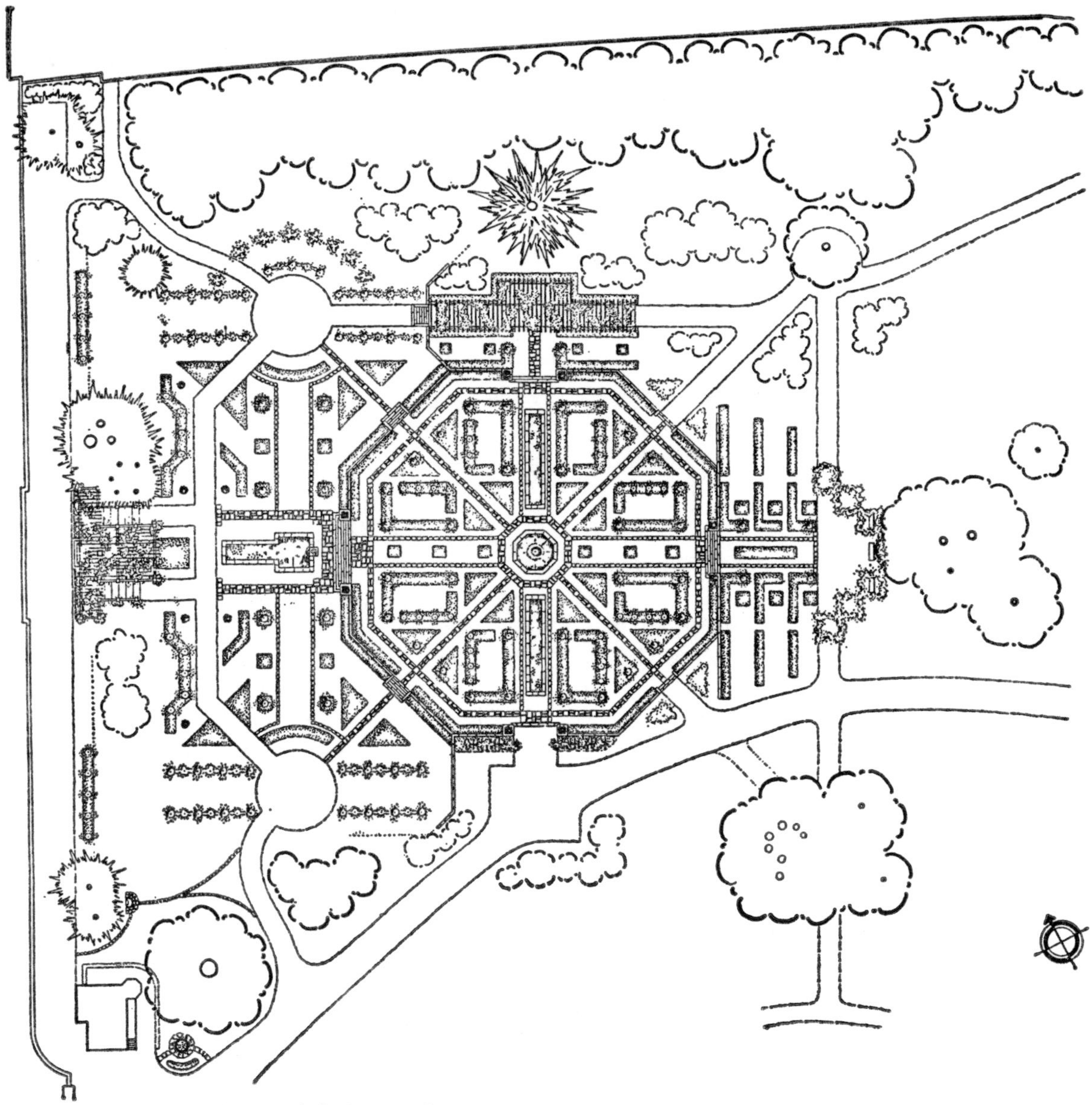

Abb. 67. Rosarium im Parc de la Grange, Gent

Schloß Heidegg, Kt. Luzern. *Rosengarten Schloß Heidegg*. Träger der Kanton Luzern. Angelegt 1951 durch Prof. G. Boesch (der auch heute noch die Leitung hat) auf Grund einer Anregung des Bundeskanzlers Adenauer bei seinem Staatsbesuch 1951. 1550 m² groß, 520 Sorten. Lit.: Rosenblatt 3 (1961).

Zürich. *Muraltengut,* Seestraße 203. Angelegt 1961 durch das Gartenamt der Stadt Zürich; 2000 Rosen in 65 Sorten; örtlicher Leiter Ernst Nyffenegger; etwa 10000 Besucher jährlich.

Spanien Madrid. *Rosaleda del Parque del Oeste.* Angelegt und unterhalten von der Stadt Madrid, Größe etwa 2 ha; etwa 30000 Rosen mit etwa 300 Beeten zu je 100 Rosen; internationale Rosenprüfung, veranstaltet von der Stadtverwaltung; Jury tritt einmal jährlich zusammen zur Wahl der „schönsten Rose" und vergibt den „Preis der Stadt Madrid" sowie Goldmedaillen und Wertzeugnisse.

Nach Meinung von Wilhelm Kordes sind nirgendwo in der Welt die Rosenblüten größer und schöner als in diesem Rosarium.

Ungarn Budatétény. *Rosarium des Gartenbau-Forschungsinstitutes.* Im Rosarium stehen etwa 3000 Sorten Rosen, davon 100 eigene Züchtungen des Institutes. Direktor Dr. Molnár; Leiter der Sektion Rosenprüfung G. Mark.

Tschechoslowakei (ČSSR) Brno. *Rosarium im Arboretum der Hochschule für Forstwirtschaft,* Zemědělská 1, Brno. Angelegt 1966, darin 0,7 ha für 4000 Rosen in 150 Sorten, zur Zeit der Öffentlichkeit nicht zugänglich; gegründet auf Initiative des Rosa-Klubs.

Lidice. *Rosengarten des Friedens und der Freundschaft.* Träger die Gemeinde Lidice. Angelegt 1952 durch Ing. Streitová; auf 2 ha 5000 Rosen in 250 Sorten; die Rosen wurden von den Züchtern aus aller Welt geschenkt. Besonders verdient um den Garten ist H. Wheatcroft, England. Jährliche Besucherzahl etwa 70 000 bis 80 000.

Olomouc. *Flora Olomouc.* Im Rahmen der „Flora" (Ausstellung) wurde 1972 auch ein Rosengarten durch Ing. M. Otepka angelegt, etwa 2,6 ha groß, bepflanzt mit 5600 Rosen in 270 Sorten; jährliche Besucherzahl etwa 100 000. Der Rosengarten soll noch weiter ausgebaut werden.

Pruhonice bei Praha. *Rosarium im Botanischen Garten der Tschechoslowakischen Akademie der Wissenschaften.* Gegründet 1963; Direktor Dr. P. Svoboda; Größe 2,2 ha; bepflanzt mit 12 000 Rosen in 1270 Sorten. Dient in erster Linie wissenschaftlichen Zwecken, aber auch Besuchern geöffnet. Die Sammlung ist entsprechend den Rosenklassen gegliedert.

Zvolen. *Rosarium im Arboretum der Hochschule für Forst- und Holzwirtschaft.* Gegründet 1965 durch Prof. Svoboda, Größe 2,5 ha, bepflanzt mit 14 000 Rosen in rund 1000 Sorten; Leitung von 1954 bis 1955 Prof. Svoboda, dann Ing. V. Višňovská. Jährliche Besucherzahl 40 000 bis 50 000. Viele ältere Sorten aus Jalta, Budapest, Low, Moskau usw. vorhanden.

ROSENDÖRFER UND ROSENSTRASSEN

Deutschland Im Zuge einer Werbeaktion „Unser Dorf soll schöner werden" sind insbesondere auch viele Rosen gepflanzt worden. Hierbei tat sich das Dorf Nöggenschwiel über Waldshut (Schwarzwald), in gemeinsamer Arbeit mit dem Verein Deutscher Rosenfreunde, hervor, so daß diesem Ort 1970 der Ehrenname „Rosendorf" Nöggenschwiel verliehen wurde. 1971 folgte dann die Gemeinde Schmitshausen bei Zweibrücken als zweites Rosendorf, seinerseits in „Rosenpartnerschaft" verbunden mit den Orten Limana bei Belluno (Dolomiten, Italien), Longuyon bei Longvy (Frankreich) und Walferdange (Luxemburg). 1972 wurde die Gemeinde Seppenrade im Münsterland „Rosendorf".

Frankreich 1972 wurde Bellegarde-du-Loiret das erste Rosendorf Frankreichs, doch schon 1973 kam St. Sorlin-en-Bugey im Elsaß hinzu.

In Frankreich gibt es auch zwei Rosenstraßen; die erste führt von Paris nach Provins; die zweite von Villeneuve-au-Chêne, im Departement Aube, nach Lignolle-Château (Route Nationale 19).

Belgien Hier gibt es bis jetzt zwar noch keine „Rosendörfer", doch plant man auch hier, in der Provinz Namur, eine Rosenstraße, die von Havelange über Dinant—Philippeville—Marienbourg nach Couvier führen soll. Diese Straße ist die „route Charlemagne" (Straße Karls des Großen). In einem Garten in Wallonien fand man eine unbenannte rote *Rosa gallica*; diese Rose, der man jetzt den Namen 'Charlemagne' gab, soll entlang dieser Straße gepflanzt werden.

Schweiz Hier ist Rapperswil am Zürichsee zu nennen, die „Stadt der Rosen", die in ihrem Wappen zwei rote Rosen auf silbernem Grund führt.

DIE „ALLDEUTSCHE ROSENPRÜFUNG" (ADR-PRÜFUNG)

Diese Prüfung ist um 1930 durch den Verein Deutscher Rosenfreunde ins Leben gerufen worden, doch schloß man sich damit dem Reichsverband des deutschen Gartenbaues an und dem Bund deutscher Baumschulen; federführend war jedoch der Verein Deutscher Rosenfreunde, der auch alle Kosten trug. 1933, nach der „Gleichschaltung" im Dritten Reich, übernahm der „Reichsnährstand" die Federführung; hier war K. Weinhausen damit beauftragt. Nach dem „Zusammenbruch" war es zunächst wieder, 1947, der Verein Deutscher Rosenfreunde, der die Prüfungen weiterführte, dann ab 1953 bis etwa 1960 die „Arbeitsgemeinschaft Selektion und Züchtung von Rosen", die aus Bundesmitteln

Die Sieger in der ADR-Prüfung, 1949 bis 1973

Jahr	Sortenname	Züchter	Punkte
1949	Gelbe Holstein	Kordes	91,4
1951	Elmshorn	Kordes	87,3
1952	Schweizer Gruß	Tantau	80,0
1952	Dortmund	Kordes	82,5
1952	Sparrieshoop	Kordes	82,0
1953	Atombombe	Kordes	80,3
1954	Feuermeer	Kordes	80,5
1953	Flammentanz	Kordes	81,0
1955	Lampion	Tantau	83,6
1956	Olala	Tantau	80,2
1958	Dirigent	Tantau	82,3
1958	Anneke Doorenbos	Doorenbos	81,5
1958	Lagerfeuer	Tantau	82,6
1958	Mme Louis Laperrière	Laperrière	81,5
1958	Jydepigen	Kordes	81,4
1960	Parkdirektor Riggers	Kordes	80,2
1960	Kommodore	Tantau	81,6
1960	Signalfeuer	Tantau	81,8
1960	Fritz Thiedemann	Tantau	82,1
1960	Goldkrone	Kordes	75,6
1960	Meteor	Kordes	76,6
1960	Lilli Marleen	Kordes	79,0
1960	Rodeo	Kordes	72,2
1960	Schneewittchen	Kordes	87,8
1960	Hansestadt Bremen	Kordes	75,5
1960	Stadt Rosenheim	Kordes	78,7
1960	Insel Mainau	Kordes	77,5
1960	Honigmond	Kordes	76,6
1960	Praize of Jiro	Kordes	81,5
1960	Gruß an Heidelberg	Kordes	67,4
1963	Gruß an Koblenz	Kordes	78,6
1963	Goldtopas	Kordes	76,1
1964	Inge Horstmann	Tantau	75,7
1964	Mainzer Fastnacht	Tantau	78,3
1964	Attraktion	Tantau	80,7
1964	Horrido	Tantau	80,7
1964	Duftwolke	Tantau	86,5
1964	Königin der Rosen	Kordes	79,0
1964	Gruß an Berlin	Kordes	78,3
1964	Marlena	Kordes	83,1
1964	Finale	Kordes	79,0
1964	Neues Europa	Kordes	77,7
1964	Reinolds Reingold	Reinold	80,6
1964	Nordstern	Kordes	75,2
1965	Andenken an Rud. Schmidt	Kordes	75,3
1965	Molde	Tantau	76,7
1965	Geisha	Tantau	74,8
1965	Wiener Walzer	Tantau	78,4
1965	My Fair Lady	Kordes	78,4
1965	Maria Callas	Meilland	79,5
1965	Fidelio	Meilland	75,6
1965	Silva	Meilland	80,8
1966	Sympathie	Kordes	76,0
1966	Konfetti	Tantau	79,1
1966	Pariser Charme	Tantau	74,6
1966	Travemünde	Kordes	84,6
1966	Mainauperle	Kordes	74,9
1966	Carina	Meilland	75,4
1966	Sangria	Meilland	80,7
1967	Späth 250	Kordes	77,7
1967	Shannon	McGredy	80,2
1967	Caramba	Tantau	79,1
1967	Sahara	Tantau	75,2
1967	Letkis	Buisman	77,1
1967	Nordkap	Schmidt	72,5
1968	Lichtkönigin Lucia	Kordes	87,8
1968	Bischofsstadt Paderborn	Kordes	83,8
1968	Ferry Porsche	Kordes	79,4
1969	Taora	Tantau	77,3
1969	Erotika	Tantau	82,7
1969	Sophia Loren	Tantau	78,2
1969	Susan	Kordes	77,9
1969	Neue Revue	Kordes	76,1
1969	Lustige	Kordes	78,6
1970	Charivari	Kordes	84,9
1970	Herzog von Windsor	Tantau	82,8
1970	Walzertraum	Tantau	81,0
1970	Aenne Burda	Kordes	83,8
1970	Edelweiß	Poulsen	81,8
1971	Gütersloh	Noack	80,0
1971	Fontaine	Tantau	77,4
1971	Ponderosa	Kordes	76,5
1971	Prominent	Kordes	79,8
1971	Alexandra	Kordes	77,6
1971	Baronne E. de Rothschild	Meilland	75,0
1971	Starina	Meilland	77,7
1971	Princesse Margret	Meilland	76,3
1972	Tornado	Kordes	79,6
1972	Benvenuto	Meilland	81,5
1972	Schloß Mannheim	Kordes	81,4
1972	Gertrud Schweizer	Kordes	76,1
1973	Friesia	Kordes	84,5
1973	Gruß an Bayern	Kordes	83,4
1973	K 66508	Kordes	80,3
1973	Escapade	Harkness	78,3
1973	Lolita	Kordes	77,3
1973	Alec's Red	Locker	76,6
1973	Melina	Tantau	76,6

Rosensorten, die in der Prüfung 80 und mehr Punkte erreichen, dürfen das nebenstehende Abzeichen auf dem Etikett führen

unterhalten wurde, bis sie der Bund deutscher Baumschulen übernahm, der sie auch heute noch durchführt. Sie ist vollkommen neutral und wird nur durch Fachleute durchgeführt, welche die einzelnen Rosensorten jährlich sechsmal bonitieren. Die zu prüfenden Eigenschaften (Wuchs, Belaubung, Blüte usw.) werden mit Punkten bewertet.

Die Prüfung ist nicht nur auf deutsche Rosen beschränkt; es können auch ausländische Rosenneuheiten zur Prüfung angemeldet werden. Die Anmeldung muß bei der Geschäftsstelle des Bundes deutscher Baumschulen, 208 Pinneberg, erfolgen, wo jede angemeldete Sorte sofort eine Nummer bekommt.

Der Anmelder muß dann an die neun eingerichteten Prüfgärten — Dortmund (Stadtgärtnerei), Friesdorf (Gärtner-Lehranstalt), Hamburg-Altona (Jehnisch-Park), Kiel-Steenbeck (Lehr- und Versuchsanstalt), Osnabrück (Fachhochschule), Sarstedt (Institut für Obstbau und Baumschule), Veitshöchheim (Lehr- und Forschungsanstalt), Weihenstephan (Sichtungsgarten), Zweibrücken (Rosengarten) — zehn Pflanzen pro Sorte (bei Kletter- und Strauchrosen nur drei) einsenden. Die BdB-Geschäftsstelle sendet dann gleichzeitig die Beobachtungsbogen an die Prüfgärten. Die Prüfung dauert bei den niedrigen Rosen zwei, bei Strauch- und Kletterrosen drei Jahre. Die ausgefüllten Beobachtungsbogen werden beim BdB ausgewertet und die Ergebnisse ermittelt. Neuheiten, welche 80 und mehr Punkte erreichen, werden zur ADR-Rose erklärt. Werden 80 Punkte nicht erreicht, so können die Prüfer dennoch die Bezeichnung „ADR"-Rose beantragen, wenn die Ergebnisse der Prüfung in den meisten Gärten dies rechtfertigen.

Die Prüfer arbeiten ehrenamtlich; die Prüfungsgärten sind nur bei Instituten oder Gartenämtern eingerichtet und nicht öffentlich. Der Vorsitzende der Prüfungskommission ist Prof. Dr. J. Sieber, Weihenstephan.

Die Bezeichnung „alldeutsch" ist leider etwas unglücklich und irreführend, denn Neuheiten aus der DDR sind bisher nicht zur Prüfung angemeldet worden.

Die Sieger in der ADR-Prüfung

Die Jahreszahlen sind die der Prüfung; die Sorten werden in der Regel im gleichen oder im nächsten Jahr in den Handel gebracht.

Vereinigte Staaten von Amerika Ebenso wie in einigen Ländern Europas kann auch hier die Rosenliebhaberei auf eine lange Tradition zurückblicken. Es gibt nicht weniger als 130 große öffentliche Rosengärten, in welchen zum Teil die Rosenprüfungen vorgenommen werden. Es ist unmöglich, diese hier aufzuzählen, sondern es kann nur auf die Beschreibungen in den amerikanischen Rosenjahrbüchern verwiesen werden. Den amerikanischen Rosenprüfungen kommt eine große Bedeutung zu, da eine hohe Bewertung (AARS-Sieger) einen hohen Absatz der betreffenden Sorte nach sich zieht. Die AARS-Prüfung und die „Proof of the Pudding" sind nachfolgend beschrieben. Bei der Bewertung der Rosen weichen die amerikanischen Grundsätze etwas ab von denen in Europa, insbesondere soll in USA die Blüte zu zwei Drittel oder drei Viertel geöffnet sein, während in Europa verlangt wird, daß die Blüte ihr Optimum zeigen soll, ohne Festlegung, wie weit sie geöffnet sein muß.

Auf zwei besondere Auszeichnungen sei noch hingewiesen: Das „Dowager Queen Certificate" wird in jeder von der ARS unterstützten Rosenschau der besten alten (d. h. vor 1867 eingeführten) Rose unter den Gewinnern des „Blauen Bandes" verliehen. — Die „T. Allen Kirk Perpetual Trophy", eine 28 cm hohe Kanne aus Silber, wird seit 1962 vergeben. Bedingungen sind nicht bekannt.

ALL AMERICA ROSE SELECTION (AARS)

1930 wurde das US- Plant Patent-Gesetz angenommen, das dem Züchter einer neuen, ungeschlechtlich vermehrten Pflanze 17 Jahre lang die Möglichkeit gibt, seine Züchtung zu kontrollieren durch Vergabe von Lizenzen gegen Gebühren. Das Gesetz fordert nur, daß eine neue Pflanze verschieden sein muß von bereits bestehenden, nicht jedoch, daß sie besser sein muß. Das hatte zur Folge, daß anfänglich auch geringerwertige Rosensorten patentiert wurden, vielleicht nur, um den höheren Preis für eine patentierte Rose erzielen zu können.

Eine Gruppe von interessierten Rosenzüchtern und die American Rose Society beschlossen, eine Einrichtung zu schaffen, die den Gartenwert einer neuen Rose testen sollte, bevor diese in den Handel gegeben wurde, und zwar zwei Jahre lang in den verschiedensten Klimaten und Böden der USA. 1937 begannen zwei Gruppen, die eine im Westen, die andere im Osten, diese Arbeit; 1938 vereinigten sich beide zur All American Rose Selection, kurz AARS.

Wilhelm Kordes, Deutschland

Svend Poulsen, Dänemark

Mathias Tantau sen. (†), Deutschland

Reimer Kordes, Deutschland

Niels Dines Poulsen, Dänemark

Mathias Tantau, Deutschland

Sam McGredy, Neuseeland

Patrick Dickson, Nordirland

Jack Harkness, England

G. de Ruiter, Holland

Jan Spek, Holland

Jan Leenders, Holland

Graham S. Thomas, England

Dr. C. C. Hurst (†), England

Prof. Dr. H. Wulff, Deutschland

Dr. Gunnar Täckholm (†), Schweden

Dr. François Crépin (†), Belgien

Dr. G. A. Boulenger (†), Belgien

Die Anmeldung einer neuen Rose zu der AARS-Prüfung steht jedermann offen, aus der ganzen Welt, wenn er die Anmeldegebühr bezahlt und die dazu erforderlichen Pflanzen einsendet (Büro: AARS, c/o George E. Rose, Secretary-Treasurer, P.O. Box 218 — Shenandoah, Iowa 51601, USA).

Bis zum Jahre 1967 wurden rund 2000 Sorten zur Prüfung angemeldet; davon erhielten 72 (= etwa 3%) das AARS-Wertzeugnis, das mit Sicherheit einen hohen Umsatz der damit ausgezeichneten Sorte in den USA nach sich zieht.

Die Organisation ist gemeinnützig; ihre einzige Aufgabe ist die Prüfung neuer Rosen, die Vergabe der Auszeichnung und die Bekanntgabe an die Öffentlichkeit in USA und Kanada. Die AARS hat 24 offizielle Prüfgärten, davon 15 an Universitäten oder in öffentlichen Anlagen und Parks, die restlichen 9 Versuchsgärten werden von Firmen unterhalten, die Mitglieder der AARS sind. Jeder Garten muß alljährlich einen Prüfungsbericht an die Prüfungskommission der AARS einsenden. Besucher sind in den Gärten im allgemeinen nicht zugelassen.

Die Anmeldung einer Rosensorte zur Prüfung muß alljährlich bis spätestens 30. November auf vorgeschriebenen Formularen erfolgen; für die Dauer der Prüfung erhält die Sorte eine Code-Nummer.

Die Sieger in der AARS-Rosenprüfung, 1963 bis 1973

Jahrgang	Sortenname	Farbe	Klasse	Punkte*)
1963	Super Star	orangerot	TH	8,8
1963	Royal Highness	rosa	TH	8,6
1964	Saratoga	weiß	Fl	7,7
1964	Granada	rosa	TH	—
1965	Mister Lincoln	rot	TH	8,5
1965	Camelot	lachsrot	Gfl	8,2
1966	American Heritage	weiß/karmin	TH	7,9
1966	Apricot Nectar	orangegelb	Fl	8,0
1966	Matterhorn	weiß	TH	7,5
1967	Bewitched	rosa	TH	7,7
1967	Gay Princess	rosa	Gfl	7,6
1967	Lucky Lady	weißrosa	Gfl	7,4
1967	Roman Holiday	orangerot	Fl	7,6
1968	Europeana	rot	Fl	8,5
1968	Miss All-American Beauty	rosa	TH	8,5
1968	Scarlet Knight	scharlach	Gfl	8,0
1969	Angel Face	lila	Fl	8,0
1969	Comanche	orangerot	Gfl	7,6
1969	Gene Boerner	hellrosa	Fl	8,4
1970	First Prize	rosa	TH	8,9
1971	Aquarius	rosa	Gfl	7,7
1971	Redgold	gelb/rot	Fl	8,3
1971	Command Performance	orangerot	TH	7,7
1972	Electron	rosa	TH	8,1
1972	Gypsy	orangerot	TH	?
1972	Medaillon	orangegelb	TH	?
1973	Bon-Bon	dunkelrosa	FL	?
1973	Bahia	gelborange	FL	?
1973	Perfume Delight	dunkelrosa	TH	?

*) Die Punktwerte wurden aus der „Proof of the Pudding“ hinzugesetzt.

DIE AMERIKANISCHE PRÜFUNG „PROOF OF THE PUDDING“ — EINE BRIEFWAHL

Diese Pudding-Probe hat nichts mit der Küche zu tun, sondern, wie so manches Schöne im Leben, mit den Rosen. Wer sich mit den amerikanischen Rosenprüfungen auskennt, hat den Namen „Proof of the Pudding“ sicherlich schon einmal gelesen, zumal mit dieser Pudding-Probe ein großer Teil des „American Rose Annual“ ausgefüllt ist, und zwar bereits seit 1926.

Alljährlich kommen in USA 200 bis 300 neue Rosensorten erstmalig in den Handel, von denen aber selten mehr als acht bis höchstens zehn später wirklich eine große Verbreitung finden und allgemein bekannt werden. Die anderen Neuheiten fallen mehr oder weniger schnell der Vergessenheit anheim, ein Schicksal, das sie mit Tausenden von Rosensorten in der Vergangenheit erleiden und das jeder Rose in ferner oder (meist) naher Zukunft nicht erspart bleibt.

In USA gibt es wie in so vielen anderen Ländern auch eine Vereinigung der Rosenfreunde, die „American Rose Society“. Diese Vereinigung ist gleichzeitig auch die „Internationale Registerstelle“ für Rosen. Hier sollte (eigentlich) jede neue Rose, die in den Handel kommt, schon ein bis zwei Jahre vorher mit dem beabsichtigten Namen angemeldet werden. Sofern es in den einzelnen Ländern nationale Registerstellen gibt, fungieren diese gewissermaßen als „Außenstellen“ der amerikanischen Zentrale, prüfen die Anmeldung und geben sie, wenn sie keine Einwände haben, nach USA weiter. Dort wird der Name in der Verbandszeitschrift „The American Rose“ (in Deutschland zum gleichen Zeitpunkt auch in der „Deutschen Baumschule“) veröffentlicht, und jeder, der Grund zu haben glaubt, kann innerhalb von vier Wochen Einspruch gegen die Verwendung eines Namens erheben und begründen (siehe Seite 201).

Sobald nun eine Rose in den Handel gelangt, wird sie in USA auch gleichzeitig in das PP-Register (Abkürzung für „Proof of the Pudding") eingetragen.

Alljährlich wird in der Verbandszeitschrift nun eine Liste neuer und auch älterer Rosensorten veröffentlicht; die Liste können die Mitglieder herausnehmen. Darin stehen mehrere hundert Sorten in alphabetischer Reihenfolge, und vor jeder Sorte stehen vier leere Kreise, in welche man sein Kreuzchen setzen kann, und zwar bei den Sorten, die man selbst im Garten hat.

Die Kreise sind bezeichnet mit A, B, C und D.

A = ausgezeichnet; eine hervorragende Sorte, die der Prüfer jederzeit besonders empfehlen kann;

B = gut; nicht ganz so gut wie A, aber doch wertvoll für den Garten;

C = mäßig; mittelmäßige Sorte, die ersetzt werden sollte, sobald sie übertroffen ist;

D = schlecht; eine Sorte, die der Prüfer für seine Gegend nicht empfiehlt.

Hier muß noch schnell darauf hingewiesen werden, daß die USA bekanntlich ein riesiges Territorium umfassen, dessen Böden und Klima die verschiedensten Eigenschaften haben, so daß es auf der Hand liegt, daß kaum eine Sorte in allen Staaten der USA gleich beurteilt wird.

Die Mitglieder, die an der Prüfung mitwirken wollen, setzen nun in die vorgesehenen Kreise die ihrer Bewertung entsprechenden Buchstaben ein und geben dann die Listen

A	B	C	D	Cultivar
( )	( )	( )	( )	Summer Rainbow — HT — pb
( )	( )	( )	( )	Sunbonnet — F — dy
( )	( )	( )	( )	Superior — F
( )	( )	( )	( )	Swan Lake — Cl
( )	( )	( )	( )	Sweet Lelanie — HT — pb
( )	( )	( )	( )	Sweet Talk — F — w
( )	( )	( )	( )	Sympathie — K — mr
( )	( )	( )	( )	Taconis — F

Abb. 68. Ausschnitt aus der Sortenliste, mit der die Mitglieder sich an der „PP"-Prüfung beteiligen können

bei ihrem örtlichen Zweigverein der American Rose Society ab. Hier nun beginnt die Arbeit des Prüfungsobmannes. Dieser setzt die Buchstaben in Zahlenwerte um, und zwar 10 für A, 8 für B, 5 für C und 2 für D. Dann addiert er die erhaltenen Werte jeder einzelnen Sorte, dividiert sie durch die Zahl der Nennungen und erhält so den Mittelwert, den er an den PP-Ausschuß weiterleitet. Hier werden nun alle Zahlen gesammelt und nach der gleichen Methode behandelt, so daß man schließlich einen Gesamtwert erhält. Das Ergebnis, eine Bewertung von immerhin rund 1300 Sorten, wird alljährlich in einem kleinen Heft (Handbook for Selecting Roses; a Rose Buying Guide) für 10 Cents an die Mitglieder abgegeben.

Seit 1950 erhalten alle geprüften Sorten ein Prädikat in Form einer Zahl zwischen 5 und 10. Diese bedeuten:

10,0	vollkommene Rose (bisher nicht erhalten!)
9,0—9,9	überragend (outstanding)
8,0—8,9	ausgezeichnet (excellent)
7,0—7,9	gut (good)
6,0—6,9	mittelmäßig (fair)
5,9 und weniger	Wert fraglich

In dem kleinen „Handbook; Rose Buying Guide" findet man die bewerteten Rosen nach Klassen geordnet: Teehybriden, Grandiflora, Floribunda, Polyantha, Miniatursorten usw.; am Schluß Rosen mit den höchsten Bewertungen, nach Farben geordnet.

Diese Spitzensorten sollen hier kurz aufgeführt werden, soweit es sich um Sorten handelt, die bei uns auch im Handel sind; Stand 1973.

Teehybriden

rot:	Chrysler Imperial	8,9
	Super Star	8,8
	Duftwolke	8,6
	Mister Lincoln	8,5
	Crimson Glory	8,3
rosa:	First Prize	8,9
	Royal Highness	8,6
	Miss All-American Beauty	8,5
	First Love	8,0
	Prima Ballerina	7,9
gelb:	King's Ransom	7,8
	Summer Sunshine	7,6
	Eclipse	7,5
weiß:	Pascali	8,3
	Garden Party	7,9
	Matterhorn	7,5
mehrfarbige:	Gloria Dei	9,4
	Tiffany	9,1
	Confidence	9,0
	Helen Traubel	8,3
	Isabel de Ortiz	8,2
lila:	Lady X	8,1
	Mainzer Fastnacht	8,0
	Kölner Karneval	7,4

Floribunda

rot:	Europeana	8,3
	Spartan	8,4
	Orangeade	8,4

	Cocorico	8,4
	Orange Sensation	8,3
	Frensham	8,2
	Feurio	8,0
	Sarabande	7,9
	Red Pinocchio	7,9
	Permanent Wave	7,9
rosa:	Betty Prior	8,4
	Gene Boerner	8,4
	Pink Rosette	8,1
	Vera Dalton	8,0
	Rosenelfe	7,9
	Else Poulsen	7,8
	Pink Bountiful	7,8
	Betsy McCall	7,7
gelb:	Starlet	7,4
	Allgold	7,4
	Arthur Bell	7,3
	Sunbonnet	7,2
	Yellow Cushion	7,1
weiß:	Schneewittchen	8,7
	Ice White	8,1
	Ivory Fashion	8,0
mehrfarbige:	Little Darling	8,6
	Dearest	8,5
	Sea Pearl	8,4
	Border Gem	8,4
	Redgold	8,3
	Vogue	8,2
	Fashion	8,0
	Circus	8,0

Grandiflora-Sorten

Queen Elizabeth	9,3
Montezuma	8,6
Carrousel	8,4
Granada	8,4
Camelot	8,2
Apricot Nectar	8,0
John S. Armstrong	8,0
Mount Shasta	8,0

DIE NATIONALEN ROSENVEREINIGUNGEN DER WELT (STAND 1973)

Die Zahl der nationalen Rosenvereinigungen ist längst nicht so groß, wie man nach der Beliebtheit der „Königin der Blumen" vielleicht annehmen könnte. Hierbei ist noch zu unterscheiden zwischen Liebhaber-Vereinigungen und wirtschaftlich orientierten Organisationen. Einige nicht mehr existierende Vereinigungen sind nur aus historischem Interesse aufgeführt.

Die Aufzählung erfolgt in alphabetischer Reihenfolge nach den Ländern. Sollten irgendwelche Angaben inzwischen überholt oder unvollständig sein, bittet der Verfasser freundlich um Mitteilung.

World Federation of Rose Societies

Gegründet 1971 auf der ersten „World Rose Convention" in Hamilton, Neuseeland. Präsident: Dr. R. C. Allen, USA; Vice-Präsident: Mr. Bowen, Großbritannien; Sekretär (und zugleich Anschrift der Geschäftsstelle): G. L. Turner, Chiswell Green Lane, St. Albans, Herts., England. — Der Weltorganisation sind bisher die Rosengesellschaften folgender Länder beigetreten: USA, Großbritannien, Neuseeland.

Der Weltverband beabsichtigt, alle zwei Jahre einen Kongreß abzuhalten.

Australien The National Rose Society of Australia. Präsident: Dr. A. S. Thomas; Sekretär: J. L. Priestly, 271 b Belmore Road, North Balwyn, Victoria, 3104. — Diese Gesellschaft ist seit 1973 die Dachorganisation der Rosengesellschaften der einzelnen australischen Länder. Sie gibt das gemeinsame „Australian Rose Year Book" heraus, das 1973 bereits im 46. Jahrgang erschien. Herausgeber ist L. V. Lawrence, 57 Ferndale Road, Glen Iris, Victoria, Australia 3146. Nachfolgend die Mitgliederzahlen der einzelnen Länder: Victoria 2350; South Australia 250; New South Wales 600; Queensland 500; Western Australia 350; Tasmania 350.

Belgien Société Nationale „Les Amis de la Rose" / Nationale Maatschappij „De Vrienden van de Roos". Gegründet 1923 durch G. van Oost; 1954 nach 15jähriger Ruhezeit neu organisiert; etwa 500 Mitglieder. Präsident: Baronne Gisèle de Gerlache de Gomery; Sekretär: M. Defever, Leopold III. Straat, B 9002 Ledeberg. Eigene Zeitschrift „Rosa Belgica", erscheint seit 1963, etwa 2—3 Hefte jährlich, Redakteur: Fr. Mertens, F.-J. Navezstraat 81, Brüssel 3.

Bundesrepublik Deutschland Verein Deutscher Rosenfreunde. Gegründet 1883. Präsident: Dr. Jürgen Lambert, 666 Zweibrücken; Geschäftsstelle: Frau M. von Rosenthal, 757 Baden-Baden, Postfach 1011; Redaktion des „Jahrbuches" und des „Ro-

Abb. 69. Abzeichen und Embleme der Rosen-Vereinigungen

senbogen": Karl Heinz Hanisch, 757 Baden-Baden, Voglergasse 15. — Mitgliederstand über 4500. Der Verein gründete 1903 das Rosarium in Sangerhausen, unterhielt später dort die „Zentralstelle für Rosenforschung" und gründete 1968, zusammen mit der Stadt Dortmund, das „Deutsche Rosarium" in Dortmund. Sie gab von 1883 bis 1933 die „Rosen-Zeitung" heraus (jährlich meist 6 Hefte), von 1934 bis 1940 das „Rosen-Jahrbuch" und seit 1949 wiederum das „Rosen-Jahrbuch", dessen Band 39 1973 erschien. Seit 1964 erscheint die von Oskar Scheerer begründete Vierteljahresschrift „Der Rosenbogen". Der Verein führt alljährlich während seiner Jahreshauptversammlung auch eine Rosenschau durch, außerdem Rosenseminare in Dortmund. — Über die „Urgeschichte" des Vereins, mit 12 Personenporträts, siehe Rosen-Zeitung 1933: 43 ff.

Nur wenige Jahre haben die beiden folgenden Vereinigungen bestanden:

Verein Deutscher Rosenzüchter; gegründet 1910. Vorsitzender O. Jacobs. Ein Bericht hierüber in Rosen-Zeitung 1911: 20—21.

Verein der deutschen Rosenversandgeschäfte; gegründet um 1920; vgl. Rosen-Zeitung 1924: Beiblatt zu S. 32.

Frankreich La Société Française des Roses; Sitz: 69 Lyon, Parc de la Tête d'Or; Schirmherr: Der Präsident der Republik und der Landwirtschaftsminister; Präsident: Armand Souzy. Mitglieder: 17000. — Der Verein gibt vierteljährlich die Zeitschrift „Les Amis des Roses" heraus, die Hefte sind numeriert; bis Ende 1973 erschienen 316 Hefte mit meist farbigen Abbildungen.

Großbritannien Royal National Rose Society; Sekretariat: Chiswell Green Lane, St. Albans, Herts.; Präsident: wird alle zwei Jahre neu gewählt; Sekretär: L. G. Turner. — Als 1858 in London die erste Rosenschau abgehalten wurde, fanden sich die Männer, die dann 1867 diese Gesellschaft ins Leben riefen und die im Laufe der Zeit zur größten gärtnerischen Gesellschaft der Welt, mit heute rund 100000 Mitgliedern, werden sollte. Sie unterhält ein Rosarium, führt alljährlich mehrere Rosenschauen durch, gibt seit 1906 ein Jahrbuch heraus und ein „Bulletin", unterhält eine Bibliothek. Die Preisrichter auf den Rosenschauen müssen vor ihrer Zulassung eine Prüfung ablegen und erhalten dort nach Bestehen eine Urkunde (Befähigungsbestätigung). Die Königin-Mutter ist die Schutzpatronin der Gesellschaft.

Association of British Rose Producers. Gegründet 1932. Chairman: A. P. C. Dickson; Sekretär: L. G. Turner; Anschrift wie vorstehend. In dieser Vereinigung haben sich 150 britische Rosengärtner zusammengeschlossen, um wirtschaftliche Fragen von gemeinsamem Interesse zu behandeln.

British Association of Rose Breeders. Gegründet 1973. Präsident: Patrick Dickson; Sekretär: Jack Harkness (Anschriften siehe im Abschnitt „Züchter").

The Rose Society of Northern Ireland. Sekretär: Norman Beck, 6 Willowbank Park, Belfast. — Gegründet 1964; 300 Mitglieder. Internationale Rosenprüfung alljährlich im Dixon Park.

Die älteste Rosenvereinigung Englands wurde in den 1850er Jahren in Nottingham gegründet, mußte sich aber wegen ungünstiger Umstände nach etwa 30 Jahren auflösen, und es dauerte dann nochmals 30 Jahre, bis die Gesellschaft zum zweiten Male gegründet wurde.

Indien The Rose Society of India. Gegründet 1959. Geschäftsstelle: A-267 Defence Colony, New Delhi 11 0003, Indien. Präsident: Mr. I. K. Gujral (Minister für Information und Rundfunk). Ehrenpräsident: Dr. B. P. Pal. Mitglieder etwa 600. Veröffentlichungen: vierteljährlich ein „Newsletter". Die Gesellschaft führt alljährlich im Winter und im Frühjahr eine Rosenschau durch.

Italien Associazione Italiana delle Rosa (A.I.R.). Sitz: Villa Reale in 20052 Monza. Gegründet 1963. Präsident: Ing. Niso Fumagalli; Sekretärin: Signorina Lucia Biffi. Etwa 1800 Mitglieder. Seit 1965 gibt die Gesellschaft ein Jahrbuch heraus. Jährliche Ausstellungen und Wettbewerbe.

Japan Japan Rose Society (Nihon-Bara-Kai). Sitz: Okuzawa-machi, 8-28-12, Setagaya-ku, Tokyo 158; Sekretär: I. Noto. — Nach dem zweiten Weltkrieg gegründet aus dem Zusammenschluß von zwei Rosenvereinen in Tokyo und Osaka, jetzt über 200 Ortsvereine in ganz Japan, mit vielen Tausenden von Mitgliedern, größte gartenbauliche Vereinigung in ganz Asien. Die ganze kaiserliche Familie, viele hohe Staatsmänner waren und sind Rosenfreunde, so besonders zu nennen der frühere Ministerpräsident S. Yoshida, der einen der schönsten Rosengärten des Landes hat und auch lange Jahre Präsident dieser Gesellschaft war. Die Gesellschaft betreut auch den Rosengarten im Kaiserlichen Palast. Die jährliche Veranstaltung, das „Japan Rose Festival", ist eine große Rosenschau mit internationaler Beteiligung, mit Preisvergaben (auch Goldmedaillen) und Wertzeugnissen. Im Yatsu-Park, im Osten von Tokyo, ist der Versuchs- und Prüfungsgarten der Gesellschaft; Zutritt haben jedoch nur die Prüfer.

Kanada Canadian Rose Society; 1913 gegründet unter der Bezeichnung „Rose Society of Ontario", 1954 umbenannt. Etwa 50 örtliche Rosenvereine sind der Gesellschaft angeschlossen. Mitglieder etwa 1200. Der Präsident wird für eine Amtszeit von in der Regel zwei Jahren gewählt. Sekretariat: Mrs. S. Jupp, 186 St. Leonards Avenue, Toronto, Ontario, Canada. Die Gesellschaft gibt seit 1954 ein Jahrbuch und ein „Rose Bulletin" heraus, führt aber keine Rosenprüfungen durch und vergibt daher auch weder Medaillen noch Zertifikate.

Neuseeland The National Rose Society of New Zealand. Gegründet 1931; 5700 Mitglieder; Sitz: Northcote Central, P.O. Box 36-070; Auckland 9, N.Z.— Sekretärin: Mrs. Jean E. Chappell; seit 1965 gibt die Gesellschaft ein eigenes Rosenjahrbuch heraus, vor dieser Zeit in Gemeinschaft mit der Australischen Rosengesellschaft. Es gibt einen Internationalen Rosenprüfungsgarten in Palmerston North; Auszeichnungen für Rosen sind „The Gold Star of the South Pacific" und der „Silver Star of Palmerston North".

Niederlande „De Roos"; Vereniging ter Bevordering van de Rozenteelt (Nos Jungunt Rosae). Vorsitzender: C. van den Berg, Bussum (in Firma de Wilde); Sekretär und Geschäftsstelle: W. C. van Zetten, Waddinxveen, Prinses Beatrixlaan 100. Die Vereinigung wurde gegründet 1891; Mitglieder sind nur Baumschulen mit Rosenkultur. Ihre Zeitschrift „Rosarium" erschien von 1891 bis 1941.

Nederlandse Rozenvereniging. Gegründet 1971. Präsident: Dr. W. K. J. G. van Ommen Kloek; Sekretär: ir. G. E. Voitus van Hamme. Redakteur des viermal jährlich erscheinenden „Rozen-Bulletins" (seit 1972) ist Tj. v. d. Kooi, Elandstraat 42, den Haag (Kon. Ned. Mij. voor Tuinbouw en Plantkunde).

Polen Polskie Towarzystwo Miłosnikow Róż (Polnische Gesellschaft der Rosenliebhaber). 01-756 Warszawa, ul. Przasnyska 24/1; Sekretärin: Barbara Lisiewska; Präsident: Prof. Dr. Alfons Zielonka. Gegründet 1958; 2000 Mitglieder; alle zwei Monate erscheint eine Publikation „Informator Polskiego Towarzystwa Miłosnikow Róż"; außerdem bis jetzt zwei Jahrbücher erschienen.

Schweiz Gesellschaft Schweizerischer Rosenfreunde. Gegründet 1959 in Zürich. Präsident: Dr. Fritz Dorschner, Schaffhausen; Geschäftsführer: Dietrich Woessner, Neuhausen am Rheinfall. — Die Gesellschaft gibt alljährlich seit 1959 „Das Rosenblatt" heraus (1973 16. Folge), monatlich das „Kleine Rosenblatt", sowie Buchveröffentlichungen. Mitglieder: 2400.

Société des Roses de la Suisse Romande; Sitz: Ecole d'Horticulture Châtelaine, Genf. Gegründet 1967. Präsident: Alex Indermühle, Genf. Mitglieder: 300. — Keine eigenen Veröffentlichungen, wohl aber Beiträge des Mitgliedes M. L. Cornu in der „Revue Horticole", Paris.

Südafrika The Rose Society of South Africa — Die Roos Vereniging van Suid-Afrika. Gegründet 1960; Mitglieder etwa 500, im In- und Ausland. Präsident wird alle zwei Jahre neu gewählt; Sekretariat: Mrs. Mary Wise, P.O. Box 65 217, Benmore, Transvaal, S-Afrika. Eigene Zeitschrift „Rosa", 3 Hefte jährlich. — Wegen der Größe des Landes gliederte sich die Vereinigung in drei Gruppen: Die Western Cape Rose Society (Kap Provinz), die Welkom and District Rose Society (Oranje Freistaat) und die Northern Transvaal Society (Pretoria). Gesamtvorstand zwölf Mitglieder und zwei Vertreter der drei Gruppen, treffen sich einmal monatlich, abwechselnd in Pretoria und Kapstadt.

Tschechoslowakei Rosa Klub ČSSR. Gegründet 1968; bestehend aus einer größeren Gruppe für die Tschechei und einer kleineren, 1970 gegründeten Gruppe für die Slowakei, zusammen etwa 1000 Mitglieder. Präsident: Doc. Ing. Bohumil Jaša, Zemědělská 1; 662 65 Brno; Sekretariat: Václavské nám. 47, 110 00 Praha. Eigene Zeitschrift „Zpravodaj Rosa klub", viermal jährlich. Der Verein errichtet zur Zeit ein eigenes Rosarium in Hradec Králové, wo 1975 der erste Wettbewerb der Rosenzüchter des Landes durchgeführt wird.

Vereinigte Staaten von Amerika The American Rose Society. Gegründet 1899. Der Präsident wird alle zwei Jahre neu gewählt; Geschäftsstelle: P. O. Box 30 000, Shreveport, Louisiana 71 130,

USA; Sekretär und Herausgeber des „American Rose Annual" ist Harold S. Goldstein. 16 000 Mitglieder. Vorstand und Rat bestehen aus 15 Mitgliedern; die Ratsmitglieder repräsentieren jeweils zwei geographische Gebiete und heißen „Governors", jedes Gebiet wiederum in Bezirke unterteilt mit einem Bezirksdirektor als Vorsitzendem. Diese Bezirksdirektoren bilden zusammen den „Council of Directors", der bei jeder Jahreshauptversammlung zusammentritt. Die ARS vergibt sehr oft kleine Aufträge aus dem Gesamtgebiet der Rosenforschung zur Untersuchung, einschließlich Pflanzenschutz, genetischer Untersuchungen usw., und zwar geschah dies bis 1952 in Zusammenarbeit mit den verschiedenen Universitäten. Nach dieser Zeit wurde die American Rose Foundation mit der Wahrnehmung wissenschaftlicher Arbeiten betraut. — Der Verein hat über 1300 Mitglieder zu „Consulting Rosarians" (= Rosenberater) ernannt, welche die Mitglieder, aber auch Nichtmitglieder, in allen Rosenfragen beraten und meist auch örtlich als Preisrichter eingesetzt werden. Seit 1916 gibt die ARS ein Jahrbuch heraus, in welchem besonders die Prüfungsergebnisse („Proof of the Pudding"; vgl. Seite 145) einen breiten Raum einnehmen. Außerdem erhalten die Mitglieder alljährlich einen „Buyer's Guide" (Einkaufsberater), ein kleines Heft, in welchem der Gartenwert von über 1000 Rosensorten in Punkten angegeben ist.

American Rose Foundation. Eine besondere Einrichtung der American Rose Society; Chairman: John R. Lauer; Sekretär: Harold S. Goldstein (Geschäftsstelle bei der American Rose Society); Chairman des Wissenschaftlichen Ausschusses: Dr. Cynthia Westcott. — Diese Stiftung wurde ausschließlich zu dem Zweck gegründet, Gelder und Schenkungen anzunehmen, die für die Rosenforschung, und zwar jeweils bestimmte Themen, verwendet werden müssen. Diese Stiftung übernahm die Aufgaben, die bis dahin von der American Rose Society gefördert worden waren. Von der US-Regierung als „gemeinnützig" anerkannt, daher können Stifterfirmen die zur Verfügung gestellten Beträge steuerlich absetzen, denn dies sind „gifts, bequests and devises to be used exclusively for education and scientific research in the improvement of the standard of excellence of the rose for all American people together with the stimulation of general interest in the rose".

Die Veröffentlichung der Ergebnisse erfolgt stets, meist in gekürzter und allgemein verständlicher Form, in American Rose Annual. Eine Übersicht über die von 1952 bis 1962 bearbeiteten Themen in ARA 1963: 145—153.

Rose Hybridizer's Association. Gegründet 1969 in USA; General Director: William Rowe, Jr., 777 Liberty Street, Penfield, New York 14 526. Eine gemeinnützige Vereinigung von Liebhaber-Rosenzüchtern in USA und Kanada, mit zwei Überseebüros in England und Indien. Mitglieder etwa 200. Ziele der Vereinigung: Sammlung und Verbreitung von Informationen über die Rosenzüchtung, Kontakte von Liebhaberzüchtern miteinander, Austausch von Pollen und Vermehrungsmaterial; vierteljährlich ein Newsletter. „Regional Director European District" ist Mrs. Alice Dale, 41 Edinburgh Road, Congleton, Cheshire, England.

Die Rosenzüchter und ihr Werk sowie einige Informationen über Botaniker und Gärtner im Zusammenhang mit Rosen

In „Modern Roses“ (7. Ausgabe) sind nicht weniger als 1200 Rosenzüchter aufgeführt, aber das sind keineswegs alle, denn allein in Deutschland gab es bis jetzt rund 170 Züchter, allerdings die weitaus meisten von ihnen Liebhaberzüchter oder Einführer von sogenannten Sports (Mutationen), die sie fanden. Kaum zwanzig von ihnen haben wirklich Bedeutung erlangt; die Sorten der anderen Züchter waren entweder nicht genügend wertvoll oder konnten nicht in nennenswertem Umfang angezogen und verbreitet werden, so daß sie zumeist nach wenigen Jahren wieder verschwanden.

In der nachfolgenden Liste sind die bekanntesten Züchter und ihre aus deutscher Sicht wichtigsten Züchtungen aufgeführt, und zwar in erster Linie nach der Verbreitung, welche die Sorten in Deutschland gefunden haben. Oft sind die Sorten noch im Handel erhältlich oder stehen in den Rosarien oder aber waren für den Fortschritt in der Rosenzüchtung von besonderer Bedeutung.

Wo verfügbar, sind auch bei den einzelnen Züchtern biographische Angaben gemacht worden, vor allem auch deshalb, um diese nicht in Vergessenheit geraten zu lassen. Nahezu alle genannten Sorten sind im Lexikonteil beschrieben und mit Jahresangaben versehen worden.

Der Verfasser ist dankbar für die Übermittlung weiterer Daten über die einzelnen Personen, die in einer Neuauflage gerne eingearbeitet werden sollen.

Aicardi, Domenico, gestorben 1964. Villa Minerva, San Remo, Italien. Seine Arbeit führt seine Nichte → **Ada Mansuino** fort. — 'Eterna Giovinezza' (= 'Eternal Youth'), 'Gloria di Roma', 'Signora Piero Puricelli'.

Armstrong Nurseries Inc., Ontario, Kalifornien. — 'Buccaneer', 'Charlotte Armstrong', 'Circus', 'Eiffel Tower', 'Fandango', 'First Love', 'Forty-niner', 'Frolic', 'Grand Slam', 'Helen Traubel', 'High Noon', 'Joseph's Coat', 'Matterhorn', 'Mirandy', 'Mojave', 'Montezuma', 'Moonsprite', 'Show Girl', 'Summer Sunshine', 'Sutter's Gold', 'Sweet Sixteen', 'Taffeta', 'Tallyho', 'Wildfire', 'John S. Armstrong'.

Barbier & Co., Orléans, Frankreich. Vor dem ersten Weltkrieg sehr bedeutende Rosenzüchter, vor allem Kletterrosen. — Nur noch wenige Sorten heute zu finden: 'Alberic Barbier', 'Albertine', 'Léontine Gervais'.

Beluze, Jean, Lyon, Frankreich. — 'Souvenir de la Malmaison'.

Bennett, Henry, Stapleford, später Shepperton, Middlesex, England. Liebhabergärtner und Rosenzüchter, gestorben 1890. Züchtete die ersten Teehybriden. — 'Lady Mary Fitzwilliam', 'Princess Beatrice', 'Mrs. John Laing', 'Grace Darling', 'Her Majesty', 'William Francis Bennett' (die „5000-$-Rose“!).

Berger, Vinzenz, Bad Harzburg. — 'Dr. Eckener', 'Erika Teschendorff', 'Heidekind', 'Bergers Weiße'.

Bobbink & Atkins, East Rutherford, N. J., USA. Eine der bedeutendsten amerikanischen Rosenfirmen, nicht selbst züchtend, nur verbreitend.

Boerner, S. Eugen, geboren 1893 in Cedarburg, Wisconsin, gestorben 1967 in Clifton Springs, N. Y., USA; studierte Gartenbau in USA, war Pilot im ersten Weltkrieg, 1920 Eintritt bei Jackson & Perkins, 1927 Teilhaber der Firma. 1937 Beginn seiner Züchtungsarbeit, als Nachfolger von **Dr. H. J. Nicholas,** sehr erfolgreich. Neben seinen Rosen auch Züchter von *Chrysanthemum*-Neuheiten und Stauden. — 'Aloha', 'America's Junior Miss', 'Apricot Nectar', 'Arlene Francis', 'Ballet', 'Chatter', 'Chic', 'Coral Dawn', 'Coral Sunset', 'Diamond Jubilee', 'Fashion', 'Fashionette', 'Frankfurt am Main', 'Goldilocks', 'Ivory Fashion', 'Jiminy Cricket', 'John F. Kennedy', 'Lavender Pinocchio', 'Masquerade', 'New Yorker', 'Orchid Masterpiece', 'Pink Garnette', 'Polynesian Sunset', 'Spartan', 'Summertime', 'Valiant', 'Vogue', 'Zorina', 'Bronce Masterpiece', 'Golden Masterpiece'.

Booth, John, & Söhne, Baumschule, Flottbek bei Altona.— 'Königin von Dänemark'. War gezwungen, die Eigenständigkeit dieser Sorte gegen andere Behauptungen von Prof. Lehmann zu verteidigen; mit Erfolg.

Boulenger, Georges Albert, belgischer Naturwissenschaftler in Brüssel, 1858—1937; seine Arbeitsgebiete waren Fische und Reptilien, auf botanischem Gebiet die Rosen. Er schrieb umfangreiche Revisionen der europäischen und asiatischen Rosenarten und bearbeitete das Herbarmaterial von Crépin.

Boursault, Henri; Gärtner und Botaniker in Paris, Rue Blanche; soll die größte private Rosensammlung besessen haben (1828); Plan seines Gartens in J. C. Loudon: An Encyclopedia of Gardening, 2nd ed. London (1835). — *R. banksiae* 'Rosea' (= *R. banksiae* 'Alba Plena' × unbekannte rote Gartenrose; 1824).

Brownell, Dr. Walter; jetzt Brownell Sub-Zero Roses, Inc., Little.

Buatois, Dijon, Frankreich. — 'Reveil Dijonnais'.

Buisman, G. A. H., & Zoon, Heerde, Niederlande; Gründer: Roelof Buisman, 1894—1969. — 'Buisman's Triumph', 'Kosmopoliet', 'Kathleen Ferrier', 'Lijnbaanroos', 'Norris Pratt', 'Saskia', 'John Dijkstra'.

Buyl Frères, Serskamp, Schellebelle, Belgien. — 'Bambino', 'Coccinelle', 'Denise', 'La Jolie', 'Princesse Liliane', 'Troubadour'.

Camprubi, Carlos, Cornella de Llobregat, Barcelona, Spanien. — 'Carmencita', 'Dona Clara', 'Leonor de March', 'Rosalinda', 'Violinista Costa'.

Cant, Benjamin R., & Sons, Ltd., The Old Rose Gardens, Colchester, England. — 'Blush Rambler', 'Covent Garden', 'Golden Ophelia', 'Lady Roundaway', 'Lady Sackville', 'Lilian', 'Princess Margaret Rose', 'Rev. F. Page Roberts', 'White Dorothy'.

Cant, Frank, & Co., Ltd., Braiswick Rose Gardens, Stanway, Colchester, Großbritannien. — 'Harlequin', 'Lady Fairfax', 'Mrs. Herbert Carter', 'Orange Triumph Improved', 'Red Ember', 'Snowflake'.

Cant, William, gründete 1765 die Gärtnerei in Colchester, England; 1847 übernommen durch seinen Enkel, Benjamin Revett Cant, der sich auf Rosen spezialisierte; war beteiligt bei der historischen 1. Nationalen Rosenschau in London am 1. Juli 1858 und einer der Mitbegründer der National Rose Society. Seine Söhne begannen die Rosenzüchtung. Firma noch immer in Familienbesitz.

Cazzaniga, F. G., Vinodrome, Milano, Italien. — 'Amica', 'Prof. Alfred Dufour'.

Chaplin Bros., Waltham Cross, England (Nachfolger von W. Paul & Son). — 'Chaplin's Pink Climber', 'Elegance', 'Golden Glow', 'W. E. Chaplin', 'Windermere'.

Chotek, Gräfin Marie Henriette, Dolná Krúpa, Tschechoslowakei. Große Rosenliebhaberin und Besitzerin eines Rosariums im ersten Drittel des 20. Jahrhunderts.

Christ, Konrad Hermann Heinrich, schweizer Botaniker, geboren 1833 in Zürich, gestorben 1933 in Basel; schrieb u. a. „Die Rosen in der Schweiz" (1873).

Clark, Alister, Bulla, Victoria, Australien. Bedeutender Züchter, doch seine Sorten hier so gut wie nicht bekannt.

Cochet, Pierre; Grisy-Suisnes, Seine-et-Marne. Gründete eine Rosenschule, wurde dabei gefördert durch die Königin Marie Antoinette und die Gräfin de Bougainville, so daß er schon bald eine ebenso große Rosensammlung hatte wie die Kaiserin Joséphine. Als Züchter wenig hervorgetreten.

Cochet-Cochet, P. C. M., Coubert, Seine-et-Marne. Gab ebenfalls nur wenige Züchtungen heraus, davon aber mehrere heute noch in Kultur. — 'Blanc Double de Coubert', 'Roseraie de l'Hay', 'Souvenir de Christophe Cochet', 'Souvenir de Philémon Cochet', 'Souvenir de Pierre Leperdrieux'.

Cocker, Alex, aus der schottischen Rosenfirma **Cocker & Sons,** Aberdeen, Partner von Harkness & Cocker, seit 1962. — 'Alec's Red'.

Combe, Maurice, La Galochère, St. Martin-d'Hêres, Isère, Frankreich. — 'Barricade', 'Bonne Nuit', 'Cordon Rouge', 'Flammèche', 'Fontaine Lumineuse', 'Furia', 'Norita', 'Saphi', 'Smoky', 'Tom Pillibi', 'Vahine', 'Ronde Endiablée'.

Compton, Rhode Island, USA. — 'Break o'Day', 'Copper Glow', 'Curly Pink', 'Shades of Autumn'.

Conard-Pyle Co., West Grove, Pennsylvania, USA. Kaum züchterisch tätig geworden, jedoch einer der bedeutendsten Einführer von Rosenneuheiten aus USA und dem Ausland.

Crépin, François; geboren 30. Oktober 1830 in Rochefort, Prov. Namur, Belgien, Prof. und Direktor des Botanischen Gartens in Brüssel, gestorben 1903. Hervorragender Kenner der Wildrosen, schrieb „Manual de la Flore de Belgique". Crépins Arbeiten über Rosen erstrecken sich in der Hauptsache auf das westliche und mittlere Alpengebiet.

Croix, P., Bourg-Argental, Loire, Frankreich. — 'Astree', 'Cameliarose', 'Coral Glow', 'Flamboyant', 'Province d'Anjou'.

Deegen, Franz; Köstritz; 1840—1927. Begann 1864 die ersten Rosenpflanzungen in seiner Gärtnerei; pflanzte später 120 000 Wildlinge für Hochstammrosen auf. Hier entstand seine 'Deegens weiße Maréchal Niel'.

Delbard, Georges, und **Chabert,** 16 Quai de la Mégisserie, Paris. Sowohl Züchter als auch Verbreiter; eigene Sorten: 'Centenaire de Lourdes', 'Chic Parisien', 'Crêpe de Chine', 'Diablotin', 'Dr. Albert Schweitzer', 'Gay Paris', 'Grand Amour', 'Grand Prix', 'Impeccable', 'La Passionata', 'Maurice Chevalier', 'Mickey', 'Mitsouko', 'Mondovision', 'Orange Delbard', 'Phare', 'Presence', 'Reine France', 'Roi des Rois', 'Rosier d'Or', 'Saint-Exupéry', 'Tutu Mauve', 'Vieen-Rose', 'Voeux de Bonheur', 'Vol de Nuit'.

Delforge, Hippolyte, & Fils, Belsele-Waas, Belgien. — 'Arc-en-Ciel', 'Astoria', 'Ballerine', 'Belvédère', 'Eurovision', 'Genval', 'Mercator', 'Midinette', 'Portofino', 'Tango', 'Veronique'.

De Ruiter, Gerrit, Kwekerij „Rosa Polyantha", Hazerswoude, Holland. 1882—1965. Gründete mit 20 Jahren seine Firma; seine Rose 'de Ruiters Herald' erhielt als erste holländische Rose das „kwekersrecht" (d. h. Sortenschutz in Holland). Seine beiden Söhne Gijsbert (geboren 1928) und Leendert (geboren 1932) führen seit 1958 die Züchtung fort. — 'Border Beauty', 'Border King', 'Border Queen', 'Cameo', 'Cherryade', 'City of Nottingham', 'Dacapo', 'De Ruiter's Herald', 'Edith Cavell', 'Europeana', 'Frau Anny Beaufays', 'Gloria Mundi', 'Kimono', 'Lyric', 'Orange Sensation', 'Pompadour Red', 'Prinsess van Oranje', 'Red Wonder', 'Rosemary Rose', 'Ruth Leuwerik', 'Salmon Perfection', 'Sidney Peabody', 'Signal Red', 'Sweet Repose'; dann die sogenannten „Compacta"-Sorten 'Alberich', 'Degenhardt', 'Eberwein', 'Balduin', 'Bertram' und 'Giesebrecht'; 'Diorama', 'Sonnenuntergang'.

Descemet, M., St. Denis, Frankreich; lebte zur Zeit der Kaiserin Joséphine und war der erste französische Rosenzüchter in großem Maßstab, obgleich nur noch 80 Sorten bei Simon-Cochet aufgezählt werden und nur 4 in „Modern Roses 7". Als 1815 die britischen Truppen in Paris eindrangen, überführte Vibert über 10 000 Rosen in seine eigene Gärtnerei nach Angers, um sie zu „retten". Die meisten waren Gallica-Sorten. Sie sind mutmaßlich von Vibert und anderen Züchtern später als ihre eigenen Züchtungen verbreitet worden.

Desportes, Narcisse; Frankreich. Rosenschule; versandte 1829 einen Katalog mit rund 2000 Sorten, von denen aber, nach späterer Auffassung, viele nur wenig verschieden, wenn nicht gar wertlos waren; über 250 Sorten von *Rosa chinensis.*

Desprez, R., Yèbles, Frankreich; Rosenliebhaber und Rosensammler; hatte einen bedeutenden Rosengarten. Eigene Züchtungen: 'Baronne Prévost', 'Caroline de Sansal' sowie 23 weitere Züchtungen, die aber nicht mehr existent sein dürften.

des Tombes, F. A., war der Präsident des holländischen Rosenvereins Nos Jungunt Rosae. Wurde 1921, als Nachfolger von J. L. Mock, eingesetzt. Nach seinem Tode wurde die F. A. des Tombes-Medaille gestiftet (1927).

de Vink, Jan, Boskoop, Holland. Züchtete Miniaturrosen zwischen 1935 und 1952: 'Péon', 'Pixie', 'Sweet Fairy', 'Bo-Peep', 'Cinderella'.

Dickson, Alex, & Sons (Dicksons of Hawlmark), Newtonards, Co, Down, Nord-Irland. Firma schon 1836 gegründet; 1920 wurde Alex Senior-Chef der Firma in Hawlmark, Newtonards. Bemerkenswerte Sorten: 'Barbara Richards', 'Sir Henry Segrave', 'Margaret', 'Silver Lining', 'Shepherd's Delight' und die anderen unten genannten.

Dickson, Alex; 1894 geboren in N-Irland, in Newtonards, Co, Down. Nach abgeschlossener Ausbildung trat er dort in die Firma seines Vaters ein und leitete die Gewächshausabteilung. Außerdem waren noch drei Onkel in der Firma tätig. Sein Onkel George führte ihn ein in die Rosenkreuzung. So entstanden 1922 'Betty Uprichard', 1926 'Dame Edith Helen', 'Dickson's Flame', 1958 und 'Dearest' 1960; ferner 'Attraction', 'Clara Curtis', 'Irish Beauty', 'Kathleen Harrop', 'K. of K.', 'Margaret Dickson', 'Margaret Dickson Hamill', 'Mrs. Wemyss Quinn', 'Nymph', 'Oberon', 'Prima Donna', 'Princess Royal', 'Queen Mary', 'Red Letter Day', 'Shot Silk', 'Sunstar'. — Sein Sohn **Patrick** führt seine Kreuzungsarbeit weiter: 'Redgold', 'Grandpa Dickson', 'Red Planet', 'Red Devil', 'Mala Rubinstein'.

Dickson, Hugh, Ltd., Belfast, N-Irland. — 'Gorgeous', 'Hugh Dickson', 'Mrs. Cynthia Forde', 'Ulster Gem'.

Dieck, Dr. Georg, Zöschen bei Merseburg; 1846—1925. Naturwissenschaftler und Landwirt, war Assistent bei Haeckel, besaß ein Rittergut, auf dem er eine Baumschule einrichtete. Er hatte zeitweise bis zu 6000 Arten und Formen von Gehölzen, mehrere hundert Sorten Rosen, die er später an Straßheim schenkte, der sie auf der Pariser Weltausstellung zeigte; von dort kamen diese Rosen in die Roseraie de l'Hay.

Dorieux, F., & Fils, Montagny, Loire, Frankreich. — 'Bobino', 'Copacabana', 'Jericho', 'Majesté', 'Miss Rose', 'Rouge Dorieux', 'Tentation'.

Dot, Pedro, in San Feliu de Llobregat bei Barcelona, geboren 1885, über 120 Rosensorten benannt. Sein Vater war Obergärtner des Marques de Monistrol, selbst großer Rosenliebhaber (die Mutter des Marques war die Condesa de Sastago, der Pedro Dot eine Rose widmete). Pedro begann seine Kreuzungen um 1925; eine seiner ersten Sorten war 'Nevada', später vor allem Miniaturrosen; brachte 1940 die erste heraus, 'Estrellita de Oro' ('Baby Gold Star'), später 'Perla de Alcanada', 'Perla de Montserrat'. — 'Angels Mateu', 'Baby Gold Star', 'Canigo', 'Duquesa de Peñeranda', 'Girona', 'Golden Moss', 'Hermelio Casas', 'Luis Brinas', 'Maria Dot', 'Mme Grégoire Staechelin', 'Mon Petit', 'Parati', 'Perla de Alcanada', 'Perla de Montserrat', 'Pilar Dot', 'Presumida', 'Tanger'.

Zwei Söhne führen die Arbeit weiter:

Simon Dot, der Älteste, hat schon 30 Züchtungen, darunter die bereits international anerkannte 'Intermezzo'.

Marino Dot hat etwa 15 Sorten herausgebracht, darunter 'Coralin'.

Dreer, Henry A., Inc., Philadelphia, Penn., USA. — Keine Züchter, sondern Einführer von Neuheiten.

Ducher & Vve (Witwe); Lyon, Rhône, Frankreich. Später → **Pernet-Ducher.** — 'Cécile Brunner', 'Coquette de Lyon', 'Marie van Houtte', 'William Allen Richardson', 'Bouquet d'Or', 'Rêve d'Or'.

Duehrsen, Carl G., 378 N. Wilcox Street, Montebello, Kalifornien. — 'Carrousel', 'Crown of Gold', 'Gold Rush', 'John Morley', 'Mme Chiang Kai-shek'.

Easlea, Walter, & Sons, Ltd., Eastwood, Leigh-on-Sea, Essex, England. — 'Easlea's Golden Rambler', 'Everest', 'President Wilson', 'Prince of Wales'.

Edition Française de Roses, Champagne-au-Mont d'Or, Rhône, Frankreich. Keine Züchter, sondern Einführer von Neuheiten.

Felberg-Leclerc, J., Trier (nicht mehr existent). — 'Felbergs Rosa Druschki', 'Gruß an Coburg', 'Käte Felberg'.

Fortune, Robert, englischer Pflanzensammler, 1812—1880. Fand 1845 in Ningpo, China, eine lachsgelbe gefüllte Rose (*R. odorata indica*), die als 'Fortune's Double Yellow' berühmt wurde.

Gandy's, Roses Ltd., North Kilworth, Rugby, Warwickshire, England. Keine Züchter, sondern Einführer.

Gaujard, Jean, Feyzin, Isère, Frankreich (Nachfolger von Pernet-Ducher). — 'Atlantic', 'Beauté de France', 'Bonjour', 'Buisson Ardent', 'Canasta', 'Chanteclerc', 'Cocotte', 'Colisée', 'Déesse', 'Duo', 'Femina', 'Joie de Vivre', 'Joli Coeur', 'Magnificence', 'Majestic', 'Miss Universe', 'Mme Jean Gaujard', 'Mme Léon Pin', 'Mme Marie Curie', 'Nouvelle Europe', 'Opéra', 'Président Henri Queuille', 'Président Plumcoque', 'Rose Gaujard', 'Scandale', 'Super Tabarin', 'Sweet Harmony', 'Tabarin', 'Vedette', 'Vendôme'.

Geschwind, Rudolf, K. und K. Forstmeister, Korpona, Österreich-Ungarn, 1829—1910. Begann 1880 aus Liebhaberei mit der Rosenzüchtung. 'Theano' (1894), 'Erinnerung an Brod' (1886), 'Gruß an Teplitz' (1897), 'Geschwinds Nordlandrose'. Nach seinem Tode wurde der nachgelassene Rosenbestand auf das Gut der Gräfin Marie Henriette Chotek in Korpona gebracht.

Gregory, C., & Son, Chilwell, Nottingham, England. — 'Apricot Silk', 'Wendy Cussons'; meist Einführer von Neuheiten.

Grootendorst, F. J., & Zonen, Boskoop, Niederlande. — 'Grootendorst Supreme', 'Mothersday', 'Oranje Moersdag', 'Pink Grootendorst', 'Sneprinsesse'.

Guillot. Der Vater, Guillot père, hatte eine Rosenschule in Lyon und gab etwa 80 Sorten heraus, darunter 'Impératrice Eugénie', 'Mme Bravy' (die mehrmals umgetauft wurde!) und 'Sénateur Vaïsse'. — Sein Sohn J. B. Guillot (Guillot Fils) gründet 1850 eine Rosenschule in Lyon-Monplaisir, brachte 79 Sorten in den Handel, vermutlich alles Selektionen aus Saat von unbekannten Eltern, darunter auch 'La France', 'Belle des Jardins', 'Gloire des Polyantha', 'Mignonette', 'Pâquerette' und 'Reine de Portugal'. — Sein Nachfolger war Pierre Guillot, mit 30 Roseneinführungen, darunter 'Mme Léon Pain' und 'Mme Jules Grolez'. — Heute ist Marc Guillot, als Rosiers Pierre Guillot in St. Priest, Isère, Frankreich, der Nachfahre der alten Firma.

Hardy, M., Garten-Chef in Paris am Jardin du Louvre; züchtete etwa 85 Sorten, von denen er aber keine verkaufte; bekannt sind noch heute 'Mme Hardy' und 'Célina'.

Harkness, R., & Co., Hitchin, Hertfordshire, England.

Harkness, zwei Brüder, Robert und John, gründeten 1879 eine Baumschule in Bedale, Yorkshire, England; bald kultivierten sie auch Rosen. Später teilte sich die Firma, und 1899 gründete Robert mit seinem Sohn William Ernest eine Rosenschule in Hitchin als R. Harkness & Co.; man züchtete aber nicht selbst, führte jedoch Sorten von Liebhaberzüchtern (Albert Norman, von ihm 'Frensham' und 'Ena Harkness') ein. William Ernest starb 1959 ohne männliche Erben, 1962 trat Jack Harkness in die Firma ein und begann mit der Rosenzüchtung. Im eigenen Rosarium etwa 1000 Rosensorten vorhanden. — 'Alexander', 'Atlantis', 'Compassion', 'Dr. Barnardo', 'Elizabeth Harkness', 'Escapade', 'Saga', 'Yesterday'.

Hémeray-Aubert, 51 Route d'Olivet, Orléans, Frankreich. — 'Coup de Foudre', 'Crinoline', 'Hôtesse de France', 'Le Ponceau', 'Papa Hémeray', 'Sorcier'.

Herger, J. E., Köstritz; hatte die größte Rosenkultur in Deutschland um 1850.

Hetzel, Karl, Beutelsbach bei Stuttgart; Rosentreiberei und Neuheitenzüchtung. — 'Duftbella', 'Duftwunder', 'Indira', 'Hessenstar', 'Sans Soucis', 'Verena', 'Rebellastar' u. a.

Hill, E. Gurney, 1847 in England geboren, seit 1851 in USA, gründete dort 1881 in Richmond, Indiana, eine Gärtnerei, zunächst nur Verbreiter europäischer Rosenneuheiten, später selbst Züchter, zusammen mit seinem Sohn; gestorben 1933. Firma heißt jetzt Joseph H. Hill Co., Richmond, Indiana, USA. — 'E. G. Hill', 'Fontanelle', 'General MacArthur', 'Golden Talisman', 'Mme Butterfly', 'Richmond', 'Royal Red', 'Sterling', 'Sunkist'.

Hill, Joseph H., & Co., Richmond, Indiana, USA. — 'Better Times', 'Blushing Bride', 'Butterscotch', 'Coral Sea', 'Glamour Girl', 'Joanna Hill', 'Lamplighter', 'Pink Bountiful', 'Sensation', 'Rosy Glow', 'Snow White', 'Town Crier'.

Hinner, Wilhelm, Rosenzüchter in Lohausen bei Düsseldorf; war zuerst bei H. P. Lambert, dann bei Philipp Geduldig, Aachen, wo er die Rose 'Gruß an Aachen' züchtete. — 'Farbenkönigin', 'Gelbe Pharisäer', 'Rote Pharisäer', 'Georg Arends', 'Goldelse'.

Hole, The Very Reverend Samuel Reynolds („Dean Hole"); 1821—1904; Canonicus von Caunton; großer Rosenfreund und -kenner. Organisierte 1858 die erste Rosenschau in England; war 1875 der erste Präsident der National Rose Society und blieb es bis zu seinem Tode, 28 Jahre lang; sein Buch „A Book about Roses" erlebte 30 Auflagen; er soll in seinem Pfarrgarten über 5000 Sorten Rosen in Kultur gehabt haben.

Horstmann & Co., Elmshorn. Nicht Züchter, sondern Einführer.

Howard, Paul W., Rose Co., Hemet, Kalifornien, USA. Nicht Züchter, sondern Einführer.

Howard & Smith, 1200 Beverley Boulevard, Montebello, Kalifornien. Nicht Züchter, sondern Einführer.

Hume, Sir A., England. Sandte 1809 die erste Teerose aus China nach England ('Hume's Blush Tea Scented China').

Hurst, C. C., Dr., 1870—1947, einer der ersten drei Pioniere auf dem Gebiet der Genetik in England, wurde bereits vor 1914 wissenschaftlicher Berater der Britischen Regierung in Züchtungsfragen, sowohl für Pflanzen wie auch für Pferde; arbeitete intensiv an genetischen Fragen bei den Gartenrosen mit vielen Experimenten; 1922 an die Universität Cambridge berufen, wo er sich weiter mit den Chromosomen bei der Gattung *Rosa* beschäftigte und einen großen Rosensortimentsgarten anlegte, dann einen „Garten der tausend besten Rosensorten"; er untersuchte die Chromosomen von rund 700 Arten und Sorten von Rosen und veröffentlichte viele wissenschaftliche Beiträge hierüber; begründete auch die „Septett-Theorie", die heute jedoch aufgegeben worden ist.

Jackson & Perkins Co., Newark, N. Y., USA. Inhaber waren bis 1970 drei Gebrüder Perkins (der bekannteste von ihnen „Charlie") und E. S. Boerner, dessen Züchtungen die Firma hauptsächlich verbreitete.

Jacotot, Dijon, Frankreich. — 'Gloire de Dijon'.

Jäger, August, Uftrungen am Harz, 1876—1962, Finanzbeamter, stellte nach vorzeitiger Pensionierung im Auftrage des Vereins Deutscher Rosenfreunde das „Rosen-Lexikon" zusammen, enthaltend etwa 17 000 Sorten Rosen, bis zum Jahrgang 1936, 768 Seiten; erschien jedoch erst 1946.

Jamain, Hippolyte, Paris. — 'Antoine Verdier'.

Keller, Dr. Robert, Naturwissenschaftler und Gymnasialdirektor in Winterthur, Schweiz, 1854—1939; vorzüglicher Wildrosenkenner, schrieb etwa 30 Arbeiten über dieses Gebiet, darunter die „Synopsis Rosarum spontanearum Europae Mediae" (Basel 1931) und bearbeitete die Gattung *Rosa* in Ascherson & Graebner, Synopsis der Mitteleuropäischen Flora.

Keller, Wilhelm, Kaufmann in Duisburg; besaß 1829 eine große Rosensammlung und verkaufte auch Rosen. Der vollständige Katalog ist abgedruckt in „Annalen der Blumisterei", Nürnberg, 1828 (S. 257—287) und 1829 (S. 276—296).

Ketten, Johann (Gebr. Ketten), Rosenschulen, Luxemburg, 1848—1892. Rosenzüchter; sein Bruder gründete 1867 die später sehr bekannte Firma. — 'Evrard Ketten', 'Prince Felix de Luxembourg' und etwa 30 weitere, kaum mehr existente Sorten.

Kiese, Hermann, Vieselbach bei Erfurt, 1865—1923. Wurde nach Lehr- und Wanderjahren schon 1887 Obergärtner bei J. C. Schmidt, Erfurt, und züchtete dort u. a. die Sorten 'Rubin', 'Tausendschön', 'Leuchtfeuer'; machte sich 1908 selbständig in Vieselbach und züchtete noch weitere etwa 30 Sorten. — 'Canina Kiese', 'Frau Bertha Kiese', 'Eisenach', 'Freudenfeuer', 'Großherzogin Fedora von Sachsen', 'Hackeburg', 'Nordlicht', 'Paula Clegg', 'Perle von Hohenstein'.

Klimenko, Dr. Vera Nikolajewa, Nikita, Jalta, Krim, UdSSR. Botanikerin; begann 1948 mit der Rosenkreuzung für die südlichen Länder der UdSSR; Ziel: Widerstandsfähigkeit gegen große Wärme und Krankheiten, ferner Reichblütigkeit; von 1955 bis 1967 wurden 210 Sämlingsklone zur Vermehrung selektiert; 55 neue Hybriden erzielt. Nur wenige davon außerhalb der UdSSR in Kultur.

Kordes, Wilhelm, sen., 1865—1935. Gründete die Firma 1887 in Elmshorn, Holstein, 1919 verlegt nach Sparrieshoop; übergab dann den Betrieb an seine Söhne Hermann und Wilhelm als „W. Kordes Söhne". Von ihm stammen: 'Adolf Koschel', 'Adolf Kaerger', 'Reinhard Baedecker' und 'Wilhelm Kordes'. Züchter ab 1920 **Wilhelm Kordes,** ab etwa 1955 dessen Sohn **Reimer Kordes.**

Züchtungen von Wilhelm Kordes: 'Ama', 'Baby Château', 'Baden-Baden', 'Cläre Grammerstorf', 'Crimson Glory', 'Dortmund', 'Ernest H. Morse', 'Eva', 'Feuermeer', 'Flammentanz', 'Fortschritt', 'Fritz Nobis', 'Frühlingsgold', 'Frühlingszauber', 'Gail Borden', 'Gelbe Holstein', 'Gertrud Westphal', 'Hamburg', 'Hamburger Phoenix', 'Holstein', 'Ilse Haberland', 'Ilse Krohn', 'Karl Herbst', 'Kleopatra', 'Kordes Perfecta', 'Kordes Perfecta Superior', 'Kordes Sondermeldung', 'Korona', 'Leverkusen', 'Mahagona', 'Maigold', 'Minna Kordes', 'Obergärtner Wiebicke', 'Orange Triumph', 'Parkjuwel', 'Raubritter', 'Rosenmärchen', 'Rudolf Timm', 'Scharlachglut', 'Sparrieshoop', 'Till Uhlenspiegel', 'Wilhelm Hansmann', 'Weiße aus Sparrieshoop', 'Zwergkönig', 'Zwergkönigin'.

Züchtungen von Reimer Kordes: 'Adolf Horstmann', 'Ballet', 'Bischofsstadt Paderborn', 'Chantré', 'Cordula', 'Diamant', 'Dornröschen', 'Doctor Faust', 'Elysium', 'Esther Ofarim', 'Feuerzauber', 'Florida von Scharbeutz', 'Friesia', 'Goldene Sonne', 'Goldkrone', 'Goldmarie', 'Goldtopas', 'Grande Amore', 'Gruß an Bayern', 'Gruß an Heidelberg', 'Henkell Royal', 'Isabel de Ortiz', 'Königin der Rosen', 'Lichtkönigin Lucia', 'Lilli Marleen', 'Mainauperle', 'Marlena', 'Meteor', 'Neue Revue', 'Oskar Scheerer', 'Peer Gynt', 'Ponderosa', 'Prominent', 'Red Queen', 'Samba', 'Schneewittchen', 'Silver Star', 'Sympathie', 'Tornado', 'Tradition', 'Träumerei', 'Uwe Seeler', 'Westerland', 'Wiener Charme'.

Koster, D. A., Baumschulen, Boskoop, Holland. — 'Anneke Koster', 'Dick Koster', 'Greet Koster', 'Margo Koster', 'Dick Koster Fulgens'.

Krause, Max, gebürtig aus Nordhausen, 1937 gestorben in Hasloh. Ging nach Lehr- und Militärzeit nach England, gründete dort später mit Wilhelm Kordes zusammen eine eigene Baumschule, 1919 wurden beide als „unerwünschte Ausländer" abgeschoben; gründet in Alvesloh/Holstein wieder eine Baumschule, verlegte sie dann nach Hasloh, wo er auch mit Rosenzüchtung begann. — 'Edith Krause', 'Elfenreigen', 'Feuerschein', 'Kardinal', 'Louise Krause', 'Max Krause', 'Narzisse', 'Nigrette', 'Oswald Sieper'.

Kriloff, Michel, Antibes, Alpes-Maritimes, Frankreich. — 'Francine', 'Lara', 'Lucy Cramphorn' (= 'Maryse Kriloff'), 'Manola', 'Wizo'.

Lacharme, François, Lyon, Rhône, Frankreich. — 'Captain Christy', 'Coquette de Lyon', 'Louis van Houtte', 'Salet', 'Victor Verdier'.

Laffay, M., Bellevue, Frankreich. — 'Amadis', 'Capitaine John Ingram', 'Cardinal de Richelieu', 'Coupe d'Hébé', 'Gloire des Mousseux', 'Henri Martin', 'Lanei', 'La Reine', 'Mme Laffay', 'Nuits d'Young', 'Perpetual White Moss', 'Unique', 'William Lobb'.

Lambert & Reiter, Trier, Baum- und Rosenschulen, später Lambert Söhne, gegründet 1860 auf 2 ha, 1887 schon 60 ha groß; 1890 wird Peter Lambert Mitinhaber, dann alleiniger Inhaber. — 'Kaiserin Auguste Viktoria'.

Lambert, Nikolaus („Papa Lambert", Vater von Peter Lambert), 1839—1926, langjähriger Inhaber der Firma Lambert & Reiter, Trier; war Obstkenner, leitete aber auch die Rosenvermehrung.

Lambert, Peter, Trier, geboren 1860, gestorben 1939; 1896 erste eigene Rosenzüchtungen; erzielte die Lambertiana-Rosen (öfterblühende Strauchrosen) 'Aglaia', 'Euphrosyne', 'Gruß an Zabern', 'Eugenie Lamesch', 'Trier', 'Gartendirektor Linne', 'Frau Karl Druschki', 'Gustav Grünerwald', 'Papa Lambert', 'Mama Lambert', 'Oscar Cordel', 'Goldene Druschki', 'Adam Messerich', 'Goethe', 'Schneezwerg', 'Carmen'. — 1890 bis 1910 Redakteur der „Rosen-Zeitung", später auch Geschäftsführer.

Lammerts, Dr. W. E., Livermore, Kalifornien. — 'American Heritage', 'Audie Murphy', 'Charlotte Armstrong', 'Chrysler Imperial', 'Golden Showers', 'High Noon', 'Mirandy', 'Queen Elizabeth', 'Show Girl', 'Sweet Sixteen', 'Taffeta', 'Times Square'.

Laperrière, J., Champagne-au-Mont d'Or, Frankreich. — 'Aramis', 'Barcarolle', 'Frou-Frou', 'Magicienne', 'Ma Mie', 'Mme Louis Laperrière', 'Petit Prince'.

Leenders, Jan, Tegelen, Niederlande. — 'Amber Beauty', 'Faja Lobbi', 'Fiametta', 'Garden Princess', 'Golden Perfume', 'Gruß an Steinfurth', 'Leenders Bergfeuer', 'Leenders Flamingo', 'Summer Perfume', 'Sweet Seventeen', 'Domila'.

LeGrice, E. B., Roseland Nurseries, North Walsham, Norfolk, England. — 'Allgold', 'Amberlight', 'Bonny Maid',

'Copper Delight', 'Dainty Maid', 'Doric', 'Dusky Maiden', 'Ellinor Le Grice', 'Fervid', 'Firecrest', 'Golden Delight', 'Lilac Charm', 'News', 'Marjorie Le Grice', 'Pimpernell', 'Salmon Sprite'.

Lens, Louis, Pépinières, Wavre-Notre-Dame, Belgien. — 'Bel Ange', 'Dame de Coeur', 'Mme Louis Lens', 'Panachée', 'Pascali', ,Ruban Rouge', 'Azur', 'Jour de Fête', 'Lucifer', 'Blanche Pasca'.

Levavasseur & Fils, Orléans, Frankreich. — 'Mme Norbert Levavasseur', 'Orléans Rose'.

Lévêque, P., Ivry bei Paris. — 'Mme Chédanne-Guinoisseau', 'Mme Louis Lévêque', 'Princesse de Béarn'.

Magyar, Prof. Gyula, Akademie für Gartenbau in Budapest, züchtete etwa 10 Rosensorten zwischen 1926 und 1939, die jedoch weder in Ungarn noch im Ausland bekannt sind.

Mallerin, Charles, Rosenzüchter, 1876—1960, Varces, Allières-et-Risset, par Pont-de-Claix, Isère, Frankreich; war Bergingenieur, wandte sich aber später der Rosenzüchtung zu; erster großer Erfolg 'Mrs. Pierre S. du Pont' (1929); benannte 138 Züchtungen; liebte vor allem bunte Rosen. — 'Ami Quinard', 'André le Troquer', 'Bayadère', 'Beauté', 'Danse des Sylphes', 'Henri Mallerin', 'Heure Mauve', 'Isabelle de France', 'Magali', 'Mandalay', 'Mme Charles Mallerin', 'Mme G. Forest-Colcombet', 'Rouge Mallerin', 'Schéhérazade', 'Simone', 'Tonnerre', 'Vive la France'.

Manetti, Giuseppe; war vor 1859 Direktor der Kaiserlichen Gärten in Monza, Norditalien.

Mansuino, Ada, San Remo, Italien. Sie ist eine Nichte von D. Aicardi (→) und führt seine Züchtungsarbeit fort. — 'Aida', 'Red Flare'.

Margottin, M., Bourg-la-Reine, Frankreich. — 'Duc de Magenta', 'Jules Margottin', 'Louise Odier', 'Triomphe de l'Exposition'.

Mattock, John, Rosenzüchter, 1899—1973, Headington, Oxford, England. Gab nur wenige eigene Züchtungen heraus: 'Climbing Fashion', 'Climbing Flaming Sunset', 'Lady Sonia'.

McGredy, Samuel, & Son, Portadown, Nord-Irland. Gegründet 1880 durch **Samuel McGredy (I),** 1828—1903, war Rosenvermehrer, jedoch nicht Züchter. — Sein Sohn, **Sam McGredy (II),** 1861—1926, begründete das heutige Ansehen der Firma durch seine eigenen Züchtungen, seit 1905; gewann 52 Goldmedaillen. — 'Countess of Gosford', 'Mrs. Herbert Stevens', 'Isobel', 'Mrs. Henry Morse', 'Mabel Morse', 'Mrs. Charles Lamplough', 'Mrs. A. R. Barraclough'.

Samuel Davison McGredy (III), 1897—1934, ebenfalls Züchter. — 'Mrs. Sam McGredy', 'Sam McGredy', 'McGredy's Scarlet', 'Hector Deane'.

Samuel Darragh McGredy (IV), geboren 1931, übernahm 1953 die Leitung der Firma, die nach dem Tode seines Vaters Walter I. Johnstone („Uncle Walter") inne hatte; siedelte jedoch 1972 nach Panmure, Neuseeland, über, wo er seine Kreuzungsarbeit fortsetzt, während der Vermehrungsbetrieb in Portadown blieb. Als Züchter sehr erfolgreich. — 'Cynthia Brooke', 'Grey Pearl', 'Piccadilly', 'Mischief', 'Evelyn Fison', 'Paddy McGredy', 'Uncle Walter', 'Elizabeth of Glamis', 'Kronenbourg', 'Händel', 'Jan Spek', 'Ice White', 'City of Belfast', 'Molly McGredy', 'Mullard Jubilee', 'Picasso', 'Satchmo'. — 'Picasso' bezeichnet die Firma als „Hand Painted Rose" wegen ihrer Buntheit.

Meilland, Antoine Meilland („Papa Meilland"), 1884 bis 1971, gründete eine Rosengärtnerei in Tassin-les-Lyon, Frankreich, war jedoch nicht Züchter, sondern Verbreiter. — Sein Sohn **Francis Meilland** (1912—1958) war nicht nur äußerst erfolgreich als Züchter (Hauptschlager 'Gloria Dei' und 'Baccara'), sondern auch als Kaufmann; gründete 1947 die „Universal Rose Selection" zum Vertrieb seiner Züchtung mit Lizenznehmern in einer Reihe von Ländern. Der Zuchtbetrieb wurde nach Cap d'Antibes, Alpes-Maritimes, verlegt. Nach seinem Tode führte seine Frau Marie Louise („Louisette") seine Züchtungsarbeit fort, später auch beider Sohn Alain, während die Tochter Michèle sich mit M. Richardier verheiratete, der als Firma Meilland-Richardier zugleich auch der „Universal Rose Selection" in Tassin-les-Lyon vorsteht; ein weiterer Betrieb befindet sich in Heyrieux, südöstlich Lyon.

Francis Meilland: 'Gloria Dei' (= 'Mme Meilland'), 'Baccara', 'Bettina', 'Champs Elysées', 'Cocorico', 'Carina', 'Concerto', 'Eden-Rose', 'Grace de Monaco', 'Grand Gala', 'Grand'mère Jenny', 'Message', 'Moulin Rouge', 'Radar', 'Rendez-vous', 'Rouge Meilland', 'Sarabande', 'Soraya', 'Tzigane'.

Marie Louise Meilland: 'Clair Matin', 'Farandole', 'Fugue', 'Polka', 'Zambra'.

Alain Meilland: 'Fidelio', 'Papa Meilland', 'Traviata', 'Sonia', 'Pharaon', 'Prince Igor', 'Maria Callas', 'Kalinka', 'Arturo Toscanini'.

Mock, Adolf, Trier, Rosenschule. War bis 1920 Obergärtner bei J. Felberg-Leclerc, machte sich selbständig, gab nur wenige eigene Züchtungen heraus. — 'Katharina Mock' (1942).

Mondial Roses; eine Firmengruppe bestehend aus Hendrickx in Maldeghem, Belgien; De Coninck-Dervaes, Maldeghem; Grandes Roseraies du Val de Loire, Orléans, Frankreich. Züchten selbst. — 'Antonella', 'Bel Canto', 'Caravelle', 'Clair-France', 'Corso Fleuri', 'Douce France', 'Frisette', 'Melisande', 'Rosenella', 'Tour de France'.

Moore, Ralph S., Sequoia Nursery, Visalia, Kalifornien, USA. Heute der bedeutendste Züchter von Miniaturrosen. — 'Baby Ophelia', 'Bit o'Sunshine', 'Easter Morning', 'Lollipop', 'Mr. Bluebird', 'Pink Cameo', 'Pink Heather', 'Purple Elf', 'Yellow Dolly'.

Moreau-Robert, Angers, Frankreich. Gab 123 eigene Züchtungen heraus. — 'Blanche Moreau', 'Capitaine Basroger', 'Commandant Beaurepaire', 'Jacques Cartier', 'Mme Carnot', 'Mme Moreau', 'Ponctuée'.

Moreira da Silva, Alfredo, & Filhos, Porto, Portugal. Bedeutendster portugiesischer Rosenzüchter, über 100 Sorten herausgegeben, zumeist aber nur in Portugal verbreitet (Alfredo gestorben 1971). — 'Manuel Pinto d'Azevedo'.

Morse, Henry, & Sons, Westfield Nurseries, **Brundall**, Norwich, England. Hauptsächlich Verbreiter von Sorten anderer Züchter, doch auch eigene Sorten. — 'First Choice', 'Frensham's Companion', 'Limelight', 'Westfield Star'.

Morey, Dennison, General Bionomics, Inc., Santa Rosa, Kalifornien. — 'Baby Garnette', 'Border Gem', 'Fusilier', 'King's Ransom', 'Red American Beauty', 'Royal Gold', 'South Seas', 'World's Fair Salute', 'Temple Bells'.

Mühle, Arpad, Temesvar (damals Ungarn, nach 1918 zu Rumänien), war Ungar, brachte zwischen 1925 und 1930 einige eigene Rosenzüchtungen in den Handel.

Müller, Dr. Hermann, gebürtig aus Zweibrücken, ließ sich als junger Arzt in Weingarten/Pfalz nieder; setzte sich 1885 zur Ruhe, nachdem er kurz vorher mit Rosenzüchtung begonnen hatte; erste Erfolge 1891, in den Handel gegeben durch Jules Gravereaux und Fröbel/Zürich. Kreuzungen mit 'Maréchal Niel' und *Rosa rugosa*. Bekannteste Züchtung: 'Conrad Ferd. Meyer'.

Müller, Karl, Glasmaler und Liebhaber-Rosenzüchter, 1870 bis 1967, aus Naumburg, wo er später eine eigene Gärtnerei gründete, jetzt geführt von seinem Sohn Erich. — 'Gruß an Naumburg', 'Rosargärtner Vogel'.

Münch & Haufe, Baumschule, Dresden-Leuben. Gegründet 1886 in Bad Nauheim, durch Heinrich Münch aus Elberfeld; 1888 Eintritt von Julius Haufe und Übersiedlung nach Leuben, starb schon 1896. Um 1920 beginnt Münch die Rosenzüchtung, jedoch nur wenige Sorten. — 'Frau Elisabeth Münch', 'Frau Hedwig Koschel'.

Nabonnand, Gilbert, Golfe Juan, Alpes-Maritimes, Frankreich. Gab 211 eigene Züchtungen heraus, doch nur wenige heute noch existent: 'Général Schablikine', 'Marie d'Orléans', 'Papa Gontier'. Die Züchtungen wurden später fortgesetzt durch seinen Sohn Paul Nabonnand.

Nicolas, Jean Henri, 1875—1937, gebürtig aus Roubaix, Frankreich, ging nach USA, Betriebsleiter bei Conard Pyle Co., später bis zu seinem Tode Rosenzüchter und Leiter der Rosenabteilung bei Jackson & Perkins. — 'Eclipse', 'Empire State', 'June Morn', 'King Midas', 'Miss America', 'Shenandoah'.

Noack, Werner, Gütersloh, Im Fenne 54, Baumschule. 1972 folgende eigene Züchtungen eingeführt: 'Baltika', 'Evelyn', 'Gertrud', 'Gütersloh', 'Siglinde'.

Noisette, Louis, La Queue-en-Brie, Frankreich, hatte eine Rosenschule, gab 95 Sorten heraus, Anfang des 19. Jahrhunderts. — In Charleston, South Carolina, USA, lebte sein Bruder **Philippe**, der Samen der amerikanischen Rose 'Champney's Pink Cluster' aussäte (also zweite Generation) und so die Original Noisette-Rosen erzielte, die er 1814 an seinen Bruder nach Frankreich sandte, wo sie von 1819 ab in den Handel kamen.

Norman, Albert, Wistaria, Normandy, Surrey, England. Liebhaberzüchter, seit 1911; übergab seine Sorten zur Einführung verschiedenen Firmen (Harkness u. a.). — 'Crimson Shower', 'Ena Harkness', 'Frensham', 'Isobel Harkness', 'Red Ensign', 'Vera Dalton'.

Oger, Arthur, Caen, Frankreich. Gab 95 Sorten heraus, doch ist außer 'Mme Pierre Oger' vermutlich keine mehr existent.

Page, Courtney, Haywards Heath, Sussex, England. 1867 bis 1947. War von 1917 bis zu seinem Tode im Dienst der National Rose Society, England.

Pajotin-Chédane, Maître-Ecole, Angers, Frankreich. Wohl die Rosenschule mit dem umfangreichsten Sortiment im heutigen Frankreich, vielleicht sogar von Europa.

Park, Bertram, Pinner, Middelsex, England. Bekannter Liebhaber-Rosenzüchter und Autor von Rosenbüchern; hat großen reichhaltigen Rosengarten. — 'Crimson Halo', 'June Park', 'Lady Zia'.

Parkinson, John, Apotheker und Schriftsteller für Botanik und Gartenbau in London, 1569—1629; behandelt in seinem 1629 erschienenen Werk „Paradisus terrestris" 24 Rosensorten in England, die durch Okulation und durch Samen vermehrt werden.

Parmentier, in Enghien, Belgien. Rosengärtner im ersten Drittel des 19. Jahrhunderts, gab 66 Sorten heraus, darunter 'Belle Isis', 'Hector' und 'Louise Méhul'.

Paul & Son (George Paul), Cheshunt, Herts., England (nicht zu verwechseln mit William Paul & Son!). — 'Janet's Pride', 'Lady Battersea', 'Lady Godiva', 'Paul's Carmine Climber', 'Paul's Lemon Pillar', 'Sultan of Zanzibar', 'Una'.

Paul, William, & Son, Waltham Cross, Herts., England, 1812—1905. Gründete 1860 seine Firma mit Rosen, Camellien, Ilex u. a. Seit 1843 literarisch tätig und sehr produktiv; 1848 erste Ausgabe seines berühmten Buches „The Rose", zehn Auflagen. Im Katalog der Firma von 1884 werden über 800 Sorten Remontantrosen aufgeführt, jedoch nur 8 Teehybriden! Eigene Züchtungen: 'Clio', 'Crimson Globe', 'Juliet', 'Magna Charta', 'Mermaid', 'Morning Glow', 'Ophelia', 'Paul's Scarlet Climber', 'Pride of Waltham', 'White Tausendschön'. — Nachfolger von W. Paul & Son = Chaplin Bros., siehe dort.

Pekmez, Paul, Strasbourg-Cronenbourg, Frankreich; Inhaber der Baumschulen Léon Beck; gründete 1963 die NIRP (Nouveautées Internationales de Roses et Plantes), internationale Vertriebsgemeinschaft für die Rosenneuheiten internationaler Züchter mit über 1 Million Rosen Absatz jährlich.

Pemberton, Rev. J. H., Havering atte-Bower, near Romford, Essex, England (fortgeführt durch J. A. Bentall), Liebhaberzüchter; bekannteste Sorten: 'Maid Marion', 'Pemberton's White Rambler', 'Penelope', 'Robin Hood', 'Star of Persia', 'Vanity'.

Penzance, The Lord, Eashing Park, England. Erzielte 17 Sorten, meist Hybriden mit *Rosa rubiginosa.* — 'Amy Robsart', 'Anne of Geierstein', 'Brenda', 'Julia Mannering', 'Lady Penzance', 'Lord Penzance', 'Lucy Ashton', 'Lucie Bertram', 'Meg Merrilies'.

Pernet, Claude (= Pernet père), Vénissieux-les-Lyon, Rhône, Frankreich. Gründete 1845 die Rosenschule, gab 79 Rosenzüchtungen heraus, davon nur noch in Kultur: 'Louis Gimard', 'Baronesse de Rothschild'.

Pernet-Ducher, Joseph, 1858—1928, Nachfolger von Pernet Père, heiratete die Tochter von Claude Ducher (später Veuve Ducher) und legte so beide Rosenbetriebe zusammen unter dem neuen Namen; gab 52 eigene Züchtungen heraus; seit 1887 hauptsächlich Teehybriden: 'Mme Caroline Testout', 'Mme Abel Châtenay', 'Soleil d'Or' (hiermit eröffnete er die Reihe der „Pernetiana"-Hybriden, auch Foetida- oder Lutea-Hybriden genannt), 'Lyon-Rose', 'Rayon d'Or', 'Laurent Carle', 'Lieutenant Chauré', 'Château de Clos Vougeot', 'Mme Edouard Herriot' (für in Töpfen getriebene Rosen dieser Sorte erhielt er auf der Chelsea Show 1912 in London den Preis der Daily Mail in Höhe von 1000 £ = 20 000 Mark in Gold, allerdings mit der Bedingung, daß die Sorte dafür den Namen 'Daily Mail' tragen müsse, was dann eine Zeitlang in England der Fall war). 'Souvenir de Claudius Pernet' und 'Souvenir de Georges Pernet' sollen das Andenken an seine beiden Söhne wach halten, die 1914 im Kriege fielen. 1919 verkaufte J. Pernet-Ducher seine Firma an → Jean Gaujard.

Poulsen. — D. T. Poulsen Planteskole, Kelleriis, Kvistgard, Dänemark. **Svend Poulsen;** geboren 1884; 1958 Dr. h. c. der Universität Kopenhagen. Entwickelte als erster den modernen Floribunda-Typ mit 'Rödhätte', 'Else Poulsen', 'Kirsten Poulsen' u. a. Ferner 'Danish Gold', 'Ingar Olsson', 'Irene of Denmark', 'Nina Weibull', 'Poulsen's Bedder', 'Poulsen's Pink', 'Rote Ellen Poulsen', 'Rumba', 'Tivoli', 'Toni Lander'.

Seine Arbeit setzt fort sein Sohn **Niels Dines Poulsen:** 'Chinatown', 'Copenhagen', 'Pernille Poulsen', 'Western Sun', 'Royal Dane', 'Shalom', 'Heaven Scent', 'Skagerrak'.

Pradel, Henri, Rosenzüchter in Montauban, Tarn-et-Garonne, Frankreich; gab 162 Sorten heraus; seine berühmteste Rose ist 'Maréchal Niel' (1864), heute noch in Kultur.

Prévost, J., Rosengärtner in Rouen, Frankreich. Gab 183 Sorten heraus; führte in seinem Katalog zeitweise (1830) 880 Sorten zum Verkauf auf.

Ribbons Frères in Montpellier, Frankreich, besaßen 1789 eine Gärtnerei mit 40 000 Rosenpflanzen, die zum Blumenschnitt kultiviert wurden für den Bedarf am französischen Hof, bis zum Beginn der französischen Revolution.

Riethmüller, Frank, gebürtiger Deutscher, wanderte aus nach Turramurra, Sidney, Australien, züchtete dort Rosen; gestorben 1964. — 'Gay Vista', 'Titian'.

Rowley, **Gordon Douglas,** Dozent, geboren 1921; Department of Agricultural Botany, University of Reading, England. Begründete und leitete die National Rose Species Collection in Bayfordbury bis zu seiner Berufung an die Universität Reading; schrieb viele Beiträge über die Abstammung der Rosen.

Ruschpler, J., Rosengärtnerei in Dresden, Mitte 19. Jahrhundert. Gab auch einige Züchtungen heraus, die aber vermutlich alle nicht mehr existent sind.

Jean Gaujard, Frankreich

Michel Kriloff, Frankreich

Georges Delbard, Frankreich

Francis Meilland (†), Frankreich

Mme Louisette Meilland, Frankreich

Alain Meilland, Frankreich

Louis Lens, Belgien

Simon (rechts) und Pedro Dot, Spanien

Hugo Delforge, Belgien

Rosenveredlung im Freiland (Okulation)

Oben links: Mit diesem Abräumgerät wird die Veredlungsstelle bei den Wildlingen freigemacht und die Erde fortgeblasen; rechts daneben Detailaufnahme

Mitte links: Veredlungskolonne bei der Arbeit; die beiden vorderen Personen veredeln, der dritte Mann verbindet; rechts daneben Detailaufnahme der Okulation

Unten links: Der Okulierverschluß wird angebracht. Rechts daneben: Das Schnittgut beim Abwerfen der Veredlungen (siehe Seite 105) wird gleich auf diesem selbstgebauten Wagen verbrannt; ähnliche Wagen haben viele Betriebe

(alle Fotos: Werkbilder von W. Kordes Söhne)

Schultheis, Steinfurth bei Bad Nauheim, älteste deutsche Rosenschule, gegründet 1868 von **Heinrich Schultheis** und seinen Brüdern Konrad und Anton; im Katalog 1878 bot die Firma 1495 Rosensorten zum Verkauf an. — Konrads Sohn Heinrich (1881—1935) führte die Firma weiter, ihm folgte sein Sohn Walter Schultheis und wiederum dessen Sohn Heinrich Schultheis. — Die Firma ist insbesondere als Verbreiter in- und ausländischer Züchtungen bedeutsam und hat großen Einfluß gehabt auf die Entwicklung der Rosenkultur in der Wetterau.

Slater, Gilbert, Knot's Green, Leytonstone, England. Führte 1792 eine rote *Rosa chinensis* ('Slater's Crimson China') nach England ein, die heute noch in Kultur ist.

Soupert & Notting, Rosengärtnerei in Luxemburg; gegründet 1855; die beiden Inhaber waren verschwägert; Pierre Notting starb 1895. J. Soupert, 1834—1910, war vorher hauptsächlich in französischen Rosenfirmen tätig, wurde erfolgreicher Züchter: 'Baronne de Vivario', 'Eugène Fürst', 'Marie Adelaide', 'Mme Segond Weber', 'Mrs. E. G. Hill', 'Souvenir de Pierre Notting', 'Tour de Malakoff', 'Violacée'.

Spek, Jan, Kwekerijen, Boskoop, Niederlande, geboren 1903. Hauptsächlich Einführer und Verbreiter von Rosenneuheiten; auch einige eigene Sorten: 'Alice', 'Ceres', 'Diana', 'Golden Fiction', 'Humoreske', 'Ideal', 'Little Joker', 'Orange Perfection', 'Rosa Gruß an Aachen'.

Strassheim, Conrad Peter, 1850—1923, aus Griedel bei Butzbach, später Frankfurt-M., Bauunternehmer, hatte einen umfangreichen Rosengarten, war 1886 bis 1890 Schriftleiter der „Rosen-Zeitung" des Vereins Deutscher Rosenfreunde und von 1894 bis 1899 auch Geschäftsführer. Liebhaberzüchter: 'Frau Lina Strassheim', 'Elise Heymann'.

Strobel, Gustav (Strobel & Co.), Rosenschulen, Pinneberg. Bedeutende Rosenschule, die als Vertreter der Universal Rose Selection vor allem die Verbreitung der Neuheiten der französischen Firma Meilland betreibt. Keine eigenen Züchtungen.

Swim, Herbert C., Chino, Kalifornien. Swim & Weeks. Bedeutende Rosenschule mit vielen eigenen Züchtungen: 'Hawaiian Sunset', 'Mister Lincoln', 'Royal Highness', 'Aztec', 'Buccaneer', 'Eiffel Tower', 'First Lady', 'Fortyniner', 'Grand Slam', 'Helen Traubel', 'John S. Armstrong', 'Joseph's Coat', 'Matterhorn', 'Montezuma', 'Moonsprite', 'Summer Sunshine', 'Sutter's Gold', 'Tallyho', 'Wildfire'.

Täckholm, Dr. Gunnar, geboren 1891 in Stockholm; studierte vor allem botanische Cytologie und Embryologie, 1922 erschienen seine „Zytologischen Studien über die Gattung *Rosa*" (380 S.), die auch heute noch als eine der wichtigsten Arbeiten auf diesem Gebiet gilt; 1925 wurde er als Professor an die Universität Cairo berufen, wo er ein modernes botanisches Institut aufbauen sollte. 1929 kehrte er nach Stockholm zurück, wo er seine Lehrtätigkeit wieder aufnahm, doch beschäftigte er sich nicht mehr mit der Gattung *Rosa*. 1932 erkrankte er an Lungentuberkulose, der er 1933 erlag.

Tantau, Mathias, Rosenschulen, Uetersen, Holstein. **Mathias Tantau (der Vater),** 1882—1953; gründete nach seinen Lehr- und Wanderjahren im In- und Ausland 1906 eine Baumschule, ab 1919 nur noch Rosen, zugleich auch Beginn der Züchtung, etwa 60 Sorten herausgegeben, bis er 1946 den Betrieb seinem **Sohn Mathias** übergab, der sein Züchtungswerk fortsetzt und die Weltrose 'Super Star' schuf, ferner die 'Garnette'-Klasse der Hausrosen. Die wichtigsten Züchtungen von Vater und Sohn: 'Johanniszauber', 'Johanna Tantau', 'Heros', 'Direktor Benschop', 'Tantau's Triumph', 'Karl Weinhausen', 'Käthe Duvigneau', 'Tantau's Überraschung', 'Silberlachs', 'Märchenland', 'Schneeschirm', 'Fanal', 'Schweizer Gruß', 'Garnette', 'Plomin', 'Lichterloh', 'Baby Maskerade', 'Zitronenfalter', 'Dirigent', 'Prima Ballerina', 'Lampion', 'Traumland', 'Vatertag', 'Super Star' (1960), 'Olala', 'Tip Top', 'Paprika', 'Geisha', 'Whisky', 'Erotica', 'Herzog von Windsor', 'Landora', 'Belinda', 'Yellow Belinda', 'Piroschka', 'Mainzer Fastnacht', 'Melina', 'Signalfeuer', 'Duftwolke', 'Konrad Adenauer-Rose'.

Thomas, Graham Stewart; Briar Cottage, Fairfield Lane, Westend, Woking, Surrey, England. Gartenberater des National Trust. Geboren 1909; gärtnerische Ausbildung am Botanischen Garten Cambridge, später technischer Leiter verschiedener Gärtnereien; bedeutendster englischer Autor unserer Zeit (The Old Shrub Roses; Shrub Roses of Today; Climbing Roses Old and New; The Mànual of Shrub Roses u. a.). Malt seine Rosentafeln selbst.

Türke, Robert, Porzellanmaler und Liebhaberzüchter, Meißen. — 'Türkes Rugosa'-Sämling. Noch weitere 10 heute nicht mehr vorhandene Sorten. Anfang 20. Jahrhundert.

Turbat, E., & Co., Orléans, Frankreich; Baumschule und Rosen. — 'Eblouissant', 'Flamboyant', 'Merveille des Jaunes', 'Solarium', 'Source d'Or', 'Yvonne Rabier', insgesamt etwa 50 Sorten, zumeist kaum mehr existent.

URS = Universal Rose Selection; → **Meilland.**

Verbeek, Gijsbert (Verbeek, G., & Zoon), Hornweg 109, Aalsmeer, Holland; der Gründer, gebürtig 1905 in Amstelveen, lernte in Aalsmeer, machte sich dort nach seinen Wanderjahren 1929 selbständig mit einer Schnittblumengärtnerei, begann 1943 in Rosenzüchtung, um Treibrosen in neuen Farben zu erhalten. — 'Bonanza', 'Cordial', 'Dr. A. J. Verhage', 'Edith Piaf', 'Illusion', 'Miracle', 'Modern Times', 'Satisfaction'.

Verdier. Unter den drei Verdiers (Charles, Eugène und Victor) aus Paris ist Eugène mit 222 eigenen Rosensorten der weitaus bedeutendste. Von ihm stammen: 'Abel Carrière', 'Eugène Verdier', 'Fisher & Holmes', 'James Veitch', 'Mme Victor Verdier', 'Prince Camille de Rohan', 'Thomas Mills'.

Von Victor Verdier: 'Baronne de Wassenaer', 'Jeanne d'Arc', 'Malvina', 'Mme Verdier', 'Vulcain'.

Verschuren, Henricus Antonie (1844—1918) [1] gründete die Firma in Haps, Holland; von seinen fünf Söhnen blieben drei in der Firma, die den Namen H. A. Verschuren en Zonen führt: [2] Jacques (1884—1946), [3] Antonie (1884 bis 1920) und [4] Hens A. (1885—1947). — [5] Andries und [6] Bernard begannen jeder eine eigene Rosenschule, die später zusammengelegt wurde als **Verschurens Verenigde Rozenkwekerijen,** Haps. — [2] Jacques trat 1930 aus und gründete eine eigene Firma unter dem Namen **Jac Verschuren-Pechtold,** in Haps; sein Sohn [7] **H. A. M. Verschuren,** ebenfalls Rosenzüchter. — Nach dem Tode von [3] und dem Ausscheiden von [2] führt [4] Hens A. Verschuren die Firma immer noch unter der alten Bezeichnung weiter, heute durch seine Söhne [8] Henricus Anton Verschuren (geboren 1925) und [9] Theod. Franciscus Verschuren (geboren 1931). — Züchtungen von [2]: 'Fanny Blankers-Koen', 'Spek's Yellow', 'Katharina Pechtold', 'Orange Delight', 'Souvenir de Jacques Verschuren'. — [4]: 'Etoile de Hollande', 'Fire Dance', 'Gloire de Hollande', 'Hens Verschuren', 'Orange Nassau', 'R. M. S. Queen Mary', 'Souvenir de H. A. Verschuren', 'Zephyr', 'Zodiac', 'Zukunft'. — [8]: 'Centurio', 'Pink Showers'.

Vibert, J. P., gründete 1815 als erster eine Rosenschule in Frankreich, in Chènevières-sur-Marne. Der Grundstock seiner Kulturen waren wohl die 10 000 Rosen in 300 Sorten aus den Rosengärten von Descemet, St. Denis. Einige Jahre später verlegte Vibert jedoch, wegen des günstigeren Klimas, seinen Betrieb nach Angers. Damals wurden zumeist Gallica- und Centifolia-Sorten gezogen, dazu aber noch viele gestreifte und gefleckte Sorten, die in anderen Ländern jedoch wenig Geschmack fanden. Vibert zog und benannte rund 600 Sorten, und sein Mitarbeiter Robert, dem er 1850 seinen Betrieb übergab, weitere 237 Sorten. Er war unbestritten der beste Rosenkenner seiner Zeit; von ihm stammen: 'Aimée Vibert', 'Anaïs Ségalas', 'Comtesse de Murinais', 'Gloire des Rosomanes', 'Jeanne d'Arc', 'La Rubanée', 'La Tour d'Auvergne', 'La Ville de Bruxelles', 'Oeillet Flammand', 'Yolande d'Aragon'.

Vogel, Richard, Rosengärtner in Sangerhausen, geboren 1867 in Naumburg, gestorben 1934 in Sangerhausen, war 12 Jahre im Rosengarten von C. Strassheim (siehe dort), von 1902 bis 1927 Leiter des Rosariums des Vereins Deutscher Rosenfreunde in Sangerhausen; züchterisch nicht tätig gewesen; fand 1924 einen Sport an 'Zigeunerknabe' ('Frau Helene Vogel'). — Nach seinem Tode wurde Nachfolger im Amt sein Sohn **Max Vogel,** 1893—1949, seit 1926 Rosengärtner. Dieser betätigte sich auch züchterisch, fand eine Reihe von Sports, von denen jedoch nur wenige Bedeutung haben. — 'Weiße Gruß an Aachen' (1944).

Von Abrams, Gordon J., Davis, Kalifornien. — 'Coronado', 'Cover Girl', 'Ebb Tide', 'Ebony', 'Golden Slippers', 'Helene Schoen', 'High Esteem', 'Pink Favorite', 'Red Ruffles', 'Trade Wind'.

Walter, Ludwig, Zabern, Elsaß (heute Saverne, Alsace, Frankreich). Liebhaber-Rosenzüchter und Initiator eines Rosariums. — 'Ida Klemm', 'Louise Walter', 'Rote Tausendschön', 'Yellow Moss'.

Weigand, Rosenschulen in Bad Soden-Taunus. Gegründet 1836 von Adam Weigand, 1805—1851. Züchtete nur in ganz geringem Umfang. — Sein Sohn Christoph, 1839 bis 1909, machte sich nach Ende der Lehr- und Wanderjahre selbständig, begründete 1870 mit dem Bau von Gewächshäusern die Rosentreiberei im Taunus, 1902 erste eigene Züchtung 'Ernst Grandpierre'; 'Ruhm von Steinfurth', 'Sodenia', 'Staatspräsident Päts', 'Königin Luise'. — Nachfolger der Sohn Ludwig, geboren 1873, übernahm 1904 die Firma, betrieb hauptsächlich Schnittblumenkultur, daneben Rosenneuheitenzüchtung. Von ihm 'Goethe'.

Wheatcroft Bros., Ltd., Ruddington, Nottingham, England. Eine der bedeutendsten Rosenfirmen des Landes, jedoch nur Verbreiter, nicht selbst züchtend.

Willmott, Ellen, Warley Place, Essex, England, 1860 bis 1934. Autorin des berühmten Tafelwerkes „The Genus *Rosa*".

Wirtz & Eicke, Cossmanns Nachf., Frankfurt-M./Rödelheim. Baumschule mit einigen eigenen Rosensorten aus Sports: 'Dagmar Späth', 'Frau Marie Bromme', 'Mrs. Olive Sackett'.

Wolley Dod, Rev. Charles, Edge Hall, Maples, Cheshire, 1826—1904. Sein Name ist bekannt geworden durch *Rosa villosa* 'Duplex', einer Hybride zwischen *R. villosa* mit einer Gartenrose, die seinen Namen „Wolley Dod's Rose" trägt.

Wylie, Ann Philippa, Botanikerin; früher England, jetzt an der Universität von Atago, Dunedin, Neuseeland; schrieb eine sehr bedeutsame Arbeit über die Abstammung und den Ursprung der Gartenrosen.

Literatur

Modern Roses 6; Harrisburg, Pennsylvania (1965) — Archiv des Deutschen Rosariums. — Dieser Abschnitt wurde durchgesehen und ergänzt durch Reimer Kordes, Sparrieshoop.

Die Praxis der Rosenzüchtung und ihre theoretischen Grundlagen

Da in diesem Buche vor allem die praktischen Fragen ausführlich gewürdigt werden sollen, sind sie in diesem Abschnitt an den Anfang gestellt worden. Die wissenschaftlichen Grundlagen der Pflanzenzüchtung, die man in jedem botanischen Lehrbuch nachschlagen kann, sind mit besonderer Berücksichtigung der Verhältnisse bei der Gattung *Rosa* dargestellt (Seite 179 ff.).

Warum eigentlich Rosenzüchtung? Wenn wir die Beschreibungen der Teerosen, der Remontantrosen und der vielen anderen Rosen, die vor hundert, fünfzig, zwanzig oder weniger Jahren in den Handel gebracht wurden, lesen, dann erfahren wir, wie schön, edel und herrlich jede dieser Sorten bei ihrer Einführung war. Erst später stellten sich Fehler heraus: sie blühten zu wenig, öffneten sich nicht bei Regenwetter, die Blüten hingen, die Stiele waren zu kurz, die Farbe zu blaß, der Duft zu schwach oder ganz fehlend, das Laub unter Mehltau, Schwarzflecken und Rost leidend, und hier und da mag auch die Winterhärte gering gewesen sein. Gründe genug, die Verbesserung der Rosen in Angriff zu nehmen.

Heute hat die Züchtung einen beachtlich hohen Stand erreicht. Insbesondere kann das gesagt werden von den edlen Blumen der Teehybriden, von ihrer langen Blütedauer, besonders bei den Floribunda-Rosen, aber auch bei den öfterblühenden Strauch- und Kletterrosen. Die Widerstandsfähigkeit der Blüten gegen Sonnenbrand und Regen, die „Selbstreinigung", das sind weitere echte Fortschritte, die die moderne Rosenzüchtung bei vielen Sorten bereits erzielt hat; wir sind uns dessen schon nicht mehr bewußt und nehmen alles als selbstverständlich hin. So selbstverständlich ist das alles nicht, vielmehr das Ergebnis einer Arbeit vieler Generationen von Rosenzüchtern. Die Züchtung muß weitergehen. Noch ist aber nicht alles erreicht, was sich die Züchter vorgenommen haben, und die ideale Rose wird es auch nie geben; darum wird die Züchtung weitergehen.

Eine „neue" Rose zu erzeugen ist eine verhältnismäßig einfache Sache; „neu" ist indessen nicht dasselbe wie „besser". Die meisten „neuen" Sorten sind früher nur in ganz kleinen Mengen veredelt und in den Handel gebracht worden; sie wurden kaum bekannt oder schon bald übertroffen durch die nächsten „neuen" Sorten oder aber fanden überhaupt kein Interesse beim Publikum.

Was wollen die Züchter denn noch erreichen? Da es, wie schon angedeutet, die ideale Universalrose nicht gibt und auch nie geben kann, zumal sie ja auch vom Geschmack des Käufers abhängt, wollen wir hier betrachten, welche guten Eigenschaften eine Teehybride aufweisen müßte, um „ideal" zu sein:

Kräftigen Wuchs;
große, derbe, glänzende, sehr widerstandsfähige und gesunde Blätter;
lange Triebe (für den Schnitt geeignet);
lange kräftige Blütenstiele (nicht Triebe);
lang zugespitzte bis urnenförmige Knospen;
Dauerblüte, wetterbeständig;
Duft;
ausreichende Füllung, mindestens 30 bis 35 Petalen;
in der offenen Blüte hoch gebaut.

Für eine Floribunda-Rose wären die Ziele natürlich anders, und so auch für Parkrosen, Kletterrosen usw. Betrachten wir einige Eigenschaften einmal näher:

Einfache Blüten sind nur wenig haltbar, insbesondere dort, wo der Sommer lang und warm ist.

Dichtgefüllte Blüten wiederum leiden in Gebieten mit anhaltendem Regen oder Regenperioden, bleiben in fortgeschrittenem Knospenstadium sitzen und faulen, weil die Petalen zusammenkleben; das kann allerdings auch bei Sorten mit langen, schmalen Petalen geschehen.

Viele dunkelrote Rosen sind immer noch sehr anfällig gegen Mehltau und müssen alle zehn Tage ihre „Spritze" bekommen, um lebensfroh zu bleiben.

Die Haltbarkeit der Blüten könnte bei vielen Rosensorten noch verbessert werden.

Was die sogenannten blauen Rosen angeht, so sind wir noch weit entfernt von einem wirklichen Blau; bisher sind es immer nur fliederfarbene Töne, und wenn ein Wunder geschieht, wird es auch einmal eine kornblumenblaue Rose geben.

Bei den gelben Rosen bleibt noch viel zu tun. Fast alle lassen sich in ihrer Abstammung zurückführen bis auf 'Persian Yellow'. Es gibt daneben aber noch andere, ebenfalls wirklich gelbe Wildrosen (*R. ecae, R. primula, R. hugonis, R. xanthina*), mit denen durchaus ein Fortschritt zu erreichen sein könnte. Ein Überdenken züchterischer Möglichkeiten und natürlich auch eine gute Portion Glück könnten hier die Lücken schließen. Denn dauerhafte gelbe, nicht verblassende Sorten mit langer Blütezeit und Wetterbeständigkeit fehlen noch immer.

Ebenso gibt es auch noch immer keine wirklich gute, wetterbeständige weiße Teehybride, wenngleich die Floribunda-Rose 'Schneewittchen' schon in mancher Hinsicht ein bedeutender Fortschritt ist.

Schwarze Rosen sind nur eine Liebhaberei; sie haben sich nie dauernder Gunst beim Rosenfreund erfreuen können, da sie alle Fehler hatten.

Die Züchtung von Hausrosen verfolgt wieder ganz andere Ziele; hierüber Seite 115.

Die wenigen Gründe, die hier genannt wurden, lassen klar erkennen, daß eine stetige Züchtungsarbeit auch in Zukunft notwendig ist und den Züchtern weiterhin erhebliche Arbeit und Kosten verursachen wird. Eine wirklich erstklassige neue Rose zu erzeugen, dauert im allgemeinen zehn Jahre und kostet etwa 200 000 DM, doch kann sie im günstigsten Fall auch ein Vielfaches der Kosten wieder einbringen. 'Gloria Dei' hat sicherlich viel geringere Kosten verursacht und ein ungewöhnlich gutes finanzielles Ergebnis gebracht, denn sie ist in über 100 Millionen Pflanzen veredelt worden, was man an Hand der Lizenzen belegen kann.

Die Entdeckung der Vererbungsgesetze Solange die Gesetze der Vererbung — und deren praktische Anwendung — nicht bekannt waren, kann man natürlich auch nicht von einer Züchtung sprechen. Noch bis Mitte des 19. Jahrhunderts pflanzte man eine Reihe von Rosensorten nahe beisammen und überließ der Natur die Bestäubung. Die Samen wurden nach der Fruchtreife gereinigt und sogleich im Freiland auf ein gut vorbereitetes Beet ausgesät, wie es in manchen älteren Gartenbüchern ausführlich zu lesen ist. Man säte in Reihen mit 30 cm Abstand, in 4 bis 5 cm tiefe Rillen, die mit lockerer Erde wieder zugefüllt wurden. Während des Winters deckte man die Beete mit Reisig ab, das im Frühjahr wieder entfernt wurde. Die Sämlinge blieben zwei Jahre auf dem Saatbeet stehen und wurden dann verpflanzt.

Von der Entdeckung der Sexualität der Pflanzen bis zum Beweis der Vererbungsregeln war noch ein langer, weiter Weg. Es sind nur wenige Naturwissenschaftler gewesen, die ihn beschritten.

Um 1700 vermutete der Tübinger Arzt und Botaniker Jacob Camerarius, daß die Blütenpflanzen zweigeschlechtlich sein müßten.

1730 wird dies von Linné erkannt und in seinem Aufsatz „Über das Beilager der Blumen" veröffentlicht, ohne auf anderes als rein akademisches Interesse zu stoßen.

1761 Joseph Gottlieb Koelreuter veröffentlicht eine Schrift „Vorläufige Nachricht von einigen das Geschlecht der Pflanzen betreffenden Versuchen und Beobachtungen".

1793 Christian Conrad Sprengel: „Das entdeckte Geheimnis im Bau und in der Befruchtung der Blumen"; diese Arbeit wurde jedoch erst von Charles Darwin (1809—1882) richtig ausgewertet.

1865 Gregor Mendel: „Versuche über Pflanzenhybriden" (Mendelsche Regeln).

1900 werden die Arbeiten von Mendel durch Correns in Leipzig, Erich Tschermak in Wien und Hugo de Vries in Amsterdam durch eigene Forschungen bestätigt.

Der Beginn der Züchtung Die frühen Rosengärtner haben vermutlich nichts von diesen wissenschaftlichen Arbeiten gewußt, sie verließen sich auf die Ergebnisse, die sie aus eigener Erfahrung kannten. Die ersten Züchter waren Franzosen, die alle in der näheren Umgebung von Paris wohnten und durch die Kaiserin Joséphine viele Anregungen erfuhren. Man glaubt, daß die 'Rose du Roi' die erste nachweisbar künstliche Kreuzung einer Rose ist. Hierauf soll, aus historischen Gründen, etwas näher eingegangen werden; es wird aber auch auf die Darstellung bei den Portland-Rosen (Seite 82) verwiesen.

Graf Lelieur, der Gartendirektor des Königs, im Jardin du Luxembourg in Paris beschäftigte sich auch mit Rosen. Er hatte 1812 die Portland-Rose (welche nachweisbar 1809 in der Rosenschule von Dupont in Paris vorhanden war) gekreuzt, und zwar höchstwahrscheinlich mit *R. gallica* 'Officinalis'. Dieser Rose gab er den Namen 'Rose Lelieur', aber nur für kurze Zeit. Als Napoleon 1814 nach Elba verbannt wurde, kam Ludwig XVIII. auf den französischen Thron, und der Graf stand in seinem Dienst. Der König verlangte, daß die Rose ihm zu Ehren 'Rose du Roi' benannt werde, was dann auch erfolgte. Dann kam Napoleon wieder zurück, wenn auch nur für 100 Tage, bis er endgültig geschlagen wurde. Immerhin mußte für diese Zeit die Rose in 'Rose de l'Empereur' umgetauft werden; dann wurde sie wieder zur 'Rose du Roi'. Während dieser Zeit hat sie wohl nur im Park des Königs in Sèvres bei Paris gestanden. Erst 1815 wurde sie dann von Souchet verbreitet (in England 1819 als 'Lee's Crimson Perpetual').

1817 kam die Noisette-Rose aus Nordamerika nach Paris, eine vermutlich zufällige Naturhybride aus *Rosa chinensis* (die Louis Noisette aus Paris seinem Bruder Philippe nach Nordamerika gesandt hatte) mit *Rosa moschata* (Seite 81).

1817 entstand aber auch die Bourbon-Rose auf der Insel Réunion (früher Ile de Bourbon genannt). Dort gab es schon lange Zeit Hecken aus *Rosa damascena,* und man versuchte dasselbe auch mit *R. chinensis.* Nach einer gewissen Zeit stellte Mr. Bréon, der Direktor des dortigen Botanischen Gartens, fest, daß eine Bastardierung beider Rosen vorgekommen sein müsse. Er säte Samen davon aus und erzog hieraus die Sorte 'Rose Edwards'. Sodann sandte er auch Samen an Mr. Jacques, den Obergärtner des Herzogs von Orléans, nach Paris, der hieraus in zweiter Generation die Bourbon-Rosen erzog (Seite 81).

Wie weit nun planmäßige Züchtung oder Nachzucht aus frei abgeblühten Rosen in der Zeit zwischen 1810 bis etwa 1860 vorliegt, läßt sich schwer nachprüfen, da nur bei wenigen Züchtungen aus dieser Zeit die Kreuzungseltern festgehalten wurden. Nach dieser Zeit hat man aber wohl nur noch bewußte Kreuzungen vorgenommen. Wenn es auch ganz unbestritten ist, daß in jener Zeit manche gute Rosensorte entstand, so sind doch mehr als neun Zehntel von ihnen nur kurzlebig gewesen. Aus den Jahren um 1860 haben wir heute noch 'Général Jacqueminot' und 'Sénateur Vaïsse' sowie die Teerosen 'Devoniensis', 'Mme Bravy', 'Souvenir d'Elise' und einige andere. In den dann folgenden Jahren wandelte sich aber schon der Geschmack und die Nachfrage; jetzt kamen u. a. folgende wichtige Sorten in den Handel: 'Alfred Colomb', 'Charles Lefebvre', 'Duke of Wellington', 'Fisher & Holmes', 'Marie Baumann', 'Prince Camille de Rohan' und das Rosenwunder der damaligen Zeit, die Teerose 'Maréchal Niel'.

Im Abschnitt über die Entstehung der Gartenrosen (Seite 67) kann hierüber, geordnet nach den einzelnen Klassen oder Gruppen, die Entwicklung genau verfolgt werden, so daß hierauf nicht mehr weiter eingegangen zu werden braucht.

L. Simon & P. Cochet (1906) haben alle Rosensorten registriert, die damals in den Handel kamen; von 1810 bis 1904 sind es nicht weniger als 11 016 Sorten! Alle sind angegeben mit Klasse, Züchter, Jahrgang, Blütenfarbe und hin und wieder mit „Bemerkungen". Die Anzahl der neuen Sorten in den einzelnen Jahren schwankt sehr stark. Neunzehnmal waren es mehr als 100 (1899 sogar 150) neue Sorten, aber während 15 Jahren waren es allerdings weniger

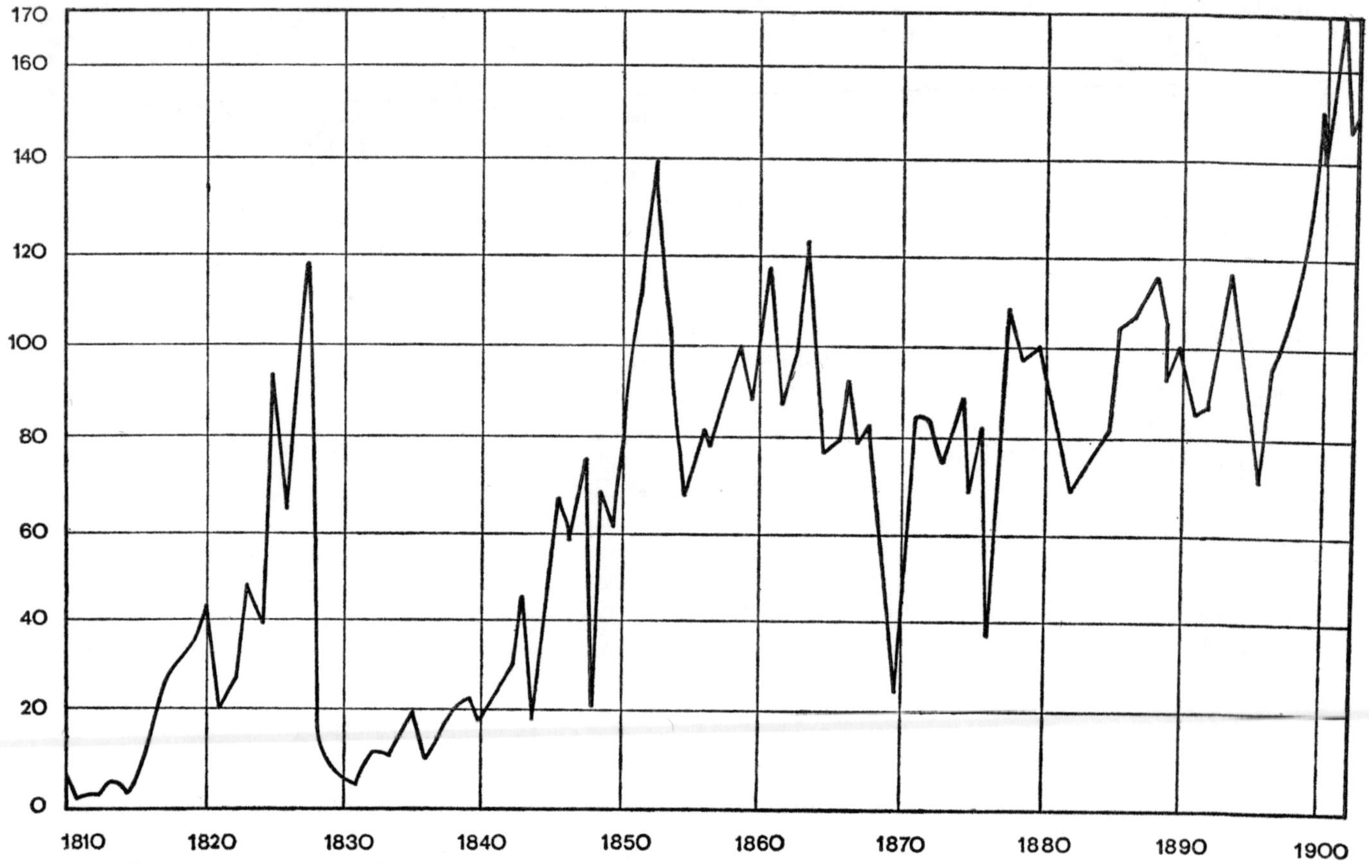

Abb. 70. Übersicht über die Anzahl der von 1810 bis 1902 in Frankreich registrierten Rosen-Neuheiten (Original)

als zehn. Im Jahre 1827 wurden erstmals mehr als 100, genau 116 „Neuheiten“ in den Handel gebracht, dann erst wieder 1851. Weitere Einzelheiten können aus der Graphik (Abb. 70) entnommen werden.

Diese 11 000 Züchtungen verteilen sich auf insgesamt 182 Züchter, von denen 135 Franzosen sind, einschließlich Elsaß und Lothringen. Die anderen Züchter sind wie folgt beheimatet; die bekannteren sind nachstehend ebenfalls angegeben.

- 12 Großbritannien (Paul, Bennett, Cant, Lord Penzance, Veitch, Turner)
- 11 USA (Conard u. a.)
- 9 Deutschland (siehe weiter unten)
- 3 Belgien (Parmentier, Singer, Robichon)
- 2 Irland (Dickson)
- 2 Luxemburg (Soupert & Notting, Ketten)
- 2 Ungarn (Geschwind, Dr. Kaufmann)
- 1 Italien (Brauer)
- 1 Kanada (Walsh)
- 1 Niederlande (Verschuren)
- 1 Portugal (Da Costa)
- 1 Rußland (Freundlich)
- 1 Spanien (Pries)

Bei den uns natürlich interessierenden deutschen Rosenzüchtern handelt es sich um

Dr. Dieck in Zoeschen (dort fälschlich bezeichnet mit „Goeschen, Prusse“)	(5 Sorten)
Droegemüller, Neuhaus-Elbe	(11 Sorten)
W. Hinner, Düsseldorf	(11 Sorten)
Jacobs, Weitendorf (Mecklenburg)	(12 Sorten)
Peter Lambert, Trier	(44 Sorten)
Lambert & Reiter, Trier	(3 Sorten)
Dr. Müller, Weingarten-Pfalz	(12 Sorten)
H. Kiese (einschließlich J. C. Schmidt, Erfurt)[1]	(14 Sorten)
Nicola Welter, Trier	(35 Sorten)

Das ergibt insgesamt 147 deutsche Sorten. Wenn man damit die Franzosen vergleicht, dann sind unsere Erfolge bescheiden. Nicht weniger als 14 von ihnen gaben in der Berichtszeit über 100 Sorten heraus, und zwar:

Vibert, Angers	600
Laffay, Bellevue (Paris)	388
Robert, Angers	237
Eugen Verdier, Paris	222
Nabonnand, Golf Juan	211
Mieillez, Esquermes	188
Prévost, Rouen	183
Lévêque & Fils, Ivry	174
Pradel, Montauban	162
Moreau & Robert, Angers[2]	124
Liabaud, Lyon	122
Vigneron, Orléans	114
Fontaine, Clamart	102
Robert & Moreau, Angers[2]	102

Nur zwei andere ausländische Züchter können noch mit ähnlich eindrucksvollen Zahlen aufwarten, und zwar

Soupert & Notting, Luxemburg	182
W. Paul & Son, England	107

Wie sich die **Rosenneuheitenzüchtung** in **Deutschland** entwickelte (ab 1945 nur in der Bundesrepublik), zeigt die nachfolgende Übersicht, fußend auf den Eintragungen im Deutschen Rosenregister. In dieser Liste sind die Sorten der zahlreichen Liebhaberzüchter jedoch nur dann vermerkt, wenn sie eine nennenswerte Verbreitung fanden.

Namen der Züchter	Anzahl herausgegebener Züchtungen in der Zeit						
	bis 1825	1826—1850	1851—1875	1876—1900	1901—1925	1926—1950	1951—1975
J. Booth, Hamburg	1	—	—	—	—	—	—
P. Lambert, Trier	—	—	—	17	153	15	—
R. Türke, Meißen	—	—	—	3	12	4	—
N. Welter, Trier	—	—	—	5	43	—	—
Dr. Müller, Weingarten	—	—	—	6	8	—	—
H. Kiese, Erfurt*)	—	—	—	—	77	—	—
W. Hinner, Düsseldorf	—	—	—	—	12	1	—
Dr. Krüger, Freiburg	—	—	—	—	10	—	—
W. Kordes, Sparrieshoop	—	—	—	—	9	97	255
M. Tantau, Uetersen	—	—	—	—	3	57	118
Wirtz & Eicke, Ffm.	—	—	—	—	1	6	—
C. Weigand, Bad Soden	—	—	—	—	13	13	—
V. Berger, Harzburg**)	—	—	—	—	8	14	11
R. Burkhardt, Remagen	—	—	—	—	1	3	—
M. Krause, Hasloh	—	—	—	—	—	33	—
K. Hetzel, Beutelsbach	—	—	—	—	—	—	8

*) Einschließlich seiner bei J. C. Schmidt, Erfurt, gezüchteten Sorten.

**) Vorher ČSSR.

[1] H. Kiese war zuerst Obergärtner und Rosenzüchter bei J. C. Schmidt in Erfurt, machte sich dann um 1904 selbständig und züchtete weiter; alle Züchtungen sind hier unter seinem Namen aufgezählt.

[2] Als der Schwiegersohn Robert die Firma übernahm, änderte er den Firmenamen.

Es wäre jedoch verkehrt zu glauben, es seien in ganz Deutschland nur 16 Züchter tätig gewesen; es waren rund 150 insgesamt, und die Zahl ihrer Züchtungen beläuft sich auf rund 1500 (bis 1975), die im Deutschen Rosenregister (Seite 202) erfaßt worden sind.

Zum Schluß noch ein Blick auf die Rosenzüchtung in Nordamerika. Zu Ende des 18. Jahrhunderts waren in Nordamerika den Botanikern erst vier Arten von Wildrosen bekannt, und auch diese nur unvollständig. Das ist der Hauptgrund, weshalb sich niemand mit ihnen beschäftigte, und weil damals auch die von Indianern bevölkerten Weiten nicht gefahrlos zugänglich waren. Dann kommt hinzu, daß die europäische Rosenzüchtung (mit *R. chinensis,* aber auch mit *R. gallica, R. centifolia* u. a.) bereits voll im Gang war und auch — nach unserer heutigen Kenntnis — eine Hybridisation mit den amerikanischen Wildrosen keine konkurrenzfähigen Ergebnisse gegenüber den europäischen Gartenrosen gebracht haben würde.

Heute, da es in USA einige hundert Rosenzüchter gibt, steht dieses Land zwar an der Spitze der Rosenzüchtung, aber man verwendet auch weiterhin nur europäische und asiatische Wildrosen und deren Nachkommenschaft, d. h. Gartenrosen.

Vor 1930 steckte in USA die Rosenzüchtung, überhaupt die Pflanzenzüchtung, noch in den Kinderschuhen. Die meisten Rosenneuheiten wurden aus Europa importiert, wo die Neuheitenzüchtung in manchen Familien schon in der zweiten, dritten oder gar vierten Generation betrieben wurde. Mit der Schaffung des Pflanzenpatentgesetzes wurde dies jedoch anders, die Rosenzüchtung nahm einen steilen Anstieg. Heute finden wir die Hälfte aller aktiven Rosenzüchter in USA, wenngleich auch viele von ihnen Amateure sind.

Die Lebensdauer der Rosensorten, d. h. die Zeitspanne, während der sie im Handel angeboten werden, ist recht unterschiedlich. Die sogenannten „alten" Rosen, von denen viele schon über 150 Jahre alt sind, wären schon längst aus den Kulturen verschwunden, gäbe es nicht die Rosarien und eine kleine Anzahl von Liebhabern, die bereit ist, diese Sorten zu pflegen und ihre Schwächen in Kauf zu nehmen, vor allem die kurze Blütezeit. Die meisten Rosenneuheiten können sich nicht länger als etwa fünf Jahre im Handel behaupten, bis sie von anderen Sorten übertroffen werden. Nur die wirklich erstklassigen Sorten halten sich bedeutend länger, wie wir es bei der folgenden Auswahl sehen, die noch immer gute Handelssorten sind:

New Dawn	1930	Dortmund	1955
Geheimrat Duisberg	1933	Queen Elizabeth	1955
Crimson Glory	1935	Olala	1956
Betty Prior	1935	Circus	1956
Holstein	1938	Primaballerina	1957
Gloria Dei	1945	Kordes Perfecta	1957
Fanal	1946	Schneewittchen	1958
Garnette	1947	Lilli Marleen	1959
Sutter's Gold	1950	Super Star	1960
Masquerade	1952		

Die Grundlagen der praktischen Züchtung Die alten Rosenzüchter des vorigen Jahrhunderts hatten keine oder so gut wie keine Ahnung von Genetik und allem, was damit zusammenhängt; bei manchen unserer modernen Züchter mag es auch heute noch so sein, daß sie nur eine ungefähre Vorstellung von Erbgängen haben und dennoch vorzügliche Ergebnisse erzielen.

Zugegeben, die Kenntnis der genetischen Grundlagen ist keineswegs eine Garantie für den züchterischen Erfolg; wohl aber vermag sie Fehlschläge und Mißerfolge zu erklären. Das ist immerhin auch schon etwas, das Zeitverlust und Ärger verringern kann. Hierzu mögen einige Überlegungen folgen:

Elternwahl. In dem einen Rosenbuch liest man, daß die Muttersorte den Wuchs und die Vatersorte die Blüte vererbt; im anderen steht es umgekehrt. Es wird keineswegs richtiger dadurch, daß es erfahrene Züchter sagen oder meinen. Die Genetik beweist klar, daß eine Rose ihre Eigenschaft in der gleichen Weise vererbt, ob nun als Vater oder als Mutter. Das ist durch reziproke Kreuzung längst schlüssig bewiesen. Zugegeben, bei der *Caninae*-Sektion ist das etwas anders, aber das kann hier außer acht gelassen werden (hierüber Seite 184).

Wer mit dem Kreuzen von Rosen beginnt, sollte sicherheitshalber immer eine Muttersorte (also die „Samenträgerin") wählen, die erfahrungsgemäß reichlich Früchte trägt und gut zur Reife bringt. Wer zu seinen Kreuzungen wenig fruchtende Eltern nimmt, der muß schon ein großer Optimist sein, wenn er hier gute Ergebnisse erwartet; es sei denn, er macht hier eine große Anzahl von Kreuzungen, dann kann er auch hier einmal Glück haben. Man weiß aber aus Erfahrung, daß der Fruchtansatz (die Bildung von Hagebutten) nur wenig durch den Pollen beeinflußt wird, so daß also ein reicher Fruchtansatz und eine reiche Zahl von Samen abhängig sind von der Muttersorte. Das sollte man sich unbedingt merken.

A u f s p a l t u n g. Wenn der Züchter eine ganz bestimmte Vorstellung seiner zu schaffenden Sorte hat, kann er zu ihrer Erzielung zwei Wege gehen:

a) Er kann zwei reine Wildarten, welche die (oder einige der) verlangten Eigenschaften haben, kreuzen; die Nachkommen müssen diese dann schon in der ersten Generation aufweisen. Nun muß der Züchter Selbstungen vornehmen, und er kommt dann in der F_2- oder F_3-Generation seinem Ziel sicher näher; es kann allerdings auch länger dauern, wenn die Sämlinge steril sind. Geht alles gut, muß er nun weiter aufbauen, Geduld haben, Geld und Zeit aufbringen, bis endlich das gewünschte Ziel erreicht ist.
b) Er kann aber auch zwei ihm passende Hybriden miteinander kreuzen und abwarten, was daraus entsteht. Hier gibt es eine riesige Zahl von Möglichkeiten, etwas Neues zu erzielen. Man weiß allerdings nicht vorher, ob die Sämlinge besser sein werden als die Eltern; in der Regel sind sie es nicht. Auf diese Weise, und ganz sicher ohne großartige Planung, sind die vielen Rosen des vorigen Jahrhunderts entstanden und zweifellos auch ein erheblicher Teil der heutigen Rosen.

Natürlich hat ein Züchter im Laufe der Jahre seine eigenen Erfahrungen gemacht; er weiß, welche Sorten bestimmte Eigenschaften besonders gut (dominant) vererben und welche unerwünschte Eigenschaften weitergeben. Hierüber S. 176.

Wenn trotz der enormen Möglichkeiten die großen Rosenzüchter nur ganz wenige Neuheiten in jedem Jahr herausbringen, dann liegt dies daran, daß sie ihre Neuheiten besonders scharf prüfen, und dann, wenn sie von ihrem Wert überzeugt sind, diese auch noch an Prüfungsgärten im In- und Ausland abgeben, wo sie nochmals gründlich getestet werden. Hat der Züchter festgestellt, daß seine Neuheit ein Schlager werden wird — schließlich muß er das doch vorausschauen können; Irrtum allerdings vorbehalten! —, dann beginnt er schnellstens mit der Vermehrung. Bei Einsatz aller Möglichkeiten, die allerdings auch eine große Investition erfordern und voraussetzen, kann eine Neuheit auch schon in kürzester Zeit in großen Stückzahlen auf den Markt gebracht werden (so z.B. die neue 'Mercedes' schon nach drei Jahren in mehreren hunderttausend Pflanzen), aber diese Möglichkeiten hat ein kleiner Rosenzüchter oder gar ein Liebhaberzüchter nicht.

DIE TECHNIK DER ROSENKREUZUNG

Vor Beginn der Kreuzungsarbeit muß man sich überzeugen, daß die beiden vorgesehenen Eltern auch wirklich fertil sind; Sterilität ist ein ständiges Problem und erschwert die Züchtungsarbeit sehr.

Um Rosen mit gut gefüllten Blüten zu erzielen, muß man darauf achten, daß im Stammbaum möglichst viele gut gefüllte Sorten stehen, sonst erhält man meist nur halbgefüllte Blüten. Wenn man einfachblühende Sorten miteinander kreuzt, erhält man in der Regel auch nur einfache Nachkommen. Schöne zweifarbige Sorten bekommt man, wenn man eine gelbe mit einer rosafarbenen oder reinroten Sorte kreuzt, nicht aber mit einer karminroten, violettroten oder gar fliederfarbenen Sorte.

Die handwerkliche Seite der Kreuzung sieht so aus:

● Man muß m ö g l i c h s t f r ü h mit der Kreuzungsarbeit beginnen, Ende Mai bis Anfang Juli, damit die Früchte gut ausreifen können.

● Blüten frühzeitig auswählen; Petalen am Tage vor der geplanten Kreuzung entfernen, sobald sie sich zu entfalten beginnen, ebenso alle Staubgefäße abschneiden (eventuell aufbewahren, wenn für andere Kreuzungen benötigt).

● Den Pollen für die Kreuzung muß man schon zwei Tage vorher von der Vatersorte abnehmen. Die Antheren werden mit einer kleinen Schere oder Pinzette von den eben sich entfaltenden Blüten abgenommen, in ein untergehaltenes Glasschälchen oder Papier gesammelt und dann zum Trocknen zur Seite gestellt, aber nicht im Sonnenlicht oder an hellen Stellen. Nach dieser Zeit sind die Staubbeutel trocken, platzen und entlassen den Pollen, der als gelber Staub sichtbar wird. Beschriften der Schälchen nicht vergessen!

● Pollen, den man erst später braucht, kann man bei 1 bis 3 °C in verschlossenen Glas- oder Plastikdöschen im Kühlschrank bis zum Gebrauch liegen lassen, frostfrei, bei etwa 45 % Luftfeuchtigkeit.

● Der Pollen wird auf die vorbereitete (kastrierte) Blüte gebracht mittels eines feinen Pinsels oder auch durch Eintauchen der Blüte in den Pollen. Der Pollen darf nicht feucht werden und auch nicht auf feuchte Narben (durch Tau, Regen oder Sprühnebel) gebracht werden. Obgleich mit der ersten Bestäubung meist auch die Befruchtung erfolgt, ist es bei manchen Sorten besser, sie zu wiederholen, um gute Samenbildung zu erzielen.

● Bei einer Kreuzung im Freiland müssen die Blüten nach der Bestäubung sofort eingetütet werden zum Schutz gegen Insekten und unerwünschte Fremdbestäubung. Im Gewächshaus ist das nicht erforderlich, wenn man das Haus insektenfrei (Fliegen) hält.

● Jede einzelne bestäubte Blüte wird nun numeriert und in ein Buch eingetragen. Für jede Pollensorte einen eigenen Pinsel benutzen und zum Schluß in Alkohol (Brennspiritus) säubern, wodurch alle anhaftenden Pollenkörner abgetötet werden.

● Wenn die Blüten am Tage vor der Bestäubung vorbereitet (Staubbeutel und Petalen entfernt) wurden, dann bildet sich am zweiten Tag auf den Narben ein Sekret, an dem die Pollenkörner haften bleiben. Das Sekret reizt das Pollenkorn aber auch zur raschen Bildung des Pollenschlauches, der nun in einigen Tagen die Narbe durchwächst und sich mit der Eianlage vereint. Die Befruchtung ist vollzogen, äußerlich auch nach etwa zwei Wochen an der Hagebutte erkennbar, die nun anschwillt. Die Papiertüte (bei Freilandbestäubung) kann jetzt entfernt werden. War die Bestäubung ergebnislos, werden die Hagebutten schwarz oder gelbgrün und weich und werden am besten abgeschnitten. An den anderen Hagebutten wird nun nichts mehr getan.

● Die Samen sind reif, wenn sich die Hagebutten orange oder gelb färben. Im Freiland müssen sie vor dem ersten Frost geerntet werden, am besten die Fruchtzweige abschneiden und im Zimmer in eine Vase mit Wasser stellen und noch einige Zeit nachreifen lassen. Im Gewächshaus kann man damit noch bis November warten. Die Hagebutten werden geöffnet, die Samen herausgenommen, gereinigt und dann noch etwa zwei Wochen an einem kühlen, feuchten Platz aufbewahrt. Die Anzahl Samen (eigentlich sind es Früchtchen, nicht Samen) pro Hagebutte ist je nach Sorte ganz verschieden, mitunter nur einige wenige bis zu 50 oder mehr; sie können groß oder klein sein, in der Frucht bleiben oder auch daraus hervorquellen. Sie sind bei allen Arten und Sorten mit roten oder orange Hagebutten weiß bis gelblich, bei den Sorten mit schwarzen oder braunen Hagebutten jedoch rosa gefärbt.

● Vor der Aussaat kann man die Samen auch noch in Wasser legen und dann kräftig darin verrühren, damit anhaftende Haare abgehen. Schwimmende Samen sind meist taub und können gleich entfernt werden.

● Im Dezember wird im Gewächshaus ausgesät; der Liebhaberzüchter kann das auch im Frühbeet machen, aber erst im März. Die Aussaatbeete werden besonders sorgfältig hergerichtet. Auf die Gewächshaustische wird eine etwa 15 cm hohe Schicht guter, sehr nahrhafter Komposterde, die natürlich vorher entseucht werden muß, aufgebracht und noch mit einer 2 cm dicken Lage grobem Sand abgedeckt. Dann werden in den etwas angedrückten Sand Rillen gezogen mit etwa 5 cm Abstand; darin werden dann die Samen, mit etwa 3 bis 5 cm Abstand einzeln ausgelegt und mit dem Finger in den Sand eingedrückt bis fast auf die Kompostschicht.

Statt selbstaufbereiteter Komposterde kann man auch eine schwach aufgedüngte Industrieerde (z. B. Fruhstorfer) verwenden, doch müssen dann die Sämlinge, wenn sie vier bis sechs Blätter haben, jede Woche einmal mit „Nitrophoska blau“ gedüngt werden. Im übrigen müssen die Aussaatbeete immer genügend feucht gehalten werden, vor allem wenn sich die Jungpflanzen entwickeln.

● Von der Aussaat an sollen die Beete noch zwei Monate bei einer Temperatur von 6 °C bleiben, also kühl gehalten werden; sie dürfen aber nicht einfrieren, weil sie dann entweder absterben oder aber die Keimung stark verzögert wird. Ab Februar beginnt die Keimung der Samen, ganz unterschiedlich, zu 20 bis 50 %, je nach den Eltern. Dann sollte die Temperatur im Gewächshaus tagsüber auf 15 °C erhöht werden. Ab Mitte Mai ist alles gekeimt; was danach noch kommt, wird meist nicht mehr stark genug zum Überwintern.

● Die kleinen Sämlinge haben dunkelgrüne, gelegentlich auch rote Keimblätter. Manche (oft bis zu 25 %) sind gelblich oder weißlich (Albinos); sie sterben durch Chlorophyllmangel ab und müssen sofort entfernt werden. Die beiden oder auch drei ersten Blätter der Sämlinge sind ungeteilt, erst das dritte und die folgenden sind gefiedert. Sämlinge mit mißgestalteten Blättern werden ebenfalls entfernt, denn sie bringen keine guten Blüten.

● Nun wartet der Züchter auf die Blüten. Die ersten Knospen bilden sich schon nach dem vierten oder siebenten Blatt, und der erfahrene Züchter erkennt meist schon gleich, ob die Sämlinge wertvoll sind oder nicht. Was einfach aufblüht, behält in der Regel auch später einfache Blüten, während Erstblüten mit bereits 30 Petalen in der Folge auch gut gefüllte Blüten bringen. Jedoch — unter 30 bis 40 Sämlingen ist vielleicht einer „hübsch“; aber hübsch allein genügt nicht, denn nur erstklassige und überragend gute Sämlinge lohnen die weitere Mühe und Investition. In der Regel findet man unter tausend Sämlingen nur einen oder einige wenige Sämlinge, die diesen Forderungen entsprechen.

● Vom selektierten Sämling, der dann im Sommer schon veredelt werden muß, bis zu seiner Einführung als Neuheit in den Handel und bis zu seiner Verbreitung in großem Umfang ist es dann noch ein kostspieliger Weg. Die meisten „Erfolge“ von Amateurzüchtern kommen deswegen nicht in den Handel, weil sie nicht in dem erforderlichen Umfang produziert werden können, weil die Mittel für die notwendige Werbung fehlen, weil mit dem Sortenschutz verbundene hohe Kosten gescheut werden, und nicht zuletzt deswegen, weil die

Konkurrenten noch etwas bessere Sorten haben. Diese Tatsachen muß man wissen; nur auf ihnen gründet sich der Erfolg.

Die gesamte vegetativ vermehrte Nachkommenschaft einer Pflanze („Mutterpflanze") besitzt den gleichen Genotypus; diese Nachkommen bilden eine sogenannte reine Linie, auch Klon genannt. So sind alle vegetativ vermehrte Rosensorten Klone; sie bleiben in den folgenden Generationen solange in allen ihren Eigenschaften unverändert, bis entweder eine Mutation auftritt oder aber die vegetative Vermehrung (bei den Rosen durch Veredlung oder auch durch Stecklinge) durch die generative Vermehrung (also durch Aussaat) unterbrochen wird.

Die Prüfung der Keimfähigkeit des Pollens Eine sehr einfache Methode, die Keimfähigkeit des Pollens zu prüfen, ist bei der Züchtungsforschung im Obstbau seit Jahrzehnten gebräuchlich; sie kann auch bei der Untersuchung des Pollens von Rosen angewendet werden.

Man benötigt weiter nichts als destilliertes Wasser (nicht normales Leitungswasser) und Haushaltszucker, aus dem man eine 20%ige Zuckerlösung herstellt. Dazu löst man 10 g Zucker in 50 ccm dest. Wasser in einem kleinen, sauberen Gefäß auf. Diese geringe Menge reicht für viele Untersuchungen, da sie nur tropfenweise verwendet wird. Sie sollte aber nur eine Woche lang benutzt und dann wieder neu hergestellt werden, da sich inzwischen Pilze angesiedelt haben könnten.

Von den zu untersuchenden Rosen schneidet man am Vortag je einen Blütenzweig ab und stellt ihn ins Zimmer in ein Gefäß ohne Wasser. Nun nimmt man einen Objektträger, möglichst mit Ausschliff, klopft etwas Pollen aus der Blüte auf den Objektträger und bringt dann mit einem Glasstäbchen einen kleinen Tropfen Zuckerlösung auf den ausgebreiteten Pollen. Dann bringt man ein Deckgläschen auf den Tropfen und drückt es behutsam dicht an. Statt des Deckgläschens kann man auch einen anderen Objektträger verwenden und einen dünnen Ring aus Lanolin um den Pollen ziehen, damit die Keimung unter Luftabschluß vor sich geht.

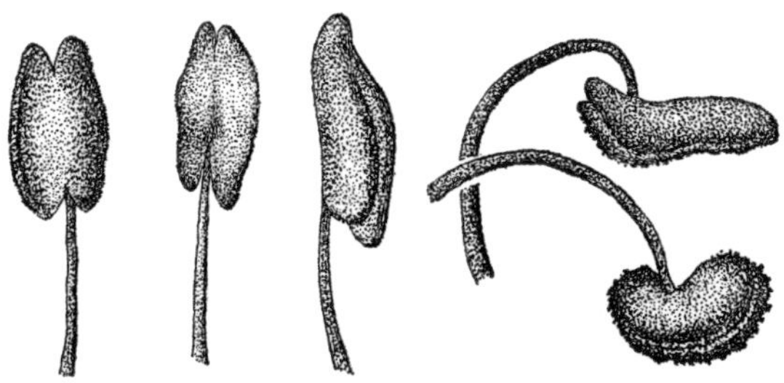

Abb. 71. Ganze Anthere, vergrößert; (von links) von vorn, von hinten, von der Seite; (oben) während des Stäubens, darunter nach dem Stäuben (nach G. Krüger)

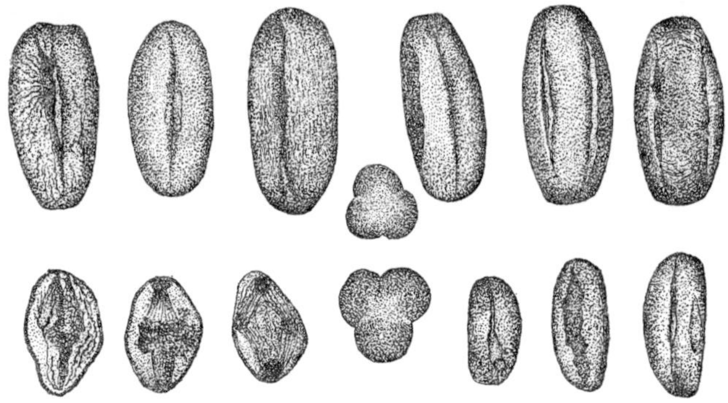

Abb. 72. Rosenpollen; (oben links) drei von vorn gesehen, daneben drei von hinten; (in der Mitte) zwei von oben gesehen; (untere Reihe) sechs defektive Pollenkörner (nach G. Krüger, 600×)

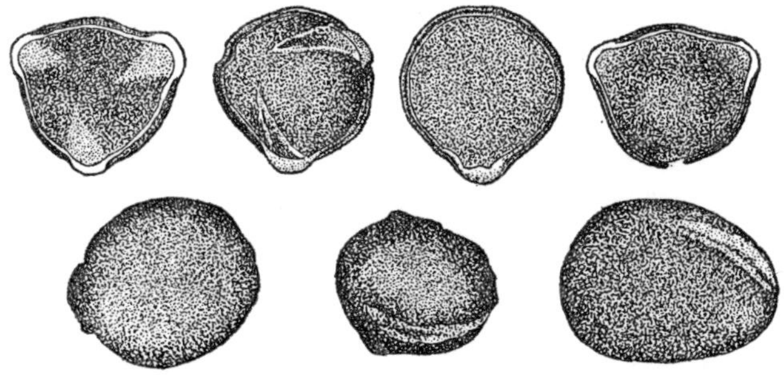

Abb. 73. Pollenkörner von *Rosa pimpinellifolia,* gefärbt in Methylgrün-Lösung; unten nach Quellung auf der Narbe (nach G. Krüger, 600×)

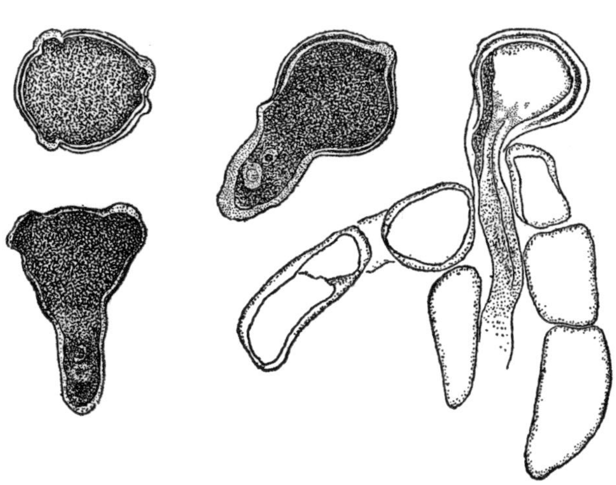

Abb. 74. Pollen von 'Mme Caroline Testout', 48 und 72 Stunden nach der Bestäubung (nach G. Krüger, 600×)

Nicht vergessen, den Objektträger schon vorher mit einem Aufkleber zu versehen und zu beschriften.

Bei normaler Zimmertemperatur (20° C) beginnen die Pollenkörner, die anfangs oval (wie Weizenkörner) sind, rasch kugelförmig aufzuquellen und zu keimen. Nach etwa 4 Stunden ist die Keimung beendet, und die Pollenschläuche haben jetzt die 30- bis 50fache Länge des Pollendurchmessers erreicht. Es ist kaum erforderlich, die Anzahl der gekeimten Pollen zu zählen; unter einer Standlupe oder mit einer anderen stärkeren Lupe läßt sich ohne weiteres beurteilen, ob der Pollen gut, ausreichend oder schlecht keimt. Dies ist natürlich auch abhängig von der Jahreszeit, in der die Kreuzungen vorgenommen werden sollen,was in der Regel im Juni geschieht.

Der „Kunstgriff" mit dem Gibberellin Untersuchungen von E. F. Allen (1967) haben ergeben, daß der Fruchtansatz bei Kreuzungen verbessert werden kann, insbesondere kann der frühzeitige Abfall der befruchteten Rosenblüten im Gewächshaus verhindert oder doch günstig beeinflußt werden. Er behandelte tetraploide Rosenblüten, zehn Tage nach der Bestäubung, mit 3 Tropfen einer 250-ppm-Lösung von Gibberellin A 3 in 25%igem Iso-propyl-Alkohol und erzielte dadurch einen besseren Fruchtansatz und eine erheblich größere Menge von Samen.

Wo diploider Pollen (von einer tetraploiden Vatersorte) benutzt wurde, war der Fruchtansatz 100%ig. Behandelte Blüten ergaben größere und früher reife Hagebutten als unbehandelte.

Es wird angenommen, daß die Behandlung mit Gibberellin die Blüte so lange intakt hält, bis der langsamwachsende Pollenschlauch die Eianlage erreicht hat.

Das Gibberellin darf nicht zu früh angewandt werden, sonst gibt es Parthenokarpie (Jungfernfrüchtigkeit; d. h. normal aussehende Früchte, jedoch mit tauben Samen). Die Anwendung bereits sieben Tage nach der Bestäubung ist zu früh; eine Distanz von zehn Tagen ist richtig. Wartet man aber noch länger, kann sich schon eine Lage Trennzellen an der Basis des Blütenstieles gebildet haben, und der vorzeitige Abfall ist dann weder mit Gibberellin noch mit Fungiziden aufzuhalten.

Die Gibberellin-Lösung hält sich nur kurze Zeit und muß alle 14 Tage neu angesetzt werden.

Die Behandlung der „Samen" durch 17 Stunden dauerndes Einweichen in eine 6-Benzylaminopurin-Lösung (10 μg/ml) ergab eine etwas raschere Keimung im Keimschrank. Die Versuche mit Gibberellin wurden von G. A. D. Jackson und J. B. Blundell in Bangor, Großbritannien, durchgeführt.

DIE FARBEN DER ROSENBLÜTEN

Schlägt man einen Rosenkatalog auf, dann liest man dort, die Blüten seien golden, silbern, aprikosen- oder pfirsichfarben, lachsorange oder violettpurpur usw. Die neuen „Blau"-Töne werden mit lavendelfarbig, fliederfarbig, fliederlila, mauve oder anderen Namen bezeichnet. Soweit, so gut. Kommt man dann in die Rosenschule und möchte die Beschreibungen vergleichen, sehen die Rosen meist etwas anders aus. Man findet vielmehr in der Hauptsache die Farben Rot, Rosa, Gelb und Weiß und die zahllosen Übergänge zwischen diesen Tönen. Warum also die schönen Worte in den Katalogen? Es gibt dafür mehrere Gründe:

Die exakte Beschreibung ist außerordentlich schwierig; Farbenmeßtafeln haben sich bei den Rosenblüten nicht bewährt, weil die tiefen Samttöne kaum meßbar sind. Es bleibt daher keine andere Möglichkeit, als sie den Kunden möglichst eindringlich vor Augen zu führen, einmal durch ein gutes Farbphoto — und dann eben durch einen guten Text.

Die Farbphotographie und die Reproduktionstechnik sind heute schon so hoch entwickelt, daß man die Rosen noch schöner im Bilde zeigen kann als sie in Wirklichkeit sind! Man darf aber annehmen, daß eine seriöse Rosenfirma es gar nicht nötig hat, ihre Angaben und Beschreibungen zu übertreiben. Man muß jedoch auch verstehen, daß der Züchter, der sich tagaus, tagein mit seinen Rosen beschäftigt, einen neuen Farbton bei seinen Züchtungen anders sieht als der Kunde. Der Züchter bemerkt sofort die geringste Abweichung von dem bis dahin bekannten Farbton und ist glücklich, wenn sie ein Fortschritt auf seinem Wege ist. So sind seine Blütenbeschreibungen aus dem beständigen Streben nach Weiterentwicklung zu verstehen. Daß Rosen weder silbern noch golden sind, ist klar, und niemand erwartet, daß die Blüten tatsächlich so aussehen.

Es kommt jedoch bei der Bezeichnung der Blütenfarben die Schwierigkeit hinzu, daß sich der Farbton zumeist von der Knospe bis zum Verblühen beständig verändert. Viele Sorten sind im Aufblühen besonders intensiv gefärbt, werden aber nach der Vollblüte immer heller, bedingt durch biochemische Vorgänge in den Blüten, auf die später noch eingegangen wird.

Andere Sorten, z. B. die Abkömmlinge von *R. foetida* 'Bicolor' und 'Persian Yellow' ('Masquerade', 'Rumba', 'Charleston', 'Circus' u. a.), haben zunächst eine gelbrote Knospe, blühen dann mehr oder weniger kräftig gelb auf und verfärben sich mit zunehmendem Alter der Blüten rosa bis tiefrot. Bei den sogenannten „alten" Rosen gibt es viele Sorten, die einen mehr oder weniger purpurlila Farbton aufweisen, der im Verblühen mehr violett wird oder auch grau.

Es ist nun Auffassungssache, ob man diese Veränderung des Farbtones objektiv als ein besonderes Merkmal der Sorte ansehen oder schon als tadelnswertes „Verblauen" bezeichnen will. Selbstverständlich ist es bei den modernen Rosen eine schlechte Eigenschaft, wenn rote Rosen im Verblühen violett oder blaurot werden, also „verblauen". Hier ist die Veränderung des Farbtones sehr störend und daher schlecht; bei den alten Rosensorten jedoch, die oft purpurne oder violette Farbtöne haben, sollte man diesen Übergang nach grauviolett oder violettpurpur als charakteristisches Merkmal ansehen. Diese Farbtöne sind durchaus nicht häßlich, wie ja auch kunstsinnige Menschen diese Rosen mit ihren eigenartigen Farben besonders lieben.

Sehen wir uns die Rosenblüten genauer an, stellen wir fest, daß nur selten eine Sorte einen einzigen Farbton aufweist. Viele sind in der Mitte dunkler, an der Basis der Petalen oft etwas weiß oder gelblich, die Rückseite der Petalen ist heller oder dunkler als die Innenseite. Gelbe Rosen werden im Verblühen meist heller, jedoch nicht immer; so bleibt der gelbe Farbton bei 'Persian Yellow' unverändert bis zum Verblühen.

Farbmessung bei Rosenblüten Schon 1940 haben E. Funck und H. v. Rathlef eine Methode der photometrischen Untersuchung von Rosenblüten veröffentlicht. Hierbei werden von den zu messenden Rosensorten Petalen entnommen, getrocknet, dann mit einer bestimmten Menge Wasser von genau pH 7 extrahiert; der erhaltene Extrakt wird mit Paratrichloräthylen behandelt. Die nun erhaltene Lösung behält den Farbton länger und besser als die Petalen; sie wird nun mit verschiedenen Farbfiltern gemessen. Diese photometrische Messung ist für den Praktiker natürlich zu umständlich; auch ist nicht bekannt, ob sich die Botaniker dieser Methode bedient haben.

G. Boesman hat 1967 (in *Rosa Belgica*) ausführlich über eine Methode der Farbmessung von Rosenblüten berichtet, und zwar durch spektrophotometrische Untersuchung und Reflexmessung. Leider ist auch diese rein wissenschaftliche Methode für die Praxis zu umständlich, so daß sie nur in den einschlägigen Instituten Anwendung findet.

Die Chemie der Pflanzenfarbstoffe Dieses Gebiet war zu Beginn unseres Jahrhunderts noch völlig unbekannt; erst Willstätter und seine Mitarbeiter untersuchten den Farbstoff der Kornblume (1913) und des *Pelargonium zonale* (1914).

„Rot" als Farbbezeichnung für mittelalterliche Rosen ist meist sehr ungenau, so z. B. bei Gerarde (Great Herballe), 1597, der von einem „besten Rot" und einem „schlechtesten Rot" spricht.

So war auch die „Rose von Lancaster" keineswegs so rot wie unsere heutigen Rosen, sondern nur rosa, etwas dunkler als 'Maiden's Blush' und *R. damascena* 'Celsiana'. Diese Farben waren auch den Römern bekannt, denn Columella fordert seine Landsleute auf, Rosen mit der Farbe des „Errötens der Bescheidenheit" zu pflanzen.

Erst gegen 1800 werden, sowohl in der englischen wie auch in der französischen Literatur, die Farbangaben genauer. Das macht es auch so schwer, die Rosen der Alten heute zu identifizieren, vor allem die roten.

Grün ist der wichtigste und am häufigsten vorkommende Farbstoff, dargestellt durch das Chlorophyll. In Blüten kommt er bei Rosen nur ausnahmsweise vor, so bei *Rosa chinensis* 'Viridiflora'.

Fast ebenso wichtig sind die Flavone, aus denen eine große Farbskala besteht. Eine Gruppe von ihnen, die Anthocyane, erzeugen die rosa, scharlachrote, rote, lila, violette und auch die blaue Blütenfärbung. Eine andere Gruppe, die gelben Flavone (Chalcone und Aurone), kommt zwar auch oft vor, aber diese Pigmente sind ziemlich blaß und werden in stark gefärbten Blüten durch die intensiver färbenden Farbstoffe (Anthocyane) meist überdeckt.

Die Anthocyane sind Glykoside (Mono- und Diglykoside, Rhamnoside usw.), also Zuckerverbindungen. Ihre Molekularstruktur konnte man bestimmen und durch Synthese von zwei zu dieser Gruppe gehörenden Arten bestätigen, später sogar durch R. Robinson zur Synthese der Zuckerderivate abwandeln. Das geschah mit Hilfe der Papierchromatographie, dann durch die Spektralmethode zur Bestimmung der Anthocyane und durch Isolierung natürlicher Anthocyanpigmente.

Die Anthocyane bewirken, wie schon gesagt, in der Regel die Rotfärbung der Pflanze, doch gibt es auch einige Ausnahmen, die kurz erwähnt seien. So ist z. B. der rote Farbstoff der Tomate ein Lycopen (ein Carotinoid mit einer Farbskala von gelborange bis rot; das in den Pflanzen am häufigsten vorkommende Carotinoid ist das gelbe β-Carotin, seit 1831 aus Möhren bekannt). Drei Anthocyanidin-Farbstoffe und ihre Strukturformeln werden hier aufgezeigt (Anthocyanidin ist Anthocyan ohne Zuckerteil). Diese Farbstoffe unterscheiden sich nur durch Hydroxylierungsgrad des B-Ringes, der für die ganze Skala der Farbstoffe von Blau bis Rot verantwortlich ist.

Die Abbildung 75 zeigt die Molekularstruktur der wichtigsten vorkommenden Pigmente, und zwar die beiden parallelen Serien Anthocyanidine (rot) und Flavonole (gelb). Die drei in jeder Serie dargestellten Gruppen zeigen in ihrer Struktur eine steigende Anzahl von OH-Gruppen.

Bei den Wildrosen reicht die Skala der Blütenfarben von Rosa, Purpur und Scharlachrot bis nach Weiß, Gelblichweiß und Reingelb; oder, chemisch gesehen, die Blüten mit rosa und roten Farbtönen enthalten das Anthocyanidin Cyanidin und die Blüten mit gelblichen oder gelben Petalen das Flavonolpigment.

Bis 1930 waren alle Rosenfarbtöne aus Kombinationen dieser beiden Pigmentgruppen entstanden, und zwar die orange und zweifarbenen Töne aus einer Mischung der beiden Pigmente, während die reinen, nicht verblassenden, scharlachroten und gelben Farben ein Ergebnis der Selektion sind.

1930 kam dann ein völlig neues Anthocyanidin, das Pelargonidin, ein gelbstichiges Rot („Ziegelrot") hinzu, das zwar schon in den Sorten 'Gloria Mundi' und 'Paul Crampel' (beide diploid) vorhanden war, zu diesem Zeitpunkt aber besonders ausgeprägt auftrat in 'Kordes Sondermeldung' (tetraploid). Pelargonidin-Vorkommen ist in Wildrosen bisher nicht bekannt, wohl aber bei Pelargonien.

Cyanidin kommt vor in karmin- und magentaroten Pflanzenteilen. Cyanin ist eine Zwei-Zucker-Verbindung des Cyanidins und steht dem Pelargonidin nahe; es ist die typische Farbe roter Rosen.

Blaues Pigment in Rosenblüten. Obwohl es keine richtig blaue Rose gibt, so ist dennoch in vielen Rosen ein blaues Pigment vorhanden. Bisher war es nicht möglich, dieses blaue vom roten Pigment zu isolieren, was sehr ärgerlich ist, denn das blaue Pigment verblaßt nicht so rasch wie das rote und das gelbe Pigment. Das wiederum bewirkt, daß viele rosa und rote Rosen mit einem häßlichen Farbton verblassen zu einem schlechten Violett oder Magenta beim Verblühen.

Ob eine Rose angenehm verblaßt, ist anscheinend abhängig von der Menge an blauem Pigment in den Petalen, während sie noch in der Knospe liegen. Jedoch treten Gene auf, die das Ausmaß des Verblassens des roten und gelben Pigments steuern. Wenn das rote oder gelbe Pigment nicht verblaßt oder nur sehr langsam, dann kann eine Rosenblüte ihren ursprünglichen Farbton während der ganzen Blütezeit behalten (P. H. Wright in ARA 1960: 114).

Chemische Untersuchungen haben gezeigt, daß ein Faktor für die blaue Blütenfärbung, das Purpurpigment *Delphidin*, in der ganzen Familie Rosaceae nicht vorkommt; die Rosenblüten zeigten bisher nur trübpurpurne oder lila Farbtöne.

Echte Pigmentierung des karminroten Rosenpigments *Cyanin* durch noch unidentifizierte Flavone sind sicherlich verantwortlich für die heutigen malvenlila und purpurnen Farbtöne, wie z. B. bei 'Reine des Violettes', deren Blaufärbung bisher nicht übertroffen ist.

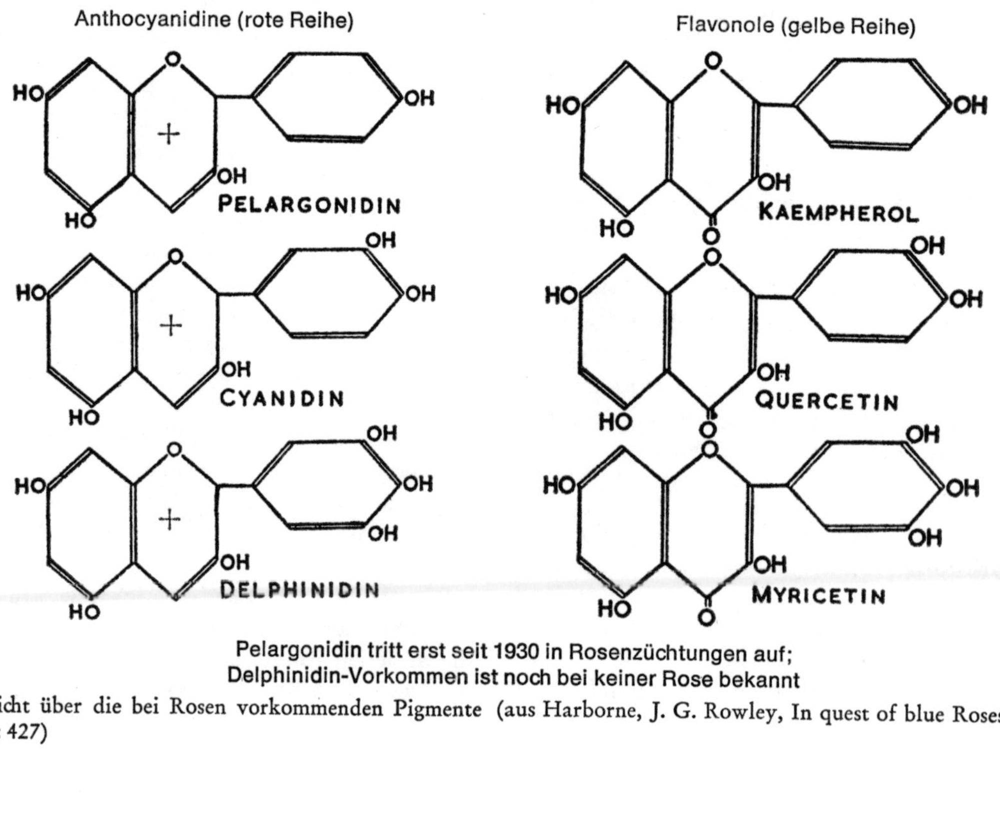

Pelargonidin tritt erst seit 1930 in Rosenzüchtungen auf;
Delphinidin-Vorkommen ist noch bei keiner Rose bekannt

Abb. 75. Übersicht über die bei Rosen vorkommenden Pigmente (aus Harborne, J. G. Rowley, In quest of blue Roses, in Gardeners Chronicle 1958: 427)

Delphinidin kommt in blau oder lila gefärbten Pflanzenteilen vor. Es kann auf verschiedene Weise entstehen: a) durch Komplexbildung der Anthocyane mit Metallen (Eisen, Aluminium, Magnesium); b) durch Überlagerung von Anthocyanen mit anderen Farbstoffen; c) oder auch durch pH-Wert des Zellsaftes begründet sein.

R. S. Moore behauptete, daß die „Lavendelfarbe“ erzielt werde durch Kombination von Magenta mit Gelb, wie er es in 15jähriger Züchtung erfahren habe und durch einen Stammbaum lavendelfarbiger („blauer“) Rosen aufzeigte.

Später waren es vor allem englische und amerikanische Forscher, die sich mit diesen Farbstoffen befaßten und auch heute noch daran arbeiten. Eine sehr gute Darstellung dieses Gebietes gibt J. T. A. Proctor (1970), aus der hier einige kurze Auszüge folgen, soweit sie für die Rosen in Betracht kommen (die Originalarbeit ist mehr allgemein gehalten).

Bate-Smith (in Sci. Proc. Roy. Dublin Soc. 27: 165—176; 1956) hat ermittelt, daß Ellaginsäure im Tribus *Rosoideae* (zu dem die Gattungen *Rosa, Rubus, Potentilla* u. a. gehören) vorkommt, jedoch nicht in den anderen Triben (*Spiraeoideae, Pomoideae* und *Prunoideae*). Ellaginsäure ist über die Gallsäure mit Delphinidin verwandt. Obgleich die Untersuchung an Blättern anstatt an Petalen vorgenommen wurde, ändert dies nichts an der Tatsache, daß schon eine Basis für die Bildung von Delphinidin bei den Rosoideen vorhanden ist.

1957 glaubten die indischen Chemiker Gupta, Pankajahani und Seshadri, bei einigen Rosensorten, darunter 'Una Wallace', das Flavonol Myricetin gefunden zu haben, das in seiner Struktur dem bei Rosen noch immer nicht aufgefundenen Delphinidin am nächsten kommt. Leider aber stellte sich bei der Nachprüfung der Versuche in der John Innes Horticultural Institution 1958 heraus, daß die indischen Chemiker sich geirrt haben, denn es konnte kein Myricetin in allen untersuchten Rosenpetalen gefunden werden. Ebenso wurde in keiner der bis 1958 bestehenden purpurnen und fliederfarbenen Rosen Delphinidin gefunden. Man kam zu dem Schluß, daß wahrscheinlich die „Fliederfarbe“ durch eine Verfärbung des Cyanidins durch Gerbstoffe erfolgt, die in den Petalen vorhanden sind. Deswegen kann es bei weiterer Selektion vielleicht doch noch möglich sein, eine rein blaue Rose eines Tages zu bekommen.

1958 hat J. B. Harborne (in Biochem. J. 1958: 2) gezeigt, daß in manchen Gartenblumen Myricetin und Delphinidin zusammen vorkommen. Wenn daher durch eine zufällige Mutation in der Rosenzüchtung das Pelargonidin auftritt, erscheint das Auftreten von Delphinidin jetzt nicht mehr so unmöglich, jedoch läßt es sich nicht erzwingen. Bestrahlung mit radioaktiven Isotopen oder Röntgenbestrahlung verändern die in Frage kommenden Gene nur minimal.

Zum Schluß noch einige historische Anmerkungen zu der blauen Rose.

Jamain schreibt 1870, vom Hörensagen allerdings, ein Araber hätte über blaue Rosen in der Farbe von Lapislazuli berichtet.

Joret, ein französischer, sehr gründlicher Wissenschaftler, führt den gleichen Araber an, aber dessen Name lautet hier etwas anders; jedenfalls forschte Joret weiter und konnte feststellen, daß man tatsächlich blaue Rosen hatte. Joret zitiert Ibn-al-Aman, einen Araber, der anscheinend gut informiert war; er erklärt auch, wie die Araber zu den blauen Rosen kommen: Sie lösten die Wurzelrinde der Rosen sehr sorgfältig, ließen dann Indigo für blaue und Safran für gelbe Rosen einlaufen, verbanden die Verletzungen sorgfältig und umgaben die Wurzeln wieder mit Erde. Dies ist das ganze Geheimnis, während alle übrigen Geschichten über blaue Rosen ins Reich der Fabel gehören.

Warum die Araber, die ja von Natur aus schon gelbe Rosen hatten, diese nicht verwendeten? Weil sie vermutlich größere Blüten von gelber Farbe wünschten oder mit Duft.

Die Blaufärbung der *Hydrangea* ist allgemein bekannt, und hier wird die rosa Blütenfarbe durch Zusatz von Ammoniakalaun zum Gießwasser dauerhaft blau gefärbt, und zwar je nach Sorte in helleren bis dunklen Tönen. Die Gartenbau-Abteilung der Cornell University, USA, hat bestätigt, daß eine Blaufärbung der Rosen nach der arabischen Methode durchaus möglich sei; doch würde diese selbstverständlich nicht permanent sein, sondern müsse alljährlich wiederholt werden (ARA 1968: 137).

ROSEN OHNE „DORNEN“

Wenngleich für uns zur Rose auch ihre Stacheln (im Volksmund nicht ganz korrekt „Dornen“ genannt) gehören, beschäftigte sich Dr. Niels E. Hansen in South Dakota, USA, sehr gründlich damit, stachellose Rosen zu erzielen, hauptsächlich durch die Verwendung von *Rosa blanda.* Von ihm stammen die 'Pax'-Rosen ('Pax Amanda', 'Pax Apollo' und 'Pax Iola', alle 1938 eingeführt), die aber bei uns wohl nicht bekannt geworden sein dürften.

Es gibt bereits eine ganze Reihe von völlig stachellosen oder nur sehr wenig bewehrten Rosen, die hier zusammengestellt werden. Ausführlicher kann bei der Beschreibung der Wildarten (Seite 250 ff.) und im „Rosenlexikon“ (Seite 308 ff.) nachgelesen werden.

Rosa banksiae 'Lutea'. Starkwüchsig, Triebe ganz ohne Stacheln, Blüten gelb, gefüllt, klein, duftend; nur für ΛΛΛ Lagen.

R. banksiae 'Lutescens'. Starkwüchsig, stachellos; Blüten hellgelb, einfach, etwas duftend; ebenfalls nur für ΛΛΛ Lage.

R. blanda. Unter den Sämlingen, die übrigens sehr leicht zu erziehen sind, gibt es oft Pflanzen mit nur weichen Borsten, also nicht mit Stacheln, die man auslesen kann. Wuchert aber sehr; daher nur dort verwendbar, wo reichlich Platz ist.

R. canina hat auch eine stachellose Form, f. **lutetiana**, aber diese ist kaum in Kultur und hat keinen Gartenwert.

R. lheritieranea. *Bours.* (*R. pendulina* × *R. chinensis*). Praktisch stachellos, mit sehr schönem Herbstlaub (rot, orange und gelb). Hierzu zwei Züchtungen, die schwachwüchsige **'Amadis'** und die starkwüchsige, rosa blühende **'Mme Sancy de Parabère'.**

R. multiflora 'Inermis'. Sehr starkwüchsig, Triebe praktisch unbewehrt, nur auf der Rückseite der Blätter kleine Hakenstacheln; Blüten weiß.

R. pendulina, die Alpenrose, hat sehr oft Triebe ganz ohne Stacheln, vor allem die gefülltblühende Form 'Morletii'.

Gartenrosen

Amethyste. *Klett.* 1911. Starkwüchsig, Stacheln nur an der Basis und einige an den Trieben; Blüten karminviolett.

Cinderella. Hochwachsende *Miniaturrose.* 1953. Ohne Stacheln; fleischrosa, später fast weiß.

Duchesse of Buccleugh. *Gall.* Starkwüchsig, nur an der Triebbasis mit einigen Stacheln und Borsten, sonst unbewehrt; hellrote Blüten.

Duchesse de Montebello. *Gall.* Starkwüchsig, völlig stachellos; Laub graugrün, Blüten zartrosa bis fast weiß.

First Love. *TH.* 1951. Zwar die untere Hälfte der Triebe bewehrt, aber die Blütentriebe fast frei von Stacheln; rosarot.

Georg Arends. *Rem.* Praktisch frei von Stacheln; zartrosa.

Goldfinch. *Kl.* 1907. Nur an jungen Pflanzen einige Stacheln, alte praktisch frei von Stacheln; dunkelgelb, später rahmweiß, duftend.

Kathleen Harrop. *Bourb.* 1911. Sport von 'Zéphirine Drouhin', Wuchs genauso, ohne Stacheln, Blüten heller rosa, stark duftend.

Lykkefund. 1930. Sehr starkwüchsig; junge Triebe ohne Stacheln, doch kleine Stacheln auf der Rückseite der Blätter; Blüten maisgelb, einfach bis halbgefüllt, duftend.

Maria Liesa. *Klett.* 1925. Wuchs stark, Triebe ohne Stacheln, Blüten einfach, reinrosa, weiße Mitte.

Marie Jeanne. *Pol.* 1913. Fast ganz ohne Stacheln; früher Hausrose in Frankreich; zart gelblichweiß.

Marie Pavic. *Pol.* 1888. Triebe ohne Stacheln, gut winterhart, Blüten kugelig, zartrosa, stark duftend; wächst leicht aus Stecklingen. — Früher oft als Ersatz geliefert für 'Cécile Brunner'.

Mme Legras de St. Germain. *Alba.* 1846. Triebe stachellos, Austrieb früh, ganz stachellos, sehr dicht frischgrün belaubt; Blüten weiß, flach, duftend.

Mrs. John Laing. *Rem.* 1887. Straff aufrecht, Triebe kurzborstig, doch ohne Stacheln, grün; Blüten rosa, gut duftend.

Rose d'Hivers. *Dam.* Triebe ohne Stacheln; Blüten schneeweiß, in warmem Wetter auch mit rosa Mitte.

Rose Marie Viaud. *Klett.* 1924. Sämling von 'Veilchenblau'. Sehr starkwüchsig, fast völlig stachellos, junge Triebe dicht mit steifen drüsigen Borsten, die später verschwinden; Blüten lila, später graulila.

Sammy. *Str.-R.* 1921. Fast stachellos, starkwüchsig, Blüten karmin, halbgefüllt.

Tausendschön. *Klett.* 1906. Starkwüchsig, Triebe fast unbewehrt; Blüten groß, gefüllt, rosa, später heller.

Ulrich Brunner Fils. *Rem.* 1881. Nur sehr wenig bewehrt; hellkarmin, stark duftend.

Veilchenblau. *Klett.* 1909. Starkwüchsig, unbewehrt, Blüten violett mit weißer Mitte.

Zéphirine Drouhin. *Bourb.* 1868. Wuchs kräftig, Triebe ganz unbewehrt; Blüten kirschrosa, stark duftend.

WILDROSEN IN DER ZÜCHTUNG

„Nur zu leicht begeht ein Rosenzüchter den Fehler, anzunehmen, daß er eine Wildrose deshalb als Elternsorte übergehen kann, weil sie keinen Zierwert hat. Sicherlich gibt es solche Wildarten, die als Gartenrosen ganz wertlos sind, die aber vielleicht eine sehr wichtige Eigenschaft enthalten können, die den Gartenrosen fehlt. Gerade eine solche Rose kann vielleicht der Ausgangspunkt sein zu erheblichen Verbesserungen" (G. Rowley 1955, betr. *Hulthemosa*).

Stagnation. Die andauernde Kreuzung und Wiederkreuzung der Teehybriden nach der Formel TH × TH ×

TH = „O. K." (geprägt von G. D. Rowley, The Rose, Approach Exp. Breeders) enthält die Gefahr einer Stagnation, wenn man nicht einmal „frisches Blut" verwendet. Welche guten Eigenschaften hat doch die einmalig schöne *R. foetida*!

Nur etwa 5 % der bekannten Wildrosenarten kommen in den Hauptlinien der Rosenzüchtung vor, und auch hier nur in ganz geringem Umfang. Hurst (1941) erinnert an den erheblichen Einfluß, den die nur vier Klone von *R. chinensis* auf die Gartenrosen ausübten, als sie im letzten Viertel des 19. Jahrhunderts aus den Gärten Chinas nach Europa kamen.

Wildrosenkreuzungen lassen aber auch Fortschritte erwarten in der Widerstandsfähigkeit gegen Krankheiten, Frost und Trockenheit, vielleicht durch Kreuzung mit unseren Gartenrosen, dadurch können neue Gen-Kombinationen auftreten und dadurch wiederum neue, bisher noch nicht vorhandene Rosentypen. Vielleicht kann auch die Blütezeit länger werden, vom Frühling bis zum Herbst, oder aber durch Kreuzung mit den „alten" Sorten kann wieder Duft hineingebracht werden.

Bei der Aussaat der Wildrosen muß man meist drei, oft aber auch bis sechs Jahre warten, bis sie zum ersten Male blühen, während es bei den Kulturrosen nur ein bis zwei Jahre dauert, weil letztere ständig auf frühe und reiche Blüte selektiert wurden. Daher kann man auch viel leichter neue Sorten aus den Kultivaren erzielen als aus Kreuzungen mit Wildrosen. Das ist wohl der eigentliche Grund, weshalb die Züchter nur selten und ungern mit Wildrosen arbeiten.

Welche Eigenschaften vererben Wildrosen? Die nachstehenden Angaben sind von amerikanischen und englischen Züchtern gemacht worden, aber in der Literatur zerstreut; sie wurden hier geordnet, um zu neuen Züchtungen anzuregen.

Im Gegensatz zu den amerikanischen und asiatischen Rosen sind die europäischen Arten, insbesondere die der Sektion Caninae, sehr vielgestaltig, was nach heutiger Auffassung in den besonderen cytologischen Verhältnissen seine Erklärung findet.

Blütenfarbe und ihre Vererbung sind für den Züchter besonders wichtig, aber bei den diploiden Spezies noch nicht genügend erforscht.

Unter den amerikanischen Wildarten gibt es diploide, tetraploide und hexaploide, die zumeist eine Magenta-Schattierung der Petalen aufweisen, die im Verblühen blau wird.

Magenta ist als genetisch dominant festgestellt worden durch Lammerts, der das auslösende Gen „M" nannte (vgl. ARA 1960: 119—125).

Die rezessive Form, ein nicht verblassendes Johannisbeerrot (Gen „m"), ist bei den amerikanischen Wildrosen bisher nicht gefunden worden.

Es gibt mehrere Beispiele für reinrosa Petalen bei den *Caninae* (*R. canina, rubiginosa, glauca, kurdestana*) und auch bei den amerikanischen Rosen (*R. carolina, nitida, virginiana, setigera*).

Der schöne lachs- oder korallenrote Farbton (HCC „hellscharlach") ist charakteristisch für *R. arkansana* und *R. suffulta*, und er tritt ebenfalls auf bei den Caninae.

R. nitida. Bisher noch viel zu wenig zu Kreuzungen benutzt, aber interessant, weil die Blüten nicht lilarosa, sondern reinrosa sind und dieser Farbton auch die Nachkommen günstig beeinflußt; sie verblassen auch nicht; Blütenstiele jedoch sehr dünn und schwach.

Die gelben Arten *Rosa ecae*, *R. primula* und *R. xanthina* sollte man kreuzen mit *R. multiflora* und *R. wichuraiana*, um besonders winterharte gelbe Kletterrosen zu erhalten.

'Persian Yellow'. Diese Sorte enthält zumindest ein sehr wertvolles Gen, welches das Verblassen der gelben Blütenfarbe verhindert, doch wird dies nicht auf alle Nachkommen vererbt, leider aber wird auch immer die hohe Anfälligkeit für Schwarzflecken mitvererbt. Der Pollen von 'Persian Yellow' ist häufig zu einem erheblichen Teil steril.

Große Triebhärte ist charakteristisch für *Rosa glauca, R. pomifera, R. virginiana, R. nitida, R. harisonii, R. pimpinellifolia, R. rugosa* usw. Bei *R. rugosa* erhält man zwar, wenn man mit Teehybriden kreuzt, öfterblühende Hybriden, aber diese erben auch die außerordentlich starke Bewehrung und die kurzen, krummen Blütenstiele.

Sehr lange Triebe vererbt *R. wichuraiana*.

Belaubung. Runzelige Blätter vererbt *R. rugosa*; ein glattes und glänzendes Blatt hingegen *R. wichuraiana*. Beide sind widerstandsfähig gegen Mehltau und Sternrußtau, was auch zutrifft für *R. roxburghii* und *R. rubiginosa*, ebenso der erst sehr späte Laubfall im Herbst. Duftendes Laub vererbt *Rosa rubiginosa*. Interessante Herbstfärbung kann vielleicht bei Kreuzungen mit *Rosa nitida* erwartet werden, die sich im Herbst rotbraun oder kupfrig verfärbt. *Rosa glauca* (= *R. rubrifolia*) hat schon von Natur aus graulila getönte Blätter, aber nicht selten auch intensiver purpurrote Farben und Blüten zwischen rosarot und fast karminrot. Bei Kreuzungen können vielleicht auch Kupferfarben erwartet werden und intensivere Blütenfarben. *R. fedtschenkoana* dürfte sicherlich auch ihre silbergraue Blattfärbung vererben.

Stachellosigkeit kann wohl nur mit *Rosa blanda* erzielt werden, die in der Natur schon sehr oft vollkommen stachellose Pflanzen aufweist; allerdings sind die Nachkommen von *R. blanda* immer hochgradig mehltauanfällig.

Die tetraploide *Rosa laxa* Retzius, aus der trockenen Steppe Zentralsibiriens und dem Altai-Gebiet, könnte bei Kreuzung mit Gartenrosen nicht nur große Winterhärte und Widerstandsfähigkeit gegen Mehltau vererben, sondern auch die Eignung für Gebiete mit sehr hoher Sommerwärme und geringen Niederschlägen.

R. suffulta hat einige sehr wertvolle Eigenschaften: Sie wird nur 25 cm hoch, wurzelt sehr tief und ist außerordentlich widerstandsfähig gegen Trockenheit. Nach P. H. Wright (1963) übersteht diese Rose die sehr trockenen Sommer der Prärie, wo das Gras ganz vertrocknet. Außerdem hat sie im Herbst eine zweite Blütezeit, die bis Mitte September andauert. Die Blüten sind leider nur lilarosa und verblassen sehr schnell. Die Pflanze verträgt keine Schattenlage. Tetraploid.

Es gibt aber nicht nur Rosen für heiße und trockene Lagen, sondern auch solche für Schattenlagen. Hier ist *Rosa arvensis* zu nennen und ihre Abkömmlinge, z. B. 'Ayrshire Splendens', die reich blüht, gut duftet und Schatten liebt.

Wer breite und zierende Bewehrung liebt, müßte mit *R. sericea* var. *pteracantha* arbeiten, die diese Eigenschaft vererbt, wie bei *R.* 'Pteragonis' zu sehen ist (= *R. sericea* var. *pteracantha* × *R. hugonis*).

Sicherlich gibt es noch viele andere Eigenschaften, aber man muß natürlich vorher untersuchen, ob sich die ausgewählten Eltern auch wirklich miteinander verbinden lassen.

Zum Schluß noch einige „technische" Angaben.

Selbstbestäubungsmechanismus

Bei vielen Wildrosen halten die Blüten drei Tage; nach dieser Zeit schließen sich die Blüten nachts nicht mehr. Die Staubfäden krümmen sich dann nach oben und bringen die Antheren mit dem Pollen über die aufnahmebereiten Narbenköpfe. Die Pollenzellen reifen vor dem Embryosack und

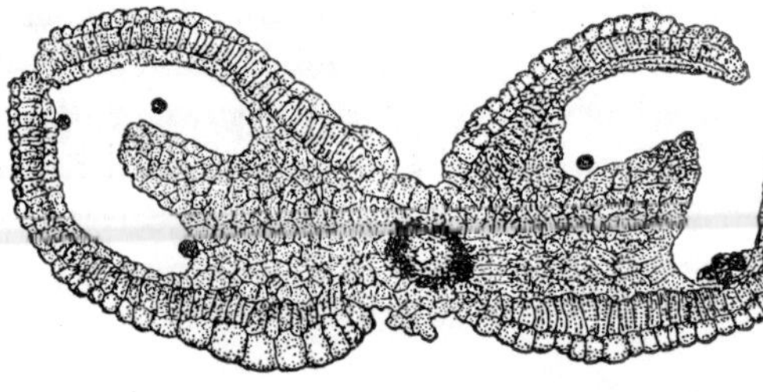

Abb. 76. Querschnitt durch eine Anthere von *Rosa harisonii* (nach G. Krüger, 80×)

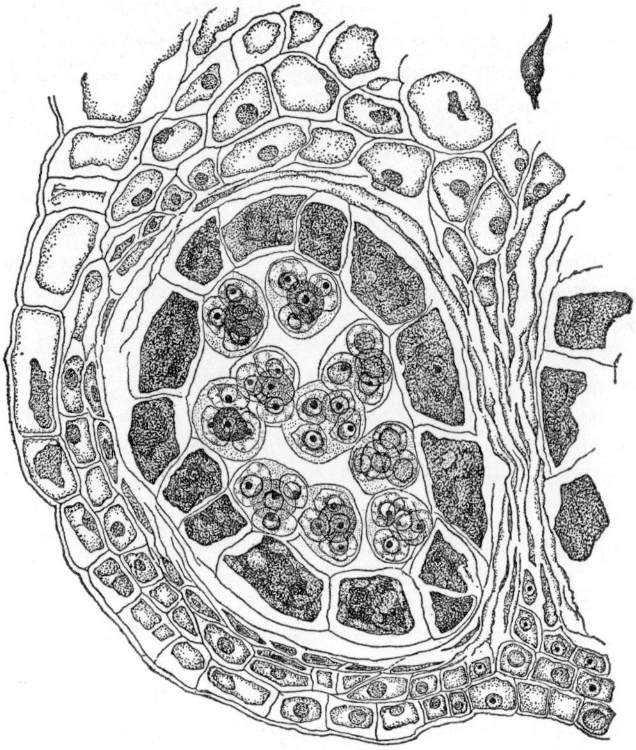

Abb. 77. Querschnitt durch ein Antherenfach von *Rosa foetida* 'Bicolor' (nach G. Krüger, 600×)

den Eizellen, wie Erlanson bereits 1928 (in Rhodora 30) berichtet. Der meiste Pollen wird bereits entlassen, wenn sich die Blüten öffnen, und die Insekten können diesen dann schon auf andere Blüten übertragen, die bereits einen Tag früher aufgeblüht und aufnahmebereit sind.

Einige Pollenkörner verbleiben aber immer noch in geschrumpften und vertrockneten Antheren am dritten Tag, und die Narben sind auch dann noch immer aufnahmebereit. Das Aufrichten und Überbiegen der Staubfäden könnte durchaus noch Selbstbestäubung hervorrufen bei den vielleicht noch nicht befruchteten Eizellen (Abb. 71).

Versuche haben bewiesen, daß die Rosen selbstfruchtbar sind. Diese Tatsache ist kaum oder nur wenig bekannt. MacFarlane führt in Tabelle 1 (ARA 1963: 189) 35 Spezies und 17 Hybriden auf mit Angaben, ob dieser Mechanismus gut, schwach oder überhaupt nicht arbeitet.

Staubfädenanzahl

Bei Wildrosen schwankt die Zahl der Staubfäden

von „wenigen" (= 50 bis 125)
bis „vielen" (= 150 bis 250) bei *rugosa*.

Die Filamente sind meist farblos, gelegentlich auch rosa. Die äußeren Staubfäden haben meist lange, die inneren kurze Filamente, dazwischen abgestufte Übergänge. Diese sind gut entwickelt bei

a) *R. rugosa* (mit „vielen" Staubfäden);
b) *R. blanda, carolina, cinnamomea, nutkana, suffulta, woodsii* u. a. (mit „wenigen" Staubfäden).

Ausnahmsweise sind alle Staubfäden gleichlang, wobei dann die Antheren eine Art „Krone" bilden. Diese ist gut entwickelt bei

a) *R. amblyotis* und *R. macrophylla* (beide mit vielen Staubfäden);
b) *R. acicularis* (mit wenigen, gleichlangen Staubfäden).

Narben

Die Narben bilden in der Mitte der Blüte eine Art Kissen und sind, gleich den Filamenten und dem Discus, zumeist farblos; bei wenigen Arten sind sie rosa (bei *R. acicularis, palustris, virginiana, michiganensis*).

Übersicht über die Farbtöne der Petalen

hellscharlach:	*alpina, arkansana, canina, housei, suffulta, webbiana*;
rosarot:	*carolina, kurdestana, nitida, glauca, setigera, virginiana*;
weiß:	*dumetorum, foliolosa* var. *alba, multiflora, pimpinellifolia*;
lila:	*blanda* var. *hispida, michiganensis*;
gelb:	*foetida, xanthina, hugonis, ecae* u. a.

Petalengröße

Bei manchen *Caninae* entfalten sich die Petalen bereits, wenn sie noch sehr klein sind, wachsen aber während der Blütezeit zu doppelter Größe aus. MacFarlane hat diese frühe Entfaltung „precocious" (= vorzeitig) genannt und sie festgestellt bei

R. canina (wenig), *multiflora, rubiginosa* (50 %), *glauca, setigera.*

DIE THEORETISCHEN GRUNDLAGEN DER ROSENZÜCHTUNG

Im Altertum, und auch noch im Mittelalter, glaubte man ganz allgemein, daß alle Blumen nur deswegen von Gott geschaffen seien, um die Menschen zu erfreuen, bis Koelreuter (1761) und Sprengel (1793) behaupteten und bewiesen, daß die Blüten nur dem Zweck dienen, Insekten anzuziehen, die bei ihrem Besuch die Bestäubung vollziehen. Bei den Lesern dieses Buches darf das Wichtigste aus der Cytologie (Bau und Leben der Zelle) und aus der Genetik (Vererbungslehre) als bekannt vorausgesetzt werden. Aus diesem Grunde, und aber auch aus Platzmangel, sollen hier die Vorgänge in der Zelle nur kurz in Erinnerung gebracht werden, damit über die Besonderheiten bei der Gattung *Rosa* ausführlicher berichtet werden kann.

Schon vor mehr als 100 Jahren stellte Virchow die Grundregel auf, daß alle Lebewesen aus Zellen bestünden und daß die Zelle der Baustein jeden Lebens sei. Durch diese These wurde die Forschung zwar stark angeregt, aber mit den damaligen Möglichkeiten konnte man noch keine sehr tiefen Einblicke in das Leben der Zelle erhalten. Man hatte schon entdeckt, daß sich die Zellen durch Teilung vermehren, ohne jedoch diesen Vorgang näher erklären zu können. Erst Waldeyer, etwa 30 Jahre nach Virchow, bemerkte bei seinen Untersuchungen, daß bei den von ihm gefärbten Objekten gewisse Körper in der Zelle sich stärker färbten als der Rest der Zelle. Er gab diesen Körperchen den Namen Chromosomen (Farbträger).

In der Mitte des 19. Jahrhunderts führte Gregor Mendel (1822—1884) seine Vererbungsforschungen in Brünn durch, die er 1866 veröffentlichte. Seine Grundsätze fanden jedoch zunächst keine Beachtung, und erst um die Jahrhundertwende, als man seine Forschungen wiederentdeckte, begann man nach seinen „Erbfaktoren" in der Zelle zu suchen, und so kam man auch bald zu den Chromosomen. Mendels „Erbfaktoren" waren bis dahin noch rein abstrakt; als man aber die Chromosomen näher studieren konnte, betrachtete man sie als Träger der Gene, der Erbeigenschaften. Viele Wissenschaftler begannen sich nun hiermit zu beschäftigen, und es entstand eine neues Forschungsgebiet, die Genetik.

Mit dem Fortschreiten der mikroskopischen Technik wandte man sich mehr anatomischen Fragen in der Botanik zu, so daß ein weiterer neuer Zweig, die Cytologie, entstand.

Da diese Arbeiten jedoch schwierig und langwierig sind, geht dies nicht so schnell, insbesondere die so wichtigen Chromosomenzählungen benötigen viel Zeit und Geduld. Während heute noch nicht einmal bei 10 % aller Blütenpflanzenarten die Chromosomenzählungen vorliegen, haben wir bei der Gattung *Rosa* einen außerordentlich guten Überblick. Man kann sogar sagen, daß kaum eine andere Gattung genetisch so gründlich untersucht ist wie gerade die Rose. Sogar die frühen Untersuchungen dürften, im Gegensatz zu den Untersuchungen bei manchen anderen Gattungen, durchaus zuverlässig sein, es sei denn, daß die eine oder andere Art nicht richtig bestimmt worden ist, was leider nicht so selten vorkommt.

Die ersten cytologischen Untersuchungsergebnisse über Rosen veröffentlichten, ganz unabhängig voneinander, 1920 Heslop Harrison in England und wenige Monate später G. Täckholm in Schweden. Beide entdeckten die Polyploidie der Gattung und auch die Eigentümlichkeiten während der Meiose bei der Sektion *Caninae*, die charakteristisch ist und fast einmalig dasteht.

1921 veröffentlicht Heslop Harrison zusammen mit Blackburn neue Ergebnisse.

1922 kam dann die gründliche Studie über die Cytologie der Rose von Täckholm, die auch heute noch von grundlegender Bedeutung ist. Leider hat Täckholm danach dieses Arbeitsgebiet verlassen.

1925 bis 1931 ermittelte C. C. Hurst, England, die Chromosomenzahlen von 674 Arten, Varietäten und Hybriden; schon wenige Jahre danach stieg diese Zahl, durch weitere Untersuchungen seiner Frau und anderer Forscher seiner Zeit, auf über 1000 an.

Weitere bedeutende Beiträge zur Genetik der Rose leisteten:

1929—1938	Eileen M. Erlanson, USA;
1942	Gustafson und Håkansson, Schweden;
1946—1948	Fagerlind, Schweden;
1951—1963	H. D. Wulff, Deutschland;
1954	A. P. Wylie, England, später Neuseeland;
1961—1967	G. D. Rowley, England;
1969	Klasterska und Klastersky, ČSSR.

Die intensive Beschäftigung mit den genetischen Fragen bei Rosen hat viele Erkenntnisse gebracht, die auch bei anderen Pflanzen anwendbar waren und die so einen beträchtlichen Fortschritt der Wissenschaft, aber auch für die praktische Züchtungsarbeit darstellen.

DIE ZELLE

Die Zellen der Pflanzen bestehen aus dem Cytoplasma, dem Zellkern und den Plastiden, die alle von der Zellwand umgeben sind. Der Zellkern (Nucleus), der für die Vererbung von ausschlaggebender Bedeutung ist, liegt in der Mitte der Zelle oder auch in der Nähe der Zellwand im Cytoplasma. Das Innere des Zellkernes ist eine plastische Masse, Karyoplasma genannt; sie besteht aus der Karyolymphe, welche neben einem oder mehreren Kernkörperchen (Nucleoli) das Chromatin enthält, den Stoff, aus dem die Chromosomen bestehen.

Die Chromosomen sind im allgemeinen nur sichtbar während der Teilungsvorgänge in den Zellen, als lange, fadenförmige Gebilde, die zu diesem Zeitpunkt den größten Teil des Kerninneren ausfüllen. Sie treten in den somatischen Zellen (Körperzellen) stets paarweise auf, bei der Gattung *Rosa* jeweils sieben Paare bzw. einem Vielfachen der Chromosomengrundzahl 7. Die Gesamtzahl der Chromosomen in einer Zelle nennt man Chromosomensatz oder Genom. Wenn in den Zellen der Rose sieben Chromosomenpaare vorhanden sind, spricht man von einem diploiden Chromosomensatz. Die Chromosomen bestehen aus zwei Schenkeln, welche vier meist schraubig miteinander verdrillte Längselemente, die Chromonemen, enthalten. Bei den Rosen kommt es aber auch vor, daß kürzere Teile der Chromonemen abgeschnürt sind; diese kurzen Teile nennt man Satelliten. Auf den Chromonemen sind die Chromomeren perlenschnurartig aufgereiht.

Jedes Chromosom ist nur ein einziges Molekül einer chemischen Substanz, die wir als DNS (= Desoxyribonukleinsäure) bezeichnen, die die Bildung von Enzymen und Fermenten steuert und die ihrerseits wieder die verschiedenen Merkmale eines Organismus bestimmen. Eine einzelne Zelle hat 1000 bis 10 000 verschiedene Fermente. Obwohl der Abstand der Gene voneinander nur 3,5 Zehnmillionstel Millimeter beträgt, kann man heute doch schon topographische Karten von Chromosomen entwerfen und mit großer Genauigkeit die Lage jedes Gens angeben.

Bei den Plastiden unterscheiden wir die grünen Chloroplasten und die gelben bis roten Chromoplasten, die auch Chromatophoren genannt werden. Die farblosen Leukoplasten dienen der Stärkespeicherung.

Die Pflanze wächst durch die Teilung oder Streckung der Zellen; wir unterscheiden zwei Arten der Zellteilung: die somatische Teilung oder Mitose und die Reduktionsteilung oder Meiose.

Die Mitose (somatische oder erbgleiche Teilung) (Abb. 78)

Sobald die DNS im Zellkern sich verdoppelt hat, beginnt die Teilung. Man kann dies durch Untersuchung der in rascher Teilung befindlichen Zellen junger Hagebutten oder Wurzelspitzen, nach Quetschung und weiterer Behandlung, feststellen. Die Teilung des Kernes zieht sich über mehrere Stunden hin und verläuft in mehreren Phasen, die alle besondere Bezeichnungen haben:

1. Prophase. Im Kern werden jetzt die Chromosomen als feine Fäden sichtbar, die sich allmählich spiralig aufwickeln; bei der Gattung *Rosa* lassen sie sich in sieben Paare unterteilen, bei den meisten Gartenrosen jedoch in 14 Paare. Die einander in Form und Größe entsprechenden nennt man homologe Chromosomen. Daraus folgert,

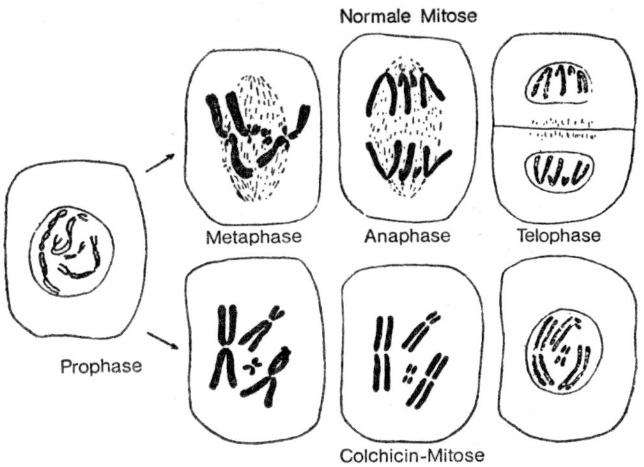

Abb. 78. Schema des Unterschiedes zwischen normaler Mitose (oben) und der Mitose, die durch die Einwirkung von Colchicin (unten) verändert ist. Nur vier Chromosomen sind gezeichnet. Die normale Mitose bildet zwei Zellen mit je vier Chromosomen. Durch die Colchicinmitose, in der der Bewegungsmechanismus der Chromosomen betäubt ist, wird eine Zelle mit acht Chromosomen gebildet (nach Levan)

daß wir zwei gleiche Chromosomensätze oder Genome in jeder Zelle haben. Zum Schluß der ersten Phase wird bei allen Chromosomen eine Längsspaltung sichtbar; die Chromosomen wandern jetzt in die Äquatorialebene des Kernes. An den gegenüberliegenden Enden der Zelle entstehen Fasermassen (Polkappen).

2. Metaphase. Die Chromosomen ziehen sich weiter zusammen; die Kernhülle und die Nucleoli lösen sich auf; aus den Polkappen geht die Kernspindel hervor.

3. Anaphase. Die Chromosomen haben nun ihre kürzeste Form gebildet. Die Fäden der Kernspindel setzen jetzt am Centromer eines jeden Chromosoms an und ziehen diese nun zu den beiden Polen. Schließlich befinden sich an jedem Pol sieben Paare Tochterchromosomen.

4. Telophase. Die Tochterchromosomen formen zwei neue Kerne und werden wieder unsichtbar, die Kernhülle und die Nucleoli entstehen, während in der Mitte der alten Zelle eine Wand zwischen den beiden neuen Zellen entsteht.

Dieser Vorgang wiederholt sich unablässig, so lange die Pflanze wächst. Nun kommt es bei manchen Pflanzen, so auch bei den Rosen, mitunter vor, daß sich zwar die Chromosomen teilen, nicht aber der Kern. Dann haben wir den doppelten Chromosomensatz im Zellkern; aus einem diploiden Zellkern ist nun ein tetraploider geworden (→ Polyploidie, Seite 188).

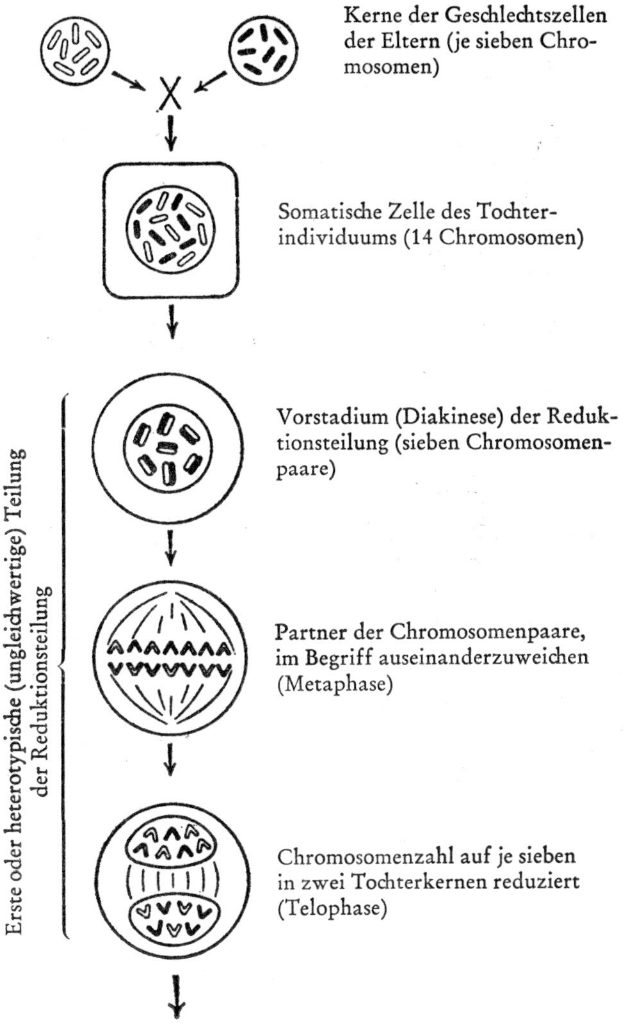

Abb. 79. Schema der Chromosomenverteilung und Kernteilung bei normalem Verlauf der Reduktionsteilung. Gleiche Zahlen gleichwertiger Chromosomen bei den Ausgangsformen (nach v. Rathlef)

Die Meiose oder Reduktionsteilung (Abb. 79 und 80)

Diese Art der Teilung erfolgt nur in den Kernen der Ei- und Pollenmutterzellen. Die Mutterzellen entwickeln sich aus dem somatischen Gewebe in den Blüten der Rosen und haben in unserem Beispiel den diploiden Chromosomensatz ($2 \times 7 = 14$). Die Meiose verläuft in zwei Abschnitten. Im ersten Abschnitt teilt sich der Kern so, daß die beiden Tochterzellen den halben Chromosomensatz (also je sieben Chromosomen) erhalten. Anschließend erfolgt dann die zweite Teilung, wobei sich die Chromosomen wie bei der Mitose spalten und nunmehr vier Zellen, alle mit dem einfachen

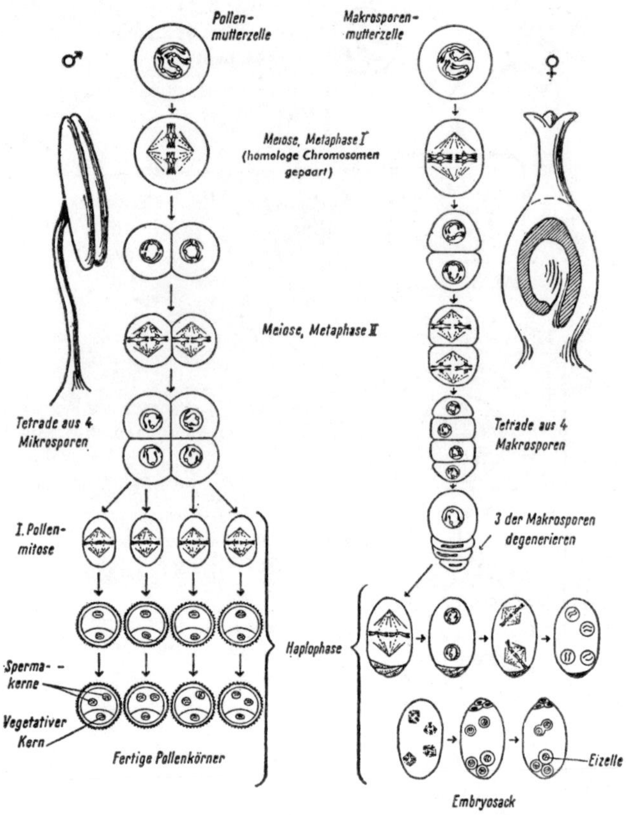

Abb. 80. Die Bildung von Pollenkörnern und Embryosäcken bei höheren Pflanzen. Die Entwicklung auf der männlichen Seite links; auf der weiblichen rechts. In beiden Fällen führt die Meiose zur Entstehung von Tetradenzellen mit halbierter Chromosomenzahl, aus denen sich die Pollenkörner und Embryosäcke entwikkeln (verändert nach Winchester, aus Müntzing)

(haploiden) Chromosomensatz, entstehen. Diese vier Zellen nennt man Gonen.

Durch weitere Teilung der Gonen entwickeln sich die Gametophyten (d. h. Embryosack und Pollenkorn). In den Staubgefäßen entstehen aus den jeweils vier Gonen die Pollenkörner, die später frei werden, wenn die Wand des Staubbeutels aufreißt. Die erste Teilung im Pollenkorn ergibt den „vegetativen" und den „generativen" Kern; letzterer teilt sich später in zwei „Spermakerne" (Abb. 81).

In den weiblichen Organen, den Samenanlagen, ist es jedoch anders. Hier entstehen zwar auch vier Gonen, jedoch bildet sich nur aus einer der Embryosack, während die drei übrigen zugrunde gehen. Es geschieht aber noch mehr in den Gametophyten; beide, der männliche und der weibliche Gametophyt, bilden zwei Gameten (Keimzellen). Beim Pollenkorn sind dies die beiden Spermakerne, im Embryosack sind es der Eikern und der Endospermkern; letzterer entsteht aus der Verschmelzung von zwei Kernen des Embryosacks und ist daher diploid, im Gegensatz zum Eikern und den Spermakernen des Pollens, die alle haploid sind.

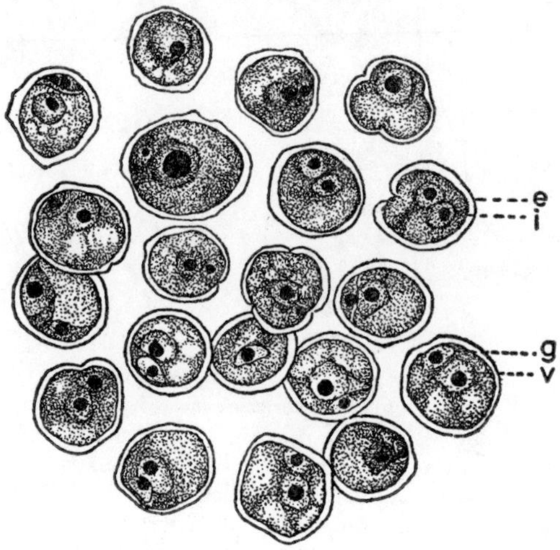

Abb. 81. Querschnitte von Rosen-Pollenkörnern aus reifen Antheren. e Exine, i Intine, g generativer Kern, v vegetativer Kern (nach Krüger, 610×)

Die Befruchtung In den Pollenmutterzellen der Staubbeutel (Antheren) sind nun jeweils vier Pollenkörner (Mikrosporen) entstanden; bevor sie die Antheren verlassen, haben sich überall die Kerne geteilt, so daß jedes Pollenkorn nun zwei Kerne hat. Diese Pollenkörner werden nun durch Insekten oder durch den Rosenzüchter auf die Narbe übertragen (s. Seite 169). Die Narbe sondert ein Sekret ab, wodurch die Pollenkörner besser haften und auch das Auskeimen des Pollenschlauches angeregt wird. Alle keimfähigen Pollenkörner auf der Narbe wachsen nun durch das Griffelgewebe nach unten in den Hohlraum des Fruchtknotens, an den Wänden des Fruchtknotens entlang, bis sie die Samenanlagen erreichen. Von hier aus wächst der

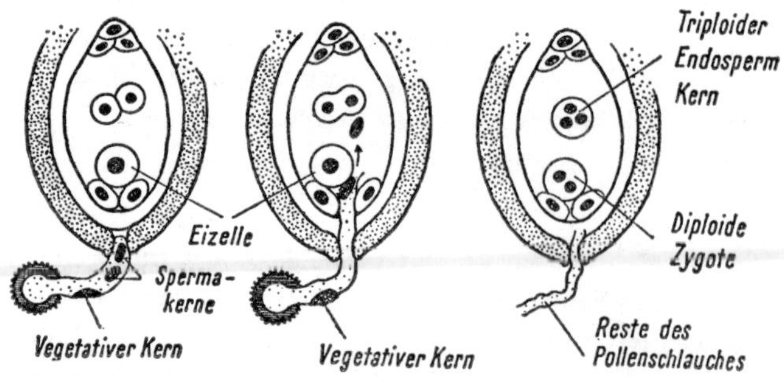

Abb. 82. Schema der Befruchtung bei höheren Pflanzen. Der eine der zwei Spermakerne im Pollenschlauch befruchtet die Eizelle, der andere den Zentralkern (nach Winchester, aus Müntzing)

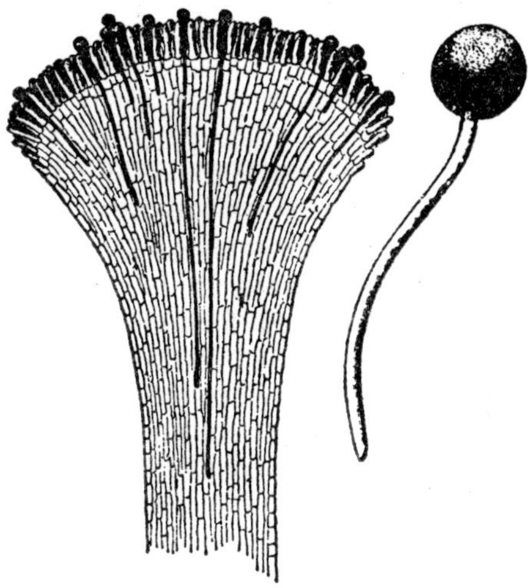

Abb. 84. Längsschnitt durch den oberen Teil eines Griffels und der Narbe; keimende Pollenkörner mit Pollenschläuchen verschiedener Länge; rechts einzelnes Pollenkorn mit Schlauch (nach Kerner, Pflanzenleben)

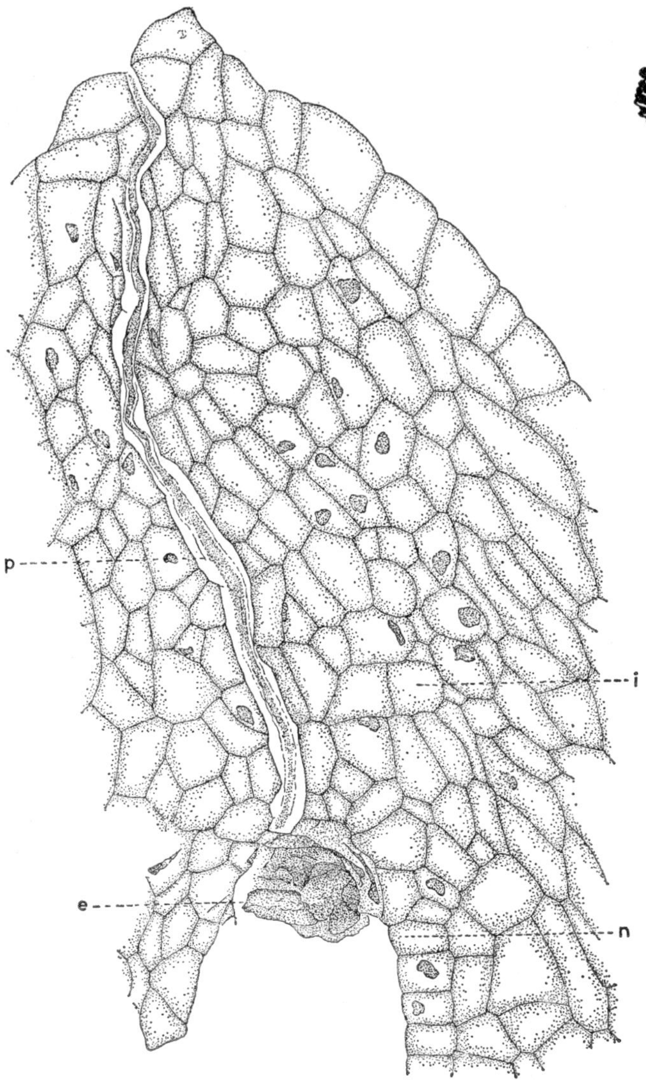

Abb. 83. Der Weg des Pollenschlauches von der Spitze des Integumentes bis zur Eianlage bei *Rosa canina*, im Längsschnitt. p Pollenschlauch, e Eianlage, n Nucellusrand, i Integument (nach G. Krüger, 600×)

Pollenschlauch weiter bis zum Nucellus (das ist der feste Gewebekern, in dem der Embryosack liegt), durch diesen hindurch bis in den Embryosack, dringt jedoch nicht unmittelbar in die Eizelle ein, sondern in eine der beiden danebenliegenden Zellen (Synergiden), in die er sich entleert. Die Zelle geht dann zugrunde (Abb. 82 bis 84).

Vorn im Pollenschlauch befindet sich der vegetative Kern, dicht dahinter der generative Kern, der sich inzwischen in zwei Spermakerne geteilt hat. Alle drei Kerne gelangen in den Embryosack, und nun dringt einer der beiden generativen Kerne in die Eizelle und verbindet sich mit ihrem Kern — die Befruchtung ist jetzt vollzogen. Aber das ist noch nicht alles, was im Embryosack vor sich geht; der zweite generative Kern stößt weiter in die Mitte des Embryosackes vor, wo sich der aus zwei Kernen entstandene Endospermkern befindet und nun durch den neu hinzukommenden dritten Kern triploid wird. So haben wir also (übrigens bei allen bedecktsamigen Pflanzen) immer zwei Befruchtungen.

Aus der ersten Befruchtung ist nun durch die Vereinigung der beiden haploiden Kerne eine diploide Zygote entstanden, aus der sich der Embryo entwickelt. Aus der zweiten Befruchtung entsteht, wie schon gesagt, ein triploider Kern; hieraus wird nun das Nährgewebe des Samens gebildet, das Endosperm.

Alle diese Vorgänge sind hier etwas schematisch dargestellt worden, damit sie — auch mit den hierzu gehörenden Abbildungen — leichter verständlich werden. Gründlichere Informationen über diese Vorgänge geben die Lehrbücher der Genetik und, soweit es sich um Rosen handelt, die einschlägigen Veröffentlichungen, die am Schluß dieses Abschnittes genannt sind.

Die Chromosomen Obwohl schon weiter oben auf die Rolle der Chromosomen eingegangen wurde, müssen sie doch noch eingehender erklärt werden. Jedes Chromosom enthält neben Eiweißsubstanzen nur ein einziges Molekül einer chemischen Substanz, die man mit DNS bezeichnet, einer Abkürzung für Desoxyribonukleinsäure. Dieses Molekül besteht aus einer Kette kleinerer Moleküle, die nach verschiedenen Mustern angeordnet sind. Schon aus zehn Gliedern lassen sich über eine Million Muster bilden; jedes Chromosom enthält jedoch nicht weniger als

10 000 Glieder, woraus eine schier unerschöpfliche Zahl von Möglichkeiten resultiert.

Wir wissen nun, was ein Chromosom ist; jedoch, was tut es? Untersuchungen mit dem Elektronenmikroskop haben gezeigt, daß außer den Chromosomen auch noch die Ribosomen in der Zelle enthalten sind, die als chemische Faktoren erkannt wurden. N. Young (1963) hat es volkstümlich so erklärt, daß man sich jede einzelne Zelle als eine chemische Fabrik vorstellen muß, und die Gruppe der Chromosomen darin sei die Direktion.

Die meisten Arten haben in der Meiose nur bivalente Chromosomen, d. h. jedes Chromosom hat einen homologen Partner; dies trifft zu bei den Arten mit 2n = 14, 28, 42, 56; z. B. *R. arvensis* (14), *R. pendulina* (28), *R. nutkana* (42) und *R. acicularis* (56). Hier verläuft die Meiose völlig normal.

Die Chromosomenverhältnisse bei den Caninae jedoch sind kompliziert, denn hier gibt es in der Meiose neben einer feststehenden Anzahl bivalenter Chromosomen auch noch eine ebenfalls feststehende Zahl von univalenten Chromosomen. Diese univalenten Chromosomen finden während der Teilung keinen Partner. Die hierher gehörenden Pflanzen lösen die „verwickelten Erbschaftsverhältnisse" in folgender Weise:

2n =	Chromosomen	
21, hat	14 bivalent	7 univalent
28, kann haben	14 bivalent	14 univalent
35, hat	14 bivalent	21 univalent
42, kann haben	14 bivalent	28 univalent
	Meiose erfolgt in normaler Weise, d. h. 7 Chromosomenpaare	Diese finden keine Partner, bleiben allein und wandern bei der ersten meiotischen Teilung — alle, den anderen Chromosomen voraus — zum gleichen Pol

Die Teilung verläuft so:

Nach der ersten meiotischen Teilung sind jetzt, z. B. bei 2n = 35, an dem einen Pol die 21 univalenten und die 7 Diadechromosomen, am anderen Pol nur die 7 Diadechromosomen. Nur die Zelle mit den 7 Diadechromosomen und 21 univalenten Chromosomen wird zu einer befruchtungsfähigen Eizelle; analog ist es bei den anderen Polyploiden.

Wie verhalten sich die Chromosomen im Pollen?

a) Die **befruchtungsfähigen** Pollenkörner enthalten **keine** univalenten Chromosomen (hier also n = 7);

b) die Pollenkörner mit univalenten Chromosomen hingegen degenerieren.

Auf diese Weise kommt wieder der ursprüngliche Chromosomensatz (hier als 2n = 35, aus 2 × 14 + 7) zustande.

Vielleicht ist die Meiose bei den *Caninae* aus folgender Darstellung (nach W. B. Turrill) leichter zu verstehen:

Somatische Chromosomen	35	35
Paarung	(7+7)+21	(7+7)+21
Reduktion	(♂) 7 (21 verloren)	7+21 (♀)
Gameten	7	28
Befruchtung und Zygotenbildung	35	
Somatische Chromosomen	35	35

Diese Form der Fortpflanzung nennt man „balancierte Heterogamie".

Bei den Rosen haben wir mindestens 14 und höchstens 56 Chromosomen, stets ein Vielfaches der Grundzahl 7. Wenn eine neue Zelle entsteht, durch Teilung der Mutterzelle, werden die Chromosomen als kompakte oder wurstförmige Körperchen sichtbar, die sich bald zu langen Fäden ausdehnen und anschließend wieder unsichtbar werden, anscheinend im Kernsaft aufgelöst. Das stimmt jedoch nicht, denn während dieser „unsichtbaren Periode" (Ruhephasekern) baut jedes Chromosom ein Doppel von sich selbst auf, das an ihm haftet. Wenn dieser Prozeß beendet ist, sammeln sich die Chromosomen in der Zellmitte, gleichzeitig teilen sie die „Duplikate" ab, und die beiden Chromosomengruppen streben nach den gegenüberliegenden Zellwänden. Inzwischen bildet sich zwischen ihnen eine neue Zellwand, und die ehemalige Mutterzelle besteht nun aus zwei neuen Zellen, die der ursprünglichen genau gleich sind.

Noch bis etwa 1930 glaubte man, alle Wildpflanzen seien reinerbig, d. h. echt aus Samen fallend; die Untersuchungen von Eileen W. Erlanson (1934) an amerikanischen Wildrosen bewiesen das Gegenteil; sie fand eine Reihe von Unregelmäßigkeiten während der Meiose bei *Rosa blanda*, *R. carolina*, *R. woodsii* u. a. Gleichzeitig fand sie bei diesen Pflanzen einen hohen Prozentsatz an schlechtem oder leerem Pollen. Andererseits konnte sie feststellen, daß bei *Rosa acicularis*, *R. setigera* und *R. palustris* die Meiose vollkommen regulär verlief und der Pollen bei diesen Arten im allgemeinen gut und voll war.

Keine Apomixis bei Rosen bisher nachgewiesen! An dieser Stelle möge auch eine weit verbreitete Meinung korrigiert werden — die Ansicht, die *Caninae*-Rosen seien apomiktisch. Fagerlind hat (1944 bis 1948) in umfangreichen Kreuzungen bewiesen, daß die Eizelle stets befruchtet wird und daß bis heute kein einziges gesichertes Beispiel für die Apomixis in der Gattung *Rosa* vorliegt. Man war zu diesem Schluß gekommen — und glaubte dies auch lange Zeit —, weil F_1-Bastarde zwischen Arten, die univalente Chromosomen besitzen, der Mutterpflanze sehr ähnlich sind, dadurch bedingt, daß je nach Chromosomensatztyp zwei, drei, vier oder fünf ♀ Genome auf ein ♂ Genom entfallen.

„Die Arten mit balancierter Heterogamie sollen mehrere homologe Genome besitzen; die Arten wären also durch Autopolyploidie (nicht aus Artkreuzungen) entstanden[1]. Weshalb sich aber die homologen Chromosomen nicht paaren (Asyndese), ist noch nicht befriedigend geklärt. Die Vielgestaltigkeit vieler Rosenarten (besonders der Sektion Caninae), die auf apomiktische Fortpflanzung hindeutete, erklärt sich wie folgt:

1. *Die univalenten Chromosomen* (sie bilden 2—5 Genome!) *verhalten sich während der Fortpflanzung wie die Chromosomen total apomiktischer Pflanzen*; denn es treten keine Neukombinationen auf, und und folglich bleiben alle in diesem Genom auftretenden Mutationen konstant erhalten.

2. Bei verschiedenen Arten sind Sippen bekannt, die Selbstbefruchter sind; dadurch entstehen Individuengruppen, die *reine Linien bilden* und sich durch kleine, aber konstante Unterschiede von anderen solchen Gruppen unterscheiden.

3. Bastarde aus Artkreuzungen nahe verwandter Arten haben meist eine *stark herabgesetzte Fertilität*; Gemini-bildende Chromosomen lassen sich also auch bei nahe verwandten Arten nicht ohne weiteres austauschen. Es sind auch Artkreuzungen bekannt, die normal fertile Bastarde liefern, während dieselben Arten reziprok nur vollständig sterile Bastarde erzeugen (Arten aus der Sektion *Caninae*)" (zit. aus Hess/Landolt, Fl. d. Schweiz 2: 433).

DIE VERERBUNG

Wenn eine Wildrose in einem gewissen Alter Blüten bildet, die befruchtet werden, dann entstehen hieraus Samen und aus ihnen wiederum Pflanzen, welche die Merkmale der Eltern mehr oder weniger deutlich erkennen lassen. Die Übertragung der Merkmale von einer Generation auf die folgende nennt man Vererbung. Die Genetik, die Vererbungswissenschaft, untersucht, nach welchen Regeln oder Gesetzmäßigkeiten dies vor sich geht. Den Beginn dieser Wissenschaft kann man auf das Jahr 1900 festsetzen, als drei Botaniker, Correns, de Vries und Tschermak, die schon 1866 von Gregor Mendel aufgestellten „Mendelschen Regeln" wiederentdeckten und ihre Richtigkeit in eigenen Versuchen bestätigt fanden.

Wichtig ist die Tatsache, daß nicht die Merkmale selbst, sondern die Gene (Anlagen) für diese Merkmale vererbt werden. Das Verhalten der Rose hierbei, während der Züchtung, ist in hohem Maße unvorhersehbar; wir wissen nicht, welche Anlagen die Nachkommen erben werden. Eine Reihe von Merkmalen können wir zwar später im Erscheinungsbild (Phaenotyp) sehen, während andere Anlagen in der Pflanze überdeckt (rezessiv) sind, also zunächst verborgen bleiben, jedoch in einer der folgenden Generationen auftreten können. In welcher Weise dies vor sich geht, sagen uns die nun folgenden Regeln.

Die Mendelschen Vererbungsregeln 1. Die Uniformitätsregel. Durch Kreuzung reinerbiger (d. h. sich bei Selbstung nicht verändernder) Arten erhalten wir Bastarde, die alle gleich (= uniform) sind, ganz gleich, wer hier Vater oder Mutter ist; reziproke Kreuzungen haben das gleiche Ergebnis. — Da die Gartenrosen nicht reinerbig sind, kommt es für sie nicht in Betracht. Das Gesetz bezieht sich auf die F_1-Generation.

2. Die Spaltungsregel. Werden die Pflanzen der F_1-Generation mit eigenem Pollen bestäubt (der Gärtner sagt „geselbstet"), dann spalten die Nachkommen im Verhältnis 1 : 2 : 1 auf, oder anders ausgedrückt, je 25 % der Nachkommen sind wieder reinerbig wie die Eltern aus der Elterngeneration, die übrigen 50 % sind gemischterbig; bei dominanter Vererbung allerdings haben wir phaenotypisch ein Verhältnis von 3 : 1.

3. Die Unabhängigkeitsregel. Diese Regel ist nur beschränkt gültig und bezieht sich auf Hybriden mit mehreren Anlagenpaaren (Polyhybriden). Sie besagt, daß sich die verschiedenen Anlagenpaare (Allele) unabhängig voneinander nach den Spaltungsregeln verteilen und somit auch neu kombinierbar sind.

Die Entstehung neuer Formen und Arten In der Rosenzüchtung entstehen neue Sorten durch Kreuzung, wobei der Züchter versucht, ihm besonders erwünschte Eigenschaften durch

[1] Nach H. D. Wulff zwar möglich, aber noch nicht bewiesen.

entsprechende Elternwahl zu kombinieren. Die Eigenschaften, d. h. die Erbanlagen, sind also bereits vorhanden; neu ist nur ihre Kombination in einer neuen Sorte oder Form.

Neue Sorten können aber auch auf andere Weise entstehen, und zwar durch

a) Mutation,

b) Polyploidie und durch

c) Amphidiploidie.

Mutationen („Sports")

Wenn beim Teilungsvorgang irgendeine Veränderung an einem Chromosom auftritt, so wird diese bei der Teilung ebenfalls weitergegeben und damit auch an alle hieraus folgenden Zellen. Es können auf diese Weise morphologische Merkmale (andere Blütenfarbe, andere Blattform, anderer Wuchs) oder auch physiologische Besonderheiten (Öfterblühen statt Einmalblühen, Änderung der Winterhärte usw.) entstehen, die sie in einem oder mehreren Merkmalen von der Ausgangssorte unterscheiden. Diese Abweichungen nennt man Mutationen; im Gartenbau benutzt man hierfür oft auch das englische Wort „Sports".

S. G. Saakov (1960) weist darauf hin, daß die Knospenmutation ein sehr bedeutender Faktor der Veränderung und Sortenbildung bei Rosen ist; insbesondere das Auftreten von sogenannten Climbing-Sports (bei Saakov „Peitschentriebe" genannt) ist sehr häufig. Schon 1907 hat P. J. S. Cramer in seiner „Kritischen Übersicht der bekannten Fälle von Knospenmutationen" auf mehr als 100 Rosensorten hingewiesen, die auf diese Weise entstanden. Diese somatischen Mutationen sind im Gartenbau, nicht nur bei Rosen, sehr bekannt.

Gesichert bekannt ist auch die Entstehung der Moosrose durch Mutation aus *Rosa centifolia,* und zwar wurde sie 1696 zum erstenmal beobachtet. Nach Hurst (1922) waren bis 1925 insgesamt 60 „Moos"-Mutationen in einem Zeitraum von 230 Jahren entstanden; seither sind keine neuen Moosrosen-Sports mehr bekannt geworden.

Saakov stellte fest, daß von 10 368 Rosensorten nicht weniger als 297 Sorten Mutationen bildeten, und zwar insgesamt 787 Mutationen (nach dem Stand des Jahres 1936, fußend auf dem „Rosen-Lexikon" von Jäger). Die einzelnen Gruppen sind hierbei ganz unterschiedlich beteiligt, wie die nachfolgende Übersicht zeigt. Zu den an der Spitze der Liste stehenden Teehybriden müssen die Pernetiana-Sorten noch addiert werden, so daß wir hier auf 440 Mutationen kommen (siehe Bemerkung auf Seite 196).

Angaben über die Mengen der Rosensorten, die in der Kultur durch Knospenmutation entstanden sind (nach Saakov)*)

Name der Rosengruppe	Zeit der Anbauperiode	Dauer (Jahre)	Gesamtzahl der Sorten	Davon gaben Knospenmutationen		Erscheinen neuer Sorten im Ergebnis der Knospenmutationen	
				Sortenmenge	Verhältnis zur Gesamtmenge der Sorte (%)	Sortenmenge	Verhältnis zur Gesamtmenge der Sorten (%)
1. Tee	1810—1935	125	1456	32	2,06	67	4,31
2. Bourbon	1817—1935	118	503	7	1,39	13	2,59
3. Bengal	1818—1935	117	822	8	0,9	11	1,34
4. Noisette	1828—1935	107	217	2	0,92	0,92	1,33
5. Remontant**)	1843—1935	93	2444	42	1,71	70	2,86
6. Teehybriden	1867—1935	68	3270	127	3,88	329	10,0
7. Polyantha	1879—1935	56	441	27	6,1	133	40,1
8. *wichuraiana*-Hybriden	1887—1935	48	271	11	4,06	18	6,64
9. *multiflora*-Hybriden	1804—1935	131	298	6	2,01	29	9,73
10. *rugosa*-Hybriden	1784—1935	141	130	2	1,53	3	2,3
11. Pernetiana	1900—1935	35	416	33	7,93	111	26,6
			10268	297		784,92	

*) Nach dem Stand von 1936.

**) Von den Remontantrosen wurden zuerst zwei Sorten gezüchtet: 'Baronne Prévost', 1842, und 'La Reine', 1843. Offiziell wurde 'La Reine' als Remontantrose eingereiht. Die 'Baronne Prévost' mutierte 1854 zum erstenmal, dagegen 'La Reine' erst 1864.

Was ist der Anlaß für die Bildung von Mutationen? Das ist bisher nicht geklärt; Saakov meint, sie werden durch die komplizierte hybridogene Entstehung dieser Rosensorten angeregt. Das werde auch dadurch bekräftigt, daß gerade die Rosenklassen mit den komplizierten Hybriden (TH, Fl, Pol) besonders viele Mutationen aufweisen, hingegen *Rosa multiflora* und *R. rugosa* nur wenige.

Die Möglichkeiten von Mutationen hat S. C. Harland (1966) aufgezählt:

Änderung der Blütenfarbe, besonders häufig;
einfarbige Blüten werden bunt oder gestreift;
leichte Füllung wird stark, und umgekehrt;
gefüllte Blüten werden wieder einfach;
Einmalblühen wird zum Öfterblühen;
lange Knospen werden kugelig;
Peitschentriebe (Climbing);
andersfarbige Blätter;
Änderungen in der Bewehrung (mehr oder weniger Stacheln; bei Climbing-Mutationen mehrmals beobachtet).

Climbing-Sports treten recht häufig auf; die Ursache ist nicht bekannt. Nimmt man bei der Vermehrung Augen von schwachen Trieben, so geht der Climbing-Wuchs wieder zurück zur Muttersorte; daher soll man immer nur Augen von langen Trieben nehmen.

Ann Wylie hat einige statistische Angaben über die Häufigkeit der Bildung von Mutationen gemacht, und zwar für die Zeit von 1926 bis 1950.

In dieser Zeit kamen in den Handel	2236 Sorten
davon waren Mutationen	411 Sorten
von diesen hatten normalen Wuchs	271 Sorten
Climbing-Mutationen	140 Sorten

Viele Mutationen wurden als Chimaeren erkannt; hier sind Individuen oder Triebe schichtenweise oder zonenweise genotypisch verschiedenartig durch Störungen während der Mitose oder Pfropfung. Liegen die genetisch verschiedenartigen Gewebe schichtenartig, so spricht man von Periklinal-Chimaeren, sind sie streifenartig, nennt man sie Sektorial-Chimaeren. Diese Chimaeren-Bildung kann man sehr gut beobachten an *Rosa gallica* 'Versicolor', *R. damascena* 'Versicolor', aber auch an Sorten wie 'Dagmar Späth', an deren weißen Blüten hin und wieder einige rote Petalen auftreten.

Für die Gärtnerei ist es unbedeutend, ob eine Chimaere vorliegt oder nicht; wichtiger ist, daß sie stabil ist. Das ist keineswegs immer der Fall. 'Modern Times' z. B., scharlachrot mit weißen Streifen, entstand aus 'Red Better Times' und schlägt oft in die Muttersorte zurück.

Sorten mit besonders zahlreichen Sports sind 'Columbia', 'Ophelia', 'Mme Edouard Herriot', 'Orléans Rose' und 'Tausendschön', um nur die Sorten zu nennen, deren Sports in diesem Buch zusammengestellt sind (→ „Rosen-Lexikon", Seite 308, bei den genannten Sorten).

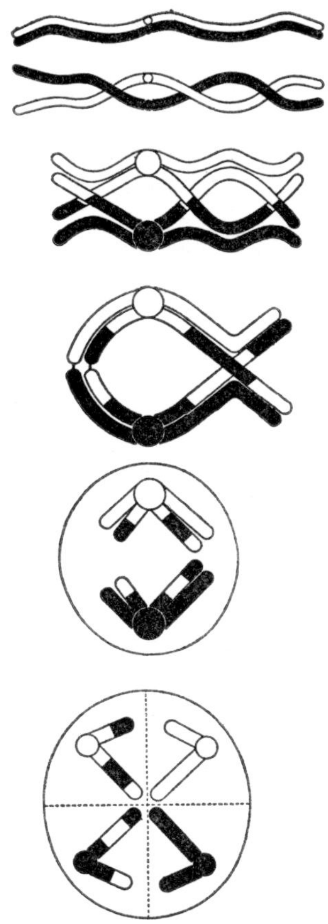

Abb. 85. Schema der Paarungs- und Austausch-Vorgänge in der Meiosis. Die Telophase II zeigt den Umbau zwischen den mütterlichen und väterlichen Chromosomen (nach Roemer/Rudorf, Handbuch der Pflanzenzüchtung)

Künstliche Mutationen hat man nicht selten zu erzielen versucht durch Bestrahlung mit radioaktiven Isotopen oder durch Chemikalien, vor allem mit Colchicin, dem im *Colchicum* enthaltenen Giftstoff. Diesen läßt man in 0,1- bis 0,2%iger Lösung auf Sproßspitzen oder keimende Samen einwirken, doch war diese Behandlung bei Rosen bisher wenig erfolgreich. Das Colchicin verursacht nach mehrtägiger oder mehrstündiger Behandlung eine Verzögerung der Zellteilung, indem sich bei der Kernteilung die Chromosomenhälften nicht auf zwei Tochterkerne verteilen, sondern zusammenbleiben. Dadurch verdoppelt sich die Chromosomenzahl in der Zelle, die sich ihrerseits vergrößert und so zu Riesenwuchs führt. Die auf diese Weise künstlich erzeugten Polyploiden sind Autoploide, d.h. daß sich das vorhandene Genom (Chromosomensatz) vermehrt hat. Vermehrt sich indessen das Genom nach einer Bastardierung, wobei also die Genome von verschiedenen Arten stammen, so spricht man von Allopolyploidie (Abb. 78).

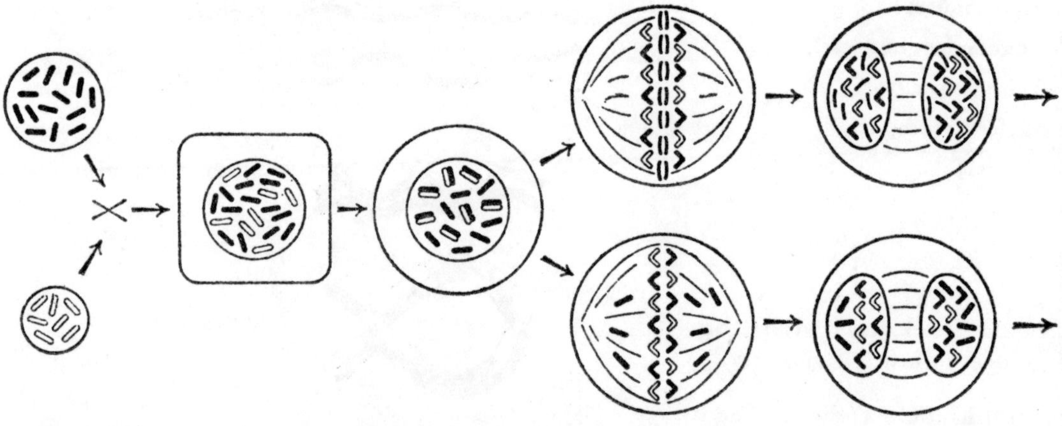

b: 7 Bivalente durch Paarung gleichwertiger Chromosomen entstanden, 7 weitere durch Längsspaltung von Univalenten; Geschlechtszellen sämtlich gleichwertig und fertil. Zu erwarten bei TH×Flor. oder TH×Mult.

a: 7 Bivalente durch Paarung gleichwertiger Chromosomen entstanden; restliche als Univalente nach dem Zufall verteilt; Geschlechtszellen erhalten verschiedene Chromosomenzahl, meist steril

Abb. 86. Schema der Chromosomenverteilung und Kernteilung bei Bastarden, deren Eltern verschiedene Chromosomenzahlen, aber nur zum Teil gleichwertige Chromosomen besitzen (nach v. Rathlef, verändert)

Polyploidie

Wenn bei einer Pflanzen- (oder auch Tier-) Gattung verschiedene Arten Chromosomensätze haben, die ein Vielfaches der Grundzahl sind, so spricht man von Polyploidie. Erst in den 20er Jahren wurde die Polyploidie erkannt; man untersuchte einige wenige Pflanzen, die Riesenwuchs in allen Teilen aufwiesen, und fand dabei den doppelten Chromosomensatz.

Soweit es die Rosen angeht, entdeckten J. W. H. Harrison, England (1920), und G. Täckholm, Schweden (1920), hier die Polyploidie. Beide kamen zu den gleichen Ergebnissen und veröffentlichten sie in ausführlichen Darstellungen; obwohl Harrison dies bereits neun Monate vor Täckholm tat, wird eigentlich immer nur von Täckholm als dem Entdecker gesprochen.

Beide hatten gefunden, daß die Gattung *Rosa* sieben Chromosomen als Grundzahl hat. Harrison fand, daß viele Rosen tetraploid oder pentaploid sind. Er hatte festgestellt, daß jede untersuchte Rose der Sektionen *Tomentosae, Afzelianae, Eucaninae* und *Rubiginosae* 35 Chromosomen hatte, also pentaploid war, hingegen die *Villosae* und *Pimpinellifoliae* 28 Chromosomen, also tetraploid.

Harrison hatte zunächst das Verhalten der Chromosomen bei der Pollenentwicklung der *Caninae* beobachtet. Es war ihm klar, daß es bei den Pentaploiden während der Meiose (Reduktionsteilung) Unregelmäßigkeiten geben müsse, und solche fand er denn auch bei den anderen Arten mit 35 Chromosomen. Daß aber auch ähnliche Phänomene bei der triploiden *Rosa villosa* und der tetraploiden *R. glauca* (*R. rubrifolia*) auftreten würden, war nicht erwartet worden.

Wir haben nun diploide, triploide, tetraploide, pentaploide, hexaploide und sogar oktoploide Rosen, also eine „polyploide Serie". Jedes Glied dieser Serie ist außerdem auch noch „euploid"[1] (in diesem Falle also durch 7 teilbar), wogegen Arten mit einer Chromosomenzahl, die nicht genau ein Vielfaches der Grundzahl ist, als „aneuploid" bezeichnet werden. Während bei Kultursorten aus der *Canina*-Sektion gelegentlich aneuploide Chromosomenzahlen vorkommen (Rowley 1961), sind sie bei anderen Wildarten bisher nie entdeckt worden. Weitaus die meisten unserer Gartenrosen, vor allem die Teehybriden und Floribunda-Rosen, sind tetraploid, aber auch viele andere Kulturpflanzen.

Die Chromosomenzahlen der Wildrosen sind in der Tabelle (Seite 191) zusammengestellt. Von den wichtigsten Vorfahren unserer Gartenrosen sind also:

diploid:	*R. chinensis, gigantea, moschata, multiflora, rugosa, wichuraiana*;
tetraploid:	*R. centifolia, damascena, foetida, gallica, pimpinellifolia* und *R. kordesii*;
pentaploid:	*R. canina* und *rubiginosa*;
hexaploid:	*R. alba*;
oktoploid:	*R. acicularis* (bisher nicht zur Züchtung verwendet.

Wie entsteht eine polyploide Serie? Durch Verdoppelung der Chromosomen ohne Teilung des Kernes. Dies stimmt zwar im allgemeinen, allerdings nicht mehr für die höheren Glieder solcher Serien.

Bei einer einfachen Kreuzung von zwei Diploiden entsteht, wenn die Meiose regelmäßig abläuft, eine neue di-

[1] Euploide Chromosomensätze sind außerdem noch orthoploid, wenn die Grundzahl 2×, 4× usw., anorthoploid, wenn die Basiszahl 3×, 5× usw. vorhanden ist.

ploide Art oder Varietät, deren Nachkommen nach den Mendelschen Regeln aufspalten. Verhalten sie sich jedoch unregelmäßig, so entsteht völlige oder teilweise Sterilität; es gibt dann also keinen Fortschritt. Schließlich kann aber auch aus irgendeinem Anlaß eine Chromosomenverdopplung auftreten, wodurch aus einer sterilen Hybride eine neue fertile Tetraploide entsteht.

Schon seit Jahren ist es den Cytologen bekannt, daß gelegentlich aus Diploiden auch Tetraploide entstehen können durch Chromosomenverdoppelung in den Geschlechtszellen. Das geschieht, wenn die Chromosomenpaarung bei der Meiose nicht zustande kommt; es gibt dann auch keine Teilung der Zelle, und dann enthalten die Geschlechtszellen (also die Pollenkörner und Embryoanlagen) den diploiden Satz, genau wie die somatischen Zellen. Die nun entstehenden diploiden Pollenkörner und Embryoanlagen ergeben nach Befruchtung fertile Nachkommen. Auf diese Weise sind vermutlich die polyploiden Rosen aus den zuerst diploiden Vorfahren entstanden. Im Laufe der Zeit hat man als allgemein gültige Regel herausgefunden, daß die niedrigste Polyploidiestufe im ursprünglichen Heimatgebiet einer Art zu finden ist. Höhere Polyploidie, die neue Eigenschaften mit sich bringt, ermöglicht die Besiedlung weiter entfernter oder höher gelegener Gebiete.

T r i p l o i d e Rosen sind häufig entstanden bei Kreuzung von diploiden mit tetraploiden Gartenrosen. Die heute kultivierten triploiden Rosen haben in der Regel eine verminderte Fruchtbarkeit, weil die Meiose fehlschlägt (Abb. 86).

Jedoch sind nur wenige so steril, daß sie nicht doch noch zu einer Kreuzung benutzt werden könnten; Jahreszeit und Umwelt beeinflussen den Grad der Fruchtbarkeit. Auch in der Blütenfüllung kann dies bei sonst fruchtbaren Triploiden zum Ausdruck kommen. Die Vorfahren triploider Rosen sind nur selten ebenfalls triploid, denn die Chromosomenebene fällt normalerweise nach diploid oder aber steigt zu tetraploid. Die Erfahrung hat gezeigt, daß die Kreuzungsergebnisse so aussehen:

fertil diploid × fertil diploid	=	fertil diploid
fertil diploid × steril diploid	=	fertil diploid
fertil diploid × fertil triploid	=	fertil diploid
fertil diploid × fertil tetraploid	=	steril triploid

Bei den H e x a p l o i d e n bemerkte Harrison als erster zwei verschiedene Verhaltensweisen der Chromosomen in der Meiose. So gab es bei *Rosa nutkana* und *R. moyesii* eine normale Meiose, dagegen verhielten sich *R. jundzillii*, *R. micrantha* u. a. wie Hybriden. Um diese beiden Verhaltensweisen zu unterscheiden, prägte Harrison hierfür die Begriffe „balancierte Heterogamie“ für die Tetraploiden und Hexaploiden mit regelmäßiger Meiose und „unbalancierte Heterogamie“ für die Tetraploiden, Pentaploiden und Hexaploiden mit abnormaler Meiose. Derartige Dinge sind bei der Gattung *Rosa* in vielen Fällen beobachtet worden, und in den einzelnen Sektionen sind die polyploiden Serien ganz unabhängig voneinander.

Beispiele:

Sektion *Cinnamomeae*:	*Rosa cinnamomea* (diploid)
	R. pendulina (tetraploid)
	R. nutkana (hexaploid)
	R. acicularis (oktoploid)
Sektion *Carolinae*:	*R. nitida* (diploid)
	R. lucida (tetraploid)
Sektion *Spinosissimae:*	*R. hugonis* (diploid)
	R. pimpinellifolia (tetraploid)

A m p h i d i p l o i d i e

Hierunter versteht man eine besondere Art der Allopolyploidie, bei der die Genome steriler Artbastarde verdoppelt und diese dadurch fertil werden.

Hier sei das von Harrison gegebene Beispiel geschildert: *Rosa wilsonii*, am Menai Strait (Wales) vorkommend, ist eine Hybride zwischen *Rosa pimpinellifolia* und *R. sherardii*, letztere die Vaterpflanze. Theoretisch müßte ihr Chromosomensatz 14 + 7 sein, denn *R. pimpinellifolia* ist eine fertile, sexuell Tetraploide, und der funktionell männliche Gamet von *R. sherardii* hat 7 Chromosomen. Bei der Untersuchung der cytologischen Verhältnisse stellte sich aber heraus, daß *R. wilsonii*, völlig entgegen jeder Erwartung, 42 Chromosomen hatte, somit also hexaploid ist. Außerdem zeigte sich als weitere Überraschung, daß sie „balanciert heterogam“ und fertil ist, im Gegensatz zu der Tatsache, daß die reziproke Hybride „unbalanciert“ und steril ist. So ist hier durch die Befruchtung einer Eizelle mit 14 Chromosomen durch einen Gameten aus einem Pollenkorn mit 7, nach anschließender Chromosomenverdoppelung, eine fertile Hexaploide entstanden.

Während *Rosa wilsonii* nicht in gärtnerischer Kultur ist, kann die Amphidiploidie aber auch an einer Gartenrose erläutert werden, wie H. D. Wulff dies (1951) an *Rosa × kordesii* getan hat. Aus der Rose 'Max Graf', einer hochgradig sterilen Hybride aus *Rosa rugosa × R. wichuraiana*, die alle drei diploid sind, konnte W. Kordes 1940 aus einem gelegentlichen Fruchtansatz einen Sämling erzielen, der sich bei cytologischer Untersuchung als tetraploid und fertil erwies. Hieraus sind alle späteren *Kordesii*-Rosen entstanden.

C. C. Hurst und seine Septett-Theorie

Da die Hurst'schen Theorien gelegentlich noch in Rosenbüchern behandelt oder gestreift werden, soll hierauf etwas näher eingegangen werden. Hurst war einer der bedeutendsten englischen Rosenforscher, der sich hauptsächlich mit genetischen Untersuchungen beschäftigte. Als er 1927 seine Forschungsergebnisse auf einer Tagung der Genetischen Gesellschaft in Cambridge vortrug, hatte er nicht weniger als 624 Einzelpflanzen genetisch untersucht, darunter 184 Arten, 16 neue Arten aus China und 89 Hybriden mit bekannten Eltern. Sämtliche Sektionen der Gattung *Rosa* waren darin vertreten.

Bevor hier weiter auf die Untersuchungen und Ergebnisse Hursts eingegangen wird, sei bemerkt, daß die heutigen Genetiker und Rosenforscher die rastlose Arbeit Hursts zwar bewundern, ihm aber nicht gefolgt sind. Insbesondere trifft dies zu auf seine Theorie, daß alle Rosenarten von einer borealen (nördlichen) dekaploiden Wildart abstammen müßten. Da die Chromosomengrundzahl bei der Gattung *Rosa* „7" ist und sie in der polyploiden Reihe entsprechend Vielfache von „7" aufweist, prägte Hurst den Begriff „Septett" (d. h. Siebener-Satz). Die hypothetische Dekaploide, also mit 70 Chromosomen, sollte nun — so Hursts Theorie — in absteigender Entwicklung ganze Septetts verloren haben, bis die Diploidie erreicht wurde. Zwar kann man eine Entwicklung in dieser Weise erklären, falls sie wirklich so stattgefunden hätte, was jedoch heute nicht mehr geglaubt wird (Tischler/Wulff; 656—657). Soweit zu sehen, vertreten heute nur noch Heribert/Nilsson (1953: 287—295) die Meinung Hursts.

Hursts Untersuchungen und Experimente führten ihn zu dem Schluß, daß es fünf verschiedene Septettgruppen von Chromosomen geben müsse, die er mit A, B, C, D und E bezeichnete. Jedes dieser Septetts hat einen typischen Komplex von Genen, der die besondere Eigenart des einzelnen Septetts charakterisiert. In außerordentlich gründlichen Untersuchungen ermittelte Hurst die Zahl der charakteristischen Merkmale der einzelnen Septetts, wie die Übersicht zeigt:

Septett	Anzahl Merkmale	davon artspezifisch	davon bei Subspezies usw.
A	168	33	135
B	162	34	128
C	167	34	133
D	169	35	134
E	154	34	120

Zu diesen fünf Septetts gehören folgende Arten (richtiger Artengruppen):

Septett	Grundart	„Unterarten"			
A	*R. sempervirens*	*abyssinica* *arvensis* *brunonii* *helenae* *moschata*	A	*wichuraiana* *rubus* *luciae* *phoenicia* *multiflora*	A
		banksiae *microcarpa* *laevigata*	AA	*chinensis* *gigantea* *odorata*	AA
B	*R. sericea*	*sericea* *beggeriana* *ecae* *hugonis*		*xanthina* *gymnocarpa* *sertata* *webbiana* *willmottiae*	
C	*R. rugosa*	*rugosa*		*nitida*	
D	*R. carolina*	*carolina* *foliolosa* *blanda* *pisocarpa* *woodsii*		*cinnamomea* *davurica* *fendleri* *marettii*	
E	*R. macrophylla*	*macrophylla* *elegantula*		*corymbulosa* *giraldii*	

Die Spezies-Merkmale der einzelnen Septetts werden von Hurst genau aufgezählt; hierfür zwei Beispiele; in Klammern die Septett-Bezeichnungen:

Stämme
(A) klimmend, bogig, steif bewehrt
(B) übergeneigt, sparrig, dicht stachelig bis borstig
(C) abstehend, dicht, meist dicht stachelig und drüsigborstig
(D) aufrecht, schlank, im oberen Teil locker stachelig
(E) gerade, stabförmig, selten stachelig oder borstig

Blätter
(A) 3—9zählig, bleibend oder abfallend
(B) 7—19zählig, in den Blattachseln gehäuft
(C) 5—9zählig, endständig und gehäuft an der Peripherie des Strauches, früh abfallend
(D) 5—7zählig, endständig, in Büscheln, untere bald abfallend
(E) 7—9zählig, entfernt stehend, Blättchen bald abfallend

In dieser Weise werden die Merkmale aufgezählt von 14 wichtigen Pflanzenteilen.

Die spezifischen Eigenschaften jedes Septetts sind homozygot und allen Individuen jeder der fünf diploiden Septettarten (AA, BB, CC, DD und EE) eigen. Jeder Buchstabe bezeichnet ein Septett von Gameten. Einige dieser Merkmale waren morphologisch oder taxonomisch, andere physiologisch oder ökologisch. Die subspezifischen Merkmale sind ebenfalls homozygot, aber nur bei den Individuen einer jeden Subspezies der fünf diploiden Septettarten vorhanden (geographische oder Lokalrassen der diploiden Arten).

Polyploide Varietäten von diploiden Arten und polyploide Arten werden auch in den Genom-Formeln (Septett-Formeln) genau unterschieden, so z. B.:

AAA und AAAA	=	triploide und tetraploide Varietät der AA-Spezies *R. chinensis*
DDDD	=	tetraploide Varietät der DD-Spezies *R. cinnamomea*
EEEE	=	tetraploide Varietät der EE-Spezies *R. macrophylla*
AABB, BBCC usw.	=	tetraploide Spezies
BBCCDDEE	=	oktoploide Spezies (*R. acicularis*)

Soweit über die Genom-Formeln (oder Septett-Formeln) Hursts. Diese Formeln erwiesen sich jedoch nach Untersuchungen von Fagerlind (1945) und Blackhurst (1948) als nicht zutreffend. Im Gegensatz zu Hurst wird hier eine starke Homologie (d. h. gleichartiges Aussehen der Chromosomen und gutes Paarungsvermögen in der Meiose) aller Rosen-Genome hervorgehoben.

In Fällen, wo bei Hybriden eine unerwartet hohe Pollensterilität auftritt, wie z. B. bei *R. multiflora* × *R. rugosa*, sind nach Auffassung von H. D. Wulff (1955) hierfür anscheinend eher physiologische Störungen als Inhomologie der Chromosomen verantwortlich.

DIE CHROMOSOMENZAHLEN DER GATTUNG *ROSA*

Systematische Aufzählung Zusammengestellt aus den Untersuchungsergebnissen von Erlanson, Flory, Hurst, Täckholm, Wylie u. a. $x = 7$.

Subgenus I. **Hulthemia**

persica	14	Persien
×*hardii*	14	*clinophylla* × *persica*
kopetdaghensis	?	Turkmenien

Subgenus II. **Eurosa**

Ser. 1. Pimpinellifoliae

ecae	14	Afghanistan
hugonis	14	Z-China
koreana	14	Korea
primula	14	Z-Asien, N-China
sericea	14	Himalaja
— *omeiensis*	14	Z-China

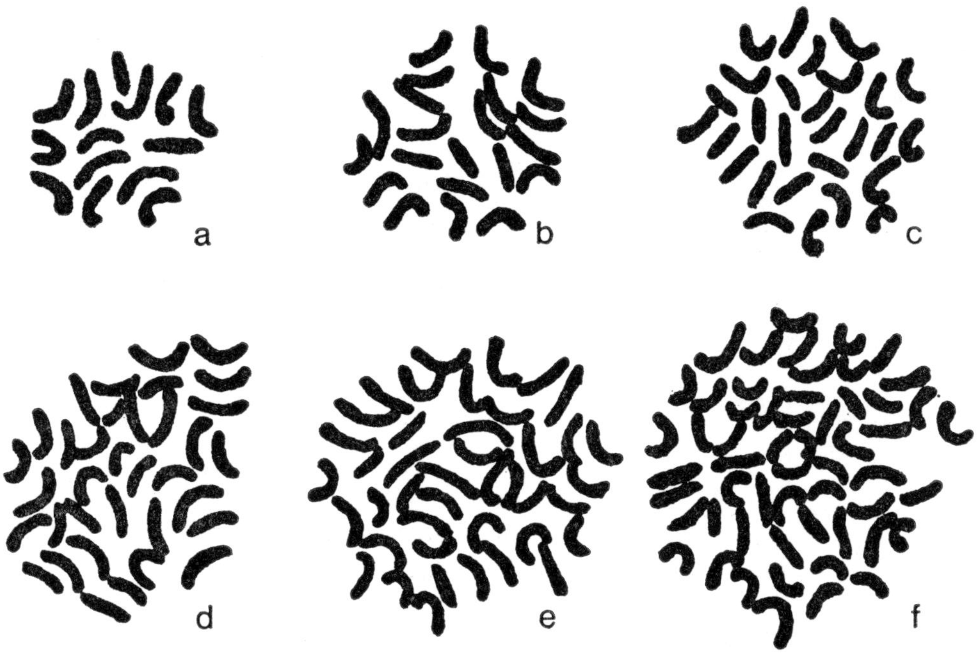

Abb. 87. Somatische Platten verschiedenchromosomiger Rosen. a *R. webbiana* ($2x = 14$), b *R. chinensis* ($2x = 21$), c *R.* 'Conrad Ferdinand Meyer' ($2x = 28$), d *R. stylosa* ($2x = 35$), e *R. nutkana* ($2x = 42$), f ein oktoploider Bastard ($2x = 56$) (nach G. Täckholm)

— *polyphylla*	14	Himalaja
— *pteracantha*	14	W-China
xanthina	14	N-China, Korea
— *spontanea*	14	N-China
×*kochiana*	14	*pimpinellifolia* × *carolina*
×*pteragonis*	14	*hugonis* × *sericea pteracantha*
×— 'Cantabrigiensis'	14	*hugonis* × *sericea hookeri*
foetida	28	Kleinasien
— 'Bicolor'	28	Kultur
— 'Persian Yellow'	28	Kultur
hemisphaerica	28	Kleinasien
— *rapinii*	28	Kleinasien
pimpinellifolia	28	Europa, Kleinasien
— *altaica*	28	Sibirien
— *hispida*	28	Sibirien
— *luteola*	28	Rußland
— *myriacantha*	28	Spanien, S-Frankreich
— 'Andrewsii'	28	Kultur
— 'Lutea'	28	Kultur
— 'Nana'	28	Kultur
×*harisonii*	28	'Persian Yellow' × *pimpinellifolia*
×— 'Vorbergii'	28	*foetida* × *pimpinellifolia*
×*reversa*	28	*pendulina* × *pimpinellifolia*
×'Frühlingsgold'	28	
'Frühlingsmorgen'	28	
'Stanwell Perpetual'	28	

Ser. 2. Gallicanae

centifolia	28, 21	Kaukasus, Kultur
— 'Parvifolia'	14	Kultur
— 'Andrewsii'	28	Kultur
— 'Bullata'	28	Kultur
— 'Cristata'	28	Kultur
— 'Muscosa'	28	Kultur
— 'Muscosa Alba'	28	Kultur
— 'Pomponia'	28	Kultur
— 'Simplex'	28	Kultur, Spanien
— 'Variegata'	28	Kultur
damascena	28	Kleinasien, Kultur
— *semperflorens*	28	Kultur
— 'Versicolor'	28	Kultur
— 'Trigintipetala'	28	Kultur
gallica	28	Europa, Kleinasien
— 'Conditorum'	28	Kultur, Ungarn
— 'Officinalis'	28	Kultur, Frankreich
— 'Pumila'	28	Spanien, Italien
— 'Versicolor'	28	Kultur England?
×*collina*	?	?*canina* × *gallica*
×*macrantha*	28	*gallica* × ?
×*richardii*	21	Äthiopien
×*waitziana*	?	*canina* × *gallica*
×*alba*	42	*canina* × *damascena*?
— 'Maxima'	42	Kultur
— 'Semiplena'	42	Kultur

Ser. 3. Caninae

elymaitica	14, 28	N-Persien
glauca	28	S-Europa
mollis	28	Europa
sherardii	28	Europa
villosa (*pomifera*)	28	Europa, Kleinasien
andegavensis	35	Europa
britzensis	35	Kurdestan
coriifolia	35	Europa, Kleinasien
— *froebelii*	35	Kultur
dumalis	35	Europa, Kleinasien
horrida	35	SO-Europa, Kleinasien
montezumae	35	Mexiko
obtusifolia	35	Europa
orientalis	35	S-Europa, Kleinasien
serafinii	35	S-Europa
sicula	35	S-Europa
tomentosa	35	Europa, Kleinasien
agrestis	35, 42	Europa, N-Afrika
canina	35, 42	Europa
corymbifera	35, 42	Europa, N-Afrika
glutinosa	35, 42	S-Europa, Kleinasien
— *dalmatica*	35, 42	Dalmatien
inodora	35, 42	Europa
micrantha	35, 42	Europa
rubiginosa	35, 42	Europa, Kleinasien
stylosa	35, 42; 28, 34	Europa
×*pokornyana*	40	*canina* × *glauca*, Kultur
marginata	42	Europa, Kleinasien
pouzinii	42	S-Europa, N-Afrika
heckeliana	?	S-Europa
tuschetica	?	Z-Asien

Ser. 4. Carolinae

foliolosa	14	N-Amerika
nitida	14	N-Amerika
palustris	14 (28)	N-Amerika
carolina	28 (14)	N-Amerika
— *grandiflora*	28	N-Amerika
×*mariae-graebnerae*	28	*palustris* × *virginiana*, Kultur
virginiana	28	N-Amerika
×'Rugotida'	?	*rugosa* × *nitida*, Kultur
×*scharnkeana*	?	*californica* × *nitida*, Kultur

Ser. 5. Cinnamomeae

(wegen der großen Artenzahl hier unterteilt in drei Gruppen, wie bei Darlington)

a) circumpolar

acicularis	28, 42, 56	circumpolar
— *nipponensis*	14, 28	Japan
— *fennica*	28	Finnland bis Sibirien
— *engelmannii*	42	N-Amerika
— *bourgeauiana*	42, 56	N-Amerika

b) Alte Welt

amblyotis	14	Kamtschatka
banksiopsis	14	W-China
beggeriana	14	Persien, Afghanistan
corymbulosa	14	W-China
davurica	14	NO-Asien
elegantula	14	W-China
forrestiana	14	W-China
giraldii	14	S- und N-China
marrettii	14	Sachalin
persetosa	14	W-China
prattii	14	W-China
rugosa	14	O-Asien
— alle Formen	14	Kultur
sertata	14	W-China
webbiana	14	Himalaja
willmottiae	14	W-China
×*calocarpa*	14	*chinensis* × *rugosa*, Kultur
×*coryana*	14	*macrophylla* × *roxburghii*, Kultur
×*kamtchatica*	14	O-Sibirien
×*lheritieranea*	14	*chinensis* × ?, Kultur
×*micrugosa*	14	*roxburghii* × *rugosa*, Kultur
×*paulii*	14	*arvensis* × *rugosa*, Kultur
×*proteiformis*	14	Kultur
×*warleyensis*	14	*blanda* × *rugosa*, Kultur
caudata	14, 28	W-China
macrophylla	14, 28	Himalaja
majalis (= *cinn.*)	14, 28	Europa
×*koehneana*	21	*carolina* × *rugosa*, Kultur
×*spaethiana*	21	*palustris* × *rugosa*, Kultur
bella	28	N-China
davidii	28	W-China
'Fargesii'	28	Kultur
fedtschenkoana	28	Z-Asien
holodonta	28	W-China
laxa Retz.	28	Turkestan
multibracteata	28	W-China
murielae	28	W-China
oxyodon	28	Kaukasus
pendulina	28	Europa
— *pyrenaica*	28	Pyrenäen
×*rubrosa* (= 'Carmenetta')	28	*glauca* × *rugosa*, Kultur
×*spinulifolia*	28 (?)	Schweiz, Ungarn
×*pruhoniciana*	35	*moyesii* × *willmottiae*
hemsleyana	42	M-China
moyesii	42	W-China
sweginzowii	42	NW-China
wardii	42	SO-Tibet
×*highdownensis*	42	*moyesii* × ?
×*wintonensis*	42	*moyesii* × *setipoda*

c) Neue Welt

blanda	14	östliches N-Amerika
gymnocarpa	14	westliches N-Amerika
×*aschersoniana*	14	Kultur, *blanda* × *chinensis*
woodsii	14	westliches N-Amerika
— *fendleri*	14	westliches N-Amerika
— *hispida*	14	westliches N-Amerika
ultramontana	14	westliches N-Amerika
californica	14, 28	Kalifornien
— 'Plena'	14	Kultur
pyrifera	14, 16	westliches N-Amerika
macounii	14, 21	westliches N-Amerika
pisocarpa	14, 21	westliches N-Amerika
arkansana	28	mittleres N-Amerika
suffulta	28	mittleres N-Amerika
nutkana	42	westliches N-Amerika

Ser. 6. Synstylae

anemoneflora	14	O-China
arvensis	14	Europa, Türkei
brunonii	14	Himalaja
cerasocarpa	14	W-China
crocacantha	14	W-China
filipes	14	W-China
helenae	14	Z-China
iwara	14	Japan
longicuspis	14	W-China
luciae	14	O-Asien
maximowicziana	14	O-Asien
— *jackii*	14	Korea
— *pilosa*	14	Korea
moschata	14	Kleinasien (??)
— *abyssinica*	14	Äthiopien
— 'Plena'	14	Kultur
mulliganii	14	W-China
multiflora	14, 28	Japan, Korea
— 'Carnea'	14	Kultur
— *cathayensis*	14	China
— 'Platyphylla'	14	Kultur, China
— *watsoniana*	14	Kultur, Japan
phoenicia	14	Kleinasien
rubus	14	Z- und W-China
sempervirens	14, 21, 28	S-Europa, N-Afrika
setigera	14	N-Amerika
sinowilsonii	14	SW-China
soulieana	14	W-China
wichuraiana	14	O-Asien
×*jacksonii*	14	Kultur
×*ruga*	14	*arvensis* × *chinensis*
×*polliniana*	21	*arvensis* × *gallica*
×*dupontii*	28	Kultur
×*kordesii*	28	Kultur

Ser. 7. Chinenses

×*odorata*	14, 21, 28	China, Kultur
— 'Fortune's Double Yellow'	14	China, Kultur
gigantea	14	SW-China, Burma
× „cooperi"	14	*gigantea* × *laevigata*, Kultur
chinensis	14, 21, 28	China, Kultur
— 'Minima'	14	Kultur
— 'Mutabilis'	14, 21, 28	Kultur
— *semperflorens*	14, 21	Kultur
— 'Old Blush'	14	Kultur
— *spontanea*	14	Z-China
— 'Viridiflora'	14	Kultur
×*noisettiana*	14	*chinensis* × *moschata*
— 'Maréchal Niel'	14	1864 Pradel
— 'Manettii'	28	Kultur
×*borboniana*	21, 28	*chinensis* × *damascena*
'Souvenir de la Malmaison'	21	Béluze 1843
'Gruß an Teplitz'	28	Geschwind 1897

Hier schließen dann die Remontantrosen an, z. B.:

'Captain Hayward'	28
'Frau Karl Druschki'	28
'Fisher & Holmes'	28
Général Jaqueminot'	28
'Mrs. John Laing'	28
'Roger Lambelin'	28
'Ulrich Brunner'	28

Ser. 8. Banksianae

banksiae	14	Z- und W-China
— alle Formen hierzu	14	Kultur
×*fortuniana*	14	*banksiae* × *laevigata* (?)
cymosa	14	China

Ser. 9. Laevigatae

laevigata	14	China
×*anemonoides*	14	*laevigata* × *odorata*, Kultur

Ser. 10. Bracteatae

bracteata	14	S-China, Formosa
— 'Mermaid'	14	Paul 1918
clinophylla	14	Indien

Subgenus III. **Platyrhodion**

roxburghii	14	China
— *hirtula*	14	Z-Japan
— *normalis*	14	China

Subgenus IV. **Hesperhodos**

stellata	14	Texas, Arizona, New Mexico
— *mirifica*	14	New Mexico
minutifolia	14	Kalifornien

Alphabetische Liste der Chromosomenzahlen bei der Gattung *Rosa* (2n = 14) ex Darlington and Wylie „Chromosome Atlas", 2nd ed. 1955.

acicularis	42, 56
— *bourgeauiana*	42
agrestis	35
amblyotis	14
anemoneflora	14
arvensis	14
arkansana	14
baicalensis	56
banksiae	14
banksiopsis	14
beggeriana	14
bella	28
blanda	14
bracteata	14
britzensis	35
brunonii	14
californica	28
canina	35
carolina	28
caudata	14, 28
centifolia	28
— 'Muscosa'	28
cerasocarpa	14
chavinii	42
chinensis	14, 21, 28
cinnamomea	14
clinophylla	14
coriifolia (*laxa*)	35
corymbifera (*dumet.*)	35
crocacantha	14
cymosa	14
damascena	28
davidii	28
davurica	14
dumalis (*glauca*)	35
ecae	14
durandii	28
elegantula	14
elymaitica	14
engelmannii	42
farreri	14
fedschenkoana	28
fendleri	14
fennica	56
filipes	14
foetida	28
— 'Bicolor'	28
— 'Persian Yellow'	28
foliolosa	14
gallica	28
gigantea	14
giraldii	14
glutinosa	35, 42
gymnocarpa	14
hawrana	28
helenae	14
hemisphaerica	28
hemsleyana	42
horrida	35
hugonis	14
humilis	28
inodora (*klukii*)	35, 42
koreana	14
lacorum	42, 56
laevigata	14
laxa Retzius	28
longicuspis	14
luciae	14
lucida	28
macounii	21
macrophylla	14
marginata (*jundzillii*)	42
marrettii	14
maximowiczii	14
micrantha	35
minutifolia	14
moschata	14
moyesii	42
— *fargesii*	28
— *rosea*	28
mulliganii	14
multibracteata	28
multiflora	14
— *watsoniana*	14
nitida	14
nutkana	28
odorata	14
omeiensis	14
orientalis	35
pendulina	28
persetosa	14
phoenicia	14
pimpinellifolia	28
— *altaica*	28
— *hispida*	28, 28 + 1B
— *lutea*	28
— *myriacantha*	28
pisocarpa	14, 21
pouzinii	42
pratincola	28

prattii	14	*sicula*	35
primula	14	*sinowilsonii*	14
pyrifera	21	*soulieana*	14
rapinii	28	*spinosissima*	28
roxburghii	14	*stellata*	14
rubiginosa	35	— *mirifica*	14
rubrifolia	28	*stylosa*	35, 42
rubus (*ernestii*)	14	*suffulta*	28
rudiuscula	28	*sweginzowii*	42
rugosa	14	*täckholmii*	56
sancta	21	*tomentella*	35
seraphinii	35	*tomentosa*	35
sempervirens	14	*villosa* (*pomifera*)	28
sericea	14	*virginiana*	28
sertata	14	*webbiana*	14
setigera	14	*wichuraiana*	14
setipoda	28	*willmottiae*	14
sherardii (*omissa*)	28	*xanthina*	14

Literatur

Abrams, G. J. von: Plant Physiology for the Rosarian. Rose Ann. 1954: 34—41.

—: How Roses live and grow. Rose Ann. 1955: 64—72; 1956: 22—31.

Allen, E. F.: Gibberellins — new tools for Rose breeders. Rose Ann. 1967: 123—127.

—: The importance of *Hulthemia* to Rose breeders. Rose Bull. 1971: 40—43.

Allen, T.: The quest for thornless Rose. Rose Ann. 1965: 61—65.

Darlington, C. D., and A. P. Wylie: Chromosome Atlas of Flowering Plants. 2nd ed. London (1955).

Erlanson, E. W.: Chromosome organisation in *Rosa*. Cytologia 2: 256—282 (1931).

—: Chromosome pairing, structural hybridity and fragments in *Rosa*. Bot. Gazette 94: 551—566 (1933).

—: Pollen analysis for rose-breeders. Amer. Rose Ann. 1934: 33—38.

—: What is a Chromosome? Some intricacies of rose Cytology. Amer. Rose Ann. 1939.

—: Assets and the Future of Rose Heredity. Amer. Rose Ann. 1942: 71—74.

—: A self-pollination Mechanism and other Items in Rose species. Amer. Rose Ann. 1963: 188—193.

Flory, W. S.: Pollen conditions in some species and hybrids of *Rosa*, with a consideration of associated phylogenetic factors. Virginia Jour. Sci. 1950: 11—59.

Funck, E., und H. von Rathlef: Die Farben der Rosenblüten und ihre objektive Erfassung. Ros. Jb. 1940: 125—129.

Gaujard, J.: A study of the Hybridization and Heredity of Roses. Amer. Rose Ann. 1939: 55—64.

Gerber, M. W.: A Synopsis of lavender and blue Roses. Amer. Rose Ann. 1970: 23—26.

Harland, S. C.: The Art of Rose Breeding "Sports". Gard. Chron. 1965 (11. Dez.), 1966 (27. April und 25. Mai).

—: Do Roses degenerate? The Rose 15: 28—33 (1967).

Harrison, J. W. H.: The genus *Rosa*, its hybridology and other genetical problems. Trans. Nat. Hist. Soc. Northumberland, Durham, and Newcastle-upon-Tine, N.S. 5 (1920).

—: Roses and their Chromosomes. Rose Ann. 1958: 53—61.

Hurst, C. C.: The Mechanism of Heredity and Evolution. Eugenics Rev. 19: 19—31 (1927).

—: The Genetics of the Rose. Rose Ann. 1929: 37—64.

—: Chromosomes and Characters in *Rosa*. Genet. Soc. Cambridge Meeting 1927.

—: The Species Concept. Gard. Chron. 1930, Oct. 18.

—: Embryo-sac Formation in Diploid and Polyploid species of *Roseae*. Proc. Roy. Soc., B, 109: 126—148 (1931).

—, and M. S. G. Breeze: Notes on the origin of the Moss Rose. Jour. R.H.S. 1922: 26—42.

Hurst, Rona: Roses and Genetics. Amer. Rose Ann. 1969: 37—43.

Kappert, H.: Die vererbungswissenschaftlichen Grundlagen der Züchtung. 2. Aufl. Berlin 1953.

Kordes, W.: Das Problem winterharter Rosen. Rosenjahrb. 3: 44—46 (1950).

Krüger, G.: Die Entwicklung von Blüte und Frucht bei der Gattung *Rosa*. Rosen-Zeitung 1907—1909 (9 Folgen).

Kuckuck, H., und A. Mudra: Lehrbuch der allgemeinen Pflanzenzüchtung. Stuttgart 1952.

Kugler, H.: Blütenökologie, 2. Aufl. Stuttgart 1970 (darin der Abschnitt „Chemie der Blütenfarbstoffe", S. 84—88).

Lammerts: The scientific basis of Rose breeding. Amer. Rose Ann. 1945: 71—74.

Lawrence, R.: A little on the Red. Amer. Rose Ann. 1946: 43—45.

Morey, D. H., and A. H. Wessig: Chromosome Numbers in *Rosa*. Amer. Rose Ann. 1953: 107—110.

Müntzing, A.: Vererbungslehre; Methoden und Resultate. Übersetzt von D. Wettstein. Stuttgart 1958.

Mütze, W., und C. K. Schneider: Moderne Rosenforschung. In: Die Rose in Garten und Park, S. 89—93. Berlin 1936.

Proctor, J. T. A.: Pflanzenfarbstoffe. Span 13: 165—168 (1970).

Rathlef, H. von: Does Mendel's Law apply the Rose or not? (Gelten die Mendelschen Regeln auch bei der Rose — oder nicht?). Amer. Rose Ann. 1940: 53—56.

Rehagen, H. W.: Zur Zytologie triploider Rosen. Rosenjahrbuch XVI: 177—232; 1959 (Diss.).

Risley, E. B.: Roses have Satellites too. Amer. Rose Ann. 1959: 141—145.

Rowley, G.: Hulthemosas — new hope for the Rose breeder. Rose Ann. 1955: 37—40.

—, and J. Harborne: In quest of blue Roses. Rose Ann. 1959: 147—149.

—: Triploid Garden Roses. Amer Rose Ann. 1960: 108—113.

—: Rose rootstocks and sucker production. John Innes Inst. 52nd Rep.: 11 (1961).

—: The experimental approach to Rose breeding. Scientif. Horticult. 18; in: The Rose 16: 12—18 (1967).

—: Aneuploidy in the genus *Rosa*. Jour. Gen. 37: 253—268 (1960).

—: Chromosome studies and evolution in *Rosa*. Bull. Jard. Bot. Bruxelles 37: 45—52 (1967).

Saakov, S. G.: Die Sortenbildung bei Rosen durch Knospenmutation. Arch. f. Gartenbau 1960: 595—629.

Stearn, W. T.: The origin and later development of cultivated plants. Jour. R.H.S. 89: 470—472 (1964).

TÄCKHOLM, G.: On the cytology of the genus *Rosa*; a preliminary note. Svensk Bot. Tidskr. 14 (1920).

—: Zytologische Studien über die Gattung *Rosa*. Acta Hort. Bergian. 7: 97—381 (1922).

TISCHLER und H. D. WULFF: Handbuch der Pflanzenanatomie, 2. Aufl., Bd. II, 2. Hälfte: Allgemeine Pflanzenkaryologie. 1931—1951.

TURRILL, W. B.: Heredity in Species (Extract). The Rose 1: 101 (1953).

WRIGHT, P. H.: The Inheritance of Color in hardy Roses. Amer. Rose Ann. 1960: 114—118.

—: Unique Genes in hardy wild Roses. Amer. Rose Ann. 1963: 132—136.

WULFF, H. D.: *Rosa Kordesii,* eine neue amphidiploide Rose. Züchter 21: 123—132 (1951).

—: Cytologische Beobachtungen an Rosenbastarden. Züchter 22: 233—244 (1952).

—: Are the Dog Roses apomictic? Amer. Rose Ann. 1955: 116—123.

—, und L. HELDT: Über die Genealogie und Mikrosporogenese der Lambertianarose 'Hamburg'. Züchter 23: 87—93 (1953).

—: 'Max Graf' and its progeny, with special reference to *Rosa Kordesii.* Amer. Rose Ann. 1953: 111—122.

WYLIE, A. P.: Chromosomes of Garden Roses. Amer. Rose Ann. 1954: 36—66.

ZIMMERMANN, P. W., and A. E. HITCHCOCK: Rose "sports" from adventitious buds. Contr. Boyce Thompson Inst. 16: 221 to 224 (1951).

NACHTRAG ZU „MUTATIONEN“ (Seite 186):
Die in der Tabelle zahlenmäßig genannten 787 Mutationen werden in dem neuen Buch von S. G. SAAKOV und D. A. RIEKSTA „Rosen“ (S. 192—204; Riga 1973) alle namentlich aufgezählt. Weiterhin gibt es noch eine Reihe von schematischen Darstellungen hierzu.

Die Rose als Objekt des Handels

Hier sollen die Fragen behandelt werden, die sich im Abschnitt über die gärtnerische Kultur der Rose nicht gut unterbringen ließen, vor allem der Absatz der Rosenpflanzen und statistische Daten. Die Angaben über die deutsche Rosenproduktion waren aus den Statistischen Jahrbüchern leicht zu erreichen, während die ausländischen Daten zum Teil aus Angaben in der Fachpresse gesammelt werden mußten. Letztere stammen zwar aus verschiedenen Jahren, aber sie vermitteln doch einen Eindruck der Bedeutung, die die Rosen im Gartenbau des betreffenden Landes haben. Aus vier überseeischen Ländern standen erfreulicherweise besonders ausführliche Daten zur Verfügung.

Über die Gütevorschriften, die im Handel mit Rosen natürlich von besonderer Bedeutung sind, ist alles bereits im Abschnitt über die gärtnerische Anzucht gesagt (vgl. Seite 107 und 109).

Von besonderem Interesse für die Leser dürften die Ausführungen über die Registrierung und den Sortenschutz bzw. Warenzeichenschutz für neue Rosen sein. Während die beiden letztgenannten Gebiete von Bundesbehörden bearbeitet werden, ist die Registerstelle nur eine halbamtliche, gemeinnützige Einrichtung. Nicht berichtet wird in diesem Buch über Lizenzen; diese betreffen ganz allein den Züchter einer neuen Rose und seine Lizenznehmer, sind daher ein gänzlich privates Gebiet, das nur die Beteiligten angeht.

DIE ANZUCHT VON ROSEN IN DER BUNDESREPUBLIK DEUTSCHLAND VON 1950 BIS 1973

Die Produktion von Rosen weist eine ständig steigende Tendenz auf und hat offensichtlich ihren höchsten Punkt noch nicht erreicht. In den Jahren 1951, 1953, 1955 und 1957 fanden keine statistischen Erhebungen statt. Die nachstehenden Angaben zeigen die Gesamtbestände an Rosen aller Klassen, die in dem jeweiligen Jahr zum Verkauf bereitstanden, in Millionen Stück.

1950	9,96	1961	29,10	1968	37,80
1952	11,80	1962	26,70	1969	39,53
1954	15,78	1963	32,50	1970	39,17
1956	19,23	1964	33,65	1971	40,70
1958	22,28	1965	37,20	1972	41,40
1959	24,28	1966	38,56	1973	42,20
1960	23,92	1967	37,19		

Seit 1958 werden mehr Floribunda-Rosen veredelt als Teehybriden, etwa ein Drittel mehr (vgl. Abb. 89). Die Zahl der Hochstammrosen schwankt zwischen 0,25 Mill. bis 0,45 Mill., ohne daß dafür ein Grund bekannt ist, während die

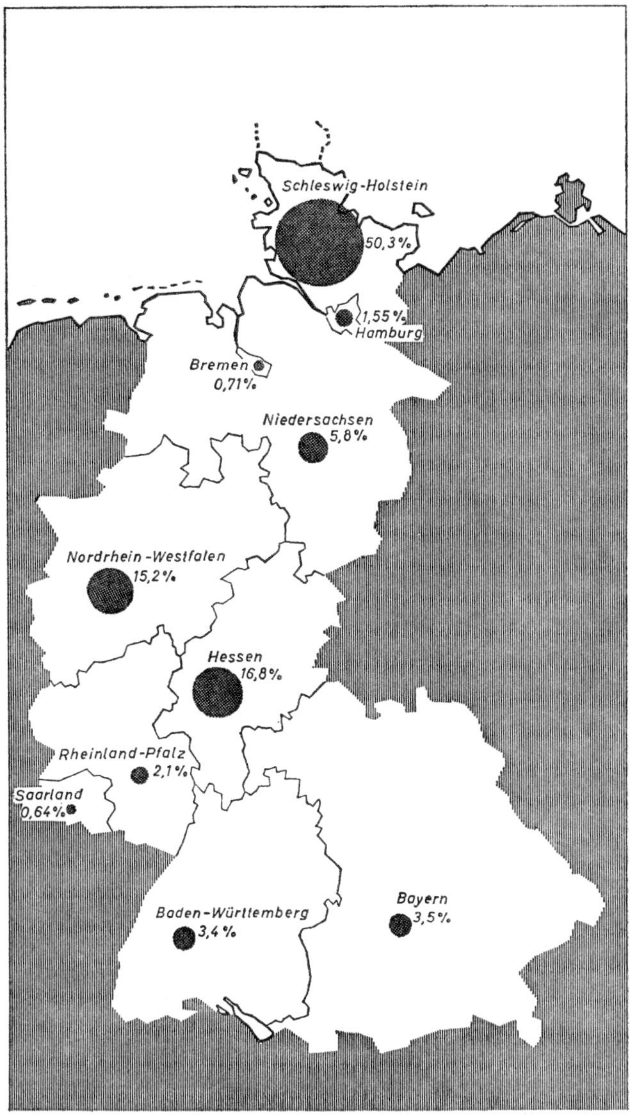

Abb. 88. Die prozentuale Verteilung der Rosenanzuchten in den Bundesländern (nach F. Glasau)

Park- und Kletterrosen stetig steigen, von 0,5 Mill. auf etwa 2,5 Mill. Stück.

In der Bundesrepublik gibt es zwar Rosenschulen in allen Ländern, aber dennoch ist die große Masse der Anzuchten an vier Stellen konzentriert (vgl. die Karte, Abb. 88):

1. Schleswig-Holstein (Kreis Pinneberg);
2. Hessen (Steinfurth, Wetterau);
3. Rheinland (Umgebung von Bonn);
4. Westfalen (Umgebung von Münster).

Die Anzucht der Wildlinge erfolgt fast ausschließlich in Holstein. Alle weiteren Daten können den Tabellen und Karten entnommen werden.

Die Unterglaskultur von Rosen in der Bundesrepublik hat ebenfalls stetig zugenommen: 1959 = 26 ha, 1960 = 46 ha, 1963 = 90 ha, 1966 = 195 ha und 1969 = 195 ha. Sie werden hauptsächlich gezogen in Hamburg und Umgebung, in Nordrhein-Westfalen, Baden-Württemberg und Westberlin. — Die mit Schnittrosen im Freiland bestellte Fläche belief sich 1969 auf 350 ha (weitere Angaben Seite 117).

Deutsche Demokratische Republik Genaue Zahlen waren nicht erhältlich. Es sollen zur Zeit etwa 12 Millionen Rosenbüsche, einschließlich 200 000 Hochstammrosen, angezogen werden, in der Hauptsache im Gebiet um Dresden.

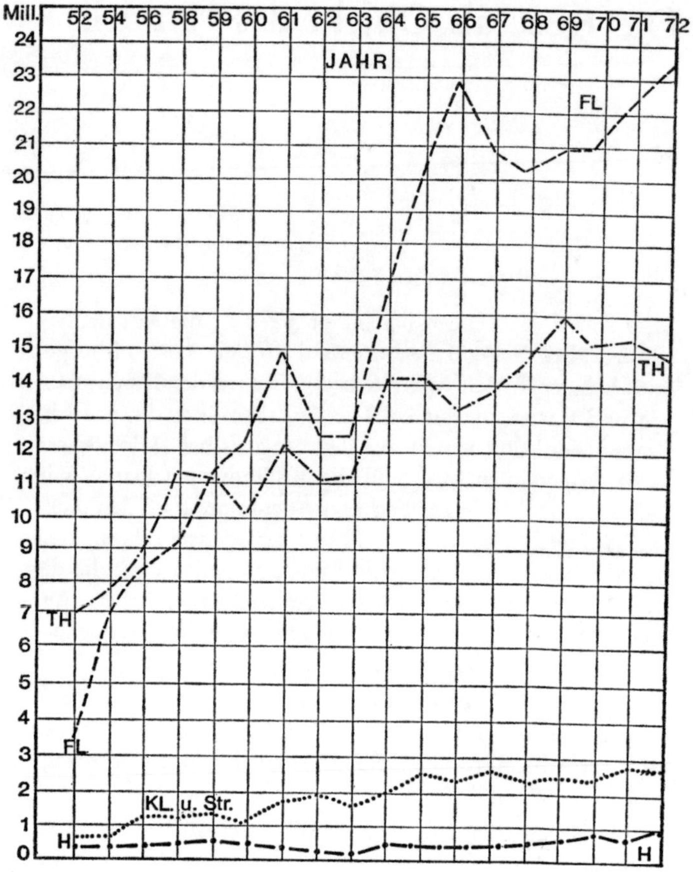

Abb. 89. Rosenproduktion in der Bundesrepublik 1952 bis 1972. —·—·— Teehybriden; — — — Polyantha und Floribunda; ...... Kletter- und Strauchrosen; —•—•— Hochstammrosen (Original)

DER ROSENANBAU IM AUSLAND IN ZAHLEN

Die folgenden Zahlen sind teils statistischen Übersichten aus den einzelnen Ländern entnommen, teils aus neueren Veröffentlichungen und aus der Fachpresse. Sie sind vom Verfasser nicht überprüft und sollen auch nur zeigen, welche Verbreitung die Rosen heute haben.

Belgien. 1968 wurden 8 Millionen Rosenpflanzen in etwa 450 Sorten erzeugt, davon etwa 30 % Floribunda-Sorten. 70 % der Erzeugung wurden im eigenen Lande abgesetzt. Hauptanzuchtsgebiet ist das Baumschulzentrum Wetteren bei Gent. 40 Millionen Schnittrosen wurden erzeugt.

Bulgarien. Die Angaben über die Anbaufläche für die Ölrosen schwanken, zwischen 2000 und 9000 ha (1950). Der Rosenanbau zum Schnitt breitet sich gegenwärtig aus. Die Kultur der Ölrosen hat bereits eine dreihundertjährige Tradition. Das „Tal der Rosen" dehnt sich zwischen Kasanlak (Kasanlik) nach Westen, etwa 100 km lang, an den Südhängen des Balkan aus. Seit 1950 gibt es hier auch ein Insti-

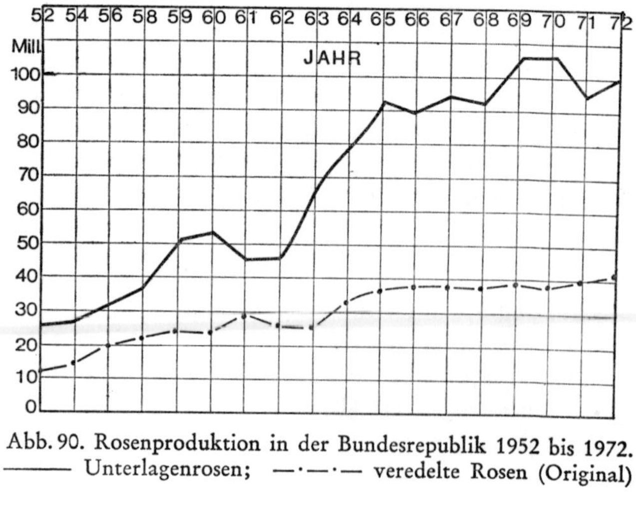

Abb. 90. Rosenproduktion in der Bundesrepublik 1952 bis 1972. ——— Unterlagenrosen; —·—·— veredelte Rosen (Original)

tut für Rosenforschung, das sich indessen nicht mit Rosenneuheiten befaßt, sondern in der Hauptsache geeignete Unterlagen für die Ölrosen (*Rosa damascena*) sucht.

ČSSR. Kein Einblick in amtliche Angaben. Man weiß nur, daß 1962 rund 5 Millionen Unterlagen aufgepflanzt wurden. Daraus könnten dann rund 4 Millionen veredelte Rosen entstanden sein.

Dänemark. 1964 betrug die Rosenanzucht rund 8,4 Millionen Pflanzen, davon etwa 55 % Floribunda, 30 % Teehybriden, der Rest Kletter- und Strauchrosen. 1968 10 Millionen Rosen auf 300 ha Fläche; 1972 46 ha Rosen unter Glas.

Finnland. Keine eigene Rosenanzucht; alljährlich werden rund 2 Millionen Rosenpflanzen importiert. 13,8 ha Rosen unter Glas zum Schnitt (1969), jedoch 1972 schon 24 ha.

Frankreich. 1961 gab es 20 Millionen Rosen auf 600 ha, wovon 400 ha in der Umgebung von Lyon und an der Riviera. 1969 gab es 180 ha Schnittrosenkulturen im Freiland und unter Glas, davon 70 % an der Südküste und in der Provence, etwa 12 % in der Umgebung von Paris.

Griechenland soll (nach einer Notiz im „Taspo"-Magazin 1-1973) zur Zeit 20 ha Freiland-Rosenkulturen und 8 ha unter Glas haben.

Israel. Stetig steigender Export von Schnittrosen im Winterhalbjahr auf die europäischen Märkte. 1970 gab es 88 ha Schnittrosen, in der Hauptsache in den Sorten 'Baccara', 'Super Star', 'Dr. A. J. Verhage', 'Garnette' und 'Sweetheart'.

Italien. 1962 werden 759 ha Gesamtanbaufläche für Rosen genannt, davon 442 ha unter Glas (einschließlich Primitivglasfläche); 1969 sind es 184 ha unter Glas, wo rund 73 Millionen Schnittrosen erzeugt wurden.

Niederlande. Zunächst die Unterglaskulturen:

	1965	1968	1969	1970	1971	1972
Stiele in Millionen Stück	229	495	579	656	716	768
Hektar unter Glas	195	338	382	422	467	499

Die Anzucht von Rosenpflanzen erfolgt in der Hauptsache in Boskoop und Umgebung, in Noord-Limburg, für Wildlinge in Veendam.

Norwegen. Soweit bekannt, wurden 1959 auf 43 ha rund 1,3 Millionen Rosen angezogen. Unterglasflächen nicht bekannt.

Polen. 1962 gab es 1,5 Millionen Rosen in vielen kleinen Posten und in über 540 Sorten aus eigener Produktion.

Rumänien. Im Forschungsinstitut in Cluj wird intensiv an der Entwicklung der Rosenkultur gearbeitet; man sucht nicht nur nach besseren Farben, sondern auch nach Sorten, die sich für das kontinentale Klima besser eignen, auch Unterglasrosen. Ferner will man krankheitsfeste, winterharte, stachellose Sorten entwickeln. Die Arbeiten werden von den zuständigen Behörden unterstützt und gefördert. Auch hier gibt es große Flächen, die mit *Rosa centifolia* und *R. damascena* bepflanzt sind, zur Gewinnung von Rosenöl, das als Aromastoff in der Likörindustrie Verwendung findet.

Schweden. Im Jahre 1972 gab es 46 ha Rosen zum Schnitt unter Glas.

Schweiz. Die baumschulmäßige Anzucht von Rosen belief sich 1965 auf 75 ha.

Ungarn. Die Anbauzahlen sind nicht bekannt, doch weiß man, daß aus eigener Anzucht 1970 allein 16 Millionen Pflanzen nach Italien und 2,5 Millionen nach Österreich exportiert wurden. Das Land hat eine lange Tradition in der Rosenzüchtung, sowohl in der Freiland- wie in der Unterglaskultur. Im südlichen Landesteil kommen schon sehr früh (1965) Freilandschnittrosen auf den ungarischen Markt; Hauptsorte war 'Gloria di Roma', die 60 % ausmachte. In Budapest wird an der Gartenbauhochschule auch Rosenforschung betrieben (G. Mark), neben Neuheitenzüchtung auch Untersuchungen auf Haltbarkeit der Schnittblumen. Wichtigster ungarischer Rosenzüchter war R. Geschwind, Forstmeister in Korpona; er züchtete zwischen 1880 und 1900. Seine Schrift „Die Hybridisation und Sämlingszucht der Rosen" (384 Seiten, Wien 1864) ist eines der frühesten Bücher über Rosenzüchtung überhaupt.

UdSSR. Die Rosenproduktion ist praktisch erst um 1960 angelaufen; es gab nur eine Rosenschule im ganzen Land, etwa 5 ha groß, in der Ukraine, mit nur 10 Sorten Rosen, davon 50 % 'Gloria Dei', 25 % Ölrosen, der Rest alte Sorten (Bericht Delbard in ARA 1963). Inzwischen aber sind Rosenkulturen auf der Krim und am Kaukasus (Naltschik) angelegt worden. Rosenneuheitenzüchtung wird betrieben von Dr. Vera Klimenko im Nikitski Botanischen Garten auf Jalta, für die südlichen und mittelasiatischen Staaten, während Dr. Lempitski in Kiew (Botanischer Garten) neue Sorten für die Ukraine und Kasakstan entwickelt. 1966 betrugen die eigenen Anzuchten im Lande rund eine Million Pflanzen, davon je ein Drittel in Krasnodar, Naltschik und auf der Krim. Weitere, aber weniger bedeutende Anzuchten gab es in Adler (am Schwarzen Meer), in Uman (Ukraine) und in der Umgebung von Riga. Neuere Zahlen sind, soweit bekannt, nicht veröffentlicht worden.

Vereinigtes Königreich (Großbritannien und Nordirland). Aus Veröffentlichungen der Royal National Rose Society geht hervor, daß es anscheinend keine echten Bestandszählungen gibt, sondern nur Schätzungen auf Grund der importierten Veredlungsunterlagen: 1965 40,4 Millionen, 1966 61,5 Millionen, 1967 55,0 Millionen, 1968 52,0 Millionen, 1969 49,4 Millionen, 1970 51,1 Millionen, 1971 43,7 Millionen und 1972 37,1 Millionen Rosen, von denen 60 % als Güte 1 angenommen werden. Die Unterlagen werden zumeist in den Niederlanden (Ost-Groningen) gekauft, teils auch in Holstein und in Dänemark.

Angaben aus überseeischen Ländern

Australien (1970). 95 % aller Rosen werden in der Nachbarschaft von Adelaide, der Hauptstadt von Südaustralien, angezogen; der Boden ist dort alkalisch, der Sommer heiß und trocken, und es gibt keinen Sternrußtau. Alles wird veredelt auf *Rosa indica* 'Major' (dem Gegenstück zu der amerikanischen Unterlage 'Dr. Huey'), in Australien wenig mehltauanfällig und erstklassige Verkaufspflanzen ergebend. (Diese Unterlage wird auch in S-Europa, Israel und im Libanon vorzugsweise verwendet.)

In SW- und W-Australien veredelt man auf *Rosa fortuniana,* die sonst nur noch in Florida, in geringem Umfang, als Unterlage benutzt wird. Patente für Rosen sind zur Zeit in Australien für Züchtungen noch nicht möglich; daher wird die australische Rosenneuheitenzüchtung nur in geringem Umfang und mehr als Hobby betrieben. Import von Edelaugen ist aus der ganzen Welt möglich und erfolgt in der Hauptsache aus Europa und USA, neuerdings aber auch aus Japan und Indien.

Japan (1965). Etwa 1000 europäische und amerikanische Sorten sind in Kultur; japanische Züchtungen werden jetzt mehr und mehr verbreitet. Die drei beim Publikum beliebtesten Sorten waren bisher: 'Confidence', 'Christian Dior' und 'Garden Party', während die japanischen Gärtner in der gleichen Zeit folgende drei Sorten empfahlen: 'Super Star', 'Royal Highness', 'Königin der Rosen'. In Japan bevorzugt man folgende Farben: Rot, Gelb, Weiß. Die Vorliebe für weiße Rosen ist abweichend von der in Europa und USA, und sie erstreckt sich nicht nur auf Rosen, sondern ganz allgemein auf weiße Blüten. Die Nationalflagge Japans zeigt eine leuchtendrote Kreisscheibe auf weißem Grund, woraus verständlich wird, warum die Japaner Weiß und Rot lieben. Die Rosen blühen in Japan in zwei Perioden, im Mai—Juni und dann wieder im Oktober.

Der Japaner schätzt die Rose vor allem im knospigen Zustand; das Bestreben in der Züchtung geht aber auch hier nach einer in Form und Farbe vollkommenen Rose. Zur Zeit zieht man in Japan auch viele Miniatur-Stammrosen, ähnlich den sogenannten „Fußstämmchen" bei unserem Beerenobst. Man beschäftigte sich lange Zeit sehr intensiv mit dieser Art Bonsai-Kultur und vernachlässigte dabei die Züchtung.

In den letzten 15 Jahren hat die Zahl der öffentlichen Rosengärten beträchtlich zugenommen; viele von ihnen gehören privaten Eisenbahngesellschaften, sind daher in der Nähe von Bahnhöfen angelegt, um so Reisende anzuziehen.

Die baumschulmäßige Anzucht von Rosenpflanzen im Freiland belief sich 1970 auf nur 47 ha, und davon wurde noch ein erheblicher Teil nach Korea und China exportiert. Die Unterglaskultur von Rosen, einschließlich der unter Folie, indessen betrug in der gleichen Zeit 95,1 ha.

In Südafrika ist alles anders als bei uns. Der Frühling beginnt im September, der Sommer zu Weihnachten. Im Kapland fällt der Regen meist im Winter, also in der Ruhezeit, dagegen in Transvaal und im Oranje Freistaat im Sommer, und daher sind hier auch die Wachstumsbedingungen günstiger. In Natal hingegen sind die Niederschläge über das ganze Jahr verteilt, und daher eignet sich dieses Land der Republik am besten zur Rosenkultur. In Transvaal beginnt die Regenzeit im Oktober, aber die Regenfälle sind nicht etwa so langsam und durchdringend wie in Europa, sondern meist sehr heftige Schauer, manchmal bis zu 100 mm in einer Stunde oder mehr.

Veredelt wird auf virusgetestete *multiflora*-Unterlagen, die aus Steckholz vermehrt werden. Nach zwei Monaten sind sie so gut bewurzelt und getrieben, daß sofort veredelt werden kann. Da die Unterlagen dann noch schlecht lösen und auch reife Edelreiser meist noch nicht verfügbar sind, wird mit aufgesetzten Augen angeplattet. Die Augen wachsen etwa mit 90 % Erfolg an und treiben bald aus. Bald nach der Veredlung wird die Unterlage halb durchgeschnitten, um so die Saftzufuhr in die Unterlage zu bremsen und in das Edelauge zu fördern. Alle diese Handgriffe werden aber in den einzelnen Ländern der Republik zu verschiedenen Zeiten gemacht. Während in Natal der Wuchs phantastisch ist, werden sie anderswo in einer Wachstumsperiode nicht stark genug zum Roden, so daß nicht selten 50 % stehen bleiben müssen, um stark genug zum Verkauf zu werden.

Die wichtigsten Unterlagentypen sind 'Clarke's 52', 'Clarke's 57', 'Brooks', 'Versailles' und 'Bassee'. Die Bantu-Boys veredeln 1500 bis 1600 Rosen am Tag, schaffen aber auch bis zu 2000 Stück, wenn es nötig ist.

Der Verkauf der Rosen erfolgt an Handelsgärtnereien und an Privat; die Anzucht dürfte kaum eine Million pro Jahr überschreiten, Schnittrosenkulturen nehmen beträchtlich zu; dabei werden die Rosen oft unter Kunststoffgewebe („Saran“) aufgepflanzt, wodurch man das Licht um die Hälfte vermindert. Hierdurch entsteht ein starker Wuchs, aber die Blütenfarbe wird auch etwas beeinflußt; lange Stiele und nicht zu große Blüten sind für den europäischen Markt gerade richtig, und dahin geht der Export.

Vereinigte Staaten von Amerika. Es ist sehr schwer, Gesamtzahlen für die ganzen USA zu erhalten. Angeblich soll die Anzucht von Rosen zur Zeit rund 80 Millionen Stück auf 2000 ha Fläche betragen. 18 Millionen Rosen stehen unter Glas.

Das Geschäft mit Rosen spielt in den amerikanischen Baumschulen eine außerordentlich bedeutende Rolle; es macht nicht weniger als rund 30 % des Baumschulumsatzes (1959) aus.

Für die Rosen gibt es hier ebenfalls Gütevorschriften: No. 1 (= unsere Güte A) verlangt drei Triebe von 14 bis 18″ (= 35 bis 45 cm) Länge; Rinde grün und lebend; gute Bewurzelung.

Import von vegetativem Material aller Wildarten und Sorten von Rosen in die USA wie folgt:

a) verboten aus Italien, Südafrika, Australien und Neuseeland, wegen des dort vorkommenden Virus *Marmor tumefaciens* Holmes;
b) erlaubt aus allen übrigen Ländern mit Permit, ohne Erde, mit Gesundheitszeugnis; zwei Jahre Quarantäne. Die Einfuhrerlaubnis muß der amerikanische Importeur besorgen; diese muß auf die Sendung (gelbgrünes Etikett) aufgeklebt werden.

Auf die amerikanischen Unterlagenversuche braucht nicht weiter eingegangen zu werden. Etwa 80 % wird auf *multiflora* veredelt, in Kalifornien und in den wärmeren Südstaaten jedoch benutzt man viel 'Dr. Huey' (= 'Shafter Robin') und 'Gloire des Rosomanes' (= 'Ragged Robin'), *R. odorata* und viele *multiflora*-Typen, hauptsächlich von Dr. Lyle in Texas entwickelt. Jetzt vor allem auch die Typen 'Iowa 60-5' und '62-5'.

DIE VERBREITUNG EINZELNER SORTEN

Man kann nur schwer einen erfolgreichen Rosenzüchter dazu überreden, die Verbreitung seiner wichtigsten Sorten aufzudecken, obwohl diese ihm je auf Grund der einkommenden Lizenzen ziemlich genau bekannt sein müssen. Immerhin können hier einige Zahlen genannt werden. Die Firma Meilland hat schon vor einigen Jahren bekanntgegeben, daß von 'Gloria Dei' über 100 000 000 Pflanzen verbreitet worden sind. Die Anzahl von 'Baccara', die noch immer die Hausrose Nr. 1 ist, kann man sicherlich auch mit 30 bis 40 Millionen Pflanzen rechnen oder mehr. Kordes schätzt 'Lilli Marleen' mit etwa 10 000 000 ein, 'Crimson Glory' und 'Orange Triumph' ebenfalls mit je einigen Millionen. Auch Tantau bestätigte, daß seine Sorten 'Super Star' und 'Schweizer Gruß' in mehreren Millionen Pflanzen in den Handel gekommen sind.

ROSEN-REGISTRIERUNG

Auf den internationalen Gartenbaukongressen 1911 in Luxemburg und 1912 in London wurde die Errichtung eines Rosenregisters beschlossen und damit Monsieur Brault, damals Direktor der Baumschule André Leroy, Angers, Frankreich, beauftragt. Es wurde ein offizielles Verzeichnis geführt; die Eintragung kostete 2 Fr. („Ohne Bezahlung keine Eintragung!“). Die Beschreibungen waren in französischer, englischer oder deutscher Sprache zugelassen (RZ 1912: 112).

1916 wird in der „Rosenzeitung“ (RZ 1916: 73) bekanntgegeben, daß man Namen für Neuzüchtungen bei der Redaktion der Zeitschrift zur Wahrung der Priorität anmelden könne. Hiervon wurde verschiedentlich Gebrauch gemacht. In der Hauptsache wurden damals Namen von Heerführern, Herzogen, Prinzen und Standespersonen angemeldet.

Diese erste Registerstelle für Rosen hat indessen den ersten Weltkrieg anscheinend nicht überlebt, denn man liest später nichts mehr von der internationalen Stelle in Frankreich, aber auch nichts von der Registerstelle bei der Redaktion der „Rosen-Zeitung“.

Erst anläßlich des 14. Internationalen Gartenbau-Kongresses 1955 in Scheveningen, Niederlande, wurde eine Reihe von Registerstellen für wichtige Pflanzenarten oder Gattungen mit vielen Cultivaren eingerichtet. Die internationale Registerstelle für Rosen wurde der American Rose Society übertragen. Sie führt die Bezeichnung „International Registration Authority for Roses“, abgekürzt IRAR (= Internationale Registerbehörde für Rosen).

Aufgabe dieser Registerstelle ist es, die bei ihr angemeldeten Sortennamen einzutragen und gegebenenfalls darauf hinzuweisen, daß der angemeldete Name bereits vergeben und die ältere Sorte noch in Kultur ist. Falls die Registerstelle ermitteln kann, daß eine Sorte nicht mehr existent ist,

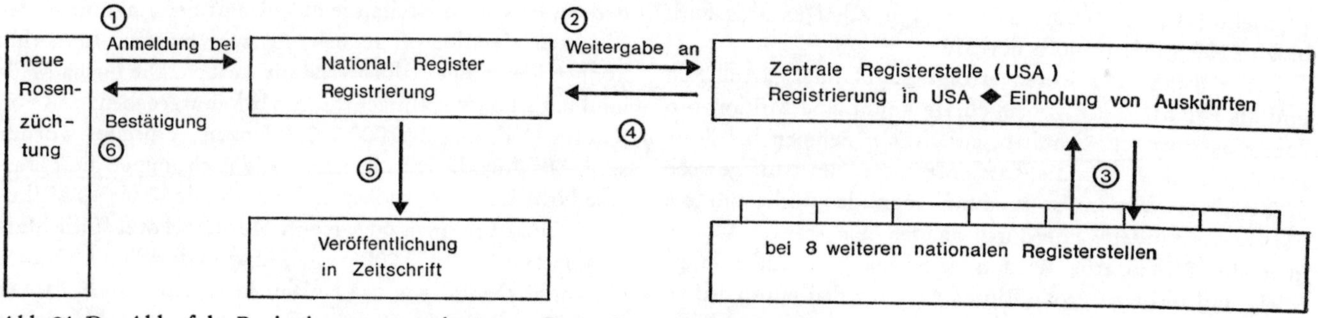

Abb. 91. Der Ablauf des Registriervorganges eines neuen Rosen-Sortennamens (Original)

kann der Name gelöscht und für eine neue Sorte wiederverwendet werden.

Die Internationale Registerstelle gibt alle fünf Jahre ein Registerbuch „Modern Roses“ heraus (die nächste Ausgabe ist Nr. 8; vermutlich 1975 erscheinend), das von jeder Sorte den Namen, Züchter, Jahrgang, Klasse, Eltern (soweit bekannt) und eine kurze Beschreibung enthält. Die Registereintragung ermöglicht bei Streitfällen den Nachweis der Priorität.

Züchter in einem Land mit einer eigenen Registerstelle melden am besten ihre Sorte dort an; diese nationale Registerstelle gibt die Anmeldung auf einer Karteikarte weiter an die Internationale Registerstelle nach USA. Dort wird allmonatlich eine Liste der neu angemeldeten Sorten zusammengestellt und wiederum allen nationalen Registerstellen mitgeteilt, die dann für Veröffentlichung sorgen. Erfolgt innerhalb von 30 Tagen nach Veröffentlichung des neuen Sortennamens kein Einspruch, so wird er dann amtlich registriert. In Deutschland ist die Registrierung gebührenpflichtig (25 DM bei der Anmeldung und 25 DM nach erfolgter Registrierung).

Zur Zeit bestehen folgende Registerstellen (ARA 1968: 33—34):

International Registration Authority for Roses
American Rose Society; Harold E. Goldstein; P.O. Box 30.000; Shreveport, Louisiana 71130, USA (zugleich Registerstelle für die USA und Kanada).

Australien
Dr. A. S. Thomas, 340 Union Road, Balwyn, Victoria 3103.

Deutschland
Deutsches Rosenregister im Deutschen Rosarium, 46 Dortmund, Am Kaiserhain 25 (Westfalenpark).

Frankreich
L. Laperrière, Route Nationale 6, Chesnes, F 38 Saint Quentin-Fallavier.

Großbritannien
The Royal National Rose Society, The Secretary, Chiswell Green Lane, St. Albans, Herts.

Indien
Indian Agricultural Research Institute, Division of Horticulture, Dr. B. Choudhury, New Delhi 12.

Italien
Associazione Italiana della Rosa, Niso Fumagalli, Villa Reale, Monza.

Japan
The Japan Rose Society, Managing Director, Nobuo Tanizawa, 28-12-8, Okuzawa, Setagayu-ku, Tokyo.

Niederlande
Raad voor het Kwekersrecht, Nederlands Rasregister, P. Marijkeweg 15, Postbus 14, Wageningen.

Südafrika
Rose Society of South Africa, Mr. H. E. Buss, P.O. Box 65217, Benmore, Transvaal.

SORTENSCHUTZ FÜR ROSEN

Da der Sortenschutz international bedeutsam ist, soll hier wenigstens das Wichtigste darüber berichtet werden, was er ist, wie man ihn erlangt und wie er wirkt.

Bereits um die Jahrhundertwende, als die Züchtung von Rosenneuheiten in Deutschland durch viele kleine Züchter, zumeist Liebhaber, in Gang kam, war es Peter Lambert, damals ohne Zweifel der führende deutsche Rosenzüchter, der nach einer Art „Züchterschutz“ strebte, einer Lizenz in unserem heutigen Sinne (Rosen-Zeitung 1902: 74—76). Da er damit aber keinen Erfolg hatte, vor allem nicht bei den Baumschulen, verkaufte er Rosenneuheiten zu einem erheblich höheren Preis als die übrigen Sorten. Als ‘Frau Karl Druschki’ 1901 in den Handel kam, kostete sie 20 Goldmark pro Stück; damit konnte der Käufer die Sorte weitervermehren. So wie in Deutschland war es auch in den anderen Ländern, in denen die Züchtung neuer Sorten betrieben wurde, vor allem in Frankreich und England. Die USA spielten damals noch überhaupt keine Rolle; aber da dort zuerst der Sortenschutz in Form des „Pflanzen-Patentes“ verwirklicht wurde, müssen wir zunächst hierauf eingehen.

Das „Pflanzen-Patent" (Plant Patent) in USA

In den zwanziger Jahren dieses Jahrhunderts kam in den Vereinigten Staaten die Rosenneuheitenzüchtung in Gang. Die Züchter, die möglicherweise viel Geld und Zeit für die Entwicklung einer neuen Sorte aufgewendet hatten, übergaben diese im gleichen Augenblick, wenn sie diese in den Handel brachten, jedermann zur freien Weitervermehrung, ohne von den Vermehrern auch nur die geringste Lizenz zu erhalten, wie dies in der Industrie bereits allgemein üblich war. Zuständigen Stellen bei der Regierung war dies durchaus bekannt, aber dort hatte man sich bis dahin zwar mit neuen Getreidesorten, Gräsern, Obstsorten usw. befaßt, jedoch noch nicht mit einem Rechtsschutz für diese neuen Sorten. Erst 1930 verabschiedete die US-Regierung das Pflanzenpatent-Gesetz (Plant Patent Act), das von nun an dem Züchter die Möglichkeit gab, seine Züchtung patentieren (schützen) zu lassen, die Vermehrung bei den Verbreitern bis zu 17 Jahre lang legal zu kontrollieren und für diese Zeit Lizenzen zu vergeben.

Eine Rosenneuheit, die in den USA zum Patent angemeldet werden soll, muß eine n e u e Sorte sein, für die in keinem anderen Land vorher ein Patent beantragt wurde. Sie darf weder in gedruckter Form vorher beschrieben, noch in USA in öffentlichem Verkehr sein, oder höchstens ein Jahr vor der Patentanmeldung. Sie muß unterscheidbar sein und sich asexuell sortenecht vermehren lassen.

Das erteilte Patent gewährt dem Antragsteller Schutz bis zu 17 Jahren, kann aber nach Ablauf dieser Frist nicht verlängert werden. Während dieser Zeit kann der Patentinhaber die asexuelle (ungeschlechtliche) Vermehrung durch Veredlung oder Stecklinge durch Erteilung von Lizenzen vergeben und ihre Einhaltung kontrollieren. Er kann außerdem den Verkauf in bestimmten Gebieten oder Ländern abgrenzen und auf die Qualität Einfluß nehmen. Wenn die Verkaufspflanzen nicht den festgesetzten Gütevorschriften entsprechen, kann der Patentinhaber die Lizenz zurückziehen, eine Klausel, die vor allem dem Verbraucher zugute kommt. Jede Pflanze, die in den Handel kommt, erhält ein Garantie-Etikett für die Echtheit.

Es ist n i c h t im Gesetz verankert, daß eine neue Pflanze besser sein muß als bereits bestehende, sondern nur n e u und u n t e r s c h e i d b a r von den übrigen. Das Patent bewirkt, daß für diese Rosen im allgemeinen höhere Verkaufspreise gefordert und auch bezahlt werden. Die erste Pflanze, die ein Pflanzenpatent erhielt, war die Rose 'New Dawn' (1930).

Da die Neuheitenzüchtung nunmehr auch kommerziell interessant geworden war, nahm sie in diesem Lande einen großen Aufschwung, so daß die amerikanischen Rosenzüchter schon sehr bald in die internationale Spitzengruppe gelangten, wo bis dahin Frankreich, Deutschland und England standen.

Sortenschutz für Rosen in Deutschland[1]

Bereits 1920 begann in Deutschland die Prüfung von Pflanzensorten auf ihre Selbständigkeit, d. h. auf ihre Unterscheidbarkeit von anderen Sorten der gleichen botanischen Art, durch eine dazu eingerichtete Sortenregisterkommission beim damaligen Deutschen Landwirtschaftsrat in Berlin, dies 1925 für Kartoffeln und 1927 für Getreide. 1934 wurde das Gebiet der Sortenprüfung durch die „Verordnung über Saatgut" wesentlich erweitert, der Kreis der botanischen Arten vergrößert und die Prüfung neuer Sorten auf ihre Anbauwürdigkeit aufgenommen. Nach 1945 wurden diese Prüfungen zunächst auf der Ebene der Länder fortgesetzt und dann dem 1949 gebildeten Sortenamt für Nutzpflanzen übertragen. Mit dem Saatgutgesetz vom 27. Juni 1953 wurde das Amt mit der Bezeichnung „Bundessortenamt" eine Bundesoberbehörde, die dem Bundesminister für Ernährung, Landwirtschaft und Forsten untersteht.

Durch das Saatgutgesetz wurde erstmals in der Bundesrepublik ein spezielles privates Schutzrecht für neue Pflanzenzüchtungen eingeführt. Im Grundsatz durfte nach der damaligen Regelung nur Saatgut von geschützten Pflanzen vertrieben werden; für nicht schutzfähige Sorten gab es eine besondere Regelung.

Auf Grund des 1961 abgeschlossenen „Internationalen Übereinkommens zum Schutz von Pflanzenzüchtungen" und der 1966 vom EWG-Ministerrat verabschiedeten Saatgutrichtlinien mußte das Saatgutgesetz novelliert werden. An die Stelle des alten Gesetzes traten nun am 1. Juli 1968 zwei neue Gesetze, nämlich

a) das Gesetz zum Schutz von Pflanzensorten (Sortenschutzgesetz) und
b) das Gesetz über den Verkehr mit Saatgut (Saatgutverkehrsgesetz).

Hinzu kam das Gesetz über die Erhebung von Kosten beim Bundessortenamt sowie über die Gebühren des Patentgerichtes in Sortenschutzsachen.

Ähnlich wie das Patentamt in München für eine Erfindung auf dem gewerblichen Sektor ein Patent erteilt, gewährt das Bundessortenamt für eine neue Pflanzensorte ein S o r t e n s c h u t z r e c h t. Das Sortenschutzrecht steht dem Ursprungszüchter oder Entdecker der Sorte oder seinem Rechtsnachfolger zu. Der erteilte Sortenschutz hat die Wir-

[1] Hauptsächlich nach Angaben aus der Informationsschrift des Bundessortenamtes.

kung, daß allein der Sortenschutzinhaber befugt ist, Vermehrungsgut der geschützten Sorte zum gewerbsmäßigen Vertrieb zu erzeugen oder gewerbsmäßig zu vertreiben.

Der Sortenschutz wird für eine Sorte erteilt, wenn sie
neu (weltneu),
hinreichend homogen,
beständig und
mit einer eintragungsfähigen Sortenbezeichnung bezeichnet ist.

Die Sortenschutzdauer beträgt grundsätzlich 20 Jahre (Ausnahmen für der Ernährung dienende Pflanzen u. a.). Nach dem derzeitigen (1972) Stand der Gesetzgebung kann Sortenschutz für Sorten von 112 botanischen Arten gewährt werden, darunter auch für Rosen.

Vor der Erteilung des Sortenschutzes wird geprüft

Eine Erfindung, die zum Patent angemeldet ist, kann ohne besondere Versuchsanstellung auf Neuheit, Fortschritt, Erfindungshöhe und gewerbliche Verwertbarkeit geprüft werden. Eine neue Pflanzensorte, die zum Sortenschutz angemeldet ist, kann jedoch als biologisches, d. h. lebendes Objekt nur durch Anbau im Freiland oder Gewächshaus darauf geprüft werden, ob sie neu, homogen und beständig ist. Da eine Sorte auf verschiedene Umwelteinflüsse unterschiedlich reagiert, ist es notwendig, die Anbauprüfungen an zwei oder drei Standorten durchzuführen; diese Prüfungen werden *Registerprüfungen* genannt. Sie dauern bei Rosen zwei Jahre. Während dieser Zeit wird eine Vielzahl von morphologischen und physiologischen Merkmalen an den Pflanzen jeder einzelnen Sorte erfaßt, beurteilt und klassifiziert; so z. B. bei den Rosen nicht weniger als 94 Merkmale, davon jedes Merkmal noch in zwei bis fünf Abstufungen. Um die neu angemeldete Sorte mit den bereits bestehenden geschützten Sorten prüfen und, soweit es möglich und notwendig ist, auch mit den im In- und Ausland bekannten Sorten vergleichen zu können, muß ein großes Sortiment unterhalten werden, bei Rosen zur Zeit rund 1100 Sorten.

Hat die Anbauprüfung ergeben, daß die angemeldete Sorte alle Voraussetzungen für den Sortenschutz erfüllt, so wird dieser durch die Prüfabteilung (für Rosen Prüfabteilung 9) erteilt. Gegen die Entscheidung der Prüfabteilung ist Einspruch möglich.

Die Anmeldungen zur Erteilung des Sortenschutzes und die Erteilung des Sortenschutzes werden im Amtsblatt des Bundessortenamtes („Blatt für Sortenwesen") bekanntgemacht. Bis zum 1. Juli 1971 wurden 56 Rosensorten (davon 30 ausländische) zum Sortenschutz angemeldet, der für 34 Sorten (darunter 15 ausländische) erteilt wurde.

Für seine Tätigkeit (Anmeldung, Registerprüfung usw.) erhebt das Bundessortenamt Gebühren; bei Rosen sind dies

für die Anmeldung einer Sorte	150 DM
für die Registerprüfung jährlich	300 DM
für die Eintragung einer Sorte	150 DM
für die jährliche Gebühr nach der Eintragung, mit Beginn des dritten Schutzjahres	250 DM

Nach 18 Jahren erlischt der Sortenschutz bei Rosen; eine Möglichkeit einer darüber hinausgehenden Verlängerung gibt es nicht. Bei Abmeldung oder bei Nichtzahlen der Gebühren erlischt der Sortenschutz ebenfalls.

Das Bundessortenamt hat seinen Sitz in 3011 Bemerode/Hannover, Rathausplatz 1; die Prüfstelle für Rosen befindet sich in Rethmar/Hannover.

Patentschutz für Pflanzensorten in Deutschland

Nur aus Gründen der Vollständigkeit sei hier noch nachgetragen, daß etwa seit 1930 nicht nur in USA (dort auf vegetativ vermehrbare Pflanzen beschränkt), sondern auch in Deutschland, Belgien, Frankreich und Italien ein Patentschutz für neue Pflanzensorten eingeführt wurde. Da dies aber im deutschen Patentgesetz nicht ausdrücklich vermerkt war, ging die Verwaltungspraxis des deutschen Patentamtes jedoch vom Schutz des Züchtungsverfahrens (Verfahrenspatent) später zum Schutz der neuen Pflanzensorte (Sachpatent) über.

Bis 1968 sind in Deutschland über 100 Patente auf Pflanzenzüchtungen erteilt bzw. Bekanntmachungen der Patentanmeldung mit einstweiliger Schutzwirkung ausgegeben worden. Als nun das neue Sortenschutzgesetz erlassen wurde, mußte eine Regelung getroffen werden, um einen Doppelschutz für Pflanzenzüchtungen zu verhindern, also nicht gleichzeitig Sortenschutz und Patentschutz. Den Patentinhabern für Pflanzenzüchtungen wurde die Möglichkeit eingeräumt, den Patentschutz in einen Sortenschutz umwandeln zu lassen. Somit kommt in Deutschland ein Patentschutz für Rosen nicht mehr in Betracht.

Der Warenzeichenschutz

Etwas völlig anderes als der Sortenschutz und der Patentschutz ist noch die Möglichkeit, eine neue Sorte durch ein Warenzeichen (das ist der Sortenname) schützen zu lassen. Um möglichst genau zu erklären, was es hiermit auf sich hat, sei hier der betreffende Abschnitt bei F. Grosshauser (1972) wörtlich zitiert:

„Das Warenzeichen gibt dem Inhaber die Alleinbefugnis, Saatgut der betreffenden geschützten Sorte (hier sind es natürlich Rosenpflanzen oder Vermehrungsmaterial) mit dem Warenzeichen zu versehen und das so bezeichnete Saatgut in den Verkehr zu bringen sowie auf Preislisten, Geschäftsbriefen, Empfehlungen und Rechnungen das Warenzeichen anzubringen. Das Warenzeichen ist von seiner Zielsetzung her nicht mit dem Sortenschutz oder Patentrecht gleichzusetzen, es gewährt dem Zeicheninhaber kein Erzeugungsmonopol wie das Sortenschutzrecht und das Patentrecht. Andererseits läßt sich das Warenzeichen im internationalen Saatgutvertrieb in weitaus stärkerem Maße als Schutzinstrument für die Sorte einsetzen als der Sortenschutz. Das Warenzeichen kann international registriert werden und bietet damit in vielen Staaten gegenwärtig den einzigen privatrechtlichen Schutz von Pflanzensorten."

„Hinsichtlich seiner Gestaltung kann das Warenzeichen gleichlautend sein mit der Sortenbezeichnung, oder anders lauten. Für das anderslautende Warenzeichen enthält das Sortenschutzgesetz und das Saatgutverkehrsgesetz keine Beschränkung hinsichtlich der Ausübung der Warenzeichenrechte. Nicht so beim gleichlautenden Warenzeichen. Hier bestimmen Sortenschutzgesetz und Saatgutverkehrsgesetz, daß der Warenzeicheninhaber seine Rechte aus dem Warenzeichen für die Sorte nicht mehr geltend machen darf, sobald die betreffende Sorte in die Sortenschutzrolle bzw. in die Sortenliste eingetragen ist. Die Rechte aus dem Warenzeichen ruhen insoweit; das Warenzeichenrecht selbst geht aber nicht unter. Praktisch bedeutet dies, daß der Warenzeicheninhaber aus dem Warenzeichenrecht heraus n i c h t den Vertrieb seiner Sorte v e r b i e t e n kann, wenn die Sorte unter der mit dem Warenzeichen g l e i c h l a u t e n d e n Sortenbezeichnung vertrieben wird. Für die Anmeldung eines Warenzeichens ist darauf zu achten, daß ein mit der Sortenbezeichnung identisches Zeichen ausgeschlossen ist, wenn die Sortenbezeichnung vorher schon angemeldet und in die Sortenliste bzw. Sortenschutzrolle des Bundessortenamtes eingetragen ist."

„Die Vermehrung von Züchtungen kann durch wettbewerbsrechtliche und strafrechtliche Vorschriften unter dem Gesichtspunkt der Unzulässigkeit einer sklavischen Nachahmung oder Betrug verboten und strafbar sein."

Vielleicht werden manche Leser diesen Abschnitt zwar gelesen, aber dennoch nicht oder nicht völlig verstanden haben. Die darin erläuterten Gesetze wollen jedoch weiter nichts, als dem Züchter die Möglichkeit bieten, sein häufig unter großen finanziellen Kosten entwickeltes Erzeugnis (bei der Sorte 'Zorina' sollen diese Kosten rund 5 Millionen DM betragen haben) vor unerlaubtem Nachbau zu schützen und die Vermehrung nur auf Grund von Lizenzen zu vergeben. Alle hiermit im Zusammenhang stehenden Fragen sind für den Züchter meist nicht einfach zu übersehen, sie setzen auch eine genaue Kenntnis vieler Gesetze und ihre richtige Auslegung voraus. Aus diesem Grunde sind in der Regel Patentanwälte und Rechtsanwälte tätig, um Anträge der Züchter zu vertreten. Beim Antrag auf Erteilung eines Warenzeichenschutzes sieht der Gang der Handlung etwa so aus:

BUNDESREPUBLIK DEUTSCHLAND

URKUNDE

ÜBER DIE EINTRAGUNG DES WARENZEICHENS

867334

Kordes Rose Prominent

DEUTSCHES PATENTAMT

Abb. 92. So sieht die Urkunde über ein erteiltes Warenzeichen aus

1. Anmeldung des Warenzeichens beim Patentamt in München, in der Regel durch einen Patentanwalt.
2. Der Patentanwalt prüft in den Registern der betreffenden Warenklasse, ob der Name frei ist.
3. Wenn der Name frei ist, meldet der Anwalt den Namen an; bis zur Erteilung des Schutzes vergeht etwa ein Jahr. In der Zwischenzeit entstehen Kosten beim Anwalt und beim Patentamt sowie Druckkosten für die Veröffentlichung. Dann muß die Gebühr für zehn Jahre entrichtet werden.

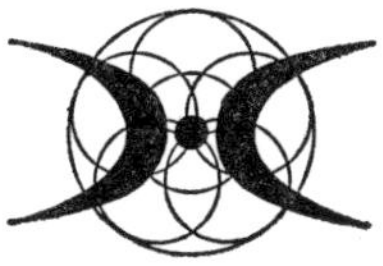

In Deutschland geschützte Rosensorten tragen auf dem Etikett das nebenstehende Zeichen

4. Einspruchsrecht gegen das beantragte Warenzeichen ist möglich durch Eigentümer gleicher oder sehr ähnlicher Warenzeichen, z. B. bei einem angemeldeten Warenzeichen 'Florentin' (Einspruch durch die Inhaber von 'Florentine' und 'Florentinchen'). Bei Einigung der Parteien ist aber auch hier eine Abgrenzung der Anwendung eines Warenzeichens möglich, z. B.
   'Diamant' (für eine Rose, 1962),
   'Diamant' (für eine *Saintpaulia*, 1968),
   'Diamant' (für eine Azalee, 1969).
5. Von der Anmeldung an läuft der Benutzungszwang für das Warenzeichen, um ein ungerechtfertigtes Blockieren des Namens zu verhindern.
6. Nach zehn Jahren ist eine Verlängerung des Warenzeichens für weitere zehn Jahre möglich.

Wer eine Mutation findet ...

Zum Schluß noch eine Antwort auf die Frage, was geschieht, wenn jemand eine Mutation in seinem Rosenquartier findet, beispielsweise wenn er an einer rotblühenden Rose plötzlich einen Trieb mit goldgelben Blüten findet und damit alsbald eine umfangreiche Vermehrung beginnt. In Deutschland (ebenso in den Niederlanden) ist der Finder einer solchen Mutation (die Gärtner nennen dies meist „Sport") Eigentümer der neuen Sorte, jedoch muß er das Auftreten dieser Mutation dem Eigentümer der Muttersorte mitteilen.

DIE NOMENKLATUR DER CULTIVARE

Die botanische Wissenschaft und auch der Gartenbau streben seit vielen Jahren danach, die Namen der Pflanzen, seien sie nun wissenschaftlich oder Sortenbezeichnungen, möglichst stabil zu machen. Das geschieht durch einen Code, in dem die Regeln für die Benennung der Pflanzen genau festgelegt sind.

Allgemeines In gewissen Zeitabständen werden diese Regeln — sie heißen „Internationaler Code der botanischen Nomenklatur" — revidiert und korrigiert. 1954 wurde er ergänzt durch einen Anhang „Internationaler Code der Nomenklatur für Kulturpflanzen", der 1969 in einer neuen Fassung erschien. Die Regeln und Empfehlungen dieser Codes sind die Grundlage der richtigen Benennung der Kulturpflanzen. Hieraus sollen nun einige der wichtigsten Regeln genannt und erläutert werden.

Die Kulturpflanzen erhalten Namen auf drei Rangstufen: Gattung, Art und Sorte (Cultivar).

Beispiel: *Rosa* (Gattungsname), *gallica* (Artname), 'Versicolor' (Sortenname).

Bei den Rosensorten handelt es sich um „Klone", d. h. um einen Bestand genetisch einheitlicher Individuen, der ursprünglich aus einem einzigen Individuum durch vegetative Vermehrung erzeugt worden ist.

Sortennamen, die einem botanischen Namen oder einem Namen in der Umgangssprache unmittelbar folgen oder diesem vorangehen, müssen von diesem deutlich unterschieden sein durch Einschließen in hochstehende Einzelanführungszeichen,

z. B.: *Rosa* 'Schneewittchen' oder Rose 'Schneewittchen'.

Doppelte (übliche) Anführungszeichen dürfen zur Kennzeichnung von Sortennamen nicht verwendet werden.

Ein Sortenname darf innerhalb einer Gattung nur einmal verwendet werden, es sei denn, wenn angenommen wird, daß die Sorte, die den Namen zuerst erhielt, nicht mehr in Kultur ist.

Der Sortenname sollte möglichst aus einem oder zwei Wörtern bestehen, er darf nicht aus mehr als drei Wörtern bestehen. Längere Namen sind unzulässig.

Beispiele für richtige Benennung:
'Capistrano', 'Tarantella', 'Mabella', 'Mercedes';
'Kordes Perfecta', 'Sterling Silver', 'Super Star';
'Gruß an Aachen', 'Perle von Remagen', 'Florida von Scharbeutz'.

Empfehlungen

Namen sollen

a) nicht mit einem Artikel beginnen (Der, Die, Le, La, The),

   also nicht: 'The Duke', 'The Fairy', 'The Bishop', 'The Bride', 'La Jolie' (wohl aber 'La Jolla', ein Ortsname!), 'Le Rêve', 'Le Rigide', 'Die Präsidentin';

b) nicht mit einer Abkürzung beginnen, außer der Abkürzung „Mrs.",

   also nicht: 'C. Chambard', 'E. V. Lucas', 'J. A. Gomis', 'J. C. Thornton';

   der erste abgekürzte Buchstabe soll voll ausgeschrieben werden,

   sondern so: 'George C. Waud', 'Maud E. Gladstone', 'William R. Smith';

c) nicht übermäßig lang sein;

   Hier handelt es sich fast nur um französische und spanische Sortennamen:
   'Madame Soledad de Ampuera de Leguizamon'

'Manuel Pinto de Azevedo'
'Donna Maria do Carmo de Fragosa Carmona'
'Saudade de Anibal de Morais'
'Senora Oyez de Caramba y Garlanzos'
'Su Exelencia Senora de Franco'
'Souvenir de Madame Achille van Herreweghe'
'Souvenir of an old Rose Garden'
'Souvenir de Jules Nicolas Mathieu Lamarche'

Aber der längste aller Rosennamen ist von Père Levet 1880 gegeben worden: 'Souvenir des Fiançailles de l'Archiduc Rodolphe d'Autriche et de la Princesse Stephanie des Pays-Bas'. Dieser Name war wirklich zu lang; man pflegte ihn nur abgekürzt zu verwenden: 'Rodolphe et Stephanie'.

d) **nicht** die Vorzüge einer Sorte **übertreiben**;

e) **nicht zu allgemein** sein

(also nicht etwa Rose 'Yellow', sondern 'Yellow Queen' usw.);

f) **nicht zu ähnlich** einem bereits bestehenden Namen sein, um Verwechslungen zu vermeiden

(z. B. 'Beatrix' und 'Beatrice'; 'Helen', 'Helena' und 'Hélène usw.).

Schwierige Namen Für slawische Zungen sind die folgenden Namen sicherlich einfach, nicht aber für Westeuropäer, und gerade dort werden die meisten Rosen verkauft. Nur aus rein kaufmännischen Überlegungen sollte man daher einen leicht auszusprechenden und möglichst kurzen Sortennamen wählen.

Schwierig sind 'Brno' (1933), 'Joseph Strnad' (1932), 'Plzen' (1930), um nur einige zu nennen.

Auch unter den deutschen Namen gibt es genügend schwierige für Ausländer.

Knospenmutationen Bei Knospenmutationen, die aus einer anderen Sorte hervorgegangen sind und mit dieser eine starke Ähnlichkeit behalten haben, empfehlen die Nomenklaturregeln, diese so zu benennen (nach Möglichkeit), daß der Name auf die Verwandtschaft hinweist. Bei den Rosen ist dies bei den Climbing-Mutationen auch gebräuchlich, bei einer Mutation der Blütenfarbe jedoch viel seltener.

Mitunter wird durch Verwendung eines bereits bestehenden Sortennamens mit einem Zusatz aber auch der Eindruck erweckt, als ob es sich um eine Mutation handelt, obwohl dies nicht der Fall ist,

z. B. 'Gelbe Holstein' — kein Sport von 'Holstein',
'Pink Peace' — kein Sport von 'Peace',
'Scarlet Queen Elizabeth' — kein Sport von 'Queen Elizabeth'.

Handelssynonyme Ein Handelssynonym ist ein anderer Name einer Sorte, der an Stelle ihres korrekten Namens unter eingeschränkten besonderen Umständen verwendet wird, z. B. wenn ein Name aus handelstechnischen Gründen in einem Lande nicht annehmbar ist. Das kann der Fall sein, wenn der Name schwierig auszusprechen ist oder wenn der ursprüngliche Name oder eine Übersetzung eine unerwünschte Nebenbedeutung haben würde.

Es sollte aber unter allen Umständen nur ein Sortenname für eine Sorte allgemein gebraucht werden.

Der Begriff „Handelssynonyme" wurde 1958 auf Wunsch einiger Gärtner zugelassen. Dadurch ist es seither möglich,

a) eine Rose mit dem offiziellen (ursprünglichen) Namen zu registrieren und diesen zu veröffentlichen;
b) die gleiche Rose später erneut mit einem „Handelssynonym" einzutragen und bekannt zu machen.

Derartige Namensänderungen sind bisher nur bei Rosen erfolgt.

Die Gültigkeit des Namens einer Sorte wird durch Veröffentlichung in einer Druckschrift und deren Verteilung bewirkt. Dazu genügt auch ein Katalog, wenn er wenigstens mit einer Jahreszahl versehen ist.

Vor allem in USA ist man leider sehr schnell mit Namensänderungen, wie in der folgenden Übersicht an einigen Beispielen zu sehen ist.

Ursprünglicher Name	Jahr	Handelssynonyme	Jahr
Mme A. Meilland	1942	Gloria Dei (Deutschland)	1945
		Peace (England und USA)	1945
		Gioia (Italien)	1945
Schneewittchen	1958	Iceberg	1958
Voeux de Bonheur	1960	Bon Voyage	1969
Maryse Kriloff	1960	Lucy Cramphorn	1961
Super Star	1960	Tropicana	1962
Manola	1961	Fred Cramphorn	1962
		Samoa	1964
Evelyn Fison	1962	Irish Wonder	1964
Forever Yours	1964	Concorde	1969
Kronenburg	1965	Flaming Peace	1967
Grandpa Dickson	1966	Irish Gold	1969
Maria Callas	1966	Miss All-American Beauty	1968
Samourai	1966	Scarlet Knight	1967
Majorette	1968	Minna Lerche Lerchenborg	1969
Jean de la Lune	1969	Yellow Glo	1969

Diese Liste könnte mühelos beträchtlich verlängert werden.

Mißverstandene Personennamen

sind mitunter sehr lustig zu lesen, so in England:

„Glory Dic-John“ = 'Gloire de Dijon';
„Grows in Triplets“ = 'Gruß an Teplitz';
„Old Fellow“ = 'Othello';
„Thursday Morning“ = 'Desdemona';
„Felicité Perpétuale“ = 'Félicité Perpétue';
„Southport or nothing“ = 'Soupert & Notting'.

Die Mode bei der Namensgebung Bei den Rosen ändert sich der Geschmack verhältnismäßig bald. Das kann man dort am besten studieren, wo die prämiierten Rosen jahrgangweise nebeneinander gepflanzt sind, wie z. B. die ADR-Rosen in Dortmund oder aber die mit Goldmedaillen bedachten Rosen in Bagatelle (Paris), die dort alle beisammen auf einem Beet hinter dem Schloß stehen.

Die Mode drückt sich aber auch in der Namensgebung aus. Es gibt Rosennamen mit allen Titeln, vielen Namen von Filmschauspielern, dennoch tragen die schönsten Rosen meist den Namen einer Frau. In einer kleinen Statistik, die ich nach der Häufigkeit des Auftretens von Namengruppen aus „Modern Roses, 6. Ausgabe“ zusammengestellt habe, standen folgende Sortennamen an der Spitze:

391mal	Madame (Mme)
288mal	Mrs.
39mal	Frau
182mal	Golden
150mal	Rose, Rosa und ähnliche
138mal	Red, Rouge, Rot
126mal	Pink
121mal	White, Weiß, Blanc
130mal	Souvenir de (Andenken an)
126mal	Lady
112mal	Maria
88mal	Queen

Alle anderen Namen kommen viel seltener vor. Früher wurden die Namen von adeligen Personen sehr gerne verwendet, in Kriegszeiten natürlich Namen von Heerführern oder Kriegshelden. Das sieht man, wenn man die Veröffentlichungen in den Gartenbauzeitschriften der Kriegsjahre durchblättert.

LITERATUR

ALBRECHT, A.: Sortenschutz für Rosen. Rosenjahrbuch 35: 53—63 (1969).

BÖHRINGER, D.: Sortenschutz bei Rosen und Beerenobst. Erwerbsgärtner 1968: 228—230.

Das Bundessortenamt. Aufgaben — Organisation — Einrichtung. Bemerode/Hann. (1972).

GILMOUR, J. S. L. (Editor): International Code of Nomenclature of cultivated Plants — 1969. Regnum Vegetabile, Band 64: 1—62. Utrecht (1969). — Deutsche Fassung veröffentlicht in ZANDER, Handwörterbuch der Pflanzennamen, 10. Aufl., herausgegeben von F. ENCKE, G. BUCHHEIM und S. SEYBOLD. Stuttgart (1972).

GROSSHAUSER, M.: Der Rechtsschutz für Gemüse- und Zierpflanzensorten in der Bundesrepublik. Dtsch. Gärtnerbörse 72: 983—986 (1972).

HEYWOOD, V. H.: Taxonomie der Pflanzen. 112 S. Jena 1971.

KRÜSSMANN, G.: 391mal „Madame“, aber nur 7mal „Monsieur“. Dtsch. Baumschule 1972: 78.

LEUTERT, P.: Gewerbliche Rechtsschutzfragen für Pflanzenzüchtungen (in Der Deutsche Gartenbau, Berlin-Ost), 1966: 230 bis 232.

MAASS, C. H.: Was ist Züchtung? Dtsch. Baumschule 1964: 12 bis 14.

MANSFELD, R.: Die Technik der wissenschaftlichen Pflanzenbenennung. Akademie-Verlag Berlin 1949.

REIMANN-PHILIPP, R.: Ein Gerichtsurteil von grundsätzlicher Bedeutung? Gartenwelt 72: 383—385 (1972).

RIEHL, Dr.: Fortschritte bei Rosensortenschutz und -lizenzen. Erwerbsgärtner 1968: 1678.

ROTHMALER, W.: Allgemeine Taxonomie und Chorologie der Pflanzen. 2. Aufl. Jena 1955.

SCHADE, H.: Patentierung von Pflanzenzüchtungen. Schriften zur Förderung des Gartenbaues 1: 1—17. Aachen 1951.

WEIDINGER, G.: Wie weit soll der Züchterschutz gehen? Gartenwelt 72: 446—447 (1972).

WUESTHOFF, F.: Eine neue internationale Konvention zur Schaffung eines Rechtsschutzes für Pflanzenzüchtungen. Dtsch. Gärtnerbörse 1963: 11—12.

—: Das neue Sortenschutzgesetz. Erwerbsgärtner 1968: 226 bis 228.

—: Cultivated Plant Nomenclature and Plant Variety Rights. Taxon 22: 455—458 (1973).

Hauptbetrieb der Firma W. Kordes Söhne in Sparrieshoop (Luftbild Schöning & Co., Lübeck; Kl. 6916/71-Gen. Nr. 38297)

Die Rosengärtnerei von Meilland in Antibes, Südfrankreich

Bilder aus dem Deutschen Rosarium in Dortmund. Oben im Vordergrund und rechts deutsche Rosen, im Hintergrund die Sortimente aus Frankreich und den Niederlanden. — Unten im Vordergrund die Rosen aus Belgien, dahinter die Beete mit englischen und dänischen Rosen (Stand 1973)

Die duftende Rose

Im 13. Jahrhundert soll ein Erzbischof von Köln gesagt haben, ein Rosengarten müsse ein Duftgarten sein.

„Menschen, die durch einen Rosengarten gehen, ohne einmal stehen zu bleiben, um den Duft einer Rosenblüte einzuatmen, lassen sich eine Dimension bei diesem Vergnügen entgehen. Die Düfte der Rosen sind gleich herrlichen Musik-Akkorden, komponiert aus vielen Duftnoten in harmonischem Zusammenklang." So schreibt N. F. Miller (1962).

Duftstoffe sind flüchtige Ausscheidungsprodukte bestimmter Drüsen oder einzelner Drüsenzellen oder ganzer Organe (Blüten, Blätter). Der Duft ist oft ein Gemisch aus mehreren Duftarten, die jetzt weitgehend mit Hilfe der Gaschromatographie selbst in kleinsten Mengen von Aromastoffen getrennt und genau bestimmt werden können. Die Duftstoffe sind ungesättigte und aromatische Alkohole und Aldehyde, Fettsäuren, Phenole, Carbonsäuren und ihre Ester, ätherische Öle und Harze.

Viele Rosenliebhaber unserer Tage behaupten, daß die modernen Rosen keinen Duft haben; dies trifft zwar auf viele Sorten zu, aber es gibt ganz sicher auch viele unter ihnen, die genau so stark duften wie die sogenannten „alten" Rosen.

Dr. W. E. Lammerts, einer der führenden Rosenwissenschaftler der USA, hat einmal (1951) eine gründliche Duftuntersuchung angestellt und dabei viele alte Rosensorten geprüft. Die Ergebnisse wurden dann nach Perioden geordnet und verglichen (vgl. Tabelle); dabei stellte sich heraus, daß auch viele alte Rosen überhaupt nicht duften! Die Behauptung, daß alle alten Rosen duften, ist somit nicht zutreffend. Hier ein Auszug aus seiner Aufstellung (die Daten wurden nicht verändert).

Zeitraum	duftend oder stark duftend	mittelstark duftend	schwach oder nicht duftend
vor 1500			
	R. centifolia *R.* 'Muscosa' 'Rose des Peintres'	*R. damascena*	'Russeliana'
1500—1600			
	'Kazanlik'	*R. damascena* 'Versicolor' 'Pink Moss'	*R. foetida* 'Bicolor'
1600—1700			
			'Gros Provins Panaché' 'Rosa Mundi' 'Président de Sèze'
1700—1800			
	'Maiden's Blush'	'Old Red Moss'	'Old Blush'
1800—1850			
	'Phoebus' 'Baronne Prévost'	'Mme Hardy' 'Crested Moss'	'Persian Yellow' 'Hermosa' 'Comtesse de Murinais' *R. harisonii*
1850—1875			
	'La France' 'Duchesse de Brabant' 'Georges Vibert' 'Général Jacqueminot'	'Mme Alfred Carrière'	'Paul Neyron'
1875—1900			
	'Ulrich Brunner' 'Kaiserin Auguste Viktoria'	'Gruß an Teplitz'	'Mignonette'
1900—1920			
	'Hadley' 'Gloire de Chédane Guinoisseau' 'Mme Jules Bouché'	'Soleil d'Or' 'Variegata di Bologna' 'La Marne' 'Lady Hillingdon'	'Veilchenblau' 'F. J. Grootendorst' 'Tausendschön' 'Frau Karl Druschki'
1920—1940			
	'Betty Uprichard' 'Mrs. Sam McGredy' 'Lord Charlemont' 'Shot Silk' 'Crimson Glory'	'Colette Clément' 'California'	'Dainty Bess' 'Felbergs rosa Druschki'

James A. Gamble, USA (1956), untersuchte während einer Reihe von Jahren 3900 Sorten Rosen auf Duft und kam zu dem Ergebnis, daß etwa 25 % ohne Duft, 20 % sehr wohlriechend, der Rest schwankend oder nur leicht duftend war.

Bouquet (1968) meint, daß ein Drittel unserer modernen Rosen hinsichtlich der Abstammung auf 'Lady Mary Fitzwilliam' zurückgeführt werden kann; hiervon stammt auch 'Mme Caroline Testout' ab, und letztere wiederum ist ein Vorfahr der berühmten Duftrose 'Crimson Glory', die ihren typischen Rosenduft an viele ihrer Nachkommen vererbt hat.

Es scheint eine Regel zu sein, daß dunkle Rosen stärker duften als helle Rosen; außerdem, je mehr Petalen, desto intensiver der Duft. Petalen mit viel Substanz („dicke Petalen") und Samtschimmer haben mehr Duft als solche mit wenig Substanz. Der Duft entströmt winzigen Drüsen an der Oberseite der Petalen; diese Drüsen sind unter dem Mikroskop gut sichtbar.

Daß es einen Zusammenhang gibt zwischen Duft und Blütenfarbe bei der Rose, sieht man auch daran, daß hauptsächlich rote und rosa Blüten den typischen Rosenduft aufweisen, während gelbe und weiße anders duften, nämlich nach *Iris*, Kresse (*Tropaeolum*), Veilchen und Zitrone. Rosenblüten mit orange Farbtönen duften nach Frucht, *Iris*, Kresse, Veilchen und Klee.

An Tagen mit bedecktem Himmel nimmt der Duft ab; wird das Wetter kälter und bleibt es bedeckt, wird der Duft noch schwächer; und N. F. Miller stellte nur bei 'Sutter's Gold', 'Girona' und 'Chrysler Imperial' dann noch guten Duft fest. Wenn das Wetter wieder wärmer wird, bildet sich auch wieder der normale Duft.

Die Polyantha-Rosen sind im allgemeinen völlig ohne Duft, wenngleich es auch hier einige gut duftende Sorten gibt. Gamble (1956) fand 15 mit starkem Duft, von denen aber nur 'Natalie Nypels' und 'Paulette' bei uns bekannt sind.

Die alten sogenannten Polyantha-Hybriden duften nicht oder kaum, wohl aber manche Floribunda-Rosen unserer Zeit. Die erste von ihnen war 'Fashion', entstanden aus 'Rosenmärchen' × 'Crimson Glory'. Weitere stark duftende Floribunda-Rosen sind 'Elizabeth of Glamis', 'Border Coral', 'Woburn Abbey', 'Minna Kordes', 'Chatter', 'Elfe', 'Lilibet', 'Ma Perkins' und 'Poulsen's Yellow', um einige zu nennen.

Die Vorgänge bei der Entstehung des Rosenduftes werden von N. F. Miller bis in die letzten Einzelheiten erklärt. Nur einiges davon kann hier berichtet werden. Die Duftstoffe werden in den Chloroplasten gebildet. Oft sind sie mit Glukosen verbunden und bilden dann die nicht duftenden Glukoside, welche gespeichert oder in die Petalen transportiert werden. In den Petalen macht sich der Duft bemerkbar, wenn die Glukoside durch Einwirkung einiger Enzyme eine Hydrolyse durchmachen. Der Kresseduft (von *Tropaeolum*) stammt wahrscheinlich von den Senfölen (Benzyl-Isothiocyanat und Phenylaethylisocyanat), welche auch bei *Tropaeolum* als Glukoside vorhanden sind.

An warmen, sonnigen Tagen bemerkt man den Duft der Aldehyde in Form von Hyazinthen-, Jonquillen-, Zitronen- und Geranienduft. An solchen Tagen verändert sich der Kleeduft in Lorbeerduft. Ist bei solchem Wetter auch noch reichlich Bodenfeuchtigkeit vorhanden, duften die Rosen noch stärker, weil die Bildung der Duftstoffe in den Chloroplasten zunimmt und diese nun auch in größerem Umfang in die Petalen transportiert werden. Dort erfolgt die Oxydation der Alkohole zu Aldehyden. W. A. Poucher (1959) hat festgestellt, daß diese Oxydation in der Blüte vor sich geht. Nun ist aber der Duft jedes Aldehyds verschieden und auch viel stärker als der des Alkohols, aus dem er bei der Oxydation hervorging. Die Stärke des Duftes hängt zwar zum Teil von seiner Verflüchtigung ab, weit mehr aber von dem Reiz, den er auf die Nerven in der Nase und auf den Riechnerv ausübt.

Wer sich genauer über die biochemische Seite der Entstehung des Duftes, die wissenschaftliche Bezeichnung der Duftstoffe und ihr Verhalten informieren will, sei auf die Studie von N. F. Miller (1962) verwiesen, aus der hier einige mehr allgemein interessierende Angaben folgen mögen.

Dieser Autor hat den Duft von 170 Rosensorten unter verschiedenen Wetterverhältnissen untersucht; er kommt zum Schluß, daß man mehr als 25 Arten von Duft bei Rosen unterscheiden kann, manche Rose enthält sogar Gemische mehrerer Düfte. Die meisten Teehybriden indessen enthalten nur einen der folgenden sieben Elementarduftstoffe oder ein Gemisch hiervon: Rose, Kresse, Iris, Veilchen, Apfel, Zitrone und Klee.

Weiter vorkommende Düfte bei Rosen sind: Hyazinthe, Farn oder Moos, Orange, Lorbeer, Anis, Maiglöckchen, Leinöl, Honig, Wein, *Calendula*, Quitte, Geranie, Pfeffer, Petersilie und Himbeere. Bei einer Anzahl dieser Duftstoffe gibt N. F. Miller auch an, welchem chemischen Stoff der Duft entströmt. Alle 170 untersuchten Rosensorten sind einem dieser Parfüms zugeordnet; eine Auswahl der genannten Sorten folgt hier, wobei darauf Bedacht genommen ist, daß es sich um Sorten handelt, die bei uns in Kultur sind oder waren.

Übersicht über die Rosendüfte
(nach N. F. Miller, im Auszug)

+ = Duft besonders intensiv ausgeprägt.

Rose
- +Kasanlik
- +Parfum de l'Hay
- +Gruß an Teplitz
- +Rose des Peintres

Rose und Petersilie
- +American Beauty
- +Mrs. John Laing
- +Paul Neyron

Rose und Klee
- +Chrysler Imperial
- +Rouge Meilland
- +Crimson Glory
- +Hansa

Klee
- +Luna
- Dainty Bess
- Christopher Stone

Rose und Kresse
+Conrad Ferd. Meyer
+Sarah van Fleet
+Hearts Desire
+Georg Arends

Rose und Zitrone
+Rubayat
+La France
+Mirandy
+Tiffany

Apfel
New Dawn
Hon. Lady Lindsay
Gail Borden

Apfel und Klee und Rose
+Zéphirine Drouhin

Frucht
+Sutter's Gold (Quitte)
+Angels Mateu (Himbeere)
+Kordes Perfecta (Iris und Himbeere)

Iris
+Golden Masterpiece
Golden Showers
Miss America
Geheimrat Duisberg

Iris und Veilchen
+Golden Dawn
+Condesa de Sastago
+McGredy's Sunset
+Maréchal Niel

Lorbeer
Radiance
Red Radiance

Gewürz
Soleil d'Or

Kresse
Miami
Dr. Debat
Schlössers Brillant
Buccaneer

Zitrone
+Suzon Lotthé
+Symphonie
Confidence

Apfel und Klee
Talisman
Circus
Souv. de la Malmaison

Apfel/Klee/Petersilie/Zitrone
+Eden Rose
Tallyho

Wein
Treasure Island
Comtesse Vandal

Maiglöckchen
Gay Débutante
Mme Louis Lévêque
Summertime

Veilchen
Mme Jules Bouché
Margret McGredy
Betty Uprichard

Leinöl
Persian Yellow
Rosa foetida
R. foetida 'Bicolor'

Farn, Moos
Queen Elizabeth

In Frankreich hat man sich (Leroy 1973) die Frage gestellt, ob Boden und Klima einen Einfluß auf die Intensität des Rosenduftes haben könnten. Die Ansichten hierüber sind indessen sehr gegensätzlich, obwohl man nicht bestreiten kann, daß das Klima (Wärme, Licht, Wind) zur Entfaltung des Duftes beiträgt. Ob dies aber auch der Boden tut, wie man dies vom Wein weiß, muß offen bleiben.

DAS ROSENÖL

Wenn wir davon lesen, daß schon die alten Römer und Griechen Rosenöl verwendeten, so trifft dies nicht zu, denn damals war die Destillation noch unbekannt; somit war es auch nicht möglich, Rosenöl rein herzustellen. Dennoch benutzten beide Völker duftende Öle als Zusatz zu ihren Bädern; ein Öl mit Zusatz von Rosenduft hieß *rhodium.* Man gewann es durch Ausziehen der Blütenblätter in Öl, was schon Dioscurides beschrieb. Nur mit solchem Öl kann, wie in der „Ilias" berichtet wird, die Leiche Hektors gesalbt worden sein.

Die früheste Destillation von Rosenöl wird erwähnt in der Ayar-Vedas von Charakar, einem Arzt, der um 100 n. Chr. in Indien lebte.

Die zweite „älteste" Nachricht über die Gewinnung von Rosenöl hat Flückiger in einer arabischen Handschrift gefunden und 1862 veröffentlicht. Darin heißt es, daß (nach Ibn Khaldun) in der Zeit von 810 bis 817, während der Herrschaft des Kalifen Mamun, die Provinz Faristan alljährlich einen Tribut von 30 000 Flaschen Rosenwasser nach Bagdad an den Schatz abliefern mußte. Blondel bringt noch eine ganze Reihe von Belegstellen über die Gewinnung des Rosenöles und des Rosenwassers in arabischen Ländern, die aber hier nicht aufgezählt zu werden brauchen.

Ein anderer Autor sagt, daß Avicenna, ein islamischer Arzt und Apotheker, aus der Gegend von Buchara, der zwischen 980 und 1036 lebte, als erster Rosenwasser destilliert hat. Es scheint aber nicht klar zu sein, ob es sich in diesen Fällen um Rosenwasser oder um Rosenöl gehandelt hat. Da aber schon in der ersten Hälfte des 9. Jahrhunderts n. Chr. ein bedeutender Export von Rosenöl aus Bagdad und Umgebung nach Indien, China, Ägypten, Nordwestafrika und Spanien ging, darf man wohl als sicher annehmen, daß die Destillation in Persien erfunden wurde, wie ja auch hier die Rosenkultur ihren Anfang nahm.

Der Hof Karls des Großen in Aachen soll geduftet haben wie ein ganzer Rosengarten; also muß auch schon nach hier exportiert worden sein.

Vom 10. bis 17. Jahrhundert lag das Zentrum der Rosenöl-Industrie in Persien und breitete sich von hier aus nach Arabien, Nordafrika und Spanien aus. Heimkehrende Kreuzritter brachten die Rose von Kleinasien nach Südfrankreich, jedoch entwickelte sich hier eine Industrie erst im 19. Jahrhundert. Die Kreuzritter waren es auch, die den Gebrauch von Rosenwasser in Fingerschalen für ihre Gäste einführten (1096 bis 1291).

Glaubwürdig als „frühester" Bericht dürfte eine Mitteilung des Joannes Actuarius, eines Arztes der griechischen Herrscher in Konstantinopel zu Ende des 13. Jahrhunderts, sein, der über die Destillation eines Rosenwassers berichtete.

Nach dem Untergang des römischen Reiches wurden die feineren Parfümerien nur noch im Orient verbraucht, ebenso in Byzanz, im Abendland aber durch das Christentum lange verpönt; erst durch die Kreuzzüge wieder aufkommend, zuerst in Italien, dann in der Renaissance ganz allgemein.

Königin Elisabeth von Ungarn (1370) benutzte destilliertes „Ungarisches Wasser", das ihre Schönheit so erhielt, daß der König von Polen, als sie schon 72 Jahre alt war, noch um ihre Hand anhielt. Ein Bestandteil ihres Schönheitsmittels war Rosenwasser.

Kaempfer berichtet 1712 schon über eine Rosenöl-Industrie in Schiras. Aber dieses Öl war bereits in Europa bekannt, denn um 1574 hatte Geronimo Rossi, aus Ravenna, geschrieben, daß man vom Rosenwasser ein stark duftendes Öl trennen könne. Auch Angelus Sala, in Deutschland, beschrieb zwischen 1610 und 1630 ein flüchtiges Öl aus den Rosen.

Nach Schlagenweit-Sakunlunski und anderen Autoren (Blondel; 106) soll die Kultur der Rose und die später damit verbundene Industrie von Persien und Arabien nach Indien gebracht worden sein, wo sie zu Ende des 19. Jahrhunderts in Ghazipur, am Ganges, noch in Blüte stand.

1612 soll — nach einer Legende — die Prinzessin Nurmahal, als sie am Hochzeitstage mit ihrem Bräutigam, dem Mogul-Kaiser Dschahangir, über einen Teich ruderte, auf den viele Rosenblüten gestreut waren, dort einen öligen Film bemerkt haben. Den ließ sie mit feiner Baumwolle entfernen, bewahrte diese aber in versiegelten Flaschen auf, nachdem sie bemerkt hatte, daß sie einen herrlichen Duft entdeckt hatte. Wenngleich es mit dem Rosenöl nichts zu tun hat, möge hier doch noch erwähnt werden, daß während ihrer Brautzeit „merkwürdigerweise" die anderen fünf Favoritinnen rasch hintereinander starben. Als Kaiserin machte sie eine stürmische Regierungszeit durch. Auf daß sie nicht auch im Alter einmal „plötzlich und unerwartet" stürbe, verheiratete sie ihre Nichte Mumtaz mit dem Kronprinzen Schahdschan, dem berühmten Kaiser, der später für eben diese Mumtaz den Tadsch Mahal in Agra erbaute.

1612 veröffentlichte Langlès, der durch seine ausgezeichnete Kenntnis orientalischer Sprachen viel Neues bringt, vor allem sprachliche Untersuchungen, eine zwar häufig zitierte, aber nur selten gelesene Schrift. Er wundert sich, daß die persischen Dichter, z. B. Hafis, niemals von Rosenöl (*athr*) sprechen, sondern immer nur von Rosenwasser (*gulab*); ebenso ist es im Gulistan, im Bustan (des berühmten Dichters S'Adi) und auch nicht im „Zéfer Nameh" (Buch des Siegs, Geschichte des Tamerlan), geschrieben von Scherif ed Dyn Ali, der häufiger die bei den Festen benutzten Parfüms beschrieb. Vor 1612 hat kein Reisender aus Persien jemals über Rosenöl berichtet.

Abb. 93. Die indische Prinzessin Nurmahal und ihr Gatte, der Großmogul; sie war der Sage nach die erste, die eine Methode zur Gewinnung von Rosenöl erfand

Am Hofe Ludwig XIV. (1643—1715) war der Parfümverbrauch fast so groß wie im alten Rom, da der König es liebte, in einer stark nach Orangen riechenden Atmosphäre zu leben.

Schon früh im 17. Jahrhundert brachten die Türken die Rosenindustrie zum Balkan; doch erlangte diese erst im 19. Jahrhundert Bedeutung. In dieser Zeit hatten sie praktisch das Monopol der Rosenöl-Lieferung.

In den deutschen Apotheken war das Rosenöl bereits gut bekannt, ebenso auch in Frankreich, wo es noch mehr verwendet wurde. Im Mittelalter benutzte man vor allem Rosenwasser als Parfüm und in Schönheitsmitteln. Das Rosenwasser, das man sich auch selbst herstellen kann, ist eine rosenartig duftende Ausschüttelung von etwa 4 Tropfen Rosenöl in einem Liter destillierten Wasser.

Der Kuriosität halber sei hier noch erwähnt, daß der französische Dichter Pierre Ronsard (1525—1585) mit Rosenwasser getauft wurde. Er hat aber später nichts mit Rosen zu tun gehabt, außer der silbernen Rose im Wert von rund 10 000 DM, die ihm die Königin Mary von Schottland für ein Gedicht über sie schenkte.

Zusammensetzung des Rosenöls

Zunächst einige sprachliche Vorbemerkungen. Das Rosenöl, lat. *Oleum Rosae*, franz. *Essence de Rose*, heißt englisch *Oil of Roses*, *Attar of Roses* oder auch *Otto of Roses*.

Das Wort *„Athr, A'thr* oder *'Othr"* wird von den Arabern, Türken und Persern benutzt, um das Rosenöl zu bezeichnen, ohne hierbei den Namen der Blume zuzufügen (*gul*), es ist Arabisch und bedeutet ganz allgemein „Duft". Es stammt ab von „*a'thara*", was soviel heißt wie gut riechen. *Athar Gul* ist also im Orient das Rosenöl, und *gulab* ist das Rosenwasser.

Das Rosenöl ist ein Parfüm; deshalb sei auch dieses Wort noch kurz erklärt. Es ist aus zwei Wörtern zusammengesetzt, *par fume*, lat. *per fumus* (durch Rauch), und bezieht sich auf den Weihrauch, der zuerst von den Arabern bekannt wurde. Aber auch die Römer, Griechen, Ägypter und andere antike Völker benutzten den Weihrauch schon in irgendeiner Form. Heute enthalten alle Kosmetika Parfüm, die hochwertigen auch Rosenöl, wenn auch nur in geringer Menge, da es den Mischungen Tiefe und Schönheit verleiht. Der Duft des reinen Öles ist so stark, daß selbst Spuren davon fest in Geweben haften und selbst nach mehrmaligem Waschen noch spürbar sind.

Eine ganze Reihe der Inhaltsstoffe des Rosenöles ist weit verbreitet und kann auch aus anderen Blüten gewonnen werden, außerdem auch leicht synthetisch. Wegen dieser leichten Beschaffung und wegen des hohen Preises des echten Rosenöles wird dieses oft verfälscht. Nur ein wirklich erfahrener Chemiker kann nachprüfen, ob das Rosenöl echt ist oder nicht.

Aussehen: Heller oder dunkler gelbe oder grünliche, dickliche Substanz, ätherisches Öl, bei Zimmertemperatur flüssig, unter 20 °C zu einer kristallinischen Masse erstarrend, stark nach frischen Rosen duftend.

Das spezifische Gewicht schwankt (nach Blondel):
0,815 für Rosenöl aus Grasse, bei 30 °C;
0,870—0,876 für deutsches Rosenöl, bei 22 °C;
0,870—0,890 für Rosenöl vom Balkan, bei 17 °C.

Reaktion: Schwach sauer.

Von den vielen Inhaltsstoffen sind folgende die wichtigsten:

Rhodinol	(= 1-Citronellol); kommt auch vor in Citronella-Öl und *Geranium*-Öl; dieser Stoff kommt im Rosenöl mengenmäßig am meisten vor.
Geraniol	Auch vorkommend in *Geranium*-Öl, Citronella und Lemon Grass[1].
Nerol	Auch vorkommend in Orangenschalen, in Blüten von *Geranium* und *Magnolia*.
1-Linalool	Auch in Cinnamomeum-Öl, Sassafras und Orangenblüten.
Phenyl-Äthylalkohol	kommt in zahlreichen flüchtigen Ölen vor.
Farnesol	kommt auch vor in Öl von Citronella, Lemon Grass und in Orangenschalen.
Citral	kommt vor in Öl aus Orangen, Zitronen und Lemon Grass.
Eugenol	Zu etwa 85 % im Öl der Kleeblüte enthalten und auch sonst sehr oft zu finden.
Carvone	Sonst noch vorhanden in den Ölen aus Kümmel, Krauseminze (*Mentha spicata* 'Crispata') und Dill.

[1] „Lemon Grass" ist das tropische Kulturgras *Cymbopogon citratus*, während Citronella-Öl aus Citronella-Gras, *Cymbopogon nardus*, gewonnen wird.

Schließlich noch Stearopten, ein fester, nicht duftender Alkohol von paraffinartigem Aussehen, mengenmäßig stark schwankend, je nach Herkunft des Öles, zwischen 10 und 70 % (nach Hegi).

Fälschungen Chemiker sind heute durchaus in der Lage, Rosenöl synthetisch herzustellen, allerdings nicht in der gleichen Qualität wie das Naturprodukt. Es gibt eine Reihe von ähnlichen ätherischen Ölen, mit denen das echte Rosenöl verfälscht wird. Meist handelt es sich um

Palmarosa-Öl, aus dem indischen Gras *Cymbopogon martinii*;

Pelargonium-Öl, aus *Pelargonium odoratissimum, P. graveolens, P. fragrans*;

Geranium-Öl, aus *Pelargonium radula*;

Guajakholz-Öl, aus *Guajacum officinale* und *G. sanctum.*

Die Fälschungen sind durch verschiedene Reaktionen nachweisbar, so durch höhere Jodzahlen (nach Hudson-Cox und Simmons, reines Rosenöl 187—194, Geranium-Öl 211 bis 225, Palmarosa-Öl 296—307), ferner durch Untersuchungen des Schmelzpunktes.

Rosen für die Ölgewinnung Rosen, die nur wegen ihrer Schönheit gezüchtet und angepflanzt wurden, geben im allgemeinen nur geringe Rosenölerträge. Von den heute bekannten 20 000 (oder mehr) Rosensorten sind nur wenige für die industrielle Verwendung brauchbar, eigentlich nur die folgenden drei:

1. *Rosa damascena* (und zwar in der Form 'Trigintipetala') ist die bei weitem wichtigste Ölrose. Sie hat einen starken Duft und bringt gute Erträge. Hauptsorte in Bulgarien und in der Türkei. Die normale *Rosa damascena* ist heute

verwildert im Kaukasus, Syrien, Marokko und Spanien (Andalusien).

2. *R. alba.* Gehalt an Rosenöl geringer, auch in der Qualität; Wuchs jedoch kräftiger, Winterhärte größer, daher in Bulgarien gern als Schutzhecken um die Felder von *R. damascena* gepflanzt.
3. *R. centifolia.* Trotz des relativ hohen Ölgehaltes ist hier die Destillation unwirtschaftlich, deshalb wird hier mit Lösungsmitteln extrahiert; in großem Umfang in S-Frankreich (Grasse und Umgebung) angebaut, ferner (in geringerem Umfang) in Marokko.

Rosa gallica ist ebenfalls ölhaltig, aber nicht so bedeutend, daß sich eine industrielle Ausbeute lohnt. Auf der Krim hat man *Rosa gallica* und *R. damascena* gekreuzt und daraus die 'Rote Krimrose' erhalten, die dort als wichtigste Ölrose bezeichnet wird.

Gewinnung der ätherischen Öle geschieht durch:

Destillation. Erst seit Erfindung des Destillationsapparates möglich, der vielleicht schon bei den Indern, bestimmt aber bei den Arabern bekannt war. Im Mittelalter ätherische Öle hauptsächlich in den Klöstern destilliert und in den Laboratorien deutscher Apotheken; im 19. Jahrhundert entstand die Industrie ätherischer Öle.

Kalte Enfleurage. In Südfrankreich üblich; Entziehen des Öles aus den Blüten und Pflanzen mittels eines feinen, geruchlosen Fettes, das den Wohlgeruch anzieht. Fettschicht wird so lange mit frischen Blüten versehen, bis sie gesättigt ist und als Pomade gebraucht werden kann; außerdem ist es möglich, das Öl aus dem Fett mittels hochkonzentriertem Alkohol zu extrahieren.

Heiße Enfleurage. Blüten werden mit gereinigtem Fett bei 50—70 °C extrahiert.

Extraktion geht in der Weise vor sich, daß flüchtige Flüssigkeiten von sehr niedrigem Siedepunkt mit dem Blütenmaterial zusammengebracht werden (Äther, Petroläther, Tetrachlorkohlenstoff usw.) und in fest verschließbaren Apparaten einige Stunden verbleiben. Während dieser Zeit entstehen Extrakte von butterartiger Konsistenz, aus denen das ätherische Öl isoliert wird.

Auspressung auch möglich, z. B. bei Orangen- und Zitronenschalen.

Die Weltproduktion an Rosenöl soll zur Zeit etwa 13 000 kg betragen; davon entfallen nur 23,3 % auf Bulgarien. Das bulgarische Rosenöl kommt garantiert „naturrein“, mit dem Staatssiegel versehen, auf den Markt. Der Rest wird erzeugt in der Sowjetunion, der Türkei, Indien und Marokko, schließlich auch noch in S-Frankreich (Mengenangaben widersprüchlich!).

Die nachfolgenden brieflichen Angaben von Prof. Dr. Staikov (Kasanlik) gelten für das Jahr 1966:

Land	Anbaufläche ha	= %
Sowjetrußland	4000	43,0
Bulgarien	2170	23,3
Marokko	1500	16,1
Türkei	1385	19,9
Frankreich	250	2,7
Welt-Anbaufläche	9305	100,0

Die Angaben über die Erträge in den einzelnen Ländern lassen sich nur schwer miteinander vergleichen, weil die Technik der Ölgewinnung überall anders ist.

Ölrosen und Rosenöl in Bulgarien

Um 1700 brachten die Türken die Ölrosenkultur nach dem Balkan, aber nur in Bulgarien breitete sie sich erheblich aus, vor allem im Tal der oberen Tundscha, heute auch das „Rosental“ genannt, mit Kasanlak (Kasanlik), einer Industriestadt mit 50 000 Einwohnern, als Zentrum. Das Rosenanbaugebiet ist etwa 100 km lang und 10 bis 15 km breit, ringsum von Bergen geschützt. In Kasanlik gibt es auch das Forschungsinstitut für Ölrosen und Arzneipflanzen, 1908 gegründet (Direktor Prof. Dr. Staikov). Das Institut hat auch eine Rosensammlung von etwa 1400 Sorten.

Die wichtigste Ölrose dieses Gebietes ist, neben *Rosa alba*, die Kasanlik-Rose, *Rosa damascena* 'Trigintipetala', von G. Dieck zuerst beschrieben unter diesem Namen und auch in Deutschland verbreitet. Sie ist identisch mit der „Rose von Schiras“, der „Ölrose von Zypern“ und der „Ölrose des Himalaja“. Die Rosenfelder in Bulgarien sind teils Privateigentum, teils gehören sie Genossenschaften; sie ziehen während der Blütezeit einen beträchtlichen Besucherstrom an.

Das bulgarische Forschungsinstitut hat ermittelt, wann die beste Zeit zur Ernte der Blüten ist. Sie beginnt in Bulgarien etwa am 20. Mai und ist am 16. Juni beendet, mit einer geringen Schwankung durch Witterungs- und Standortverhältnisse. Die tägliche Pflückzeit geht von 4 bis 10 oder 11 Uhr; sie muß während der heißen Zeit eingestellt werden, weil sich dann der Ölgehalt verringert. Es dürfen nur die

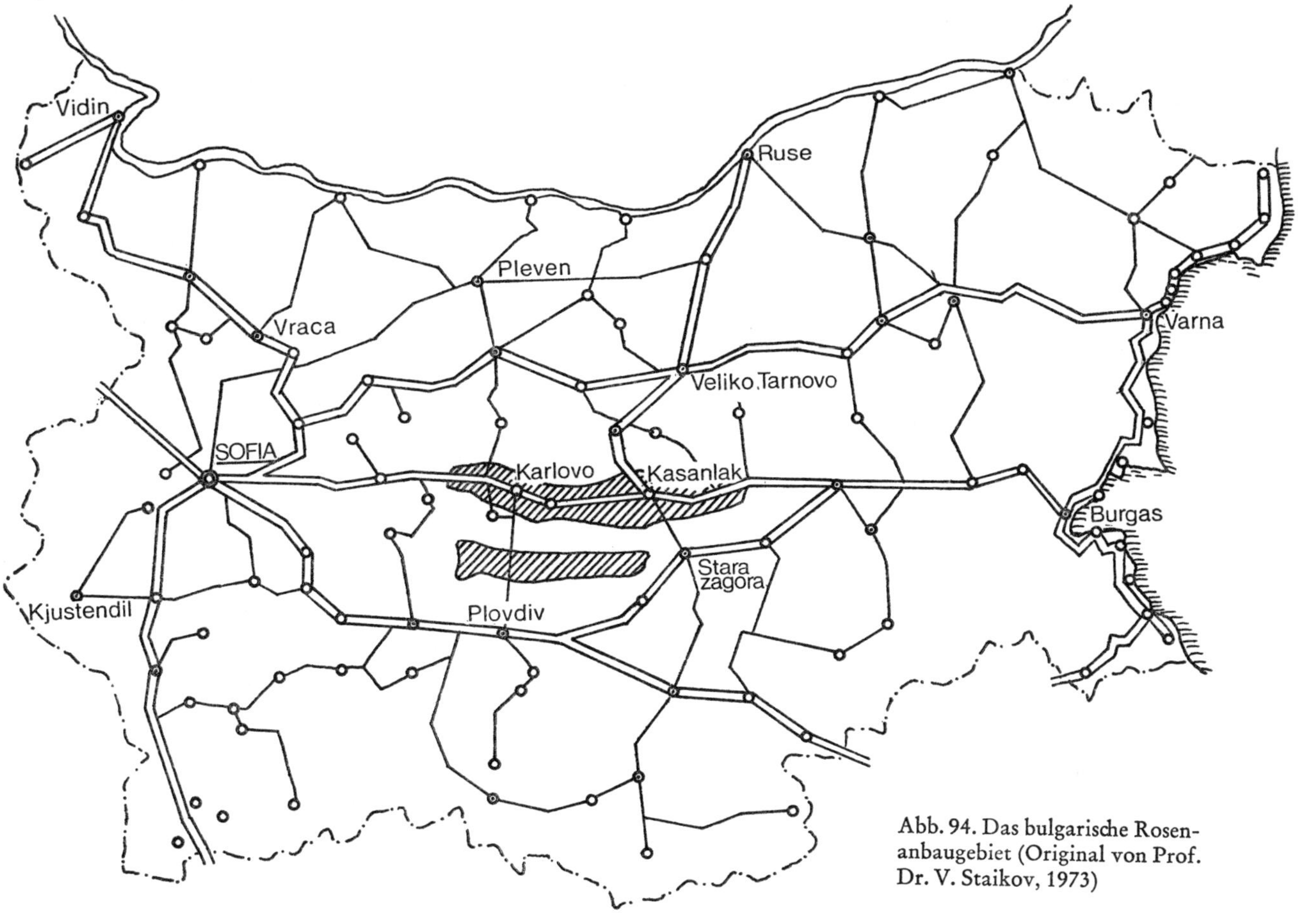

Abb. 94. Das bulgarische Rosenanbaugebiet (Original von Prof. Dr. V. Staikov, 1973)

halboffenen Blüten gepflückt werden und auch die volloffenen Blüten vom gleichen Tage. Der Ölgehalt der Blüten ist während der ganzen Blütezeit konstant, d. h. die ersten Blüten haben einen ebenso großen Ölgehalt wie die letzten. Jedoch schwankt der Ölgehalt in der einzelnen Blüte im Laufe des Tages oft bedeutend, je nach Witterung. Steigende Temperaturen ergeben eine Ölverminderung; der höchste Ölgehalt in den Blüten liegt in der Zeit zwischen 5.30 bis 9 Uhr, bis 12 Uhr sind es schon 30 bis 40 % weniger und um 20 Uhr gar bis 70 % weniger!

Mit der Erhöhung des Ölgehaltes ist eine Verbesserung der Qualität, mit dem Absinken eine Verminderung festzustellen. Dies wird dadurch erklärt, daß sich das Eleopten (eine der grundlegenden Komponenten des Rosenöls) bei steigender Temperatur leicht verflüchtigt. Den höchsten Gehalt an dem Kohlenwasserstoff Eleopten haben die Blüten gleich nach ihrem Öffnen, solange die Antheren noch gelb sind.

Erträge. Die Erntemenge an Blüten pro 1/10 ha in Kasanlik ist sehr unterschiedlich, im Mittel zwischen 150 bis 300 kg, auf guten Kulturflächen aber im Durchschnitt zwischen 230 bis 300 kg, auf den besten Flächen sogar 600 bis 700 kg.

Aus 3000 kg Blüten kann man etwa 1 kg Rosenöl destillieren; diese 3000 kg Blüten bekommt man von einem Hektar, wenn er in guter Kultur ist und früh gepflückt wird.

1968 kostete 1 kg Rosenöl 8500 Lewa; die Gesamtproduktion Bulgariens betrug in den letzten Jahren zwischen 32 bis 35 Millionen Lewa, was etwa einer Menge von rund 4000 kg Rosenöl entspräche. Früher wurde das Rosenöl mit der sechsfachen Menge Gold aufgewogen, aber auch der heutige Preis, nach dem offiziellen Umrechnungskurs immerhin um 16 000 DM, kann sich sehen lassen.

Die Verkaufspreise für Rosenöl sind in den Erzeugerländern ganz unterschiedlich; im November 1972 wurden auf dem Markt in London folgende Preise erzielt: Bulgarisches Öl 846,56 £; Türkisches Öl 603,17 £; Marokkanisches Öl 352,73 £ (briefliche Mitteilung von Prof. Dr. V. Staikov).

Die moderne Verarbeitung der Rosenblüten geschieht, nach G. Raymond, in Kesseln, die 5 Tonnen Blüten aufnehmen können. Sie werden mit der vierfachen Menge Wasser eingeweicht, dann von unten erwärmt und über gekühlte Röhren destilliert. Die Destillation wird zweimal vorgenommen und dabei auch das Rosenwasser gewonnen. Das erzielte Rosenöl wird exportiert, in der Hauptsache nach Frankreich.

Bis in die letzte Zeit gab es nur kleine Destillen (heute noch mitunter im Gebirge zu finden), wo die 120 bis 150 Liter enthaltenden Kessel einzeln befeuert wurden. In die Kessel wurden etwa 15 bis 20 kg Rosenblüten gefüllt, die frühmorgens gesammelt und so schnell wie möglich zum in der Nähe des Feldes stehenden Kessel gebracht wurden; auf die Blüten kam vier- bis fünfmal so viel Wasser. Daraus wurden 20 bis 30 Liter Destillat gewonnen, das als „erstes Wasser" bezeichnet wird. Dieses „erste Wasser" aus mehreren Kesseln wird zusammengenommen und dann auf 12 Liter redestilliert. Dann läßt man es abstehen, bis halbfestes Öl auf der Wasseroberfläche erscheint und abgeschöpft werden kann. Das Wasser wird nochmals zur Destillation frischer Rosen verwendet und dann, nach Abschöpfung des Rosenöles, als Rosenwasser verkauft.

Ölrosenkultur in den übrigen Ländern

Sowjetunion. G. S. Saakov (1962) berichtet, daß der Ölrosenanbau in der UdSSR beträchtlich ausgedehnt worden sei und bereits die Produktion an Rosenöl Bulgariens übertroffen habe, doch werden leider keine Zahlen angegeben. Die Hauptanbaugebiete sind in der Krim (1958: 1100 ha), in der Moldauischen SSR (680 ha) und nördlich des Kaukasus, um Krasnodar (800 ha). Weiter gibt es noch Pflanzungen in Grusinien, Tadschikistan und in der Ukraine. Das wissenschaftliche Forschungsinstitut für Ölrosen befindet sich in Krasnodar.

Es werden in der Hauptsache folgende Rosen angebaut: Die 'Rote Krimrose', eine *gallica*-Hybride, hochrot, dicht gefüllt, bis zu 15 Blüten in Büscheln beisammen, oft 800 bis 1000 Blüten an einem Strauch, gut winterhart bis —25 °C, leicht vermehrbar durch Stecklinge, großer Blütenertrag pro Hektar, großer Ölertrag.

Die bulgarische Ölrose (*R. damascena* 'Trigintipetala') wird hier „Rote Kasanlik-Rose" genannt; sie blüht rosa; mehr und mehr durch die 'Rote Krimrose' zurückgedrängt.

Es gibt auch Hybriden zwischen diesen beiden Rosen ('Nowinka', 'Pionierka' und 'Kooperatorka'), ebenfalls mit guten Eigenschaften.

Frankreich. Die französische Parfümindustrie ist weltbekannt. Grasse ist die Weltblumenstadt für die Gewinnung von duftenden Ölen; alljährlich werden hier rund 300 000 kg Rosenblüten verarbeitet, in der Hauptsache von *Rosa centifolia*, aber auch von 'Ulrich Brunner'.

Da die Destillation keine guten Ergebnisse bringt, werden die Blüten in Lösungsmitteln extrahiert, vor allem in Petroläther (einem sehr leicht siedenden Benzingemisch, das bei der Erdöldestillation anfällt). Die Extraktoren fassen je etwa 1200 Liter und stehen zu drei bis vier Stück in einer Reihe, so miteinander verbunden, daß das Lösungsmittel von einem zum anderen Extraktor zirkulieren kann. Die Blüten bleiben auf gelochten Platten liegen, so daß das Lösungsmittel gut hindurchfließen kann, und zwar mittels einer Pumpe. Dreimal werden die Blüten durchgewaschen, wobei von Zeit zu Zeit frische Lösung hinzugefügt wird. Dann wird die Flüssigkeit gefiltert, teilweise verdampft bei einer Temperatur von etwa 60 °C (nicht höher, um Beeinträchtigung durch Hitze zu vermeiden). Schließlich wird die Lösung abgekühlt und in einen Vakuumkessel überführt, wo bei Zimmertemperatur der Rest der Lösung gepreßt wird. Der hierbei erhaltene Stoff ist das „Concrete".

Dieses „Concrete" wird nun wieder in hochprozentigem Alkohol extrahiert und ergibt am Schluß das reine Rosenöl, wie es in der lebenden Blüte vorhanden ist.

Die Inhaltsstoffe in dem auf diese Weise erhaltenen Öl sind zwar die gleichen wie bei der Destillation mit Wasser, aber die Prozentanteile sind verschieden, je nachdem, wie diese in heißem Wasser oder in dem Lösungsmittel löslich sind.

Das „Concrete" ist eine wachsartige, hell- oder dunkelbraune, zähflüssige Masse mit starkem Rosenduft. Aus 400 bis 500 kg Rosenblüten erzielt man 1 kg Concrete und hieraus wiederum 500 bis 600 g „absolutes" Rosenöl.

Marokko. In den Gebieten um Tedders, Maasis, Berkan und Marrakesch werden vor allem Zentifolien angebaut, aus denen man Concrete und Rosenwasser gewinnt. Südöstlich des Hohen Atlas, in den Tälern der Flüsse Dades und Mgouna, stehen hingegen Damaszener-Rosen, deren Blüten in der Fabrik Schiriss, an der Straße von El Kelaa des Mgouna nach Boumalne, verarbeitet werden und neben dem Concrete auch Rosenöl liefern.

Über die anderen Rosenanbaugebiete zur Ölgewinnung liegen neuere Berichte mit statistischem Material nicht vor. In Indien, einst berühmt wegen seines Rosenparfüms, gibt es Rosenpflanzungen in Ghazipur, und hier wird auch Rosenöl gewonnen. Weitere Pflanzungen in Poona und Bangalore sind wegen des mangelnden technischen Fortschritts heute rückläufig.

Interessant dürfte sein, daß durch die Leipziger Firma Schimmel & Co. in Klein-Miltitz, bei Leipzig, etwa 40 ha Ölrosen angebaut wurden. Die ersten Rosen wurden 1883 gepflanzt, 1890 wurden bereits 4,5 kg Rosenöl gewonnen, das in seiner Qualität dem bulgarischen ebenbürtig war. Nach 1914 wurden die Kulturen aufgegeben, weil die Erzeugungskosten zu hoch waren. Auch hier wurde *Rosa damascena* 'Trigintipetala' angebaut, zuerst auch *R. gallica*. — Heute wird in Deutschland kein Rosenöl mehr erzeugt.

DIE ROSE IN DER HEILKUNST

Schon Plinius der Ältere schrieb 77 n. Chr., daß man aus den Rosen Heilmittel gegen 32 Krankheiten gewinnen könne, darunter waren sogar einige schwere Krankheiten. Man mag dies später auch belächelt haben; seit wir wissen, daß einige Rosen einen außerordentlich hohen Gehalt an Vitamin C haben, leuchten uns des Plinius Ratschläge ein, wenigstens einige von ihnen. Allerdings, niemand wird heute mehr glauben, daß die Farbe der Rosenblüte sehr wichtig war zur Heilung einer Krankheit.

In der frühen Medizin wurden Rosen bei Entzündungen der Augen, Ohren und des Mundes verwendet, aber auch bei Magen-, Kopf-, Zahnschmerzen, bei Wunden, Geschwüren, Hämorrhoiden, Schlaflosigkeit und zur „Reinigung des Geistes" bei Geisteskrankheiten. Die Vorschriften enthielten oft 20 bis 30 verschiedene Kräuter, fast immer die Rose darunter. Mit der Zeit wurden die Medikamente komplizierter, dennoch blieb immer die Rose darunter, um jede Krankheit zu lindern oder zu heilen.

Wie schon früher angeführt, gab es in jedem mittelalterlichen Kloster wenigstens einen Mönch, der über die Eigenschaften des von ihm betreuten Kräutergartens genau Bescheid wußte. Hier spielte die Rose eine wichtige Rolle, auch wohl deswegen, weil die Rose ja auch ein christliches Symbol war.

Die Apotheker-Rose war von jeher *Rosa gallica* 'Officinalis', die auch seit dem 13. Jahrhundert in Provins, unweit Paris, in großem Umfang kultiviert wurde, nachdem sie von dem Kreuzritter Graf Thibaut IV. aus Damaskus mitgebracht worden war. Fast 600 Jahre lang war dieser Ort das Zentrum der Kultur der „Apotheker-Rosen". Einem alten Bericht ist zu entnehmen, daß um 1600 die Hauptstraße dieses Ortes auf beiden Seiten Drogerien und Apotheken aufwies; die aus den Rosen hergestellten Heilmittel wurden in alle Welt versandt. Im Jahre 1807 erreichten die französischen Rosenkultivateure in Provins bei der Regierung die Zusicherung, daß ihre Rosenheilmittel in allen öffentlichen und Militärkrankenhäusern Verwendung fänden. 1860 wurden sogar 36 000 kg trockene Rosenpetalen nach USA exportiert.

Im 15. Jahrhundert war es Sitte, kleine Beutelchen mit Rosenpetalen bei sich zu tragen oder auch in die Kopfkissen zu stecken. Vielleicht war es auch eine Erinnerung an die Sitte im alten Rom, wo die Kissen bei den Snobs mit Rosenpetalen gestopft waren. Karl VI. von Frankreich (1368 bis 1422) ließ solche Rosenkissen zwischen das kaiserliche Leinen legen, wie in einem Haushaltsbuch aus jener Zeit nachgewiesen wird.

Die Apotheken des Mittelalters verkauften unter anderem folgende Mittel, die aus Rosen hergestellt waren:

Flores Rosae, Rosenblüten;
Cortex Radicis Rosae, Rosenwurzelrinde;
Semina Cynobati, „Samen" (Früchtchen), gegen Würmer;
Saccharum Rosatum, Rosenzucker;
Aretum Rosarum Acidula, Rosentinktur (säuerlich);
Fungus Rosae oder Bedegar, Schlafäpfel (Rosengallen), die man Kindern unter das Kopfkissen legte, damit sie besser schliefen.

Rosenwasser, *Aqua Rosarum*, wurde außerdem noch verwendet, um unangenehmen Geruch oder Geschmack einer Medizin zu überdecken. Schließlich gab es noch „Türkische Rosenperlen", von glänzend schwarzer Farbe, aus den Rosenblättern hergestellt, die in Mörsern zerstoßen, dann mit Zusatz von Gummi in der Pillenmaschine geformt wurden. Verwendung nicht bekannt (gegen Zahnschmerzen?).

Die Hagebutten wurden bereits vor 1939 auf ihren Gehalt an Vitaminen untersucht, und man entdeckte, daß *Rosa haematodes* einen viermal höheren Gehalt an Vitamin C hat als Apfelsinen! Je nach Art ist der Vitamingehalt allerdings beträchtlich schwankend, in kühleren Ländern ist er höher als im warmen Klima. Während der Kriegsjahre wurde der Anbau von Rosen zur Gewinnung nicht nur bei uns, sondern auch in England stark propagiert, doch scheint dies dann wieder eingeschlafen zu sein, wahrscheinlich deswegen, weil die besonders hochwertigen Sorten kaum im Handel angeboten werden. Man hat folgende Vitamin C-Mengen (Ascorbinsäure) in je 100 g frischer Hagebutten festgestellt (bei Apfelsinen nur 50 mg!):

Rosa haematodes	2900 mg
— *sweginzowii* 'Macrocarpa'	1100 mg
— *rugosa* 'Regeliana'	940 mg
— *villosa*	920 mg
— *moyesii*	850 mg

Unsere heimischen Wildrosen enthalten 300 bis 800 mg, die Gartenrosen hingegen nur sehr wenig Vitamine, ebenso wenig auch *Rosa multiflora*.

Zum Schluß noch einige Angaben (nach Uphof) über die medizinische Verwendung von Blättern, Blüten und Früchten.

Rosa canina L. Frische Früchte werden in der Medizin benutzt als Diureticum, Refrigerans und mildes Adstringens. Blätter als Tee-Ersatz. Hagebutten ebenfalls zu Tee.

Rosa centifolia L. Aus den mit Wasser destillierten Petalen wird das *Aqua Rosae Fortior* gewonnen.

Rosa foetida Herrmann. Die Blüten werden in Persien verwendet gegen Koliken und bei Durchfall; außerdem wird daraus Gulangabin gewonnen, das in der Süßwarenfabrikation verwendet wird (eine Mischung aus Petalen und Honig).

Rosa gallica L. Knospen werden vor dem Aufblühen gesammelt, getrocknet und dann in Weinessig gelegt, aus dem dann der „Rosenessig" entsteht, der gegen Müdigkeit, Ohnmacht u. a. mehr Verwendung fand.

Rosa laevigata Mich. In der chinesischen Medizin als Antispermatorrhoicum verwendet.

Rosa pomifera Herrm. Blätter sind als Tee-Ersatz üblich („deutscher Tee"); Hagebutten werden verwendet für Konserven und Marmelade, gelegentlich auch als Getränk. Sehr beliebt in manchen Gegenden von Bayern und Österreich. — Rosenwein und Rosenhonig waren schon den alten Römern bekannt.

Rosa roxburghii Tratt. f. *normalis* Rehd. & Wils. Früchte werden in der chinesischen Medizin verwendet als Antidyspepsicum.

Rosa rugosa Thunb. Die Ainu in Japan verwendeten die Früchte als Nahrung.

DIE ROSE IN DER KÜCHE

Die Altertumsforscher und Botaniker haben herausgefunden, daß die Menschen, die in der Steinzeit, vor rund 3000 Jahren, in der Schweiz lebten, schon Hagebutten-„Müsli" gegessen haben, denn man fand reichlich Kerne aus jener Zeit.

Die alten Römer badeten in Rosenwasser, tranken Rosenwein und aßen Rosengelee, Rosenhonig, kandierte Rosenpetalen und einen besonderen Rosenpudding, der aus Kalbshirn, Pfeffer, acht Eiern, Öl und Rosen bestand. Das Rezept ist von Apicius auf uns gekommen. Der römische Rosenwein dürfte kaum unserem Geschmack entsprechen, denn hier wurden frische Rosenpetalen in warmem Wasser ausgelaugt, dann Zimtstangen hinzugefügt, mit Alkohol aufgefüllt und dann noch 500 g Zucker pro Liter hinzugegeben und das Ganze drei Wochen stehengelassen bis zum Gebrauch.

Im Mittelalter hatten die Hausfrauen auch noch ein gutes Mittel gegen ihre Sommersprossen; das Rezept lautete:

> „Fang den Tau auf, so auf dem Weizen liegt (also nur für Landfrauen gedacht), mische Rosenwasser und weiß Lilienöl darunter und wasche dich mit dem Wasser, das macht ein schön hell Gesicht und vertreibt auch die Pocken."

Rosensyrup kann man in den Lebensmittelläden auf dem Balkan kaufen; er sieht aus wie Himbeersyrup, vielleicht etwas mehr bräunlich, mit starkem Rosengeschmack. In Griechenland gibt es heute noch allgemein eine Rosenmarmelade, bestehend aus einem zähflüssigen oder honigartigen Stoff, in dem sich die Petalen von Rosenknospen befinden. Gelegentlich bekommt man dieses Produkt auch bei uns in den Kaufhäusern zu sehen, aber es ist so süß, daß man nur wenig davon kosten kann. Rosenmarmelade aus Hagebutten wird bei uns auch angeboten, häufiger jedoch in Holland; sie ist sehr wohlschmeckend.

Nicht in der Küche, aber doch im Reich der Hausfrau, erscheinen auch die sogenannten Rosen-„Potpourris", die man oft in den Wohnungen englischer Rosenliebhaber findet. Es sind urnenförmige Porzellanvasen mit Deckeln, in welchen getrocknete Blütenblätter von Duftrosen aufbewahrt werden, nachdem sie vorher „nach Vorschrift" getrocknet und behandelt wurden. Es gibt eine trockene und eine feuchte Methode und von jeder verschiedene Rezepte. Hier sei nur gesagt, daß man grundsätzlich immer nur Petalen von frisch aufgeblühten Duftrosen verwenden soll, diese müssen dann rasch getrocknet werden (jedoch nicht in der Sonne!) auf einem Rost oder Gitter mit Luftzirkulation. Möglichst kein Metallgitter nehmen, weil die Blütenblätter davon schwarz werden; dünn ausbreiten. Wenn „klappertrocken", in luftdichte Gefäße einfüllen. Die Menge frischer Petalen verringert sich auf ein Drittel, wenn trocken. Weiße Rosen trocknen braun, tiefrote Rosen werden fast schwarz, rosarote Rosen werden am schönsten. Diese getrockneten Petalen versetzt man nun, nach Belieben, mit anderen Düften (z. B. einigen Tropfen Sandelholzöl, Lavendelöl, Orangenblütenöl oder gar Rosenöl). Dann tüchtig schütteln und sechs Wochen lang in einem Gefäß mit weitem Hals verschließen. Dann kann die jetzt duftende Mischung in kleine Gefäße umgefüllt werden und im Zimmer Aufstellung finden. Der Duft hält sich viele Jahre.

LITERATUR

ALDOUS, A. M.: The Rose and the Apothecary. Rose Ann. 1950: 102—104.

BENZINGER, M. G.: Frangrance of the Gods. Amer. Rose Ann. 1970: 51—53.

BLONDEL, R.-E.: Les produits odorants des Rosiers. Diss. Paris 1889.

BORCHARD, R.: A psychology of Rose. scent. The Rose 10: 111 to 113 (1961).

DIECK, G.: Einige Worte über Oelrosen. Rosen-Zeitung 1891: 50—51.

GAMBLE, J. A.: The Fragrances in our Roses. Amer. Rose Ann. 1956: 29—40.

GRAMLING, L. G.: The Scent of the Rose. Amer. Rose Ann. 1967: 102—108.

HARKNESS, E.: The Rose of Commerce, Rose Annual 1970.

HARRIS, C. C.: Roses with unusual scents. Gard. Chron.. 9. Sept. 1969.

HEGI, G.: Ill. Flora von Mittel-Europa, IV, 2 (Abschnitt *Rosa*). München 1923.

KORDES, W.: Unsere Ur-Gartenrosen. Rosen-Jahrb. 26: 118—130 (1962).

LAMMERTS, W. E.: Just how fragrant are the old Roses? Amer. Rose Ann. 1951: 145—148.

LEROY, A., u. a.: Le Parfum, est-il tributaire du climat et de la composition des sols? Les Amis des Roses, Nr. 316: 40—41 (1973).

MILLER, N. F.: Study of Rose Fragrance. Amer. Rose Ann. 1962: 79—89.

NIKOLOV, N.: Bulgarian Rose Oil. The Rose 16: 182—185 (1968).

POUCHER, W. A.: Perfumes, Cosmetics and Soaps. Vol. 2: 23—26. New York 1959.

RATHLEF, H. VON: Die Hagebutte als Vitamin-C-Spender; ihre züchterische Bearbeitung und ihr Anbau. Pharmaz. Industrie 9: 307—317 (1942).

RAYMOND, G.: Begehrter als Gold. Rosenbogen 1969: 209—214.

RIES, F.: Die Kultur der Ölrosen und die Gewinnung des Rosenöls. Rosen-Zeitung 1921: 18—20.

RILEY, M. T.: Oil of Roses. Amer. Rose Ann. 1953: 144—150.

SAAKOV, S. G.: Die Geschichte der Ölrosenkultur in der Sowjetunion. Rosen-Jahrb. 26: 102—118 (1962).

SCHLAGENWEIT-SAKUNLUNSKI, H. VON: Das genus *Rosa* in Hochasien, und über Rosenwasser und Rosenöl. Buchner's Repert. Pharmac. 24: 129—143.

SHEPHERD, R. E.: Roses in daily Life. Amer. Rose Ann 1957: 10—16.

THOMAS, S. G.: The Roman Rose and the Rose Scent. Gard. Chron. 9. Feb. 1957.

UPHOF, J. C. TH.: Dictionary of Economic Plants. 2. ed.: 454 to 555 (1960).

Superlative bei Rosen

Da die Rosen sich nun schon seit über 2000 Jahren allgemeiner Gunst erfreuen, bleibt es nicht aus, daß mit der Zeit auch eine größte, kleinste, älteste, teuerste, schönste oder sonstwie „Super-Rose" bekannt wurde.

Beginnen wir mit der „ältesten Rose" der Welt, dem „Tausendjährigen Rosenstock" am Dom zu Hildesheim, denn eine noch ältere Rose dürfte es in der Welt nicht geben.

1891 wurde diese Rose von H. Christ als *Rosa canina* bestimmt, auch als var. *lutetiana*[1]. Sie ist wohl die berühmteste Rose Deutschlands und „erfreut sich nach wie vor bester Gesundheit", blüht und fruchtet alljährlich reich.

Das wirkliche Alter dieser Rose ist bisher nicht klar festgestellt worden. H. Seeland (1947) kam zu dem Schluß, daß diese Rose am Hildesheimer Dom wohl nicht tausend, sondern 300 bis 400 Jahre alt sein könnte. Die Richtigkeit seiner Ansichten wird jedoch heute bezweifelt. J. Breloer, Hildesheim, hat in letzter Zeit sehr intensive Untersuchungen angestellt und hat auf Grund alter Urkunden ermittelt, daß der „Rosenstock" bereits in der ältesten gedruckten Stadtgeschichte von Hildesheim (1573) erwähnt wird, und schon damals war es eine alte Rose. Noch ältere Urkunden, die möglicherweise auch Hinweise auf die Rose enthielten, sind beim Brand des Domes (1013) vernichtet. Die Autoren nach 1573 betonen immer wieder, daß der Ursprung der Rose keineswegs auf eine Sage zurückgeht. Einige Botaniker, so Loiseleur-Deslongchamps (1844), schließen es nicht aus, daß der Wurzelstock tatsächlich so alt ist, wie es heute angenom-

1 1890 von G. Lutze aus Sonderhausen (Thüringen) als *R. canina* var. *lutetiana* (Léman) Baker bestimmt; diese hat einfach gezähnte Blättchen; Stieldrüsen auf dem Kelchbecher und auf dem Rücken der Kelchblätter fehlend; Triebe mit scharfen, gekrümmten Stacheln.

Abb. 95. Der „tausendjährige" Rosenstock am Dom zu Hildesheim, im Jahre 1825, nach einer stark stilisierten Darstellung von J. L. Brandes, veröffentlicht im „Neuen Vaterländischen Archiv" (1825). Ganz unglaubwürdig ist die Angabe, daß der Stamm so dick wie ein starker Männerarm und baumartig sei. Die Zeichnung weist zwei gleich starke, aus dem Wurzelstock hervorgehende Stämme auf. Blüten und Blätter sind völlig unrichtig dargestellt (nur vier Petalen; Blätter nicht gefiedert!)

men wird. Auch Alexander von Humboldt (1849) macht keine Einwände gegen das ihm mit 800 Jahren angegebene Alter des Wurzelstockes. 1844 war der „Rosenstock" 34 Fuß (= 10,64 m) hoch. Häufig berichten auch die Autoren, daß die Rose jetzt abzusterben beginne, während andere Autoren wenige Jahre später das Gegenteil mitteilen. Aus allen diesen Angaben schließt J. Breloer (1974), daß die Pflanze durchaus 1000 Jahre alt sein kann, wenn man in Betracht zieht, daß nicht nur die Stämme nach längeren Zeiträumen absterben und bald durch neue ersetzt werden, sondern daß auch der Wurzelstock, wie von anderen Wildrosen bekannt ist, vergreiste Partien abstößt. Der lebenskräftige Teil des Wurzelstockes bildet neue Triebe und lebt weiter fort. Es bestehen aus biologischer Sicht keine Bedenken, an dem hohen Alter des Rosenstockes zu zweifeln.

Nach der ältesten nun die „größte Rose" der Welt. Es gibt sie durchaus, und es handelt sich hier um eine *Rosa banksiae* 'Alba Plena' oder richtiger *R. banksiae* var. *banksiae*. Sie steht im Garten einer Mrs. Burlin Devore in Tombstone, Arizona, und wurde 1885 als junge Pflanze von Schottland dahin gebracht. 1933 hatte der Stamm etwa 15 cm Durchmesser, und die Krone bedeckte fast 200 m². 1973 hatte der Stamm jedoch schon an seiner Basis einen Umfang von rund 1 m, mithin rund 30 cm Durchmesser, und die Krone bedeckte jetzt bereits 600 m². 150 Personen können unter ihrem Blütendach Platz finden.

Wir können aber auch bei uns ganz eindrucksvolle Maße aufweisen, denn der größte Rosen-„Baum" Europas stand in Deutschland, und zwar in der Gärtnerei E. Wehrle in Freiburg/Br. Der Wildling wurde 1881 mit der Sorte 'Chromatella' veredelt und stand im Gewächshaus. 1900 nahm die Kronenfläche bereits 90 m² ein und brachte über 10 000 Blüten. 1904 wurde das Grundstück mit dem Gewächshaus verkauft, 1911 ging die Pflanze ein. Der Stamm war 110 cm hoch, hatte 38 cm Umfang, die Krone, die laubenförmig an Drähten gezogen war, maß 39 m Länge (Rosenzeitung 1912: 152—153, mit Photo).

Von einer überdimensionalen *Rosa canina* in Ober-Haverbeck, Lüneburger Heide, berichtet R. Keller (in Ascherson und Graebner, Synopsis der Flora Mittel-Europas, VI: 155). Sie hatte einen Umfang von 40 Schritt, also 32 m, oder rund 10 m im Durchmesser. Der Stamm hatte 83 cm Umfang.

Einen ähnlich starken Stamm hatte auch eine *Rosa banksiae*, welche Bonpland 1813 nach Toulon sandte, wo sie im Garten der Marine gepflanzt wurde. Um 1870 hatte der Stamm dieser Rose, kurz über dem Boden, 80 cm Umfang, also über 25 cm Durchmesser. Die Jahrestriebe waren dreieinhalb bis viereinhalb Meter lang. Zur Blütezeit im April—Mai zählte man rund 50 000 Blüten an dieser Pflanze.

Die Rosensorte mit den meisten Nachkommen ist zweifellos 'Gloria Dei'; es ist verbürgt, daß von 1945 bis jetzt, also in nicht einmal 30 Jahren weit über 100 Millionen Pflanzen hiervon angezogen und verkauft wurden.

Den höchsten Preis, der je für eine Rose bezahlt wurde, erzielte William Francis Bennett, ein englischer Liebhaber-Rosenzüchter, mit seiner roten Teehybride 'William Francis Bennett' (er gab ihr also auch noch seinen eigenen Namen!). Er hatte sie 1880 zum erstenmal ausgestellt und verkaufte sie 1883 an die Blumenhandlung Evans in USA für 5000 Dollar, damals ein Betrag von rund 22 000 Goldmark. Dabei war diese rote Treibrose alles andere als gut, im Freiland nur ein Kümmerling, so daß sie bald aus den Kulturen verschwand (nach W. Kordes).

1000 Dollar wurden auf der Weltausstellung 1914 in San Francisco für eine bis dahin noch unbenannte Rosenneuheit ausgesetzt; es ist jedoch nicht bekannt, welche Rose diesen Preis erhielt.

1912 setzte die Zeitung „Daily Mail" in London einen goldenen Becher im Werte von 1000 Goldmark für die beste neue Kletterrose aus. Auf deutschen Rosenschauen wurden damals, und vor allem früher, neben den Medaillen aus Gold und Silber auch Cognac, Zigarren, Krawatten und andere praktische Dinge des täglichen Bedarfs als Preise ausgesetzt.

Der nobelste Rosenverein der Welt sind wohl die „Royal Rosarians" in Portland, Oregon, USA. Seine Mitgliederzahl ist auf 220 zahlende Mitglieder beschränkt. Jedes von ihnen wird nach seiner Aufnahme zum Ritter geschlagen und darf seinem Namen den Titel „Sir Knight" voranstellen. Die Vorstandsmitglieder nennen sich Ministerpräsident (Vorsitzender), Lord-Kanzler (Geschäftsführer) und Staatssekretär (Schriftführer), die Ehrenmitglieder nennen sich Herzog (Duke of the Realm). Alle aktiven Mitglieder tragen übrigens eine weiße Uniform mit einer Stickerei auf dem Ärmel, einer dunkelroten Rose unter einer goldenen Krone. Ziel des Vereins ist die Förderung des Ansehens der Stadt Portland als Rosenstadt und Durchführung eines jährlichen Rosenfestes. Als Graf Luckner 1928 zu Besuch nach Portland kam, wurde er zum Ehrenritter geschlagen.

Der Rosenverein mit der größten Mitgliederzahl ist die englische Royal National Rose Society, mit einem derzeitigen Mitgliederstand von rund 110 000!

Die größte Rose der Welt, d. h. die am höchsten wachsende Rose, ist zweifellos *Rosa gigantea* aus dem Himalaja, wo sie bis 15 m hoch wird oder auch höher. Ob sie in Europa diese Höhe auch erreicht, ist nicht bekannt; auf Malahide Castle, bei Dublin, in Irland, ist sie jedoch auch etwa 10 m hoch. Auch die *bracteata*-Hybride' Mermaid', mit etwa 12 cm breiten, einfachen Blüten, ist so starkwüchsig, daß sie mühelos eine Höhe von 8 m erreicht und sogar ein ganzes Haus überwuchern kann, wie dies ein Bild in einer englischen Zeitschrift zeigte.

Bei der kleinsten Rose der Welt kann man nicht so genaue Angaben machen, denn bei den Miniaturrosen ist ihre Größe sehr abhängig von der Kultur. 'Rouletii' kann man, bei Topfkultur und entsprechender sorgfältiger Pflege, bei einer Höhe von nur 15 cm halten, vorausgesetzt, daß es sich um eine wurzelechte (aus Steckling gezogene) und keine veredelte Pflanze handelt.

Die Rose mit den kleinsten Blättern ist *Rosa stellata* aus dem Orgelgebirge in New Mexico; die Blätter bestehen aus nur drei kleinen Blättchen, von denen jedes nur etwa 12 mm lang ist. Die größten Blätter hingegen hat *Rosa sinowilsonii*, eine Kletterrose aus SW-China, deren Blätter etwa 30 cm lang, mitunter auch länger werden können.

Bei den Farben der Rosenblüten kann man vielleicht auch noch einige Extreme nennen, allerdings nicht die am meisten rote, weiße oder gelbe Rose, wohl aber die dunkelste. Die „schwarze Rose" findet bei den Rosenliebhabern immer ein besonderes Interesse, so daß von Zeit zu Zeit eine neue „schwarze Rose" auf dem Markt erscheint. Wirklich schwarze Rosen gibt es nicht, jedoch ist bei manchen Sorten das Dunkelrot so tief, daß man es — bei etwas gutem Willen — als Schwarz ansehen kann, aber ein rötlicher Samtschimmer ist immer vorhanden. Die bisher dunkelste Sorte war wohl 'Nigrette', eine deutsche Züchtung aus dem Jahre 1934. Leider war sie nicht sehr wüchsig, die Blüten waren ziemlich klein und wenig zahlreich, so daß die Sorte heute wohl nur noch in Rosarien vorhanden ist. Später kam eine französische Sorte, 'Super Congo' (Meilland 1950), und heute ist 'Norita' die „schwarze Rose", bis eine bessere kommt.

Über die „blaue Rose" ist schon auf Seite 174 vieles gesagt worden; die „blaueste" Rose ist noch immer die alte Sorte 'Reine des Violettes', aber, wie schon der Name andeutet, ist es mehr ein Violett-lila als ein richtiges Blau.

Die Rose mit den grünen Blüten, *Rosa chinensis* 'Viridiflora', sei nur am Rande erwähnt; sie fehlt kaum in einem Rosarium; sie ist keine Schönheit, wohl aber eine Merkwürdigkeit.

Man könnte vielleicht noch weitere Superlative und Merkwürdigkeiten bei den Rosen aufzählen, doch möge es hiermit genug sein.

LITERATUR hierzu siehe Seite 240.

Ein kulturgeschichtliches Schlußkapitel

DIE ROSE — SINNBILD DER LIEBE UND DER FRAU

Dies war bei vielen Völkern schon früher der Fall, bei den germanischen Völkern jedoch erst, seit die Gartenrosen erscheinen, also nicht vor dem Jahre 800. Frauen werden mit Rosen verglichen, sie knospen, erblühen und verblühen, mit ihren „Dornen" können sie ritzen und stechen. Sie sind Symbol für Liebe, Mitleid, Freundschaft, Ehre, also die edelsten menschlichen Tugenden bei vielen Völkern, in der Hauptsache aber in Europa.

Früher wie heute pflegt man in der Farbe der Rosenblüten, vor allem bei verschenkten Rosen — sicherlich nicht immer, aber doch sehr häufig und „zutreffendenfalls" — noch eine besondere Absicht oder Bedeutung zu sehen:

Rote Rosen	Liebe
Karminrote Rosen	Trauer
Rosa Rosen	Jugend oder Schönheit
Gelbe Rosen	Neid, Schweigen oder Untreue
Weiße Rosen	Unschuld

Den auf Gemälden in Kirchen dargestellten Rosen wird ebenfalls eine symbolische Bedeutung beigelegt, und zwar soll die rote Rose mit fünf Petalen an die fünf Wunden Christi erinnern, die weiße Rose an die Jungfräulichkeit Marias.

Zahllos sind die Gedichte und Lieder, in denen die Rosen mit Frauen verglichen, besungen und verherrlicht werden; sei es nun der Rosenmund, die rosigen Wangen oder das junge Mädchen, das wie eine Rosenknospe ist oder wie eine Rose aufgeblüht ist.

„Frauen knospen, erblühen und reifen, aber sie können auch wehtun: Röslein sprach, ich steche Dich."

Viele Volkslieder bei uns und in wohl allen europäischen Ländern besingen die Rose. Auch aus dem „Rosengarten" (Seite 55) können wir einiges entnehmen, welche Bedeutung die Rose im Mittelalter hatte, wenngleich der König Gibich im Nibelungenlied ganz unbekannt ist; möglicherweise ist damit der burgundische König Gibica, der im 5. Jahrhundert lebte, gemeint.

„Der König Gibich hatte einen Garten an dem Rhein;
Wer in denselben einbrach, deß' Diener wollt' er sein;
Der hatte keine Mauern, kein Wasser ihn umfloß,
Es war nur eine Borte von Gold, die ihn umschloß.
Es war in diesem Garten an Freud' und Wonne genug,
Hei! was der Garten Rosen und lichte Blumen trug!
Es pflegte sein Kriemhilde und hielt ihn wohlverwahrt,
Ihr halfen Frauen milde und Mägdlein edler Art.
Doch nicht allein die Rosen erfreuten ihren Sinn, —
Wo heiße Stürme tosen, da schaute gern sie hin;
Schon wurde ihr vom Berner manch Wunder angesagt,
Drum säh' ihn gerne streiten die kaiserliche Magd.
‚Wohl mag er sein', so sprach sie, ‚ein auserwählter Held,
Der Riesen schon und Drachen und Recken hat gefällt,
Doch habe ich als Hüter des Gartens hier zwölf Degen,
Die pflegen mir der Rosen und sind gar sehr verwegen!
......
Es sollen diese Degen des Gartens Hüter sein,
Sie lassen sich nicht schrecken auch in des Streites Pein!
Darum sei Trotz den Fürsten und Mannen angesagt
Und Tod, wer sich von ihnen in diesen Garten wagt.' "

Kriemhild will also, daß Kämpfer kommen sollen, denen, wenn sie ihre zwölf Degen (Recken) besiegen, Rosen und Rosenkränze, Gold und Küsse versprochen werden. Dietrich von Bern („Bern" ist Verona in Oberitalien), König der Ostgoten (493—526), nahm die Herausforderung an:

„Da sprach der Vogt von Berne: ‚Nun sagt der Königin,
Mich reizten nicht die Rosen, kein Kuß brächt mir Gewinn,
Doch würd ich mit zwölf Recken bald sein am grünen Rhein;
Der Kampfpreis soll die Ehre, allein die Ehre sein!' "

Dietrich von Bern kam, sah und siegte, und

„Da zögerte nicht länger Kriemhild, die Königin,
Mit einem Kranz von Rosen ging sie zu Witeg hin,
Ein Halsen und ein Küssen gab sie dem kühnen Mann ..."

Auf den geschichtlichen Inhalt kann hier nicht eingegangen werden, da er umgedichtet und nach heutiger Auffassung nicht wahrheitsgetreu ist. Es sollte hier nur gezeigt werden, daß die Rose schon damals eine bedeutsame Rolle spielt.

Eines unserer schönsten Rosenlieder ist sicherlich Goethes „Heideröslein" — von dem wir ja schon eine Zeile zitiert haben.

„Sah ein Knab ein Röslein stehen,
Röslein auf der Heiden;
War so jung und morgenschön,
Lief er schnell es nachzusehen
Sah's mit vielen Freuden
Röslein, Röslein, Röslein rot,
Röslein auf der Heiden.

Knabe sprach, ich breche dich,
Röslein auf der Heiden,
Röslein sprach, ich steche dich,

Abb. 96. Eine künstlerische Rose, mit sechs Blütenblättern, ziert das Titelblatt des „Zupfgeigenhansl", des Liederbuches der Wandervögel (133. Aufl. 1924)

daß du ewig denkst an mich,
und ich wills nicht leiden.

Und der wilde Knabe brach's
Röslein auf der Heiden,
Röslein wehrte sich und stach,
Half ihm doch kein Weh und Ach,
muß es eben leiden.
Röslein usw."

Zum Schluß noch die „Yellow Rose of Texas", ein amerikanisches Lied, das vielleicht unserer jüngeren Generation genau so bekannt ist wie das „altmodische" Heideröslein.

Die „Gelbe Rose von Texas" ist eigentlich der Name für eine Volksheldin aus Süd-Texas. Die Pflanze, die mit diesem Namen bezeichnet wird, ist jedoch nicht eindeutig klar. Überwiegend ist aber wohl die Ansicht, daß es *Rosa harisonii* ist, die von den ersten Neuengland-Amerikanern auf ihrem Weg in die West- und Südstaaten mitgenommen wurde. Andere Pflanzen, die man hiermit in Verbindung brachte, sind *Potentilla fruticosa, Kerria japonica* 'Pleniflora', *Rosa pimpinellifolia* und *R. bracteata,* die aber beide weiß blühen.

1954 brachte die Firma Arp Roses Inc. in Tyler, Texas, die Rose 'Lemon Chiffon', eine Teehybride, in den Handel, und zugleich gab sie ihr, als das Lied populär wurde, noch die Bezeichnung „The Yellow Rose of Texas".

Hier der Text des Liedes:

„She's the sweetest little rosebud that Texas ever knew,
Her eyes they shine like diamonds, they sparkle like the dew.
You may talk about Clementine, and sing of Rosalie,
But the Yellow Rose of Texas is the only girl for me."

So schön und edel auch die Verbindung zwischen Rosen und Frauen ist, muß dennoch „der Vollständigkeit halber" noch hinzugefügt werden, daß es auch noch eine andere Art der Beziehung gibt:

In Frankfurt am Main und auch in anderen Städten hießen früher die Gunstgewerblerinnen „Rosen", und in Breslau war bis in die neueste Zeit „Rosengäßlerin" ein Schimpfwort. In Nîmes — schrecklich zu sagen — mußten diese Damen sogar eine Rose als Abzeichen ihres Gewerbes tragen!

KIRCHE UND ROSE

In der Antike war die Rose den Göttern der Liebe und des Genusses geweiht (Aphrodite, Venus, Dionysos und Bacchus). Während der Anfänge des ersten Christentums lehnte die Kirche diese Blume, die mit so viel Verschwendung und Lasterhaftigkeit verknüpft war, ab, doch war ihre Ausrottung und Verehrung unmöglich. So kam es schließlich im 5. oder 6. Jahrhundert dazu, daß die Kirche klug genug war, der „Königin der Blumen" eine religiöse Bedeutung zu unterlegen. (Über die Rosen in der Bibel siehe Seite 56).

Das Kreuz ist zwar das heiligste Symbol der Christenheit, zunächst ein Zeichen der Trauer, das Bild des sterbenden Christus, jedoch auch, emporragend, das Zeichen der Erlösung. So wie sich hier der Sinn des Symbols wandeln kann, geschieht es auch mit der Rose. Zunächst war sie das Zeichen für das von den Märtyrern vergossene Blut, bis sie im 6. Jahrhundert neben der „Madonnen-Lilie" (*Lilium candidum*) zum Sinnbild der Reinheit und Keuschheit wird. Sie vereinigt in sich die überirdische Schönheit, göttliche Tugend und Unantastbarkeit, sie wird zur „Rosa mystica" (der „geheimnisvollen Rose") der Lauretanischen Litanei.

Zeitweise galt die weiße Rose auch als Todesbotin; wenn sie bei unschuldig Verurteilten erschien, war deren Unschuld erwiesen. So war der Rosenkult zum Teil recht düster. Der dann später einsetzende Marienkult mit der

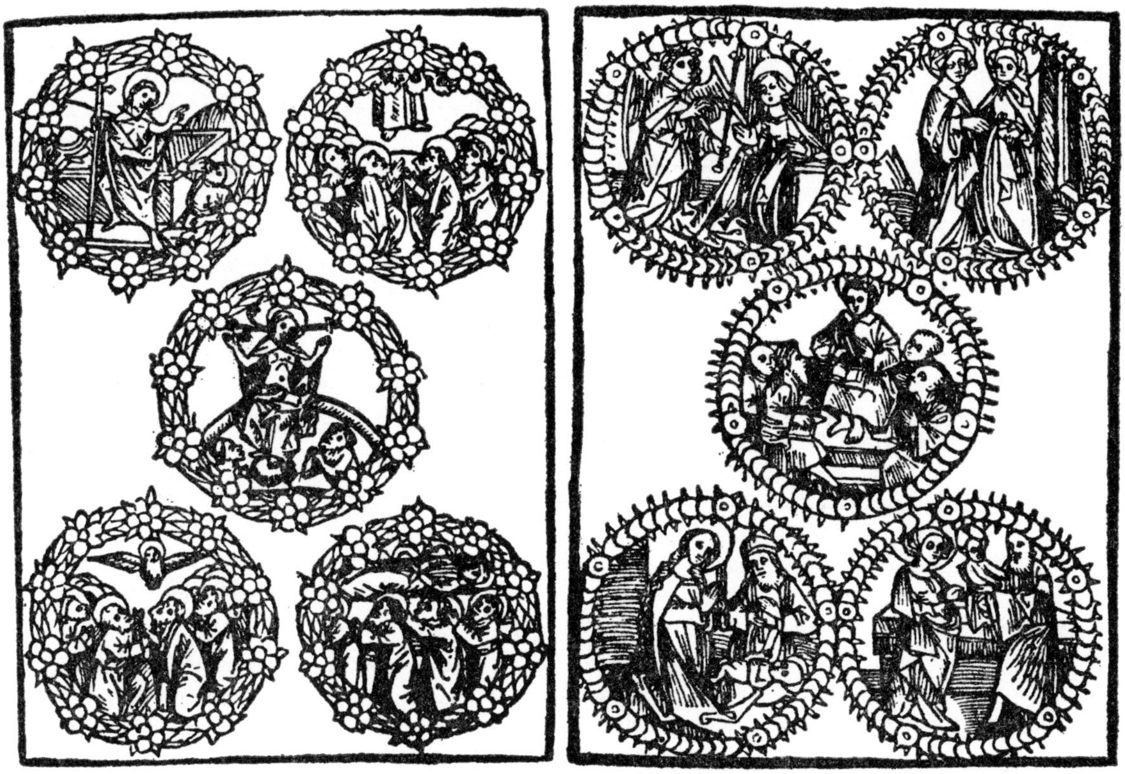

Abb. 97. Links: Glorreiche Geheimnisse in einem Rosenkranzbuche, Ulm 1489. Rechts: Freudenreiche Geheimnisse in einem Rosenkranzbuche, Augsburg 1495 (aus St. Beissel, Geschichte der Verehrung Marias in Deutschland während des Mittelalters, Freiburg 1909)

Rose wird von einigen Historikern — eine Ansicht, die vieles für sich hat — als eine vielleicht unbewußte Fortsetzung der griechischen Kultur angesehen, wo auch den schönsten Göttinnen Rosen geweiht waren; wenn es so ist, so hat dies jedenfalls dem Christentum nichts geschadet.

Der Rosenkranz, der nach der Legende durch den heiligen Dominikus eingeführt sein soll und seit dem 11. Jahrhundert bekannt ist, fördert noch die Vorliebe für die Rose. Angeblich sollen die ersten Rosenkränze aus Rosen angefertigt worden sein. Ein Kirchenlied aus dem 12. Jahrhundert beginnt „Ave Maria, ain Ros an alle Dorn ...". Rosenkränze, die Maria huldigen, gibt es seit dem 13. Jahrhundert in lateinischer Sprache (Psalterien), aber auch in deutscher Übersetzung. Besonders deutlich wird die Rose als Symbol der Maria in folgendem Psalterium des Abts Engelbert von Admont (gestorben 1331):

Ave, rosa, amoenorum
Ad convalles duc nos florum,
Ad hortorum lilia.
Paradisi ad virores,
Violarum ad odorem.

(Gegrüßest seist du, Rose, führe uns zu den Tälern der Blumen, zu der Gärten Lilien, zu des Paradieses grünen Auen, zum Dufte der Veilchen, zu der Rosen Tausenden) (nach Beissel, 246).

In vielen mittelalterlichen Liedern wird die Gottesmutter als „Rose ohne Dornen" bezeichnet.

Seit dem 11. Jahrhundert werden in gotischen Kathedralen, von Frankreich ausgehend, die Stirnseiten des Mittelschiffs mit einer meist farbigen, stilisierten Fensterrosette geschmückt, so in Reims, Chartres, Laôn, Amiens, Paris (Notre Dame), aber auch in Straßburg, Köln, Freiburg, ebenso in England (Exeter, Canterbury, York und Westminster). Man glaubt, daß diese Sitte von den Kreuzfahrern ausging, denn es gab damals in der Moschee des Ibn Tulun in Kairo bereits ein derartiges Rosettenfenster, das diese Anregung gegeben haben könnte.

Es kam auch wieder auf, wie im Altertum in Ägypten, den Toten Rosen mit ins Grab zu geben. Viele Geschichten gibt es, wonach Rosenbüsche aus den Gräbern entsprangen. So in der Abtei zum Heiligen Kreuz in Poitiers, Frankreich, wo aus dem Grabe eines jungen Mannes ein blühender Rosenstrauch erwuchs; eine Säule in der Abtei erinnert noch heute an dieses Wunder.

Die heilige Elisabeth, eine ungarische Königstochter, später Gattin des Landgrafen Hermann von Thüringen, 1207 bis 1231, war sehr mildtätig. Als sie den Armen Brot in einem verdeckten Korbe bringen wollte, überraschte sie ihr strenger Gemahl und begehrte zu wissen, was sie in dem Korbe hätte. Ängstlich sagte sie, Rosen; als er nachsah, war das Brot wunderbarerweise in weiße und rote Rosen verwandelt.

Maria sitzt im Rosenhag (Schongauer, Tafel 6); damit ist jedoch das christliche Paradies gemeint, nicht etwa der germanische Rosengarten.

Im Mittelalter spielte die Rose auch im Gottesdienst eine bedeutende Rolle; bei besonderen Anlässen wurden die Priester mit Rosen bekränzt, ebenso die Altäre.

Auch die Marienerscheinungen (Guadeloupe, seit 1531; Lourdes, seit 1858; Fatima, Portugal, seit 1917) waren mit Rosen verbunden; Maria soll von einem Rosenkranz umgeben gewesen sein.

Um 1521 ließ Papst Hadrian VI. an den Beichtstühlen geschnitzte oder in Stein gehauene Rosen anbringen; sie sollten, wie schon im Altertum (Seite 38) ein Symbol der Verschwiegenheit, der Unverletzlichkeit des Beichtgeheimnisses sein.

In den Klöstern wurden die Rosen besonders gepflegt, vor allem in den zahllosen Benediktinerklöstern in ganz Europa. Die Gräber werden mit Rosen bepflanzt, vor allem die Klosterfriedhöfe. So heißt der Kirchhof im Kreuzgang des Fraumünsters zu Zürich der „Rosengarten", ebenso auch ein alter Friedhof in Bern (Seite 140). In Stein gehauen findet man aber auch Rosen an den Portalen der großen Dome (Tafel 8) oder geschnitzt (Tafel 6) oder geschmiedet (Tafel 6). Hier können nur einige Beispiele gegeben werden.

Die „Goldene Rose" Dieser Rose kommt eine ganz besondere Bedeutung zu, weshalb hierauf etwas näher eingegangen wird.

Es ist nicht genau bekannt, seit wann der Papst regierende Häuser oder um die Kirche besonders verdiente Personen mit einer goldenen, von ihm gesegneten Rose auszuzeichnen begann. Vermutlich war es um 1050, unter dem Pontificat Leo IX. Im 12. Jahrhundert war es bereits zur Tradition geworden. Die goldene Rose ist ursprünglich wohl nur ein einfaches Schmuckstück mit rotem Email gewesen; später verwendete man an Stelle des Email einen großen Rubin, bis schließlich ein ganzer Rosenzweig mit Blättern, Blüten und Stacheln entstand, der auch einen sehr großen Wert darstellte, mitunter bis zu 10 000 Mark an Goldwert.

Am „Dies dominica in Rosa", dem vierten Sonntag in der Fastenzeit, segnete der Papst diese goldene Rose, welche danach einem Herrscher oder einem bedeutenden Christen als Geschenk übergeben wurde. Früher pflegten die Päpste an diesem Tage vom Lateran-Palast zur Basilika des Heiligen Kreuzes zu reiten, und in der ganzen katholischen Welt sang man „Laetare!" (= „Freuet euch!"). Wenn nun die halbe Fastenzeit vorüber war, pflegte die Kirche ihre braven Gläubigen dadurch zu ermutigen, daß sie das heilige Ende der Bußzeit ankündigte und eine Belohnung für Entbehrungen und Ungemach. Um diese Idee der Freude lebendig zu machen und zu verbreiten, wählte Rom als Symbol die Rose, die Königin der Blumen.

Nachstehend noch einige Personen, welche die „Goldene Rose" erhielten:

Jahr	Papst	Empfänger
1159	Alexander III.	Louis VII., König von Frankreich
1171	Calixtus III.	Der Doge von Venedig
1244	Innozenz IV.	Raymond, Graf von Provence
1446	Eugen IV.	Heinrich VI. von England
1669	Clemens IX.	Maria Theresia von Österreich
1819	Pius VII.	Die Kaiserin von Österreich
1856	Pius IX.	Kaiserin Eugénie
1886	Leo XIII.	Die Königin von Spanien
1886	Leo XIII.	Die Kaiserin von Brasilien
1891	Leo XIII.	Die Königin von Portugal
1893	Leo XIII.	Die Königin von Belgien
1925	Pius XI.	Die Königin von Belgien

Die mittelalterlichen Kathedralen weisen einen reichen steinernen Pflanzenschmuck auf. Soweit er die deutschen und französischen Dome und Münster des 12. und 13. Jahrhunderts betrifft, haben wir in dem Werk „Die Pflanzenwelt der mittelalterlichen Kathedralen" von Lottlisa Behling einen zuverlässigen Führer, der auf 160 Tafelseiten so manche Einzelheit aufzeigt, die man sonst leicht übersieht. Leider begegnet uns die Rose darin verhältnismäßig selten:

Basel. Baseler Münster, Westfassade, Mittelportal, linke Kapitellzone; herrlicher Rosenbogen, vor allem mit sehr natürlich gearbeitetem Laubwerk (Tafel 8).

Marburg. Elisabethkirche, Bogenfeld des Westportales, dessen linke Hälfte einen mit Weinreben bestandenen Rebenhang darstellen soll, während die rechte einen Rosengarten bildet (Tafel 8).

Freiburg i. Br. Über dem Westportal des Freiburger Münsters (Türrahmen oben) ein besonders schöner Rosenzweig. 13. Jahrhundert.

Reims. Kathedrale, nördliches Portal der Westfassade, linkes Gewände, über dem Haupt des Heiligen Nicasius ein wundervolles Rosengerank, hier ein Siegeszeichen der Kirche darstellend.

Amiens. Kathedrale, mittleres Westportal, zwischen den Säulen der seitlichen Arkaden auf der rechten Seite ein Rosenzweig.

Lyon. Kathedrale, dreifache Portalanlage an der Westseite, 13. Jahrhundert, während der Französischen Revolution ihres Schmuckes beraubt, mit figürlichem Schmuck an den vier Türsturzkonsolen, dabei auch Rosenranken zwischen zwei Rundstäben, welche die großen Bogenläufe säumen.

Paris. Cathedrale. Südquerschiff, Giebelrose mit Marienpflanzen, Rosenblüten mit Blättern (Tafel 7). Das nördliche Nebenportal der Westfassade weist acht Arten von Pflanzen auf, darunter auch die Rose.

DIE ROSE IM WAPPEN

Wohl in allen Ländern der nördlichen Halbkugel kommt die Rose in verschiedener Form in Wappen, auf Münzen, Siegeln, Fahnen, Gemälden und Kunstgegenständen aller Art vor. Als im zweiten Viertel des 12. Jahrhunderts fast gleichzeitig in West- und Mitteleuropa die Wappen entstanden, geschah dies, damit die in der Gleichheit ihrer Rüstungen unkenntlichen Ritter und Krieger unterscheidbar würden. Das geschah durch Anbringen oder Aufmalen von Figuren oder Symbolen auf den Schild. Häufig wird man auch schon den Fünfstern (Pentagramm) dazu verwendet haben, den man aus den Diagonalen eines regelmäßigen Fünfecks leicht zeichnen konnte. Hinzu kam noch, daß dieser Fünfstern schon ein mystisch-magisches Zeichen aus dem Altertum, der „Drudenfuß", ein Schutz- und Zauberzeichen gegen allerlei Unheil war. Sicherlich hat man schon früh erkannt, daß sich eine Rosenblüte sehr leicht in dieses Fünfeck hineinzeichnen oder auf den Stern legen läßt (Abb. 98). So finden wir schon bei den frühen Wappen, um 1400, bereits die Rose als Wappenbild. Sie wurde sehr oft, in verschiedenen Farben verwendet; wie man dem „Handbuch der Heraldik" entnehmen kann, führen über 4000 deutsche Geschlechter die Rose in ihrem Wappen.

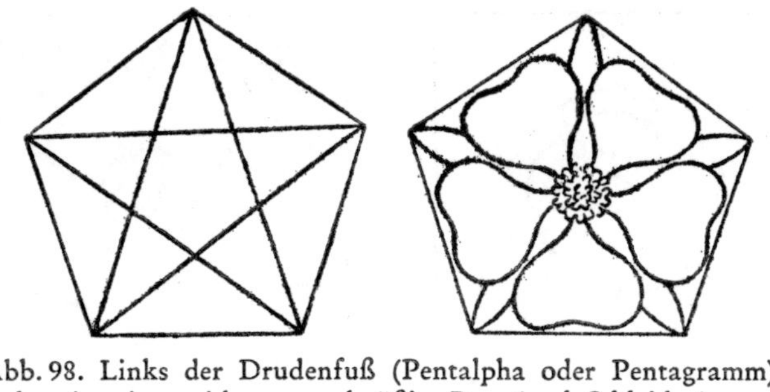

Abb. 98. Links der Drudenfuß (Pentalpha oder Pentagramm); rechts eine eingezeichnete regelmäßige Rose (nach Schleiden)

Es ist allerdings nicht möglich, auf Familienwappen mit Rosen einzugehen, doch sei ein einziges Wappen ausgenommen, ein Wappen, über das bereits eine umfangreiche Literatur besteht: das Wappen von Martin Luther (Abb. 99). Es ist ein rotes Herz, auf einer weißen Rose liegend, in der Mitte ein schwarzes Kreuz, die Rose in einem blauen („himmelfarbenen") Feld, alles umgeben von einem goldenen Ring. Eine sehr ausführliche Schilderung des Wappens → Rosenzeitung 1933.

Auch von den nun folgenden deutschen und ausländischen Wappen mit Rosen kann nur eine Auswahl gebracht werden.

Deutsche Landeswappen mit Rosen

Lippe. Der ehemalige Freistaat Lippe, der 1947 dem Lande Nordrhein-Westfalen eingegliedert wurde, führt in Silber eine rote Rose (die „Lippi-

Abb. 99. Das „Wappen" (Siegel!) Luthers (vgl. Text)

Abb. 100. Die Rose im Wappen. 1 Ehemaliges Fürstentum Lippe; 2 Landkreis Schaumburg-Lippe; 3 Landkreis Lemgo; 4 Stadt Rosenheim; 5 Gemeinde Ubbergen (Niederlande); 6 Gemeinde Schagen (Niederlande); 7 Stadt Rapperswil (Schweiz); 8 Eye, Suffolk (England); 9 Landkreis Springe; 10 Stadt Grenoble (Frankreich); 11 Grafschaft Lancashire (England); 12 West Riding, Yorkshire (England). Um die Wappenbilder klarer zu zeigen, sind die sonst üblichen Schraffierungen hier weggelassen; die genauen Wappenbeschreibungen vgl. Seite 229 und 230 (Original)

sche Rose"), mit goldenen Kelchblättern und Samen. Nach dieser Zeit erhielt die Rose ihren Platz im Wappen dieses Landes (gespalten, rechts in Grün ein silberner Schräglinksfluß, für Nordrhein, links in Rot ein springendes silbernes Roß, für Westfalen, unten eingepfropft in Silber die rote Rose von Lippe).

Bundesdeutsche Landkreiswappen

Von den 425 bundesdeutschen Landkreisen führen etwa 350 eigene Wappen, die sichtbaren Symbole der Selbstverwaltung. Kreise ohne eigenes Wappen hingegen pflegen zum Siegeln das Landeswappen zu benutzen, dem der Sinn der Obrigkeit, nicht aber der Selbstverwaltung innewohnt.

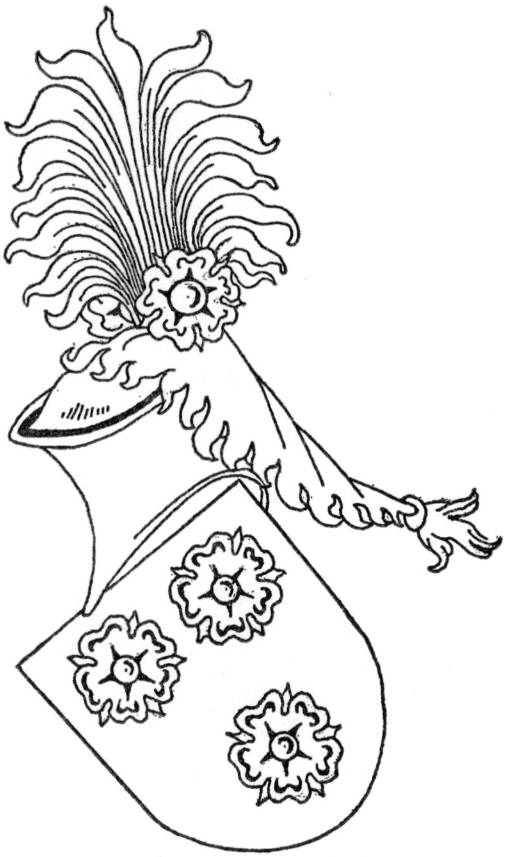

Abb. 101. Hochgotisches Wappen mit drei Rosen, um 1400 (aus der Wappenrolle von Zürich; nach Hildebrandts Wappenfibel, 1937)

Hier kann nur eine kleine Auswahl von Wappen mit Rosen aufgezeigt werden.

Detmold. Von Silber über Rot geteilt; oben eine fünfblättrige rote Rose mit goldenen Kelchblättern und Samen, unten ein achtstrahliger Stern mit einer schwarzweißen Schwalbe.

Flensburg. Unter goldenem Schildhaupt, darin ein schreitender Löwe, in Blau fünf goldbesamte und -beränderte silberne Rosen.

Freising. Unter einem silbern-blau geweckten Schildhaupt von Gold und Rot gespalten, vorn ein schwarzer, rotgekrönter Mohrenkopf mit rotem Ohrring, hinten eine doppelte silberne Rose mit goldenen Kelchblättern.

Kelheim. Unter einem silbern-blau geweckten Schildhaupt gespalten; vorne geteilt von Silber und Blau, mit drei Rosen in verwechselten Farben (oben zwei blaue, unten eine silberne Rose), hinten schrägrechts geteilt von Silber über Schwarz.

Lippstadt. In Silber ein durchgehendes schwarzes Kreuz (Kurkölner Kreuz), belegt mit einer fünfblättrigen roten Rose (Lippische Rose) mit goldenen Kelchblättern und goldenem Samen.

Lemgo. Von Silber und Gold geteilt, oben eine fünfblättrige Rose mit goldenen Kelchblättern und goldenem Samen, unten ein achtstrahliger roter Stern.

Meppen. In Rot ein goldener Wellengöpel, der im unteren Winkel eine goldene, rotbesamte Rose mit sich führt.

Ottweiler. Von Blau über Silber geteilt, oben ein wachsender goldener Löwe im von goldenen Schindeln besäten Feld, unten vorne eine blaue Rose mit goldenen Kelchblättern und Samen, hinten ein vierspeichiges schwarzes Zahnrad.

Rottenburg/Laber. Über rotem Schildfuß, darin eine silberne Rose mit silbernen Kelchblättern und rotem Samen, in Silber ein zinnengekröntes rotes Burgtor.

Schaumburg-Lippe. In Rot ein elfzackiges silbernes Nesselblatt, aus dem drei silberne Nägel hervorgehen; die Schildmitte belegt mit einer goldbesamten roten Rose mit roten Kelchblättern.

Schleiden. Geviert, in 1) in Gold ein eckig geschobener roter Baiken; in 2) in Gold ein steigender schwarzer Löwe; in 3) in Silber ein durchgehendes schwarzes Kreuz; in 4) in Rot drei goldene Rosen.

Springe. In Silber drei (2 : 1 gestellte) goldbesamte rote Rosen.

Stadtsteinach. Über blauem Schildfuß, darin eine doppelte goldene Rose mit silbernen Kelchblättern, in Gold ein mit einem silbernen Schrägrechtsfaden überdeckter schwarzer Löwe.

Tauberbischofsheim. Geviert, in 1) in Gold ein sechsspeichiges rotes Rad; in 2) in Schwarz ein goldener rotgekrönter Löwe; in 3) Schwarz eine schrägrechts gelegte, von Rot und Silber gevierte und in jedem Feld einmal gekerbte Fahne an goldener Lanze; in 4) in Gold eine sechsblättrige blaue Rose.

Einige bundesdeutsche Stadtwappen

Rosenheim. In Rot eine silberne, doppelte goldbesamte Rose mit grünen Kelchblättern.

Kehl. In Silber ein schwarzer Anker, beseitet von zwei goldbesamten roten Rosen.

Lippstadt. In Silber eine rote schwarzbesamte fünfblättrige Rose über einer roten Mauer mit einem Tor und zwei Türmen.

Ottweiler. In Blau eine silberne Rose.

Einige ausländische Wappen mit Rosen

FRANKREICH

Grenoble. In Gold drei doppelte rote Rosen (2 : 1 gestellt) mit grünem Samen und grünen Kelchblättern.

SCHWEIZ

Rapperswil. In Silber zwei doppelte, gestielte rote Rosen mit silbernen Samen.

NIEDERLANDE

Roosendaal. In Blau eine goldene dreifache Rose, mit goldenen Kelchblättern.

Schagen. In Rot eine goldene Rose in einem goldenen Ring mit je einer goldenen Lilie in den vier Ecken.

Ubbergen. In Rot eine natürliche goldene, gestielte und beblätterte Rose.

Zaltbommel. In Blau, belegt mit einem silbernen Schwert mit goldenem Griff, beseitet mit zwei silbernen vierblättrigen Rosen.

ENGLAND (Grafschaftswappen und Stadtwappen)

Cambridge. In Rot eine goldene Brücke, darüber eine goldene Lilie und zwei silberne Rosen mit goldenem Samen und grünen Kelchblättern.

Eye (Suffolk). In Blau ein goldenes Lilienendenkreuz zwischen vier goldenen Schwalben, im Schildhaupt ein silberner, goldgekrönter Adler mit ausgebreiteten Schwingen, sitzend auf zwei gekreuzten Zweigen mit je drei weißen Rosen.

Lancashire. In Rot drei goldene Spitzen (2 : 1 gegeneinander gestellt), jede mit einer roten Rose belegt.

Southampton. Von Rot und Silber geteilt, oben in Rot zwei silberne Rosen, unten in Silber eine rote Rose, alle drei mit goldenen Samen und grünen Kelchblättern.

Yorkshire besteht aus zwei Teilen: North Riding und West Riding, beide führen Rosen im Wappen. North Riding: Unter blauem Schildhaupt, belegt mit drei silbernen Rosen, ein rotes Kreuz auf Silber. — West Riding: Unter rotem Schildhaupt mit drei weißen Rosen eine goldene Sonne, belegt mit einer silbernen Rose.

Carlisle (Stadt). In Gold ein rotes Kreuz zwischen vier roten Rosen mit grünen Kelchblättern, belegt mit einer goldenen Rose mit grünen Kelchblättern.

Auf einige Besonderheiten bei den englischen Wappen muß jedoch hingewiesen werden, denn hier findet man vier Typen von Rosen:

1. Am gebräuchlichsten die einfache Rose mit fünf Petalen, mit besamter Mitte und mit fünf kurzen, scharf zugespitzten, blattartigen Sepalen, etwas zwischen den Petalen vorragend; alle diese Teile können die verschiedensten heraldischen Farben tragen.

Abb. 102. Englische Wappenrosen; links die einfache Rose; Mitte die Tudor-Rose; rechts die „Rose-en-Soleil"

2. Die „Tudor-Rose" ist stets doppelt, in der Regel die äußere Rose in Rot, die innere, kleinere in Weiß.
3. Die „Rose-en-Soleil" ist eine weiße, einfache oder doppelte Rose, die auf einer goldenen Strahlensonne liegt. In ihrer einfachen Form wurde sie zuerst geführt von Eduard IV. nach dem Sieg der York-Anhänger bei Mortimer's Cross, die doppelte Form ist ein englisches Regimentsabzeichen (5./Grenadier Guards) (Abb. 103).
4. Die „Slipped Rose", wenn über ihr die Kaiserkrone steht, ist das „Badge of England".

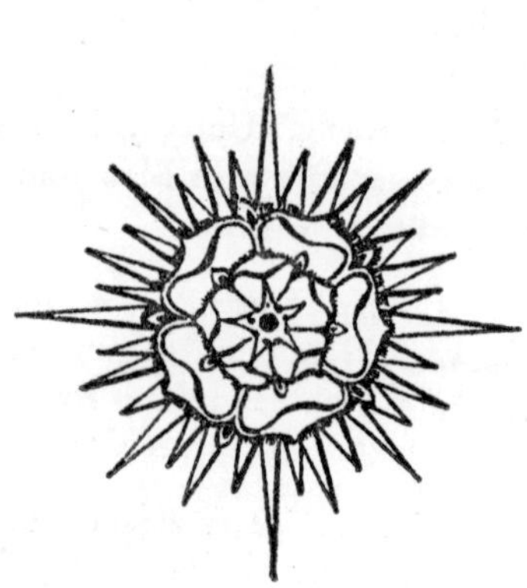

Abb. 103. Eine besonders schöne doppelte „Rose-en-Soleil"

DIE ROSE ALS STAATSEMBLEM UND ALS NATIONALBLUME

In England war und ist die Rose das Nationalemblem; seinen Namen „Albion" soll nach Roy Hay („Die Rose") das Land von seinen weißen Rosen bekommen haben (jedenfalls wohl von *albus*), während der Duden sagt, „Albion" sei ein altkeltisches Wort und bedeute soviel wie „Berginsel".

W. Scott sagt, daß die Einführung der Rose als Nationalemblem von England zurückgeht auf die Königin Eleonor von Provence, Gattin Heinrichs III. Die Wappenrose von Provence war eine goldene Rose. Diese goldene Rose wurde später von dem Thronerben, Sohn von Eleonor, übernommen, das war dann Edward I. Sein Bruder Edmond Crouchback, Graf von Lancaster, nahm dann die rote Rose an, um einen Unterschied gegenüber dem Emblem des Königs zu haben, und das Haus York schließlich nahm die weiße Rose an. Nach den genealogischen Tafeln von Scott dürfte die goldene Rose 1244, die rote Rose 1277 und die weiße Rose 1385 angenommen worden sein.

Das Staatswappen von Finnland zeigt in rotem, mit neun silbernen Rosen bestreutem Feld einen gekrönten goldenen Löwen, dessen rechte Vorderpranke ein geharnischter und ein Schwert schwingender Menschenarm ist und der mit den Hinterbeinen ein orientalisches Krummschwert niedertritt. Vgl. auch bei Orden mit Rosen.

Abb. 104. Das Staatswappen von Finnland

In den Vereinigten Staaten von Amerika wurde 1959 im Senat ein Antrag eingebracht, die Rose zur Nationalblume der USA zu bestimmen, da es noch keine Nationalblume gebe und die Rose immer die Nationalblume der Amerikaner war. Über den Erfolg des Antrages ist nichts bekannt. Die Rose ist jedoch schon Staatsblume in den Bundesstaaten Georgia, Iowa, North Dakota und New York und das offizielle Symbol des Districts of Columbia.

In folgenden Ländern ist die Rose Staatsblume: Bulgarien, England, Honduras, Iran, Polen, Rumänien und Tschechoslowakei.

ORDEN MIT ROSEN

Brasilien Der Rosenorden, 1829 von Kaiser Pedro von Brasilien gestiftet zur Ehre seiner Gattin Amalia, einer deutschen Prinzessin. Ein weißer Stern, auf einem Kranz rosaroter Rosen liegend, das Monogramm umgeben von der Umschrift „Amor e Fidelidade" auf Blau (Tafel 2).

Finnland Der Orden des Freiheitskreuzes, der in verschiedenen Klassen und Graden für militärische Dienste verliehen wird, trägt als Mittelmedaillon eine heraldische weiße Rose, die die neun Rosen des finnischen Staatswappens für die neun Lehen Finnlands symbolisiert. — Der Orden der Finnischen Weißen Rose trägt ebenfalls die weiße Rose im Mittelmedaillon; er wird für besondere Verdienste verliehen.

Großbritannien Die Ordenskette des Hosenbandordens (K. G.) in Gold besteht aus 24 blau emaillierten Hosenbändern um eine rote Tudor-Rose mit zehn Petalen in zwei Kreisen und 24 Liebesknoten; Gewicht 925 Gramm. — Das „Hosenband" ist ein dunkelblaues Samtband mit der Devise des Ordens „Honi soit qui mal y pense" in Goldbuchstaben und mit goldgestickten Rosen, die von Goldketten eingerahmt sind. — Auch in einer Reihe weiterer britischer Orden kommt die Rose vor, vor allem in den Ketten; diese brauchen hier jedoch nicht aufgezählt zu werden.

Griechenland Der Orden für gute Taten (Vasilikon Tagma tis Evpiias), gestiftet 1948 von König Georg II., in fünf Klassen, zeigt eine rosenähnliche

Blüte mit fünf blauemaillierten Blütenblättern, in der Mitte ein Medaillon der Heiligen Jungfrau.

Lippe Orden für Kunst und Wissenschaft (Lippische Rose), gestiftet 1898, in drei Klassen; das Ordenszeichen zeigt eine Rose mit fünf Kronblättern, stehend auf zwei Kronblättern. — Auch die anderen Orden und Ehrenzeichen des ehemaligen Fürstentums Lippe zeigen eine rote Rose als Ordenszeichen. Besonders bekannt ist das sogenannte „Lippische Röschen“, korrekt Lippisches Kriegsehrenkreuz für heldenmütige Tat. Es zeigt im Schnittpunkt der Kreuzbalken die lippische Rose, in größerem Abstand umgeben von einem Lorbeerkranz (Tafel 2).

ROSEN AUF MÜNZEN

Die in vielen Rosenbüchern umhergeisternden „Münzen“ aus den Tsudenschürfungen, deren Alter die einzelnen Autoren zwischen 2500 bis 6000 Jahre veranschlagen, sind Märchen (Seite 21)! Die nun folgenden Beschreibungen alter Münzen sind alle belegbar; sie können nachgeschlagen werden bei Bernhard und bei Imhoof-Blumer und O. Keller.

Bernhard sagt, daß die Rose als ein sogenanntes redendes Wappen der Typus für die Münzprägungen von Rhodos (zwischen 400 bis 80 v. Chr.) ist, neben einem anderen Wahrzeichen, dem Sonnengott Helios. Stadt und Insel Rhodos waren die Hauptstätte des Helios-Kultes; hier war das als eines der sieben Weltwunder bekannte Erzbild, der Koloß von Rhodos, errichtet. Die Münzen zeigen den Kopf des Gottes bald mit wallenden Locken, bald mit einem Strahlenkranze, meist von vorn, aber auch von der Seite. Manche Archäologen kommen auf Umwegen zu der Rose als „redendem Wappen“ von Rhodos, indem sie behaupten, daß der Name Rhodos auf die Nymphe Rode, der Geliebten des Helios, zurückzuführen ist, deren Sinnbild die Rose gewesen sei. Obwohl Rosenkränze bei den Alten sehr beliebt waren, findet man dennoch nirgendwo die Darstellung von Rosen im Kranz.

Nachfolgend die Beschreibungen der bei Bernhard (B) und bei Imhoff-Blumer (IB) dargestellten Münzen mit Rosen mit Tafelnachweis.

1. Tetradrachme von Rhodos; Vorderseite mit Apollon-Kopf von vorn, Rückseite aufblühende Rose im Profil, links und rechts je eine Weintraube am Stiel, alles in einem vertieften Viereck; Silber; um 400 v. Chr. IB Taf. X-6 (Tafel 2).
2. Didrachme von Rhodos; Vorderseite Helios-Kopf von vorn, etwas nach rechts gewendet, mit flatterndem Haar; auf der Rückseite eine Rose mit Knospe, links mit einer Weintraube, darunter ein E, über der Rose ΡΟΔΙΟΝ. — B Taf. I-2 (Tafel 2).
3. Drachme von Rhodos; auf der Rückseite eine aufgeblühte Rose, umgeben von einem Perlenkranz, darunter manchmal eine Ähre (Tafel 2), mit oder ohne Schrift. — IB Taf. X-8; B Taf. I-3.
4. Aphrodite, sitzend, zwischen zwei Sphinxen, an einer Rose riechend; Silber-Stater von Nagidos oder Aphrodisias in Cicilien; hier ist die Rose die Blume der Aphrodite (= Venus). — B Taf. I-5.
5. Kopf der Athene mit korinthischem Helm, dahinter eine kleine Rose als Beizeichen. — B Taf. I-4; IB Taf. X-9.

Andere bekannte Münzen aus dieser Zeit sind:

Tetradrachme aus Rhodos, Silber, auf der Rückseite eine aufblühende Rose, rechts ein stehender Adler, oben die Schrift ΡΟΔΙΟΝ. Zwischen 400—333 v. Chr.

Tetradrachme aus Rhodos, Silber, auf der Rückseite eine aufblühende Rose, links Stiel mit Knospe, rechts Stiel ohne Knospe. Zwischen 400—333 v. Chr.

Attische Drachme, Silber, auf der Rückseite zwischen Ρ—Ο eine Rose von oben gesehen, darüber Krone und Füllhorn, unten Schrift ΝΙΚΑΓΟΡΑΣ. Zwischen 88 bis 43 v. Chr.

Rosen auf englischen Münzen Vom 13. Jahrhundert an wird die Rose vorherrschend auf englischen Münzen dargestellt, und zwar als Punkt zwischen Inschriften, als Handelsmarke, in den Winkeln von Kreuzen, am Fuß von Sovereigns, mitunter als Umrandung und ohne Umschrift, manchmal auf der Vorderseite, aber auch auf der Rückseite. Es ist unmöglich, hier die Münzen aufzuzählen. Besonders bemerkenswert sind Silbermünzen aus der Zeit Heinrichs III. (regierte von 1216 bis 1272); sie zeigen Rosen in den Winkeln des Kreuzes. Es gibt auch noch eine Goldmünze im Werte von 20 Pence, von 1257, auf der Vorderseite mit einem Bilde des Königs, sitzend, mit Szepter und Reichsapfel, auf der Rückseite das lange Kreuz der Hansa, mit vier Rosen in den Winkeln. 1265 wurde der Wert verdoppelt, auf 40 Pence. Aufwertungen gab es also auch schon damals. Diese Münzen zeigen, daß die Rose ein königliches Abzeichen war.

Dann kam noch 1465 der Rosenobel, eine Goldmünze, hinzu (Abb. 27), über den bereits ausführlich berichtet wurde. Diese Münze hatte einen Wert von 7 Talern, die etwa gleichzeitig entstanden.

Später gab es vor allem in Lippe Münzen mit Rosen, da die Rose bekanntlich die lippische Wappenfigur war. Bekannt ist der Rosenpfennig („Rosenvierer"). Auch der Anhalter Pfennig zeigt eine Rose.

Schließlich sei auch noch die bulgarische 10-Stotinki-Münze genannt (→ Tafel 2), welche einen Kranz von Rosenblüten, Lorbeerblättern und Getreideähren zeigt.

DIE ROSE AUF DER BRIEFMARKE

Sicherlich sind unter den Lesern dieses Buches auch viele Briefmarkensammler, und es wäre auch weiter nicht verwunderlich, wenn es unter ihnen auch noch manche Motivsammler gäbe, beispielsweise von Rosen auf Briefmarken. Ohne näher auf die Geschichte der Briefmarke einzugehen, sei hier eine Zusammenstellung der Marken gebracht, auf denen Rosen dargestellt sind. Eine vollständige Zusammenstellung hat S. Coggiatti (1967) gegeben.

Die erste Darstellung einer Rose erfolgte 1925 auf einer 10-Cent-Marke, in den Niederlanden; die nächste vermutlich in Deutschland, 1929, eine symbolische Rose auf einer 8-Pfg-Marke mit einem Zuschlag von 4 Pfg. Erst 1935 erscheint wieder eine Rose auf einer Marke, in Spanien, und von nun an begegnen wir ihr häufiger. In den letzten zehn Jahren sind für die Motivsammler gewissermaßen „rosige" Zeiten angebrochen, denn die Rosen sind in vielen Ländern ein beliebtes Motiv geworden.

Die nachfolgende Liste ist länderweise geordnet. Sammler werden jedoch auf ihre Briefmarkenkataloge verwiesen; die Liste möge ihnen jedoch helfen, die Motive leichter aufzufinden. In Klammern die Anzahl der Werte.

Albanien:	1965 (1; Teehybride); 1967 (8; Teehybriden)
Belgien:	1965 (1; Symbol); 1969 (1; Teehybride)
Brasilien:	1951 (1; Symbol); 1967 (1; Symbol)
Bulgarien:	1936 (2; Symbol); 1938 (4; *R. damascena*?); 1947 (1; Rose); 1951 (1; Rose); 1953 (3; *R. canina*); 1956 (2; *R. damascena*); 1962 (8; Teehybriden)
ČSSR:	1957 (1; Teehybride); 1962 (1; Symbol); 1965 (1; *R. canina*); 1967 (1; Symbol)
Deutschland:	1929 (1; Symbol); 1938 (1; *R. alpina*)
DDR:	1960 (1; Rose); 1961 (1; Teehybride); 1962 (2; Symbol)
Finnland:	1949 (1; *R. canina*); 1954 (1; Rose)
Frankreich:	1954 (1; Symbol); 1959 (1; Symbol); 1962 (2; Teehybride und Zentifolie); 1963 (1; Symbol)
Großbritannien:	1953 (1; Symbol); 1964 (1; *R. canina*)
Israel:	1953 (1; Symbol)
Japan:	1947 (1; Symbol)
Jordanien:	1962 (1; Symbol)
Jugoslavien:	1955 (1; *R. canina*)
Kanada:	1966 (1; *R. acicularis*)
Khor Fakkan:	1966 (7; Teehybriden und Floribunda)
Kuba:	1955 (5; Teehybriden)
Libyen:	1965 (1; Teehybride)
Liechtenstein:	1945 (2; Symbol); 1957 (1; Symbol); 1961 (3; Symbol und *R. canina*)
Monaco:	1959 (1; Teehybride); 1962 (1; Symbol); 1963 (1; Symbol); 1969 (1)
Mongolei:	? (1; *R. acicularis*, siehe Abb. 105)
Neufundland:	1932 (1; Symbol)
Nicaragua:	1967 (1; Teehybride)
Niederlande:	1925 (1; Symbol); 1952 (1; Rose)
Nord-Vietnam:	1968 (5; Teehybriden)
Österreich:	1948 (2; *R. canina* und Symbol); 1949 (1; Symbol)
Pakistan:	1961 (2; Symbol)
Peru:	1936 (1; Symbol); 1937 (1; Symbol)
Polen:	1966 (4; Teehybride und Symbole); 1967 (1; Floribunda)
Rumänien:	1954 (1; Symbol); 1959 (1; *R. canina*); 1964 (1; *R. canina*)
Saargebiet:	1951 (1; Symbol)
Salvador:	1964 (1; Teehybride)
San Marino:	1952 (4; Teehybriden); 1954 (1; Teehybride); 1957 (1; *R. canina*)
Schweden:	1966 (2; Symbol)
Schweiz:	1945 (1; *R. alpina*); 1952 (1; Blatt und Frucht); 1956 (1; Symbol); 1957 (1; Blatt); 1964 (1; Teehybride); 1973 (4; Teehybriden)
Spanien:	1935 (1; Symbol)
Süd-Korea:	1965 (1; *R. rugosa*)
Togo:	1966 (2; Teehybriden); 1967 (2; Teehybriden)
Türkei:	1955 (1; Teehybride); 1960 (1; Teehybride)
UdSSR:	1938 (2; Symbol); 1960 (1; *R. canina*); 1964 (2; Symbol); 1969 (2)
Ungarn:	1958 (1; *R. richardii*); 1959 (2; Teehybriden); 1961 (2; Teehybriden); 1962 (6 Teehybriden

Abb. 105. Briefmarke der Mongolei mit Darstellung der *Rosa acicularis*

	und 1 Floribunda); 1963 (1; Teehybride); 1965 (1; verschiedene Rosen)
Vatikan:	1943 (4; Symbol); 1956 (3; Symbol)
Yemen:	1956 (4; *R. damascena*?)

LITERATUR

COGGIATTI, S.: In: *Rosa Belgica* (übersetzt durch F. MERTENS).

DIE ROSENKREUZER

Die Rosenkreuzer sind eine Bruderschaft, eine Geistesbewegung, gegründet durch einen Ritter Christian Rosencreutz (1378—1484), die alle Wohlgesinnten aufrief, ihr beizutreten zur allgemeinen Weltverbesserung. In ihrem Symbol führten sie ein mit sieben Rosen behangenes Kruzifix; ursprünglich war es nur eine einzige große Rose auf dem Schnittpunkt der beiden Kreuzbalken. Später (schon 1785 belegt) führten sie ein Radkreuz (Rad mit vier kreuzförmig gestellten Speichen) mit der Umschriftung „Das ist im Himmel und auf Erden das beschlossene Rosenkreuz, davon die Welt zu sagen weiß". Das Kreuz ist das Zeichen des Christentums, die Rose das Symbol der Verschwiegenheit oder des Geheimnisses, die Summe beider, das Rosenkreuz" = Esoterisches Christentum.

„Das exoterische Christentum lehrte das Dogma vom Fortleben nach dem Tode. Das esoterische Christentum lehrte, dasselbe in vorübergehend leibfreiem Sein bereits hier an sich zu erfahren" (zit. nach W. Schrödter, S. 18—19).

DIE ROSE IN DER FREIMAUREREI

Im Ritual der Freimaurer spielt die Rose eine bedeutende Rolle, nicht nur als Sinnbild der Schönheit, sondern vor allem als Symbol der Sehnsucht des Menschen nach einem neuen höheren Leben. Dies kommt besonders zum Ausdruck beim alljährlichen Johannisfest (24. Juni), das auch Rosenfest genannt wird. An diesem Tage schmücken die Freimaurer sich selbst und ihre Loge mit roten Rosen in drei Farbabstufungen. Vor allem bei den deutschen Freimaurern ist die Rose ein beliebtes kultisches Ausdrucksmittel; so werden auch bei der Grablegung eines Bruders drei rote Rosen ins Grab mitgegeben. In Deutschland gibt es einige Logen, die das Wort „Rose" in ihrem Namen führen, so z. B. die Hamburger Loge „Zu den drei Rosen".

Abb. 106. Ein geheimes Zeichen zur Erinnerung an den Jakobiten-Aufstand, 1746 in England, mit den Namen derjenigen, die für diese Sache leiden mußten

DIE ROSE ALS GESINNUNGSZEICHEN

Daß eine Rose auch als Abzeichen einer Gesinnung getragen wurde, haben wir schon bei der Schilderung der „Rosenkriege" (Seite 42) gesehen. Hier mögen aber auch noch einige weitere Begebenheiten genannt werden:

Die Jakobiten Jakob II. (englisch James II.), 1685 bis 1701, war der Bruder des englischen Königs Karl II. Da er 1672 zum Katholizismus übertrat, sah der König sich 1679 gezwungen, ihn aus dem Lande zu weisen. Nach drei Jahren konnte er zurückkehren, und 1685 kam er, nach dem Tode Karls II., auf den Thron. Als er nun aber versuchte, den Katholizismus in England wiederherzustellen, stieß er auf heftigen Widerstand bei den Führern des Parlamentes, so daß er nach Frankreich fliehen mußte. Zu seinen Anhängern zählte der größte Teil des schottischen Adels, der ihm allerdings nur im Geheimen helfen konnte. Als Zeichen ihrer Gesinnung trugen sie eine weiße Rose. Jakob II. versuchte einige Jahre später, von Irland aus, mit französischen Truppen seinen Thron wiederzuerobern, erlitt jedoch eine schwere Niederlage. Den letzten Aufstand der Jakobiten zettelte Prinz Charles Edward 1745 in England an, mit dem Ziel, seinen Vater als römisch-katholischen König auf den britischen Thron zu bringen. Der Aufstand mißlang, der Prinz mußte nach Frankreich fliehen; seine Anhänger trugen zur Erinnerung an ihre Leiden ein geheimes Abzeichen in Form einer Rose (Abb. 106).

Die Rosen-Liga Die *Ligue de la Rose* oder *La Rose de France* wurde 1888 durch die Gräfin von Paris gegründet. Es war eine Vereinigung von französischen Damen, welche die Wiederherstellung der Monarchie in Frankreich anstrebte. Die Angehörigen dieser Liga trugen eine kleine kupferne Rose, die auf einem Blatt die Inschrift „La France“ zeigte.

Rosati Ganz anders geartet waren die Rosatis, eine Gesellschaft von jungen Leuten aus Armee, Verwaltung und anderen Ständen, die sich zu Ende des 18. Jahrhunderts in Arras bildete. Man war literaturbegeistert, vor allem für die Poesie und auch für die Rose. Die Gesellschaft hatte nur 50 Mitglieder. Wer Mitglied werden wollte, mußte ein Gedicht auf die Rose machen, das er bei seinem Eintritt vorzutragen hatte. Dann gab man ihm eine Rose, an der er dreimal riechen und dann in seinem Knopfloch befestigen mußte. Darauf ließ man ihm ein Glas Rosé-Wein auf das Wohl der Gesellschaft leeren und gab ihm nun eine Urkunde über seine Zugehörigkeit zu den Rosatis. Sie war auf rosa Papier mit rosaroter Tinte geschrieben und häufig auch noch von rosa Rosen eingerahmt. Den Ort ihrer Zusammenkunft nannten sie „Eden“ oder auch „Rosenbeet“.

Schließlich sei auch noch an die **„Weiße Rose“** erinnert, jene Widerstandsgruppe gegen den Nationalsozialismus, zu der die Geschwister Scholl gehörten. Sie wurden beim Verteilen von Flugblättern an der Universität München verhaftet und 1943 hingerichtet. Der geistige Mittelpunkt dieser antinationalsozialistischen Studentenvereinigung war der Schweizer Professor Dr. Kurt Huber, der ebenfalls hingerichtet wurde.

ABNEIGUNG GEGEN DIE ROSE

Es ist nur schwer zu verstehen, daß es auch Menschen gibt, die die Rose nicht lieben, sondern hassen, sie nicht sehen und nicht riechen können. Belmont zählt eine Reihe bekannter Persönlichkeiten auf, von denen einige hier genannt seien:

Francesco Venerio, ein Doge in Venedig, fühlte sich schlecht, wenn er den Duft einer Rose einatmete; wenn er zur Kirche ging, mußten alle Rosen, die sich dort befanden, vorher weggenommen werden.

Der Kardinal Olivier Caraffa war außerordentlich allergisch; wenn er den Rosenduft einatmete, befiel ihn ein starker Schnupfen, so daß er während der Blütezeit der Rosen Rom zu verlassen pflegte. Möglicherweise aber war dies nicht der Duft, sondern der Pollen, der die Allergie bewirkte.

Der Cardinal Henry de Cordone wurde sogar ohnmächtig, wenn er Rosenduft einatmete. Und der Ritter de Guise wurde nicht erst dann ohnmächtig, wenn er den Duft einatmete, sondern schon, wenn er nur eine Rose sah!

Francis Bacon, der englische Lord-Kanzler (1617), geriet in Wut, wenn er nur eine Rose sah. Maria von Medici und Anna von Österreich ertrugen Rosen nicht einmal auf Gemälden.

Ludwig XIV., der „Sonnenkönig“ (1643—1715), der das Schloß zu Versailles erbaute, hatte nur eine sehr mäßige Liebe zu Rosen.

Wenn man einmal davon absieht, daß bei einigen der genannten Personen tatsächlich eine Allergie vorhanden war (bei Kardinal Caraffa), so ist es aber schwer verständlich, wie jemand ohnmächtig werden kann, wenn er ein Gemälde mit Rosen erblickt.

DER „MINDEN DAY“

Wenn schon die Engländer die Überlieferung an eine über 200 Jahre zurückliegende Schlacht auf deutschem Boden noch immer hochhalten, so sollten wir hiervon wenigstens etwas wissen. Im Siebenjährigen Krieg geschah folgendes:

Am 1. August 1759 standen sich bei Minden die französische Kavallerie und fünf englische Infanterie-Regimenter gegenüber, letztere verstärkt durch hannoversche Truppen. Herzog Ferdinand von Braunschweig war preußischer Generalfeldmarschall und Befehlshaber der Verbündeten. Englische Spähtrupps hatten in Erfahrung gebracht, wann die feindliche Kavallerie, insgesamt sechs Regimenter, angreifen wollten. Daraufhin unternahmen die Engländer einen Überraschungsangriff, bei dem die völlig unvorbereiteten Franzosen vernichtend geschlagen und in die Flucht gejagt wurden. Dieser glänzende Sieg wird seither von den Traditionsregimentern festlich begangen. Was hat dies mit Rosen zu tun?

In der Chronik des Suffolk-Regimentes[1] steht, daß damals die englischen Infanteristen durch einen blühenden Rosengarten kamen. Jeder Soldat pflückte dort eine Rose und

[1] Nach anderer englischer Darstellung sollen es Angehörige des Regiments Lancashire Fusiliers gewesen sein, unter ihrem Oberst Kingley, welche die Rosen trugen.

steckte sie an seinen Hut. — Nach einer anderen Darstellung (E. Diderich) sollen die Soldaten hinter Rosenhecken in Bereitschaft gelegen und Rosen von dieser Hecke an ihrem Dreispitz befestigt haben.

Wie es denn auch sei, sicherlich nicht das ganze Regiment, aber doch ein Teil davon hat vor der Schlacht bei Minden Rosen als Abzeichen getragen, und weiße Rosen werden seither bei der Erinnerungsfeier von den Angehörigen der Traditionsregimenter an der Uniform getragen.

Es ist jedoch bis heute nicht ganz klar, um welche Rose es sich seinerzeit gehandelt haben kann; die heimischen Wildrosen blühen nur im Juni, vielleicht noch bis Anfang Juli. Wenn es Gartenrosen waren, können es nur *Rosa alba* 'Semiplena' gewesen sein oder aber die etwas später blühende 'Maiden's Blush'.

DIE ROSE IN DER KUNST

Persien Rosenmotive werden oft verwandt, sowohl in der Keramik wie auch auf Stickereien. Die Blüten sind oft etwas abgewandelt, aber sie haben meist entlang der Mittellinie der Petalen einen hellen Fleck, das „Auge des Lichtes". Die Sepalen sind vielfach blattartig verlängert und sorgfältig mit Nerven versehen. Natürlich lassen sich bei diesen Motiven keine bestimmten Rosen identifizieren, aber die Rose mit den breiten Hagebutten dürfte wohl *Rosa hemisphaerica* sein. Diese Rose mit den blattartigen Sepalen und breiten Früchten wird in der Kunst des Islam oft verwendet; die Rosenblüten werden jedoch oft so dargestellt, daß sie eher *Zinnia*-Blüten gleichen (siehe Abb. 107).

China Kurz vor dem Kriege wurde im Burlington House in London eine Ausstellung chinesischer Kunst eröffnet. Unter den Objekten waren auch einige Bilder mit Rosen, von denen zwei besonders zu erwähnen sind:

1. Ein Gemälde von Chao Ch'ang, auf Seide, aus der Zeit um etwa 1000 n. Chr., eine *Rosa rugosa* darstellend (Tafel 3);
2. das andere Gemälde, von Huang Ch'uan, aus dem Jahre 965, zeigt die 'Blush China' (Tafel 3).

Auf Porzellan der K'ien Lung-Periode (1736—1796) sind häufig Rosen dargestellt. Im Musée Guimet in Paris gibt es noch ein Blumenbuch, das der Kaiser K'ien Lung persönlich gemalt haben soll. Darin ist auch eine *Rosa chinensis* abgebildet, so naturgetreu, wie sie heute auch noch aussieht.

Das Porzellan der K'ang-Hsi-Periode (1662—1722) zeigt ebenfalls Rosen, aber diese sind sehr klein und stehen in Töpfen. Bunyard (1938) hält sie wegen ihrer zahlreichen (neun bis elf) Blättchen für *Rosa roxburghii*, die damals viel in Töpfen kultiviert wurde und darin auch einen sehr gedrungenen Wuchs hat.

Viele Bilder zeigten *Rosa multiflora*, aber nur den wilden Typ. Bunyard meint, die Gartenformen von *R. multiflora* seien wohl erst im 18. Jahrhundert entstanden, doch gab es zu Beginn des 19. Jahrhunderts schon viele Sorten, und zu

Abb. 107. Rosen als Schmuck. a und d Rosenkränze, wie sie im Mittelalter von Adeligen getragen wurden, entweder nur mit vier Blüten (a) in gleichem Abstand oder ganz aus Blüten (d); die anderen Figuren sind Rosendarstellungen auf Geweben, und zwar die „Indische Rose" (c), die „Persische Rose" (b) und die „Italienische Rose" (e) (nach Battersby, 1953)

dieser Zeit kamen auch einige von ihnen nach Europa, so die 'Seven Sisters' (= *R. multiflora* 'Platyphylla').

Immerhin wurde die Rose in der chinesischen Kunst nicht so oft als Motiv benutzt wie die *Paeonia*; beide Pflanzen sind auf den Gemälden leicht an ihren Blattformen unterscheidbar.

Griechenland Obwohl die Rose in der frühen griechischen Dichtung erwähnt wird, scheint die dekorative Kunst ihr nur wenig Interesse entgegengebracht zu haben. Darstellungen von Rosenblüten finden wir auf Münzen von Rhodos (vgl. Seite 232).

Rom Rosen finden sich oft in den Fußboden-Mosaiken (Tafel 1) und in den Fresken der Katakomben, vor allem in der frühen christlichen Kunst der Katakomben Roms. Als die christliche Kirche sich über Europa ausbreitete, wurde die Rose, die früher ein Symbol der Venus war, ein Symbol der Märtyrer und vor allem der Passion. Sie wurde das Sinnbild der Liebe Gottes und damit ein kirchliches Emblem, sowohl in der Bildhauerkunst wie auch auf Geweben. Alle Rosen wurden jedoch so allgemein dargestellt, daß man wohl eine Rose darin erkennen, nicht aber Schlüsse über ihre Zugehörigkeit zu einer bestimmten Art oder Sorte ziehen kann. Dieses ist erst seit dem 15. Jahrhundert mit einiger Sicherheit möglich.

Italien Etwa seit dem 15. Jahrhundert häufen sich in der italienischen Kunst die Darstellungen von Rosen, die von nun ab auch zunehmend genauer gemalt werden. Bunyard, der sich hiermit beschäftigt hat, fand nur drei Typen von Rosen auf den Gemälden: *Rosa gallica* (rot, einfach) und *Rosa alba* (zwei Sorten, weiß gefüllt und rosa gefüllt). Diese Rosen sind deutlich zu erkennen an ihren großen, flachen Blüten und an den Blättern, vor allem bei *R. alba.* Darstellungen von *Rosa centifolia* gibt es nirgendwo, zumindest noch nicht im 15. Jahrhundert, und auch *R. damascena,* die mit dem Niedergang Roms verschwand, erschien (nach Mattioli) erst wieder um 1540.

Auf einem Gemälde von Stefano de Zevio (geboren 1393) mit der Madonna im Garten (im Museum Verona) sieht man auch ein Gitter, mit Rosen bepflanzt, die Blüten weiß und rosa, gefüllt, flach, das Laub typisch für *Rosa alba.* Diese Rose findet man immer wieder auf Gemälden, wo sie an Gittern, Zäunen und Lauben zu sehen ist, selten aber die einfache *Rosa gallica.*

Auch Luini (1485—1532, Mailand) stellt *Rosa alba* viele Male auf seinen Gemälden dar, überall eindeutig erkennbar in Blüte, Blatt und Bewehrung.

Botticelli (1445—1510 in Florenz) hat auf seinem berühmten Gemälde „Geburt der Venus" in den herabfallenden Rosen klar erkennbar die weiße und dunkelrosa *Rosa alba* verwendet. Bunyard meint, die weiße Blume sei *Rosa alba* 'Maxima' und die rosafarbene 'Maiden's Blush'. Die dunkelrosa Rose ist heute anscheinend nicht mehr in Kultur, doch wird sie in den Rosenbüchern des 19. Jahrhunderts noch beschrieben. Alle Rosen auf den Botticelli-Gemälden sind *Rosa alba,* ausgenommen eine einfache dunkelrote Rose in der „Primavera", in der Figur an der rechten Seite, die eine *Rosa gallica* darstellt, die um diese Zeit auch in den Gemälden anderer italienischer Meister dieser Zeit und auch später vorkommt.

Niederlande Hier werden zum ersten Male Zentifolien gemalt, zugleich findet man auch *Rosa hemisphaerica* (goldgelb, gefüllt), *R. damascena* und *R. gallica.* Clusius hatte alle drei Rosen (um 1580), als er Österreich und Ungarn besuchte, dort gesehen. In der zweiten Ausgabe seines Buches „Horti Germaniae" (1601) berichtet nun Clusius, und das ist besonders wichtig, daß ihm der Edelmann John van Hogheland Anfang 1589 zwei Rosen gesandt habe, von denen aber nur ein kleines Wurzelstück am Leben geblieben sei und 1591 geblüht habe mit 40 Blüten, diese sehr dicht gefüllt, mit etwa 120 Petalen, die äußeren größer, nach innen kleiner werdend, stark duftend wie die *Gallica,* die Blütenfarbe fast weiß. Die Petalen waren einwärts gekrümmt, so daß es (nach Bunyard) nur unsere *Rosa centifolia* gewesen sein kann. So waren um diese Zeit in den Niederlanden drei Rosen in Kultur: *Rosa centifolia, Rosa alba* 'Maxima' und noch eine Miniaturform. Die Zentifolie war aber damals den Botanikern in Frankreich und Westeuropa noch nicht bekannt, und es war erst Clusius, der in seinen Werken über die Flora Spaniens, Österreichs und Ungarns diese Kenntnis vermittelte.

In den Niederlanden und Flandern begann damals die Zeit der großen Maler, von denen viele Blumenstilleben als ihr Spezialgebiet pflegten. Hunderte von Gemälden aus jener Zeit gibt es heute noch in den großen Museen. Es kann aber unmöglich hierauf eingegangen werden. Die nachfolgende kurze Übersicht der wichtigsten Meister soll auch nur ein Anhalt sein, eine Hilfe für jene Leser, die sich für dieses Gebiet besonders interessieren.

Die bedeutendsten niederländischen und flämischen Blumenmaler

Balthasar van der Ast; 1590—1656; malte viele Blumenstilleben nach der Art des Jan Bruegel.

Ambrosius Bosschaert; malte von 1588 bis 1645; sehr sorgfältig ausgearbeitete Blumenbilder im Stile von Jan Bruegel.

Jan Bruegel (auch Brueghel oder Breughel geschrieben), 1568 bis 1625. Zur Unterscheidung von anderen Malern, die den Beinamen Bauernbruegel und Höllenbruegel bekommen haben, wurde Jan Bruegel der Blumen- oder Samtbruegel genannt. Viele Stilleben mit Rosen.

Jan Davidsz de Heem; 1606—1684. Hauptsächlich Pflanzenstilleben, sehr genau beobachtet; warmes Helldunkel.

Jan van Huysum; 1682—1749. Feingemalte, hellfarbige Blumen- und Fruchtstücke.

Jakob Jordaens; 1593—1678, einer der bedeutendsten flämischen Maler; schuf viele Altarbilder, Sprichwortbilder.

Jakob Marell; 1614—1681; niederländischer Blumenmaler; wurde später Stiefvater der Anna Maria Sibylla Merian.

Jan van Os; 1744—1808.

Rachel Ruysch; 1664—1750; holländische Malerin; war 1708 bis 1716 Hofmalerin in Düsseldorf; malte meisterhafte Blumen- und Fruchtstücke in der Art de Heems und van Huysums.

Gerrit (Gerard) van Spaendonck, 1746—1822; niederländischer Maler, aus Tilburg, später in Paris; Redouté war sein Schüler.

Nicolaes Verendael; flämischer Maler, 1640—1691.

Simon Verelst; niederländischer Maler; 1644—1721.

Roelandt Savery; 1576—1637; in Flandern.

Daniel Seghers (auch Seeghers geschrieben); flämischer Blumenmaler, 1590—1661.

Jakob van Walscapelle; malte in den Niederlanden, zwischen 1667 und 1716.

Leider kann auf Werke der einzelnen Maler hier nicht näher eingegangen werden; die Aufbewahrungsorte vieler Blumengemälde werden bei Hairs nachgewiesen. Auf die Darstellungen einiger Rosen sei noch besonders hingewiesen, und zwar aus historischen Gründen.

Rosa gallica 'Versicolor', die gestreifte Rose, dürfte wohl zum ersten Male gemalt worden sein von Robert, 1640; heute in der Sammlung „Velins" im Jardin des Plantes, Paris. Sie ist aber später noch oft zu sehen auf den Gemälden niederländischer und flämischer Meister.

Rosa foetida finden sich auf den Werken von Daniel Seghers und von Rachel Ruysch, letztere im Rijksmuseum Amsterdam zu sehen.

Rosa hemisphaerica ist in Frankreich seit 1616 bekannt und in diesem Jahre abgebildet in dem Buch „Jardin d'Hyver" von Jean Franeau. Bald finden wir Darstellungen dieser gelben, gefüllten Rose bei Parkinson, dann auch auf Gemälden van Huysums.

Mit Beginn des 19. Jahrhunderts kommt dann der große Rosenmaler Jean-Pierre Redouté; hierüber ist ausführlich berichtet auf Seite 100; seine Rosenbücher sind aufgezählt auf Seite 239.

Deutschland Aus dem frühen Mittelalter sind keine Rosenbilder erhalten, doch gab es schon damals Rosen, und sie waren zusammen mit den Lilien die Lieblingsblumen des Volkes, wie wir aus vielen Liedern entnehmen können. Erst in der frühen Minnesängerzeit finden wir Rosen als Buchschmuck abgebildet (Tafel 5).

Die Rosengärten aus germanischer Zeit, weiterlebend in der Sage Dietrichs von Bern, der in dem berühmten „Rosengarten des Königs Laurin" kämpft, haben nie existiert. So ist auch das großartige Wandgemälde in einem Schloß in Tirol (H. Jannasch 1936), das diesen Rosengarten darstellt, reine Phantasie. Nicht anders ist es mit dem Rosengarten der Kriemhild (Seite 223) in der Nibelungensage. Das Nibelungenlied wurde im 13. Jahrhundert gedichtet und besingt einen Streit in Burgund, der im 5. Jahrhundert stattgefunden hat. Um diese Zeit gab es ganz sicher keinen Rosengarten in unserem Sinne, weder in Worms, noch anderswo in Deutschland. Alle derartigen Darstellungen sind reine Dichtung.

Zum Schluß dieses Abschnittes noch eine Übersicht über die bedeutendsten Rosenbücher, unter denen das Werk Redoutés ohne jeden Zweifel an der Spitze steht.

DIE BEDEUTENDSTEN ÄLTEREN ROSEN-TAFELWERKE (18. bis 19. Jahrhundert)

(Die Rosentafelwerke und -bilderbücher des 20. Jahrhunderts in den Literaturübersichten auf Seite 301 und 434).

(Arnz): *Rosen.* Sammlung der neuesten und schönsten aus Frankreich, England, Belgien und Deutschland bezogenen, in unserem Garten cultivirten, nach der Natur gezeichneten und colorirten Rosen. 6 Lief. mit je 10 Tafeln. Düsseldorf 1835—1840 (Arnz & Co.).

Andrews, Henry C.: *Roses*, or a monograph of the genus Rosa; containing coloured figures of all the known species and beautiful varieties, drawn, engraved, described and coloured from the living plants. 2 Bände mit 129 farbigen Kupfertafeln. London 1805—1828.

Bessa, Pancrace: *Album des Roses.* 71 S. und 23 kol. Kupfertafeln. Paris, um 1830.

CURTIS, H.: *The Beauties of the Roses.* Containing portraits of the principal varieties. 2 Bände mit 38 Farbtafeln. Bristol und London, 1850 und 1853.

JAMAIN, HIPPOLYTE, et EUGENE FORNEY: *Les Roses.* Histoire, culture, description. 268 S. und 60 Farbtafeln. Paris 1872.

KOMLOSY, FRANZ: *Rosenalbum.* 92 Farbtafeln in 23 Lieferungen zu je 4 Tafeln. Wien 1868—1872.

LAWRANCE, MARY: *A Collection of Roses from nature.* 30 Lieferungen mit zus. 90 kol. Kupfern. London 1796 bis 1810.

LINDLEY, JOHN: *Rosarum Monographia*; or a botanical history of roses. 156 S., 19 Kupfertafeln, davon 18 koloriert, 156 S. Text. London 1820.

PACQUET, VICTOR: *Choix des plus belles Roses.* Folio. 60 kol. Lith. Paris (Dusacq) 1845—1854.

REDOUTÉ, PIERRE-JOSEPH: *Les Roses.* 1. Aufl. 3 Bände, Folio, 167 Farbtafeln. Paris (Firmin-Didot) 1817—1824. — 2. Aufl. 3 Bände, Folio, 140 Tafeln. Paris (Panckoucke) 1824—1826. — 3. Aufl. (Oktav!), 3 Bände, 181 Tafeln, herausgegeben von M. Pirolle. Paris (Dufart) 1828 bis 1830. — Schließlich soll noch eine Ausgabe bei J. F. Hauser & Cie in St. Petersburg erschienen sein; Einzelheiten hierüber jedoch nicht bekannt.

ROESSIG, GOTTLOB: *Die Rosen,* nach der Natur gezeichnet und koloriert. 2 Bände (6 Hefte) mit zus. 60 kol. Kupfertafeln, gezeichnet von Luise von Wangenheim. Leipzig 1802—1820.

WILLMOTT, ELLEN ANN: *The genus Rosa.* 2 Bände, Folio, 24 Teile mit etwa 130 Farbtafeln. London 1910—1914.

Nomenklatorische Korrekturen zu Redouté, Les Roses (1817—1824) Bei der Benutzung dieses Tafelwerkes ist es wichtig zu wissen, daß die dort gebrauchte Nomenklatur nicht mit unserer heutigen übereinstimmt. Der Neudruck dieser ersten Ausgabe, der von 1974 bis 1978 in Antwerpen (Verlag de Schutter) erscheinen soll, wird auch einen Ergänzungsband mit Korrekturen und Nachträgen bringen. Solange dieser Band noch nicht vorliegt, ist die folgende Zusammenstellung sicherlich sehr nützlich.

Tafel Nr.	mit der Bezeichnung	heutige Bezeichnung
Band 1 (1817)		
27	*R. berberifolia*	*R. persica*
29	*R. sulphurea*	*R. hemisphaerica*
31	*Le Rosier à feuilles rougeâtres*	*R. rubrifolia*
33	*R. moschata*	*R. moschata*
35	*R. bracteata*	*R. bracteata*
37	*Rose à feuilles de Laitue*	*R. centifolia* 'Bullata'
39	*R. muscosa* (*Muscosa simplex*)	*R. centifolia* 'Andrewsii'
41	*R. muscosa multiplex*	*R. centifolia* 'Muscosa'
45	*Le Rosier luisant*	*R. virginiana*
49	*R. indica*	*R. chinensis* 'Sanguinea'
51	*R. indica vulgaris*	*R. chinensis* 'Old Blush'
57	*R. pendulina*	*R. pendulina*
61	*R. indica fragrans*	*R. odorata* ('Hume's Blush tea-scented China')
63	*R. damascena subalba*	*R. dupontii*
65	*R. pomponia*	'Rose de Meaux'
67	*Le Rosier vélu*	*R. villosa*
69	*Le Rosier églantier*	*R. foetida*
71	*Le Rosier églantier couleur Ponceau*	*R. foetida* 'Bicolor'
73	*Le Rosier de Provence ordinaire*	*R. gallica* 'Officinalis'
75	*R. gallica officinalis*	*R. gallica* 'Officinalis'
81	*R. carolina corymbosa*	*R. carolina*
87	*R. muscosa alba*	*R. centifolia* 'Muscosa Alba'
89	*R. arvensis*	*R. arvensis*
95	*R. hudsoniana*	*R. palustris*
97	*R. alba Regalis*	'Great Maiden's Blush'
99	*R. moschata flore semi-pleno*	*R. moschata* 'Plena'
103	*R. Redoutia rubescens*	*R. nitida* (??)
105	*R. cinnamomea majalis*	*R. cinnamomea* 'Plena'
109	*R. damascena Coccinea*	'Scarlet Four Seasons'
111	*R. centifolia mutabilis*	*R. centifolia* 'Unique Blanche'
115	*R. indica pumila*	*R. chinensis* 'Minima'
117	*R. alba flore pleno*	*R. alba* 'Semi-plena'
133	*R. cinnamomea flore simplici*	*R. cinnamomea*
135	*Rosa Mundi*	*R. gallica* 'Versicolor'
137	*R. damascena* Variegata	*R. damascena* 'Versicolor'
Band 2 (1819)		
7	*R. rapa flore semipleno*	*R. virginiana* 'Plena'
15	*R. arvensis*	*R. arvensis*
23	*R. rubiginosa nemoralis*	*R. micrantha*
27	*R. longifolia*	*R. chinensis* 'Longifolia'
41	*R. damascena Aurora*	*R. alba* 'Céleste'
43	*R. banksiae albo-plena*	*R. banksiae* var. *banksiae*
45	*R. reversa*	*R. reversa*
47	*R. alba cimbaefolia*	*R. alba* 'A feuilles de Chanvre'
49	*R. sempervirens latifolia*	*R. sempervirens*
53	*R. celsiana*	*R. damascena* 'Celsiana'
63	*R. pumila* (*Rosier d'amour*)	*Rosa gallica*, Wildform
67	*R. multiflora Carnea*	*R. multiflora* 'Platyphylla'
69	*R. multiflora platyphylla*	*R. multiflora* 'Platyphylla'
73	*R. parviflora flore multiplici*	*R. carolina* 'Plena'
77	*Le Rosier de Philippe Noisette*	*Rosa* 'Blush Noisette'
93	*R. inermis*	*R. francofurtana*
Band 3 (1824)		
11	*Rosier à mille Epines*	*P. pimpinellifolia* var. *myriacantha*
19	*R. spinosissima lutea maxima*	*R. pimpinellifolia* 'Lutea'
71	*R. rubrifolia*	unklar (*R. setigera*?)

Tafel Nr.	mit der Bezeichnung	heutige Bezeichnung
77	*R. Agatha*	eine der vielen 'Agatha'-Formen
78	*R. gallica Maheka* (*La Belle Sultane*)	*R. gallica* 'Violacea'
79	*R. reclinata*	*R. lheritieranea*
105	*R. canina burboniana*	*R. borboniana*
107	*R. pomponiana*	*R. centifolia* 'Parviflora'

(Zusammengestellt nach Angaben von Graham S. Thomas und A. Rehder, Bibliography.)

LITERATUR

Anonym: Kreuz und Rose; Die Lutherrose. Rosenzeitung 1933.

Anonym: A Catalogue of Dutch and Flemish Still-Life Pictures in the Ashmolean Museum, Oxford.

Anonym: The Minden Day. The Rose 2: 273—274 (1954).

Anonym: La Rose, son histoire, sa beauté et son utilisation en médicine et dans l'alimentation. Les Amis des Roses, Nr. 316, 13—17 (1973).

BALIS, J.: De Roos in Beeld. 96 S. Brüssel 1966. — Auch in französischer Sprache vorliegend „Images de La Rose".

BATTERSBY, B. K.: The Rose in Design. Rose Ann. 1953: 49—54.

BEHLING, L.: Die Pflanzenwelt der mittelalterlichen Kathedralen. 229 S., 160 Taf. Verlag Böhlau, Köln 1964.

BELMONT, A.: Dictionnaire historique et artistique de la Rose. 207 S. Paris 1896.

BERNHARD, O.: Pflanzenbilder auf griechischen und römischen Münzen. 47 S. Zürich 1924.

BLUNT, W.: The Art of Botanical Illustration. 304 S. London 1950.

BRELOER, J.: 1000 Jahre? Rosenstock am Dom zu Hildesheim. Bernward Verlag, Hildesheim 1974.

BROCKHAUS, M.: Der Blumenmaler Pierre-Joseph Redouté und seine Rosenbildnisse. Gartenflora 86: 156—158 (1937).

BUNYARD, E. Y.: The Rose in Art. Rose Ann. 1938: 39—48.

CARDEW, F. M. G.: A note on the illustration of Roses. Jour. R.H.S. 73: 180—182 (1942).

DIDERICH, E.: Minden Day. Rosenzeitung 1931: 2—3.

GRANT, M. H.: Flower Painting through the Centuries (nicht gesehen).

HAIRS, M. L.: Les Peintres Flamands de Fleurs au XVIIe Siècle. 264 S., 83 Taf. Brüssel 1955.

HEIDELOFF, K. A. VON: Die Ornamentik des Mittelalters (1844 bis 1847).

—, und GÖRGEL: Die Ornamentik des Mittelalters (Tafelwerk). 1852.

HERZOG, H.-U., und F. WOLF: Flaggen und Wappen. Leipzig 1967.

HIERONYMUSSEN und LUND: Handbuch europäischer Orden in Farben. 238 S. Berlin 1966.

HILDEBRANDT, A. M.: Wappenfibel — Handbuch der Heraldik. 16. Aufl., herausgegeben vom „Herold". 229 S. Neustadt/Aisch 1970.

HÖHN und ZOBEL: Pflanzen auf Briefmarken. Berlin-O. 1969.

IMHOOF-BLUMER, F., und O. KELLER: Tier- und Pflanzenbilder auf Münzen und Gemmen des klassischen Altertums. Auf S. 60 und Taf. 10 fünf Münzen mit Rosen. Leipzig 1889.

JANNASCH, H.: Die Rose in der deutschen Kunst. Rosen-Jb. 1936: 50—53.

KAMMEYER, H. F.: Dendrologie und Numismatik. Mitt. DDG 63: 3—26 (1968).

LAWALREE, A.: L'âge d'or de la peinture botanique. Rosa Belgica 1971: 10—13.

LECKY, H. S.: The Rose in Heraldry. Rose Ann. 1931.

LEGRAND-COCHET, L.: L'origine de la Rose d'Angleterre. Jardins de France 1964, Juni-Heft.

LENNHOFF/PONER: Internationales Freimaurer-Lexikon. Graz 1932.

LIPPE, E. A. PRINZ ZU: Orden und Auszeichnungen. 190 S. Heidelberg 1958.

LOUDA, J.: Europäische Stadtwappen, deutsche Ausgabe. Genesis-Verlag, Balzers in Liechtenstein, 1969.

MARZELL, H.: Die Rose im deutschen Volksleben. Rosen-Jb. 1934: 141—145.

MELLOR, G.: At the sign of the Rose. The Rose 8: 254—258 (1960).

MERLIN, A.: Römische Rosen-Mosaiken (Übersetzung aus dem Journal des Roses). Rosenzeitung 1913, mit 2 Abb.

NISSEN, C.: Die botanische Buchillustration, ihre Geschichte und Bibliographie. Band 1, 264 S; Band 2, 324 S. Stuttgart 1951. Supplement, 97 S. Stuttgart 1966.

ROCK, P. M. J.: The Golden Rose. The Catholic Encyclopedia VI (1913).

SCHICK, H.: Das ältere Rosenkreuzertum. 1942.

SCHLEIDEN, M. J.: Die Rose, Geschichte und Symbolik in ethnographischer und kulturhistorischer Beziehung. Leipzig 1873.

SCHROEDTER, W.: Das Rosenkreuz. 1955.

—: Geschichte und Lehren der Rosenkreuzer. 175 S. Villach 1956.

SCOTT, W.: The Romance of Heraldy. London 1957.

SEELAND, H.: Der tausendjährige Rosenstock am Dom zu Hildesheim. Hildesheim 1947. — Nachgedruckt im Rosen-Jb. 1955.

SIERKSMA, K.: De Gemeentewapens van Nederland. Utrecht 1960.

STEIMEL, R.: Die Wappen der bundesdeutschen Landkreise. Köln 1964.

VASTERLING, P.: Die Rose in der Kunst und in der Heilkunst. Rosen-Jb. 30: 115—120 (1964).

VERDENHALVEN, F.: Alte Maße, Münzen und Gewichte aus dem deutschen Sprachgebiet. Neustadt/Aisch 1968.

WARNER, R.: Dutch and Flemish Fruit and Flower Painters of the Seventeenth and Eighteenth Centuries. London 1928.

WEGENER, H.: Die Rosenabbildungen bis Redouté. Gartenflora 86: 154—156 (1937).

WINKER, H.: Die Rose in Sage und Schrifttum. Rosenzeitung 1917: 12—13; 32—34.

ZANDER, R., und W. KORDES: Anekdoten aus der Geschichte des Gartenbaues (hier: Entstehung von Rosensorten). Rosen-Jb. 22: 170—174 (1961).

ZEHNDER, J.-P.: Ein weiterer Beitrag zum Thema: Rosen und Briefmarken. Rosenbogen 1973 (4): 22—27.

Weitere Literatur siehe Seite 39 und Seite 59.

Botanische Terminologie

Einführung Bei den Beschreibungen der Wildrosen und Gartenformen werden manche botanische Begriffe verwendet, die zwar ohne weiteres verständlich erscheinen; sie sollen aber dennoch erklärt werden. Nur das Beherrschen dieser Ausdrücke ermöglicht ein sicheres Bestimmen und Erkennen einer Pflanze. Es war leider nicht möglich, die Gartenrosen genau so ausführlich zu beschreiben wie die Wildrosen, dadurch würde der Umfang des Buches weitaus größer geworden sein.

Es werden hier nur die botanischen Ausdrücke, die sich speziell auf Rosen beziehen, erklärt; auf alle übrigen wird verzichtet, da sie in jedem botanischen Lehrbuch nachgesehen werden können.

Es werden behandelt: Stamm, Blatt, Blüte, Frucht und Same. Die in der Genetik vorkommenden Fachausdrücke werden im Kapitel „Die Grundlagen der Rosenzüchtung" erklärt. Das sichere Erkennen einer Rosenart wird dadurch erschwert, daß sie vielfach mehr oder weniger variiert und nicht alle Eigenschaften ganz genau so sind, wie sie nach der Beschreibung sein müßten. Insbesondere trifft dies auf solche Rosenpflanzen zu, die aus Samen von Gartenpflanzen (z. B. aus Botanischen Gärten) erzogen wurden. Solche Sämlinge sind mehr oder weniger verbastardiert, und ihre genaue Zugehörigkeit kann oft nur annähernd bestimmt werden. Wer Rosenwildarten aus Samen erziehen will, soll sich diese nach Möglichkeit von ihrem natürlichen Standort beschaffen; viele Botanische Gärten in aller Welt verteilen solche frisch gesammelten Sämereien mit genauen Herkunftsangaben.

DER STAMM

Da die Rosen Sträucher sind, haben sie nicht nur e i n e n Stamm (bei den „auf Stamm" veredelten Rosen ist dies künstlich erzielt und daher botanisch außer acht zu lassen), sondern mehrere bis viele. Die Stämme entspringen an der Basis, wachsen dann zunächst senkrecht aufwärts, verzweigen sich aber schon bald in mittlerer Höhe; botanisch bezeichnet man diese Wuchsform als sympodial mit orthotroper Wuchsrichtung und mesotoner Verzweigung.

Freistehende Rosensträucher werden bei uns selten über 3 bis 4 m hoch, Kletterrosen in den Gärten 3 bis 5 m hoch, allerdings nur dann, wenn sie angebunden werden. In mil-

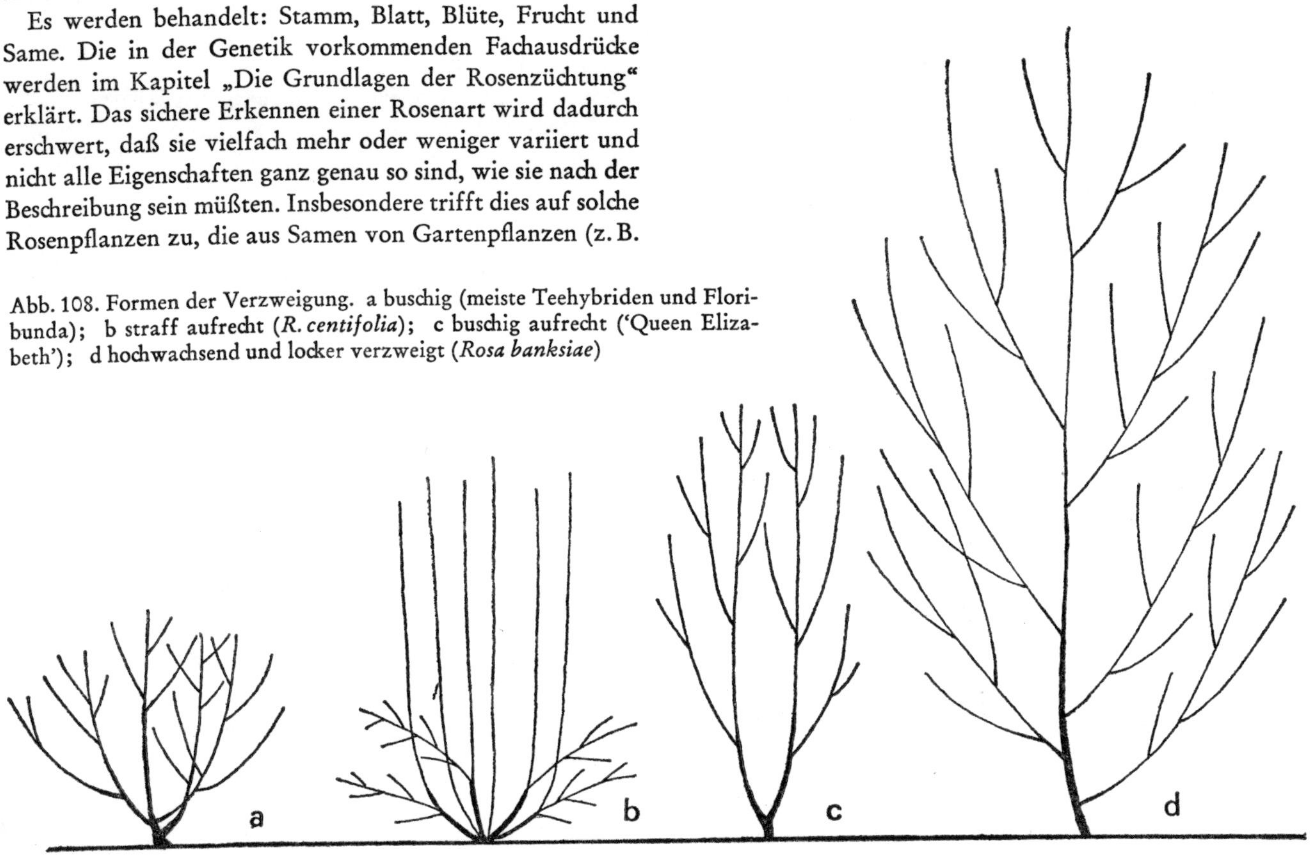

Abb. 108. Formen der Verzweigung. a buschig (meiste Teehybriden und Floribunda); b straff aufrecht (*R. centifolia*); c buschig aufrecht ('Queen Elizabeth'); d hochwachsend und locker verzweigt (*Rosa banksiae*)

deren Gegenden, z. B. in England oder im Mittelmeerraum, können diese Rosen bis 10 m hoch werden und darüber (*R. gigantea, R. moschata, R.* 'Mermaid' usw.). Wildrosen klimmen mit ihren hakenförmigen Stacheln, mit welchen sie sich festhaken; der Ausdruck „Schlingrosen" ist deshalb unzutreffend, da die Triebe nicht schlingen, sondern nur klimmen.

Werden die Triebe nicht aufgebunden, so bleiben sie auf dem Boden liegen, wie dies z. B. bei *Rosa paulii* (= *R. rugosa* 'Repens') der Fall ist oder bei *R. wichuraiana.*

Einige Arten bilden auch Ausläufer, z. B. *R. persica,* ferner *R. carolina,* die sich schon bald stark ausbreitet, während bei vielen Arten nur vereinzelt Ausläufer auftreten, was bei veredelten Rosen lästig ist.

Die Stämme oder Triebe der Rosen sind, von wenigen Ausnahmen abgesehen (*R. pendulina, R. banksiae*), mehr oder weniger stark mit **Stacheln** bewehrt (nicht „Dornen"!), die zur sicheren Bestimmung einer Art wichtig sind. Die Stacheln können gleichartig (Homöocanthie) oder verschiedenartig (Heteracanthie) sein, gerade oder mehr oder weniger gebogen oder stark hakenförmig gekrümmt, nadelförmig (stets gerade) oder dreieckig und allmählich verdickt oder sogar flügelförmig verbreitert (bei *R. sericea*) sein. Sie können mehr oder weniger zahlreich sein, oft nach der Triebbasis an Zahl zunehmen, auch mit Borsten untermischt sein (*R. rugosa*), die Basis kann rundlich bis elliptisch sein; bei manchen Arten sind die Stacheln unter den Blattbasen gepaart. Die Länge der Stacheln schwankt von 1 bis 5 mm, selten bis etwa 10 mm, die Breite ist ebenso, kann aber bei *R. sericea* und ihren Formen 30 bis 40 mm erreichen.

Nadelstacheln	sind starr, stielrund, erst an der Basis verbreitert;
Stachelborsten	sind weich, biegsam, an ihrer Basis nur wenig verbreitert;
Drüsenborsten	sind Stachelborsten mit kugeligen Drüsen an der Spitze;
Stieldrüsen	sind kugelige Drüsen auf meist über 0,5 mm langen Stielen, diese auf ihrer ganzen Länge gleich dick, dabei gerade oder gebogen, während Sitzdrüsen sich nur durch einen weniger als 0,1 mm langen Stiel unterscheiden.

Die Färbung der Stacheln ist nur bemerkenswert, wenn diese gelb oder fast weiß oder (wie bei *R. pteracantha*) leuchtendrot sind; in den meisten Fällen sind die Stacheln mehr oder weniger rötlich oder bräunlich.

Die **Rinde** der Triebe kann ganz glatt sein oder auch fein behaart (*R. bracteata*) oder auch bläulich bereift (*R. glauca*).

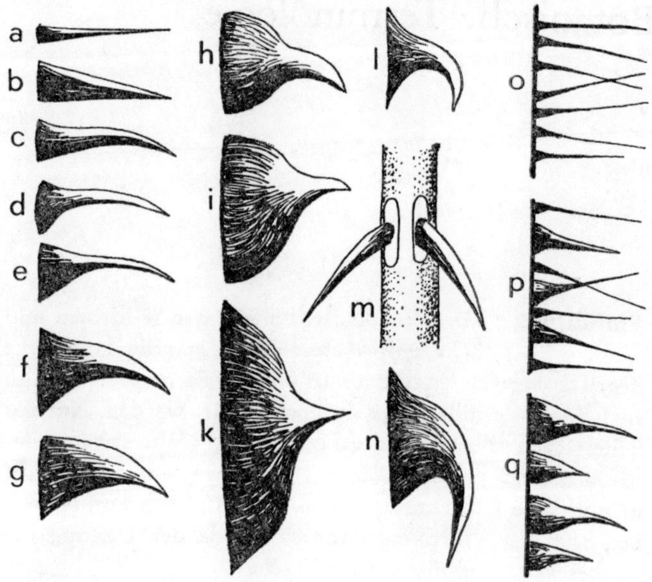

Abb. 109. Formen der Bewehrung. Nadelstacheln (a, b, d); mehr oder weniger hakig gekrümmt (c, e, f, g, l, n); flügelförmig verbreitert (h, i, k); paarweise stehend (m); Stachelborsten (o); Stacheln und Borsten gemischt (p); unterschiedliche Größe der Stacheln (q) (Original)

Besonders bemerkenswert ist die abblätternde Rinde alter Triebe von *Rosa roxburghii.* Die Farbe der Triebe ist meist grün, doch gibt es auch viele Sorten und Arten mit roter Rinde.

Das **Holz von Rosenpflanzen,** besonders von den alten Wurzelstöcken, ist feinkörnig, sehr fest, schön gemasert und interessant gefärbt, so daß es für Einlegearbeit usw. sehr gesucht ist. Indessen haben die gewöhnlichen Gartenrosen nur selten brauchbare Stammstärke, dagegen mitunter wohl die Kletterrosen.

DAS BLATT

Von einer einzigen Ausnahme abgesehen (*Rosa persica*) sind die Blätter der Rosen stets gefiedert, und zwar unpaarig, bei den Teehybriden meist 5zählig, bei den Floribunda 5—7zählig. Die Wildarten haben in der Regel 7 bis 9 Blättchen, viele asiatische Arten jedoch oft 13 bis 15 (bis 19) Blättchen, dagegen einige amerikanische Arten (*R. stellata, R. minutifolia*) nur 3 kleine Blättchen.

Die Form der Blättchen ist nicht sehr vielfältig; sie sind im allgemeinen mehr oder weniger eiförmig oder

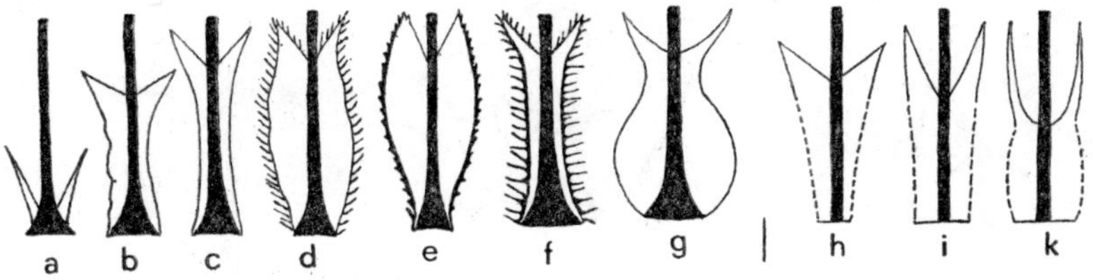

Abb. 110. Formen der Nebenblätter. a ganz frei; b—k angewachsen. — a pfriemförmig, frei, bald abfallend; b parallelseitig, Spitzen auswärts gestellt; c parallelseitig, Spitzen vorwärts gestellt; d ähnlich c, aber in der Mitte etwas verbreitert, ringsum gewimpert; e nach oben etwas verbreitert, Spitzen vorwärts gerichtet, Rand fein gezähnt; f Mitte etwas verschmälert, Rand fast kammförmig gewimpert; g in der unteren Hälfte stark halbkreisförmig verbreitert, nach der Spitze zu verengt, Spitzen abstehend; h und i länglich dreieckig, Spitzen auswärts bzw. vorwärts gerichtet; k Spitzen lang und schmal, vorwärts gerichtet (Original)

elliptisch, mit runder oder keilförmiger oder auch etwas herzförmiger Basis, am Apex spitz oder stumpf oder zugespitzt. Die Blätter können ganz kahl sein oder auch behaart, mit oder ohne Sitz- oder Stieldrüsen, der Rand einfach oder doppelt gezähnt und ebenfalls mit oder ohne Stieldrüsen an den Zähnen. Bei *R. rubiginosa* sondern die Drüsen der Blätter einen starken Duft, der an Äpfel erinnert, ab.

Die **Blattspreite** ist zumeist glatt (bei den weitaus meisten Arten) oder aber runzelig (*R. rugosa* u. a.), dünn oder auch derb lederartig, glänzend oder matt, heller oder dunkler grün, bei den meisten Gartenrosen im Austrieb mehr oder weniger stark gerötet oder bronzegrün, bei *R. glauca, persica* u. a. ausgesprochen blaugrün. Daneben können die Spreiten entweder kahl sein oder beiderseits behaart oder auch nur auf der Unterseite.

Die **Nebenblätter** sind kleine, blattartige Gebilde zu beiden Seiten der Blattbasis und zumeist dem Stiel angewachsen, nur bei wenigen Arten (*R. banksiae*) frei. Die Form der Nebenblätter ist sehr unterschiedlich (vgl. Abb. 110).

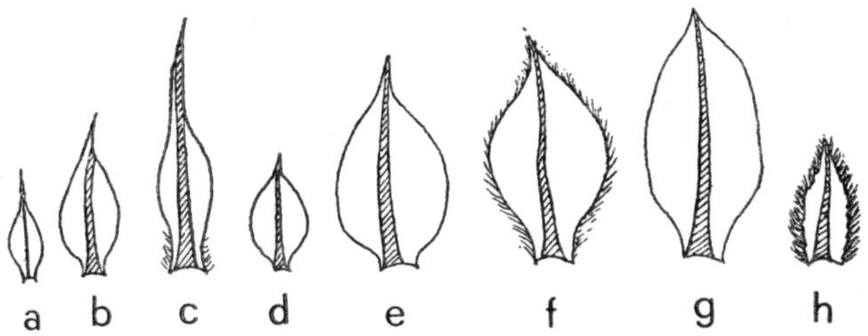

Abb. 111. Formen der Hochblätter (Brakteen). a oval mit lang ausgezogener Spitze, ganzrandig (viele Floribunda); b spitzoval mit ausgezogener Spitze (*R. beggeriana*); c breitlanzettlich mit schwanzförmiger Spitze (viele Rosen); d breitelliptisch mit aufgesetzter Spitze (*R. multibracteata*); e breitoval mit kurzer Spitze (*R. cinnamomea*); f breitelliptisch mit langer Spitze, Rand gewimpert ('Mermaid'); g elliptisch, zugespitzt (*R. rugosa*); h schuppenförmig, Rand gefranst (Orléans Rose') (nach v. Rathlef)

Die **Hochblätter** (auch Brakteen oder Tragblätter genannt), die nur im Blütenstand vorkommen, tragen in ihrer Achsel die Blüten oder die Verzweigungen des Blütenstandes und sind niemals gefiedert, sondern immer ungeteilt (vgl. Abb. 111). Bei manchen Arten (vgl. die Übersichtstabelle Seite 252) fehlen die Hochblätter.

DIE BLÜTENSTÄNDE

sind bei den Wildarten 1—3blütig, seltener bis 5blütig, bei der Serie *Synstylae* aber auch vielblütige Doldenrispen, bei den *Banksianae* mehr oder weniger doldenartig, bei anderen Arten, insbesondere aber bei den Gartenrosen (namentlich bei Floribunda, Polyantha, Kletter- und Parkrosen), auch zu großen traubigen oder rispigen Ständen vereinigt, die nicht selten 50 bis 100 Blüten an einem Trieb tragen. Über die Formen der Blütenstände gibt die Abbildung 112 Aufschluß. Zumeist handelt es sich bei den vielblütigen Gartenrosen um Blütenstände in Doldenrispen, die auch Schirmrispen genannt werden, wenn die Blüten alle mehr oder weniger in einer (gewölbten) Ebene stehen.

Der **Kelch** (korrekt muß es „Kelchbecher" = Hypanthium, Receptaculum heißen) ist ein Achsengebilde, das in zwei Formen auftreten kann; bei der ersten Form (z. B. bei den meisten Arten der Serie *Canina* und bei den *Gallicanae*) liegt unter der Rindenschicht eine dicke Markschicht, die oben einen diskusartigen Ringwulst trägt, der aber keinen Nektar absondert und nur einen engen Kanal für das Griffelbündel freiläßt (Abb. 113/e). Bei der anderen Gruppe sind die Markschicht und der Diskusring viel schwächer entwickelt, dafür ist hier die zentrale Öffnung viel weiter, so bei *R. pimpinellifolia, villosa* u. a. (Abb. 113/b).

Die Kelchblätter (Sepalen) weisen viele Merkmale auf, die das sichere Erkennen einer Art oder Sorte erleichtern. Durch ihre 2/5-Spiralstellung überdecken sie sich teilweise (siehe Abb. 114), und daher rührt auch ihre ungleichförmige Ausbildung, die sogar schon Dichter beschäftigt hat[1].

Normalerweise haben alle Blüten fünf Sepalen; *Rosa sericea* und ihre Formen haben jedoch nur vier Sepalen und vier Petalen.

In ihrer einfachsten Form sind sie lanzettlich, ungeteilt, mit verbreiterter Basis, meist aber sind die zwei äußersten

[1] „Wir haben fünf Brüder, zu gleicher Zeit geboren; zwei davon mit Bärten, zwei'n ist der Bart geschoren, einer von uns Fünfen hat ihn halb verloren."

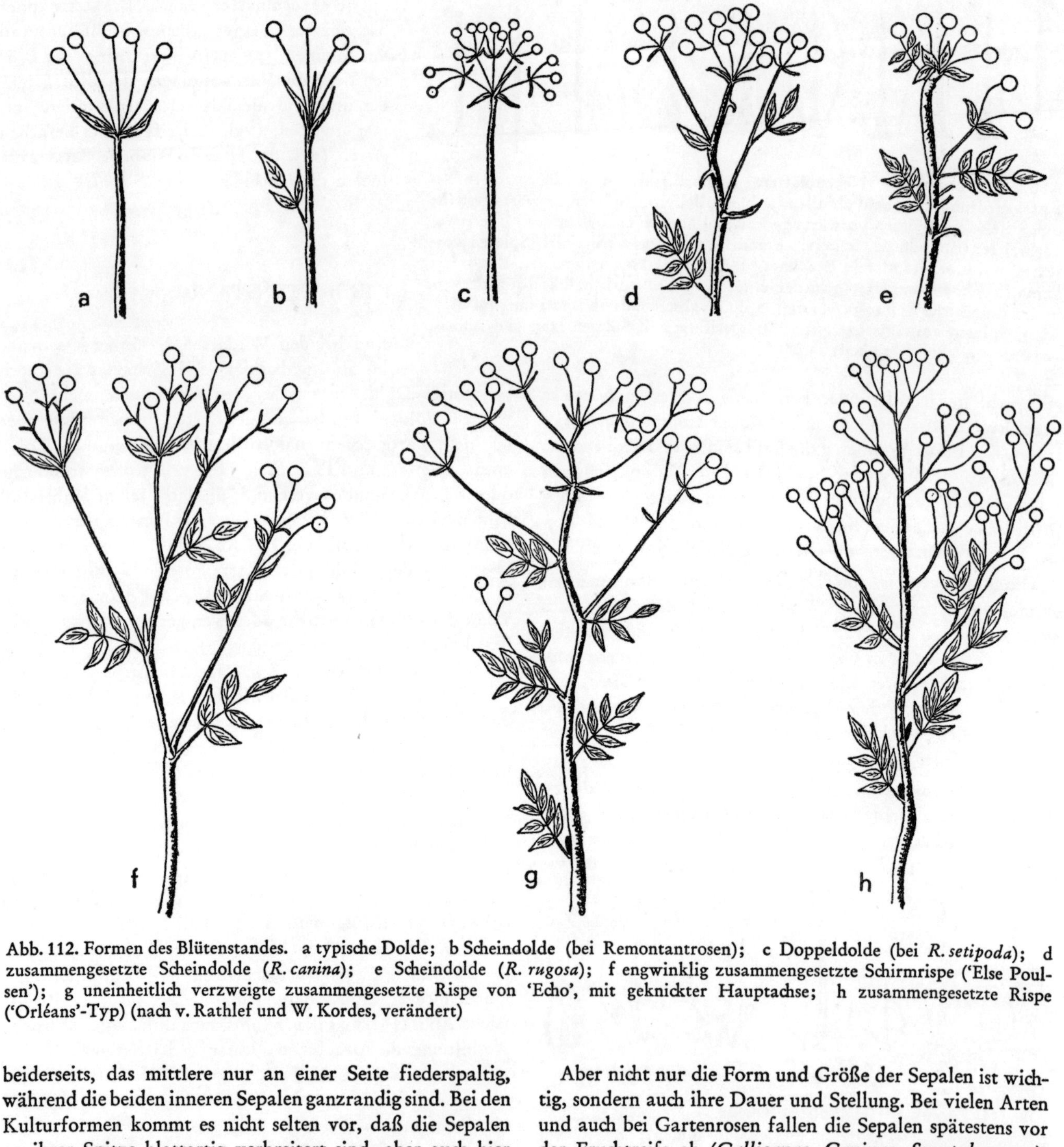

Abb. 112. Formen des Blütenstandes. a typische Dolde; b Scheindolde (bei Remontantrosen); c Doppeldolde (bei *R. setipoda*); d zusammengesetzte Scheindolde (*R. canina*); e Scheindolde (*R. rugosa*); f engwinklig zusammengesetzte Schirmrispe ('Else Poulsen'); g uneinheitlich verzweigte zusammengesetzte Rispe von 'Echo', mit geknickter Hauptachse; h zusammengesetzte Rispe ('Orléans'-Typ) (nach v. Rathlef und W. Kordes, verändert)

beiderseits, das mittlere nur an einer Seite fiederspaltig, während die beiden inneren Sepalen ganzrandig sind. Bei den Kulturformen kommt es nicht selten vor, daß die Sepalen an ihrer Spitze blattartig verbreitert sind, aber auch hier nicht alle Sepalen, sondern nur eine oder zwei. Die Sepalen der ersten Blüten einer Vegetationsperiode haben nicht selten besonders große Sepalen, während die folgenden viel kleiner und ganzrandig sind.

Aber nicht nur die Form und Größe der Sepalen ist wichtig, sondern auch ihre Dauer und Stellung. Bei vielen Arten und auch bei Gartenrosen fallen die Sepalen spätestens vor der Fruchtreife ab (*Gallicanae, Caninae, Synstylae* u. a.), während sie bei anderen immer an der Frucht bleiben und dort entweder alle aufgerichtet sind (*Pimpinellifoliae, Cinnamomeae*) oder aber nach der Blüte nach unten geschlagen werden; letztere fallen in der Regel vor der Vollreife ab.

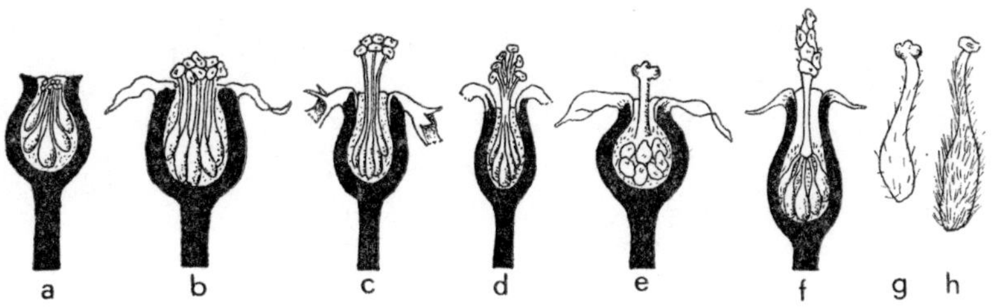

Abb. 113. Kelchbecher im Längsschnitt. Deutlich ist die unterschiedliche Länge der Griffel zu sehen, die entweder alle frei (a, b, c) oder teilweise bzw. ganz zu einer Säule verwachsen sind (d, e). Die Narben schließen bei a in Höhe des Diskus ab, bei b bilden sie ein Kissen und bei e, f überragen sie ihn. Bei a sind die Früchtchen grund- und wandständig, bei b nur grundständig. g und h zwei junge Früchtchen (Original)

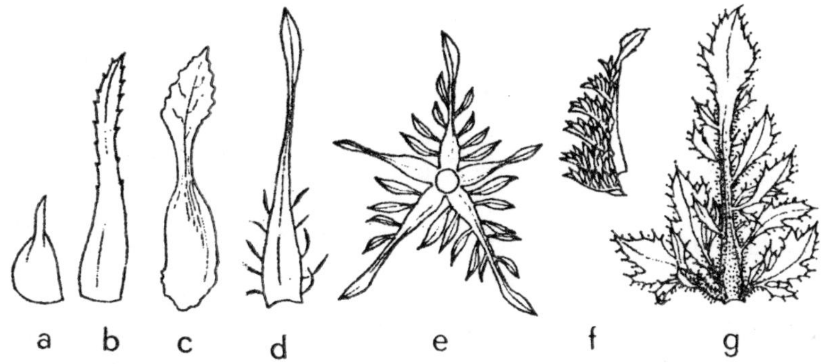

Abb. 114. Form der Sepalen. a, b, c, f und g zeigen nur einzelne Sepalen, bei c mit blattartig verbreiterter Spitze; f und g gefiedert; bei e ist die unsymmetrische Ausbildung der Sepalen (Seite 244) gut zu sehen (Original)

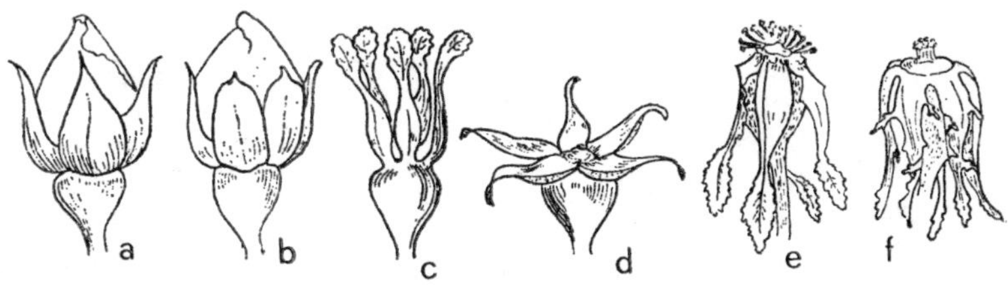

Abb. 115. Stellung der Sepalen. a—c aufrecht, d waagerecht abstehend, e—f zurückgeschlagen; bei vielen Arten treten nacheinander alle drei Stadien auf

„Nackte" (gymnokarpe) Früchte gibt es bei *R. gymnocarpa*; so genannt, weil mit den Sepalen zugleich auch die Kuppe der Scheinfrucht samt Griffeln und Narben abgeworfen wird. Diese Eigentümlichkeit ist auch bei den folgenden Rosen, wenn auch nicht so ausgeprägt, beobachtet worden:

R. nutkana var. *muriculata, R. nutkana* × *R. acicularis, R. engelmannii* × *R. acicularis, R. californica* var. *myriacantha* × *R. nutkana* var. *spaldingii.*

Besonders auffällig sind die Moosrosen, deren Sepalen, aber auch die Hypanthien und die Blütenstiele dicht mit „Moos" besetzt sind. Dieses „Moos" entsteht durch die zahlreichen, verzweigten Stieldrüsen, welche sich bei Berührung weich anfühlen und einen so starken Duft absondern, daß man ihn oft noch nach Stunden auf der Haut wahrnehmen kann. Bei manchen Rosen fühlt sich das „Moos" jedoch hart und grob an; das ist darin begründet, daß die Drüsen hier auf Stachelborsten stehen, weshalb dieses „Moos" oft auch etwas bräunlich gefärbt ist. Schließlich muß auch noch das Moos von *Rosa centifolia* 'Cristata' erklärt werden. Hier sind die Sepalen sehr dicht gefiedert, und die Fiedern wiederum sind dicht mit Moos besetzt, und zwar so regelmäßig, daß die Knospen fast dreikantig aussehen und so der Rose auch den Namen 'Chapeau de Napoléon' eingebracht haben, wegen ihrer entfernten Ähnlichkeit mit einem Dreispitz.

Die Blüten der Wildrosen haben fünf **Blütenblätter** (Petalen), ausgenommen *R. sericea,* die nur vier Petalen aufweist; sie stehen in zwei Kreisen (vgl. Diagramm Abb. 118). Die Gesamtheit der Blütenblätter nennt man auch Krone, daher bezeichnet man die Blütenblätter auch als Kronblätter. Sie sind zumeist in Form einer flachen Schale ausgebreitet. Gartenrosen mit nur fünf (bis zehn) Blütenblättern nennt man „einfach"; die gefüllten Blüten haben Kordes und v. Rathlef (1938) wie folgt bezeichnet:

10—20 Petalen	=	halbgefüllt;
20—40 Petalen	=	gut gefüllt;
über 40 Petalen	=	stark gefüllt.

Viele Sorten, insbesondere die alten Kulturrosen, haben bis zu 100 oder noch mehr Petalen.

Die Petalen sind bei den gefüllten Blüten aus den Staubgefäßen, zum Teil auch aus den Stempeln entstanden, und

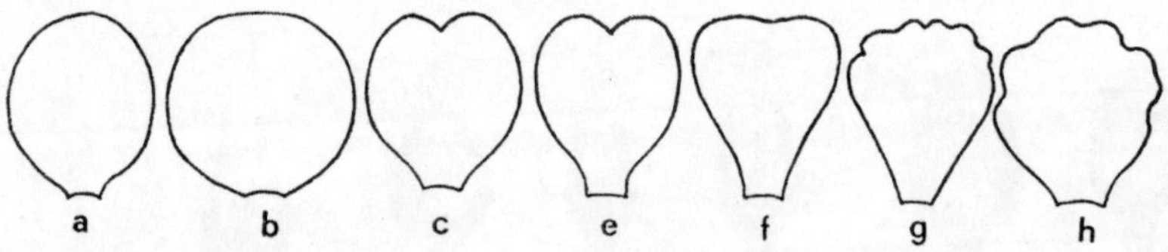

Abb. 115a. Formen der Petalen. a elliptisch; b kreisrund; c elliptisch, oben ausgeschnitten; e herzförmig; f keilförmig, an der Spitze ausgeschnitten; g keilförmig mit gewellter Spitze; h gewellt

man kann oft in den Blüten noch Übergänge von der einen zur anderen Form finden.

Die Form der Petalen ist bei den meisten Rosen mehr oder weniger breitrund oder rund oder breit obovat, an der Basis mit einem ganz kleinen Nagel (Ansatzstelle), am oberen Rand rund oder herzförmig ausgeschnitten, mitunter auch stark wellig oder mit einigen Einschnitten (Abb. 115a).

Stellung und Anzahl der Petalen geben der Blüte ihre charakteristische Form. Sie kann sein:

hochgebaut: (Abb. 117/e)	die mittleren Petalen bleiben auch in der Vollblüte aufrecht und breiten sich nicht aus ('Poinsettia', 'Comtess Vandal');
kugelig:	alle Petalen tief schalenförmig, am oberen Rand nach innen geneigt, mittlere Petalen stehen aufrecht ('Gloria Dei', 'Queen Elizabeth', 'Koster'-Sorten);
becherförmig: (Abb. 117/d)	in der Hauptsache bei locker gefüllten Blüten, deren Petalen sich becherförmig ausbreiten und die Mitte ganz freigeben;
flach (Abb. 117/f)	sind die einfachen oder halbgefüllten Blüten, deren Petalen sich tellerförmig ausbreiten oder sogar noch etwas abwärts zeigen;
rosettenförmig (Abb. 117/c)	(dachziegelig, camellienförmig) werden Blüten dann, wenn die Petalen nur kurz sind, waagerecht zurückschlagen und sich dachziegelig und regelmäßig überdecken ('Messestadt Hannover', 'Insel Mainau');
formlos (Abb. 117/b)	(in USA „Cactus"-Form genannt) sind die Blüten, deren Petalen nach allen Richtungen abstehen und oft noch in der Längsrichtung eingerollt sind;
sternförmig	werden Blüten dann, wenn bei locker gefüllten Blüten die Petalen an beiden Seiten nach hinten einrollen, aber an der Spitze gerade bleiben;
nelkenförmig:	hierbei sind die Petalen am oberen Rand tief eingeschnitten wie bei Nelken; in dieser typischen Form nur bei den *rugosa*-Sorten 'F. J. Grootendorst', 'Pink Grootendorst' und 'Weiße Nelkenrose' bekannt.

Ein Sonderfall tritt bei manchen „alten Rosen" auf: Hier sind die Petalen oft so zahlreich und so dicht, daß sie sich in vier deutlich erkennbaren Vierteln gruppieren. Oft bildet sich in der Mitte ein kleines „Auge" (engl. „button eye") aus meist helleren, kleinen Petalen, die sich ebenfalls nicht ausbreiten können und sich ballförmig nach innen krümmen. Dieses Auge ist manchmal grünlich gefärbt, und es besteht dann aus den verbildeten Fruchtblättern oder Karpellen (Abb. 117/a).

Die Form der Knospe hängt in besonderem Maße ab von der Zahl der Petalen; je mehr Petalen und je kürzer diese sind, um so breiter muß die Knospe sein. Heute schätzen nicht nur die Züchter, sondern auch die Käufer von Schnittrosen eine schöne, schlanke Knospenform, und der Knospe wird häufig ein viel größerer Wert beigemessen als der erblühten Rose. Man unterscheidet folgende Knospenformen:

schlank: (Abb. 116/d)	vom Kelch bis zur Mitte allmählich breiter werdend, von dort zur Spitze hin wieder abnehmend ('Eclipse');
spitz: (Abb. 116/c)	eine spitze Eiform, am breitesten im unteren Drittel, die Spitze ist deutlich zugespitzt ('Charlotte Armstrong', 'Helen Traubel');
eiförmig: (Abb. 116/d)	am breitesten im unteren Drittel, an der Spitze jedoch mehr oder weniger abgerundet, jedenfalls nicht spitz ('Gloria Dei');
urnenförmig: (Abb. 116/e)	am breitesten im unteren Drittel, nach oben zu stark zusammengezogen, aber an der Spitze wieder breit werdend ('Talisman');
kugelig: (Abb. 116/a)	eigentlich mehr eine gestauchte, kurze Eiform, nur wenig höher als breit; bei stark gefüllten Blüten sehr häufig.

Über die Blütenfarbe siehe Seite 172.

Ätherische Öle. In den Petalen der Rosen sind ätherische Öle in Form kleiner Tröpfchen im Protoplasma der Epidermiszellen und der angrenzenden Mesophyllzellen enthalten; von hier treten sie durch die Epidermisaußenwand und die Kutikula nach außen und verdampfen, werden aber im gleichen Umfang in den Zellen wieder nachgebildet (Baumeister und Reichart, S. 286). Weiteres hierüber siehe Seite 210.

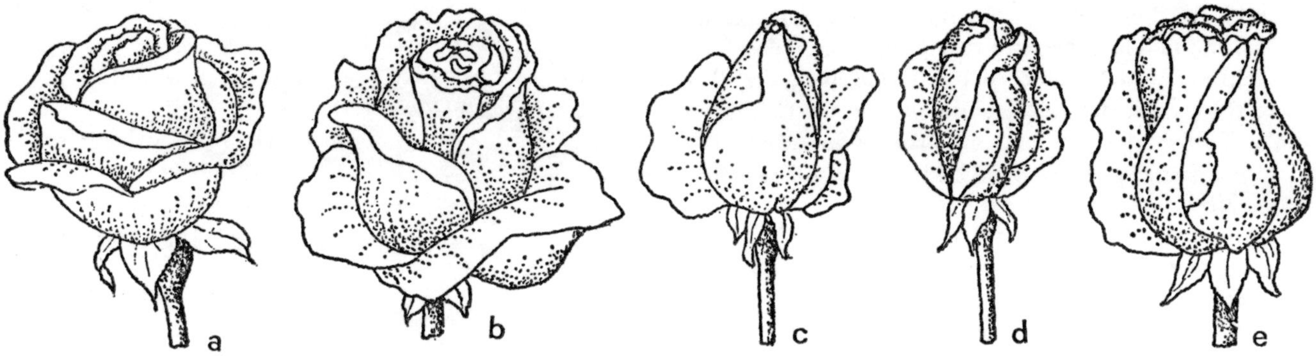

Abb. 116. Formen der Knospe, kurz vor der Entfaltung. a kugelig; b eiförmig; c spitz; d schlank; e urnenförmig

Abb. 117. Die Form der Blütenkrone. a geviertelt; b formlos; c rosettenförmig; d becherförmig; e hochgebaut; f flach gebaut

Staubblätter. Sie stehen an der Basis der Petalen, auf der Scheibe, und sind in mehreren Kreisen angeordnet; ihre Zahl schwankt zwischen 20 und etwa 100. Die Färbung der Filamente sowie auch der Antheren ist in den meisten Fällen kein auffälliges Merkmal, doch soll man hierauf achten. Die Filamente sind zumeist fast weiß bis strohgelb, können aber auch goldgelb sein, ja sogar rosa oder rot bis dunkelbraun. Die Antheren weichen in ihrer Färbung in der Regel von der der Filamente ab; meist sind sie heller oder dunkler gelb, mitunter auch dunkelgelb oder kupfrig bis braun. Bei der Reife platzen die Pollenfächer in der Längsrichtung auf und entlassen den Pollen. Man muß auch darauf achten, ob die Antheren ihre Vorderseite zur Mitte, also zu den Narben hin kehren oder entgegengesetzt, also zu den Petalen hin. In vielen Fällen haben die Staubblätter durchaus einen dekorativen Wert, so die goldgelben Staubblätter der Gallica-Sorten, oder die roten bei 'White Wings', oder die weinroten bis braunroten bei *Rosa moyesii* usw.

Die **Stempel**, die aus Fruchtknoten, Griffel und Narbe bestehen, sind entweder alle frei oder aber zu einer Säule verwachsen und treten durch die Mündung des Kelchbechers aus, diese entweder nur kurz oder aber weit überragend (vgl. Abb. 113). Griffel und Fruchtknoten der einzelnen „Früchtchen" sind entweder kahl oder behaart. Auch die Färbung der Stempel ist unterschiedlich, meist strohgelb bis dunkler gelb oder auch von rosa bis rot, während die Narben in der Regel noch etwas dunkler gefärbt sind als der Griffel.

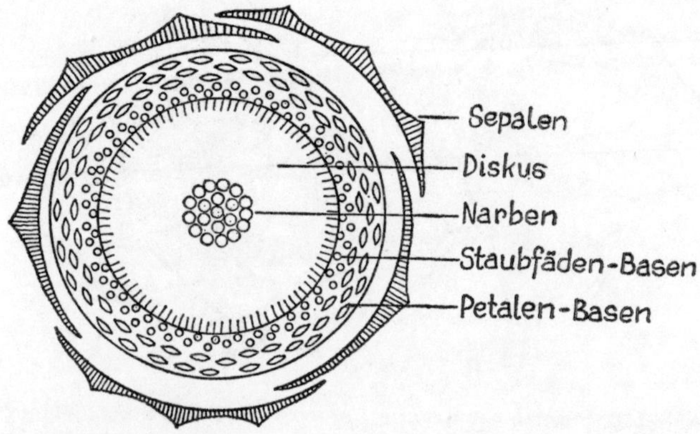

Abb. 118. Blütendiagramm einer Teehybride. Bei sehr stark gefüllten Blüten ist der Saum des Discus wulstförmig erhöht; so ergibt sich ein größerer Raum, auf dem die Petalen und die Antheren stehen können (Original)

Viele der gefülltblühenden Kulturrosen sind steril, können also keine Früchte bringen; nachdem sie verblüht sind, werden die Blütenstiele gelb und fallen nach Einwirkung von Wind oder Regen ab. Die Rosenzüchter sehen diese Sterilität nicht ungern, bewirkt sie doch die so gewünschte „Selbstreinigung" einer Pflanze.

Mit Ausnahme von *Rosa persica, R. stellata* und *R. minutifolia* (welche trockene Früchte bilden), sind die Hagebutten stets mehr oder weniger fleischig.

Die Farbe der Früchte ist bei den meisten Arten, ebenso auch bei den Gartenrosen rot; bei *R. foetida* ziegelrot; bei *R. sericea, R. laevigata* und *R. bracteata* orange; bei *R. persica, R. roxburghii* grün; bei *R. pimpinellifolia* mit Formen, auch bei *R. harisonii* schwarz; bei *R. hugonis, R. primula* und *R. stellata* schwarzrot bis braunrot.

DIE FRUCHT

Aus dem Kelchbecher (Hypanthium) bildet sich die Frucht, genauer genommen eine Scheinfrucht, bei der Rose „Hagebutte" genannt. Ihre Form ist außerordentlich unterschiedlich; die Grundformen sind in der Abbildung 119 zusammengestellt. Sie sind kugelig, flachkugelig, eiförmig, birnförmig, spindelförmig, flaschenförmig oder zeigen Übergang zwischen diesen Formen. Außen sind die Früchte entweder kahl oder mit Stieldrüsen oder Stachelborsten besetzt, bei *R. roxburghii* sind es kurze dicke Stacheln; mitunter sind sie bereift.

Die **Früchtchen**, gewöhnlich fälschlich als „Samen" bezeichnet, sind nußförmig und enthalten einen Samen. Die Größe der Früchtchen ist unterschiedlich von der Fruchtgröße; bei den Gartenrosen (Hybriden) sind sie in der Regel bedeutend größer als bei den Wildarten. Die Anzahl Früchtchen pro Hagebutte ist ebenfalls abhängig von ihrer Größe; bei *Rosa multiflora* enthalten die Hagebutten nur einige „Samen", bei den Gartenrosen etwa 10 bis 20, bei *R. clinophylla* jedoch bis 150.

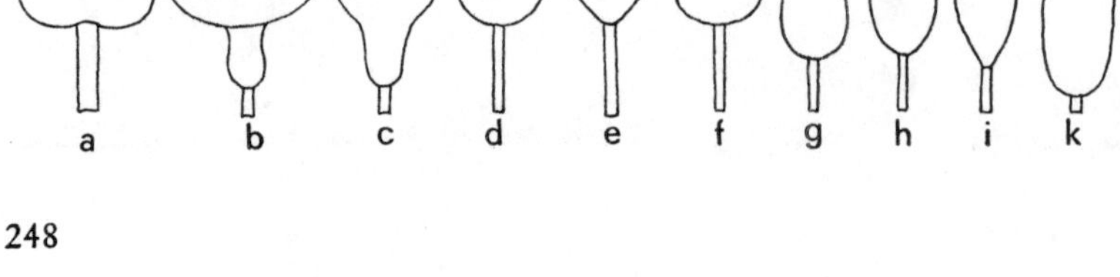

Abb. 119. Formen der Rosenfrüchte. a flachrund; b breitrund mit fleischigem Stiel; c birnförmig; d kugelig; e verkehrt eiförmig; f eiförmig; g lang eiförmig; h ellipsoid; i spindelförmig; k flaschenförmig (schematisch)

Die Früchtchen (Nüßchen oder „Samen") sind

a) 4 bis 5 mm lang, stark behaart, bei *R. acicularis* und *R. canina*;
b) bei *R. acicularis* nur wenige Nüßchen in der Frucht und dicht an der Basis stehend;
c) bei *R. canina* viele Nüßchen und alle überall innen wandständig;
d) bei *R. multiflora* nur wenige, große, fast kahle Nüßchen;
e) bei *R. palustris* und *R. setigera* viele kleine Nüßchen.

Die Färbung der Nüßchen ist meist strohgelb, ausgenommen in der Serie Pimpinellifoliae, wo sie rosa bis kastanienrot sind (letzteres vor allem bei Pflanzen vom Baikal-See).

R. hugonis hat ebenfalls dunkelkastanienbraune Nüßchen. *R. sericea* var. *pteracantha* hat rosa Nüßchen.

Bei den Arten mit farbigen Nüßchen sind die Hagebutten schwarz bis rotbraun!

Über die zytologischen Verhältnisse bei den Rosen siehe unter dem Abschnitt „Züchtung" (Seite 180).

Rosenfarbgruppen Beim Bundessortenamt in Rethmar (Hannover) hat man auch das amerikanische Schema für die Bezeichnung der Farbwerte, an voll aufgeblühten Einzelblüten, übernommen, das auch im „Technischen Prüfbericht" verwendet wird.

Gruppe	Farbton	Beispiele
1	weiß oder annähernd weiß	'Youki San', 'John F. Kennedy', 'Mme Jules Bouché', 'Moonsprite', 'Garden Party'
2	mittelgelb	'Geheimrat Duisberg', 'Goldilocks', 'Honigmond', 'Spanish Sun', 'Golden Fleece'
3	dunkelgelb	'Allgold', 'Lydia', 'Spek's Yellow', 'Western Sun', 'Dr. A. J. Verhage'
4	gelb gemischt (vorwiegend gelb in Verbindung mit rot oder rosa)	'Gloria Dei', 'Red Gold', 'Sahara', 'Sutter's Gold', 'Masquerade', 'Rumba'
5	aprikosenfarbig gemischt (vorwiegend in Verbindung mit anderen Farben)	'Circus', 'Doreen', 'Goldtopas', 'Golden Slippers', 'Woburn Abbey', 'Apricot Nectar'
6	orange und orange gemischt (vorwiegend orange oder orange in Verbindung mit anderen Farben)	'Zorina', 'Prominent', 'Esther Ofarim', 'Kordes Sondermeldung'
7	orangerot	'City of Belfast', 'Paprika', 'Baccara', 'Sarabande', 'Super Star', 'Vatertag'
8	hellrosa	'Queen Elizabeth', 'First Lady', 'Bridal Pink', 'Anna Louisa'
9	mittelrosa	'Carina', 'Betty Prior', 'Pink Peace', 'Pink Favorite', 'Pariser Charme'
10	rosa gemischt (z. B. rosa in Verbindung mit orange, gelb usw.)	'Baleares', 'Kordes Perfecta', 'Isabel de Ortiz', 'Tiffany', 'Sweet Repose', 'Gail Borden'
11	hellrot und dunkelrosa	'Peter Frankenfeld', 'Duftwolke', 'Vogue', 'Stadt Wien', 'Ellen Poulsen', 'Fanal', 'Paddy McGredy'
12	mittelrot	'Gärtnerfreude', 'Sangria', 'Nordkap', 'Donaupark', 'Nordia', 'Edward Grieg', 'Red Queen'
13	dunkelrot	'Josephine Bruce', 'Papa Meilland', 'Samourai', 'Europeana', 'Erotica', 'Lilli Marleen', 'Schweizer Gruß'
14	rot gemischt (vorwiegend rot in Verbindung mit gelb, orange usw.)	'Kleopatra', 'Kronenbourg' 'Suspense', 'Antike'
15	fliederfarbig (vorwiegend hell lavendelfarbig)	'Mainzer Fastnacht', 'Lavendula', 'Mauve Melody', 'Lady X', 'Lilac Charme', 'News'
16	rotbraun (vorwiegend braun bis rotbraun und bronze, orangegelb)	'Valencia', 'Mojave', 'Old Time', 'Wiener Charme'

LITERATUR

BAUMEISTER, W., und G. REICHART: Lehrbuch der Angewandten Botanik. Stuttgart 1969.

BELL, L.: Rose Signatures. Amer. Rose Annual 1970: 104—117.

KORDES, W. J. H., und H. VON RATHLEF: Die Blütenformen der Rose und ihre Beschreibung. Rosenjahrbuch 1938: 50—55.

—, und —: Die Blütenstände der Rose und ihre Beschreibung. Rosen-Jb. 1939: 4—13.

LEWIS, C. H.: The Judging of Roses (Official Judges Manual of the American Rose Society). 90 S. Salem, Virginia, 1959.

Systematik und Beschreibung der wichtigeren Wildrosenarten und -hybriden

DIE STELLUNG DER GATTUNG *ROSA* IN DER BOTANISCHEN SYSTEMATIK

Die moderne Systematik ist noch immer im Fluß; eine allgemein angenommene Gruppierung des Pflanzenreiches ist bisher nicht erreicht worden. Hier sollen Ausschnitte aus zwei modernen Systemen die Stellung der Gattung *Rosa* zeigen.

Der erste Versuch einer wissenschaftlichen Systematik der Gattung *Rosa* datiert von 1819, als A. Dupont in Paris seinen „Catalogus Rosarum" als Anhang zu C. A. Thory's Werk „Rosa Candolleana" veröffentlicht. Die Aufstellung geht jedoch schon auf das Jahr 1813 zurück und enthält 31 Gruppen mit 131 Arten und Varietäten. Da es sich jedoch nur um nomina nuda (d.h. ohne Beschreibungen) handelt, kann man hier eigentlich nur von einem Vorläufer sprechen.

Die erste wissenschaftliche Systematik der Gattung wurde 1818 von P. A. de Candolle in Séringe „Musée helvétique d'histoire naturelle" (Genf) aufgestellt mit einer Einteilung in 11 Sektionen. Da jedoch dieses System nicht befriedigte, haben in den nächsten rund 100 Jahren nicht weniger als 25 Botaniker immer wieder neue Systeme entworfen. Eine kritische Charakteristik dieser Systeme kann bei R. Keller („Synopsis Rosarum Spontanearum Europae Mediae"; Zürich 1931) nachgelesen werden, doch sind darin nur die europäischen Wildrosen behandelt.

Die heute allgemein gebräuchliche Systematik der Gattung hat A. Rehder 1949 („Bibliography") aufgestellt. Sie ist zusammengesetzt aus Teilen der früheren Systeme von de Candolle und Séringe (1818), Lindley und Thory (1820), Dumortier (1824), Crépin (1876), Focke (1888), Cockerell (1913) und Hurst (1940). Sie enthält vier Subgenera, wovon das Subgenus II (*Eurosa*) zehn Sektionen mit zusammen 126 Arten umfaßt (vgl. hierzu die Übersicht Seite 252).

---

1. ENGLER/MELCHIOR
(Syllabus der Pflanzenfamilien, 12. Aufl.; 1964)

XVII. Abteilung: ANGIOSPERMAE (= **Bedecktsamige** Pflanzen).

1. Klasse: DICOTYLEDONEAE (= Zweikeimblättrige Pflanzen).

1. Unterklasse: *Archichlamydeae* (= Getrenntkronblättrige).

23. Reihe: *Rosales* (= Rosenartige).

3. Unterreihe: *Rosinae* (= Rosenartige); bestehend aus 3 Familien: *Rosaceae, Neuradaceae, Chrysobalanaceae.*

Familie **Rosaceae** (= Rosengewächse); bestehend aus 4 Unterfamilien: *Spiraeoideae, Pyroideae, Rosoideae* und *Prunoideae.*

Unterfamilie: *Rosoideae* (= der Rose ähnliche Gewächse); bestehend aus 6 Tribus: *Kerriae, Potentilleae, Cercocarpeae, Ulmarieae, Sanguisorbeae* und *Roseae.*

Tribus *Roseae* (= wie Rosen wachsende Pflanzen); bestehend aus der Gattung **Rosa** (= Rose).

2. F. EHRENDORFER
(in Strasburger, Lehrbuch der Botanik, 30. Aufl.; 1971)

VII. Abteilung: SPERMATOPHYTA (= Samenpflanzen), mit den 3 Unterabteilungen CONIFEROPHYTINA, CYCADOPHYTINA und MAGNOLIOPHYTINA.

3. Unterabteilung: MAGNOLIOPHYTINA (= Angiospermae, Decksamer); diese gegliedert in MAGNOLIATAE und LILIATAE.

1 Klasse: MAGNOLIATAE (= Dicotyledoneae, Zweikeimblättrige).

2. Klasse: LILIATAE (= Monocotyledoneae, Einkeimblättrige).

Die MAGNOLIATAE gegliedert in 6 Unterklassen: *Magnoliidae, Hamamelididae, Rosidae, Dilleniidae, Caryophyllidae* und *Asteridae.*

Die *Rosidae* aufgeteilt in die Überordnungen: *Rosanae, Myrtanae, Rutanae, Celastranae* und *Proteanae.*

Die Überordnung *Rosanae* besteht aus den Ordnungen *Saxifragales, Rosales, Fabales, Sarraceniales* und *Podostemales.*

Die Ordnung *Rosales* enthält die Familie **Rosaceae.**

Von hier ab sind dann die Systeme wieder gleich.

Die neueste Bearbeitung der europäischen Rosen in der „Flora Europaea" (Cambridge 1968) erfolgte durch I. Klastersky, Prag, und behandelt 47 Wildrosenarten.

Über die Abgrenzung der Arten gehen die Ansichten der Botaniker weit auseinander, wie folgende Zahlen zeigen:

Linné (1762) führt nur 14 Arten der Gattung *Rosa* auf; Lindley (1820) behandelt bereits 78 Arten, Séringe (1825) schon 91, doch davon 51 unklare Arten. Dann kommt der „König der Haarspalter", Gandoger (1881), mit 4266 Arten allein in der Alten Welt! Crépin (1869 bis 1882) stellt 283 Arten auf, Déséglise (1878) 410 Spezies. Von den Botanikern unserer Tage beschreibt Rydberg 113 Rosenarten allein in Nordamerika, Boulenger rund 100 Arten in Asien, R. Keller in seiner großen „Synopsis" (1931) 44 Spezies und Subspezies in Mitteleuropa, mit unzähligen Varietäten und Formen. Erfreulicherweise kommen die Rosenfreunde aber mit den in diesem Buche behandelten 284 Arten, Varietäten und Hybriden aus, die Züchtungen natürlich nicht einbegriffen.

BESCHREIBUNG DER WICHTIGEREN ARTEN UND FORMEN DER GATTUNG *ROSA*

Sommergrüne, seltener immergrüne, aufrechte oder kletternde Sträucher, Triebe meist mehr oder weniger stachelig und borstig; Blätter wechselständig, unpaarig gefiedert, selten einfach, mit Nebenblättern; Blüten einzeln oder in Doldenrispen an den Enden kurzer Seitenzweige; Sepalen und Petalen 5, seltener 4; Staubblätter zahlreich, Stempel zahlreich, letztere in einem meist urnenförmigen Behälter (Blütenachse) eingeschlossen, der bei der Reife fleischig und beerenartig wird (Hagebutte) und einige bis viele einsamige, hartschalige Früchtchen enthält; $x = 7$. — Über 100 Arten (nach Auffassung mancher Autoren bis 200!) in den gemäßigten und subtropischen Gebieten der nördlichen Halbkugel; in Europa, in N-Amerika bis N-Mexiko, in Afrika bis Äthiopien, in Asien bis zum Himalaja und den Philippinen.

Bei der Behandlung der Wildarten und ihrer Varietäten mußte, auch aus Gründen des Buchumfanges, die Auswahl auf jene beschränkt werden, die sich in gärtnerischer Kultur befinden oder Bedeutung für die Züchtung haben. Es kommt aber auch hinzu, daß es bei der Nomenklatur der „Kultur"-Wildrosen bei weitem nicht die Probleme gibt, die bei den europäischen Wildrosen die Auffassungen der einzelnen Autoren trennten. Die Leser werden die hier nicht behandelten Arten kaum vermissen, während die Rhodologen ohnehin hierfür die Spezialliteratur (Crépin, Christ, Keller, Schwertschläger, Täckholm u. a.) benutzen müssen.

Subg. I. HULTHEMIA (Dumort.) Focke[1]

Blätter einfach, ohne Nebenblätter; Blüten einzeln, gelb; Früchte stachelig-borstig (glatt bei *R. kopetdaghensis*):

R. persica, hardii, kopetdaghensis.

Rosa persica Michx. Kleiner Strauch, 20—50 cm hoch, stark Ausläufer treibend, Zweige gelbbraun, fein stachelig; Blätter einfach (!, nicht gefiedert), sitzend, elliptisch länglich, 2 bis 3 cm lang, blaugrün, fein behaart, gesägt; Blüten einzeln, 3 cm breit, gelb mit tiefrotem Auge, Mai—August;

[1] **Hulthemia und Hulthemosa.** *Rosa persica* Mich. (1789) wurde bereits 1824 von Dumortier abgetrennt und zu einer eigenen Gattung *Hulthemia* erhoben. Unter den neueren Autoren verwenden u. a. Hurst, Boulenger, Rowley u. a. wieder diesen Gattungsnamen, während die übrigen den alten Namen *Rosa persica* beibehalten. — Bei der Verwendung von *Hulthemia* muß dann auch für die beiden bisher bekannten Hybriden von *R. persica* die von Juzepchuk 1941 in Komarov, Flora der UdSSR 10: 507, aufgestellte Gattungsbezeichnung ×*Hulthemosa* benutzt werden.

Abb. 120. *Rosa persica* (nach Redouté, neu gezeichnet)

Übersicht über die Gattung (nach Crépin; umgeändert nach dem heutigen Stand der Systematik)

Taxonomische Stufe	Stamm, Triebe	Stacheln	Nebenblätter	Mittlere Blätter des Blütensprosses
Subg. I. HULTHEMIA (Dumort.) Focke 1 Art	niedrig, dünn, Ausläufer	klein, zahlreich, hakenförmig	fehlend	einzählig
Subg. II. EUROSA Focke	wie folgt	wie folgt	vorhanden	gefiedert
Ser. 1. **Pimpinellifoliae** (Ser.) Rehd. Bibernell-Rosen 12 Arten	aufrecht, teils bis 3 m hoch	gerade und pfriemlich, zerstreut, oft mit Stachelborsten vermengt	angewachsen, schmal, mit plötzlich verbreiterten stark gespreizten Öhrchen	meist 7—9, bei *R. sericea* 9—11(—17)
Ser. 2. **Gallicanae** (Ser.) Rehd. Essig-Rosen 5 Arten	aufrecht, meist niedrig	gekrümmt, mit nadel- oder borstenförmigen Stacheln und Stieldrüsen gemischt	angewachsen, oben nicht verbreitert	5zählig, selten 3zählig
Ser. 3. **Caninae** (Ser.) Rehd. Hunds-Rosen 30 Arten	aufrecht oder gebogen	gerade, gebogen oder hakig, meist gleichartig wechselnd	angewachsen, oben breiter als unten	meist 7zählig, selten 9zählig
Ser. 4. **Carolinae** (Crép.) Rehd. Carolina-Rosen 6 Arten	aufrecht, dünn, niedrig	kurz gekrümmt, meist unter den Blattstielen gepaart, zerstreut	angewachsen, oben schmal oder verbreitert	7—9zählig
Ser. 5. **Cinnamomeae** (Ser.) Rehd. Zimt-Rosen 44 Arten	aufrecht, schlankästig	gerade oder gekrümmt, unter den Laubblättern oft gepaart, selten fehlend, Blütenzweige oft unbewehrt oder dicht drüsig, borstig	angewachsen, oben mehr oder weniger verbreitert, allmählich in die breiten, vorgestreckten Öhrchen übergehend, oder Nebenblätter der Schößlinge eingerollt, mit röhrig zusammenneigenden Rändern	5—11zählig
Ser. 6. **Synstylae** (DC.) Rehd. Vereintgriffelige Rosen 22 Arten	kletternd oder kriechend, selten aufrecht	gebogen oder gekrümmt, bisweilen unter den Blättern gepaart	mit dem Blattstiel hoch hinauf angewachsen, selten frei, schmal, abfällig	3—7(—9)zählig
Ser. 7. **Chinenses** (Ser.) Rehd. Bengal-Rosen 2 Arten	aufrecht, bisweilen kletternd	hakig oder gebogen, zerstreut	lang mit dem Blattstiel verwachsen, die oberen mit schmalen, abgespreizten Öhrchen	3—5—7zählig
Ser. 8. **Banksianae** (Lindl.) Rehd. Banks Rosen 2 Arten	kletternd, dünn	hakenförmig, wechselständig	frei, zeitig abfallend, pfriemförmig	3—5—7zählig, immergrün
Ser. 9. **Laevigatae** (Thory) Rehd. Glatte Rosen 1 Art	kletternd oder niedergestreckt	hakig oder gebogen, zerstreut, oft von Borsten begleitet	beinahe frei, später abfallend	3blättrig, immergrün

Brakteen	Sepalen (Kelchblätter)	Griffel und Staubgefäße	Blütenstand	Heimat
keine	lanzettlich, bleibend, filzig	frei, eingeschlossen, Narben die Öffnung der Scheibe eben überragend	einblütig	Zentralasien
wie folgt	wie folgt	Früchtchen basal- und wandständig	meist mehrblütig	
keine	ganzrandig, nach der Blüte aufgerichtet, bleibend; bei *R. sericea* nur 4 Petalen	frei, eingeschlossen, die Narben überdecken die Öffnung der Scheibe	meist einzeln, ohne Hochblätter am Stiel	Europa, Asien
klein oder schmal	nach der Blüte zurückgeschlagen, vor Reife abfallend; die äußeren fiederspaltig	frei, eingeschlossen, die Narben überdecken die Öffnung des Fruchtknotens	ein-, selten mehrblütig, langstielig	Europa, Kleinasien
vorhanden, mehr oder weniger verbreitert	nach der Blüte zurückgeschlagen, vor Fruchtreife abfallend, oder aufgerichtet, den Kelchbecher bis zur Fruchtreife krönend, dann abfallend oder bleibend, die äußeren fiederspaltig, selten ungeteilt	frei, eingeschlossen, die Narben überdecken die Öffnung des Fruchtknotens	meist mehrblütig	Europa, Kleinasien
schmal oder breit	nach der Blüte ausgebreitet oder etwas aufrecht, vor der Reife abfallend, die äußeren ganzrandig oder mit spärlichen Anhängseln	frei, eingeschlossen, die Narben überdecken die Öffnung der Scheibe; Samenanlagen nur am Grunde des Fruchtknotens	meist wenigblütig	Nordamerika
mehr oder weniger verbreitert	nach der Blüte (meist sofort) aufgerichtet, an reifer Scheinfrucht bleibend, ganzrandig, sehr selten abfallend	frei, eingeschlossen, die Narben überdecken die Öffnung der Scheibe; die Eichen am Grunde des Fruchtbodens sitzend	gewöhnlich mehr-, selten vielblütig, Blumenblätter rot, selten weiß	Europa, Asien, Nordamerika
selten oder ganz fehlend	nach der Blüte zurückgeschlagen, vor der Fruchtreife abfallend, äußere fiederspaltig oder alle ungeteilt	fast stets zu einer schlanken Säule verwachsen, die die Scheibe überragt, ungefähr mit den inneren Staubblättern gleich hoch; selten frei und so stark verkürzt, daß die Narben ein die Mündung des Kelchbechers schließendes Köpfchen bilden	in drei- bis vielblütigen Doldenrispen	meist Asien, wenige in Europa
schmal	nach der Blüte zurückgeschlagen, vor Fruchtreife abfallend, die äußeren mit wenigen Fiedern oder ungeteilt	frei, etwa die halbe Länge der inneren Staubgefäße erreichend	gewöhnlich mehrblütig	China
sehr klein, abfallend	nach der Blüte zurückgeschlagen, vor Reife abfällig, ganzrandig	frei, eingeschlossen, die Narben überdecken die Öffnung des Fruchtknotens	mehr- oder vielblütig, oft doldenförmig	China
keine	nach der Blüte aufrecht, bleibend, ganzrandig	frei, eingeschlossen, die Narben überdecken die Öffnung des Fruchtknotens; Scheibe breit, zahlreiche Staubgefäße	einblütig	China

Taxonomische Stufe	Stamm, Triebe	Stacheln	Nebenblätter	Mittlere Blätter des Blütensprosses
Ser. 10. **Bracteatae** (Thory) Rehd. Macartney-Rose 2 Arten	aufrecht, ein wenig kletternd, filzig	gerade oder gebogen, unter den Blättern paarweise, glatt oder gemischt mit Borstenstacheln	kurz angewachsen, kammförmig eingeschnitten	9blättrig, 7—11zählig, immergrün
Subg. III. PLATYRHODON (Hurst) Rehd. Kastanien-Rose 1 Art	aufrecht, 2,5 m, Rinde abblätternd	gerade, unter den Blättern gepaart, aufwärts gerichtet, hellbraun	gerade, mit pfriemenförmigen Öhrchen	9—11(—15)-zählig
Subg. IV. HESPERHODOS Cockerell Kleinblatt-Rosen 2 Arten	aufrecht, 0,6 bis 1,2 m	lang, gerade oder leicht gekrümmt, mit Stachelborsten vermischt	angewachsen, Öhrchen verbreitert, gespreizt	3—7zählig, eiförmig, einfach eingeschnitten gezähnt

Sepalen lanzettlich, bleibend, einfach; Früchte kugelig, dicht borstig, grün. 2n = 14. WR 1; BM 7096; KHL 2: t. 154 (= *R. berberifolia* Pall.; *R. simplicifolia* Salisb.). Afghanistan bis Dsungarei, auf salzreichen Böden in der Nähe des Kaspischen Meeres und des Aralsees; 1790. In Kultur nur schwer dauernd haltbar (Botanischer Garten München!), Anzucht aus Samen jedoch nicht schwierig. — Rowley hat angeregt, diese Art in der Züchtung zu verwenden, da die Vererbung der Basalflecke bei den Hybriden völlig neuartige Rosen bringen könne (vgl. RA 1955: 37—40). D; Bot. Garten München (Abb. 120).

R. × hardii Cels. (= *R. clinophylla* × *R. persica*). Ähnlich *R. persica*, aber Wuchs viel höher, bis 2 m; Blätter teils einfach, teils bis zu 7 Fiederblättchen, dunkelgrün, eilänglich, tief eingeschnitten, kahl, mit Nebenblättern; Blüten hellgelb, mit rotem Basalfleck an jeder Petale, bis 5 cm breit; Früchte stumpf eiförmig, etwas stachelborstig, reif gelb und orange, 3 cm lang, taub. 2n = 14. WR 2; BM 195 (= *Hulthemosa hardii* [Cels.] Rowley). Vor 1836 in Paris, Jardin de Luxembourg, entstanden. ∧∧∧ D

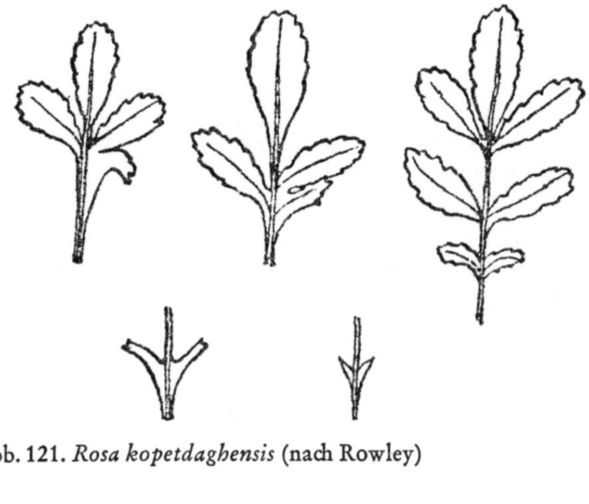

Abb. 121. *Rosa kopetdaghensis* (nach Rowley)

R. × kopetdaghensis Meff. (= *R. hemisphaerica* var. *rapinii* × *R. persica*). Wuchs wie *R. persica*, bis 50 cm, Triebe drahtartig, steif, bis 5 mm dick, mäßig bestachelt, mehr oder weniger fein behaart; Blätter gefiedert, Blättchen 3—7, elliptisch, graugrün, beiderseits kurzfilzig, mit Nebenblättern; Blüten wie bei *R. hardii*, aber ohne Basalfleck, 4 cm breit; Sepalen einfach, dichtfilzig; Früchte kugelig, 1 cm dick, unbewehrt (= *Hulthemosa kopetdaghensis* [Meff.] Juz.). Turkmenien; Kopet-Dagh. Unvollständig bekannt (Abb. 121).

Subg. II. EUROSA Focke

Blätter gefiedert, mit Nebenblättern; Blüten meist in Doldentrauben, mitunter einzeln; Früchte fleischig; Kelchbecher an der Mündung verengt zu einem Diskus; Früchtchen basal- und wandständig.

Ser. 1. Pimpinellifoliae (Ser.) Rehd.

Meist niedrige Sträucher, Stämme meist mit geraden Stacheln und Borsten; Blättchen 7—9, Nebenblätter schmal, mit plötzlich verbreiterten, stark gespreizten Öhrchen; Sepalen ganzrandig, aufrecht und bleibend; Verbreitung in Europa und Asien:

R. pimpinellifolia, hibernica, reversa, involuta, kochiana, koreana, hugonis, xanthina, primula, ecae, foetida, harisonii, penzanceana, hemisphaerica, sericea, pteragonis, morrisonensis.

Brakteen	Sepalen (Kelchblätter)	Griffel und Staubgefäße	Blütenstand	Heimat
breit, eingeschnitten	nach der Blüte zurückgebogen, abfallend, Kelchbecher filzig	frei, eingeschlossen, die Narben überdecken die Öffnung des Fruchtknotens; Scheibe sehr breit; Staubgefäße zahlreich	ein- bis mehrblütig; weiß, leicht gelblich weiß, von großen Brakteen umgeben	China
klein, bald abfallend	nach der Blüte aufgerichtet und bleibend, die äußeren mit starken breiten Kelchzipfeln; Kelchbecher stachelig	frei, eingeschlossen, Narben überdecken die Öffnung des Fruchtknotens; Eichen sitzen ausschließlich auf einer Erhöhung am Grunde des Fruchtbodens; Scheibe breit; zahlreiche Staubfäden	gewöhnlich mehrblütig	Japan
keine	fiederspaltig, nach der Blüte aufgerichtet, bleibend; Frucht nicht fleischig	wollig behaart, frei, eingeschlossen, die Narben bedecken die Öffnung des Fruchtknotens; Eichen sitzen am Grunde	einzeln, ohne Tragblatt, rosa purpurn oder weiß	Nordamerika

R. pimpinellifolia L. Bibernell-Rose, Dünen-Rose. Etwa bis meterhoher, stark Ausläufer treibender Strauch; Zweige dünn, sparrig oder bogig oder auch mehr aufrecht, sehr dicht stachelig und borstig, vor allem nach der Basis der Triebe hin; Blättchen 5—11, doch in der Regel 7—9, fast kreisrund, 1—2 cm lang, doppelt drüsig gesägt, kahl; Blüten bis 5 cm breit, meist weiß, gelegentlich auch mehr oder weniger gelb oder rosa, zahlreich, aber doch einzeln und an kurzen Seitenzweigen stehend, Mai—Juni; Sepalen ganzrandig, bleibend, viel kürzer als die Petalen; Früchte flach kugelig, braunschwarz, glatt, Stiel fleischig verdickt. 2n = 28. WR 82; HM 1233; KHL 2: t. 155; KSR 4 (= *R. spinosissima* L.). Europa bis Asien. Seit alters in Kultur. Sehr veränderlich! (6,9) DMUW (Abb. 122).

R. spinosissima L. Wie Hylander dargelegt hat, ist es unzweckmäßig, diese Bezeichnung noch länger zu verwenden, da sie ein nomen ambiguum ist. Die sogenannten 'Spinosissima'-Hybriden („Frühlings"-Sorten von Kordes u. a.) vgl. unter ihrem Sortennamen in der alphabetischen Liste. — Die zahllosen Gartenformen hiervon, in England Burnet-Rosen genannt (bei Paul über 70 Sorten aufgezählt!), sind heute bis auf wenige völlig verloren gegangen. Die meisten stammen aus Schottland, wo es um 1822 über 100 Sorten gab. — Eine Bestimmungstabelle mit 29 Sorten und kurzer Geschichte siehe in ARA 1963: 119—124.

var. **altaica** (Willd.) Thory. Wuchs mehr aufrecht, bis 1,8 m, Zweige weniger bestachelt; Blättchen meist 9, Nebenblätter schmal, Rand drüsig; Blüten etwa 7 cm breit, weiß, im Aufblühen hellgelb; Stiel und Kelch glatt; Früchte größer, braunrot. GSR 52; PWR 186 (= var. *grandiflora* Ledeb.). Sibirien, Dsungarei, Altai-Gebirge. 1818. (8,5) W

'Frau Karl Druschki' × var. *altaica* = 'Karl Foerster' (Kordes 1931).
var. *altaica* × 'Ormiston Roy' = 'Golden Wings'.

Abb. 122. *Rosa pimpinellifolia* L.

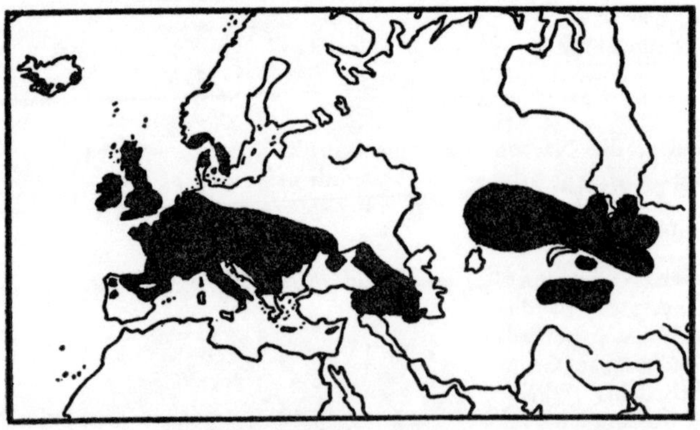

Abb. 123. Areal von *Rosa pimpinellifolia* (nach Meusel, 1965)

'Andrewsii'. Niedrig; Blüten hellrot, halbgefüllt, reichblühend; Früchte glatt. WR 89. Herkunft unbekannt, doch bereits vor 1806 in alten französischen Gärten verbreitet. D

'Flava'. Weißlichgelb. D

var. hispida (Sims) Boom. Strauch, bis 2 m hoch; Triebe dicht mit dünnen Stacheln und Borsten bedeckt; Blättchen 7—9, 2—3 cm lang, einfach gesägt; Blüten blaßgelb, 5—6 cm breit, Sepalen ganzrandig, Kelch kahl; Früchte flach kugelig, schwarz. JRHS 83:132; WR 87; BM 1570; GSR 53. Sibirien. Vor 1781. D

var. inermis DC. Strauch, mittelhoch, Triebe so gut wie ohne Stacheln; reichblühend, Blüten hellrosa (= *R. mitissima* Gmel.).

'Lutea' (Bean). Etwa 90 cm hoch, Blättchen breit eiförmig, bis 2,5 cm lang, unterseits weich behaart; Blüten hellgelb. Ursprung nicht bekannt, vielleicht Hybride?

f. luteola (Andr.) Krüssm. 1—2 m hoch, stark Ausläufer treibend, Triebe dicht borstig und stachelig; Blättchen 7, elliptisch, fast 2 cm lang, grob gezähnt; Blüten blaßgelb, bis 5 cm breit; Früchte kugelig, dunkelpurpurn, fleischig. WR 85 (= *R. ochroleuca* Sw.). Rußland. Vor 1802.

var. myriacantha (Lam. & DC.) Sér. Nur 50—70 cm hoch, sehr dicht bestachelt, Stacheln sehr schlank, sehr zahlreich, die unteren oft rückwärts gebogen; Blättchen sehr klein, dicht drüsig; Blüten klein, weiß mit rosa Anflug; Stiele und Kelch steif borstig. WR 88. Spanien und S-Frankreich bis Armenien. Vor 1820.

'Nana'. Zwergform; Blüten ziemlich groß, weiß, halb gefüllt. Andrews, Roses: 122. Vor 1806. D

'Plena'. Blüten weiß, gefüllt. 1819 in Frankreich. W

'Rubra'. Blüten rosarot. Um 1770 in England.

R. × hibernica Templeton (= *R. canina* × *pimpinellifolia*). Strauch, 1—2 m hoch, Stämme dunkelrot, aufrecht oder gebogen, Stacheln verstreut, hakenförmig, mit einigen Borsten untermischt; Blättchen 7—8, eiförmig, etwa 18 mm lang, scharf gesägt, meist kahl; Blüten rosa, zu 1—2—3 stehend, 3—5 cm breit, schwach duftend; Sepalen bleibend, kahl; Kelch und Blütenstiel kahl; Früchte kugelig bis eiförmig, 12 mm dick, stumpfrot. WR 289; GSR 22. N-Irland, N-England, Schottland. 1802. DUW

R. × reversa Waldst. & Kit. (= *R. pendulina* × *R. pimpinellifolia*). Strauch, 1—2 m hoch, Triebe meist purpurn, sehr ungleich bestachelt, an den Blüten trieben oft dicht borstig; Blättchen zu 7—11, dicht drüsig, 1—3 cm lang, einfach gezähnt; Blüten einzeln, rötlich bis milchweiß, Sepalen einfach, linealisch, an der Frucht sich aufrichtend; Früchte kugelig-eiförmig, 2 cm lang, hängend, dunkelrot (= *R. rubella* Sm.). S-Frankreich, Schweiz, SO-Europa. 1820. D

R. × involuta Sm. (= *R. pimpinellifolia* × *villosa* oder *tomentosa*). Strauch, 0,5—1 m hoch, die alten Stämme schokoladenbraun, borstig und stachelig, Strauch reichlich Ausläufer treibend; Blättchen 7—9, eiförmig, 1 cm lang, sich überdeckend, stumpf graugrün, unten Nerven grün behaart, grob und meist einfach gesägt; Blüten einzeln, weiß, in der Knospe rot gestreift, 5 cm breit, an kurzen Seitentrieben; Sepalen, Stiele und Kelch glatt; Früchte kugelig bis kreiselförmig, tiefbraun, 12 mm dick. WR 96. N-Schottland, Hebriden, aber auch ähnliche Hybriden aus W-Irland und SO-Frankreich bekannt.

R. × kochiana Koehne (= *R. pimpinellifolia* × *R. carolina*). Kleiner Strauch, bis 1 m hoch, an *R. nitida* erinnernd, alle Triebe dicht feinborstig, doch Blütentriebe fast kahl, Stengelknoten mit mehr oder weniger gepaarten Stacheln; Blättchen 9, an Langtrieben bis 11, einfach gesägt, kahl; Blüten zu 1—3, 4 cm breit, dunkelrosa, Juni—Juli; Frucht 8—9 mm dick, mit verengtem Hals, 15 mm lang (= *R. oxyacanthoides* K. Koch non Bieb.). Vor 1870.

R. koreana Komar. Strauch, bis 1 m hoch, sehr dicht; Triebe dunkelrot, dicht borstig; Blättchen zu 7—11, elliptisch, 1 bis 2 cm lang, unterseits kahl bis etwas behaart, scharf drüsig gesägt; Blüten weiß mit rosa Anflug, etwa 3 cm breit; Stiele drüsig; Frucht eiförmig, orangerot, etwa 1,5 cm lang. Korea. 1917.

Angebliche Kreuzungen von S. McGredy mit dieser Wildart sind unrichtig! Es wurde vielmehr *R. × coryana* Hurst (= *R. macrophylla* × *R. roxburghii*) verwendet. Vgl. unter diesem Namen.

R. hugonis Hemsl. Strauch, 2—2,5 m hoch, Zweige tiefbraun, gerade oder gebogen, Stacheln flach, gerade, an Langtrieben auch mit Borsten untermischt (!), wenigstens an der Basis der Triebe; Blättchen 7—13, obovat bis elliptisch, 8—20 mm lang, oben kahl, gesägt, unten wenigstens in der Jugend behaart (!); Blüten einzeln an kurzen Seitentrieben, hellgelb, 5 cm breit, Mai—Juni, Stiele und Kelch kahl; Früchte breit kugelig, bis 1,5 cm breit, tiefrot bis schwärzlichrot. 2n = 14. KHL 2: t. 152; 155 f.; WR 95; BM

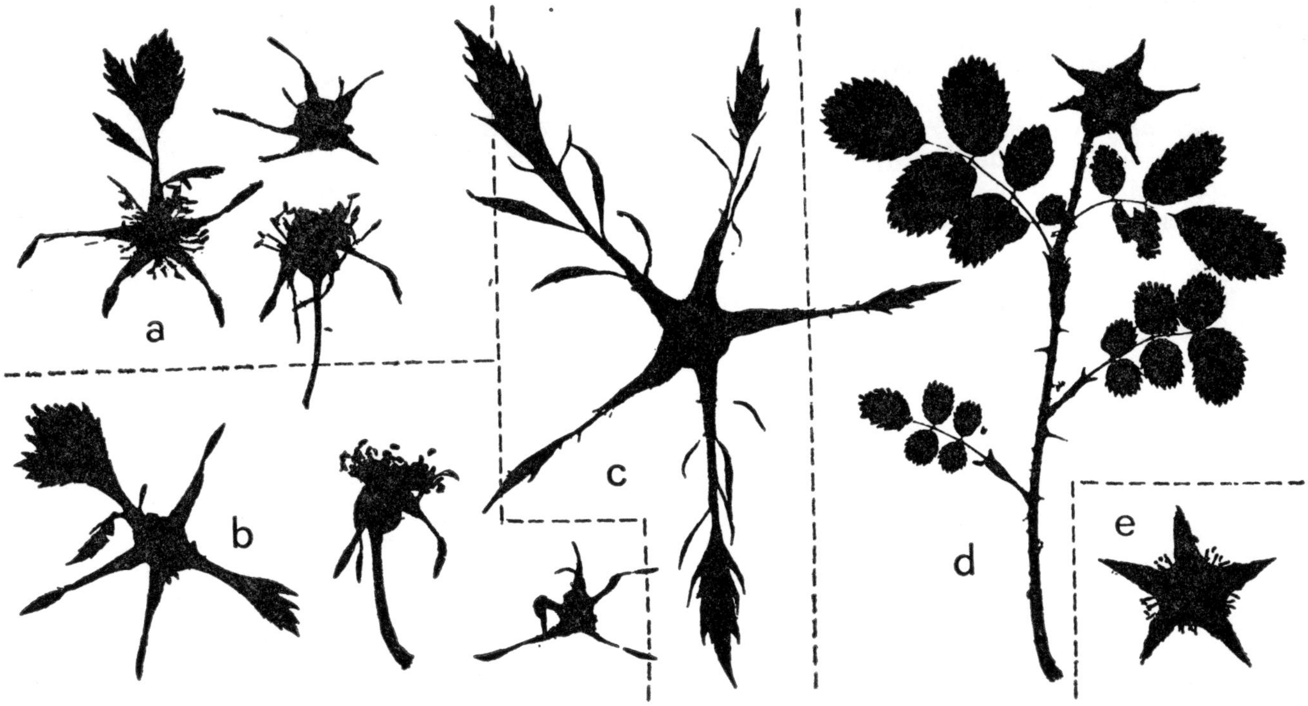

Abb. 124. Details einiger gelbblühender Rosen (Lichtdrucke). a *Rosa foetida,* zwei Kelchformen und Frucht; b *R. foetida* **'Bicolor'**, Kelch und Frucht; c 'Star of Persia', Kelch; d *R. harisonii,* Zweig mit Frucht; e 'Persian Yellow', Kelch (Original)

8004; GSR 26. Mittelchina; in ihrer Heimat auf steinigen, halbtrockenen Böden. 1899. Benannt nach „Father Hugo" (Rev. Hugh Scallon). (7,8) DU (Abb. 125).

R. hugonis × *R. xanthina* → **'Canary Bird'.**

R. hugonis × *R. sericea* var. *pteracantha* → **R. × pteragonis.**

R. xanthina Lindl. Aufrechter Strauch, 1,5—3 m hoch, Stämme braun, mit dicken, geraden Stacheln, Langtriebe ganz ohne Borsten (!!); Blättchen 7—13, 1—2 cm lang, stumpf gesägt, oben kahl, unten etwas behaart, Nebenblätter schmal und drüsig; Blüten 4—5 cm breit, goldgelb, einzeln oder zu 2, gefüllt oder halbgefüllt (!), Mai—Juni; Griffel verkümmert; Früchte bisher nicht beobachtet. NK 7: 6. 2n = 14 (= *R. xanthina allardii* Hort.; *R. xanthina plena* Hort.). N-China, Korea, in Kultur gefunden. 1906. DMZ

Zuerst nur von chinesischen Gemälden bekannt, dann im Garten eines Mandarins die gefüllte Form gefunden, zuletzt auch die einfachblühende Wildart.

f. spontanea Rehd. Der wilde Typ, Wuchs etwas höher, Blüten einfach, größer, 5—6 cm breit; Blätter auf der Mittelrippe oft etwas behaart; Früchte ziemlich kugelig, 12—15 mm breit, hellrot, mit bleibenden, aufrechten Sepalen. GC 127:112; KHL 2: t. 155, 161 (= f. *normalis* Rehd. & Wils.). N-China, Mongolei, Turkestan. 1906. — Oft verwechselt mit → **'Canary Bird'** (möglicherweise *R. hugonis* × *xanthina*), die aber hellere Blüten und schwärzlichrote Früchte hat. — Hybriden hiermit → **'Golden Wings'**; 'Ormiston Roy'. D

R. primula Bouleng. Aufrechter, bis etwa 2 m hoher Strauch, Stämme schlank, zuerst rotbraun, Stacheln steif, breit, mit flacher Basis, an den Knoten paarweise stehend; Blätter klein, 3—8 cm lang, unten und am Rand drüsig und myrtenartig duftend (!), Blättchen 7—13, elliptisch, 8—12 mm lang, doppelt gesägt, Nebenblätter schmal, drüsig, Spitzen fadenförmig; Blüten einzeln, flach, hellgelb, 3 cm breit, duftend, Mai; Petalen obkordat mit flachem Einschnitt, Stiele kurz und kahl; Früchte kugelig bis kreiselförmig, braunrot wie der Stiel (!), 12—15 mm dick. 2n = 14. NF 8: 83; 2: 193; GSR 39; PWR 184. Turkestan bis N-China. 1910. ∧—∧∧ (in Dortmund völlig winterhart!). — Immer wieder verwechselt mit *R. ecae,* aber durch höheren Wuchs, hellere Blüten und rotbraune Früchte gut zu unterscheiden. Hybriden hiermit bisher nicht bekannt. (9,2) D

R. ecae Aitchis. Strauch, nicht über 1 m hoch, dicht bezweigt, Triebe sehr stachelig; Blättchen zu 5—9, meist obovat, nur

4—8 mm lang, gesägt, unten drüsig; Blüten einzeln, 2 cm breit, kräftig goldgelb, Mai—Juni, kurz gestielt; Stiele braun; Früchte kugelig, erbsengroß, rot, glänzend, mit bleibenden, zurückgeschlagenen Sepalen. 2n = 14. WR 277 (als *R. xanthina*); BM 7666; GSR 7. Afghanistan, Turkestan. 1880. Gefunden und eingeführt von Dr. Aitchison, der aus den Initialen seiner Frau „E. C. A." den Namen „ecae" bildete. Bisher nur eine Hybride bekannt: → 'Golden Chersonese'. D

R. foetida Herrm. Fuchs-Rose. Strauch, in seiner Heimat bis 3 m hoch, bei uns kaum über 1,5 m, Stämme schlank, braun, mit wenigen, geraden, ungleich großen Stacheln; Blättchen 5—9, elliptisch, 2—4 cm lang, doppelt drüsig gesägt, oben lebhaft grün, unten drüsig und behaart; Blüten meist einzeln oder zu 2, Juni, tiefgelb, etwa 5 cm breit, streng riechend (nach Wanzen), Stiele und Kelch glatt, Sepalen lanzettlich, blattartig; Früchte kugelig, ziegelrot, mitunter auch etwas borstig. 2n = 28. WR 90; BM 363; HF 2622; KHL 2: t. 151; 133 (= *R. lutea* Mill.). Kleinasien, Persien bis Afghanistan und NW-Himalaja; in Österreich gelegentlich verwildert gefunden, so um 1583 von Clusius, der sie nach Holland und England einführte, wo sie den Namen 'Austrian Briar' erhielt. Sie soll schon im 13. Jahrhundert mit den Mauren nach Spanien gelangt sein. 1596 hatte sie Gerard in England in seinem Garten, was aber nicht ausschließt, daß sie dort schon früher in Kultur war. (7,9) DMWZ (Abb. 124).

Erst 1883—1888 wird sie von Pernet-Ducher zur Kreuzung benutzt, zuerst mit totalem Mißerfolg; aus ihr sind die sogenannten „Pernetiana-Rosen" (= Lutea-Hybriden) entstanden. Wegen ihrer großen Anfälligkeit für Sternrußtau (*Marssonina rosae*) sind diese Hybriden schon seit Jahren ganz aus den Gärten verschwunden, wie auch *R. foetida* nur selten angetroffen wird. — *R. foetida* und alle ihre Formen sollten nie geschnitten werden!

'Bicolor'. Kapuziner-Rose (in England 'Austrian Copper'). Bis 2 m hoch; Blüten einfach, innen leuchtend orangescharlach, außen gelb. GSR 16 (= *R. punicea* Mill.; *R. lutea bicolor* Sims). Vor 1590 als Knospenmutation entstanden, schlägt häufig in die gelbe Stammart zurück, die deshalb auch 'Austrian Yellow' genannt wird (Abb. 124). — Hieraus sind alle modernen gelben und orangefarbenen Gartenrosen entstanden, die anfänglich auch als „Pernetiana"-Rosen bezeichnet wurden. (7,6) DMUWZ

R. foetida persiana → **'Persian Yellow'.**

R. foetida × 'Trier' → **'Star of Persia'.**

R. × harisonii Rivers (= ? 'Persian Yellow' × *R. pimpinellifolia*). Strauch, etwa 50—100 cm hoch, Triebe kurz; Blättchen 5—9, elliptisch, doppelt gesägt, unterseits drüsig, ebenso der dünn behaarte Stiel; Blüten einzeln, halbgefüllt, hellgelb, 5—6 cm breit, Mai; Sepalen an der Spitze gelappt; Kelch und Stiel borstig, Früchte fast schwarz. 2n = 28. GSR 20; RJb 35: 48. 1830. Diese Pflanze ist die berühmte „Yellow Rose of Texas". DMWZ (Abb. 124).

'Vorbergii'. Blüten rahmweiß, einfach, bis 5 cm breit, Mitte Mai, sehr reichblühend; Früchte kugelig, etwa 15 mm dick, schwarz; Kelch und Stiel glatt. Gs 1923: 102 (= *R. vorbergii* Graebn.). Vor 1902 im Forstbotanischen Garten Hann. Münden entstanden, doch durch den Botanischen Garten Berlin verbreitet. W

R. × penzanceana Rehd. (= *R. rubiginosa* × *R. foetida* 'Bicolor'). Dies ist die korrekte botanische Bezeichnung für die Hybride 'Lady Penzance' (Lord Penzance 1894), während die anderen sogenannten „Rubiginosa-Hybriden" nicht hierzu gehören, auch nicht 'Lord Penzance', die aus *R. harisonii* × *rubiginosa* entstand. Die übrigen Gartensorten sind Kreuzungen von Remontantsorten mit *R. rubiginosa*. 2n = 42. (7,8) D

R. hemiphaerica Herrm. Schwefel-Rose. Strauch, 1—2 m hoch, Zweige etwas steif aufrecht, mit hakenförmigen, an der Basis zusammengedrückten Stacheln; Blätter oben dunkelgrau- oder blaugrün, Blättchen 5—9, obovat, grob gesägt, 3—4 cm lang, unten meist heller und fein behaart; Blüten schwefelgelb, bis 5 cm breit, sehr dicht gefüllt, kugelig, meist einzeln, nickend, ohne Duft, Juni—Juli, bei Nässe nicht aufblühend; Früchte kugelig, dunkelrot, mit abstehenden, bleibenden Sepalen; Blütenknospen grüngelb. WR 93; BR 46 (= *R. glaucophylla* Ehrh.; *R. sulphurea* Ait.). Um 1600 von Clusius aus der Türkei eingeführt; wild nicht bekannt. Gedeiht am besten in trockenem, warmem Mittelmeerklima. D

var. **rapinii** (Boiss. & Bal.) Rowley. Dies ist die einfachblühende wilde Form von *R. hemisphaerica*! Strauch, nur etwa 1 m hoch, Triebe mit Stacheln, oft auch mit Borsten untermischt; Blättchen meist 7, unten auf den Nerven samtig behaart; Blüten einfach, hellgelb, einzeln oder zu 2—3 beisammen; Kelch halbkugelig; Frucht kugelig, glatt, gelb bis rot, etwa 1,5 cm lang. 2n = 28 (= *R. rapinii* Boiss. & Bal.). Asiatische Türkei bis NW-Persien. Erst 1933 eingeführt. In Kultur sehr selten und schlecht haltbar. D

R. sericea Lindl. Seiden-Rose. Straff aufrechter Strauch, 2 bis 2,5 m hoch, Triebe grau oder braun, mit großen, breiten, oft auch flachen, geraden oder gekrümmten Stacheln, unter den Blättern paarweise stehend; Blätter gedrängt, 3—7 cm lang, mit 7—11 kleinen, rundlich elliptischen Blättchen, nach der Spitze zu scharf gesägt, unten seidig behaart, vor allem auf den Nerven; Blüten einzeln, weiß, 2,5—5 cm breit, in der Regel mit 4, seltener mit 5 Petalen, Mai; Früchte kreiselförmig, rot bis orangegelb, ohne (!) fleischig verdicktem Stiel, Samen nur an der Basis der Frucht. 2n = 14. WR 52; BM 5200; KHL 2: t. 155d (= *R. tetrapetala* Royle). Himalaja. 1822. D

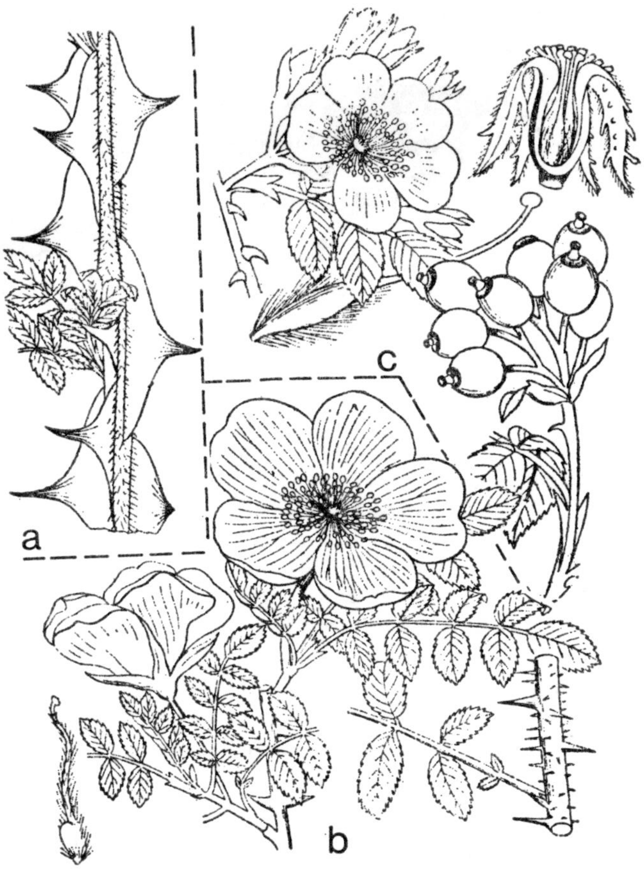

Abb. 125. a *Rosa sericea* var. *pteracantha*; b *Rosa hugonis*; c *Rosa soulieana* (nach Bot. Mag.)

Schlüssel zu den Varietäten (nach Rowley)

Früchte rot	
Pflanze unbewehrt	var. *denudata*
Pflanze mit Stacheln und Borsten	
Blättchen zahlreich, bis zu 17	var. *polyphylla*
Blättchen selten mehr als 11	
Fruchtstiele dünn, grün	var. *sericea*
Fruchtstiele fleischig, rot	var. *omeiensis*
Pflanze dicht mit Stacheln, Borsten und dichten Drüsen	var. *hookeri*
Pflanze mit lang herablaufenden flügelartigen Stacheln	var. *pteracantha*
Früchte gelb	var. *chrysocarpa*

var. **denudata** (Franch.) Rowley. Zweige praktisch gänzlich unbewehrt; Früchte rot (= *R. sericea* f. *denudata* Franch.). 1890.

var. **polyphylla** Geier. Stämme und Zweige nur wenig bewehrt; Blättchen bis zu 17, sonst wie der Typ (= *R. sericea* f. *inermis eglandulosa* Focke). W

var. **sericea.** Der Typ dieser Art; Beschreibung siehe oben; charakteristisch die zur Fruchtzeit grün und dünn bleibenden Stiele; Früchte früh abfallend. WR 52. W-Himalaja; in China bisher nicht gefunden. 1822. D

var. **omeiensis** (Rolfe) Rowley. Omei-Rose. Wuchs höher, 3 bis 4 m hoch werdend, straff aufrecht, Stämme graubraun, Stacheln hart, flach, an der Basis sehr verbreitert, daneben mit vielen Borsten, Jungtriebe oft nur borstig; Blättchen 9—11(—17), länglich, 1—3 cm lang, unten kahl oder auf der Mittelrippe fein behaart; Blüten weiß, bis 3 cm breit, Petalen 4, ausnahmsweise 5, Mai—Juni; Stiel und Kelch kahl; Früchte birnförmig, 1—1,5 cm lang, hochrot, mit ebenso langem, fleischig verdicktem (!!) rotem bis gelbem Stiel. BM 8471 (= *R. omeiensis* Rolfe). Zentralchina. 1901. (7,5) DW

var. **hookeri** Regel. Wie var. *sericea,* aber die meisten Teile drüsig. China; Kumaon.

var. **pteracantha** Bean. Stacheln viel größer, flügelartig herablaufend, in der Jugend leuchtendrot und durchscheinend; Blättchen meist kräftiger geadert; Fruchtstiele meist kürzer als beim Typ. BM 8218; GSR 50; KHL 2: Taf. 152, 155 (= *R. omeiensis* f. *pteracantha* Rehd. & Wils.). China; W-Setschuan, im Gebirge bei 3000—3600 m, allgemein. 1890. DMUWZ (Abb. 125).

f. **chrysocarpa** (Rehd.) Rowley. Früchte gelb, sonst wie der Typ (= *R. omeiensis* f. *chrysocarpa* Rehd.). D

'Hicote Gold'. Hilling 1948. Blüten kanariengelb, zu mehreren beisammen. Genaue Abstammung nicht bekannt.

R. × pteragonis Krause (= *R. hugonis* × *R. sericea*). Zwischen den Eltern stehend, aber Blüte mit 5 Petalen, größer, gelb; Triebe mit mehr oder weniger stark flügelartig verbreiterten Stacheln. 2n = 14.

f. **pteragonis** (= *R. hugonis* × *R. sericea* f. *pteracantha*). Wuchs buschig, bis 2 m hoch, Stacheln sehr breit, dunkelrot; Blüten mit 5 Petalen, hellgelb, groß, sehr zahlreich entlang der Zweige. 2n = 14. 1938 von Max Krause, Hasloh in Holstein, erzielt. DMWZ — Hierzu werden heute gerechnet:

f. **cantabrigiensis** (Weaver) Rowley (= *R. hugonis* × *R. sericea* var. *hookeri*). Strauch, etwa 2 m hoch, Triebe stark borstig, steif aufrecht; Blättchen 7—11, unten Nerven behaart und dicht drüsig, ebenso die Zähne; Blüten einzeln, hellgelb, 5 cm breit, Stiele 2 cm lang, drüsig, ebenso die Sepalen außen, Juni. GSR 41 (= *R. cantabrigiensis* Weaver). Vor 1931 im Botanischen Garten Cambridge erzielt. D

'Earldomensis' (= *R. hugonis* × *R. sericea* var. *omeiensis*). Strauch, etwa 1,5 m hoch, Wuchs ausgebreitet; Triebe mit flügelförmig verbreiterten, rötlichen Dornen; Belaubung fast farnartig fein; Blüten kanariengelb. GSR 42 (= *R. earldomensis* Page 1934). D

Außerdem → 'Red Wing'.

R. morrisonensis Hayata. Strauch, 1—2 m hoch, Stämme schlank, übergebogen, stark bestachelt, die Stacheln oft gepaart, weißlich, pfriemlich, 1 cm lang; Blättchen zu 7—11, elliptisch, 8—13 mm lang, 5—7 mm breit, fein gezähnt, kahl; Blüten einzeln, achselständig an den Triebenden; Sepalen ganzrandig, lanzettlich, lang zugespitzt, beiderseits behaart; Griffel dichtzottig; Frucht birnförmig, kahl, 8 mm lang, oben eingeschnürt, mit bleibenden, zurückgeschlagenen Sepalen (= *R. sericea* var. *morrisonensis* [Hayata] Masamune). Taiwan; nur auf dem Mt. Yushan, 4000 m (Abb. 127).

Ser. 2. Gallicanae (Ser.) Rehd.

Meist aufrechte, niedrige Sträucher, Stämme meist mit hakenförmigen Stacheln, untermischt mit Borsten; Nebenblätter schmal, angewachsen; Blättchen 3—5, meist derb; Blüten zu wenigen, oft mit schmalen Tragblättchen oder einzeln und dann ohne Tragblättchen; Sepalen oft fiederspaltig, nach der Blüte zurückgeschlagen, abfallend; Griffel nicht überragend; in Europa und Kleinasien:

R. gallica, waitziana, macrantha, centifolia, richardii, damascena, alba, collina.

Schlüssel zu den wichtigsten Arten dieser Sektion

+ Stacheln sehr ungleich; Blätter meist doppelt drüsig-gesägt	
× Blätter derb, lederig; Blütenstiele aufrecht, ganz fein behaart	*R. gallica*
×× Blätter dünn, oft nur einfach gesägt; Blütenstiele nickend, klebrig-drüsig, etwas duftend	*R. centifolia*
++ Stacheln alle gleichförmig; Blätter einfach gesägt, nicht drüsig	
× Kelchbecher drüsig-borstig; Blättchen eilänglich, oft unterseits behaart	*R. damascena*
×× Kelchbecher meist glatt; Blättchen breit elliptisch, unterseits behaart	*R. alba*

R. gallica L. (1759). Essig-Rose. Strauch, 40—80(—150) cm hoch, mit unterirdischen, dicht stacheligen und borstigen Ausläufern; junge Triebe grün bis trübrot; Stacheln gedrungen und ungleich, untermischt mit stechenden Borsten; Blättchen derb, 3—5, breit elliptisch, 2—5 cm lang, einfach oder doppelt gesägt, oben dunkelgrün und rauh, unten heller und behaart, Stiel und Spindel borstigdrüsig; Blüten einzeln, rosa bis rot, 5—6 cm breit, meist einfach, duftend, Juni; Früchte kreiselförmig, ziegelrot, drüsig-borstig, jedoch die Borsten an der reifen Frucht abfallend; Sepalen mit zahlreichen lanzettlich-linealischen Fiedern, vor der Fruchtreife abfallend. 2n = 28. WR 325; BM 1377; HM t. 155; KHL 2: t. 153 u. 156; KSR 5—6 (= *R. rubra* Blackw.). S- und Mitteleuropa, bis Belgien und Mittelfrankreich, Kleinasien. Sehr winterhart. (7,6) WZ (Abb. 128).

Seit alters in Kultur und ein Vorfahr unserer Gartenrosen. Im 18. Jahrhundert in großem Umfang in Provins, einem kleinen Ort etwa 50 km südöstlich von Paris, in Kultur gewesen, woher die

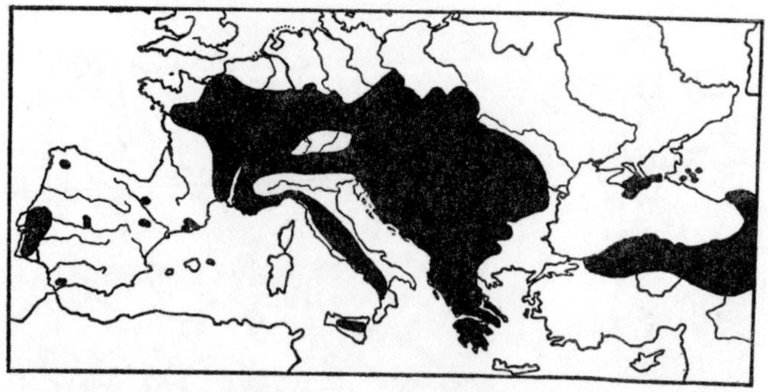

Abb. 126. Areal von *Rosa gallica* (nach Meusel, 1965)

Bezeichnung „Provins-Rose" stammt (diese Bezeichnung hat später noch häufig beträchtliche Verwirrung verursacht wegen der Ähnlichkeit mit dem Namen „Provence-Rose" für *Rosa centifolia*). — Während der ersten Hälfte des 19. Jahrhunderts sollen mehr als 1000 Gallica-Sorten in Kultur gewesen sein. Kaiserin Joséphine hatte 1811 in ihrem Rosengarten in Malmaison nicht weniger als 167 Gallica-Sorten. Heute haben sich, abgesehen in den Sammlungen von Liebhabern, nur wenige Sorten halten können, die hier folgen.

'Conditorum'. Die „Ungarische Rose". Strauch, etwa 1 m hoch, Blüten magentarosa, halbgefüllt, purpurn geadert, stark duftend. In Ungarn zur Bereitung von Rosenwasser und Konditorwaren (früher in großem Umfang) benutzt. Wahrscheinlich sehr alte Sorte, aber erst 1889 von Dieck eingeführt und benannt. U

'Officinalis'. Apotheker-Rose; „Rote Rose von Lancaster". Kaum höher als 70 cm, Triebe mit kleinen, schwachen, ungleichen, geraden Stacheln; Blättchen 5, eiförmig, oben kahl, unten behaart; Blüten karminrot, halbgefüllt, gelbe Staubbeutel, sehr wohlriechend, mittelspät; Früchte groß, fast kugelig, dunkelrot. WR 121 (als *R. provincialis*); GSR 86; SOR 1 (= *R. provincialis* Mill.). Wohl die bekannteste *gallica*-Sorte, die schon 1310 nachweislich in Frankreich in Kultur war, wo die Apotheker aus den getrockneten, zerriebenen Petalen ein duftendes Pulver herstellten. (8,2) DM

'Pumila'. Nur 20—30 cm hoch, kriechend; Blättchen eirundlich; Blütenstiele und Kelch schwach drüsig; Blüten einfach, rot. WR 109 (= *R. pumila* Jacq.; *R. austriaca pygmaea* Wallr.). Seit vor 1789 bekannt; in Spanien und Italien mitunter noch wild.

'Versicolor'. Sport von 'Officinalis', in Wuchs, Bewehrung und Belaubung dieser völlig gleich; Blüten weiß-rot-rosa, gestreift und gescheckt, Mitte mit vielen gelben Antheren, 7—8 cm ⌀, sommerblühend, duftend. 2n = 28. WR 110; GSR 92 (= *R. rosamundi* West; *R. gallica variegata* Andr.). 1583 zuerst bei Clusius aufgeführt, jedoch mit Sicherheit viel älter. Die Fayre Rosamunde König Heinrichs II. von England starb um 1176, so daß die Rose möglicherweise schon auf diese Zeit zurückgeht. DMUZ

R. majalis × *R. gallica* → 'Francofurtana'.

Zu den häufigeren *gallica*-Formen in den Rosengärten zählen folgende: → 'Belle des Jardins', 'Camaieux', 'Cardinal de Riche-

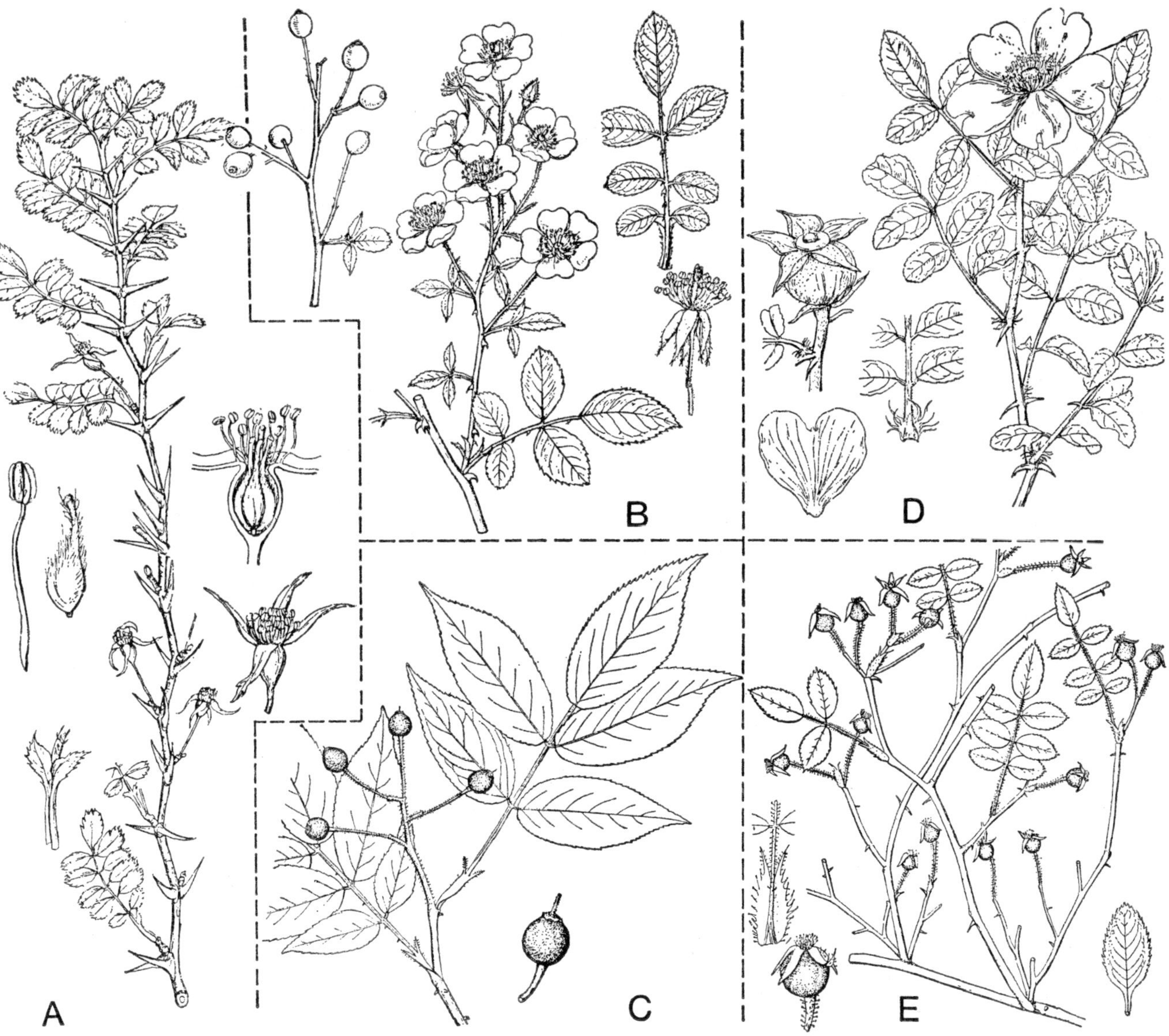

Abb. 127. A *Rosa morrisonensis*; B *R. taiwanensis*; C ***R. sambucina***; D *R. cardotii*; E *R. transmorrisonensis* (nach Liu)

lieu', 'Charles de Mills', 'Georges Vibert', 'Sissinghurst Castle', 'Tuscany' und 'Violacea'; die neueste Sorte ist → 'Scharlachglut'.

R. × waitziana Tratt. (= *R. canina × gallica*). Strauch, etwa 2 m hoch, Stacheln verstreut, ungleichartig und meist leicht gekrümmt; Blätter ziemlich derb, meist einfach gesägt, kahl oder Mittelrippe unten behaart; Blüten meist einzeln, 6—8 cm breit, meist dunkelrosa, Sepalen auf der Rückseite drüsig; Griffel kurzhaarig, etwas verlängert; Früchte meist vor der Reife abfallend. Mitteleuropa; Waldränder. 1874.

R. × macrantha Desp. (= *R. gallica* × ?; jedenfalls nicht mit *R. canina* eingekreuzt, wie die cytologischen Untersuchungen zeigen). Strauch, 1—1,5 m hoch, Stämme grün, gebogen, Stacheln verstreut, gebogen, anfangs auch mit einigen Borsten untermischt; Blättchen zu 5—7, eiförmig, 3 cm lang, einfach bis doppelt gesägt, wenigstens unten behaart, Stiele drüsig behaart; Blüten meist zu mehreren beisammen, anfangs zartrosa, später fast ganz weiß, 7 cm breit, stark duftend, einfach bis halbgefüllt, Juni; Kelch, Sepalen und Stiele drüsig, Sepalen abfallend; Früchte kugelig, stumpfrot, bis 1,5 cm dick. NF 12: 120; WR 134; RA 1930: 260 (= *R.*

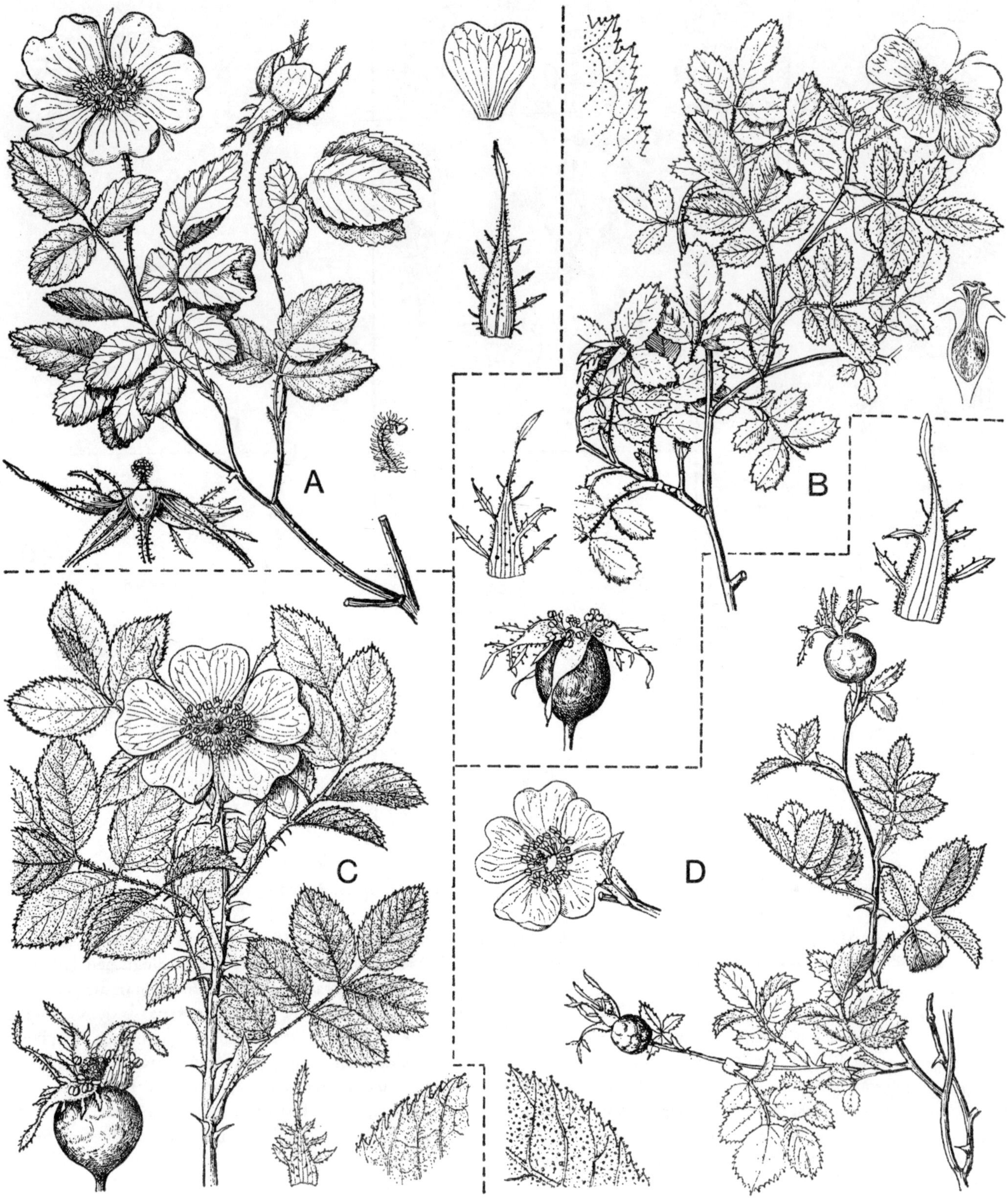

Abb. 128. A *Rosa gallica*; B *Rosa micrantha*; C *Rosa tomentosa*; D *Rosa inodora* (nach Vicioso)

waitziana var. *macrantha* [Desp.] Rehd.). Im 18. Jahrhundert in Frankreich entstanden. D

R. centifolia L. Zentifolie, Kohl-Rose, Provence-Rose. Ähnlich *R. gallica*, aber höher, bis etwa 2 m hoch, wenig oder kaum Ausläufer treibend; Stacheln ziemlich ungleich, teils borstenförmig und drüsig, die kräftigeren sehr zusammengedrückt, fast gerade und an der Basis nur wenig verbreitert; Blättchen meist 5, oft beiderseits behaart oder nur unten, groß, etwas schlaff, eiförmig rundlich, Spindel ohne Stacheln; Blütenknospen kurz, Sepalen stets abstehend, nie zurückgeschlagen, fiederspaltig, Fruchtbecher eiförmig, wie die Blütenstiele steif drüsenborstig; Blüten dicht gefüllt, zu mehreren beisammen, auf langen Stielen, weiß bis dunkelrot (nie gelb!), sehr wohlriechend, Juni—August; Stiele unter der Blüte drüsig-klebrig und duftend, besonders stark bei den „Moosrosen“. 2n = 28, 21. WR 115; HM t. 154; KHL 2: t. 156, 162. (7,8) DM

Die fest verankerte Meinung, daß diese Rose aus dem Ostkaukasus stamme und schon den alten Griechen und Römern bekannt war, ist heute nicht mehr haltbar und durch die Untersuchungen, zunächst von E. Bunyard, dann aber vor allem durch C. C. Hurst, widerlegt. Diese Rose ist eine komplexe Hybride, die sich vom Ende des 16. bis zu Anfang des 18. Jahrhunderts allmählich entwickelte. Hierbei waren beteiligt *R. gallica, moschata, canina* und *damascena*. Ihre ganze Entwicklung, von den ersten Schritten, um 1710, bis zur Vollendung um 1850 hat in Holland stattgefunden. Auf vielen Gemälden niederländischer Meister ist sie zu erkennen (siehe Seite 237).

Von den heutigen Gartenformen seien als wichtigste genannt:

„Centifolia Alba“ → **'Mme Hardy'!**

'Bullata'. Wuchs sehr breit; Blättchen sehr groß, schlaff herabhängend, blasig aufgetrieben, in der Jugend stark gerötet, weich; Blüten rosa, dicht gefüllt, hängend, Kelch und Stiele schwach drüsig. WR 123; RJb 33: 48 (= Rose à feuilles de Laitue, Salat-Rose). Um 1801. DUWZ

'Cristata'. Wuchs sehr breit; Blüten schön rosa, aber nur die Ränder der Sepalen „bemoost“, nicht der Kelchbecher. WR 118; BM 3475; GSR 92; PWR 178; 180 (= 'Chapeau de Napoléon'). Gefunden 1820 auf einem Festungswall in Fribourg (Schweiz). (8,7) DMUWZ

„Major“ → **R. centifolia.**

'Minima'. Blüten gefüllt, nur 15 mm breit oder weniger, sehr schöne Form, hellrosa mit dunkelrosa Mitte. (9,3) D

'Minor' → **'Petite de Hollande'.**

'Parvifolia'. Burgunder-Rose. Nur bis 50 cm hoch, Zweige fast unbewehrt; Blättchen eirund, sehr klein, dunkelgrün, unten und an den Stielen etwas flaumig, Kelch fast kahl; Blüten klein, zu vielen beisammen, flach ranunkelartig gefüllt, purpurrot mit violettem Anflug oder dunkelrosa. WR 120 (= *R. burgundensis* West; *R. ehrhardtiana* Tratt.). Seit vor 1664 bekannt. DMUW

'Pomponia' → **'De Meaux'.**

'Simplex' (= 'Ciudad de Oviedo'). Wie der Typ, aber Blüten einfach, dunkelrosa. 2n = 28. Spanien.

'Variegata'. Wuchs kräftig, stark bewehrt; Blätter tiefgrün, grob gesägt; Blüten einzeln oder zu mehreren, dicht kugelförmig gefüllt, zart rahmweiß mit rosa Streifen, reich blühend. WR 122 (als *R. provincialis variegata*). Um 1845 in Angers. Unter mehreren Namen in den Gärten, so 'Belle des Jardins', 'Village Maid' usw. DMW

Weitere *centifolia*-Sorten: → 'Duc de Fitzjames', 'Fatin-Latour', 'Juno', 'Paul Ricault', 'Robert le Diable', 'Spong', 'The Bishop', 'Tour de Malakoff', 'Unique Blanche'.

Moosrosen

'Andrewsii'. Einfachblühende Moosrose; Blüten dunkelrosa (= *R. muscosa simplex* Andr.). 1807 von Shailer in Little Chelsea, England, als Mutation an der Moosrose gefunden, später auch in Frankreich.

'Muscosa'. Moosrose. Sport von *R. centifolia*. Meist nicht über 1 m hoch; Blüten schön, dicht und geschlossen gefüllt, rosa, zu mehreren beisammen; Blütenstiele und Kelch dicht „bemoost“. BM 69; WR 116. Seit 1724 in England in Kultur, doch schon vorher auf dem Kontinent vorhanden. (8,9) DMUZ

'Muscosa Alba'. Mutation an der gewöhnlichen Moosrose mit reinweißen, gefüllten Blüten; Wuchs locker; Blätter zartgrün, elliptisch; Knospen und Stiele dicht und lang bemoost; Blüten weiß, Mitte zunächst zartrosa angehaucht, später aber auch reinweiß, stark duftend, gelegentlich auch mit einer rosafarbenen Petale. (Mutation 1954 von G. S. Thomas beobachtet.) D

Für weitere Moosrosenarten →: 'Baron de Wassenaer', **'Black Boy'**, 'Blanche Moreau', 'Blue Boy', 'Capitaine John Ingram', 'Comtesse de Murinais', 'Gloire des Mousseux', 'Golden Moss', 'Henri Martin', 'Jeanne de Montfort', 'Marie de Blois', 'Mme Louis Levêque', 'Mousseline', 'Nuits d'Young', 'Parkjuwel', 'Reine Blanche', 'Salet', 'Striped Moss', 'William Lobb' u. a.

R. × richardii Rehd. Heilige Rose, Mumienkranz-Rose; vermutlich *R. gallica* × *R. phoenicia*. Niedriges Sträuchlein, 50—70 cm hoch, Triebe grün, kahl, sehr stachelig, Stacheln sehr ungleich, klein, hakig; Blättchen 3—5, elliptisch länglich, stumpf, Rand drüsig, oben runzelig, unten etwas behaart; Blüten in kleinen Doldenrispen, hellrosa, 5—7 cm breit, Juni; Sepalen groß, gefiedert, Rand und Rückseite drüsig; Griffel weich behaart, Stiel drüsig borstig, bis 3 cm lang, Kelch glatt. 2n = 21. WR 113 (= *R. sancta* Rich. non Andr.; *R. centifolia* var. *sancta* Zab.). Äthiopien; soll aber auch im östlichen Kaukasus wild vorkommen. 1902. DW

Die Bezeichnung „sancta“ stammt daher, daß diese Rose in Äthiopien vor allem in der Nähe von Kirchen und Gräbern angepflanzt wird; außerdem soll es (nach Crépin) die gleiche Rose sein, die die Mumien in der Zeit von 500—200 v. Chr. in ägyptischen Gräbern schmückten. Bisher ist die Zugehörigkeit dieser Rose noch nicht eindeutig geklärt worden.

R. × damascena Mill. (= *R. gallica* × *R. phoenicia*; *R. gallica* × *moschata*). Strauch, bis 2 m hoch, Zweige sehr stark bewehrt, mit vielen hakenförmigen, gleichartigen, starken, an der Basis seitlich zusammengedrückten Stacheln; Blättchen 5—7, eiförmig, einfach gesägt, oben kahl und mehr graugrün, unten weich behaart; Blüten meist zu vielen beisammen, rosa bis rot, mitunter weiß und rot gestreift, gefüllt, meist duftend, Juni—Juli; Blütenstiele oft schwach; Kelchbecher oben verschmälert, nie kugelig (wie bei *R. gallica*); Früchte mehr oder weniger kreiselförmig, bis 2,5 cm lang, borstig, Sepalen zur Blütezeit zurückgeschlagen, auf der Rückseite drüsig-borstig, abfallend. 2n = 28, 35. BTR 2; KHL 2: t. 156b; WR 124 (nicht gut!) (= *R. gallica* var. *damascena* Voss; *R. belgica* Mill.; *R. calendarum* Borkh.; *R. polyanthos* Roessig). (8,7) DWZ

Von *R. gallica* und *R. centifolia,* mit der sie oft verwechselt wird, leicht zu unterscheiden durch den stärkeren Wuchs, die langen, meist bogigen Stämme mit starken Hakenstacheln, hellere und weichere Blätter mit meist 5—7 Blättchen, nur halbgefüllte, stark duftende Blüten und nur in rosa Tönen vorkommend, mit einer auffallenden Transparenz der Petalen; Früchte sehr borstig.

C. C. Hurst (1941) teilt auf Grund seiner Untersuchungen die Damaszener-Rosen in zwei „natürliche und verschiedene Gruppen" ein:

1. *R. × damascena* (= *gallica* × *phoenicia*), Sommer-Damaszener-Rose;
2. *R. × bifera* Pers. (= *gallica* × *moschata*), Herbst-Damaszener-Rose.

Während die Bezeichnung für die Sommer-Damaszener-Rosen nicht verändert wurde, hat G. D. Rowley für die Herbst-Damaszener-Rosen die Kombination **R. damascena** var. **semperflorens** (Loisel. & Michel) Rowley 1959 (= *R. semperflorens* Loisel. & Michel 1819; = *R. bifera* var. *semperflorens* Loisel. & Michel 1819; = *R. damascena* var. *bifera* hort. non Regel 1877) aufgestellt (Abb. 129).

Abb. 129. *Rosa damascena* var. *bifera* ('Quatre Saisons'; nach Redouté, dort als *Rosa damascena italica* bezeichnet)

Über die Herkunft dieser Rosen scheint noch immer keine restlose Klarheit zu bestehen. So wird es weiterhin für am wahrscheinlichsten gehalten, daß die „Sommer-Damaszener" mit den zurückkehrenden Kreuzfahrern aus Kleinasien nach Europa mitgebracht worden seien, um 1520—1570. Immerhin aber endeten die letzten Kreuzzüge schon 300 Jahre früher! Bei den „Herbst-Damaszener-Rosen" indessen sind die Autoren übereinstimmend in der Annahme, daß es sich hier um die Rosen handelt, die nicht nur im alten Rom kultiviert wurden, sondern schon etwa 1000 v. Chr. auf Samos, wo sie im Aphrodite-Kult Verwendung fanden und mit diesem Kult dann auch nach Athen und später nach Rom gelangten.

Wichtigste Sorten der Damaszener-Rose:

'Trigintipetala'. Strauch, etwa 1,5 m hoch, in Bulgarien jedoch starkwüchsig und 2—3 m hoch werdend; Blüten rosa (in der Farbe etwas wie 'Ballerina'), halbgefüllt, ca. 30 Petalen, 8 cm breit, stark duftend, Juni—Juli. Dies ist die „Rose von Kasanlik", die wichtigste Sorte für die Ölrosenkultur, die vor etwa 300 Jahren aus der Türkei nach Bulgarien gebracht wurde. Zentrum der Ölrosenkultur in Südbulgarien, zwischen den Bergzügen Stara Planina und Sredna Gora, von der Eisenbahnstation Klissura bis nach Kasanlik (130 km lang, 15 km breit). — Hiervon gibt es mehrere Selektionen, die als Klone vermehrt wurden, aber außerhalb Bulgariens keine gärtnerische Bedeutung haben. Seit etwa 1889 von Dr. Dieck in Deutschland verbreitet. (8,6) DMUWZ

'Versicolor'. „York und Lancaster-Rose". Strauch, etwa 1 m hoch, Triebe grün, Blätter hellgraugrün, weich behaart; Blüten mittelgroß, locker gefüllt, teils halb weiß, halb rosa oder nur weiß oder rosa, jedoch niemals rot oder gestreift (Sports mit reinrosa Blüten treten gelegentlich auf und sind bereits in Kultur genommen und tragen die Bezeichnung 'Professeur Emile Perrot'). — 1551 von dem spanischen Arzt Monardes mit „York und Lancaster" benannt, zur Erinnerung an die englischen Rosenkriege (1455 bis 1485) zwischen den Häusern York und Lancaster, die eine weiße bzw. eine rote Rose als Abzeichen trugen. Diese Rose jedoch spielte in den Rosenkriegen keine Rolle, denn sie kam erst zu Beginn des 17. Jahrhunderts nach England, wo sie auch heute noch aus Gründen der Tradition oft gepflanzt wird. Sie muß sorgfältig im Schnitt gehalten werden; einfarbige Rosamutationen sollten immer sorgfältig entfernt werden. (8,2) DM

var. **semperflorens** (Loisel. & Michel) Rowley. Besser bekannt als 'Quatre Saisons' oder 'Rose des Quatre Saisons' in Frankreich, als 'Monthly Rose' in England; eine herbstblühende Damaszener-Rose. Strauch, etwas über 1 m hoch; Blätter teilweise gelbgrün; Blüten reinrosa, dicht gefüllt, oft auch geviertelt und mit Auge, Juni—Juli, dann bis zum Herbst etwas nachblühend (jedoch etwas unsicher und von guter Pflege abhängig). — Erst in neuerer Zeit (Thomas 1950) konnte zweimal beobachtet werden, daß diese Sorte als Mutation an 'Quatre Saisons Blanc Mousseux' (= 'Perpetual White Moss') wiederholt entstand. Diese Sorte ist ein Vorläufer der Bourbon- und Remontantrosen; wahrscheinlich ist es die gleiche Rose, die zur Römerzeit in Paestum bei Pompeji und anderswo in großem Umfang angebaut wurde. Sie wurde auf alten Wandgemälden erkannt.

Weitere heute noch in Kultur befindliche Damaszener-Sorten → 'Blush Damask', 'Celsiana', 'Coralie', 'Gloire de Guilan', 'Ispahan', 'La Ville de Bruxelles', 'Leda', 'Mme Hardy', 'Marie Louise', 'Oeillet Parfait', 'Omar Khayyam' und 'Hebe's Lip'.

R. × alba L. Weiße Rose; Weiße Rose von York. Vermutlich *R. canina* ♀ × *damascena*. Bis 2 m hoch, aufrecht, Stämme mit ungleichen, hakenförmigen Stacheln, oft auch mit Borsten; Blättchen 5—7, breit elliptisch, unten behaart; Blüten weiß bis zartrosa, gefüllt, seltener einfach, 6—8 cm breit, duftend, Juni; Stiel drüsig-borstig; Frucht länglich rund, rot, 2,5 cm lang, glatt. 2n = 42. (7,8)

Seit der Zeit der Griechen und Römer allgemein in Kultur. G. S. Thomas nimmt an, daß diese Rose vielleicht als Naturhybride auf der Krim entstanden sein könnte, mit möglicherweise *R. canina* var. *froebelii* Christ (weiße Blüten, wenige Stacheln) als Mutter, da diese Rose in Kurdistan wild vorkommt und vielleicht auch noch bis zur Krim und zum Kaukasus reicht. — Von den hierzu gehörenden Sorten folgende am wichtigsten:

'Semiplena'. Der Typ dieser Rose: Strauch, bis 2 m oder auch höher, vielstämmig, dicht belaubt; Blüten nur leicht gefüllt, milchweiß, fein duftend, nur einmal blühend, Staubbeutel zahlreich, goldgelb, reichblühend, Juni; im Herbst zahlreiche rote Früchte. WR 136 (= *R. alba* 'Suaveolens'; *R. alba* 'Nivea'). Diese Rose wird in großem Umfang in Kasanlik zur Ölgewinnung angebaut. In Deutschland vor allem von Dr. Dieck verbreitet. DMUWZ

'Maxima'. Jakobiten-Rose. Wuchs stark, 2 m oder höher; Blätter graugrün, meist nur an den Triebspitzen stehend, ziemlich „langbeinig"; Blüten unregelmäßig locker gefüllt, ziemlich groß, im Aufblühen rahmweiß mit zartrosa Anflug, bald jedoch rein rahmweiß. 2n = 42. GSR 62 (= 'Great Double White'). (7,8) DM

Zu *R. alba* gehören etwa 20 Gartenformen: → 'Blush Hip', 'Céleste', 'Chloris', 'Félicité Parmentier', 'Königin von Dänemark', 'Mme Legras de St. Germain', 'Maiden's Blush', 'Pompon Blanc Parfait'.

R. × collina Jacq. (? *R. corymbifera* × *gallica*). Strauch, etwa 1,5 m hoch, Triebe glatt, Stacheln kräftig, hakig, in der Jugend rot, später grau; Blättchen 5(—7), fein gesägt, oben kahl, unten heller und Nerven behaart; Stiele behaart, mitunter etwas drüsig, Nebenblätter spitz; Blüten rosa, duftend, Juni—Juli, zu 1—3 an kurzen Trieben; Sepalen bleibend, an der Spitze blattartig, an der Rückseite drüsig wie die Stiele, Früchte mitunter ebenso, eiförmig, glänzend, orangerot wie bei *R. canina*. Mitteleuropa. 1778.

'Andersonii'. Blättchen oben nur wenig behaart; Blüten bis 7,5 cm breit, rosarot, später etwas verblassend. — Hierher gehört vermutlich die „*R. andersonii*" der deutschen Gärten. W

Ser. 3. Caninae (Ser.) Rehd.

Stämme aufrecht oder gebogen, meist mit gleichförmigen, geraden, gebogenen oder hakenförmig gekrümmten Stacheln; mittlere Blätter der Blütenzweige meist 7zählig; Tragblättchen vorhanden, mehr oder weniger verbreitert, ebenso die Nebenblätter; Blütenstände meist vielblütig; äußere Sepalen fiederspaltig, nach der Blüte zurückgeschlagen, entweder abfallend oder aufrecht und bleibend:

R. villosa, mollis, sherardii, orientalis, heckeliana, elymaitica, tomentosa, rubiginosa, inodora, sicula, glutinosa, montezumae, tuschetica, macrantha, horrida, agrestis, serafinii, stylosa, obtusifolia, corymbifera, coriifolia, canina, andersonii, dumalis, britzensis, marginata, glauca, pokornyana.

R. villosa L. Apfel-Rose. Dicht verzweigter, kurztriebiger Strauch, 1,5—2 m hoch, oft mit Ausläufern, Triebe zuerst rötlich und etwas bereift, Stacheln dünn, gerade, verstreut; Blättchen 5—7(—9), elliptisch länglich, 3—5 cm lang, oben graugrün und behaart, unten filzig und drüsig, doppelt drüsig gesägt, etwas harzig duftend; Blüten zu 1—3 beisammen, rosa, bis 5 cm breit, Juni—Juli, Stiele drüsig borstig, ebenso der Kelch, Sepalen gefiedert, aufgerichtet; Früchte kugelig länglich, bis 2,5 cm dick, dunkelrot, borstig, wirtschaftlich verwertbar. 2n = 28. WR 141; BM 7241; HF 2632; KHL 2: t. 156; KSR 12—13; GSR 37 (= *R. pomifera* Herrm.). Europa, vor allem in den Gebirgen; Orient. 1771. (6,3) DWZ

'Duplex'. „Wolley-Dod's Rose". Blätter graugrün; Blüten groß, halbgefüllt, reinrosa, reicher blühend als der Typ. GSR 38. In England schon vor 1770 bekannt (als *R. villosa duplex* West.), aber erst viel später durch den Rev. Wolley-Dod in Edge Hall, Chechester, verbreitet. D

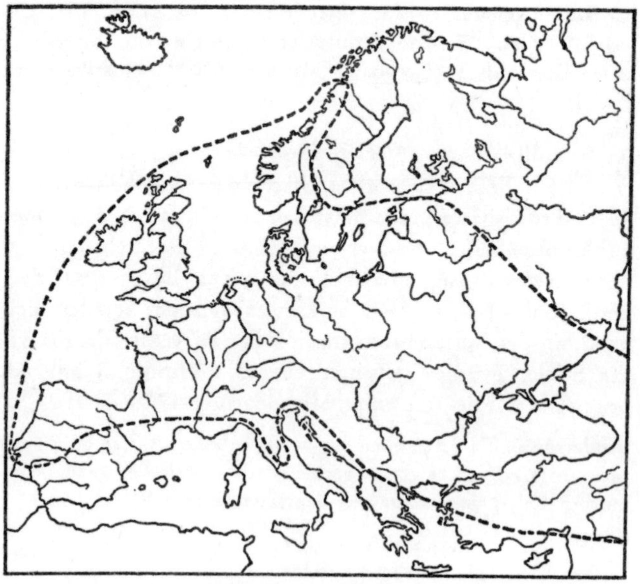

Abb. 130. Areal von *Rosa villosa* (nach Sokolov 1954)

R. mollis Sm. Kleiner Strauch, aufrecht, etwa 1 m hoch, Triebe rötlich, bereift, mit gleichförmigen, dünnen, ziemlich geraden Stacheln; Blättchen zu 5—7, kleiner als bei der sehr ähnlichen *R. villosa* und rundlicher, unten seidig behaart, weniger drüsig, doppelt gesägt; Blüten zu 1—4 beisammen, rosa, 4—5 cm breit, Juni—Juli; Sepalen etwas gefiedert, drüsig-borstig, bleibend; Früchte kugelig, scharlachrot, etwas borstig oder ganz glatt, früh reifend. 2n = 28. WR 138; KSR 14 (= *R. mollissima* Fries; *R. villosa* var. *mollissima* Rau). Hauptsächlich in N- und W-Europa, östlich bis südliches Mittelrußland. — Von der ähnlichen *R. villosa* unterschieden durch die in der Jugend bereiften Triebe und die kleineren Blättchen (12—35 × 8—18 mm). 1818. D

R. sherardii Davies. Dichter, bis 2 m hoher Strauch, Triebe oft hin und her gebogen, Stacheln oft sehr hakig; Blättchen breit eiförmig bis elliptisch, oben behaart, unten blaugrün und filzig; Blüten meist zu mehreren, dunkelrosa, von den Blättern an ihrer Basis überragt; Früchte kreiselförmig, 1,2 bis 2 cm dick, mit sehr lange bleibenden Sepalen, die sich erst sehr spät abgliedern. 2n = 28. HM 1223; KSR 15 (= *R. omissa* Déségl.). N-, W- und Mitteleuropa, bis SW-Finnland, nach S bis Bulgarien. 1933 (Abb. 148).

R. orientalis Dupont ex Ser. Wuchs zwergig, jüngere Triebe dicht behaart, Stacheln außerordentlich spärlich, leicht gebogen bis gerade, nadelförmig mit breitem Grunde; Blättchen 5, elliptisch, meist etwa 15 mm lang, oben hellgrün, unten grau, beiderseits behaart, Zähne breit und nach vorn gerichtet; Blüten einzeln, rosa, kurz gestielt; Stiele und Kelch mit langen Stieldrüsen und Borsten; Früchte ellipsoid, 1 cm lang; Sepalen aufrecht. 2n = 35. KSR 36. S-Jugoslawien, N-Albanien, Griechenland, Kleinasien. 1905 (Abb. 132).

R. heckeliana Tratt. Strauch, bis etwa 1 m hoch, Triebe in der Jugend mehr oder weniger bereift und weich behaart, Stacheln spärlich, hakenförmig oder gerade; Blättchen zu 5—7, kreisrund bis eiförmig, 15—30 mm lang und 8 bis 22 mm breit, einfach oder doppelt gesägt, oben weich behaart, unten graufilzig, ohne Drüsen; Blüten einzeln, rosa, 3,5 cm breit, Stiele meist grau behaart, ohne Drüsen; Früchte kugelig bis eiförmig, rot, 10—12 mm lang, kahl oder etwas drüsig (= *R. orphanides* Boiss. & Reut.). Gebirge der östlichen Mittelmeerregion und Siziliens.

R. elymaitica Boiss. & Hausskn. Niedriger Strauch, gedrungen, zwergig, Äste gewunden, dicht bewehrt, Stacheln teils einzeln, teils paarweise, hakenförmig, 4—8 mm lang; Blätter 3—5 cm lang, mit meist 5 Blättchen, diese eiförmig bis rundlich, 8—12 mm lang, einfach bis doppelt gesägt, derb, oben behaart, unten filzig; Blüten rosaweiß, einzeln, 2,5 cm breit, Stiele borstig, ebenso Kelchbecher und Sepalen; Frucht kugelig, dunkelrot, 8 mm dick, drüsig-borstig, mit abstehenden Sepalen. 2n = 14, 28. Persien, Kurdistan, im Hochgebirge. 1900.

R. tomentosa Sm. Filz-Rose, Wald-Rose. Strauch, 2 m hoch, Zweige hin und her gebogen, junge Triebe oft bereift, Stacheln dick, gerade oder gebogen; Blättchen 5—7, elliptisch bis eiförmig, 2—4 cm lang, oben fein behaart, unten filzig und drüsig, doppelt gesägt, Nebenblätter mit kurzen, dreieckigen, abstehenden Öhrchen; Blüten hellrosa bis fast weiß, 4 cm breit, Stiele oft drüsig-borstig; Sepalen gelappt, vor der Fruchtreife abfallend; Früchte fast kugelig, 1—2 cm

Abb. 131. Areal von *Rosa tomentosa* (nach Meusel 1965)

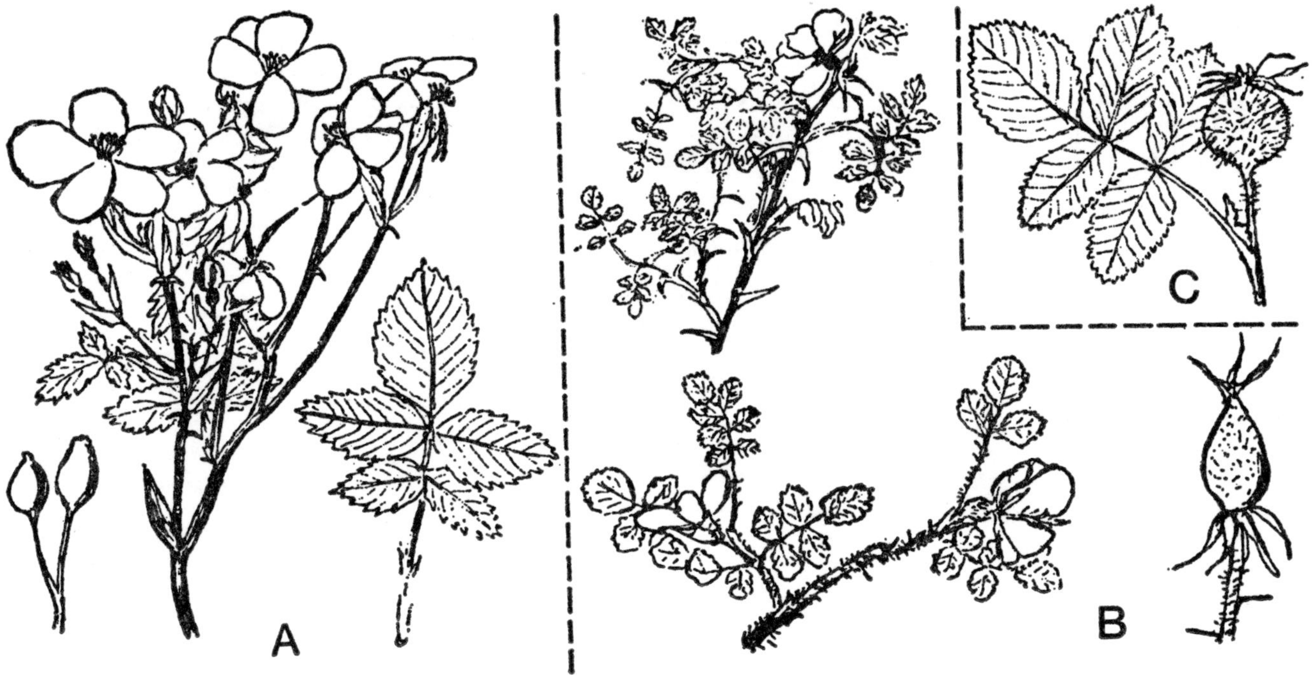

Abb. 132. A *Rosa phoenicia*; B *Rosa glutinosa*; C *Rosa orientalis* (nach Mouterde)

dick, mit Stieldrüsen. 2n = 35. WR 139; HM t. 154; GN 77: 511; RZ 1919: 51; KSR 16—17. Ganz Europa, ausgenommen der hohe Norden; Kaukasus, Kleinasien. 1820 (Abb. 128).

R. rubiginosa L. Wein-Rose, Schottische Zaun-Rose, Sweet Briar. Starkwüchsiger Strauch, 2(—3) m hoch, Triebe stark stachelig, Stacheln hakig, kräftig, oft mit Borsten untermischt; Blättchen 5—7, eirundlich, dunkelgrün, drüsig, stark nach Äpfeln duftend (!); Blüten zu 1—3, hellrosa, 3 cm breit, Stiel kurz, drüsig-borstig, ebenso der Kelch, Juni; Sepalen mehr oder weniger gespreizt, spät abfallend; Früchte scharlachrot, eiförmig, bis 1—2 cm lang, glatt oder Basis etwas drüsig-borstig, seltener ganz borstig. 2n = 35, 42. WR 145; HF 2630; KHL 2: t. 163; KSR 22—23 (= *R. eglanteria* L.; nom. ambig.). Ganz Europa bis 61° nördl. Breite. Kaukasus, Kleinasien, in N-Amerika verwildert. Bereits vor 1594 in Kultur. (7,8) DMUW (Abb. 134).

Hylander hat eindringlich empfohlen, den an sich gültigen Namen *R. eglanteria* nicht mehr zu verwenden, da dieser später von Linné auch für *R. foetida* verwendet wurde und dadurch zu dauernden Verwechslungen führen würde.

Auch diese Art wurde häufig zu Kreuzungen benutzt, jedoch gehören die meisten sogenannten „Rubiginosa-Hybriden" der Kataloge zu → *R.* × *penzanceana*.

'Duplex'. Blüten halbgefüllt, 10 Petalen, rosa, stärker duftend als beim Typ, doch der Duft der Blätter schwächer. WR 449 (als 'Jannet's Pride'). Schon seit 1629 bekannt, aber vielleicht nicht mehr in Kultur. Nach Modern Roses 7 soll diese jedoch identisch sein mit dem 'Lucy Ashton'-Sämling → 'Magnifica'. Weitere Hybriden von Kordes mit 'Magnifica' → 'Fritz Nobis', 'Rosenwunder'.

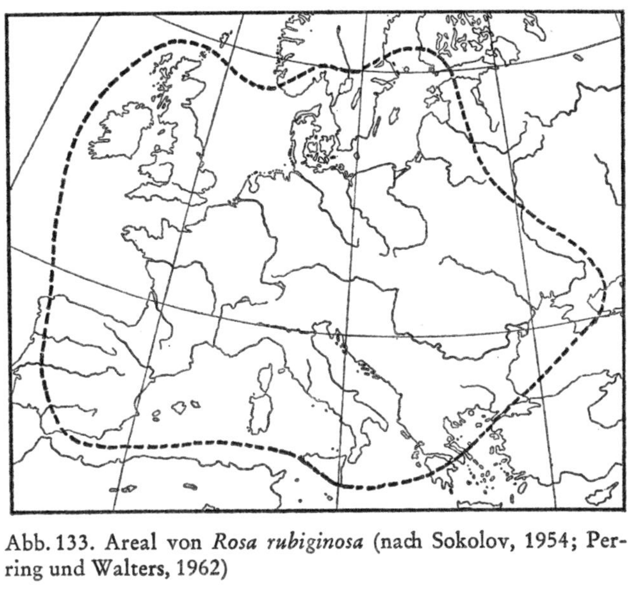

Abb. 133. Areal von *Rosa rubiginosa* (nach Sokolov, 1954; Perring und Walters, 1962)

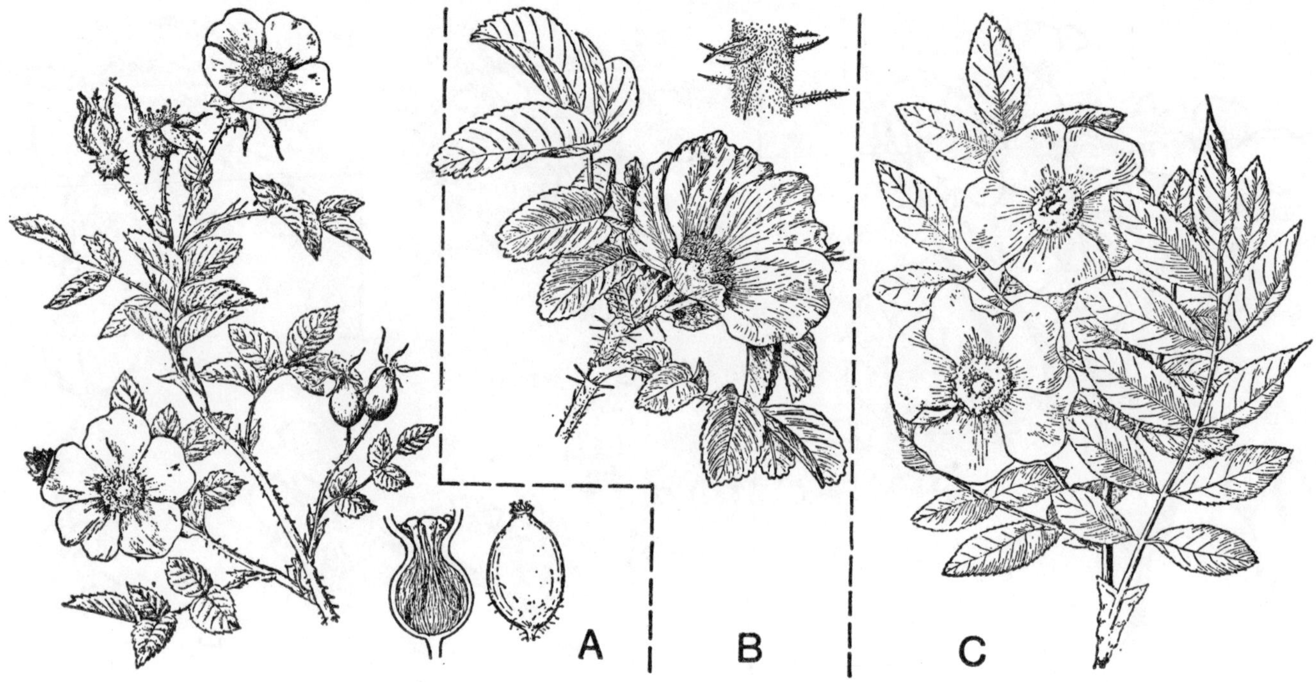

Abb. 134. A *Rosa rubiginosa*; B *Rosa rugosa*; C *Rosa suffulta*

R. inodora Fries. Nahe verwandt mit *R. rubiginosa*, bis 2 m hoch, aber Blättchen elliptisch bis obovat länglich, 1,5 bis 3 cm lang, ohne Drüsen, unten behaart; Blüten rosa bis weiß, Blütenstiele kurz, in der Regel drüsig, Duft strenger und weniger angenehm als bei *R. rubiginosa*; Früchte eiförmig, hochrot. 2n = 35, 42. WR 496; KHL 2: t. 158; KSR 23 (= *R. elliptica* Tausch; *R. caryophyllacea* Bess.; *R. graveolens* Gren. & Godr.). W- und Mitteleuropa, Gebirge, nach SO bis Albanien und W-Ukraine, vor allem auf Kalk. 1875. W (Abb. 128).

R. sicula Tratt. Niedriger Strauch, 20—80 cm hoch, ähnlich *R. serafinii*, aber mit Ausläufern, Stacheln gerade oder etwas gebogen, schlank, fast gleich lang, Jungtriebe rot; Blättchen 5—9, rundlich, 6—12 mm lang, kahl, doch unten drüsig, etwas duftend; Blüten einzeln, rosa, 2,5—3 cm breit, Sepalen bleibend (bei *R. serafinii* zuletzt abfallend); Früchte eirundlich, 1,3 cm lang, rot. 2n = 35. BM 7761; KHL 2: t. 158; KSR 18. S-Europa, N-Afrika. Vor 1894. ΛΛ

R. montezumae Humb. & Bonpl. Strauch, 1—2 m hoch; Blättchen 3—7, elliptisch, 1—2 cm lang, spitz, dicklich, unterseits kahl; Blüten einzeln stehend, 4 cm breit, rosarot, April—Mai; Früchte rot, ellipsoid, 2—2,5 cm lang, Sepalen zurückgeschlagen (= *R. mexicana* Willd.). Mexiko; im Gebirge. Sehr selten in Kultur (Abb. 136).

R. glutinosa Sibth. & Sm. Südliche Wein-Rose. Strauch, 30 bis 70 cm hoch, dichtwachsend, sehr stachelig, Stacheln teils dick und ziemlich gerade, teils borstig-drüsig; Blätter zu 3—7, rundlich elliptisch, klein, doppelt gesägt, beiderseits drüsig, ebenso am Rand, Stiel und Nebenblättern; Blüten hellrosa, einzeln an kurzen Stielen, klein, Juni; Sepalen gefiedert, Kelch und Stiel drüsig-borstig, Griffel behaart; Früchte scharlachrot glänzend, borstig, 1,5 cm dick. 2n = 35, 42. WR 150; KHL 2: t. 156; KSR 18 (= *R. pulverulenta* Bieb.). O- und mittlerer Mittelmeerraum, Balkan, Kleinasien. 1821. — Ähnlich *R. sicula*, aber Stacheln dicht mit Stieldrüsen gemischt. D (Abb. 132).

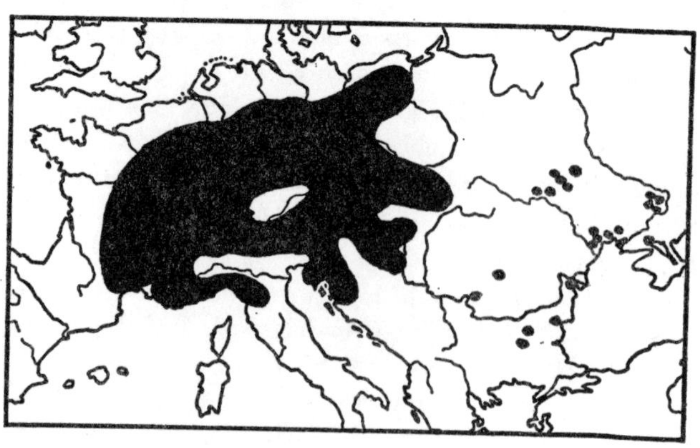

Abb. 135. Areal von *Rosa inodora* (nach Meusel 1965)

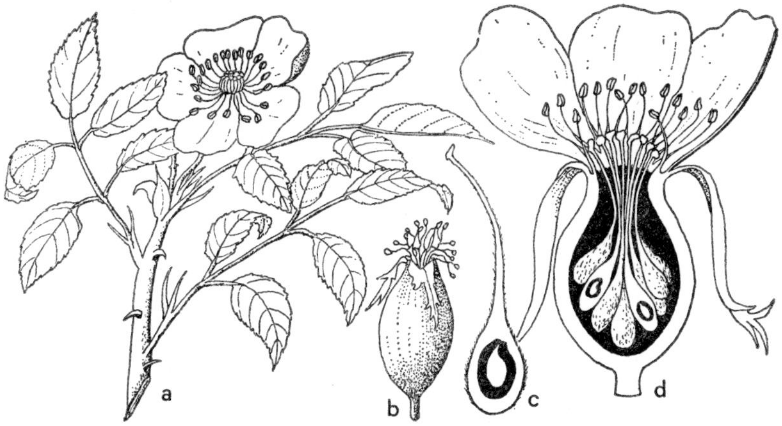

Abb. 136. *Rosa montezumae.* a Blütentrieb; b Frucht; c Früchtchen im Schnitt; d Blüte im Längsschnitt (nach Sanchez, verändert)

var. **dalmatica** (Kern.) Schneid. Blättchen größer, bis 2,5 cm lang; weniger behaart, Stacheln gerade; Früchte größer, eiförmig, bis 2,5 cm lang. 2n = 35, 42. BM 8826 (= *R. dalmatica* Kern.). Dalmatien. 1882.

R. tuschetica Boiss. Sehr nahe verwandt mit *R. glutinosa,* aber Blättchen eiförmig (nicht obovat oder elliptisch), Sepalen lang und geschwänzt und an der Frucht aufrecht, nicht abgespreizt (= *R. pimpinellifolia* var. *tuschetica* Christ). Dagestan-Gebirge, UdSSR. 1945. DZ

R. micrantha Sm. Steht *R. rubiginosa* nahe; Strauch, aufrecht, bis etwa 1,5 m hoch, dicht verzweigt, Stämme bogig, alle Stacheln gleichförmig, gekrümmt; Blättchen 5—7, breit eiförmig, 2—3 cm lang, oben kahl oder behaart, unten dicht drüsig und behaart; Blüten zu 1—4, rosa bis weiß, 3 cm breit, Juni, Sepalen gefiedert, früh abfallend, an der Spitze vergrößert, drüsig, Griffel kahl; Früchte eirund, 12—18 mm lang. 2n = 35, 42. WR 148; HM 1224; KHL 2: t. 156; KSR 19—20. W-, Mittel- und S-Europa bis N-Ukraine. Vor 1800 (Abb. 128).

R. horrida Fisch. Steht *R. micrantha* nahe, niedriger Strauch, Äste ziemlich steif, verästelt, Stacheln kurz und ungleich, stark hakig, an der Basis verbreitert; Blättchen 5—7, eielliptisch, 10—15 mm lang, unten drüsig, mitunter auch oben, doppelt gesägt, Stiele und Nebenblätter gleichfalls drüsig; Blüten einzeln, weiß, 3 cm breit, kurz gestielt, Juni; Sepalen gefiedert, an der Spitze oft blattartig, so lang wie die Petalen, unten drüsig, abfallend, Kelch lang, drüsigborstig, ebenso Stiel; Früchte eirundlich, glatt oder borstig, blutrot. 2n = 35. WR 154 (als *R. ferox*); KHL 2: t. 158; KSR 35 (= *R. turcica* Rouy; *R. ferox* Bieb. non Lawr.; *R. horridula* Fisch. non Spreng.). SO-Europa, Türkei, Kaukasus. 1796. — Ähnlich *R. sicula,* aber mit steifen, dicken krummen Stacheln, untermischt mit Borsten und Stieldrüsen; Sepalen zurückgeschlagen und abfallend. D

R. agrestis Savi. Acker-Rose. Strauch, 1—2(—3) m hoch, Triebe dünn, Stacheln kräftig, breit, hakig; Blättchen 5—7, länglich elliptisch, 1,5—5 cm lang, Basis meist keilförmig,

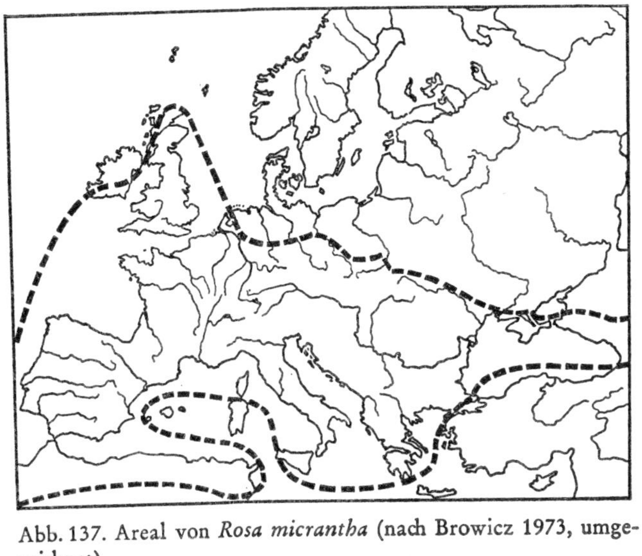

Abb. 137. Areal von *Rosa micrantha* (nach Browicz 1973, umgezeichnet)

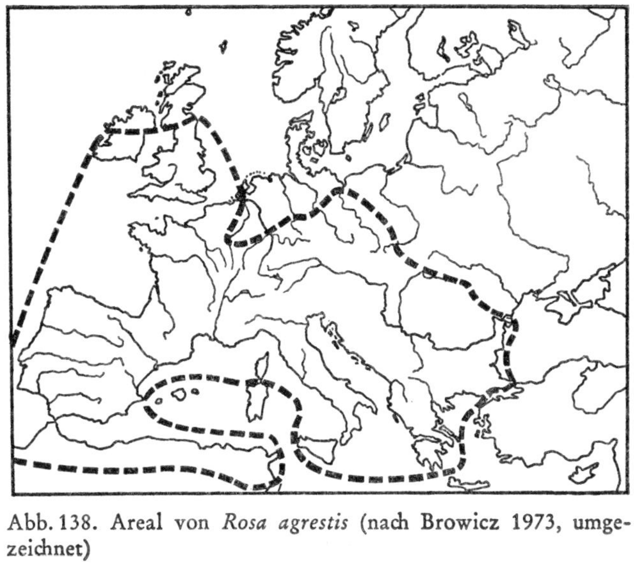

Abb. 138. Areal von *Rosa agrestis* (nach Browicz 1973, umgezeichnet)

behaart bis fast kahl, Blüten zu 1—3, blaßrosa oder weißlich, Kelchblätter schmal, bald abfallend, Griffel etwas vorragend, Stiel ohne Drüsen; Früchte länglich eiförmig, orangerot. 2n = 35, 42. WR 147; HM 1225; KHL 2: t. 158; KSR 21 (= *R. sepium* Thuill.). Ganz Europa, doch im N und O selten; N-Afrika. 1878 (Abb. 156).

R. serafinii Viv. Niedriger Strauch, 30—80 cm hoch, stets ohne Ausläufer (vgl. *R. sicula*), Triebe kurz und gebogen, sehr dicht besetzt mit kurzen, dicken, hakenförmigen, ungleichen Stacheln; Blättchen 7—11, eirundlich, 8—12 × 6—10 mm groß, stark glänzend, scharf gesägt, unten drüsig, sonst kahl; Blüten einzeln (oder zu 2—3), weißlichrosa, Mai, 3 cm breit, Stiele sehr kurz und ohne Drüsen, Sepalen gelappt, nach der Blüte zurückgeschlagen, bald abfallend, Griffel kahl; Früchte eirund, 8—12 mm dick, hellrot. 2n = 35. WR 153 (= *R. apennina* Woods). Mittelmeerinseln, Bulgarien, S-Jugoslawien. 1914. — Ähnlich *R. sicula*, aber Stacheln stark gekrümmt oder sichelförmig, nur selten mit Borsten untermischt. D

R. stylosa Desv. Strauch, bis 3 m hoch, Stämme gebogen, Stacheln kräftig, hakig, an der Basis verbreitert; Blättchen zu 5—7, meist schmal eiförmig bis lanzettlich, 1,5—5 cm lang, zugespitzt, einfach gesägt, unten meist weich behaart, seltener auch oben, oder auch beiderseits kahl, ohne Drüsen, Nebenblätter und Tragblätter ziemlich schmal; Blüten zu 1—8 oder mehr, weiß bis hellrosa, 3—5 cm breit, Juni, Stiele lang, meist drüsig-borstig, Griffelsäule kahl, kürzer als die Staubblätter, Narben einen eiförmigen Kopf bildend, Diskus kegelförmig; Sepalen nach der Blüte zurückgeschlagen, vor der Fruchtreife abfallend; Früchte eiförmig, rot, glatt, 1—1,5 cm dick. 2n = 35, 42; 28, 34. WR 14; HM 1226; KHL 2: t. 158; KSR 8 (= *R. systyla* Bast.). W-Europa; Irland bis W-Deutschland (Rheingebiet), Schweiz, S-Frankreich, NW-Spanien; Bulgarien. 1838. D

R. obtusifolia Desv. Ähnlich *R. canina*, etwa 1,5 m hoch, Stacheln meist stark hakig; Blättchen 5—7, oben tiefgrün und oft glänzend, mehr oder weniger behaart, unten ebenso; Blüten klein, weiß bis blaß rötlich; Griffel kurzhaarig, Sepalen zuletzt abfallend; Früchte scharlach bis orange, kugelig, glatt. 2n = 35. KHL 2: 158 (als *R. tomentella*); KSR 25 (= *R. tomentella* Léman; *R. canina* var. *tomentella* [Lém.] Baker; *R. klukii* Bess.). Mittel-, S- und NW-Europa, vor allem in den Gebirgen. 1905 (Abb. 148).

R. corymbifera Borkh. Nahe verwandt mit *R. canina*, hauptsächlich unterschieden durch die behaarten Blättchen; Strauch, 1,5—2,5 m hoch, breitwachsend, Stacheln kräftig, hakig; Blättchen 5—9, elliptisch, bis 5 cm lang, dicht stehend, einfach gesägt, meist beiderseits behaart (!); Blüten meist in

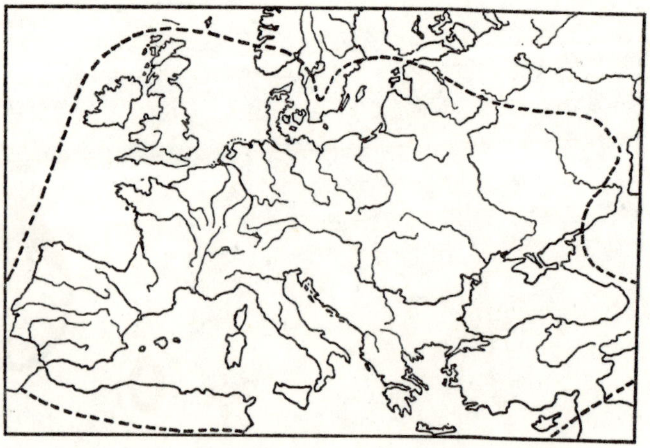

Abb. 139. Areal von *Rosa corymbifera* (nach Sokolov 1954)

Doldenrispen, weiß bis zartrosa, 4—5 cm breit, Juni; Sepalen meist kahl, seltener unten etwas drüsig, abfallend; Stiele meist kahl; Früchte eiförmig, orangerot, 12—18 mm lang. 2n = 35, 42. WR 130; KHL 2: t. 158 (als *R. dumetorum*) (= *R. dumetorum* Thuill.). Europa, weit verbreitet, doch im N und NW weniger häufig, vor allem in den Ebenen; N-Afrika, Kleinasien. 1838. D

R. coriifolia Fries. Nahe verwandt mit *R. corymbifera*, aber niedriger, bis 1,5 m hoch, dicht verzweigt, Äste und Zweige oft bläulich bereift, Stacheln gekrümmt, gleichförmig; Blättchen zu 5—7, mittelgroß oder klein, ziemlich starr, länglich bis breitoval, Basis keilförmig, meist einfach und drüsig gesägt, unten weichfilzig und graugrün, oben meist kahl; Blüten kräftig rosa, Griffel in wolligem Köpfchen, Stiel sehr kurz, mit großem Tragblatt; Sepalen grau behaart; Frucht kugelig bis eiförmig, bis 2,5 cm lang, Sepalen bis zur Fruchtreife bleibend und meist aufrecht. 2n = 35. WR 391; GPN 474—475 (= *R. frutetorum* Bess.). Europa; Kleinasien. 1878. W

var. **froebelii** (Lambert) Rehd. Kleiner Strauch, gedrungen, ältere Stämme derb, mit vielen dünnen Zweigen; Blätter lang gestielt, Blättchen groß, beiderseits graugrün, behaart, Nebenblätter lang und schmal; Blüten zu 1—3 beisammen, weiß; Früchte lang, ellipsoid bis eilänglich, rot, früh reifend (= *R. laxa* Hort. non Retz.; *R. froebelii* Christ; *R. dumetorum* 'Laxa'). Um 1890 von O. Froebel, Zürich, in den Handel gegeben und noch heute eine wichtige Veredlungsunterlage. DW

R. canina L. Hunds-Rose. Strauch, bis 3 m hoch, Zweige bogig überhängend, Stacheln kräftig, hakenförmig; Blättchen 5—7, eiförmig elliptisch, 2—4 cm lang, doppelt oder nur einfach gesägt, beiderseits kahl oder unten leicht behaart; Blüten zu 1—3, Juni, rosa bis weiß, 4—5 cm breit, Sepalen später zurückgeschlagen und schließlich ganz ab-

Abb. 140. *Rosa canina* (aus „Rosenzeitung")

fallend, bevor die Frucht sich rötet (!), Griffel kahl oder behaart, die Narben meist einen kleinen, kegelförmigen Kopf bildend; Früchte ellipsoid, scharlachrot, 2—3 cm lang. 2n = 35, 42; 34. WR 379—380; GPN 473; KSR 27—28. Ganz Europa, bis zum 62. Breitengrad in Skandinavien. Sehr veränderlich; Wolley-Dod unterscheidet nicht weniger als 60 Varietäten und Formen. 1737. (6,5) DMW (Abb. 140).

Da die Wildformen gärtnerisch nicht interessieren und auch nicht in Kultur sind, können sie hier unbehandelt bleiben. Wichtig hingegen sind eine Reihe von Selektionen, die als Veredlungsunterlagen sehr große Bedeutung haben. Die wichtigsten von ihnen sind auf Seite 110 ausführlich besprochen und in einem Bestimmungsschlüssel zusammengestellt. 12 Sorten in W; 10 in D.

Zur Canina-Gruppe gehören auch noch folgende Wildarten, deren Beschreibung nachgelesen werden kann im Abschnitt „*Rosa*" der „Flora Europaea", 2: 25—32 (1968):

R. abietina Gren. ex Christ.: Alpen. KSR 26.
R. andegavensis Bast.: W- bis S- und Mitteleuropa.
R. deseglisei Boreau: Mitteleuropa.
R. nitidula Bess.: Großbritannien und N-Portugal, nach Osten bis S-Schweden, die Karpaten und Griechenland.
R. pouzinii Tratt.: Mittelmeergebiet.
R. rhaetica Gremli: Alpen. KSR 29.
R. squarrosa (Rau) Boreau: Mitteleuropa.
R. subcanina (Christ) Dalla Torre & Sarnth.: Europa.
R. subcollina (Christ) Dalla Torre & Sarnth.: Europa bis zum hohen Norden.

'Général Jaqueminot' × *R. canina* → 'Kiese'.

R. × 'Andersonii'. Hillier & Sons 1912 (= *R. canina* × ? *R. gallica*). Wuchs mittelstark, 2 m, Äste übergebogen, stark bewehrt; Blättchen 5, lang zugespitzt, unterseits weich behaart; Blüten reinrosa, einfach, 5—7,5 cm breit, schalenförmig, reichblühend und während einer langen Zeit; Frucht sehr ähnlich *R. canina,* scharlachrot. WR 380. 1912. DMZ

Was in Deutschland in der Regel unter diesem Namen kultiviert wird, ist nicht diese Rose, sondern *R. collina* 'Andersonii'; siehe Seite 265. (Die Dortmunder Pflanze ist der englische Typ.)

R. dumalis Bechst. Strauch, bis 2 m hoch, Zweige oft bläulich bereift, Stacheln hakig gebogen mit breiter Basis; Blättchen 5—7, sich fast berührend, mittelgroß, breiteiförmig bis mehr rundlich, beiderseits kahl und meist bläulich bereift, Nebenblätter meist auffällig breit; Blüten einzeln oder zu vielen, ziemlich groß, rosarot, Juni—Juli; Sepalen mit lanzettlichen-linealischen Anhängseln, Rand weich behaart, Kelch kugelig, bereift; Früchte kugelig bis eiförmig, sehr groß. 2n = 35 (= *R. glauca* Vill. non Pourr.; *R. reuteri*). Europa. Kleinasien; in den Bergen. D

R. britzensis Koehne. Strauch, kräftig aufrecht, 2—3 m hoch, Triebe kahl, Stacheln schlank, klein, 6—8 mm lang, an den Blütentrieben nur verstreut; Blätter 12—14 cm lang, Blättchen meist 11 (selten 7—9), elliptisch, graugrün, 2,5 bis 3,5 cm lang, einfach gesägt; Blüten fast immer einzeln, zartrosa, schließlich weiß, 7—8(—10) cm breit, Petalen ausgerandet, Mitte Mai bis Ende Juni; Kelch und Stiel borstig, ebenso die Petalen; Früchte eiförmig, dunkelrot, etwa 3 cm lang, etwas drüsig-borstig. 2n = 35. MD 1910: 94. Kurdistan. 1901 (Abb. 142).

R. marginata Wallr. Aufrechter Strauch, 2—2,5 m hoch, nahe verwandt mit *R. canina,* aber abweichend durch die geraden oder fast geraden Stacheln; Blätter doppelt drüsig

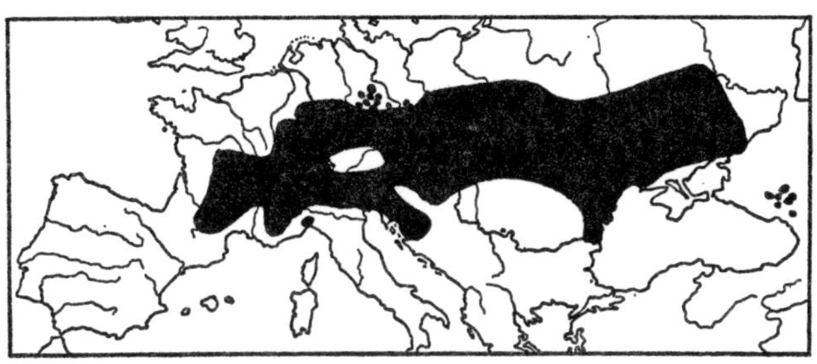

Abb. 141. Areal von *Rosa marginata* (nach Meusel 1965)

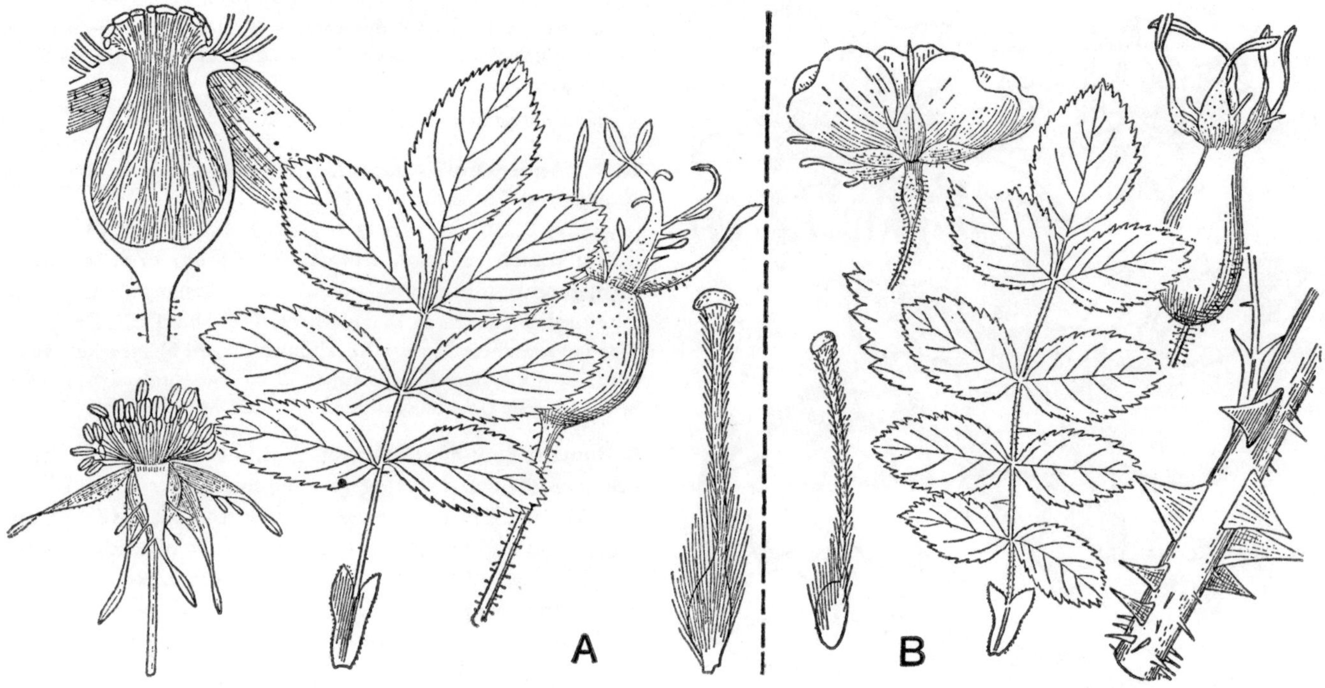

Abb. 142. *Rosa*. A *R. britzensis*; B *R. sweginzowii*

gesägt, unterseits ebenfalls meist drüsig; Blüten einzeln oder zu mehreren, rosa, später weiß werdend, bis zu 7 cm breit, Juni; Kelchblätter gefiedert, Rückseite drüsig, kürzer als die Petalen; Früchte eiförmig, dunkelrot, glatt, Sepalen abfallend. 2n = 42. WR 149; KHL 2: t. 158; KSR 9—10 (= *R. jundzillii* Bess.). Mittel- und O-Europa, Westasien. 1870. D (Abb. 148).

R. glauca Pourr. Rotblättrige Rose. Strauch, bis 3 m hoch, Wuchs aufrecht, schlanktriebig, Zweige braunrot, bereift, wenig stachelig, Stacheln gerade oder hakig gekrümmt; Blätter bräunlichpurpurn und bläulich bereift (!), Blättchen 5—7, elliptisch, kahl, scharf gesägt; Blüten zahlreich, karminrosa, 3—4 cm breit, Juni; Früchte kugelig, 1,5 cm dick, rot, Kelch bei der Fruchtreife abstehend, später abfallend. 2n = 28. WR 133; BR 430; KHL 2: t. 158; KSR 11 (= *R. rubrifolia* Vill.; *R. ferruginea* Déségl.). Pyrenäen bis Jugoslawien, im Gebirge. 1814. — Rostanfällig! (7,7) DUW (Abb. 148).

R. × pokornyana Borb. (= *R. canina* × *R. glauca*). Zwischen den Eltern stehend; 1,5—2 m hoch, Äste und Zweige stark bereift, hechtblau, Stacheln verstreut, gerade bis leicht gebogen; Blättchen 5—7, mittelgroß bis klein, einfach gezähnt, beiderseits kahl, bereift, unten oft violettrot; Blüten zu 1—3, dunkelrot, 3,5—4 cm breit; Sepalen schlank, mit einigen schmalen Fiedern, Kelch kugelig bis länglich; Früchte klein, kugelig. 2n = 40 (= *R. scopulosa* Briqu.). Ungarn. 1916.

Ser. 4. Carolinae (Crép.) Rehd.

Meist aufrechte, niedrige Sträucher, Stämme dünn, mit meist geraden, gepaarten Stacheln, oft auch borstig; obere Nebenblätter meist schmal; Blütenstände meist wenigblütig; Sepalen nach der Blüte abgespreizt, bald abfallend, die äußeren ganzrandig oder mit nur wenigen aufrechten Lappen; Blütenstiele und Kelchbecher drüsig-borstig, selten glatt; Samenanlagen nur grundständig im flach kugeligen Kelchbecher.

R. palustris, mariae-graebnerae, virginiana, carolina, nitida, scharnkeana, rugotida, foliolosa.

R. palustris Marsh. Sumpf-Rose. Aufrechter, sehr breiter Strauch, 1—1,8 m hoch, Triebe rötlich, Stacheln etwas hakenförmig mit breiter Basis; Blättchen meist 7, breit elliptisch, an beiden Enden spitz, 2—5 cm lang, fein und scharf gesägt, derb, oben dunkelgrün und kahl, unten heller und behaart; Blüten rosa, 5 cm breit, Juni bis Ende Juli, in Doldenrispen; Früchte kugelig, rot, kahl, erbsengroß, glänzend, Stiele drüsig. 2n = 14 (28). GSP 232; BB 2: 1970; WR 68 (als *R. carolina*!) (= *R. hudsoniana* Thory; *R. pensylvanica* Michx.). Östliches N-Amerika. Am natürlichen Standort stets in Sümpfen. 1726. Verhältnismäßig wenig in Kultur und ziemlich veränderlich; oft verwechselt (selbst in USA!) mit der glänzend grün (!) belaubten *R. virginiana* Mill. oder der ausläufertreibenden *R. carolina* L. Nicht geeignet für kleine Gärten! D (Abb. 143).

R. × mariae-graebnerae Aschers. & Graebn. (= *R. palustris* × *R. virginiana*). Strauch mit ziemlich kugeligem Wuchs, bis 1,5 m hoch, ähnlich *R. palustris*; Stacheln schwach gebogen, an den Langtrieben Borsten zerstreut oder ganz fehlend; Blättchen mehr glänzend und gröber gezähnt; Blüten lebhaft rosa, während des ganzen Sommers, auch noch zur Fruchtzeit mit Blüten; Früchte rot; Herbstfärbung der Blätter auffallend rot und gelb. — Um 1900 im Botanischen Garten Hann. Münden von H. Zabel erzielt, aber in der Heimat der Eltern auch spontan mit diesen auftretend. D

R. virginiana Mill. Glanz-Rose. Strauch, etwa 1,5 m hoch, Triebe aufrecht, rotbraun, ganz ohne oder nur mit wenigen Ausläufern, Stacheln hakenförmig, doch an Jungtrieben häufig borstenförmig; Blätter glänzend grün, Blättchen 7 bis 9, elliptisch bis obovat, 2—6 cm lang, scharf gesägt, unten Nerven behaart; Blüten hellrosa, zu wenigen oder einzeln, reich blühend, Juni—Juli; Früchte flach kugelig, 1,5 cm breit, glatt, rot; Stiel drüsig-borstig. 2n = 28. WR 197; BB 2: 285; KHL 2: 157 (= *R. lucida* Ehrh.; *R. carolinensis* Marsh.). Östliches N-Amerika. Vor 1807. DMUW (Abb. 143).

'Plena'. Wuchs gedrungener, aber Wuchs und Belaubung sonst ähnlich dem Typ; Knospen vollendet schön geformt; Blüten mit breiten, kreisrunden äußeren Petalen, reinrosa, innere kleiner, spitz, etwas dunkler rosa, leicht duftend, Juli—August (= *R. rapa* Bosc; *R. lucida* var. *plena* hort. ex Rehd.). 1768. DUW

R. carolina L. Wiesen-Rose. Strauch, 1—1,5 m hoch, schlankzweigig, mit vielen Ausläufern (!), Stämme zuerst borstig, Zweige oft unbewehrt; Blättchen 5, elliptisch bis lanzettlich, 1—3 cm lang, scharf gesägt, oben sattgrün, kahl, kaum glänzend, unten graugrün, meist kahl; Blüten meist einzeln, rosa, 5 cm breit, Juli—August; Sepalen lanzettlich, zugespitzt oder verbreitert, abfallend, drüsig-haarig, Stiele drüsig-borstig; Frucht flach kugelig, 8 mm dick, ziemlich borstig. 2n = 28 (selten 14). WR 64; BB 1971; GSP 231; KHL 2: 157 (= *R. humilis* Marsh; *R. virginiana* var. *humilis* Schneid.). Östliches N-Amerika. 1826. Diese Rose wird in den deutschen Baumschulen meist fälschlich als „*R. virginiana*" angeboten. DW (Abb. 155).

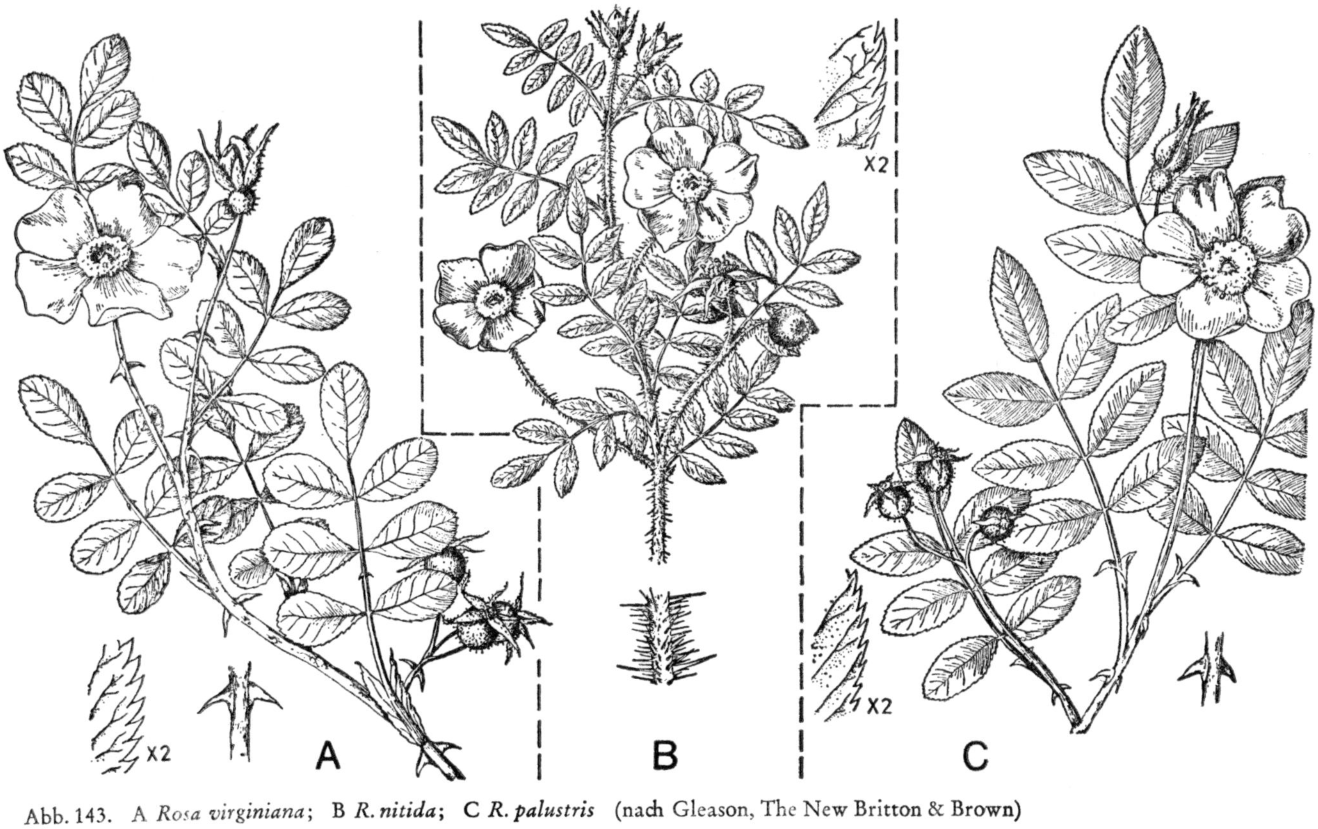

Abb. 143. A *Rosa virginiana*; B *R. nitida*; C *R. palustris* (nach Gleason, The New Britton & Brown)

var. **grandiflora** (Baker) Rehd. Blättchen meist 7, elliptisch bis obovat; Blüten 5—6 cm breit. 2n = 28. WR 207 (als *R. humilis grandiflora*) (= *R. lindleyi* Spreng.). NO-USA. Vor 1870.

'Plena'. Zwergiger Strauch, kaum über 50 cm hoch, dicht buschig, dünntriebig, mit Ausläufern; Blättchen klein, schmal, spitz, gesägt; Blüten rein lachsrosa, Mitte etwas dunkler, dicht gefüllt, im Verblühen fast weiß, Kelchblätter sehr lang und schmal, fein und drüsig behaart, ebenso Kelch und Stiel; Stacheln paarweise unter jeder Blattachsel. TRT 32 (= *R. pennsylvanica* Marsh.). W

R. nitida Willd. Strauch, aufrecht, 50—70 cm hoch, Stämme dicht kurzborstig, Stacheln schlank, 3—5 mm lang; Blättchen 7—9, elliptisch länglich, 1—3 cm lang, oben stark glänzend, dunkelgrün, im Herbst tief braunrot; Blüten einzeln oder zu wenigen, rosa, 4—5 cm breit, Juni—Juli; Sepalen aufrecht, schmal, ganzrandig, drüsig-borstig, ebenso die Stiele; Früchte kugelig, 1 cm dick, scharlachrot, etwas borstig. 2n = 14. WR 69; BB 1972; KHL 2: 157. Östliches N-Amerika. 1807. DMWZ (Abb. 143).

Hierzu vor einigen Jahren einige Gartenformen (vermutlich Hybriden mit *R. rugosa*) von A. A. Nijveldt, Boskoop, in den Handel gebracht: → 'Dutch Hedge', 'English Hedge', 'Pink Hedge' und 'Red Hedge'.

R. × rugotida Darthuis. Boomkw. 1950. *R. nitida* × *R. rugosa.* Wuchs kräftig, bis 1 m, mit Ausläufern; Blätter sehr ähnlich *R. rugosa,* doch kleiner; Blüten rosa, wie bei *R. nitida.* Bringt keine Früchte.

Hierzu **'Dart's Defender'.** Darthuis. Boomkw. 1971. *R. nitida* × *R. rugosa* 'Hansa'. Wuchs stärker als *R. nitida,* Blüten violettrosa (= *R. nitida* 'Superba' Darth. Boomkw.).

R. × scharnkeana Graebn. (= *R. californica* × *R. nitida*). Niedriger Strauch, Triebe mit dünnen Stacheln, meist borstig; Blättchen zu 7—9, länglich, Basis keilförmig; Blüten purpurrosa, zu 1—5 beisammen. Gfl. 1902: 1501. Schon vor 1900 in Kultur.

R. foliolosa Nutt. Strauch, 0,3—0,7 m hoch, Triebe rötlich, mit kurzen, geraden oder etwas gekrümmten Stacheln oder fast unbewehrt, selten borstig; Blättchen 7—9, schmal länglich, 12—25 mm lang, oben kahl und glänzend, unten mitunter Nerven behaart; Blüten hellrot, einzeln oder zu wenigen, 3 cm breit, Juli—August (!); Sepalen lanzettlich, lang zugespitzt, bis 2,5 cm lang, drüsig-borstig, ebenso der Kelch und der kurze Stiel; Früchte ziemlich kugelig, 8 mm dick, rot. 2n = 14. WR 70; BM 8513; BC 3445; KHL 2: 154. SO-USA. 1880. Strauch mit sehr schöner Belaubung, sehr winterhart, auch sehr widerstandsfähig gegen Dürre. D (Abb. 147).

Ser. 5. **Cinnamomeae** (Ser.) Rehd.

Aufrechte Sträucher; Stämme mit meist geraden Stacheln, unter den Blättern oft gepaart, Stämme oft auch borstig, Blütentriebe oft unbewehrt oder drüsig-borstig; Blättchen 5—11, Nebenblätter mehr oder weniger verbreitert, allmählich in die breit vorgestreckten Öhrchen übergehend; Blütenstände meist vielblütig; Sepalen meist ganzrandig, nach der Blüte aufgerichtet und bleibend, seltener abfallend; Kelchbecher meist glatt:

R. rugosa, proteiformis, kamtchatica, paulii, calocarpa, bruantii, spaethiana, warleyensis, koehneana, micrugosa, rubrosa, acicularis, engelmannii, arkansana, suffulta, blanda, aschersoniana, pendulina, spinulifolia, oxyodon, lheritieranea, majalis, davurica, laxa, amblyotis, marrettii, pisocarpa, woodsii, pyrifera, macouni, ultramontana, californica, nutkana, corybulosa, davidii, caudata, banksiopsis, macrophylla, coryana, setipoda, persetosa, hemsleyana, sweginzowii, wardii, murielae, moyesii, holodonta, wintoniensis, highdownensis, bella, webbiana, fedtschenkoana, sertata, pricei, giraldii, prattii, prattigosa, elegantula, forrestiana,

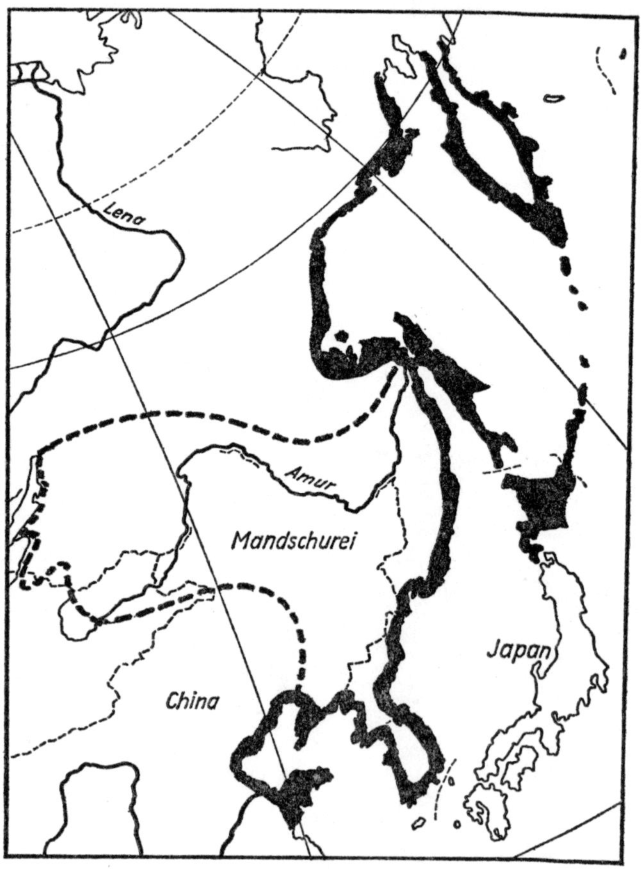

Abb. 144. Areal von *Rosa rugosa* (■) und *R. davurica* (- - - - -) (nach Sokolov 1954)

Abb. 145. Drei seltene Formen von *Rosa rugosa*. Links: 'Tenuifolia'; Mitte: 'Adiantifolia'; rechts: 'Crispata' (nach A. Leroy)

multibracteata, willmottiae, transmorrisonensis, pruhoniciana, gymnocarpa, beggeriana.

R. rugosa Thunb. Kartoffel-Rose. Strauch, 1—2 m hoch, Stämme dick, filzig, sehr stark stachelig und borstig; Blättchen 5—9, elliptisch, 3—5 cm lang, oben glänzend dunkelgrün und runzelig, derb, dicklich, im Herbst goldgelb, unten bläulich, netznervig, behaart; Blüten einzeln oder zu wenigen, rosarot, 6—8 cm breit, Juni—Herbst, Stiele kurz und borstig; Früchte flach kugelig, glatt, bis 2,5 cm breit, wirtschaftlich sehr gut verwendbar. 2n = 14. WR 58; BR 420 (= *R. regeliana* Linden & André). N-China, Korea, Japan; stellenweise verwildert in N-, W- und Mitteleuropa. Wohl die härteste aller Rosenarten. 1854. (7,5) DMW (Abb. 134).

Hierzu folgende Formen:

'Adiantifolia'. Cochet 1907. Ähnelt etwas 'Crispata', aber in der Regel nur 7 (nicht 9) Blättchen, diese größer und länger; Nebenblätter sehr breit und lang, am Rand faserig eingeschnitten (bei 'Crispata' nur ganz fein gezähnelt) (Abb. 145).

'Alba' (Ware). Blüten weiß. Gn. 1876: 452; GSR 129; RZ 1907: 32. (7,5) MD

'Albo-plena'. Blüten weiß, gefüllt; vermutlich Mutation von 'Alba'. Vor 1902.

var. **chamissoniana** C. A. Mey. Triebe nahezu ohne Borsten, Blättchen schmaler, kleiner, weniger runzelig. U

'Crispata' → **'Crispata'** (siehe Seite 335).

'Fimbriata' → **'Fimbriata'** (siehe Seite 347).

'Hollandica' (J. Spek, Boskoop, um 1888). Besser bekannt als „Boskooper Rugosa", in Holland jetzt **„Scherpe Boskoop"** genannt und als Unterlagenrose viel verwendet; Strauch, ziemlich hoch, verzweigt, Stämme borstig, Stacheln und Borsten sehr zahlreich, hell, unterschiedlich groß; Blättchen groß, hellgrün; Blüten zu 5—10, einfach, dunkelrot; Früchte hängend, kugelig, dunkelrot, drüsig. — Als Unterlage für Stämme auf humosen Böden gerne gebraucht, doch stark ausläufertreibend.

'Nitens'. Wie der Typ, aber Blätter glänzend grün und beiderseits kahl.

'Plena'. Purpurrot, gefüllt. Sehr winterhart. 1879. Früher verbreitet als 'Kaiserin des Nordens', in USA 'Empress of the North'.

'Rosea' (= *R. rugosa* × *rugosa* 'Alba'). Blüten rosa, einfach.

'Rubra'. Starkwüchsig; Blüten karminpurpur; Früchte hochrot (= 'Atropurpurea'). Rotblühende Wildform, meist als Kultivar bezeichnet. GSR 136. (8,3)

'Tenuifolia'. Zweige mit der typischen Bewehrung von *R. rugosa*; Blätter etwas weiter stehend; Blättchen (5—)7(—9), sehr lang und schmal, unregelmäßig gewellt; Nebenblätter stark verbreitert (Abb. 145).

Wichtiger als die wenig verbreiteten Formen sind die Züchtungen → 'Carmen', 'Conrad Ferdinand Meyer', 'Dr. Eckener', 'F. J. Grootendorst', 'Hansa', 'Nova Zembla', 'Pink Grootendorst', 'Ruskin', 'Scabrosa', 'Schneezwerg' u. a.

R. × proteiformis Rowley (= *R. rugosa* 'Alba' × unbekannte Diploide). Strauch, etwa 1,2 m; Blätter zuerst normal entfaltend, dann allmählich schmaler, blasser und krauser werdend, fast farnartig (ähnlich *R. multiflora* 'Watsoniana'); vielleicht virusbedingt; Blüten weiß, 3 cm breit, halbgefüllt, zu 5—10 beisammen, mitunter remontierend. 2n = 14 (= *R. heterophylla* Cochet-Cochet 1897, non Woods 1818). Von Cochet fälschlich als *R. rugosa* × *R. foetida* bezeichnet! *R. foetida* ist tetraploid. Vielleicht identisch mit *R.* 'Adiantifolia'.

R. × kamtchatica Vent. (= *R. davurica* × *rugosa*). Von *R. rugosa* abweichend durch dünnere, weniger stachelige Triebe, doch ebenfalls graufilzig und kurzborstig; Blättchen länglich, matt, oben weniger runzelig, unten meist graugrün und weniger behaart; Blüten zu 3—5 auf glatten, kurzen Stielen, kleiner; Früchte kleiner, kugelig, glatt, Sepalen lang, zusammengeneigt. 2n = 14. BR 419; BM 3149 (= *R. rugosa* var. *kamtchatica* [Vent.] Regel). O-Sibirien, Kamtschatka. 1770. W

R. × paulii Rehd. (= *R. arvensis* × *rugosa*). Zwischen den Eltern stehend; Triebe bis 4 m lang, kräftig, dem Boden aufliegend, sehr stachelig; Blüten weiß, einfach, bis 6 cm breit, in Büscheln. 2n = 14. KHL 2: t. 160; GSR 34 (= *R. rugosa repens alba* Paul). Vor 1903. DMZ

'Rosea'. Wie der Typ, doch Blüten reinrosa mit etwas hellerer Mitte. GSR 35 (= *R. rugosa repens rosea* Hort.). Vor 1903. DUW

R. × calocarpa (André) Willm. (= *R. chinensis* × *rugosa*). Kräftiger Strauch, aufrecht, 2—2,5 m hoch, Zweige dicht bestachelt, Stacheln gerade, untermischt mit Borsten; Blüten rosarot, einfach, 7—8 cm breit, kleiner als bei *R. rugosa*, doch in großen Doldenrispen, Juni—Juli; Sepalen drüsigborstig, schließlich abfallend, Stiele borstig; Früchte kugelig, hellrot, zu vielen beisammen, lange bleibend. 2n = 14. WR 60; RH 1891: 35; RZ 1907: 32 (= *R. rugosa calocarpa* André). Bei Bruant in Poitiers entstanden, 1891 von Edouard André benannt, 1895 von Bruant eingeführt, doch schon bald wieder aus den Kulturen verschwunden.

R. × bruantii Rehd. 1922. Wird heute als eine überflüssige Bezeichnung für die Hybriden von *R. rugosa* × *R. odorata* (= *rugosa*-Hybriden × Teerosen und Teehybriden) angesehen. Dazu rechnete Rehder z. B. die Sorten von Bruant ('Mme Georges Bruant') und von Cochet ('Blanche Double de Coubert') u. a.

R. × spaethiana Graebn. (= *R. palustris* × *R. rugosa*). Wuchs kräftig, aufrecht; Blättchen schmal, hellgrün; Blüten karminrosa, 7—8 cm breit, zu vielen beisammen; Früchte reichlich gebildet, scharlachrot. 2n = 21. Gfl. 1902: t. 1504 (als „*carolina* × *rugosa*").

R. × warleyensis Willm. (= *R. blanda* × *R. rugosa*). Strauch mit stark bewehrten Trieben, Stacheln gerade, schlank; Blättchen 5—7, länglich, mittelgroß, 25—35 mm lang, nicht so stark runzelig wie bei *R. rugosa*, oben kahl, unten dünn behaart; Blüten einzeln stehend, rosarot, 6 cm breit, Fruchtknoten kahl, Sepalen lang ausgezogen. 2n = 14. WR 185. Vor 1911.

R. × koehneana Rehd. (= *R. carolina* × *R. rugosa*). Strauch, niedrig, breit, sehr dicht wachsend, Stämme mit kleinen, paarweisen Stacheln an den Blattansätzen, doch Internodien sonst meist ohne Stacheln; Blättchen 7, länglich, einfach gesägt, oben kahl, unten behaart; Blüten einzeln,

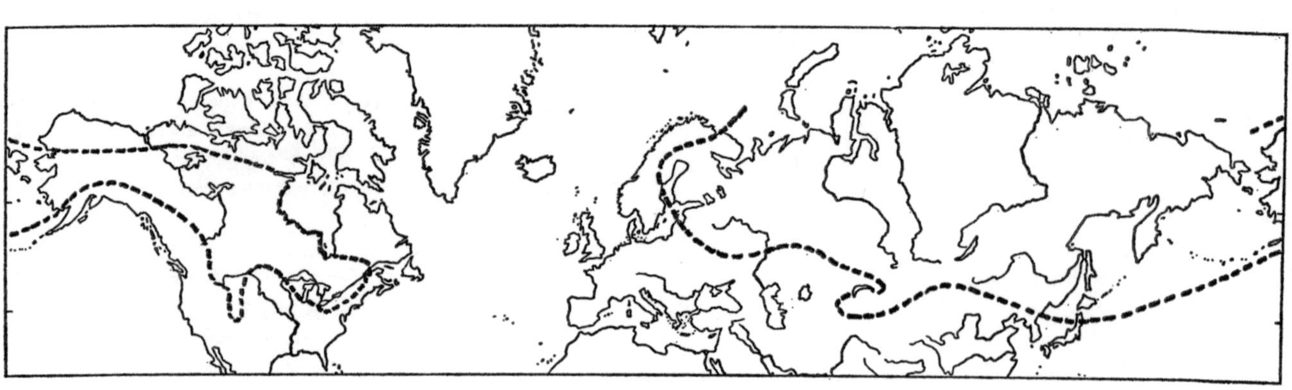

Abb. 146. Areal von *Rosa acicularis* (asiatisches Areal nach Sokolov 1954; amerikanisches Areal nach T. M. Little 1942)

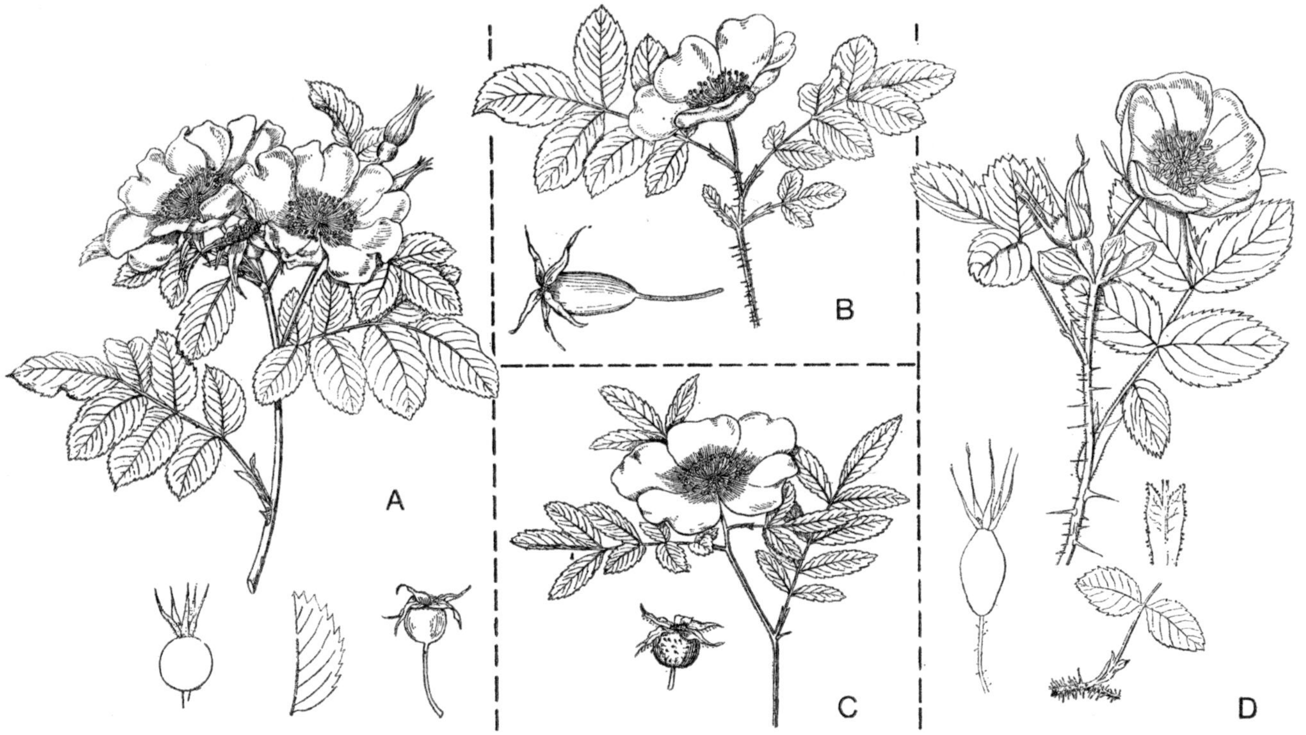

Abb. 147. A *Rosa nutkana*; B *Rosa acicularis* var. *bourgeauiana*; C *Rosa foliolosa*; D *Rosa acicularis* (nach Garden & Forest)

purpurn, 6 cm breit, sehr reichblühend; Kelchbecher eiförmig, kahl, Sepalen lang, kurzborstig; Stiel 25 mm lang, dünn, kahl. 2n = 21. WR 203 (als *R. humilis* × *rugosa*). Vor 1893 in USA entstanden.

R. × **micrugosa** Henkel (= *R. roxburghii* × *rugosa*). Großer Strauch, straff aufrecht, bis 2 m hoch, Triebe sehr stachelig und gerade; Blätter sehr dicht stehend; Blüten einzeln, 7—10 cm breit, reinrosa; Früchte orange, sehr stachelig, wie bei *R. roxburghii*. 2n = 14. Gfl. t. 1581; RH 1905: t. 144; GSR 28 (= *R. vilmorinii* Bean). Vor 1905 entstanden bei Henri de Vilmorin. Aussaaten hiervon bringen mitunter schöne Typen mit weißen, duftenden Blüten. DW

R. × **rubrosa** Preston (= *R. glauca* × *rugosa*). Wuchs stärker als bei *R. glauca*, Blüten größer, doch Blätter nicht so schön blau, Spindel kahl, Triebe weniger stachelig; bringt keine Früchte. 2n = 28. GC 1926: 150. Als → 'Carmenetta' in den Handel gebracht. 1923. D

R. acicularis Lindl. Nadel-Rose. Strauch, bis 1 m hoch, Stämme dicht weichborstig, Zweige mitunter auch unbewehrt, Stacheln gerade, dünn; Blättchen 3—7, elliptisch bis länglich, 2—5 cm lang, einfach gesägt, oben stumpfgrün, kahl, unten weich behaart; Stiele kahl bis behaart, Nebenblätter breit; Blüten einzeln, dunkelrosa, duftend, 4—5 cm breit, Mai—Juni; Petalen obovat, eingeschnitten; Früchte birnförmig, rundlich, kahl, etwa 1,5 cm lang. 2n = 28, 42, 56 (= *R. carelica* Fries; *R. sayi* Schwein.). N-Amerika, N-Europa, NO-Asien. 1905. Einzige Art, welche zirkumpolar den Polarkreis überschreitet. DU (Abb. 147).

var. **bourgeauiana** (Crép.) Crép. Blüten größer, bis 5 cm ⌀, Früchte mehr kugelig und mit sehr kurzem Hals. 2n = 42, 56. BC 3453 (= *R. bourgeauiana* Crép.). N-Amerika. Vor 1875 (Abb. 147).

var. **fennica** Lallemant. Tetraploide Form. 2n = 28 (= *R. acicularis* var. *gmelinii* Bge.; *R. gmelinii* Bge.). Finnland bis Sibirien.

var. **nipponensis** (Crép.) Koehne. Blättchen 7—9, 1—3 cm lang, einfach gesägt, kahl, Stiele borstig; Blütenstiele drüsig-borstig. 2n = 14; 28 (= *R. nipponensis* Crép.). Japan; Fudschijama. 1894.

Zur Hybridisation wurde *R. acicularis* nur wenig benutzt, da sie sich nicht leicht kreuzen läßt und die Nachkommen meist steril sind. Die wichtigsten Hybriden sind → 'Pikes Peak' und → 'Dornröschen'.

R. × **engelmannii** S. Wats. Naturhybride von *R. acicularis* × *R. nutkana*; von Erlanson experimentell nachgewiesen; fertil. — Ähnlich *R. acicularis* var. *bourgeauiana*, aber

Früchte länglich, bis 2,5 cm lang; Triebe stärker borstig; Blätter unterseits kahl. 2n = 42 (= *R. acicularis* var. *engelmannii* [S. Wats.] Crép.). N-Amerika. 1891.

R. arkansana Porter. Ähnlich *R. acicularis*, aber kleiner, Blütezeit länger; nur etwa 50 cm hoch, Triebe stachelig und borstig; Blättchen 9—11, elliptisch, 2,5—5 cm lang, scharf gesägt, oben glänzend, beiderseits kahl oder unten Nerven behaart, Nebenblätter drüsig gezähnt; Blüten hellrot, 3 cm breit, in Doldenrispen, Juni—Juli; Sepalen zurückgeschlagen, kahl oder unten drüsig, äußere oft gefiedert, Stiele kahl; Früchte kugelig, 1,5 cm dick, rot. 2n = 28, 14. BB 1968 (= *R. rydbergii* Greene). Mittlere und W-USA. 1917. D (Abb. 148).

In ihrer Heimat Wuchs oft niedrig und nur halbstrauchig; könnte bei Kreuzung „staudenartige" Rosen ergeben, die bis zum Boden zurückgeschnitten werden könnten und alljährlich vom Boden aus neu austreiben.

R. suffulta Greene. Nur etwa 50 cm hoch, oft nur halbstrauchig, Zweige grün, dicht feinstachelig und borstig, nach der Blüte bis zum Boden absterbend (!!), gleichzeitig neue Triebe für das nächste Jahr entstehend; Blättchen 7—11, breit elliptisch bis eilänglich, 2—4 cm lang, gesägt, frischgrün, beiderseits behaart, oben zuletzt meist kahl, Stiel und Spindel fein behaart; Blüten in Doldenrispen, rosa, 3 cm breit, Juni, Stiele und Kelch kahl, Sepalen mitunter gelappt; Früchte kugelig, 1 cm dick, rot, mit aufrechten Sepalen. 2n = 28. WR 105 (= *R. pratincola* Greene; *R. arkansana suffulta* Cockerell; *R. arkansanoides* Schneid.). Östliche und mittlere USA. 1880. D (Abb. 134).

R. blanda Ait. Eschen-Rose. Mit *R. pendulina* nahe verwandt; Strauch, bis 2 m hoch, Zweige schlank, braun, fast unbewehrt, nur in der Jugend mit verstreuten, geraden, später abfallenden Stacheln; Blättchen 5—7, elliptisch bis obovat länglich, matt graugrün, unten heller und fein be-

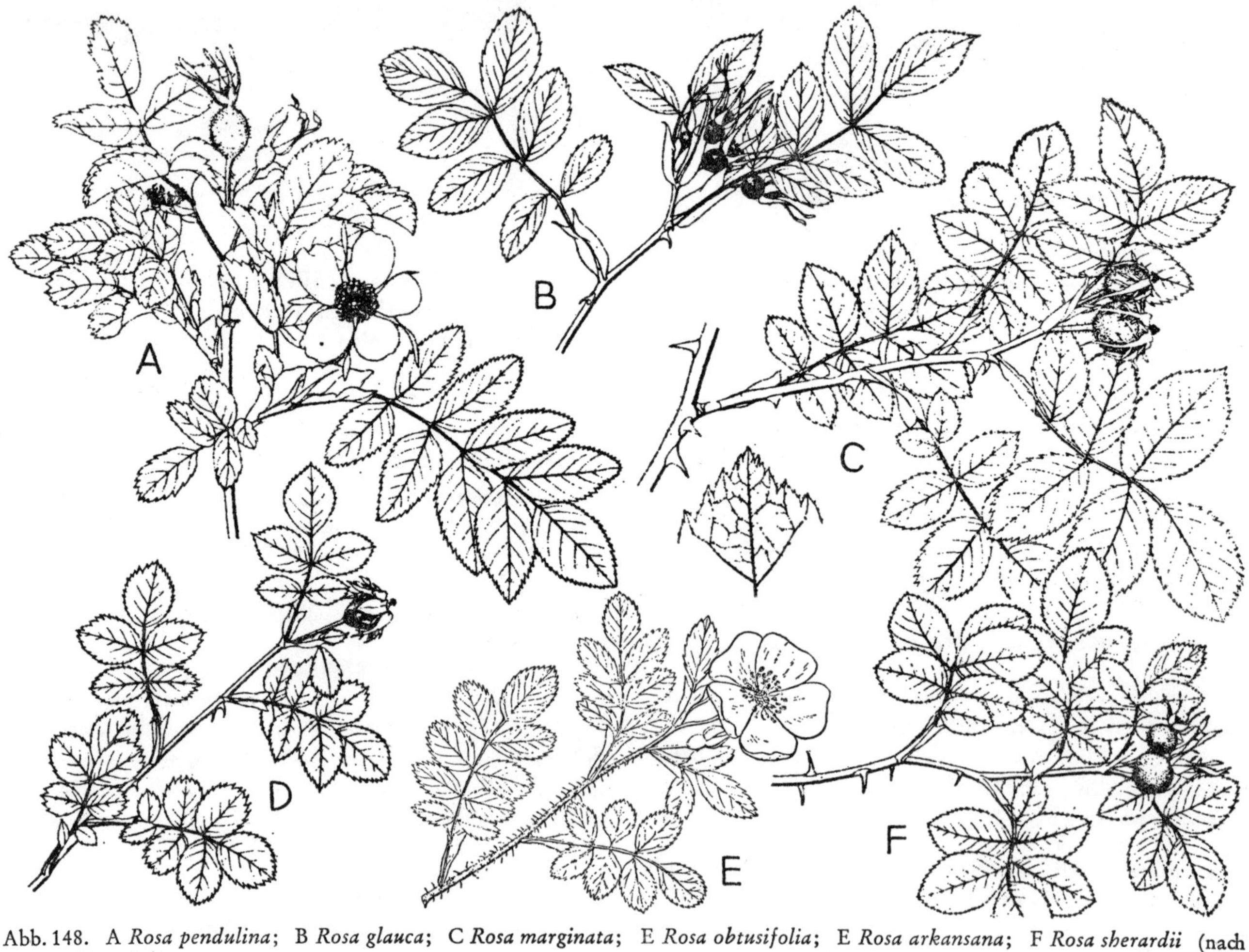

Abb. 148. A *Rosa pendulina*; B *Rosa glauca*; C *Rosa marginata*; E *Rosa obtusifolia*; E *Rosa arkansana*; F *Rosa sherardii* (nach Hess und Landolt)

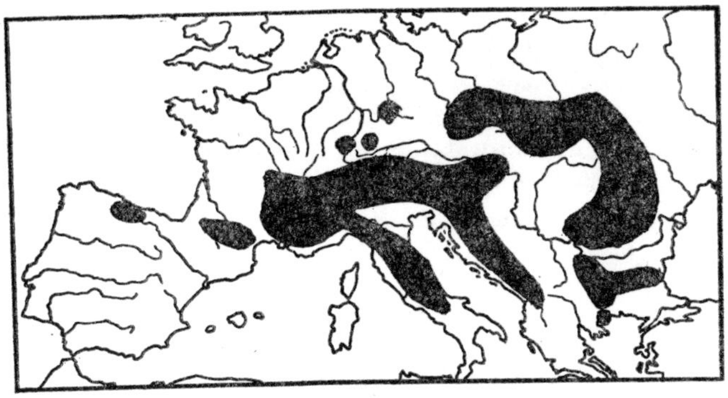

Abb. 149. Areal von *Rosa pendulina* (nach Browicz 1972)

haart, grob und einfach gesägt; Blüten zu 1—3, rosa, 5 bis 6 cm breit, Mai—Juni, Stiel und Blütenachse kahl, ebenso der Kelch; Früchte kugelig, 1 cm dick, rot, mitunter ellipsoid. 2n = 14 (21, 28). WR 104; BB 1966; GSP 234 (= *R. fraxinifolia* Lindl.; *R. solandri* Tratt.). Östliches N-Amerika; feuchte und steinige Plätze. Veränderlich. 1773. DMW (Abb. 155).

R. × aschersoniana Graebn. (= *R. blanda × chinensis*). Strauch, 1,5 m hoch, kräftig aufrecht wachsend, Stämme mit hakenförmigen Stacheln; Blätter hellgrün; Blüten klein, doch sehr zahlreich, hellpurpurn, Kelchblätter nach der Blüte abstehend oder zurückgeschlagen, Griffel frei, sehr unregelmäßig; Ende Mai bis Ende Juni; steril. 2n = 14. Gfl. 1504. Um 1880 von Zabel in Hann. Münden erzielt.

R. pendulina L. Alpen-Rose. Strauch, 1—1,5 m hoch, Triebe meist rötlich oder auch grün, oft ganz ohne Stacheln (!); Blättchen 7—9, eilänglich, 2—6 cm lang, doppelt drüsig gesägt, beiderseits behaart oder auch kahl; Blüten zu 1—5, doch meist einzeln, rosa bis purpurn, bis 4 cm breit, Mai bis Juni; Sepalen bleibend, aufrecht; Früchte hängend, eiförmig bis flaschenförmig, hellrot. 2n = 28. KHL 162; WR 99; HM 1233; HF 2625; KSR 2—3 (= *R. alpina* L.). Berge in S- und Mitteleuropa. 1789. DMWZ (Abb. 148).

„Plena" → 'Morletii'.

f. **pyrenaica** (Gouan) Keller. Wuchs niedriger, Trieb bläulichgrün, nur wenig gerötet; Blättchen meist eiförmig, Nerven unten drüsig, ebenso der doppelt gesägte Rand; Stiele und Blütenachse stets drüsig-borstig. 2n = 28. BM 6724 (als *R. alpina*). Pyrenäen. 1815.

R. × spinulifolia Dematra (= *R. pendulina × R. tomentosa*). Strauch, 1—3 m hoch, Stämme kräftig, verzweigt, Stacheln ungleich, teils nadelförmig, hauptsächlich im unteren Teil der Triebe, an den Blütentrieben oft fehlend; Blättchen 5—7, mittelgroß, oben kahl, unten behaart; Blüten rosarot, groß; Früchte flaschenförmig, groß, weichstachelig, mit nur 1—2 Nüßchen. 2n = 28? KSR 38 (= *R. glabrata* Déségl.). Schweiz, Elsaß, Ungarn. D

R. oxyodon Boiss. Steht *R. pendulina* nahe, aber bis etwa 2 m hoch oder noch höher, Zweige rötlich, spärlich stachelig; Blättchen in der Regel 9, elliptisch, 2,5—5 cm lang, unten Nerven behaart, doppelt gesägt und oft drüsig, Nebenblätter groß, Mittelrippe gerötet, Saum rot drüsig; Blüten zu 3—7 in Doldenrispen, Juni, dunkelrosa, 5—6 cm breit, schwach duftend, Stiele drüsig-borstig (!); Früchte eiförmig bis flaschenförmig, rot, glatt, nur nickend (nicht hängend). 2n = 28 (= *R. pendulina* var. *oxyodon* [Boiss.] Rehd.). O-Kaukasus. 1904. DW

Abb. 150. *Rosa majalis* (= *R. cinnamomea* L.)

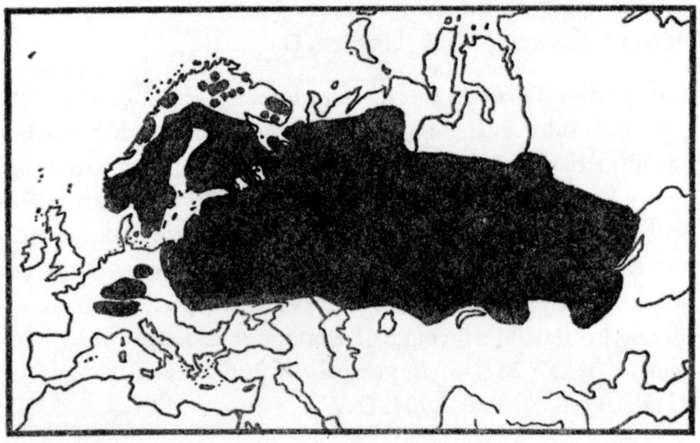

Abb. 151. Areal von *Rosa majalis* (nach Meusel 1965)

f. **haematodes** (Crép.) Krüssm. Bis 3 m hoch, Blätter mehr blaugrün, Stiele lebhaft rot; Blüten ähnlich wie beim Typ, aber in kleineren Doldenrispen; Früchte größer, flaschenförmig, hängend, scharlachrot. KHL 2: 153 (= *R. pendulina* f. *haematodes* [Crép.] Krüssm.). Kaukasus. 1863. Wirtschaftlich sehr wertvoll! M

R. × **lheritieranea** Thory (= *R. chinensis* × ?). Bis 4 m hoch kletternd, Stämme nur schwach stachelig oder ganz ohne Stacheln, sonnenseitig gerötet, sonst grün, Stacheln hell, weich; Blättchen 3—7, eilänglich, einfach gesägt, kahl; Blüten mehr oder weniger gefüllt, flach schalenförmig, lebhaft rot mit weißer Mitte, zu vielen in Doldenrispen längs der Triebe, Juni, ohne Duft, Knospen vor dem Aufblühen zurückgebogen; Früchte kugelig, glatt. 2n = 14 (und 21?). WR 102 (= *R. reclinata* Thory; *R. boursaultiana* Desp.). Vor 1820 entstanden. Wie G. S. Thomas angibt, ist die übliche Annahme, daß die Boursault-Rosen aus einer Kreuzung von *R. chinensis* × *R. pendulina* stammen, nicht mehr zu vertreten, da die Ergebnisse von Chromosomenauszählungen dies unwahrscheinlich machen.

Von den wenigen hierzu gehörenden Züchtungen seien genannt → 'Amadis', 'Morletii', 'Mme Sancy de Parabère'.

R. majalis Herrm. Mai-Rose, Zimt-Rose. Strauch mit unterirdischen Ausläufern, aufrecht, bis 1,5 m hoch, Zweige dünn, braunrot, oft unbewehrt; Stacheln kurz und hakig, am Blattstielgrund je 2 starke Stacheln; Blättchen 5—7, elliptisch länglich, oben stumpfgrün und behaart, unten dichter grau behaart, einfach gesägt; Blüten zu 1—3, oft nur einzeln, bis 5 cm breit, karminrot, Petalen etwas ausgerandet, Mai—Juni; Kelchblätter ganzrandig, schmal, zuletzt aufrecht und zusammenschließend; Früchte flach kugelig, 1 cm dick, dunkelrot, kahl und glatt. 2n = 14, 28. WR 45; HM t. 155; 1233; KHL 2: t. 157; KSR 1 (= *R. cinnamomea* sensu L. [1759] non L. [1753], nom. ambig.). N- und Mitteleuropa bis UdSSR, ausgenommen der SW. Seit vor 1600 in Kultur. DW (Abb. 148, 150).

Die alte Bezeichnung „*R. cinnamomea*" darf nicht weiter benutzt werden, da sie ursprünglich ein Synonym für *R. pendulina* ist und deshalb nach den Nomenklaturregeln aufgegeben werden muß.

'Foecundissima'. Blüten rosa, gefüllt. WR 45; BC 3456 (= *R. cinnamomea* f. *plena* West.; *R. foecundissima* Muenchh.). 1596. MW

R. davurica Pall. Strauch, nahe verwandt mit *R. majalis*, etwa 1 m hoch, Triebe fast glatt, Stacheln groß, paarweise unter der Blattstielbasis, etwas hakig, sonst jedoch gerade und schlank; Blättchen 7, länglich lanzettlich, 3 cm lang, spitz, unter drüsig und behaart, doppelt gesägt, Stiele behaart, Nebenblätter schmal; Blüten rosa, zu 1—3, Juni—Juli; Sepalen länger als die Petalen (!), an der Spitze blattartig, bleibend, Saum behaart; Früchte eiförmig, 12 mm lang, glatt. 2n = 14. NK 7: 9; KHL 2: t. 157 (= *R. willdenowii* Spreng.). N-China; NO-Asien. 1910. DW

R. laxa Retz. Steht *R. majalis* nahe, Wuchs meist etwas niedriger, Stämme mit grüner Rinde, oft auch etwas rötlich, Stacheln hakenförmig oder auch gerade, an der Basis verbreitert; Blättchen 5—9, kahl oder unten behaart, bis 4 cm lang; Blüten weiß, einfach, einzeln oder zu mehreren, Juli, Sepalen ganzrandig, bleibend, Stiele drüsig; Früchte eiförmig, rot, 1,5 cm lang, Sepalen aufrecht. 2n = 28. WR 53; KHL 2: t. 159 (= *R. soongarica* Bge.; *R. gebleriana* Schrenk.). Turkestan. 1800. — Nicht zu verwechseln mit der Unterlagenrose „Rosa laxa" (diese vgl. unter *R. coriifolia* var. *froebelii*).

R. amblyotis C. A. Mey. Steht *R. majalis* nahe, aber Triebe mit schlanken, geraden, aufwärts gerichteten Stacheln; Blättchen zu 7, selten bis 9, elliptisch-länglich bis mehr eilänglich, 3—5 cm lang, spitz, scharf gesägt, unterseits wenigstens auf der Mittelrippe weich behaart; Blüten rot, 5 cm breit, Sepalen schwanzförmig ausgezogen; Blütenstiel dünn, 2 cm lang, kahl; Frucht flachkugelig bis mehr birnförmig, 12 mm dick. 2n = 14. Kamtschatka. 1917.

R. marrettii Lév. Aufrechter Strauch, 1,5—2 m hoch, Zweige rötlich, mit wenigen, schlanken, aufwärtsgekrümmten Stacheln, meist gepaart; Blättchen 7—9, länglich, 2—3 cm lang, ziemlich kahl, einfach gesägt; Blüten zu wenigen, rosa, 4—5 cm breit, Juni, Sepalen an der Spitze verbreitert, unten behaart, länger als die Petalen, bleibend, Stiele kahl; Früchte ziemlich kugelig, 12 mm dick, rot. 2n = 14. WR 162; MJ 3526 (= *R. rubro-stipulata* Nakai). Sachalin. 1908.

R. pisocarpa A. Gray. Strauch, bis 2 m hoch, Zweige dünn, zierlich überhängend, spärlich stachelig, an der Basis sehr borstig, Stacheln sehr klein; Blättchen 5—7, elliptisch länglich, 1—4 cm lang, grob gesägt, unten fein behaart; Blüten bis 3 cm breit, lilarosa, in Doldenrispen mit blattartigen Tragblättern, Juni—August; Sepalen unten borstig-drüsig; Früchte kugelig, orange, 8 mm dick, gelegentlich auch mit kurzem Hals. 2n = 14, 21. WR 73; MS 197; KHL 2: t. 157; GSR 36. Westliches N-Amerika. 1882. D (Abb. 152).

R. woodsii Lindl. Strauch, aufrecht, 1,5—2 m hoch, Stämme rötlich, später grau, Stacheln zahlreich, dünn, gerade oder etwas gebogen, an den Blütentrieben nur zu wenigen; Blättchen 5—7, obovat bis mehr länglich, 1—3 cm lang, scharf und einfach gesägt, unten fein behaart und bläulich; Nebenblätter schmal, ganzrandig bis leicht gesägt und ohne Drüsen; Blüten rosa, zu 1—3, Juni—Juli, 3,5—4 cm breit, Stiel und Kelch glatt; Früchte kugelig, etwa 1 cm dick, meist mit deutlichem Hals. 2n = 14. WR 77; KHL 2: t. 157 (= *R. deserta* Lunell; *R. sandbergii* Greene; *R. maximiliani* Nees). Mittleres und westliches N-Amerika. 1880. Sehr variable Art, daher früher von den Botanikern in viele Arten aufgespalten. D (Abb. 152).

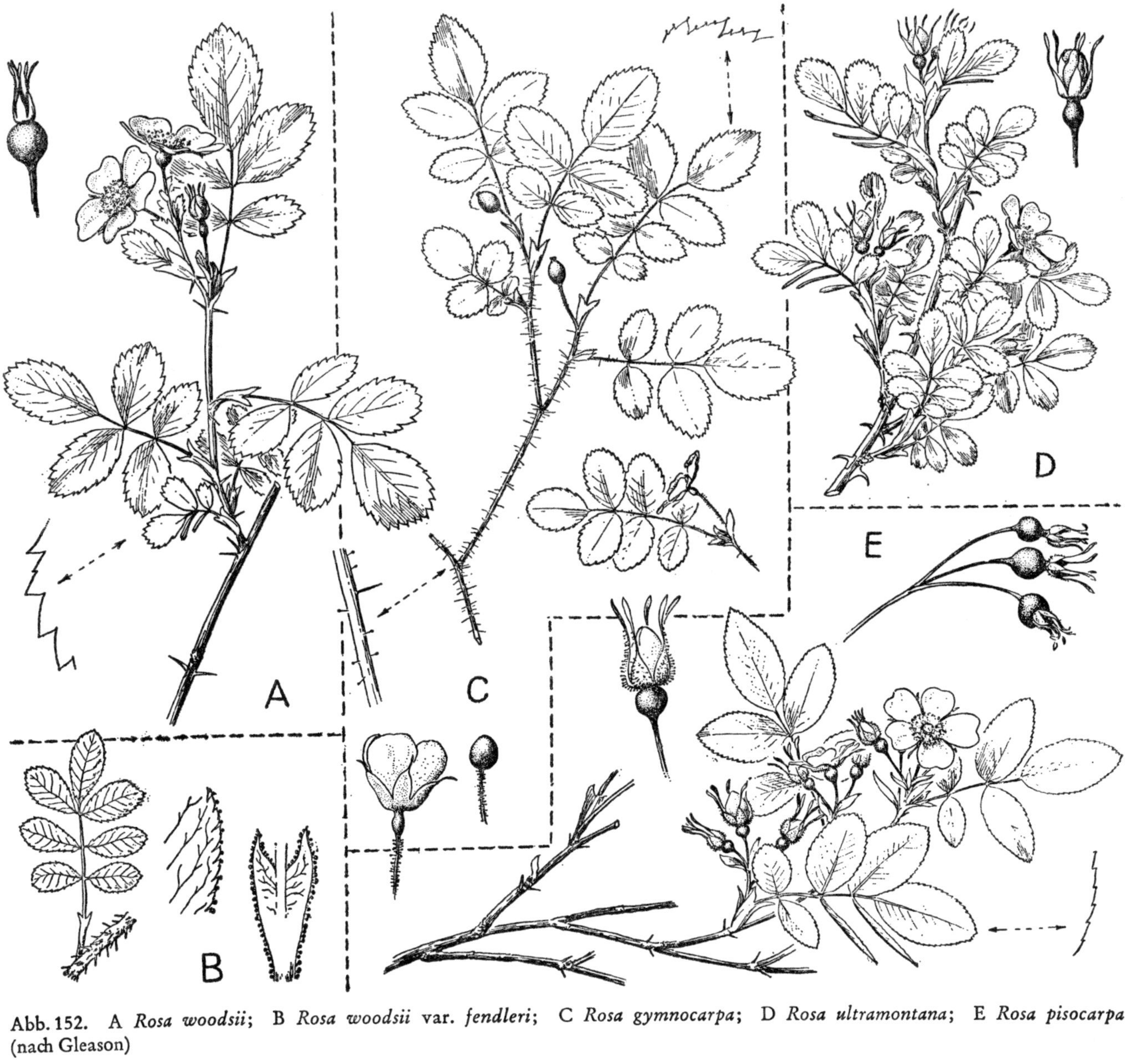

Abb. 152. A *Rosa woodsii*; B *Rosa woodsii* var. *fendleri*; C *Rosa gymnocarpa*; D *Rosa ultramontana*; E *Rosa pisocarpa* (nach Gleason)

var. **fendleri** (Crép.) Rehd. Strauch, niedriger, Stacheln schlank, gerade, Nebenblätter und Stiele drüsig, Blättchen meist doppelt gesägt; Blüten und Früchte etwas kleiner. BB 1969; GSR 61 (= *R. fendleri* Crép.; *R. poetica* Lunell). Westliches N-Amerika. 1888. DW (Abb. 152).

R. pyrifera Rydb. Steht *R. woodsii* sehr nahe und wird von manchen Autoren in diese Art miteinbezogen; abweichend durch birnförmige Früchte. — Strauch, etwa 1 m hoch oder höher, Stacheln gerade, schlank, 4—8 mm lang; Blättchen meist 7, elliptisch, 2—4 cm lang, grob gesägt, tiefgrün, oben kahl, unten fein behaart und drüsig wie die Nebenblätter, Stiele und Spindel fein behaart, oft auch drüsig; Blüten weiß, 4—5 cm breit, in Doldenrispen, Juni—Juli, Petalen obkordat; Früchte ellipsoid bis birnförmig, 1 cm dick und 2 cm lang, mit deutlichem Hals an der Spitze, Sepalen drüsig. 2n = 14, 16. USA; Rocky Mountains. Vor 1937.

R. macounii Greene. Steht *R. woodsii* nahe, aber Stämme mit geraden Stacheln, in der Jugend auch borstig; Blättchen obovat, unten bläulich und fein behaart; Blüten klein, hellrosa; Früchte flach kugelig. 2n = 14, 21. RMi 204; BR 976 (als *R. woodsii*) (= *R. grosseserrata* E. Nelson; *R. subnuda* Lunell). Westliches N-Amerika. Vor 1826.

R. ultramontana (S. Wats.) Heller. Strauch, 0,6—1,5 m hoch, Zweige mit dünnen, meist geraden Stacheln oder fast unbewehrt; Blättchen 5—7, elliptisch, oben kahl, unten etwas behaart und mitunter auch drüsig; Blüten meist zu mehreren in Büscheln zu 3—10 beisammen, rosa, 5 cm breit; Petalen verkehrt herzförmig, Juni—Juli, Sepalen lanzettlich, nicht drüsig; Früchte kugelig, klein, kahl. 2n = 14. MS 198 (= *R. californica* var. *ultramontana* Wats.). N-Amerika; Britisch Columbia bis Kalifornien und Nevada. 1888 (Abb. 152).

R. californica Cham. & Schlechtd. Strauch, bis 3 m hoch, Stämme mit flachen, gekrümmten Stacheln, junge Triebe mitunter borstig; Blütentriebe meist stachelig; Blättchen 5 bis 7, breit elliptisch, 1—3 cm lang, einfach gesägt (nicht drüsig), oben stumpfgrün und angedrückt behaart, unten zottig; Blüten in Doldentrauben mit Hochblättern, dunkelrosa, 4 cm breit, Juni—August, Sepalen außen zottig, Stiele ebenso oder kahl; Früchte klein, kugelig, mit deutlichem Hals, 1—1,5 cm dick. 2n = 14, 28. MS 196; KHL 2: t. 157. Kalifornien. 1571. D

'Ardens' (Späth). Blüten intensiv karminrot, 6—7 cm breit, Antheren goldgelb, Juni. Vor 1930 bei Späth, Berlin, aus Saat entstanden.

'Nana'. Wuchs zwergig; Blüten rosa, einfach. 1914.

'Plena'. Wuchs sehr zierlich, bis 2 m hoch, Triebe übergebogen; Blüten locker gefüllt, warmrosa bis hellkarmin, duftend, Juni bis Juli. GSR 4 (= 'Theano' Geschwind 1894). DW

R. nutkana Pall. Strauch, bis 1,5 m hoch, aufrecht, Triebe dünn, dunkelbraun, straff aufrecht, Stacheln breit und gerade, junge Triebe meist borstig; Blättchen 5—9, breit elliptisch, 2—5 cm lang, oben dunkelgrün und kahl, unten etwas drüsig behaart, doppelt drüsig gesägt; Blüten meist einzeln, lilarosa, Juni—Juli, 5—6 cm breit, Stiel meist etwas drüsig-borstig, Kelch glatt; Früchte kugelig, glatt, rot, bis 2 cm dick. 2n = 42. WR 75; MS 190; KHL 2: t. 154. Westliches N-Amerika, im Küstengebiet von Alaska bis N-Kalifornien. D (Abb. 147).

var. **hispida** Fern. Früchte drüsig-borstig; Blätter gröber gesägt (= *R. macdougalii* Holzinger). Britisch Columbia bis Utah.

R. nutkana wurde nur wenig zu Kreuzungen benutzt. Bekannt ist **'Cantab'** (Hurst 1927) (= *R. nutkana* × 'Red-Letter Day'). Strauch, 1,5—2 m hoch, Belaubung tiefgrün; Blüten einfach, bis 8 cm breit, schalenförmig, tiefrosa mit weißer Mitte, Staubblätter gelb; einmal blühend.

R. corymbulosa Rolfe. Strauch, bis 2 m, Stämme aufrecht oder auch niederliegend, mit nur wenigen dünnen, geraden Stacheln bis unbewehrt; Blättchen 3—5, eilänglich, 2—4 cm lang, spitz, fein, doppelt gesägt, oben stumpfgrün und zuerst etwas behaart, unten bläulich und behaart; Nebenblätter drüsig bewimpert; Blüten schön rot mit weißem Auge, 20—25 mm breit, zu vielen in doldenartigen Ständen, Juni bis Juli; Stiel und Kelchbecher drüsig-borstig; Früchte scharlachrot, eirund, 1—1,3 cm lang; Herbstlaub purpur. 2n = 14. BM 8566. W-China. 1908. Sehr schöne, kleinblumige, doch sehr reichblühende Art.

R. davidii Crép. Strauch, bis 3 m hoch, Stämme mit dicken, geraden, 4—6 mm langen, verstreuten Stacheln, Basis stark verbreitert; Blättchen 7—9(—11), elliptisch länglich, 2 bis 4 cm lang, einfach gesägt, oben kahl, unten bläulich und behaart; Blüten in Doldenrispen, rosa, 4—5 cm breit, Juni bis Juli; Stiele und Kelch drüsig-borstig; Griffel 3 mm vorragend; Früchte ovoid, bis 2 cm lang, scharlachrot, mit langem Hals. 2n = 28. NF 6: 130; BM 8679. W-China. 1908. D

var. **elongata** Rehd. & Wils. Blättchen 5—7 cm lang, Blüten weniger zahlreich, Früchte bis 2,5 cm lang. Gs. 16: 1 (= *R. macrophylla* var. *robusta* Focke). 1908. DW

R. caudata Baker. Bis 4 m hoher Strauch, Stämme mit verstreuten, dicken, geraden, 8 mm langen, an der Basis stark verbreiterten Stacheln; Blättchen 7—9, eielliptisch, 2,5 bis 5 cm lang, einfach gesägt, unten kahl und bläulich, Nebenblätter breit, drüsig gewimpert; Blüten zu wenigen in Doldenrispen, Juni, 3,5—5 cm breit, rot, Stiele und Kelch drüsig-borstig, seltener fast glatt, Sepalen ganzrandig, lang geschwänzt (!), Spitze blattartig; Früchte länglich eiförmig,

2,5 cm lang, mit langem Hals, orangerot, Sepalen aufrecht. 2n = 14, 28. WR 163. W-China. Um 1896. D

R. banksiopsis Baker. Ähnlich *R. caudata,* aber weniger stachelig, Stämme in der oberen Hälfte oft unbewehrt; Blättchen 7—9, länglich, unten meist behaart, einfach gesägt; Blüten rosa, 2,5 cm breit, Juni—Juli, in schirmartigen Doldenrispen, Sepalen länger als die Petalen, an der Spitze blattartig, unten kahl, bleibend, Stiele glatt; Früchte rot, flaschenförmig. 2n = 14. WR 505. W-China. 1907. Nur sehr wenig verschieden von *R. caudata.* D

R. macrophylla Lindl. Strauch, 3—4 m hoch, Triebe dunkelrot, mit nur wenigen, hellbraunen, starken, geraden Stacheln; Blätter bis 20 cm lang, Blättchen 9—11, eiförmig elliptisch, bis 4 cm lang, spitz, unten behaart; Blüten zu 1—3, hellrot, bis 5 cm breit, Stiel und Kelch drüsig-borstig oder glatt, Sepalen fast so lang wie die Petalen, meist drüsig-borstig, bleibend; Früchte flaschenförmig, hochrot, bis 3 cm lang, borstig. 2n = 14, 28. WR 50; KHL 2: t. 157. Himalaja. 1818. DU

'Glaucescens' (Forrest Nr. 14958). Triebe bläulich bereift, Blätter beiderseits blaugrün, schmaler als bei 'Rubricaulis'; Blüten purpurrosa. Von Hillier verbreitet. D

'Rubricaulis' (Forrest Nr. 15309). Stämme deutlich rot, bläulichweiß bereift; Blattstiele, Blütenstiele, Tragblätter und Hauptnerven deutlich rot. Nicht so winterhart wie der Typ! Durch Hillier verbreitet. D

R. coryana Hurst (= *R. macrophylla* × *R. roxburghii*). Strauch, bis 2,5 m hoch, starkwüchsig, dicht buschig; Triebe nur wenig bestachelt, an *R. macrophylla* erinnernd; Blätter sehr ähnlich *R. roxburghii*; Blüten dunkelrosa, einfach, 6 bis 7 cm breit, Juni; Früchte (bisher nicht gesehen). 2n = 14. GSR 154 (= *R. macrophylla* 'Coryana'). 1926 im Botanischen Garten Cambridge entstanden. Neuerdings von S. McGredy zu Kreuzungen verwendet, aber in Katalogen meist fälschlich „*R. koreana*" geschrieben! → 'Maxi'.

R. setipoda Hemsl & Wils. Aufrechter, dichtstämmiger Strauch, 3 m (in Kultur bis 5 m) hoch, Stacheln nur wenige, gerade, groß, an der Basis verbreitert, bis 8 mm lang; Blättchen 7—9, elliptisch, unterseits kahl oder drüsig behaart, Rand meist einfach und tief gesägt, Nebenblätter groß, dicht drüsig gewimpert, Spindel drüsig und etwas stachelig; Blüten rosa, bis 5 cm breit, Juni, zu 12 oder mehr in Rispen; Sepalen lang geschwänzt mit blattartigen, gesägten Spitzen, Petalen außen etwas behaart; Kelch drüsig, Stiel drüsig-borstig; Früchte flaschenförmig, rot, 2,5 cm lang, in Kultur 6—7 cm lang! (vielleicht bereits bastardiert mit *R. moyesii?*). 2n = 28, 42. WR 55; GSR 51 (= *R. macrophylla* var. *crasseaculeata* Vilm.). Mittelchina. 1895. DMUW

R. persetosa Rolfe. Ähnlich *R. setipoda,* aber Stämme dicht borstig, auch die Blütentriebe, 1,5 m hoch; Blättchen zu 5 bis 9, etwa 2—5 cm lang, einfach gesägt, unterseits weich behaart, ebenso die Spindel; Blüten 2—3 cm breit, tiefrosa, in großen Rispen beisammen, Juni; Blütenstiele und Kelchbecher kahl; Sepalen ganzrandig. 2n = 14. JRHS 27: 487 (= *R. macrophylla* var. *acicularis* Vilm.). W-China. 1895. — Nicht zu verwechseln mit *R. elegantula* var. *persetosa*!

R. hemsleyana Täckholm. Strauch, bis 2 m hoch, Stämme nur wenig stachelig, Stacheln kurz, gerade, mit breiter Basis; Blättchen 7—9, elliptisch, 2—5 cm lang, doppelt drüsig gesägt, unten kahl oder Nerven behaart; Nebenblätter breit, drüsig gewimpert, Spindel drüsig; Blüten zu 3—11, rosa, Juni, 3—5 cm breit, Stiele 1—3 cm lang, dicht drüsig-borstig; Sepalen geschwänzt, mit breiter, gesägter Spitze; Früchte eilänglich, mit langem Hals, 2,5 cm lang. 2n = 42. BM 8569 (als *R. setipoda*!). Mittelchina. 1904. D

R. sweginzowii Koehne. Strauch, bis 5 m hoch, Stämme mit großen, platten, 3eckigen Stacheln dicht bewehrt, Stacheln unterschiedlich groß; Blättchen 7—11, elliptisch bis eilänglich, 2—5 cm lang, doppelt gesägt, oben frischgrün und kahl, unten behaart, auf den Nerven dichter; Spindel stachelig; Blüten hellrosa, 4 cm breit, zu 1—3 beisammen, Juni; Stiel und Kelch drüsig-borstig, Sepalen nur wenig gelappt und gesägt; Früchte flaschenförmig, hellrot bis hochrot. 2n = 42. MD 1910: 96; GSR 58, 59. NW-China. 1909 (Abb. 142).

'Macrocarpa' (Vogel, Sangerhausen). Selektion mit größeren, bis 5 cm langen und 2 cm dicken Früchten. Sonst wie die Art. DMUWZ

R. wardii Mulligan („Weiße Moyesii"). Strauch, aufrecht wachsend, etwa 1,5 m hoch oder höher, Spitzen der Stämme überhängend, junge Stämme bläulichgrün angehaucht; Blätter hellgrün, Blättchen 7—11, eiförmig-elliptisch; Blüten schalenförmig, zu 1—3 beisammen, weiß, Mitte dunkelbraun, in der Form wie bei *R. moyesii*; Früchte klein, wenig zahlreich (= *R. setipoda* var. *inermis* Marquand & Shaw). SO-Tibet. — Der Typ ist nicht in Kultur, sondern nur eine als **„culta"** (Mulligan) bezeichnete Form mit kleineren, etwa 3—3,5 cm breiten Blüten; Blütenstiele oft drüsig. Erzogen aus Saat, die von Kingdon Ward gesammelt wurde (K.W. 6101). 2n = 42. 1924. — Die Pflanze erinnert sehr an *R. sweginzowii,* hat jedoch weiße Blüten und ist fast unbewehrt. D

R. murielae Rehd. & Wils. Strauch, aufrecht oder breit wachsend, 1,5—3 m hoch, Stämme schlank, rötlich mit wenigen dünnen, geraden Stacheln oder unbewehrt; Blättchen zu 9—15, elliptisch-länglich, 2 cm lang, drüsig gezähnt, unten Mittelrippe behaart, Stiel wollig und borstig, Nebenblätter kahl; Blüten in kleinen Doldenrispen, 2—2,5 cm breit, weiß, Juni—Juli; Sepalen 15 mm lang, lang zugespitzt, an der Spitze blattartig, bleibend, auf der Rückseite dicht behaart oder kahl, Petalen kreisrund; Blütenstiele sehr schlank, 2,5 cm lang, oft drüsig; Früchte flaschenförmig, 15 mm lang, orangerot. 2n = 28. W-China. 1904. Selten in den Gärten zu sehen.

R. moyesii Hemsl. & Wils. Strauch, bis 3 m hoch, Stämme braunrot, Stacheln gelblich, paarweise stehend, gerade; Blättchen 7—13, eiförmig elliptisch, 1—4 cm lang, fein gesägt, außer der behaarten Mittelrippe ganz kahl; Blüten zu mehreren, 5—6 cm breit, dunkel weinrot, Juni, Petalen obkordat, Staubblätter goldgelb; Stiele drüsig-borstig, Kelch oft ebenso oder glatt, Sepalen eiförmig, lang geschwänzt; Früchte flaschenförmig, 5—6 cm lang, mit deutlichem Hals, dunkel orangerot, Sepalen aufrecht. 2n = 42. WR 74; BM 8338; GSR 30. W-China, Setschuan. Gefunden 1890, eingeführt 1894 und 1903. (7,2) DMUW (Abb. 153). — Hierzu folgende Formen:

'Fargesii'. Ist nur eine tetraploide Form mit kürzeren, stumpferen Blättchen; die meisten *moyesii*-Hybriden haben diese Form als einen Elter! Nicht zu verwechseln mit der überhaupt nicht in Kultur befindlichen *R. fargesii* Bouleng., die nahe verwandt ist mit *R. moschata.* 2n = 28. DU

Hybriden von *R. moyesii:* → 'Eddie's Crimson', 'Eddie's Jewel', 'Eos', 'Fred Streeter', 'Geranium', 'Heart of Gold', 'Langley Gem', 'Nevada', 'Sealing Wax', 'Superba'.

R. holodonta Stapf. Sehr ähnlich *R. moyesii,* aber Blättchen bis 5 cm lang, 2,5 cm breit, unten locker behaart, vor allem auf den Nerven; Blüten rosa (!), 5 cm breit, einzeln oder in Doldenrispen zu 2—6; Früchte flaschenförmig, borstig oder glatt, rot bis scharlach, bis 6 cm lang. 2n = 28. BM 9248; GSR 25 (= *R. moyesii* f. *rosea* Rehd. & Wils.). W-China. 1908. D

R. × wintoniensis Hillier (*R. moyesii × R. setipoda*). In der Erscheinung sehr ähnlich *R. holodonta,* etwa 2 m hoch, Zweige überhängend, Blätter mit dem Duft von *R. rubiginosa;* Blüten karminrot mit weißer Mitte, samtig, zu 7—10 in Doldenrispen, Juni; Früchte groß, flaschenförmig. 2n = 42. 1928 erzielt von Hillier, Winchester, England. D

R. × highdownensis Hillier (= *R. moyesii* × ?). Hochwachsender Strauch, ähnlich *R. moyesii,* aber Blüten karminrot mit weißer Mitte, an überhängenden Zweigen; Früchte groß, flaschenförmig. 2n = 42. GSR 23, 24. 1925 erzielt von Sir Fred. Stern, Highdown, England. D

R. bella Rehd. & Wils. Steht *R. moyesii* sehr nahe, doch Stämme borstig, Blättchen kleiner, Blüten rosa; Strauch, bis 2,5 m hoch, Stacheln wenig zahlreich, gerade; Blättchen 7 bis 9, elliptisch, bläulich, kahl, unten Mittelrippe drüsig, einfach gesägt; Blüten zu 1—3, rosa, duftend, 4—5 cm breit, Juni, Petalen obkordat, Stiele und Früchte drüsig; Früchte ellipsoid bis eiförmig, so lang wie der Stiel, orangescharlach, zur Spitze allmählich verjüngt. 2n = 28. CIS t. 79. N-China. 1910. D

R. webbiana Royle. Strauch, 1,5—2 m hoch, Triebe dünn, mit wenigen, geraden Stacheln, diese hell, gepaart; Blättchen 5—9, rundlich bis breit elliptisch, 1,5—2 cm lang, unten kahl oder etwas behaart, einfach gesägt, zur Basis ganzrandig, stumpf, Stiel oft stachelig-drüsig behaart, Nebenblätter drüsig gewimpert; Blüten zu 1—3, hellrosa, 4 bis 5 cm breit, Juni; Sepalen drüsig, unten oft behaart, an der Spitze meist verbreitert, kürzer als die Petalen, bleibend; Früchte länglich flaschenförmig, bis 2,5 cm lang, hochrot. 2n = 14. WR 76; KHL 2: t. 159 (= *R. unguicularis* Bertol.; *R. guilelmi-waldemarii* Klotzsch). W-Himalaja; Afghanistan, Turkestan. 1879. D

R. fedtschenkoana Regel. Strauch, 1—1,5 m hoch, Triebe aufrecht, borstig, Stacheln gepaart und meist gerade; Blätt-

Abb. 153. a *Rosa moyesii;* b *R. willmottiae* (nach Bot. Mag.)

chen 5—7, elliptisch, 2,5 cm lang, spitz, fein gesägt, beiderseits bläulich (!), Stiel etwas borstig; Blüten meist weiß, zu 1—4 an den Triebenden, Juni—Juli, 5 cm breit, unangenehm riechend, Sepalen unten drüsig, bleibend, Spitzen fadenförmig (!), Kelch und Stiele drüsig; Früchte birnförmig, rot, 1,5 cm lang. 2n = 28. BM 7770; WR 49; GSR 15; TRT 37. Turkestan, Mittelasien. 1875 von Olga Fedtschenko gefunden und anschließend durch den Botanischen Garten Petersburg verbreitet. D

R. sertata Rolfe. Ähnlich *R. webbiana,* aber Blüten größer, intensiver gefärbt, Wuchs höher und lockerer, Blättchen mehr gesägt; Strauch, 0,7—2 m hoch, Stämme rotbraun, bläulich bereift, gebogen, mit nur wenigen, geraden, meist gepaarten Stacheln; Blätter 6—10 cm lang, Blättchen 7—11, elliptisch, 1,5—2 cm lang, scharf gesägt, unten bläulich, kahl; Blüten bis zu 4 an kurzen Trieben, 3—5 cm breit, rosa, Juni; Sepalen zugespitzt, ganzrandig, bleibend (!); Kelch glatt oder borstig; Früchte eiförmig, 2 cm lang, dunkelrot. 2n = 14. BM 8473; D.RHS 1820 (= *R. macrophylla* f. *gracilis* Focke). W-China; Kansu, Yunnan. 1904.

R. pricei Hayata. Aufrechter Strauch, Zweige locker bestachelt, fast kahl bis etwas borstig; Blättchen meist 7, dünn lederartig, eilänglich, 1—2 cm lang, 6—8 mm breit, Endblättchen am größten, beide Enden spitz, fein gesägt, besonders nach der Spitze zu; Nebenblätter linealisch, angewachsen, Rand wimperförmig gesägt; Blüten zu wenigen in 2,5 cm langen Trugdolden, Petalen weiß, 8 mm lang, obovat, ausgerandet, Griffel zu einer lang vorragenden Säule verwachsen, dicht zottig behaart; Sepalen zurückgeschlagen, lanzettlich, beiderseits feinborstig; Frucht kugelig. Taiwan; im Gebirge bei 1500—2000 m.

R. giraldii Crép. Nahe verwandt mit *R. sertata*; 1—2 m hoch, Triebe mit dünnen, geraden, oft gepaarten Stacheln, mitunter auch unbewehrt; Blättchen 7(—9), rundlich bis eiförmig, 1,5—2,5 cm lang, beiderseits behaart, unten oft auch drüsig, gesägt; Blüten rosa, einzeln oder zu 3—5, Juni bis Juli, 2,5 cm breit, Stiele kurz, wie der Kelch drüsigborstig, Sepalen bleibend drüsig, Stiele sehr kurz, drüsig behaart; Früchte eiförmig, 1 cm lang, scharlach. 2n = 14. Mittel- und N-China. 1897. D

R. prattii Hemsl. Strauch, 1—2 m hoch, Stämme rötlich, kahl, unbewehrt oder mit einigen geraden, dünnen, hellgelben Stacheln; Blätter 5—7 cm lang, mit 11—15 eiförmig lanzettlichen, etwa 2 cm langen Blättchen, oft nur halb so lang, stumpf gesägt, unten Nerven behaart; Blüten zu 3—7 in Doldenrispen, Juni—Juli, rosa, 2,5 cm breit; Sepalen plötzlich zugespitzt, beiderseits behaart, zuletzt abfallend; Früchte eiförmig, scharlachrot, drüsig. 2n = 14. W-China. 1908. Ähnlich *R. davidii,* aber Blütenstand kleiner. DZ

R. × 'Prattigosa' (Kordes 1953) (= *R. prattii* × *R. rugosa*), Strauch, bis 4 m hoch und 5 m breit und buschig; Blätter hellgrün, lederig; Blüten sehr groß, einfach, rosa, etwas duftend, reichblühend, Knospen rot, lang zugespitzt; Früchte flach kugelig, ähnlich *R. rugosa,* aber kleiner und sehr zahlreich. DW

R. elegantula Rolfe. Zierlicher Strauch, 1—1,5 m hoch, doch bis 2 m breit, locker, Ausläufer treibend, junge Triebe dicht rotborstig, doch nur wenig stachelig; Blättchen 7—9, eielliptisch, 1,2—1,8 cm lang, beiderseits bläulich, im Herbst purpur bis karmin, einfach gesägt, Spindel etwas drüsig, Nebenblätter schmal, drüsig gerandet; Blüten rosa, 2,5 cm breit, einzeln oder zu mehreren, doch reich blühend, Juni; Sepalen fein behaart, bleibend; Früchte eiförmig, korallenrot, sehr reich fruchtend. 2n = 14. BM 8877; GC 94: 112 bis 113; 81: 70. W-China. 1900. D

Rehder und Shepherd stellen *R. farreri* Stapf als Synonym hierzu, während Modern Roses (7), Bean und auch Mulligan (in Dict. of Gardening 4; 1951) diese als eine eigene Art ansehen. Nach meiner Auffassung kann man Rehder folgen, da die Unterscheidungsmerkmale die Aufstellung einer nur so geringfügig abweichenden Pflanze überflüssig machen. Hingegen dürfte es richtig sein, folgende Pflanze als Form beizubehalten:

f. **persetosa** Stapf. Wuchs im allgemeinen etwas schwächer, Stämme stärker borstig bis zu den Triebspitzen, Stacheln etwas gerötet; Blätter etwas kleiner; Blüten etwas kleiner, lachsrosa bis weißlich. GSR 14 (= „Three-penny-bit-Rose"). Erzogen von Mr. Bowles aus Samen, die R. Farrer im Herbst 1915 in S-Kansu, China, sammelte. D

R. forrestiana Bouleng. Strauch, bis 1 m hoch, Stämme steif aufrecht, Stacheln gepaart, gerade oder nach oben gebogen, braun; Blättchen 5—7, eiförmig bis obovat, 1—2 cm lang, Spitze rund, unten kahl oder Mittelrippe behaart, einfach gesägt; Blüten einzeln oder zu mehreren, rosa, 2—3 cm breit, Juni—Juli, Sepalen klein, fadenförmig, bleibend, Tragblätter groß (!), eirundlich, drüsig; Griffel vorragend; Stiele 8—15 mm lang, drüsig-borstig. Bull. B.G. Brux. 14: 126; GSR 17. W-China. 1922. Ähnlich *R. multibracteata,* aber niedriger und weniger reich blühend. ΛΛ D

R. multibracteata Hemsl. & Wils. Strauch, 2,5(—4) m hoch, Zweige dünn, gebogen, Stacheln gepaart, gerade, schlank; Blättchen 7—9, breit eirund, 5—15 mm lang, doppelt gesägt, oben stumpfgrün, unten graugrün, meist kahl; Blüten hellrosa, 3 cm breit, einzeln oder zu mehreren, zu schmalen, endständigen, bis 30 cm langen, überhängenden Rispen vereint, mit gehäuften Tragblättern (!!), Juli; Früchte eiförmig, etwa 1,5 cm lang, drüsig-borstig wie der Stiel, orangerot, spät reifend. 2n = 28. WR 158 (als *R. reducta*); TRT 20 (= *R. reducta* Baker). W-China, Setschuan. 1910. DUWZ

R. willmottiae Hemsl. Strauch, bis 3 m hoch, Zweige lang überhängend, verzweigt, Jahrestriebe braunrot, stark bereift, mit geraden, gepaarten Stacheln; Blättchen 7—9, elliptisch bis kreisrund, 6—15 mm lang, dicht und meist doppelt gesägt, kahl; Blüten meist einzeln, karminrosa, in der Knospe intensiver gefärbt, Juni, 3 cm breit, etwas duftend, längs der ganzen Triebe blühend; Sepalen abfallend (!); Früchte eiförmig, 1,8 cm lang, orangerot. 2n = 14. WR 177; BM 8186; KHL 2: t. 151; GSR 60. W-China. 1904. DMZ (Abb. 153).

R. transmorrisonensis Hayata. Kleiner immergrüner Strauch, Zweige kahl, verstreut bestachelt, Stacheln 4 bis 5 mm lang; Blättchen 7, Endblättchen oft am größten, obovat bis eilänglich, 4—11 mm lang, 2—7,5 mm breit, spitz, gesägt, Nerven vertieft, Spindel bestachelt; Nebenblätter linealisch, angewachsen, Rand gefranst; Blüten einzeln an den Triebenden, Petalen obkordat, ausgerandet, Griffel fadenförmig, weit vorragend; Sepalen eiförmig, dicht zottig, 9 mm lang. Taiwan, im Hochgebirge, über 3000 m (Abb. 127).

R. × pruhoniciana Kriechbaum (= *R. moyesii* × *willmottiae*). Strauch, starkwüchsig, dicht verzweigt, sehr an *R. willmottiae* erinnernd, aber Blüten tief rotbraun (!); Früchte nach dem Laubfall noch lange haftend. 2n = 35. GSR 40 (= *R. hillieri* Hillier). Von F. Zeman 1924 in Pruhonitz erzielt. D

R. gymnocarpa Nutt. Strauch, 0,5—1,5 m hoch, Stämme kahl, mit dünnen, gepaarten Stacheln und borstig; Blättchen 5—9, kahl, ziemlich weit auseinanderstehend (!!), eielliptisch bis rund, scharf doppelt gesägt und drüsig; Blüten rosa, einzeln oder zu 2, bis 3 cm breit, Juni—Juli; Sepalen eiförmig, zugespitzt, abfallend, Stiele kahl bis drüsig-borstig; Früchte kugelig, 6—8 mm dick, mit vielen kleinen Samen. 2n = 14. MS 195; WR 71; KHL 2: t. 159. Westliches N-Amerika. 1893. — Eine der wenigen schattenverträglichen Wildrosen. D (Abb. 152).

R. beggeriana Schrenk. Sehr verzweigter, vielstämmiger, bis 2,5 m hoher Strauch, Stämme mit gepaarten, hakenförmigen und verstreuten Stacheln; Blättchen 5—9, eielliptisch bis obovat, 8—25 mm lang, einfach gesägt, unten meist behaart und blaugrün bis graugrün; Blüten zu mehreren bis vielen in Doldenrispen, Juni, weiß, 2—3 cm breit, Stiele drüsig bis glatt; Früchte fast kugelig, rot, später tiefpurpur, 6—8 mm dick, Sepalen abfallend. 2n = 14. WR 54; KHL 2: t. 159 (= *R. regelii* Reuter; *R. silverhjelmii* Schrenk.). N-Persien bis Altai und Dsungarei. 1868. DU

Läßt sich schlecht kreuzen; die beste Gartenform hierzu ist **'Polstjärnan'** (Wasastjärna 1932); sehr starkwüchsig, bis 5 m hoch, außerordentlich frosthart; Blüten sehr klein, weiß, einmalblühend, zu vielen in Büscheln. D

Ser. 6. Synstylae (DC.) Rehd.

Stämme kletternd oder kriechend, selten aufrecht, Stacheln hakenförmig gebogen, Nebenblätter meist hoch hinauf mit dem Stiel verwachsen, selten fadenförmig und frei und abfällig; Blüten in Doldenrispen; Sepalen nach der Blüte zurückgeschlagen, äußere Sepalen fiederspaltig oder alle ungeteilt, abfallend; Griffel fast stets zu einer den ebenen oder schwach kegelförmig erhabenen Diskus überragenden, schlanken Säule verwachsen:

R. multiflora, iwara, taiwanensis, rehderiana, setigera, anemoneflora, helenae, rubus, mulliganii, brunonii, moschata, longicuspis, sambucina, dupontii, sinowilsonii, cerasocarpa, maximowicziana, filipes, phoenicia, soulieana wichuraiana, jacksonii, kordesii, luciae, sempervirens, arvensis, ruga, polliniana.

R. multiflora Thunb. Strauch, bis 3 m hoch und breit, sehr starkwüchsig, dicht verzweigt, kletternd; Stämme mäßig stachelig, teils auch so gut wie unbewehrt; Blättchen meist 9, obovat bis länglich, 2—3 cm lang, bis zum Winter haftend; Blüten weiß, 2 cm breit, zu vielen in großen, kegelförmigen Doldenrispen, Juni—Juli; Sepalen eiförmig, plötzlich zugespitzt, Griffel kahl; Früchte erbsengroß, rot. 2n = 14, 28 (= *R. polyantha* S. & Z.). Japan, Korea. 1862. — Sehr wertvoll für dichte Hecken, vor allem aber als Veredlungsunterlage, von der ein fast gänzlich unbewehrter Typ, 'Stachellose Multiflora', im Handel ist. DMUWZ (Abb. 154).

'Carnea'. Abkömmling von f. *cathayensis*, aber Blüten gefüllt, rosa. BR 425; BM 1059 (= *R. florida* Pour.). 1804.

f. cathayensis Rehd. & Wils. Blüten hellrosa, 2—4 cm breit, einfach, in ziemlich flachen Doldenrispen; Stiel kahl oder etwas drüsig. 2n = 14. WR 171; NF 8: 244; GSR 18 (= *R. gentiliana* Lév. & Van.). China. 1907. DW

'Nana' (Lille 1891). Strauch, 60—80 cm hoch, nicht kletternd; Blüten 2,5—4 cm breit, weiß bis hellrosa, halbgefüllt, mitunter auch einzelne gefüllte Blüten, während des ganzen Sommers blühend; Früchte erbsengroß, rot, wie beim Typ (= *R. polyantha nana* Hort.; *R. carteri* Hort.). 1891 von Léonard Lille in Lyon-Villeurbanne, Frankreich, zuerst aus Samen erzogen und als „Rose multiflore naine remontante" in den Handel gebracht und noch heute in manchen Samenkatalogen zu finden. Die jungen Sämlinge bringen schon die ersten Blüten, wenn sie eine Höhe von 15—20 cm erreicht haben.

'Platyphylla'. Sehr starkwüchsige Züchtung mit kleinen, teils rosa, teils karminroten, gefüllten Blüten in flachen Doldenrispen, die einzelnen Blüten viel größer als bei *R. multiflora*. 2n = 14. BR 1372; MJ 1335; SOR 37 (= *R. thoryi* Tratt.; *R. platyphylla* [Thory] Takasima non Rau). Um 1817 aus China eingeführt. In England auch als „Seven Sisters Rose" bekannt und so bezeichnet, weil die mitunter 7 (meist jedoch viel zahlreicheren) Blüten der Doldenrispe sieben verschiedene, von ihrem Alter abhängige Farbtöne zwischen Karmin und Rosa zeigen. D

f. **watsoniana** (Crép.) Matsum. Strauch, kaum 1 m hoch; Blättchen nur 3—5 (!), sehr lang und schmal, Saum gewellt, fast bambusartig aussehend; Blüten weiß oder blaßrosa, klein, doch in großen Doldenrispen, aber nur wenig blühend, Juni; Früchte erbsengroß, rot. 2n = 14. WR 16; KHL 2: t. 154 (= *R. watsoniana* Crép.). Japan; nur in Gartenkultur bekannt. 1870. D (Abb. 154).

R. multiflora wurde sehr viel zu Kreuzungen verwendet; ihre Abkömmlinge, die in der Regel nur einmal im Jahr (Juni—Juli) blühen, zeigen meist aufstrebenden Wuchs, während die *wichuraiana*-Sorten überhängenden bis niederliegenden Wuchs haben und deshalb aufgebunden werden müssen.

Besonders wichtige *multiflora*-Abkömmlinge: → 'Aglaia', 'Crimson Rambler', 'Paul's Scarlet Climber', 'Tausendschön', 'Veilchenblau' usw.

R. iwara Sieb. (= *R. multiflora* × *rugosa*). Zwischen den Eltern stehend, Wuchs breit, Stämme graufilzig, mit breiten, gebogenen Stacheln; Blättchen 5—7, elliptisch, unten graufilzig; Nebenblätter mit langen, borstenförmigen Zähnen; Blüten klein, weiß, zu vielen in Doldenrispen. 2n = 14. WR 61 (= *R. yesoensis* [Franch. & Sav.] Makino). In Japan spontan entstanden. 1832 von Siebold nach Europa gebracht; ohne Zierwert („iwara" = japanisch für Rosenstachel).

R. taiwanensis Nakai. Aufrechter Strauch, Zweige dünn, mit verstreuten hakigen Stacheln; Blättchen (5—)7, eiförmig bis länglich, 1,5—3,5 cm lang, an beiden Enden spitz, gesägt, vor allem an der Spitze, oben dunkelgrün und kahl,

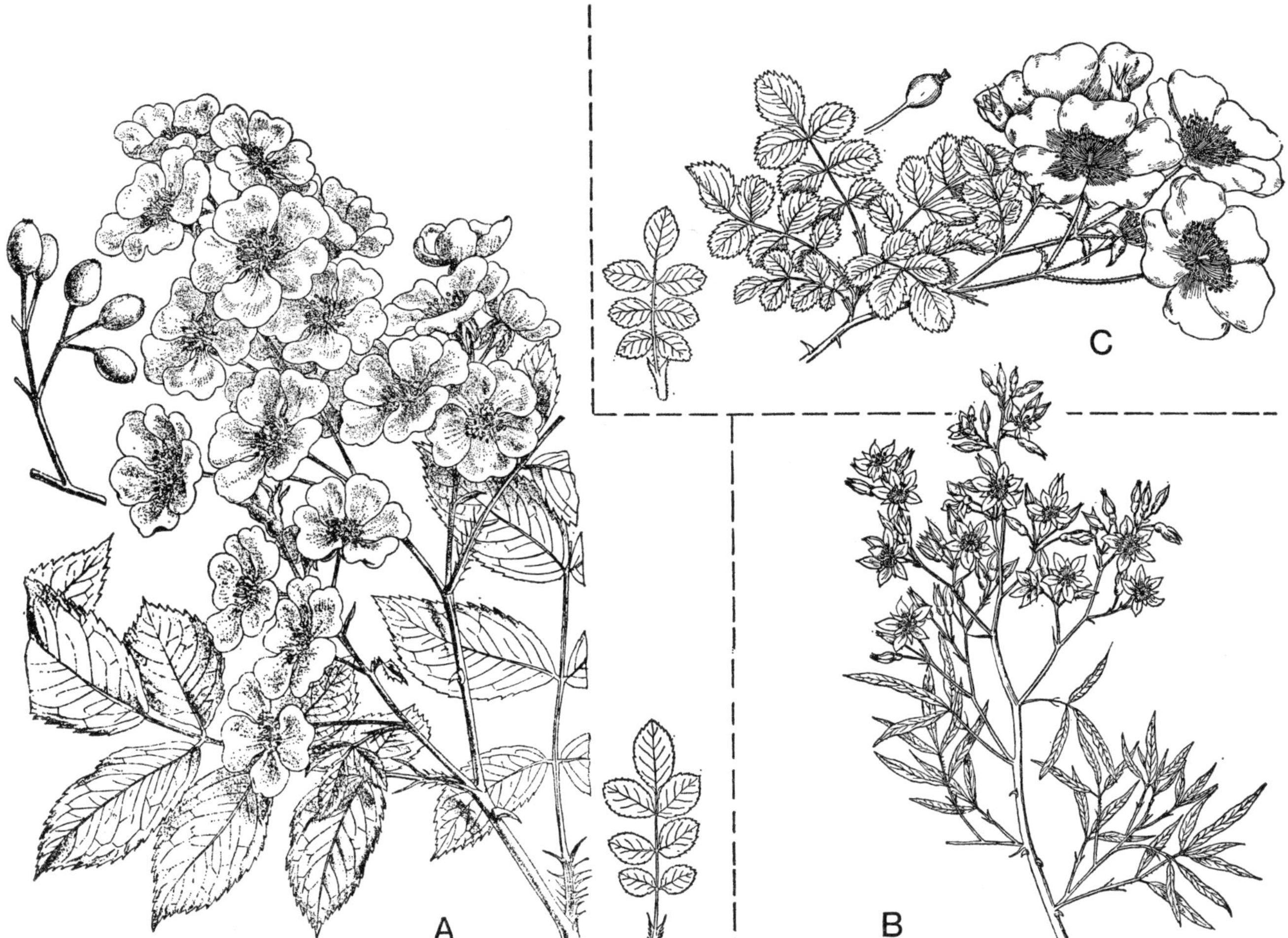

Abb. 154. A *Rosa multiflora*; B *R. multiflora* f. *watsoniana*; C *R. wichuraiana* (nach Garden and Forest)

unten längs der Mittelrippe etwas behaart; Nebenblätter angewachsen, Rand bewimpert; Blüten in 10 cm breiten, behaarten Doldentrauben, 2,5 cm breit, weiß, Petalen ausgerandet; Griffel zu einer lang vorragenden, dicht zottig behaarten Säule verwachsen; Früchte kugelig, 6—7 mm dick. Taiwan; im Gebirge bei 2500 m (Abb. 137).

R. × rehderiana Blackburn. Die botanische Bezeichnung für die sogenannten „Polyantha-Rosen"; aufgestellt für die Kombination *R. chinensis* × *multiflora* (= *R. polyantha* Carr.). Die Bezeichnung ist aber wenig zweckmäßig, da nicht nur diese beiden Arten die Eltern unserer heutigen Polyantha-Rosen sind, sondern auch noch viele weitere; so z. B. lassen einige Eigenschaften der Eltern bei folgenden Sorten ihre Abstammung erkennen:

'Eblouissant' aus *R. chinensis*; 'Minima', 'Masquerade' aus *R. foetida* 'Bicolor'; 'Florence Mary Morse' aus *R. rubiginosa*; 'Tip-Top' aus *R. foetida* 'Bicolor'; 'Rosenmärchen' aus *R. moschata*; 'Langley Gem' aus *R. moyesii*; 'Floradora' aus *R. multibracteata*; 'Orange Triumph' aus *R. wichuraiana*; 'Tantaus Triumph' aus *R. roxburghii*; 'Erna Grootendorst' aus *R. rugosa*.

Im Laufe der züchterischen Entwicklung der Polyantha-Rosen sind mehrere Klassen oder Gruppen entstanden, die im gärtnerischen Sprachgebrauch und auch international bei allen Rosenfreunden wie folgt unterschieden werden:

Polyantha-Rosen (eigentlich die „echten" Polyantha-Rosen). Blüten verhältnismäßig klein, aber sehr zahlreich und in großen Doldenrispen. Beispiele: 'Ruby', 'Paul Crampel', 'Dick Koster', 'Orléans-Rose', 'Orange Triumph' usw.

Floribunda-Rosen. Blüten groß, edelrosenartig, in größeren oder kleineren Büscheln. Beispiele: 'Kordes Sondermeldung', 'Schweizer Gruß', 'Rosenelfe', 'Gruß an Aachen' usw.

Floribunda Grandiflora. Blüten sehr groß, langstielig, nur zu wenigen in Doldenrispen; Pflanzen sehr starkwüchsig; Blätter tiefgrün, sehr gesund. Hierzu: 'Queen Elizabeth'.

Die Bezeichnung **„Polyantha-Hybriden"** für die älteren Floribunda-Sorten wird in England und in den USA kaum mehr verwendet und auch nicht im Lexikon-Teil dieses Buches, wo alle als „Floribunda-Sorten" bezeichnet werden. Die in den englischsprechenden Ländern jetzt teilweise verwendete Bezeichnung „Floribunda-Teehybriden-Typ" ist sicherlich keine gute Lösung und kann deshalb nicht empfohlen werden.

R. setigera Michx. Prärie-Rose. Strauch, 1—2 m hoch, kletternd, Stämme kahl, mit starken, wenig gebogenen Stacheln; Blättchen meist nur 3(—5), eilänglich, 3—9 cm lang, gesägt, oben hellgrün, unten graugrün und Nerven behaart;

Abb. 155. A *Rosa setigera*; B *Rosa blanda*; C *Rosa carolina* (nach Gleason, The New Britton & Brown)

Blüten dunkelrosa, 5—6 cm breit, in lockeren Doldenrispen, wenig blühend, Blattstiele drüsig, Blütenstiele meist kahl, Juni—August; Früchte klein, kugelig, drüsig-borstig, braungrün. 2n = 14. WR 23; BC 3438; BB 1965 (= *R. trifoliata* Raf.; *R. fenestrata* Donn). N-Amerika, vom Atlantik bis zu den Rocky Mountains. 1810. D (Abb. 155).

Diese Art wurde für die Züchtung winterharter Kletterrosen verwendet, vor allem vor etwa 100 Jahren. Shepherd macht darauf aufmerksam, daß sich diese Art „funktionell zweihäusig" verhält, d. h. daß fruchttragende Pflanzen oft sterile Pollen haben, während der Pollen nicht fruchtender Pflanzen außerordentlich fertil ist. An den Plätzen ihrer natürlichen Verbreitung findet man häufig große Büsche vollkommen ohne Früchte neben anderen voller Früchte. Die alten Züchtungen, die zwischen 1840 und 1850 entstanden, trifft man heute kaum mehr. Von den modernen Züchtungen sind zu nennen: → 'Doubloons' und 'Long John Silver'.

R. anemoneflora Fort. Kletterrose; Triebe mit wenigen, kleinen, hakenförmigen Stacheln; Blättchen meist 3 (!), eilanzettlich, zugespitzt, einfach gesägt, kahl; Blüten weiß, 2,5—3 cm breit, in kleinen Rispen, Juni—Juli, weiß, einfach beim wilden Typ, halbgefüllt bei der Gartenform; Sepalen zugespitzt, meist etwas gefiedert, Griffel zu einer Säule vereinigt, bei der gefüllten Form die inneren Petalen schmal und ganz abweichend von den äußeren (!), Stiele meist etwas drüsig. 2n = 14. WR 21 (= *R. triphylla* Roxb.; *R. sempervirens anemoniflora* Regel). ∧∧ D

1844 von Rob. Fortune in einem Garten in Schanghai gefunden, später auch noch an anderen Plätzen in O-China. — Shepherd und G. S. Thomas weisen darauf hin, daß es sich hier um eine Naturhybride zwischen *R. banksiae* mit *R. moschata* handeln könnte. Braucht Winterschutz!

R. helenae Rehd. & Wils. Starkwüchsige Kletterrose, bis 5 m hoch, Triebe kräftig bewehrt, Stacheln hakenförmig, junge Triebe gerötet; Blättchen meist 7—9, eilanzettlich, 2,5—5 cm lang, kahl, unten graugrün und behaart, meist scharf und einfach gesägt; Blüten weiß, 2—3 cm breit, zu vielen in flachen Doldenrispen, Juni—Juli, duftend, Sepalen lanzettlich, fein zugespitzt, kürzer als die zurückgeschlagenen Petalen und abfallend, Kelch kahl, Stiele drüsig; Frucht eiförmig, rot, bis 12 mm lang. 2n = 14. NF 12: 120; GSR 21. Mittelchina. 1907. Von E. H. Wilson gefunden und nach seiner Frau benannt. ∧ D

R. rubus Lév. & Van. Langtriebige Kletterrose, Stämme in ihrer Heimat oder in milden Gebieten bis 6 m hoch werdend, stachelig, rötlich, kahl oder behaart, Stacheln hakenförmig; Blättchen meist 5, eielliptisch, 3—6 cm lang, scharf und grob gesägt, oben glänzend grün, unten in der Jugend behaart und gerötet; Blüten in dichten Doldenrispen, weiß, duftend, 3 cm breit, Juni—Juli; Griffel zu einer behaarten Säule vereinigt, Sepalen drüsig behaart, ebenso die Stiele; Früchte kugelig, erbsengroß, rot. 2n = 14. WR 168; BM 8894; J.RHS 65: 102 (= *R. ernestii* Stapf). Mittel- und W-China, 1907. — Von *R. helenae* durch die 5 größeren, behaarten und in der Jugend unterseits geröteten Blättchen unterschieden. ∧∧—∧∧∧ D

R. mulliganii Bouleng. Habitus wie *R. rubus*, starkwüchsig; Stacheln mit breiter Basis; Blättchen 5—7, elliptisch, spitz bis zugespitzt, bis 6 cm lang, einfach gesägt, unterseits behaart; Blüten weiß, etwa 5 cm breit, duftend, Stiele etwas behaart, 2,5—3,5 cm lang; Sepalen gefiedert, 12—15 mm lang; Früchte orangerot, glatt oder etwas drüsig, bis 12 mm lang. 2n = 14. W-China. 1917—1919. — Von *R. rubus* unterschieden durch größere Blüten an längeren Stielen und gefiederte Sepalen. D

R. brunonii Lindl. Himalaja-Moschus-Rose. Starkwüchsige Kletterrose, Triebe bis 5 m hoch oder mehr, in der Jugend meist behaart und drüsig, Stacheln kräftig, hakenförmig; Blättchen 5—7, elliptisch lanzettlich, 3—5 cm lang, zugespitzt, weich behaart, fein gesägt; Blüten weiß, 2,5—5 cm breit, zu vielen in Doldenrispen, duftend, Juni—Juli; Sepalen schmal lanzettlich, etwas drüsig und behaart, später zurückgeschlagen, dann abfallend, Stiele etwas behaart und drüsig; Früchte eiförmig, 8 mm dick, braun. 2n = 14. BR 829; WR 11; RA 1930: 214 (= *R. moschata* var. *nepalensis* Lindl.). Himalaja. 1822. ∧∧∧ DUW

Sehr ähnlich *R. moschata*, aber abweichend durch schmalere Blättchen, etwas kleinere Blüten, doch in größeren Rispen, behaarte Triebe, Winterhärte etwas geringer. Meist verwechselt mit *R. moschata* und in milderen Gegenden viel häufiger in Kultur als diese.

Eine noch stärker wachsende Form hiervon → 'La Mortola'.

R. moschata Herrm. Moschus-Rose. Locker wachsender Strauch mit 3—4 m hohen, kahlen, rötlichen, nur spärlich bewehrten Trieben; Blättchen 5—7, eiförmig, spitz, oben tiefgrün und kahl und mit einem rötlichen Anflug an den Blattspitzen, unten mehr grau, kahl, gesägt, Blattstiele drüsig-borstig, Nebenblätter klein, linealisch, gewimpert; Blüten weiß, 5 cm breit, Petalen bald zurückgeschlagen, mit starkem Moschusduft, zu 3 beisammen, zu großen endständigen Büscheln, von August bis zum Frost, Sepalen halb gefiedert; Stiele filzig. 2n = 14. GSR 200; SOR 32. Heimat unbekannt, vielleicht Kleinasien. 1651. DW (Abb. 156).

Ursprünglich als halbgefüllt beschrieben, doch treten auch einfache Blüten an der gleichen Pflanze auf. — Sehr selten und erst in neuerer Zeit wiederentdeckt! Die „*Rosa moschata*" der Gärten ist eine starkwüchsige, sommerblühende Kletterrose und wahr-

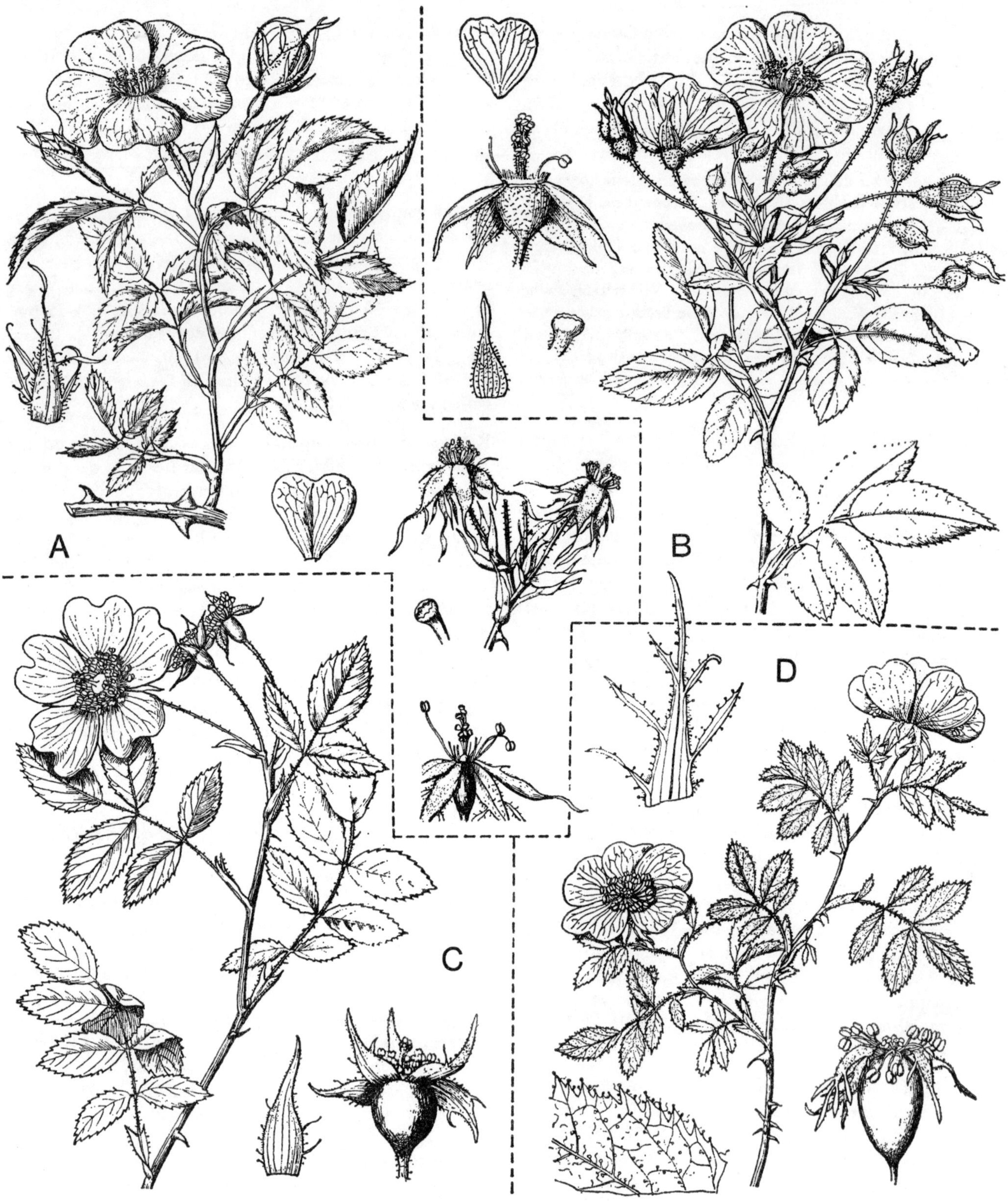

Abb. 156. A *Rosa moschata*; B *Rosa sempervirens* (var. *submoschata*); C *Rosa arvensis*; D *Rosa agrestis* (nach Vicioso)

scheinlich identisch mit *R. brunonii* (!!). Die Herbstblüte ist für *R. moschata* besonders charakteristisch und von Bedeutung für die Züchtung von dauerblühenden Gartenrosen.

var. **nastarana** Christ. Blättchen kleiner, dichter und scharf gezähnt, blaugrün, kahl; Stiele drüsig; Blüten weiß mit rosa Anflug, in Büscheln (= *R. pissardii* Carr.). Persien. 1879.

'Plena'. Blüten halbgefüllt; Blättchen unterseits behaart; Stacheln weniger zahlreich und schwächer. Seit vor 1629 in Kultur.

R. moschata wurde viel zu Kreuzungen benutzt; sie erbrachte mit *R. multiflora* die sogenannten „dauerblühenden Strauchrosen", früher meist „Lambertiana-Rosen" genannt.

R. × dupontii Déségl. (Die bisher angenommene Entstehung als eine vor 1817 in Südfrankreich aufgetretene Kreuzung von *R. gallica* × *R. moschata* wird neuerdings sehr in Zweifel gezogen, da sie durch die Chromosomenuntersuchung nicht bestätigt wird.) Strauch, 2—2,5 m hoch, Stämme anfangs aufrecht, später mehr ausgebreitet, mit nur wenigen, schwachen Stacheln; Blättchen meist 5, eielliptisch, bis 5 cm lang, doppelt gesägt, unten graugrün und Nerven behaart, Stiele drüsig; Blüten meist zu 4—7 in Doldenrispen, Knospen rosa, aufgeblüht weiß, im Verblühen mit rosa Anflug, 6—7 cm breit, duftend, einfach, Juni; Sepalen drüsig, abfallend; Antheren mitunter petaloid (!), Griffel frei, seidig behaart, Stiele drüsig; Früchte ellipsoid, 12 mm lang, rot, erst sehr spät reif, Oktober—Januar. 2n = 28. WR 13; Gfl. 57: 60; GC 127: 75; GSR 6 (= *R. freundiana* Graebn.; *R. moschata nivea* Lindl.). DUW

R. sambucina Koidz. Kahler Strauch, kletternd, Triebe mit hakenförmigen, flachen Stacheln; Blättchen 5, breit lanzettlich bis schmal eilänglich, 5—10 cm lang, 1—2,5 cm breit, lang zugespitzt, derb lederig, kahl; Nebenblätter dünn, ganzrandig, Rand etwas drüsig, der freie Teil linealisch; Blüten zu 5—20 beisammen, in flachen Doldentrauben, 4 bis 5 cm breit, weiß, Stiel 3—5 cm lang, Mai—Juni; Kelch locker drüsig behaart, Griffel behaart (= *R. moschata* sensu jap. Aut.). Japan; selten (Abb. 127).

var. **pubescens** Koidz. Kletternd; Triebe mit kurzen, starken Hakenstacheln; Blättchen (3—)5, eilänglich, 4—5 cm lang, 1,5 bis 2,5 cm breit, lang zugespitzt, gesägt; Kelch behaart, Sepalen ganzrandig, dicht filzig und zurückgeschlagen; Petalen weiß, ausgerandet, 1—1,5 cm lang; Griffel zu einer Säule verwachsen, kahl (= *R. rubus* var. *pubescens* Hayata). Taiwan; Wälder im hohen Gebirge.

R. longicuspis Bertol. Halbimmergrüner, starkwüchsiger, kletternder oder dem Boden aufliegender Strauch, Triebe rotbraun; Blätter sehr groß, 12—28 cm lang, Blättchen eielliptisch bis eilänglich, 5—10 cm lang, derb lederartig, dunkelgrün, stark glänzend, lang zugespitzt, Basis rund, kahl, unten netznervig, Nebenblätter fein gezähnelt; Blüten weiß, 5 cm breit, außen seidig behaart, in großen Doldenrispen, stark duftend (nach Bananen), Stiele behaart; Früchte eiförmig, scharlachrot bis orange. 2n = 14. GSR 27 (= *R. lucens* Rolfe). W-China; Himalaja. 1915. ∧∧∧ D

R. sinowilsonii Hemsl. Kletterrose, bis 5 m hoch, junge Triebe gerötet, Stacheln nur wenige, kurz, hakenförmig; Blätter wintergrün oder immergrün (!), Blättchen 5—7, länglich elliptisch, 7 cm lang oder mehr, scharf gesägt, unten etwas behaart, Stiel kahl, stachelig; Blüten 3—5 cm breit, weiß, in lockeren Doldenrispen, Juni—Juli; Petalen ganzrandig, außen behaart, Sepalen eiförmig, geschwänzt, bis 2,5 cm lang, abfallend, Stiele dick, rötlich, etwas drüsig; Früchte ellipsoid, rot, 12 mm lang. 2n = 14. WR 73; PWR 233. SW-China. 1904. ∧∧∧ D

R. cerasocarpa Rolfe. Kletterrose, bis 3 m hoch, Triebe mit nur wenigen, starken, hakenförmigen Stacheln; Blättchen 5, derb lederig, eielliptisch zugespitzt, bis 7 cm lang, kahl, einfach gesägt, Stiel kahl; Nebenblätter schmal, ganzrandig; Blüten weiß, 2,5—3 cm breit, in Rispen, Juni; Sepalen ganzrandig oder gefiedert, 6 mm lang, drüsig und behaart, abfallend; Stiele und Kelch dicht drüsig, Knospen plötzlich zugespitzt; Frucht kugelig, 1 cm dick, rot. 2n = 14. BM 8688. W-China. 1914. ∧

R. maximowicziana Regel. Kletterrose, dicht bezweigt, Stämme mit nur wenigen, kleinen, hakenförmigen Stacheln, an jungen Trieben auch borstig; Blättchen 7—9, eielliptisch, 2,5—5 cm lang, glatt, glänzend, einfach gesägt, Stiel behaart, locker drüsig und stachelig, Nebenblätter sehr schmal, drüsig gewimpert; Blüten weiß, in kleinen Doldenrispen, Juni—Juli, 2,5—3 cm breit, Sepalen lang, schmal, gefiedert, zuletzt abfallend, Griffel zu einer kahlen Säule vereinigt, Tragblätter bleibend; Frucht eiförmig, 12 mm dick, rot, glatt. 2n = 14. NK 7: 1. Mandschurei, Korea. Vor 1880.

var. **jackii** (Rehd.) Rehd. Triebe purpurn, mit nur einzelnen, hakenförmigen Stacheln, ohne Borsten; Blättchen bis 6 cm lang; Rispen mit etwa bis 20 Blüten, Nebenblätter ganzrandig; Petalen obovat, Früchte birnförmig, 5—7 mm dick, rot. 2n = 14. NK 7: 3 (= *R. jackii* Rehd.; *R. kelleri* Baker). Korea. 1905.

var. **pilosa** (Nakai) Nakai. Hauptsächlich abweichend durch behaarte Blatt- und Blütenstiele. 2n = 14 (= *R. jackii* var. *pilosa* Nakai). Korea. 1916. — Diese Form wurde im Iowa State College, USA, mit Teehybriden gekreuzt; die besten Sämlinge wurden benannt und 1953 in den Handel gegeben, haben jedoch keine Bedeutung erlangt.

R. filipes Rehd. & Wils. Kletterrose, 2,5—5 m hoch, Triebe mit wenigen hakenförmigen Stacheln; Blättchen 5—7, eilanzettlich, 5—7 cm lang, kahl, unten drüsig, einfach gesägt; Blüten weiß, 2—2,5 cm breit, in vielblütigen Rispen,

Juni—Juli; Sepalen schmal, an der Spitze verbreitert, so lang wie die schmalen Petalen, abfallend, Stiele sehr dünn (!), glatt oder drüsig, Griffel behaart, zu einer Säule vereinigt; Früchte eirund, rot, 1 cm lang. 2n = 14. BM 8894; D.RHS 1814. W-China. 1908. D

Hierzu → 'Kiftsgate'.

R. crocacantha Bouleng. Strauch, bis 2,5 m hoch, Stacheln orangegelb (!); Blättchen 5—7, elliptisch, 4—5 cm lang, doppelt gesägt, kahl oder auf der Unterseite behaart; Blüten zahlreich, weiß, 1—1,5 cm breit, in vielblumigen Rispen; Griffel kahl; Blütenstiele 1—2 cm lang; Früchte kugelig, 8 mm dick, rot. 2n = 14. W-China. 1917—1919. Vermutlich zur Zeit nicht in Kultur.

R. phoenicia Boiss. Orientalische Kletterrose. Etwas ähnlich *R. moschata*; Wuchs kräftig, Triebe dünn, peitschenförmig, mehrere Meter lang, kahl, grün, mit wenigen, kleinen, hakenförmigen Stacheln; Blättchen 5—7, meist eiförmig-elliptisch, stumpf, scharf und einfach gesägt, etwas behaart, vor allem unten, Stiele behaart und stachelig; Blüten in vielblumigen Doldenrispen, weiß, 4—5 cm breit, Juni, Knospen eirund, Sepalen kürzer als Petalen, gefiedert, an der Spitze verschmälert, abfallend, Kelch und die stark verlängerte Griffelsäule kahl; Früchte eiförmig, rot, 12 mm lang, Oktober. 2n = 14. KHL 2: t. 159. Türkei, Syrien, Libanon. Um 1885. Wegen der sehr tiefgehenden Wurzeln nur schwierig verpflanzbar; gedeiht auf heißesten, trockensten Böden und blüht sehr reich (Abb. 132).

R. soulieana Crép. Strauch, bis 4 m hoch, Zweige weit abstehend, junge Triebe grün, später mehr blaugrün, sehr stachelig, Stacheln rötlich, gerade, Basis verbreitert; Blätter graugrün, Blättchen 5—9, länglich-elliptisch, kahl, Nebenblätter schmal, drüsig gerandet; Blüten zu vielen in 10 bis 15 cm breiten Doldentrauben entlang der ganzen Triebe, zunächst rahmgelb, später reinweiß, 3 cm breit, duftend, Juni—Juli; Sepalen eiförmig, kurz zugespitzt, zurückgeschlagen, meist kahl und ganzrandig oder etwas gefiedert, Kelch drüsig; Früchte eirund, 1 cm lang, orangegelb. 2n = 14. WR 18; BM 8158; KHL 2: t. 159. W-China. 1896. Von großem Gartenwert, jedoch hauptsächlich für mildere Gebiete. Eigentlich keine Kletterrose, sondern eine sehr starkwüchsige Strauchrose von leider nur unsicherer Winterhärte. ∧—∧∧ (8,0) DW (Abb. 125).

Hybriden hiermit → 'Chevy Chase', 'Navigator'.

R. wichuraiana Crép. Halbimmergrüne Kletterrose; Stämme 2,5—5 m lang, oft niederliegend kriechend, grün, Zweige mit dicken, hakenförmigen Stacheln; Blättchen 7—9, breit eirund, oben dunkelgrün, unten heller, beiderseits stark glänzend (!); Blüten in kleinen, kegelförmigen Doldenrispen, weiß, 4—5 cm breit, duftend, Juli—August; Sepalen viel kürzer als Petalen, kahl oder leicht drüsig, ebenso die Stiele; Früchte eiförmig, 15 mm lang, tiefrot. 2n = 14. BM 7321; WR 19; 169 (als *R. taquetii*); 170 (als *R. mokanensis*); MJ 1336 (= *R. luciae* var. *wichuraiana* Koidz.; *R. taquetii* Lév.; *R. mokanensis* Lév.). Japan, Korea, O-China. 1891. (7,8) D (Abb. 154).

In ihrer Heimat mit niederliegendem Wuchs, die Zweige überall leicht wurzelnd, daher für künftige Züchtung von bodenbedeckenden Rosensorten wichtig. Zur Züchtung von Kletterrosen seit 1893 verwendet; Abkömmlinge hiervon haben meist kleine, stark glänzende, dunkelgrüne Blättchen; die stets sehr schlaffen Triebe müssen immer angeheftet werden.

Von den wichtigsten Züchtungen zu nennen: → 'American Pillar' (1902), 'Hiawatha' (1904), 'Minnehaha' (1905), 'Dr. W. van Fleet' (1910), 'New Dawn' (1930), 'Blaze' (1932), 'Direktor Benschop' (1945).

In Nordamerika wird diese Rose oft „Memorial Rose" (Gedächtnisrose) genannt, weil sie sehr gerne als Grabschmuck verwendet wird.

R. × jacksonii Willm. (= *R. rugosa* × *wichuraiana*). Niedriger Strauch mit bogigen Trieben, Stacheln sehr ungleich, locker, stehend, gerade, schlank; Blättchen 7—9, länglich, stumpf, derb, einfach gesägt, oben glänzend, Nebenblätter angewachsen, mit eiförmigen, freien Spitzen; Kelch kugelig; Sepalen eilanzettlich, unten etwas drüsig; Blüten karmin, zu mehreren beisammen, reich blühend, Petalen groß, Griffel frei; Früchte hellrot, krugförmig bis kugelig oder flaschenförmig, doch viel kleiner als bei *R. rugosa*. 2n = 14. WR 20. Vor 1897 von Jackson Dawson im Arnold Arboretum erzielt und zunächst von ihm als 'Lady Duncan' in den Handel gegeben, die 1910 von E. Willmott zum Typ erhoben wurde; steril.

Hierzu gehört auch → 'Max Graf'.

R. kordesii Wulff (= *R. jacksonii* 'Max Graf'-Selbstung). Wuchs strauchig, Triebe übergebogen, Stacheln wie bei *R. wichuraiana*; Blätter ebenfalls stärker an *R. wichuraiana* erinnernd, Blättchen meist 7, seltener 5, hellgrün und glänzend, nicht runzelig; Blüten hellrot bis rot, einfach bis gefüllt, 7—8 cm breit, lange blühend, ohne Duft; Früchte eiförmig bis ellipsoid. 2n = 28. Amphidiploid und fertil. D

Diese 1940 bei W. Kordes aus spontaner Chromosomenverdopplung bei 'Max Graf' entstandene Pflanze gelangte nicht in den Handel, wurde jedoch an einige Botanische Gärten abgegeben. Kordes arbeitete hiermit weiter und gab eine Reihe von 'Kordesii-Rosen' heraus, die heute wohl die wichtigsten Kletterrosenrassen darstellen. Die hierzu zählenden Sorten zeichnen sich aus durch starken Wuchs, Gesundheit, glänzendes Laub, reiche und dauernde Blüte.

Wichtigste Sorten: → 'Hamburger Phoenix' (1954), 'Leverkusen' (1954), 'Dortmund' (1955), 'Wilhelm Hansmann' (1955), 'Parkdirektor Riggers' (1957), 'Gruß an Heidelberg' (1959), 'Raymond Chenault' (1960), 'Morgengruß' (1962), 'Ilse Krohn Superior' (1964), 'Sympathie' (1964) u. a.

R. luciae Franch. & Rochebr. Strauch, niederliegend oder bis 3 m hoch kletternd, sehr ähnlich *R. wichuraiana*; alle Teile kahl oder fast so, Triebe sehr lang, Stacheln ziemlich flach; Nebenblätter hautartig, ganzrandig, Rand etwas drüsig, der freie Teil kurz und fadenförmig; Blättchen 5(—7), ziemlich dünn, oben etwas glänzend, unten heller, Endblättchen eiförmig oder schmal-eiförmig, 2—4 cm lang, 1—2 cm breit, zugespitzt bis lang zugespitzt, das unterste Paar oft kleiner; Blüten in Doldentrauben, weiß, 2—3 cm breit, duftend, Mai—Juni, Stiele 6—10 mm lang. 2n = 14 (= *R. luciae* var. *oligantha* Franch. & Sav.; *R. franchetii* Koidz.). O-China, Japan, Korea; niedriges Bergland, im Gebüsch.

var. **hakonensis** Franch. & Sav. Blättchen dünn, kahl, unterseits weißlich, Endblättchen eiförmig bis breit-eiförmig, spitz bis plötzlich lang zugespitzt; Blüten zu 1—2 beisammen, Mai—Juni (= *R. hakonensis* Koidz.; *R. jasminoides* Koidz.). Japan.

var. **fujisanensis** Makino. Blättchen (5—)7, unten heller, kahl bis fast kahl, seitliche Blättchen etwas kleiner, Endblättchen ziemlich lederartig, eiförmig bis eielliptisch, 15—25 mm lang, 10—15 mm breit, spitz; Blüten nur wenige, Juni—Juli (= *R. fujisanensis* [Makino] Makino). Japan; Honshu, Shikoku.

G. S. Thomas ordnet hierzu eine Reihe von Gartenformen ein, die sonst zu *R. wichuraiana* gerechnet wurden. Bei der Angabe der Eltern steht zwar noch *R. wichuraiana*, aber wahrscheinlich war es doch *R. luciae*.

→ 'Albéric Barbier', 'Albertine', 'Fräulein Oktavia Hesse', 'Gerbe Rose' u. a.

R. sempervirens L. Immergrüne Rose. Kletterrose, bis 5 m hoch, Triebe grün, dünn, biegsam, mit dünnen, roten Stacheln; Blättchen 5—7, eilanzettlich, kurz zugespitzt, 2,5 bis 6 cm lang, beiderseits glänzend, einfach gesägt, Nebenblätter drüsig gerandet; Blüten ziemlich groß, 2,5—5 cm breit, weiß, duftend, Juni—Juli, zu wenigen in Doldenrispen; Sepalen eiförmig, unten drüsig, abfallend, Griffel behaart, Kelch kugelig, drüsig; Früchte eirundlich, 12 mm lang, orangerot. 2n = 14, 21, 28. WR 5; BR 465; KSR 7 u. 34 (= *R. balearica* Pers.). Mittelmeergebiet, SW-Europa, N-Afrika. 1629. Bei uns nicht winterhart. ΛΛΛ (Abb. 156).

Früher gern zur Züchtung benutzt; daraus entstanden u. a. → 'Félicité et Perpétue', 'Spectabilis' und 'Adelaide d'Orléans'. Außerdem war auch diese Art bei der Entstehung der 'Ayrshire-Rosen' beteiligt.

R. arvensis Huds. Feld-Rose. Kletterrose, 1—2 m hoch, aber Äste dünn und oft viel länger, kriechend oder im Gebüsch

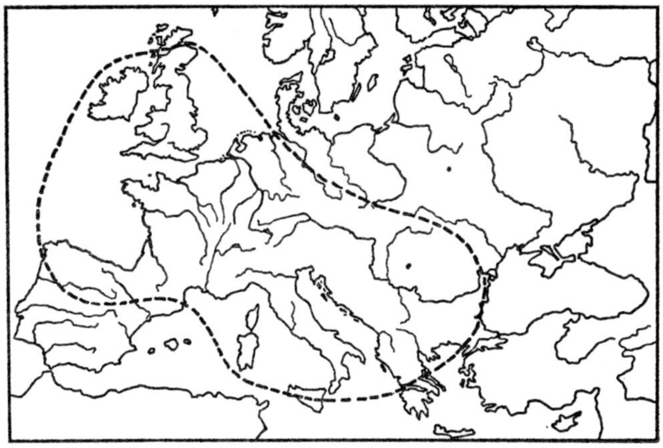

Abb. 157. Areal von *Rosa arvensis* (nach Sokolov 1954)

wuchernd, mit vielen, kleinen, hakenförmigen Stacheln; Blättchen meist 7, eiförmig, 1—4 cm lang, grob gesägt, oben stumpfgrün, unten weich behaart; Blüten einzeln oder in wenigblütigen Doldenrispen, Juni—Juli, weiß, 2,5—3 cm breit, ohne Duft; Sepalen spitz eiförmig, viel kürzer als Petalen, kahl, abfallend; Früchte eiförmig, fast 2 cm lang, hellrot. 2n = 14. BM 2054; HM t. 154; WR 3; KSR 7 (= *R. repens* Scop.). S-Deutschland, S-Europa, Türkei. 1750. DW (Abb. 156).

Hieraus wurden in der ersten Hälfte des 19. Jahrhunderts durch Kreuzung mit anderen Gartenrosen die sogenannten **'Ayrshire-Rosen'** gezüchtet, sehr winterharte Rosensorten mit stärkerem Wuchs, einfachen oder gefüllten, weißen bis rosa Blüten (vgl. bei Shepherd, 19—23, l. c.).

Zu erwähnen **'Splendens'**, in England bekannt als die „Myrrh-scented Rose" (die Rose mit dem Myrrhen-Duft); Wuchs stark, Blätter lange grün bleibend; Blüten klein, locker gefüllt, zart rosaweiß, duftend.

R. × ruga Lindl. (= *R. arvensis* × *R. chinensis*; Shepherd glaubt, daß nicht *R. chinensis*, sondern *R. odorata* der zweite Elter war, wegen des sehr starken, typischen Duftes). Kletternder Strauch, Triebe 2,5—3 m lang, Stacheln verstreut, hakenförmig; Blättchen 5—7, einfach gesägt, 4—5 cm lang, beiderseits kahl; Blüten zu vielen in großen, endständigen, lockeren Doldenrispen, locker ballförmig gefüllt, 4—6 cm breit, hellrosa, gut duftend, Juni—Juli; Sepalen abfallend, Stiele lang, glatt; Früchte kugelig, rot, glatt, aber nur selten ausgebildet. 2n = 14. WR 17; BR 1389. Vor 1830 in Italien entstanden. DW

R. × polliniana Spreng. (= *R. arvensis* × *R. gallica*). Habitus wie *R. arvensis*, Stämme blaugrün, Stacheln klein, verstreut, hakenförmig; Blättchen 5—7, klein, ziemlich derb lederig, oben bläulichgrün, unten etwas behaart; Blüten einzeln oder zu 2 an langen, gegliederten, drüsigborstigen Stielen, etwa 6 cm breit, weiß mit rosa Anflug, einfach, duftend; Früchte nur sehr selten ausgebildet. 2n = 21. WR 333; KSR 37 (= *R. germanica* Märklin; *R. arvina* Schwenkf.). In N-Italien zuerst gefunden, aber schon seit etwa 1800 in Kultur bekannt. D

Ser. 7. Chinenses (Ser.) Rehd.

Stämme kletternd oder kriechend, mit verstreuten, hakenförmigen Stacheln; Blättchen 3—5, selten 7; Nebenblätter und Tragblättchen schmal; Blütenstände ein- bis vielblütig; Sepalen ganzrandig oder spärlich fiederspaltig, nach der Blüte zurückgeschlagen; Griffel frei, nur etwa halb so lang wie die inneren Staubblätter:

R. odorata, gigantea, dilecta, chinensis, noisettiana, borboniana.

R. odorata (Andr.) Sweet (= *R. chinensis* × *R. gigantea*). Tee-Rose. Immergrüne oder nur wintergrüne Kletterrose mit langen, oft niederliegenden Trieben, in günstigen Gegenden bis 10 m hoch kletternd, Stacheln verstreut, hakenförmig; Blättchen 5—7, elliptisch länglich, 2—7 cm lang, scharf gesägt, oben glänzend; Blüten weiß, hellrosa oder gelblich, einfach oder gefüllt, 5—7 cm breit, einzeln oder zu mehreren beisammen, duftend, Juni—September; Stiele kurz, mitunter drüsig, Sepalen ganzrandig oder leicht gefiedert, Griffel frei, vorragend. 2n = 14, 21, 28. WR 179 bis 180; PWR 193 (= *R. indica odorata* Andr.; *R. thea* Savi). Ursprung unbekannt; in China in Kultur gefunden. 1810.

Nachstehend die wichtigsten hierzu gehörenden Formen, die in China bereits seit undenklichen Zeiten in Kultur sind oder waren, in der Reihenfolge ihrer Einführung.

'Hume's Blush Tea-scented China'. Vermutlich Naturhybride von *R. chinensis* × *R. gigantea.* Triebe sehr lang, Blättchen 5—7, Stacheln verstreut, hakig; Blüten halbgefüllt, rosa, dauerblühend, duftend (= *R. indica odorata* Andrews, Roses t. 77; *R. indica fragrans* Thory in Redouté, Roses 1: t. 19; *R. indica odoratissima* Lindl. in BR 804). 1809 durch einen Beamten der Ostindien-Kompanie in der Fan Tee Nursery bei Kanton, China, gefunden, 1809 nach England eingeführt, wo sie von Sir Abraham Hume benannt wurde. Heute nicht mehr lebend bekannt, nur noch von den Abbildungen.

Der Duft dieser Rose (die Ansichten gehen auseinander, ob es die Blüten oder die zerriebenen Laubblätter waren) soll so typisch an den zerriebener Teeblätter erinnert haben, daß man die Rose zunächst in England „Tea-scented Rose" (Teeduft-Rose) nannte. Später, als neue Sorten hinzukamen, zum Teil ohne diesen typischen Duft oder duftlos, nannte man sie nur noch „Teerosen"; diese Bezeichnung ist bis heute geblieben.

'Parks' Yellow Tea-scented China'. Vermutlich ebenfalls Naturhybride von *R. chinensis* × *R. gigantea.* Blüten hellgelb, gefüllt (= *R. odorata ochroleuca* Lindl.). 1824 von John Damper Parks in der gleichen Gärtnerei von 1809 gefunden und damals wohl übersehen. Hiermit wurde später viel gezüchtet; obwohl guter Samenträger, konnte dennoch keine rein gelbe, nicht verblassende Sorte hieraus erzielt werden. Auch diese Sorte ist ausgestorben.

'Fortune's Double Yellow'. Kräftig wachsend, bis 3 m hoch; Blüten zu 4—8 beisammen, locker gefüllt, lachsgelb, außen gerötet, stark duftend, 7—10 cm breit. FS 769; BM 4679; WR 28 (= *R. odorata* var. *pseudindica* [Lindl.] Rehd.; = 'Gold of Ophir', 'Beauty of Glazenwood'). 1845 von Robert Fortune im Garten eines Mandarins in Ningpo, China, gefunden und von ihm nach England gebracht. D

Die züchterische Entwicklung der Teerosen nahm bald darauf in Frankreich ihren Anfang, da die Pflanzen in England im Freien nicht fruchteten und die Züchtung unter Glas damals in England noch nicht üblich war.

R. gigantea Coll. ex Crép. Kletterrose, in milden Gegenden bis 10 m (in ihrer Heimat bis 15 m) hoch, Stacheln kräftig, hakenförmig, doch verstreut und oft ganz fehlend; Blättchen 5—7, lanzettlich, etwa 7 cm lang, kahl und glänzend, tief und oft drüsig gesägt; Nebenblätter lang und schmal, mit linealischen Spitzen; Blüten meist einzeln, weiß bis gelblich, 10—12 cm breit, duftend, Mai—Juni; Sepalen 3 cm lang, an der Spitze mitunter verbreitert, zurückgeschlagen, kahl, zuletzt abfallend; Früchte kugelig bis birnförmig, 2 bis 3 cm lang, dickwandig, gelb bis orange. 2n = 14. WR 34; BM 7972; NF 1: 260 (= *R. odorata* var. *gigantea* [Crép.] Rehd. & Wils.; *R. xanthocarpa* Watt ex Willm.). Ober-Burma, SW-China. 1889. ∧∧∧ D

f. **erubescens** Focke. Blüten einfach, hell- bis dunkelrosa, kleiner (= *R. odorata* f. *erubescens* [Focke] Rehd. & Wils.). Vermutlich der Typ dieser Rose. ∧∧∧

R. „cooperi" Hort. (= 'Cooper's Burmese Rose' bei G. S. Thomas) = vermutlich Naturhybride von *R. gigantea* × *R. laevigata.* Starkwüchsig, bis 6 m hoch, Triebe purpurbraun, ziemlich steif; Blätter immergrün, bis 18 cm lang, Blättchen 7, lanzettlich, lang zugespitzt, stark glänzend, fein gesägt; Blüten weiß, einfach, 10 cm Ø, im Verblühen rosa überlaufend und rotfleckig. 2n = 14. GSR 5. 1931 im Botanischen Garten Edinburgh, wo Cooper 1934 bis 1950 Curator war, aus in Burma wild gesammelter Saat erzogen. ∧∧∧

R. × dilecta Rehd. Das ist die botanische Bezeichnung für die heutigen Teehybriden. Rehder prägte diesen Namen 1922 für die Kreuzungen zwischen *R. borbonia* × *R. odorata* (Bourbon-Rosen × Teerosen). Dieser Name ist recht ungeschickt gewählt, denn die ersten Teehybriden hatten zwar noch Teerosen als Mütter, aber später kamen auch noch viele andere Kombinationen hinzu, die entweder nur noch

Abb. 158. *Rosa chinensis* Jacq. (aus „Rosenzeitung“)

einen oder überhaupt keinen Elter der obigen Kombination von Rehder mehr haben. Es erscheint deshalb auch wenig sinnvoll, den sogenannten Teehybriden einen wissenschaftlichen Namen zu geben. In den meisten Rosenbüchern wird der obige Name deshalb auch nicht geführt.

R. chinensis Jacq. Chinesische Rose, Bengal-Rose. Niedriger, aufrechter Strauch, Stämme mit oder fast ohne Stacheln; Blättchen zu 3—5, breit eiförmig bis länglich, zugespitzt, 3 bis 6 cm lang, oben glänzend und tiefgrün, unten heller und kahl, Nebenblätter sehr schmal; Blüten meist zu mehreren, mitunter einzeln, an langen Stielen, bei der ursprünglich eingeführten Pflanze rosa, 5 cm breit, aber auch dunkelrote bis fast weiße Farbtöne, Juni bis Herbst; Sepalen einfach, zugespitzt, glatt, nach der Blüte zurückgeschlagen, später abfallend; Früchte eiförmig bis birnförmig, 1,5—2 cm lang, lange grün bleibend, zuletzt braungrün. 2n = 14, 21, 28 (= *R. sinica* L.; *R. indica* sensu Lour. non L.; *R. indica* var. *bengalensis* [Pers.] K. Koch; *R. nankinensis* Lour.). China (Abb. 158).

Das Jahr der Einführung nach Europa ist nicht sicher bekannt; die Ansichten der Autoren hierüber gehen auseinander (McFarland 1759; Rehder, Thomas 1768; Jaeger, Bean 1789; Glasau 1792; Ascherson, Park „Ende des 18. Jahrhunderts“). Die einfachblühende Wildform wurde jedenfalls erst 1885 gefunden; sie wird als f. *spontanea* Rehd. & Wils. unterschieden. — Über die Geschichte der Einführung siehe Seite 79.

f. **spontanea** Rehd. & Wils. Die Wildform. 1—2 m hoher Strauch; Blüten dunkelrot oder rosa, einfach, meist einzeln stehend. GC 1902: 170 (= *R. indica* Hemsl. 1887 non L. nec Lour.). China; N- bis Zentral-Setschuan, im Gebüsch und an Flußufern in Shihch'uan Hsien, aber wenig häufig. — 1885 von A. Henry zuerst in Ichang gefunden, später auch in anderen Teilen Chinas und (verwildert) in Indien. Vermutlich bisher nicht in Kultur.

var. **semperflorens** (Curtis) Koehne. Monats-Rose, Bengal-Rose. Zierlicher, dünntriebiger Strauch, 1—1,5 m hoch, Triebe dünn und zierlich, Stacheln gleichförmig, klein, wenig zahlreich, rot; Blättchen zu 3—5, klein, eiförmig, einfach gesägt, meist kräftig rot überlaufen, kahl; Blüten dunkelrot, mittelgroß, locker halbgefüllt, duftend, mit sehr langer Blütezeit, oft einzeln oder zu 2—3 beisammen, Stiel lang, dünn, kahl; Fruchtknoten kahl, länglich, Sepalen lanzettlich, lang zugespitzt, ganzrandig, 15 mm lang, abstehend, abfallend; Früchte hellrot. 2n = 14. WR 89; BM 284 (= *R. semperflorens* Curtis; *R. bengalensis* Pers.; *R. diversifolia* Vent.; = 'Slater's Crimson China', 'Crimson China', 'Old Crimson China'). 1789 von einem Kapitän der Englischen Ostindien-Kompanie in einem Garten in Kalkutta entdeckt und nach Rückkehr von dort übergeben an Gilbert Slater in Knots Green, einem Direktor der gleichen Kompanie, der die Pflanze vermehrte und verbreitete. Vor der Einführung dieser Rose gab es keine Sorte mit einer so tiefroten Blütenfarbe; alle dunkelroten Rosen stammen hiervon ab. Slater verteilte die Pflanze unter der Bezeichnung „Bengal-Rose“. Nachdem man diese Rose lange Zeit in Europa nicht mehr sah und ausgestorben glaubte, wurde sie vor einiger Zeit in England und in Bermuda wiedergefunden. W

Hierzu gehört auch → **'Old Blush'**; mit zartrosa Blüten. D

'Minima'. Miniaturrose (mitunter auch „Zwergbengal-Rose“ genannt, doch sollte man diese Bezeichnung nicht verwenden, da sie nicht aus Indien stammt). Zierliche Sträucher, etwa 20—50 cm hoch, vielstämmig, sehr dünntriebig; Blüten bei der ältesten Form einfach bis leicht gefüllt, blaßrosa, etwa 3 cm breit, dauerblühend. 2n = 14. BM 1762; PWR 161 (= *R. indica pumila* Thory; *R. lawranceana* Sweet; *R. indica minima* Bean; *R. indica humilis* Ser.). Die Herkunft ist nicht ganz sicher bekannt; man glaubt

Abb. 159. Älteste Darstellungen der Miniaturrosen *Rosa chinensis* 'Minima'. Links: *Rosa semperflorens γ minima* Sims (in Botanical Magazine 1815, Tafel 1762); Mitte: *Rosa indica pumila, flore simplici*; rechts: *Rosa indica pumila, flore multiplici* (diese beiden Abbildungen aus Redouté, Les Roses, Band III, 1829)

aber (G. S. Thomas), daß sie 1805 in England aus *R. chinensis* × *R. gigantea* entstand. Die Version, der englische Botaniker Sweet habe sie 1810 von der Insel Mauritius erhalten, wird heute nicht mehr aufrecht erhalten, zumal Sweet dies selbst nirgendwo belegt hat. Hiervon gibt es heute sehr viele Züchtungen, die meisten von Ralph S. Moore, USA; P. Dot in Spanien; Jan de Vink, Holland; die älteste Sorte dürfte → **'Pompon de Paris'** sein, die heute als identisch mit 'Rouletii' angesehen wird (Abb. 159).

'Longifolia'. Bis 60 cm hoch, Triebe fast unbewehrt; Blättchen zu 3—5, lineallanzettlich, bis 5 cm lang, gesägt bis ganzrandig; Blüten meist einfach, dunkelrosarot (= *R. longifolia* Willd.; *R. indica longifolia* Lindl.; *R. chinensis* var. *longifolia* [Willd.] Rehd.). 1820. Zur Zeit vermutlich kaum in Kultur.

'Viridiflora'. „Grüne Rose". Kleiner Strauch; Blüten mittelgroß, gefüllt, grün, etwa 5 cm breit, Petalen blattartig grün, Rand gesägt, mitunter etwas bronze getönt; meist in Büscheln, mitunter einzeln, sehr lange blühend und haltbar. 2n = 14. GSR 127; FS 1136; RZ 1909: 41 (= *R. chinensis* var. *viridiflora* Dipp.; *R. indica* var. *monstrosa* Bean; *R. monstrosa* Breiter). Angeblich schon (unbelegt!) seit 1743 in Kultur; vielleicht trifft aber die Angabe bei G. S. Thomas zu, wonach diese Rose um 1833 als Mutation an *R. chinensis* in Charleston, South Carolina, USA, entstand, von dort 1837 zu Thomas Rivers nach England kam, schließlich 1856 auch durch die englische Baumschule Bembridge & Harrison weiter verbreitet. (7,4) DMWZ

'Mutabilis'. Schlanker, lockerer, aufrechter Strauch, etwa 1 m hoch, in besonders günstigen Lagen auch 2 m, junge Triebe purpurrot, Stacheln rot, junge Blätter kupfrig; Blüten einfach, schalenförmig, etwa 5 cm breit, im Aufblühen innen zart ledergelb, außen orange, am zweiten Tag innen kupfriglachs, allmählich dunkelkarminrot werdend und dann abfallend, dauerblühend. 2n = 14, 21, 28. RH 1934: 60; TRT 124 (= *R. mutabilis* Corr.; *R. chinensis* f. *mutabilis* [Corr.] Rehd.). — Erst seit 1932 in Gartenkultur, jedoch möglicherweise identisch mit der von Redouté abgebildeten Sorte 'Tipo Ideale'. (8,5) DZ

R. noisettiana Thory (= *R. chinensis* × *R. moschata*). Eine Kletterrosengruppe; Stämme aufrecht, schwach, Stacheln rot, hakenförmig; Blättchen zu 5—7, länglich lanzettlich, einfach gesägt, unten hellgrün, Stiele meist behaart und mit feinen Stacheln; Blüten gelb, weiß oder rosa, keine roten Töne, mitunter bis zu 100 Blüten in einem Stand, doch nur mittelgroß, duftend. 2n = 14. WR 32; BS 3: 216 (= *R. indica noisettiana* Ser.; *R. moschata autumnalis* Hort.). Alle

Sorten sehr frostempfindlich und kaum mehr in Kultur. Ursprünglich Kreuzung, 1810 von John Champney in Charleston, South Carolina, USA, erzielt und 'Champney's Pink Cluster' benannt.

Hierzu gehört auch die früher weltbekannte Sorte → **'Maréchal Niel'** (Pradel 1864), Blüten schwefelgelb, sehr stark duftend.

'Manettii' (Crivelli). Strauch, bis über 2 m hoch, Zweige und Triebe mit weißen Längsstreifen, junge Triebe gerötet, Stacheln zahlreich, fast schwarz; Blättchen 7—9, breit elliptisch; Blüten halbgefüllt, rosa (= *R. manettii* Crivelli). Um 1837 im Botanischen Garten Mailand entstanden. In südlichen Ländern beliebt als Veredlungsunterlage, weil die Anzucht aus Steckholz sehr einfach ist.

R. × borboniana Desp. (= *R. chinensis* × *damascena*). Ursprüngliche Pflanze mit dunkel karminrosa, mittelgroßen Blüten, mit etwa 20 Petalen, immerblühend (!), jedoch im Herbst weniger blühend als im Frühsommer; Wuchs kräftig, Blätter groß; im Winter etwas empfindlich. 2n = 21, 28. WR 114. Entstanden auf der Insel Bourbon (heute Réunion). 1817 nach Frankreich gesandt und dort benannt (Abb. 160).

Abb. 160. *Rosa borboniana*, die Bourbon-Rose (nach Redouté; dort bezeichnet als „*Rosa canina burboniana*")

Hieraus wurde eine Reihe von Nachkommen erzielt; Wuchs 1 bis 1,5 m hoch, aufrecht, Triebe stachelig, oft drüsig-borstig; Blüten einzeln oder zu wenigen, meist dicht gefüllt, schön gebaut, besonders die Herbstblüten (Frühsommerblüten nicht so edel). Hierzu 'Boule de Neige' (Lacharme 1867), 'Souvenir de la Malmaison' (Beluze 1843), 'Variegata di Bologna' (Lodi 1909), 'Zéphirine Drouhin' (Bizot 1868) usw.

Die Ansicht einiger Autoren, die Bourbon-Rosen seien aus *R. chinensis* × *R. gallica* entstanden, ist vermutlich nicht zutreffend, denn der remontierende Charakter von *R. chinensis* ist rezessiv, so daß also eine Hybride zwischen der nur einmalblühenden *R. gallica* und *R. chinensis* höchstwahrscheinlich auch nur einmalblühend gewesen wäre (nach Shepherd).

Die Bourbon-Hybriden wurden später mit *R. odorata*, der Teerose, gekreuzt, woraus dann die **Remontantrosen** entstanden, die die Bourbon-Rosen an Größe und Reichblütigkeit, vor allem aber an Winterhärte und Dauerblüte übertrafen, so daß diese bald ganz verdrängt wurden.

Ser. 8. Banksianae (Lindl.) Rehd.

Immergrüne, kletternde Sträucher, Triebe dünn und kahl, mit hakenförmigen Stacheln oder unbewehrt; Blättchen 3 bis 7, Nebenblätter frei, pfriemförmig, abfallend; Blüten in Doldenrispen, weiß oder gelb; Sepalen ganzrandig, nach der Blüte zurückgeschlagen, abfallend:

R. banksiae, fortuniana, cymosa.

R. banksiae Ait. Immergrüner Strauch, bis 3 m hoch, aber oft auch bis 5 m herabhängend; Stämme stachellos, kahl, Rinde grün; Blättchen 3—5, spitz lanzettlich, 3—6 cm lang, fein gesägt, Rand oft wellig, oben glänzend, Nebenblättchen borstenförmig, abfallend (!!); Blüten ziemlich klein, zierlich, weiß oder gelb, einfach oder gefüllt, sehr zahlreich, sehr angenehm duftend, Mai—Juni; Sepalen nicht gefiedert; Früchte kugelig, erbsengroß, rot. 2n = 14 (= *R. banksiana* Abel). Mittel- und W-China. 1796. Nur in mildesten Gebieten winterhart.

var. **banksiae.** Der Typ dieser Art; Blüten gefüllt, reinweiß, stark duftend. GSR 1; BM 1954; BR 397 (= *R. banksiae* 'Alba Plena'). 1807 von William Kerr in einem Garten in Canton gefunden; in China und Japan allgemein in Kultur, jedoch nicht wild. — Unter diesem Namen in Europa in Kultur ist jedoch in der Regel *R. fortuniana*, mit größeren Blüten und auch besser winterhart. ⋀⋀⋀ D

var. **normalis** Regel. Der wilde Typ, 6 m hoch, in seiner Heimat bis 15 m hoch, Triebe ohne Stacheln; Blüten klein, weiß, einfach, duftend. China; Hupeh und Setschuan. Bereits seit 1796 in Schottland in Kultur, blühte jedoch erstmals 1909 in Nizza. Vgl. Thomas, Climb. Roses, 146. ⋀⋀⋀ D

f. lutescens Voss. Blüten einfach, schwefelgelb, gut duftend. GSR 3; BM 7171. W-China. Von E. H. Wilson nur einmal auf einem Grab, jedoch nicht wild gefunden. 1870 von Hanbury, La Mortola, nach England eingeführt. ΛΛΛ D

'Lutea'. Blüten gefüllt, gelb, Duft etwas schwächer als bei den anderen Formen. GSR 2; BR 1105; WR 34. Seit 1824 in Kultur. ΛΛΛ D

R. × fortuniana Lindl. (= *R. banksiae* × *R. laevigata*). Immergrüne Kletterrose, 7—10 m hoch, Zweige dünn, Stacheln verstreut, sichelförmig gekrümmt, klein; Blättchen 3 bis 5, eilanzettlich, fein gesägt, dünn, hellgrün, glänzend, Nebenblätter klein, pfriemlich, abfallend; Blüten einzeln (!!), an kurzen, borstigen Stielen, rahmweiß, gefüllt, 7 cm breit, Juni; Petalen locker und unregelmäßig stehend. WR 36; FS 7: 256. China, nur aus Gartenkultur bekannt. Um 1845 von R. Fortune nach England gebracht. Sehr ähnlich *R. banksiae*, aber in allen Teilen größer und oft unter diesem Namen in Kultur, leicht zu unterscheiden durch die drüsigen Blütenstiele. ΛΛΛ D

R. cymosa Tratt. Immergrüner Strauch, bis 4,5 m hoch kletternd, Stämme dünn, mit wenigen, hakenförmigen Stacheln; Blättchen 3—5, entfernt gestellt, elliptisch, eilanzettlich, oben dunkelgrün und glänzend, unten heller, kahl, einfach gesägt, Nebenblätter fadenförmig, frei, selten fehlend (!!); Blüten sehr zahlreich, in großen, zusammengesetzten Dol-

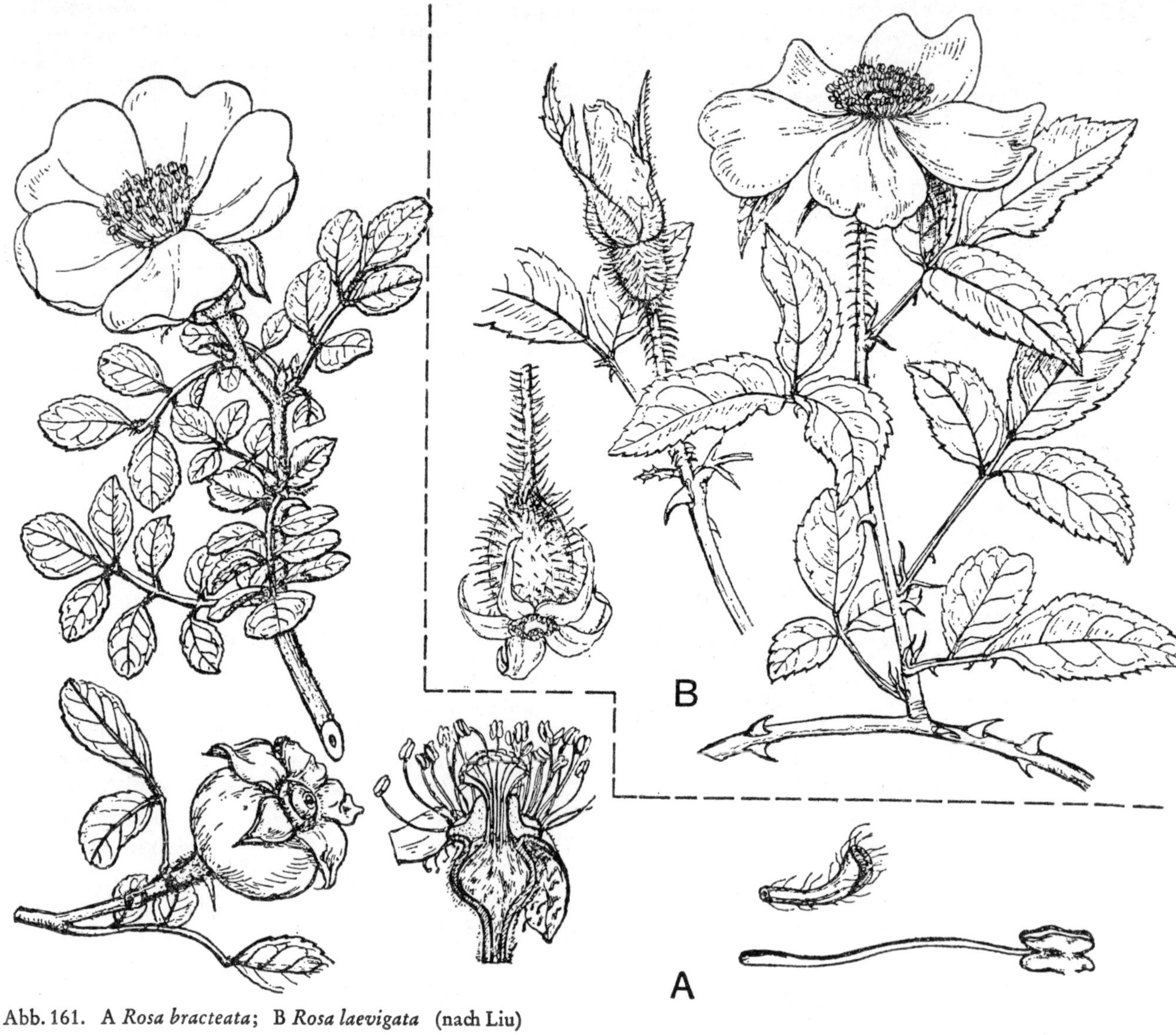

Abb. 161. A *Rosa bracteata*; B *Rosa laevigata* (nach Liu)

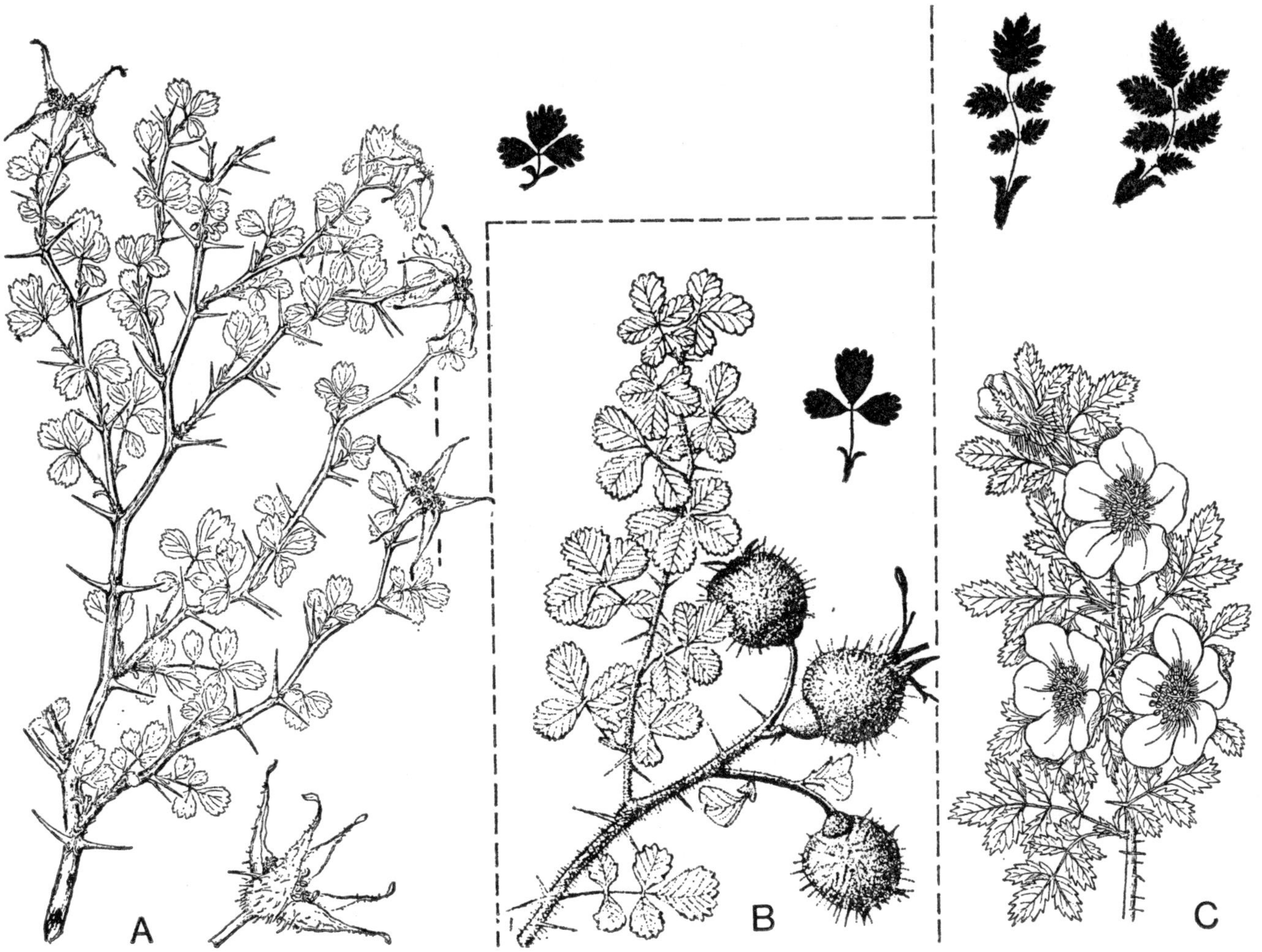

Abb. 162. A *Rosa stellata*; B *Rosa stellata* var. *mirifica*; C *Rosa minutifolia* (A nach Boulenger; B und C nach Garden and Forest)

denrispen, weiß, kleinblumig, Juni; Sepalen gefiedert; Griffel wollig; Früchte scharlachrot, kugelig, klein. 2n = 14. WR 156, 157 (= *R. microcarpa* Lindl.; *R. bodinieri* Lév. & Van.; *R. esquirolii* Lév. & Van.; *R. indica* L. p. p.; *R. sorbiflora* Focke). China. 1904. ΛΛΛ

Die am meisten verbreitete Rosenart in den wärmeren Gebieten Chinas, vor allem in Ichang; außerordentlich variabel hinsichtlich Größe der Blätter und Blütenstände sowie der Behaarung.

Ser. 9. Laevigatae (Thory) Rehd.

Immergrüne Sträucher, Stämme mit verstreuten, hakenförmigen Stacheln; Blättchen meist 3; Nebenblätter frei oder nur an der Basis angeheftet, abfallend; Blüten einzeln, groß, ohne Brakteen; Sepalen aufrecht, ganzrandig, bleibend; Blütenstiel und Kelchbecher dicht borstig:

R. laevigata, anemonoides.

R. laevigata Michx. Cherokee-Rose. Starkwüchsig, immergrüne Kletterrose, bis 5 m hoch, Stämme meist kahl, mit dicken, hakenförmigen Stacheln; Blättchen meist 3, eiförmig bis lanzettlich, glänzend, glatt, Mittelrippe und Stiel mitunter etwas stachelig, Nebenblätter frei oder abfallend; Blüten weiß, einzeln, 7 cm breit, duftend, Mai—Juni; Sepalen sehr borstig, ganzrandig, bleibend, aufrecht; Früchte orange, birnförmig. 2n = 14. BM 2847; WR 40; MJ 1332; KHL 2: t. 150; 159 (= *R. cherokeensis* Donn.; *R. triphylla* Roxb.; *R. ternata* Poir.; *R. hystrix* Lindl.). China, W-Hupeh, Fokien, Formosa; vor allem in W-Hupeh an felsigen Plätzen allgemein vorkommend. In Japan nur in Kultur bekannt. ΛΛΛ

R. × anemonoides Rehd. (= *R. laevigata* × *R. odorata*). Starkwüchsige Kletterrose; Blättchen 3(—5), kahl, glänzend, Nebenblätter halb frei; Blüten einzeln, einfach, 7 cm breit, rosa, Stiele borstig wie der Kelch. 2n = 14. WR 41; MG 11: 345; RH 1901: t. 542. 1895 bei J. C. Schmidt in Erfurt entstanden und zunächst unter der Bezeichnung „Anemonenrose“ verbreitet. Winterschutz erforderlich. ΛΛ D

Hierzu auch ein dunkelrosa Sport, → 'Ramona'.

Ser. 10. Bracteatae (Thory) Rehd.

Immergrüne Sträucher, Stämme aufrecht oder kriechend, filzig oder behaart, Stacheln gepaart; Nebenblätter etwas angewachsen und kammförmig eingeschnitten; Blütenstand von großen Brakteen umgeben; Sepalen ganzrandig, nach der Blüte zurückgeschlagen; Kelchbecher filzig:

R. bracteata, clinophylla.

R. bracteata Wendl. Macartney-Rose. Aufrechter, bis 3 m hoher, buschiger, immergrüner Strauch, Stämme behaart und mit kräftigen, hakenförmigen, oft gepaarten Stacheln; Blättchen 5—9, länglich obovat, vorn abgerundet, sehr seicht gezähnt, oben dunkelgrün glänzend, unten filzig, Nebenblätter fein gefiedert; Blüten groß, einzeln, endständig, milchweiß, duftend, Juli—August, Stiele und Sepalen dicht behaart, Kelch von großen Hochblättern umgeben (!), Staubblätter sehr zahlreich, etwa 300—400; Früchte kugelig, orange, 3 cm dick. 2n = 14. WR 42; BM 1377; LWT 109 (= *R. macartnea* Dum. Cours.). Benannt nach Lord Macartney, der 1793 die in S-China und Formosa beheimatete Rose nach England brachte. ΛΛΛ D

Hierzu gehört die in England sehr bekannte Sorte → 'Mermaid' (Wm. Paul 1918), mit sehr großen, hellgelben Blüten, die in S-England haushoch klettert, bei uns aber nicht winterhart ist.

R. cardotii Masam. (1932; im Original *„cardetii“* geschrieben) steht *R. bracteata* nahe (vgl. Abb. 127); kommt hauptsächlich an der Küste Taiwans vor. — Wohl nicht in Kultur. ΛΛΛ

R. clinophylla Thory. Ähnlich *R. bracteata,* aber etwas weniger stark kletternd, Triebe kahler werdend, Behaarung zottiger; Stacheln gerade; Blättchen länglich-elliptisch, nach dem Blattende meist etwas größer werdend, unten mehr oder weniger behaart, zugespitzt (!), Spindel zottig behaart; Blüten weiß; Früchte groß, oft bis 150 Samen enthaltend. 2n = 14. BR 739; SH 1: 331; RZ 1888: 72 (= *R. involucrata* Roxb.; *R. lyellii* Lindl.; *R. lindleyana* Tratt.). Indien; von Kumaon bis Burma, in feuchten Niederungen. Vor 1817 eingeführt, doch bei uns nicht hart. In Indien oft bei religiösen Zeremonien verwendet.

Subg. III. PLATYRHODON (Hurst) Rehd.

Blätter gefiedert; Nebenblätter angewachsen, sehr schmal, mit pfriemlichen, spreizenden Öhrchen; Blüten zu 1—2, mit kleinen, abfallenden Brakteen; Kelchbecher stachelig, Früchtchen auf einem etwas erhöhten Höcker in der Blütenachse:

R. roxburghii.

R. roxburghii Tratt. Wuchs sparrig, bis 2,5 m hoch, Rinde älterer Triebe alljährlich abblätternd, grau, Stacheln an der Blattstielbasis gepaart; Blättchen elliptisch länglich, zu 7 bis 15, etwas behaart, etwa 1,5—2,5 cm lang, fein gesägt; Blüten gefüllt (!), hellrosa, 5—6 cm breit, Juni; Früchte flach kugelig, grün, ganz stachelig wie eine kleine Kastanie, Stacheln der Länge nach gefurcht. 2n = 14. BM 3490; WR 135; MJ 1331; BR 919; SOR 42 (= *R. microphylla* Roxb. ex Lindl.). China. 1824 aus dem Botanischen Garten Kalkutta, der sie angeblich aus Kanton erhielt, nach England eingeführt. (7,6) **DUWZ**

f. **normalis** Rehd. & Wils. Wuchs viel stärker, 3—4 m hoch und breit, Stämme stark; Blättchen obovat bis elliptisch, abgerundet oder spitz, kahl (!); Blüten weiß bis blaßrosa, einzeln oder zu mehreren. MJ 1330; KHL 2: 152; GSR 45, 46 (= *R. forrestii* Focke). China; Setschuan. Der erst 1908 aufgefundene wilde Typ. DM

var. **hirtula** (Regel) Rehd. & Wils. Von f. *normalis* nur abweichend durch die unterseits behaarten, 15—25 mm langen Blättchen; Blüten einfach, blaßrosa. 2n = 14. BM 6548 (= *R. hirtula* Nakai). Japan. 1862 von Maximowicz an der Küste des Hakone-Sees in Mitteljapan gefunden.

Zur Züchtung ist *R. roxburghii* nur wenig verwandt worden; → 'Tantaus Überraschung' und *R. micrugosa.*

Subg. IV. HESPORHODOS Cockerell

Blätter gefiedert; Nebenblätter angewachsen, mit verbreiterten, spreizenden Öhrchen; Blüten einzeln, ohne Brakteen; Kelchbecher stachelig, becherförmig, ohne Diskus; Früchtchen auf einem verlängerten, kegelförmigen Höcker in der Blütenachse; Sepalen fiederspaltig, aufrecht, bleibend; Frucht nicht fleischig:

R. stellata, minutifolia.

R. stellata Woot. Strauch, aufrecht, 30—50 cm hoch, junge Stämme weich behaart, dicht verzweigt, Stacheln schlank, gerade, oft gepaart, mit Borsten untermischt; Blättchen zu 3(—5), etwa 12 mm lang, obovat bis keilförmig, an der Spitze tief gezähnt, kahl oder leicht sternhaarig, Nebenblätter drüsig gerandet; Blüten einzeln, frischrosa, 4—6 cm breit, Juni—August, Griffel wollig, Staubblätter sehr zahlreich, etwa 160 oder mehr; Sepalen gefiedert, auf der Rückseite borstig; Früchte kreiselförmig, braunrot, borstig, bis

2 cm dick, meist taub. 2n = 14. WR 103 (= *R. vernonii* Greene). New Mexico; Orgelgebirge. 1897 gefunden; 1902 eingeführt. Winterhart, doch ist ein trockener, sonniger Standort zweckmäßig.

var. **mirifica** (Greene) Cockerell. Wuchs kräftiger, bis etwa 1 m hoch; Zweige kahl und drüsig, doch nicht sternhaarig; Blättchen meist zu 5, tief gezähnt, meist kahl oder fast kahl; Blüten dunkelrosa, 3,5—6 cm breit; Früchte kugelig, borstig, stumpfrot, 1,5 bis 2 cm dick. 2n = 14. BM 9070; ARA 1932; TRT 64 (= *R. mirifica* Greene). Gebirge des nördlichen New Mexico; Sacramento Mts., daher auch „Sacramento-Rose" genannt. 1910. Bei uns winterhart. D

R. minutifolia Engelm. Strauch, etwa 1 m hoch, junge Stämme weich behaart, dicht mit schlanken, braunen Stacheln besetzt; Blätter nur 2—4 cm lang, Blättchen 3—5, seltener bis 7, elliptisch bis obovat, 3—8 mm lang, tief eingeschnitten, unten weich behaart; Blüten einzeln oder zu mehreren, rosa bis fast weiß, 2,5 cm breit; Früchte kugelig, sehr stachelig, rot, 8 mm dick. 2n = 14. BC 3457; DL 3: 247; KHL 2: 154. Kalifornien. 1888. Braucht trockenes, heißes Klima; nicht winterhart. ΛΛΛ

Abbildungsnachweise

Die am Schluß der Beschreibungen stehenden Buchstaben und Zahlen sind abgekürzte Bildnachweise. Die vollständige Liste der verwendeten Abkürzungen befindet sich am Schluß des „Rosenlexikons", auf Seite 435.

Literatur

(Die beschreibende Literatur zu den Gartenrosen siehe am Schluß des „Rosenlexikons")

Andrews, H. C.: Roses; or a monograph of the genus *Rosa*. Bd. 1: 65 Taf. London 1805; Bd. 2: 64 Taf. London 1828.

Baker, J. G.: Review of the British Roses, especially in the North of England. 38 S. Huddersfield 1864.

Borbás, V. A.: Magyar birodalom vadon termó Rózsái monographiájának kisiérlete (Primitiae monographiae Rosarum imperii Hungarici). Math. Term. Közl. 16: 306—560 (1880).

Boulenger, G. A.: Les Roses d'Europe de l'herbier Crépin. Bull. Jard. Bot. Bruxelles 10: 1—417 (1924—25); loc. cit. 12: 1—192 (1931).

—: Revision des Roses d'Asie. Bull. Jard. Bot. Bruxelles 9: 203—348; 12: 165—276; 14: 115—221; 14: 274—278 (1933 bis 1936).

—: Introduction à l'étude du genre *Rosa*. Bull. Jard. Bot. Bruxelles 14: 242—278 (1937).

Bouvier, L.: Les Roses des Alpes. 1875.

Christ, H.: Die Rosen der Schweiz, mit Berücksichtigung der umliegenden Gebiete Mittel- und Süd-Europas. Basel 1873.

—: Zur Rosenflora Italiens. Regensburg 1873.

Clusius, C.: Rariorum plantarum historia. 348 S. Antwerpen 1601. Enthält vier Rosenbeschreibungen; erstmalige Nennung von *Rosa gallica* 'Versicolor' (28 Jahre früher als in Parkinson's „Paradisus"; erste Beschreibung von *Rosa hemisphaerica* (als *Rosa flava plena*).

Colmeiro, D. M.: Rosaceas de España y Portugal. 1873.

Crépin, F.: Note sur les Roses à fleurs jaunes. Flore des Serres 23: 104—105.

—: Primitiae Monographiae Rosarum. Bull. Soc. Bot. Belg. 8: 226—349 (1869); loc. cit. 11: 15—130 (1872); loc. cit. 13: 242—290 (1874); loc. cit. 14: 3—46, 137—168 (1874); loc. cit. 15: 12—100 (1876); loc. cit. 18: 221—416 (1879); loc. cit. 21: 7—196 (1882). — Reprint Lehre und London 1972.

—: Tableau analytique des Roses européennes. Bull. Soc. Bot. Belg. 31: 66—92 (1892).

Déséglise, A.: Catalogue raisonné des espèces du genre rosier pour l'Europe, l'Asie et l'Afrique, spécialement les rosiers de la France et de l'Angleterre. 1877.

—: Descriptions et observations sur plusieurs rosiers de la flore française. Fasc. I, Gand 1880; fasc. II, Lyon 1882.

Desportes, N.: Rosetum gallicum. Enumeration méthodique des espèces et des variétés du genre rosier. 124 S. Le Mans und Paris 1828. Beschreibt 2562 Arten und Gartenformen. 1829 ebenfalls erschienen unter dem Titel „Roses cultivées en France".

Desvaux, N. A.: Observations critiques sur les espèces de rosiers propres au sol de la France. In Jour. Bot. II (1813), Paris.

Dillenius, Joh. Jakob: Hortus Elthamensis. 437 S., 324 Taf. Darin auch behandelt *Rosa virginiana* (als *R. carolina fragrans*), *R. sanguisorbae* und *R. sempervirens*.

Dumortier, B. C. J.: Monographie des Roses de la Flore Belge. Bull. Soc. Bot. Belg. 6: 237—297 (1867).

Gandoger, M.: Tabulae Rhodologicae europaeo-orientales locupletissime. 319 S. Paris 1881.

—: Monographia Rosarum Europae & Orientis. Bd. 1: 1—338; Bd. 2: 1—486 (1892); Bd. 3: 1—418; Bd. 4: 1—601 (1893). Paris.

Keller, R.: *Rosa*. In P. Ascherson and P. Graebner, Syn. Mitteleur. Fl. 6 (1): 32—384 (1900—1905).

—: Synopsis Rosarum Spontanearum Europae Mediae. Denkschr. Schweiz. Naturf. Ges. 65; pp. X + 796 + 40 Taf. 1931.

Klastersky, I.: *Rosa*. In Tutin et al., Flora Europaea, II: 25—32. London 1968.

Krüssmann, G.: Unsere Rosen und ihre systematische Stellung. Rosen-Jb. 32: 10—85. Baden-Baden 1966.

Lindley, J.: Rosarum Monographia. 156 S. und 19 Farbtaf. London 1820. Behandelt alle (78) zu seiner Zeit bekannten Rosenarten und ihre Synonymie. Der Autor war bei der Veröffentlichung dieses Werkes erst 21 Jahre alt.

Linné, C.: Species Plantarum. 2 Bde. Faksimile-Druck (London 1957) der 1. Ausgabe; 1200 S., mit einer Einführung von W. T. Stearn (176 S.) und einem Anhang von J. L. Heller und W. T. Stearn (148 S.). Folgende Rosenarten werden hier aufgeführt: *Rosa cinnamomea, eglanteria, villosa, canina, spinosissima, centifolia, alba, gallica, indica, sempervirens, pendulina* und *carolina*.

Loiseleur-Deslongchamps, J. J. A.: Description des principales espèces et variétés du genre rosier. Paris 1817.

—: La Rose, son histoire, sa culture, sa poesie. 426 S. Paris 1844.

Meyer, K. A.: Über die Zimmtrosen, insbesondere über die in Rußland wildwachsenden Arten derselben. 39 S. St. Petersburg 1847.

PRITZEL, G. A.: Thesaurus Literaturae Botanicae omnium Gentium. 577 S. Berlin 1871. Enthält genaueste Angaben über die älteste botanische und gärtnerisch-botanische Literatur bis 1870, außerdem biographische Daten über die Autoren.

REGEL, E. A. VON: Tentamen Rosarum Monographiae. 144 S. Petersburg 1877.

REHDER, A.: *Rosa.* In REHDER and WILSON, Plantae Wilsonianae, vol. 2: 304—345 (1915). Cambridge, Mass.

SCHWERTSCHLAGER, J.: Die Rosen des südlichen und mittleren Frankenjura. München 1910.

SELBSTHERR, K.: Die Rosen in 25 Gruppen und 95 Arten. 230 S. Breslau 1832.

SERINGE, N. G.: *Rosa.* In A. P. DE CANDOLLE, Prodromus 2: 597—625 (1825).

TÄCKHOLM, G.: The Egyptian Garden Roses in Schweinfurth's Herbarium. Svensk Bot. Tidskr. 26: 346—364 (1932).

THORY, C. A.: Prodrome de la monographie des espèces et variétés connues du genre rosier. 190 S., 2 Taf. Paris 1820.

TRATTINNICK, L.: Rosacearum Monographia. 4 Bde. Wien 1823 bis 1824. Enthält kaum Neues.

VICIOSO, C.: Estudios sobre el genero „*Rosa*" en España. 2. edicion. 134 S., mit Taf. Madrid 1964.

WALLROTH, F. W.: Rosae plantarum generis historia succincta. 311 S. Nordhausen 1828.

WILLMOTT, E. A.: The Genus *Rosa.* 2 Bde., Großformat (jeder 5 kg schwer!), 130 Farbtaf. London 1909—1914.

WITTICHIUS, J.: Rhodographia oder Beschreibung der Rosen. Dresden 1804.

WOLLEY-DOD, A. H.: A revision of the British Roses. Suppl. J. Bot. 68 und 69; 111 S. (1930—1931).

WOODS, J.: A synopsis of the British species of *Rosa.* Trans. Linn. Soc. 12: 159—234 (1818).

WREDE, E. CHR. C.: Verzeichnis meiner Rosen, nach einer genauen systematischen Bestimmung. 3. Aufl. Braunschweig 1814.

Die Einteilung der Rosenklassen

Die Fülle der Rosensorten, die seit Beginn des 19. Jahrhunderts, also seit Beginn der mehr oder weniger planmäßigen Rosenzüchtung erschien, veranlaßte Botaniker und Gärtner, nach einer sinnvollen Ordnung zu suchen.

Zunächst, Anfang 1800, war das noch verhältnismäßig einfach. Es gab die vielen Sorten von *Rosa gallica, R. centifolia, R. damascena, R. moschata, R. chinensis* und *R. alba.* Alle waren schon seit langer Zeit in Kultur und genügend voneinander verschieden, so daß man jede dieser frühen Rosen als eine eigene „Klasse" benennen konnte, und bei den genannten Rosen haben wir sogar heute noch die Klassenbezeichnungen von damals.

Als die Vererbungsgesetze entdeckt wurden, begannen die Rosenzüchter, auch die Klassen miteinander zu kreuzen, wobei sich zeigte, daß diese mehr oder weniger interfertil waren und auch fertile Nachkommen brachten. Ziel der Kreuzungen war in erster Linie, damals wie heute, Rosen mit möglichst langer Blütezeit zu erzielen, aber das war nicht so einfach, denn es gab damals, um 1800, nur zwei Rosenklassen, welche diese Eigenschaft in einem gewissen Grade besaßen, und das waren

a) die mehrmals blühenden (remontierenden) Bengal- oder China-Rosen;
b) die Damaszener-Rosen, die eine zweite Blüte im gleichen Jahr brachten, in warmen Gegenden mitunter auch eine dritte.

Die Züchter bemühten sich sehr mit diesen beiden Klassen, aber unglücklicherweise waren die ersten Bengal-Sämlinge steril, und das war der Grund, weshalb man dann lange Zeit die Bengal-Hybriden nicht weiter entwickelte.

Die Damaszener-Rosen hingegen erwiesen sich, ebenso ihre Sämlinge, als fruchtbar mit den meisten Gartenrosen. Dadurch entstand schon bald eine neue Klasse, die Remontantrosen, die in der Hauptsache von den Damaszener-Rosen abstammten, aber auch Plasma von *gallica, centifolia, moschata* und anderen Rosen enthielten. Bei den ersten dieser Hybriden waren die Merkmale von *Rosa damascena* meist noch gut zu sehen, und so nannte man sie dann auch „Damaszener Remontantrosen".

Bald kamen neue Rosen hinzu, die keine Merkmale ihrer Eltern mehr aufwiesen, sondern eine neue Kombination von Eigenschaften ihrer Eltern. Ein Teil dieser Sorten wurde als „Portland-Rosen" benannt, und zwar nach 'Duchess of Portland', einer der markantesten Sorten dieser neuen Klasse. Die wichtigste Sorte aber war wohl die 'Rose du Roi', von der die meisten Remontantrosen abstammen.

Von 1840 ab finden wir in den Baumschulkatalogen Hybridklassen von allen damals bestehenden Rosengruppen; Hybriden, welche zum Beispiel deutlich ein Merkmal einer *gallica*-Rose aufwiesen, wurden Gallica-Hybriden genannt, und so wurde auch bei den anderen Gruppen verfahren.

Das Jahr 1840 ist in dreifacher Hinsicht ein wichtiges Jahr für die Klassifikation der Rosen, denn es können hier drei wichtige Ereignisse festgehalten werden. Zu dieser Zeit erhielten die Rosenzüchter neue, remontierende Rosensorten. Drei Linien dieser neuen Rosen stammten von *R. odorata* und waren teilweise interfertil mit vielen europäischen Rosen. Diese drei neuen Linien dauerblühender Hybriden von *R. chinensis* waren die Noisette-Rosen, die Bourbon-Rosen und die Abkömmlinge von 'Malton' und 'Athalin', zweier fruchtbarer Sämlinge aus Bengal-Rose × Damaszener-Rose.

Nachdem nun alle Züchter durcheinander kreuzten, war es schwer, überhaupt noch von einer Klassifizierung zu sprechen, so daß 1849 ein Leser (der sich „Crito" nannte) in „Gardeners Chronicle" vorschlug, man solle doch alle Rosen einteilen in „sommerblühende" (d. h. einmal blühende) und „remontierende" (mehrmals blühende, englisch „perpetuals") Rosen.

Für die damalige Zeit hätte man wohl kaum einen besseren Vorschlag machen können. Die Baumschulkataloge ordneten die Rosen nämlich oft nach sommerblühenden oder herbstblühenden Sorten. Innerhalb dieser beiden Hauptklassen waren nun wieder die Sorten nach den damals gebräuchlichen Klassen aufgegliedert, mitunter allerdings mit ziemlicher Schwierigkeit, denn in der gleichen Klasse gab es sowohl sommer- wie auch herbstblühende Sorten.

Dennoch war diese Leserzuschrift, oder vielmehr die Antwort hierauf, ebenfalls 1849, der erste Schritt zu einer Lösung der bisherigen Unordnung. Diese Zuschrift war eine kritische Schilderung des damaligen Zustandes und führte folgende Vorschläge auf:

1. Die Klassenbezeichnung müsse das Grundmerkmal der Rosen für diese Klasse enthalten;
2. in Fällen, wo eine Rose deutliche Ähnlichkeit mit einem Elternteil aufweise, würden die alten Klassen weiter ihren Zweck erfüllen und sollten dann auch beibehalten werden.

Aber mit den damals zahlreich zu erscheinen beginnenden „Remontantrosen“ wußte der Schreiber auch nichts anzufangen, denn diese Rosen hatten keine Ähnlichkeit mit einer anderen der damals bestehenden Klassen; er bezeichnete sie als „hybrid perpetuals“, anscheinend mehr aus Intuition als Überzeugung. Seine Bezeichnung „hybrid perpetuals“ (d. h. unsere „Remontantrosen“) wurde mehr und mehr allgemein gebräuchlich und hat sich bis heute erhalten, denn diese Rosen zeigten nur sehr selten Ähnlichkeit mit einem ihrer Elternteile, so daß sie sich nicht in eine andere Klasse eingruppieren ließen.

Auch in Frankreich beschäftigte man sich schon früh, und fast mit dem gleichen Ergebnis wie in England, mit einer Klassifizierung. Hier war Alfred Carrière (um 1850) die führende Persönlichkeit auf diesem Gebiet, der bei schwierigen Entscheidungen in diesen Fragen oft als Schiedsrichter wirkte. Aus dieser Notwendigkeit heraus stellte er 1851 sieben Sektionen von Remontantrosen auf, und zwar:

1. **Perpetuelle oder Portland-Rosen**
   Stacheln sehr dünn, kurz, überaus zahlreich und die Triebe fast ganz bedeckend; Blüten meist einzeln stehend; Kelchbecher verlängert. Hierzu gehören 'Rose du Roi', 'Duchesse de Rohan' usw.
2. **Remontanthybriden von Portland**
   Stacheln ziemlich weit stehend, unterschiedlich dick und lang; Blüten zu 1—5 stehend, sogar bis zu 7, aufrecht an den Triebspitzen; Kelchbecher verlängert. Hierzu: 'La Reine', 'Baronne Prévost', 'Mme Laffay' usw.
3. **Remontanthybriden von Bourbon**
   In der Mitte stehend zwischen den Sektionen 2 und 4, aber etwas mehr nach 4; Blättchen grob gezähnt; durch den mehr kugeligen Kelchbecher leicht von Sektion 2 verschieden. Hierzu: 'Clémentine Duval', 'Géant des Batailles' usw.
4. **Bourbon-Rosen**
   Triebe sehr glatt, oft kurz, meist mit einer Blüte endigend, aber an langen Trieben auch oft mehrere Blüten beisammen; Seitentriebe oft horizontal, sehr kurz; Kelchbecher ziemlich kugelig. Hierzu: 'Reine des Ile-Bourbon', 'Mme Deprez', 'Souvenir de la Malmaison' usw.
5. **Noisette-Rosen**
   Etwas an Teerosen erinnernd, aber Wuchs viel stärker, Triebe meist sehr lang, Rinde glatt, aber doch bei einigen sehr bestachelt; Triebe in einer Blütenrispe endigend. Hierzu: 'Aimée Vibert', 'Lamarque', 'Noisette Deprez' usw.
6. **Bengal-Rosen**
   Rinde glatt, Triebe mit wenigen Stacheln, Blättchen länglich gezähnt; Blüten in Rispen, fast immer lebhaft gefärbt (bei den ähnlichen Teerosen meist gelblich oder weißlich), nur selten duftend. Hierzu: 'Cramoisi Supérieur', 'Eugène Hardy', 'Prince Eugène' usw.
7. **Teerosen**
   Den vorigen sehr ähnlich, Triebe wenig bestachelt, Blätter glänzend, Blüten oft einzeln an den Triebspitzen, oft auch zu 3—5 Blüten an langen Trieben, duftend. Hierzu: 'Devoniensis', 'Safrano', 'Souvenir d'un ami' usw.

Mit Ausnahme einiger seiner „Bourbon-Hybriden“, die wir heute als Remontantrosen ansehen, sind die von Carrière aufgestellten Klassen bis heute bestehen geblieben. Aber die damaligen französischen Rosenzüchter warfen sein System kräftig durcheinander und kreuzten Teerosen mit allen möglichen anderen Rosen, vor allem war dies Guillot. Seine Ergebnisse mit Teerosen waren 1877 so weit fortgeschritten, daß er sich verpflichtet fühlte, seinen Katalog zu überarbeiten und eine neue Klasse, die Teehybriden, einzufügen. Dieser neue Ausdruck verbreitete sich rasch, obwohl manche der neuen Sorten oft nicht sicher als Teehybriden zu erkennen waren. Manche konservative Rosenzüchter waren der Meinung, die Teehybriden seien nicht genügend verschieden von den Teerosen oder den Remontantrosen, um die Aufstellung einer neuen Klasse zu rechtfertigen. Aber die auffällige Behandlung, welche 'La France' und 'Lady Mary Fitzwilliam' auf den Rosenschauen widerfuhr, zeigte doch, daß diese neue Klasse notwendig war. Damit hatten die Rosenzüchter damals ihr Klassifizierungsproblem praktisch bereits gelöst.

Als dann später noch die Penzanciana-Rosen, die Pernetiana-Rosen und die Lambertiana-Rosen als besondere Klassen aufgestellt wurden, war dies eigentlich nur vorübergehend, denn heute werden sie so bezeichnet und eingruppiert, wie es logisch ist: Die Penzanciana-Sorten sind Rubiginosa-Sorten, gehören also dorthin; die Pernetiana-Sorten sind Hybriden von *Rosa foetida,* aber schon seit langer Zeit völlig aufgegangen in unseren modernen Teehybriden, und die Lambertiana-Sorten sind heute „öfterblühende Strauchrosen“.

Um 1870 begannen die Rosenzüchter mit der aus Japan stammenden *Rosa multiflora* (die damals noch *Rosa polyantha* hieß) zu kreuzen, und die ersten so erzielten Sorten nannte man Polyantha-Hybriden, später aber kurz „Polyantha-Rosen“. Dies waren die weiße 'Pâquerette' (1875) und die rosa 'Mignonette' (1879), beide von Guillot. Diese wurden nun wieder mit Teehybriden, aber auch mit allen anderen Rosen gekreuzt, so daß bei den daraus erzielten neuen Sorten auch die Blüten größer wurden, lebhaftere Farben erhielten, wenngleich erst um 1930 durch 'Gloria Mundi' ein neues Rot hinzu kam. So behielt man aber für die kleinblumigen Sorten die Bezeichnung „Polyantha-Rosen“ bei und nannte die Sorten mit größeren Blüten „Polyantha-Hybriden“, ein Name, der eigentlich nur verwirrt, weil er bereits früher einmal bestand, dann aber auch, weil „Polyantha-Rose“ ja doch schon eine Abkürzung von „Polyantha-Hybride“ ist und es sich hier um Hybriden mit

Polyantha-Hybriden handelt. Ein kleverer amerikanischer Rosenzüchter (Lammerts) fand einen neuen Namen in dieser Notlage: er nannte sie „Floribunda"-Rosen. Seither ist die Bezeichnung „Polyantha-Hybride" zumindest in den Vereinigten Staaten verschwunden, und auch bei uns sieht man sie weniger und weniger.

Umstritten ist noch die Bezeichnung „Grandiflora" oder „Floribunda Grandiflora", welche 1954 für 'Queen Elizabeth' geschaffen wurde und wozu heute auch noch viele andere Sorten gehören, wie z.B. 'June Bride', 'Diamant', 'Buccaneer', 'Montezuma', um nur einige zu nennen. Besonders von englischer Seite wurde diese amerikanische Gepflogenheit heftig kritisiert und durch die etwas unglückliche Bezeichnung „Floribunda-Teehybriden-Typ" ersetzt, die sich auf die Dauer wohl kaum durchsetzen wird.

In Deutschland beschäftigte sich H. v. Rathlef, der Leiter der Zentrale für Rosenforschung in Sangerhausen, ebenfalls mit einem Klassifikationsschema, das er 1940 veröffentlichte. Er schlug folgende Gliederung vor:

I. Kletterrosen
- A. einmalblühend
  1. Multiflora und Multiflora-Hybriden; *multiflora* × *multiflora*; *multiflora* × *gallica* oder × *chinensis*
  2. Wichuraiana-Hybriden; (*wichuraiana* × *multiflora*) × *gallica* oder × *chinensis*
     a) kleinblumig (z. B. 'Dorothy Perkins')
     b) großblumig (z. B. 'Fräulein Octavia Hesse')
  3. Arvensis-Hybriden; Setigera-Hybriden u. a.
- B. mehrmals oder dauerblühend
  1. Moschata-Hybriden; *moschata* × dauerblühende Sorten
  2. Lambertiana-Sorten; *multiflora*-Hybriden × dauerblühende Rosen
  3. Climbings (kletternde Sports)
  4. Noisette-Rosen; *moschata* × *chinensis*
  5. Noisette × Bourbon-Hybriden

II. Niedrige bis strauchartige Gartenrosen
- A. einmalblühend
  1. Abkömmlinge von *R. gallica*
     a) Damaszener-Rosen
     b) Centifolien
     c) Moosrosen (Mutationen)
     d) Alba-Rosen
     e) Provins-Rosen
  2. Bastarde von Wildrosen
- B. mehrmals oder dauerblühend
  1. Dauerblühende Damaszener, Centifolien und Moosrosen
  2. Bourbon-Rosen; *gallica* × *chinensis*
  3. Remontantrosen; dauerblühende Damaszener × *chinensis* oder *gallica*
  4. Bengal- und Monatsrosen, einschließlich Zwergbengal-Rosen; Abkömmlinge von *R. chinensis*
  5. Teerosen; (?) *gigantea* × *chinensis*
  6. Teehybriden; Remontant und Bourbon × Tee
  7. Lutea-Hybriden; Remontant und Teehybride × *R. foetida*
  8. Polyantha-Rosen; ('Orléans-Rose'), aus Selbstungsaufspaltung von *multiflora* × Teehybriden
  9. Polyantha-Hybriden; Polyantha × Teehybriden u. a.
     a) Polyantha-Hybriden alten Typs ('Aennchen Müller'), aus Polyantha × Teehybride oder × Tee
     b) Polyantha-Hybriden, großblumig ('Holstein'); aus Polyantha × Teehybride oder × *moschata*-Hybride u. a.
     c) Floribunda ('Gruß an Aachen'), aus Polyantha-Hybride × Teehybride

Dieses System ist durch die Zeitumstände (Krieg, Tod des Autors) kaum bekannt geworden; so soll es denn an dieser Stelle erhalten bleiben.

Wie ist nun heute die Lage auf dem Gebiet der Klassifizierung? Nach kräftigen Bemühungen in USA und in Großbritannien ist es jetzt wieder ruhig geworden; 1966 war die American Rose Society vom Rat des Internationalen Gartenbaukongresses gebeten worden, nach einer neuen Klassifikation zu suchen. Die Gesellschaft beauftragte damit einen Ausschuß unter der Leitung von Dr. G. Buck. Dieser Ausschuß stellte folgende Grundsätze auf:

1. Die Abstammung einer Sorte ist kein Faktor für die Klassifikation.
2. Die Klassifikation gründet sich nur auf sichtbare gärtnerische Merkmale.
3. Eine endgültige Klassifizierung sollte erforderlichenfalls so lange ausgesetzt werden, bis eine Sorte richtig eingeordnet werden kann.

Die amerikanische Klassifikation sieht wie folgt aus:

I. Strauchrosen
- A. Wildarten
- B. Hybriden der Wildarten
- C. Sonstige Strauchrosen
- D. Alte Gartenrosen mit strauchigem Wuchs
  1. Gallica-Sorten
  2. Damaszener-Sorten
  3. Herbst-Damaszener-Sorten
  4. Alba-Sorten
  5. Centifolia-Sorten
  6. Moosrosen

II. Alte Gartenrosen, Beetrosen
- A. China-Sorten
- B. Bourbon-Sorten
- C. Noisette-Sorten
- D. Teerosen
- E. Remontantrosen

III. Moderne Buschrosen, Beetrosen
- A. Teehybriden
- B. Grandiflora (Floribunda Grandiflora)

C. Floribunda-Sorten
D. Polyantha-Sorten
E. Miniatursorten

IV. KLETTERROSEN
A. Rambler
B. Großblumige einmalblühende Sorten
C. Großblumige dauerblühende Sorten
D. Kletternde Sports

Das Code-System für die Klassifizierung der fünf wichtigsten dauerblühenden Beetrosengruppen (III A bis III E) ist in USA bereits allgemein gebräuchlich.

Die britische Klassifizierung geht von anderen Überlegungen aus, wie die nun folgende Übersicht zeigt:

1. ARTEN
   1.1 Kletternde Arten
   1.2 Strauchrosenarten
2. KULTURSORTEN VOR 1970
   2.1 Kletterrosen
      2.1.1 Sorten mit weichen, biegsamen Trieben (Rambler)
      2.1.2 Sorten mit starren, steifen Trieben (Climber)
         2.1.2.1 Kletternde Bourbon-Rosen
         2.1.2.2 Kletternde Noisette-Rosen
         2.1.2.3 Kletternde Tee-Noisette-Rosen
         2.1.2.4 Kletternde Teehybriden
         2.1.2.5 Kordesii-Kletterrosen
   2.2 Alte Strauchrosen
      2.2.1 Gallica
      2.2.2 Damascena
      2.2.3 Alba
      2.2.4 Centifolia
      2.2.5 Centifolia Muscosa
      2.2.6 Herbst-Damascena
   2.3 Kultursorten bis 1970
      2.3.1 Beetrosen
         2.3.1.1 Miniaturrosen
         2.3.1.2 Polyantha und niedrige Floribunda
         2.3.1.3 Floribunda
         2.3.1.4 Grandiflora
         2.3.1.5 Teehybriden
      2.3.2 Moderne Strauchrosen
         2.3.2.1 Einmalblühende Strauchrosen
         2.3.2.2 Öfterblühende Strauchrosen
3. KULTURSORTEN AB 1970
   3.1 Niedrige Zwergrosen (bis 60 cm)
   3.2 Beetrosen (60—150 cm)
   3.3 Strauchrosen (über 150 cm)
   3.4 Aufrechtwachsende Kletterrosen (Pillar Roses); bis 2,50 m Triebhöhe
   3.5 Breitwüchsige Kletterrosen (Climbing Roses); über 2,50 m Trieblänge

Weitere Unterteilung nach Blütendurchmesser und Blütenstand.

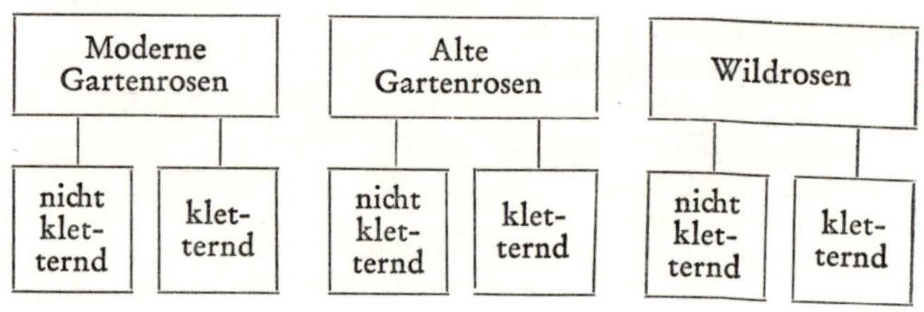

Die „Modernen Gartenrosen“ werden folgendermaßen aufgegliedert:

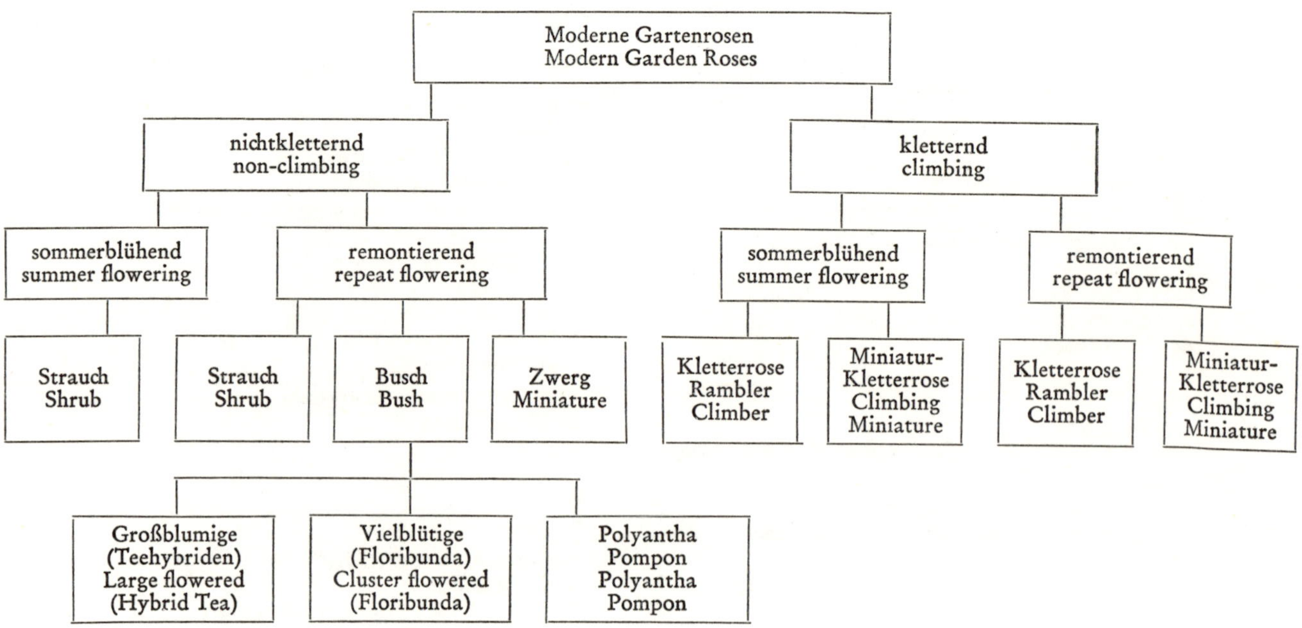

Die Royal National Rose Society in England hat ein besonderes „Classification Committee", unter der Leitung von A. Hellyer, gebildet. Dieser Ausschuß konnte 1971 bereits einen neuen Entwurf vorlegen, der folgendes vorsieht:

Die Rosen werden in drei Gruppen aufgeteilt, jede der drei Gruppen in „Kletternde" und „Nichtkletternde".

Die alten Gartenrosen behalten ihre traditionellen Gruppen (Alba, Gallica usw.). Auch die Wildrosen bleiben wie bisher ohne neue Gliederung. Der Ausschuß meinte, daß man vielleicht die Ausdrücke „Großblumige" statt Teehybriden und „Büschelblütige" statt Floribunda verwenden könnte, ohne aber selbst hiervon begeistert zu sein.

So wies man schließlich auf die Tatsache hin, daß es in der Welt noch immer keine exakte, zeitgemäße botanische Studie über die Rosen gibt, in welcher Identität und Verwandtschaft der Rosen klar umrissen sind. Solange dieser geniale Mensch noch fehlt, ist es am besten, auf ihn zu warten.

(Mme) G. de la Roche hat 1972 eine Klassifikation vorgeschlagen, die eigentlich eine Systematik ist, mit einer Reihe von Sektionen, alle mit lateinischen Bezeichnungen, aber doch sehr kompliziert für Liebhaber, so daß man kaum annehmen kann, daß dieses System allgemeine Anerkennung finden wird. Da es nur in groben Linien angedeutet wurde, kann der folgende Auszug auch nur die wichtigsten Grundzüge aufzeigen:

1. Gallico-Indicae
   Enthält alle Hybriden zwischen den *Gallicanae* und *Indicae*, also die Portland-, Bourbon-, Remontantrosen und Teehybriden.
2. Synstylo-Indicae
   Enthält hauptsächlich die von den *Indicae* abstammenden Kletterrosen, einige *Synstylae*, ferner die Noisette-Rosen und die ersten Lambertiana-Sorten (auch Moschata-Hybriden genannt) und schließlich die echten Polyantha-Rosen (aus *R. multiflora* × Teerosen).
3. Gallico-Synstylae-Indicae
   Heute die wichtigste Sektion, mit den Hybriden von *Gallico-Indicae* × *Synstylae*, ferner *Gallico-Indicae* × *Synstylae-Indicae*. Hierunter werden aufgeführt
   a) die Floribunda-Floribunda,
   b) Lambertiana-Hybriden,
   c) einige Wichuraiana-Hybriden,
   d) Kreuzungen zwischen obigen Gruppen ('Garnette', 'Orange Triumph' u. a.).
4. Pimpinellifolio-Gallico-Synstylo-Indicae
   Hierzu werden Floribunda-Hybriden gestellt, wie z. B. 'Goldilocks', 'Masquerade', 'Allgold', 'Queen Elizabeth', 'Picasso' u. a.
5. Canino-Gallico-Synstylae-Indicae
   Hierzu Floribunda-Hybriden, teils auch mit *R. rubiginosa*, wie 'Obergärtner Wiebicke', 'Lilli Marleen', 'Evelyn Fison'.
6. Cinnamomeo-Gallico-Synstylo-Indicae
   Hierzu Floribunda-Hybriden, Abkömmlinge von *R. rugosa*, wie 'Fanal'; oder von *R. californica*, wie 'Lilac Charm', 'Lake Como'.
7. Miniaturrosen
   Vielfach komplexe Sorten mit Zwergwuchs, von den *Indicae* abstammend.

Soweit dieses System, das für den praktischen Gebrauch kaum Bedeutung erlangen wird.

Literatur

(Anonym): New Classification Proposals. The Rose 16: 113 bis 116 (1968).

(Anonym): New System: Garden Rose Classification. Amer. Rose Magazine, Sept. 1967.

Carriere, A.: Charactères de Rosiers remontants. Flore des Serres 7: 140—141 (1851).

De la Roche, G.: Outline of a Classification. Rosa Belgica 1972: 6—11.

(„European Observer"): The new American Rose Classification. The Rose 16: 117—119 (1968).

Hollis, L.: Rose Classification. The Rose 17: 35—37 (1968).

Morey, D.: How Classifications are made. ARA 1957: 139 bis 145.

Rathlef, H. von: Vorschlag zur Klassifizierung der Kulturrosen und dem Aufbau der Firmenkataloge. RJb 1940: 94—105.

Rowley, G. D.: Key to the major Groups of Cultivated Roses. RHS Dictionary of Gardening, Suppl. 2. Ed.: 493 (1969).

Royal National Rose Society; Classification Committee: Draft of a classification of Roses. RA 1971: 8.

Sieber, J.: Neue Einteilung der Rosen. RJb 35: 146—167 (1969).

Das Rosen-Lexikon

ERLÄUTERUNGEN FÜR DIE BENUTZUNG

Das Lexikon enthält in alphabetischer Reihenfolge die Beschreibung von Rosensorten, und zwar

- die zur Zeit im Handel befindlichen Sorten fast vollständig; unbedeutende Sorten sind nicht immer aufgenommen;
- in vielen Fällen sind schon Sorten aufgeführt, die erst in 1—2 Jahren im Handel sein werden;
- die im Handel erhältlichen „alten Rosen“ sind ebenfalls enthalten;
- die Wildrosen stehen auf Seite 250 bis 302 in einer besonderen Liste;
- Angaben über Sorten im Deutschen Rosarium Dortmund und vier weiteren bedeutenden deutschen Rosengärten.

Nomenklatur Die Sortennamen werden so gegeben, wie sie in Deutschland gebräuchlich sind, jedoch werden auch die wichtigsten Handelssynonyme in der alphabetischen Reihenfolge aufgeführt. Man findet 'Super Star' also auch unter 'Tropicana' oder 'Kordes Sondermeldung' auch unter 'Independence' und schließlich 'Gloria Dei' auch unter 'Peace', 'Mme A. Meilland' und unter 'Gioia' usw.

Bei den Wildrosen ist der neueste Stand der botanischen Systematik und Nomenklatur berücksichtigt.

Einführungsjahr Im Vergleich mit ausländischen Rosenbüchern, insbesondere mit „Modern Roses“, wird der Leser hin und wieder Abweichungen bei den Jahreszahlen finden, und zwar sind die Angaben bei deutschen Sorten dort mitunter später datiert. Das liegt daran, daß in der ausländischen Literatur im allgemeinen das Jahr der Einführung einer Sorte *in das betreffende Land*, z. B. in die USA, genannt wird, während im vorliegenden Buch natürlich das Jahr angegeben wird, in welchem der deutsche Züchter seine Sorte *in Deutschland* in den Handel gab.

Höhenangaben Diese können nur ein Anhalt sein, denn sie sind abhängig von Klima, Boden, vor allem aber von Schnitt und Pflege. Im allgemeinen beziehen sie sich, vor allem bei den Teehybriden und Floribundarosen, auf die Höhe, die die einjährigen Veredlungen in der Rosenschule erreichen.

Gartenwert Die am Schluß der Beschreibung in Klammern stehende Zahl bedeutet den Gartenwert der Sorte, soweit dieser durch eine sachliche Prüfung ermittelt wurde, und zwar sind es die neuesten Werte der amerikanischen Prüfung, bekannt unter der Bezeichnung „Proof of the Pudding“. Der Idealwert von 10 Punkten ist bisher nie erreicht worden! Näheres über diese Prüfung und genauere Erläuterungen siehe Seite 146.

Abbildungsnachweise Wenngleich Autor und Verlag gerne dem Buch eine große Menge von Tafeln beigegeben hätten, so konnten sie aus wirtschaftlichen Überlegungen nur 26 bringen. Es gibt andererseits eine größere Zahl guter Tafelwerke mit Rosen, die zu erschwinglichen Preisen zu bekommen sind. Auf die Farbbilder in einer Reihe dieser Bücher, auch der Veröffentlichungen einiger Rosengesellschaften wird hier hingewiesen. Diese Bildnachweise dürften sehr nützlich sein, insbesondere auch deswegen, weil solche in anderen Rosenbüchern überhaupt nicht gegeben werden. Die Bildnachweise bestehen aus einer Buchstabenkombination (Anfangsbuchstabe des Autorennamens und des Buchtitels) und der Abbildungsnummer oder -seite. Die genauen Erläuterungen siehe Seite 435.

Standortnachweis Die am Schluß der einzelnen Sortenbeschreibungen stehenden Buchstaben D, M, U, W und Z geben an, in welchen deutschen Rosarien die Sorten vorhanden sind. Es bedeuten:

D = Dortmund, Deutsches Rosarium;
M = Insel Mainau, Rosengarten;
U = Uetersen, Rosarium;
W = Weihenstephan bei München; Rosensammlung des Institutes für Stauden und Gehölze;
Z = Zweibrücken, Rosengarten (hier stehen noch etwa 200 weitere Sorten, die nicht in dieses Buch aufgenommen wurden).

Ahnentafeln Auf 33 „Ahnentafeln“ sind die Vorfahren besonders wichtiger Rosensorten aufgezeichnet; es erschien zweckmäßiger, die Tafeln klein und übersichtlich zu halten und auf die weiterführenden Tafeln hinzuweisen, da viele Sorten zum Teil die gleichen Vorfahren haben. Da bei jeder beschriebenen Sorte im allgemeinen auch die Eltern angegeben sind, kann man sich leicht die Ahnentafeln selbst zusammenstellen. Hinweise auf andere Tafeln werden durch → gegeben.

Mutationen (Sports) Bei einigen Sorten mit besonders vielen Mutationen sind diese ebenfalls in Übersichten zusammengestellt.

Adair Roche. *Fl.-Gfl.* McGredy 1968. 'Paddy McGredy' × 'Femina'-Sämling. Rosarot mit silbriger Rückseite, gefüllt, reichblühend, leicht duftend; buschig, 90 cm; Blätter glänzend. GSR 377; RA 1969:48. D

Adam Messerich. *Str.* (*Bourbon*). Lambert 1920. 'Frau Oberhofgärtner Singer' × ('Louise Odier'-Sämling × 'Louis Philippe'). Rosa, halbgefüllt, groß, anfangs becherförmig, stark duftend, remontierend; Wuchs kräftig, bis 2 m, nur wenig bestachelt; Blätter hellgrün. DMU

Adélaide d'Orléans. *Rem.* (*semperfl.*). Jacques 1826. Hellrosa, halbgefüllt, reichblühend, kleine Knospen; Wuchs stark, bis 5 m. TCR 1.

Adeline Genée. *Fl.* Harkness 1967. 'Paddy McGredy' × Sämling. Gelb, großblumig, sehr dicht gefüllt, etwas duftend; gut wüchsig; Blätter glänzend. D

Adolf Grille. *Fl.* Kordes 1940. 'Dance of Joy' × ('Cathrine Kordes' × 'E. G. Hill'). Karminrot, großblumig, locker gefüllt, becherförmig, leicht duftend; Wuchs buschig, gedrungen; Laub derb, dunkelgrün. DWZ

Adolf Horstmann. *TH.* Kordes 1971. 'Königin der Rosen' × 'Dr. A. J. Verhage'. Goldgelb, Rückseite bernstein, gefüllt, großblumig, gut duftend, Knospe lang, urnenförmig; Wuchs aufrecht, buschig; Laub groß, dicht, stark glänzend. DZ

Aenne Burda. *TH.* Kordes Söhne 1973. Sämling × 'Gruß an Berlin'. Blutrot, großblumig, hoch gebaut, gefüllt, etwas duftend, einzeln an langen Stielen; Wuchs stark, buschig; Laub glänzendgrün, reichlich. D

Africa Star. *Fl.* West 1965. Eltern nicht bekannt. Lila, dicht gefüllt, leicht duftend, lange und reich blühend; Wuchs niedrig, breit, 50 cm; Blätter dunkelgrün, junge bronze getönt, leicht glänzend.

Agatha. 1818. Keine einzelne Sorte, sondern eine Gruppe von Rosen mit kleinen, sehr dicht gefüllten Blüten, äußere Petalen zurückgeschlagen, innere nach oben gewölbt, meist pastellfarben, purpurn oder auch anders; Blätter ähnlich wie bei 'Officinalis'. Herkunft unbekannt, doch weisen Merkmale auf eine Verwandtschaft mit *R. centifolia* hin. DM

Agena. *TH.* Delbard-Chabert 1967. Innen lachsrosa, außen etwas heller, großblumig, duftend, hoch gebaut, dicht gefüllt. Wuchs stark; Laub reichlich, duftend. (9,0)

Aglaia. *Kl.* Schmitt, Lyon 1896. *R. multiflora* × 'Rêve d'Or'. Kanariengelb, halbgefüllt, duftend, im Verblühen fast weiß; Wuchs kräftig; Blätter glänzend. RZ 1897:1. DMZ

Agnes. *Str.* (*rugosa*-H.). Saunders 1922. *R. rugosa* × 'Persian Yellow'. Bernsteingelb, Rand heller, groß, gefüllt, ballförmig, duftend, reichblühend, Juni; Wuchs sehr kräftig, 2,5 m; Blätter ähnlich *R. rugosa*. — Sehr winterhart. GSR 128; TRT 132. (8,0) DMU

Agnes Kruse. *Fl.* Tantau 1936. 'Mme Edouard Herriot' × 'Eblouissant'. Samtrot, großblumig, gut gefüllt, 6 cm ⌀, im Verblühen verblassend; Wuchs kräftig, aber ungleich. D

Ahoi. *Fl.* Tantau 1964. 'Lilli Marleen' × 'Konrad Adenauer-Rose'. Hell brennendrot, gut gefüllt, Knospe urnenförmig; Wuchs buschig, niedrig. RJb 29:160. DWZ

Aida. *TH.* Mansuino 1956. Fl.-Gfl. 'Crimson Glory' × 'Signora'. Rein rosarot, gefüllt, becherförmig, großblumig, gut duftend, reichlich blühend, Knospen urnenförmig; Wuchs kräftig, aufrecht, 60 cm; nur locker belaubt, Blätter lederartig. (8,9) DWZ

Aimé Vibert (= 'Bouquet de la Mariée). *Nois.* Vibert 1828. 'Champney's Pink Cluster' × *R. sempervirens*-Hybride. Knospen leicht rosa, erblüht reinweiß, gut gefüllt, mittelgroß, duftend, dauerblühend; Wuchs sehr stark, 2—3 m, am Gitter auch höher, Triebe fast ganz ohne Stacheln; Laub schön dunkelgrün, glänzend. — Älteste dauerblühende Kletterrose.

Akito. *Fl.* Tantau 1971. Reinweiß, ohne jeden anderen Ton, mittelgroß, gut gefüllt, sehr haltbar, meist einzeln auf langen Stielen; Wuchs gedrungen, buschig, 60 cm; Laub dunkelgrün. — Haussorte. D

Aladdin. *Fl.* Verbeek 1965. 'Miracle' × 'Edith Piaf'. Rot, sehr dicht gefüllt; 40 cm hoch, Triebe stark bestachelt; Blätter bronzegrün, glänzend, klein. DUWZ

Alain. *Fl.* Meilland 1946. ('Guinée' × 'Wilhelm') × 'Orange Triumph'. Glühend scharlachrot, gefüllt, 6 cm ⌀, in großen Ständen, leicht duftend, reichblühend; Wuchs kräftig, gut verzweigt, 50—60 cm; Blätter klein, mattgrün, reichlich. PWR 103. (7,9) DUWZ

Alaska. *TH.* Meilland 1949. 'Gloria Dei' × 'Blanche Mallerin'. Elfenbeinweiß, großblumig, dicht gefüllt, duftend, gut blühend; Wuchs kräftig, aufrecht. BTR 57. Z

alba mit Sorten → **Rosa alba,** siehe Seite 265.

Albéric Barbier. *Kl.* Barbier 1900. *R. wichuraiana* × 'Shirley Hibbert'. Knospe gelb, aufgeblüht fast weiß mit gelber Mitte, dicht gefüllt, groß, sternförmig, gut duftend, einzeln oder zu mehreren, sommerblühend, 8 cm ⌀; Wuchs sehr stark, bis 5 m hoch oder mehr, junge Triebe rot; Blätter tiefgrün, klein, stark glänzend. GSR 192. DZ

Alberich (= 'Happy'). *Pol.* de Ruiter 1954. 'Robin Hood' × 'Katharina Zeimet'-Sämling. Johannisbeerrot, halbgefüllt, sehr klein, doch in sehr dichten Ständen; Wuchs zwergig, 20 cm; Blätter tiefgrün, glänzend. (7,3) DUWZ

Albertine. *Kl.* Barbier 1921. *R. wichuraiana* × 'Mrs. Arthur A. Waddell'. Knospen lachsfarben, erblüht kupferrosa, locker gefüllt, stark duftend, sommerblühend, sehr reichblühend; Wuchs sehr stark, 2—4 m hoch, mehr strauchig, sich selbst tragend; Blätter dunkelgrün, matt. PWR 226; GSR 193; SOR 38. D

Albino. *TH.* Tantau 1973. Eltern nicht angegeben. Reinweiß, mittelgroß, gefüllt, leicht duftend, einzeln stehend, lange Stiele; Wuchs hoch, 70 cm; Laub groß, matt. D

Alchymist. *Str.* (*rubig.*). Kordes 1956. 'Golden Glow' × *rubiginosa*-Hybride. Orangegelb, gut gefüllt, Duft gut, großblumig, sommerblühend; Wuchs aufrecht, 1,5 m; Blätter bronze, glänzend. DWZ

Alcmaria. *Fl.* Verbeek 1971. Leuchtend blutrot, schalenförmig, großblumig, 8—10 cm ⌀, haltbare Farbe, zu 1—5 beisammen, ohne Duft; Wuchs buschig, aufrecht, 60 bis 70 cm; Laub mittelgroß, matt. D

Alec Rose. *Fl.* McGredy 1969. 'Hassan' × 'John Church'. Scharlachrot-karmin, Rückseite etwas heller, mittelgroß, locker gefüllt, zu mehreren beisammen; Wuchs buschig, aufrecht, kräftig; Laub groß, jung rot, stark glänzend. D

Alec's Red. *TH.* Cocker 1970. 'Duftwolke' × 'Dame de Coeur'. Kirschrot, sehr dicht gefüllt, Petalen zuletzt flach ausgebreitet, gut duftend, einzeln oder zu mehreren beisammen; Wuchs kräftig, aufrecht, 90 cm; Laub mittelgrün, matt. GSR 269; WPR 35; RA 1971:3. D

Alexander. *TH.* Harkness 1972. 'Super Star' × ('Ann Elizabeth' × 'Allgold'). Hell zinnoberrot, locker gefüllt, 20 Petalen, etwas duftend, einzeln oder zu mehreren; Wuchs sehr stark, hoch, aufrecht; Laub tiefgrün, etwas glänzend. RA 1973:120. Z

Alexander von Humboldt. *Ko.* Kordes 1960. *R. kordesii* × 'Kleopatra'. Scharlachrot, gut gefüllt, reichblühend; Wuchs bis 2 m oder mehr; Blätter dunkelgrün, glänzend. (6,7) DUWZ

Alexandra. *TH.* Kordes Söhne 1973. 'Königin der Rosen' × 'Dr. A. J. Verhage'. Kupfrig orange mit gelber Basis, großblumig, gefüllt, einzeln stehend, stark duftend, reichblühend; Wuchs kräftig, aufrecht; Laub dunkelgrün, glänzend, gesund. D (Tafel 19).

Alfred Colomb. *Rem.* Lacharme 1865. 'Général Jacqueminot' × ?. Erdbeerrot und karmin, sehr dicht gefüllt, kugelig, stark duftend, remontierend, lange Stiele; Wuchs dicht; Blätter dunkelgrün. DM

Alfred de Dalmas (= 'Mousseline'). *Moos.* Portemer 1855. Hellrosarot bis fast weiß, mittelgroß, becherförmig, gut gefüllt, duftend, dauerblühend, Blüten wenig bemoost; Wuchs sehr dicht, etwa 1 m hoch, viele kurze Triebe, wenig bestachelt; Blätter teils deutlich löffelförmig. (6,8) DZ

Alison Wheatcroft. *Fl.* Wheatcroft Bros. 1959. Sport von 'Circus'. Tief aprikosengelb, karmin überlaufen und gerandet, locker gefüllt, 7 cm ⌀, duftend; Wuchs mittelstark, verzweigt, 80 cm, Austrieb bronze; Blätter tiefgrün, mittelgroß, etwas glänzend. WPR 55. DZ

Allegro. *TH.* Meilland 1962. ('Rouge Meilland' × 'Kordes Sondermeldung') × 'Soraya'. Leuchtend geranienrot, gut gefüllt, ohne Duft, reichblühend, zu 3—5 beisammen, mittelgroß, ziemlich regenfest; Wuchs sehr kräftig, aufrecht, 100—120 cm; Blätter dunkelgrün, glänzend, jung rot. RJb 28:160; RA 1963:97. (7,0) DUWZ

Allen's Fragrant Pillar. *Kl.* Allen 1931. 'Paul's Lemon Pillar' × 'Souvenir de Claudius Denoyel'. Kirschrosa mit gelber Mitte, gefüllt, großblumig, duftend, reichblühend, remontierend; Wuchs stark, langtriebig; Blätter glänzend, Austrieb rotbraun. D

Allen's Golden Climber. *Kl.* Allen 1932. Orange, gefüllt, großblumig, sommerblühend; Blätter glänzend. D

Allgold. *Fl.* LeGrice 1956. 'Goldilocks' × 'Ellinor LeGrice'. Goldgelb, nicht verblassend, gut regenfest, halbgefüllt, 7 cm ⌀, duftend, reichblühend, Dauerblüher; Wuchs niedrig, mittelkräftig, 50—70 cm; Blätter klein, glänzend. PWR 135; GSR 378. (7,4) DWZ

Alliance. *Fl.* Delforge 1966. 'Rosita' × 'Queen Elizabeth'. Hellrot und dunkelrosa, gefüllt, großblumig, duftend, reichblühend; Wuchs kräftig, 80 cm, buschig; Blätter glänzend, sehr groß, tiefgrün. D

Allotria. *Fl.* Tantau 1958. 'Fanal' × 'Tantau's Triumph'. Orangerot, mittelgroß, dicht gefüllt, erblüht flach, ohne Duft; Wuchs kräftig, aufrecht, 60 cm; Blätter mittelgrün, reichlich, etwas glänzend. RJb 25:32. (6,5) DUWZ

Aloha. *Kl.* Boerner-Jackson & Perkins 1955. 'Mercedes Gallart' × 'New Dawn'. Dunkelrosa mit lachsfarbenem Anflug, großblumig, dicht gefüllt, reich und lange blühend; Wuchs mittelstark, 2—3 m; Blätter glänzend, gesund. PWR 219; GSR 230. (6,8) MU

A longs Pédoncules. *Moos.* Robert 1854. Zartrosa mit lila Anflug, kleinblumig, dicht gefüllt, duftend, nickend, in Büscheln an langen Stielen, bemoost; Wuchs kräftig, 1,5 m; Blätter zierlich, hellgrün, klein, rund. D

Alpenglühen. *Fl.* Tantau 1954. 'Tantau's Triumph' × ('Tantau's Triumph' × 'Käthe Duvigneau'). Zinnoberrot, halbgefüllt, groß, becherförmig, duftend, zu 4—10 beisammen; Wuchs kräftig, buschig, 60 cm; Blätter locker, mittelgrün, jung rötlich. DW

Alpin. *Kl.* F. Combe 1960. 'Danse du Feu' × Sämling. Hell orangerot, großblumig, gefüllt, leicht duftend, lange blühend; Wuchs stark; Laub dunkelgrün, glänzend. DMZ

Altissimo. *Kl.* Delbard-Chabert 1966. 'Tenor' × ?. Dunkelrot mit karmin, nicht verblassend, einfach, sehr großblumig, bis 12 cm ⌀, samtig, ohne Duft, dauerblühend; Wuchs kräftig, bis 2 m; Blätter groß, mattgrün, Austrieb rot. GSR 231; WPR 58; RA 1966:65. D

Alt Wien. *TH.* Prinz/Wohlt 1964. Sport von 'Queen of Bermudas'. Karminrosa, großblumig, gefüllt; Wuchs gedrungen; Laub dunkelgrün, glänzend. DUZ

Ama. *Fl.* Kordes 1955. 'Obergärtner Wiebicke' × 'Kordes Sondermeldung'. Scharlachrot, halbgefüllt, 7 cm ⌀, reich und lange blühend, gut wetterfest; Wuchs kräftig, gut verzweigt, 70 cm; Blätter hellgrün, etwas glänzend, reichlich. PWR 113; GSR 379; RJb 24:192. (6,9) DUWZ

Amadis. *Kl.* (*Boursault*). Laffay 1829. Auch als 'Crimson Boursault' bekannt; tief karminpurpur, gelegentlich auch mit weißen Stellen, fast duftlos, halbgefüllt, becherförmig, lange blühend; in günstigen Lagen 5 m hoch, Triebe sehr lang, stark, ohne Stacheln, zuerst grün, später purpurbraun und bereift; nicht fruchtend. TCR 3. D

Amatsu-Otome. *TH.* Teranishi 1960. 'Chrysler Imperial' × 'Doreen'. Goldgelb mit orange Saum, dicht gefüllt, später locker; Wuchs kräftig, hoch, langtriebig; Blätter tiefgrün, glänzend. (6,4) DZ

Amboßfunken (= 'Anvil Sparks'). *TH.* E. Meyer/Kordes 1961. Korallenrot mit goldgelb gestrichelt, gestreift und punktiert, großblumig, gut gefüllt, duftend, reichblühend; Wuchs buschig. KR 9:163; RJb 22:160. (5,8) DUZ (Taf. 19).

Ambrosia. *Fl.* Dickson 1962. Sämling × 'Shepherd's Delight'. Bernsteingelb, im Verblühen mit lila Ton, großblumig, einfach, leicht duftend, lange blühend; Wuchs kräftig, 80 cm; Blätter dunkelgrün, matt. RA 1963:20. D

Amelia. *Alba.* Vibert 1823. Kräftig rosa, großblumig, gut gefüllt, gut duftend, goldgelbe Antheren, einmalblühend; Wuchs kräftig. D

Americana. *TH.* Boerner/Jackson & Perkins 1961. 'Poinsettia'-Sämling × 'New Yorker'. Hochrot, großblumig, gefüllt, duftend, reichblühend, Knospe eiförmig, aufrecht, Laub lederartig. PWR 97; KR 9:10. (7,3) DUWZ

American Heritage. *TH.* Lammerts 1965. 'Queen Elizabeth' × 'Yellow Perfection'. Elfenbeinweiß und lachs, im Verblühen ganz lachsfarben, gefüllt, großblumig, reichblühend, lange Knospe; Wuchs hoch, 110 cm; Laub groß, glänzend, tiefgrün, lederig. (7,9) DW

American Home. *TH.* Morey/Jackson & Perkins 1960. 'Chrysler Imperial' × 'New Yorker'. Dunkelrot, großblumig, locker gefüllt, becherförmig, gut duftend; Wuchs kräftig; Laub lederartig. RJb 26:97. (7,3) DZW

American Pillar. *Kl.* Van Fleet 1902. (*R. wichuraiana* × *R. setigera*) × rote Remontanthybride. Karminrosa mit weißem Auge, gelbe Staubfäden, einfach, offen, groß, in großen Ständen, an kräftigen Stielen, einmal blühend, doch sehr reich; sehr starkwüchsig, 3—5 m; Blätter dunkelgrün, reichlich, glänzend, lederig. PWR 222; GSR 195; LR 14. (7,4) DUW

America's Junior Miss. *Fl.* Boerner/Jackson & Perkins 1964. 'Seventeen' × 'Demure'-Sämling. Zart korallenrosa, gefüllt, mittelgroß, duftend, reichblühend; Wuchs kräftig, buschig, 70 cm; Blätter rotgrün, glänzend. — Im Handel oft irreführend abgekürzt als „Junior Miss". GSR 380; RJb 30:80. (7,3) DZW

Amethyste. *Rem.* Nonin 1911. Sport von 'Non Plus Ultra'. Karminviolett, kleinblumig, sehr dicht gefüllt, sommerblühend, Triebe sehr lang and bogig; Laub glänzend. DUWZ

Amulett. *TH.* Tantau 1932. 'Mrs. Henry Winnett' × 'Johanniszauber'. Feuerrot, dicht gefüllt, duftend, reichblühend, Knospe eiförmig; Wuchs kräftig, buschig; Blätter dunkelgrün, glänzend. RZ 1931:49. D

Amy Robsart. *Str.* (*rubig.*). Penzance 1894. Dunkelrosa, halbgefüllt, großblumig, sommerblühend, duftend, später viele scharlachrote Hagebutten; Wuchs sehr stark, 2,5 m; Blätter aromatisch duftend. GSR 8.

Anabell (= 'Korbell'). *Fl.* Kordes 1972. 'Zorina' × 'Königin der Rosen'. Lachsorange, Rand dunkler, großblumig, locker gefüllt, zu mehreren und in Büscheln, duftend, reichblühend, Knospe kugelig; Wuchs kräftig, aufrecht; Laub mittelgrün, etwas glänzend, jung bronze. RA 1972:33; CRA 73:41. DUWZ

Anaïs Ségalas. *Gall.* (nicht *Cent.*!). Vibert 1837. Lilarot, später mehr lilarosa am Saum, großblumig, dicht gefüllt, grüne Mitte, zuletzt flach, duftend; Laub hellgrün; Wuchs mittelhoch, 1 m. D

Andenken an Alma d l'Aigle. *Str.* Kordes/Wohlt 1955. Zartrosa mit leichtem Lachston, großblumig, 7—8 cm ⌀, gefüllt, becherförmig, schwach duftend, in Büscheln, nikkend, reichblühend; Wuchs kräftig, aufrecht, 110 cm; Laub groß, grün, locker. DMUWZ

'Andenken an Heinz Engelmann' → **Fresco.**

Andenken an Hermann Thies. *Fl.* Krause 1959. Hellrot, locker gefüllt, ohne Duft, gut blühend; Wuchs sehr stark, buschig, 90 cm; Laub reichlich, rotgrün, matt. DW

Andenken an Rudolf Schmidt. *Fl.* Kordes/R. Schmidt 1966. Blutrot, später karminrot, mittelgroß, 6—8 cm ⌀, gefüllt, ohne Duft, reichblühend; Wuchs aufrecht, buschig, 40—50 cm; Laub grün, mittelgroß, glänzend. DUW

Andrea. *TH.* De Ruiter 1968. Hellrosa, im Verblühen etwas heller, Mitte gelborange, großblumig, gefüllt, becherförmig, zu mehreren beisammen; Wuchs buschig, aufrecht, 60 cm hoch, dicht; Laub mittelgroß, grün, glänzend. DZ

André le Troquer. *TH.* Mallerin/Meilland 1946. Eltern nicht bekannt. Orangegelb, großblumig, dicht gefüllt, gut blühend, duftend, becherförmig; Wuchs kräftig, aufrecht; Laub dunkelgrün.

Angela. *Fl.* Kordes 1956. 'Masquerade' × 'Spek's Yellow'. Goldgelb mit rosa Anflug, im Verblühen karminrot, mäßig gefüllt, duftend, meist einzeln oder zu wenigen beisammen; Wuchs hoch, aufrecht. PWR 153; RA 1958:112. (6,7) D

Angels Mateu. *TH.* P. Dot 1934. 'Magdalena de Nubiola' × 'Duquesa de Penaranda'. Lachsrosa mit goldgelbem Anflug, dicht gefüllt, duftend, großblumig, reichblühend, Knospe kugelig; Wuchs sehr kräftig; Blätter tiefgrün. ARA 1937:38. (6,0)

Angel Wings. *TH.* Lindquist 1958. 'Geheimrat Duisberg' × 'Girona'. Mitte goldgelb, später aber weiß werdend, Rand rosarot, zuerst becherförmig, dann flach aufblühend, duftend, reichblühend, Knospe eiförmig; Wuchs aufrecht; Laub lederartig. (7,5)

Anita (= 'Anita Stahmer-Rose'). *Fl.* Kordes 1973. Leuchtendrosa, mittelgroß, gefüllt, haltbar, einzeln und in Büscheln, lange Knospe; Wuchs breitbuschig, vieltriebig, etwa 65 cm hoch. — Hausrose, ähnlich 'Zorina'. D

Anna Louisa. *Fl.-Gfl.* De Ruiter 1967. 'Highlight' × 'Valeta'. Rosa, sehr dicht gefüllt, 7 cm ⌀, sehr reichblühend; Wuchs kräftig, niedrig, buschig, 60 cm; Blätter klein, mittelgrün, etwas glänzend. GSR 381. D

Anna Wheatcroft. *Fl.* Tantau 1958. 'Tantau's Triumph' × Sämling. Hellzinnoberrot, halbgefüllt, 7 cm ⌀, Staubfäden goldgelb, leicht duftend, reichblühend; Wuchs kräftig, breitbuschig, 80 cm; Blätter mittelgrün, matt. PWR 124; RA 1960:49. (8,2) Z

Anne Cocker. *Fl.* A. M. Cocker 1971. 'Highlight' × 'Königin der Rosen'. Hell zinnoberrot, gut gefüllt, mittelgroß, reichblühend, an langen Trieben, ohne Duft; Wuchs kräftig, aufrecht, 80 cm; Blätter mittelgrün, etwas glänzend. GSR 382; RA 1970:176. D

Anne Letts. *TH.* G. F. Letts 1953. 'Gloria Dei' × 'Charles Gregory'. Zartrosa, Rückseite silbrigrosa, locker gefüllt, gut blühend, duftend, regenempfindlich; Wuchs kräftig, aufrecht, stark bestachelt; Blätter groß, tiefgrün, glänzend. PWR 77. (7,5) Z

'Anne Marie' → **Anne Marie Trechslin.**

Anne Marie Trechslin. *TH.* Meilland 1968. 'Sutter's Gold' × ('Demain' × 'Gloria Dei'). Granatrot mit karmin Anflug, großblumig, gefüllt, gut duftend; Wuchs sehr kräftig, 70 cm, gut verzweigt; Blätter tiefgrün, lederartig. DZ

Anne of Geierstein. *Str.* (*rubig.*). Penzance 1894. Dunkelkarmin, einfach, sommerblühend, scharlachrote Hagebutten; Wuchs sehr stark, 2,5 m; Blätter duftend. DMW

Anne Poulsen (= 'Anne-Mette Poulsen'). *Fl.* Poulsen 1935. 'Ingar Olsson' × rote TH. Hell karminrot, halbgefüllt, etwas kugelig, in flachen Ständen, gut blühend; Wuchs aufrecht, steiftriebig, 80 cm; Blätter groß, dunkelgrün, leicht glänzend. ARA 1936:216. (7,0) DW

Anne Watkins. *TH.* Watkins 1962. 'Ena Harkness' × 'Grand'mère Jenny'. Orange mit creme, Rückseite dunkler und mitunter rosa überlaufen, mittelgroß, gefüllt, gute Form, gut blühend, wetterfest; Wuchs kräftig aufrecht, hoch, 90 cm; Blätter dunkelgrün, etwas glänzend, klein. GR 64; WPR 41; RA 1963:128. (6,0) D

Antigone. *TH.* Gaujard 1969. 'Rose Gaujard' × 'Guitare'. Gelb mit orangerot, sehr großblumig, gut gefüllt, duftend, gut blühend; Wuchs aufrecht, kräftig; Laub hellgrün. DZ

Antike (Antique). *Fl.* Kordes 1966. 'Honigmond' × 'Circus'. Innen karmin mit gelber Mitte, außen goldgelb, halbgefüllt, großblumig, etwas ballförmig; Wuchs gleichmäßig, kräftig, mittelhoch, 70—80 cm; Blätter tiefgrün, glänzend. DUZ

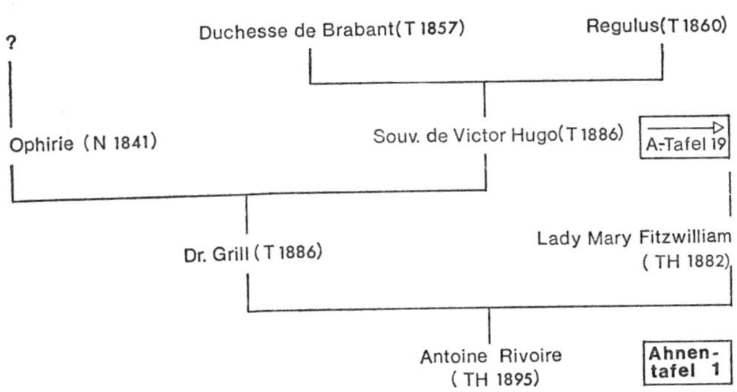

Antoine Rivoire. *TH.* Pernet-Ducher 1895. 'Dr. Grill' × 'Lady Mary Fitzwilliam'. Fleischrosa, karmin schattiert, Basis gelb, dicht gefüllt, duftend, gut blühend; wüchsig; Blätter dunkelgrün.

Anytime. *Min.* McGredy 1973. 'New Penny' × 'Elizabeth of Glamis'. Zart lachsrosa, schalenförmig, halbgefüllt, goldgelbe Antheren, sehr reichblühend; Wuchs buschig, 35 cm; Laub ziemlich groß. D

Apollo XI. *Kl.* Leenders 1970. 'Golden Perfume' × Sämling. Goldgelb, gut gefüllt, mittelgroß, sehr reichblühend; Wuchs kräftig, aufrecht, 2,5 m; Laub groß, hellgrün, glänzend. D

Appreciation. *TH.* Gregory 1971. 'Queen Elizabeth' × Sämling. Hellrot, im Verblühen karmin nachdunkelnd, 10 cm breit, gut gefüllt, etwas sternförmig, leicht duftend, zu mehreren beisammen, gut blühend; Wuchs kräftig, 90 cm. D

Apricot Nectar. *Fl.-Gfl.* Boerner/Jackson & Perkins 1965. Sämling × 'Spartan'. Hellaprikosenfarben, Basis gelb, gut gefüllt, 10 cm ⌀, etwas becherförmig, leicht duftend, lange blühend; Wuchs kräftig, hoch und breit, 90 cm; Blätter dunkelgrün, glänzend. GSR 283; RA 1966:49. (8,1) DUWZ

Apricot Silk. *TH.* Gregory 1965. ? × 'Souvenir de Jacques Verschuren'. Aprikosenfarben, Rückseite rot überlaufen, mäßig gefüllt, leicht duftend, gut blühend, Knospe lang und spitz; Wuchs mittelstark, aufrecht, 1,2 m; Blätter mittelgrün, glänzend. GSR 270. (6,8) D

Aquarius. *Fl.-Gfl.* Armstrong 1971. ('Charlotte Armstrong' × 'Contraste') × ('Fandango' × ['Minna Kordes' × 'Floradora']). Karminrosa, Rückseite dunkler überlaufen, locker gefüllt, vielfach einzeln an langen, starken Stielen. D

Arabella. *TH.* Schilling/Tantau 1918. Sport von 'Mme Caroline Testout'. Karminrosa, duftend, gut gefüllt, etwas ballförmig, Knospe spitz; Wuchs aufrecht, 70 cm. RZ 1917: 97. D

Arabian Nights. *Fl.* McGredy 1963. 'Spartan' × 'Beauté'. Lachsorange, im Verblühen mehr rot, locker gefüllt, 7 cm ⌀, leicht duftend; Wuchs kräftig, gut verzweigt, 90 cm; Laub dunkelgrün, groß, glänzend, reichlich, Austrieb rot. GSR 384.

Aramis. *Fl.* Laperrière 1964. 'Bel Ami' × ('Java' × 'Alain'). Scharlachrot, halbgefüllt, 7 cm ⌀, zu 6—8 Blüten beisammen, sehr reichblühend; Wuchs sehr buschig, gedrungen. DWZ

Archiduchesse Elisabeth d'Autriche. *Rem.* Moreau-Robert 1881. Atlasrosa, dicht gefüllt, duftend. DMZ

Archiduc Joseph. *Tee.* G. Nabonnand 1892. Sämling von 'Mme Lambard'. Kupfrig purpurrosa, Mitte mehr fleischrosa; sehr starkwüchsig. DZ

Arianna. *TH.* Meilland 1968. 'Charlotte Armstrong' × ('Gloria Dei' × 'Michèle Meilland'). Karminrosa, gefüllt, großblumig, leicht duftend, reichblühend, Knospe schlank; Wuchs kräftig, aufrecht, 80 cm; Blätter tiefgrün, lederig. GSR 271. (7,8) DWZ

Arioso. *TH.* Meilland 1974. Lachsrot, großblumig, dicht gefüllt, wetterfest, kräftige Stiele, ohne Duft; Wuchs stark, 80—90 cm. D

Aristide Briand. *Kl.* Penny 1928. 'Yseult Guillot' × unbekannt. Hellrosalila, im Verblühen weißlich, gefüllt, 6 cm ⌀, duftend; Wuchs kräftig, 2 m, gut verzweigt; Blätter klein, glänzend, lederartig, Austrieb rötlich. DWZ

Arlene Francis. *TH.* Boerner/Jackson & Perkins 1957. 'Eclipse'-Sämling × 'Spek's Yellow'. Goldgelb, gefüllt, sehr groß, duftend, Knospe lang, spitz; Wuchs kräftig; Laub sattgrün, mittelgroß, glänzend. (6,3) DWZ

Arrogance. *TH.* Poulsen 1970. 'Mischief' × ?. Korallenrot, gut gefüllt, mittelgroß, Knospe kurz, dick, einzeln, an langen, festen Stielen, leicht duftend. D

Arthur Bell. *Fl.* McGredy 1965. 'Cläre Grammerstorf' × 'Piccadilly'. Goldgelb, im Verblühen heller, halbgefüllt, 8 cm ⌀, gut duftend, gut blühend; Wuchs kräftig, aufrecht, 90 cm; Blätter mittelgrün, lederartig, glänzend. GSR 386; GR 224; RA 1965:113. (7,2) DZ

Arthur de Sansal. *Rem.* Sc. Cochet 1855. 'Géant des Batailles' × ?. Bräunlich karminpurpur, im Verblühen fast violett, aufgeblüht ganz flach, dicht gefüllt, duftend, sommerblühend; Wuchs aufrecht, buschig, 1 m; Blätter dunkelgrün. — Oft fälschlich als Portland-Rose bezeichnet und verwechselt mit → 'Mme de Sansal'. D

Arturo Toscanini (= 'Elegy'). *TH.* Meilland 1971. (['Rouge Meilland' × 'Kordes Sondermeldung'] × 'Sutter's Gold') × (['Rouge Meilland' × 'Kordes Sondermeldung'] × 'Suspense'). Leuchtend orangerot, großblumig, dicht gefüllt, sehr haltbar, ohne Duft; Wuchs mittelstark, buschig, 50 cm. DUZ

Aschermittwoch. *Kl.* (*rubig.* Hyb.). Kordes 1955. *Rubiginosa*-Sämling × 'Ballet'. Schneeweiß, großblumig, in großen Ständen, gut gefüllt, sommerblühend, sehr reich, Knospen silbergrau; Wuchs sehr stark, bis 4 m, buschig; Laub gesund. DZ

Ascott. *Fl.* Dickson 1962. 'Brownie' × Sämling. Korallenrosa bis lachsfarbig, halbgefüllt, becherförmig; Wuchs niedrig, kurztriebig; Blätter hellgrün, etwas glänzend. D

Astoria. *TH.* Delforge 1963. 'Opéra' × 'Demoiselle'. Orange mit korallenrot, reichblühend, duftend, Knospe spitz; 90 cm hoch; Blätter stark glänzend, jung bronzebraun, später frischgrün, mittelgroß. D

Atlantic. *Fl.* Gaujard 1959. 'Gloria Dei' × Sämling. Leuchtendrot, mittelgroß, gut gefüllt, leicht duftend, reichblühend; Laub tiefgrün, glänzend. DUWZ

Atlantis. *Fl.* Harkness 1970. 'Orangeade' × 'Lilac Charm'. Purpurlila mit gelben Staubfäden, einfach, reichblühend; Wuchs mittelstark, 80 cm, aufrecht; Blätter stark glänzend. D

Atoll (= 'Clarita'). *TH.* Meilland 1971. 'Super Star' × ('Zambra' × 'Romantica'). Innen zinnoberrot, außen zartrosa, 12 cm ⌀, gut gefüllt, leicht duftend, etwas ballförmig, lange blühend; Wuchs sehr kräftig, aufrecht, 80 cm; Laub dunkelgrün, mittelgroß, matt. DUZ

Atombombe. *Fl.* Kordes 1953. 'Obergärtner Wiebicke' × 'Kordes Sondermeldung'. Feuerrot, mittelgroß, gut gefüllt; starkwüchsig, buschig, 80 cm. (5,0) DWZ

Attraktion. *Fl.* Tantau 1963. 'Goldjuwel' × 'Fritz Thiedemann'. Bernsteinfarbig, Rückseite goldgelb, gefüllt, gut duftend, reichblühend; Wuchs kräftig, buschig, breit, 40 cm; Blätter bronze, glänzend. KR 9:139; RJb 27:64. (6,9) DUWZ

Audie Murphy. *TH.* Lammerts 1957. 'Charlotte Armstrong' × 'Grande Duchesse Charlotte'. Leuchtend kirschrot, halbgefüllt, zuletzt flach ausgebreitet, sehr großblumig, reichblühend, lange Knospe; buschig, aufrecht, starktriebig; Laub dunkelgrün, glänzend. (7,3) DWZ

Auguste Kordes. *Kl.* Kordes 1928. Sport von 'Joseph Guy'. Kirschrot bis karmin, großblumig, halbgefüllt, becherförmig, duftend, zu vielen beisammen; Wuchs stark, 3 m, Triebe nur ganz wenig bestachelt. DUW

August Seebauer. *Fl.* Kordes 1944. 'Break o'Day' × 'Else Poulsen'. Rosa, großblumig, gut gefüllt, duftend, reichblühend; Wuchs sehr kräftig, 60 cm; Blätter glänzend. PWR 141. DWZ

Ausonius. *Str.* (*mosch.*). Lambert 1932. ('Chamisso' × 'Léonie Lamesch') × ('Geheimrat Dr. Mittweg' × 'Tip-Top'). Gelblichrosa, Mitte weiß, halbgefüllt, zu 20—50 beisammen in pyramidalen Ständen, remontierend, gut blühend, Knospe eiförmig, gelb und rot; Wuchs buschig; Laub derb lederartig. DUZ

'Austrian Yellow' → **Rosa foetida.**

Autumn Sunlight. *Kl.* Gregory 1965. 'Danse du Feu' × 'Climbing Goldilocks'. Scharlachorange, etwas kugelig, gefüllt, mittelgroß, duftend, gut remontierend; Wuchs kräftig, 2,5 m; Blätter mittelgrün, glänzend, gesund. D

Ave Maria. *TH.* Kordes Söhne 1972. Lachsorange, im Aufblühen etwas dunkler, großblumig, gut gefüllt, hoch gebaut, stark duftend, gut blühend; Wuchs kräftig, buschig; Laub groß, tiefgrün. DZ

Ayreshire-Rosen. Eine Gruppe von Rosensorten gezüchtet aus *Rosa arvensis,* etwa um 1830, in Schottland; es waren sehr winterharte Strauchrosen, Blüten weiß bis rosa und karmin, einfach oder gefüllt. — Kaum mehr in Kultur.

Aztec. *TH.* Swim 1957. 'Charlotte Armstrong' × Sämling. Scharlachrot mit gelblichem Anflug, gut gefüllt, leicht duftend, Knospe spitz; Wuchs kräftig, etwa 1 m; Laub lederartig, glänzend, dicht. (7,6)

Azur. *Fl.* Lens 1967. Purpurlila, mittelgroß, gut gefüllt, zuletzt flach, duftend, gut blühend; 45 cm.

Babette. *Fl.* J. Gaujard 1967. Sämling × 'Eminence'. Lilarosa, locker gefüllt, kleinblumig, flach, zu mehreren beisammen, leichter Duft, reichblühend und lange haltend; Wuchs buschig, kräftig, aufrecht; Blätter klein, mittelgrün, lederartig.

Baby Baccara. *Str.* Meilland 1965. 'Callistro' × 'Perla de Alcanada'. Orangescharlach, kleinblumig, gut gefüllt, sehr reichblühend, teils einzeln, teils zu mehreren, leicht duftend; Wuchs breit, aufrecht, 1—1,5 m; Laub frischgrün, glänzend. DWZ

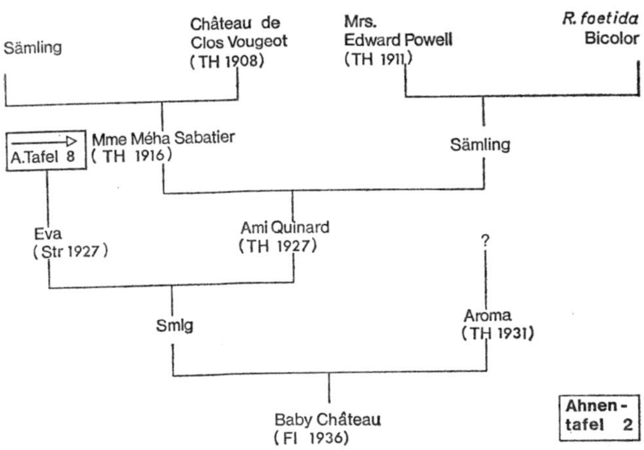

Baby Chateau. *Fl.* Kordes 1936. 'Aroma' × ('Eva' × 'Ami Quinard'). Dunkelkarmin, gefüllt, großblumig, duftend, zu vielen beisammen; Wuchs sehr kräftig, buschig; Laub mittelgrün, jung bronzerot.

Baby Darling. *Min.* R. S. Moore 1964. 'Little Darling' × 'Magic Wand'. Orange bis orangerot, klein, halbgefüllt; Wuchs zwergig, 25 cm; Blätter tiefgrün, glänzend. (8,6) Z

Baby Gold Star (= 'Estrellita de Oro'). *Min.* P. Dot 1940. 'Eduardo Toda' × 'Rouletii'. Goldgelb, halbgefüllt, flach, leicht duftend, kleinblumig; Wuchs zwergig, 30 cm, buschig; Laub tiefgrün, glänzend. GR 273; PM 22. (7,7)

Baby **Masquerade.** *Min.* Tantau 1955. 'Peon' × 'Masquerade'. Knospe rot, goldgelb aufblühend, dann allmählich leuchtendrot werdend, ähnlich 'Masquerade', aber kleiner, locker gefüllt; Wuchs zwergig, 25—35 cm; Laub tiefgrün, matt, gut deckend. GSR 501; PM 22. (8,4) DUZ

Baby Ophelia. *Min.* R. S. Moore 1961. (*R. wichuraiana* × 'Floradora') × 'Little Buckaroo'. Rosa, Mitte gelb, leicht becherförmig, kleinblumig, gut gefüllt, duftend, gut blühend; 20—25 cm; Laub glänzend grün. (8,0) Z

Baby Pinocchio. *Min.* R. S. Moore 1967. 'Golden Glow' × 'Little Buckaroo'. Lachsrosa, gut gefüllt, kleinblumig, duftend, Knospe eiförmig; zwergig, 35 cm; Laub lederartig, tiefgrün. (7,7)

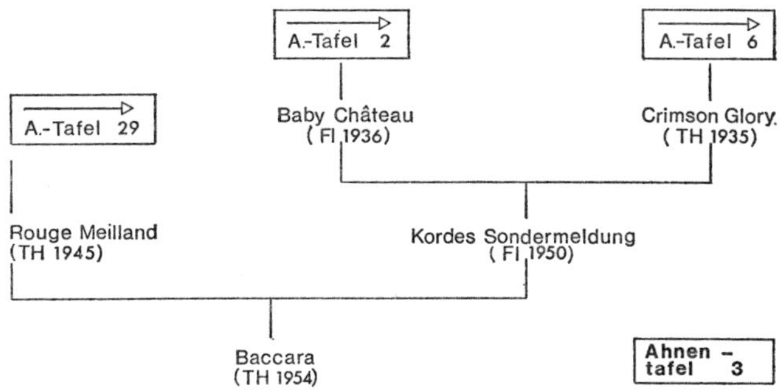

Baccara. *TH.* Meilland 1956. 'Rouge Meilland' × 'Kordes Sondermeldung'. Pelargonienrot, außen dunkler schattiert, gut gefüllt, Petalen zurückgerollt, ohne Duft, sehr regenempfindlich, Knospen kurz und dick; Wuchs sehr stark, 80 cm, Triebe steif, stark; Laub groß, glänzend grün, aber wenig deckend, jung braunrot. — Erstklassig unter Glas. PWR 19; BTR 41. (6,8) DWZ (Tafel 19).

Baden-Baden. *TH.* Kordes 1952. 'Poinsettia' × 'Crimson Glory'. Blutrot, sehr großblumig, dicht gefüllt, stark duftend, reichblühend; Wuchs ungleichmäßig, 30—60 cm; Laub tiefgrün, lederartig. DWZ

Bad Nauheim. In Deutschland Bezeichnung für → **National Trust.**

Bad Neuenahr. *Ko.* Kordes 1958. *R. kordesii*-Sämling. Samtigrot, gut gefüllt, etwa 12 cm ∅, ohne Duft, bis zu 20 beisammen, spät; Wuchs stark, aufrecht, bis 3 m; Laub groß, glänzend, lederig, jung lederartig. DUWZ

Bad Wörishofen (= 'Gruß an Wörishofen'). *Fl.* Kordes Söhne 1972. Leuchtend blutrot, großblumig, locker gefüllt, becherförmig, reichblühend und in großen Büscheln beisammen, Knospen groß, eiförmig; Wuchs niedrig, 40 cm, breitbuschig; Laub tiefgrün. DUZ

Bahia. *Fl.* H. E. Lammerts 1974. 'Rumba' × 'Super Star'. Leuchtend orange, mittelgroß, becherförmig, 8 cm ∅, 20 bis 30 Petalen, etwas duftend, in Büscheln beisammen, spitze Knospe; Wuchs kräftig, buschig, hoch wachsend; Laub mittelgroß, dunkelgrün, etwas glänzend.

Bajazzo. *TH.* Kordes 1961. 'Prima Ballerina' × 'Freiheitsglocke'. Innen samtig blutrot, außen fast weiß, gut gefüllt, großblumig, duftend; Wuchs stark, aufrecht, 60—70 cm; Laub tiefgrün, lederartig. KR 9:20. (6,2) DZ

Balalaika → **Rose Caruso**; von Sgaravatti in Italien 1971 unter dieser Bezeichnung eingeführt.

Balduin (= 'Sleepy'). *Pol.* De Ruiter 1955. ('Orange Triumph' × 'Golden Rapture') × Poly.-Sämling. Kräftig rosa, kleinblumig, locker gefüllt, ohne Duft, gut blühend; schwachwüchsig, doch sehr dicht und gedrungen, 20 cm; Laub klein, glänzend grün. D

Ballerina. *Str.* (*moschata*-H.). Bentall 1937. Eltern nicht bekannt. Zartrosa, weißes Auge, einfach, kleinblumig, aber zu vielen beisammen, sehr reichblühend, remontierend; Wuchs stark, 70—100 cm; Laub hellgrün, klein, lederartig, reichlich. GSR 140; GR 353. D

Ballet. *TH.* Kordes 1958. 'Florex' × 'Karl Herbst'. Dunkelrosa, edle Form, dicht gefüllt, sehr großblumig, leichter Duft; Wuchs stark, verzweigt, 60—70 cm; Laub groß, mattgrün, jung bronze, nicht gut deckend. GSR 272; RA 1958: 64. (7,2) DUWZ

Baltika. *Fl.* W. Noack 1972. 'Kordes Perfecta' × 'Frau Anny Beaufays'. Rosa. D

Bambino. *Min.* P. Dot 1953. Sport von 'Perla de Alcanada'. Zart rosarot, edle Form, kleinblumig, leichter Duft, gut blühend; 30 cm. PM 22. Z

Bambula. *Fl.* Tantau 1969. 'Schweizer Gruß' × 'Ahoi'. Lachsorange, locker gefüllt, leicht duftend, reichblühend, zu vielen beisammen; Wuchs mittelkräftig, buschig, 50 cm; Laub hellgrün, glänzend. DUZ

Banco. *TH.* Laperrière 1956. Lachsrosa und orangegelb, großblumig, sehr dicht gefüllt, duftend; Wuchs buschig, mittelhoch.

Bangor. *Fl.* Dickson 1972. 'Jubilant' × 'Marlena'. Kräftig rosarot, weißes Auge, mittelgroß, halbgefüllt, flach, sehr reichblühend, in Büscheln; niedrig bleibend; Belaubung mittelgroß, dunkelgrün.

Bantry Bay. *Kl.* McGredy 1967. 'New Dawn' × 'Korona'. Rosa, halbgefüllt, sehr groß, zu vielen beisammen, dauerblühend; Wuchs kräftig, 2,5—3 m; Laub mittelgrün. GSR 232; RA 1968:129. DMUZ

Banzai. *TH.* Meilland 1961. 'Radar' × 'Caprice'. Hellrot, Mitte rahmweiß, becherförmig, gut gefüllt, leicht duftend, 8 cm ∅, gut blühend; Wuchs buschig, kräftig; Laub tiefgrün, lederig. (7,2)

Barbara. *TH.* Gaujard 1962. Goldgelb mit bernstein Anflug, locker gefüllt, sehr großblumig; Wuchs sehr stark, langtriebig; Blätter tiefgrün, lederig. DZ

Barbara Hauenstein. *TH.* Poulsen/Hauenstein 1957. Dunkel silbrigrosa, gefüllt, 35 Petalen, sehr lange haltbar, duftend, lange edle Knospe; Wuchs straff aufrecht, 70—80 cm. D

Barbecue. *Fl.* P. Dickson 1961. Sämling × 'Lilli Marleen'. Leuchtendrot, locker gefüllt, flach aufblühend, duftend, zu vielen beisammen, reichblühend; Wuchs kräftig, aufrecht, buschig; Laub tiefgrün. DZ

Barcelona. *TH.* Kordes 1932. ('Sensation' × 'Templar') × 'Lord Charlemont'. Karmin, sehr großblumig, dicht gefüllt, duftend, lange, spitze Knospe; sehr wüchsig, lange, starke Triebe; Laub tiefgrün.

Baron de Wassenaer. *Moos.* V. Verdier 1854. Hellrot bis rosa, ballförmig, Knospen nur wenig bemoost, einmalblühend, wenig attraktiv; Wuchs kräftig, 1—1,5 m; Laub gesund. D

Baroness Rothschild (= 'Baronne Adolphe de Rothschild'). *Rem.* Pernet 1868. Sport von 'Souvenir de la Reine d'Angleterre'. Mitte dunkelrosa, zum Rand heller, anfangs becherförmig, später Petalen zurückrollend, großblumig, sehr dicht gefüllt, duftend, überreich blühend, im Herbst nachblühend; Wuchs sehr stark, 1,5 m; Laub groß. GSR 107. (7,1) DUW

Baron Girod de l'Ain. *Rem.* Reverchon 1897. Sport von 'Eugène Fürst'. Karminrosa, Petalen weiß gesäumt und gewellt, im Verblühen karminpurpur, im Aufblühen becherförmig, mittelgroß, dicht gefüllt, stark duftend, öfterblühend; Wuchs kräftig, 1—1,5 m; Laub groß. GSR 106; TRT 96. (7,8) DMWZ

'Baronne Adolphe de Rothschild' → **Baroness Rothschild.**

Baronne Edmond de Rothschild. *TH.* Meilland 1969. ('Baccara' × 'Liebesglut') × 'Gloria Dei'. Innen dunkel karmesinrot, außen silbrig, sehr großblumig, 12 cm ⌀, stark duftend, gut blühend; Wuchs sehr stark; Blätter sehr groß, lederig, bronzegrün, stark glänzend. DWZ

Baronne Finaz. *TH.* Gaujard 1961. 'Gloria Dei'-Sämling × 'Opera'. Rosa, gut gefüllt, großblumig, langstielig, reichblühend, duftend; Wuchs sehr kräftig; Laub tiefgrün, glänzend. (6,7) Z

Baronne Nathalie de Rothschild. *Rem.* Pernet 1885. 'Baroness Rothschild' × 'Souvenir de la Reine d'Angleterre'. Silbrigrosa, sehr großblumig, gut gefüllt, duftend, gut öfterblühend; Wuchs kräftig, bis 1,5 m; Laub hellgrün. DMWZ

Baronne Prévost. *Rem.* Desprez 1842. Rosarot, heller zum Rande hin, großblumig, sehr dicht gefüllt, zuletzt flach, duftend, remontierend; Wuchs kräftig aufrecht. SOR 27. MZ

Bayadère. *TH.* Mallerin 1954. RMS 'Queen Mary' × Sämling. Lachsrosa bis kanariengelb mit rosarotem Anflug, stark gefüllt, sehr großblumig, hoch gebaut, leicht duftend; Wuchs buschig, kräftig; Laub tiefgrün, jung bronze. RA 1955:100. Z

Bayreuth. *Str.* Kordes 1965. Goldgelb und rötlich, locker gefüllt, 25 Petalen, sehr großblumig, 12 cm ⌀, in Büscheln zu etwa 10 beisammen, stark duftend, reichblühend; Wuchs buschig, aufrecht, 1—1,5 m hoch; Laub gesund, glänzend. RJb 30:48. DMUZ

Beauté. *TH.* Mallerin 1953. 'Mme Joseph Perraud' × Sämling. Orange, großblumig, gute Form, doch ziemlich locker gefüllt, leicht duftend, wetterfest, lange, dunkelorange Knospe; Wuchs kräftig, buschig, 80 cm; Laub dunkelgrün, mattglänzend, reichlich. GSR 273; WPR 42; GR 145. (7,1) DUWZ

Bel Ange. *TH.* Lens 1962. ('Kordes Sondermeldung' × 'Papillon Rose') × ('Charlotte Armstrong' × 'Floradora'). Innen lachsrosa, außen dunkler, großblumig, gut gefüllt, duftend, reichblühend; Wuchs straff aufrecht, 90 cm; Laub dunkelgrün, jung rot. (7,9) Z

Belinda. *Str.* Bentall 1936. Zartrosa, kleinblumig, in großen, pyramidalen, aufrechten Ständen; Wuchs kräftig, 1,5 m. D

Belinda (= 'Tanbeedee'). *Fl.* Tantau 1971. Sämling × 'Zorina'. Orangegelb und kupfrig, mittelgroß, locker gefüllt, etwas duftend, zu mehreren beisammen; Wuchs kräftig, buschig, 60—70 cm; Laub grün, mittelgroß, dicht stehend, stark glänzend. — Treibrose. DZ

Bella Donna. *Fl.* Verbeek 1964. 'Baccara'-Sämling × 'Miracle'. Leuchtendrot, gut gefüllt, Knospe eiförmig; Laub tiefgrün, glänzend. DUZ

Belle Amour. *Alb. R. damascena* × *R. alba* (?). Gefunden vor 1950 in einem Kloster in Elboeuf, Frankreich. Lachsrosa, halbgefüllt, Staubfäden gelb, Duft stark, anisartig, reichblühend; Wuchs kräftig, Triebe steif, sehr stachelig; Blätter hellgrün. GSR 63. (6,8) DM

Belle Blonde. *TH.* Meilland 1955. 'Gloria Dei' × 'Lorraine'. Goldgelb, Mitte dunkler, gut gefüllt, mittelgroß, gut duftend, reichblühend; Wuchs buschig, 50 cm, mittelgroß, aufrecht; Laub groß, sattgrün, glänzend. PWR 80; WPR 16. (6,9) DZ

Belle de Crécy. *Gall.* Roeser, Frankreich; vor 1848. Im Aufblühen kirschrot, mit lila Flecken und Adern, im Verblühen violett mit purpur und grau, vollendete Form, voll erblüht flach, in Büscheln; Wuchs etwas schlaff (Pfahl!), 1 m, Triebe nahezu stachellos; Blätter stumpfgrün. TR 5. DMW

Belle de Provins. *TH.* Robichon 1954. 'Crimson Glory' × 'E. G. Hill'. Tief samtigrot, großblumig, gute Form, stark duftend, gut blühend; wüchsig.

„Belle des Jardins" s. unter *R. centifolia* 'Variegata', S. 263.

Belle Epoque (= 'Royal'). *TH.* Kriloff 1962. 'Gloria Dei' × 'Kordes Sondermeldung'. Karminrosa, außen rahmfarben, sehr großblumig, duftend, 15 cm ⌀, gut blühend; Wuchs kräftig, aufrecht; Laub tiefgrün, glänzend. (7,8) — Nicht zu verwechseln mit „Belle Epoque" von Lens; diese siehe unter 'Bel Ange'! RJb 26:224. (7,9)

Belle Etoile. *TH.* Lens 1961. 'Joanna Hill' × 'Tawny Gold'. Goldgelb, gut gefüllt, aufgeblüht etwas sternförmig, mittelgroß, zu 5—6 Blüten beisammen an langen Trieben; Wuchs aufrecht. RJb 25:32. (6,2) Z

Belle Isis. *Gall.* Parmentier 1845. Hellrosa, gut gefüllt, Rand später fast weiß, Knospen kugelig; Wuchs mittelstark, etwa 1 m; Laub hellgrün. DMUZ

'Belle Marseillaise' → **Fellemberg.**

Belle Poitevine. *Str.* (*rug.*). Bruant 1894. Hell purpurrosa, Knospe dunkler, großblumig, halbgefüllt, voll erblüht flach, leichter Duft, öfterblühend, große, orangerote Früchte; Wuchs kräftig, bis 1,5 m hoch und breit; Laub ähnlich *R. rugosa,* hellgrün. — Sehr ähnlich (vielleicht identisch?) 'Souvenir de Christophe Cochet'. PWR 189. (7,9) DZ

Belle Portugaise. *Kl.* H. Cayeux, Lissabon 1903. *R. gigantea* × 'Souvenir de Mme Léonie Viennot'. Zart lachsrosa, großblumig, locker gefüllt, Petalen zurückrollend, starker Duft, etwas hängend, nur einmal, aber lange blühend; Wuchs sehr stark, bis 5 m; Laub graugrün. ∧∧∧ (7,1)

Belle Siebrecht (= 'Mrs. W. J. Grant'). *TH.* A. Dickson 1895. 'La France' × 'Lady Mary Fitzwilliam'. Zartrosa, im Verblühen mehr lila, gut gefüllt, duftend, lange Knospe. RZ 1895:71.

Da diese Sorte in der älteren deutschen Rosenliteratur immer nur diesen Namen führt, ist sie ausnahmsweise unter diesem, wie auch unter ihrem ursprünglichen Namen → 'Mrs. W. J. Grant' beschrieben.

Bellona. *Fl.* Kordes Söhne 1974. 'Mabella' × Sämling. Im Typ ähnlich 'Spanish Sun'. Goldgelb, mittelgroß, stark duftend, hoch gebaut, zu mehreren an langen Stielen, selbstreinigend, reichblühend; Wuchs stark, 80 cm; Laub glänzend, reichlich, dunkelgrün. D

Belvédère. *TH.* Delforge 1955. 'Reine Elisabeth' × 'Christopher Stone'. Dunkelrot, mittelgroß, 8—10 cm ⌀, halbgefüllt, etwas duftend, zu mehreren beisammen; Wuchs aufrecht, buschig, 80 cm; Laub jung rot, später grün, mittelgroß, etwas glänzend.

Bengali. *Fl.* Kordes 1966. 'Dacapo' × Sämling. Rotorange, Rückseite gelborange, gut gefüllt, mittelgroß, zu mehreren beisammen, lange blühend; Wuchs buschig, gut verzweigt, 50 cm; Laub hellgrün, glänzend, reichlich, Austrieb rotbraun. DUZ

Bengt M. Schalin. *Ko.* Kordes 1956. *R. kordesii* × 'Eos'. Karminrot, locker gefüllt, mittelgroß, ohne Duft, zu vielen in Büscheln, einmal reich blühend; Wuchs stark, buschig, 1,5 m; Laub hellgrün, klein, lederig. DMUWZ

Benjamin Franklin. *TH.* Abrams/Edmunds 1970. Lachsrosa mit orangegelbem Anflug, großblumig, dicht gefüllt, gut duftend, einzeln an langen Stielen, gut haltbar, reichblühend; Wuchs buschig, mittelstark; Laub reichlich, lederartig, zuerst bronze.

Benvenuto. *Kl.* Meilland 1967. ('Alain × 'Guinée') × 'Cocktail'. Hellrot, locker gefüllt, flach, gelbe Staubfäden, leichter Duft, öfterblühend; Wuchs kräftig, 2 m; Laub tiefgrün, glänzend. DMUZ

Berlin. *Str.* (*mosch.*-Hyb.). Kordes 1949. 'Eva' × 'Gloria Dei'. Zinnoberrot, Mitte gelblichweiß, einfach, Petalen gewellt, Staubfäden goldgelb, dauerblühend, zu vielen in großen Ständen; Wuchs kräftig, 1,5 m, Stacheln kräftig; Laub glänzend, gesund. GSR 141. (7,8) DMWZ

Bermudiana. *TH.* Boerner/Jackson & Perkins 1966. 'Golden Masterpiece'-Sämling × 'Golden Masterpiece'-Sämling. Karminrosa, voll erblüht etwas heller, zweifarbig, 12—15 cm ⌀, gut gefüllt, duftend; Wuchs stark, aufrecht, 1—1,2 m; Laub tiefgrün, lederig. (6,5)

Bernstein. *Fl.* Haenchen/Teschendorff 1972. Gelblichbraun, halbgefüllt, selbstreinigend; Wuchs kräftig, 40—60 cm; Laub tiefgrün, reichlich, glänzend.

Bertram (= 'Sneezy'). *Pol.* De Ruiter 1955. Dunkelrosa, einfach, reichblühend; Wuchs zwergig, 20—30 cm. D

Betsy McCall. *Fl.* Boerner/Jackson & Perkins 1956. Lachsrosa, gut gefüllt, großblumig, gute Form, Duft stark, reichblühend; Wuchs mittelstark, buschig; Laub groß, grün, matt, locker deckend. (7,7) DWZ

Better Times. *TH.* J. H. Hill Co. 1934. Sport von 'Briarcliff'. Leuchtend kirschrot, gute Form, großblumig, leichter Duft, sehr reichblühend, lange Knospe; Wuchs straff aufrecht, lange Triebe; Laub tiefgrün, lederig. — Früher eine beliebte Treibrose; verblaute aber leicht. ARA 1934:24. (5,9) Z

Bettina. *TH.* Meilland 1953. 'Gloria Dei' × ('Mme Joseph Perraud' × 'Demain'). Gelborange mit orangeroter Aderung, mittelgroß, gute Form, großblumig, 10 cm ⌀, gut gefüllt, duftend; Wuchs mittelkräftig, buschig, 50 cm; Laub dunkelgrün, lederig, anfangs bronze. PWR 57; BTR 28; RJb 28:160. (7,0) DZ

Betty Prior. *Fl.* Prior 1935. 'Kirsten Poulsen' × Sämling. Außen karminlachsrosa, innen etwas heller, mit weißlicher Mitte, einfach, schalenförmig, ohne Duft, überreich und dauerblühend; Wuchs straff aufrecht, buschig, 80 cm; Laub groß, grün, matt, gut deckend. (9,0) DWZ

Betty Uprichard. *TH.* A. Dickson 1922. Abstammung nicht bekannt. Zart lachsrosa, außen mehr karminrosa mit kupfrigem Anflug, großblumig, locker gefüllt, stark duftend, reichblühend; Wuchs kräftig, hoch; Laub hellgrün, lederig, glänzend. (6,2) Z

Biarritz. *Fl.* Blutrot, mittelgroß, halbgefüllt, becherförmig, 15—20 Petalen, in Büscheln, Knospen klein, kugelig; Wuchs buschig aufrecht, 80 cm.

Bichette. *TH.* A. Verschuren 1968. 'Diamond Jubilee' × Sämling. Rosa, halbgefüllt, großblumig, leicht duftend, reichblühend, einzeln an langen Stielen; Knospe groß, kugelig; Wuchs kräftig, aufrecht; Laub reichlich, tiefgrün, lederig.

Bienvenu. *Fl.* Swim & Weeks 1969. 'Camelot' × ('Montezuma' × 'War Dance'). Rötlich orange, großblumig, dicht gefüllt, stark duftend, haltbar, einzeln oder zu mehreren an langen Stielen; Wuchs stark, aufrecht; Laub reichlich, lederig, gesund.

Big Splash. *Kl. TH.* Armstrong 1969. 'Buccaneer' × 'Bravo'. Innen feuerrot mit gelber Basis, außen hellrot, leicht duftend, großblumig, becherförmig, gut haltbar, Knospe groß, spitz bis urnenförmig; Wuchs stark, kletternd; Laub gesund, lederartig, tiefgrün.

Bilitis. *Fl.* Gaujard 1970. Hochrot, Mitte goldgelb, schalenförmig, goldgelbe Staubfäden, leicht gefüllt, sehr reichblühend, zu vielen beisammen; Laub frischgrün, glänzend. UZ

Birmingham Post. *Fl.* Watkins Roses 1968. 'Queen Elizabeth' × 'Wendy Cussons'. Dunkelrosa, Rückseite dunkler, gut gefüllt, starker Duft, gute Form, großblumig; Wuchs kräftig, 90 cm; Laub reichlich, mittelgrün, lederartig. GSR 274; RA 1969:32.

Bischofsstadt Paderborn. *Str.* (*Ko.*). Kordes 1964. 'Korona' × 'Spartan'. Zinnoberscharlach bis orangerot, Mitte weiß, einfach, schalenförmig, sehr dauerhaft und leuchtend, Dauerblüher; Wuchs kräftig, 1,5—2 m, verzweigt; Laub mittelgroß, tiefgrün, glänzend, gesund. KR 9:142; RJb 28: 80. DMUWZ (Tafel 20).

Bit o'Sunshine. *Min.* R. S. Moore 1963. 'Copper Glow' × 'Zee'. Goldgelb, Staubfäden orange, duftend, locker gefüllt, zuerst schalenförmig, später flach, 5 cm ⌀, sehr reichblühend, Knospe lang, spitz; Wuchs buschig, 40 cm; Laub frischgrün, matt, gesund. (7,3) DUZ

Black Boy. *Moos.* Kordes 1958. 'Minna Kordes' × 'Nuits d'Young'. Dunkelkarmin mit purpur, Staubfäden goldgelb, locker gefüllt, aufgeblüht flach, duftend, sommerblühend; Wuchs kräftig, 1,5 m. DW

Black Fire. *Pol.* Delforge 1969. 'Schweizer Gruß' × Sämling. Tiefrot, mittelgroß, gefüllt, flach, leicht duftend, selbstreinigend, reich und lange blühend; Wuchs kräftig, 40 cm; Laub gesund. D

Black Ice. *Fl.* Gandy 1973. ('Schneewittchen' × 'Europeana') × 'Megiddo'. Dunkelrot, locker gefüllt, 10 cm ⌀, leicht duftend, gut blühend, in dichten Ständen; Wuchs kräftig; Laub tiefgrün, glänzend.

Black Prince. *Rem.* W. Paul 1866. Dunkelkarmin und schwärzlich, großblumig, dicht gefüllt, stark duftend, öfterblühend; Wuchs kräftig. (6,0)

Black Ruby. *TH.* Delbard 1965. 'Gloria Dei' × 'Impeccable'. Samtig dunkelrot, Mitte karmin, becherförmig, gut gefüllt, leicht duftend, gut blühend; Wuchs hoch; Laub dunkelgrün, reichlich.

Black Velvet. *TH.* Morey/Jackson & Perkins 1960. Tief samtigrot, großblumig, 12 cm ⌀, locker gefüllt, stark duftend, gut blühend, an starken Trieben; Wuchs kräftig, aufrecht; Laub tiefgrün, lederartig. (6,9) Z

Blanc Double de Coubert. *Str.* (*rug.*). Cochet-Cochet 1892. *R. rugosa* × 'Sombreuil'. Reinweiß, gut gefüllt, groß, stark duftend, Juni—August, schöne Knospe; Wuchs kräftig, 1,5 bis 2 m; Laub typisch *rugosa*. GSR 130; GR 368. (7,7) DUWZ

Blanche Moreau. *Moos.* Moreau-Robert 1880. 'Comtesse de Murinais' × 'Quatre Saisons Blanc'. Rahmweiß, dicht gefüllt, ziemlich kleinblumig, becherförmig bis flach, 7 cm ⌀, duftend, sommerblühend, etwas nachblühend im Herbst, Knospen stark braun bemoost und klebrig, sehr hübsch; Wuchs mittelkräftig, bis 1,5 m, Stämme sehr stachelig. (6,7) DMUWZ

Blanc Pur. *Nois.* Mauget 1827. Weiß, außen mit grünlichem Anflug, großblumig, gut gefüllt; Wuchs sehr stark, bis 4 m hoch. DMUZ

Blaze. *Kl.* Kallay/Jackson & Perkins 1932. 'Paul's Scarlet Climber' × 'Gruß an Teplitz'. Scharlachrot, mittelgroß, halbgefüllt, schalenförmig, leicht duftend, zu vielen beisammen; Wuchs sehr kräftig; Laub tiefgrün, lederartig. — Erinnert an 'Paul's Scarlet Climber', aber öfterblühend. (7,9) DW

Blaze Superior (= 'Demokracie'). *Kl.* J. Böhm 1935. Feurig scharlachrot, ähnlich 'Blaze', aber noch reicher blühend, gut gefüllt, zu mehreren beisammen, Dauerblüher; Wuchs sehr kräftig, 2,5—3 m; Laub hellgrün, gesund. DMUWZ

Blessings. *TH.* Gregory 1969. 'Queen Elizabeth' × Sämling. Zart korallenrosa, gut gefüllt, leicht duftend, großblumig, zu mehreren beisammen; Wuchs kräftig aufrecht, 90 cm; Laub stumpfgrün. GSR 388; RA 1969:176. DZ

Blickfang. *Fl.* Haenchen/Teschendorff 1972. Dunkelziegelrot, halbgefüllt, selbstreinigend, sehr haltbare Farbe; Wuchs buschig, kräftig, 50—70 cm; Laub tiefgrün, Austrieb rötlich.

Blithe Spirit. *TH.* Armstrong & Swim 1964. 'Fandango' × Sämling. Hell karminrosa, Basis gelblich, mittelgroß, locker gefüllt, leicht duftend, zu vielen beisammen; Wuchs kräftig, aufrecht und breit; Laub groß, jung bronze. (7,1)

Bloomfield Abundance. *Str.* (*chin.*). G. C. Thomas, USA 1920. 'Sylvia' (?) × 'Dorothy Page Roberts'. In der Erscheinung erinnernd an 'Cécile Brunner', aber Wuchs stärker, langtriebig; lachsrosa, edle Form, kleinblumig, dicht gefüllt, duftend, zu vielen beisammen, öfterblühend; Wuchs sehr stark, buschig, 1,8 m; Laub zierlich, tiefgrün, glänzend. ARA 1926:100; TRT 172. (7,7) D

Blossomtime. *Kl.* O'Neal/Bosley 1951. 'New Dawn' × Teehybride. Außen dunkelrosa, innen heller bis rosigweiß, großblumig, gut gefüllt, stark duftend, zu 3—8 beisammen, dauerblühend, Knospen lang, spitz; Wuchs kräftig, 1,5—2 m; Laub glänzend, gesund. RJb 26:96. (7,8) DMWZ

Blue Boy. *Cent.* Kordes 1958. 'Louis Gimard' × 'Kordes Sondermeldung'. Bräunlichpurpur und lilarosa, sehr großblumig, Teehybridenform, dicht gefüllt, stark duftend, sommerblühend; Wuchs aufrecht, schwachwüchsig, buschig, 1 m; Laub hellgrün, glänzend. (6,3) DWZ

Blue Diamond. *Fl.* Lens 1963. 'Purpurine' × ('Purpurine' × 'Royal Tan'). Lavendel-rosalila, großblumig, gut gefüllt, 10 cm ⌀, duftend, reichblühend; Wuchs gedrungen, buschig; Laub tiefgrün, Austrieb bronze. CRA 69:112.

'Blue Girl' → **Kölner Karneval.**

Blue Heaven. *TH.* D. Whisler 1971. ('Sterling Silver' × 'Simone') × 'Saphire'. Purpurrosa, gefüllt, groß, stark duftend, selbstreinigend, einzeln oder zu mehreren beisammen, an langen Trieben, Knospen groß, eiförmig; Wuchs kräftig, 1 m; Laub mittelgrün, groß, glänzend.

'Blue Moon' → **Mainzer Fastnacht.**

Blue River. *TH.* Kordes Söhne/Horstmann 1973. 'Mainzer Fastnacht' × 'Silver Star'. Lila-magenta, großblumig, gefüllt, becherförmig, einzeln an langen Stielen, stark duftend, gut blühend; Wuchs stark, aufrecht; Laub reichlich, dunkelgrün, glänzend. D

Blush Damask. *Str.* (*dam.*); auch als 'Blush Gallica' bezeichnet; die Zugehörigkeit ist nicht eindeutig festzulegen. Hell lilarosa, Mitte dunkler, gut gefüllt, kleinblütig, doch oft vielblütig, nickend, einmal blühend, Juni; Strauch schwachwüchsig, sehr dicht bezweigt, 1,2 m; Laub tiefgrün. GSR 77. D

Blush Hip. *Str.* (*alba*). 1848 von W. Paul genannt, daher mutmaßlich um 1840 in England entstanden. Zartrosa, Mitte grau, sehr dicht gefüllt, duftend, Knospe kirschrosa; sehr starkwüchsig (kletternd!), bis 3 m; Laub grob gesägt. D

Blush Noisette (= 'Rosier de Philippe Noisette'). *Nois.* Noisette vor 1817. Sämling von 'Champney's Pink Cluster'. Zart lilarosa, Mitte etwas gelblich, mittelgroß, locker gefüllt, einzeln oder zu 3—6 in Büscheln, überreich blühend, duftend; Wuchs kräftig, 2—3 m hoch, Triebe fast ohne Stacheln, junge Triebe gerötet; Blätter stumpfgrün. — Diese Rose sandte Philippe Noisette aus Charleston, USA, an seinen Bruder Louis Noisette, der sie 1818 einführte. Noch heute wertvolle Sorte, die vor allem in alten englischen Gärten noch oft zu finden ist. TCR 5. D

Blush Rambler. *Kl.* (*mult.*). B. R. Cant 1903. 'Crimson Rambler' × 'The Garland'. Hellrosa, halbgefüllt, becherförmig, 3,5 cm ⌀, sehr gut duftend, in großen und kleinen Ständen, einmal blühend, Juni; Wuchs sehr stark, 3—4 m, Triebe fast ohne Stacheln; Laub hellgrün. D

Bobbie Lucas. *Fl.* McGredy 1967. 'Margot Fonteyn' × 'Elizabeth of Glamis'. Dunkel lachsorange, großblumig, 8 cm ⌀, gute Form, leicht duftend, zu vielen beisammen; Wuchs kräftig; Laub tiefgrün. (7,4) D

Bob Hope. *TH.* Kordes 1967. 'Friedrich Schwarz' × 'Kordes Perfecta'. Scharlachrot, sehr großblumig, edle Form, gut gefüllt, starker Duft, Knospe lang, urnenförmig, karminrot; Wuchs stark, hoch, langtriebig; Laub dunkelgrün, lederartig. (7,4) DUWZ

Bonanza. *TH.* Verbeek 1957. Außen gelb, rot überlaufen, innen leuchtendrot, gut gefüllt, leicht duftend, Knospe kurz, dick; Wuchs kräftig; Laub dunkelgrün. D

Bon-Bon. *Fl.* Jackson & Perkins 1974. 'Bridal Pink' × Sämling. Innen dunkelrosa, außen mehr oder weniger weiß, großblumig, gut gefüllt, 9 cm ⌀, 25 Petalen, in Büscheln stehend, leicht duftend; Wuchs niedrig, buschig; Laub frischgrün.

Bond Street. *TH.* McGredy 1965. 'Radar' × 'Queen Elizabeth'. Lachsrosa, doch am Saum etwas dunkler, 10 cm ⌀, gut gefüllt, duftend; Wuchs kräftig aufrecht; Laub mittelgrün, etwas glänzend. GSR 275. D

Bonfire. *Fl.* McGredy 1971. 'Tiki' × 'Variety Club'. Rot aufblühend, dann orangescharlach, Rückseite heller, ballförmig, 8 cm ⌀, halbgefüllt, leicht duftend, zu vielen beisammen; Wuchs gedrungen, buschig, aufrecht; Laub tiefgrün, etwas glänzend. RA 1972:112. DUZ

Bonjour. *Fl.* Gaujard 1965. 'Mignonne' × 'Miss Universe'. Leuchtend scharlachrot, gut gefüllt, mittelgroß, leicht duftend, reichblühend; Wuchs kräftig, 50 cm; Laub tiefgrün, lederig. (6,0) Z

Bonn. *Str.* (*mosch.*-H.). Kordes 1949. 'Hamburg' × 'Kordes Sondermeldung'. Scharlachorange, im Verblühen purpur, locker gefüllt, 7 cm ⌀, Staubfäden goldgelb, duftend, den ganzen Sommer blühend; etwa 1,5 m hoch; Laub glänzend, gesund. PWR 202; GSR 142. (7,6) DMUWZ

Bonne Nuit. *TH.* Combe/Wyant 1966. Schwärzlichrot, gut gefüllt, mittelgroß, gut duftend, Knospe lang, spitz; Wuchs buschig; Laub glänzend, nicht deckend. RJb 26:97. (7,4) Z

Bonny. *Min.* Kordes Söhne 1974. 'Zorina' × Sämling. Ähnlich 'Zwergkönig'. Rosa, kleinblumig, gut gefüllt, haltbar, reichblühend; Wuchs zwergig, 20 cm; Laub klein, hellgrün, gesund. D

Bonsoir. *TH.* A. Dickson 1968. Zartrosa, dunkler überlaufen, sehr großblumig, edle Form, guter Duft, gefüllt, reichblühend; Wuchs kräftig, aufrecht, 90 cm; Laub groß, dunkelgrün, glänzend. GSR 276; RA 1968:32; WPR 38. D

Bon Voyage (= 'Voeux de Bonheur'). *TH.* Delbard/Stark Bros. 1969. 'Michèle Meilland' × 'Chic Parisien'. Rahmweiß, Saum kirschrot, Rückseite rahmweiß, sehr dicht gefüllt, stark duftend, gut blühend, einzeln an langen Trieben, Knospe eirund, kirschrot; Wuchs kräftig; Laub groß, tiefgrün, glänzend.

Bo-peep. *Min.* de Vink 1950. 'Cécile Brunner' × 'Tom Thumb'. Rosarot, sehr kleinblumig, becherförmig, gut gefüllt, leicht duftend, sehr reichblühend, Knospe spitz, eiförmig; Laub klein, glänzend. ARA 1950:121. (8,1) Z

Border Coral. *Fl.* de Ruiter 1957. 'Signal Red' × 'Fashion'. Korallenrot, Basis gelb, halbgefüllt, mittelgroß, 7 cm ⌀, leicht duftend, zu vielen beisammen; Wuchs kräftig, breit, 60 cm; Laub mittelgrün, glänzend. PWR 151; RA 1958:144.

Border King. *Pol.* de Ruiter 1950. Erdbeerrot, kleinblumig, locker gefüllt, reichblühend, in großen Ständen; sehr wüchsig, 80 cm; Laub tiefgrün, sehr gesund, gut deckend. DW

Border Queen. *Fl.* de Ruiter 1951. Lachsrot, Mitte heller, Rückseite dunkler, Staubfäden goldgelb, Saum stark gewellt, leicht duftend, leicht gefüllt, 6 cm ⌀, zu vielen beisammen; Wuchs gedrungen, 60 cm; Laub olivgrün, lederartig. HRB 116. Z

'Bottrop' → **Curiosa.**

Botzaris. *Str.* (*dam.*). 1856. Reinweiß, dicht gefüllt, Mitte grünlich, flach aufblühend, stark duftend, sehr reichblühend und schön; Wuchs mittelhoch, aufrecht; Laub hellgrün, gesund. D

Boule de Neige. *Str.* (*Bourb.*). Lacharme 1867. 'Blanche Lafitte' × 'Sappho'. Rahmweiß, Petalenrand oft dunkelrosa, ballförmig, voll gefüllt, gut duftend, zu mehreren in kleinen Büscheln, dauerblühend; Wuchs aufrecht, buschig, 1,5 m; Laub tiefgrün, lederig. D

Bountiful. *TH.* LeGrice 1972. 'Vesper' × Sämling. Dunkel lachsrot, Rückseite noch dunkler, gut gefüllt, mittelgroß, 7 cm ⌀, leicht duftend, in Büscheln; Wuchs kräftig, aufrecht; Laub klein, mittelgrün, reichlich.

Bouquet d'Or. *Nois.* Ducher 1872. 'Gloire de Dijon' × ?. Tiefgelb, Mitte kupfrig-lachsfarben, dicht gefüllt, großblumig. D

'Bourbon Queen' → **Queen of Bourbons.**

Brandenburg. *TH.* Kordes 1965. ('Spartan' × 'Prima Ballerina') × 'Karl Herbst'. Hellrot, voll erblüht mehr dunkel lachsrot, großblumig, gute Form, ohne Duft, gut wetterfest; starkwüchsig, buschig, 0,9 m; Laub mittelgrün, derb, jung rot. GSR 277; KR 9:36; RJb 30:128. (7,3) DUZ

Brasilia. *TH.* McGredy 1965. 'Kordes Perfecta' × 'Piccadilly'. Innen leuchtend scharlach, außen hellgelb, gute Form, locker gefüllt, etwas Duft, Knospe lang, spitz; Wuchs sehr kräftig, aufrecht, wenig verzweigt, 0,9 m; Laub glänzendgrün, derb, gesund, Austrieb karmin. GSR 278; RA 1968:145. (6,6) DZ

Bravo. *TH.* Swim/Armstrong 1951. 'Minna Kordes' × 'Mirandy'. Kardinalrot, gut gefüllt, großblumig, 10—12 cm ⌀, etwas duftend, gut blühend; Wuchs kräftig, buschig; Laub derb lederig. (6,5) Z

Brazil. *TH.* Caron 1947. Innen leuchtend orange, außen tiefgelb, gut gefüllt, schöne Form, Knospe lang; Laub hellgrün. Z

Brennende Liebe. *Fl.* Tantau 1956. 'Fanal' × 'Crimson Glory'. Samtig dunkelrot, locker gefüllt, sehr großblumig, ohne Duft; Wuchs buschig, ungleich, 0,5—0,8 m; Laub groß, rötlichgrün, matt, derb, mäßig deckend. (6,1) DUWZ

Brennpunkt. *Fl.* Haenchen/Teschendorff 1972. Ziegelrot, mittelgroß, halbgefüllt, in großen Ständen; Wuchs kräftig, 0,6—0,8 m; Laub tiefgrün.

Brézilienne. *Pol.* Delforge 1971. 'Schweizer Gruß' × 'Ena Harkness'. Dunkelrot, halbgefüllt, mittelgroß, becherförmig, leicht duftend, selbstreinigend, gut haltbar, einzeln an langen Trieben, Knospen lang, spitz; Wuchs kräftig, niedrig bleibend; Laub lederartig, gesund.

Briarcliff. *TH.* Pierson 1926. Sport von 'Columbia'. Dunkelrosa, Petalen am Rand heller, im Verblühen verblassend, edle Form, guter Duft; Wuchs gleichmäßig, aufrecht, 0,5 m; Laub tiefgrün, lederig. — Als Treibsorte heute nur noch wenig bedeutend. (6,2)

Bridal Pink. *Fl.* Boerner/Jackson & Perkins 1967. 'Summertime'-Sämling × 'Spartan'-Sämling. Zartrosa, großblumig, gut gefüllt, spitze Form, duftend, reichblühend; Wuchs buschig, aufrecht; Laub lederartig, mattgrün. DZ (Taf. 19).

Bride's White. *Fl.* Mansuino 1968. Sämling × Sämling. Reinweiß, kleinblumig, gefüllt, leicht duftend, einzeln oder zu mehreren beisammen; Wuchs buschig, aufrecht, kräftig; Laub mittelgroß, reichlich.

Bright Wings (= 'Gitane'). *TH.* Mallerin 1942. 'Mme Arthaud' × 'Annie Devret'. Mitte orange, nach außen rosa werdend, locker gefüllt, großblumig, gut duftend; Wuchs kräftig, starktriebig; Laub glänzend. (6,1)

Bristol Post. *TH.* J. Sanday 1972. 'Vera Dalton' × 'Parasol'. Lachsrosa mit orange, voll erblüht etwas heller, Basis orange, 10 cm breit, locker gefüllt, leichter Duft; Wuchs kräftig, mittelhoch; Laub dunkelgrün, glänzend.

Bronze Masterpiece. *TH.* Boerner/Jackson & Perkins 1960. 'Golden Masterpiece' × 'Kate Smith'. Kräftig bernsteinbraun, voll erblüht mehr orangegelb, sehr großblumig, 12 bis 15 cm ⌀, stark duftend, lange blühend und gut haltbar, Knospe lang, spitz; Wuchs sehr kräftig, aufrecht; Laub glänzend, lederig. RJb 24:192. (6,6) UWZ

Brownie. *Fl.* Boerner/Jackson & Perkins 1958. 'Lavender Pinocchio' × 'Grey Pearl'. Lila mit gelb und braun, im Verblühen mehr rot, Rückseite gelbbraun, gut gefüllt, Mitte etwas ballförmig, äußere Petalen becherförmig, 8—10 cm ⌀; Wuchs buschig, ungleich; Laub mittelgrün, schlecht dekkend. (6,4) DZ

Buccaneer. *TH.* Swim/Armstrong 1954. 'Geheimrat Duisberg' × ('Max Krause' × 'Capt. Thomas'). Goldgelb, reinfarbig, mittelgroß, locker gefüllt, Farbe gut beständig, Knospe urnenförmig; Wuchs aufrecht, 0,9—1 m, wenig verzweigt, Triebe lang (aber als Schnittblume nicht fest genug); Laub groß, grün, matt, gut deckend. PWR 158; GSR 279. (7,3) DWZ

Budateteny. *TH.* Mark, Budapest 1970 (?). Zartrosa, langsam aufblühend, gut gefüllt, etwa 40 Petalen, sehr schöne Form, gut duftend, Blüten einzeln an langen Stielen. D

Buff Beauty. *Str.* (*mosch.*-H.). Züchter vermutlich Rev. J. H. Pemberton, England 1939. 'William Allen Richardson' × ?. Aprikosengelb, später am Rand heller, sehr dicht gefüllt, mittelgroß, gut duftend, reichblühend, Juni—Herbst; Wuchs etwa 1,3—1,5 m; Laub dunkelgrün, jung rot. GSR 118; TRT 124. (7,7) MU

Buisman's Triumph. *Str.* Buisman 1953. 'Käthe Duvigneau' × 'Tantau's Triumph'. Hellrot, halbgefüllt, ohne Duft, gut blühend; Wuchs aufrecht, stark verzweigt, 1—1,5 m; Laub groß, gut deckend, grünrot. DMWZ

„Burgunder-Röschen" → **R. centifolia 'Parvifolia'**, s. S. 263.

Burkhard (= 'Grumpy'). *Pol.* de Ruiter 1956. Eltern nicht bekannt. Hellrosa, im Verblühen rot, langer Blütenstand; Wuchs niedrig, 35 cm. D

Burnaby (= 'Golden Heart'). *TH.* Eddie 1954. 'Phyllis Gold' × 'President Herbert Hoover'. Rahmweiß, sehr dicht gefüllt, 10—15 cm ⌀, leicht duftend, lange Knospe; Wuchs kräftig, buschig; Laub tiefgrün, glänzend. (7,6) DZ

Busy Lizzie. *Fl.* Harkness 1970. ('Pink Parfait' × 'Masquerade') × 'Dearest'. Rosa, locker gefüllt, 6 cm ⌀, zu mehreren beisammen, reichblühend; Wuchs gedrungen, sehr buschig; Laub mittelgrün, glänzend. GSR 389; RA 1970:49. DZ

Butterfly. *TH.* Barter 1969. 'Center Court' × 'Carla'. Weiß, Rand zinnoberrot, leicht duftend, dicht gefüllt, lange Knospe; Wuchs kräftig.

Butterscotch. *TH.* J. H. Hill 1946. 'Souvenir de Claudius Pernet' × 'R. M. S. Queen Mary'. Innen zitronengelb, außen orangegelb, großblumig, 10—12 cm ⌀, locker gefüllt, offen, leichter Duft, lange Knospe; Laub tiefgrün, glänzend, lederartig. ARA 1948:56. (6,1)

Café. *Fl.* Kordes 1956. ('Golden Glow' × *R. kordesii*) × 'Lavender Pinocchio'. Bräunlich mit hellgelb, gut gefüllt, leicht duftend, zu vielen beisammen, reichblühend; 40 cm hoch; Laub groß, olivgrün. DWZ

Caid. *Pol.* Delforge 1971. 'Orangeade' × Sämling. Orange, mittelgroß, gut gefüllt, selbstreinigend, leicht duftend, gut blühend; Wuchs kräftig, Triebe mit nur wenigen Stacheln; Laub mittelgrün, lederig.

Camaieux. *Str.* (*gall.*). Vibert 1830. Anfangs zartrosa mit hellkarmin Streifen, diese später violettpurpur werdend, nur locker gefüllt, Ende Juni; Wuchs mittelstark, Triebe bogig, wenig bestachelt, kaum über 1 m; Laub graugrün. (7,5) DUWZ

Camelot. *Fl.* Swim & Weeks 1964. 'Circus' × 'Queen Elizabeth'. Lachs- bis korallenrot, großblumig, gefüllt, bis 12 cm ⌀, einzeln oder zu mehreren an langen Trieben; Wuchs kräftig, 70 cm; Laub lederartig. (8,2) D

Cameo. *Pol.* de Ruiter 1932. Sport von 'Orléans-Rose'. Lachsrosa, dann orangerosa werdend, Mitte weiß, halbgefüllt, kleinblumig, becherförmig, gut blühend, leichter Duft; Wuchs buschig, 50—60 cm hoch. (7,5) W

Canary Bird. Vermutlich *R. hugonis* × *R. xanthina*; früher oft als *R. xanthina* f. *spontanea* angesehen und hiermit verwechselt. Strauch, bis 1,5 m hoch, Stämme etwas übergebogen, zuletzt dunkelbraun, im unteren Teil bewehrt mit großen, flachen, 3eckigen Stacheln; Blättchen 9—13, elliptisch-länglich, fein gezähnt, anfangs unten behaart; Blüten dunkelkanariengelb, 6—7 cm ⌀, Mai—Juni, reichblühend; Früchte schwärzlichrot. — 1945 in England erstmals ausgestellt. GSR 143—144. D

Canasta. *TH.* Gaujard 1966. 'Karl Herbst' × 'Miss Universe'. Blutrot, großblumig, edle Form, reichblühend, duftend, Knospe lang, spitz; Wuchs sehr kräftig. (7,6) DUZ

Cancan (= 'Diorette'). *Fl.* R. G. Jelly 1969. Sämling × Sämling. Mandarinrot, kleinblumig, gut gefüllt, duftend, zu mehreren beisammen, reichblühend, Knospe spitz, kurz; Wuchs kräftig; Laub lederartig. — Treibrose.

Candy Stripe. *TH.* McCummings/Jackson & Perkins 1963. Sport von 'Pink Peace'. Kräftig rosa, hellrosa gestreift und punktiert, großblumig, dicht gefüllt, gut duftend, gut blühend; Wuchs kräftig, aufrecht; Laub lederartig. WPR 28.

Cannes Festival. *TH.* Meilland 1951. 'Gloria Dei' × 'Prinses Beatrix'. Gelb, lachs Anflug, dunkler geadert, gut gefüllt, leichter Duft; Wuchs buschig, nur wenige Triebe; Laub dunkelgrün, jung bronze, schlecht deckend. SRW 14. (7,1) Z

'Cantab' → bei **Rosa nutkana,** siehe Seite 282.

Capistrano. *TH.* Morris 1949. Leuchtendrosa, gut gefüllt, guter Duft; Wuchs stark, aufrecht; Laub groß, grün, glänzend, schlecht deckend. SRW 14; ARA 1950:88. (7,3) DUZ

Capitaine Blasroger. *Moos.* Moreau-Robert 1890. Karminrot, purpurn schattiert, großblumig, dicht gefüllt, duftend, gut blühend; sehr starkwüchsig, fast kletternd. D

Capitaine John Ingram. *Moos.* Laffay 1854. Dunkel karmin-purpur, später dunkelpurpur mit hellen Tönen, mittelgroß, dichtgefüllt, kugelig, einmal blühend, Kelch stark bemoost, braungrün bis dunkelrot; 120 cm. TR 6. (6,9) DMUWZ

Cappa Magna. *Str.* Delbard-Chabert 1965. 'Tenor'-Sämling. Samtrot, halbgefüllt, becherförmig, 10 cm ⌀, Rand wellig, zu vielen beisammen, ohne Duft; Wuchs stark, 1,5 m; Laub tiefgrün, glänzend. GSR 145; RA 1968:144.

Capri. *Fl.* G. Fisher 1956. 'Fashion' × 'Floradora'. Korallenrot, Rückseite heller, großblumig, gut gefüllt, leicht duftend, zu vielen beisammen, gut blühend, Knospe lang; Laub glänzendgrün, lederig. (7,4)

Caprice. *TH.* Meilland 1948. 'Gloria Dei' × 'Fantastique'. Innen rot, außen hellgelb, gut gefüllt, Duft schwach, gut blühend; Wuchs buschig aufrecht, 70 cm; Laub dunkelgrün. SRW 15. DZ

Capriole. *Fl.* Tantau 1956. 'Schweizer Gruß' × 'Fanal'. Kräftig rosarot, im Verblühen etwas heller, Basis weißlich, Staubfäden goldgelb, locker gefüllt, zu vielen beisammen; Wuchs niedrig, kräftig, 50 cm; Laub gesund. DWZ

Captain Christy. *TH.* Lacharme 1873. 'Victor Verdier' × 'Safrano'. Zart fleischrosa mit dunklerer Mitte, sehr großblumig, gut gefüllt, kugelig, leicht duftend, lange blühend; Wuchs kräftig. DUZ

Captain Hayward. *Rem.* Bennett 1893. Sämling von 'Triomphe de l'Exposition'. Karmin-scharlach, großblumig, lokker gefüllt, nur wenig nachblühend; Früchte orange, groß; Wuchs gut, mittelhoch. (6,9) DUZ

Captain Kilby. *Fl.* de Ruiter 1955. Blutrot, mittelgroß, halbgefüllt, gut duftend, wetterfest, zu vielen beisammen; Wuchs stark; Laub glänzend.

Caramba. *TH.* Tantau 1966. Sämling × Sämling. Innen hell karmin, außen elfenbeinweiß, becherförmig, gut gefüllt, gute Form, wenig Duft, einzeln stehend; Wuchs hoch, buschig; Laub tiefgrün, glänzend. GSR 280; RA 1968:112. DWZ

Cara Mia. *TH.* McDaniel/Carlton 1969. 'Rouge Meilland' × Sämling. Innen canyon-rot, außen malvenrot, groß bis mittel, einzeln an langen Trieben, gute Haltbarkeit, Knospe lang, spitz; Wuchs stark; Laub dunkelgrün, wenig reichlich. — Treibsorte.

Caravelle. *TH.* Mondial Roses 1964. 'Better Times' × ?. Leuchtend hellrot, großblumig, sternförmig, gut gefüllt; Wuchs kräftig, starke Triebe.

Cardinal de Richelieu. *Str.* (*gall.*). Laffay 1840. Blüten zuerst rosa, dann lilarosa, schließlich samtig purpurviolett, ballförmig, 7 cm ⌀, gut duftend, Ende Juni; etwa 1 m hoch, Triebe nur wenig bestachelt; Laub tiefgrün. — Eine der berühmtesten Rosensorten. PWR 173; GSR 83. (7,3) DMUWZ

Carillon. *TH.* Moulin-Epinay/Vilmorin 1953. 'Soeur Thérèse' × 'Orange Nassau'. Dunkelgelb, mittelgroß, gefüllt, gut blühend, Knospe spitz, gelb mit rot.

Carina. *TH.* Meilland 1963. 'Message' × ('Rouge Meilland' × 'Kordes Sondermeldung'). Leuchtendrot aufblühend, später etwas heller, großblumig, gut gefüllt, duftend; Wuchs kräftig, 80 cm, Triebe sehr straff; Laub hellgrün, gesund. — Treibsorte. DUWZ

Carinella (= 'Only You'). *TH.* Vahldieck/Meilland 1970. Sport von 'Carina'. Karminrosa, großblumig, 12 cm ⌀, gut gefüllt, leicht duftend, einzeln an kräftigen Stielen, gut blühend; Wuchs sehr kräftig, dicht; Laub mittelgroß, derb. — Treibsorte. DZ

Carla. *TH.* de Ruiter 1963. 'Sweet Repose' × 'Queen Elizabeth'. Zartrosa, lachs Anflug, locker gefüllt, guter Duft, Knospe urnenförmig; Wuchs kräftig, lange Triebe, 90 cm; Laub tiefgrün. — Treibrose, aber auch für Freiland. (8,5) DMZ

Carmen. *Str.* (*rug.*). Lambert 1905. *R. rugosa* × 'Princesse de Béarn'. Karminrot, einfach, sehr groß, Staubfäden gelb, dauerblühend; bis 2 m hoch, sehr dicht. RZ 1905:72. DMW

Carmenetta. *Str.* Preston, Canada 1923. *R. rubrifolia* × *R. rugosa*. Blaßrosa, einfach, mittelgroß, in Büscheln beisammen, etwas duftend; kräftig wachsend, bis 2 m hoch und 3 m breit; Laub rötlich, lederartig. DMWZ

Carmen Tessier. *TH.* Sämling × 'Kordes Sondermeldung'. Karminrot, großblumig, gut gefüllt, etwas duftend, Knospe lang und spitz; Wuchs buschig; Laub tiefgrün, lederig.

Carol (= 'Carol Amling'). *Fl.* Amling/Beltran 1953. Sport von 'Garnette'. Reinrosa, innen etwas heller, mittelgroß, 6 cm ⌀, gut gefüllt, zuletzt flach rosettenförmig, Knospe zierlich, edelrosenartig; Wuchs kräftig, 40 cm; Laub tiefgrün, lederartig. — Treibrose. DZ

Caroline. *TH.* Gaujard 1955. 'Gloria Dei' × Sämling. Zinnoberrot mit lachs Anflug, sehr großblumig, dicht gefüllt, duftend; Wuchs kräftig; Laub tiefgrün. SWR 63. DZ

Caron. *Fl.* Langdale 1972. 'Kordes Perfecta' × 'Saratoga'. Weiß und rosa, zum Rand hin dunkler, gut gefüllt, 7 cm ⌀, leicht duftend, gut blühend; Wuchs kräftig, aufrecht, verzweigt; Laub mittelgrün, gesund.

Caroubier. *Kl.* (*wich.*-H.). Nonin 1912. Leuchtend scharlachrot, einfach, großblumig, frühblühend, mitunter etwas remontierend; Wuchs stark.

Carrie Corl. *TH.* Germain's 1969. 'Queen Elizabeth' × ('Queen Elizabeth'-Sämling × 'Rouge Meilland'). Mittelrot, großblumig, gut gefüllt, einzeln an kräftigen Trieben, duftend, Knospen groß, eiförmig; Wuchs sehr kräftig; Laub reichlich, dunkelgrün, lederig.

Carrousel. *Fl.* Duehrsen/Elmer 1950. Sämling × 'Margy'. Dunkelrot, leicht gefüllt, mittelgroß, duftend, sehr reichblühend; sehr starkwüchsig, aufrecht; Laub olivgrün. (8,4) WZ

Casa Blanca. *Kl.* Sima 1968. 'New Dawn' × 'Fashion'. Weiß, mittelgroß, halbgefüllt, leicht duftend, in Büscheln, öfterblühend, Knospe karmin überlaufen; Wuchs stark; Laub glänzend. (8,9)

Casanova. *TH.* McGredy 1964. 'Queen Elizabeth' × 'Kordes Perfecta'. Strohgelb, später etwas heller werdend, gut duftend, großblumig, bis 15 cm ⌀; starkwüchsig, aufrecht, 1—1,2 m; Laub tiefgrün, lederartig. GSR 281. D

Casino (= 'Gerbe d'Or'). *Kl.* McGredy 1963. Zartgelb, halbgefüllt, bis 10 cm breit, leicht duftend, reichblühend, mittelspät; Wuchs kräftig, bis 2 m; Laub tiefgrün. KR 9:54; WPR 21. (7,4) DMUWZ

Castanet. *Fl.* Boerner/Jackson & Perkins 1960. 'Chic' × 'Garnette'-Sämling. Lachsorange, breit, mittelgroß, 7 cm ⌀, duftend, reichblühend; Wuchs buschig, aufrecht.

Castel (= 'Versailles'). *TH.* Delbard 1968. Zartrosa, großblumig, locker gefüllt, hoch gebaut, lange, schmale Knospe, meist einzeln an starken, langen Stielen; Wuchs kräftig, aufrecht.

Cathay. *Fl.* Swim 1957. 'Fandango' × 'Rosenmärchen'. Hellgelb, großblumig, becherförmig, gut gefüllt, gut duftend, in Büscheln, reichblühend; Wuchs gedrungen; Laub glänzend grün, derb. WZ

Catherine Langeais. *TH.* Hémeray-Aubert 1965. 'Michèle Meilland' × 'Berthe Mallerin'. Karminrot, gut gefüllt, gute Form; Wuchs kräftig, aufrecht. DW

Catherine Mermet. *Tee.* Guillot 1869. Fleischrosa, Saum mehr lilarosa, großblumig, dicht gefüllt, duftend, gute Form der Knospe; Wuchs kräftig. — Früher bedeutende Hausrose. (7,2)

Cathrine Kordes. *TH.* Kordes 1930. ('Mme Caroline Testout' × 'Willowmere') × 'Sensation'. Blutrot, dann scharlachrot mit schwärzlicher Schattierung, sehr großblumig, dicht gefüllt, duftend, Knospe lang, spitz; Wuchs kräftig; Laub tiefgrün, jung rot. RZ 1932:1. D

Cecil Beaton. *Fl.* Gregory 1973. 'Queen Elizabeth' × Sämling. Rosarot, gut gefüllt, mittelgroß, 7 cm ⌀, gut duftend, zu mehreren beisammen; Wuchs kräftig; Laub tiefgrün, glänzend.

Cécile Brunner. *Pol.* Veuve Ducher 1889. ? Gefüllte weiße Polyantha × 'Mme de Tartas'. Zartrosa, Rand heller, Mitte gelblich, kleinblumig, locker gefüllt, schöne Form, flach, duftend, Knospe spitz, lang; Wuchs locker, 0,6 m, Triebe und Blätter zierlich. RZ 1886:87; TRT 177. — Hausrose. (7,7)

Celebration. *Fl.* P. Dickson 1961. 'Dickson's Flame' × 'Circus'. Innen kräftig lachsrosa, außen mehr silbrigrosa, großblumig, 10 cm ⌀, becherförmig, locker gefüllt, leicht duftend, gut blühend; Wuchs buschig, niedrig; Laub reichlich, dunkelgrün, ziemlich klein. RA 1963:145. DZ

Céleste (= 'Celestial'). *Alba*-Hybr. Seit vor 1759 in Kultur. Einfarbig hellrosa, halbgefüllt, duftend, sehr schön, einmal blühend; Wuchs kräftig, 1,5 m oder höher; Laub bläulichgrün. — Wird oft verwechselt mit 'Maiden's Blush'. GSR 64. (8,1) D

Célina. *Moos.* M. Hardy 1855. Karmin mit purpur Ton, mittelgroß, locker gefüllt, duftend, Knospen stark bemoost; Wuchs mäßig, 1,2 m. MUZ

Celsiana. *Str.* (*dam.*). Vor 1750. Rosa, großblumig, 10 cm breit, flach, locker gefüllt, Petalen zerknittert, duftend, zu 3—4 beisammen, sommerblühend; Wuchs kräftig, 1 m oder mehr; Laub graugrün, duftend. PWR 175; SOR 7. (8,5)

Centenaire de Lourdes. *Str.* Delbard-Chabert 1958. ('Frau Karl Druschki' × Sämling) × Sämling. Zartrosa, Mitte heller, großblumig, 10 cm ⌀, locker gefüllt, duftend, Petalen gewellt, lange blühend; Wuchs sehr stark, bis 1,8 m, aber locker; Laub glänzendgrün, gesund. GSR 390. DMWZ

Centennial. *TH.* Mallerin 1953. Sämling × 'Orange Nassau'. Innen lachsrosa, außen gelborange mit lachs Anflug, großblumig, 10 cm ⌀, dicht gefüllt, duftend, schöne Form, gut blühend; Wuchs buschig; Laub hellgrün. ARA 1954:105.

Centro de Lectura. *TH.* Dot 1959. 'Texas Centennial' × 'Gloria Dei'. Karminrot, locker gefüllt, gut duftend, lange Knospe; Triebe lang und kräftig; Laub hellgrün, glänzend.

Century Two. *TH.* D. L. Armstrong 1971. 'Charlotte Armstrong' × 'Duet'. Rosa, großblumig, gut gefüllt, etwas duftend, gut selbstreinigend, einzeln oder zu mehreren beisammen, reichblühend; Wuchs sehr kräftig, aufrecht, 1 m, Triebe sehr stachelig; Laub mittelgrün, gesund.

Ceremony. *Fl.* Lens 1970. Reinweiß, gut gefüllt, gute Form, einzeln oder auch zu mehreren, langstielig; Wuchs kräftig, 40—50 cm; Laub hellgrün, gesund.

Cerise. *TH.* Tantau 1945. 'Crimson Glory' × 'Sterling'. Reinrosa, gut gefüllt, duftend; Wuchs kräftig, aufrecht; Laub tiefgrün, lederartig. DZ

Cerise Bouquet. *Str.* Kordes 1958. *R. multibracteata* × 'Crimson Glory'. Kirschrot, halbgefüllt, mittelgroß, flach öffnend, gut duftend, reichblühend entlang der Triebe, nicht remontierend; Wuchs kräftig, 1,8 m hoch, Triebe locker überhängend; Laub hellgrün. GSR 146; TRT 20. (7,1) D

Césonie. *Str.* (*dam.*). Dunkelrosa, sehr großblumig, dicht gefüllt; Wuchs gedrungen. D

Champagne. *TH.* Lindquist 1961. 'Charlotte Armstrong' × 'Duquesa de Peneranda'. Lachsgelb, locker gefüllt, duftend, großblumig, 10—12 cm ⌀, gut blühend, Knospe spitzeiförmig; Wuchs gut aufrecht; Laub lederartig, dunkelgrün.

Champion of the World. *Rem.* Woodhouse 1894. 'Hermosa' × 'Magna Charta'. Rosarot, großblumig, dicht gefüllt, gut duftend, etwas nachblühend; Wuchs kräftig. DMU

Champney's Pink Cluster. *Nois.* Champney 1811. Wahrscheinlich eine Naturhybride von *R. chinensis* × *R. moschata*, da zu jener Zeit die Gesetze der Vererbung noch völlig unbekannt waren und in Europa erst 1866 von Gregor Mendel formuliert wurden. Aus diesem Grunde kann die häufige Bezeichnung dieser Rose als „erste echte Rosenhybride" kaum richtig sein. — Rosa, halbgefüllt, großblumig, offen, gut duftend, zu vielen beisammen, in großen Büscheln, doch nur einmal blühend. — Die erste amerikanische Hybride, die ins Ausland gesandt und so ein Vorfahr der Noisette-Rosen wurde. (6,7) DU

Champs Elysées. *TH.* Meilland 1957. 'Monique' × 'Rouge Meilland'. Kräftig karminrot, samtig, nicht verblassend, großblumig, leicht duftend, gut gefüllt; Wuchs kräftig, 80 cm, buschig; Laub mittelgrün, matt. PWR 68; GSR 282; RJb 24:217. (6,7) DUWZ

Chandelle. *Fl.* Lens 1958. 'Gretel Greul' × ('Lady Sylvia' × 'Fashion'). Hellrosa, auf der Rückseite dunkler, mittelgroß, locker gefüllt, gute Form, gut duftend, in Büscheln; Wuchs gedrungen, kräftig; junges Laub bronze.

Chanelle. *Fl.* McGredy 1959. 'Ma Perkins' × ('Fashion' × 'Mrs. William Sprott'). Zart lachsrosa mit gelblicher Mitte, goldgelbe Staubgefäße, halbgefüllt, mittelgroß, weit offen, duftend, zu vielen, reichblühend; Wuchs kräftig, 80 cm; Laub dunkelgrün, glänzend. WPR 49; RA 1959:177. (8,0) Z

Chantal. *TH.* Moulain-Epinay 1958. 'Mme Charles Sauvage' × Carillon'. Elfenbeinweiß, Mitte gelb, Saum oft karmin, sehr großblumig, voll gefüllt, duftend, reichblühend; Wuchs kräftig, aufrecht.

Chanteclerc. *Fl.* Gaujard 1956. 'Gloria Dei' × Sämling. Feuerrot, großblumig, ganz wenig gefüllt, flach, Petalen etwas gewellt, Staubfäden gelb; Wuchs 0,4 m; Laub gesund, glänzend. Z

Chantré. *TH.* Kordes 1958. 'Fred Streeter' × 'Anthéor'. Orange mit goldgelb, großblumig, locker gefüllt, edle Form, duftend; Wuchs kräftig, aufrecht; Laub dunkelgrün, lederig. (6,8) DZ

'Capeau de Napoléon' → **R. centifolia 'Cristata'**, s. S. 263.

Chaperon Rouge. *Fl.* Vilmorin 1951. 'Crimson Glory' × ('Baby Château' × Sämling). Samtig karminrot, mittelgroß, locker gefüllt, leicht duftend, reichblühend, Knospe kugelig, in Büscheln; Wuchs kräftig, aufrecht; Laub tiefgrün, jung bronze, glänzend.

Chaplin's Pink Climber. *Kl.* Chaplin Bros. 1928. 'Paul's Scarlet Climber' × 'American Pillar'. Reinrosa, halbgefüllt, mittelgroß, gelbe Staubbeutel, einmal blühend; Wuchs sehr stark, 3 m; Laub dunkelgrün, glänzend. GSR 199; PWR 210, 229. DZ

Chaplin's Pink Companion. *Kl.* Chaplin 1961. 'Chaplin's Pink Climber' × 'Opera'. Zart lachsrosa, mittelgroß, 5 cm ⌀, halbgefüllt, leicht duftend, nur einmal, aber sehr lange blühend; Wuchs stark, 3,5 m; Laub dunkelgrün, glänzend. GSR 234. D

Charivari. *Kl.* Kordes 1971. 'Königin der Rosen' × 'Goldrausch'. Gelber Grundton mit rötlichem, breitem Saum, halbgefüllt, sehr schöne edle Form, großblumig, zu mehreren beisammen, dauerblühend; Wuchs stark, aufrecht, 2 bis 3 m; Laub gesund. DZ

Charles de Mills. *Str.* (*gall.*). Dunkelrot bis violett oder auch bräunlich, sehr dicht gefüllt, 8 cm ⌀, duftend, flach; Wuchs kräftig, 1,5 m. PWR 170; GSR 84; SOR 2. (8,0) D

Charles Dickens. *Fl.* McGredy 1970. 'Paddy McGredy' × 'Elizabeth of Glamis'. Lachsrosa, Rückseite dunkler, locker gefüllt, leichter Duft, gut blühend, zu mehreren beisammen; Wuchs kräftig, aufrecht; Laub dunkelgrün, glänzend. GSR 392; RA 1971:33. D

Charles Dillon. *Fl.* Ellis Wood 1970. 'Orangeade' × 'Piccadilly'. Zartrosa, im Aufblühen kräftiger, 7 cm ⌀, leichter Duft, einzeln oder in Büscheln, gut blühend; Wuchs kräftig, kurz und buschig; Laub dunkelgrün.

Charles Lawson. *Bourb.* Lawson 1853. Rosa mit dunklerem Anflug, großblumig, locker gefüllt, nur einmal blühend; Wuchs zwar kräftig, braucht aber Stütze, 1,5 m hoch. D

Charles Mallerin. *TH.* Meilland 1951. ('Gloria di Roma' × 'Congo') × 'Tassin'. Schwärzlich-karmin, sehr großblumig, 12—15 cm ⌀, gut gefüllt, flach aufblühend, stark duftend; Wuchs leider unregelmäßig und einseitig, wenn nicht gepflegt. PWR 60; SWR 24. (6,0) WZ

Charles P. Kilham. *TH.* McGredy 1926. Eltern nicht bekannt. Orangerot, später heller werdend, großblumig, locker gefüllt, schwach duftend; Wuchs buschig. RZ 1928:105.

Charleston. *Fl.* Meilland 1963. 'Masquerade' × ('Radar' × 'Caprice'). Gelb mit karmin Anflug, innen oft sehr karmin werdend, außen meist gelb, Blüte groß, schwach duftend, zu vielen, sehr reichblühend; Wuchs kräftig, 60 bis 70 cm; Laub dunkelgrün, lederartig. GSR 393; WPR 56; RJb 28:160. (8,0) DWZ

Charlie Perkins. *TH.* Zombory 1970. 'Carrousel' × 'Circus'. Schwärzlich dunkelrot, großblumig, halbgefüllt, leicht duftend, einzeln an langen Trieben, gut haltbar; Wuchs gedrungen, kräftig, aufrecht; Laub reichlich, dunkelgrün, jung bronze, groß.

Charlotte Armstrong. *TH.* Lammerts/Armstrong 1946. 'Souer Thérèse' × 'Crimson Glory'. Kräftig kirschrot, 7 bis

10 cm breit, gut gefüllt, duftend, lange Knospe; langtriebig; Laub dunkel, lederartig. PWR 89; SWR 17. (8,4) DZ

Charlotte Elizabeth. *Fl.* Norman/Harkness 1965. Dunkelrosa, rot überlaufen, mittelgroß, 7 cm ⌀, locker gefüllt, gute Form, leichter Duft, gut blühend; Wuchs kräftig aufrecht, 80 cm; Laub hellgrün, glänzend. GSR 394; RA 1965: 177.

Charlotte Pate. *TH.* MacLeod 1971. 'Wendy Cussons' × 'Golden Sun'. Goldgelb, rot überlaufen, großblumig, 10 cm ⌀, dicht gefüllt, guter Duft, gut blühend; Wuchs kräftig, aber steif und niedrig; Laub gut.

Charme. *TH.* Dot 1966. Lachsrosa, großblumig, locker gefüllt und flach aufblühend, einzeln an langen Stielen; Laub tiefgrün, jung bronze.

Charming Maid. *Fl.* LeGrice 1953. 'Dainty Maid' × 'Mrs. Sam McGredy'. Lachsrot mit orangegelber Mitte, einfach, großblumig, Rand gewellt, Staubbeutel goldgelb, schwacher Duft; Wuchs kräftig, 0,9 m; Laub gesund, tiefgrün. GSR 396; RA 1954:156. Z

Château de Clos Vougeot. *TH.* Pernet-Ducher 1908. Dunkel samtrot, großblumig, sehr dicht gefüllt, starker Duft; Wuchs breit, locker. RZ 1909:1; SWR 21. DWZ

Châtelaine. *Fl.* Lens 1957. ('Gloria Dei' × Sämling) × 'Fashion'. Lachsrosa mit korallenrot, locker gefüllt, mittelgroß, 7 cm ⌀, gute Form, duftend, zu mehreren beisammen, Knospe spitz; Wuchs gut; Laub gesund.

Chatter. *Fl.* Boerner/Jackson & Perkins 1947. 'Minna Kordes' × 'Betty Prior'. Samtig karminrot, schwärzlich schattiert, locker gefüllt, Staubbeutel goldgelb, schwacher Duft, reichblühend; Wuchs kräftig, 40 cm. (7,0) DWZ

'Cheerio' → **Planten un Blomen.**

Chérie. *Fl.* Gaujard 1964. Innen orangerot, außen mehr kupfrig, mittelgroß, locker gefüllt, gute Form, lange Knospe; junges Laub bronze. Z

Cherokee-Rose → **Rosa laevigata,** siehe Seite 299.

Cherryade. *Str.* de Ruiter 1961. 'New Dawn' × 'Red Wonder'. Kirschrot oder tiefrosa, gut gefüllt, großblumig, 10 cm ⌀, duftend, gute Form; Wuchs stark, 1,5 m oder mehr; Laub gesund. DMZ

Cherry Brandy. *TH.* Tantau 1965. Sämling × Sämling. Korallenrot mit goldgelber Basis, locker gefüllt, 12 cm ⌀, gut duftend, lange Knospe; Wuchs buschig, aufrecht; Laub gesund, dunkelgrün. RJb 30:16. DWZ

Cherry Glow. *Fl.* Swim/Burr 1959. 'Floradora' × 'First Love'. Kräftig kirschrot, locker gefüllt, becherförmig, 7 bis 10 cm ⌀, duftend, sehr reichblühend, zu mehreren beisammen; Wuchs sehr kräftig; Laub glänzend, lederartig. Z

Cherry Pie. *TH.* Gaujard/Gandy 1965. Kräftig dunkelrosa, großblumig, 12 cm ⌀, gut gefüllt, leichter Duft, Knospe lang; Wuchs kräftig. D

Chevy Chase. *Kl.* N. J. Hansen/Bobbink & Atkins 1939. *R. soulieana* × 'Eblouissant'. Dunkelkarmin, kleinblumig, aber sehr dicht gefüllt und zu 10—20 beisammen, duftend, einmal blühend; Wuchs sehr stark, bis 4 m oder mehr; Blätter weich, hellgrün, runzelig. (8,1) DUZ

Cheyenne. *Kl.* V. Abrams 1962. 'Queen Elizabeth' × Sämling. Hellrosa, im Grund dunkler, großblumig, 10—12 cm ⌀, gut gefüllt, leicht duftend, lange Knospe; Wuchs stark, 2 m. (6,9) DMZ

Cheyenne Frontier. *TH.* M. R. Adams 1971. ('Charlotte Armstrong' × 'Vogue') × 'Gloria Dei'. Rosa, Rückseite elfenbeinweiß, mitunter rot gestreift, voll erblüht weiß, im Verblühen allmählich leicht rosagelb, bei kühlem Wetter dunkelrot, leicht duftend, großblumig, einzeln oder zu mehreren an langen Trieben; 1 m hoch.

Chic. *Fl.* Boerner/Jackson & Perkins 1953. 'Rosenmärchen'-Sämling × 'Fashion'. Kräftig lachsrosa mit lachs, mittelgroß, 6 cm ⌀, sehr dicht gefüllt, ballförmig, duftend; reich verzweigt, 50 cm; Laub klein, matt, gesund. (7,4) DUWZ

Chicago Peace. *TH.* Johnston 1962. Sport von 'Peace'. Kräftig rosa, ganz fein dunkler geadert, Basis und Rückseite hellgelb, dicht gefüllt, leicht duftend, sehr großblumig, gut blühend; Wuchs kräftig, hoch, gut verzweigt; Laub glänzendgrün, lederig. GSR 283; WPR 27. (8,4) DWZ

China Doll. *Pol.* Lammerts/Armstrong 1946. 'Mrs. Dudley Fulton' × 'Tom Thumb'. Hellrosa, Basis hellgelb, kleinblumig, 3—5 cm ⌀, aber zu vielen in Büscheln, locker gefüllt, leicht duftend, sehr reichblühend; Wuchs kräftig, reich verzweigt, 35 cm hoch; Laub derb. (8,0)

Chinatown. *Str.* N. Poulsen 1963. 'Columbine' × 'Claire Grammerstorf'. Kräftig goldgelb, großblumig, 10 cm breit, gut gefüllt, flach, gut duftend, zu mehreren beisammen, gut blühend, dauerblühend; Wuchs stark, bis 1,5 m; Laub hellgrün, etwas glänzend. GSR 148; RA 1963:112. (6,4) DMUWZ (Tafel 20).

Chloris. *Alba*-Sorte. Zartrosa, mit vertiefter Mitte, äußere Petalen zurückrollend, gefüllt, mittelgroß; Wuchs kräftig, 1,2 m, Triebe nur wenig bewehrt. D

Chopin. *TH.* C. W. Ellick 1968. 'Montezuma' × 'Christian Dior'. Dunkel scharlachkarmin, 10—15 cm breit, gut gefüllt, duftend, einzeln und zu mehreren, gut blühend; Wuchs sehr kräftig; Laub hellgrün, leicht glänzend.

Chorus Girl. *Fl.* H. Robinson 1970. 'Highlight' × Sämling. Zinnoberrot, groß, 10 cm ⌀, halbgefüllt, duftend, zu vielen beisammen; Wuchs kräftig, gedrungen buschig; Laub mittelgrün, matt. GSR 397.

Chouette. *Fl.* Delforge 1969. 'Atlantic' × Sämling. Tief feuerrot, gut gefüllt, großblumig, reich und lange blühend, zu vielen beisammen; Wuchs kräftig, buschig; Laub dunkelgrün, matt, jung gerötet. D

Christian Dior. *TH.* Meilland 1958. ('Kordes Sondermeldung' × 'Rouge Meilland') × ('Gloria Dei' × 'Rouge Meilland'). Samtig scharlach, außen heller, großblumig, dicht gefüllt, 10 cm breit, leicht duftend, reichblühend; Wuchs kräftig aufrecht; Laub glänzendgrün. PWR 35; GSR 284. (7,7) Z

Christine Beaufays. *Pol.* Beaufays 1957. Reinweiß, gut gefüllt, kleinblumig; Wuchs niedrig, 40 cm. D

Christine Wright. *Kl.* Hoopes 1909. Sämling × 'Mme Caroline Testout'. Weißlichrosa, halbgefüllt, sehr großblumig, becherförmig, duftend, frühblühend; Wuchs sehr stark, 4 bis 5 m, lange Triebe; Laub glänzend. DUWZ

Christopher Stone. *TH.* H. Robinson 1935. 'Etoile de Hollande' × 'Hortulanus Budde'. Scharlachrot mit karmin, großblumig, gefüllt, duftend, Knospe lang, spitz; Laub hellgrün. SWR 20. (6,7)

Chromatella. *Nois.* Coquereau 1843. Sämling von 'Lamarque'. Innen dunkelgelb, außen schwefelgelb, großblumig, dicht gefüllt, kugelig, duftend; starkwüchsig, 4 m, aber frostempfindlich. ∧ DZ

Chrysler Imperial. *TH.* Lammerts/Germain's 1952. 'Charlotte Armstrong' × 'Mirandy'. Glühend dunkel karmin, großblumig, 10—12 cm ⌀, sehr gefüllt, gut duftend; Wuchs aufrecht, 0,9 m; Laub mittelgrün, groß, glänzend. PWR 6; BTR 47. (8,9) DWZ

Chryzia. *TH.* M. E. Wyant 1970. 'Chrysler Imperial' × 'Lady Zia'. Hellrot, großblumig, gut gefüllt, duftend, einzeln an langen Trieben, gut haltbar; Wuchs kräftig, aufrecht, buschig; Laub gesund.

Cinderella. *Min.* de Vink 1952. 'Cécile Brunner' × 'Peon'. Weiß mit zartrosa Hauch, dicht gefüllt, flach, duftend, reichblühend; Wuchs aufrecht, buschig, Triebe ohne Stacheln. PWR 162; GSR 502. (9,0) Z

'Cinnabar' → **Tantau's Triumph.**

'Cinnabar Improved' → **Verbesserte Tantau's Triumph.**

Circus. *Fl.* Swim/Armstrong 1956. 'Fandango' × 'Rosenmärchen'. Gelb mit rosa und lachs, im Verblühen stärker rot werdend, mittelgroß, sehr dicht gefüllt, rosettenförmig, leicht duftend, zu vielen beisammen, reichblühend; Wuchs kräftig, aufrecht, 60 cm; Laub bronzegrün, stark glänzend, gut deckend. PWR 105. (8,0) DWZ

Circus Parade. *Fl.* Begonia & De Vor, USA 1963. Sport von 'Circus'. Ähnlich 'Circus', aber die Blüten stärker rot, Grund und Rückseite gelb, größer, bis 7 cm breit, ebenfalls rosettenförmig; sonst wie die Stammform. (7,6)

City of Belfast. *Fl.* McGredy 1968. 'Evelyn Fison' × ('Circus' × 'Korona'). Samtig scharlachrot, mittelgroß, 5—7 cm ⌀, gut gefüllt, zu vielen beisammen, ohne Duft, reichblühend; Wuchs buschig, dicht, 80 cm; Laub mittelgrün, glänzend. GSR 398; KR 10:54; RA 1968:2. (7,9) DUWZ

City of Gloucester. *TH.* Sanday 1969. 'Gavotte' × 'Buccaneer'. Safrangelb mit goldgelb, großblumig, gut gefüllt, einzeln oder zu mehreren; Wuchs kräftig aufrecht und verzweigt, 0,9 m; Laub mittelgrün, matt. GSR 285; RA 1971: 32.

City of Hereford. *TH.* LeGrice 1967. 'Wellworth' × 'Spartan'. Kräftig rosa, außen dunkler, gut gefüllt, stark duftend, einzeln oder zu mehreren beisammen; Wuchs kräftig aufrecht, 90 cm; Laub hellgrün, gesund. (7,6) D

City of Leeds. *Fl.* McGredy 1966. 'Evelyn Fison' × ('Spartan' × 'Schweizer Gruß'). Lachsrosa, groß, 10 cm ⌀, gefüllt, leicht duftend, zu vielen beisammen, gut blühend; Wuchs kräftig, 80 cm; Laub dunkelgrün, klein, etwas glänzend. GSR 399; RA 1966:48. (7,1) D

City of Norwich. *TH.* Kordes/Morse 1949. 'Crimson Glory' × ('Crimson Glory' × 'Cathrine Kordes'). Karminscharlach, großblumig, bis 15 cm breit, gut gefüllt, gute Form; Laub derb.

City of Nottingham. *Fl.* de Ruiter 1962. Polyantha-Sämling × 'Moulin Rouge'. Scharlachorange, mittelgroß, rosettenförmig, gut gefüllt, leicht duftend, gut blühend, zu vielen beisammen; Wuchs buschig, gedrungen; Laub mittelgrün, klein, reichlich.

'City of York' → **Direktor Benschop.**

Cläre Grammerstorf. *Fl.* Kordes 1957. 'Harmonie' × *rubiginosa*-Sämling. Hellgelb, großblumig, gut gefüllt, flach, nicht selbstreinigend, leicht verregnend; Wuchs kräftig, buschig, aufrecht, 70 cm; Laub hellgrün, glänzend. (5,3) DW

Claire de Lune. *TH.* Gaujard 1967. 'Eminence' × 'Viola'. Zart fliederlila, sehr großblumig, gut gefüllt, stark duftend, gut haltbar, einzeln an langen Trieben, Knospe groß, lang, spitz; Laub hellgrün, groß, reichlich. Z

Claire France. *TH.* Mondial Roses 1964. Eltern nicht bekannt. Reinrosa, großblumig, dicht gefüllt, leicht duftend, reichblühend; Wuchs gut aufrecht; Laub mittelgrün, glänzend. WZ

Clair Matin. *Kl.* Meilland 1960. 'Fashion' × (['Kordes Sondermeldung' × 'Orange Triumph'] × 'Phyllis Bide'). Zartrosa, halbgefüllt, mittelgroß, 5—6 cm breit, becherförmig bis flach, gut duftend, sehr reichblühend, zu vielen beisammen, Dauerblüher; Wuchs sehr kräftig, 2,5 —3 m hoch; Laub dunkelgrün, lederartig, gesund. PWR 211; GSR 149. (7,8) DMUWZ

'Clarita' → **Atoll.**

Claus Groth. *Str. (Spin.*-H.). Tantau 1951. *R. pimpinellifolia* × 'R. M. S. Queen Mary'. Lachsorange, aprikosengelb schattiert, halbgefüllt, großblumig, duftend, einmal blühend; Wuchs dicht, buschig, 1—1,5 m hoch; Laub dunkelgrün, klein. DMUWZ

Climbing Alain. *Kl. Fl.* Roth 1957. Sport von 'Alain'. Beschreibung siehe dort; 3—4 m hoch. DZ

Climb. Allgold. *Kl. Fl.* Gandy 1961. Sport von 'Allgold'. Beschreibung siehe dort; 3—4 m. D

Climb. Ballet. *Kl. TH.* Kordes 1962. Sport von 'Ballet'. Beschreibung siehe dort; 2 m. GSR 263. DM

Climb. Bettina. *Kl. TH.* Meilland 1958. Sport von 'Bettina'. Beschreibung siehe dort; 2 m. (6,8)

Climb. Blessings. *Kl. TH.* Gregory 1972. Sport von → 'Blessings'. Wuchs stark, 3—4 m.

Climb. Carina. *Kl. TH.* Meilland 1968. Sport von 'Carina'. Beschreibung siehe dort; 2—3 m. D

Climb. Carrousel. *Kl. Fl.* Weeks/Elmer 1958. Sport von 'Carrousel'. Beschreibung siehe dort; 2—3 m. (7,7)

Climb. Cécile Brunner. *Kl. Chin.* Hosp 1894. Sport von 'Cécile Brunner'. Beschreibung siehe dort; 5 m. (8,0) GSR 264.

Climb. Champs-Elysées. *Kl. TH.* Meilland 1969. Sport von 'Champs-Elysées'. Beschreibung siehe dort; 2 m.

Climb. Charlotte Armstrong. *Kl. TH.* Morris 1942. Sport von 'Charlotte Armstrong'. Beschreibung siehe dort; 2 m. (7,6)

Climb. Chrysler Imperial. *Kl. TH.* Begonia/Germain's 1957. Sport von 'Chrysler Imperial'. Beschreibung siehe dort; 3 m. (7,4)

Climb. Circus. *Kl. Fl.* House/Armstrong 1961. Sport von 'Circus'. Beschreibung siehe dort; 3 m. (7,4)

Climb. Comtesse Vandal. *Kl. TH.* Jackson & Perkins 1936. Sport von 'Comtesse Vandal'. Beschreibung siehe dort; 2 bis 3 m. (6,8) U

Climb. Concerto. *Kl. Fl.* Truffaut 1968. Sport von 'Concerto'. Beschreibung siehe dort; 3 m. DZ

Climb. Condesa de Sastago. *Kl. TH.* Vestal 1936. Sport von 'Condesa de Sastago'. Beschreibung siehe dort; 2—3 m. DM

Climb. Crimson Glory. *Kl. TH.* Jackson & Perkins 1946. Sport von 'Crimson Glory'. Beschreibung siehe dort; 3 m. (7,7) DMZ

Climb. Devoniensis. *Kl. Tee.* Pavitt/Curtis 1858. Sport von 'Devoniensis'. Beschreibung siehe dort; 2—3 m. D

Climb. Ena Harkness. *Kl. TH.* Gurteen & Ritson & Murrell 1954. Sport von 'Ena Harkness'. Beschreibung siehe dort; 3 m.

Climb. Etoile de Hollande. *Kl. TH.* Leenders 1931. Sport von 'Etoile de Hollande'. Beschreibung siehe dort; 2—3 m. (7,3) DM

Climb. Fashion. *Kl. Fl.* Boerner 1951. Sport von 'Fashion'. Beschreibung siehe dort; 1,5 m. D

Climb. Firecrest. *Kl. Fl.* LeGrice 1969. Sport von 'Firecrest'. Beschreibung siehe dort; 2 m. D

Climb. Fritz Thiedemann. *Kl. TH.* Kordes 1961. Sport von 'Fritz Thiedemann'. Beschreibung siehe dort; 3 m. DM

Climb. Gloria Dei. *Kl. TH.* Meilland 1950. Sport von 'Gloria Dei'. Beschreibung siehe dort; 3 m. PWR 94. (7,3) DM

Climb. Goldilocks. *Kl. Fl.* Caluya/Jackson & Perkins 1951. Sport von 'Goldilocks'. Beschreibung siehe dort; 3 m. (5,7) UWZ

Climb. Grand'mère Jenny. *Kl. TH.* Meilland 1958. Sport von 'Grand'mère Jenny'. Bescheibung siehe dort; 3 m.

Climb. Kordes Perfecta. *Kl. TH.* Japan Rose Society 1962. Sport von 'Kordes Perfecta'. Beschreibung siehe dort; 3 m. D

Climb. Korona. *Kl. Fl.* Kordes 1957. Sport von 'Korona'. Beschreibung siehe dort. D

Climb. Louise Katherine Breslau. *Kl. TH.* Kordes 1917. Sport von 'Louise Katherine Breslau'. Beschreibung siehe dort; 3 m. RZ 1917:57.

Climb. Maria Callas. *Kl. TH.* Meilland 1969. Sport von 'Maria Callas'. Beschreibung siehe dort; 3 m.

Climb. Masquerade. *Kl. Fl.* Dillan/Gregory 1958. Sport von 'Masquerade'. Beschreibung siehe dort. D

Climb. Michèle Meilland. *Kl. TH.* Meilland 1951. Sport von 'Michèle Meilland'. Beschreibung siehe dort; 3 m. RA 1967:97.

Climb. Mme Caroline Testout. *Kl. TH.* Chauvry 1902. Sport an 'Mme Caroline Testout'. Beschreibung siehe dort; 3—4 m. DM

Climb. Mme Edouard Herriot. *Kl. TH.* Ketten 1921. Sport von 'Mme Edouard Herriot'. Beschreibung siehe dort; 3 m. DM

Climb. Moulin Rouge. *Kl. Fl.* Meilland 1957. Sport von 'Moulin Rouge'. Beschreibung siehe dort; 3 m.

Climb. Mrs. Pierre S. du Pont. *Kl. TH.* Hillock 1933. Sport von 'Mrs. Pierre S. du Pont'. Beschreibung siehe dort; 2 bis 3 m. PWR 230. (5,8) DZ

Climb. New Yorker. *Kl. TH.* Boerner/Jackson & Perkins 1953. Sport von 'New Yorker'. Beschreibung siehe dort; 3—4 m.

Climb. Orange Triumph. *Kl. Pol.* Leenders 1945; Koopmann 1948. Sport von 'Orange Triumph'. Beschreibung siehe dort; 3 m. DU

Climb. Papa Meilland. *Kl. TH.* Stratford 1970. Sport von 'Papa Meilland'. Beschreibung siehe dort; 3—4 m.

Climb. Pink Peace. *Kl. TH.* Meilland 1968. Sport von 'Pink Peace'. Beschreibung siehe dort; 3—4 m.

Climb. President Herbert Hoover. *Kl. TH.* Cant 1937. Sport von 'President Herbert Hoover'. Beschreibung siehe dort; 2—3 m. (6,3)

Climb. Queen Elizabeth. *Kl. Fl.* Wheatcroft 1960. Sport von 'Queen Elizabeth'. Beschreibung siehe dort; 4 m. (7,3) DMZ

Climb. Redgold. *Kl. Fl.* Stratford/Rumsey 1970. Sport von 'Redgold'. Beschreibung siehe dort; 2—3 m.

Climb. Rose Gaujard. *Kl. TH.* Nagashima 1964. Sport von 'Rose Gaujard'. Beschreibung siehe dort; 3—4 m. (7,3)

Climb. Rouge Meilland. *Kl. TH.* Meilland 1954. Sport von 'Rouge Meilland'. Beschreibung siehe dort; 3—4 m.

Climb. Santa Maria. *Kl. Fl.* McGredy 1970. Sport von 'Santa Maria'. Beschreibung siehe dort; 3—4 m. D

Climb. Sarabande. *Kl. Fl.* Meilland 1968. Sport von 'Sarabande'. Beschreibung siehe dort; 3—4 m. D

Climb. Schneewittchen. *Kl. Fl.* Kordes 1970. Sport von 'Schneewittchen'. Beschreibung siehe dort; 2—3 m. DM

Climb. Spartan. *Kl. Fl.* Kordes 1960. Sport von 'Spartan'. Beschreibung siehe dort; 3—4 m. (7,7) DMZ

Climb. Super Star. *Kl. TH.* Heitmann 1965. Sport von 'Super Star'. Beschreibung siehe dort. DM

Climb. Sutter's Gold. *Kl. Th.* Armstrong 1950. Sport von 'Sutter's Gold'. Beschreibung siehe dort; 3—4 m. (7,9) D

Climb. Wendy Cussons. *Kl. TH.* Gregory 1971. Sport von 'Wendy Cussons'. Beschreibung siehe dort; 3 m. D

Climb. Zambra. *Kl. Fl.* Meilland 1969. Sport von 'Zambra'. Beschreibung siehe dort; 3—4 m.

Clio. *Rem.* W. Paul 1894. Fleischrosa, großblumig, sehr dicht gefüllt, stark duftend, zu mehreren an langen Trieben, remontierend; sehr starkwüchsig; Laub hellgrün. DZ

Clio. *TH.* Gaujard 1971. Intensiv rot mit orange Anflug, großblumig, gut gefüllt, 40 Petalen, einzeln an langen Stielen; Wuchs stark; Laub groß, dunkelgrün, glänzend, reichlich, gesund. Z

Clou. *Str. (canina).* Tantau 1940. Zartrosa, einfach, sehr reichblühend, kleinblumig; im Herbst reichlich hochrote Früchte; 250 cm hoch. M

Cocktail. *Str.* Meilland 1957. ('Kordes Sondermeldung' × 'Orange Triumph') × 'Phyllis Bide'. Geraniumrot, Mitte hellgelb, scharf abgesetzt, einfach, schalenförmig, mittelgroß, 6 cm ⌀, leicht duftend, zu vielen beisammen, dauerblühend; Wuchs kräftig, 2 m; Laub dunkelgrün, lederartig. PWR 220; GSR 236. DMUWZ

Cocorico. *Fl.* Meilland 1953. 'Alain' × 'Orange Triumph'. Geraniumrot, einfach, großblumig, 8 cm ∅, einzeln und in Büscheln, reichblühend, leicht duftend; Wuchs kräftig aufrecht, 60—80 cm; Laub hellgrün, glänzend. PWR 119. (8,4) DWZ

Cocotte. *TH.* Gaujard 1958. 'Gloria Dei' × ('Fashion' × 'Vogue'). Lachsfarbig, gefüllt, duftend, gut blühend; junges Laub bronze. Z

Cognac. *Fl.* Tantau 1956. 'Alpenglühen' × 'Mrs. Pierre S. du Pont'. Bernsteinfarbig, außen noch etwas dunkler, großblumig, gut gefüllt, becherförmig, zu mehreren beisammen, reich blühend; Wuchs aufrecht, 60—70 cm; Laub tiefgrün, groß, lederartig. DWZ

Colibri. *Min.* Meilland 1958. 'Goldilocks' × 'Perla de Montserrat'. Orangegelb und korallenrot, kleinblumig, doch dicht gefüllt, flach, leicht duftend, einzeln oder zu mehreren, reichblühend; Wuchs sehr niedrig, 20—30 cm; Laub dunkelgrün, klein, gesund. RA 1963:97. DUZ

Colisée. *Fl.* Gaujard 1965. 'Atlantic' × 'Circus'. Intensiv kupferrosa, Basis heller, mittelgroß, halbgefüllt, locker, breit schalenförmig, in Büscheln, reichblühend; Wuchs gedrungen, 40 cm; Laub dunkelgrün, stark glänzend. DZ

Colorama. *TH.* Meilland 1968. 'Suspense' × 'Confidence'. Innen leuchtend karminrot, außen gelb mit lachs Anflug, großblumig, 10—12 cm ∅, gut gefüllt, becherförmig, duftend; Wuchs kräftig; Laub stark glänzend. (7,7)

Colour Sergeant. *Fl.* Harkness 1970. 'Queen Elizabeth' × ('Ann Elizabeth' × 'Circus'). Orangerot, locker gefüllt, großblumig, 10 cm ∅, leichter Duft, reichblühend; Wuchs kräftig; Laub glänzendgrün, reichlich. RA 1973:160.

'Colour Wonder' → **Königin der Rosen.**

Columbia. *TH.* E. G. Hill 1916. 'Ophelia' × 'Mrs. George Shawyer'. Glänzend rosarot, gut gefüllt, sehr großblumig, stark duftend, lange Knospe, in langem Stiel; Wuchs kräftig; Laub tiefgrün. RZ 1924:68. (6,4) DZ

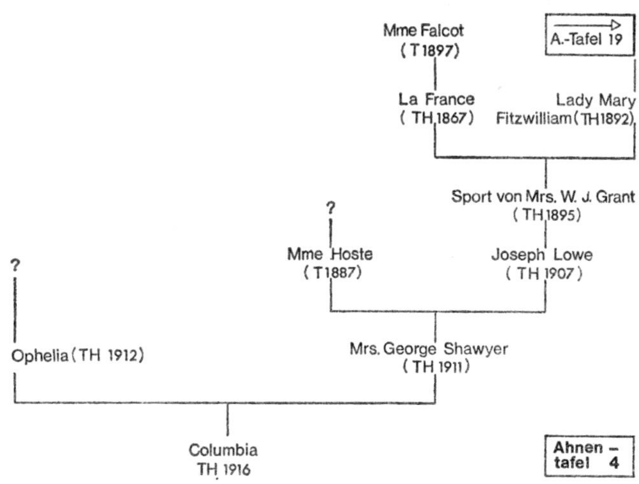

1916	**Columbia**						
1920	Climbing Columbia						
1920	Red Columbia						
1922	Bride's Blush						
1924	New Columbia						
1924	Silver Columbia						
1925	Perfection						
1925	— — — — — — — →		**Briarcliff**				
1926	Southern Beauty	1929	Climbing Briarcliff				
1926	Albert Pike	1930	Old Glory				
1927	Lucinda	1934	Mrs. Frank Schramm				
1928	Rose Hill	1934	— — — — — — — →		**Better Times**		
1928	Europa	1936	Mur-Ray	1934	Forward March		
		1940	Peter's Briarcliff	1935	Peerless		
1928	**Scott's Columbia** — — →	1929	Sport of Scott's Columbia	1937	— — — — →		**Red Better Times**
1928	August Noack					1961	Perle von Aalsmeer
1929	Frau Luise Lindecke						Modern Times
1929	Gunston Hall						
1933	J. K. B. Roos						
1934	Climbing White Columbia						

Übersicht über die spontanen Sports von 'Columbia' (nach Saakov, verändert)

Columbine. *Fl.* Poulsen 1956. 'Danish Gold' × 'Frensham'. Rahmgelb mit rosa Anflug, mittelgroß, gut gefüllt, gut duftend, zu mehreren beisammen, reichblühend; sehr starkwüchsig; Laub gesund, glänzend. PWR 121. (6,1)

Comanche. *Fl.* Swim & Weeks 1968. 'Spartan' × ('Carrousel' × 'Rouge Meilland'). Orangerot, mittelgroß, gefüllt, leichter Duft, gut blühend, spitze Knospe; sehr wüchsig; Laub lederartig. (7,8)

Commandant Beaurepaire. *Bourb.* Moreau-Robert 1874. Hell rosarot, purpurrot gestreift und weiß marmoriert, großblumig, gut gefüllt, becherförmig-kugelig, sehr gut duftend, sommerblühend, etwas nachblühend im Herbst; Wuchs buschig, kräftig, Triebe sehr stachelig; Laub hellgrün, spitz, gewellt. TR 5. (7,1) DMWZ

Command Performance. *TH.* Lindquist/Howard 1970. 'Super Star' × 'Hawai'. Orangerot, halbgefüllt, stark duftend, sehr haltbar, mittelgroß, lange blühend; Wuchs sehr stark, aufrecht, buschig; Laub mittelgrün, derb.

'Communis' (= 'Common Moss', 'Old Pink Moss', 'Pink Moss') → **R. centifolia 'Muscosa'**, siehe Seite 263.

Compacta-Rosen. Eine Gruppe von zwergigen Polyantha-Rosen von G. de Ruiter, Kreuzungen von 'Robin Hood' × 'Katharina Zeimet' u. a. aus den Jahren 1955—1956, in Deutschland in den Handel gebracht durch die Willicher Baumschulen ('Alberich', 'Degenhardt', 'Giesebrecht').

Compassion. *Kl.* Harkness 1971. 'White Cockade' × 'Prima Ballerina'. Lachsrot und goldgelb, großblumig, 10 cm ⌀, halbgefüllt, duftend, reichblühend, zu mehreren beisammen; Wuchs kräftig; Laub dunkelgrün. RA 1973:185.

Complicata. *Str. Gall.* (Vielleicht 'Macrantha'-Hybr.) Hellrosa, Mitte weiß, 12 cm ⌀, einfach, aufgeblüht ganz flach, Staubbeutel goldgelb, reichblühend, entlang der Zweige, Juni; sehr starkwüchsig, 2 × 2 m; Laub groß, hellgrün. — Leicht vermehrbar aus Stecklingen. GSR 150—152. M

Comte de Chambord. *Str.* (*dam.*). Moreau-Robert, um 1860. 'Baronne Prévost' × 'Portlandica'. Portland-Rose. Kräftig rosa, Rand etwas heller, sehr dicht gefüllt, großblumig, zuletzt flach ausgebreitet, äußere Petalen zurückgerollt, stark duftend, Juni, nachblühend; Wuchs kräftig, 1,2 m; Laub dunkelgrün, Blättchen spitz. GSR 78; SOR 29.

Comtesse de Murinais (= 'White Moss'). *Moos.* Vibert 1843. Zartrosa, voll erblüht fast weiß, zuletzt flach, gut gefüllt, edel, duftend; Wuchs kräftig, Triebe bis 1,5 m lang; „moos"grün, hart anfühlend. (8,9) DMU

Comtesse Vandal. *TH.* Leenders 1932. ('Ophelia' × 'Mrs. Aaron Ward') × 'Souvenir de Claudius Pernet'. Lachsrosa mit gelber Basis, großblumig, locker gefüllt, duftend, Knospe sehr lang und edel, orange-kupfrig; Wuchs kräftig; Laub lederartig. BTR 34; SRW 21. (6,8) DZ

Concerto. *Fl.* Meilland 1953. 'Alain' × 'Floradora'. Leuchtendrot, kleinblumig, 5 cm ⌀, halbgefüllt, leichter Duft, zu mehreren beisammen; Wuchs kräftig, buschig, 70 cm; Laub groß, grün, glänzend, gut deckend. BTR 20. DWZ

Condesa de Sástago. *TH.* Dot 1932. ('Souvenir de Claudius Pernet' × 'Maréchal Foch') × 'Margaret McGredy'. Innen hochrot, außen gelb, großblumig, sehr dicht gefüllt, duftend, Knospe eiförmig; Wuchs kräftig, doch Blütentriebe kurz; Laub dunkelgrün, glänzend. SRW 22. (6,5) Z

Confederation. *TH.* Golik/Ellesmere 1964. 'Queen o'the Lakes' × 'Serenade'. Rosarot, großblumig, sehr dicht gefüllt, stark duftend, gut blühend; Wuchs mittel; Laub dunkelgrün, glänzend. (5,5)

Confidence. *TH.* Meilland 1951. 'Gloria Dei' × 'Michèle Meilland'. Hellrosa, zur Basis goldgelb, großblumig, gut gefüllt, duftend, sehr gut blühend; Wuchs gleichmäßig buschig, 70 cm; Laub groß, glänzend, gut deckend. PWR 16; BTR 26. (8,4) DZ

Conrad Ferdinand Meyer. *Str.* (*rug.*). Dr. Müller 1899. ('Gloire de Dijon' × 'Duc de Rohan') × *R. rugosa* 'Germanica'. Silbrigrosa, gefüllt, sehr groß, flach, edelrosenartig, stark duftend, öfterblühend; Wuchs sehr stark, bis 3 m, Stämme sehr stachelig. — Sehr beliebte alte Parkrose. GSR 131; RZ 1901:81. (7,4) DMUWZ

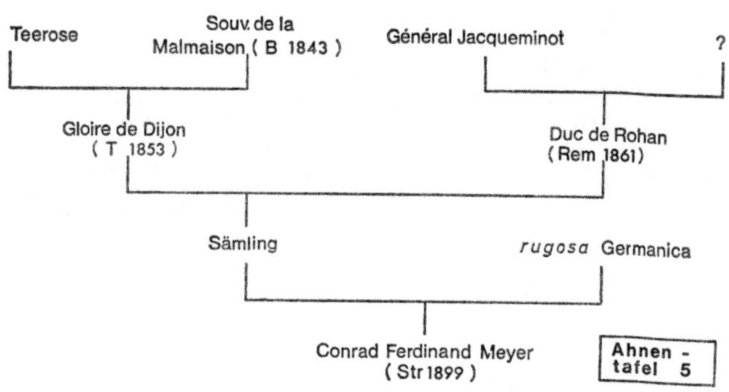

Conrad's Crimson. *Str.* S. Eacott 1971. 'Sweet Sultan' × 'Conrad Ferdinand Meyer'. Karmin mit purpur, mittelgroß, gefüllt, zuletzt flach, früh, duftend, mehrere beisammen; Wuchs sehr stark; Laub hellgrün, jung bronze.

Constance Spry. *Str.* Austin/Sunningdale 1961. 'Belle Isis' × 'Dainty Maid'. Mitte tiefrosa, nach dem Rande zu heller, großblumig, 12 cm ⌀, sehr dicht gefüllt, becherförmig, entlang der Zweige stehend, einmal blühend; Wuchs sehr stark, 2,5 m; Laub tiefgrün. GSR 153; GR 384; TRT 96. W

Constantia. *TH.* Herholdt 1960. 'Baccara' × 'Grace de Monaco'. Kräftig rosa, großblumig, 10 cm ⌀, zuletzt ziemlich flach, duftend; Wuchs mittelkräftig.

Constanze. *TH.* Tantau 1966. Sämling × 'Samba'. Dunkel orangerot, großblumig, locker gefüllt, Knospe spitz, lang; Wuchs buschig, aufrecht, gut verzweigt; Laub hellgrün. GSR 286. DUWZ

Contempo. *Fl.* Armstrong 1971. 'Spartan' × ('Goldilocks' × ['Fandango' × 'Pinocchio']). Orange, Rückseite heller, gefüllt, einzeln oder zu mehreren beisammen, leichter Duft, gut blühend; Wuchs kräftig; Laub hellgrün, mittelgroß, gesund.

'Cooperi'; 'Cooper's Burmese Rose' → bei **R. gigantea.**

Copacabana. *Kl.* Dorieux 1966. 'Coup de Foudre' × Sämling. Mitte zinnoberrot, zum Rand hin etwas dunkler, mittelgroß, 8 cm ⌀, gut gefüllt, kugelig, in Büscheln stehend; Wuchs kräftig; Laub tiefgrün.

Copenhagen. *Kl. TH.* Poulsen 1964. Sämling × 'Ena Harkness'. Scharlachrot, gut gefüllt, großblumig, duftend, öfterblühend, zu mehreren beisammen; Wuchs stark, bis 3 m; Laub mittelgrün mit bronze, gesund. GSR 237; RA 1964:144. D

Coppélia. *TH.* Meilland 1952. 'Gloria Dei' × 'Europa'. Orangegelb, nach dem Rand zu rosa schattiert, mittelgroß, locker gefüllt, leicht duftend; Wuchs kräftig; Laub derb. PWR 34; LR 11. Z

Copper Delight. *Fl.* LeGrice 1956. 'Goldilocks' × 'Ellinor LeGrice'. Dunkel orangegelb, großblumig, locker gefüllt, gut duftend, in Büscheln beisammen; Wuchs mittelstark, buschig, 50 cm; Laub groß, grün, glänzend, gut deckend. RA 1957:80. (5,5) WZ

Copper Pot. *Fl.* A. Dickson 1968. ? × 'Spek's Yellow'. Innen kupfrig-orange, außen dunkler, großblumig, 8 bis 10 cm ⌀, halbgefüllt, zu vielen beisammen, reichblühend; Wuchs kräftig aufrecht, 0,9 m; Laub dunkelgrün und braun. RA 1969:15. (7,1) D

Coral Dawn. *Kl.* Boerner/Jackson & Perkins 1952. ('New Dawn'-Sämling × gelbe TH) × orangerote Pol. Korallenrosa, großblumig, 12 cm ⌀, locker gefüllt, duftend, gut blühend, einzeln oder zu mehreren, dauerblühend; Wuchs kräftig, 2—3 m; Laub klein, glänzend, gesund. GSR 238; KR 10:162. (7,6) DMUZ (Tafel 21).

Coralie. *Str.* (*dam.*). Kräftig rosa, zum Rande zu viel heller werdend und Petalen zurückgerollt, becherförmig; Wuchs kräftig, bis 1,2 m, Triebe lang übergebogen, stachelig; Laub graugrün, klein. D

Coralin. *Min.* Dot 1955. 'Mephisto' × 'Perla de Alcanada'. Korallenrot, gut gefüllt, ziemlich großblumig, reichblühend, ohne Duft; Wuchs schwach, buschig, 30 cm; Laub klein, rötlich, matt, sehr gut deckend. PWR 171. D

Coralin Superb. *Min.* Will/Kordes 1958. Dunkelroter Sport von 'Coralin', sonst wie der Typ; Laub etwas mehr gerötet. Z

Coralita. *Kl.* Zombory/Jackson & Perkins 1964. ('New Dawn' × 'Geranium Red') × 'Fashion' Korallenrot, Knospe dunkelrot, großblumig, 10 cm ⌀, gut gefüllt, duftend, reichblühend; Wuchs kräftig, 2,5 m; Laub dunkelgrün, glänzend. (6,8)

Coral Princess. *Fl.* Boerner/Jackson & Perkins 1966. ('Fashion'-Sämling × 'Garnette'-Sämling) × 'Spartan'. Korallenorange, großblumig, locker gefüllt, becherförmig, duftend, Knospe eiförmig; Wuchs kräftig, 60—80 cm. Z

Coral Queen Elizabeth. *Fl.* Gregory 1966. 'Queen Elizabeth' × ?. Korallenlachsrot, großblumig, 7 cm ⌀, halbgefüllt, duftend, einzeln oder zu mehreren, reichblühend; sehr starkwüchsig; Laub groß, glänzend.

Coral Satin. *Kl.* Zombory/Jackson & Perkins 1960. 'New Dawn' × 'Fashion'. Korallenrot, großblumig, 8—10 cm ⌀, locker gefüllt, schöne Form, duftend, reichblühend; Wuchs kräftig, 2,5 m; Laub derb, glänzend. (7,4) DMZ

Coral Silk. *Fl.* Gregory 1972. Eltern nicht bekannt. Korallenrosa, mittelgroß, 7 cm ⌀, flach, halbgefüllt, leicht duftend, in Büscheln beisammen; Wuchs kräftig; Laub tiefgrün, glänzend. D

Coral Star. *TH.* Robinson 1967. 'Super Star' × 'Stella'. Korallenrosa, mittelgroß, sehr gut duftend, einzeln an kräftigen Trieben; Wuchs aufrecht, 80 cm; Laub mittelgrün, glänzend. GSR 287.

Coral Sunset. *TH.* Boerner/Jackson & Perkins 1966. 'Garnette'-Sämling × 'Hawai'. Korallenrot, großblumig, gut gefüllt, duftend, meist einzeln an kräftigen Stielen; Wuchs kräftig, 60—70 cm; Laub gesund. Z

Cordial. *TH.* Verbeek 1965. 'Satisfaction' × Sämling. Rosarot, mittelgroß, außen dunkler, locker gefüllt, einzeln oder zu mehreren; Laub tiefgrün. DU

Cordon Rouge. *Kl.* Combe/Vilmorin 1970. Orangerot, großblumig, gefüllt, öfterblühend, gut haltbar, in lockeren, großen Ständen; Wuchs kräftig aufrecht, 2,5—3 m hoch, stark verzweigt; Laub groß, zuerst rötlich, dann tiefgrün. DMZ

Cordula (= 'Kortri'). *Fl.* Kordes 1972. 'Europeana' × 'Marlena'. Leuchtend scharlachrot, mittelgroß, sehr dicht gefüllt, rosettenförmig, sehr reichblühend, Knospen kugelig; Wuchs kräftig, doch niedrig, 40 cm; Laub gesund. DUZ

Cornelia. *Str.* (*mosch.*-H.). Pemberton 1925. Kräftig rosa mit viel gelb, kleinblumig, halbgefüllt, rosettenförmig, duftend, öfterblühend; Wuchs kräftig, 1,8 m; Laub bronzegrün, glänzend. GSR 119. (7,9) DU

Coronado. *TH.* Abrams 1961. ('Multnomah' × 'Gloria Dei') × ('Multnomah' × 'Gloria Dei'). Innen rot, außen gelborange, großblumig, 12—15 cm ⌀, gut gefüllt, duftend, reichblühend; Wuchs stark; Laub glänzendgrün. (7,5) DZ

Corsage. *Fl.* Belden/Wyant 1965. 'Blanche Mallerin' × 'White Swan'. Weiß, kleinblumig, halbgefüllt, leicht duftend, kugelig, reichblühend; Wuchs buschig. (7,8)

Cosimo Ridolfi. *Str.* (*gall.*). Vibert 1842. Zuerst dunkel altrosa, später mit violettem Anflug, hellrot geadert, 6 cm ⌀, dicht gefüllt, duftend; Wuchs gedrungen, 1 m; Laub hellgrün. D

Cosmopoliet (= 'Cosmopolitan'). *Fl.* Buisman 1965. 'Silberlachs' × Sämling. Rosa, mittelgroß, locker gefüllt, aber zu sehr vielen in großen Ständen beisammen, öfterblühend; Wuchs kräftig, 1 m; Laub dunkelgrün, glänzend. DW

Cotillon. *Fl.* Byrum/Hill 1967. 'Rumba' × 'Golden Garnette'. Mitte gelb, Rand rosa, Rückseite gelb, mittelgroß, leicht duftend, sehr haltbar, reichblühend; Wuchs gedrungen, aufrecht, kräftig; Laub mittelgrün, derb, reichlich. — Treibsorte.

'Cottage Maid' = **centifolia 'Variegata'**, siehe Seite 263.

'Coucher de Soleil' → **Coral Sunset.**

Coup de Foudre. *Fl.* Hémeray-Aubert 1956. ('Gloria Dei' × 'Kordes Sondermeldung') × 'Oiseau de Feu'. Feuerrot, samtartig, mittelgroß, gut gefüllt, gut blühend; Wuchs gedrungen, gut verzweigt, 40 cm; Laub glänzendgrün. (7,8) DWZ

Coupe d'Hébé. *Bourb.* Laffay 1840. Bourbon-Sorte × *chinensis*-Hybride. Dunkelrosa, außen fast weiß, mittelgroß, fast wachsartig, becherförmig, sehr gut duftend, zu mehreren beisammen, nur im Juni blühend, Blüten hängend; Wuchs stark aufrecht und locker, breit, 2 × 2 m. (7,3) DMU

Courvoisier. *Fl.* McGredy 1970. 'Elizabeth of Glamis' × 'Casanova'. Dunkelgelb, mittelgroß, 7 cm ⌀, gut gefüllt, stark duftend, reichblühend, in Büscheln; Wuchs mittelstark, aufrecht, 80 cm; Laub mittelgrün, glänzend. GSR 400; RA 1970:32. D

Coventry Cathedral (= 'Houston'). *Fl.* McGredy 1972. ('Little Darling' × 'Goldilocks') × 'Irish Mist'. Hell zinnoberrot, Rückseite heller, halbgefüllt, zu mehreren und in Büscheln; Wuchs aufrecht, verzweigt; Laub mittelgrün, leicht glänzend. RA 1973:47. D

Cover Girl. *TH.* V. Abrams 1960. 'Sutter's Gold' × ('Mme Henri Guillot' × Sämling). Orange mit kupfrig und goldgelb, großblumig, 12 cm ⌀, locker gefüllt, leicht duftend, reichblühend, Knospe lang zugespitzt; Wuchs aufrecht, buschig; Laub glänzendgrün. RJb 22:160. (7,0) WZ

Coy Colleen (= 'Bushing Rose'). *TH.* McGredy 1953. ('Modesty' × 'Portadown Glory') × 'Phyllis Gold'. Zart rosaweiß, Saum etwas dunkler, voll erblüht fast weiß, leicht duftend; Wuchs kräftig; Laub glänzend. (5,8) Z

Cramoisi Supérieur (= 'Agrippina'). *Str.* (*chin.*). Cocquereau 1832. Dunkelkarmin, mittelgroß, dicht gefüllt, becherförmig, in Büscheln blühend; Wuchs kräftig.

Credo. *TH.* Gaujard 1965. 'Eminence' × 'John S. Armstrong'. Leuchtend dunkelrot mit purpur Anflug, mittelgroß, gut gefüllt, leicht duftend, sehr reichblühend, lange Knospe; Wuchs kräftig, 40 cm; Laub derb. (7,1) DU

Crested Jewel. *Moos.* R. S. Moore 1971. 'Little Darling' × *R. centifolia* 'Cristata'. Rosenrot, Petalenrand oft dunkler, mittelgroß, halbgefüllt, einzeln oder zu mehreren, reichblühend, lange haltbar, selbstreinigend; Wuchs sehr kräftig, bis 2 m.

'Crested Moss' → **R. centifolia 'Cristata'.** TR 2, s. Seite 263.

Cricri. *Min.* Meilland 1958. ('Alain' × 'Kordes Sondermeldung') × 'Perla de Alcanada'. Lachsrosa, kleinblumig, sehr dicht gefüllt, sehr reichblühend; Wuchs zwergig, sehr buschig, 30 cm. (8,2) DZ

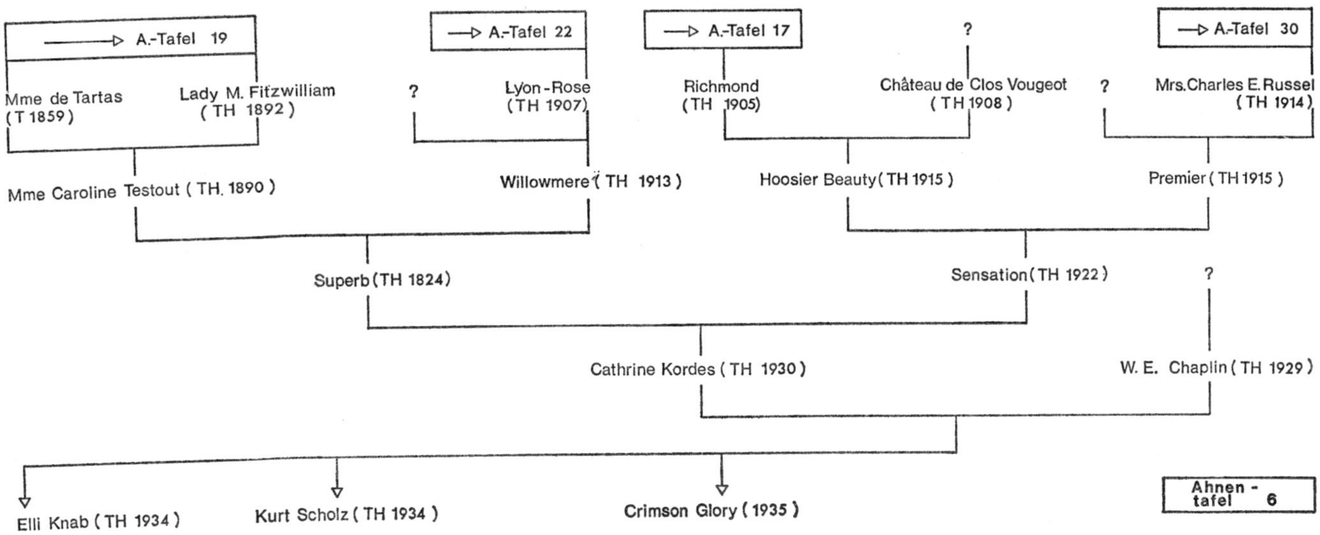

Crimson Conquest. *Kl. TH.* Chaplin 1931. Sport von 'Red-Letter Day'. Samtig karminrot-scharlach, mittelgroß, 6 cm ⌀; Laub hellgrün. DU

Crimson Duke. *TH.* Meilland 1963. ('Rouge Meilland' × 'Kordes Sondermeldung') × 'Gloria Dei'. Karmin, großblumig, 10—12 cm ⌀, dicht gefüllt, duftend, gut blühend; Wuchs kräftig, buschig, 80 cm; Laub dunkelgrün, derb. (7,0)

Crimson Globe. *Moos.* W. Paul 1890. Dunkel karminrot, sehr dicht gefüllt, ballförmig, leider oft nicht aufblühend, Kelch sehr dick bemoost; 1 m. DMUWZ

Crimson Glory. *TH.* Kordes 1935. 'Cathrine Kordes'-Sämling × 'W. E. Chaplin'. Tief samtig karmin, edle Form, dicht gefüllt, mittelgroß, vorzüglich duftend, dauerblühend; Wuchs mittelhoch, 60 cm, buschig. — In der ganzen Welt sehr viel zur Hybridisation benutzt. LR 8. (8,1) DWZ

'Crimson King' → **Liebesglut.**

Crimson Moss. *Moos.* Tief bräunlichpurpur außen, mehr karminrosa innen, mit purpur, dicht gefüllt, oft nicht gut aufblühend, nur einmal blühend, Kelch stark bemoost; Wuchs hoch, bis 1,5 m.

Crimson Rambler. *Kl.* Entstehung nicht sicher bekannt, doch vermutlich Mutation oder Hybride von *R. multiflora* var. *cathayensis*; 1878 von Rob. Smith in einem Garten in Tokio gefunden und nach England gesandt, doch erst 1893 dort als 'Turner's Crimson Rambler' in den Handel gebracht. — Hellkarmin, kleinblumig, doch sehr dicht gefüllt, einmal, doch sehr reich blühend in großen, pyramidalen Ständen; Wuchs kräftig, 5—6 m hoch; Laub hellgrün, lederig, glänzend. RZ 1898:1. (7,8) DW

Crimson Shower. *Kl.* Norman 1951. 'Excelsa'-Sämling. Rein karmin, kleinblumig, 3 cm breit, locker gefüllt, leicht duftend, in großen Ständen überreich blühend, bis zum Herbst; Wuchs sehr stark, 4—5 m; Laub klein, glänzendgrün, gesund. GSR 201. Z

Crimson Wave (= 'Imperator'). *Fl.* Meilland 1972. 'Zambra' × ('Sarabande' × ['Goldilocks' × 'Fashion']). Kardinalsrot, großblumig, 10—12 cm ⌀, leicht duftend, dauerblühend, einzeln und zu mehreren beisammen; Wuchs sehr kräftig, 70 cm; Laub groß, tiefgrün, matt. U

Crispata. *Str.* (*rug.*). Kiese/J. C. Schmidt 1902. Hellrosa bis gelblich lachsrosa, mittelgroß, einfach, zahlreiche Staubfäden; Wuchs niederliegend oder halb-kletternd; Laub eigenartig kraus und verdreht. RZ 1907:32 (Abb. 145).

Criterion. *TH.* de Ruiter 1966. ('Kordes Sondermeldung' × 'Signal Red') × 'Gloria Dei'. Kirschrot, im Verblühen nicht verblassend, großblumig, 12 cm ⌀, gut gefüllt, duftend, reichblühend; 1 m hoch; Laub dunkelgrün, lederartig. GSR 288. D

Crown Jewel. *Fl.* Boerner/Jackson & Perkins 1964. 'Pink Bountiful' × 'Spartan'. Hell orangerot, mittelgroß, gefüllt, flach erblühend, duftend, reichblühend; Wuchs mittel; Laub dunkelgrün, derb. (6,2)

'Cuisse de Nymphe' und 'Cuisse de Nymphe Emue' → **Maiden's Blush.**

Curiosa (= 'My Girl', 'Stadt Bottrop'). *Fl.* de Ruiter 1964. 'Dacapo' × Sämling. Kräftig lachsrot, mittelgroß, gut gefüllt, etwas rosettenförmig, zu vielen beisammen; Wuchs kräftig; Laub mittelgrün, glänzend. GR 288. DMZ

Curiosity. *TH.* Cocker 1971. Sport von 'Kleopatra'. Innen scharlachrot, außen goldgelb, wie der Typ, aber Laub weißbunt, vor allem interessant beim karminroten Austrieb. GSR 289. D

Cybèle. *TH.* Hauser 1962. Sport von 'Beauté', aber Blüten intensiver orange; sonst wie die Muttersorte. D

Cyprienne. *Pol.* Delforge 1969. 'Sumatra' × 'Fashion'. Leuchtendrot, großblumig, dicht gefüllt, leicht duftend, zu vielen beisammen an starken Trieben, reich und lange blühend; Wuchs mittelhoch, buschig; Laub hellgrün. D

Dacapo. *Fl.* de Ruiter/Horstmann 1960. Dunkel lachsrosa, Basis orange, mittelgroß, 8 cm, locker gefüllt, leicht duftend, sehr reichblühend; Wuchs sehr gedrungen, buschig, 40 cm; Laub mittelgrün. RJb 22:128. (8,2) DUWZ

Dagmar Späth. *Fl.* Wirtz & Eicke/Späth 1936. Sport von 'Joseph Guy'. Reinweiß, im Verblühen ganz zart rosa überlaufen, Rand gewellt, gut blühend; 50 cm. (7,5) DWZ

Daily Sketch. *Fl.* McGredy 1960. 'Ma Perkins' × 'Grand Gala'. Zweifarbig, Rand breit karminrosa bis karmin, Mitte silbrigrosa bis weiß, großblumig, 8 cm ⌀, gut gefüllt, becherförmig, duftend, gut blühend; Wuchs kräftig, Triebe straff, gut verzweigt, 80 cm; Laub tiefgrün, gesund. RA 1961:64. (7,8) Z

Dainty Bess. *TH.* Archer 1925. 'Ophelia' × 'K. of K.'. Zartrosa, Knospe dunkler, Staubfäden dunkelrot, einfach, schalenförmig, Rand gefranst, 12 cm breit, duftend, gut blühend; Wuchs kräftig, buschig, 70 cm; Laub leicht glänzend, wenig deckend. GSR 401. (8,3)

Dainty Maid. *Fl.* LeGrice 1940. 'D. T. Poulsen' × ?. Innen zartrosa, außen karminrosa, Knospe kirschrot, einfach, mittelgroß, flach, in Büscheln beisammen, Staubfäden orange; Wuchs sehr kräftig, buschig, 80 cm; Laub tiefgrün, lederartig. PWR 138; GSR 402. (7,9)

Daisy Hill (= 'Macrantha'). *Str.* Zartrosa, im Verblühen mehr weiß, ganz leicht halbgefüllt, flach, 7 cm ⌀, duftend, sehr reichblühend, nicht remontierend, gut fruchtend; Wuchs kräftig, buschig, 1,5 m hoch, bis 2 m breit; Laub zierlich. U

Dalvey. *TH.* MacLeod 1971. 'Peeping Tom' × Sämling. Rosenrot, Basis gelb, großblumig, 10 cm ⌀, dicht gefüllt, gut duftend, einzeln an langen Stielen; Wuchs kräftig; Laub groß, etwas glänzend.

Dame de Coeur. *TH.* Lens 1958. 'Gloria Dei' × 'Kordes Sondermeldung'. Rein rot, großblumig, gut gefüllt, duftend, gut blühend; Wuchs kräftig; Laub dunkelgrün, glänzend. (7,3) Z

Dame Edith Helen. *TH.* A. Dickson 1926. Rosa, großblumig, gut gefüllt, gute Form, sehr guter Duft, sehr fauler Blüher; Wuchs schlecht, wenig verzweigt; Laub klein, grün, schlecht deckend. LR 4. Z

Dame Prudence. *Str.* Austin 1969. 'Ivory Fashion' × ('Constance Spry' × 'Ma Perkins'). Innen zartrosa, außen fast weiß, 10 cm ⌀, gut gefüllt, stark duftend, gut blühend, zu mehreren beisammen, remontierend; Wuchs kräftig, 90 cm hoch; Laub ziemlich klein, mittelgrün.

Dandy Dick. *Fl.* Harkness 1967. 'Pink Parfait' × 'Red Dandy'. Rosarot, großblumig, 7—8 cm ⌀, leicht gefüllt, becherförmig, gut duftend, zu mehreren beisammen; Wuchs gut; Laub hellgrün. D

Danielle Darrieux. *TH.* Gaujard 1948. Innen orangegelb, fein rot geadert, außen lachsrot mit orange, sehr großblumig, gut gefüllt, duftend, reichblühend; Wuchs kräftig; Laub groß, tiefgrün. SRW 27.

Danielle Robyn. *TH.* Hastie 1971. 'Grand Gala' × 'Western Sun'. Zweifarbig, innen karminrot, außen rahmweiß bis gelb, kugelig, gut gefüllt, einzeln an langen Trieben, leicht duftend, gut haltbar, nicht selbstreinigend; Wuchs mittel; Laub mittelgroß, dunkelgrün, lederartig.

Danish Gold. *Fl.* Poulsen 1949. ('Golden Salmon' × 'Souvenir de Claudius Pernet') × 'Julien Potin'. Aufblühend goldgelb, später rahmweiß, einfach bis leicht halbgefüllt, 7 cm ⌀, duftend, in Büscheln; Wuchs gedrungen; Laub glänzend. WZ

Danny Boy. *Kl.* McGredy 1968. 'Uncle Walter' × 'Milord'. Orangerot, groß, gefüllt, leicht duftend, in Büscheln; 2 m hoch. DMZ

Danse des Sylphes. *Kl.* Mallerin 1949. ('Gloria Dei' × 'Kordes Sondermeldung') × 'Danse du Feu'. Scharlachkarminrot, mittelgroß, halbgefüllt, flach, sehr reichblühend, öfterblühend; Wuchs kräftig, bis 3 m. PWR 213; GSR 239. DMUZ

Danse du Feu. (= 'Spectacular'). *Kl.* Mallerin 1953. 'Paul's Scarlet Climber' × *multiflora*-Sämling. Orange-scharlach,

Teehybride 'Alexandra'

Teehybride 'Amboßfunken'

Floribunda-Rose 'Bridal Pink'

Hausrose 'Baccara'

Strauchrose 'Bischofsstadt Paderborn'

Dauerblühende Strauchrose 'Chinatown'

Strauchrose 'Frau Dagmar Hartopp' (= 'Fru Dagmar Hastrup')

Floribunda-Grandiflora-Rose 'Duftwolke'

leicht gefüllt, mittelgroß, 7 cm ⌀, einzeln oder zu mehreren beisammen, öfterblühend; Wuchs sehr kräftig, bis 3 m; Laub glänzendgrün, gesund, jung bronze. PWR 212; GSR 240. (7,5) DMUWZ

Dany Robin. *Fl.* Meilland 1958. 'Goldilocks' × 'Fashion'. Lachsrosa, locker gefüllt, mittelgroß, schwach duftend, gut blühend; Wuchs mittel, buschig, 50—60 cm; Laub klein, rotgrün, matt, gut deckend. D

Dawn. *TH.* Jelly/E. G. Hill 1953. Lachsrosa, Basis gelb, mittelgroß, locker gefüllt, duftend, gut blühend, Knospe lang, spitz; Wuchs kräftig aufrecht. (6,8)

Dawn Fragrance. *Kl.* Pat Mason 1969. 'Blossomtime' × 'Blossomtime'. Rosarot, einzeln, doch entlang der Triebe, becherförmig, locker gefüllt, flach, stark duftend, gut blühend; Wuchs kräftig; Laub groß, tiefgrün, lederartig.

Dawson. *Kl.* J. Dawson, USA, 1888. *R. multiflora* × 'Général Jaqueminot'. Dunkel kirschrot, mehr oder weniger gefüllt, kleinblumig, zu 10—20 in großen Büscheln, einmal blühend, doch leicht nachblühend; 3—4 m hoch. — Die erste in USA gezüchtete *multiflora*-Hybride; heute nur noch interessant, da längst überholt. GSR 202.

Day Dream. *TH.* Armstrong 1969. 'Helen Traubel' × 'Tiffany'. Tiefrosa, großblumig, zuletzt flach, locker gefüllt, an langen Stielen, leicht duftend, selbstreinigend, Knospe groß, spitz; Wuchs kräftig aufrecht, 1,2 m; Laub groß, glänzend.

Dearest. *Fl.* A. Dickson 1960. Sämling × 'Spartan'. Zart lachsrosa, Mitte dunkler, im Verblühen am Rand heller, mittelgroß, locker gefüllt, duftend, zu mehreren beisammen; Wuchs kräftig, 80 cm; Laub dunkelgrün, glänzend. PWR 106; GSR 403; RA 1961:128. DMZ

Décor (= früher 'Record'). *Kl.* Mallerin 1951. ('Love' × 'Paul's Scarlet Climber') × 'Demain'. Scharlachrot, mittelgroß, locker gefüllt, in Büscheln, öfterblühend; Wuchs kräftig, 2,5 m; Laub gesund, mittelgrün. LR 15. DWZ

Dedication. *Fl.* Harkness 1968. 'Pink Parfait' × 'Circus'. Rahmgelb, locker gefüllt, mittelgroß, leicht duftend, regenempfindlich, reichblühend, zu mehreren beisammen; Wuchs buschig, 60 cm; gut belaubt. D

Degenhardt (= 'Doc'). *Pol.* de Ruiter 1954. Rosarot, Mitte weiß, halbgefüllt, flach, kleinblumig, doch in großen Büscheln, sehr reichblühend, nicht duftend; Wuchs zwergig, starr, 25 cm; Laub frischgrün, glänzend, gut deckend. DU

Delbard's Orange Climber. *Kl.* Chabert/Armstrong 1966. 'Danse du Feu' × ('Gloria di Roma' × 'La Vaudoise'). Orangerot, mittelgroß, gefüllt, leichter Duft, einzeln stehend, reichblühend, sehr haltbar; Wuchs kräftig, verzweigt, 3 m; Laub tiefgrün, glänzend. (6,1)

De Meaux (= 'Rose de Meaux', *R. centifolia pomponia, R. pomponia*). Dijon-Rose. *Str.* (*cent.*). Mutmaßlich aus dem Garten des Bischofs Doménique Séguier von Meaux, südöstlich von Paris, 1637. Hellrosa, kleinblumig, meist 3—4 cm breit, oft noch kleiner, dicht gefüllt, meist zu 2 beisammen an der Oberseite waagerechter Triebe, Juni, Stiele dicht borstig; Wuchs aufrecht, dünntriebig, 40—50 (—90) cm; Blätter hellgrün, klein. WR 119. DMU

De Meaux White (= 'Rose de Meaux White'). *Cent.* Sport von 'De Meaux', aber weiß, auch die Mitte reinweiß. D

Derby. *Fl.* Gaujard 1963. 'Miss France' × Sämling. Orangerot, mittelgroß, halbgefüllt, etwas duftend, gut haltbar, zu mehreren beisammen, etwas ballförmig; Wuchs kräftig, buschig, 50 cm; Laub hellgrün, reichlich.

De Ruiter's Herald. *Pol.* De Ruiter 1949. 'Orange Triumph' × Sämling. Scharlachrot, einfach, kleinblumig, doch in großen Ständen, reichblühend; Wuchs buschig, stark, 70 cm; Laub frischgrün, glänzend, gut deckend. DWZ

Desperado. *Fl.* Harkness 1968. 'Pink Parfait' × 'Masquerade'. Gelb, dann rosa und rot, kleinblumig, kaum halbgefüllt, schwacher Duft, sehr reichblühend; Wuchs kräftig, buschig, 60 cm. D

'Detroiter' → **Schlössers Brillant.**

Deuil de Paul Fontaine. *Moos.* Fontaine 1873. Purpurrot, Rückseite mehr bräunlichrot, dicht gefüllt, großblumig, duftend, öfterblühend; Wuchs mittel, 70—80 cm, Triebe sehr dicht stachelig, ebenso das „Moos" der Blütenknospen hart und etwas stachelig. (6,6) DZ

Devoniensis. *Tee.* Foster 1838. 'Smith's Yellow' × 'Park's Yellow China'. Rahmweiß, Mitte zartrosa überlaufen, sehr großblumig, gefüllt, stark duftend, öfterblühend; starkwüchsig. D

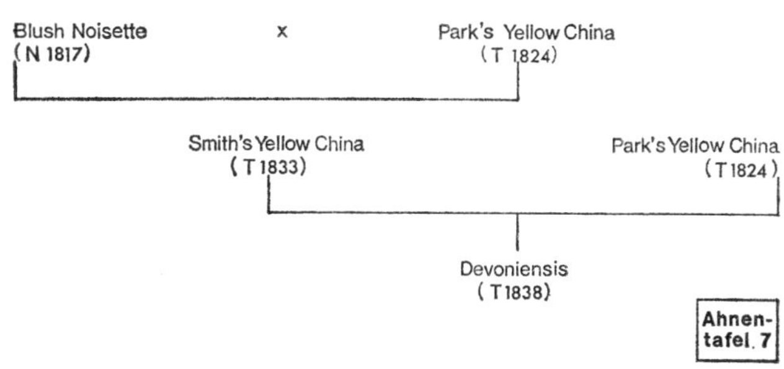

Devotion. *Fl.* Harkness 1971. 'Orange Sensation' × 'Gloria Dei'. Zartrosa mit dunklerem Anflug, großblumig, 10 cm ⌀, duftend, gut gefüllt, reichblühend; Wuchs buschig, kräftig, 1 m; Laub hellgrün, etwas glänzend. RA 1970:145. D

Diablotin. *Fl.* Delbard/Chabert 1961. 'Orléans Rose' × 'Fashion'. Leuchtend orangerot, mittelgroß, 5—7 cm ⌀, halbgefüllt, flach, regelmäßig; Wuchs buschig, 50—60 cm; Laub gesund. Z

Diamant. *Fl.* Kordes 1962. 'Korona' × 'Spartan'. Zinnoberscharlachrot, großblumig, dicht gefüllt, gute Form, leicht duftend, zu 3—7 beisammen; Wuchs aufrecht, 70 cm, straffe Triebe; Laub tiefgrün, glänzend. KR 9:161; RJb 26:64. (7,1) DWZ

Diamond Jubilee. *TH.* Boerner/Jackson & Perkins 1947. 'Maréchal Niel' × 'Feu Pernet-Ducher'. Dunkel rahmgelb mit hellorange, großblumig, 12—15 cm ⌀, locker gefüllt, becherförmig, duftend, gut blühend; Wuchs mittel, buschig, 70 cm; Laub groß, glänzend, gut deckend. PWR 24; SRW 26. (7,0) DUZ

Diane. *Min.* Moore 1957. (*R.wichuraiana* × 'Floradora') × ('Oakington Ruby' × 'Floradora'). Hellrot, gut gefüllt, flach, kleinblumig, 3 cm ⌀, duftend, reichblühend; Wuchs dicht buschig, zierlich, 25 cm hoch; Laub klein, dunkelgrün. Z

Dick Koster. *Pol.* D. A. Koster 1929. Sport von 'Anneke Koster'. Zartrosa, kaum halbgefüllt, kleinblumig, kugelig, ohne Duft, gut blühend; Wuchs buschig, aufrecht, 40 cm; Laub hellgrün, schlecht deckend.

Dick Koster Fulgens. *Pol.* D. A. Koster 1940. Hellrot, halbgefüllt, 3 cm ⌀, kleinblumig; sonstige Eigenschaften sehr ähnlich 'Dick Koster'. — Als Topfrose in Holland beliebt, auch zur Treiberei. DWZ

Dickson's Flame. *Fl.* A. Dickson 1958. 'Kordes Sondermeldung'-Sämling × 'Nymph'. Feuerrot, halbgefüllt, großblumig, 8 cm ⌀, ohne Duft, gut blühend, in Büscheln; Wuchs sehr buschig, kurztriebig, 40—50 cm; Laub bläulichgrün, klein, matt. PWR 133; RA 1959:1. DW

Dickson's Perfection. *Fl.* A. Dickson 1937. Krebsrot, Basis orangegelb, großblumig, gut gefüllt, gut duftend; sehr wüchsig. HRB 148. D

Dimples. *Fl.* LeGrice 1967. Rahmweiß, Mitte gelb, halbgefüllt, in Büscheln; sehr wüchsig, 70 cm; Laub glänzend. (6,0) D

Diorama. *TH.* de Ruiter 1965. 'Gloria Dei' × 'Beauté'. Intensiv goldgelb mit rötlichem Anflug, großblumig, 10 cm ⌀, locker gefüllt, gut duftend; Wuchs kräftig, 70 cm; Laub gesund. GSR 290; WPR 17; RA 1966:96. DMZ

Diputación de Tarragona. *TH.* S. Dot 1967. 'Baccara' × ('Chrysler Imperial' × 'Soraya'). Rötlich-orange, großblumig, gut gefüllt, kugelig, gut duftend; Wuchs kräftig aufrecht, 70 cm; Laub frischgrün, jung gerötet.

Direktor Benschop (= 'City of York'). *Kl.* Tantau 1945. 'Prof. Gnau' × 'Dorothy Perkins'. Rahmweiß, goldgelbe Staubbeutel, mittelgroß, halbgefüllt, duftend, in Büscheln, sehr reichblühend, aber nur einmal; Wuchs stark, bis 3 m hoch; Laub glänzend, lederartig. GSR 235. (8,6) DUWZ

Dirigent. *Str.* Tantau 1956. 'Fanal' × 'Karl Weinhausen'. Leuchtend blutrot, mittelgroß, halbgefüllt, ohne Duft, gut blühend zu vielen in Büscheln; Wuchs stark, aufrecht, 1,5 m; Laub groß, rötlichgrün, nicht gut deckend. RJb 27:64. (7,7) DMUWZ

Distinct. *Fl.* Boerner/Jackson & Perkins 1953. 'Triomphe Orléanais' × 'Mrs. Pierre S. du Pont'. Hochrot mit weißer Mitte, locker gefüllt, flach ausgebreitet, leicht duftend, in Büscheln; Wuchs gedrungen, straff aufrecht, 40 cm; Laub klein, dunkelgrün.

Divine. *TH.* Delbard/Chabert 1964. Hochrot, großblumig, dicht gefüllt, gute Form, Knospe schwarzrot; Wuchs kräftig, aufrecht, 70—80 cm, lange Triebe; Laub hellgrün.

Doctor Faust. *Fl.* Kordes 1957. 'Masquerade' × 'Spek's Yellow'. Goldgelb, bräunlichrot überlaufen, mittelgroß, 5 cm ⌀, gut gefüllt, duftend, in großen Ständen; Wuchs stark, aufrecht, 80 cm; Laub groß, glänzendgrün. PWR 120. D

Dollar-Rose. *TH.* Tantau 1936. Sämling × Sämling. Karminrosa, mittelgroß, dicht gefüllt, etwas duftend, einzeln stehend, aufrecht bis nickend; Wuchs mittel, 50 cm, Triebe mittelstark; Laub mittelgroß, locker stehend, rötlich, matt. D

Domila. *TH.* Laperrière 1971. Leuchtendrosa, wetterfeste Farbe, locker gefüllt, hoch gebaut, meist einzeln stehend; Wuchs kräftig; Laub tiefgrün, gesund.

Dominator. *Fl.* de Ruiter 1961. 'New Yorker' × 'Sweet Repose'. Rosa, Rand weißlich, großblumig, 8 cm ⌀, duftend, zu vielen beisammen; Wuchs kräftig; Laub mittelgrün.

Domino. *TH.* Gaujard 1956. 'Gloria Dei' × Sämling. Dunkelkarmin, mittelgroß, locker gefüllt, leicht duftend, lange Knospe; Laub tiefgrün. (6,5) Z

Donald Prior. *Fl.* Prior 1938. Sämling × 'D. T. Poulsen'. Feuerrot, leicht gefüllt, flach, großblumig, 8 cm ⌀, leicht duftend, gut blühend, zu vielen beisammen in großen Ständen; Wuchs mittelstark, buschig, 80 cm; Laub groß, rotgrün, matt, gut deckend. (7,2) DW

Donatella (= 'Granada'). *TH.* Lindquist 1963. 'Tiffany' × 'Cavalcade'. Farbenrose, rosa mit kreßrot und hellgelb, großblumig, 12 cm ⌀, locker gefüllt, duftend, reichblühend; gut wachsend; Laub groß, bronzegrün, matt, derb lederartig. DW

Don Juan. *Kl.* Malandrone 1958. 'New Dawn'-Sämling × 'New Yorker'. Samtig dunkelrot, großblumig, 12 cm ⌀, gut gefüllt, stark duftend, dauerblühend; Wuchs kräftig, 2 m; Laub lederartig, glänzendgrün. (8,1) DWZ

Don Quichotte. *Fl.* Robichon 1964. 'Charles Gregory' × 'Marcelle Auclair'. Innen kirschrot mit gelber Basis, außen hellgelb, Saum rosa, großblumig, leicht duftend, gut haltbar, zu mehreren beisammen an kräftigen Trieben; 70 cm; Laub mittelgroß.

Doreen. *TH.* Robinson 1950. 'Lydia' × 'McGredy's Sunset'. Orangegelb mit dunklerer Aderung, großblumig, locker gefüllt, gut duftend, gute Form, gut blühend; Wuchs stark, buschig, 60 cm; Laub tiefgrün und bronze, gut deckend. GSR 292; GR 145. DZ

Dorette. *Min.* Strobel 1962. Sport von 'Coralin'. Reinrosa, voll erblüht hellrosa, kleinblumig, 4—5 cm ⌀, rosettenförmig gefüllt, später flach, schwach duftend, reichblühend, in großen Ständen; Wuchs buschig, aufrecht, 30—40 cm; Laub klein, grün, matt, locker stehend. DUZ

Dornröschen. *Str.* Kordes 1960. 'Pike's Peak' × 'Ballet'. Lachsrosa bis hellrot, großblumig, Rückseite gelblich, gut gefüllt, remontierend; Wuchs stark, 1,5 m, aufrecht, verzweigt. KR 9:117; RJb 24:128. DMWZ

Dorothy Peach. *TH.* Robinson 1958. 'Lydia' × 'Gloria Dei'. Dunkelgelb, außen leicht rosa angehaucht, mittelgroß, gut gefüllt, duftend; Wuchs kräftig, buschig, 70 cm; Laub ziemlich klein, tiefgrün, glänzend. GSR 293; RA 1957:60. (6,4) Z

Dorothy Perkins. *Kl.* Jackson & Perkins 1901. *R. wichuraiana* × 'Mme Gabriel Luizet'. Reinrosa, kleinblumig, sehr dicht gefüllt, ohne Duft, gut blühend, nur im Juli; Wuchs sehr stark, 3—4 m, langtriebig; Laub klein, hellgrün, stark glänzend. — Sehr mehltauanfällig! RZ 1908:53; GR 336. (5,9) DMZ

Dorothy Wheatcroft. *Str.* Tantau 1961. Leuchtend scharlachorange, nicht verblassend, großblumig, 8 cm ⌀, halbgefüllt, Petalen gewellt, zu vielen beisammen an langen Trieben; Wuchs stark, aufrecht, 1,8 m; Laub mittelgroß, dunkelgrün. GSR 155; RA 1962:128. DZ

Dorrit. *Fl.* Sønderhousen 1968. Sämling × 'Folie d'Espagne'. Orangegelb, im Verblühen etwas heller, sehr dicht gefüllt, flach, zu vielen beisammen; Wuchs kräftig, 70 cm; Laub mittelgroß, mittelgrün, glänzend. RA 1971:176.

Dortmund. *Ko-Kl.* Kordes 1955. Sämling × *R. kordesii.* Blutrot mit großem weißem Auge, einfach, Petalen gewellt, 10 cm breit, leicht duftend, zu vielen beisammen in großen Ständen, öfterblühend; Wuchs kräftig, 3 m; Laub klein, stark glänzend, tiefgrün, wenig deckend. GSR 241. (8,2) DMUWZ

Dorus Rijkers. *Pol.* Leenders 1935. Orangerosa, mittelgroß, gut gefüllt, in Büscheln; Wuchs buschig, niedrig, 50 cm; Laub klein, hellgrün. Z

Doubloons. *Kl.* Horvath 1934. *R. setigera*-Hybride × *R. foetida* 'Bicolor'-Hybride. Goldgelb, großblumig, gut gefüllt, becherförmig, duftend, zu vielen beisammen an kräftigen Trieben, öfterblühend; Wuchs sehr kräftig, 3 m; Laub glänzendgrün. ARA 1937:266. (6,1)

Douchka (= 'Mary DeVor'). *Fl.* Amling 1967. 'Christian Dior' × 'Rumba'. Kardinalrot, mittelgroß, gut gefüllt, duftend, reichblühend; Wuchs kräftig aufrecht; Laub derb lederartig. — Hausrose. D

Downland Lustre. *TH.* Ratcliffe 1955. 'Vanessa' × 'Shot Silk'. Gelb, außen orange, gut gefüllt, mittelgroß, gut duftend, aber etwas blühfaul; Wuchs gedrungen, 40 cm, wenige Triebe; Laub klein, hellgrün, mäßig deckend. Z

Dr. A. J. Verhage. *TH.* Verbeek 1960. 'Tawny Gold' × ('Baccara' × Sämling). Goldgelb, dunkler überlaufen, großblumig, mäßig gefüllt, Rand etwas gewellt, gut duftend, gut blühend; Wuchs gedrungen, buschig, kräftige Triebe; Laub gesund, dunkelgrün. GSR 291. (6,6) DUWZ

Dr. Albert Schweitzer. *TH.* Delbard/Chabert 1961. 'Chic Parisien' × 'Michèle Meilland'. Innen rosarot, außen etwas dunkler, großblumig, 12—15 cm ⌀, locker gefüllt, leicht duftend, gut blühend; Wuchs kräftig, 60 cm; Laub bronze und grün. RJb 25:64. Z

Drambuie. *TH.* Anderson 1973. Sport von 'Whisky'. Innen rot, außen orangerot, stark duftend, gut gefüllt, einzeln oder zu mehreren beisammen; Wuchs kräftig, buschig; Laub glänzend.

Dr. Bernardo. *Fl.* Harkness 1969. 'Vera Dalton' × 'Red Dandy'. Karminrot, großblumig, gut gefüllt, leichter Duft, gut blühend, zu mehreren beisammen; Wuchs kräftig, buschig, 70 cm; Laub groß. GSR 404. DZ

Dr. Debat. *TH.* Meilland 1952. 'Gloria Dei' × 'Mrs. John Laing'. Korallenrosa, dunkler geadert, großblumig, 12 bis 15 cm ⌀, locker gefüllt, duftend, gute Form, spitze Knospe; Wuchs aufrecht, wenig verzweigt, 70 cm; Laub groß, grün, wenig deckend. PWR 53; SRW 28. (6,4) DZ

Dream Girl. *Kl.* Jacobus 1944. 'Dr. W. van Fleet' × 'Senora Gari'. Lachsrosa mit goldgelbem Anflug, großblumig, 8 cm ⌀, gut gefüllt, duftend, öfterblühend; Wuchs kräftig, 3 m hoch; Laub groß, glänzend, gut deckend. TCR 8. (6,7) U

Dr. Eckener. *Str.* (*rug.*). V. Berger 1928. *Rugosa*-Sämling × 'Golden Emblem'. Kupfrigrosa, Basis gelb, im Verblühen mehr rosa, großblumig, halbgefüllt, duftend, remontierend; Wuchs sehr kräftig, 1,5—2 m. (7,0) DMUWZ

Dr. E. M. Mills. *Str.* (*hug.*). Van Fleet 1926. *R. hugonis* × 'Radiance'. Primelgelb, rötlich überlaufen, im Verblühen dunkelrosa, 5—6 cm breit, halbgefüllt, kugelig, früh und reichblühend; Wuchs mittelstark; Laub klein, dunkelgrün. DU

Dr. Huey (= 'Shafter'). *Kl.* Thomas 1914. 'Ethel' × 'Gruß an Teplitz'. Dunkelkarmin, mittelgroß, 5 cm ⌀, halbgefüllt, gelbe Staubbeutel, leicht duftend; Wuchs kräftig. — In USA als Veredlungsunterlage benutzt. SRW 116; ARA 1926:122. (7,1) D

Dr. J. H. Nicolas. *Kl.* Nicolas/Jackson & Perkins 1940. 'Charles P. Kilham' × 'Georg Arends'. Rosarot, großblumig, 12 cm ⌀, sehr dicht gefüllt, ballförmig, duftend, zu mehreren beisammen, öfterblühend; Wuchs stark, 2,5 m; Laub groß, lederartig, dunkelgrün. ARA 1941:103. (7,3)

'Dr. Schiwago' → **Wendy Cussons.**

Druschki Rubra. Rem. Lambert 1929. 'Frau Karl Druschki' × 'Louise Lilia'. Sehr ähnlich 'Frau Karl Druschki' in allen Teilen, jedoch Blüten dunkelkarmin bis karmesinrot, duftend. DZ

Dr. W. van Fleet. *Kl.* Van Fleet 1910. (*R. wichuraiana* × 'Safrano') × 'Souvenir du Président Carnot'. Zartrosa, später fast weiß, großblumig, gut gefüllt, duftend, sehr reichblühend, hauptsächlich am alten Holz, sehr ähnlich 'New Dawn', aber nur einmal blühend; bis 6 m hoch. (8,1) UZ

D. T. Poulsen. *Fl.* S. Poulsen 1930. 'Orléans Rose' × 'Vesuvius'. Blutrot, leicht gefüllt, flach, etwas duftend; Wuchs buschig; Laub tiefgrün, derb lederig. D

Duc de Fitzjames. *Str.* (*gall.*). Dunkel karminrot mit grünlicher Mitte, im Verblühen lila, sehr dicht gefüllt, zu mehreren beisammen; Wuchs kräftig, buschig, 1,2 m; gut belaubt. D

Duc de Guiche. *Str.* (*gall.*). Prévost, vor 1829. Purpur-karmin, leicht geadert, dicht gefüllt, anfangs becherförmig, später mehr kugelig, grünliche Mitte, Juni; Wuchs kräftig, 1 m oder mehr. (7,4)

Duchesse de Buccleugh. *Str.* (*gall.*). Robert 1860. Magentarosa mit karmin, Saum etwas heller, sehr groß, zuerst becherförmig, dann ganz flach, kleine grünliche Mitte, sehr spät blühend; Wuchs kräftig, 1,5 m, Triebe fast ohne Stacheln; gut belaubt. (8,5)

Duchesse de Montebello. *Str.* (*gall.*). Laffay, vor 1829. Zartrosa, mittelgroß, dicht gefüllt, gut duftend, Juni; Wuchs kräftig, 1,5 m, locker bezweigt; Laub graugrün (steht *R. alba* näher als *R. gallica*!). PWR 174. DMU

Duchesse de Verneuil. *Moos.*. Portemer 1856. Fleischrosa, Mitte mehr lachsrosa, außen etwas heller, Petalen camellienförmig ausgebreitet, gut gefüllt, duftend, stark bemoost; Wuchs kräftig, bis 1,5 m hoch; Laub frischgrün. D

Düsterlohe. *Str.* (*arvensis*). Kordes 1931. 'Venusta Pendula' × 'Miss C. E. van Rossem'. Rosarot, einfach, 7 cm breit, schwach duftend, einmal blühend, doch sehr reich; sehr starkwüchsig, Triebe lang und kräftig, 1,5 m. GSR 156; TRT 140. W

Duet. *TH.* Swim 1960. 'Fandango' × 'Roundelay'. Hellrosa, außen dunkler bis hellrot, großblumig, 10 cm ⌀, locker gefüllt, duftend; Wuchs kräftig, 70 cm, gut verzweigt; Laub dunkelgrün, lederartig. (7,9)

Duftbella. *Fl.* Hetzel 1973. 'Duftwolke' × ('Monique' × 'Mardi Gras'). Dunkel samtrot, im Aufblühen leuchtendrot, hellere Reflexe, großblumig dicht gefüllt, hoch gebaut, stark duftend, in Büscheln; 60 cm hoch, breit buschig; Laub reichlich. D

Duftparadies. *TH.* Hetzel 1966. 'Monique' × 'Mardi Gras'. Karminrot, großblumig, 12—15 cm ⌀, gefüllt, hoch gebaut, becherförmig, duftend, einzeln stehend; Wuchs buschig, aufrecht, mittelstark; Laub grün, mittelgroß, etwas glänzend. D

Duftrausch. *Fl.* Tantau 1972. Eltern nicht angegeben. Rosa, kleinblumig, halbgefüllt, stark duftend, zu mehreren beisammen; Wuchs buschig, niedrig, 40 cm; Laub locker, mittelgroß, matt. D

Duftwolke (= 'Fragrant Cloud'). *TH.* Tantau 1963. Sämling × 'Prima Ballerina'. Orangerot, später mehr purpurrot, großblumig, 12 cm ⌀, gefüllt, sehr stark duftend, gute Form; Wuchs kräftig aufrecht, 80 cm, lange Stiele; Laub groß, tiefgrün, lederartig. GSR 296; KR 9:118; RA 1964: 80. DUWZ (Tafel 20).

Duftwunder. *TH.* Hetzel 1972. 'Duftwolke' × 'Goldmarie'. Lachsfarbig, im Verblühen rahmweiß, großblumig, 10 cm ⌀, hoch gebaut, gefüllt, duftend, Knospen mittelgroß, breitoval; Wuchs aufrecht, 50 cm, buschig; Laub grün, jung rötlich, mittelgroß, etwas glänzend, mitteldicht. D

Duftzauber. *TH.* Kordes 1969. Sämling × 'Kaiserin Farah'. Scharlachrot, später karmin, großblumig, 10—12 cm ⌀, gefüllt, becherförmig, duftend, einzeln stehend; Wuchs aufrecht, buschig, 70 cm; Laub mittelgroß, jung rot, etwas glänzend, mitteldicht. KR 10:19. DWZ

Duisburg-Stadt Montan. *Fl.* de Ruiter/Willicher Baumschulen 1960. 'Signal Red' × 'Käthe Duvigneau'. Leuchtendrot, halbgefüllt, sehr großblumig, sehr reichblühend; Wuchs kräftig; Laub sehr gesund, dunkelgrün, lederartig. D

Dukat. *Kl.* Tantau 1955. 'Mrs. Pierre S. du Pont' × 'Golden Glow'. Goldgelb, großblumig, gut gefüllt, leichter Duft, einmal und reich blühend; Wuchs kräftig, bis 4 m; Laub glänzend, lederartig, gesund. DUWZ

'Duke of Windsor' → **Herzog von Windsor.**

Duo. *Fl.* Gaujard 1955. 'Gloria Dei' × Sämling. Kupfrig orange, außen mehr gelb, ganz leicht gefüllt, mittelgroß, duftend, Rand gefranst, reichblühend, zu mehreren beisammen; Wuchs kräftig; Laub bronzegrün. WZ

Duquesa de Peñaranda. *TH.* Dot 1931. 'Souvenir de Claudius Pernet' × 'Rosella'. Lachsrosa und orange, sehr großblumig, gefüllt, becherförmig, duftend, langstielig; Wuchs kräftig, 70 cm; Laub hellgrün, glänzend. (6,1)

Dusky Maiden. *Fl.* LeGrice 1947. ('Daily Mail Scented Rose' × 'Etoile de Holland') × 'Else Poulsen'. Schwärzlich karminscharlach, Staubbeutel goldgelb, einfach, schalenförmig, großblumig, 8 cm ⌀, zu vielen beisammen an kräftigen Trieben, duftend; Wuchs kräftig, 70 cm; Laub groß, etwas glänzend. (7,8)

Dutch Hedge. *Str.* Nijveldt 1958. (*R. cinnamomea* × *R. rugosa*) × *R. nitida.* Hellrosa, kleinblumig, Früchte orange; Wuchs buschig, gedrungen, 70 cm; Laub klein, hellgrün. D

'Dwarfking' → **Zwergkönig.**

Eagle. *Kl.* Leenders 1970. 'Golden Perfume' × 'Summer Perfume'. Zart rosarot mit lachs, mittelgroß, gut gefüllt, in Büscheln, reichblühend; Wuchs kräftig. D

Early Bird. *Fl.* P. Dickson 1965. 'Circus' × 'Fritz Thiedemann'. Silbrigrosa, großblumig, 10 cm ⌀, gut gefüllt, duftend, in Büscheln, reichblühend; wüchsig. D

Easlea's Golden Rambler. *Kl.* Easlea 1932. Zitronengelb, außen mitunter etwas rötlich gefleckt, großblumig, 10 cm ⌀, gut gefüllt, duftend, gute Form, Juni, nur einmal blühend, einzeln oder in Büscheln; Wuchs stark, 4 m; Laub olivgrün, lederartig, reichlich. DZ

Easter Morning. *Min.* Moore 1960. 'Golden Glow' × 'Zee'. Elfenbeinweiß, kleinblumig, 3 cm ⌀, sehr dicht gefüllt, flach, sehr reichblühend, schwach duftend, Knospe klein, spitz; Wuchs kräftig, 30—35 cm; Laub lederig, tiefgrün. (7,9) D

Ebb Tide. *TH.* V. Abrams 1961. ('Sutter's Gold' × Sämling) × 'Gloria Dei'. Gelblichrosa, großblumig, 12 cm breit, leicht duftend, lange spitze Knospe; Wuchs gedrungen, kräftig; Laub glänzendgrün. (7,0) Z

Eberwein (= 'Dopey). *Pol.* de Ruiter 1954. 'Robin Hood' × Polyantha-Sämling. Karmesinrot, Mitte etwas heller, Staubbeutel gelb, kleinblumig, halbgefüllt, zu vielen beisammen, ohne Duft; Wuchs zwergig, dicht, 35 cm; Laub dunkelgrün, glänzend. Z

Eclipse. *TH.* Nicolas/Jackson & Perkins 1935. 'Joanna Hill' × 'Federico Casas'. Goldgelb, locker gefüllt, gut duftend, Knospe lang, spitz, dunkelgelb; Wuchs buschig; Laub dunkelgrün. LR 7. (7,5) DUW

Edda. *Str.* A. Lundstad 1969. 'Lichterloh' × 'Scharlachglut'. Rein rosarot, leicht gefüllt, mittelgroß, flach, in Büscheln, reichblühend, remontierend, leicht duftend; Wuchs stark; Laub tiefgrün, lederartig, glänzend. D

Eddie's **Crimson.** *Str.* (*moyesii*). Eddie 1956. 'Donald Prior' × *R. moyesii*-Hybride. Blutrot, halbgefüllt, großblumig,

10—12 cm ⌀, einmal- und sehr reichblühend, reichlich rote Früchte im Herbst; Wuchs stark, 2,5 m. DMWZ

Eddie's Jewel. *Str.* (*moy.*-H.). Eddie 1962. 'Donald Prior' × *R. moyesii*-Hybride. Feuerrot, einfach, 8—10 cm ⌀, öfterblühend, viele rote Früchte im Herbst; Wuchs stark, 2 m hoch und breit, junge Triebe mit roter Rinde, wenig bestachelt. DMZ

Edelweiß (= 'Snowline'). *Fl.* Poulsen 1969. Schneeweiß, in der Knospe rahmgelb, gut gefüllt, mittelgroß, zu mehreren beisammen; Wuchs buschig, 60 cm; Laub hellgrün. DWZ

Eden Rose. *TH.* Meilland 1950. 'Gloria Dei' × 'Signora'. Kräftig rosa, dunkler geadert und überlaufen, Rückseite etwas heller, gut gefüllt, becherförmig, sehr duftend; Wuchs stark, aufrecht, 90 cm, wenig verzweigt; Laub groß, glänzendgrün. PWR 84; GSR 297. (6,4) WZ

Edith Piaf. *TH.* Verbeek 1964. 'Poinsettia' × ('Baccara' × Sämling). Purpurrot, großblumig, gut gefüllt, leicht duftend; Laub tiefgrün. — Hausrose. Z

Edvard Grieg. *Fl.* Laperrière 1962. Scharlachrot. DUWZ

E. G. Hill. *TH.* Hill 1929. Scharlachrot, sehr großblumig, gut gefüllt, stark duftend, gute Form; starke Stiele. Z

Eiffel Tower. *TH.* Armstrong/Swim 1963. 'First Love' × Sämling. Reinrosa, dunkler geadert, großblumig, 10 cm ⌀, gut gefüllt, duftend, an starken Stielen, Knospe besonders lang, urnenförmig; Wuchs kräftig, 90 cm; Laub hellgrün, groß, matt, gut deckend. — Gute Schnittsorte. (7,7) DZ

Elation. *TH.* Jackson & Perkins 1973. 'Buccaneer' × Sämling. Goldgelb, großblumig, nicht verblassend, gute Form, gut blühend; Wuchs buschig, aufrecht, 70 cm; Laub hellgrün, gesund.

El Cid. *TH.* Armstrong 1969. 'Fandango' × 'Roundelay'. Orangerot, großblumig, becherförmig, gut gefüllt, leicht duftend, einzeln oder zu mehreren an langen Stielen; Wuchs kräftig; Laub glänzendgrün.

Eldorado. *TH.* Armstrong 1972. 'Manitou' × 'Summer Sunshine'. Goldgelb, Petalen später mit rötlichem Anflug, großblumig, gut gefüllt, selbstreinigend, stark duftend, Knospen groß, lang zugespitzt; Wuchs kräftig aufrecht; Laub groß, lederartig, glänzend.

Eleanor. *Min.* Moore 1963. *R. wichuraiana* × 'Floradora'. Korallenrosa, im Verblühen dunkler werdend, kleinblumig, 3 cm ⌀, gut gefüllt, flach, Knospen lang; Wuchs buschig aufrecht, 30 cm; Laub glänzend, lederartig. (7,8) DZ

Electra. *TH.* Boerner/Jackson & Perkins 1970. 'Eclipse' × Sämling. Gelb, großblumig, flach, selbstreinigend, leicht duftend, gut blühend, lange Knospen; Wuchs kräftig aufrecht, buschig, wenig bestachelt.

Electron (= 'Mullard Jubilee'). *TH.* McGredy 1972. 'Paddy McGredy' × 'Prima Ballerina'. Hellrot, großblumig, locker gefüllt, leicht duftend, selbstreinigend, gut blühend, Knospen eiförmig; Wuchs buschig, aufrecht, 90 cm, stark bestachelt; Laub hellgrün, mittelgroß. RA 1970:14; GSR 340. DZ

Elegance. *Kl.* Brownell 1937. 'Glenn Dale' × ('Mary Wallace' × Miss Lolita Armour'). Reingelb, im Verblühen am Rand weiß werdend, duftend, großblumig, gut gefüllt, etwas nachblühend; Wuchs sehr stark, 4 m, langtriebig; Laub dunkelgrün, glänzend. GSR 203. (7,6) DZ

Elegy. *TH.* Meilland 1971. (['Rouge Meilland' × 'Kordes Sondermeldung'] × 'Sutter's Gold') × (['Rouge Meilland' × 'Kordes Sondermeldung'] × 'Suspense'). Zinnoberrot, großblumig, 12 cm ⌀, flach, leichter Duft, einzeln oder zu 2—3 an langen Trieben; Wuchs sehr stark und dicht; Laub tiefgrün, groß.

Elfe. *Fl.* Tantau 1945. 'Swantje' × 'Hamburg'. Reinweiß, im Verblühen zart rosa, leicht gefüllt, ohne Duft, flach, sehr reich blühend, zu vielen beisammen; Wuchs sehr stark, gut verzweigt, 90 cm; Laub hellgrün, schmal, groß, glänzend, gut deckend. DUWZ

Eliane. *TH.* Gaujard 1954. 'Mme Joseph Perraud' × *R. foetida 'Bicolor'*-Hybride. Lachsrosa, sehr großblumig, gut gefüllt, duftend, gut blühend; Laub tiefgrün.

Elida. *TH.* Tantau 1966. Sämling × Sämling. Zinnoberrot, gut gefüllt, duftend, einzeln an kräftigen Trieben; Wuchs verzweigt; Laub dunkelgrün, glänzend. GSR 298; RA 1968: 128.

Elite. *TH.* Tantau 1936. 'Charles P. Kilham' × 'President Herbert Hoover'. Lachsrosa mit gelb, sehr großblumig, gefüllt, gut duftend, reichblühend, lange Knospe; Wuchs aufrecht; Laub hellgrün, glänzend.

Elizabeth Harkness. *TH.* Harkness 1969. 'Red Dandy' × 'Piccadilly'. Hellgelb, später etwas gerötet, Knospen rot, großblumig, gut gefüllt, etwas duftend, einzeln oder zu mehreren beisammen; Wuchs aufrecht, 80 cm; Laub mittelgrün, leicht glänzend. GSR 299; RA 1969:128. DZ

'Elizabeth of Glamis' → **Irish Beauty.**

Ellen Mary. *TH.* LeGrice 1963. 'Wellworth' × 'Kordes Sondermeldung'. Tief dunkelrot, großblumig, 12 cm ⌀, duftend, gut blühend, locker gefüllt; Wuchs aufrecht.

Ellen Poulsen. *Pol.* Poulsen 1911. 'Mme Norbert Levavasseur' × 'Dorothy Perkins'. Dunkelrosarot, mittelgroß, gut gefüllt, reichblühend, in kleinen Büscheln, öfterblühend; Wuchs buschig, niedrig; Laub tiefgrün, glänzend. DW

Elmshorn. *Str.* Kordes 1950. 'Hamburg' × 'Verdun'. Hellrot, kleinblumig, 4 cm ⌀, gefüllt, ohne Duft, zu vielen beisammen, öfterblühend; Wuchs kräftig, 2 m; Laub klein, hellgrün, runzelig. GSR 157; KR 9:119. (7,7) DMUW

Else Poulsen. *Fl.* Poulsen 1924. 'Orléans-Rose' × 'Red Star'. Rosa, ganz leicht gefüllt, mittelgroß, 5 cm ⌀, flach, Saum leicht gewellt, schwacher Duft, zu vielen beisammen an langen Trieben; Wuchs buschig, 90 cm; Laub groß, gut deckend. PWR 127. (7,8) DWZ

Elsinore (= 'Helsingör'). *Fl.* Lindquist/Poulsen 1957. 'Floradora' × 'Pinocchio'. Scharlachrot, halbgefüllt, großblumig, in Büscheln. — Sehr ähnlich 'Moulin Rouge'. RA 1957:86.

Elysium. *Fl.* Kordes 1961. 'Queen Elizabeth' × 'Spartan'. Lachsrosa, großblumig, gut gefüllt, becherförmig, gut duftend; Wuchs mittelstark, 60 cm, buschig; Laub mittelgrün, glänzend. GSR 406; KR 9:73. (6,8) DUWZ

Embassy. *TH.* Sanday 1967. 'Gavotte' × ('Magenta' × 'Spek's Yellow'). Gelb, karmin geadert und gerandet, großblumig, gut gefüllt, duftend; Wuchs gut aufrecht, 80 cm; Laub dunkelgrün, glänzend. GSR 300.

Embrasement. *Pol.* Delbard/Chabert 1956. Feuerrot, gut gefüllt, mittelgroß, becherförmig, fast halbkugelig, zu 8—12 beisammen, reichblühend; Wuchs kräftig, 60 cm; Laub bronzegrün. Z

Emily Gray. *Kl.* Williams 1918. 'Jersey Beauty' × 'Comtesse du Cayla'. Dunkel bräunlichgelb, goldgelbe Staubbeutel, kleinblumig, 3,5 cm ⌀, locker gefüllt, breit, gut duftend, an vielen kräftigen Stielen, einmalblühend; Wuchs stark, 3 m; Laub tiefgrün, jung bronze.

Eminence. TH. Gaujard 1962. 'Gloria Dei' × ('Viola' × Sämling). Lavendelfarben, großblumig, gut gefüllt, flach, stark duftend, gut blühend, lange Stiele; Wuchs kräftig; Laub derb, hellgrün. (6,1) DUZ

Emma Jane. *Fl.* Sanday 1970. 'Vera Dalton' × ('Masquerade' × 'Kordes Sondermeldung'-Sämling). Lachsrosa, Saum heller werdend, Mitte orange, mittelgroß, 8 cm ⌀, halbgefüllt, in Büscheln; Wuchs gut; Laub mittelgrün, matt.

Ena Harkness. *TH.* Norman/Harkness 1946. 'Crimson Glory' × 'Southport'. Samtig karmin-scharlach, großblumig, dicht gefüllt, meist (nicht immer!) gut duftend, gute Form; Wuchs kräftig, 80 cm, Blüten mitunter überhängend; Laub mittelgrün, matt, mäßig deckend. PWR 91; GSR 301. (6,3) DUWZ

Engadin. *Fl.* Tantau. Orangescharlach, verblüht lachsrot, großblumig, 8—10 cm ⌀, gefüllt, hoch gebaut, in Büscheln, ohne Duft; Wuchs buschig, aufrecht, 50 cm; Laub rotgrün, mittelgroß, etwas glänzend. — Ähnlich 'Taora'. D

English Hedge. *Str.* Nijveldt 1959. (*R. rugosa* 'Rubra' × *R. cinnamomea*) × *R. nitida*. Blüten rosa, einfach, klein, rote Früchte im Herbst; Wuchs gedrungen, aufrecht, vieltriebig, Triebe rötlich, untere Hälfte stark bewehrt, obere fast ohne Stacheln, 70—80 cm. D

Enterprise. *Fl.* Kordes 1957. Sämling × 'Masquerade'. Tief goldgelb, Saum lachsrot, mittelgroß, 5 cm ⌀, halbgefüllt, zu vielen in Büscheln; Wuchs aufrecht; Laub tiefgrün, glänzend.

Eos. *Str.* Ruys 1950. *R. moyesii* × 'Magnifica'. Lachsrosa bis mehr rot, Mitte weiß, mittelgroß, locker gefüllt, zu mehreren beisammen an langen Stielen, nur einmal blühend, doch sehr reich; Wuchs stark, 3 m; Laub lederartig, glänzend. GSR 31. DMUWZ

Erato. *Kl.* Tantau 1937. ('Ophelia' × *R. multiflora*) × 'Florex'. Weiß, halbgefüllt, flach, leicht duftend, reichblühend, in Büscheln an langen Trieben; Laub glänzend. DZ

Erfurt. *Str.* Kordes 1939. 'Eva' × 'Reveil Dijonnais'. Zitronengelb, Saum karminrot, Mitte oft weiß, Staubbeutel tiefgelb, sehr großblumig, halbgefüllt, reichblühend, öfterblühend; Wuchs kräftig, ausladend, 1,5 m; Laub dunkelgrün, jung rot. PWR 200; GSR 158; TRT 145. DMUWZ

Erica Herholdt (= 'Erica'). *Fl.* J. A. Herholdt 1964. Sämling × 'Montezuma'. Scharlachorange, halbgefüllt, Petalen am Rand fein gewellt, reichblühend und zu vielen beisammen. DUWZ

Erinnerung an Brod. *Str.* (*setig.*-H.). Geschwind 1886. *R. setigera* var. *tomentosa* × 'Génie de Châteaubriand'. Kirschrot aufblühend, dann karmin, im Verblühen purpurviolett, großblumig, sehr dicht gefüllt, flach, reichblühend; Wuchs stark. D

Erna Grootendorst. *Fl.* Grootendorst 1938. 'Bergers Erfolg' × 'Gloria Mundi'. Blutrot, locker gefüllt, mittelgroß, ohne Duft, in Büscheln, gut blühend; Wuchs mittel, buschig; Laub mittelgrün, glänzend, schlecht deckend. (6,6) DUWZ

Ernest Morse. *TH.* Kordes 1968 (als 'Ernest H. Morse' bereits 1964 von Morse eingeführt). 'Prima Ballerina' × 'Schlösser's Brillant'. Dunkelblutrot, großblumig, 10 cm ⌀, gut gefüllt, rasch aufblühend, gut duftend; Wuchs kräftig, buschig, starktriebig, 90 cm; Laub dunkelgrün, reichlich. GSR 302; WPR 15; RA 1965:49. (7,8) DZ

Erotika (= 'Eroica'). *TH.* Tantau 1969. Sämling × 'Dr. A. J. Verhage'. Samtig dunkelrot, sehr großblumig, gut gefüllt, duftend, gut blühend, einzeln an langen Trieben; Wuchs kräftig aufrecht, 80 cm; Laub tiefgrün, jung rot. RJb 34:64. DUWZ

Escalade. *Kl. TH.* Combe/Vilmorin 1962. 'Danse du Feu' × 'Charlotte Armstrong'. Karminrot, mittelgroß, locker gefüllt, becherförmig, gut blühend, spitze Knospe.

Escapade. *Fl.* Harkness 1967. 'Pink Parfait' × 'Baby Faurax'. Lilarosa, Mitte fast weiß, großblumig, 8 cm ⌀, locker halbgefüllt, schalenförmig, Staubfäden goldgelb, reichblühend und zu vielen in Büscheln; Wuchs kräftig, 80 cm; Laub hellgrün, gesund. GSR 408; RA 1969:144. DM

Esperanza. *Pol.* Delforge 1966. 'Donald Prior' × 'Révérence'. Hellrot, großblumig, gefüllt, in Büscheln, reichblühend; Wuchs aufrecht; Laub dunkelgrün und bronze, glänzend, lederartig. D

Esther Ofarim. *Fl.* Kordes 1970. 'Königin der Rosen' × 'Zorina'. Innen zinnoberrot und scharlach, außen hellgelb mit orange Hauch, mittelgroß, rosettenförmig flach, gut gefüllt, lange blühend, einzeln oder zu mehreren an langen Stielen; 50 cm; Laub hellgrün, matt. GSR 409; KR 10:120. DZ

Ethel Sanday. *TH.* Mee/Sanday 1954. 'Rex Anderson' × 'Audrey Cobden'. Gelb mit aprikose Anflug, großblumig, 12 cm ⌀, gefüllt, duftend, gute Form, gut blühend; Wuchs kräftig, aufrecht; Laub dunkelgrün. PWR 2; RA 1954:120. (7,0)

Etoile de Hollande. *TH.* Verschuren 1919. 'General MacArthur' × 'Hadley'. Blutrot, großblumig, gut gefüllt, becherförmig, stark duftend, gut blühend; Wuchs mittelstark, locker; Laub mattgrün. BTR 10. (7,1) DUWZ

Etude. *Kl.* Gregory 1968. 'Danse du Feu' × 'New Dawn'. Dunkelrosarot, mittelgroß, 8 cm ⌀, halbgefüllt, leicht duftend, reich- und öfterblühend; Wuchs kräftig, 2 m; Laub hellgrün, glänzend. GSR 242; RA 1966:80. D

Eugène Fürst. *Rem.* Soupert & Notting 1875. 'Baron de Bonstetten' × ?. Kräftig karminrot, großblumig, dicht gefüllt, becherförmig-kugelig, gut duftend, remontierend; Wuchs kräftig, etwa bis 1,5 m; Laub groß, dunkelgrün, matt. DZ

Eugène Verdier. *Moos.* E. Verdier 1872. Heller oder dunkler karmin, Mitte dunkler, sehr dicht gefüllt, gut duftend, schöne Form; Wuchs kräftig. D

Eugénie Guinoisseau. *Moos.* Guinoisseau 1864. Kirschrot bis purpur, im Verblühen purpurlila, becherförmig-ballförmig, großblumig, dicht gefüllt, sommer- und herbstblühend, Kelch gut bemoost; Wuchs aufrecht, bis 1,5 m, Blütenstiele dicht borstig-stachelig, aber die Zweige sonst wenig bewehrt. D

Europeana. *Fl.* de Ruiter 1964. 'Ruth Leuwerik' × 'Rosemary Rose'. Dunkel karminrot, großblumig, 8 cm ⌀, rosettenförmig, gut gefüllt, leicht duftend, in vielblumigen Ständen dauerblühend; Wuchs locker aufrecht, 70 cm; Laub bronzegrün, stark glänzend. GSR 410; GR 240. (8,3) DMUWZ

Eurorose. *Fl.* Dickson 1973. 'Zorina' × 'Redgold'. Bronzegelb, im Aufblühen stark feuerrot überlaufen, im weiteren Aufblühen verblaßt der rote Ton; mittelgroß, locker gefüllt, 25 Petalen, hoch gebaut, etwas duftend, in Büscheln, reichblühend; Wuchs aufrecht, buschig, 70—80 cm; Laub zuerst rot, später dunkelgrün. D

Eurovision. *TH.* Delforge 1961. 'Miss France' × 'Rosita'. Dunkelrot, großblumig, 10 cm ⌀, gefüllt, duftend; Wuchs buschig; Laub bronzegrün, groß, gut deckend. D

Euterpe. *Kl.* Tantau 1937. ('Ophelia' × *R. multiflora*) × 'Florex'. Hellgelb, halbgefüllt, leicht duftend, in Büscheln an langen Trieben; starkwüchsig; Laub glänzend. D

Eutin. *Fl.* Kordes 1940. 'Eva' × 'Solarium'. Glühend karminrot, gefüllt, becherförmig, schwach duftend, zu vielen in großen Büscheln an langen Trieben; starkwüchsig, 1 m hoch; Laub lederig, dunkelgrün, glänzend. (7,8) DUZ

Eva. *Str.* Kordes 1937. 'Robin Hood' × 'J. C. Thornton'. Dunkelrot, mit weißer Mitte, einfach, großblumig, duftend, zu vielen in großen Büscheln, gut remontierend; sehr wüchsig, 1,5 m hoch × 1 m breit. DUW

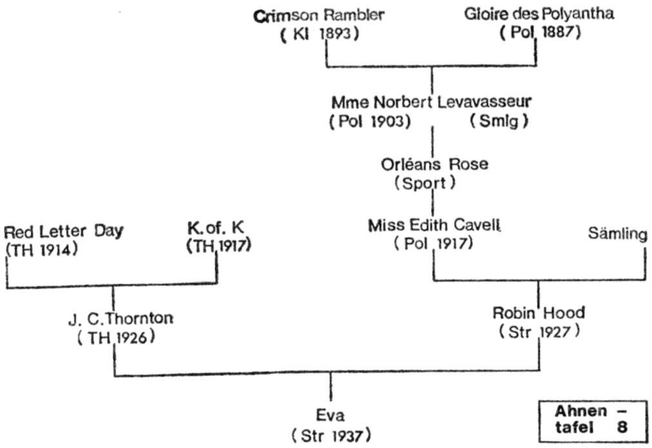

Evangeline Bruce. *Fl.* A. Dickson 1971. 'Königin der Rosen' × 'Sea Pearl'. Goldgelb, zum Petalenrand zu stark dunkelrosa überlaufen, großblumig, gut gefüllt, duftend, zu mehreren beisammen; Wuchs kräftig; Laub hellgrün, lang zugespitzt. RA 1972:145.

Eve. *TH.* Gaujard 1954. Korallenrot, gelblich überlaufen, sehr großblumig, gut gefüllt, duftend, große lange Knospe; Wuchs kräftig; Laub glänzend. Z

Eve Allen. *TH.* Allen 1964. 'Karl Herbst' × 'Gay Crusader'. Zweifarbig, innen kirschrot, außen dunkelgelb, gut gefüllt, mittelgroß, duftend; Wuchs kräftig, buschig, verzweigt, 90 cm. GSR 303; RA 1966:128.

Evelyn. *Fl.* W. Noack 1972. 'Ruth Leuwerik' × 'Europeana'. Dunkelrot. D

'Evelyn Fison' → **Irish Wonder.**

Evening Star. *TH.* Jackson & Perkins/Kordes Söhne 1974. Ähnlich 'Pascali'; weiß, großblumig, hoch gebaut, leicht duftend, gefüllt, becherförmig, zu mehreren beisammen, selbstreinigend, einzeln oder zu mehreren; Wuchs sehr stark; Laub groß, tiefgrün.

Evergold (= 'Coed' in USA). *Fl.* Jelly 1971. Goldgelb, mittelgroß, 5 cm breit, stark gefüllt; Laub dunkelgrün, stark glänzend. — Haussorte.

Evrard Ketten. *TH.* Ketten 1920. 'Farbenkönigin' × 'Ruhm der Gartenwelt'. Rein karminpurpur, ohne jede Schattierung, gut gefüllt, stark duftend. DZ

Excalibur. *Fl.* Harkness 1967. 'Vera Dalton' × 'Woburn Abbey'. Scharlachrot, mittelgroß, 6 cm ⌀, locker halbgefüllt, leicht duftend, gut blühend, in Büscheln; Wuchs buschig; Laub dunkelgrün, glänzend. D

Excellenz Kuntze. *Str.* Lambert 1909. 'Aglaia' × 'Souvenir de Catherine Cuillot'. Rahmgelb, kleinblumig, gefüllt, duftend, zu vielen in großen Büscheln, gut blühend; Wuchs kräftig, aufrecht; Laub tiefgrün, glänzend. DUWZ

Excelsa (= 'Red Dorothy Perkins'). *Kl.* Walsh 1909. Eltern nicht bekannt. Hellkarmin, gefüllt, becherförmig, einmal-, aber überreichblühend zu vielen in großen Büscheln; Wuchs mittelkräftig, bis 3 m; Laub frischgrün, glänzend. LR 13. DMUWZ

Faberge. *Fl.* Boerner/Jackson & Perkins 1959. Sämling × 'Zorina'. Lachsrosa, Rückseite gelb überlaufen, großblumig, gut gefüllt, leicht duftend, einzeln oder zu mehreren an kräftigen Stielen, reichblühend; Wuchs buschig; Laub gesund, tiefgrün. — Haussorte. DZ

Fabiola (= 'Queen Fabiola'). *Fl.* Hazenberg/Delbard 1961. Sport von 'Montezuma'. Orangerot, sehr großblumig, 12 cm ⌀, gut gefüllt, leicht duftend, langstielig, lange Knospe; Wuchs hoch, 80 cm.

Fair Lady. *TH.* Boerner/Jackson & Perkins 1959. 'Golden Masterpiece' × 'Tawny Gold'. Ledergelb mit rosa Anflug, großblumig, 10 cm ⌀, dicht gefüllt, gut duftend; Wuchs gut. — Hausrose.

Fairlight. *Fl.* Robinson 1964. 'Joybells' × Sämling. Kupferrot mit lachs, Basis gelblich, groß, 8 cm ⌀, gut gefüllt, duftend, in Büscheln, reichblühend; Wuchs aufrecht, buschig, 60 cm; Laub kupferrot. GSR 412. D

Fairy Dancers. *TH.* Cocker 1969. 'Wendy Cussons' × 'Diamond Jubilee'. Zart lachsrosa mit orangegelb überlaufen, mittelgroß, locker gefüllt, duftend, gut blühend; Wuchs gedrungen, 60 cm; Laub mittelgrün, glänzend. GSR 413. DZ

Fairy Queen. *Fl.* J. B. Williams 1972. 'The Fairy' × 'Queen Elizabeth'. Hellrosa, Mitte mehr korallenrosa, zuletzt ganz rosa, kleinblumig, gefüllt, leicht duftend, gut haltend, selbstreinigend; Wuchs aufrecht, buschig, wenig stachelig; Laub klein, glänzend bronzegrün.

Faja Lobbi. *TH.* Leenders 1963. 'Queen Elizabeth' × 'Florence Mary Morse'. Innen leuchtend karminrot, außen weißlich mit rosarotem Anflug, großblumig, dicht gefüllt, lange Knospe; 1 m hoch; Laub rotgrün, dicht belaubt, glänzend. D

Fanal. *Fl.* Tantau 1946. ('Johanna Tantau' × 'Heidekind') × 'Hamburg'. Leuchtendrot mit orange Anflug, Mitte etwas heller, Staubfäden goldgelb, großblumig, halbgefüllt, flach, zu 10—15 beisammen; Wuchs kräftig aufrecht, 60 cm; Laub hellgrün, glänzend. DWZ

Fanette. *TH.* Laperrière 1966. 'Jeunesse' × 'Souvenir du Président Plumecocque'. Innen rot, außen weiß, mittelgroß, gefüllt, einzeln an langen Trieben, gut blühend; Wuchs kräftig, 80 cm; Laub mittelgroß, glänzend.

Fantan. *TH.* Meilland 1959. ('Pigalle' × 'Prélude')-Selbstung. Dunkel lachsgelb bis ockergelb, großblumig, 8 cm ⌀, gut gefüllt, becherförmig, leicht duftend; Wuchs mäßig; Laub lederartig. Z

Fantasia. *TH.* W. Kordes Söhne 1974. 'Silver Star' × 'Tradition'. Lilarot, sehr großblumig, ballförmig, duftend, einzeln an starken Stielen, selbstreinigend; Wuchs stark, 1 m; Laub reichlich, dunkelgrün, groß. D

Fantin Latour. *Str.* (*Cent.*). Zart rosa, Mitte dunkler, kreisrund, zuerst becherförmig, dann zurückrollend, vorzüglich duftend, dicht gefüllt, einmalblühend; Wuchs kräftig, bis 1,5 m, Triebe wenig stachelig; Laub tiefgrün, breit. GSR 68. (8,3) M

Farah. *TH.* Gaujard 1961. 'Gloria Dei' × 'Georges Chesnel'. Gelb, kupfrig überlaufen, großblumig, gefüllt, gut blühend; Wuchs kräftig, 40 cm; Laub glänzendgrün. Z

Farandole. *Fl.* Meilland 1959. ('Goldilocks' × 'Moulin Rouge') × ('Goldilocks' × 'Fashion'). Mennigrot, mittelgroß, locker gefüllt, ohne Duft, gut blühend, in großen Ständen; Wuchs stark, buschig, 80 cm; Laub mittelgrün, matt, mäßig deckend. BTR 56. DUWZ

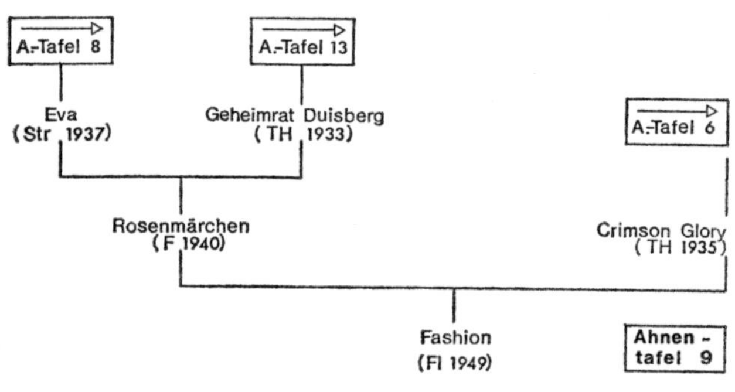

Fashion. *Fl.* Boerner/Jackson & Perkins 1949. 'Rosenmärchen' × 'Crimson Glory'. Lachsrosa, mittelgroß, 7 cm ⌀, locker gefüllt, zuletzt flach, duftend, reichblühend, in großen Büscheln; Wuchs mittel, buschig, 60 cm; Laub klein, hellgrün, matt, gut deckend. PWR 156; WPR 50; RA 1949:124. (8,0) DWZ

Fashionette. *Fl.* Boerner/Jackson & Perkins 1958. 'Goldilocks' × 'Fashion'. Zart lachsrosa, mittelgroß, 7 cm ⌀, gut gefüllt, leicht duftend, in Büscheln; Wuchs buschig, 50 cm; Laub klein, matt, doch gut deckend. (7,6) Z

Fata Morgana. *Fl.* Kordes 1957. 'Masquerade' × Sämling. Orangegelb, mittelgroß, 7 cm ⌀, locker gefüllt, flach, leicht duftend, in großen Ständen, die einzelnen Blüten sternförmig; Wuchs stark aufrecht, verzweigt, 70 cm; Laub groß, dunkelgrün, gut deckend. (6,8) DWZ

'Faust' → **Doctor Faust.**

Favorita. *TH.* Boerner/Stark Bros. 1954. TH-Sämling × 'Serenade'. Lachsrot, orange überlaufen, großblumig, 12 bis 15 cm ⌀, gut gefüllt, breit, duftend; Wuchs stark, aufrecht, 90 cm; Laub groß, glänzend, deckt gut. (6,3)

Fear Naught. *Fl.* Harkness 1968. 'Queen Elizabeth' × 'Ena Harkness'. Dunkelrosa, mittelgroß, zu mehreren beisammen, gut gefüllt, leicht duftend; Wuchs kräftig. D

Fee. *Fl.* Kordes 1963. 'Montezuma' × 'Kordes Sondermeldung'. Rein lachsrosa, großblumig, gut gefüllt, locker, gute Form, an kräftigen Stielen, einzeln oder zu mehreren beisammen; 50 cm hoch; Laub gesund. RJb 26:160. (6,0) DUWZ

Fée des Champs. *Pol.* Dot/Minier 1965. 'Queen Elizabeth' × 'Zambra'. Lachsorange, großblumig, locker gefüllt, flach; Laub bronzegrün.

'Fée des Neiges' → **Schneewittchen.**

Felicia. *Str.* (*mosch.*-H.). Pemberton 1928. 'Trier' × 'Ophélia'. Lachsrosa mit gelb, später heller bis fast weiß, großblumig, locker gefüllt, flach, sehr gut duftend, reich- und öfterblühend; Wuchs mittelkräftig, 1,5 m; Laub mittelgrün, matt, sehr reichlich. PWR 199; GSR 120. DMU

Félicité Bohain. *Moos.* Vor 1866. Zart fleischrosa, mittelgroß, Mitte dunkler, Knospen kräftig mit anfangs braunem, später hellgrünem „Moos"; Wuchs gut, 1,2 m. D

Félicité et Perpétue. *R. sempervirens*-Hybride. A. A. Jacques 1827. Milchweiß, leicht karminrosa überlaufen, kleinblumig, 4 cm ⌀, dicht rosettenartig gefüllt, kleines Auge, stark duftend, zu vielen beisammen in großen Büscheln und einmal überreich blühend; Wuchs sehr stark, 5 m (in milden Gegenden); Blätter hellgrün, zierlich, teils immergrün. GSR 205; TCR 1. ΛΛ DM

Félicité Parmentier. *Alba.* 1836. Rein fleischrosa, später am Rand etwas rahmgelb, außerordentlich dicht ballförmig gefüllt, Knospen gelblich; Wuchs kräftig, bis 1,5 m; Laub groß, graugrün bis gelblichgrün. GSR 65; SOR 11. (8,7) DM

Fellemberg. *Chin.* Fellemberg 1857. Leuchtend karminrosa, gut gefüllt, becherförmig sehr reichblühend, zu mehreren beisammen; Wuchs stark, bis 2 m breit; Laub rötlich. DZ

Femina. *TH.* Gaujard 1963. 'Fernand Arles' × 'Mignonne'. Lachsrosa, kupfrig überlaufen, dunkler geadert, großblumig, gut gefüllt, gute Form, gut duftend, gut wetterbeständig; Wuchs kräftig, 80 cm; Laub bronzegrün, lederartig. KR 9: 10; WPR 38; RJb 28:80. (7,2) DWZ

Feria. *TH.* Meilland 1968. ('Grand Gala' × 'Premier Bal') × 'Love Song'. Innen korallenrosa, dunkler geadert, außen gelborange, großblumig, dicht gefüllt, stark duftend, öfterblühend, einzeln oder zu mehreren beisammen; Wuchs kräftig; Laub groß, lederartig. DWZ

Ferry Porsche. *TH.* Kordes 1971. 'Super Star' × 'Americana'. Leuchtend blutrot, großblumig, gut gefüllt, Farbe gut haltbar, einzeln oder zu mehreren an langen Trieben; Wuchs kräftig, buschig 70 cm; Laub dunkelgrün, groß, gut dekkend. DWZ

Fervid. *Fl.* LeGrice 1960. 'Pimpernell' × 'Korona'. Scharlachorange, einfach, 8 cm breit, Saum gewellt, leicht duftend, in Büscheln, gut blühend; Wuchs kräftig, 1,1 m; Laub tiefgrün, reichlich. GSR 414.

Festival Beauty (= 'Krasavitza Festivalia'). *TH.* Klimenko 1955. 'Gloria Dei' × 'Crimson Glory' × 'Poinsettia'. Gelb mit rotem Rand, mittelgroß, locker gefüllt, 30 Petalen; Wuchs niedrig, breit; Laub hellgrün. DZ

Festival Queen. *TH.* Lindquist 1968. Hellrosa, Rand dunkelrosa, edle Form, gut haltbar, lange Knospe, leichter Duft; Wuchs kräftig, gedrungen; Laub gesund. (7,2)

Feuerball. *TH.* Tantau 1965. Mennigrot, großblumig, locker gefüllt, etwas ballförmig, Knospen kugelig-eiförmig; Wuchs kräftig, buschig; Laub glänzend, gesund. DUZ

Feuermeer (= 'Sea of Fire'). *Fl.* Kordes 1954. ('Baby Château' × 'Else Poulsen') × 'Kordes Sondermeldung'. Orangescharlach, großblumig, 8 cm ⌀, locker gefüllt, flach, Staubbeutel gelb, leicht duftend, zu mehreren in Büscheln; Wuchs kräftig, buschig, 80 cm; Laub tiefgrün, lederartig. DUWZ

Feuerreiter. *Fl.* Haenchen/Teschendorff 1968. 'Alain' × 'Oskar Scheerer'. Feuerrot, großblumig, halbgefüllt, flach, leicht duftend, gut haltbar; Wuchs kräftig aufrecht, 80 bis 100 cm; Laub gesund, lederartig, dunkelgrün.

Feuerwerk. *Str.* Tantau 1962. Hellorange, mittelgroß, halbgefüllt, schalenförmig, reichblühend, in Büscheln; Wuchs kräftig aufrecht, 1,5 m; Laub glänzend. RJb 25:32. DMUWZ

Feuerzauber (= 'Korber'). *TH.* Kordes 1974. 'Duftwolke' × Sämling. Ähnlich 'Duftwolke', hellorange, großblumig, gefüllt, etwas duftend, hoch gebaut, einzeln oder zu mehreren, selbstreinigend; Wuchs stark, buschig; Laub groß, gesund. D

Feurio. *Fl.* Kordes 1956. 'Rudolph Timm' × 'Kordes Sondermeldung'. Zinnoberrot, mittelgroß, 6 cm ⌀, gefüllt, haltbar, becherförmig, duftend, in Büscheln, dauerblühend; Wuchs niedrig, kräftig, 60 cm; Laub hellgrün, glänzend. KR 9:98. (8,0) DUZ

Fidelio. *Fl.* Meilland 1964. ('Radra' × 'Caprice') × 'Fire King'. Innen orangerot, außen karmin, mittelgroß, gefüllt, gute Form, leicht duftend, reichblühend; Wuchs buschig; Laub lederartig. DWZ

Fiesta Gold. *Fl.* Moore 1970. 'Golden Glow' × 'Magic Wand'. Gelb, kleinblumig, locker gefüllt, flach, einzeln oder zu mehreren beisammen, Knospe lang, zugespitzt, gelb, Spitzen rot, selbstreinigend, dauerblühend; Wuchs buschig, 30 cm; Laub gesund.

Figaro. *TH.* Lens 1954. ('Crimson Glory' × 'Grande Duchesse Charlotte') × 'New Yorker'. Samtig scharlachrot, großblumig, 12 cm ⌀, locker gefüllt, gut duftend; wüchsig. Z

Fimbriata. *Str.* (*rug.*). Morlet 1891. *R. rugosa* × 'Mme Alfred Carrière'. Hellrosa, kleinblumig, locker gefüllt, Petalen in der Mitte kürzer, am Rand nelkenartig gefranst (wie bei den 'Grootendorst'-Sorten), duftend; Wuchs kräftig aufrecht, aber wenig verzweigt und locker belaubt. TRT 165.

Finale. *Fl.* Kordes 1964. 'Nordlicht' × 'Meteor'. Lachsorange, großblumig, 8 cm ⌀, becherförmig, locker gefüllt, in Büscheln reichblühend; Wuchs gedrungen, 40 cm; Laub hellgrün, gesund. DWZ

Finlandia. *Pol.* Kraats 1969. Sport von 'Greta Kluis'. Orange-lachsfarben, kleinblumig, locker gefüllt.

Firecracker. *Fl.* Boerner/McGredy 1956. 'Pinocchio'-Sämling × 'Numa Fay'-Sämling. Scharlachrot, Basis gelb, großblumig, 11 cm ⌀, halbgefüllt, schalenförmig, duftend, in Büscheln; Wuchs kräftig, 90 cm; Laub hellgrün. PWR 114; GSR 415; RA 1956:108.

Firecrest. *Fl.* LeGrice 1964. ('Tantau's Triumph' × 'Marjorie LeGrice') × 'Pimpernell'. Zinnoberrot, Rückseite scharlach, großblumig, 8 cm ⌀, gut gefüllt, becherförmig, in Büscheln; Wuchs gut, niedrig, 40 cm. (8,0)

Fire King. *Fl.* Meilland 1958. 'Moulin Rouge' × 'Fashion'. Orangerot, mittelgroß, 6 cm ⌀, gut gefüllt, flach aufblühend, duftend; Wuchs kräftig, aufrecht; Laub derb, tiefgrün. BTR 50. (7,8) UWZ

Firelight. *TH.* Kordes/Jackson & Perkins 1971. 'Schlösser's Brillant' × 'Orange Delbard'. Orangerot, sehr großblumig, gefüllt, sehr haltbar, duftend, gut blühend, Knospen sehr groß, lang; Wuchs sehr stark, 1,5 m; Laub groß, hellgrün, derb.

Fire Princess. *Min.* Moore 1969. 'Baccara' × 'Eleanor'. Orangerot, kleinblumig, gefüllt, einzeln oder zu mehreren, gut blühend; Wuchs kräftig, buschig, 30 cm; Laub klein, glänzend.

First Choice. *Fl.* Morse 1958. 'Masquerade' × 'Sultan'. Feurig orangescharlach, gelbe Mitte, Staubfäden rot, einfach, großblumig, 12 cm ⌀, duftend, reichblühend, in Büscheln; Wuchs, hoch, breit, 80 cm. GSR 159; RA 1959:96. D

First Federal Gold. *TH.* Boerner/Jackson & Perkins 1967. 'Golden Masterpiece'-Sämling, geselbstet. Zweifarbig gelb, großblumig, gut gefüllt, duftend, reichblühend; Wuchs aufrecht; Laub lederartig, glänzend. (7,5) DZ

First Lady. *TH.* Swim 1961. 'First Love' × 'Roundelay'. Rosa, großblumig, halbgefüllt, leicht duftend, starkwüchsig. (6,8) UZ

First Lady. *TH.* Tantau 1965. Zartrosa, großblumig, gute Form, sehr lange große Knospe, stark duftend; starkwüchsig; Laub sattgrün, groß, glänzend. D

First Love (= 'Premier Amour'). *TH.* Swim 1951. 'Charlotte Armstrong' × 'Show Girl'. Rosarot, mittelgroß, 7 cm ⌀, locker gefüllt, leicht duftend, gut blühend, spitze Knospe; Wuchs buschig; Laub hellgrün, lederig. PWR 1; GSR 304. (8,0) Z

First Price. *TH.* Boerner/Jackson & Perkins 1970. 'Enchantment' × 'Golden Masterpiece'. Rosarot, Mitte elfenbeinweiß, sehr großblumig, duftend, gefüllt, einzeln an langen, starken Stielen; starkwüchsig, aufrecht. DZ

Fisher & Holmes. *Rem.* Verdier 1865. 'Maurice Bernardin'-Sämling (?). Scharlachrot und karmin, dicht gefüllt, großblumig, duftend, remontierend, Knospen lang zugespitzt; Wuchs straff aufrecht, Triebe lang, kräftig. DMUWZ

F. J. Grootendorst. *Str.* (*rug.*-Hyb.). de Goey 1915/Grootendorst 1918. *R. rugosa* 'Rubra' × 'Mme Norbert Levavasseur'; „Nelken-Rose". Dunkelrot, kleinblumig, locker gefüllt, Rand nelkenartig gefranst, ohne Duft, zu vielen beisammen, öfterblühend; Wuchs aufrecht, 1 m, Triebe stark stachelig und borstig; Blätter klein, runzelig. (7,9) DMUW

Flamenco. *Fl.* McGredy 1960. 'Tantau's Triumph' × 'Spartan'. Lachsrot, großblumig, 7 cm ⌀, flach, locker gefüllt, leicht duftend, zu vielen beisammen, gut blühend; Wuchs kräftig, aufrecht; Laub groß, mittelgrün. PWR 149. (6,5)

Flames of the East (= 'Plamya Vostoka'). *Fl.* Klimenko, UdSSR, 1955. 'Kordes Sondermeldung' × 'Kirsten Poulsen'. Feuerrot, dunkler schattiert, mittelgroß, gefüllt, gut blühend; Wuchs mittel, 70 cm. D

Flamingo. *Str.* (*rug.*-H.). Howard 1956. *R. rugosa* × 'White Wings'. Rosa, einfach, großblumig, sternförmig, zu mehreren beisammen, lange spitze Knospe, öfterblühend; Wuchs kräftig, aufrecht, 90 cm; Laub etwas graugrün. (7,8) Z

'Flaming Peace' → **Kronenbourg.**

Flammêche. *Fl.* Combe 1959. Orangescharlach, Mitte und außen etwas heller, großblumig, 10—12 cm ⌀, halbgefüllt, einzeln oder zu mehreren beisammen, zu großen Ständen vereint, reichblühend, nicht selbstreinigend; Wuchs buschig aufrecht, 80 cm; Laub mittelgrün, glänzend. DZ

Flammenspiel. *Str.* Kordes Söhne 1974. 'Peer Gynt' × Sämling. Typ ähnlich 'Uncle Walter'. Lachsrosa, großblumig, gefüllt, hoch gebaut, duftend, zu mehreren beisammen, selbstreinigend; Wuchs kräftig aufrecht, 1,5 m; Laub groß, dunkelgrün, reichlich, glänzend. D

Flammentanz. *Kl.* Kordes 1955. *R. rubiginosa*-Hyb. × *R. kordesii*. Blutrot, großblumig, gut gefüllt, zuletzt flach, in Büscheln, einmalblühend; Wuchs sehr stark, 3—4 m; Laub groß, mattgrün. KR 9:74; RJb 27:25. DMUWZ

Fleet Street. *TH.* McGredy 1972. 'Kronenbourg' × 'Primaballerina'. Dunkel karminrot, großblumig, gut gefüllt, stark duftend, schöne Form, spitze Knospe; Wuchs kräftig, aufrecht; Laub groß, tiefgrün. D

Floradora. *Fl.* Tantau 1944. 'Baby Château' × *R. roxburghii*. Zinnoberrot, mittelgroß, 5 cm ⌀, locker gefüllt, becherförmig, etwas duftend, zu mehreren beisammen; Wuchs buschig, aufrecht; Laub glänzendgrün. SRW 133. (7,0) DZ

Florence Mary Morse. *Str.* Kordes 1951. 'Baby Château' × 'Magnifica'. Scharlachrot, großblumig, halbgefüllt, zu vielen beisammen; Wuchs aufrecht, 1,2 m; Laub dunkelgrün, glänzend. RA 1951:52. DUWZ

Florentina. *TH.* Kordes Söhne 1973. 'Liebeszauber' × 'Brandenburg'. Dunkelrot, großblumig, hoch gebaut, duftend, einzeln an langen, starken Stielen, selbstreinigend; Wuchs stark, aufrecht, 1,2 m; Laub dunkelgrün, mittelgroß, derb lederig. D

Florex. *TH.* Geiger 1927. 'Mme Butterfly' × 'Premier'. Dunkel lachsrot, großblumig, gut gefüllt, stark duftend, lange Knospe; Wuchs aufrecht, langtriebig; Laub dunkelgrün, glänzend. DZ

Florian (= 'Tender Night'). *Fl.* Meilland 1971. 'Tamango' × ('Fire King' × 'Banzai'). Kirschrot, mittelgroß, locker gefüllt, gut blühend; Wuchs kräftig, 40—60 cm. DUZ

Florida von Scharbeutz. *Fl.* Kordes 1957. 'Spek's Yellow' × ('München' × 'Gloria Dei'). Orangegelb, kupfrig überlaufen, duftend, sehr großblumig, zuletzt flach, zu mehreren beisammen in großen Büscheln; Wuchs kräftig, 80 cm; Laub groß, tiefgrün. RJb 24:32. (5,9) DW

'Flower Girl' → **Sea Pearl.**

Fluorette. *Fl.* Lens 1971. Orangerot, mittelgroß, locker gefüllt, sehr reichblühend; 40—50 cm hoch.

Folie d'Espagne. *Fl.* Sønderhousen 1965. Gelb, orange und scharlach, mittelgroß, 5 cm ⌀, locker gefüllt, flach, leicht duftend, reichblühend; Wuchs kräftig, 1 m; Laub glänzend tiefgrün. GSR 416; RA 1967:49.

Fontaine (= 'Fountain'). *Str.* Tantau 1970. Samtig blutrot, großblumig, locker gefüllt, gut duftend, einzeln oder zu mehreren, reichblühend; Wuchs kräftig; Laub matt, dunkelgrün. RA 1972:3. DW

Fontainebleau. *TH.* Delbard 1967. 'Dr. A. Schweitzer' × ('Bayadère' × 'Gloria di Rome'). Magentarosa, sehr großblumig, gut gefüllt, ballförmig, leicht duftend, gut haltbar, einzeln an langen Trieben, spitze Knospe; Wuchs sehr kräftig, buschig; Laub derb.

Forsythe. *TH.* Verbeek 1970. 'Miracle' × 'Dr. A. J. Verhage'. Lachsrosa, hoch gebaut, sehr großblumig, 12 cm ⌀, schöne Form, 45 Petalen, stark duftend, gut blühend, lange Knospe; Wuchs aufrecht, buschig; Laub gesund, dunkelgrün. D

Fortschritt. *Fl.* Kordes 1933. 'Mrs. Pierre S. du Pont' × 'Gloria Mundi'. Gelblichrosa, großblumig, halbgefüllt, flach, leicht duftend, in Büscheln; Wuchs kräftig; Laub hellgrün. DWZ

Fortune's Double Yellow (= 'Beauty of Glazenwood'; *R. odorata* var. *pseudindica*). *T.* Eingeführt durch Robert Fortune, 1845, aus China. Bernsteingelb mit kupfrigscharlach Anflug, großblumig, halbgefüllt, einzeln oder zu wenigen beisammen im Sommer, einmalblühend; Wuchs mäßig stark, bis 2,5 m. — Berühmte Rosensorte für frostfreie Gebiete. Schnitt darf nur nach der Blüte erfolgen! ΛΛΛ (9,0) D

Forty-niner. *TH.* Swim 1949. 'Contraste' × 'Charlotte Armstrong'. Innen dunkelrot, außen hellgelb, großblumig, 8 cm ⌀, locker gefüllt, leicht duftend, gut blühend; Wuchs kräftig, Blüten langtriebig, 70 cm hoch; Laub mittelgroß, schlecht deckend. SWR 38. (6,1) Z

Fragezeichen. *Kl.* Boettner 1910. 'Dorothy Perkins' × 'Marie Baumann'. Glänzend rosa, großblumig, locker gefüllt, zu wenigen in Büscheln, kugelig; Wuchs kräftig, 3 m; Laub dunkelgrün, glänzend. DU

Fragrance. *TH.* Lammerts 1965. 'Charlotte Armstrong' × 'Merry Widow'. Karminrot, großblumig, gut gefüllt, stark duftend, reichblühend; Wuchs gedrungen, 70 cm; Laub lederartig, dunkelgrün, jung bronze. (7,5) D

'Fragrant Cloud' → **Duftwolke.**

Fragrant Hour. *TH.* McGredy 1973. 'Arthur Bell' × Sämling. Lachsrosa mit gelblichem Schimmer, großblumig, gut gefüllt, hoch gebaut, sehr wetterfest, stark duftend; Wuchs kräftig, aufrecht; Laub derb, mittelgrün. D

Francine. *TH.* Kriloff/Cramphorn 1961. Innen karmin, außen elfenbeinweiß, stark rosarot überlaufen, sehr großblumig, 15 cm ⌀, duftend, reichblühend; sehr wüchsig; Laub gesund, glänzend. (6,8) DWZ

Francis E. Lester. *Kl.* Lester Rose Gardens 1946. Sämling von 'Kathleen'. Weiß oder rahmweiß, Knospen leicht rosa, einfach, zu vielen beisammen, kleinblumig, Duft stark, Juni, schwach nachblühend, Früchte im Herbst; Wuchs sehr stark, 4 m; gut belaubt. GSR 206. D

Francita. *TH.* Mondial Roses 1965 (['Dame Edith Helen' × 'Baccara'] × 'Baccara') × 'Comtesse Vandal'. Hellrot, mittelgroß, gut gefüllt, duftend, einzeln an kräftigen Stielen; Laub tiefgrün.

Francofurtana (= 'Impératrice Joséphine', = *R. turbinata*). *Gall.* 16. Jahrh. *R. majalis* × *R. gallica.* Halbgefüllt, dunkel purpurrosa, dunkler geadert, Rand gewellt, flatterig, leicht duftend, Juni, große Früchte; Wuchs mittelkräftig, 1,2 m, Triebe wenig bewehrt; Laub graugrün. SOR 43. D

Frankfurt am Main. *Fl.* Boerner/Kordes und Tantau 1960. Außen dunkelrosa mit orange Anflug, innen hellrosa, mittelgroß, 6 cm ⌀, gut gefüllt, leicht duftend, einzeln oder zu wenigen stehend; Wuchs breitbuschig, 70 cm; Laub gesund. KR 10:117. (6,0) DWZ (Tafel 23).

Franklin Engelmann. *Fl.* A. Dickson 1970. 'Heidelberg' × ('Schlösser's Brillant' × Sämling). Scharlachrot, sehr großblumig, gut gefüllt, in Büscheln; Wuchs kräftig, etwas lokker, 80 cm; Laub groß. GSR 417. D

Frau Anni Beaufays. *Fl.* de Ruiter/Beaufays 1962. 'Signal Red' × 'Fashion'. Lachsrot, halbgefüllt, mittelgroß, leicht duftend, zu vielen beisammen; Wuchs niedrig, 50 cm. RJb 22:160. DMZ

Frau Astrid Späth. *Fl.* Späth 1930. Sport von 'Joseph Guy'. Rein karminrosa, locker gefüllt, ballförmig, Petalen stark gewellt, sehr reichblühend; Wuchs buschig, 40 cm; Laub hellgrün, matt, gut deckend. RZ 1931:12. DUWZ

Frau Dagmar Hartopp ('Fru Dagmar Hastrup'). *Str.* J. Hastrup 1914. Sämling von *R. rugosa.* Zart hellrosa, einfach, großblumig, Staubfäden goldgelb, lange blühend, große rote Früchte; Wuchs breitbuschig, 1 m, Triebe stark bewehrt; Laub dunkelgrün, runzelig. GSR 132; SOR 47; TRT 44. DMUZ (Tafel 20).

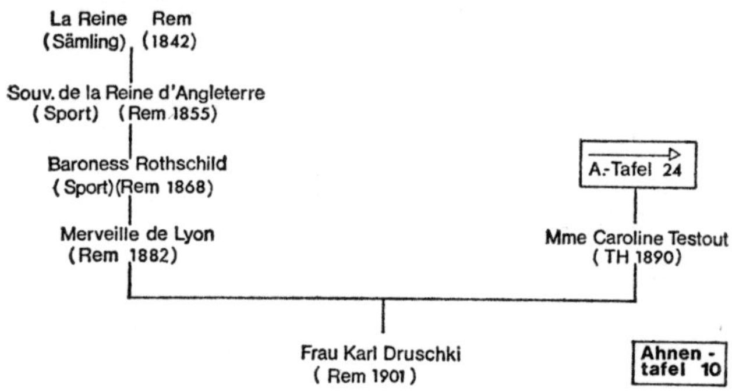

Frau Karl Druschki. *Rem.* Lambert 1901. 'Merveille de Lyon' × 'Mme Caroline Testout'. Schneeweiß, außen mitunter leicht karmin überlaufen, sehr großblumig, sternförmig, ohne Duft, gut gefüllt, Stiele kurz; Wuchs kräftig, buschig, 1 m, Triebe stark bewehrt; Laub groß, mattgrün, gut deckend. — Berühmte alte Sorte; Nachkommen-Verzeichnis in RZ 1929: 73—76; ca. 80 Sorten. GSR 111; RZ 1902:82. (7,6) DMUWZ

Fräulein Octavia Hesse. *Kl.* H. A. Hesse 1909. *R. wichuraiana* × 'Kaiserin Auguste Viktoria'. Zart gelblichweiß, Mitte dunkler, voll erblüht fast ganz weiß, kleinblumig, Petalen zuletzt zurückgeschlagen, duftend; Wuchs sehr stark, 6 m hoch oder höher; Laub glänzend, gesund. RZ 1909:97. DMUZ

Fred Howard. *TH.* Howard 1952. 'Pearl Harbour' × Sämling. Orange, rosa überlaufen, großblumig, 10 cm ⌀, gut gefüllt, leicht duftend, gut blühend; Wuchs sehr stark, straff aufrecht, 1 m; Laub groß, glänzend, gut deckend. PWR 65; SRW 38. (6,9) DZ

Fred Loads. *Str.* Holmes 1967. 'Dorothy Wheatcroft' × 'Orange Sensation'. Zinnober-orange, gelbe Mitte, groß, 7 cm ⌀, einfach oder halbgefüllt, duftend, in großen Büscheln; Wuchs stark, 1,5—2 m; Laub gesund. GSR 150; RA 1967:14. (8,3)

Fred Streeter. *TH.* Kordes/Wheatcroft 1955. 'Luis Brinas' × 'Spek's Yellow'. Reingelb, großblumig, 10 cm ⌀, gute Form, duftend, gut blühend; Wuchs kräftig, starktriebig; Laub tiefgrün. DWZ

Freia. *TH.* Tantau 1936. 'Ville de Paris' × 'Rev. F. Page-Roberts'. Hellgelb mit orange überlaufen und orange Basis, großblumig, gefüllt, zuletzt flach; Wuchs buschig; Laub derb. D

Freiburg II. *TH.* Dr. Krüger 1917. 'Dr. G. Krüger' × 'Frau Karl Druschki'. Innen silbrigrosa, außen orange-rosa, duftend. (6,7). DZ

Freiheitsglocke (= 'Liberty Bell'). *TH* Kordes 1963. 'Schlösser's Brillant' × 'Kordes Perfecta'. Innen leuchtend reinrot, außen rahmgelb, sehr großblumig, 12 cm ⌀, dicht gefüllt, ballförmig, stark duftend; Wuchs stark; Laub groß, gesund. (6,2) DWZ (Tafel 22).

Frensham. *Fl.* Norman/Harkness 1946. 'Crimson Glory' × Sämling. Leuchtend dunkelscharlachrot, mittelgroß, 6 cm ⌀, halbgefüllt, flach, Staubfäden gelb, leicht duftend, zu vielen in großen Ständen, lange blühend; Wuchs kräftig, 80 cm; Laub dunkelgrün, glänzend, gut deckend. PWR 136; HRB 133. (8,2) DUZ

'Frenzy' → **Prince Igor.**

Fresco (= 'Andenken an Heinz Engelmann'). *Fl.* de Ruiter 1968. 'Metropole' × 'Orange Sensation'. Innen orange, außen goldgelb, großblumig, 7 cm ⌀, locker gefüllt, leicht duftend; Wuchs kräftig, 60 cm; Laub gesund. GSR 418. DZ

Fresh Pink. *Str.* R. S. Moore 1964. (*R. wichuraiana* × 'Floradora') × 'Little Buckaroo'. Rosarot, Petalenspitzen mehr lachsrosa, locker gefüllt, mittelgroß, etwas duftend, sehr reichblühend, in Büscheln; Wuchs buschig; Laub klein, glänzend. D (Tafel 22).

Freude. *Fl.* Kordes 1940. 'Dance of Joy' × 'Geheimrat Duisberg'. Tiefrosa, großblumig, halbgefüllt, flach, duftend, zu vielen in Büscheln; Wuchs kräftig, 50 cm; Laub groß, matt, gut deckend.

Freude. *TH.* Kordes Söhne 1974. 'Duftwolke' × Sämling. Korallenrosa, sehr großblumig, gefüllt, duftend, einzeln stehend, reichblühend, selbstreinigend; Wuchs sehr stark; Laub dunkelgrün, gesund.

Freudentanz. *Fl.* Hetzel 1973. 'Duftwolke' × 'Goldmarie'. Leuchtend geranienrot, gold geflammt, mittelgroß, locker gefüllt, becherförmig, gut duftend, in Büscheln bis zu 10; Wuchs gedrungen, bis 60 cm; Laub reichlich. D

Friedrich Heyer. *Str.* Tantau 1956. Orangerot, großblumig, halbgefüllt, duftend, zu vielen in großen Ständen, öfterblühend; Wuchs sehr stark, 1,5 m; Laub dunkelgrün, derb. PWR 204; RA 1958:65. DMUWZ

Friedrich Schwarz. *TH.* Kordes 1952. 'Poinsettia' × ('Crimson Glory' × 'Lord Charlemont'). Blutrot, großblumig, gut gefüllt, gut duftend, langstielig; Wuchs straff aufrecht, 1 m, wenig verzweigt; Laub mäßig deckend. SRW 39. DWZ

Friedrich Wörlein. *Fl.* Kordes/Wörlein 1963. 'Cläre Grammerstorf' × 'Golden Masterpiece'. Ähnlich 'Cläre Grammerstorf', doch Blüten größer, goldgelb, selbstreinigend, in Büscheln; Wuchs buschig, aufrecht, 60 cm. D

Friesia (= 'Korresia'). *Fl.* Kordes 1973. 'Friedrich Wörlein' × 'Spanish Sun'. Ähnlich 'Spanish Sun'; gelb, halbgefüllt, stark duftend, in Büscheln, reichblühend, selbstreinigend, Knospen mittelgroß, Blütenfarbe sehr wetterfest; Laub sehr gesund. D (Tafel 21).

Frigg. *Str.* Lundstad 1969. 'Schneezwerg' × *R. nitida*. Lilarosa, kleinblumig, halbgefüllt, 15 Petalen, in Büscheln, gut nachblühend; Wuchs niedrig; Laub dunkelgrün, klein. D

Frimousse. *Fl.* Vilmorin-Andrieux 1959. 'Masquerade' × ?. Orangelachs, Basis gelb, Rückseite mehr gelborange, mittelgroß, einfach, leicht duftend, in Büscheln; Wuchs sehr buschig; Laub gesund, mittelgroß.

Frisette. *Fl.* Mondial Roses 1964. Sämling × 'Concerto'. Scharlachrot, halbgefüllt, Petalen gewellt, in Büscheln; Wuchs niedrig bis mittel, 50 cm.

Fritz Nobis. *Str.* (*rubig.*-H.). Kordes 1940. 'Joanna Hill' × 'Magnifica'. Innen weiß, außen lachsrosa, sehr großblumig, gefüllt, stark duftend, zu vielen beisammen; Wuchs sehr kräftig, 2 m; Laub mittelgroß, hellgrün, gut deckend. GSR 161; RJb 37:82. (7,2) DMUWZ

Fritz Thiedemann. *TH.* Tantau 1959. 'Horstmanns Jubiläumsrose'-Sämling × 'Alpenglühen'. Mennigrot, großblumig, 10 cm ⌀, gut gefüllt, gute Form, duftend, mäßig blühend; Wuchs ziemlich ungleich; Laub rötlich, schlecht deckend. PWR 23; RA 1961:129. (6,5) DUWZ

Frohsinn. *Fl.* Tantau 1961. 'Horstmann's Jubiläumsrose' × 'Circus'. Lachsorange, Rand stärker gerötet, großblumig, locker gefüllt, zu vielen beisammen; Wuchs kräftig aufrecht, buschig, 90 cm; Laub bronzegrün, glänzend. GSR 419; RJb 25:32. DUWZ

Frolic. *Fl.* Swim 1953. 'Minna Kordes' × 'Rosenmärchen'. Reinrosa, mittelgroß, locker gefüllt, ballförmig, leicht duftend, zu mehreren beisammen, reichblühend; Wuchs buschig, 60 cm; Laub hellgrün, gut deckend. ARA 1954:137. Z

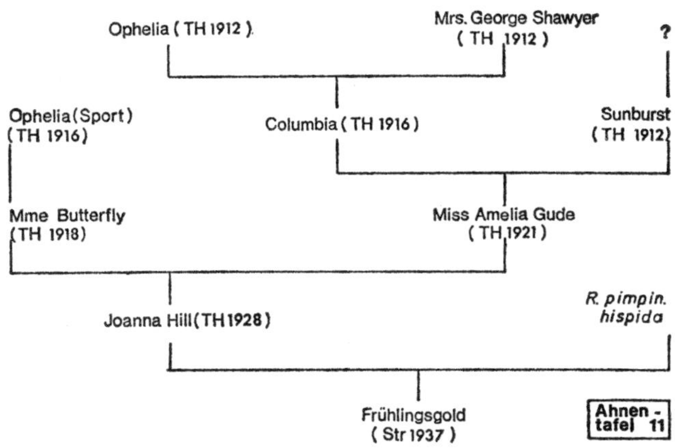

Frou-Frou. *TH.* Laperrière 1957. 'Comtesse Vandal' × Sämling. Innen karmin, außen karminrosa, großblumig, locker gefüllt, 25 Petalen; mittelhoch. Z

Frühlingsanfang. *Str.* Kordes 1950. *R. pimpinellifolia* var. *altaica* × 'Joanna Hill'. Milchweiß, einfach, 10 cm ⌀, schalenförmig, einmal blühend, gut duftend; Wuchs stark, 3 m, dichtbuschig; Laub derb. GSR 162. DMUWZ

Frühlingsduft. *Str.* Kordes 1949. *R. pimpinellifolia* var. *altaica* × 'Joanna Hill'. Rosa mit gelber Mitte, sehr großblumig, dicht gefüllt, 10 cm ⌀, sehr kräftig duftend, einmalblühend; Wuchs stark, 2 m, dicht; Laub groß, derb. GSR 163. (6,4). DMUWZ

Frühlingsgold. *Str.* Kordes 1937. *R. pimpinellifolia* var. *hispida* × 'Joanna Hill'. Goldgelb, einfach bis halbgefüllt, großblumig, bis 10 cm ⌀, schalenförmig, einmal- und überreichblühend, früh; Wuchs sehr stark, 2,5—3 m hoch und breit, sehr dicht. GSR 165; KR 9:97; RJb 35:80. (8,7) DMUWZ

Frühlingsmorgen. *Str.* Kordes 1941. *R. pimpinellifolia* var. *altaica* × ('E. G. Hill' × 'Cathrine Kordes'). Karminrosa, einfach, gelbe Mitte, braune Staubfäden, großblumig, 11 cm ⌀, einmalblühend; Wuchs stark, 1,8 × 1,5 m; Laub matt graugrün. PWR 194; GSR 164. (8,7) DMUZ

Frühlingsschnee. *Str.* Kordes 1954. *R. pimpinellifolia* var. *altaica* × 'Golden Glow'. Schneeweiß, sehr großblumig, gut gefüllt, etwas duftend, einmalblühend; Wuchs kräftig, 1,5 m. DM

Frühlingstag. *Str.* Kordes 1949. 'McGredy's Wonder' × 'Frühlingsgold'. Gelb mit rot und orangefarbenen Streifen, sehr bunt, halbgefüllt, großblumig, duftend, zu mehreren beisammen, sehr reichblühend, einmalblühend; Wuchs kräftig, 1 m oder höher, stark bewehrt. D

Frühlingszauber. *Str.* Kordes 1942. ('E. G. Hill' × 'Cathrine Kordes') × *R. pimpinellifolia* var. *altaica*. Hellrot, Mitte zartgelb, sehr groß, einfach bis leicht gefüllt, sehr stark duftend, einmalblühend; Wuchs kräftig, 2 m. DMUWZ

Fürstin von Pless. *Str.* (*rug.*). Lambert 1911. 'Mme Caroline Testout' × 'Conr. Ferd. Meyer'. Weiß, Mitte gelblichrosa, großblumig, gut gefüllt, gut duftend, zu 1—3 beisammen; Wuchs buschig. DZ

Fugue. *Kl.* Meilland 1958. 'Alain' × 'Guinée'. Dunkel scharlachrot, mittelgroß, gefüllt, zuletzt flach, schwach duftend, wetterfest, dauerblühend; Wuchs kräftig, buschig, 2,5 m; Laub derb, dunkelgrün. GSR 243. DMUZ

Funkenmariechen. *Fl.* W. Kordes Söhne 1973. Sämling × 'Samba'. Typ wie 'Rosenmärchen'. Gelb und rot, mittelgroß, gefüllt, leicht duftend, selbstreinigend, in Büscheln, reichblühend; Wuchs buschig, 50 cm; Laub normal grün, glänzend, reichlich. D

Furore. *TH.* Verbeek 1965. 'Baccara' × Sämling. Scharlachrot, gut gefüllt, mittelgroß, etwas duftend, einzeln auf guten Stielen; 1 m; Laub tiefgrün, glänzend. DZ

Fusilier. *Fl.* Morey/Jackson & Perkins 1957. 'Red Pinocchio' × 'Floradora'. Scharlachrot, mittelgroß, 7 cm ⌀, gut gefüllt, duftend, gut blühend; Wuchs stark, aufrecht, verzweigt, 70 cm; Laub dunkelgrün, gut deckend. (7,2) Z

Gabrielle Privat. *Pol.* Privat 1931. Reinrosa, kleinblumig, gut gefüllt, rosettenförmig, ohne Duft, zu vielen beisammen in großen Ständen; Wuchs breit, buschig, 50—60 cm; Laub klein, hellgrün, gut deckend. D

Gärtnerfreude (= 'Red River'). *Fl.* Kordes 1965. Blutrot mit orange überlaufen, mittelgroß, halbgefüllt, zu vielen beisammen, in großen Ständen, ohne Duft, selbstreinigend; Wuchs niedrig, buschig, 50 cm; Laub hellgrün, reichlich. KR 9:120; RJb 1930:48. DWZ

Gail Borden. *TH.* Kordes 1957. 'R. M. S. Queen Mary' × 'Viktoria Adelheid'. Dunkel rosarot, außen orangegelb, großblumig, 12 cm ⌀, dicht gefüllt, duftend, gut blühend; Wuchs dicht buschig, verzweigt, 60 cm; Laub groß, tiefgrün, mäßig deckend. PWR 25; GSR 306; RA 1958:49. (7,2) DZ

'Galileo' → **Hilda Heinemann.**

Gallant. *Fl.* A. Dickson 1968. 'Super Star' × 'Barbecue'. Scharlachrot, großblumig, 8 cm ⌀, duftend, in Büscheln, gut blühend; wüchsig; Laub glänzend. RA 1969:161. D

Galway Bay. *Kl.* McGredy 1966. 'Gruß an Heidelberg' × 'Queen Elizabeth'. Lachsrosa, großblumig, 8 cm ⌀, locker halbgefüllt, reichblühend, öfterblühend; Wuchs kräftig, 2,5 bis 3 m; Laub gesund. GSR 244. (7,4) D

Gamma. *TH.* Gaujard 1972. Karminrot, locker gefüllt, breit, großblumig, Knospe eiförmig; Laub groß, jung bronze, glänzend.

Garden Party. *TH.* Swim 1959. 'Charlotte Armstrong' × 'Gloria Dei'. Gelblichweiß, Rand zartrosa überhaucht, großblumig, 12 cm ⌀, locker gefüllt, becherförmig, leicht duftend, Knospe urnenförmig; Wuchs kräftig, buschig. PWR 21; RJb 22:32. (7,9) DWZ

Garden Princess. *Fl.* Leenders 1961. 'Goldilocks' × 'Lavender Pinocchio'. Gelb, zartrosa Anflug, später heller werdend, halbgefüllt, gute Form; Wuchs mittelhoch, 50 cm; Laub mittelgroß, mittelgrün, glänzend. D

Garnette. *Fl.* Tantau 1947. ('Rosenelfe' × 'Eva') × 'Heros'. Granatrot, mittelgroß, dicht gefüllt, rosettenförmig flach, sehr haltbar, leicht duftend; Wuchs straff, aufrecht, 40 cm; Laub zuerst tiefrot, später dunkelgrün, matt, nicht gut deckend. — Gut als Hausrose. (7,4) DWZ

Gartendirektor O. Linne. *Str.* Lambert 1934. 'Robin Hood' × 'Rudolph Kluis'. Tief karminrosa, Saum dunkler, Mitte gelblichweiß, gefüllt, in Büscheln an etwa 30 cm langen Trie-

Teehybride 'Herzog von Windsor'

Öfterblühende Kletterrose 'Coral Dawn'

Floribunda-Rose 'Friesia'

Teehybride 'Landora'

Miniaturrose 'Fresh Pink'

Teehybride 'Freiheitsglocke'

Teehybride 'Jessika'

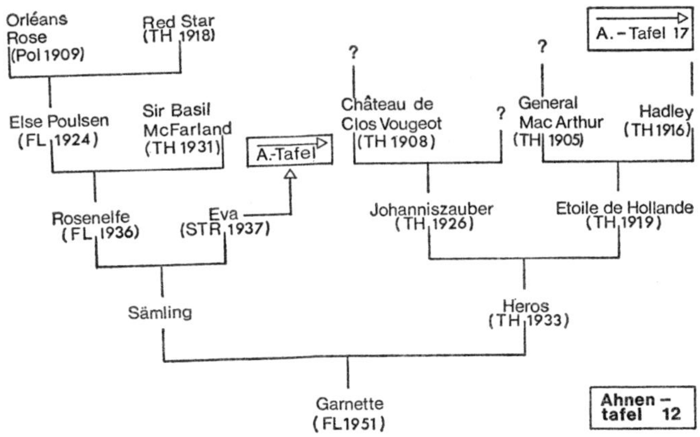

ben, reichblühend; Wuchs kräftig; Laub derb, hellgrün. DWZ

Gartenzauber. *Fl.* Kordes 1961. 'Montezuma' × 'Kordes Sondermeldung'. Blutrot mit zinnober, mittelgroß, gut gefüllt, ohne Duft, sehr reichblühend; Wuchs buschig, 40 cm. DZ

Garvey. *TH.* McGredy 1961. 'McGredy's Yellow' × 'Karl Herbst'. Außen lachsrosa, innen etwas heller und mehr gelblich, großblumig, 12 cm ⌀, ballförmig, gut gefüllt, duftend; Wuchs straff aufrecht, starke Triebe, 80 cm; Laub groß, glänzend. GSR 307; RA 1962:129. (6,2)

Gavotte. *TH.* Sanday 1963. 'Ethel Sanday' × 'Lady Sylvia'. Innen rosarot, außen silbrigrosa, sehr großblumig, 12 cm ⌀, sehr dicht gefüllt, leicht duftend; Wuchs kräftig aufrecht, 90 cm; Laub tiefgrün, groß, reichlich. GSR 308; RA 1963:65. (8,1)

Gay Gordons. *TH.* Cocker 1969. 'Belle Blonde' × 'Karl Herbst'. Tief orangegelb, vom Rand her leuchtend zinnoberrot überlaufen und geflammt, Rückseite gelb, mittelgroß, gut gefüllt, leicht duftend, gute Form, reich blühend; Wuchs buschig, 80 cm; Laub dunkelgrün, glänzend. DZ

Gay Maid. *Fl.* Gregory 1969. 'Masquerade' × ?. Innen orange mit rosa, zum Rand hin hellrot überlaufen, ebenso Rückseite, mittelgroß, gut gefüllt, ballförmig, leicht duftend, reichblühend; Wuchs sehr kräftig; Laub hellgrün. D

Gay Paris. *TH.* Delbard/Chabert 1960. ('Floradora' × 'Barcelona') × ('Charles Mallerin' × 'Tonnerre'). Hellrot, halbgefüllt, großblumig, ohne Duft, nicht reichblühend; Wuchs buschig, aufrecht, 60 cm; Laub mittelgroß, schlecht deckend. WZ

Gay Princess. *Fl.* Boerner/Jackson & Perkins 1967. 'Spartan' × 'The Farmer's Wife'. Ganz zartrosa, großblumig, gut gefüllt, becherförmig, duftend; Wuchs mittelhoch, 70 cm; Laub glänzendgrün, gesund. (7,7) DZ

Gay Vista. *Str.* Riethmüller 1957. Hellrosa, sehr großblumig, in großen Ständen, dauerblühend; 100 cm hoch. DMWZ

Geheimrat Duisberg (= 'Golden Rapture'). *TH.* Kordes 1933. 'Rapture' × 'Julien Potin'. Goldgelb, sehr großblumig, gut gefüllt, duftend, gut haltbar; Wuchs kräftig, lange Triebe; Laub glänzend dunkelgrün. — Haussorte. SRW 44. DZ

Geisha (= 'Pink Elizabeth Arden'). *Fl.* Tantau 1964. Reinrosa, mittelgroß, 7 cm ⌀, halbgefüllt, gute Form, zu vielen beisammen, wetterfest; Wuchs gut, 40—50 cm; Laub dunkelgrün. RJb 29:128. DUWZ

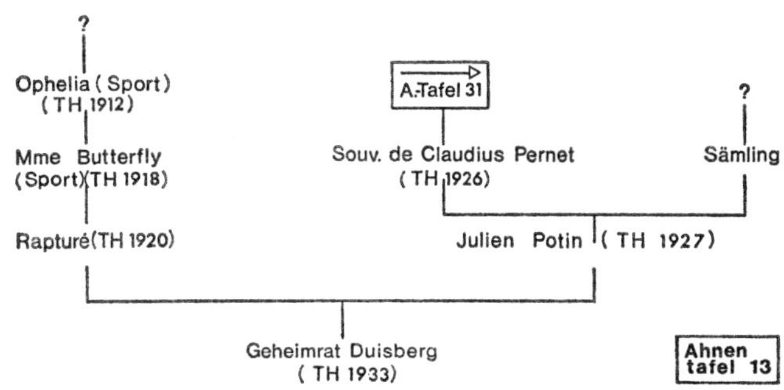

Geisha Girl. *Fl.* McGredy 1964. 'Gold Cup' × 'McGredy's Yellow'. Goldgelb, im Verblühen rahmgelb, großblumig, 10 cm ⌀, mäßig gefüllt, in Büscheln; Wuchs hoch, kräftig; Laub groß, mittelgrün, matt. RA 1967:96. (6,1)

Gelbe Holstein. *Fl.* Kordes 1949. ('Eva' × 'Viscountess Charlemont') × 'Sunmist'. Hellgelb, im Verblühen verblassend, großblumig, 8 cm ⌀, halbgefüllt, zuletzt flach, leicht duftend, zu vielen beisammen, reichblühend; Wuchs stark, 80—100 cm, breitbuschig; Laub hellgrün. DMWZ

Gene Boerner. *Fl.* Boerner/Jackson & Perkins 1968. 'Ginger' × ('Ma Perkins' × 'Garnette Supreme'). Reinrosa, dunklere Mitte, mittelgroß, mäßig gefüllt, in Büscheln, zu vielen beisammen, reichblühend; Wuchs kräftig; Laub gesund, glänzend. (8,2) DZ

Général Guisan. *TH.* Heizmann 1945. Karmesinrot, Mitte dunkler, im Sommer hellrot, gefüllt, duftend; 50 cm. DZ

Général Jacqueminot (= 'General Jack'). *Rem.* Roussel 1853. Sämling von 'Gloire des Rosomanes' (?). Reinrot, großblumig, mäßig gefüllt, stark duftend, Knospe scharlachkarmin, öfterblühend; Wuchs stark, buschig; Laub groß, dunkelgrün. (6,9) DMZ

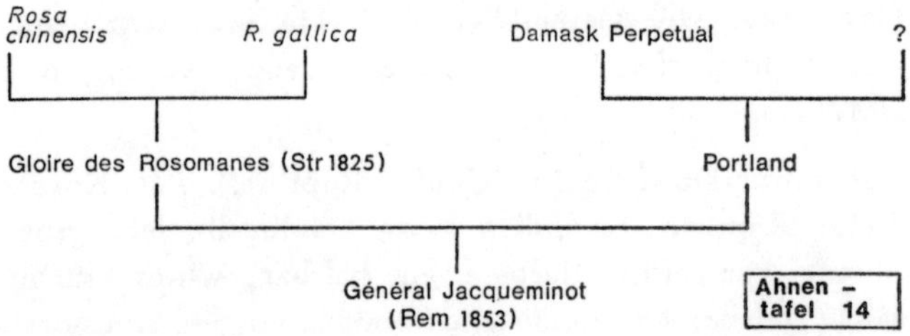

Général Kléber. *Moos.* Robert 1856. Tiefrosa, mittelgroß, 6 cm ⌀, gefüllt, flach, leicht duftend, einmalblühend, Knospe gut bemoost; Wuchs kräftig, bis 1,5 m. DU

General MacArthur. *TH.* E. G. Hill 1905. Eltern nicht bekannt. Rosarot, halbgefüllt, becherförmig, 20 Petalen, stark duftend; Wuchs kräftig; Laub derb lederartig. — Berühmte alte Rosensorte. Nachkommenliste in Gartenflora 86: 147 bis 150 (1937). D

Général Schablikine. *Tee.* G. Nabonnand 1878. Dunkel kupfrig karmin, nickend, fester Stiel, gut remontierend, duftend; Wuchs 1,5 m oder mehr, Triebe purpurn. SOR 22. D

Generál Stefánik (= 'Krásná Azurea'). *Rem.* Böhm 1933. Ist identisch mit 'Reine des Violettes'. D

Geneviève. *TH.* Hauser 1958. Sämling × Sämling. Lachsrosa und karmin, großblumig, gut blühend; Laub tiefgrün, sehr gesund. D

Genval. *TH.* Delforge 1963. 'Rosita' × 'Margaret'. Rosarot, mittelgroß, gut gefüllt, duftend, gut blühend; Wuchs kräftig; Laub mattgrün, zuerst bronze. D

Georg Arends. *Rem.* Hinner 1910. 'Frau Karl Druschki' × 'La France'. Reinrosa, großblumig, edle Form, mäßig gefüllt, guter Duft, öfterblühend; Wuchs stark, Triebe bis 2 m, Rückschnitt nur nach der Blüte (!); Laub hellgrün. RZ 1916: 97. (7,3) DZ

George Dickson. *Rem.* A. Dickson 1912. Eltern nicht bekannt. Samtig karmin, scharlachrot überlaufen, sehr großblumig, duftend, gut gefüllt, schwachtriebig; Wuchs aufrecht; Laub groß, lederartig, matt, etwas bronze. (7,9) DW

Georges Vibert. *Str.* (*gall.*). Robert 1853. Rosa bis hellrot mit dunkleren Streifen, mittelgroß, 8 cm ⌀, dicht gefüllt, zuletzt nelkenartig flach, Mitte grünlich, duftend; Wuchs straff aufrecht, 1—1,5 m. DMUWZ

Geranium. *Str.* (zu *R. moyesii*). Wisley Gardens 1945. Scharlachrot, einfach, schalenförmig, 5 cm ⌀, Staubfäden goldgelb, einzeln oder zu mehreren beisammen entlang der Triebe, Früchte karmin; Wuchs stark, bis 3 m. GSR 32—33. DWZ

'Gerbe d'Or' → **Casino.**

Gerbe Rose. *Kl.* Fauque 1904. *R. wichuraiana* × 'Baroness Rothschild'. Dunkelrosa, mit lila und gelblichem Hauch, großblumig, locker gefüllt, süß duftend, vor allem abends; Wuchs kräftig, in günstigen Lagen bis 6 m, Stämme rötlich, fast unbewehrt. DMUWZ

Gerda Henkel. *TH.* Tantau 1964. 'New Yorker' × 'Prima Ballerina'. Dunkel blutrot, großblumig, gut gefüllt; Wuchs stark, aufrecht, kräftige Triebe; Laub tiefgrün, derb. DWZ

Gertrud. *Fl.* W. Noack 1972. 'Fanal' × 'Lilli Marleen'. Dunkelrot. D

Gertrude Gregory. *TH.* Gregory 1957. Sport von 'Lady Belper'. Goldgelb, großblumig, gut gefüllt, duftend, gut blühend; Wuchs kräftig, langtriebig; Laub tiefgrün, glänzend. RA 1958:17. (7,3) Z

Gertrud Schweitzer. *TH.* Kordes Söhne/Horstmann 1973. 'Königin der Rosen' × Sämling. Orangerosa, großblumig, gefüllt, becherförmig, duftend, einzeln stehend, reichblühend, selbstreinigend; Wuchs kräftig; Laub reichlich, dunkelgrün, gesund. D

Gertrud Westphal. *Fl.* Kordes 1951. 'Baby Château' × 'Obergärtner Wiebicke'. Orangescharlach, leicht halbgefüllt, mittelgroß, flach, schwacher Duft, sehr gut blühend; Wuchs breit buschig, 40 cm; Laub frischgrün, gut deckend. DWZ

Geschwinds Nordlandrose. *Kl.* (*mult.*). Geschwind 1884. Hellrosa, mittelgroß, 5—6 cm ⌀, in Büscheln zu 3—5 beisammen, reichblühend, mitunter etwas remontierend; starkwüchsig, 3 m hoch. — Besonders winterhart. DMUWZ

Giesebrecht. *Pol.* de Ruiter 1955. Dunkel purpurrosa, weiße Mitte, einfach, in pyramidalen Ständen; Wuchs zwergig, sehr dicht, 30 cm; Laub glänzend, gut deckend. DZ

Ginger Rogers. *TH.* McGredy 1969. 'Super Star' × 'Miss Ireland'. Lachsfarbig, großblumig, locker gefüllt, duftend, gut blühend; Wuchs sehr kräftig, 1 m; Laub hellgrün. RA 1970:112. D

Girona. *TH.* Dot 1936. 'Li Burés' × 'Talisman'. Zartrot und gelb, großblumig, gefüllt, leicht duftend, gut blühend; Wuchs sehr stark, aufrecht, 1 m; Laub groß, glänzend, gut deckend. (6,5) D

Gisselfeld. *TH.* N. Poulsen 1972. Dunkelrot, großblumig, locker gefüllt, zuletzt etwas flach, nicht verblauend, gut duftend, einzeln an kräftigen Stielen. — Gute Schnittrose. D

'Gitta Grumer' → **Uwe Seeler.**

Glacier. *Fl.* Boerner/Jackson & Perkins 1952. Weißer TH-Sämling × 'Summer Snow'. Weiß, leicht gelblich angehaucht, großblumig, 10 cm ⌀, locker gefüllt, becherförmig, duftend; Wuchs kräftig; Laub tiefgrün.

Glengarry. *Fl.* Cocker 1969. 'Evelyn Fison' × 'Wendy Cussons'. Zinnoberrot, großblumig, gut gefüllt, leicht duftend, reichblühend; Wuchs kräftig, 90 cm; Laub mittelgrün, leicht glänzend. GSR 420; RA 1969:145. D

Glenn Dale. *Kl.* Van Fleet 1927. *R. wichuraiana* × 'Isabella Sprunt'. Hellgelb, im Verblühen weiß, großblumig, gefüllt, leicht duftend, bis zu 20 beisammen an starken Trieben; Wuchs stark, 2,5 m; Laub derb, dunkelgrün. (8,0) DU

Gletscher. *Fl.* Kordes 1955. Sämling × 'Lavender Pinocchio'. Zart lilarosa, großblumig, gut gefüllt, gut duftend, zu vielen beisammen; Wuchs buschig, 50 cm; Laub glänzend. DWZ

Gloire de Chédane-Guinoisseau. *Rem.* Chédane-Pajotin 1907. 'Gloire de Ducher' × ?. Leuchtend karminrot, sehr großblumig, dicht gefüllt, gute Form, becherförmig, duftend, etwas remontierend; Wuchs sehr stark; Laub dunkelgrün, matt. (7,0) D

Gloire de Dijon. *Kl. Tee.* Jacotot 1853. ? Deprez × 'Souvenir de la Malmaison'. Hell orangegelb, zum Rand hin rahmweiß, mitunter mit orange und rosa überlaufen, sehr großblumig, gefüllt, stark duftend, öfterblühend; Wuchs stark, 3—4 m. GSR 208. (7,3) DUWZ

Gloire de Ducher. *Rem.* Ducher 1865. Karminpurpur, sehr großblumig, sehr dicht gefüllt, gut duftend, Juni, mitunter im Herbst nachblühend; Wuchs sehr stark, 2 m; Laub groß, matt, jung karminrot.

Gloire de France. *TH.* Gaujard 1946. Orangerot, zur Basis gelblich-rot, großblumig, gut gefüllt, reichblühend; Wuchs kräftig. DU

Gloire de Guilan. *Str.* (*dam.*). Reinrosa, gut gefüllt, innere Petalen einwärts gekrümmt, stark duftend, einmalblühend; Wuchs locker, verzweigt, 1,2 m, Triebe mit kleinen, gebogenen Stacheln; Laub hellgrün. — 1949 von Miss Nancy Lindsay in Persien, Kaspi-Provinz, gefunden, wo sie zur Herstellung von Rosenöl verwendet wird. (7,7) D

Gloire des Mousseux. *Moos.* Laffay 1852. Rosa bis lachsrot, Mitte dunkler, sehr großblumig, gut gefüllt, Petalen dicht übereinander liegend, nur einmalblühend, lange haltend, Sepalen gut und hellgrün bemoost; Wuchs mittelkräftig, aufrecht, 1,2 m; Laub sehr hellgrün. GSR 72. (7,7) DM

Gloire des Polyantha. *Pol.* Guillot Fils 1887. 'Mignonette' × ?. Kräftig rosa, weißer Grund, kleinblumig, etwas kugelig, sehr dicht gefüllt, reichblühend, gut remontierend; Wuchs niedrig. D

Gloire des Rosomanes (= 'Ragged Robin'). *Str.* (*chin.*). Vibert 1825. Scharlach-karmin, sehr großblumig, locker gefüllt, duftend, zu vielen in Büscheln beisammen, dauerblühend; sehr starkwüchsig. — In Kalifornien noch immer sehr stark als Veredlungsunterlage verwendet. (7,5) D

Gloria Dei (= 'Mme A. Meilland', 'Peace', 'Gioia'). *TH.* Meilland 1945. ('George Dickson' × 'Souvenir de Claudius Pernet') × (['Joanna Hill' × 'Charles P. Kilham'] × 'Margaret McGredy'). Goldgelb mit rosa Rand, später heller gelb und dunkler rot, sehr großblumig, 15 cm ⌀, dicht gefüllt, becherförmig, leicht duftend, auf sehr starken Stielen, sehr gut blühend; Wuchs stark, 1,2 m, sehr kräftige Triebe; Laub sehr groß, sattgrün, stark glänzend. — Erhielt in USA die höchste Wertziffer, bisher weder erreicht noch übertroffen; von keiner Rosensorte sind je mehr Pflanzen verkauft worden als von dieser, schätzungsweise über 100 Millionen Pflanzen. GSR 347; PWR 95. (9,6) DUWZ

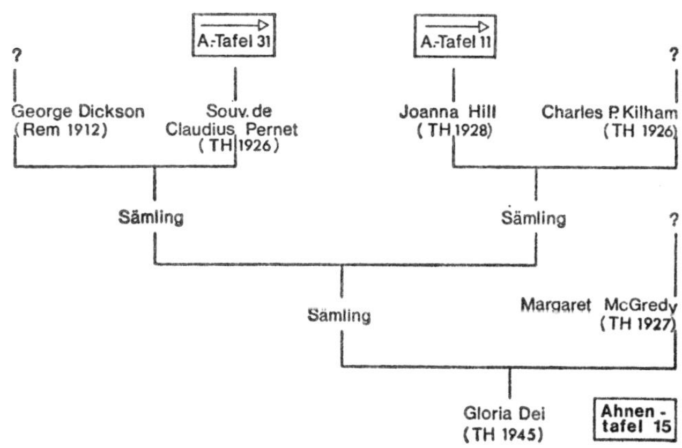

Gloria di Roma (= 'Rome Glory'). *TH.* Aicardi 1937. 'Dame Edith Helen' × 'Sensation'. Scharlachrot, ballförmig, Rückseite mehr kirschrot, großblumig, 10—12 cm ⌀, dicht gefüllt, gut duftend; Wuchs kräftig, buschig, 60 cm; Laub schlecht deckend. LR 5; RA 1942:25. (6,0) W

Gloria Mundi. *Pol.* de Ruiter 1929. Sport von 'Superb'. Scharlachorange, kleinblumig, locker gefüllt, in Büscheln beisammen; Wuchs buschig, niedrig; Laub hellgrün, glänzend. (6,5) DW

Glory of Ceylon. *Fl.* Harkness 1967. 'Vera Dalton' × 'Masquerade'. Zuerst teegelb mit orangerot, voll erblüht heller, mittelgroß, halbgefüllt, duftend, in Büscheln; Wuchs aufrecht, 70 cm; Laub dunkelgrün, glänzend. D

Gneisenau. *Str.* Lambert 1924. ('Schneelicht' × 'Killarney') × 'Crimson Rambler'. Reinweiß, gefüllt, gelbe Staubgefäße, einmalblühend, in Büscheln; Wuchs kräftig, aufrecht, 150—180 cm; DW

Godfrey Win. *TH.* Dot 1968/Wheatcroft. Fliederpurpur, gut gefüllt, ballförmig, großblumig, gut duftend, einzeln an langen Trieben; Laub glänzend. WPR 19. D

Goethe. *Moos.* Lambert 1911. Magentarosa, kleinblumig, einfach, Kelch leicht bemoost; Wuchs sehr kräftig, junge Triebe rotrindig; Laub bläulichgrün, rauh. (6,6) DMU

Goldbusch. *Str.* (*rubig.*-H.). Kordes 1954. 'Golden Glow' × *R. rubiginosa*-Hybride. Goldgelb, später heller, großblumig, bis 10 cm ⌀, locker gefüllt, leicht duftend, sehr reichblühend, einmalblühend; Wuchs sehr kräftig, bis 2 m; Laub hellgrün, glänzend. GSR 166; RJb 24:192; TRT 140. (7,7) DMWZ

Gold Coin. *Min.* Moore 1967. 'Golden Glow' × 'Magic Wand'. Kanariengelb, sehr dicht gefüllt, regelmäßig rosettenförmig ausgebreitet, kleinblumig, duftend, sehr reichblühend, in großen Ständen beisammen; Wuchs gedrungen, zwergig; Laub hellgrün, klein, matt. GSR 504. (7,4)

Gold Cup. *Fl.* Boerner/Jackson & Perkins 1957. 'Goldilocks'-Sämling × 'King Midas'-Sämling. Goldgelb, großblumig, 10 cm ⌀, locker gefüllt, duftend, in Büscheln; Wuchs buschig, 60 cm; Laub klein, glänzend, hellgrün, gut deckend. (5,9) Z

Gold Dollar. *TH.* Herholdt 1971. Sämling × 'Wiener Charme'. Kanariengelb, großblumig, gefüllt, leicht duftend, einzeln stehend; Wuchs kräftig; Laub glänzendgrün, reichlich. DUZ

Gold Dot. *TH.* Dot 1963. 'Queen Elizabeth' × 'Gloria Dei'. Kanariengelb, großblumig, locker gefüllt; Wuchs kräftig. DZ

Golden Autumn. *TH.* Klimenko 1955. ('Heinr. Wendland' × ['Mme Edouard Herriot' × 'Poinsettia]) × 'Mme Nicolas Aussel'. Zart lachsgelb, Mitte und außen gelb, im Verblühen heller; Wuchs aufrecht, buschig; Laub groß, stark glänzend. D

Golden Bouquet. *TH.* Gregory 1970. 'Gertrude Gregory' × Sämling. Dunkelgelb, großblumig, 8 cm ⌀, locker gefüllt, duftend, zu mehreren beisammen, gut blühend; Wuchs kräftig; Laub dunkelgrün, glänzend.

Golden Chersonese. *Str.* Allen 1967. *R. ecae* × 'Canary Bird'. Gelb, kleinblumig, 5 cm ⌀, einfach, leicht duftend, überreich blühend entlang der Triebe, Anfang Juni; Wuchs kräftig, 2 m; Laub klein, mittelgrün, matt, reichlich. GSR 167. D

Golden Climber (= 'Mrs. Arthur Curtiss James'). *Kl.* Brownell 1933. 'Mrs. Wallace' × Sämling. Goldgelb, großblumig, halbgefüllt, flach, duftend, einmal blühend; Wuchs kräftig; Laub glänzend grün. ARA 1934:72. DMU

Golden Delight. *Fl.* LeGrice 1956. 'Goldilocks' × 'Ellinor LeGrice'. Hellgelb, großblumig, 7 cm ⌀, dicht gefüllt, duftend, gut blühend; Wuchs stark, buschig, 70 cm; Laub groß, glänzend, gut deckend. (5,8) DZ

Goldene Druschki. *TH.* Lambert 1936. 'Frau Karl Druschki' × 'Friedrich Harms'. Goldgelb, Rand etwas heller, in der Sonne rahmgelb werdend, sehr großblumig, becherförmig, duftend, lange Knospe; Wuchs sehr kräftig; Laub derb lederartig, tiefgrün. DWZ

Goldener Reiter. *Fl.* Haenchen/Teschendorff 1969. 'Circus' × 'Goldrausch'. Leuchtend goldgelb, großblumig, gut gefüllt, gut duftend, lange haltend, in Büscheln, reichblühend; Wuchs kräftig aufrecht, 80 cm; Laub dunkelgrün, reichlich.

Goldenes Herz. *TH.* Kordes Söhne 1975. 'Dr. A. J. Verhage' × Sämling. Dunkelgelb, mittelgroß, gefüllt, duftend, becherförmig, sehr reichblühend, selbstreinigend, einzeln stehend; Wuchs stark, aufrecht, buschig; Laub reichlich, dunkelgrün, gesund. D

Goldenes Mainz. *TH.* Kordes 1933. 'Fontanelle' × 'Julien Potin'. Goldgelb, großblumig, gefüllt, stark duftend, gut blühend, Knospe gelb, rot gestreift; wüchsig; Laub glänzend. RZ 1933:108; ARA 1937:59.

Goldene Sonne (= 'Golden Sun'). *TH.* Kordes 1957. ('Walter Bentley' × 'Condesa de Sástago') × 'Spek's Yellow'. Goldgelb, großblumig, 12 cm ⌀, gut gefüllt, leichter Duft, gut blühend, spitze Knospe; Wuchs aufrecht, wenig verzweigt, 60 cm; Laub mittelgroß, schlecht deckend. RJb 28: 48. (7,1) DZ

Golden Fantasie. *TH.* Byrum/J. H. Hill 1971. 'Golden Wave' × 'Anniversary'. Mittelgelb, halbgefüllt, hochgebaut, einzeln stehend, stark duftend, sehr haltbar, reichblühend; Wuchs buschig, aufrecht, kräftig, gesund; Blätter tiefgrün, reichlich.

Golden Flame. *Fl.* Laperrière 1970. Goldgelb, mittelgroß, locker gefüllt, flach, zu mehreren beisammen; Wuchs gedrungen, gut verzweigt; Laub gesund.

Golden Fleece. *Fl.* Boerner/Jackson & Perkins 1955. 'Diamond Jubilee' × 'Yellow Sweetheart'. Hellgelb, großblumig, 10 cm ⌀, gut gefüllt, becherförmig, gut duftend, reichblühend, in Büscheln zu vielen; Wuchs buschig, 40 cm; Laub hellgrün, mittelgroß, etwas glänzend, derb. PWR 102; RJ 1957:108. (6,9) DUWZ

Golden Gate. *TH.* Warriner/Jackson & Perkins 1972. 'South Seas' × 'King's Ransom'. Gelb, großblumig, 12 cm ⌀, gut gefüllt, leicht duftend, gut haltbar, einzeln stehend, selbstreinigend, reichblühend; Wuchs kräftig, gut verzweigt; Laub gesund. D

'Golden Giant' → **Goldrausch.**

Golden Girl. *Fl.* Meilland 1959. ('Joanna Hill' × 'Eclipse') × 'Michèle Meilland'. Leuchtend goldgelb, großblumig, 10 cm ⌀, voll gefüllt, ballförmig, duftend, reichblühend; Wuchs buschig; Laub hellgrün. (7,4) Z

Golden Glow. *Kl.* Brownell 1937. 'Glenn Dale' × ('Mary Wallace' × Teehybride). Reingelb, großblumig, 10 cm ⌀, gut gefüllt, duftend, reichblühend; starkwüchsig, 3—4 m; Laub lederartig, glänzend. ARA 1937:235. (5,6) DMUWZ

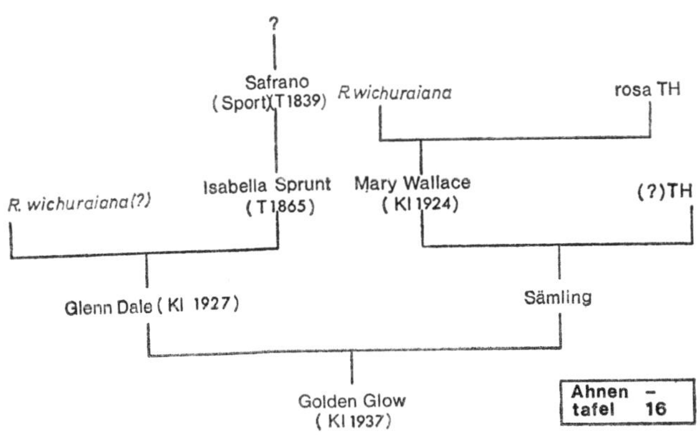

Golden Ideal. *TH.* Lens 1939. 'Roselandia' × 'Joanna Hill'. Goldgelb, großblumig, stark duftend, gut blühend, lange Knospe, reichblühend; Wuchs mittelstark, 50 cm; Laub matt, mäßig deckend.

Golden Lace. *Fl.* V. Abrams 1962. 'Goldilocks' × ('Spek's Yellow' × 'Encore'). Dunkelgelb, großblumig, 8 cm ⌀, gut gefüllt, duftend, reichblühend; Wuchs aufrecht; Laub stark glänzend, dunkelgrün. (5,6) DZ

Golden Masterpiece. *TH.* Boerner/Jackson & Perkins 1954. 'Mandalay' × 'Spek's Yellow'. Goldgelb, sehr großblumig, gut gefüllt, aufgeblüht ziemlich sternförmig, Knospe lang zugespitzt; Wuchs aufrecht, verzweigt, 80 cm; Laub glänzend, mäßig deckend. SRW 43. (6,1) DWZ

Golden Moss. *Moos.* Dot 1931. 'Frau Karl Druschki' × ('Souvenir de Claudius Pernet' × 'Blanche Moreau'). Hellgelb, großblumig, 8 cm ⌀, stark gefüllt, duftend, 3—4 beisammen, einmalblühend, Knospen sehr stark bemoost, kugelig; Wuchs kräftig, 1,5 m; Laub runzelig. (5,9) D

Golden Ophelia. *TH.* Cant 1918. 'Ophelia'-Sämling. Goldgelb, nach außen heller werdend, gut gefüllt, Duft stark, gut blühend; Wuchs mittel, verzweigt, 60 cm; Laub mittelgrün, mäßig deckend. D

Golden Peace. *TH.* LeGrice 1961. Kanariengelb, großblumig, edle Form, duftend, gut blühend; sehr starkwüchsig, 1,2 m; Laub stumpfgrün.

Golden Perfume. *Fl.* Leenders 1957. 'Goldilocks' × 'Fashion'. Goldgelb, im Aufblühen mehr orangegelb, großblumig, gut gefüllt, Duft stark, gut blühend; Wuchs mittelstark, buschig, 80 cm; Laub deckt gut, groß. D

Golden Prince. *TH.* Meilland 1968. ('Monte Carlo' × 'Bettina') × ('Gloria Dei' × 'Soraya'). Dunkelgelb, mittelgroß, locker gefüllt, einzeln an langen Stielen, leicht duftend, reichblühend; Wuchs aufrecht, 70 cm; Laub gesund. (6,5)

'Golden Rapture' → **Geheimrat Duisberg.**

'Golden Scepter' → **Spek's Yellow.**

Golden Showers. *Str.* Lammerts 1956. 'Charlotte Armstrong' × 'Capt. Thomas'. Zitronengelb, großblumig, 10 cm ⌀, locker gefüllt, später flach, duftend, einzeln und in Büscheln an kräftigen Trieben; Wuchs sehr stark, aufrecht,

2,5 m; Laub groß, dunkelgrün, glänzend. — Keine Kletterrose! PWR 221; GSR 245. (7,3) DUMWZ

Golden Slippers. *Fl.* V. Abrams 1961. 'Goldilocks' × Sämling. Innen orange mit gelber Mitte, außen orangegelb, mittelgroß, 7 cm ⌀, flach aufblühend, duftend, in Büscheln, reichblühend; Wuchs buschig, 40 cm; Laub bronzegrün, gesund. GSR 421; RJb 26:225. (7,1) DWZ

Golden Times. *TH.* Cocker 1972. 'Duftwolke' × 'Golden Splendour'. Goldgelb, großblumig, sehr dicht gefüllt, duftend, einzeln und zu mehreren; Wuchs kräftig, 90 cm; Laub groß, matt. GSR 310; RA 1971:96.

'Golden Wave' → **Dr. A. J. Verhage.**

Golden Wings. *Str.* Shepherd/Bosley 1956. 'Soeur Thérèse' × (*Rosa pimpinellifolia altaica* × 'Ormiston Roy'). Schwefelgelb, später mehr rahmgelb, sehr großblumig, einfach, flach, 12 cm ⌀, Staubfäden orangerot, sehr auffällig, öfterblühend; Wuchs stark, 1,5 m; Laub hellgrün, matt, gut deckend. GSR 168; TRT 145. (8,2) DMW

Goldfassade. *Kl.* Baum 1967. Goldgelb, gut gefüllt, großblumig, sehr reichblühend, stark duftend, dauerblühend; Wuchs stark, 3—4 m; Laub gesund. DUZ

Goldfinch. *Kl.* Paul 1907. 'Hélène' × ?. Gelb, im Verblühen weiß, kleinblumig, halbgefüllt, in Büscheln, einmalblühend, doch sehr reich; Wuchs sehr stark; Blätter klein, runzelig. U

Goldgleam. *Fl.* LeGrice 1966. 'Gleaming' × 'Allgold'. Zitronengelb, Rückseite etwas dunkler, großblumig, halbgefüllt, gut duftend, nicht verblassend, in kleinen Büscheln; Wuchs gut, 80 cm; Laub dunkelgrün, glänzend. RA 1966: 144. DZ

Gold Glow. *TH.* Perry 1959. 'Fred Howard' × 'Sutter's Gold'. Kräftig gelb, großblumig, 9 cm ⌀, stark gefüllt, ballförmig, duftend; Wuchs kräftig aufrecht; Laub derb, glänzend, dunkelgrün. — Nicht zu verwechseln mit der Kletterrose 'Golden Glow'! (7,6) DZ

Goldilocks. *Fl.* Boerner/Jackson & Perkins 1945. Sämling × 'Doubloons'. Hellgelb, halbgefüllt, flach, 8 cm ⌀, leicht duftend, gut blühend, nicht selbstreinigend, in großen Ständen; Wuchs buschig, 60 cm; Laub hellgrün, glänzend, gut deckend. PWR 110 (6,5) DZ

Goldjuwel. *Fl.* Tantau 1959. 'Goldilocks' × 'Masquerade'. Rein goldgelb, großblumig, 7 cm ⌀, sehr dicht gefüllt, ballförmig, duftend, bis zu 10 beisammen; Wuchs buschig, 50 cm; Laub glänzend, tiefgrün. PWR 150; RA 1960:96. UW

Goldkrone. *TH.* Kordes 1960. 'Gloria Dei' × 'Spek's Yellow'. Goldgelb, großblumig, 12 cm ⌀, dicht gefüllt, duftend, gute Form, gut blühend; Wuchs stark, aufrecht, wenig bewehrt, 1 m; Laub dunkelgrün und bronze. PWR 49; GSR 309. (6,4) DWZ

Goldmarie. *Fl.* Kordes 1958. 'Masquerade' × 'Goldenes Mainz'. Goldgelb, rötlich überlaufen, großblumig, gut gefüllt, leicht duftend, sehr gut blühend, in Büscheln; Wuchs mittel, 50 cm; Laub dunkelgrün, glänzend, gesund. PWR 129; KR 10:31. (5,9) DWZ

Goldquelle. *Str.* Tantau 1965. 'Goldjuwel' × 'Zitronenfalter'. Leuchtend goldgelb, großblumig, dicht gefüllt, zuletzt flach, leicht duftend, meist einzeln auf kräftigen Stielen, öfterblühend; Wuchs kräftig, 1,5 m; Laub groß, dunkelgrün, glänzend, gesund. KR 9:97. DMWZ

Goldrausch (= 'Golden Giant'). *Fl.* Kordes 1961. 'Goldene Sonne' × 'Buccaneer'. Leuchtend goldgelb, großblumig, 12 cm ⌀, dicht gefüllt, gute Form, leicht duftend, gut blühend, einzeln oder zu mehreren; Wuchs sehr stark, aufrecht, 1 m; Laub klein, dunkelgrün, matt. PWR 61. (6,8) DWZ

Goldregen (= 'Golden Rain'). *Fl.* Tantau 1951. 'Swantje' × 'G. Bentheim'. Goldgelb, großblumig, halbgefüllt, gute Form; Wuchs aufrecht, buschig. DZ

Gold Rush. *Kl.* Duehrsen 1941. Hellgelb, großblumig, locker gefüllt, duftend, einmalblühend; Wuchs stark, 2—3 m. (6,4) D

Goldschatz. *Fl.* Tantau 1964. 'Goldjuwel' × 'Arlene Francis'. Dunkel goldgelb, großblumig, gut gefüllt, zuletzt flach, gut blühend; Wuchs aufrecht, 80 cm; Laub dunkelgrün, glänzend. GSR 422; RJb 29:80. (8,5) DUWZ

Gold Spray. *Fl.* Delforge 1971. 'Philippe' × 'Spek's Yellow'. Goldgelb, mittelgroß, gut gefüllt, sehr haltbar, selbstreinigend, lange blühend, in Büscheln; Wuchs buschig, 40 cm; Laub gesund, matt.

Goldstern. *Ko-Kl.* Tantau 1966. 'Goldjuwel' × 'Zitronenfalter'. Tief goldgelb, großblumig, dicht gefüllt, zuletzt flach, einzeln oder zu mehreren, öfterblühend; Wuchs kräftig aufrecht, 2—3 m; Laub mittelgroß, glänzend. DUZ

Goldstück. *Fl.* Verschuren 1961. 'Goldilocks' × Sämling. Zitronengelb, mittelgroß, gut gefüllt, in Büscheln; Wuchs aufrecht. RJb 27:64. MW

Goldstück. *Str.* Tantau 1963. 'Goldjuwel' × 'Frühlingsgold'. Goldgelb, sehr großblumig, im Verblühen orange überlaufen, zuletzt flach, zu vielen beisammen, einmalblühend; Wuchs dicht, buschig, aufrecht, 1,2 m; Laub klein, tiefgrün. DZ

Goldteppich. *Fl.* Haenchen/Teschendorff 1972. Leuchtend goldgelb, halbgefüllt, selbstreinigend, reichblühend; Wuchs buschig, gedrungen, 40—60 cm; Laub dunkelgrün, lederartig, reichlich.

Goldtopas. *Fl.* Kordes 1963. 'Doctor Faust' × 'Circus'. Innen gelborange, außen rotorange, großblumig, 8 cm ⌀, einzeln oder zu mehreren, reichblühend; Wuchs buschig, 40 cm; Laub dunkelgrün, glänzend. RJb 26:224. (6,9) DUWZ

Gondul. *Fl.* Lundstad **1969.** 'Lichterloh' × 'Lumina'. Kardinalrot, locker gefüllt, 15—20 Petalen, flach, reichblühend, in Büscheln; Wuchs kräftig; Laub dunkelgrün, glänzend. D

Good Life. *Fl.* McGredy 1970. 'Irish Beauty' × 'John Church'. Orangerot, mittelgroß, 5 cm ⌀, leicht duftend, reichblühend, in Büscheln.

Gotenhafen. *Fl.* Tantau 1940. 'Nathalie Nypels' × 'Kardinal'. Reinrosa, mittelgroß, halbgefüllt; wüchsig, gut verzweigt. D

Grace Abounding. *Fl.* Harkness 1968. 'Pink Parfait' × 'Circus'. Rahmweiß, duftend, halbgefüllt, in Büscheln; Wuchs buschig, gleichmäßig, 70 cm; Laub hellgrün. RA 1971:49.

Grace de Monaco. *TH.* Meilland 1956. 'Gloria Dei' × 'Michèle Meilland'. Zartrosa, sehr großblumig, dicht gefüllt, ballförmig, gut duftend, reich blühend; Wuchs stark, wenig verzweigt, 80 cm; Laub groß, tiefgrün. PWR 64; BTR 42. (7,4) DWZ

Gracious Lady. *TH.* Robinson 1965. ('Gloria Dei'-Sämling × 'Gail Borden') × 'Dorothy Peach'-Sämling. Lachsrosa, Mitte mehr orangegelb, großblumig, bis 15 cm ⌀, ballförmig, duftend, gut blühend; Wuchs stark, 80 cm; Laub dunkelgrün, groß. D

'Granada' → **Donatella.**

Granadina (= 'Grenadine'). *Min.* Dot/Kordes 1956. 'Granate' × 'Coralin'. Kleinblumig, tiefrot, ballförmig, dicht gefüllt; Wuchs zwergig, 35 cm; Laub klein, dunkelrot. (8,3)

Granate. *Min.* Dot 1947. 'Merveille des Rouges' × 'Pompon de Paris'. Dunkelrot, Mitte weiß, halbgefüllt, flach, kleinblumig; Wuchs schwach, 20 cm, fast ohne Stacheln.

Grand Amour (= 'Côte Rôtie'). *TH.* Delbard/Chabert 1956. Leuchtend dunkelrot, gut gefüllt, großblumig, duftend.

Grande Amore. *TH.* Kordes 1968. 'Prima Ballerina' × 'Schlösser's Brillant'. Leuchtend blutrot, reinfarbig, locker gefüllt, sehr großblumig, einzeln oder zu mehreren an langen Trieben, stark duftend; Wuchs kräftig aufrecht, 80 cm; Laub dunkelgrün, jung rötlich. KR 10:163. DUZ

Grande Première (= 'Grand Occasion'). *TH.* Delbard/Chabert 1959. 'Comtesse Vandal' × 'Mme Henri Guillot'. Gelblich lachsfarben, innen am Rand breit hellrosa, großblumig, gut gefüllt, duftend, lange Knospe; Wuchs buschig. Z

Grande Rouge. *Fl.* Tantau 1973. Eltern nicht angegeben. Dunkelrot, mittelgroß, gefüllt, leicht duftend, in Büscheln stehend; Wuchs mittelhoch, 50—60 cm, buschig, aufrecht; Laub mittelgroß, matt, locker. D

Grand Gala. *TH.* Meilland 1954. 'Gloria Dei' × 'Kordes Sondermeldung'. Innen leuchtend karminrot, außen weiß mit zartrosa Anflug, großblumig, 12 cm ⌀, dicht gefüllt, ballförmig, duftend; Wuchs kräftig, 80 cm; Laub derb, dunkelgrün. PWR 62; SRW 45. (7,1) DZ

Grand Hotel. *Kl.* McGredy 1972. 'Gruß an Heidelberg' × 'Schlösser's Brillant'. Scharlachrot, großblumig, dicht gefüllt, Farbe wetterbeständig; Wuchs stark, 3 m; Laub reichlich, tiefgrün. D

Grandmaster. *Str.* (*mosch.*-H.). Kordes 1951. 'Sangerhausen' × 'Sunmist'. Hellgelb mit orange und rosa Anflug, großblumig, 10 cm ⌀, halbgefüllt, duftend, zu vielen in großen Büscheln, öfterblühend; Wuchs kräftig, bis 1,5 m; Laub hellgrün. RA 1952:104. (7,3) DWZ

Grand'mère Jenny. *TH.* Meilland 1950. 'Gloria Dei' × ('Julien Potin' × 'Sensation'). Orangegelb, nach oben hin heller werdend, Rand rosa, großblumig, 10 cm ⌀, leicht duftend, gut gefüllt, lange spitze Knospe; Wuchs kräftig, 1 m; Laub glänzendgrün, groß, gut deckend. PWR 82; GSR 313. (6,4) DWZ

Grand Mogul. *TH.* Delbard 1965. 'Sultane' × 'Chic Parisien'. Rahmweiß, nach dem Rand zu fast weiß, großblumig, gut gefüllt, duftend, gut blühend, lange spitze Knospe; Wuchs mittelstark; Laub reichlich.

'Grand Occasion' → **Grande Première.**

Grand Opera. *TH.* Schwartz 1964. 'Masquerade' × 'Gloria Dei'. Rahmweiß, Rand rosa, im Verblühen ganz rosa, großblumig, 12 cm ⌀, gut gefüllt, duftend, gut blühend; Wuchs buschig; Laub derb. (7,1)

Grandpa Dickson. *TH.* A. Dickson 1966. ('Kordes Perfecta' × 'Governador Braga da Cruz') × 'Piccadilly'. Reingelb, im Verblühen heller, extra großblumig, 17 cm ⌀, gefüllt, ballförmig, leicht duftend, gut blühend; Wuchs kräftig, aufrecht, 90 cm; Laub derb, dunkelgrün. GSR 314; RA 1966:2. (7,1) DUWZ

Grand Prix. *TH.* Delbard 1968. 'Chic Parisien' × ('Grande Première' × ['Sultane' × 'Mme J. Perraud']). Korallenrosa mit ockergelbem Anflug, großblumig, halb gefüllt, leicht duftend, zu mehreren beisammen, gut blühend; Wuchs sehr kräftig, aufrecht, lange Triebe; Laub groß, dunkelgrün, glänzend.

Grand Slam. *TH.* Armstrong 1963. 'Charlotte Armstrong' × 'Montezuma'. Kirschrot, großblumig, 10 cm ⌀, locker gefüllt, leicht duftend, becherförmig; Wuchs breit aufrecht; Laub derb, glänzend. (7,5)

Gran Parada. *Fl.* Dot 1967. 'Golden Dot' × ('Queen Elibath' × 'Zambra'). Goldgelb, später rötlich werdend, mittelgroß, locker gefüllt, reichblühend; Wuchs aufrecht, gedrungen, 50 cm; Laub glänzendgrün.

Great Western. *Str.* (*Bourb.*). Laffay 1840. Karmin mit purpur, großblumig, ballförmig, einmalblühend; Wuchs kräftig, 1,5 m. D

Green Fire. *Fl.* Swim 1958. 'Goldilocks' × Sämling. Hellgelb, mittelgroß, 7 cm ⌀, halbgefüllt, später flach, leicht duftend, in Büscheln; Wuchs buschig, mittelhoch; Laub matt. DUWZ

Greenmantle. *Str.* (*rubig.*-H.). Penzance 1895. Rosarot, weiße Mitte, einfach, auffällig goldgelbe Antheren; Wuchs stark, bis 3 m oder mehr; Laub duftend. D

Greetje Hennekens. *Fl.* Loose 1958. Karminrosa, locker gefüllt, ohne Duft; Wuchs stark, buschig; Laub groß, dunkelgrün, gut deckend. DZ

'Grenadier' → **Fusilier.**

Gretel Greul. *TH.* Greul 1939. Sport von 'Rote Rapture'. Ähnlich in der Färbung, karminrosa, aber besser blühend, gut duftend, gefüllt; wüchsig; Laub groß, grünrot, glänzend, mäßig deckend. DWZ

Grey Pearl. *TH.* McGredy 1945. ('Mrs. Charles Lamphlough' × Sämling) × ('Sir David Davies' × 'Southport'). Graulila mit zartem Anflug von olivgrün und hellbraun, großblumig, 10 cm ⌀, dicht gefüllt, ballförmig, duftend; Wuchs kräftig; Laub glänzend. SRW 48. (4,0)

Grimpant... Sorten, die mit 'Grimpant' (= Kletternd) beginnen, sind stets unter der allgemein üblichen Bezeichnung **Climbing** eingeordnet; siehe dort.

Grisby (= 'Sunlight'). *TH.* Meilland 1956. ('Eclipse' × 'Ophelia') × 'Monte Carlo'. Reingelb, großblumig, 10 cm ⌀, gut gefüllt, becherförmig, gut duftend, gut blühend; Wuchs mittelstark, aufrecht, 60 cm; Laub mattgrün, schlecht deckend. BTR 49. (6,1) DZ

Grootendorst Supreme. *Str.* (*rug.*-H.). F. J. Grootendorst 1936. Sport von 'F. J. Grootendorst'. Aber Blüten intensiver, dunkler karminrot; sonst wie beim Typ. Vgl. dort. (7,4)

Gruß an Aachen. *Fl.* Geduldig 1909. 'Frau Karl Druschki' × 'Franz Deegen'. Fleischrosa, im Verblühen rahmweiß, mittelgroß, 7 cm ⌀, dicht gefüllt, leicht duftend, sehr reichblühend; Wuchs niedrig, 60 cm, buschig. GSR 423; RZ 1912:34. (7,6) DUWZ

Gruß an Bayern. *Fl.* Kordes 1971. 'Messestadt Hannover' × 'Hamburg'. Samtig blutrot, mittelgroß, halbgefüllt, schalenförmig, Petalen gewellt, leicht duftend, zu vielen beisammen, reichblühend; Wuchs buschig, sehr verzweigt, 60 cm. DUZ

Gruß an Berlin. *TH.* Kordes 1963. Reinrot, großblumig, 12 cm ⌀, gut gefüllt, ballförmig, duftend; Wuchs kräftig aufrecht; Laub glänzend, gesund. RJb 26:160. (7,6) DWZ

Gruß an Hannover. *Kl.* Lahmann 1938. Orangerosa, großblumig, gefüllt, gut blühend; Wuchs kräftig, 3—4 m hoch. DU

Gruß an Heidelberg (= 'Heidelberg'). *Str.* Kordes 1959. 'Minna Kordes' × 'Floradora'. Leuchtend karminrot, Rückseite heller, großblumig, gefüllt, ballförmig, duftend, in Büscheln; Wuchs stark, 3 m; Laub derb, lederartig. GSR 170; PWR 192; RA 1959:176. (8,0) DMUWZ

Gruß an Koblenz. *Kl.* Kordes 1963. 'Flammentanz'-Abkömmling, dieser sehr ähnlich, doch öfterblühend, blutrot; 2—3 m hoch. DMUWZ

Gruß an Teplitz. *TH.* Geschwind 1897. ('Sir Joseph Paxton' × 'Fellemberg') × ('Papa Gontier' × 'Gloire des Rosomanes'). Hell karminrot, mittelgroß, gut gefüllt, locker, stark duftend, öfter- und reichblühend, Blütenstiele sehr schwach; Wuchs sehr stark, bis 1,8 m; Laub groß, dunkelbronzegrün, jung rot. — Berühmte alte Sorte. RZ 1899:51. (6,7) DMUWZ

Gruß an Zabern. *Kl.* Lambert 1904. 'Euphrosyne' × 'Mme Ocker Ferencz'. Reinweiß, mittelgroß, gut gefüllt, zu vielen in dichten Ständen beisammen, einmal und überreich blühend (war lange Jahre hindurch die beste weiße Kletterrose!), duftend; Wuchs stark, bis 3 m. DUWZ

Gruß an Zweibrücken. *TH.* Lambert 1915. 'Charles Gater' × 'Mme Caroline Testout'. Rein dunkelrot, großblumig, gut gefüllt, einzeln an langen Trieben, gut duftend, remontierend. DZ

Gruß aus München. *Fl.* Tantau 1962. Kräftig lachsrosa, im Verblühen heller, mittelgroß, gefüllt, rosettenförmig, ohne Duft, zu vielen beisammen in großen Ständen; Wuchs buschig, 70—80 cm; Laub grün, mittelgroß, etwas glänzend. D

Guinée. *Kl.* Mallerin 1938. 'Souvenir de Claudius Denoyel' × 'Ami Quinard'. Schwärzlichrot, mitunter scharlachrot überlaufen, großblumig, Staubfäden goldgelb, gut gefüllt, doch zuletzt flach, stark duftend, einmal reichblühend, etwas nachblühend; Wuchs sehr stark, 4 m; Laub derb. BTR 12. D

Guinevere. *TH.* Harkness 1967. 'Red Dandy' × 'Gloria Dei'. Rosarot, mittelgroß, gut gefüllt, leicht duftend, sehr reichblühend, gut wetterfest; Wuchs kräftig, 80 cm; Laub hellgrün, reichlich. GSR 311; RA 1968:161. DZ

Guitarre. *Fl.* Gaujard 1963. 'Vendôme' × 'Golden Slippers'. Gelborange, nach dem Rand zu korallenrot, Rückseite orange, mittelgroß, dicht gefüllt, ballförmig, zu mehreren beisammen, sehr haltbar, stark duftend; Wuchs kräftig; Laub hellgrün, reichlich, derb. DZ

Gustav Frahm. *Fl.* Kordes 1959/Timm. 'Fanal' × 'Ama'. Dunkelkarmin, mittelgroß, 7 cm ⌀, locker gefüllt, flach, leicht duftend, zu vielen beisammen; Wuchs kräftig, 80 cm; Laub hellgrün, glänzend. GSR 424. DZ

Gütersloh. *Str.* W. Noack 1972. ('Fanal' × 'Kordes Sondermeldung') × 'Super Star'. Orange. D

Gütersloher Wappen. *Fl.* Krause 1973. Lachsorange, locker gefüllt, 30 Petalen, zuletzt flach, sehr haltbar, einzeln und in Büscheln, reichblühend; Wuchs aufrecht, buschig, 50 cm; Laub gesund. D

Gypsy Moth. *TH.* Tantau 1968. Sämling × Sämling. Lachsfarbig, mittelgroß, locker gefüllt, duftend, zu mehreren beisammen, reichblühend; Wuchs kräftig, verzweigt; Laub tiefgrün, glänzend.

Hadley. *TH.* Montgomery 1914. ('Liberty' × 'Richmond') × 'General MacArthur'. Karminrot, großblumig, gefüllt, gute Form, stark duftend. — Berühmte Sorte. BTR 8. D

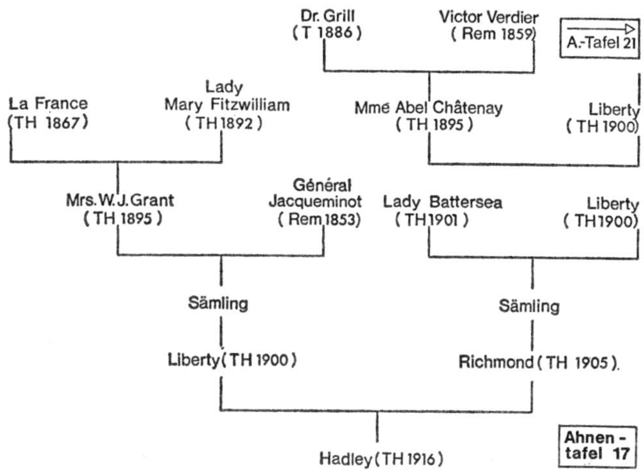

Händel (= 'Handel'). *Kl.* McGredy 1965. 'Columbine' × 'Gruß an Heidelberg'. Rahmweiß, breit karminrosa gerandet, großblumig, 8 cm ⌀, locker gefüllt, leicht duftend; Wuchs kräftig, 2 m; Laub dunkelgrün und bronze, etwas glänzend. GSR 246; GR 288. (8,5) DMWZ

Hakuun. *Fl.* Poulsen 1962. Gelblichweiß, mittelgroß, schalenförmig, leicht halbgefüllt, Knospe hellgelb. D

Halali. *Str.* Tantau 1956. 'Märchenland' × 'Gloria Dei'. Rosa, locker gefüllt, großblumig, zu mehreren an starken Stielen; Wuchs stark, bis 2 m; Laub sehr groß, derb, matt, gut deckend. DWZ

Halo. *TH.* Lens 1957. 'Lady Sylvia' × ('Virgo' × 'Briarcliff'). Reinweiß, Knospe ganz zartrosa, großblumig, 10 cm ⌀, gut gefüllt, gute Form, leicht duftend, gut blühend; Wuchs stark, buschig, 60 cm; Laub groß, mattgrün, deckt gut. DZ

Hamburg. *Str.* Kordes 1935. 'Eva' × 'Daily Mail Scented Rose'. Dunkel scharlachrot, großblumig, halbgefüllt, flach, leicht duftend, zu vielen beisammen an starken Trieben, öfterblühend; Wuchs buschig, aufrecht, 1,5 m; Laub groß, mattgrün, schlecht deckend. GSR 169. DMU

Hamburger Phoenix. *Ko.* *R. kordesii* × Sämling. Blutrot, großblumig, bis 10 cm breit, halbgefüllt, flach, leicht duftend, einzeln oder zu mehreren, öfterblühend; Wuchs stark, 3 m; Laub dunkelgrün, gut deckend. PWR 216; GR 352. (7,3) DMWZ

Hanne. *TH.* Sønderhousen 1959. 'Ena Harkness' × 'Gloria Dei'. Karminscharlach, mittelgroß, locker gefüllt, stark duftend, gute Form, lange Knospe, gut blühend; Wuchs kräftig. DZ

Hansa. *Str.* (*rug.*-H.). Schaum & Van Tol 1905. Rötlichviolett, großblumig, gut gefüllt, stark duftend, öfterblühend, Früchte groß, rot; Wuchs stark, 2 m, Triebe stark bewehrt; Laub wie bei *R. rugosa.* (7,8) DMUWZ

Hanseat. *Str.* Tantau 1961. Sämling × Sämling. Rosarot, Mitte etwas heller, reinrosa, einfach, flach schalenförmig, sternförmig, leicht duftend; Wuchs kräftig, 2 m, leicht überhängend; Laub dunkelgrün, reichlich. (8,6) DMUZ

Hansestadt Bremen. *Fl.* Kordes 1958. 'Ama' × 'Fanal'. Hellrot, gut gefüllt, großblumig, fast ohne Duft, zu vielen beisammen, gut blühend; Wuchs gut, 60 cm, buschig; Laub groß, glänzend, sehr gut deckend. DUWZ

Hansestadt Lübeck. *Fl.* Kordes 1962. Sämling × 'Spartan'. Zinnoberrot-orange, großblumig, 8 cm ⌀, gut gefüllt, etwas duftend, sehr reichblühend; Wuchs stark, bis 2 m; Laub hellgrün, gesund. KR 9:162; RJb 24:32; RA 1962:81. DMUWZ

'Happiness' → **Rouge Meilland.**

'Happy' → **Alberich.**

'Happy Anniversary' → **Heureux Anniversaire.**

Happy Days. *TH.* Herholdt 1962. 'Exciting' × 'Grand Gala'. Leuchtend dunkelrot, mittelgroß, 8 cm ⌀, voll gefüllt, leicht duftend, langtriebig; Wuchs gut.

Happy Event. *Fl.* P. Dickson 1964. ('Karl Herbst' × 'Masquerade') × 'Rose Gaujard'. Hellgelb, rosa überlaufen, mittelgroß, halbgefüllt, gut blühend; Wuchs mittel. GSR 425. (7,4)

Happy Wanderer. *Fl.* McGredy 1972. Sämling × 'Marlena'. Karminscharlach, gut gefüllt, schöne Form, reichblühend und selbstreinigend; Wuchs gedrungen, 40 cm. D

Harlow. *TH.* Cocker 1969. 'Duftwolke' × 'Melrose'. Lachsrosa, leicht gefüllt, etwas duftend, gut blühend, zu mehreren beisammen; Laub glänzend.

Harmonie. *Str.* Kordes 1954. *Rubig.*-Hybride × 'Gloria Dei'. Zweifarbig rosa, großblumig, locker gefüllt, in Büscheln beisammen, duftend, Knospen hellrot, eiförmig; Wuchs stark, aufrecht; Laub derb lederig. DUWZ

Harry Wheatcroft. *TH.* Wheatcroft & Sons 1971. Sport von 'Piccadilly'. Innen gelb mit rosa Streifen, außen gelb.

Hartina (= 'Kammersänger Terkal'). *Fl.* Tantau/Ahrens & Sieberz 1971. 'Super Star' × 'Zorina'. Orange, gefüllt, mittelgroß, etwas duftend; Wuchs straff aufrecht, buschig, 80 cm; Laub groß, frischgrün, etwas glänzend.

Hassan. *Fl.* McGredy 1963. 'Tivoli' × 'Kordes Sondermeldung'. Scharlachrot, großblumig, locker ballförmig, 10 cm ⌀, duftend; Wuchs kräftig; Laub hellgrün, glänzend. RA 1963:81. WZ

Hawai. *TH.* Boerner/Jackson & Perkins 1960. 'Golden Masterpiece' × Sämling. Orangerot, sehr großblumig, 15 cm ⌀, locker gefüllt, gut duftend, Blüten zu mehreren an kräftigen Stielen; Wuchs stark; Laub derb. PWR 96; RJb 22:96. (7,5) WZ

Hawaiian Sunset. *TH.* Swim & Weeks 1962. 'Charlotte Armstrong' × 'Signora'. Orange mit gelbem Rand, großblumig, 10 cm ⌀, dicht gefüllt, flach, gut duftend; Wuchs aufrecht, 60 cm, buschig; Laub derb, sattgrün, sehr groß, deckt gut. D

Heartbeat. *Fl.* P. Dickson 1970. 'Castanet' × ('Cornelia' × Sämling). Dunkel lachsorange, mittelgroß, locker gefüllt, flach, zu vielen beisammen in großen Ständen, leicht duftend; Wuchs kräftig; Laub klein, matt. GSR 426. D

Hearth Glow. *Fl.* Von Abrams 1963. 'Red Pinocchio' × ('Carrousel' × 'Queen o'the Lakes'). Ziegelrot, mittelgroß, gut gefüllt, in Büscheln, sehr reichblühend; Wuchs kräftig, aufrecht; Laub hellgrün. D

Heart of Gold. *Kl.* Van Fleet 1926. *R. wichuraiana* × *R. moyesii.* Karminrot, weiße Mitte, goldgelbe Staubfäden, einfach, flach, reichblühend; Wuchs stark, 2,5 m. DU

Heaven Scent. *Fl.* Poulsen 1968. 'Pernille Poulsen' × 'Isabel de Ortiz'. Lachsfarbig, großblumig, gut gefüllt, duftend, zu vielen beisammen, reichblühend; Wuchs sehr gut; Laub reichlich. DUZ

Hebe. *TH.* A. Dickson 1949. Orangerosa mit orangegelb, sehr großblumig, 15 cm ⌀, gut gefüllt, duftend; Wuchs kräftig; Laub glänzend bronzegrün.

Hebe's Lip (= 'Reine Blanche'; 'Rubrotincta'). *Str.* (*rubig.*-H.). W. Paul 1912. ? *R. damascena* × *R. rubiginosa*-Hybride. Rahmweiß, karminrosa gerandet, halbgefüllt, becherförmig, einmalblühend; Wuchs aufrecht, 1 m; Laub hellgrün, grob gesägt. GSR 79. (7,9) D

Hede. *TH.* Tantau 1935. 'Prof. Gnau' × 'Mevr. G. A. van Rossem'. Goldgelb, reinfarbig, großblumig, gefüllt, etwas duftend, auf starken Stielen; Laub derb. D

Heidegruß. *Fl.* Tantau 1937. 'Heidekind' × 'Ophelia'. Zart lachsrosa, großblumig, sehr dicht gefüllt, Basis hellgelb, in Büscheln; sehr buschig wachsend; Laub derb. D

Heidekind. *Str.* (*rubig.*-H.). Berger 1931. 'Mevr. Nathalie Nypels' × *R. rugosa*-Hybride. Reinrosa mit kupfrig schattiert, großblumig, gefüllt, flach, leicht duftend; Wuchs kräftig; Laub derb, runzelig. DZ

'Heidelberg' → **Gruß an Heidelberg.**

Heidemarie. *Fl.* Tantau 1945. 'Hamburg' × ('Heros' × 'Heidekind'). Karminrot, großblumig, einfach, leicht duftend, zu 4—6 beisammen; Wuchs stark, aufrecht, 1—1,5 m; Laub derb. DZ

Heidezauber. *Fl.* Tantau 1936. 'Heidekind' × 'Johanniszauber'. Dunkelrot, großblumig, sehr voll gefüllt, duftend, in Büscheln; Wuchs buschig. D

Hein Evers. *Fl.* Tantau 1957. 'Schweizer Gruß' × 'Fanal'. Blutrot, halbgefüllt, flach, mittelgroß, leicht duftend, zu vielen beisammen in großen Ständen; Wuchs aufrecht, kräftig, 70 cm; Laub klein, glänzend, sattgrün, gut deckend. RJb 36:56. DUWZ

Hein Mück. *Str.* Tantau 1961. Sämling × Sämling. Sammetartig blutrot, Staubfäden goldgelb, mittelgroß, einfach, schalenförmig, in Büscheln, öfterblühend; Wuchs stark, 2 m; Laub glänzend. DMU

Heinrich Conrad Söth. *Str.* Lambert 1919. 'Geheimrat Dr. Mittweg' × *R. foetida* 'Bicolor'. Rosarot mit weißem Auge, kleinblumig, einfach, in kegelförmigen Rispen an langen Trieben, remontierend; Wuchs stark, buschig; Laub groß, dunkelgrün. DZ

Heinz Erhardt. *Fl.* Kordes 1962. 'Lilli Marleen' × Sämling. Samtig schwarzrot, großblumig, 8 cm ⌀, gut gefüllt, duftend, zu etwa 8 beisammen; Wuchs kräftig, buschig, 50 cm; Laub reichlich, dunkelgrün und bronze. RJb 24:192. (5,9) DUWZ

Helene Schoen. *TH.* Von Abrams 1963. 'Multnomah' × 'Charles Mallerin'. Dunkel karminrosa, sehr großblumig, 15 cm ⌀, sehr voll gefüllt, etwas duftend, an kräftigen Trieben, lange Knospe; Wuchs kräftig; Laub derb. (7,4) DZ

Helen Traubel. *TH.* Swim/Armstrong 1951. 'Charlotte Armstrong' × 'Glowing Sunset'. Rosa bis orangegelb, großblumig, 12 cm ⌀, locker gefüllt, später flach, stark duftend, gut blühend, Stiel schwach; Wuchs sehr stark, verzweigt, 90 cm; Laub groß, glänzend, gut deckend. PWR 9; GSR 312. (8,3) DZ

Helgoland. *Fl.* Tantau 1973. Eltern nicht angegeben. Kupfrig rot, mittelgroß, halbgefüllt, leicht duftend, zu mehreren beisammen, selbstreinigend, gut blühend; Wuchs buschig, 50—70 cm; Laub mittelgroß, etwas glänzend, mitteldicht stehend. D

Helvetia (= 'Mandalay'). *TH.* Mallerin 1942. 'Soeur Thérèse' × 'Feu Josephe Looymans'. Reingelb, sehr großblumig, 12 cm ⌀, gefüllt, später flach, duftend; Wuchs mittel, verzweigt; Laub mittelgroß, mäßig deckend. Z

Henkell Royal. *TH.* Kordes 1964. Kräftig blutrot, großblumig, edle Form, sehr stark duftend, gut blühend; Wuchs kräftig, 80 cm, buschig; Laub groß, glänzend. KR 10:73. (6,9) DWZ

Henri Mallerin. *TH.* Mallerin 1953. 'Soeur Thérèse' × 'Duquesa de Peñáranda'. Goldgelb, etwas rosa überlaufen, großblumig, 9 cm ⌀, gut gefüllt, zuletzt flach, leicht duftend; Wuchs buschig; Laub derb. DZ

Henri Martin (= 'Red Moss'). *Moos.* Laffay 1863. Purpurkarmin, mittelgroß, halbgefüllt, zu 3—5 beisammen, einmalblühend im Juni, Knospen gut bemoost; Wuchs kräftig aufrecht, 1,5 m, Triebe sehr stark bewehrt. (8,4) D

Henry Morse. *Fl.* Kordes 1958. 'Schlösser's Brilliant' × 'Prima Ballerina'. Dunkelblutrot mit scharlach überlaufen, mittelgroß, 7 cm ⌀, in großen Ständen, reichblühend. Z

Hermann Löns. *TH.* Tantau 1931. 'Ulrich Brunner fils' × 'Red-Letter Day'. Leuchtend hellrot, großblumig, einfach, becherförmig, in Büscheln, gut fruchtend; Wuchs stark, bis 2 m. DMUZ

Hermosa. *Chin.* Marcheseau 1840. Zart lilarosa, kleinblumig, halbgefüllt, fast kugelig, duftend, öfterblühend; Wuchs mittel, bis 90 cm; Laub bläulichgrün. GSR 126; SOR 20. (7,8) DMZ

Heroica. *TH.* Lens 1960. 'Gloria di Roma' × 'Kordes Sondermeldung'. Dunkelrot, später heller werdend, großblumig, locker gefüllt, becherförmig, reichblühend; Wuchs kräftig. Z

Heros. *TH.* Tantau 1933. 'Johanniszauber' × 'Etoile de Hollande'. Dunkelrot, sehr großblumig, dicht gefüllt, stark duftend; Wuchs gut, buschig; Laub derb, dunkelgrün. RZ 1933:88. D

Herrenhausen. *Str.* Kordes 1938. 'Eva' × 'Geheimrat Duisberg'. Hellgelb, später heller werdend, in der Sonne rot überlaufen, großblumig, locker gefüllt, becherförmig, duftend, in Büscheln, remontierend; Wuchs kräftig, 1,5 m, langtriebig, buschig; Laub derb, lederig. W

Hertfordshire Glory. *Fl.* Harkness 1970. 'Isobel Harkness' × 'Circus'. Innen gelb mit rot überlaufen, außen rot, mittelgroß, halbgefüllt, leicht duftend, reichblühend, in Büscheln; Wuchs kräftig, 70 cm; Laub gesund. D

Herz As. *TH.* Tantau 1963. 'New Yorker' × 'Schlösser's Brillant'. Leuchtend blutrot, großblumig, gute Form, gut gefüllt, leicht duftend, gut blühend an starken Trieben; Wuchs aufrecht; Laub gesund, dunkelgrün. DUWZ

Herzblut (= 'Commonwealth'). *Fl.* Kordes 1948. 'Ophelia' × Sämling. Leuchtendrot, großblumig, halbgefüllt, weißes Auge, kaum duftend, gut blühend. Wuchs buschig, 40 cm; Laub groß, matt, gut deckend. PWR 159. DZ

Herzensgruß. *TH.* Hetzel 1968. ('Duftwolke' × 'Goldmarie') × 'Red American Beauty'. Samtig dunkelrot, mittelgroß, gut gefüllt, kräftig duftend, einzeln stehend; Wuchs straff aufrecht, 60—70 cm hoch; Laub länglich, stark glänzend, jung rot. D

Herzog von Windsor (= 'Duke of Windsor'). *TH.* Tantau 1968. 'Spartan' × 'Montezuma'. Orange-zinnober, mittelgroß, locker gefüllt, gut duftend, zu mehreren beisammen, reich blühend; Wuchs kräftig, 80 cm; Laub tiefgrün, leicht glänzend. GSR 294; RA 1969:14; KR 10:52. DUWZ (Tafel 21).

Hessenstar. *TH.* Hetzel 1973. 'Baccara' × 'Primaballerina'. Bronze-orangerot, mittelgroß bis groß, dicht gefüllt, hoch gebaut, leicht duftend, einzeln an langen Stielen; Wuchs straff aufrecht, bis 100 cm; Laub mittel bis locker. D

Heure Mauve. *TH.* Mallerin 1962. 'Simone' × 'Prélude'. Fliederlila mit bläulichem Anflug, großblumig, 12 cm ⌀, duftend, starke Triebe; Wuchs kräftig. RA 1964:21.

Heureux Anniversaire. *Fl.* Delbard/Chabert 1960. ('Incendie' × 'Chic Parisien') × ('Floradora' × 'Kordes Sondermeldung'). Krebsrot, großblumig, 8 cm ⌀, locker gefüllt, flach, leicht duftend; Wuchs buschig, 50 cm; Laub gesund, DZ

Hiawatha. *Kl.* Walsh 1904. 'Crimson Rambler' × 'Paul's Carmine Pillar'. Karmin mit weißer Mitte, Staubfäden goldgelb, einfach, schalenförmig, spätblühend, in großen Büscheln; Wuchs sehr stark, 3—4 m; Laub frischgrün, lederartig, glänzend. SRW 122.

'Hidcote Gold' → bei **Rosa sericea.** TRT 81, siehe Seite 259.

Highlight. *Fl.* Robinson 1957. Sämling × 'Kordes Sondermeldung'. Orangescharlach, leuchtend, mittelgroß, 6 cm ⌀, locker gefüllt, etwas duftend; Wuchs ungleich, 60 cm; Laub rot und grün, groß, gut deckend. GSR 427; RA 1957:32. (7,4) DWZ

High Society. *TH.* Kordes 1961. 'Schlösser's Brillant' × 'Ballet'. Dunkelrot, großblumig, 10 cm ⌀, ballförmig, leicht duftend, gut blühend; Wuchs buschig.

High Time. *TH.* Swim 1959. 'Charlotte Armstrong' × 'Signora'. Innen dunkelrot, außen goldgelb mit rosa, großblumig, 12 cm ⌀, halbgefüllt, becherförmig, duftend, reichblühend, Knospe urnenförmig; Wuchs stark; Laub glänzend. (7,6) DZ

Hilda Heinemann (= 'Galileo'). *TH.* Meilland 1971. 'Ma Fille' × 'Love Song'. Kirschrot, großblumig, gut gefüllt, duftend, lange Knospe; Wuchs stark, aufrecht, 60—80 cm; Laub gesund. DUZ

Hildenbrandseck. *Str.* (*rug.*-Hybr.). 'Atropurpurea' × 'Frau Karl Druschki'. Rein glänzendrosa, einfach, großblumig, remontierend, in Büscheln; sehr starkwüchsig, 2,5 m. DUWZ

Hobby. *Fl.* Tantau 1955. 'Schweizer Gruß' × 'Käthe Duvigneau'. Korallenrosa, gefüllt, flach, großblumig, schwach duftend, zu vielen beisammen; Wuchs buschig, 40 cm; Laub dunkelgrün, gesund. (5,0) DUWZ

Hoffmann von Fallersleben. *Kl.* Lambert 1917. 'Geheimrat Dr. Mittweg' × 'Tip-Top'. Lachsrot mit hellgelb und ocker schattiert, locker gefüllt, in Büscheln zu 5—20 beisammen, gelegentlich etwas nachblühend; Wuchs stark, 2,5—3 m. DZ

Holstein (= 'Firefly'). *Fl.* Kordes 1939. 'Else Poulsen' × 'Dance of Joy'-Sämling. Dunkel karminrot, einfach, schalenförmig, 10 cm ⌀, leicht duftend, zu vielen in großen Ständen an starken Trieben, windverträglich; Wuchs buschig, 50 cm; Laub bronzegrün, groß, gut deckend. BTR 14. DUZ

Holstenrose. *TH.* Tantau 1937. 'General MacArthur' × 'Amulett'. Scharlachrot, großblumig, becherförmig, locker gefüllt, leicht duftend; Wuchs buschig; Laub glänzend. D

Honigmond (= 'Honeymoon'). *Fl.* Kordes 1960. 'Cläre Grammerstorf' × 'Spek's Yellow'. Hellgelb, mittelgroß, zuletzt flach, gut gefüllt, rosettenförmig, etwas duftend, in Büscheln zu 5; Wuchs buschig, 60 cm; Laub dunkelbronze. KR 9:76; WPR 52. (6,6) DUWZ

Hon. Ina Bingham. *Rem.* A. Dickson 1905. Rosenrot, großblumig, locker gefüllt, becherförmig, goldgelbe Staubfäden, stark duftend, mäßiger Blüher; Wuchs aufrecht. DZ

Hon. Lady Lindsay. *Str.* N. J. Hansen 1938. 'New Dawn' × 'Rev. F. Page-Roberts'. Innen rosarot, außen dunkler, gut gefüllt, 30—40 Petalen, remontierend, langtriebig; Wuchs buschig, etwa 1 m hoch und breit. ∧∧ DW

Honorine de Brabant. *Bourb.* Zart lilarosa, gefleckt und gestreift mit lila und violett, großblumig, becherförmig, locker gefüllt, öfterblühend; Wuchs stark, 1,5 m, Triebe grün, wenige große Stacheln; Laub hellgrün. GSR 94; SOR 39. (7,3)

Horrido. *Fl.* Tantau 1963. Leuchtend blutrot bis zum Verblühen, mittelgroß, locker gefüllt, schalenförmig, zu vielen in großen Büscheln; Wuchs buschig, 40 cm. — Sehr blühwillig. RJb 27:64. DUWZ

Horstmanns Bergfeuer. *Fl.* Horstmann 1954. 'Minna Kordes' × 'Kordes Sondermeldung'. Dunkel blutrot, sehr großblumig, locker gefüllt, flach, in großen Büscheln beisammen, gut blühend; Wuchs mittelhoch, 60 cm. D

Horstmanns Jubiläumsrose. *Fl.* Tantau 1954. 'Golden Rain' × 'Alpenglühen'. Rosa mit lachs Ton, großblumig, gut gefüllt, lange Knospe, zu 10—12 beisammen; Wuchs kräftig, 80 cm; Laub derb, glänzend. DZ

Horstmanns Leuchtfeuer. *Fl.* Tantau 1954. 'Schweizer Gruß' × 'Karl Weinhausen'. Blutrot, großblumig, gefüllt, zu vielen in großen Ständen; Wuchs mittelhoch, 60 cm. DUZ

Horstmanns Rosenresli. *Fl.* Kordes 1955. 'Rudolph Timm' × 'Lavender Pinocchio'. Reinweiß, großblumig, gut gefüllt, ohne Duft, gut blühend, zu mehreren beisammen; Wuchs kräftig, buschig, 50 cm; Laub reichlich, gut deckend. GSR 428. DUZ

Horstmanns Schöne Brünette. *TH.* Horstmann 1955. 'Kordes Sondermeldung' × 'Hens Verschuren'. Ziegelrot, großblumig, gut gefüllt, ohne Duft, gut blühend; Wuchs mittel, buschig; Laub rötlich, matt, deckt schlecht. D

Hostess Gisela. *Fl.* Hetzel 1966. 'Sympathie' × 'Dr. A. J. Verhage'. Dunkelrot, mittelgroß, stark gefüllt, stark duftend, in Büscheln bis zu 8 beisammen; Wuchs buschig, gut verzweigt; Laub dunkelgrün, glänzend. D

'Houston' → **Coventry Cathedral.**

Hugh Dickson. *Rem.* H. Dickson 1905. 'Lord Bacon' × 'Gruß an Teplitz'. Karminrot und scharlach, sehr großblumig, gut gefüllt, stark duftend, öfterblühend; Wuchs kräftig, bis 2 m. (7,0) DWZ

Hugo Schlösser. *TH.* Kordes 1955. 'Minna Kordes' × 'Gloria Dei'. Rosenrot mit lachs Ton, sehr großblumig, gut gefüllt, duftend, gut blühend an kräftigen Trieben; Wuchs stark, buschig, aufrecht, 70 cm; Laub groß, mattgrün.

Hula Hoop. *TH.* Freund/Horstmann 1960. Dunkelrot und rosa gestreift, mittelgroß, locker gefüllt, stark duftend.

Hurra. *Fl.* Tantau 1962. Orangerot, mittelgroß, gut gefüllt, in großen Büscheln; Wuchs buschig, aufrecht, 60 cm; Laub glänzend. RJb 27:64. (7,3) DUWZ

„Iceberg" → **Schneewittchen.**

Iced Ginger. *Fl.* A. Dickson & Sons 1971. 'Anne Watkins' × unbekannt. Innen hellorange mit dunklerer Basis, außen dunkelrosa mit dunkelgelber Basis, großblumig, 11 cm ⌀, dicht gefüllt, ballförmig, duftend, in Büscheln beisammen, gut blühend; Laub mittelgroß, bronzegrün. D

Ice White. *Fl.* McGredy 1966. 'Mme Léon Cuny' × ('Orange Sweetheart' × 'Tantaus Überraschung'). Weiß, voll erblüht in der Mitte etwas gelblich, halbgefüllt, zuletzt flach, mittelgroß, zu vielen beisammen, reichblühend; Wuchs kräftig, 80 cm. — Ähnlich 'Schneewittchen', aber etwas steifer. GSR 429; RA 1966:173. D

Ida Klemm. *Kl.* L. Walter 1907. Sport von 'Crimson Rambler', aber Blüten reinweiß in riesigen Ständen an langen, starken Trieben, sehr reichblühend; Wuchs stark. DWZ

'Ideal Home' → **Idylle.**

Idun. *Fl.* Lundstad 1969. 'Schneewittchen' × 'Fanal'. Kräftig rosarot, großblumig, dicht gefüllt, 40 Petalen, in Büscheln, sehr reichblühend; Wuchs buschig; Laub tiefgrün, glänzend. D

Idylle. *TH.* Laperrière 1959. 'Monte Carlo' × 'Tonnerre'. Karminrosa mit weißer Mitte, im Verblühen mehr karmin, großblumig, 12 cm ⌀, duftend, gute Form, gut blühend, einzeln oder zu mehreren; Wuchs kräftig, 80 cm. GSR 316. DZ

Illisca. *TH.* Laperrière 1970. Kirschrot, großblumig, locker gefüllt, hoch gebaut, etwa 35 Petalen; Wuchs kräftig, aufrecht, mittelhoch; Laub reichlich, gesund.

Illumination. *Fl.* P. Dickson 1970. 'Cläre Grammerstorf' × 'Happy Event'. Dunkelschwefelgelb, leicht halbgefüllt, mittelgroß, etwas duftend, zu vielen beisammen; Wuchs niedrig, breit, 50 cm; Laub gelbgrün. D

Illusion. *Ko-Kl.* Kordes 1961. *R. kordesii* × 'Montezuma'. Zinnoberrot, ballförmig, großblumig, gut gefüllt, duftend, zu vielen beisammen, dauerblühend; Wuchs stark, 2 m; Laub derb, hellgrün, glänzend. RJb 22:128. DUWZ

Ilse Haberland. *Str.* Kordes 1956. 'Obergärtner Wiebicke' × 'Gloria Dei'. Karminrosa, sehr großblumig, 15 cm ⌀, locker gefüllt, stark duftend, reich und öfterblühend; Wuchs kräftig, 1,5 m, breit werdend; Laub hellgrün, glänzend, gut deckend. RJb 24:128. (7,3) DMWZ

Ilse Krohn. *Kl.* Kordes 1957. *R. kordesii* × 'Golden Glow'. Reinweiß, sehr großblumig, gut gefüllt, duftend, nur einmal blühend; Wuchs stark; Laub lederartig. (6,2) DUWZ

Ilse Krohn Superior. *Kl.* Kordes 1964. Sport von 'Ilse Krohn'. Genau wie diese, jedoch öfterblühend; 2—3 m. DMWZ

Immaculada Galan. *Fl.* LeGrice 1968. Reinweiß, ballförmig, mittelgroß, zu mehreren beisammen, gut blühend; Wuchs kräftig; Laub klein, bläulichgrün.

'Imperator' → **Crimson Wave.**

Impératrice Joséphine (= 'Empress Josephine'). *Str.* Gehört zu *R. francofurtana*. Kräftig rosa mit dunklerer Aderung, halbgefüllt, locker, Petalen gewellt, großblumig; Wuchs kräftig, etwa 1,2 m hoch, gut verzweigt. DMW

'Incarnata' → **Maiden's Blush.**

'Independence' → **Kordes Sondermeldung.**

Indiana. *TH.* Meilland 1965. ('Rouge Meilland' × 'Kordes Sondermeldung') × ('Rouge Meilland' × 'Charles Mallerin'). Hellrot, großblumig, gefüllt, becherförmig, leicht duftend, gute Form, reichblühend; Wuchs buschig, 80 cm; Laub lederartig.

Indian Chief. *TH.* Gregory 1967. 'Super Star' × ?. Hellrot, orange überlaufen, gut gefüllt, gut blühend, etwas duftend; Wuchs kräftig; Laub tiefgrün. D

Indira. *TH.* Hetzel 1964. 'Baccara' × 'Primaballerina'. Rosa, Rückseite dunkler, mittelgroß, dicht gefüllt, etwas duftend, einzeln stehend; Wuchs aufrecht, 80—90 cm; Laub rötlich, matt. D

Indra. *Kl.* Tantau 1937. ('Ophelia' × *R. multiflora*) × 'Florex'. Rosarot, halbgefüllt, flach, etwas duftend, in Büscheln an langen Trieben; sehr starkwüchsig, 3—4 m; Laub glänzend. D

Inge Horstmann. *TH.* Tantau 1964. 'New Yorker' × 'Primaballerina'. Innen karmesinrot, außen weiß mit rosa Anflug, großblumig, gut gefüllt, stark duftend, lange Knospe; Wuchs sehr buschig, 70 cm; Laub gesund. RJb 29:129. DUWZ

Innisfree. *Fl.* P. Dickson 1964. ('Karl Herbst' × 'Masquerade') × 'Circus'. Tiefgelb mit orangerot und rosa, rosettenartig flach, mittelgroß, locker gefüllt, reichblühend, leicht duftend; Wuchs buschig, 90 cm; Laub klein, hellgrün, glänzend.

Insel Mainau. *Fl.* Kordes 1959. 'Ama' × 'Fanal'. Samtig dunkelrot, mittelgroß, sehr dicht gefüllt, duftend, rosettenförmig, zu 5 oder mehr in Büscheln, sehr reichblühend; Wuchs buschig, niedrig, 35 cm; Laub dunkelgrün. DUWZ

Inspektor Blohm. *Str.* Kordes 1949. 'Joanna Hill' × 'Eva'. Weiß, dicht gefüllt, stark duftend, in großen Ständen, remontierend; Wuchs buschig, gut verzweigt; Laub reichlich, mehr graugrün. DWZ

'Interflora' → **Interview.**

Intermezzo. *TH.* Dot 1963. 'Grey Pearl' × 'Lila Vidri'. Tief lavendellila, mittelgroß, gut gefüllt, zuletzt ziemlich flach, duftend, reichblühend; Wuchs gedrungen, starktriebig, 50 cm; Laub glänzend, mittelgroß. GR 80; RJb 24:128. (5,4) DWZ

Interview (früher 'Interflora'). *TH.* Meilland 1970. (['Baccara' × 'Message'] × ['Baccara' × 'Jolie Madame']) × ('Baccara' × 'Paris Match'). Zinnoberrot, großblumig, sehr dicht gefüllt, leicht duftend, zu mehreren, gut blühend; Wuchs stark aufrecht, lange Triebe, 1 m; Laub tiefgrün, matt. — Hausrose. DZ

Irene von Dänemark (= 'Irene of Denmark'). *Fl.* Poulsen 1948. 'Orléans Rose' × ('Mme Plantier' × 'Edina'). Reinweiß, mittelgroß, gut gefüllt, becherförmig, duftend, reichblühend, Knospen zartrosa; Wuchs buschig, gedrungen, 50 cm; Laub frischgrün. PWR 123. (7,0) DWZ

Irina. *Fl.* Grabczewski 1969. 'Super Star' × 'Europeana'. Dunkel karminrot, großblumig, halbgefüllt, flach, gut blühend; Wuchs buschig, mittelhoch; Laub matt. D

Irish Beauty (= 'Elizabeth of Glamis'). *Fl.* McGredy 1964. 'Spartan' × 'Highlight'. Lachsfarbig, großblumig, 10 cm ⌀, locker gefüllt, zuletzt flach, Duft kräftig, reichblühend; Wuchs buschig, verzweigt, 50 cm; Laub hellgrün, gesund. GSR 407; KR 10:53; RA 1964:20. (7,5) DWZ

'Irish Gold' → **Grandpa Dickson.**

Irish Mist. *Fl.* McGredy 1966. 'Orangeade' × 'Mischief'. Orangelachsfarben, locker gefüllt, mittelgroß, Petalen am Rand gefranst, leicht duftend, lange blühend, reichblühend; Wuchs mittel, buschig, 80 cm; Laub klein. GSR 430; RA 1968:14. (7,8) D

Irish Rover. *TH.* McGredy 1970. 'Violet Carson' × 'Super Star'. Lachsrot, großblumig, edle Form, gut gefüllt, leichter Duft, einzeln oder zu mehreren; Wuchs kräftig, hoch; Laub bronzegrün. RA 1970:129.

Irish Wonder (= 'Evelyn Fison'). *Fl.* McGredy 1961. 'Moulin Rouge' × 'Korona'. Orange-blutrot, leuchtende Farbe, mittelgroß, gut gefüllt, leicht duftend, sehr reich und lange blühend; Wuchs kräftig, buschig, 60 cm; Laub klein. GSR 411; WPR 47; RJb 26:160. (7,7) DUWZ

Iris Squire. *Fl.* Bees 1966. Sämling × 'Queen Elizabeth'. Reinrosa, großblumig, gut gefüllt, lange blühend; Wuchs stark, 90 cm; Laub mattgrün.

Isabel de Ortiz. *TH.* Kordes 1962. 'Gloria Dei' × 'Kordes Perfecta'. Innen hellrot, außen silbrigrosa bis gelblichweiß, großblumig, 12 cm ⌀, gute Form, gut gefüllt, duftend; Wuchs kräftig, aufrecht, 90 cm; Laub reichlich, glänzend tiefgrün. GSR 318; RJb 26:32; KR 9:20. (8,2) DUZ

Isabelle de France. *TH.* Mallerin 1956. 'Gloria Dei' × ('Mme Joseph Perraud' × 'Opéra'). Scharlachrot, großblumig, gut gefüllt, etwas duftend, lange Knospe; Wuchs kräftig. (7,3) DWZ

Isis. *Fl.* Mattock 1973. 'Vera Dalton' × 'Shepherdess'. Elfenbeinweiß, großblumig, 10 cm ⌀, flach, leicht duftend, gut gefüllt, in Büscheln; Wuchs gedrungen, buschig; Laub mittelgroß, glänzend. D

Iskra (= 'Sparkling Scarlet'). *Kl.* Meilland 1970. 'Danse des Sylphes' × 'Zambra'. Leuchtendrot, mittelgroß, halbgefüllt, ohne Duft, überreich blühend in Büscheln, wetterfest; Wuchs stark, 2—2,5 m; Laub mittelgroß. DMUZ

Isle of Man (= 'Manx Queen'). *Fl.* P. Dickson 1963. 'Shepherd's Delight' × 'Circus'. Intensiv goldgelb, innen stark mit orangebraun überlaufen, mittelgroß, halbgefüllt, später flach, in Büscheln, sehr reichblühend; Wuchs buschig, 40 cm; Laub tiefgrün. GSR 441; GR 209; RJb 26:224. DWZ

Isobel Harkness. *TH.* Norman/Harkness 1957. 'McGredy's Yellow' × 'Phyllis Gold'. Rein hellgelb, sehr großblumig, bis 15 cm ⌀, locker gefüllt, flach, duftend, an kräftigen Stielen; Wuchs buschig; Laub derb. (6,6) D

Ispahan (= 'Rose d'Isfahan', 'Pompon des Princes'). *Str.* (*dam.*). Seit vor 1832 in Kultur. Reinrosa, im Verblühen heller, mittelgroß, 8 cm ⌀, locker gefüllt, stark duftend, sehr lange blühend, zu mehreren beisammen; Wuchs stark, etwa 1,5 m; Laub klein, glänzend. GSR 80. DM

Italienisches Dörfchen. *Fl.* Haenchen/Teschendorff 1967. 'Highlight' × ?. Leuchtendrot mit zinnober, gelbe Staubfäden, mittelgroß, flach; Wuchs gedrungen, 30—40 cm, buschig, Triebe wenig bewehrt; Laub klein, gesund.

Ivory Fashion. *Fl.* Boerner/Jackson & Perkins 1958. 'Sonata' × 'Fashion'. Elfenbeinweiß, oft gelblich überlaufen, großblumig, 10 cm ⌀, zuletzt flach, duftend, reichblühend in Büscheln; Wuchs kräftig, aufrecht, 70 cm; Laub derb, gesund. PWR 107; GSR 431; RA 1958:33. (8,0) WZ

Jack Frost. *Fl.* Jelly/Hill 1962. 'Garnette' × Sämling. Rahmweiß bis weiß, mittelgroß, gut gefüllt, ballförmig, duftend; Wuchs kräftig, buschig; Laub dunkelgrün. — Haussorte! (6,4) DZ

Jacques Cartier. *Str.* (*dam.*). Moreau-Robert 1868. Zuerst kräftig rosa, im Verblühen heller, Mitte dunkler, großblumig, gut gefüllt, duftend, Juni; Wuchs mittelstark, 1,2 m, aufrecht; Laub hellgrün. GSR 81. DMZ

Jamaica. *TH.* Lindquist 1965. ('Charlotte Armstrong' × 'Floradora') × 'Nocturne'. Kirschrot, großblumig, halbgefüllt, duftend, becherförmig, gut blühend; Wuchs kräftig; Laub derb, dunkelgrün. (7,7) DW

James Bond 007. *TH.* Tantau 1966. ? × 'Duftwolke'. Korallenrosa; Wuchs buschig; Laub glänzend. DUZ

James Mitchell. *Moos.* E. Verdier 1861. Magentarosa, im Verblühen mehr lilarosa, mit Auge, kleinblumig, doch zahlreich, Pomponform, flach, Knospen stark bronzegrün bemoost, einzeln oder in Büscheln; Wuchs breit buschig, 1,5 m hoch; Laub bronzegrün. TR 5. D

James Veitch. *Moos.* E. Verdier 1865. Purpurviolett mit feuerrot schattiert, mittelgroß, gut gefüllt, in Büscheln beisammen; Wuchs mäßig kräftig. D

Jan Abbing. *TH.* Tantau 1933. 'Columbia' × 'Etoile de Hollande'. Lachsrot, gelb überlaufen, großblumig, becherförmig, leichter Duft; Wuchs kräftig; Laub derb. D

Jan Spek. *Fl.* McGredy 1966. 'Cläre Grammerstorf' × 'Doctor Faust'. Tief goldgelb, großblumig, 8 cm ⌀, gut gefüllt, leicht duftend, in Büscheln, überreich blühend, Knospen außen rötlich; Wuchs kräftig, buschig, 50 cm; Laub derb, tiefgrün. GSR 432. (6,9) DUZ

Java. *Fl.* Mallerin 1955. 'Français' × Sämling. Orangerot, mittelgroß, gut gefüllt, flach, leicht duftend, zu 4—5 in Büscheln; Wuchs kräftig, buschig; Laub bronzegrün. Z

Jazz. *Fl.* de Ruiter 1960. 'Masquerade' × Sämling. Zunächst orange mit rosa, später mehr karmin mit gelb, rosettenförmig gefüllt, mittelgroß, 5 cm ⌀, leicht duftend, reichblühend; Wuchs kräftig; Laub dunkel.

Jean de la Lune (= 'Moon Magic'; 'YelloGlo'). *Fl.* Delbard/Chabert 1965. ('Orléans Rose' × 'Goldilocks') × ('Fashion' × 'Henri Mallerin'-Sämling). Zitronengelb, großblumig, becherförmig, gut gefüllt, leicht duftend, reichblühend; Wuchs buschig, niedrig; Laub mattgrün.

Jeanie Williams. *Min.* Moore 1965. 'Little Darling' × 'Magic Wand'. Innen zuerst orangerot, später mehr karmin, außen strohgelb, kleinblumig, rosettenförmig gefüllt, etwas duftend; Wuchs zwergig, buschig; Laub derb. (8,8) Z

Jeanne de Montfort. *Moos.* Robert 1851. Reinrosa, im Verblühen heller bis fast weiß, gut gefüllt, zuletzt flach, gelbe Staubfäden, duftend, zu mehreren beisammen, einmalblühend, Knospen karmin, dicht braun bemoost; Wuchs sehr stark, bis 2 m hoch, Triebe braun bemoost. GSR 73. (8,4) D

Jessika (= 'Tanjeka'). *TH.* Tantau 1971. 'Königin der Rosen' × 'Piccadilly'. Lachsrot, zur Basis hin orange werdend, großblumig, gut gefüllt, leichter Duft, Knospe lang; Wuchs kräftig; Laub dunkelgrün, derb lederig. DUZ (Tafel 22).

Jeune Henry. *Cent.* Vibert 1830. Dunkelrosa, dicht gefüllt, duftend; Triebe purpurrot. D

Jeunesse. *TH.* Laperrière 1959. ('Kordes Sondermeldung' × 'Tonnerre') × 'Michèle Meilland'. Karminrosa, zur Mitte und Rückseite gelblich, rosa überlaufen, großblumig, locker gefüllt, flach, reichblühend; buschig. Z

J. F. Müller. *Fl.* J. F. Müller 1929. Sport von 'Rödhätte'. Dunkelrot, einfach, großblumig, zu vielen beisammen; Wuchs buschig, 40 cm. DWZ

Jiminy Cricket. *Fl.* Boerner/Jackson & Perkins 1954. 'Goldilocks' × 'Geranium Red'. Lachsorange, locker gefüllt, großblumig, 10 cm ⌀, gut duftend, in Büscheln; Wuchs aufrecht, 50 cm; Laub klein, rötlich, deckt wenig. PWR 128. (7,2) DZ

Joanna Hill. *TH.* Hill 1928. 'Mme Butterfly' × 'Miss Amelia Gude'. Hellgelb, Mitte dunkler, großblumig, gut gefüllt, leicht duftend; Wuchs kräftig, 70 cm; Laub mattgrün, mittelgroß. — Auch für Treiberei. RA 1965:100. (7,0) DZ

Jocelyn. *Fl.* LeGrice 1970. Scharlachrot, mittelgroß, dicht gefüllt, zuletzt flach, in Büscheln; Wuchs mittelstark, 70 cm; Laub sehr derb, tiefgrün.

Johanna Röpke. *Kl.* Tantau 1931. 'Dorothy Perkins' × 'Ophelia'. Lachsrosa, sehr an 'Ophelia' erinnernd, aber kleiner, gefüllt, duftend, in Büscheln; Wuchs stark, 3 m; Laub bronzegrün. D

Johanna Tantau. *Pol.* Tantau 1928. 'Dorothy Perkins' × 'Ophelia'. Weiß, Mitte zuerst rahmgelb, später reinweiß, flach, Mitte gelblichweiß, in Büscheln; Wuchs niedrig, 40 cm; Laub derb lederig. RZ 1928:56. DZ

Johannes Boettner. *Fl.* Kordes 1943. 'Baby Château'-Sämling × 'Else Poulsen'. Hell karminrot, sehr großblumig, gefüllt, leicht duftend, in Büscheln; Wuchs gedrungen, buschig, 40 cm. W

Johanniszauber. *TH.* Tantau 1926. 'Château de Clos Vougeot' × Sämling. Samtig dunkelrot, großblumig, sehr dicht gefüllt, ballförmig, Knospe spitz. RZ 1926:80. D

John Church. *Fl.* McGredy 1964. 'Ma Perkins' × 'Schweizer Gruß'. Orangescharlach, großblumig, 8 cm ⌀, locker gefüllt, gute Form, duftend, in Büscheln; Wuchs kräftig. RA 1964:96. (7,7) D

John F. Kennedy. *TH.* Boerner/Jackson & Perkins 1965. Sämling × 'White Queen'. Reinweiß, sehr großblumig, 12 cm ⌀, dicht gefüllt, schöne Form, Knospe grünlichweiß; starkwüchsig, 80 cm; Laub schmal, lang, tiefgrün, derb lederartig. (7,0) DZ

John Hopper. *Rem.* Ward 1862. 'Jules Margottin' × 'Mme Vidot'. Hellrosa, am Rand mehr lila, Mitte karmin, halbkugelig, sehr dicht gefüllt, großblumig, stark duftend, etwas remontierend; Wuchs buschig, 1,5 m. (6,9) DM

John S. Armstrong. *Fl.* Swim/Armstrong 1961. 'Charlotte Armstrong' × Sämling. Samtig schwarzrot, großblumig, 8 cm ⌀, gut gefüllt, flach becherförmig, leicht duftend, zu mehreren oder in großen Ständen, gut blühend; Wuchs buschig, 50 cm; Laub mittelgroß, rotgrün, glänzend. RJb 22:128. (8,0) DWZ

John Waterer. *TH.* McGredy 1970. 'King of Hearts' × 'Hanne'. Karminscharlach, gelegentlich Petalen mit weißen Streifen, großblumig, gut gefüllt, duftend, einzeln oder zu mehreren; Wuchs straff aufrecht, 80 cm; Laub mattgrün. CRA 71:80; GSR 319; RA 1970:48. D

Joli Coeur. *Fl.* Gaujard 1963. 'Rose Gaujard' × (Sämling × 'Josephine Bruce'). Dunkel karminrot, mittelgroß, gut gefüllt, duftend, reichblühend; Wuchs buschig, 40 cm; Laub bronzegrün. Z

Jolie Madame. *Fl. TH.* Meilland 1958. ('Kordes Sondermeldung' × 'Rouge Meilland') × 'Better Times'. Zinnoberrot, großblumig, 12 cm ⌀, gut gefüllt, becherförmig, duftend, gut blühend; Wuchs buschig, aufrecht. PWR 40; BTR 51. (6,9)

Josef Rothmund. *Str.* (*rubig.*). Kordes 1940. 'Joanna Hill' × 'Magnifica'. Hellrot mit orangegelb, mittelgroß, sehr dicht gefüllt, gut duftend, nur einmalblühend, doch sehr reich; sehr starkwüchsig. DMUZ

Joseph Guy (= 'Lafayette'). *Fl.* Nonin 1921. 'Rödhätte' × 'Richmond'. Hell karminrosa, großblumig, halbgefüllt, schalenförmig, sehr haltbar, in riesigen Ständen; Wuchs buschig, 40 cm; Laub mittelgrün, glänzend, gesund. (7,3) DUZ

Josephine Baker (= 'Velvet Flame'). *TH.* Meilland 1973. 'Super Star' × 'Papa Meilland'. Dunkelrot, dicht gefüllt, 30 Petalen, hoch gebaut, schöne Form, einzeln an langen Stielen, ohne Duft, gut blühend; Wuchs kräftig aufrecht, 80 cm; Laub dunkelgrün, jung rot, glänzend. D

Josephine Bruce. *TH.* Bees 1949. 'Crimson Glory' × 'Madge Whipp'. Schwärzlich karmin, samtig, großblumig, 12 cm ⌀, gut gefüllt, gute Form, leicht duftend, gut blühend; Wuchs buschig, aufrecht, 60 cm; Laub groß, reichlich. PWR 86; RA 1954:26; GSR 320. (7,6) DZ

'Josephine Wheatcroft' → **Rosina.**

Joseph's Coat. *Str.* (*Kl.*). Armstrong & Swim 1964. 'Buccaneer' × 'Circus'. Goldgelb mit orange und rot, später zunehmend rot, mittelgroß, locker gefüllt, leicht duftend, lange und gut blühend; Wuchs stark, 1,5—2 m; Laub dunkelgrün, glänzend. CRA 66:63; GSR 247; RA 1965:33. (7,3) DMZ

Jour d'Eté. *TH.* Combe/Vilmorin 1964. 'Coupe de Foudre' × 'Berthe Mallerin'. Hellrot, mittelgroß, leicht gefüllt, später flach, reichblühend, lange Knospe; Laub bronzegrün. D

Jour de Fête. *TH.* Lens 1968. Reinweiß, Mitte zuerst zartrosa, mittelgroß, gut gefüllt, gut duftend, Knospen leicht gerötet; wüchsig; Laub gesund.

Jouvencelle. *TH.* Gaujard 1970. Reinrosa, großblumig, locker gefüllt, später flach, sehr lange und reich blühend; Wuchs buschig, 50 cm; Laub bronzegrün.

Jove. *Fl.* Harkness 1968. 'Vera Dalton' × 'Paprika'. Leuchtend scharlachrot, mittelgroß, locker gefüllt, Petalen gewellt, Duft schwach, wetterfest, lange und reich blühend; Wuchs buschig, 50 cm; Laub tiefgrün. D

Joybells. *Fl.* Robinson 1961. Sämling × 'Fashion'. Kräftig lachsrosa, großblumig, 8 cm ⌀, Camellien-Form, duftend, zu vielen in Büscheln; Wuchs buschig, 80 cm, Triebe sehr stark bewehrt; Laub glänzend. GSR 433. DZ

Joy O'Brien. *Fl.* Verschuren 1969. 'Queen Elizabeth'-Sämling. Rosa mit lachsorange Anflug, großblumig, gut gefüllt, duftend, dauerblühend; Wuchs kräftig; Laub reichlich, dunkelgrün.

Jubilant. *Fl.* A. Dickson 1967. 'Dearest' × 'Circus'. Karminrosa, Rand heller, mittelgroß, 6 cm ⌀, duftend, in Büscheln, gut blühend; Wuchs mäßig, aufrecht, 80 cm; Laub bronzegrün, reichlich. GSR 424. D

Jules Margottin. *Rem.* Margottin 1853. Sämling von 'La Reine' (?). Karminrosa, sehr großblumig, dicht ballförmig gefüllt, später mehr flach, etwas duftend, remontierend; Wuchs buschig, etwa 1,2 m. (6,5) DMUZ

Julia Mannering. *Str.* (*rubig.*). Penzance 1895. Perlrosa, einfach, kleinblumig, entlang der Triebe verteilt, einmalblühend, sehr reich, duftend. W

Julie. *TH.* Kordes 1970. Sämling × 'Red American Beauty'. Leuchtendrot mit Samtglanz, großblumig, gut gefüllt, gute Form, einzeln oder bis zu 3 beisammen, Triebe dick; Wuchs kräftig; Laub groß, reichlich, stumpfgrün. DZ

Julie de Mersent (auch geschrieben 'Julie de Mersan'). *Moos.* Thomas 1854. Dunkelrosa, weiß gestreift, mittelgroß, gut gefüllt, zuletzt flach. (9,0) DZ

Juliet. *Rem.* Paul 1910. 'Capt. Hayward' × 'Soleil d'Or'. Innen kräftig rosa bis dunkelrosa, außen dunkelgelb, großblumig, gefüllt, duftend, remontierend; Wuchs kräftig; Laub eigenartig gekraust. RZ 1910:57. (6,3) Z

Julischka. *Fl.* Tantau 1974. Eltern nicht angegeben. Hellrot, großblumig, halbgefüllt, etwas duftend, in Büscheln; Wuchs kräftig, 60—70 cm; Laub groß, stark glänzend, mitteldicht. D

June Bride. *Fl.* Shepherd 1957. ('Mme Butterfly' × 'New Dawn') × 'Crimson Glory'. Zart gelblichweiß, großblumig, 10 cm ⌀, locker gefüllt, becherförmig, duftend, zu 3—7 beisammen, reich und lange blühend; Wuchs sehr kräftig, aufrecht; Laub derb, runzelig. GSR 321; PWR 4. D

June Park. *TH.* Park 1958. 'Gloria Dei' × 'Crimson Glory'. Karminrosa, großblumig, dicht gefüllt, ballförmig, stark duftend, an kräftigen Stielen; Wuchs breit. RA 1959:65. (7,2) Z

„Junior Miss" heißt korrekt → **America's Junior Miss.**

Juno. *Cent.* Laffay 1847. Zartrosa bis fast weiß, Rand etwas dunkler, großblumig, 8 cm ⌀, gefüllt, duftend, einmalblühend; Wuchs stark, 1,5 m. D

Justizrat Dr. Hessert. *TH.* Lambert 1919. 'General MacArthur' × 'Tip-Top'. Lachsrosa, mit rot und gelb überlaufen, großblumig, gut gefüllt, Knospen karminrot. DWZ

Jydepige. *Fl.* Kordes/O. Bang 1959. 'Masquerade' × 'St. Pauli'. Rosa-weiß, gefüllt, großblumig, sehr reichblühend, auch im Herbst gut nachblühend; Typ wie 'Masquerade'. — In Deutschland nicht im Handel. ADR 1956.

Kabuki. *TH.* Meilland 1968. ('Monte Carlo' × 'Bettina') × ('Gloria Dei' × 'Soraya'). Tief goldgelb, großblumig, dicht gefüllt, wetterbeständig, duftend, reichblühend; Wuchs kräftig, 90 cm; Laub bronzegrün. DWZ

Käthe Duvigneau. *Fl.* Tantau 1968. 'Baby Château' × *R. roxburghii.* Leuchtendrot, großblumig, halbgefüllt, leicht duftend, zu vielen in großen Ständen, windverträglich, reichblühend; Wuchs stark, 80—100 cm, breit verzweigt; Laub groß, sattgrün, glänzend, gut deckend. PWR 155. DMUWZ

Kaiserin Auguste Viktoria. *TH.* Lambert 1891. 'Coquette de Lyon' × 'Lady Mary Fitzwilliam'. Weiß, innen grünlich, mittelgroß, sehr stark gefüllt, gute Form, stark duftend; Wuchs mittel, verzweigt, 50 cm; Laub hellgrün und rötlich, matt, schlecht deckend. RZ 1891:16. (6,4) DW

Kaiserin Farah. *TH.* Kordes 1965. 'Liebeszauber' × 'Salvo'. Blutrot, sehr großblumig, edle Form, dicht gefüllt, gut duftend; Wuchs straff aufrecht; Laub groß, dunkelgrün, glänzend, gesund. KR 10:161. DUWZ

Kalahari. *TH.* McGredy 1971. ('Hamburger Phoenix' × 'Danse du Feu') × 'Uncle Walter'. Lachsrot, großblumig, 10 cm ⌀, etwas duftend, zu mehreren beisammen; Wuchs stark, 1 m; Laub tiefgrün, groß, reichlich. RA 1973:196. D

Kalinka (= 'Pink Wonder'). *Fl.* Meilland 1970. 'Zambra' × ('Sarabande' × ['Goldilocks' × 'Fashion']). Lachsfarbig, mittelgroß, gute Form, meist einzeln, frühblühend; Wuchs breit, buschig, 60—80 cm; Laub tiefgrün. GSR 467. DMUZ

Kardinal. *TH.* Kordes 1967. 'Super Star' × 'Liebeszauber'. Schwarzrot mit Samtschimmer, großblumig, schöne Form, gut gefüllt, duftend, gut blühend; Wuchs sehr stark, 80 cm, verzweigt; Laub sattgrün, reichlich, gesund. DZ

Karen Poulsen. *Fl.* Poulsen 1932. 'Kirsten Poulsen' × 'Vesuvius'. Leuchtend scharlachrot, einfach, mittelgroß, reichblühend in sehr großen Ständen; Wuchs stark, 80 cm. D

Karl Foerster. *Str.* (*pimp.*-H.). Kordes 1931. 'Frau Karl Druschki' × *R. pimpinellifolia* var. *altaica.* Reinweiß, sehr großblumig, halbgefüllt, leicht duftend, sehr reichblühend und remontierend; Wuchs kräftig, 2 m, Triebe kräftig; Laub hellgrün, runzelig. (8,2) DMUW

Karl Herbst. *TH.* Kordes 1950. 'Kordes Sondermeldung' × 'Gloria Dei'. Tiefrot, Rückseite etwas heller, großblumig, dicht gefüllt, sternförmig, leicht duftend, gut blühend, wetterempfindlich; Wuchs stark, 90 cm. PWR 85. (7,7) DUWZ

Karl Mayer. *TH.* Hetzel. Lachsorange, großblumig, 10 bis 12 cm ⌀, gefüllt, ballförmig. D

Karlsruhe. *Ko-Kl.* Kordes 1957. *R. kordesii* × 'Golden Glow'. Reinrosa, sehr großblumig, dicht gefüllt, ballförmig, etwas duftend, zu mehreren beisammen, dauerblühend; Wuchs stark, 2—3 m. DMUWZ

Karl Weinhausen. *Fl.* Tantau 1942. 'Baby Château' × ('Heidekind' × 'Ingar Olssen'). Dunkelrot, halbgefüllt, rosettenförmig, großblumig, ohne Duft, sehr reichblühend; starkwüchsig, 1 m; Laub groß, matt, dunkelgrün. DMUWZ

Karneol-Rose. *TH.* Berlin 1964. Samtig rotschwarz, großblumig, gut gefüllt, haltbar; Wuchs kräftig, langtriebig.

'Kasanlik' → **R. damascena 'Trigintipetala'**, siehe Seite 264.

Kassel. *Kl.* Kordes 1956. 'Obergärtner Wiebicke' × 'Kordes Sondermeldung'. Orangescharlach, großblumig, halbgefüllt, bis 10 cm ⌀, in Büscheln zu vielen, sehr gut blühend; Wuchs stark, bis 4 m; Laub groß, rötlich, matt. PWR 205; GSR 172; RA 1958:145. (7,6) DMUWZ

Katharina Zeimet. *Pol.* Lambert 1901. 'Etoile de Mai' × 'Marie Pavic'. Reinweiß, kleinblumig, sehr dicht gefüllt, flach, duftend, zu 20—25 beisammen in großen Ständen; Wuchs niedrig; Laub sattgrün, klein. RZ 1902:41. DUWZ

Kathleen Ferrier. *Fl.* Buisman 1952. 'Gartenstolz' × 'Shot Silk'. Dunkel lachsrosa, Mitte etwas heller, großblumig, halbgefüllt, flach, etwas duftend, zu vielen in lockeren, großen Ständen, dauerblühend; Wuchs stark, 1,5 m, sehr breit; Laub jung bronzegrün. GSR 173. DWZ

Kathleen Harrop. *Bourb.* A. Dickson 1919. Sport von 'Zéphirine Drouhin'. Hellrosa, Mitte etwas dunkler, im Verblühen heller, Rand dann fast weiß werdend, großblumig, 10 cm ⌀, locker gefüllt, gut duftend, remontierend; Wuchs stark, bis 2,5 m; Laub hellgrün, meist 3—5 Blättchen. GSR 95. D

Kathleen Joyce. *Fl.* McGredy 1970. 'Paddy McGredy' × 'Ice White'. Zartrosa, großblumig, TH-Form, 10 cm ⌀, gut gefüllt, sehr stark duftend; Wuchs kräftig; Laub reichlich, dunkelgrün. D

Kerry Gold. *Fl.* A. Dickson 1967. 'Circus' × 'Allgold'. Dunkelgelb, äußere Petalen außen rötlich überlaufen und geadert, mittelgroß, gut gefüllt, in Büscheln; Wuchs kräftig, doch niedrig. DZ

Kerryman. *Fl.* McGredy 1971. 'Mme Leon Cuny' × 'Columbine'. Innen lachsrosa, nach außen zu hellrot werdend, im Verblühen dunkler, großblumig, 10 cm ⌀, leicht duftend, zu mehreren beisammen; Wuchs buschig, gedrungen; Laub leicht glänzend. RA 1972:161; CRA 73:45. D

Kew Rambler. *Kl.* Kew Gardens 1912. *R. soulieana* × 'Hiawatha'. Rosa, Mitte heller, einfach, einmalblühend, doch sehr reich, in Büscheln; starkwüchsig, 3—6 m; Laub graugrün. D

Kia Ora. *Fl.* P. G. Mason 1962. Selbstung von 'Kordes Sondermeldung'. Orangescharlach, großblumig, gut gefüllt, 35 Petalen, reichlich blühend; Wuchs buschig, gedrungen; Laub tiefgrün, glänzend. D

Kiddy. *Pol.* Delforge 1967. 'Mme Dieudonné' × Sämling. Dunkelrot, später etwas heller, innen Basis gelb, mittelgroß, einfach, duftend, zu mehreren beisammen, dauerblühend; Wuchs kräftig, aufrecht; Laub hellgrün, mittelgroß, glänzend. D

Kiese (= 'Canina Kiese'). *Str.* Kiese 1910. 'Général Jacqueminot' × *Rosa canina.* Leuchtend kirschrot, leicht gefüllt, mitunter fast einfach, mittelgroß, zu mehreren beisammen; Wuchs sehr stark, bis 3 m hoch und breit; Laub tiefgrün, glänzend. DM

Kiftsgate. *Kl.* E. Murrell 1954. Sport von *R. filipes*. Rahmweiß, besonders reichblühend, duftend, spätblühend; Wuchs sehr stark, Triebe bis 6 m lang in einem Jahr! GSR 19; TCR 1. ∧∧

Kim. *Fl.* Harkness 1970. ('Orange Sensation' × 'Allgold') × 'Irish Beauty'. Kanariengelb, mittelgroß, halbgefüllt, schwach duftend, zu mehreren und in Büscheln, gut blühend; Wuchs zwergig, buschig; Laub hellgrün. RA 1972:15; GSR 435.

Kimono. *Fl.* de Ruiter 1961. 'Cocorico' × 'Frau Anny Beaufays'. Lachsrosa, großblumig, gut gefüllt, zuletzt flach, duftend, in breiten Ständen; Wuchs buschig; Laub gelbgrün, mittelgroß, glänzend, Triebspitzen rötlich. DMZ

Kind Regards. *Fl.* Kordes 1956. Karminrot, sehr großblumig, gefüllt, reichblühend, in Büscheln; Wuchs kräftig, buschig. D

King Arthur. *Fl.* Harkness 1967. 'Pink Parfait' × 'Highlight'. Dunkel lachsrot, großblumig, 8 cm ⌀, locker gefüllt, in Büscheln, gut blühend; Wuchs aufrecht und breit, 1 m; Laub mittelgrün, jung gerötet. GSR 436; RA 1967:33. (7,2) DZ

King of Hearts. *TH.* McGredy 1968. Kräftig rot, mittelgroß, gut gefüllt, sehr wetterfest, leicht duftend, reichblühend; Wuchs kräftig, buschig, 70 cm; Laub derb, dunkelgrün. (7,3)

King's Ransom. *TH.* Morey 1961. 'Golden Masterpiece' × 'Lydia'. Rein goldgelb, dunkler geadert, sehr großblumig, 12—15 cm ⌀, gut gefüllt, zuletzt flach, stark duftend, an starken Stielen, sehr reichblühend, Knospe lang; Wuchs stark, 90 cm; Laub derb, glänzend. GSR 322; WPR 17; RA 1963:21. (7,8) DUZ

Kirsten Poulsen. *Fl.* Poulsen 1924. 'Orléans Rose' × 'Red Star'. Scharlachrot, einfach, mittelgroß, leicht duftend, in Büscheln; sehr starkwüchsig. DW

Kiskadee. *Fl.* McGredy 1973. 'Cynthia Brooke' × 'Arthur Bell'. Goldgelb, gut haltbare Farbe, wetterbeständig, großblumig, gut gefüllt, hoch gebaut, lange Knospe, einzeln oder zu mehreren beisammen; Wuchs buschig, aufrecht, 70 cm; Laub tiefgrün, glänzend. D

Klaus Störtebecker. *TH.* Kordes 1962. 'Montezuma' × 'Schlösser's Brillant'. Blutrot, großblumig, 12 cm ⌀, gut gefüllt, gute Form, etwas duftend, haltbar; Wuchs stark, aufrecht; Laub sattgrün, reichlich. — Auch als Hausrose gut. RJb 24:33. (6,6) DZ

Klementina. *TH.* Klimenko 1955. 'Kordes Sondermeldung' × 'Gloria Dei'. Innen reinrosa, außen silbrigrosa, großblumig, gut gefüllt, duftend; Wuchs aufrecht, buschig, 80 cm, locker; Laub grün, jung rot, groß, stark glänzend. DZ

Kleopatra (= **'Cleopatra'**). *TH.* Kordes 1955. ('Walter Bentley' × 'Condesa de Sástago') × 'Spek's Yellow'. Innen scharlachrot mit bräunlichem Anflug, außen altgold, mittelgroß, gut gefüllt, duftend, gut blühend; Wuchs buschig, niedrig, 60 cm; Laub dunkelgrün, gesund. PWR 37; RA 1956:112. (6,9) DUWZ

Köln am Rhein. *Ko.-Kl.* Kordes 1956. *R. kordesii* × 'Golden Glow'. Dunkel lachsrosa, großblumig, 8 cm ⌀, locker gefüllt, flach, duftend, früh, in Büscheln, öfterblühend; 3—4 m; Laub dunkelgrün, glänzend. DUWZ

Kölner Karneval (= 'Blue Girl'). *TH.* Kordes 1964. Silbrig lilablau, großblumig, 12 cm ⌀, dicht gefüllt, edle Form, leicht duftend, gut blühend, Knospe lang; Wuchs kräftig, breitbuschig; Laub dunkelgrün, gesund. KR 9:32; RJb 28:49. (7,4) DZ

'Königin der Gärten' → **Rote Caruso.**

Königin der Rosen (= 'Colour Wonder'). *TH.* Kordes 1964. 'Kordes Perfecta' × 'Super Star'. Lachsorange, außen rahmgelb, großblumig, gut duftend, dicht gefüllt, edle Form, an kräftigen Trieben; Wuchs buschig, 60 cm, stark bewehrt; Laub bronzegrün, groß. GSR 323; KR 10: 9; RJb 30:80. (7,5) DUWZ

Königin von Dänemark. *Str.* (*alba*). J. Booth, Hamburg 1816; benannt erst 1826. Zuerst karminrosa, dann fleischfarben, mittelgroß, anfangs becherförmig, später Petalen zurückgeschlagen, dicht gefüllt, einmalblühend, duftend, Knospen leuchtend karmin; Wuchs kräftig, locker, 1,5 m; Laub dunkel blaugrün. GSR 66; TR 2; SOR 10. (8,8) DMW

Königliche Hoheit (= 'Royal Highness'). *TH.* Swim & Weeks 1962. 'Virgo' × 'Gloria Dei'. Fleischrosa, großblumig, 12 cm ⌀, gut gefüllt, gute Form, sehr kräftig duftend, reichblühend; Wuchs stark, aufrecht, Triebe kräftig und lang; Laub derb, dunkelgrün, glänzend. GSR 361. DWZ

K. of K. ('Kitchener of Karthoum'). *TH.* A. Dickson 1917. Samtig scharlachrot, mittelgroß, fast einfach, stark duftend; Wuchs kräftig, verzweigt. D

Koldinghus. *Fl.* Poulsen 1968. Lachsrosa, im Verblühen weißlichrosa, großblumig, 10 cm ⌀, locker gefüllt, zuletzt flach, etwas duftend, in großen Büscheln, reichblühend; Wuchs aufrecht, buschig, 80 cm; Laub mittelgroß, grün, etwas glänzend. D

Komfort. *Fl.* Tantau 1967. Sämling × 'Cognac'. Lachsrosa, mittelgroß, halbgefüllt, flach schalenförmig, zu vielen beisammen; Wuchs kräftig, buschig, 60 cm; Laub mittelgroß, sattgrün, glänzend. DZ

Kommerzienrat W. Rautenstrauch. *Str.* (*foet.*). Lambert 1909. 'Léonie Lamesch' × *R. foetida* 'Bicolor'. Innen rein lachsrosa mit gelber Mitte, außen etwas heller, halbgefüllt, etwas duftend, in Büscheln. DW

Kommodore. *Fl.* Tantau 1959. Blutrot, großblumig, dicht gefüllt, sehr haltbar, gute Form, in Büscheln; Wuchs kräftig; Laub dunkelgrün, reichlich. (6,4) DWZ

Konfetti. *TH.* Tantau 1965. Sämling × 'Gloria Dei'. Innen leuchtend samtrot, außen rahmweiß, großblumig, 12 cm ⌀, gut gefüllt, starke Stiele; Wuchs kräftig, 70 cm; Laub tiefgrün, derb. RJb 30:16. DWZ

Konrad Adenauer-Rose. *TH.* Tantau 1955. 'Crimson Glory' × 'Hens Verschuren'. Dunkelblutrot mit Samtschein, großblumig, 10 cm ⌀, dicht gefüllt, stark duftend, gute Form, gut blühend; Wuchs mittel, 60 cm; Laub hellgrün, glänzend. PWR 73; KR 9:163. (6,5) DUWZ

'Korbell' → **Anabell.**

Kordes Perfecta. *TH.* Kordes 1957. 'Spek's Yellow' × 'Karl Herbst'. Dunkelrahmgelb, rosa überlaufen, nach dem Rand zu intensiver gefärbt, großblumig, 12 cm ⌀, dicht gefüllt, gut duftend, gut blühend, einzeln und zu mehreren an langen Trieben; Wuchs stark, buschig, 80 cm; Laub groß, glänzend, gut deckend. PWR 87; GSR 324. (7,6) DUWZ

Kordes Perfecta Superior. *TH.* Kordes 1963. Sport von 'Kordes Perfecta'. In allen Teilen wie die Muttersorte, nur die Färbung kräftig rosa, an der Basis gelb. RJb 26:224. (7,6) DWZ

Kordes Sondermeldung (= 'Independence'). *Fl.* Kordes 1950. F_2-Sämling von ('Baby Château' × 'Crimson Glory'). Ziegel- bis zinnoberrot, erste Rose mit diesem Farbton, großblumig, 10 cm ⌀, gut gefüllt, ohne Duft; Wuchs breit, verzweigt; Laub rötlich, mittelgroß, deckt mittel. PWR 98; RA 1951:120. (7,6) DUWZ

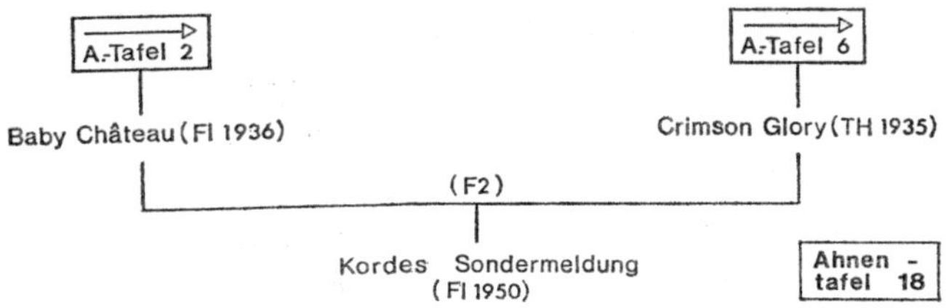

'Kordu' → **Duftzauber.**

'Korgold' → **Mabella.**

'Korlita' → **Lolita.**

'Kormai' → **Mainauperle.**

'Kormun' → **Gruß an Bayern.**

Korona. *TH.* Kordes 1955. 'Obergärtner Wiebicke' × 'Kordes Sondermeldung'. Orangescharlach, farbbeständig, großblumig, 8 cm ⌀, halbgefüllt, schwach duftend, in großen Ständen, dauerblühend; Wuchs stark, aufrecht, 1 m, verzweigt; Laub groß, gut deckend. PWR 115; GSR 437. (7,8) DUWZ

'Korp' → **Prominent.**

'Korpon' → **Ponderosa.**

'Korresia' → **Friesia.**

'Korrev' → **Neue Revue.**

Korrigan. *Fl.* N. Poulsen 1972. Kräftig rosa, mittelgroß, gut gefüllt, schalenförmig, in Büscheln, auf kräftigen Stielen; Wuchs mittelhoch; Laub dunkelgrün, glänzend. — Gute Beetrose. D

'Korsee' → **Uwe Seeler.**

'Kortor' → **Tornado.**

'Kosmopoliet' → **Cosmopoliet.**

Kronenbourg (= 'Flaming Peace'). *TH.* McGredy 1965. Sport von 'Gloria Dei'. Innen karminrot, samtig schimmernd, im Verblühen mehr purpur, außen goldgelb, sehr großblumig, stark duftend, sonst wie die Muttersorte. GSR 325; KR 9:31; RJb 30:48. (6,8) DWZ

Kunigunde. *Fl.* Horstmann 1960. Reinrosa, mittelgroß, gut gefüllt, zuletzt flach, duftend; Wuchs kräftig.

La Bella. *TH.* Kordes Söhne 1974. 'Liebeszauber' × 'Herz-As'. Dunkelrot, großblumig, ballförmig, etwas duftend, gut gefüllt, einzeln an kräftigen Stielen, selbstreinigend; Wuchs sehr stark, bis 130 cm hoch; Laub dunkelgrün, reichlich. D

Lachs. *Pol.* Kordes 1943. Sport von 'Dick Koster'. Lachsrot, mittelgroß, kugelig, zu vielen in Büscheln, leicht duftend; niedrig; Laub hellgrün. — Gut als Topfrose. DZ

Lady Cromwell. *TH.* Verschuren 1956. Karminrot, Basis goldgelb, großblumig, gefüllt, schöne lange Knospe; Wuchs kräftig; Laub tief bronzegrün.

Lady Curzon. *Str.* C. Turner 1901. 'Macrantha' × *R. rugosa* 'Rubra'. Hellrosa, Mitte fast weiß, einfach, großblumig, 10 cm ⌀, duftend, einmal blühend, viele goldgelbe Antheren; Wuchs stark, buschig, 2 × 2 m; Laub *rugosa*-artig. GSR 174. D

'Lady Elgin' → **Thaïs.**

Lady Gay. *Kl.* Walsh 1905. *R. wichuraiana* × 'Bardou Job'. Praktisch identisch mit 'Dorothy Perkins', vielleicht etwas größer in der Blüte und Farbe etwas dunkler, jedoch nicht mehltauanfällig.

Lady Godiva. *Kl.* Paul 1908. Sport von 'Dorothy Perkins'. Lachsrosa, gut gefüllt, kleinblumig, in Büscheln; starkwüchsig, 4—5 m; Laub hellgrün, glänzend.

Lady Hillingdon. *Tee.* Lowe & Shawyer 1910. 'Papa Gontier' × 'Mme Hoste'. Dunkel orangegelb, locker gefüllt, stark duftend, Knospe lang, sehr lange blühend; Wuchs stark, 1,5—2 m; Laub bronzegrün. TCR 6. (8,9) Z

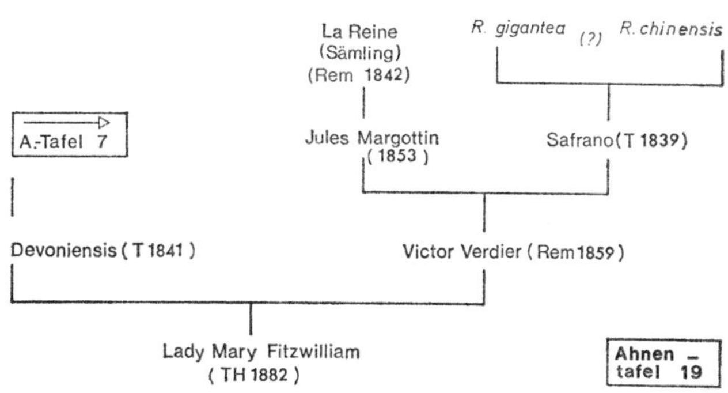

Lady Mary Fitzwilliam. *TH.* Bennett 1882. 'Devoniensis' × 'Victor Verdier'. Fleischrosa, sehr großblumig, ballförmig, stark duftend; Laub hellgrün. — Eine der bedeutendsten alten Rosensorten. WPR 26.

Lady Maysie Robinson. *TH.* Kordes 1956. Sämling × 'Gloria Dei'. Dunkelrosa mit großer weißer Mitte, locker gefüllt, flach becherförmig, duftend; Wuchs kräftig, aufrecht; Laub tiefgrün. (6,3) DWZ

Lady Penzance (= *R. penzanceana* Rehd.). *Str.* Penzance 1894. *R. rubiginosa* × *R. foetida*. Rosa mit gelber Mitte, kleinblumig, einfach, sommerblühend; Wuchs kräftig, 1,5 bis 2 m; Laub nach Äpfeln duftend. D

Lady Seton. *TH.* McGredy 1966. 'Ma Perkins' × 'Mischief'. Kräftig rosa, fein dunkler geadert, großblumig, 10 cm ⌀, sehr gut duftend, locker gefüllt, zuletzt flach; Wuchs stark, 1 m; Laub groß, tiefgrün, derb. GSR 326; CRA 66: 63; RA 1965:32. (7,8) D

Lady Sonia. *Str.* Mattock 1961. 'Grandmaster' × 'Doreen'. Goldgelb, halbgefüllt, 20 Petalen, sehr großblumig, 10 cm ⌀, gut blühend; Wuchs kräftig, aufrecht, buschig; Laub dunkelgrün. D

Lady Sylvia. *TH.* Stevens 1926. Sport von 'Mme Butterfly'. Hellrosa mit orange Anflug, mittelgroß, gut gefüllt, edle Form, gut duftend, reichblühend; Wuchs kräftig, langtriebig. PWR 90; GSR 327.

Lady X. *TH.* Meilland 1966. Sämling × 'Simone'. Fliederlila, großblumig, gut gefüllt, schöne hohe Form, leicht duftend, lange Knospe, reich blühend; Wuchs kräftig, 1 m; Laub tiefgrün, sehr groß, glänzend. (8,2) DWZ

Lady Zia. *TH.* Harkness 1959. 'Gloria Dei' × 'Kordes Sondermeldung'. Hell orangescharlach, großblumig, 12 cm ⌀, dicht gefüllt, ballförmig, etwas duftend, gut blühend; Wuchs buschig; Laub derb, tiefgrün. PWR 20:242; RA 1960:97. (6,5)

'Lafayette' → **Joseph Guy.**

La Fontaine. *Fl.* Meilland 1961. 'Mme Charles Sauvage' × 'Fashion'. Goldgelb, großblumig, 8 cm ⌀, locker gefüllt, becherförmig, etwas duftend, in Büscheln, reichblühend; Wuchs buschig; Laub derb, tiefgrün. (6,6)

La France. *TH.* Guillot Fils 1867. Gefunden als Zufallssämling zwischen Aussaaten bei Guillot, keineswegs eine Züchtung (meist angegeben als 'Mme Victor Verdier' × 'Mme Bravy' oder als Sämling von 'Mme Falcot'). Silbrigrosa, sehr großblumig, dicht gefüllt, stark duftend, wenig blühend; Wuchs schwach, 50 cm; Laub hellgrün, wenig reichlich. — Hauptsächlich historisch interessant als eine der ersten Teehybriden. BTR 5; RXX 76. (6,7) DWZ

Lagerfeuer. *Fl.* Tantau 1958. 'Schweizer Gruß' × 'Käthe Duvigneau'. Samtigblutrot, mittelgroß, gut gefüllt, flach, ohne Duft, sehr reichblühend, in großen Ständen; Wuchs stark, aufrecht, buschig, 90 cm; Laub groß, glänzend, gut deckend. DUWZ

Lagoon. *Fl.* Harkness 1970. 'Lilac Charme' × 'Sterling Silver'. Zartlila, fast einfach, 6 cm ⌀, duftend, in Büscheln; Wuchs kräftig, hoch; Laub bronzegrün, glänzend. RA 1971: 144; GSR 438.

Laguna. *TH.* Kordes Söhne 1974. 'Hawaii' × 'Orange Delbard'. Orangerot, großblumig, gefüllt, becherförmig, duftend, einzeln stehend, selbstreinigend, gut blühend, lange Knospe; starkwüchsig, 80 cm; Laub normal grün, glänzend. D

La Jolla. *TH.* Swim/Armstrong 1954. 'Charlotte Armstrong' × 'Contrast'. Rahmgelb, Basis dunkelgelb, Saum breit rosa, später mehr rot, dunkler geadert, großblumig, 12 cm ⌀, gut gefüllt, duftend; Wuchs hoch, langtriebig, 90 cm; Laub groß, mäßig deckend. PWR 26; RA 1956:60. (7,0) D

Lake Como. *Fl.* Harkness 1968. 'Lilac Charm' × 'Sterling Silver'. Zartlila, mittelgroß, halbgefüllt, stark duftend, in Büscheln, reichblühend; Wuchs niedrig, 50 cm; Laub bronzegrün. GSR 445. D

Laminuette. *Fl.* Lammerts 1969. 'Gloria Dei' × 'Rumba'. Elfenbeinweiß, Petalenspitze rot gerandet, mittelgroß, gefüllt, leicht duftend, gut haltbar, gut blühend; Wuchs kräftig, buschig; Laub tiefgrün, reichlich, glänzend. — Haussorte. D

La Mortola. *Kl.* Cecil Hanbury 1954. Form von *R. brunonii*. Weiß, einfach, 7 cm ⌀, stark duftend, in großen Ständen, gut blühend; Laub mehr graugrün, größer als beim Typ. GSR 29. D

Lampion. *Fl.* Tantau 1957. 'Fanal' × 'Käthe Duvigneau'. Blutrot mit orange Anflug, einfach, schalenförmig, großblumig, zu vielen beisammen, dauerblühend; Wuchs niedrig, buschig, 40 cm; Laub tiefgrün. DUWZ

Landeshauptstadt Düsseldorf. *Fl.* de Ruiter/Willicher Baumschulen 1960. 'Signal Red' × 'Käthe Duvigneau'. Scharlachrot, im Verblühen dunkler, mittelgroß, 6—8 cm ⌀, in Büscheln, reich blühend; Wuchs buschig, 50 cm; Laub dunkelgrün, jung rot, groß, mitteldicht, etwas glänzend. RJb 25:64. DZ

Landora. *TH.* Tantau 1970. Sämling × 'King's Ransom'. Rein goldgelb, großblumig, dicht gefüllt, farbbeständig, gut blühend; Wuchs kräftig, mittelhoch; Laub hellgrün. DUWZ (Tafel 22).

Lanei. *Moos.* Laffay 1845. Karmin-lila, im Verblühen mehr lila, großblumig, sehr dicht gefüllt, duftend, etwas remontierend, Knospen leicht bemoost; Wuchs aufrecht, locker, 1,5 m. GSR 74. (7,8)

Langley Gem. *Fl.* Eacott 1939. 'Karen Poulsen' × *Rosa moyesii.* Kirschrot, einfach, flach, in Büscheln an kräftigen Trieben, gut remontierend; Wuchs kräftig; Laub derb lederig, jung bronze. D

La Paloma. *Fl.* Tantau 1959. 'Gelbe Holstein' × 'Goldene Johanna Tantau'. Rahmweiß, mittelgroß, gefüllt, gute Form, in großen Büscheln; Wuchs kräftig, buschig; Laub tiefgrün, glänzend. DUWZ

La Plus Belle des Ponctuées. *Str.* (*gall.*). Dunkelrosa, gesprenkelt mit hellrosa, kleinblumig, 5 cm ⌀, gut gefüllt, locker; Wuchs sehr kräftig, 1,5 m; Laub frischgrün. D

Lara. *TH.* Kriloff/Cramphorn 1967. 'Super Star' × 'Romantica'. Karmin mit lachs Ton, edle Form, gut gefüllt, 30—40 Petalen, großblumig, gut blühend; Wuchs kräftig, hoch werdend; Laub dunkelgrün, glänzend. — Haussorte. W

La Ramée. *Fl.* Meilland 1949. 'Holstein' × 'Alain'. Schwärzlich karmin, ganz leicht halbgefüllt, schalenförmig, hellrote Mitte, zu vielen in großen Büscheln; Wuchs kräftig; Laub bronzegrün.

La Reine. *Rem.* Laffay 1842. Kräftig rosarot, sehr großblumig, dicht gefüllt, kugelig, gut duftend; Wuchs stark; Laub mittelgroß, dunkelgrün. DZ

'La Reine Victoria' → **Reine Victoria.**

'La Rubanée' = **centifolia 'Variegata'**, siehe Seite 263. D

La Tosca. *TH.* Vve. Schwartz 1901. 'Joséphine Marot' × 'Luciole'. Zartrosa, Rückseite etwas dunkler, großblumig, 10 cm ⌀, offen becherförmig, duftend, gut blühend; Wuchs kräftig, buschig; Laub sattgrün, derb. Z

Laurent Carle. *TH.* Pernet-Ducher 1907. Karminrot, großblumig, leicht becherförmig, duftend, edle Form, gut blühend; Wuchs kräftig; Laub dunkelgrün, glänzend. RZ 1913: 1. Z

Lavender Charm. *TH.* Boerner/Jackson & Perkins 1964. 'Brownie' × 'Sterling Silver'. Fliederlila, großblumig, 12 cm ⌀, gut gefüllt, gut duftend; Wuchs kräftig, buschig; Laub derb, dunkelgrün. (6,7) Z

Lavender Girl. *Fl.* Meilland 1958. 'Fantastique' × ('Ampère' × ['Charles P. Kilham' × 'Capucine Chambard']). Innen purpurrosa, außen zuerst magentarosa, später lila, mittelgroß, 7 cm ⌀, gefüllt, becherförmig, duftend, in Büscheln; niedrig. (7,0)

Lavender Lace. *Min.* Moore 1968. 'Ellen Poulsen' × 'Debbie'. Lavendel-lila, kleinblumig, sehr dicht gefüllt, rosettenförmig, duftend, in Büscheln; Wuchs zwergig, buschig; Laub hellgrün, klein, glänzend. CRA 73:57. (7,6)

Lavender Lassie. *Str.* (*mosch.*). Kordes 1959. 'Hamburg' × 'Mme Norbert Levavasseur'. Rosa mit lila, mittelgroß, 7 cm ⌀, gefüllt oder halbgefüllt, ballförmig, stark duftend, in großen Ständen, öfterblühend; sehr starkwüchsig, 1,5 bis 2 m, verzweigt.GSR 177. (6,7) DW

Lavender Pinocchio. *Fl.* Boerner/Jackson & Perkins 1948. 'Rosenmärchen' × 'Grey Pearl'. Lilarosa mit bräunlichgelber Mitte, im Aufblühen intensiver, mittelgroß, 7 cm ⌀, locker gefüllt, schalenförmig, duftend, gut blühend in Büscheln; Wuchs mittel, 50 cm; Laub derb. HRB 37; RA 1954: 64. (5,7) DWZ

Lavendula. *Fl.* Kordes 1965. 'Magenta' × 'Sterling Silver'. Rosalila, im Aufblühen mehr magentarot, großblumig, 10 cm ⌀, gut gefüllt, zuletzt ziemlich flach, duftend, reichblühend, in großen Ständen, Knospe eiförmig; Wuchs buschig, 50 cm; Laub sattgrün. RJb 30:81. (7,2) DUZ

La Ville de Bruxelles. *Str.* (*dam.*). Vibert 1849. Reinrosa, sehr großblumig, sehr dicht gefüllt, halbkugelig, hängend (durch ihr Gewicht); Strauch wüchsig, 1,5 m; Laub hellgrün, lang und groß. D

'La Virginale' → **Maiden's Blush.**

Lawrence Johnston. *Kl.* Pernet-Ducher 1923. 'Mme Eugène Verdier' × 'Persian Yellow'. Gelb, mittelgroß, locker gefüllt, reichblühend im Juni, etwas remontierend, in Büscheln; Wuchs stark, 4—6 m; Laub üppig, glänzend. GSR 211; TCR 7. D

Leda (= 'Painted Damask'). *Str.* (*dam.*). Vor 1827. Voll erblüht zart milchweiß mit kleinem Auge, äußerer Petalensaum karmin, mittelgroß, stark duftend, ballförmig gefüllt, Knospe außen rotbraun, etwas remontierend; Wuchs mittel, 90 cm; Laub tiefgrün, groß, elliptisch. TR 4. (8,1) M

Leender's Bergfeuer. *Fl.* Leender 1959. 'Kordes Sondermeldung' × 'Fashion'. Scharlachrot, halbgefüllt, großblumig, duftend; Laub dunkelgrün, glänzend. D

Leender's Flamingo. *Fl.* Leenders 1960. 'Cocorico' × 'Ma Perkins'. Lachsrosa, Mitte dunkler, großblumig, locker becherförmig gefüllt, duftend, gut blühend; Wuchs buschig, kräftig. DZ

Leender's Harlequin (= 'The Jester'). *Fl.* Leenders 1960. 'Masquerade' × 'High Noon'. Zuerst ganz gelb, dann allmählich rot verfärbend, mittelgroß, gefüllt, etwas duftend, in Büscheln; langtriebig. D

Lemon Spice. *TH.* Armstrong & Swim 1966. 'Helen Traubel' × Sämling. Hellgelb, großblumig, gut gefüllt, stark duftend, reichblühend, lange spitze Knospe; Wuchs breit; Laub derb. (7,6)

Leonie (= 'Dazzler'). *Fl.* Leenders 1964. 'Queen Elizabeth' × 'Circus'. Dunkel karminrosa, mittelgroß, locker gefüllt, becherförmig, in Büscheln; starkwüchsig, 70 cm; Laub rotgrün, mittelgroß, glänzend. D

Léonie Lamesch. *Pol.* Lambert 1899. 'Aglaia' × 'Kleiner Alfred'. Kupfrigrot, Mitte gelb, Rand dunkler gefleckt, kleinblumig, halbgefüllt; Wuchs kräftig, buschig; Laub hellgrün, reichlich. RZ 1901:33. DZ

Léonor de March. *TH.* Camprubi 1957. 'J. M. López Pico' × 'Poinsettia'. Dunkel blutrot, samtglänzend, großblumig, duftend, reichblühend, Knospe lang; Wuchs aufrecht; Laub glänzend. WPR 10; RJb 28:80. DZ

Le Rêve. *Kl.* Pernet-Ducher 1923. 'Mme Eugène Verdier' × 'Persian Yellow'. Hellgelb, großblumig, halbgefüllt, duftend, einmal und gut blühend; Wuchs sehr stark, bis 5 m; Laub sattgrün. RZ 1927:38. DUWZ

Leslie G. Harris. *TH.* Gregory 1970. 'Super Star' × ?. Karminscharlach, gut gefüllt, hohe Form, gut duftend, reich blühend; wüchsig; Laub mittelgrün. D

Leslie Johns. *TH.* Gregory 1972. 'Soraya' × Sämling. Rosa, hoch gebaut, sehr großblumig, gefüllt, 30 Petalen, duftend, gut blühend, zu mehreren beisammen; wüchsig; Laub tiefgrün, glänzend. D

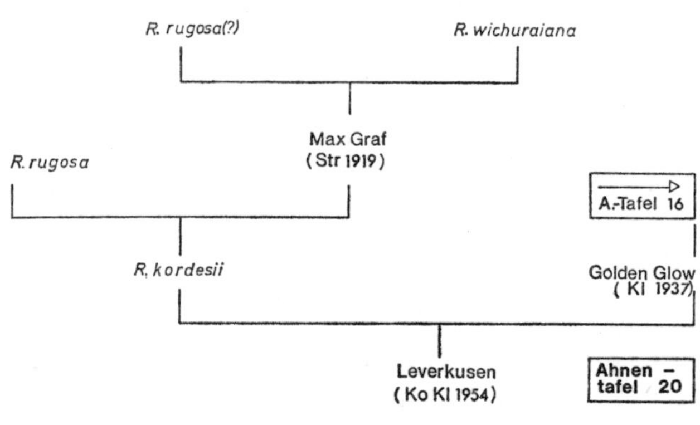

Letkiss (= 'John Dijkstra'). *Fl.* Buisman 1966. 'Olala' × 'Paprika'. Dunkel blutrot, locker gefüllt, mittelgroß, sehr haltbar, selbstreinigend; Wuchs buschig, 50 cm; Laub sattgrün, glänzend. DUWZ

Leverkusen. *Ko.* Kordes 1954. *R. kordesii* × 'Golden Glow'. Hellgelb, großblumig, halbgefüllt, zuletzt flach, duftend, früh, öfterblühend; Wuchs stark, 2—3 m hoch. PWR 224; GSR 248. (6,5) DMUWZ

Liberty. *TH.* Dickson 1900. 'Mrs. W. J. Grant' × 'Charles J. Grahame'. Leuchtend samtig karmin, sehr großblumig, stark gefüllt, kräftiger Duft, gut blühend, lange Triebe; Wuchs mittel.

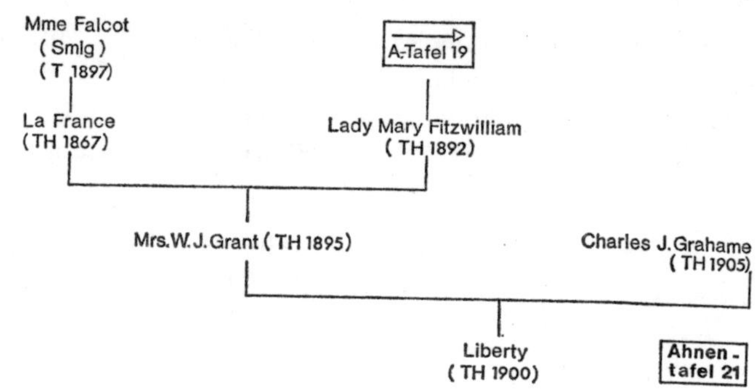

Libretto. *TH.* Verschuren 1966. 'Elli Knab' × Sämling. Rosarot, mittelgroß, gut gefüllt, zu mehreren beisammen, Knospe eiförmig; Laub derb.

Lichtblick. *Str.* Haenchen/Teschendorff. Rosa bis orangerosa mit gelb, groß, gefüllt, edelrosenartig, zu 10—15 beisammen; 1,2—1,5 m hoch; Laub glänzend.

Lichterloh. *Fl.* Tantau 1955. 'Schweizer Gruß' × 'New Dawn'. Samtig blutrot, mittelgroß, halbgefüllt, flach, etwas duftend, zu vielen in großen Ständen; Wuchs kräftig, aufrecht, 1 m; Laub dunkelgrün, derb. (7,2) DMUWZ

Lichtkönigin Lucia. *Str.* Kordes 1966. 'Zitronenfalter' × 'Climb. Claire Grammerstorf'. Leuchtend hellgelb, rote Staubfäden, großblumig, 8 cm ⌀, zu mehreren beisammen, reichblühend, remontierend; Wuchs stark, 1,5 m, Triebe stark bewehrt; Laub sattgrün, runzelig. DMUWZ (Taf. 23).

Lido di Roma. *TH.* G. Delbard 1968. ('Chic Parisien' × 'Michèle Meilland') × ('Sultane'-Sämling × 'Mme J. Perraud'). Hellgelb mit rot überlaufen, großblumig, gefüllt, zu mehreren beisammen, schwach duftend, reich und dauerblühend; Wuchs sehr stark, buschig; Laub groß.

Liebeserklärung. *TH.* Tantau 1968. Karminrot, später mehr karminrosa, großblumig, gut gefüllt, becherförmig, stark duftend, einzeln und zu mehreren, anfangs aufrecht, später nickend, Knospe groß, rundlich; Wuchs stark, 110 cm; Laub groß, etwas glänzend, grün, anfangs rot. DZ

Liebesglut. *TH.* Kordes 1942. 'Crimson Glory' × 'Kardinal'. Dunkel samtig karmin, gut gefüllt, großblumig, duftend; Wuchs mittelstark, 50 cm; Laub groß, glänzend, mäßig deckend. SRW 24. (6,7) DUZ

'Liebestraum' → **Red Queen.**

Liebeszauber. *TH.* Kordes 1959. 'Schlösser's Brillant' × 'Liebesglut'. Samtig dunkelrot mit scharlach, gut Farbe haltend, großblumig, becherförmig, gefüllt, stark duftend, gut blühend; Wuchs nur mittel, 50 cm; Laub rötlich, matt, schlecht deckend. (5,4) DUZ

Lieselotte Hollweg. *Fl.* Loose 1962. Scharlachrot, im Verblühen karmin, Mitte etwas heller, halbgefüllt, ohne Duft, in Büscheln; Wuchs buschig, aufrecht, 40 cm; Laub klein, grün, etwas glänzend, mitteldicht. D

Lilac Charm. *Fl.* LeGrice 1962. Aus Sämlingen von *R. californica* erzielt. Zart fliederlila, großblumig, 10 cm ⌀, einfach, Staubfäden rot, Antheren gelb, leicht duftend, im Verblühen verblassend, in Büscheln; Wuchs mittel, 60 cm, buschig; Laub mattgrün. GSR 439; WPR 24; RA 1961:144. (7,8) Z

Lilac Time. *TH.* McGredy 1956. 'Golden Dawn' × 'Luis Brinas'. Fliederlila, mittelgroß, gut gefüllt, duftend; Wuchs aufrecht, 70 cm; Laub hellgrün. PWR 3; RA 1956:128. (5,9) D

Lila Vidri. *TH.* Dot 1958. (Sämling × 'Prélude') × 'Rosa de Friera'. Fliederfarben, großblumig, gut gefüllt, duftend, reichblühend, lange spitze Knospe; Wuchs buschig aufrecht, 60 cm. (5,4)

Lilibet. *Fl.* Lindquist 1953. 'Floradora' × 'Rosenmärchen'. Reinrosa mit helleren Tönen, mittelgroß, 6 cm ⌀, locker gefüllt, duftend, in lockeren Sträußen; buschig, 50 cm; Laub glänzendgrün. (6,8) D

Lillan. *Min.* de Vink 1858. 'Ellen Poulsen' × 'Tom Thumb'. Purpurrot, kleinblumig, gefüllt; Wuchs zwergig. D

Lilli Marleen (= 'Lilli Marlene'). *Fl.* Kordes 1959. ('Our Princess' × 'Rudolph Timm') × 'Ama'. Samtig dunkelrot mit scharlach, großblumig, 8 cm ⌀, locker gefüllt, schalenförmig, schwach duftend, sehr reichblühend; Wuchs buschig, 40 cm, Triebe kräftig; Laub rötlich, matt, gut deckend. PWR 126; RA 1960:112; KR 9:96. (7,9) DMUWZ

Lily de Gerlache. *Fl.* Proefstation Melle, Belgien 1971. 'Kordes Perfecta' × 'Prima Ballerina'. Kirschrot, im Verblühen heller, großblumig, becherförmig, dicht gefüllt, einzeln an langen Trieben; Wuchs stark, hoch; Laub tiefgrün, leicht glänzend. CRA 73:1; RA 1972:14.

Lily White (= 'Starbright'). *TH.* Hartgerink/Jackson & Perkins 1950. Sport von 'Starlite'. Reinweiß, großblumig, gefüllt, duftend, lange spitze Knospe; Wuchs kräftig aufrecht. — Haussorte.

Linda Vista. Fl. de Ruiter 1974. Samtig feuerrot, mittelgroß, gefüllt, wetterbeständig, nicht verblauend, selbstreinigend, zu vielen in großen Ständen beisammen; Wuchs niedrig, 40 cm, buschig; Laub sehr gesund, glänzend, frischgrün.

Lionel Barrymore. *Fl.* Silva 1956. 'Duchess of Atholl' × 'Orange Everglow'. Goldgelb mit dunklerer Mitte, großblumig, 8 cm ⌀, sehr dicht gefüllt, becherförmig, stark duftend, reichblühend, Knospe urnenförmig; Wuchs buschig, kräftige Triebe; Laub tiefgrün. Z

Lissy Horstmann. *TH.* Tantau 1949. 'Hadley' × 'Heros'. Leuchtend karminscharlach, großblumig, locker gefüllt, flach; Wuchs kräftig, starke Triebe. (6,1) D

Little Buckaroo. *Min.* Moore 1956. (*R. wichuraiana* × 'Floradora') × ('Oakington' × 'Floradora'). Blutrot, Mitte anfangs weiß, kleinblumig, gefüllt, flach, duftend, reichblühend; Wuchs buschig, 40 cm; Laub zierlich, starkglänzend kupfrig. PWR 167; KR 9:139. (8,1) DZ

Little Flirt. *Min.* Moore 1961. (*R. wichuraiana* × 'Floradora') × ('Golden Glow' × 'Zee'). Innen orangerot, außen goldgelb, kleinblumig, 4 cm ⌀, dicht gefüllt, etwas duftend, reichblühend; Wuchs zwergig, 30 cm; Laub hellgrün. (7,2) UZ

Little Lady. *Pol.* Harkness 1967. 'Schneewittchen' × 'Baby Faurax'. Weiß bis zartrosa getönt, leicht lila Anflug, kleinblumig, aber sehr dicht gefüllt, duftend; Wuchs zwergig, 30 cm, buschig. (7,3) D

Little Sunset. *Min.* Kordes 1967. Sämling × 'Peon'. Gelblich-lachsrosa, kleinblumig, sternförmig flach, sehr dicht gefüllt, sehr reichblühend; Wuchs dicht buschig, 40 cm; Laub hellgrün. DUZ

Lively Lady. *Fl.* Cocker 1969. 'Irish Beauty' × 'Super Star'. Zinnoberrot, locker gefüllt, großblumig, schwach duftend, reich blühend; Wuchs kräftig, aufrecht, 80 cm; Laub klein, mittelgrün. RA 1970:161. D

Liverpool Echo. *Fl.* McGredy 1971. ('Little Darling' × 'Goldilocks') × 'München'. Lachsrosa, großblumig, locker gefüllt, flach, leicht duftend, zu vielen beisammen, Knospe urnenförmig; Wuchs 1 m; Laub hellgrün, reichlich. DMZ

Living Fire. *Fl.* Gregory 1972. 'Super Star' × ?. Orange, Basis goldgelb, gut gefüllt, 35 Petalen, etwas duftend, zu mehreren beisammen; Wuchs mittel, aufrecht; Laub tiefgrün, etwas glänzend. RA 1973:184. D

Lola Montez. *TH.* Dot 1968. Blutrot, samtartig schimmernd, großblumig, gut gefüllt, stark duftend, einzeln an langen Stielen, gut blühend, lange Knospe; Wuchs stark, breit; Laub bronze, groß, matt. DZ

Lolita. *TH.* Kordes 1972. 'Dr. A. J. Verhage' × 'Königin der Rosen'. Intensiv orangegelb mit kupfrigem Anflug, großblumig, gut gefüllt, sehr haltbar, stark duftend; Wuchs stark, aufrecht, kräftige Triebe; Laub reichlich, jung rötlich. DUZ

Lollipop. *Min.* Moore 1959. (*R. wichuraiana* × 'Floradora') × 'Little Buckaroo'. Leuchtendrot, Basis mitunter weiß, kleinblumig, 3 cm ⌀, dicht gefüllt, etwas duftend; Wuchs zwergig, 30 cm. (7,9) DUZ

Long John Silver. *Kl.* Horvath 1934. *R. setigera*-Sämling × 'Sunburst'. Silbrigweiß, großblumig, breit schalenförmig, gefüllt, duftend, zu vielen in großen Ständen an kräftigen Stielen; Wuchs sehr stark, Jahrestriebe 3—4 m lang; Laub groß, derb. D

Lord Charlemont. *TH.* McGredy 1922. Rein dunkelkarmin, großblumig, gut gefüllt, hoch gebaut, schöne Form, stark duftend; Wuchs buschig; Laub tiefgrün, lederartig. RZ 1928:9.

Lord Penzance. *Str.* (*rubig.*). *R. rubiginosa* × *R. harisonii.* Zart lachsfarbig, hellgelbe Mitte, heller als 'Lady Penzance', einfach, mittelgroß, einmalblühend; starkwüchsig, 2 m, Stämme stark bewehrt; Laub klein, duftend. GSR 11. DM

Lorna Doone. *Fl.* Harkness 1970. 'Red Dandy' × 'Lilli Marleen'. Karminscharlach, halbgefüllt, leicht duftend, großblumig, zu mehreren beisammen, reichblühend; Wuchs kräftig, buschig; Laub tiefgrün. CRA 72:81; RA 1971:161.

Lotte Günthart. *TH.* Armstrong 1964. 'Queen Elizabeth' × 'Bravo'. Purpurrot, großblumig, sehr dicht gefüllt, paeonienförmig, Knospe dick eirund; Wuchs kräftig, 50 cm; Laub derb.

Louise Odier. *Bourb.* Margottin 1851. Hell rosarot, schön geformt, großblumig, sehr dicht gefüllt, duftend, öfterblühend; Wuchs kräftig, 1,8 m; Laub hellgrün, matt. GSR 97. DMU

Louis Gimard. *Moos.* Pernet Père 1877. Lilarot mit lila geadert und angehaucht, sehr dicht gefüllt, Petalen am Rand zurückgerollt, duftend; Wuchs kräftig, 1,5 m; Laub dunkelgrün, zugespitzt. (7,0) D

Louis van Houtte. *Rem.* Lacharme 1869. 'Général Jacqueminot' × ?. Dunkel samtigkarminrot mit bräunlichem Anflug, sehr großblumig, dicht ballförmig gefüllt, gute Form, stark duftend, etwas remontierend. RZ 1906:14. (5,5) DMZ

Love Affair. *TH.* Jelly/Hill 1970. Sämling × 'Forever Yours'. Leuchtendrot, großblumig, sehr dicht gefüllt, sehr haltbar, aber nicht selbstreinigend, gut duftend, spitze große Knospe; Wuchs kräftig, aufrecht; Laub reichlich, tiefgrün.

Love Song (= 'Liebeslied'). *TH.* Fisher/Conard Pyle 1955. 'Gloria Dei' × 'Orange Nassau'. Innen rosa, außen dunkel rahmgelb, großblumig, 12 cm ⌀, locker gefüllt, offen becherförmig, duftend; wüchsig; Laub glänzend. BTR 47. (5,7) DZ

Love Story. *TH.* Tantau/Horstmann 1972. 'Carmen' × 'Sophia Loren'. Orangerot, sehr leuchtend, gut gefüllt, kaum duftend, gut blühend, straffe Stiele; Wuchs kräftig, 60 bis 70 cm; Laub sehr gesund. D

Lovita. *TH.* Meilland 1965. 'Baccara' × ('Kordes Sondermeldung' × 'Gloria Dei'). Leuchtend blutrot, großblumig, gut gefüllt, sehr haltbar, schöne lange Knospe; Wuchs kräftig, langtriebig. — Haussorte! Z

Lucky. *Fl.* Leenders 1962. 'Goldilocks' × 'Kordes Sondermeldung'. Tief samtrot, mittelgroß, locker gefüllt, zu vielen beisammen in großen Ständen, sehr reichblühend; 80 cm; hellgrünes, mattes Laub. DZ

Lucky Lady. *Fl.* Swim & Armstrong 1966. Innen zartrosa, außen etwas dunkler, großblumig, locker gefüllt, leicht duftend, lange spitze Knospe; Wuchs kräftig; Laub tiefgrün, glänzend. (7,4) D

Lucy Ashton. *Str.* (*rubig.*). Penzance 1894. Reinweiß, zartrosa gesäumt, mittelgroß, duftend, zu wenigen beisammen, einmal blühend; Wuchs kräftig, Triebe stark bewehrt; Laub duftend. DU

Lucy Bertram. *Str.* (*rubig.*). Penzance 1895. Dunkelkarmin, weiße Mitte, kleinblumig, einfach, entlang der Triebe stehend, nur einmal blühend; sehr starkwüchsig; Laub duftend. DW

Lucy Cramphorn (= 'Maryse Kriloff'). *TH.* 'Gloria Dei' × 'Baccara'. Geranienrot, großblumig, 12 cm ⌀, gefüllt, gute Form, duftend, gut blühend; Wuchs kräftig, 80 cm; Laub dunkelgrün mit bronze. GSR 328; RJb 28:48; RA 1961:97. (7,8) DUWZ

Ludmilla. *TH.* Laperrière 1968. ('Gloria Dei' × 'Kordes Sondermeldung') × 'Heure Mauve'. Fliederlila, mittelgroß, locker gefüllt, schöne Form, leicht duftend, reichblühend; Wuchs kräftig, buschig. D

Lulu (= 'Clubrose Lulu'). *Fl.* Kordes Söhne 1973. 'Zorina' × Sämling. Erinnert an 'Paddy McGredy'. Orange-rosa, mittelgroß, halb bis voll gefüllt, etwas duftend, in Büscheln beisammen, selbstreinigend; Wuchs kräftig, buschig; Laub dunkelgrün, mittelgroß, sehr gesund. D

Lumina. *Fl.* Tantau 1955. 'Fanal' × 'Alpenglühen'. Ziegelrot, mittelgroß, 5 cm ⌀, dicht rosettenförmig gefüllt, flach, ohne Duft, in großen Ständen, reichblühend; Wuchs buschig, 40 cm; Laub mittelgroß, hellgrün. DUWZ

Luminosa. *TH.* Mondial Roses 1964. Zinnoberrot, großblumig, gut gefüllt, lange urnenförmige Knospe; Wuchs kräftig, starke Triebe.

Lund's Jubiläum (= 'Baby Blaze'). *Fl.* Kordes 1953. 'Minna Kordes' × 'Hamburg'. Blutrot, locker gefüllt, mittelgroß, leicht duftend, sehr reichblühend in großen Ständen; Wuchs kräftig, 80 cm; Laub mattgrün, groß, gut deckend. (7,6) DWZ

Lusambo (= 'Red Rock'). *TH.* Meilland 1973. Leuchtend kirschrot, großblumig, gut gefüllt, etwas überhängend, ohne Duft; Wuchs mittelhoch, 40—60 cm. D

Lutin (= 'Rosa Gem'). *Min.* Meilland 1973. Hellrosa, gut gefüllt, kleinblumig, feste Knospe; Wuchs zwergig, 25 bis 30 cm. — Gut als Topfrose geeignet. D

Lydia. *TH.* Robinson 1949. 'Phyllis Gold' × Sämling. Tief goldgelb, mittelgroß, sehr dicht gefüllt, duftend, reichblühend, lange spitze Knospe; Laub dunkelgrün, derb. DZ

Lydia (= 'Clubrose Lydia'). *Str.* W. Kordes Söhne 1973. Sämling × 'Circus'. Ähnlich 'Elmshorn'; zweifarbig, innen dunkelorange, außen gelb, mittelgroß, halbgefüllt, in Büscheln beisammen, selbstreinigend, etwas duftend; Wuchs sehr stark, aufrecht; Laub tiefgrün, mittelgroß, jung braun. D

Lykkefund. *Kl.* Olsen 1930. *R. helenae* 'Barbier's Form'-Sämling × (?) 'Zéphirine Drouhin'. Rahmgelb, kleinblumig, fast einfach oder etwas gefüllt, reichblühend in großen Ständen, stark duftend; starkwüchsig, unbewehrt. D

Lyon Rambler. *Kl.* Dubreuil 1909. Sport von 'Crimson Rambler'. Hell karminrot, am Rand silberweiß, mittelgroß, halbgefüllt, becherförmig, zu 20—30 in Büscheln, einmal blühend; Wuchs stark, 2,5 m hoch; Laub kraus. D

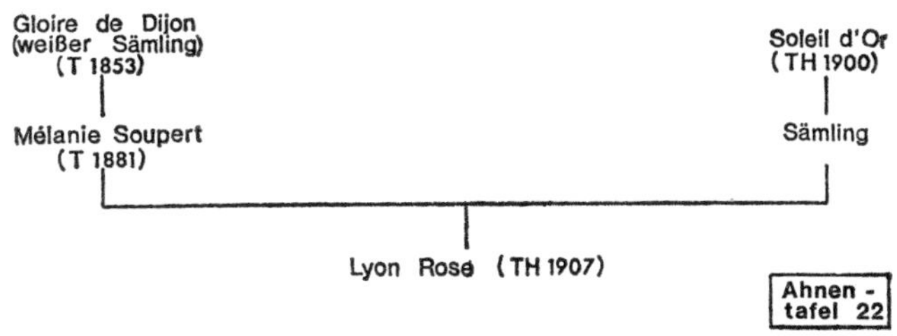

Lyon Rose. *TH.* Pernet-Ducher 1907. 'Mélanie Soupert' × 'Soleil d'Or'-Abkömmling. Korallenrot mit mehr gelber Mitte, großblumig, voll gefüllt, 45 Petalen, duftend. RZ 1907:64.

Lyric. *Str.* de Ruiter 1951. 'Sangerhausen' × Sämling. Reinrosa, mittelgroß, locker gefüllt, becherförmig, duftend, in großen Ständen; Wuchs kräftig, aufrecht, 1,2 m; Laub hellgrün, groß, schlecht deckend. GSR 180. (6,4) DMUWZ

Lys Assia. *Fl.* Kordes 1958. 'Spartan' × 'Hens Verschuren'. Orangescharlach, halbgefüllt, großblumig, schwach duftend, in großen Büscheln, gut blühend; Wuchs buschig, 50 cm; Laub rötlich, gut deckend. (5,3) DWZ

Mabella. *TH.* Kordes 1972. 'Roselandia' × 'Arlene Francis'. Zitronengelb, locker gefüllt, edle Form, starker Duft, becherförmig, Knospe lang, spitz; Wuchs kräftig, starktriebig; Laub dunkelgrün, reichlich. — Für Freiland und Treiberei. DUZ

'Macrantha' → **Rosa macrantha,** siehe Seite 261.

Märchenland. *Fl.* Tantau 1951. 'Swantje' × 'Hamburg'. Rosa mit kräftigem Lachston, mittelgroß, halbgefüllt, schalenförmig, leicht duftend, reich blühend; Wuchs breit buschig, sehr verzweigt, 80 cm; Laub mittelgroß, mäßig deckend. PWR 116. DMUWZ

Magali. *TH.* Mallerin 1952. 'Charles P. Kilham' × 'Brazier'. Karminrot, mittelgroß, gut gefüllt, zuletzt flach, leicht duftend, reich blühend; Wuchs sehr stark; Laub reichlich, derb.

Magenta. *Fl.* Kordes 1954. Gelber Floribunda-Sämling × 'Lavender Pinocchio'. Dunkelrosa bis dunkel lilarosa, großblumig, sehr dicht gefüllt, flach, duftend, zu vielen beisammen in großen Büscheln; Wuchs kräftig, 70 cm, buschig; Laub dunkelgrün, derb. PWR 134; GSR 181. (7,9) DUW

Magic Fire. *Fl.* Laperrière 1967. Leuchtend orangerot, kleinblumig, halbgefüllt, zu mehreren beisammen, sehr haltbar, dauerblühend; Wuchs kräftig, buschig; Laub groß, glänzend. DUZ

Magic Mountain. *Fl.* Armstrong 1973. 'Circus' × 'Texan'. Goldgelb, allmählich rot werdend, großblumig, gefüllt, flach, zu mehreren beisammen und in Büscheln, sehr haltbar, nicht selbstreinigend, leichter Duft; Wuchs kräftig, buschig, wenig bewehrt, niedrig.

Magna Charta. *Rem.* W. Paul 1876. Rosa mit karmin überlaufen, sehr großblumig, gefüllt, ballförmig, duftend, remontierend; Wuchs kräftig, 1,5 m; Laub sehr derb, hellgrün. DWZ

Magnifica. *Str.* (*rubig.*). Herm. A. Hesse 1918. Sämling von 'Lucy Ashton'. Hellrot, halbgefüllt, großblumig; Wuchs stark, 2—3 m. DWZ

Mahagona (= 'Mahogany'). *TH.* Kordes 1956. 'Geheimrat Duisberg' × 'Hens Verschuren'. Leicht bräunlich orangerot, sehr großblumig, locker gefüllt, offen, duftend, gut blühend; Wuchs stark, buschig, aufrecht, 80 cm; Laub frischgrün, glänzend, gut deckend. (5,5) DZ

Mahina. *TH.* Meilland 1952. 'Gloria Dei' × 'Fred Edmunds'. Gelborange, außen goldgelb, großblumig, gefüllt, duftend; Wuchs kräftig, buschig; Laub derb. SRW 60.

Maiden's Blush. *Str.* (*alba*). Hiervon werden zwei Formen unterschieden: 1) 'Great Maiden's Blush' (= 'Cuisse de Nymphe'; 'Cuisse de Nymphe émue'; 'Incarnata'; 'La Séduisante'; 'Rosier Blanc Royal'; 'La Virginale'). Weiß, mit zartrosa Anflug, später am Rand etwas gelblichrosa, doch in der Mitte immer zartrosa bleibend, groß, gut gefüllt, duftend, einmalblühend, Juni; Wuchs stark, 2 m, Zweige teilweise überhängend; Laub graugrün. — Schon vor dem 15. Jahrhundert in Gartenkultur. GSR 67; TR 3. DMUWZ — 2) 'Small Maiden's Blush'. Blüten zart fleischrosa, nur wenig kleiner als bei der vorigen Form, kugelig, duftend, einmalblühend; Wuchs niedriger, nur etwa 1,3 m hoch. — 1797 in Kew Gardens entstanden. (8,0) DZ

Maigold. *Str.* Kordes 1953. 'Poulsen's Pink' × 'Frühlingstag'. Goldgelb mit orangegelbem Anflug, großblumig, 10 cm ⌀, flach, locker gefüllt, stark duftend, becherförmig, sehr reichblühend, doch nur einmal, alte Pflanzen im Herbst nachblühend; Wuchs stark, 2—2,5 m; Laub gesund, glänzend. GSR 151:249; RJb 37:22. DMUZ (Tafel 23).

Mainauperle. *TH.* Kordes 1969. Sämling × 'Americana'. Dunkelrot mit scharlach, großblumig, gut gefüllt, stark duftend, sehr wetterfest, gute Form, Knospen lang, spitz; Wuchs sehr stark, buschig; Laub reichlich, derb. DUWZ

Mainzer Fastnacht (= 'Blue Moon'; 'Sissi'). *TH.* Tantau 1965. Sämling von 'Sterling Silver' × Sämling. Fliederlila, großblumig, 10 cm ⌀, gut gefüllt, stark duftend; Wuchs straff aufrecht, buschig, 80 cm; Laub frischgrün, glänzend, sehr gesund. GSR 330; RA 1965:81. (7,6) DWZ (Tafel 24).

Mainzer Wappen — Mainzer Rad. *Str.* Kordes 1963. 'Korona' × 'Prima Ballerina'. Karminrot, etwas orange Anflug, Basis gelb, großblumig, 8 cm ⌀, locker gefüllt, flach, duftend, in Büscheln beisammen; Wuchs kräftig, aufrecht, 1,5 m; Laub sehr groß. KR 9:117. DMWZ

Maiwunder. *Str.* Kordes 1966. 'Maigold' × *R. rubiginosa*-Hybride. Leuchtend goldgelb, Staubbeutel orange, großblumig, dicht gefüllt, zuletzt flach, stark duftend; Wuchs stark, verzweigt, stark bewehrt; Laub hellgrün. DMZ (Tafel 24).

Maja. *Fl.* de Ruiter 1960. 'Kordes Sondermeldung' × 'Signal Red'. Kräftig zinnoberrot, gut gefüllt, 30 Petalen, großblumig, becherförmig; Wuchs buschig, gut verzweigt; Laub derb.

Maja Mauser. *Fl.* Poulsen 1970. Orangescharlach, großblumig, halbgefüllt, flach, reichblühend; Wuchs buschig. DMUZ

Majeste. *TH.* Dorieux/Vilmorin 1966. 'Radar' × 'Eclipse'. Lachsfarbig, sehr großblumig, gut gefüllt, duftend, gut haltbar, gut blühend, Blüten einzeln an langen Trieben; Wuchs kräftig; Laub groß, glänzend. D

Majorette (= 'Minna Lerche Lerchenborg'). *TH.* Meilland 1967. 'Zambra' × 'Fred Edmunds'. Kräftig lachsrosa, Basis mehr gelb, großblumig, gefüllt, leicht duftend, Blüten einzeln oder zu mehreren; Wuchs kräftig, aufrecht; Laub derb, glänzend. DWZ

Malaga. *Kl.* McGredy 1971. ('Hamburger Phoenix' × 'Danse du Feu') × 'Copenhagen'. Innen lachsrosa, außen karmin, großblumig, 10 cm ⌀, gut gefüllt, stark duftend, zu mehreren beisammen; Wuchs kräftig, hoch, 2 m; Laub groß, dunkelgrün, glänzend. D

Mala Rubinstein. *TH.* A. Dickson 1971. 'Sea Pearl' × 'Duftwolke'. Innen korallenrosa, außen dunkler, großblumig, dicht gefüllt, stark duftend, einzeln oder zu mehreren beisammen; Wuchs stark, aufrecht; Laub mattgrün. CRA 73:49; RA 1972:176. D

Malvina. *Moos.* Verdier 1841. Rein hellrosa, mittelgroß, 6 cm ⌀, stark gefüllt, duftend, einmalblühend, Kelch gut bemoost; 1 m hoch. DMUWZ

Mambo. *Fl.* Swim/Armstrong 1968. 'Charlotte Armstrong' × Sämling. Tiefrot, mittelgroß, sehr dicht gefüllt, etwas duftend, in Büscheln, an kräftigen Stielen, reichblühend; Wuchs hoch, buschig; Laub reichlich, tiefgrün.

Mambo. *Fl.* Tantau 1970. 'Super Star' × 'Zorina'. Zart lachsrosa, mittelgroß, gefüllt, Knospe lang, reichblühend; Wuchs kräftig, gut verzweigt, 65 cm; Laub reichlich. DZ

Ma Mie. *TH.* Laperrière 1955. 'Gloria Dei' × Sämling. Goldgelb, Rand rosa getönt, sehr großblumig, 12 cm ⌀, gut gefüllt, zuletzt flach, gut blühend; Wuchs sehr stark; Laub hellgrün. Z

Mandrina. *Fl.* de Ruiter 1916. 'Moulin Rouge' × 'Frau Anny Beaufays'. Orangerot, großblumig, 8 cm ⌀, locker gefüllt, zuletzt flach, in Büscheln; Wuchs buschig; gut belaubt. — Haussorte. Z

Manitou. *TH.* Swim 1957/Kordes. Innen kupferrot, außen goldgelb, sehr großblumig, gut gefüllt, gute Form, gut blühend; Wuchs aufrecht, buschig. Z

Manja Mourier (= 'Manja'; 'Six Flags'). *Fl.* Swim/Poulsen 1962. 'First Love' × 'Roundelay'. Kirschrot, großblumig, 9 cm ⌀, locker gefüllt, becherförmig, gut blühend; Wuchs breit und aufrecht; Laub zierlich, lederartig. Z

Manjana. *Fl.* de Ruiter 1969. 'Orange Sensation' × ('Pink Parfait' × 'Lavender Pinocchio'). Lachsrot mit orange Anflug, mittelgroß, locker gefüllt, leicht duftend, mehrere beisammen; wüchsig, 70 cm; Laub mittelgrün.

Mannheim. *Str.* Kordes 1958. 'Rudolph Timm' × 'Fanal'. Karminrot, großblumig, dicht gefüllt, in Büscheln beisammen, dauerblühend; Wuchs kräftig, buschig, 1,5—2 m; Laub gesund. DMWZ

Manola (= 'Fred Cramphorn'). *TH.* Kriloff 1961. 'Gloria Dei' × 'Baccara'. Geraniumrot, großblumig, 12 cm ⌀, gut gefüllt, runde Petalen, becherförmig, reichblühend; Wuchs kräftig, buschig; Laub derb, dunkelgrün. RJb 26:32. DWZ

Manuela. *TH.* Tantau 1968. Sämling × 'Dr. A. J. Verhage'. Kräftig karminrosa, großblumig, gut gefüllt, duftend, edle Form, lange Knospe, gut blühend, einzeln auf starken Stielen; Wuchs kräftig, buschig. WPR 40. DUZ

Manuel Pinto d'Azevedo. *TH.* Moreira da Silva 1954. Sämling × 'Gloria Dei'. Innen tief rosarot, außen heller, großblumig, 10 cm ⌀, gut gefüllt, duftend, gut blühend; Wuchs sehr kräftig; Laub tiefgrün, derb lederartig, glänzend. DZ

'Manx Queen' → **Isle of Man.**

Ma Perkins. *Fl.* Boerner/Jackson & Perkins 1952. Zartrosa, mittelgroß, 7 cm ⌀, locker gefüllt, gut duftend, becherförmig, gut blühend; Wuchs mittelstark, 70 cm, buschig; Laub mittelgroß, mäßig deckend. RA 1953:120. (7,7) D

Maranta. *Fl.* Tantau 1974. Eltern nicht angegeben. Gelbrot, mittelgroß, halbgefüllt, etwas duftend, in Büscheln beisammen, ziemlich wetterfest, gut blühend; Wuchs buschig, niedrig, 40—50 cm; Laub mittelgroß, matt, locker. D

Marcelle Gret. *TH.* Meilland 1947. 'Gloria Dei' × 'Prinses Beatrix'. Safrangelb, sehr großblumig, 15 cm ⌀, locker gefüllt, duftend; Wuchs kräftig. (6,2)

Marc Guillot. *Fl.* Mallerin 1955. 'Rouge Meilland' × 'Demain'. Dunkel scharlachrot, mittelgroß, gut gefüllt, flach, becherförmig, duftend, reichblühend; Wuchs aufrecht; Laub stumpfgrün, derb.

Maréchal Niel. *Nois.* Pradel 1864. Angeblich Sämling von 'Chromatella' oder von 'Isabella Gray'. Hellgelb, großblumig, dicht gefüllt, ballförmig, stark duftend, Stiel schwach, daher Blüte hängend, reichblühend; Wuchs sehr stark; Blätter frischgrün. — Nur in sehr milden Gebieten ganz winterhart, doch anderswo unter Glas nicht selten. (6,6) ∧∧ DZ

Marella. *TH.* Meilland 1961. ('Rouge Meilland' × 'Kordes Sondermeldung') × 'Better Times'. Kräftig lachsrot, großblumig, gut gefüllt, leicht duftend, sehr reich blühend, Knospen dick eiförmig; Wuchs kräftig; Laub glänzend, lederartig. (6,6) DZ

Margaret. *TH.* A. Dickson 1954. 'May Wettern'-Sämling × 'Souvenir de Denier van der Gon'. Innen pfirsichrosa, außen silbrigrosa, im Verblühen verblauend, mittelgroß, sehr dicht gefüllt, duftend; Wuchs kräftig, 80 cm; Laub mattgrün, groß. PWR 88; GSR 331; RA 1955:64. (7,7) DZ

Margaret McGredy. *TH.* McGredy 1927. Eltern nicht bekannt. Orangescharlach, sehr großblumig, 15 cm ⌀, gut gefüllt, duftend; sehr wüchsig; Laub glänzend, hellgrün. D

Margo Koster. *Pol.* D. A. Koster 1931. Sport von 'Dick Koster'. Lachsrosa, kleinblumig, kugelig, halbgefüllt, schwach duftend, in Büscheln; Wuchs aufrecht, 40 cm; Laub hellgrün. — Topfsorte. GSR 446. UZ

Margot Fonteyn. *TH.* McGredy 1964. 'Kordes Sondermeldung' × 'Ma Perkins'. Lachsorange, großblumig, 10 cm ⌀, dicht gefüllt, duftend, reichblühend; wüchsig, 1 m. D

Margret Hentze. *TH.* Tantau/Horstmann 1971. Hellrot (wird als „rote Super Star" bezeichnet), gut gefüllt, hoch gebaut, duftend, einzeln an langen Stielen, Knospen urnenförmig; Wuchs aufrecht, 60 cm. DUZ

Margreth von Hessen. *TH.* Hetzel 1973. 'Dr. A. J. Verhage' × ('Fourore' × 'Primaballerina'). Innen zart cremerosa, außen dunkler, mittelgroß, dicht gefüllt, hoch gebaut, kräftiger Duft, einzeln an langen Stielen; Wuchs aufrecht, bis 50 cm hoch; Laub mitteldicht. D

Marguerite Hilling (= 'Pink Nevada'). *Str.* Hilling 1959. Sport von 'Nevada'. Karminrosa, Mitte heller, großblumig, 10 cm ⌀, nur schwach halbgefüllt, schalenförmig, sehr reich und öfterblühend; Wuchs stark, breit, 2 m. — *R. moyesii*-Hybride. GSR 178; RJb 36:61. (6,9) DMWZ

Maria. *Fl.* Gregory 1965. Sämling × 'Border Beauty'. Orangescharlach, großblumig, 8 cm ⌀, einfach, leicht duftend, reichblühend in Büscheln; Wuchs kräftig, 90 cm; Laub sehr groß, derb. RA 1964:113.

Maria Callas (= 'Miss All-American Beauty'). *TH.* Meilland 1965. 'Chrysler Imperial' × 'Karl Herbst'. Dunkel karminrosa, großblumig, dicht gefüllt, becherförmig, stark duftend, gut blühend; Wuchs buschig, aufrecht, 70 cm; Laub derb. GSR 332. (8,6) DUWZ

Maria Cinta. *TH.* Dot 1967/Minier. 'Duet' × ('Soraya' × 'Chrysler Imperial'). Korallenrot, großblumig, locker gefüllt, duftend; Wuchs niedrig, buschig, 40 cm; Laub glänzend, bronzegrün.

Maria Delforge. *Fl.* Delforge 1959. 'Orange Triumph' × 'Ma Perkins'. Rosa, mittelgroß, rosettenförmig, etwas duftend, in Büscheln; Wuchs buschig, 50 cm; Laub stark, glänzend hellgrün. D

Maria Liesa (Maria Lisa). *Kl.* Brümmer 1925/Liebau 1936. Reinrosa mit weißer Mitte, kleinblumig, einfach, einmal, doch überreich blühend; Wuchs sehr stark, 2—3 m; Laub klein, dunkelgrün. DMW

Maria Teresa Bordas. *TH.* Bordas 1953. 'Sensation' × 'Gloria Dei'. Rosarot, sehr großblumig, dicht gefüllt, duftend, reichblühend; starkwüchsig; Laub tiefgrün, glänzend. D

Marica. *TH.* Mondial Roses 1964. Rein hellrosa, großblumig, gut gefüllt, zuletzt flach sternförmig, duftend; Wuchs kräftig, starke Triebe.

Marie Baumann. *Rem.* Baumann 1863. Sämling von 'Alfred Colomb'. Karminrot, großblumig, ballförmig, sehr dicht gefüllt, duftend; starkwüchsig. D

Marie de Blois. *Moos.* Robert 1852. Karminrosa, heller getönt und gekraust, mittelgroß, gute Form, gut blühend und remontierend, Kelch gut bemoost und gerötet; Wuchs kräftig, 1,5 m. DMU

Marie d'Orléans. *Tee.* Nabonnand 1883. Dunkelrot mit rosarot, großblumig, dicht gefüllt, gut duftend, reichblühend; sehr starkwüchsig. DZ

Marie Louise. *Str.* (*dam.*). Dunkel karminrosa, großblumig, dicht gefüllt, sehr duftend; Wuchs buschig, 1 m. (7,3)

Marie Louise Sondaz. *TH.* Gaujard 1967. 'Rose Gaujard' × 'Gloria Dei'. Innen rahmgelb, äußere Petalen kirschrot schattiert, sehr großblumig, gut gefüllt, duftend; Wuchs sehr kräftig, aufrecht; Laub tiefgrün.

Marie van Houtte. *Tee.* Ducher 1971. 'Mme de Tartas' × 'Mme Falcot'. Dunkel rahmgelb, mit karminrosa überlaufen, großblumig, dicht gefüllt, duftend; Wuchs kräftig, langtriebig; Laub derb, tiefgrün. DZ

Marimba. *Fl.* Dekkers/Verbeek 1964. Sport von 'Garnette'. Kräftig rosa, mittelgroß, gut gefüllt, rosettenförmig, sehr haltbar, reichblühend; wüchsig, buschig, 40 cm; Laub eigenartig kraus, kupferrot. — Für Haus- und Topfkultur. DUZ

Marina. *Fl.* Kordes Söhne 1974. 'Königin der Rosen' × Sämling. Ähnlich 'Zorina'. Orange, gelbe Basis, mittelgroß, hoch gebaut, sehr haltbar, duftend, einzeln oder zu mehreren beisammen, selbstreinigend, gut blühend; Wuchs stark, 60 cm, aufrecht; Laub tiefgrün, gesund, derb, glänzend. D

Marinette. *Fl.* Boerner 1971. Goldgelb, gut gefüllt, großblumig, zuletzt flach, reichblühend, leicht duftend; Wuchs niedrig, 50 cm.

Marion (= 'Salmon Sensation'; 'Stadt Mönchengladbach'). *Fl.* de Ruiter 1956. 'Duchess of Rutland' × 'Fashion'. Rosa mit lachs überlaufen, mittelgroß, schöne Form, gut gefüllt; Wuchs buschig. DZ

Marita. *Fl.* Mattock 1961. 'Masquerade' × 'Serenade'. Orangekupfrig, intensiv gelb geadert, mittelgroß, gut gefüllt, mäßig blühend; Wuchs gut, locker; Laub bronzegrün. GSR 442. D

Marjorie Proops. *TH.* Harkness 1969. 'Red Dandy' × 'Ena Harkness'. Karminrot, mittelgroß, gut gefüllt, gut duftend, einzeln oder zu mehreren, gut blühend; Wuchs mittelhoch, 70 cm; Laub mittelgrün. D

Marlena. *Fl.* Kordes 1964. 'Gertrud Westphal' × 'Lilli Marleen'. Dunkelrot mit orange Anflug, mittelgroß, halbgefüllt, flach, wetterunempfindlich, dauerblühend; Wuchs buschig, vieltriebig, 35 cm; Laub reichlich. GSR 443; RJb 30:129; KR 9:164. (8,3) DUWZ

Marquesa de Urquijo. *TH.* Camprubi 1940. ('Sensation' × 'Julien Potin') × 'Feu Joseph Looymans'. Innen gelb, außen dunkelorangerot, großblumig, gut gefüllt, Duft gut, blüht mittelgut; Wuchs buschig, 60 cm; Laub groß, glänzend, gut deckend. DZ

Marrakech. *TH.* Meilland 1945. 'Gloria di Roma' × 'Tassin'. Schwärzlichrot, scharlach überlaufen, sehr großblumig, gut gefüllt, gute Form, leicht duftend; Wuchs mittel, wenig verzweigt; Laub deckt schlecht. DZ

Martha Kordes. *Fl.* Kordes 1941. 'Hedwig Fulda' × 'Holstein'. Orangerosa, mittelgroß, halbgefüllt, leicht duftend, im Verblühen mehr rosa; 40 cm hoch, buschig; Laub gesund. DWZ

Martine Hémeray. *Fl.* Gaujard 1958. 'Orange Triumph' × 'Mme Edouard Herriot' × Sämling. Karmin, mittelgroß, gut gefüllt, leicht duftend, dauerblühend; Laub derb. Z

Martin Faassen. *TH.* Verbeek 1965. 'Baccara' × Sämling. Dunkel karminrosa, mittelgroß, gut gefüllt, zu mehreren beisammen; Laub tiefgrün.

Martini. *TH.* Delforge 1969. Dunkel blutrot, außen etwas heller, großblumig, einzeln an kräftigen Stielen; Wuchs aufrecht, buschig verzweigt; Laub tiefgrün. DZ

Mary. *Pol.* Qualm 1947. Sport von 'Orange Triumph'. Abweichend durch kleinere, mehr orangefarbene Blüten, sonst wie der Typ. DUW

Maryike-Marika. *Fl.* Kordes Söhne 1973. 'Königin der Rosen' × 'Zorina'. Ähnlich 'Zorina'. Orange, gelbe Basis, mittelgroß, gefüllt, haltbar, leicht duftend, zu mehreren beisammen, selbstreinigend; Wuchs mittel, 60 cm, aufrecht; Laub normal grün, glänzend, mittelgroß. D

Marylène. *TH.* Gaujard 1965. 'Mignonne' × 'Queen Elizabeth'. Rein hellrosa, mittelgroß, gut gefüllt, duftend, langstielig; Wuchs buschig, 50 cm; Laub bronzegrün. (5,8) DZ

Mary Mine. *Str.* Harkness 1971. 'Queen Elizabeth' × 'Buccaneer'. Lachsrosa und hellrosa, großblumig, 10 cm ⌀, locker gefüllt, zu mehreren beisammen, leicht duftend, öfterblühend; Wuchs kräftig, 1,5 m.

'Maryse Kriloff' → **Lucy Cramphorn.**

Mary Wallace. *Kl.* Van Fleet 1924. *R. wichuraiana* × rosa Teehybride. Rosarot, sehr großblumig, halbgefüllt, becherförmig, nur einmal blühend, doch sehr reich; Wuchs kräftig, 2,5—3 m; Laub glänzendgrün. ARA 1924:FP. (7,8) DUWZ

Mascotte. *TH.* Meilland 1951. 'Michèle Meilland' × 'President Herb. Hoover'. Ganz zart rosa, großblumig, 10 cm ⌀, gefüllt, zuletzt flach, duftend, gut blühend; Wuchs kräftig; Laub tiefgrün.

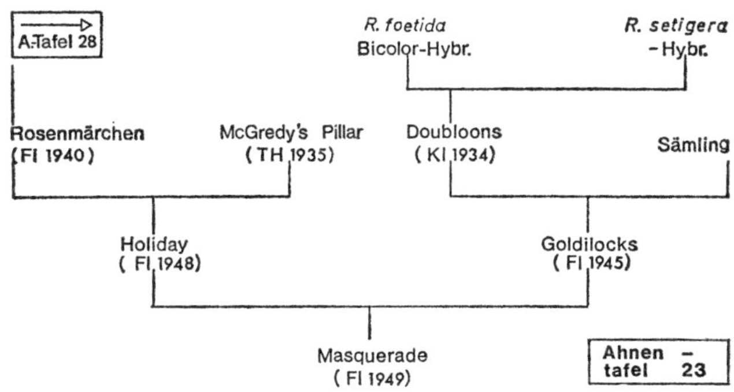

Masquerade. *Fl.* Boerner/Jackson & Perkins 1949. 'Goldilocks' × 'Holiday'. Goldgelb aufblühend, dann lachsrosa, zuletzt dunkelrot, mittelgroß, 5 cm ⌀, halbgefüllt, flach, schalenförmig, sehr reichblühend, Duft schwach; Wuchs kräftig, buschig, 60 cm; Laub glänzendgrün. PWR 100; GSR 444. (7,6) DWZ

'Matador' → **Esther Ofarim.**

Matterhorn. *TH.* Armstrong & Swim 1965. 'Buccaneer' × 'Cherry Glow'. Reinweiß, großblumig oder nur mittelgroß, gut gefüllt, lange Knospe, gut blühend; Wuchs kräftig; Laub derb, lederartig. (7,6)

Maud Cole. *Fl.* Harkness 1968. 'Lilac Charm' × 'Africa Star'. Lilapurpur, mittelgroß, locker gefüllt, leicht duftend, zu mehreren in Büscheln; Wuchs buschig, 70 cm; Laub dunkelgrün, glänzend. D

Maurice Chevalier. *Fl.* Delbard/Chabert 1959. 'Incendie' × ('Floradora'-Sämling × 'Kordes Sondermeldung').

Leuchtend samtrot, großblumig, locker gefüllt, duftend, einzeln oder zu mehreren, gut blühend; Wuchs buschig, 45 cm; Laub gesund. RJb 25:64. DWZ

Mauve Melodee. *TH.* Raffel 1962. 'Sterling Silver' × Sämling. Rosalila, großblumig, 10 cm ⌀, halbgefüllt, zuletzt flach, duftend, gut blühend, an langen Stielen; Wuchs kräftig, aufrecht; Laub lederartig. (6,7) DZ

Max Graf. *Str.* (*rug.*-H.). Bowditch 1919. Vermutlich *R. rugosa* × *R. wichuraiana.* Hellrosa, mittelgroß, einfach, schalenförmig, gelbe Mitte, einmal- und dann reichblühend, setzt selten Früchte an; Wuchs buschig, langtriebig (gut als Bodenbedecker); Laub fast wie bei *R. rugosa.* — Diploid. (7,6) DUWZ

Max Haufe. *Str.* Kordes 1939. 'Joanna Hill' × *rubiginosa*-Hybride. Dunkelrosa, leicht gefüllt oder nur einfach, großblumig, leicht duftend, einmalblühend; Wuchs breit aufrecht, bis 2 m; Laub hellgrün. D

Maxi. *Fl.* McGredy 1971. ('Irish Wonder' × ['Tantaus Triumph' × *R. coryana*]) × ('Hamburger Phoenix' × 'Danse du Feu'). Rot mit weißem Auge, mittelgroß, 7 cm ⌀, halbgefüllt, leicht duftend, zu mehreren beisammen, sehr reichblühend; Wuchs gut; Laub groß, mittelgrün. D

Maxim. *Fl.* Tantau 1961. Sämling × 'Spartan'. Lachsrosa, großblumig, gut gefüllt, sternförmig, einzeln oder zu mehreren; Wuchs buschig, 60 cm; Laub dunkelgrün. DUWZ

Max Krause. *TH.* M. Krause 1930. 'Mrs. Beckwith' × 'Souvenir de H. A. Verschuren'. Zuerst rötlich orange, voll erblüht goldgelb, sehr großblumig, gut gefüllt, duftend; Laub tiefgrün, glänzend. RZ 1931:68. DZ

Max Krause Superior. *TH.* Heizmann 1940. Gelb; wie 'Max Krause', aber größere Blüten. DZ

Max Schmeling. *Fl.* Tantau 1973. Eltern nicht angegeben. Orangerot, großblumig, gut gefüllt, selbstreinigend, wetterbeständig; Wuchs buschig aufrecht, 70—80 cm; Laub groß, etwas glänzend, dicht. D

Mécène. *Str.* Vibert 1845. Gall. Weiß, mit lilarosa gestreift, mittelgroß, gefüllt, flach, einmalblühend; wenig bewehrt. DUW

Medaillon. *TH.* Warriner/Jackson & Perkins 1973. 'South Seas' × 'King's Ransom'. Aprikosengelb, sehr großblumig, gefüllt, später flach, duftend, gut haltbar, sehr lange, spitze Knospe; sehr starkwüchsig, Triebe wenig bewehrt, 1,5 m; Laub groß, reichlich. ARA 1973:1.

Meg. *Kl.* Gosset 1954. 'Paul's Lemon Pillar' × 'Mme Butterfly'. Hellrosa, Mitte aprikosengelb, sehr großblumig, 13 cm ⌀, halbgefüllt, flach schalenförmig, leicht duftend, einmal reichblühend im Sommer, im Herbst etwas remontierend; Wuchs stark, 3—4 m; Laub derb lederig. PWR 215; GSR 250. D

Megiddo. *Fl.* Gandy 1970. 'Coup de Foudre' × 'S'Agaró'. Scharlachrot, mittelgroß, halbgefüllt, zu mehreren beisammen und auch in Büscheln, sehr reichblühend; Wuchs kräftig, 60 cm; Laub groß, dunkelgrün. RA 1971:129; GSR 447. DZ

Meiwonder. *Pol.* Grootendorst 1965. Sport von 'Marianne Kluis Superior'. Scharlachrot, verblüht karminrosa, Mitte weißlich, kleinblumig, 3—4 cm ⌀, halbkugelig, locker gefüllt, in Büscheln, zu großen flachen Ständen vereint; Wuchs buschig, aufrecht, fast stachellos; Laub grün, schmal. DZ

Melina (= 'TANema'). *TH.* Tantau 1973. 'Inge Horstmann' × 'Sophia Loren'. Blutrot, gut gefüllt, großblumig, etwas duftend, gut und lange blühend; Wuchs kräftig, aufrecht; Laub mittelgrün, groß. D

Mellow Yellow. *TH.* Waterhouse Nurs. 1968. Sport von 'Piccadilly'. Gelb, Rand rosa, mittelgroß, halbgefüllt, einzeln stehend; Wuchs buschig; Laub mittelgrün, glänzend. RA 1970:96; GSR 334; CRA 71:32.

Melrose. *Fl.* A. Dickson. 'Silver Lining' × 'E. G. Hill'. Rahmgelb, außen und am Rand kirschrot getönt, mittelgroß, 8 cm ⌀, gut gefüllt, duftend; Wuchs buschig, kräftig; Laub dunkelgrün. (7,2)

Memoriam. *TH.* Von Abrams 1961. ('Blanche Mallerin' × 'Gloria Dei') × ('Gloria Dei' × 'Frau Karl Druschki'). Rahmweiß mit zartrosa Mitte, sehr großblumig, 15 cm ⌀, dicht gefüllt, duftend, sternförmig, gut blühend; Wuchs buschig, kräftig, 70 cm; Laub tiefgrün. WPR 44; RA 1961: 113. (7,8) Z

Mercator. *TH.* Delforge 1962. 'Chrysler Imperial' × 'Tango'. Dunkelrot, großblumig, starkduftend, flach ausgebreitet, reichblühend; Laub dunkel. D

Mercedes. *Fl.* Kordes Söhne 1974. 'Anabell' × Sämling. Zinnoberrot, mittelgroß, gefüllt, einzeln stehend, etwas duftend, sehr reichblühend; Wuchs aufrecht, buschig, starkwüchsig; Laub reichlich, dunkelgrün, gesund. D

Mercy. *Fl.* Warriner/Jackson & Perkins 1971. Sämling × Sämling. Dunkelrot, mittelgroß, gut gefüllt, leicht duftend, sehr haltbar, selbstreinigend, einzeln oder zu mehreren an langen Stielen; starkwüchsig, 1,2 m. — Haussorte. DZ

Merlin. *Fl.* Harkness 1967. 'Pink Parfait' × 'Circus'. Goldgelb, stark mit rot und gelb überlaufen, mittelgroß, 6 cm ⌀, gefüllt, leicht duftend, gut blühend; Wuchs gedrungen, buschig, 50 cm. GSR 448; RA 1968:48. (7,0) D

Mermaid. *Kl.* W. Paul 1918. *R. bracteata* × gelbe gefüllte Teerose. Hellgelb, sehr großblumig, 12—15 cm ⌀, einfach, duftend, selbstreinigend, steril, Staubfäden hellbraun, in warmen Lagen dauerblühend; Wuchs sehr stark, 5—7 m hoch oder höher; Laub tiefgrün, mitunter immergrün, groß, glänzend. GSR 252; PWR 217. (7,7) ΛΛΛ D

Merry Widow. *Fl.* Lammerts 1958. 'Mirandy' × 'Grande Duchesse Charlotte'. Samtig karminrot, sehr großblumig, 15 cm ⌀, locker gefüllt, flach, becherförmig, gut duftend, kräftige Stiele; Laub glänzend, tiefgrün. (7,4) DZ

'Mers du Sud' → **South Seas.**

Message. *TH.* Meilland 1956. ('Virgo' × 'Gloria Dei') × 'Virgo'. Reinweiß, Mitte etwas grünlich, mittelgroß, an langen Stielen einzeln; Wuchs kräftig, aufrecht, 80 cm; Laub hellgrün, klein, matt. PWR 70; BTR 35; RA 1956: 52. (7,2) WZ

Messestadt Hannover. *Fl.* Kordes 1962. 'Moulin Rouge' × 'Piccolo'. Leuchtend hellrot mit orange Anflug, mittelgroß, flach, rosettenförmig, gut gefüllt, zu vielen beisammen, sehr haltbar, selbstreinigend; Wuchs gedrungen, dicht, 50 cm; Laub hellgrün, glänzend. KR 10:141. DUWZ (Tafel 26).

Messire. *Kl.* Laperrière 1963. Sämling × 'Danse du Feu'. Scharlachrot, mittelgroß, 7 cm ⌀, halbgefüllt, in Büscheln beisammen, öfterblühend; Wuchs kräftig, 2,5 m; Laub bronzegrün. Z

Meteor. *Fl.* Kordes 1959. 'Feurio' × 'Gertrud Westphal'. Orangescharlach, mittelgroß, gut gefüllt, becherförmig, später flach, ohne Duft, zu vielen beisammen; Wuchs sehr buschig, gedrungen, 40 cm; Laub groß, gelblichgrün, reichlich. KR 10:32; RA 1959:161. (5,8) DUWZ

Metropole. *TH.* de Ruiter 1961. 'Sidney Peabody' × 'Gloria Dei'. Hellrosa, großblumig, 10 cm ⌀, gut gefüllt, ballförmig, duftend, an kräftigen Stielen; Wuchs stark; Laub matt grün. (6,9) DMZ

Mevr. G. A. van Rossem. *TH.* Van Rossem 1929. 'Souvenir de Claudius Pernet' × 'Gorgeous'. Orange mit orangegelb, auf goldgelbem Grund, rot geadert, außen oft bronze, großblumig, duftend; Wuchs kräftig; Laub groß, dunkelgrün, derb lederartig. RZ 1927:61; HRB 21.

Mevr. van Straaten van Nes (= 'Permanent Wave'). *Fl.* Leenders 1932. Sport von 'Else Poulsen'. Hellrot, halbgefüllt, Petalen gewellt, etwas duftend, in großen Ständen, reichblühend; Laub glänzend, tiefgrün. Z

Mexicana. *TH.* Boerner/Jackson & Perkins 1966. 'Kordes Perfecta' × Sämling. Innen leuchtend rot, außen silbrigweiß, großblumig, gefüllt, hoch gebaut, duftend, reichblühend; Wuchs kräftig aufrecht; Laub sehr groß, rotgrün, glänzend. (7,8) DZ

Michèle Meilland. *TH.* Meilland 1945. 'Joanna Hill' × 'Gloria Dei'. Ganz zartrosa, im Innern etwas lachs und gelborange angehaucht, großblumig, gut gefüllt, duftend; Wuchs stark, aufrecht, 80 cm; Laub hellgrün, matt. PWR 39; HRB 2. (7,9) DUWZ

Michelle. *Fl.* de Ruiter 1968. Sämling × 'Orange Sensation'. Innen lachsrosa, außen etwas dunkler, mittelgroß, locker gefüllt, duftend, zu vielen in Büscheln; Wuchs kräftig, 1,1 m; Laub klein, hellgrün, matt. RA 1969:177; GSR 450; CRA 70:161. DZ

Midget. *Min.* de Vink 1941: 'Ellen Poulsen' × 'Tom Thumb'. Dunkel karminrot, kleinblumig, 2 cm ⌀, gefüllt, flach, etwas duftend, kurztriebig; Wuchs zwergig; Laub zierlich. PWR 165. (7,7) DZ

Mien de Jonge. *Fl.* Verschuren/Stassen 1969. 'Sumatra' × Sämling. Scharlachrot, großblumig, halbgefüllt, becherförmig, etwas duftend, dauerblühend in Büscheln; wüchsig.

Mignonette. *Pol.* Guillot Fils 1880. *R. chinensis* × *R. multiflora*, F_2-Generation. Zartrosa bis weiß, sehr kleinblumig, gefüllt, zu 30—40 beisammen, sehr reichblühend; Wuchs zwergig. RZ 1887:5. D

Mignonne. *TH.* Gaujard 1962. 'Mme Butterfly' × 'Fernand Arles'. Kräftig lachsrosa, großblumig, gut gefüllt, duftend, reichblühend, lange Knospe; Wuchs stark; Laub derb. (6,8) DZ

Milord. *TH.* McGredy 1962. 'Rubaiyat' × 'Karl Herbst'. Scharlachrot, sehr großblumig, 12—15 cm ⌀, locker gefüllt, später flach, gut duftend; Wuchs kräftig; Laub tiefgrün, reichlich. RA 1963:96. (7,1) D

Mimi. *Min.* Meilland 1965. 'Moulin Rouge' × ('Fashion' × 'Perla de Montserrat'). Karminrosa, kleinblumig, 3 cm ⌀, dicht gefüllt, flach, becherförmig, leicht duftend; Wuchs zwergig, 30 cm; Laub zierlich, tiefgrün. DZ

Mimi Coertse. *Fl.* Herholdt 1963. 'Queen Elizabeth' × 'Constantia'. Karminrosa, großblumig, 10 cm ⌀, gut gefüllt; Wuchs aufrecht, kräftig. DZ

Minigold. *Fl.* Tantau 1970. 'Whisky' × 'Zorina'. Rein goldgelb, mittelgroß, 6 cm ⌀, gut gefüllt, duftend, mehrere beisammen, sehr haltbar; Wuchs kräftig; Laub dunkelgrün, gesund. — Haussorte. D

Minna Kordes (= 'World's Fair'). *Fl.* Kordes 1938. 'Dance of Joy' × 'Crimson Glory'. Samtig schwarzrot, im Verblühen mehr scharlachrot, großblumig, 10 cm ⌀, halbgefüllt, duftend, zu vielen in großen Büscheln, dauerblühend; Wuchs kräftig, 60 cm, buschig; Laub derb. DWZ

Minnehaha. *Kl.* Walsh 1905. *R. wichuraiana* × 'Paul Neyron'. Rosa, im Verblühen weiß, kleinblumig, gefüllt, locker, duftend, in großen Ständen, einmalblühend; Wuchs kräftig, 3—4 m; Laub klein, dunkelgrün, glänzend. PWR 227. DU

Minuetto. *Min.* Meilland 1971. ('Rimosa' × 'Josephine Wheatcroft') × 'Zambra'. Orangerot, später lachsrot, Mitte und außen gelb, kleinblumig, 4—5 cm ⌀, halbgefüllt, etwas duftend, in Büscheln, reichblühend; Wuchs buschig, 30 bis 40 cm hoch; Laub grün, klein, stark glänzend. DZ

Mio Mac. *Fl.* Tantau 1973. Eltern nicht angegeben. Kupfrig gelb, mittelgroß, gefüllt, etwas duftend, in Büscheln blühend, wetterbeständig; Wuchs kräftig, aufrecht, mittelhoch, 60—70 cm; Laub mittelgroß, dicht. D

Miracle. *Fl.* Verbeek 1962. Sämling × 'Fashion'. Korallenrot, mittelgroß, 7 cm ⌀, halbgefüllt, meist flach aufblühend, in großen Ständen, gut blühend; Wuchs kräftig, buschig, 1 m; Laub sattgrün, glänzend. RA 1959:49. (7,7) DUZ

Miranda. *Str.* (*dam.*). De Sansal 1869. Satinrosa, großblumig, 8 cm ⌀, halbgefüllt, duftend, öfterblühend; Wuchs gut, 1,5 m. D

Mirandy. *TH.* Lammerts/Armstrong 1945. 'Night' × 'Charlotte Armstrong'. Tiefrot, zum Rand hin mehr karmin, sehr großblumig, 15 cm ⌀, gefüllt, ballförmig, stark duftend, sehr wetterfest; wüchsig, aufrecht, 70 cm; Laub derb. SRW 64. (7,1)

Mirato. *TH.* Tantau 1974. Eltern nicht angegeben. Rosa, großblumig, gefüllt, stark duftend, einzeln stehend; Wuchs buschig, aufrecht, 50—60 cm; Laub groß, mitteldicht, etwas glänzend. D

Mischief. *TH.* McGredy 1961. 'Gloria Dei' × 'Spartan'. Lachsrot, großblumig, locker gefüllt, gut duftend, gut blühend; Wuchs kräftig, aufrecht, 70 cm; Laub hellgrün, gesund. PWR 59; GSR 335; RA 1961:65. (7,5) D

'Miss All-American Beauty' → **Maria Callas.**

Miss Edith Cavell (= 'Edith Cavell'). *Pol.* de Ruiter 1917. Sport von 'Orléans Rose'. Karminscharlach, samtig, dicht gefüllt, kugelig, kleinblumig, in Büscheln, sehr reichblühend; Wuchs kräftig, 60 cm; Laub frischgrün, glänzend, lederartig. D

Miss France. *Fl.* Gaujard 1955. 'Gloria Dei' × 'Kordes Sondermeldung'. Zinnoberrot, großblumig, ballförmig gefüllt, duftend; Wuchs kräftig, buschig, 50 cm; Laub rotgrün. PWR 33; BTR 43. (7,4) DWZ

Miss Harp. *TH.* Tantau 1970. Dunkel goldgelb, großblumig, 15 cm ⌀, gut gefüllt, schöne Form, gut blühend, sehr haltbar, etwas duftend; Wuchs kräftig, 80 cm; reichlich belaubt, glänzend.

Mission Bells. *TH.* Morris 1949. 'Mrs. Sam McGredy' × 'Mälar-Ros'. Lachsrosa, großblumig, gut gefüllt, duftend, reichblühend; Wuchs stark, 80 cm, buschig; Laub groß, rötlich, matt, gut deckend. (7,1) D

Miss Ireland. *TH.* McGredy 1961. 'Tzigane' × 'Kordes Sondermeldung'. Innen lachsrot mit orangegelb, außen etwas heller, mittelgroß, locker gefüllt, duftend, reichblühend, sehr haltbar; Wuchs buschig, mittelhoch, 60 cm; Laub dunkelgrün. PWR 43; RJb 24:32; RA 1961:145. (7,0) DZ

Miss Universe. *TH.* Gaujard 1956. ('Gloria Dei' × Sämling) × Sämling. Innen orangerot, außen kupfrig überlaufen, sehr großblumig, duftend, lange Knospe; Wuchs kräftig; dunkles Laub. Z

Mister Lincoln. *TH.* Swim & Weeks 1964. 'Chrysler Imperial' × 'Charles Mallerin'. Dunkelblutrot, großblumig, 10—15 cm ⌀, gut gefüllt, becherförmig bis ballförmig, duftend, gut blühend, langstielig; Wuchs straff aufrecht, buschig, 80 cm; Laub stumpfgrün, derb. GSR 336; GR 16. (8,5) DUZ

Mistica. *TH.* Dot 1966. 'Sterling Silver' × 'Intermezzo'. Fliederlila, sehr großblumig, gut gefüllt, becherförmig, gut blühend; Wuchs stark, buschig; Laub tiefgrün.

Mitzi. *TH.* Meilland 1956. ('Gloria Dei' × Mme Joseph Perraud') × ('Mrs. Pierre S. du Pont' × 'Mrs. John Laing'). Goldgelb, Saum ganz schmal rot, mitunter lilarosa Anflug, großblumig, gut gefüllt, leichter Duft, gut blühend; Wuchs stark, 90 cm, aufrecht, verzweigt; Laub groß, tiefgrün, glänzend. Z

Mme Abel Châtenay. *TH.* Pernet-Ducher 1895. 'Dr. Grill' × 'Victor Verdier'. Innen hellrosa mit dunklerer Mitte, außen karminrosa, mittelgroß, gut gefüllt, duftend, spitze Knospe; junges Laub bronze. RZ 1897:42. DZ

Mme Alfred Carrière. Übergang von Noisette- zu Teerose. J. Schwartz 1879. Rahmweiß, im Verblühen fast weiß, sehr dicht gefüllt, kugelig, stark duftend, dauerblühend; Wuchs sehr stark; Laub hellgrün. SOR 35. DMZ

'Mme A. Meilland' → **Gloria Dei.**

Mme Bollinger. *Fl.* McGredy 1972. ('Little Darling' × 'Goldilocks') × 'Bobbie Lucas'. Kupfrigrot, am Grunde und außen mehr gelb, locker gefüllt, mittelgroß, gut blühend, in Büscheln, früh; Wuchs buschig, 60 cm; Laub mittelgrün. D

Mme Bravy (= 'Adèle Pradel'; 'Alba Rosea'). *Tee.* Guillot Père 1846. Rahmweiß, Mitte mehr rosa, dicht gefüllt, mittelgroß, gute Form, zuletzt flach schalenförmig, stark duftend, sehr reichblühend; Wuchs kräftig. RZ 1890:65. ΛΛ DZ

Mme Butterfly. *TH.* Hill 1918. Sport von 'Ophelia'. Zartrosa mit gelbem Anflug, mittelgroß, gute Form, stark duftend, oft zu mehreren; Wuchs mittelhoch, 60 cm, buschig. SRW 66. (6,8) DZ

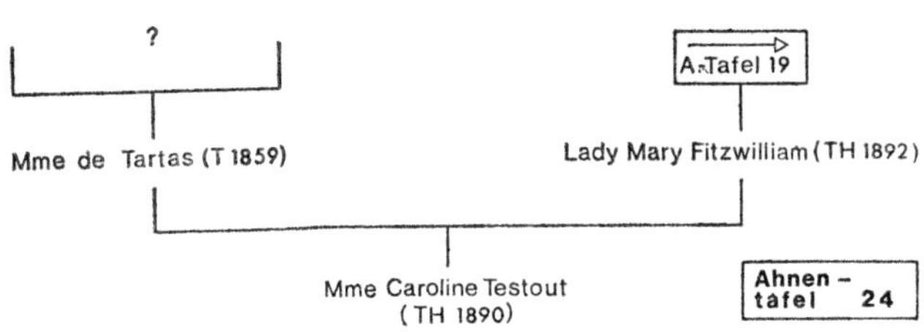

Mme Caroline Testout. *TH.* Pernet-Ducher 1890. 'Mme de Tartas' × 'Lady Mary Fitzwilliam'. Lachsrosa, Mitte dunkler, am Rand mehr karminrosa, großblumig, gut gefüllt, offen, duftend; Wuchs kräftig; Laub sattgrün, matt. RZ 1894:101. DZ

Mme de la Roche-Lambert. *Moos.* Robert 1851. Purpurrosa, mittelgroß, 7 cm ⌀, gefüllt, gut duftend, einmalblühend, Sepalen grün bemoost, Triebe bräunlich bemoost; Wuchs gut, 1,2—1,4 m; Laub weich, grün, rund. D

Mme de Sansal. *Dam.* (*Portl.*). de Sansal, um 1850. Kirschrot mit lachsfarbig.

Mme Edouard Herriot. *TH.* Pernet-Ducher 1914. 'Mme Caroline Testout' × Teehybride. Orangegelb mit rosa und scharlach überlaufen, groß, halbgefüllt, duftend; Wuchs breit, verzweigt; Laub bronzegrün, glänzend, mittelgroß. RZ 1917:77. Z

1913	**Mme Edouard Herriot**	
1916	Morgenstern	
1918	Sunny Jersey Scarlet	
1918	Golden Glow	
1918	Florence Chenoweth	
1919	Georges Clémenceau	
1919	**Evening Star** ——————→	1935 A Night in June
1921	Climbing Mme Edouard Herriot	
1924	Mme Herriot panaché	
1924	Lady Elphinstone	
1924	Schleswig-Holstein	
1925	Countess of Elgin	
1925	Professor Schmeil	
1925	Dilly's Wiederkehr	
1926	Andrée Aubriot	
1926	Ernst Clauberg	
1927	Evening News	
1929	Konrad Thönges	
1930	Gruß an Föhr	
1933	Gretelein	

Die spontanen Sports von 'Mme Edouard Herriot' (nach Saakov)

Mme Edouard Ory. *Moos.* Robert-Moreau 1854. Lebhaft karminrosa, großblumig, ballförmig gefüllt, gut remontierend, Kelch mittelstark bemoost; Wuchs kräftig, 150 cm. D

Mme Emilie Charron. *Tee.* Perrier 1895. Rosa, becherförmig, großblumig, duftend, sehr reichblühend; sehr starkwüchsig. DZ

Mme Ernest Calvat (= 'Pink Bourbon'). *Bourb.* Vve. Schwartz 1888. Sport von 'Mme Isaac Pereire'. Dunkelrosa, sehr stark gefüllt, ballförmig, duftend, gut remontierend; Wuchs buschig, 1,5 m. (7,7) D

Mme Georges Bruant. *Str.* (*rug.*). Bruant 1887. *R. rugosa* × 'Sombreuil'. Rahmweiß, später weiß, ziemlich gefüllt, seidenartig, nicht immer gute Form, gelbe Staubfäden, einzeln oder in Büscheln, reichblühend im Sommer, remontierend; Wuchs kräftig, etwa 1,8 m hoch, Triebe stark, dicht bestachelt; Laub *rugosa*-artig, hellgrün. RZ 1906:72. DU

Mme Hardy. *Str.* (*dam.*). Hardy 1832. Reinweiß, mitunter zartrosa Anflug, Mitte grünlich, äußere Petalen zurückgeschlagen, innere nach innen gebogen, dicht gefüllt, edle Form, stark duftend; Wuchs kräftig aufrecht, bis 1,5 m; Laub hellgrün. PWR 179. (8,7) DMWZ

Mme Hermann Haefliger. *Kl.* Hauser 1943. 'Shot Silk' × Sämling. Intensiv dunkelrot, sehr groß, dicht gefüllt, sehr reichblühend; Wuchs stark; Laub gesund. D

Mme Isaac Pereire. *Bourb.* Garçon 1881. Tiefrosa, etwas purpurn überlaufen, sehr großblumig, sehr dicht gefüllt, stark duftend, Juni, remontierend; Wuchs stark, Triebe sehr kräftig und bewehrt, 3 m; Laub groß. PWR 201; GSR 98. D

Mme Jean Dupuy. *Tee.* Lambert 1902. Goldgelb, mit rosa Hauch, großblumig, dicht gefüllt, gut duftend, reichblühend, lange Knospe; Wuchs kräftig. RZ 1905:1. DZ

Mme Jean Gaujard. *TH.* Gaujard 1938. 'Julien Potin' × Sämling. Innen rahmgelb, außen mit karminrosa und orange überlaufen, sehr großblumig, gut gefüllt, lange spitze Knospe; Wuchs sehr stark, buschig; Laub hellgrün. Z

Mme Jules Bouché. *TH.* Croibier 1911. 'Pharisäer' × Sämling. Weiß, Mitte zartrosa oder rahmfarbig, großblumig, gut gefüllt, duftend, spitze Knospe; Wuchs hoch. (6,6) DZ

Mme Kriloff. *TH.* Meilland 1944 'Gloria Dei' × 'Signora'. Hell orangegelb, rotorange überlaufen und dunkler netzförmig geadert, großblumig, dicht gefüllt, duftend; Wuchs straff aufrecht, 70 cm; Laub groß, rötlich, matt, deckt mäßig. PWR 50; LR 9. DZ

Mme La Colonelle Desmaires. *Fl.* Delforge 1969. 'Mercator' × 'Alain'. Dunkelrot, großblumig, dicht gefüllt, leicht duftend, zu vielen in großen Büscheln an langen Trieben, gut blühend; Wuchs gut; Laub reichlich, mittelgroß, bronzegrün, matt. D

Mme L. Dieudonné. *TH.* Meilland 1949. ('Mme Joseph Perraud' × 'Brazier') × ('Charles P. Kilham' × 'Capucine Chambard'). Innen leuchtendrot, außen goldgelb; großblumig, 10—12 cm ⌀, locker gefüllt, duftend, gut blühend; Wuchs buschig, mittelhoch, 60 cm; Laub groß, grün, glänzend, deckt schlecht. SRW 70; RA 1950:120. DUZ

Mme Legras de St. Germain. *Str. (alba).* Vor 1848. Elfenbeinweiß, Mitte zartgelb, sehr großblumig, dicht gefüllt, zuletzt ganz flach, duftend; Wuchs stark, bis 1,8 m, Triebe fast unbewehrt; Laub graugrün. (8,7) D

Mme Louis Laperrière. *TH.* Laperrière 1951. 'Crimson Glory' × Sämling. Scharlach bis dunkelrot, mittelgroß, gut gefüllt, später flach, stark duftend, gut blühend; Wuchs gedrungen, buschig, Triebe kräftig; Laub dunkelgrün. GSR 329; PWR 56. (6,8) DZ

Mme Louis Lévêque. *Moos.* Lévêque 1898. Leuchtend lachsrosa, großblumig, ballförmig, duftend, mitunter remontierend, Kelch dicht bemoost; Wuchs kräftig, 1,5 m. — Es gibt noch eine Remontantrose (1874) und eine Teerose (1892) mit dem gleichen Namen, vom gleichen Züchter. (7,1) DWZ

Mme Maurice Genèvoix. *TH.* Hémeray-Aubert 1966. Innen silbrigrosa, außen dunkler rosa, großblumig, gute Form, lange Knospe, sehr wetterfest; Wuchs breit buschig, 60 cm; Laub sattgrün. DW

Mme Moreau. *Moos.* Moreau-Robert 1872. Zinnoberrot, mit weißen Linien und Strichen, sehr großblumig, gefüllt. — Es gibt auch eine rote Remontantrose (Gonod/Moreau 1864) und eine Teerose (Moreau-Robert 1889) mit dem gleichen Namen. DWZ

Mme Norbert Levavasseur (= 'Red Baby Rambler'). *Pol.* Levavasseur 1903. 'Crimson Rambler' × 'Gloire des Polyantha'. Karminrot, Mitte heller, halbgefüllt, stark verblauend, kleinblumig, becherförmig, leicht duftend, in großen Ständen beisammen; 40 cm. D

Mme Pierre Oger. *Bourb.* Oger/Verdier 1878. Sport von 'Reine Victoria'. Silbrigrosa, mittelgroß, 7 cm ⌀, ballförmig voll gefüllt, öfterblühend, duftend; Wuchs schlank, 1,5 m, Stacheln dunkel. GSR 100; TR 3; SOR 25. (8,0) DZ

Mme Plantier. *Str. (alba).* Plantier 1835. *R. alba* × *R. moschata*-Sämling (?). Rahmweiß aufblühend, später reinweiß, mit grüner Mitte, mittelgroß, 7 cm ⌀, stark gefüllt, stark duftend, zu vielen beisammen, einmalblühend; Wuchs stark, 2—3 m, überhängend; Laub klein, olivgrün. PWR 181; RZ 1896:94. (8,0) DMUWZ

Mme René Coty. *TH.* Meilland 1955. 'Gloria Dei' × 'Brazil'. Innen orangescharlach, außen goldgelb, sehr großblumig, gut gefüllt, leicht duftend, gut blühend; Wuchs straff aufrecht, 1 m; Laub groß, tiefgrün, glänzend, deckt gut. DZ

Mme Sancy de Parabère. *Kl.*; *Boursault*-Typ. Bonnet 1874. Reinrosa, sehr großblumig, 12 cm ⌀, flach, gut gefüllt, äußere Petalen viel größer als innere, etwas duftend, einmalblühend; Wuchs sehr stark, 3—4 m, Triebe ganz unbewehrt; Laub hellgrün, matt. GSR 214; TCR 3; RZ 1888:5. DMWZ

Mme Scipion Cochet. *Tee.* Bernaix 1872. 'Anna Olivier' × 'Duchesse de Brabant'. Fleischrosa bis weiß, Mitte gelb, großblumig, dicht gefüllt, becherförmig, gut blühend, zu mehreren beisammen, Blütenstiele dünn. (7,3) D

Mme Segond Weber. *TH.* Soupert & Notting 1907. 'Antoine Rivoire' × 'Souvenir de Victor Hugo'. Rein lachsrosa, gefüllt, doch flach, lang gestielt, duftend; Wuchs buschig. RZ 1911:1.

Mme Soupert. *Moos.* Moreau-Robert 1851. Rot, gut bemoost. D

Mme Victor Verdier. *Rem.* Verdier 1863. 'Sénateur Vaïsse' × ?. Hell karminrot, sehr dicht gefüllt, großblumig, flach, stark duftend, etwas remontierend; Wuchs stark. D

Mme Zoetmans. *Str.* (*dam.*). Marest 1830. Zart fleischrosa, Mitte mitunter leicht purpurrosa angehaucht, Zentrum grünlich, gefüllt, duftend, einmalblühend; Wuchs mittel, 1,2 m; Laub hellgrün, reichlich. GSR 82. D

Modern Times. *TH.* Verbeek 1956. Sport von 'Better Times'. Blutrot mit weißrosa Streifen, gut gefüllt, mittelgroß, leicht duftend, mäßig blühend; Wuchs kräftig, aufrecht, 80 cm, wenig verzweigt; Laub groß, grünrot. (5,3) D

Mönch. *Fl.* Tantau 1952. Sämling von 'Karl Weinhausen'. Reinrosa, großblumig, gut gefüllt, ohne Duft, zu vielen beisammen in großen Ständen; Wuchs aufrecht, 50 cm; Laub groß, tiefgrün, glänzend. DUWZ

Mogador (= 'Roi des Pourpres'). *Str.* (*dam.*). 'Rose du Roi' × ? oder Sport von 'Rose du Roi'. Karmin, oft purpurn schattiert, mittelgroß, gefüllt. D

Mojave. *TH.* Swim/Armstrong 1954. 'Charlotte Armstrong' × 'Signora'. Dunkelorange und rot, dunkler geadert, großblumig, 10 cm ⌀, gut gefüllt, leicht duftend, mäßig blühend; Wuchs mittel, verzweigt, 60 cm; Laub groß, glänzend, deckt mäßig. PWR 46; GSR 338; LR 12. (7,6) DWZ

Moje Hammarberg. *Str.* (*rug.*). Hammarberg 1931. Violettrot, großblumig, dicht gefüllt, stark duftend, Stiele kurz, weich, remontierend, gut fruchtend. — Sehr winterhart. DMU

Molde. *Fl.* Tantau 1964. Sämling × Sämling. Dunkel geraniumrot, mittelgroß, gut gefüllt, Petalen leicht kraus, in großen Ständen, reichblühend; Wuchs buschig, 60 cm; Laub dunkelgrün, glänzend. RA 1967:161. DUWZ

Molly McGredy. *Fl.* McGredy 1969. 'Paddy McGredy' × ('Mme Léon Cuny' × 'Columbine'). Innen karminrot, außen silbrigrosa, Rand mehr rot, großblumig, gut gefüllt, zuletzt flach, selbstreinigend, etwas duftend; Wuchs kräftig, 90 cm; Laub tiefgrün, glänzend. RA 1969:3; GSR 451. DZ

Mon Chéri. *TH.* Leenders 1970. 'Kordes Perfecta' × 'Tawny Gold'. Karmin, später karminrosa, Mitte und außen weiß, großblumig, 8—10 cm ⌀, rosettenförmig, spiralig, gefüllt, etwas duftend, zu mehreren; Wuchs aufrecht, 110 cm, kräftig; Laub groß, grün, stark glänzend. D

Mondial Pink. *TH.* Mondial Roses 1965. Lachsrosa, Basis gelb, mittelgroß, gefüllt, leicht duftend, reichblühend; Wuchs kräftig, lange Stiele; Laub dunkelgrün, glänzend. — Haussorte.

Monique. *TH.* Paolino 1949. 'Lady Sylvia' × Sämling. Rosa bis lachsrosa, später heller werdend, großblumig, locker gefüllt, gute Form, gut duftend; Wuchs kräftig, 90 cm; Laub hellgrün, spitz. PWR 29. DWZ

Monte Carlo. *TH.* Meilland 1949. 'Gloria Dei' × Sämling. Orangegelb mit bräunlichorange überlaufen, besonders am Rand, großblumig, 12 cm ⌀, gut gefüllt, duftend, gute Form; Wuchs buschig, oft einseitig, 60 cm; Laub mittelgroß, glänzend. SRW 73. DZ

Montezuma. *Fl.* Swim/Armstrong 1955. 'Fandango' × 'Floradora'. Kräftig lachsrot, großblumig, 8—10 cm ⌀, gut gefüllt, zu mehreren, leicht duftend; Wuchs buschig, gedrungen, 80 cm; Laub groß, rotgrün, matt. GSR 339; PWR 72. (8,6) DUZ

Monza. *TH.* Leenders 1965. Hellrosa, zur Basis und außen gelblich überlaufen, großblumig, locker gefüllt, einzeln stehend, lange Stiele, lange Knospe; Laub groß, dunkelgrün.

Moondrops. *TH.* Delforge 1965. 'Sunny Boy' × Sämling. Dunkelrot mit lachsrot überlaufen, einfach, flach schalenförmig, gut duftend, reichblühend. D

Moonlight. *Str.* (*mosch.*). Pemberton 1913. 'Trier' × 'Sulphurea'. Gelblichweiß, mittelgroß, halbgefüllt, flach, goldgelbe Antheren, duftend, reichblühend und gut remontierend; Wuchs kräftig, 1,5 × 1,5 m; Laub tiefgrün, jung schön weinrot. GSR 121. D

'Moon Magic' = **Jean de la Lune.**

Moon Maiden. *Fl.* Mattock 1970. 'Fred Streeter' × 'Allgold'. Rahmgelb, großblumig, halbgefüllt, locker, flach, zu mehreren beisammen, duftend; wüchsig; Laub derb, etwas glänzend. GSR 453.

Moonraker. *Fl.* Harkness 1968. 'Pink Parfait' × 'Highlight'. Rahmgelb, im Verblühen fast weiß, großblumig, locker gefüllt, etwas duftend, in Büscheln, gut blühend, wetterfest; Wuchs buschig, 80 cm; Laub hellgrün. RA 1968:49. D

Moonsprite. *Fl.* Swim/Armstrong 1956. 'Sutter's Gold' × 'Ondine'. Hellgelb, Mitte dunkler, zuletzt fast weiß, innere

Petalen nach oben gekrümmt, äußere flach abstehend, gut duftend, reichblühend, zu vielen; Wuchs mittel, 40 cm, buschig; Laub mittelgrün, matt. DMW

Moosrosen → **Rosa centifolia-Formen,** siehe Seite 263.

Morgengruß. *Ko.* Kordes 1962. *R. kordesii* × 'Kleopatra'. Zartrosa und orangegelb, großblumig, 10 cm ⌀, gut gefüllt, flach, stark duftend, in Büscheln beisammen, öfterblühend; Wuchs kräftig, 3—4 m; Laub hellgrün, glänzend. KR 9:96; RJb 24:128. (9,0) DMUWZ

Morgensonne (= 'Morning Sun'). *Str.* Kordes 1954. 'Harmonie' × 'Goldilocks'. Goldgelb, sehr großblumig, halbgefüllt, flach, Staubfäden orange, duftend; sehr starkwüchsig, buschig, 2 m; Laub hellgrün, glänzend. DUW

Morletii (= 'Inermis Morletii'). *Boursault*-Typ. Morlet 1883. *R. pendulina* × ?. Magentarosa, mittelgroß, locker gefüllt, kaum duftend, einmal reichblühend; Wuchs stark, 3 m, Triebe ohne Stacheln; Austrieb kupferrot, Herbstlaub orangerot. UW

Morning Dawn. *Kl.* Boerner/Jackson & Perkins 1955. 'New Dawn'-Sämling × 'R. M. S. Queen Mary'. Weißlichrosa mit lachs Anflug, großblumig, 12 cm ⌀, voll gefüllt, ballförmig, duftend, einzeln oder zu mehreren; Wuchs stark, 3 m; Laub tiefgrün, derb, glänzend. (7,2) DWZ

Morning Jewel. *Kl.* Cocker 1968. 'New Dawn' × 'Red Dandy'. Karminrosa, großblumig, öfterblühend, halbgefüllt, duftend, zu mehreren beisammen; Wuchs kräftig, 2,5 bis 3 m; Laub glänzend. DMZ

Morning Stars. *Str.* Jacobus 1949. ('New Dawn' × 'Autumn Bouquet') × ('New Dawn' × 'Inspiration'). Weiß, mittelgroß, 7 cm ⌀, gefüllt, becherförmig, duftend, in Büscheln, öfterblühend; Wuchs gedrungen, buschig. (8,5) DU

'Mothersday' → **Muttertag.**

Moulin Rouge (= 'Sans Souci'). *Fl.* Meilland 1952. 'Alain' × 'Orange Triumph'. Hochrot, mittelgroß, 5 cm ⌀, locker gefüllt, flach, etwas duftend, in großen Ständen; Wuchs buschig, 60 cm. PWR 130; BTR 31; RA 1953:40. DWZ

Mount Everest. Hybride oder Form von *R. pendulina*. Blüten und Früchte größer; Wuchs stärker. DMWZ

'Mousseline' → **Alfred de Dalmas.**

Mousseux Ancien. *Moos.* Vibert, um 1825. Rosa, Mitte karmesinrot, Kelch gut bemoost. DMU

Mousseux de Japon. *Moos.* Rosa mit purpur, halbgefüllt bis gefüllt, locker, einmalblühend, duftend, sehr stark bemoost an Knospen und Triebspitzen; Wuchs mittelkräftig, etwa 1 m, Austrieb stark gerötet. GSR 75.

Mozart. *Str.* (*mosch.*). Lambert 1937. 'Robin Hood' × 'Rote Pharisäer'. Hellrot, mit großem weißem Auge, Rand dunkler, kleinblumig, einfach, duftend, in großen Ständen, öfterblühend; Wuchs buschig, 1,5 m. DMUWZ

Mr. Bert Homan. *TH.* Leenders 1970. 'Kordes Perfecta' × 'Queen Elizabeth'. Lachsrosa, mittelgroß, locker gefüllt, einzeln an langen Stielen; Laub groß, dunkelgrün, matt. D

Mr. Bluebird. *Min.* Moore 1960. 'Old Blush' × 'Old Blush'. Fliederlila, kleinblumig, 3,5 cm ⌀, halbgefüllt, gut blühend; Wuchs zwergig, 35 cm; kleinblättrig. — Wächst leicht aus Stecklingen. PM 22. (7,2) DZ

Mr. Chips. *TH.* A. Dickson 1970. 'Grandpa Dickson' × 'Miss Ireland'. Gelb mit orange, vom Rand her rosa überlaufen, sehr großblumig, locker gefüllt, gut blühend; Wuchs kräftig; Laub glänzend. D

Mr. Faithful. *Fl.* Harkness 1968. 'Pink Parfait' × ('Montezuma' × 'Josephine Bruce'). Rosa, großblumig, gefüllt, duftend, reich blühend, in großen Büscheln; Wuchs gut; Laub reichlich, mattgrün. D

Mrs. Anthony Waterer. *Str.* (*rug.*-H.). Waterer 1898. *R. rugosa* × 'Général Jacqueminot'. Dunkelkarmin mit altrosa, großblumig, 9 cm ⌀, halbgefüllt, teils fast einfach, leicht duftend, etwas remontierend; Wuchs stark, 1,5 m, buschig. GSR 133. (6,9) D

Mrs. John Laing. *Rem.* Bennett 1887. Sämling von 'François Michelin'. Zartrosa, sehr großblumig, voll gefüllt, ballförmig, stark duftend, gut blühend, Knospen spitz; Wuchs kräftig, etwa 1 m, häufig aber auseinanderfallend, Triebe dünn, borstig bewehrt; Blätter hellgrün. GSR 112; RZ 1894:101. (7,7) DWZ

Mrs. Myles Kennedy. *Tee.* A. Dickson 1906. Zart silbrigweiß, zartrosa überlaufen, Mitte dunkler und mehr lachsgelb, großblumig, gefüllt, reichblühend, remontierend; Wuchs stark, kletternd. ΛΛ DZ

Mrs. Paul. *Str.* (*Bourb.*-H.). Paul 1891. 'Mme Isaac Pereire' × ?. Zartrosaweiß, großblumig, gefüllt, gut duftend, öfterblühend; Wuchs 1,2—1,5 m. D

Mrs. Pierre S. du Pont. *TH.* Mallerin 1929. ('Ophelia' × 'Rayon d'Or') × ('Ophelia' × ['Constance' × 'Souvenir de Claudius Pernet']). Goldgelb, mittelgroß, gut gefüllt, duftend, gut blühend, Knospe etwas gerötet; Wuchs mittelhoch, buschig; Laub hellgrün. SRW 70. (6,4) DMUWZ

Mr. Standfast. *TH.* Harkness 1968. 'Dr. A. J. Verhage' × 'Kordes Perfecta'. Rahmgelb, großblumig, sehr dicht und regelmäßig gefüllt, etwas duftend, gut blühend, einzeln stehend; Wuchs buschig, aufrecht; Laub reichlich, glänzend. D

Mrs. Wakefield Christie-Miller. *TH.* McGredy 1909. Zartrosa mit lachsfarbig, außen zinnoberrosa, gut gefüllt, großblumig, gut blühend; Wuchs niedrig; Blätter hellgrün, derb. D

Mrs. W. E. Grant (in Deutschland seinerzeit verbreitet als 'Belle Siebrecht'). *TH.* A. Dickson 1895. 'La France' × 'Lady Mary Fitzwilliam'. Zartrosa, im Verblühen mehr lila, gut gefüllt, lange Knospe. RZ 1895:71 (als 'Belle Siebrecht').

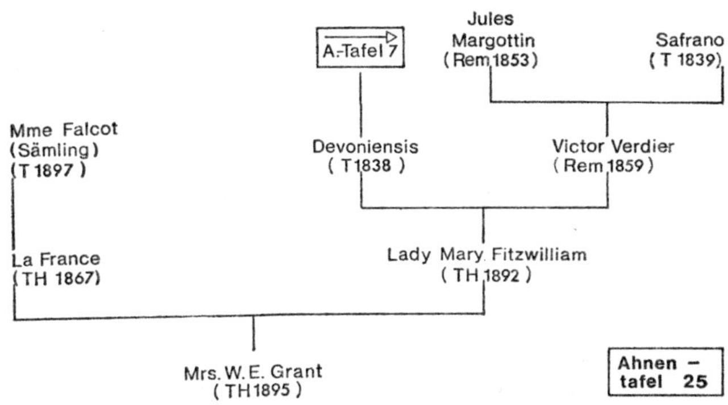

München. *Str.* (*mosch.*-H.). Kordes 1940. 'Eva' × 'Réveil Dijonnais'. Scharlachkarmin, großblumig, halbgefüllt, flach, etwas duftend, in Büscheln, reich und öfterblühend; Wuchs sehr stark; Laub tiefgrün, glänzend. DU

Münchener Fasching. *Str.* Kordes 1963. Sämling × 'Lumina'. Blutrot mit scharlach, mittelgroß, locker gefüllt, sehr wetterbeständig, in großen Ständen beisammen, dauerblühend; Wuchs buschig, 2 m; Laub zuerst rötlich, später glänzendgrün. RJb 28:48. DMUWZ

Münster (= 'Munster'). *Str.* Kordes 1958. 'Harmonie' × 'Masquerade'. Hellrosa mit orangerosa, aufgeblüht heller, großblumig, halbgefüllt, reichblühend, zu vielen beisammen, etwas duftend, öfterblühend; Strauch hoch, buschig, 1,2 m; Laub hellgrün, reichlich. GSR 182. D

'Mullard Jubilee' = **Electron.**

Multiflore de Vaumarcus. *Str.* (*Nois.*). Menet 1875. Zartrosa, mittelgroß, dicht gefüllt, in großen Ständen, dauerblühend; Wuchs buschig, 150 cm; Laub sehr gesund. DM

Musette. *Fl.* Tantau 1936. 'Ingar Olsson' × 'Johanniszauber'. Hell karminrot, großblumig, einfach, flach, duftend, zu vielen in Büscheln; Wuchs kräftig, buschig, starke Triebe; Laub derb, runzelig. D

'Muscosa' → **R. centifolia 'Muscosa'**, siehe Seite 263.

Muttertag (= 'Mothersday'). *Pol.* F. J. Grootendorst 1950. Sport von 'Dick Koster'. Leuchtendrot, kleinblumig, locker gefüllt, ballförmig, bis zu 20 in Büscheln beisammen; Wuchs buschig, niedrig, 35 cm; Laub hellgrün. — Sehr beliebt als Topfrose und zur Frühtreiberei. (7,7) DUWZ

My Choice. *TH.* LeGrice 1958. 'Wellworth' × 'Ena Harkness'. Innen kräftig rosarot, mit scharlach überlaufen, außen zitronengelb, großblumig, 12 cm ⌀, gut gefüllt, stark duftend, gut blühend; Wuchs buschig, 80 cm; Laub hellgrün, leicht glänzend. GSR 341; WPR 18; RJb 22:64. (7,3) Z

My Fair Lady. *TH.* Hahn/Ruehl-Wheeler 1960. 'Gloria Dei' × 'Gloria Dei'. Goldgelb, mit zartrosa überlaufen, großblumig, duftend. — In Deutschland verbreitet durch Horstmann. RA 1962:113. U

My Fancy. *Fl.* Meilland 1970. ('Dany Robin' × 'Fire King') × 'Rumba'. Zinnoberrot, mittelgroß, 7 cm ⌀, rosettenförmig gefüllt, in großen Ständen, gut und öfterblühend, leicht duftend; Wuchs buschig; Laub mittelgroß, tiefgrün, matt. — Für Freiland und unter Glas.

'My Girl' → **Curiosa.**

Mystère. *Fl.* Gaujard 1970. Lachsrot mit gelbem Grund, großblumig, gut gefüllt, hoch gebaut, zu mehreren beisammen, kräftige Stiele; Wuchs buschig, 50 cm; Laub dunkelgrün. D

Mysterium. *Fl.* Kordes 1963. 'Masquerade' × 'Kordes Perfecta'. Goldgelb, mit scharlachrot überlaufen und gestreift, mittelgroß, 7 cm ⌀, locker gefüllt, etwas duftend, sehr reichblühend; Wuchs buschig, 50 cm; Laub tiefgrün, glänzend. RJb 26:224. (6,7) DUZ

Nan Anderson. *Fl.* Anderson 1970. 'Dearest' × 'Irish Wonder'. Zart lachsrosa, mittelgroß, 6 cm ⌀, zu mehreren beisammen und in größeren Büscheln, etwas duftend, reichblühend; Wuchs buschig, gedrungen; Laub mittelgrün, glänzend. RA 1972:129; CRA 73:24. D

Narzisse. *TH.* Krause 1942. 'Geheimrat Duisberg' × 'Golden Glory'. Hell gelborange bis hellgelb, sehr großblumig, gefüllt, hoch gebaut, duftend, langstielig; Wuchs kräftig, hoch; Laub dunkelgrün, derb. (6,1) DZ

Natali. *Fl.* Tantau 1973. Eltern nicht angegeben. Dunkelrot, kleinblumig, halbgefüllt, etwas duftend, in Büscheln blühend, selbstreinigend, wetterbeständig; Wuchs buschig, niedrig, 35—40 cm; Laub mittelgroß. D

Natalie Boettner. *TH.* Boettner 1909. 'Frau Karl Druschki' × 'Goldelse'. Schwefelgelb, später rahmgelb, leicht rosa überlaufen, gefüllt. RZ 1912:137.

Natalie Nypels. *Pol.* M. Leenders 1919. 'Orléans Rose' × ('Comtesse du Cayla' × *R. foetida* 'Bicolor'). Rosarot, mittelgroß, halbgefüllt, stark duftend, reichblühend; niedrig, breit. GSR 449. W

'Nationalstolz'. In Österreich Bezeichnung für → **National Trust.**

National Trust. *TH.* McGredy 1970. 'Irish Wonder' × 'King of Hearts'. Karminrot, großblumig, sehr dicht gefüllt, etwas duftend, gut blühend, einzeln und zu mehreren; Wuchs kräftig, buschig, 80 cm; Laub bronzegrün, matt. RA 1871:112; GSR 342; CRA 72:64. D

Navigator. *Kl.* Verhalen 1925. *R. soulieana* × 'Radiance'. Rosarot, becherförmig, locker gefüllt, 25 Petalen, langtriebig, Knospen kugelig; Wuchs stark; Laub matt.

Nébuleuse. *Fl.* Gaujard 1971. Scharlachrot, gut gefüllt, flach gebaut, in großen Ständen; Wuchs stark. DZ

Neue Revue (= 'Korrev'). *TH.* Kordes 1969. 'Königin der Rosen' × 'Freiheitsglocke'. Rahmweiß, Rand breit scharlachrot, großblumig, gut gefüllt, stark duftend, reichblühend, lange Knospe; Wuchs robust, verzweigt; Laub dunkelgrün, lederartig. KR 10:10. DUWZ

Neues Europa. *Fl.* Kordes 1965. Scharlachrot mit orange Anflug, großblumig, dicht gefüllt, gute Form, in Büscheln, gut blühend; Wuchs buschig, 50 cm; Laub sehr groß, derb, dunkelgrün, glänzend. KR 10:140. DMWZ

Nevada. *Str.* (*moyesii*-H.). Dot 1927. 'La Giralda' × *R. moyesii* (?). Fast reinweiß, sehr großblumig, 10—13 cm breit, locker halbgefüllt, flach, ohne Duft, sehr reichblühend, mitunter zweite Blüte im Sommer; Wuchs etwa 2,5 × 2,5 m, bogig, überhängend; Laub hellgrün. GSR 179; PWR 195; TRT 192. (8,1) DMUWZ

New Dawn. *Kl.* Somerset Nursery 1930. Sport von 'Dr. W. van Fleet'. Wie die Stammsorte, aber dauerblühend; zartrosa, gut gefüllt, duftend, gut blühend; Wuchs kräftig, 3 bis 4 m hoch, überhängend; Laub klein, tiefgrün, glänzend. — Diese Rose erhielt das U.S. Pflanzenpatent Nr. 1. GSR 216; PWR 228. (8,4) DMUWZ

New Penny. *Min.* Moore 1962. (*R. wichuraiana* × 'Floradora') × Sämling. Korallenrosa bis orangelachs, kleinblumig, 3,5 cm ∅, halbgefüllt, flach, duftend, reichblühend; Wuchs zwergig, buschig, 25 cm; Laub tiefgrün. (7,6) Z

News. *Fl.* LeGrice 1968. 'Lilac Charm' × 'Tuscany Superb'. Purpurrot (neuer Farbton), Staubfäden goldgelb, mittelgroß, fast einfach, schalenförmig, Rand etwas wellig, etwas duftend, zu vielen beisammen in großen Ständen; Wuchs buschig, aufrecht, 70 cm; Laub mittelgrün, matt. RA 1970:33; GSR 454; CRA 71:64. DZ

New Style. *TH.* Meilland 1962. ('Rouge Meilland' × 'Kordes Sondermeldung') × 'Gloria Dei'. Karminrot mit scharlach Hauch, großblumig, locker gefüllt, leicht duftend, gut blühend, Knospe eiförmig; Wuchs sehr kräftig, buschig; Laub derb, lederartig. (5,0) Z

New Yorker. *TH.* Boerner/Jackson & Perkins 1947. 'Flambeau' × Sämling. Samtig scharlachrot, großblumig, 10 cm ∅, gut gefüllt, Duft schwach, wetterempfindlich; Wuchs buschig, kräftig, 70 cm; Laub rund, rotgrün, matt. BTR 21. (7,3) DWZ

Nightingale. *TH.* Herholdt 1970. 'Rina Herholdt' × 'Tiffany'. Rosarot, großblumig, gut gefüllt, duftend, hoch gebaut; Wuchs mittelstark; gut belaubt. DUZ

Nigrette. *TH.* Krause 1934. 'Château de Clos Vougeot' × 'Lord Castlereagh'. Schwärzlich braun oder schwärzlich rot, im Verblühen fast ganz schwarz, mittelgroß, locker gefüllt, duftend, wenig blühend; Wuchs mittelkräftig, 40 cm hoch; Laub klein, blaugrün. ARA 1935:96. DZ

Nigritella. *Fl.* Cazzaniga 1953. Rot mit dunklerer Schattierung, gefüllt, gut blühend; zwergig, buschig. Z

Nina Weibull. *Fl.* Poulsen 1962. 'Fanal' × 'Masquerade'. Dunkelrot, mittelgroß, sehr dicht gefüllt, in Büscheln; Wuchs buschig, gedrungen. DZ

Noblesse. *TH.* Jan Spek 1969. 'Coloranja' × 'Coloranja'. Orangerot, sehr großblumig, duftend, leicht gefüllt, blüht mittel; Wuchs mittel; Laub groß, glänzend.

Nora Hooker. *Fl.* Hooker/Harkness 1970. Sport von 'Queen Elizabeth'. Rot, großblumig, 10 cm ∅, gut blühend, zu mehreren beisammen, leicht duftend; Wuchs hoch; Laub mittelgrün.

Nordia. *Fl.* Poulsen 1968. ('Rosenmärchen' × 'Rosenmärchen') × 'Elsinore'. Scharlachrot, mittelgroß, gut gefüllt, gute Form, einzeln und auch zu mehreren stehend; Wuchs kräftig, buschig, 50 cm; Laub dunkelgrün, glänzend. — Für Freiland und unter Glas. GSR 452. DUZ

Nordkap. *Fl.* Rudolf Schmidt 1966. Sport von 'Schweizer Gruß'. Scharlachrot, im Verblühen mehr lachsrot, mittelgroß, 6—7 cm ⌀, halbgefüllt, zu vielen in großen Ständen beisammen; Wuchs kräftig aufrecht, buschig, 70 cm; Laub mittelgroß, grün, etwas glänzend. RJb 34:160. DUWZ

Nordlicht. *Fl.* Kordes 1957. 'Horstmanns Bergfeuer' × 'Gertrud Westphal'. Leuchtend zinnoberrot, großblumig, zu vielen beisammen in großen Ständen, unermüdlich blühend, schwach duftend; sehr wüchsig, 40 cm; Laub derb. RJb 28:48. DUWZ

Nordstern. *Fl.* Kordes/Rud. Schmidt 1964. Kräftig orangerot, mittelgroß, gut gefüllt, ohne Duft, reichblühend, besonders auch im Herbst; Wuchs aufrecht, 70 cm; Laub gesund. RJb 34:80. DUW

Norita. *TH.* Combe/Vilmorin 1966. Tief schwärzlich samtrot, großblumig, gut gefüllt, etwas duftend, dauerblühend, etwas sternförmig; Wuchs aufrecht, 50 cm, buschig; Laub groß, dunkelgrün. DZ

Norris Pratt. *Fl.* Buisman 1964. 'Mrs. Pierre S. du Pont' × 'Marcelle Gret'. Tief goldgelb, mittelgroß, gut gefüllt, sternförmig, reichblühend; Wuchs buschig, 45 cm; Laub groß, hellgrün. DUZ

Nottingham Forest. *Fl.* de Ruiter. 'Metropole' × 'Diamant'. Rot, gut gefüllt, 30 Petalen, 10 cm breit, dauerblühend, in Büscheln; Wuchs 60 cm, buschig; Laub tiefgrün. D

Nouvelle Europe. *Fl.* Gaujard 1964. 'Miss France' × 'Vendôme'. Orangescharlach, außen etwas heller, mittelgroß, edle Form, wetterfest, gut blühend, lange Knospe; Wuchs buschig, 50 cm; Laub bronzegrün. DUZ

Nova. *Fl.* Harkness 1967. 'Ann Elizabeth' × 'Paprika'. Orangescharlach, halbgefüllt, etwas duftend, in Büscheln beisammen, gut blühend; wüchsig; Laub tiefgrün, glänzend. D

Nova Zembla. *Str.* (*rug.*-H.). H. W. Mees/Ruys 1906. Sport von 'Conrad Ferdinand Meyer'. Fleischrosa bis weiß, großblumig, 10 cm ⌀, gut gefüllt, zuletzt flach, reichblühend, einmalblühend; Wuchs stark, 2,5 m; Laub derb, dunkelgrün. (9,1) DZ

Nozomi. *Kl. Min.* Onodera; Japan 1968. 'Fairy Princess' × 'Sweet Fairy'. Zartrosa, einfach, kleinblumig, flach, schwach duftend, zu vielen in Büscheln; Wuchs breit, niedrig (wenn nicht aufgebunden); Laub sehr klein, glänzend. RA 1972:113; CRA 73:55. D

Nuits d'Young. *Moos.* Laffay 1845. Tief violettbraun mit rötlichpurpur, ziemlich kleinblumig, einmalblühend, duftend, Blütenknospen gut bemoost; Strauch dünntriebig, etwa 1 m hoch; locker belaubt, Blätter klein, tiefgrün, mit bräunlichem Metallschimmer. — Berühmte Sorte, deren Name (nach S. G. Thomas) sich wahrscheinlich auf das Gedicht „Nächtliche Gedanken" des englischen Dichters Edward Young, 18. Jahrh., bezieht. (7,7) DMUWZ

Nutzwedel. *Fl.* Karl Schmidt/Kordes 1937. Hellrosa Sport von 'Else Poulsen'. WZ

Nymphenburg. *Str.* Kordes 1934. 'Sangerhausen' × 'Sunmist'. Orangegelb und rosa, Rand stärker gerötet, Mitte mehr gelb, sehr großblumig, halbgefüllt, flach, duftend, den ganzen Sommer blühend, in Büscheln; Wuchs aufrecht, buschig, 1,5 m; Laub glänzendgrün. GSR 183; PWR 206; TRT 37. (7,6) DMUWZ

Obergärtner Wiebicke. *Fl.* Kordes 1950. 'Johannes Boettner' × 'Magnifica'. Karminrosa bis hellrot, großblumig, halbgefüllt, flach, kaum duftend, reichblühend, in großen Büscheln; Wuchs breit, aufrecht, 40 cm; Laub mattgrün. DWZ

Oberon. *Fl.* A. Dickson 1955. 'Nymph' × Sämling. Lachsorange, mittelgroß, 6 cm ⌀, halbgefüllt, leicht duftend, gut blühend; Wuchs kurztriebig; Laub klein, glänzend, deckt schlecht. RA 1957:136. (7,8) D

Oeillet Flammand. *Gall.* Vibert 1845. Blaßrosa, mit weißen und roten Streifen, mittelgroß, sehr dicht gefüllt, flach, stark duftend; starkwüchsig. RZ 1892:37.

Oeillet Panaché (= 'Striped Moss'). *Moos.* Verdier 1888; jedoch auch anderswo entstanden. Zartrosa, schmaler und breiter karmin gestreift, ziemlich kleinblumig, flach; schwachwüchsig, 80 cm. — In England schon 1790 als 'Striped Moss' bekannt. DU

Oeillet Parfait. *Str.* (*gall.* oder *dam.*). Foulard 1841. Blaßrosa, im Verblühen dunkler, hell- und dunkelrot gestreift, mittelgroß, sehr dicht gefüllt, zuletzt flach, duftend, zu 2—3 an steifen Stielen, einmalblühend; Wuchs gedrungen, verzweigt, 1 m; Laub rund, klein, mattgrün. DWZ

'Officinalis' → **R. gallica 'Officinalis'**, siehe Seite 260.

Oklahoma. *TH.* Swim & Weeks 1964. 'Chrysler Imperial' × 'Charles Mallerin'. Schwärzlochrot, großblumig, 12 cm ⌀, dicht gefüllt, stark duftend, sehr lange Knospe; Wuchs buschig; Laub derb, tiefgrün. (7,9) DZ

Olala. *Fl.* Tantau 1956. 'Fanal' × 'Crimson Glory'. Blutrot, großblumig, halbgefüllt, schalenförmig, kleine helle Mitte, ohne Duft, zu vielen in großen Ständen, sehr reichblühend; Wuchs kräftig, 60 cm; Laub tiefgrün, gut deckend. GSR 455; PWR 142. DMUWZ

Old Blush (= 'Parson's Pink China'). *Str.* Gehört zu *R. chinensis.* Seit etwa 1793 in England in Kultur, aus China. Blaßrosa, halbgefüllt, mittelgroß, kaum duftend, in großen Ständen, mitunter etwas remontierend; sehr starkwüchsig, aber oft nur 1 m hoch. SOR 21. (8,2) DM

Old Time (= 'Oldtimer'; 'Coppertone'). *TH.* Kordes 1969. 'Chantré' × 'Bronce Masterpiece'. Kräftig orangegelb, innen etwas dunkler schattiert, großblumig, gut gefüllt, etwas duftend; Wuchs buschig; Laub mittelgrün, reichlich. DZ

Olé. *Fl.* Armstrong 1964. 'Roundelay' × 'El Capitan'. Zinnoberrot, mittelgroß, sehr dicht gefüllt, flach, reichblühend, gute Form; Wuchs buschig, Triebe dick, 60 cm; Laub sattgrün, jung rötlich, glänzend. GSR 456. RJb 28:80. (8,1) DUZ

Olympia. *TH.* Tantau 1935. 'Johanniszauber' × 'Hadley'. Hellrot, großblumig, gut gefüllt, duftend, langstielig; Wuchs kräftig. D

Olympic Triumph. *Fl.* Dickson 1972. 'Shiralee' × 'Apricot Nectar'. Lachsorange, locker gefüllt, großblumig, zuletzt flach, schwach duftend, einzeln oder in Büscheln stehend; Wuchs kräftig, aufrecht, 70 cm. D

Olympisches Feuer (= 'Tanolfeu'). *Fl.* Tantau 1971. 'Ahoi' × 'Signalfeuer'. Orange, mittelgroß, gefüllt, etwas duftend, in Büscheln, aufrecht an kurzen Stielen, sehr witterungsunempfindlich; Wuchs buschig, kräftig, 40 cm; Laub groß, grün, dicht stehend, stark glänzend. DU

Omar Khayyam. *Str.* (*dam.*). Hellrosa, mittelgroß, locker gefüllt, stark duftend, geviertelt, innere Petalen einwärts gekrümmt; Wuchs kräftig, 1 m hoch, locker bewehrt. — Erzogen aus dem Samen einer Rose vom Grabe Omar-i-Chajjams (englische Schreibweise „Omar Khayyam"), eines von 1048—1131 in Nischapur (nicht „Naschipur"!), Persien, lebenden Dichters. Diese angeblich in Kew Gardens entstandene Rose wurde 1893 auf das Grab Edward Fitzgerald's, dem Übersetzer von Omar-i-Chajjams Werk, gepflanzt. (6,3) DUWZ

'Only You' → **Carinella.**

Opéra. *TH.* Gaujard 1950. 'La Belle Irisée' × Sämling. Scharlachrot, am Grund gelb, 15 cm ∅, gut gefüllt, Duft gut; Wuchs stark, breit verzweigt; Laub groß, hellgrün, glänzend, deckt gut. PWR 15. (6,9) DZ

1912	**Ophelia**
1916	Pink Ophelia
1917	Suprême Ophelia
1918	→ Madame Butterfly
1918	Annie Laurie
1918	Silvia
1918	May Martin
1918	→ Golden Ophelia
1918	Rosalind
1920	Climb. Ophelia
1920	Oregon Ophelia
1920	White Star
1920	White Ophelia
1921	Silver Wedding
1922	Westfield Star
1922	Lemon Ophelia
1924	Climb. Queen Ophelia
1924	John Mensing
1926	Elnar Tonning
1927	Prinz Hamlet
1930	Amber
1932	Lady Evelin Guinness

1918	**Madame Butterfly**
1925	Ivy May
1926	Climb. Madame Butterfly
1926	→ Rapture
1926	Pink Madame Butterfly
1926	Grillodale
1926	→ Lady Sylvia
1927	Yellow Madame Butterfly

1926	**Rapture**
1933	Climb. Rapture
1934	Rote Rapture
1935	Orange Rapture

1926	**Lady Sylvia**
1933	Climb. Lady Sylvia

1918	**Golden Ophelia**
1924	Climb. Golden Ophelia
1924	→ Roselandia
1931	Harriett
1934	Christine Wunderlich

1924	**Roselandia**
1931	Oberbürgermeister Külb
1933	Climb. Roselandia

Die spontanen Sports der Teehybride 'Ophelia' (nach Saakov, verändert)

Ophelia. *TH.* W. Paul 1912. Ganz hellrosa, fast weiß, Basis gelb, mittelgroß, duftend, locker gefüllt, edle Form, langstielig; Wuchs buschig, 80 cm; Laub mittelgrün, matt. — Nachkommenverzeichnis in RZ 1930: 36—40. (7,2) DZ

Orangeade. *Fl.* McGredy 1959. 'Orange Sweetheart' × 'Kordes Sondermeldung'. Hell orangerot, großblumig, leicht halbgefüllt, etwas duftend, flach, in großen Ständen; Wuchs sehr kräftig, 80 cm, buschig; Laub tiefgrün. PWR 131; GSR 459; RA 1960:80. (8,3) DZ

Orange Delbard. *TH.* Delbard/Chabert 1959. 'Impeccable' × 'Mme Robert Joffet'. Hellorange, großblumig, gut gefüllt, duftend, kräftiger Stiel, gut blühend; Wuchs kräftig. RJb 22:96. (5,7) Z

Orange Delight. *TH.* Verschuren-Pechtold 1950. Gelborange, auf der Rückseite rot geadert, sehr großblumig, stark duftend, gut gefüllt, gut blühend, Knospe urnenförmig; Wuchs hoch; Laub tiefgrün. — Haussorte.

Orange Festival. *TH.* Leenders 1961. 'Souvenir de Jacques Verschuren' × 'Serenade'. Lachsfarbig, Mitte mehr orange, kleinblumig, locker gefüllt; Laub klein, hellgrün.

Orange Garnet. *Fl.* Swim & Weeks 1965. ('Garnette' × 'Circus') × 'Spartan'. Orangerot, kleinblumig, gut gefüllt, reichblühend, langstielig; Wuchs buschig, kräftig; Laub derb, tiefgrün. — Haussorte.

Orange Masterpiece. *Fl.* de Ruiter 1970. Sämling × 'Orange Sensation'. Orangerot, kleinblumig, gut gefüllt, leicht duftend, zu vielen beisammen in Büscheln, gut blühend; Wuchs buschig, 60 cm; Laub tiefgrün.

'Orange Muttertag' → **Vatertag.**

Orange Perfection. *Pol.* Spek 1927. Sport von 'Ideal'. Orangerot, halbgefüllt, kleinblumig, sehr reichblühend, sonst wie 'Orléans Rose'; 40 cm hoch. D

Orange Salmon Perfection. *Pol.* de Ruiter 1957. Orange, locker gefüllt, mittelgroß, ohne Duft, gut blühend; Wuchs buschig, 40 cm; Laub groß, grün, glänzend, deckt gut. D

Orange Sensation. *Fl.* de Ruiter 1961. 'Amor' × 'Fashion'. Zinnober-orange, großblumig, 7 cm ⌀, locker gefüllt, gut blühend, in Büscheln, duftend; 50 cm; Laub dunkelgrün. GSR 457; RJb 62:161; RA 1961:160. (8,4) DMUZ (Taf. 25).

Orange Silk. *Fl.* McGredy 1968. 'Orangeade' × ('Ma Perkins' × 'Kordes Sondermeldung'). Zinnober-orange, großblumig, 7 cm ⌀, locker gefüllt, duftend, in Büscheln, gut blühend; Wuchs kräftig, 80 cm; Laub tiefgrün. GSR 458; RA 1968:177; WPR 53.

Orange Triumph. *Pol.* Kordes 1937. 'Eva' × 'Solarium'. Lachsrot mit orange Anflug, kleinblumig, halbgefüllt, Petalen gewellt, becherförmig, schwach duftend, in großen Büscheln; Wuchs sehr buschig, 60 cm; Laub tiefgrün, glänzend. — Hiervon zahllose Sorten abstammend. (7,1) DUWZ

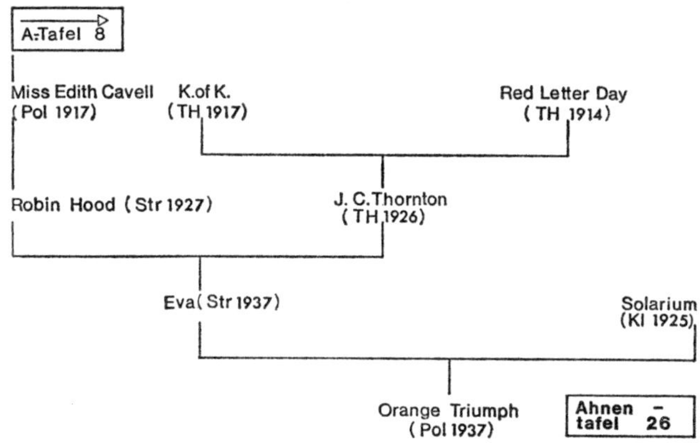

'Orange Vilmorin' → **Uwe Seeler.**

Oratam. *Str. (dam.).* Jacobus 1939. *R. damascena* × 'Souvenir de Claudius Pernet'. Rosa, Saum mehr kupfrig, Basis und Rückseite gelb, sehr großblumig, gefüllt, stark duftend, einmal- und reichblühend; Wuchs buschig, kräftig, 1,3 m; Laub groß, hellgrün. (8,1) DMWZ

Orchid Masterpiece. *TH.* Boerner/Jackson & Perkins 1960. 'Golden Masterpiece' × 'Grey Pearl'-Sämling. Lilarosa, Mitte etwas heller, großblumig, gut gefüllt, zuletzt flach, duftend, gut blühend; Wuchs kräftig; Laub tiefgrün. RJb 22:192. (7,0) Z

Orfeo. *Kl.* Leenders 1963. 'Curly Pink' × 'Guinée'. Schwarzrot, stark gefüllt, großblumig, edelrosenartig, stark duftend, dauerblühend; Wuchs stark; Laub glänzendgrün. DZ

Oriana. *TH.* Tantau 1970. 'Caramba' × 'Piccadilly'. Innen kirschrot, außen fast weiß, mittelgroß, gut gefüllt, leicht duftend, gut blühend, einzeln stehend; wüchsig; Laub tiefgrün, glänzend. WPR 35. DUZ

Orientale. *Kl. TH.* Robichon 1946. 'George Dickson' × 'Mrs. Pierre S. du Pont'. Korallenrot, im Verblühen mehr rosa, großblumig, öfterblühend, duftend; sehr starkwüchsig; Laub glänzendgrün. DZ

Orion. *Fl.* Harkness 1968. 'Vera Dalton' × 'Paprika'. Hell karminrot, großblumig, halbgefüllt, leicht duftend, in großen Büscheln, reichblühend; wüchsig; Laub glänzendgrün. D

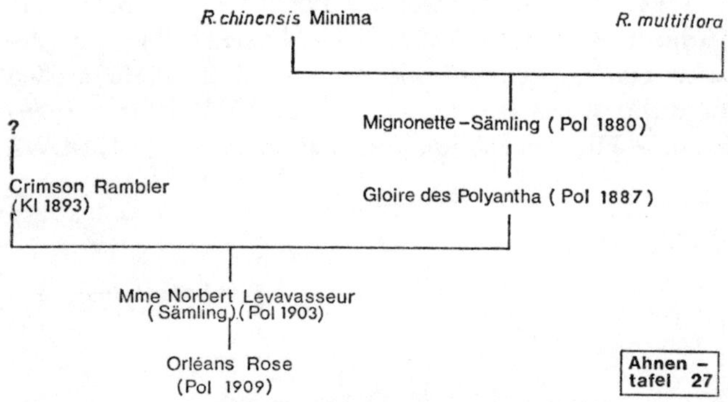

Orléans Rose. *Pol.* Levavasseur 1909. Mutmaßlich Sämling von 'Mme Norbert Levavasseur'. Lebhaft karminrosa, weiße Mitte, halbgefüllt, flach, etwas duftend, reichblühend, gut und lange blühend; Wuchs buschig; Laub glänzend. RZ 1911:65. DWZ

Ormiston Roy. *Str.* Doorenbos 1953. *R. pimpinellifolia* × *R. xanthina.* Kanariengelb, groß, einfach, einmalblühend; Wuchs buschig, 1 m; Laub klein. TRT 37. D

Oskar Cordel. *Rem.* Lambert 1897. 'Merveille de Lyon' × 'André Schwartz'. Karminrot, becherförmig, großblumig, gut gefüllt, 40 Petalen, reichblühend; Wuchs gedrungen. RZ 1901:16.

Oskar Scheerer. *Str.* Kordes 1961. 'Minna Kordes' × 'Fanal'. Schwärzlichrot, großblumig, gefüllt, in großen Ständen beisammen, öfterblühend; Wuchs kräftig, gut verzweigt, 1,5 m; Laub sehr groß, dunkelgrün. GSR 184; RJb 25:33. (7,4) DMUZ

Paddy McGredy. *Fl.* McGredy 1962. 'Spartan' × 'Tzigane'. Tief rosarot, großblumig, 10 cm ⌀, gut gefüllt, duftend, becherförmig, zu mehreren beisammen; Wuchs buschig,

1909 Orléans Rose
- 1911 **Baby Princess Juliana** → 1923 Corrie Koster → 1935 Zborov
- 1913 Climb. Orléans Rose
- 1915 Mevr. J. H. van Nes
- 1917 → **1917 Miss Edith Cavell**
  - 1922 → **1922 Ideal**
    - 1927 → **1927 Kersbergen**
      - 1928 Frans Leddy
      - 1929 Oberbürgermeister Bracht
    - 1927 Orange Perfection
  - 1928 Orange Marvell
  - 1932 Climb. Miss Edith Cavell
- 1917 → **1917 Freudenfeuer**
  - 1922 Käthchen von Heilbronn
- 1920 Crimson Orléans
- 1920 White Orléans
- 1920 → **1920 Coral Cluster**
  - 1927 Pride of Hurst
  - 1930 → **1930 Little Dorrit**
    - 1936 Climb. Little Dorrit
- 1921 Frau Elisabeth Münch
- 1921 → **1921 Juliana-Roos**
  - 1923 Salmon Queen
  - 1928 Lindbergh
- 1923 → **1923 Orange Queen** → **1927 Salmonea** → 1930 Helena van Vliet
- 1923 Girlie
- 1925 Simmgen Orléans
- 1925 **Dr. Kater** → **1928** Frau Marie Bromme
- 1925 Königin Wilhelmine
- 1926 **Locarno** → 1932 Scarlet Button
- 1927 Magnifique
- 1928 → **1928 Teschendorffs Jubiläumsrose**
  - 1930 Teschendorffs Rote Jubiläumsrose
  - 1930 Rosalinde
  - 1930 Teschendorffs Rankende Jubiläumsrose
- 1931 Improved Orléans
- 1931 Rotraut
- 1932 Cameo
- 1935 Svornost

Die spontanen Sports der 'Orléans Rose' (nach Saakov, verändert)

40 cm; Laub derb lederartig. PWR 118; GSR 460; RJb 26: 32. (7,5) DUZ

Paint Box. *Fl.* P. Dickson. Sämling × 'St. Pauli'. Aufblühend gelb mit hellrotem Saum, später ganz scharlachrot mit gelber Mitte, halbgefüllt, großblumig, 7 cm ⌀, schwach duftend, sehr reichblühend; Wuchs buschig, 90 cm; Laub tiefgrün. GSR 461. D

Pampa. *Fl.* Gaujard 1971. Orangerot, im Verblühen mehr karmin, locker gefüllt, zuletzt flach, sehr reichblühend; Wuchs mittel; Laub stark glänzend. DZ

Panaché. *Fl.* Lens 1959. 'Rubin' (TH) × 'Tantau's Triumph'. Hell lachsrot, sehr großblumig, gute Form, locker gefüllt, gut duftend, sehr reichblühend; Wuchs kräftig. Z

'Panachée à fleurs doubles' = **centifolia 'Variegata'**, s. S. 263.

Pania. *TH.* McGredy 1968. 'Paddy McGredy' × ('Kordes Perfecta' × 'Montezuma'). Rein hellrosa, großblumig, gut gefüllt, leicht duftend, gut blühend, zu mehreren beisammen; Wuchs kräftig; Laub sehr derb, glänzendgrün. D

Panorama Holiday (= 'Panorama' in Deutschland). *Gfl.* Gregory 1973. 'Queen Elizabeth' × ?. Reinrosa, großblumig, locker gefüllt, gut duftend, einzeln oder zu mehreren beisammen, lange Knospe; Wuchs buschig, aufrecht 70 cm; Laub tiefgrün. D

Papa Meilland. *TH.* Meilland 1963. 'Chrysler Imperial' × 'Charles Mallerin'. Schwarzrot, samtartig, großblumig, hoch gefüllt, stark duftend, gut blühend; Wuchs buschig, 80 cm; Laub derb, olivgrün, glänzend. GR 129; RJb 28:160. DWZ

Papillon-Rose. *Fl.* Lens 1956. 'White Briarcliff' × ('Lady Sylvia' × 'Fashion'). Reinrosa mit kräftig lachs Anflug, mittelgroß, locker gefüllt, gut duftend, reichblühend in Büscheln; Wuchs buschig, 40 cm; Laub gesund. PWR 146. (7,3) DWZ

Paprika. *Fl.* Tantau 1958. 'Märchenland' × 'Schweizer Gruß'. Geraniumrot, großblumig, schwach halbgefüllt, schalenförmig, ohne Duft, sehr reichblühend und in Büscheln; Wuchs kräftig, 50—60 cm; Laub groß, dunkelgrün, glänzend, gut deckend. GSR 462; PWR 104; RA 1958:32. (7,9) DUWZ

Papst Johannes XXIII. *TH.* P. Brauner, Butzbach, 1969. Reinweiß, dicht gefüllt, großblumig, etwas duftend, lange Knospe; Wuchs kräftig aufrecht, 80—100 cm; Laub dunkelgrün. DZ

Parade. *Kl.* Boerner/Jackson & Perkins 1953. 'New Dawn'-Sämling × 'Climb. Minna Kordes'. Dunkelrosa, halbgefüllt, großblumig, 8 cm ⌀, gut blühend, duftend, öfterblühend; Wuchs stark, 3 m; Laub mittelgroß, rötlich, deckt schlecht. GSR 255; PWR 214. (7,9) DMUWZ

Parfum de l'Hay. *Str.* (*rug.*-H.). Gravereaux 1901. (*R. damascena* × 'Général Jacqueminot') × *R. rugosa.* Karminrot, mittelgroß, voll gefüllt, stark duftend, öfterblühend; Wuchs kräftig, bis 1,5 m. — Wird oft als die am stärksten duftende Rose bezeichnet. (7,6) DMUZ

Pariser Charme. *TH.* Tantau 1956. 'Spartan' × 'Primaballerina'. Reinrosa, großblumig, stark gefüllt, stark duftend, zu mehreren bis vielen beisammen; Wuchs kräftig, breitbuschig, wüchsig; Laub groß, hellgrün, glänzend. GSR 395; RA 1966:145; RJb 30:16. (6,7) DUWZ (Tafel 23).

Paris-Match. *TH.* Meilland 1957. 'Kordes Sondermeldung' × 'Grand'mère Jenny'. Karmin bis rosa, großblumig, gut gefüllt, leicht duftend, gut blühend; Wuchs gut, 80 cm; Laub derb, dunkelgrün. GSR 345; PWR 78. (7,1) Z

Parkdirektor Riggers. *Ko.-Kl.* Kordes 1957. *R. kordesii* × 'Our Princess'. Samtig blutrot, mittelgroß, 8 cm ⌀, locker halbgefüllt, leicht duftend, in Büscheln, öfterblühend; Wuchs stark, 3—4 m; Laub tiefgrün, glänzend. GSR 256; KR 10: 164; RJb 30:128. (7,6) DUWZ

Parkfeuer. *Str.* (*foet.*-H.). P. Lambert 1908. Scharlachrot, einfach, einmalblühend; 1,5—3 m. DMWZ

Parkjuwel. *Moos.* Kordes 1950. 'Kordes Sondermeldung' × rote Moosrose. Hellrot, sehr großblumig, 12 cm ⌀, dicht gefüllt, stark duftend, reichblühend, aber nur einmal, Kelch und Blütenstiele kurz bemoost; Wuchs kräftig, buschig, 1,5 m; Laub hellgrün, runzelig. RJb 37:48. (7,5) DMUWZ

Parkzauber. *Moos.* Kordes 1956. 'Kordes Sondermeldung' × 'Nuits d'Young'. Leuchtend dunkelrot bis feuerrot, großblumig, gefüllt, duftend, einmal- und reichblühend, Kelch und Stiele stark moosig-borstig; Wuchs kräftig, 1,2 m; Laub derb, dunkelgrün. BTR 40. DMUW

Parkzierde. *Bourb.* Lambert 1909. Scharlachkarmin, großblumig, gefüllt, duftend, Petalen muschelförmig, einmalblühend, an langen Trieben; Wuchs stark. DMU

Parmentier. *Moos.* Robert 1815. Dunkelrosa, großblumig, gut gefüllt, duftend, gut blühend; 1,2 m hoch. Z

Pascali. *TH.* Lens 1963. Zart rahmweiß, mittelgroß, gut gefüllt, edle Form, zuletzt flach, sehr reichblühend; Wuchs kräftig, buschig, starktriebig; Blätter tiefgrün. GSR 346; KR 10:142; RJb 26:96. (8,3) DUWZ

Passion. *Fl.* Gaujard 1954. 'Gloria Dei' × 'Alain'. Scharlachrot, großblumig, 10 cm ⌀, gut gefüllt, offen, duftend; sehr wüchsig; dunkel belaubt. WZ

Passion. *Fl.* Leenders 1968. 'Prince Philip' × 'Twilight'. Fliederfarbig bis lilarosa, mittelgroß, gut gefüllt, etwas sternförmig; wüchsig; Laub sattgrün. D

Patricia Hyde. *Fl.* Harkness 1969. 'Ann Elizabeth' × 'Red Dandy'. Rein lachsrosa, kleinblumig, halbgefüllt, zu vielen beisammen, sehr reichblühend, etwas duftend; Wuchs kräftig, 80 cm. D

Paulette. *TH.* Meilland 1946. 'Gloria Dei' × 'Signora'. Lachsrosa-scharlach, dunkler geadert, großblumig, gut gefüllt, etwas duftend; Wuchs hoch; Laub tiefgrün. SRW 82. DZ

Paul Neyron. *Rem.* Levet 1869. 'Victor Verdier' × 'Anna de Diesbach'. Rein rosarot, großblumig, 12 cm ⌀, stark gefüllt, becherförmig, wohlriechend, gut remontierend, starktriebig; Wuchs stark, bis 1,8 m; Blätter frischgrün. GSR 113; RZ 1886:69. (7,4) DZ

Paul Ricault. *Rem.* Portemer 1845. Tiefrosa, großblumig, sehr dicht gefüllt, äußere Petalen auswärts gebogen, innere becherförmig nach innen, Mitte geviertelt, stark duftend, einmalblühend; 1,5 m. GSR 69. DMU

Paul's Lemon Pillar. *Kl. TH.* Paul 1915. 'Frau Karl Druschki' × 'Maréchal Niel'. Blaß schwefelgelb bis fast weiß, sehr großblumig, stark gefüllt, gut duftend, einmal blühend; sehr starkwüchsig, doch ∧∧. GSR 218.

Paul's Scarlet Climber. *Kl.* W. Paul 1916. 'Paul's Carmine Pillar'-Sämling × (?) 'Rêve d'Or'. Karmin-scharlach, mittelgroß, halbgefüllt, wetterbeständig, schwach duftend, sehr reichblühend, in Büscheln, einmalblühend, mitunter etwas remontierend; Wuchs kräftig, 3 m breit, buschig; Laub groß, glänzend, gut deckend. — Noch immer beliebte Sorte! GSR 219; PWR 207. (8,3) DMUWZ

Pax. *Str.* (*mosch.*). Pemberton 1918. 'Trier' × 'Sunburst'. Rahmweiß, dann reinweiß, halbgefüllt, 8—10 cm ⌀, stark duftend, goldgelbe Antheren, überreich blühend in großen Büscheln an 30—50 cm langen Trieben, remontierend; Wuchs kräftig, locker bogig, 2 m, Triebe dunkelbraun; Laub dunkelgrün. TRT 117. DU

'Peace' → **Gloria Dei.**

Peaceful. *TH.* Boerner/Jackson & Perkins 1956. Sämling × 'Gloria Dei'. Innen korallenrosa, außen etwas heller, sehr großblumig, 12 cm ⌀, gut gefüllt, duftend, becherförmig; Wuchs ziemlich ungleich, 80 cm; Laub groß, hellgrün, matt. (6,1) DZ

Peer Gynt. *TH.* Kordes 1968. 'Königin der Rosen' × 'Goldrausch'. Goldgelb, sehr großblumig, 12 cm ⌀, dicht gefüllt, ballförmig, stark duftend, gut blühend, starke Stiele, haltbar; Wuchs kräftig, 90 cm; Laub groß, sattgrün, glänzend. GSR 348; KR 10:20; RA 1908:176. DUZ

Penelope. *Str.* (*mosch.*-H.). Pemberton 1924. 'Ophelia' × 'William Allen Richardson'. Lachsrosa mit gelborange Anflug, im Verblühen fast weiß, Mitte dann mehr rosa, mittelgroß, halbgefüllt, duftend, gut blühend, in großen Ständen, im Herbst nachblühend; Wuchs stark, 1,2 m oder mehr, breit; Laub groß, dunkelgrün. GSR 122; PWR 196. D

Peon (= 'Tom Thumb'). *Min.* J. de Vink 1936. 'Rouletii' × 'Gloria Mundi'. Dunkelkarmin, weiße Basis, kleinblumig, 2,5 cm ⌀, gut blühend; Wuchs zwergig, 10—15 cm hoch; Laub hellgrün. (7,8)

Pepe. *TH.* de Ruiter 1961. 'Amor' × 'Sutter's Gold'. Scharlach mit orangegelb überlaufen, Basis und Rückseite goldgelb, großblumig, gut gefüllt, becherförmig, zuletzt flach, duftend, reichblühend; wüchsig; Laub tiefgrün, glänzend. (6,5) DMZ

Peppermint. *Fl.* Boerner/Jackson & Perkins 1964. 'Jingles' × 'Jingles'. Innen rot, außen rahmgelb, mittelgroß, becherförmig, gefüllt, sehr reichblühend; Wuchs buschig, kräftig. — Haussorte.

Percy Thrower. *TH.* Lens 1964. 'La Jolla' × 'Karl Herbst'. Reinrosa, großblumig, 12 cm ⌀, locker gefüllt, flach, leicht duftend, gut haltbar; Wuchs kräftig, etwas locker, 90 cm; Laub tiefgrün, glänzend. CRA 66:158. (7,6)

Perfume Delight. *TH.* O. L. Weeds/Conard Pyle 1973. 'Gloria Dei' × [('Rouge Meilland' × 'Chrysler Imperial') × 'El Capitan']. Leuchtendrosa, sehr großblumig, 12 cm ⌀, gut gefüllt, 30 Petalen, gute Haltung, sehr edle Form, stark duftend, Knospe lang, spitz; Wuchs straff aufrecht, hoch, buschig; Laub groß, tiefgrün.

Perla de Alcanada (= 'Baby Crimson'). *Min.* Dot 1944. 'Perle des Rouges' × 'Rouletii'. Karminrot, am Grunde etwas weiß, kleinblumig, halbgefüllt, flach, reichblühend; Wuchs zwergig, 30 cm; Laub klein, schmal, dunkelgrün. (7,1) Z

Perla de Monserrat. *Min.* Dot 1945. 'Cécile Brunner' × 'Rouletii'. Rosarot, am Rand etwas heller, kleinblumig, halbgefüllt, rosettenförmig, flach, in Büscheln; Wuchs zwergig, 30 cm, buschig; Laub tiefgrün. PWR 163; GR 273. (7,9)

Perle des Panachées. *Gall.* Vibert 1845. Fast weiß, mit karminroten Streifen und größeren Partien, halbgefüllt, locker; Wuchs aufrecht, 90 cm, junge Triebe bronze; Blätter später hellgrün.

Perle d'Or. *Chin.* Rambaud 1883. *R. multiflora* (?) × 'Mme Falcot'. Innen hellorangegelb, außen dunkler, im Verblühen mehr rahmgelb, kleinblumig, stark duftend, in Büscheln, öfterblühend; wüchsig, 1 m; Laub sattgrün, matt. RZ 1887: 5. (7,7)

Perle vom Wienerwald. *Kl.* Prasćać 1913. 'Helene' × 'Crimson Rambler'. Karminrosa, Rand heller, kleinblumig, halbgefüllt, schalenförmig, reichblühend, zu vielen beisammen, einmalblühend; Wuchs kräftig, bis 30 cm hoch, sehr winterhart. D

Perle von Remagen. *TH.* Burkhard 1957. 'R. M. S. Queen Mary' × 'Gloria Dei'. Innen zartrosa, außen mehr weiß, großblumig, dicht gefüllt, leicht duftend, gut blühend; Wuchs stark, verzweigt, 70 cm; Laub groß, grün, glänzend, deckt mäßig. DZ

Pernille Poulsen. *Fl.* Poulsen 1966. 'Ma Perkins' × 'Columbine'. Kräftig lachsrosa, großblumig, 8 cm ⌀, halbgefüllt, wetterfest, duftend, in Büscheln, reichblühend, blüht schon früh; Wuchs kräftig, buschig, 80 cm; Laub sattgrün, leicht glänzend. GSR 463; RA 1967:113. (7,0) DZ

Persian Yellow. (*R. foetida persiana* Lemaire). *Str.* 1837 von Sir Henry Willock aus Persien mitgebracht. Goldgelb, kleinblumig, gefüllt, kugelig, entlang der Triebe, einmalblühend, Juni, Blüten sind steril; Wuchs buschig, stark Wurzelausläufer treibend, wenn wurzelecht, und dann in guten Lagen bis 2 m hoch, bleibt veredelt (auf *R. multiflora*) jedoch niedriger, etwa 1,5 m (vgl. P. H. Wright, in ARA 1971); Laub klein, gelblichgrün. FS 374. (7,8) DUW

Peter Frankenfeld. *TH.* Kordes 1966. 'Ballet' × 'Florex'. Dunkel karminrosa, großblumig, etwas sternförmig, haltbar, leicht duftend, langstielig; wüchsig, 90 cm; Laub tiefgrün. KR 10:73. DUZ

Peter's Briarcliff. *TH.* Jackson & Perkins 1940. Selektion aus 'Briarcliff'. Reinrosa, ohne Schattierung, lange Form, großblumig, stark duftend, gut blühend; sehr wüchsig; Laub tiefgrün. — Haussorte!

Petite de Hollande (= 'Pompon des Dames', *R. centifolia minor*). *Str.* (*cent.*). Zartrosa, Mitte dunkler, gut gefüllt, mittelgroß, 6 cm ⌀, duftend, in Büscheln beisammen, einmalblühend; Wuchs gedrungen, etwa 1 m. GSR 70; PWR 172. (8,2) DW

Petite Folie. *Min.* Meilland 1968. ('Dany Robin' × 'Fire King') × ('Cricri' × 'Perla de Monserrat'). Innen zinnoberrot, außen karmin, kleinblumig, gefüllt, kugelig, etwas duftend, in Büscheln, dauerblühend; Wuchs kräftig; Laub derb, lederartig. DZ

Petite Lisette. *Str.* (*dam.*). Vibert 1817. Fleischfarbig rosa bis fast weiß, mittelgroß, dicht gefüllt, kreisrund, flach, duftend, schöne Form; Wuchs schwach, 90 cm, wenig bestachelt; Laub klein, rundlich, graugrün, behaart, grob gezähnt. D

Petit Prince. *Pol.* Laperrière 1956. Geraniumrot, kleinblumig, locker gefüllt, in Büscheln zu 8—10, sehr reichblühend; Wuchs zwergig. RJb 26:32. WZ

Petra. *Fl.* Kordes Söhne 1974. Sämling × 'Taora'. Ähnlich 'Chatter'. Blutrot, mittelgroß, gefüllt, in Büscheln, selbstreinigend, reichblühend; Wuchs buschig, 30 cm; Laub gesund, tiefgrün, mittelgroß, derb. D

Pharaoh. *TH.* Meilland 1967. ('Rouge Meilland' × 'Kordes Sondermeldung') × 'Suspense'. Intensiv karmin-scharlach, sehr großblumig, bis 14 cm ⌀, gut gefüllt, becherförmig, duftend, wetterbeständig, gut blühend, langstielig; Wuchs kräftig, 90 cm; Laub mittelgroß, tiefgrün, reichlich, glänzend. RA 1969:112; GSR 349. DWZ

Picasso. *Fl.* McGredy 1971. 'Marlena' × ('Irish Wonder' × ['Frühlingsmorgen' × 'Orange Sweetheart']). Innen kirschrot, leicht halbgefüllt, schalenförmig, Mitte weiß, die meisten Petalen auch weiß gestreift oder gezeichnet, Zeichnung während der Blütedauer sich verändernd (hierauf bezieht sich der Ausdruck „hand-painted", handgemalt, den die Firma McGredy für diese Rose verwendet), sehr reichblühend, in Büscheln; Wuchs buschig, 60 cm; Laub klein, derb, mattgrün. RA 1971:48; GSR 464. DUW

Piccadilly. *TH.* McGredy 1960. 'McGredy's Yellow' × 'Karl Herbst'. Innen scharlachrot, gelb überlaufen und Basis gelb, außen hellgelb, mittelgroß, gefüllt, locker, edle Form, gut duftend, sehr gut blühend; Wuchs buschig, 70 cm; kupfrig grün, glänzend, reichlich. GSR 350; PWR 44; RJb 37:67. (7,4) DUWZ (Tafel 24).

Piccolo. *Fl.* Tantau 1957. 'Schweizer Gruß' × 'Käthe Duvigneau'. Samtig tiefrot, schwärzlich überlaufen, mittelgroß, dicht gefüllt, flach rosettenförmig, etwas duftend, reichblühend, in Büscheln; Wuchs sehr gedrungen, buschig, 40 cm; Laub mittelgroß, rötlich, deckt mäßig. DWZ

Pigalle. *TH.* Meilland 1951. 'Fantastique' × 'Boudoir'. Violettrot bis magenta, großblumig, 10 cm ⌀, dicht gefüllt, zuletzt flach, leicht duftend; Wuchs buschig, 60 cm; Laub bronzegrün. PWR 36. (6,1) Z

Pike's Peak. *Str.* Gunter 1940. *R. acicularis* × 'Hollywood'. Hellrot, Mitte anfangs gelb, dann weiß, halbgefüllt, mittelgroß, 8 cm ⌀, schwach duftend, reichblühend zu vielen in großen Ständen, einmalblühend; Wuchs kräftig, 1,8 m; Laub hellgrün, etwas runzelig. (8,6) DWZ

Pimlico. *Fl.* Meilland 1969. Zinnober, scharlach überlaufen, Mitte gelblich, mittelgroß, 5—7 cm ⌀, gefüllt, kaum duftend, in Büscheln, selbstreinigend; Wuchs buschig, aufrecht; Laub mittelgroß, grün. DZ

Pineapple Poll. *Fl.* Cocker 1970. 'Orange Sensation' × 'Circus'. Gelborange und rotorange, kleinblumig, doch sehr schöne Form, gefüllt, leuchtend, gut duftend; Wuchs buschig, 50 cm; Laub tiefgrün, glänzend. GSR 465. D

Pink Cloud. *Kl.* Boerner/Jackson & Perkins 1952. 'New Dawn' × 'New Dawn'-Sämling. Kräftig rosarot, Mitte etwas dunkler, großblumig, locker gefüllt, becherförmig, duftend, in Büscheln beisammen, reich und öfterblühend; Wuchs kräftig, 2—2,5 m; Laub derb, glänzend, DMWZ

Pink Favorite. *TH.* Abrams 1956. 'Juno' × ('Georg Arends' × 'New Dawn'). Reinrosa, Rückseite etwas dunkler, großblumig, 8—10 cm ⌀, locker gefüllt, becherförmig, leicht duftend, gut blühend, Knospe lang, urnenförmig; Wuchs kräftig, buschig, 80 cm, Triebe dick; Laub hellgrün, glänzend. GSR 351; RJb 22:160. (8,5) DWZ

Pink Fragrance. *TH.* de Ruiter 1956. ('Orange Triumph' × 'Geheimrat Duisberg') × 'Gloria Dei'. Rosa, großblumig, 10 cm ⌀, sehr dicht gefüllt, gut duftend, zu vielen in kegelförmigen Ständen; Wuchs sehr stark, bis 1 m, aufrecht; Laub groß, glänzend, schlecht deckend. (7,6) DZ

Pink Garnette. *Fl.* Boerner/Jackson & Perkins 1951. Sport von 'Garnette'. Dunkelrosa, mittelgroß, 5 cm ⌀, gut gefüllt, sonst wie der Typ. DZ

Pink Grootendorst. *Str.* (*rugosa*-H.). Grootendorst 1923. Sport von 'F. J. Grootendorst'. Reinrosa, sonst wie die Muttersorte. GSR 134; PWR 203. (7,7) DMUWZ

Pink Heather. *Min.* Moore 1959. (*R. wichuraiana* × 'Floradora') × ('Violette' × 'Zee'). Lilarosa, kleinblumig, 3 cm ⌀, dicht gefüllt, flach, etwas duftend, gut blühend, in Büscheln; Wuchs zwergig, 25 cm; Laub sehr klein, glänzend. (7,9) Z

Pink Hedge. *Str.* (*rug.*-H.). Nijveldt 1956. (*R. majalis* × *R. rugosa*) × *R. nitida*. Rosa, mittelgroß, einfach, Früchte rot, zahlreich; Wuchs buschig, 60—70 cm, Triebe stark borstig bewehrt; Blätter klein, glänzend, zuletzt braunrot. D

Pink Lady. *TH.* Wiltgen, USA, 1947. Sport von 'Vierlanden' (letztere in USA als 'Pink Delight' im Handel). Zartrosa, wie 'Vierlanden', aber Rückseite etwas dunkler.

Pink Lustre. *TH.* Verschuren 1957. 'Gloria Dei' × 'Dame Edith Helen'. Rosarot, großblumig, dicht gefüllt, 45—50 Petalen, hoch gebaut, stark duftend, Knospe eiförmig; Wuchs kräftig, aufrecht; Laub derb lederig, dunkelgrün, glänzend. RJb 22:160. WZ

Pink Masterpiece. *TH.* Boerner/Jackson & Perkins 1962. 'Serenade'-Sämling × 'Kate Smith'. Zartrosa, etwas kräftiger überlaufen, Basis gelblich, sehr großblumig, 15 cm ⌀, gut gefüllt, ballförmig, duftend, an starken Stielen, gut blühend; Wuchs kräftig; Laub derb, dunkelgrün.

Pink Parfait. *Fl.* Swim/Armstrong 1960. 'First Love' × 'Rosenmärchen'. Reinrosa, dunkler geadert, im Verblühen heller, großblumig, 9 cm ⌀, locker gefüllt, becherförmig, etwas duftend, gut blühend; Wuchs buschig, 70 cm; Laub sattgrün, mittelgroß, glänzend, deckt sehr gut. GSR 466; RA 1961:161. (7,8) D

Pink Peace. *TH.* Meilland 1959. ('Gloria Dei' × 'Monique') × ('Gloria Dei' × 'Mrs. John Laing'). Karminrosa, großblumig, 15 cm ⌀, dicht gefüllt, hoch gebaut, stark duftend, gut blühend; Wuchs kräftig, buschig, 1 m; Laub groß, grün, matt, gut deckend. — Der Sortenname ist irreführend, denn die Blüte erinnert nicht an 'Peace' (= 'Gloria Dei'). GSR 352; PWR 13; RJb 28:192. (7,7) DWZ

Pink Perpétue. *Kl.* Gregory 1965. 'Danse du Feu' × 'New Dawn'. Kräftig rosarot, mittelgroß, gefüllt, halbkugelig, leicht duftend, in Büscheln, gut und öfterblühend; Wuchs kräftig, 2,5—3 m; Laub hellgrün, glänzend. GSR 257; RA 1965:65. (4,9) D

Pink Puff. *Fl.* Boerner/Jackson & Perkins 1965. 'Rosenmärchen'-Sämling × ('Red Pinocchio'-Sämling × 'Garnette'). Zartrosa, großblumig, gut gefüllt, stark duftend, gute Form, gut blühend, lange Knospe; Wuchs buschig, 50 cm; Laub mittelgroß, bronzegrün, glänzend. DZ

Pink Sensation. *TH.* Bos 1958. Sport von 'Pink Lady'. Dunkler rosa als die Muttersorte, großblumig, gefüllt, stark

Strauchrose 'Lichtkönigin Lucia'

Strauchrose 'Maigold'

Floribunda-Rose 'Frankfurt am Main'

Teehybride 'Pariser Charme'

Teehybride 'Piccadilly'

Parkrose 'Maiwunder'

Teehybride 'Mainzer Fastnacht'

Floribunda-Rose 'Prominent'

duftend, gut blühend, langstielig. — Bekannte Haussorte. BTR 58.

Pink Supreme. *TH.* de Ruiter 1964. 'Amor' × 'Gloria Dei'. Reinrosa, großblumig, locker gefüllt, stark duftend, Knospe mehr lachsfarbig, lang; Wuchs kräftig, buschig, 1 m; Laub hellgrün, glänzend. GSR 353; RA 1964:112. DM

'Pink Wonder' → **Kalinka.**

'Pinocchio' → **Rosenmärchen.**

Pioneer. *TH.* LeGrice 1970. Rot, großblumig, 10 cm ⌀, sehr dicht gefüllt, duftend, einzeln oder zu mehreren; wüchsig; Laub klein, tiefgrün.

Piroschka (= 'Tanpika'). *TH.* Tantau 1972. 'Duftwolke' × 'Dr. A. J. Verhage'. Reinrosa, großblumig, locker gefüllt, 30 Petalen, zuletzt flach becherförmig, stark duftend, Blüten zu mehreren beisammen; Wuchs buschig, 60 cm; junge Blätter rotbraun. DUZ

Pixie (= 'Little Princess'). *Min.* de Vink 1940. 'Ellen Poulsen' × 'Peon'. Weiß, Mitte zartrosa, kleinblumig, dicht gefüllt, zuletzt flach, etwas duftend, gut blühend; Wuchs zwergig, 25 cm; Laub sehr klein, matt. (8,2)

Pixie Gold. *Min.* Dot 1961. 'Perla de Monserrat' × ('Rosina' × 'Eduardo Toda'). Hellgelb, kleinblumig, 3 cm ⌀, halbgefüllt, flach, gut blühend; Wuchs zwergig, buschig; Laub sehr klein, dunkelgrün. PM 22. (7,8)

Pixie Rose. *Min.* Dot 1961. 'Perla de Monserrat' × 'Coralin'. Karminrosa, Mitte dunkler, kleinblumig, becherförmig, gut gefüllt; Wuchs zwergig, 30 cm; Laub sehr klein, dunkelgrün. (8,5) Z

Planten un Blomen (= 'Cheerio'). *Fl.* Kordes 1948. 'Holstein' × 'Sappho'. Innen hellrosarot, außen dunkler, großblumig, 8 cm ⌀, etwas duftend, gut blühend; Wuchs buschig, verzweigt, 50 cm; Laub groß, rötlich, matt. DWZ

Plomin. *Fl.* Tantau 1951. ('Johanna Tantau' × 'Karen Poulsen') × 'Stämmler'. Weißlichrosa mit gelblichem Anflug, zuletzt fast weiß, großblumig, 12 cm ⌀, halbgefüllt, zuletzt ganz flach, kaum duftend, gut blühend in Büscheln; Wuchs buschig, 80 cm, breit; Laub reichlich, mittelgrün, glänzend. DUWZ

Poinsettia. *TH.* Howard & Smith 1938. ('Mrs. J. D. Eisele' × 'Vaterland') × 'J. C. Thornton'. Scharlachrot, großblumig, gefüllt, duftend, gut blühend, lange spitze Knospe; Wuchs gedrungen. — Haussorte. SRW 85. (6,7) DWZ

Polka. *Fl.* Meilland 1959. 'Moulin Rouge' × 'Fashion'. Karminrosa, mittelgroß, 7 cm ⌀, Mitte hochgebaut, seitliche Petalen becherförmig, duftend, in großen, flachen Ständen, gut blühend; Wuchs verzweigt, 60 cm; Laub mittelgroß, matt, gut deckend. RJb 28:192. (7,3) DWZ

Polstjärnan. *Kl.* Wasastjärna 1937. *R. beggeriana*-Hybride. Reinweiß, kleinblumig, gefüllt, 15—20 Petalen, einmalblühend; Wuchs sehr stark, 5 m oder höher. — Sehr winterhart. DW

Polynesian Sunset. *TH.* Boerner/Jackson & Perkins 1965. 'Diamond Jubilee'-Sämling × 'Hawai'. Lachsrot mit orange Anflug, im Verblühen etwas heller, sehr großblumig, bis 15 cm ⌀, locker gefüllt, Mitte hoch gebaut, Rand mehr becherförmig und kraus, duftend, reich und lange blühend; Wuchs kräftig, buschig. RJb 30:48. (7,1) DZ

Poly Prim. *Fl.* Eddie 1953. 'Goldilocks' × 'Geheimrat Duisberg'. Dunkelgelb, großblumig, 7 cm ⌀, sehr voll gefüllt, gute Form, in Büscheln, gut blühend, leicht duftend; Wuchs mittelstark, 40 cm; Laub groß, matt. PWR 125. (6,5) DW

Pompadour Red. *Fl.* de Ruiter 1951. 'Orange Triumph' × 'Anne Poulsen'. Kräftig rosarot, großblumig, locker gefüllt, 35 Petalen, becherförmig, duftend, reichblühend, Knospen kugelig; Wuchs kräftig. DZ

Pompon Blanc Parfait. *Str.* (*alba*-H.). Verdier 1876. Zart fleischrosa mit lila Anflug, kleinblumig, dicht rosettenförmig gefüllt, reichblühend für einige Wochen; Wuchs buschig, 1, 5 m, aufrecht, Triebe wenig bestachelt; Laub graugrün. D

'Pompon de Bourgogne' („Burgunderröschen") → **R. centifolia 'Parvifolia'**, siehe Seite 263.

'Pompon des Dames' → **Petite de Hollande.**

Pompon Rouge. *Fl.* Delforge 1971. 'Révérence' × 'Miracle'. Leuchtendrot, mittelgroß, sehr dicht gefüllt, gut haltbar, selbstreinigend, reichblühend; Wuchs sehr niedrig, buschig, 30 cm; Laub mittelgroß, matt.

Ponderosa. *Fl.* Kordes 1970. 'Irish Wonder' × 'Marlena'. Leuchtend rotorange, großblumig, 10 cm ⌀, locker gefüllt, becherförmig, etwas duftend, in Büscheln zu vielen beisammen, reichblühend; Wuchs buschig, 50 cm; Laub groß, lederartig, glänzend. DUWZ

'Poppy Flash' → **Rusticana.**

Portofino. *Fl.* Delforge 1964. 'Miramar' × Sämling. Rot, außen dunkelgelb, mittelgroß, gefüllt, gut blühend; Wuchs buschig, niedrig, 40 cm. D

Portrait. *TH.* C. Meyer/Conard-Pyle. 'Pink Parfait' × 'Pink Peace'. Hell- und dunkelrosa, mittelgroß, gut gefüllt, einzeln an langen Stielen, haltbar, duftend, selbstreinigend; Wuchs buschig aufrecht; Laub reichlich, dunkelgrün, derb.

'Portrait' → **Stephanie de Monaco.**

Poulsen's Grupperose (= 'Poulsen's Bedder'). *Fl.* Poulsen 1948. 'Orléans Rose' × 'Talisman'. Reinrosa, großblumig, 7 cm ⌀, halbgefüllt, etwas duftend, reichblühend, in großen Ständen; Wuchs kräftig, aufrecht, 70 cm; Laub bronzegrün. (7,7) D

Poulsen's Park Rose. *Str.* Poulsen 1953. 'Great Western' × 'Karen Poulsen'. Silbrigrosa, großblumig, 12 cm ⌀, einfach, gute Form, schalenförmig, in großen Ständen; Wuchs stark, 1,5 × 1,5 m. (6,9) D

Poulsen's Pearl. *Fl.* Poulsen 1949. 'Else Poulsen' × Sämling. Zart fleischrosa, einfach, großblumig, 8 cm ⌀, Staubfäden rot, gut blühend, in Büscheln; Wuchs kräftig; Laub hellgrün, klein. WZ

Poulsen's Pink. *Fl.* Poulsen 1939. 'Golden Salmon' × gelbe TH. Hellrosa mit gelber Basis, halbgefüllt, becherförmig, in Büscheln an langen Trieben, etwas duftend, gut blühend; starkwüchsig, 90 cm; Laub hellgrün. D

Poulsen's Supreme (= 'Kelleriis-Rose'). *Fl.* Poulsen 1945. 'Poulsen's Pink' × Sämling. Lachsrosa, im Aufblühen etwas gelb überlaufen, großblumig, 7 cm ⌀, halbgefüllt, becherförmig, gut blühend in großen Ständen; wüchsig; Laub hellgrün.

Poupée. *TH.* Lens 1965. Zart lachsrosa, mittelgroß, gut gefüllt, gute Form; Wuchs buschig, 50 cm.

Pour Toi (= 'Para Ti'). *Min.* Dot 1946. 'Eduardo Toda' × 'Pompon de Paris'. Weiß, Mitte hellgelb getönt, kleinblumig, halbgefüllt, hoch gebaut, gut blühend; Wuchs zwergig, 25 cm; Laub klein, glänzend. PWR 169. DZ

Präsent. *Fl.* Haenchen/Teschendorff 1969. 'Highlight' × 'Allgold'. Innen orange, außen goldgelb, gut gefüllt, großblumig, duftend, zu mehreren und in Büscheln, gut haltbar, reichblühend; Wuchs buschig, 50—70 cm; Laub tiefgrün, derb.

Präsident Dr. h. c. Schröder. *TH.* Kordes 1959. 'New Yorker' × Sämling. Dunkelsamtrot, großblumig, gut gefüllt, Duft gut, hoch gebaut, starke Stiele; Laub rötlichgrün, matt, deckt schlecht. (5,9) DUWZ

Praise of Jiro. *Fl.* Kordes 1959. 'Korona' × 'Spartan'. Orangescharlach, großblumig, gut gefüllt, etwas duftend, reichblühend, in Büscheln; Wuchs mittel, 50 cm; Laub reichlich, deckt gut. (6,6) DW

Precilla. *TH.* Kordes Söhne 1974. 'Peer Gynt' × Sämling. Dunkel goldgelb, mittelgroß, becherförmig, duftend, einzeln stehend, gut blühend, selbstreinigend; Laub gesund, dunkelgrün. D

Preciosa (= 'Indian Song'). *TH.* Meilland 1972. Gelb und rot, großblumig, gut gefüllt, ohne Duft; Wuchs mittel, 40 bis 60 cm. DUZ

Prélude. *TH.* Meilland 1954. 'Fantastique' × ('Ampère' × ['Charles P. Kilham' × 'Capucine Chambard']). Fliederlila, mittelgroß, locker gefüllt, gute Form, duftend, an starken Stielen; Wuchs buschig, dicht belaubt; Laub rötlichgrün, mittelgroß, deckt gut. PWR 51; RA 1955:156. (5,9) DZ

'Premier Amour' → **First Love.**

Premier Bal. *TH.* Meilland 1955. ('Fantastique' × 'Caprice') × 'Gloria Dei'. Elfenbeinweiß mit purpurrosa Rand, Basis gelblich, großblumig, gut gefüllt, duftend; Wuchs buschig; Laub tiefgrün. PWR 76; SRW 86. (6,8) Z

'Première Ballerina' → **Primaballerina.**

Président de Sèze. *Str.* (*gall.*). Mme Hébert 1836. Purpurrosa bis purpurkarmin, Rand heller, großblumig, 10 cm ⌀, gefüllt, geviertelt, duftend; Wuchs mittelkräftig, 1,2 m; Laub breit. GSR 88. (6,6) D

Président Dutailly. *Str.* (*gall.*). Dubreuil 1888. Karmesinrot, Mitte karmin, außen mehr lilarosa, großblumig, gefüllt, zuletzt flach, etwas remontierend; Wuchs aufrecht, 70 cm. DWZ

President Herbert Hoover. *TH.* Coddington 1930. 'Sensation' × 'Souvenir de Claudius Pernet'. Innen meist rot mit gelber Basis, außen gelb mit rot überlaufen, großblumig, locker gefüllt, zuletzt flach, duftend, lange Knospe; Wuchs kräftig, 90 cm, starke Triebe; Laub derb. PWR 75; LR 6. (6,7) DZ

Prestige. *Str.* Kordes 1957. 'Rudolph Timm' × 'Fanal'. Hell karminrot, großblumig, halbgefüllt, schalenförmig, gelbe Staubfäden, zu mehreren beisammen, öfterblühend; Wuchs kräftig, bis 1,5 m; Laub sehr groß, gesund. GSR 185; RA 1958:128. (7,4) DMZ

Presumida (= 'Peter Pan'). *Min.* Dot 1948. 'Eduardo Toda' × 'Pompon de Paris'. Gelborange bis weiß, Mitte gelblich, kleinblumig, gefüllt, flach, gut blühend; Wuchs zwergig; Laub tiefgrün. PWR 160. (7,1)

Primaballerina. *TH.* Tantau 1957. Sämling × 'Gloria Dei'. Karminrosa, im Verblühen etwas heller werdend, Basis etwas gelb, mittelgroß, 8 cm ⌀, gut gefüllt, gut wetterfest, stark duftend, reichblühend; Wuchs kräftig aufrecht, 90 cm; Laub bronzegrün. GSR 354; WPR 39. (7,9) DUZ

'Primaplant'. Rosensorten, die dieses Wort als Bestandteil ihres Sortennamens tragen, sind Züchtungen der Baumschule Vlaeminck in Wetteren, Belgien; etwa 20 Sorten mit dieser Bezeichnung im Handel.

Prince Camille de Rohan (= 'La Rosière'). *Rem.* E. Verdier 1861. Wahrscheinlich 'Général Jacqueminot' × 'Géant des Batailles'. Tief karminrot mit kastanienbraun, sehr großblumig, sehr dicht gefüllt, etwa 100 Petalen, fast imbricat liegend, becherförmig, stark duftend, gut blühend, etwas remontierend; Wuchs aufrecht, Triebe etwas schwach. SOR 28. DZ

Prince Charles. *Bourb.* 1842. Samtigpurpur-karmin, mit bräunlichrotem Anflug, im Verblühen mehr lilarot, dunkler geadert, fein gekräuselt, großblumig, gefüllt, doch locker, duftend, einmalblühend; Wuchs kräftig, bis 1,5 m, Stämme nahezu ohne Stacheln; Laub groß, tiefgrün. GSR 101; TR 3. D

Prince Felix de Luxembourg. *TH.* Ketten 1930. 'General MacArthur' × 'George C. Waud'. Karminrot mit purpur Schein, großblumig, gut gefüllt, 30—35 Petalen, duftend; Wuchs buschig, sehr stark; Laub dunkelgrün. DZ

Prince Igor (= 'Frenzy'). *Fl.* Meilland 1970. Innen orangescharlach, außen goldgelb, mittelgroß, gut gefüllt, gut blühend; Wuchs buschig, 50 cm. DUZ

Prince Jean de Luxembourg. *Pol.* Soupert & Notting 1926. 'Jeanny Soupert' × 'Miniature'. Reinweiß, gefüllt, doch sehr kleinblumig, goldgelbe Antheren, in sehr großen Ständen zu 100 oder mehr beisammen; Wuchs buschig, 50 cm; Laub klein.

Prince Philip. *Fl.* Leenders 1959. 'Kordes Sondermeldung' × 'Buccaneer'. Hellrot, mit geraniumrot überlaufen, großblumig, gut gefüllt, lange Knospe; Wuchs kräftig, aufrecht; Laub tiefgrün, glänzend. D

Princess Alice. *Moos.* A. Paul 1853. Mitte karmesinrot, Petalenränder zartrosa, gefüllt, großblumig, duftend, remontierend. D

Princess Chichibu. *Fl.* Harkness 1970. ('Vera Dalton' × 'Highlight') × 'Merlin'. Innen purpurrosa und hellrosa, außen hellorange, Basis lachsfarbig, mittelgroß, 7 cm ⌀, gefüllt, etwas duftend, gut blühend; Wuchs mittel, 60 cm; Laub dunkelgrün. DZ

Princesse. *TH.* Laperrière 1964. ('Gloria Dei' × 'Magicienne') × ('Kordes Sondermeldung' × 'Radar'). Zinnoberrot, großblumig, gut gefüllt, hoch gebaut, schwach duftend; Wuchs mittel, 60 cm; Laub mattgrün. GSR 355. Z

Princesse Adelaide. *Moos.* Laffay 1845. Blaßrosa, gut gefüllt, duftend, gut blühend, aber nicht viel bemoost, Stiele kräftig; Blätter oft weißbunt. D

Princesse Marie Dagmar. *Tee.* Lévêque 1893. Zartgelblichlachsrosa bis fast weiß, mitunter etwas karmin überlaufen, großblumig, gefüllt, lange Knospe; Wuchs kräftig. DZ

Princesse Paola. *TH.* Mondial Roses 1968. 'Primaballerina' × Sämling. Dunkelrosa, sehr großblumig, hoch gebaut, locker gefüllt, stark duftend, gut blühend; Wuchs kräftig, mittelhoch; Laub gesund. RA 1970:97; CRA 71:32.

Princess Margaret (of England). *TH.* Meilland 1968. 'Queen Elizabeth' × ('Gloria Dei' × 'Michèle Meilland'). Hell karminrosa, Farbe gut wetterbeständig, großblumig, gut gefüllt, hoch gebaut, etwas duftend, dauerblühend; Wuchs kräftig, aufrecht, 80 cm bis 1 m; Laub groß, dunkelgrün, derb. GSR 356. DWZ

Princess Michiko. *Fl.* A. Dickson 1966. 'Circus' × 'Spartan'. Kupfrig-orange, Basis gelb, mittelgroß, 8 cm ⌀, locker gefüllt, becherförmig, in Büscheln; Laub derb, glänzend. GSR 469; RA 1967:128. (7,7) D

Prince Tango. *Pol.* Delbard-Chabert 1968. ('Orléans Rose' × 'Goldilocks') × ('Orange Triumph'-Sämling × 'Floradora'). Dunkelorange, kleinblumig, kugelig, halbgefüllt, zuletzt flach, sehr haltbar; Wuchs mittel, buschig; Laub mittelgroß, glänzend, bronzegrün.

Principessa delle Rose (= 'Princesse des Roses'). *TH.* Aicardi 1953. 'Julien Potin' × 'Sensation'. Lilarosa, großblumig, locker gefüllt, 30—40 Petalen, becherförmig, duftend, gut blühend, lange spitze Knospe; Wuchs sehr stark, aufrecht. D

Prins Claus. *TH.* de Ruiter 1972. Abkömmling von 'Queen Elizabeth'. Lachsorange, großblumig, gut gefüllt, hoch gebaut, einzeln an langen Stielen, Knospen lang, spitz; Wuchs sehr kräftig, aufrecht, 90 cm; Laub dunkelgrün, glänzend. D

Prinsesse Margarethe. *TH.* Poulsen 1963. 'Queen Elizabeth' × ('Kordes Sondermeldung' × 'Spek's Yellow'). Dunkel lachsorange, großblumig, gut gefüllt, etwas duftend, langstielig; Wuchs kräftig, aufrecht; Laub hellgrün.

Prins Willem Alexander. *Fl.* Verschuren 1971. Orangerot, Mitte weißlich, außen lachsrosa, großblumig, 8—10 cm ⌀, locker halbgefüllt, schwach duftend, in großen Ständen reichblühend; Wuchs aufrecht, buschig, 60 cm; Laub groß, glänzend, jung rot. DUZ

Printemps. *TH.* Mallerin 1948. 'Trylon' × 'Brazier'. Innen altrosa mit hellrot überlaufen, außen gelb, Saum etwas gerötet, großblumig, 10 cm ⌀, gut gefüllt, duftend; starkwüchsig; Laub dunkelgrün, glänzend. SRW 87. (7,5) DZ

Prinzessin Irrlieb. *Fl.* Kordes 1963. 'Ama' × 'Fanal'. Hellrot, samtig schimmernd, gefüllt, mittelgroß, reichblühend in großen Büscheln; Wuchs mittel. DUZ

Prof. Alfred Dufour. *Fl.* Cazzaniga 1969. 'Paprika' × 'Coup de Foudre'. Leuchtend rot, großblumig, ballförmig, locker gefüllt, leicht duftend, zu mehreren an langen Stielen, dauerblühend; Wuchs kräftig; Laub mittelgroß, hellgrün, derb. DUZ

Professeur Emile Perrot. *Str.* (*dam.*). Von Prof. Perrot aus Persien eingeführt, von Turbat 1930 verbreitet. Zartrosa, mittelgroß, halbgefüllt. — Wahrscheinlich identisch mit *R. damascena* 'Trigintipetala' und sehr ähnlich *R. damascena* 'Versicolor', jedoch einfarbig. D

Prof. Gnau. *TH.* Tantau 1928. 'Oskar Cordel' × Sämling. Rahmweiß, mittelgroß, gut gefüllt, später flach, duftend, lange Knospe. RZ 1928:56. DZ

Prominent (= 'Korp'). *Fl.* Kordes 1970. 'Königin der Rosen' × 'Zorina'. Innen signalrot, außen scharlachorange, mittelgroß, 8 cm ⌀, etwas duftend, gut gefüllt, sehr haltbar, meist einzeln an langen Stielen, gut blühend; Wuchs stark, aufrecht, langtriebig, 90 cm; Laub dunkelgrün, matt. RA 1972:144; GSR 470; CRA 73:27. DUWZ (Tafel 24).

Prosperity. *Str.* (*mosch.*). Pemberton 1919. 'Marie-Jeanne' × 'Perle des Jardins'. Elfenbeinweiß, Mitte etwas mehr gelblich, kleinblumig, halbgefüllt, stark duftend, sehr reichblühend und in großen Ständen, remontierend. GSR 123. DMU

Proud Land. *TH.* Morey/Jackson & Perkins 1969. 'Chrysler Imperial' × roter Sämling. Tiefrot, großblumig, dicht gefüllt, duftend, einzeln an langen Stielen, sehr haltbar, Knospen lang, urnenförmig; Wuchs kräftig aufrecht; Laub reichlich, tiefgrün, derb. (8,2) DZ

Pußta. *Fl.* Tantau 1972. Leuchtend dunkelrot, großblumig, locker gefüllt, etwas duftend, becherförmig; Wuchs buschig, aufrecht, dicht, 70 cm; Laub rötlich, dann grün, glänzend. DUZ

Pye Colour. *Fl.* Dickson 1972. Orangescharlach, mittelgroß, halbgefüllt, flach, kreisförmig, goldgelbe Staubfäden, reichblühend, zu vielen beisammen; Wuchs niedrig, dicht buschig, 40 cm; Laub tiefgrün. D

'Quatre Saisons' und 'Quatre Saisons Blanc Mousseux' → **Rosa damascena 'Semperflorens'**, siehe Seite 265.

Quebec (= 'Mme Marie Curie'). *TH.* Gaujard 1942. Goldgelb, großblumig, 12 cm ⌀, locker gefüllt, leicht duftend, gut blühend; wüchsig, buschig; Laub dunkelgrün, lederartig. DWZ

Queen Elizabeth (= 'The Queen Elizabeth Rose'). *Fl.* Lammerts 1954. 'Charlotte Armstrong' × 'Floradora'. Rein hellrosa, großblumig, 8—10 cm ⌀, locker gefüllt, becherförmig, duftend, zu mehreren und in Büscheln an sehr langen, kräftigen Stielen, sehr reichblühend; Wuchs stark, straff aufrecht, 110 cm, Triebe wenig stachelig; Laub sehr groß, rötlich, dunkelgrün. PWR 99; GSR 471; RA 1955: 112. (9,3) DMUWZ

Queen Fabiola (= 'Fabiola'). *Fl.* Hazenberg 1961. Sport von 'Montezuma'. Wie die Muttersorte, aber Blütenfarbe orangerot, sehr haltbare Farbe. — Auch für Treiberei. RJb 26:224. (6,2) WZ

Queen of Bermuda. *Fl.* Bowie 1956. ('Kordes Sondermeldung' × 'Orange Triumph') × 'Bettina'. Orange-zinnober, großblumig, 10 cm ⌀, hoch gefüllt, hoch gebaut, duftend, in Büscheln, reichblühend; Wuchs kräftig, buschig; Laub bronzegrün, glänzend. — Nur wenig verschieden von 'Kordes Sondermeldung'. (7,3) WZ

Queen of Bourbons (= 'Bourbon Queen'; 'Reine des Iles Bourbons'; 'Souvenir de la Princesse de Lamballe'). *Bourb.* Mauget 1835. Rosa, Mitte mehr purpurn, Rand heller, halbgefüllt, 7 cm ⌀, stark duftend, reichblühend, Juni; Wuchs stark, locker, aufrecht, 3 m; Laub etwas bläulichgrün. GSR 93. DMU

Radar. *TH.* Meilland 1953. 'Charles Mallerin' × 'Kordes Sondermeldung'. Geraniumrot, großblumig, gut gefüllt, leicht duftend, mäßig blühend; Wuchs kräftig, 50 cm; Laub glänzend, dunkelgrün, deckt wenig. (5,5) DZ

Radiance. *TH.* Cook 1908. 'Enchanter' × 'Cardinal'. Rosa, Rückseite etwas heller, großblumig, locker gefüllt, becherförmig, stark duftend, reichblühend; wüchsig. — Nachkommenverzeichnis RZ 1930:64. RZ 1910:1. (6,6) Z

Radway Sunrise. *Str.* Waterhouse 1962. 'Masquerade'-Sämling. Innen orangerot bis kirschrot, Mitte gelb, außen kupfrig, einfach, großblumig, 10 cm ⌀, etwas duftend, in großen

Büscheln, öfterblühend; Wuchs stark, 1,5 m; Laub dunkelgrün, glänzend. GSR 186; RA 1964:128.

Rafzerfeld. *Str.* Hauenstein 1950. ? *Gallica*-Selektion. Rosa, einfach, schalenförmig, sehr wetterfest, leicht duftend; Wuchs niedrig, 50—60 cm. D

Rallye. *Fl.* Delforge 1966. Karmin, Mitte weißlich, außen karminrosa, mittelgroß, 7—8 cm ⌀, einfach, 5—10 Petalen, schwach duftend, in Büscheln; Wuchs aufrecht, buschig, 60 cm; Laub mittelgroß, stark, glänzend, grün, dicht. D

Ramona. *Str. Laevigata*-Hybride. Dietrich & Turner 1913. Karminrot bis karmesin, einfach, sehr großblumig, flach. — Wahrscheinlich ein roter Sport von 'Anemone' oder ein Sämling hiervon. GSR 197. ΛΛ D

Ramon Bach. *TH.* Dot 1938. 'Luis Brinas' × 'Condesa de Sástago'. Gelborange, Rand etwas heller, Rückseite rötlichgelb, großblumig, sehr dicht gefüllt, ballförmig, stark duftend, Staubfäden goldgelb; wüchsig; Laub tiefgrün, glänzend.

Rapture. *TH.* Traendly & Schenck 1926. Sport von 'Mme Butterfly'. Dunkler rosa als die Stammsorte, an der Basis gelb angehaucht; Wuchs stärker; Laub größer. (7,5) Z

Raubritter. *Str.* (*macrantha*-H.). Kordes 1936. 'Daisy Hill' × 'Solarium'. Hell purpurrosa, kleinblumig, 5 cm ⌀, halbgefüllt, kugelig, duftend, einzeln und in Büscheln, reichbühend, einmalblühend; Wuchs kräftig, buschig, 2 m; Laub klein, derb, stark geadert. SOR 41; RJb 35:16; TRT 140. (8,2) DMUWZ

Raymond Chenault. *Kl. Ko.* Kordes 1960. *R. kordesii* × 'Montezuma'. Scharlachrot, großblumig, 10 cm ⌀, locker gefüllt, stark duftend, früh- und öfterblühend, in Büscheln; Wuchs kräftig, 3 m; Laub tiefgrün, glänzend. (7,9) DMWZ

Rayon d'Or. *TH.* Pernet-Ducher 1910. 'Mélanie Soupert' × 'Soleil d'Or'. Goldgelb, dicht gefüllt. RZ 1910:37.

Rebecca. *TH.* Tantau 1970. 'Konfetti' × 'Piccadilly'. Innen hellrot, außen goldgelb, großblumig, gut gefüllt, langstielig, gut blühend; wüchsig, buschig; Laub groß, dunkelgrün, glänzend. DUZ

Rebell. *TH.* Kordes 1973. 'Roter Stern' × 'Brandenburg'. Ähnlich 'Brandenburg', aber Farbe mehr dunkel orangerot, großblumig, becherförmig, locker gefüllt, stark duftend; Wuchs kräftig aufrecht; junges Laub rot. D

„Rebella" → **Rebellastar.**

Rebellastar. *TH.* Hetzel 1970. 'Super Star' × 'Symphonie'. Scharlachrot mit orange Anflug, mittelgroß, duftend, sehr reichblühend, haltbar; Wuchs kräftig. DZ

'Record'. Mallerin 1951. → **Décor.**

Red American Beauty. *TH.* Morey/Jackson & Perkins 1959. 'Rouge Meilland' × 'San Fernando'. Scharlachrot, großblumig, 12 cm ⌀, gut gefüllt, stark duftend, lange spitze Knospe, gut blühend; Wuchs buschig; Laub tiefgrün, derb. (6,8)

Redcap. *Fl.* Swim/Armstrong 1954. 'Minna Kordes' × 'Rosenmärchen'. Hellrot, mittelgroß, halbgefüllt, becherförmig, in gewölbten Ständen, reichblühend; Wuchs buschig, aufrecht; Laub derb, matt.

Red Chief. *TH.* Armstrong 1967. Sämling × 'Chrysler Imperial'. Leuchtend hellrot, großblumig, gefüllt, duftend, hoch gebaut, reichblühend; starkwüchsig, aufrecht; Laub derb. (7,1)

Red Cushion. *Fl.* Armstrong 1966. 'Circus' × 'Ruby Lips'. Dunkelrot, kleinblumig, halbgefüllt, etwas duftend, zu mehreren und in großen, gewölbten Ständen, überreich blühend; Wuchs buschig, 40—50 cm; Laub klein, rundlich, derb. (7,6)

Red Dandy. *Fl.* Norman/Harkness 1959. 'Ena Harkness' × 'Karl Herbst'. Dunkel karminrot, samtig, mittelgroß, 7 cm ⌀, gefüllt, zuletzt flach, becherförmig, duftend, reichblühend, sehr wetterfest; Wuchs kräftig aufrecht, 90 cm; Laub glänzend. GSR 472; RA 1960:160. (7,1) DZ

Red Devil (= 'Coeur d'Amour'). *TH.* A. Dickson 1970. 'Silver Lining' × 'Primaballerina'. Leuchtendrot, außen etwas heller, großblumig, gut gefüllt, etwas duftend, sehr haltbar, gut blühend; Wuchs stark, buschig, verzweigt; Laub groß, reichlich, glänzend. RA 1967:48. D

Red Empress. *Kl.* Mallerin 1956. ('Holstein' × 'Décor')-Selbstung. Karminrot, großblumig, 8 cm ⌀, gefüllt, locker ballförmig, stark duftend, zu 1—2 beisammen, reichblühend, öfterblühend; Wuchs stark, 3 m; Laub sattgrün, derb. (7,6) DMUW

Red Flare. *Kl.* Mansuino 1954. 'Reine Marie Henriette' × 'Paul's Scarlet Climber'-Sämling. Karminrot, dunkler überlaufen, großblumig, 10 cm ⌀, gut gefüllt, duftend, einzeln und in Büscheln stehend, sehr gut blühend; Wuchs stark, buschig, 2—2,5 m; Laub groß, glänzend, gut deckend. D

Redgold. *Fl.* A. Dickson 1971. (['Karl Herbst' × 'Masquerade'] × 'Doctor Faust') × 'Piccadilly'. Orangegelb, Rand tief karminrosa, mittelgroß, gut gefüllt, leicht duftend, sehr reich- und dauerblühend, einzeln oder zu mehreren; Wuchs buschig, aufrecht; Laub mittelgrün, reichlich. GSR 473; KR 10:75; CRA 69:48. DUWZ (Tafel 26).

Red Hedge. *Str.* (*rug.*-H.). Nijveldt. (*R. rugosa* 'Rubra' × *R. majalis*) × *R. nitida.* Rosarot, kleinblumig, einfach, kleine rote Früchte; Wuchs buschig, kurz- und dichttriebig, 30—40 cm hoch, aufrecht; Laub bronzegrün. D

Red Imp. (= 'Maid Marion'; 'Mon Trésor'). *Min.* de Vink 1951. 'Ellen Poulsen' × 'Peon'. Karminscharlach, kleinblumig, 2,5 cm ⌀, sehr dicht rosettenförmig gefüllt, ganz flach, sehr haltbar; Wuchs buschig, zwergig, 20—25 cm; Laub klein, dunkelgrün. (8,4)

Red Lion. *TH.* McGredy 1964. 'Kordes Perfecta × 'Schlösser's Brillant'. Karminrot, später mehr karminrosa, großblumig, 12 cm ⌀, gut gefüllt, duftend, hoch gebaut, lange Knospe, einzeln an langen Trieben, gut blühend; wüchsig, 1 m; Laub bronzegrün, glänzend. — Haussorte. GSR 358. DW

Red Marshall. *TH.* Fr. Melichar, ČSSR, 1940. 'Red Columbia' × 'Guillaume Kaempff' (noch nicht in Blüte gesehen). D

Red Martini. *TH.* Delforge 1967. 'Chrysler Imperial' × Sämling. Dunkelrot, großblumig, gefüllt, etwas duftend, gut blühend; Wuchs buschig, kräftig; Laub bronzegrün. D

Red Masterpiece. *TH.* Jackson & Perkins 1974. Dunkelrot, sehr großblumig, 12 cm ⌀, dicht gefüllt, gut duftend, einzeln an langen Stielen, lange Knospe; Wuchs kräftig, aufrecht.

Red Planet. *TH.* A. Dickson. 'Red Devil' × Sämling. Karminrot, außen etwas heller, großblumig, gut gefüllt, gut duftend, gut blühend, einzeln oder zu mehreren an langen Stielen; Wuchs kräftig, aufrecht, 1,10 m; Laub mittelgroß, glänzend, tiefgrün. RA 1970:3. DZ

Red Queen (= 'Liebestraum'). *TH.* Kordes 1968. 'Königin der Rosen' × 'Freiheitsglocke'. Kirschrot, großblumig, gut gefüllt, duftend, sehr gut blühend; Wuchs aufrecht; Laub reichlich, gesund. RA 1969:129; GSR 359; RJb 34:136. DZ

'Red River' → **Gärtnerfreude.**

'Red Rock' → **Lusambo.**

Red Wing. *Str.* Doorenbos, um 1950. ? *R. hugonis* × *R. sericea* f. *pteracantha.* Ähnlich letzter, doch Bewehrung besonders breit und schön rot, Blüten goldgelb, 5 Petalen. — In der Stadtgärtnerei Den Haag erzielt.

Red Wings. *Fl.* Boerner/Jackson & Perkins 1958. ('Improved Lafayette' × 'Herrenhausen') × 'Lavender Pinocchio'. Dunkelrot, großblumig, 8 cm ⌀, halb gefüllt, becherförmig, duftend, gut blühend; Wuchs kräftig, aufrecht, buschig; Laub tiefgrün, derb. W

Red Wonder. *Fl.* de Ruiter 1954. 'Better Times' × Floribunda-Sämling. Leuchtend karminrot, großblumig, 8 cm ⌀, halbgefüllt, schalenförmig, duftend, gut blühend; Wuchs stark, buschig, 70 cm; Laub groß, rotgrün, glänzend, deckt gut. PWR 147; RA 1956:32. DMWZ

'Reina Elisenda' → **Kordes Sondermeldung.**

'Reine Blanche' → **Hebe's Lip.**

Reine de Mousseuses. *Moos.* Robert & Moreau, um 1860. Fleischrosa, kleinblumig bis mittelgroß, gefüllt, einmal reichblühend; 1 m hoch. DU

'Reine des Neiges' → **Frau Karl Druschki.**

Reine des Violettes. *Rem.* Millet-Malet 1860. Sämling von 'Pius IX'. Dunkelviolettrot, im Verblühen violett, samtig, auf der Rückseite etwas heller, mittelgroß, flach, geviertelt, mit kleinem Auge, duftend, remontierend; Wuchs kräftig; Laub mehr graugrün. GSR 114; TRT 37. (7,1) DMWZ

Reine Victoria. *Bourb.* J. Schwartz 1872. Kräftig rosa, sehr dicht gefüllt, becherförmig, süß duftend, dauerblühend; Wuchs aufrecht, 1,5 m; Laub zartgrün. ARA 1967:155. GR 384. (8,4) D

Reinolds Reingold. *Fl.* Reinold 1967. 'Goldilocks' × 'Allgold'. Hellgelb, ähnlich 'Goldjuwel', aber kleinere Blüten, weniger reichblühend, gefüllt, 6—7 cm ⌀; Wuchs breit buschig, 50 cm; Laub klein, grün, stark glänzend, junge Spitzen bronze. D

Rekordblüher. *Fl.* Tantau 1965. Sämling × Sämling. Rosarot, kleinblumig, 5 cm ⌀, selbstreinigend, einzeln oder zu mehreren in großen Ständen; Wuchs buschig, 50 cm; Laub dunkelgrün, glänzend. RJb 30:160. DUWZ

Rendez-vous. *TH.* Meilland 1953. 'Gloria Dei' × 'Europa'. Rosa, Rand heller, großblumig, 12 cm ⌀, gut gefüllt, becherförmig, leicht duftend, mäßig blühend; Wuchs stark, verzweigt, 70 cm; Laub groß, grün, glänzend. BTR 29. DZ

Resolut. *Fl.* Tantau 1962. 'Spartan' × Sämling. Orangerot, großblumig, 10—12 cm ⌀, locker gefüllt, zuletzt flach, etwas duftend, zu vielen in großen Ständen; Wuchs aufrecht, buschig, 50 cm; Laub dunkelgrün, glänzend. RJb 25: 32. DWZ

Rève d'Or. *Kl.* Veuve Ducher 1869. Sämling von 'Mme Schultz'. Gelb mit rötlichem Anflug, bald aber hellgelb, sehr großblumig, ballförmig gefüllt, gute Form, Petalen umgerollt, etwas duftend, zu mehreren beisammen, remontierend; Wuchs sehr stark, 3 m; Laub tiefgrün, glänzend. GSR 220. ∧ DZ

Réveil Dijonnais. *Str.* Buatois 1931. 'Eugène Fürst' × 'Constance'. Kirschrot mit großer goldgelber Mitte, halbgefüllt, großblumig, 12 cm ⌀, schalenförmig, gut duftend, zu mehreren, gut blühend, etwas remontierend; Wuchs verzweigt, mittelstark, 2,5 m; Laub groß, glänzend. GSR 221; ARA 1935:201. (7,6) D

Révérence. *Fl.* Delforge 1962. 'Orange Triumph' × Sämling. Geraniumrot, mittelgroß, gefüllt, nelkenförmig, in großen Büscheln beisammen, sehr gut blühend; Wuchs aufrecht, buschig; Laub tiefgrün, glänzend. D

Rhonda. *Kl.* Lissemore 1968. 'New Dawn' × 'Spartan'. Reinrosa, großblumig, gut gefüllt, ziemlich ballförmig, etwas duftend, an kräftigen Stielen, einzeln oder mehrere beisammen, sehr reich und dauerblühend; Wuchs kräftig, 2,5 m; Laub groß, dunkelgrün, glänzend. (8,2)

Rigoletto. *Fl.* Leenders 1954. Floribunda-Sämling × 'Souvenir de Claudius Pernet'. Orangegelb, großblumig, halbgefüllt, gut duftend; Wuchs buschig, 40 cm. D

Rimosa. *Fl.* Meilland 1958. 'Goldilocks' × 'Perla de Monserrat'. Zitronengelb, leicht halbgefüllt, mittelgroß, 5 cm ⌀, ohne Duft, gut blühend, zu vielen; Wuchs etwas ungleich, bis 60 cm; Laub mittelgroß, mattgrün. RJb 28:192. DZ

Rina Herholdt. *TH.* Herholdt 1959. Rahmgelb, breit karminrot gesäumt, vor allem innen, großblumig, dicht gefüllt, hoch gebaut; Wuchs kräftig; Laub mittelgroß, jung rötlich. RJb 23:32. Z

Rio Grande. *TH.* Tantau 1973. Eltern nicht angegeben. Samtrot, mittelgroß, gut gefüllt, duftend, einzeln stehend, gut wetterbeständig; Wuchs aufrecht, buschig, 60 cm; Laub mittelgroß, etwas glänzend, mitteldicht. D

Ripples. *Fl.* LeGrice 1971. ('Tantau's Überraschung' × 'Marjorie LeGrice') × (Sämling × 'Africa Star'). Zart fliederlila, großblumig, 9 cm ⌀, halbgefüllt, Petalen etwas gekräuselt, gut blühend, etwas duftend; Wuchs buschig, 70 cm; Laub klein, mattgrün.

Ritter von Barmstede. *Kl.* Kordes 1959. Karminrot mit kleinem weißem Auge, mittelgroß, 5 cm ⌀, halbgefüllt, leicht duftend, in Büscheln, reich- und öfterblühend; Wuchs stark, 3—4 m; Laub hellgrün, glänzend. GSR 258. (7,8) DUWZ

Roaming. *TH.* Sanday 1970. 'Vera Dalton' × 'Super Star'. Rosarot, mittelgroß, leicht gefüllt, ohne Duft, einzeln und zu mehreren, gut blühend, Knospen spitz; Wuchs gut; Laub mittelgrün, matt. RA 1971:145.

Robert le Diable. *Str.* (*cent.*). Karminpurpur mit violett, lila und roten Tönen, Mitte oft grün, mittelgroß, äußere Petalen zurückgeschlagen, innere aufrecht bleibend, sehr spät blühend und nur bei warmer Witterung; Wuchs locker, Triebe meist niederliegend, 1 m lang, stachelig; Blättchen schmal, dunkelgrün. TR 7. D

Robert Leopold. *Moos.* Buatois 1841. Fleischfarbig, mit karmin überlaufen, großblumig, gut gefüllt. D

Robin. *Min.* Dot 1956. 'Perla de Monserrat' × 'Perla de Alcanada'. Dunkelrot, kleinblumig, 2,5 cm ⌀, sehr dicht gefüllt, flach, in Büscheln beisammen, Knospe urnenförmig; Wuchs zwergig, 25 cm; Laub lederartig, mattgrün. (8,1) Z

Robin Hood. *Str.* (*mosch.*-H.). Pemberton 1927. Sämling × 'Miss Edith Cavell'. Kirschrot, weiße Mitte, halbgefüllt, kleinblumig, in Büscheln, sehr reichblühend, öfterblühend; Wuchs dicht, gedrungen, 1—1,5 m; Laub klein, mittelgrün. (7,4) DUWZ

Rob Roy. *Fl.* Cocker 1970. 'Irish Wonder' × 'Wendy Cussons'. Scharlachkarmin, großblumig, locker gefüllt, leicht duftend, zu mehreren beisammen, gut blühend; Wuchs kräftig; Laub dunkelgrün, glänzend. RA 1970:113; GSR 474; CRA 71:48. D

Rodeo. *Fl.* Kordes 1960. 'Obergärtner Wiebicke' × 'Spartan'. Zinnoberrot, großblumig, gut gefüllt, 7 cm ⌀, leicht duftend, in Büscheln und sehr reichblühend; Wuchs buschig, 40 cm; Laub hellgrün. RJb 24:32. DUWZ

Rödhätte. *Fl.* Poulsen 1911. 'Mme Norbert Levavasseur' × 'Richmond'. Rein kirschrot, großblumig, locker gefüllt, in Büscheln, an langen Stielen, gut blühend; 50 cm hoch, buschig; Laub dunkelgrün. — Berühmte alte Sorte. W

Roelof Buisman. *TH.* Kordes 1964. 'Schlösser's Brillant' × Sämling. Blutrot, großblumig, gut gefüllt, hoch gebaut, langstielig; wüchsig, buschig, verzweigt; Laub groß, gesund, reichlich. RJb 28:48. (6,9) DUZ

Roger Lambelin. *Rem.* Vve Schwartz 1890. Sport von 'Fisher & Holmes'. Tief bräunlich-karmin, ganz schmal weiß gesäumt und gestreift, Rand stark, fast nelkenartig, gekraust, großblumig, sehr dicht gefüllt, duftend, remontierend; Wuchs kräftig, 1,2 m; Laub groß, mattgrün. GSR 115. (7,1) DM

Roland. *Fl.* Leenders/Horstmann 1961. Lachsorange, gefüllt, gut blühend; Wuchs kräftig, buschig, 60—70 cm; Laub gesund.

Roman Holiday. *Fl.* Lindquist 1966. ('Pinkie' × 'Kordes Sondermeldung') × 'Circus'. Innen orange, dann scharlachrot, Basis gelb, außen mehr gelb, mittelgroß, locker gefüllt, becherförmig, duftend, gut blühend; Wuchs buschig, 40 cm; Laub tiefgrün, lederartig. (7,7) DWZ

Romanze. *Fl.* Haenchen/Teschendorff 1972. Leuchtendrosa, halbgefüllt, mittelgroß, selbstreinigend, sehr reichblühend; Wuchs buschig, 30—40 cm, Triebe fast ganz stachellos; Laub klein, tiefgrün, reichlich.

'Rome Glory' → **Gloria di Roma.**

Romy Schneider. *Fl.* de Ruiter 1959. Hellrot, einfach, ohne Duft; Wuchs sehr buschig, 70 cm; Laub rotgrün, reichlich, gut deckend. RJb 24:64. DZ

Roosendaal. *Fl.* Buisman 1965. 'Gartendirektor Glocker' × 'Alpenglühen'. Dunkelrot, mittelgroß, 8 cm ⌀, gut gefüllt; wüchsig; Laub tiefgrün. D

Rosa. In den meisten Rosenbüchern sind die sogenannten Wildrosen, d. h. die Wildarten, mit ihren Gartenformen in der alphabetischen Ordnung an dieser Stelle eingeordnet. In diesem Buche ist davon Abstand genommen; hier stehen diese Rosen in einem besonderen Abschnitt, Seite 251 bis 301. Im Zweifelsfalle empfiehlt sich das Nachschlagen im Hauptregister und auch bei den Wildrosen.

Rosada. *Min.* Dot 1950. 'Perla de Alcanada' × 'Rouletii'. Rosa, innen etwas heller und mehr lachsgelb, kleinblumig, dicht gefüllt, becherförmig, gut blühend; Wuchs zwergig, 20 cm; Laub klein, dunkelgrün. Z

Rosa Gruß an Aachen. *Fl.* Spek 1930. Sport von 'Gruß an Aachen'. Gelblichrosa, sonst wie die Stammsorte. DWZ

Rosali. *Fl.* Tantau 1970. 'Junior Miss' × ?. Reinrosa, Mitte etwas mehr orangelachs, großblumig, 10 cm ⌀, gefüllt, hochgebaut, gut duftend, gut blühend; Wuchs buschig, aufrecht; Laub mittelgroß, locker stehend, grün, jung rot. — Besonders als Haussorte zu empfehlen. DZ

Rosalinde. *Fl.* Krause 1944. Zart lachsrosa, verblüht weißlich, mittelgroß, 6—8 cm ⌀, gefüllt, etwas duftend; Wuchs buschig, aufrecht, 70 cm; Laub grün, mittelgroß, locker, etwas glänzend. — Ähnlich 'Rosenelfe', doch Blüten kleiner, Wuchs niedriger. DUWZ

Rosa Mundi (= *R. gallica* 'Versicolor'). Sport von *R. gallica* 'Officinalis'. Ziemlich gleichmäßig karminrosa und weiß gestreift, großblumig, locker, halbgefüllt, duftend. — Oft mit 'York and Lancaster' verwechselt, die aber völlig verschieden ist. SOR 30. (8,4) DMWZ (Abb. 46).

Rosa Mundi Selfcoloured. *Gall.* Einfarbig, roter Sport von *R. gallica* 'Versicolor', die auch unter dem Namen 'Rosa Mundi' oder *Rosa gallica* 'Variegata' bekannt ist. Karminrot, halbgefüllt, flach, einmalblühend, niedrig. — Alte Sorte, schon vor 1759 in England in Kultur. DZ

Rosa Stern. *TH.* 1969. Sport von 'Roter Stern'. Reinrosa, sonst alle Eigenschaften wie bei der Stammsorte. D

Rosa Vollendung. *Fl.* Kordes 1943. 'Crimson Glory' × 'Else Poulsen'. Innen lachsrosa, außen hellrot, großblumig, gefüllt, leicht duftend, in Büscheln, gut blühend; Wuchs kräftig, buschig; Laub derb, runzelig. D

Rose d'Amour (= *R. virginiana* 'Plena'). *Str.* Nach heutiger Auffassung *R. virginiana* × ? *R. carolina.* Rosa, Mitte dunkler, dicht gefüllt, mittelgroß, sommerblühend, Knospen dunkelrosa, sehr zierlich, langsam öffnend, sehr lange Sepalen; Wuchs kräftig, bis 2 m oder noch höher, Stämme so gut wie stachellos, doch unter den Blattachseln der Blütentriebe mit kleinen, scharfen, paarweise stehenden Stacheln; Blättchen zu 5—7, länglich, elliptisch, fein gesägt. — Darf nicht verwechselt werden mit der *gallica*-Sorte 'Rose d'Amour' bei Redouté und auch nicht mit der ähnlichen *Rosa rapa* (= 'Le Rosier de Turneps') bei Redouté, Bd. 2, Taf. 7. TRT 49; SOR 44. DUW

Rose de la Grifferaie. *Kl.* Vibert 1845. ? *R. setigera* × *R. gallica* oder *R. damascena.* Karminrosa, mittelgroß, gefüllt, im Verblühen lilarosa, stark duftend; Wuchs sehr kräftig, daher früher oft als Veredlungsunterlage benutzt. LR 2.

Rose de Rescht. *Str.* (*dam.*). Hell purpurrot, rosettenförmig, sehr dicht gefüllt, stark duftend, im Verblühen etwas lila, lange blühend; Wuchs gedrungen, dicht belaubt. — Von Miss Nancy Lindsay aus Persien oder Frankreich nach England gebracht und von dort aus verbreitet. DM

„Rose des Peintres". Wird häufig als eine eigene Sorte angesehen, ist aber augenscheinlich weiter nichts als *Rosa centifolia* (lt. G. S. Thomas). (8,2) DMWZ

Rose Dot. *TH.* Dot 1962. 'Baccara' × 'Gloria Dei'. Innen karminrosa, außen silbrigweiß, großblumig, dicht gefüllt, stark duftend, hoch gebaut, gut blühend; Wuchs kräftig; Laub tiefgrün. DZ

Rose du Maître d'Ecole. *Str.* (*gall.*). Zart lilarosa, im Aufblühen kräftiger rosa, sehr großblumig, dicht gefüllt, später flach und geviertelt, duftend, einmalblühend; Wuchs kräftig, buschig, 1,2 m. GSR 89. D

Rose du Roi. *Rem.* (Portland-Typ). Lelieur/Souchet 1816. Karmin, groß, dicht gefüllt, stark duftend, blühfaul; langsamwüchsig. — Bedeutungsvoll als erste Remontantrose. (7,3) W

Rose Gaujard. *TH.* Gaujard 1957. 'Gloria Dei' × Sämling von 'Opéra'. Innen hell karminrosa, außen silbrigweiß, großblumig, 10 cm ⌀, sehr dicht gefüllt, hoch gebaut, duftend, gut blühend; Wuchs kräftig, 50 cm; Laub groß, glänzend, deckt mäßig. GSR 360; PWR 45; RA 1958:48. (7,3) DZ

Rosella. *Fl.* Harkness 1973. Lachsrosa, locker gefüllt, mittelgroß, gut gebaut, zuletzt flach, einzeln oder in Büscheln stehend; Wuchs mittelhoch; Laub mattgrün. D

Rosemary Rose. *Fl.* de Ruiter 1954. 'Gruß an Teplitz' × Sämling. Dunkel karminrosa, mittelgroß, sehr dicht gefüllt, flach, camellienförmig, duftend, zu vielen in großen Ständen; Wuchs sehr stark, buschig, 50 cm; Laub beständig rotgrün. PWR 101; RJb 25:64, RA 1955:128. DW

Rosenau. *Fl.* Eggert 1961. Ähnlich 'Schweizer Gruß', doch niedriger, weniger reichblühend; tief blutrot, mittelgroß, 6—8 cm ⌀, halbgefüllt, ohne Duft, in Büscheln; Wuchs buschig, 40—50 cm, kräftig; Laub mittelgroß, dicht, etwas glänzend. DUZ

Rosendorf Ufhoven. *Str.* (*rubig.*-H.). Kordes 1949. 'General MacArthur' × 'Magnifica'. Dunkelrot, sammetartig schimmernd, großblumig, gut gefüllt, duftend, einmalblühend, ballförmig; Strauch sehr starkwüchsig, 2,5 m hoch und breit; Laub derb, lederig, mittelgroß. DMUWZ

Rosenelfe. *Fl.* Kordes 1939. 'Else Poulsen' × 'Sir Basil McFarland'. Zartrosa, mittelgroß, 6 cm ⌀, gut gefüllt, ohne Duft, gut blühend, in Büscheln an starken Trieben; 40 cm; Laub groß, hellgrün, matt. (7,9) DWZ

Rosenfee. *Fl.* Boerner/Jackson & Perkins 1967. Leuchtend reinrosa, großblumig, gut gefüllt, etwas sternförmig, gute Form, blühwillig, in Büscheln; Wuchs buschig, 50 cm; Laub dunkelgrün. DUZ

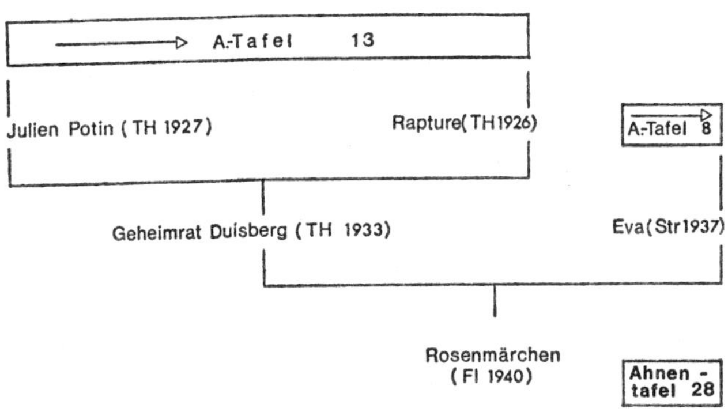

Rosenmärchen (= 'Pinocchio'). *Fl.* Kordes 1940. 'Eva' × 'Geheimrat Duisberg'. Lachsrosa, Mitte mehr lachsrot mit gelblicher Basis, mittelgroß, 6 cm ⌀, gut gefüllt, äußere Petalen flach ausgebreitet, gut duftend, zu vielen beisammen in großen Ständen, sehr reichblühend; buschig, 50 cm. — Weltsorte! PWR 148. DUWZ

Rosenwunder. *Str.* Kordes 1934. 'W.E. Chaplin' × 'Magnifica'. Hellrot, etwas dunkler als 'American Pillar', sehr großblumig, locker gefüllt, gut duftend, einmalblühend, Früchte lange haftend; Wuchs sehr stark, 2 m oder höher; Laub lederartig, runzelig, glänzend. DUW

Rose of Tralee. *Fl.* McGredy 1964. 'Leverkusen' × 'Korona'. Dunkelrosa, lachs angehaucht, großblumig, 10 cm ⌀, gut gefüllt, etwas duftend, zu wenigen in Büscheln, gut blühend; Wuchs sehr stark, buschig; Laub tiefgrün. GSR 475; GR 241. (7,7) D

Roseraie de l'Hay. *Str.* (*rug.*-H.). Cochet-Cochet 1901. Gefülltblühender Sport von *R. rugosa* 'Rosea'. Karminlila, großblumig, gut gefüllt, duftend, den ganzen Sommer hindurch blühend; Wuchs stark, buschig, 1,5 m. RZ 1907:32; GSR 135; PWR 191; TRT 44. DMW

Rosina (= 'Josephine Wheatcroft'). *Min.* Dot 1951. 'Eduardo Toda' × 'Rouletii'. Kräftig goldgelb, kleinblumig, halbgefüllt, zuerst schöne lange Knospe, später flach, leicht duftend, sehr reichblühend; Wuchs zwergig; Laub hellgrün, glänzend. PWR 164. (6,5) DZ

Rosmarin. *Min.* Kordes 1965. 'Peon' × 'Dacapo'. Silbrigrosa mit karminrosa Auge, im Verblühen ganze Blüte kräftig rosa, kleinblumig, dicht gefüllt, flach rosettenförmig, etwas sternförmig, ohne Duft, selbstreinigend, sehr reichblühend; 30 cm hoch; Laub hellgrün, klein. GSR 505; KR 10:141; RJb 30:129. DUZ

Rostock. *Str.* (*mosch.*). Kordes 1937. 'Eva' × 'Louise Catherine Breslau'. Hellrosa, sehr großblumig, hoch gebaut, gefüllt, etwas duftend, in Büscheln an langen Trieben, reichblühend und remontierend, Knospe gelb und rot; Wuchs sehr stark, buschig; Laub glänzend, dunkelgrün. D

'Rose Gem' → **Lutin.**

Rosy Mantle. *Kl.* Cocker 1968. 'New Dawn' × 'Primaballerina'. Rosenrot, großblumig, locker gefüllt, etwas duftend, zu mehreren beisammen, öfterblühend; Wuchs sehr stark; Laub dunkelgrün, glänzend. RA 1971:113. DMZ

Rote Caruso (= 'Königin der Gärten'; in Italien 'Balalaika'). *TH.* Kordes/F. Poulsen 1971. 'Ballet' × Sämling TH. Dunkelrot, großblumig, gut gefüllt, lange Knospe, gut blühend, meist einzeln; Wuchs buschig, aufrecht; Laub gesund. D

Rote Flamme. *Ko.-Kl.* Kordes 1967. 'Flammentanz' × ?. Dunkelblutrot, großblumig, sehr dicht gefüllt, schöne Form, sehr reichblühend, in Büscheln, öfterblühend; Wuchs stark, 3—4 m; Laub sehr groß, dunkelgrün. DMUZ

Rote Gabrielle Privat. *Pol.* Koopmann 1940. Sport von 'Gabrielle Privat'. In allen Teilen wie der Typ (siehe dort), jedoch rot. DZ

'Rote Holländerin' ist praktisch identisch mit **Schweizer Gruß.**

Roter Champagner. *TH.* Tantau 1963. 'Konrad-Adenauer-Rose' × 'Super Star'. Blutrot, sehr großblumig, hoch gebaut, gut gefüllt, duftend, Stiele lang und kräftig; Wuchs buschig, aufrecht; Laub hellgrün, groß, reichlich. RJb 29:33. DUZ

Roter Stern (= 'Exciting'). *TH.* (Meilland) Kölle 1958. Orangerot, gut gefüllt, reichblühend, ohne Duft, etwas ähnlich 'Baccara'; Wuchs stark, 80—100 cm; gesund. — Sehr beliebte Schnittrose. DZ

Rotes Idyll. *TH.* Baum 1969. Sport von 'Idylle'. Dunkler als die Muttersorte, mehr karminrot, becherförmig, großblumig, gefüllt, duftend; Wuchs buschig, aufrecht, kräftig; Laub mittelgroß, grün, matt, locker. D

Rouge Dorieux. *TH.* Dorieux/Vilmorin 1967. 'Ena Harkness' × Sämling. Kirschrot, sehr großblumig, gefüllt, locker, zuletzt flach, etwas duftend, reichblühend, lange Knospe; wüchsig; großes Laub. D

Rouge Meilland (= 'Happiness'). *TH.* Meilland 1949. 'Gloria di Roma' × 'Tassin') × ('Charles P. Kilham' × ['Charles P. Kilham' × 'Capucine Chambard']). Leuchtendrot, im Verblühen mehr karminrot, sehr großblumig, gut gefüllt, leicht duftend, langtriebig; Wuchs stark, wenig verzweigt, 60 cm; Laub mittel, mattgrün, deckt schlecht. (6,1) DWZ

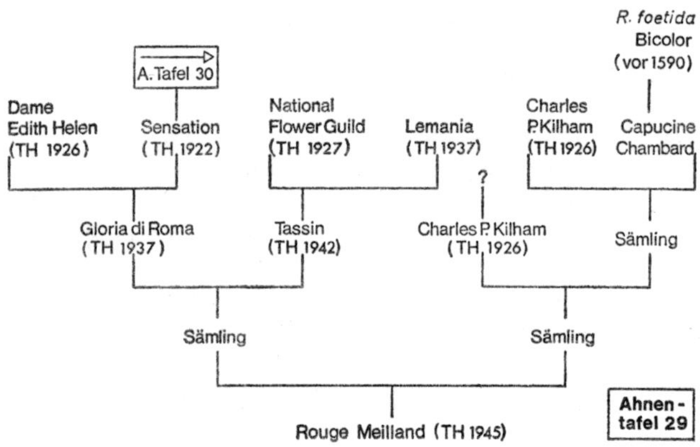

Rouletii. *Min.* Gefunden um 1920 von Oberst Roulet in Maubourget, Schweiz; eingeführt um 1925 durch Correvon. Rosarot, dicht gefüllt, sehr klein, nur 1 cm ∅, sehr lange blühend, Blüten einzeln oder zu mehreren; Wuchs zwergig, 10—15 cm, wenn veredelt höher. — Es dürfte so gut wie sicher sein, daß diese Sorte nichts anderes ist als die altbekannte 'Pompon de Paris' von 1839, eine damals in bedeutendem Umfang kultivierte Topfrose. PM 22. (7,8) DZ

Royal Albert Hall. *TH.* A. Cocker 1972. 'Duftwolke' × 'Postilion'. Innen kirschrot, außen gelb, gut gefüllt, duftend, schöne Form; Wuchs buschig, kräftig, 70 cm; Laub dunkelgrün, anfangs gerötet. D

'Royale' → **Belle Epoque.**

Royal Canadian. *TH.* Morey/Jackson & Perkins 1968. Sämling × 'Talisman'. Scharlachrot, großblumig, gut gefüllt, duftend, sehr wetterfest, Knospe urnenförmig; Wuchs kräftig, buschig, aufrecht; Laub frischgrün, glänzend, reichlich. (7,6) DZ

Royal Dane (= 'Troika'). *TH.* Poulsen 1972. Rotorange mit bräunlichem Anflug, großblumig, dicht gefüllt, stark duftend, gut blühend, Knospen lang, rotbraun; starkwüchsig; Laub groß, glänzendgrün. RA 1973:16. DUZ

Royal Gold. *Kl.* Morey/Jackson & Perkins 1957. 'Climbing Goldilocks' × 'Lydia'. Goldgelb, großblumig, 10 cm ∅, wetterfest, duftend, gut gefüllt, einzeln oder zu mehreren; Wuchs kräftig, 2—3 m; Laub glänzendgrün. KR 9:53; RJb 22:32. (7,4) DMU

Royal Highness (= 'Königliche Hoheit'). *TH.* Swim & Weeks 1962. 'Virgo' × 'Gloria Dei'. Hellrosa, sehr großblumig, 13 cm ∅, gut gefüllt, hoch gebaut, duftend, starke Stiele, reichblühend, wetterempfindlich; Wuchs kräftig, buschig, 90 cm; Laub sattgrün, fein runzelig. (8,6)

Royal Lavender. *Kl.* Morey/Jackson & Perkins 1961. 'Lavender Queen' × 'Amy Vanderbilt'. Purpurlila mit rosa und grau getönt, großblumig, 8 cm ∅, gut gefüllt, stark duftend, gut blühend; Wuchs kräftig, 2—2,5 m; Laub groß, rundlich, sattgrün. (6,6)

Royal Occasion (= 'Montana'). *Fl.* Tantau 1974. Eltern nicht angegeben. Orangerot, mittelgroß, gefüllt, etwas duftend, wetterfest, selbstreinigend, in Büscheln stehend; Wuchs mittelhoch, 60—70 cm, buschig; Laub mitteldicht, glänzend. D

Royal Queen. *Pol.* Verschuren 1965. Sport von 'Queen Elizabeth'. Wie die Muttersorte, jedoch Blüten grünlichweiß. DUZ

Royal Scarlet. *TH.* Kraus/Wyant 1966. 'McGredy's Scarlet' × 'Christian Dior'. Scharlachrot, großblumig, gut gefüllt, hoch gebaut, duftend, gut haltbar, dauerblühend, einzeln oder zu mehreren beisammen; Wuchs kräftig, buschig; Laub mittelgrün, glänzend. (6,8) DZ

Royal Tan. *TH.* McGredy 1955. 'Charles P. Kilham' × 'Mrs. Sam McGredy'. Lilaweiß mit bräunlichem Anflug, großblumig, gut gefüllt, hoch gebaut, etwas duftend; Wuchs buschig, 60 cm. (5,0) DZ

Royal Velvet. *TH.* Meilland 1959. ('Rouge Meilland' × 'Kordes Sondermeldung') × ('Rouge Meilland' × 'Floradora'). Leuchtend dunkelrot, samtig schimmernd, großblumig, 10 cm ⌀, gut gefüllt, leicht duftend, gut blühend; Wuchs kräftig. (6,8) Z

Rubaiyat. *TH.* McGredy 1946. ('McGredy's Scarlet' × 'Mrs. Sam McGredy') × (Sämling × 'Sir Basil McFarland'). Karminrosa, Rückseite etwas heller, großblumig, gefüllt, hoch gebaut, stark duftend, reichblühend; Wuchs sehr stark, verzweigt, 80 cm; Laub groß, grün, matt, deckt gut. PWR 17; SRW 90. (8,2) DZ

Ruban Rouge. *Fl.* Lens 1957. 'Alain' × 'Tantau's Triumph'. Dunkel scharlachrot, mittelgroß, gut gefüllt, in Büscheln, gut blühend; Wuchs buschig; Laub dunkelgrün, lederartig. D

Rubella. *Fl.* de Ruiter 1972. 'Kimono' × 'Lilli Marleen'. Dunkelrot bis zum Verblühen, ziemlich groß, gut gefüllt, in großen Ständen, sehr reichblühend bis zum Herbst; Wuchs kräftig aufrecht, sehr verzweigt, 70 cm. D

Rubinette. *Fl.* de Ruiter 1972. Dunkelrot, mittelgroß, gut gefüllt. — Hausrose. D

Rudolf Schmidt's Jubiläumsrose. *Fl.* Kordes 1955. 'Cläre Grammerstorf' × 'Goldilocks'. Goldgelb, großblumig, gefüllt, zuletzt flach, duftend, in Büscheln, reichblühend; Wuchs stark, buschig; Laub hellgrün, glänzend. W

Rudola. *Fl.* de Ruiter 1972. Hell geraniumrot, großblumig, halbgefüllt, sehr reichblühend; Wuchs stark, breitbuschig, aufrecht, 80 cm; gesund. D

Rudolf Alexander Schröder. *TH.* Kordes 1930. 'Mrs. Herbert Stevens' × 'Pius XI'. Weiß, Mitte etwas gelblich, großblumig, gut gefüllt, hoch gebaut, sehr gut duftend, lange Knospe; Wuchs kräftig; Laub groß, hellgrün, derb. D

Rudolph Timm. *Fl.* Kordes 1951. ('Johannes Boettner' × 'Magnifica') × ('Baby Château' × 'Else Poulsen'). Innen zartrosa, Rand etwas dunkler, außen karminrosa, halbgefüllt, schalenförmig, etwas duftend, zu vielen beisammen, sehr reichblühend; Wuchs buschig, 60 cm; Laub hellgrün. GSR 476. DUWZ

'Ruga' → **Rosa ruga** Lindl., siehe Seite 293.

Rumba. *Fl.* Poulsen 1958. 'Masquerade' × ('Poulsen's Grupperose' × 'Floradora'). Goldgelb und orange, Rückseite mehr oder weniger gerötet, später innen mehr und mehr scharlachrot werdend, kleinblumig, 5 cm ⌀, zuerst fast kugelig, später flach, gut gefüllt, etwas duftend, sehr reichblühend; Wuchs buschig, 40 cm; Laub sattgrün. GSR 477; PWR 140; RJb 22:129. (7,5) DUWZ

Ruskin (= 'John Ruskin'). *Str.* (*rug.*-H.). Van Fleet 1928. 'Souvenir de Pierre Leperdrieux' × 'Victor Hugo'. Karminrot, großblumig, dicht gefüllt, stark duftend, sommerblühend, gut remontierend; Wuchs buschig, etwa 1,5 m. (7,3) DMUW

Rusticana (= 'Poppy Flash'). *Fl.* Meilland 1972. Lachsorange, großblumig, halbgefüllt, ohne Duft, gut blühend; Wuchs sehr buschig, doch etwas unregelmäßig, 60—80 cm. RA 1973:197. DMUZ

Ruth Leuwerik. *Fl.* de Ruiter 1960. 'Käthe Duvigneau' × 'Rosemary Rose'. Leuchtendrot, großblumig, 7 cm ⌀, gut gefüllt, zuletzt flach, leicht duftend, in Büscheln, gut blühend; Wuchs buschig, 50 cm; Laub tiefgrün. RJb 26:161. DMZ

Saarbrücken. *Str.* Kordes 1959. 'Minna Kordes' × Sämling. Scharlachrot, dunkler überlaufen, großblumig, 8 cm ⌀, halbgefüllt, in großen Büscheln, dauerblühend; Wuchs buschig, kräftig, 1,5 m; Laub üppig. (8,2) DMUWZ

Sabine. *TH.* Tantau 1962. Kirschrot mit etwas gelblichem Grund, mittelgroß, gut gefüllt, gut duftend, lange Knospe, gut blühend; Wuchs kräftig, starke Stiele; Laub dunkelgrün. RJb 27:64. (7,9) DZ

Sachsengruß. *Rem.* Neubert 1912. 'Frau Karl Druschki' × 'Mme Jules Gravereaux'. Zartrosa, sehr großblumig, gute Form, gut blühend; sehr starkwüchsig. D

'Safari' → **Sahara.**

Safrano. *Tee.* Beauregard 1839. Aprikosengelb, im Verblühen heller, großblumig, locker gefüllt, duftend, reichblühend; starkwüchsig. — Von Bedeutung während des Beginns der Rosenzüchtung. RZ 1886:69. (5,6) D

Saga. *Str.* Harkness. 'Rudolph Timm' × ('Chanelle' × 'Piccadilly'). Ledergelb, später weiß mit rosa Petalenrand, halbgefüllt, 10 Petalen, in Büscheln beisammen; Wuchs sehr stark, buschig; Laub klein, mittelgrün, etwas glänzend. RA 1973:17.

Sahara. *Fl.* Tantau 1966. Sämling × Sämling. Zitronengelb, mittelgroß, gut gefüllt, wetterbeständig, becherförmig, in Büscheln, ohne Duft, reichblühend; Wuchs mittelkräftig, buschig, 50 cm; Laub glänzend. RJb 34:96. DUWZ

Saint-Exupéry. *TH.* Delbard/Chabert 1961. ('Christopher Stone' × 'Marcel Gret') × ('Holstein' × 'Bayadère'). Silbrig fliederlila, großblumig, 12 cm ⌀, gut gefüllt, etwas duftend, gut blühend; Wuchs buschig. (6,7) Z

Salet. *Moos.* Lacharme 1854. Reinrosa, großblumig, gut gefüllt, zuletzt flach, Petalen schmal, stark duftend, im Herbst etwas nachblühend, nicht sehr stark bemoost; Wuchs kräftig, 1 m, wenig bestachelt; Blätter hellgrün, zart. (7,9) D

Salmon Perfection. *Fl.* de Ruiter 1952. Lachsrot, mittelgroß, becherförmig, locker gefüllt; wüchsig, gedrungen, 60 cm; Laub sattgrün, gut deckend. DW

Salmon Triumph. *Fl.* Leenders 1967. 'Paradiso' × 'Circus'. Orangerot, später etwas heller, großblumig, 8—10 cm ⌀, halbgefüllt, schwach duftend, in großen Ständen; Wuchs buschig aufrecht, 70 cm hoch, breit; Laub mittelgroß, grün, glänzend, dicht. D

Salute. *Fl.* McGredy 1958. 'Masquerade' × 'Lady Sylvia'. Innen zuerst bräunlichrot, später blutrot, außen gelb, kleinblumig, 4 cm ⌀, halbgefüllt, etwas duftend, gut blühend; wüchsig, 50 cm; Laub stumpfgrün, deckt mittel. DWZ

Salvo. *TH.* Herholdt 1959. 'Rouge Meilland' × 'Grand Gala'. Samtig karmin, großblumig, 12 cm ⌀, gefüllt, duftend, starktriebig; Wuchs mittel. RJb 24:128. (6,6) DZ

Salzburg. *Str.* Kordes 1967. 'Rosenmärchen' × 'Cläre Grammerstorf'. Orangelachs, Basis gelb, mittelgroß, locker gefüllt, wetterbeständig, reich und lange blühend; Wuchs buschig, sehr verzweigt, 1—1,5 m; Laub tiefgrün, gesund. DMZ

Samba. *Fl.* Kordes 1964. 'Rumba' × Sämling. Zunächst goldgelb, außen gerötet, später zunehmend innen scharlachrot werdend, mittelgroß, in Büscheln, sehr reichblühend; wüchsig, 40—50 cm, sehr buschig; Laub sattgrün, glänzend. KR 10:29. (7,2) DUWZ

Sammetglut. *Fl.* Kordes 1943. 'Holstein' × 'Kardinal'. Karmin, sehr großblumig, locker halbgefüllt, flach, etwas duftend, in Büscheln, reichblühend; Wuchs sehr kräftig, buschig. DW

Samourai. *Fl.* Meilland 1966. ('Rouge Meilland' × 'Kordes Sondermeldung') × 'Sutter's Gold'. Kräftig dunkelrot, innen mehr scharlach, mittelgroß, gut gefüllt, etwas duftend, becherförmig, gut blühend, Blüten einzeln und zu mehreren; Wuchs buschig, 80 cm; Laub derb, groß, glänzend, zuerst bronze. GSR 362. (8,0) DWZ

Sander's White Rambler. *Kl.* Sanders & Sons 1912. *Wichuraiana*-Typ. Weiß, kleinblumig, rosettenförmig dicht gefüllt, duftend, in Büscheln, reichblühend, doch nur einmal; Wuchs kräftig, 3 m; Laub klein, dunkelgrün, stark glänzend. D

Sangerhausen. *Str.* (*mosch.*-H.). Kordes 1938. 'Ingar Olsson' × 'Eva'. Hellrot, sehr großblumig, halbgefüllt, locker schalenförmig, Petalen gewellt, leicht duftend, zu vielen in großen Ständen, reich- und nachblühend; Wuchs kräftig, 1 m; Laub groß, glänzend, dunkelgrün. DUWZ

Sangria. *Fl.* Meilland 1966. 'Fire King' × ('Rouge Meilland' × 'Kordes Sondermeldung'). Orangescharlach, mittelgroß, halbgefüllt, zu vielen beisammen, dauerblühend; Wuchs buschig, 70 cm; Laub hellgrün, rund, groß, glänzend. DMUWZ

'Sanktflorian' → **Florian.**

Sans Souci. *TH.* Hetzel 1972. Lachsrosa, großblumig, 12 bis 15 cm ⌀, gefüllt, becherförmig, duftend, zu mehreren beisammen, Filamente rot; Wuchs buschig, kräftig, 60 cm; Laub mittelgroß, grün, jung rot, stark glänzend. D

Santa Catalina. *Kl.* McGredy 1970. 'Paddy McGredy' × 'Gruß an Heidelberg'. Hellrosa, großblumig, halbgefüllt, zuletzt flach, etwas duftend, öfterblühend, in Büscheln; Wuchs kräftig, 2 m; Laub mittelgrün, reichlich. GSR 259.

Santa Fee. *TH.* McGredy 1967. 'Mischief' × 'Super Star'. Lachsrosa, großblumig, hochgefüllt, gut blühend; wüchsig. RA 1968:113; GSR 363. (7,7)

Santa Maria. *Fl.* McGredy 1969. 'Irish Wonder' × ('Ma Perkins' × 'Moulin Rouge'). Scharlachrot, locker gefüllt, mittelgroß, etwas duftend, in Büscheln; Wuchs aufrecht, 70 cm; Laub klein, reichlich. GSR 478. D

Santa Teresa d'Avila. *TH.* Moreira da Silva 1959. 'Monte Carlo' × 'Michèle Meilland'. Innen lachsrosa bis orangerot, außen goldgelb, großblumig, gute Form, duftend, langstielig. RJb 1960:32. (6,9) DZ

Saphi. *Fl.* Combe 1971. Scharlachorange, einfach, 5 Petalen, flach, sehr großblumig, ohne Duft, einzeln oder in Büscheln; 90 cm.

Saphir (= 'Song of Paris'). *TH.* Delbard/Chabert 1964. ('Holstein' × 'Bayadère') × 'Prélude'. Fliederlila mit silbrigem Schimmer, großblumig, 10 cm ⌀, hoch gebaut, gefüllt, duftend; Wuchs aufrecht, locker. (6,2)

Sarabande. *Fl.* Meilland 1957. 'Cocorico' × 'Moulin Rouge'. Geraniumrot oder rotorange, leuchtend, mittelgroß, 6 cm ⌀, locker halbgefüllt, schalenförmig, Staubfäden goldgelb, schwach duftend, in Büscheln, dauerblühend; Wuchs kräftig, 50 cm; Laub sehr groß, hellgrün, matt. PWR 108; GSR 482. (7,9) DUWZ

Saratoga. *Fl.* Boerner/Jackson & Perkins 1963. 'White Bouquet' × 'Princess White'. Weiß, großblumig, 10 cm ⌀, schöne Form, locker gefüllt, zuletzt flach, stark duftend, in Büscheln; Wuchs buschig, aufrecht, 80 cm; Laub derb, tiefgrün. (7,7) DZ

Sasad. *TH.* Mark, Budapest (1970?). Leuchtend rosarot, stark gefüllt, allmählich aufblühend, einzeln, an langen, starken Stielen, Knospen kugelig; Wuchs kräftig; Laub reichlich. D

Satchmo. *Fl.* McGredy 1970. 'Irish Wonder' × 'Diamant'. Karminscharlach, großblumig, locker gefüllt, etwas duftend, in Büscheln; Wuchs buschig, 80 cm; Laub mittelgrün, reichlich. DZ

Satisfaction. *TH.* Verbeek 1956. 'Parfum' × Sämling. Karminrosa, großblumig, locker gefüllt, gute Form, gut blühend, stark duftend, Knospe urnenförmig; wüchsig. DZ

Sauerlandperle. *Fl.* Röhrig (1960?). Korallenrosa, mittelgroß, gut gefüllt, zuletzt rosettenartig flach, gut haltbar; Wuchs buschig, 50 cm; Laub bronzegrün. D

Scabrosa (= *R. rugosa scabrosa* Hort.). *Str.* Harkness 1950. Dunkel lilarosa, großblumig, einfach, bis 14 cm ⌀, sehr reichblühend, meist zu 5 beisammen, leicht remontierend, Früchte orangerot, flaschenförmig; Wuchs buschig, 1,5 m; Laub hellgrün, sehr runzelig. GSR 198; SOR 48; PWR 190. D

Scala (= 'Clubrose Scala'). *Fl.* Kordes Söhne 1973. 'Marlena' × Sämling. Ähnlich 'Europeana', blutrot mit orange, mittelgroß, gut gefüllt, kugelig, sehr haltbar, etwas duftend, in Büscheln, selbstreinigend, sehr reichblühend; Wuchs kräftig, buschig; Laub tiefgrün und bronze. DZ

Scania. *Fl.* de Ruiter 1965. 'Cocorico' × Sämling. Dunkel samtrot, großblumig, 10 cm ⌀, gut gefüllt, zuletzt flach, Farbe wetterfest, gut blühend; Wuchs buschig, 80 cm; Laub stumpf rötlich-grün. GSR 483. DZ

Scarlet Gem (= 'Scarlet Pimpernel'). *Min.* Meilland 1961. ('Moulin Rouge' × 'Fashion') × ('Perla de Monserrat' × 'Perla de Alcanada'). Scharlachrot, kleinblumig, nicht verblassend, halbgefüllt, zuletzt flach rosettenförmig, 3 cm ⌀, etwas duftend, reichblühend; Wuchs zwergig, 25 cm. (8,5) DZ

'Scarlet Knight' → **Samourai.**

Scarlet Queen Elizabeth. *Fl.* Dickson 1963. ('Korona' × Sämling) × 'Queen Elizabeth'. Scharlachrot, im Verblühen etwas heller, mittelgroß, etwas kugelig, locker gefüllt, leicht duftend, gut blühend; Wuchs kräftig, 1 m hoch; Laub dunkelgrün. GSR 479; GR 256. (7,1) D

Scarlet Sunset. *Fl.* de Ruiter 1969. 'Orange Sensation' × Sämling. Orangerot, einfach, mittelgroß, flach, Rand etwas gewellt, in Büscheln, gut blühend; Wuchs buschig, 60 cm; Laub tiefgrün, derb. D

Scarletta. *Min.* de Ruiter 1973. Geraniumrot, halbgefüllt, kleinblumig, sehr zierlich; Wuchs buschig, dicht, 25—30 cm hoch. — Gut als Topfrose. D

Scented Air. *Fl.* Dickson 1965. 'Spartan'-Sämling × 'Queen Elizabeth'. Karminrosa mit lachs, großblumig, 12 cm ⌀, gut gefüllt, stark duftend, in Büscheln, gut blühend; Wuchs buschig, aufrecht, 90 cm; Laub sehr groß, glänzend, dunkelgrün. RA 1966:172; GSR 480. D

Scharlachglut. *Str.* (*gall.*). Kordes 1952. 'Poinsettia' × *R. gallica* 'Splendens'. Karminscharlach, sehr großblumig, 12 cm ⌀, einfach, schalenförmig, ohne Duft, in Büscheln beisammen, reichblühend, später große rote Früchte, nicht remontierend; Wuchs buschig, 2 × 2 m, jung Triebe mit roter Rinde; Laub groß, stumpfgrün und bronze. GSR 187; TR 7; RJb 36:4. (8,5) DMWZ

Scherzo. *Fl.* Meilland 1974. Orangerot, außen helller, großblumig, gut gefüllt, ohne Duft, reichblühend; Wuchs breitbuschig, 40—50 cm. D

Schlössers Brillant (= 'Detroiter'). *TH.* Kordes 1952. 'Poinsettia' × 'Crimson Glory'. Blutrot, großblumig, gut gefüllt, leicht duftend, gut blühend, wetterfest; Wuchs aufrecht, 80 cm; Laub groß, rotgrün, matt, gut deckend. PWR 10. (7,6) DUWZ

Schloß Mannheim. *Fl.* Kordes Söhne 1975. 'Marlena' × 'Europeana'. Typ wie 'Lilli Marleen'. Rotorange, mittelgroß, ballförmig, gefüllt, etwas duftend, in Büscheln blühend, sehr reichblühend; Wuchs mittelhoch, 60 cm, buschig; Laub reichlich, mittelgroß, derb lederig, dunkelgrün. D

Schloß Moritzburg. *Fl.* Haenchen/Teschendorff 1967. 'Donald Prior' × ?. Dunkel blutrot, mittelgroß, halbgefüllt, becherförmig, etwas duftend, zu mehreren und in Büscheln beisammen; Wuchs buschig, gut verzweigt, 40—50 cm; Laub tiefgrün, derb.

Schmetterling. *TH.* Dr. Müller 1905. Gelb und rot, mittelgroß, locker gefüllt, gut blühend; bis 1,5 m hoch. DZ

Schneelicht. *Str.* (*rug.*). Geschwind 1894. Reinweiß, großblumig, einfach, in Büscheln; Wuchs sehr stark, 2 m, Triebe außerordentlich stark bewehrt. — Sehr winterhart. TRT 132.

Schneeschirm. *Str.* Tantau 1956. 'Johanna Tantau' × ('Karen Poulsen' × 'Stämmler'). Weiß, einfach, flach, gelbe Staubfäden, 7 cm ⌀, etwas duftend; Wuchs aufrecht-überhängend, buschig, 1,5 m; Laub dunkelgrün, stark glänzend, länglich. DMUWZ

Schneewalzer. *Fl.* Tantau 1973. 'First Lady' × 'Junior Miss'. Reinweiß, großblumig, dicht gefüllt, etwas duftend, gut blühend, Knospe eiförmig; Wuchs mittelhoch, buschig; Laub normal grün, etwas glänzend, reichlich. D

Schneewittchen. *Pol.* Lambert 1901. 'Aglaia' × ('Pâquerette' × 'Souvenir de Mme Levet'). Hellgelb, im Verblühen weiß, gefüllt, flach, reichblühend. RZ 1905:1.

Schneewittchen (= 'Iceberg'). *Str.* Kordes 1958. 'Robin Hood' × 'Virgo'. Reinweiß, großblumig, gut gefüllt, zuletzt schalenförmig mit gelber Mitte, stark duftend, in Büscheln, überreich und dauerblühend; Wuchs buschig, 1,2 m hoch; Laub groß, glänzend, dunkelgrün. PWR 139; GSR 481; RJb 22:33. (8,5) DMUWZ

Schneezwerg. *Str.* Lambert 1912. Vermutlich *R. rugosa* × weiße Polyantha (Jäger's Angabe *R. rugosa* × *R. bracteata* ist unwahrscheinlich). Reinweiß, locker halbgefüllt, flach, 6 cm ⌀, gelbe Mitte, zu mehreren beisammen, gut blühend, blüht bis zum Herbst, später flachkugelige rote Früchte; Strauch wüchsig, 1,5 × 1,5 m; Laub *rugosa*-artig, aber kleiner. RJb 35:112; PWR 188; GSR 139. (8,1) DMUW

Schöne vom Wannsee. *Fl.* Reinold 1956. Sport von 'Käthe Duvigneau'. Dunkel blutrot, samtig, mittelgroß, 6—8 cm ⌀, locker gefüllt, ohne Duft, in Büscheln, Knospe fast schwarz; Wuchs buschig, aufrecht, 80 cm; Laub mittelgroß, etwas glänzend. — Ähnlich 'Tantau's Überraschung'. D

Schöne von Holstein. *Pol.* Tantau 1919. 'Orléans Rose' × ?. Reinrosa, kleinblumig, 4 cm ⌀, sehr dicht gefüllt, zuletzt flach, rosettenartig, gelbe Staubfäden, zu vielen beisammen; Laub mittelgroß, dunkelgrün. RZ 1921:17. D

Schöne von Kaiserslautern. *Fl.* Kordes 1957. 'R. M. S. Queen Mary' × 'Obergärtner Wiebicke'. Orange, mit lachsrot überlaufen, großblumig, gut gefüllt, hoch gebaut, stark duftend, starke Triebe, gut blühend; Laub dunkelgrün. DWZ

Schoolgirl. *Kl.* McGredy 1964. 'Coral Dawn' × 'Belle Blonde'. Orangegelb, im Verblühen mehr lachsrosa, gut gefüllt, gut blühend; Wuchs kräftig, 2,5—3 m; Laub groß, dunkelgrün, glänzend. (6,3) D

Schwanensee (= 'Swan Lake'). *Kl.* McGredy 1968. 'Gruß an Heidelberg' × 'Memoriam'. Weiß, Mitte zart lachsrosa, sehr großblumig, hoch gebaut, edle Form, leicht duftend, reichblühend; Wuchs kräftig, 2,5 m. GSR 261. DMUZ

Schwarzer Samt. *Ko.-Kl.* Haenchen/Teschendorff 1969. Schwarzrot, großblumig, halbgefüllt, gelbe Staubbeutel, schalenförmig, zu mehreren beisammen an langen Trieben, gut haltbar; starkwüchsig, 2,5—3 m; Laub dunkelgrün, glänzend.

Schweizer Gold. *TH.* Kordes Söhne 1975. 'Peer Gynt' × 'King's Ransom'. Hellgelb, an 'Gloria Dei' erinnernd, sehr großblumig, hoch gebaut, duftend, gefüllt, einzeln an langen Stielen, selbstreinigend; starkwüchsig, 120 cm; Laub hellgrün, gesund, matt, groß. D

Schweizer Gruß (= 'Rote Holländerin'; 'Red Favorite'). *Fl.* Tantau 1954. 'Karl Weinhausen' × 'Tantau's Triumph'. Samtig dunkelrot, mittelgroß, 6 cm ⌀, halbgefüllt, schalenförmig, leicht duftend, gut blühend in großen Ständen; Wuchs kräftig, gut verzweigt, 70 cm; Laub groß, dunkelgrün, gut deckend. PWR 111. DUWZ

Scrabo. *Fl.* A. Dickson 1968. 'Celebration' × 'Irish Beauty'. Karminrosa mit lachs Anflug, Basis gelblich, locker gefüllt, großblumig, zuletzt flach, duftend, gut blühend; Wuchs mittelstark, 70 cm; Laub hellgrün, reichlich. D

Sea Foam. *Str.* Schwartz 1964. (['White Dawn' × 'Rosenmärchen'] × ['White Dawn' × 'Rosenmärchen']) × ('White Dawn' × 'Rosenmärchen'). Reinweiß, später rahmfarbig, mittelgroß, gut gefüllt, duftend, in Büscheln, reich- und dauerblühend; Wuchs kräftig, 1 m hoch und 2 m breit; Laub klein, glänzendgrün. (8,2)

Sealing Wax. *Str.* Wisley Gardens. Sämling von *R. moyesii*. Karminrosa, sehr großblumig, einfach, Früchte zahlreich, groß, hochrot; Wuchs stark, 2 m oder höher. D

Sea Pearl (= 'Flower Girl'). *Fl.* P. Dickson 1964. 'Kordes Perfecta' × 'Montezuma'. Innen lachsrosa, außen gelb mit lachs Anflug, großblumig, locker gefüllt, zu vielen beisammen, Knospe lang; Wuchs buschig, aufrecht; Laub dunkelgrün. RA 1965:80; GSR 484; RJb 28:81. (8,5) DZ

Seidenstadt Krefeld. *Fl.* de Ruiter/Willicher Baumschulen 1960. 'Crimson Glory' × Sämling. Blutrot, halbgefüllt, großblumig, sehr reichblühend, lange Blütezeit, sehr wetterbeständig; Wuchs buschig, aufrecht, 60 cm; Laub dunkelgrün. RJb 25:64. D

Selektion Hauenstein. *Str.* (*rugosa*). Hellrot, einfach, mehrmals blühend, Früchte sehr groß, dunkelrot; Laub flach, gesund. D

Sensation. *TH.* J. H. Hill Co. 1922. 'Hoosier Beauty' × 'Premier'. Karminscharlach, sehr großblumig, 12 cm ⌀, gut gefüllt, 35 Petalen, zuletzt becherförmig, duftend; Wuchs buschig, dicht; Laub tiefgrün.

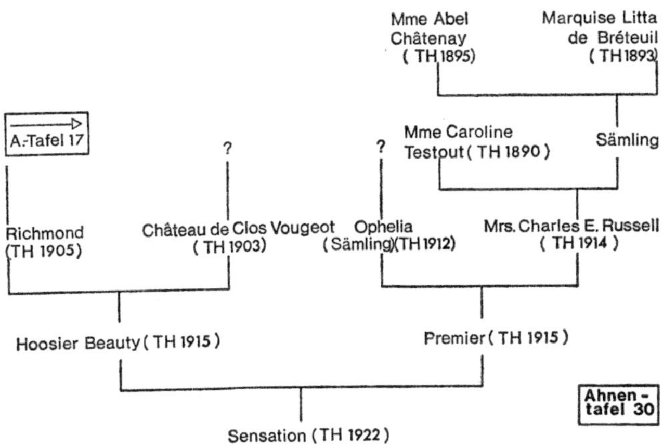

Serenade. *TH.* Boerner/Jackson & Perkins 1949. 'Sonata' × 'R. M. S. Queen Mary'. Orangerot, großblumig, 10 cm ⌀, locker gefüllt, becherförmig, leicht duftend, reichblühend, Knospe eiförmig; Wuchs buschig, aufrecht. GSR 365; ARA 1950:185. (6,1)

Serratipetala (= 'Oeillet de Saint Arquey'). *Str.* (*chin.*). Äußere Petalen karmin, innere hellrosa, Staubfäden lang, wenig zahlreich, karmin, gedreht, Petalen am Rand nelkenartig gefranst, sonst ähnlich *Rosa chinensis* 'Semperflorens'. (8,0)

Seven Seas. *Fl.* Harkness 1971. 'Lilac Charme' × 'Sterling Silver'. Lila, halbgefüllt, 10 cm breit, zu mehreren beisammen, duftend, gut blühend; Wuchs buschig, gedrungen, 50 cm; Laub groß, glänzend. RA 1972:128; CRA 73:24.

'Seven Sisters Rose' = **Rosa multiflora 'Platyphylla'**, S. 286.

Seventeen. *Fl.* Boerner/Jackson & Perkins 1959. 'Rosenmärchen'-Sämling × 'Fashion'-Sämling. Korallenrosa, großblumig, 10 cm ⌀, locker gefüllt, becherförmig, stark duftend, sehr reichblühend in pyramidalen Ständen; Wuchs kräftig; Laub lederartig, dunkelgrün. WZ

Seventh Heaven. *TH.* Armstrong & Swim 1966. Sämling × 'Chrysler Imperial'. Kardinalrot, großblumig, dicht gefüllt, hoch gebaut, reichblühend, duftend; Wuchs buschig, aufrecht; Laub dunkelgrün, glänzend. (7,2)

Shades of Autumn. *TH.* Brownell 1943. 'Golden Glow' × 'Condesa de Sástago'. Innen rosarot, außen gelb, großblumig, locker gefüllt, becherförmig, gut duftend, gut blühend; Wuchs buschig, 60 cm; Laub mittelgroß, glänzend. (6,0) Z

'Shailer's White Moss'→**R. centifolia 'Muscosa Alba'**, S. 263.

Shalom. *TH.* Leenders 1970. 'Charles Mallerin' × 'Gloria Dei'. Reinrosa, großblumig, locker gefüllt, etwas sternförmig, gute Stiele; Laub hellgrün. DMZ

Shannon. *TH.* McGredy 1965. 'Queen Elizabeth' × 'McGredy's Yellow'. Zart karminrosa, großblumig, 12 cm ⌀, gut gefüllt, lange Form, etwas duftend, gut blühend; Wuchs kräftig, buschig, 90 cm; Laub rund, mittelgroß, glänzend. RJb 34:128. (6,9) DUWZ

Shepherdess. *Fl.* Mattock 1967. 'Allgold' × 'Gloria Dei'. Gelb, zart lachsrot angehaucht, am Rand etwas intensiver, großblumig, 8 cm ⌀, gut gefüllt, leicht duftend, in Büscheln; Wuchs kräftig, 80 cm; Laub dunkelgrün und bronze. GSR 485; RA 1967:177. D

Shepherd's Delight. *Fl.* Dickson 1956. 'Masquerade'-Sämling × 'Joanna Hill'. Innen orange und rot, außen gelb, großblumig, 8 cm ⌀, locker halbgefüllt, etwas duftend, in Büscheln reichblühend; Wuchs buschig, 90 cm; Laub dunkelgrün, glänzend. RA 1958:129; PWR 154; GSR 486. D

Shiralee. *TH.* Dickson 1965. Sämling × 'Kordes Perfecta'. Orangegelb mit zart lachsrosa Anflug, sehr großblumig, 15 cm ⌀, hoch gebaut, duftend, reichblühend; Wuchs buschig, aufrecht, 70 cm; gutes Laub. D

Shocking. *Pol.* Hémeray-Aubert 1967. 'Schweizer Gruß' × 'Alain'. Innen dunkelrot, außen etwas heller, mittelgroß, 7 cm ⌀, dicht gefüllt, etwas duftend, gut blühend; Wuchs niedrig, buschig, 40 cm; Laub dunkelgrün, glänzend. DW

Shocking Blue. *Fl.* W. Kordes Söhne 1974. Sämling × 'Silver Star'. Im Typ ähnlich 'Zorina', lila, großblumig, hoch gebaut, duftend, selbstreinigend, zu mehreren beisammen; Wuchs kräftig, 60 cm; Laub dunkelgrün, mittelgroß, glänzend. — Nur für Glashaus! D

Shooting Star. *Min.* Meilland 1972. 'Rumba' × ('Dany Robin' × 'Perla de Monserrat'). Gelb, an den Petalenspitzen rot, gefüllt, klein, becherförmig, meist einzeln stehend, gut haltbar, nicht selbstreinigend, etwas duftend; Wuchs zwergig, 30 cm; Laub klein, hellgrün.

Shot Silk. *TH.* A. Dickson 1924. 'Hugh Dickson'-Sämling × 'Sunstar'. Karminrosa mit lachs überlaufen, an der Basis goldgelb, mittelgroß, locker gefüllt, gut blühend, stark duftend; Wuchs buschig, 70 cm; Laub etwas kraus, mittelgrün. (6,5) D

Show Girl. *TH.* Lammerts/Armstrong 1946. 'Joanna Hill' × 'Crimson Glory'. Rosarot, großblumig, 10—12 cm ⌀, halbgefüllt, hoch gebaut, duftend, an langem Stiel, Knospen lang und spitz; Wuchs stark, aufrecht, buschig; Laub derb, dunkelgrün. RA 1951:36. Z

Showtime. *TH.* Lindquist 1969. 'Kordes Perfecta' × 'Granada'. Karminrosa, mittelgroß, locker gefüllt, duftend, einzeln an normalen Stielen, öfterblühend; Wuchs buschig; Laub groß, tiefgrün, derb.

'Shrubby Pink' = **Sunday Times.**

Sibelius. *TH.* Verschuren 1958. 'New Yorker' × 'Etoile de Hollande'. Samtig dunkelrot, mittelgroß, dicht gefüllt, stark duftend, hoch gebaut; Wuchs buschig, kräftig, 70 cm; Laub groß, kräftig, gesund. KR 9:51; RJb 22:64. (6,5) DZ

Sidney Peabody. *Fl.* de Ruiter 1955. 'Gloria di Roma' × Floribunda-Sämling. Hellrot, großblumig, 80 cm ⌀, gut gefüllt, ohne Duft, in Büscheln, gut blühend; Wuchs stark, 80 cm, buschig; Laub groß, rotgrün, glänzend. DZ

Siegeslied. *TH.* Tantau 1940. 'Ingar Olsson' × 'Heidekind'. Kirschrot, locker gefüllt, becherförmig, duftend, Knospen kugelig; Wuchs gedrungen, buschig, 40 cm; Laub derb lederartig, tiefgrün. D

Siesta. *Fl.* Meilland 1966. 'Sarabande' × 'Dany Robin'. Hell scharlachrot, Mitte hellgelb, halbgefüllt, schalenförmig, großblumig, 7 cm ⌀, reichblühend, in Büscheln; Wuchs gut; Laub glänzend. DWZ

Sif. *Kl.* Lundstad 1969. 'Traumland' × 'Royal Gold'. Rotorange, großblumig, locker gefüllt, becherförmig, gut blühend; Wuchs stark; Laub dunkelgrün, glänzend. D

Siglinde. *Fl.* W. Noack 1972. 'Rimosa' × 'Concerto'. Orange. D

Signalfeuer. *Fl.* Tantau 1959. 'Lumina' × Sämling von 'Tantau's Triumph'. Zinnober-orangerot, großblumig, gut gefüllt, flach, zu vielen beisammen, reichblühend, Knospen eirund; Wuchs buschig, niedrig, 40 cm; Laub dunkelgrün. DUWZ

Signal Red. *Pol.* de Ruiter 1949. 'De Ruiter's Herald' × Polyantha-Sämling. Scharlachrot, mittelgroß, rosettenförmig dicht gefüllt, in großen Ständen; Wuchs kräftig, buschig; junges Laub bronze, glänzend. DZ

Signe Relander. *Str.* (*rug.*-H.). Poulsen 1928. *R. rugosa*-Hybride × 'Orléans Rose'. Hellrot, locker gefüllt, duftend, öfterblühend, in Büscheln; Wuchs sehr kräftig; Laub runzelig. DMUW

Signora (= 'Signora Piero Puricelli'). *TH.* Aicardi 1936. 'Julien Potin' × 'Sensation'. Kräftig gelborange, später mehr gelb, außen dunkelrosa überlaufen, sehr großblumig, locker gefüllt, becherförmig, duftend, lange spitze Knospe; Wuchs sehr stark. RA 1949:40. Z

Silberlachs. *Fl.* Tantau 1944. 'Rosenelfe' × 'Hamburg'. Silbrig lachsrosa, einfach oder ganz leicht halbgefüllt, großblumig, 8 cm ⌀, etwas duftend, zu vielen beisammen, dauerblühend; Wuchs stark, 1 m oder höher, buschig; Laub groß, dunkelgrün, matt, gut deckend. (7,8) DMUW

Silent Night. *TH.* McGredy 1969. 'Daily Sketch' × 'Hassan'. Rahmgelb, ganz zart lachsrosa überlaufen, gut gefüllt, hoch gebaut, mittelgroß, schöne Form, etwas duftend, gut blühend; wüchsig; Laub stark glänzend. D

Silhouette. *TH.* Tantau/McGredy 1970. Dunkelgelb, großblumig, gut gefüllt, hoch gebaut, etwas duftend, reich blühend; sehr wüchsig; Laub tiefgrün, glänzend.

Silva. *TH.* Meilland 1964. 'Gloria Dei' × 'Confidence'. Zart aprikosengelb mit lachs, sehr großblumig, 12 cm ⌀, gut gefüllt, hoch gebaut, etwas duftend, gut blühend; Wuchs kräftig, langstielig; Laub lederartig, tiefgrün, glänzend. GSR 366. (7,0) DUWZ

Silver Gem. *Fl.* de Ruiter 1969. Sämling × Sämling. Silbriglila, großblumig, halbgefüllt, flach schalenförmig, in Büscheln, reichblühend; Wuchs buschig, Laub lederartig, dunkelgrün. D

Silver Lining. *TH.* A. Dickson 1958. 'Karl Herbst' × 'Eden Rose'-Sämling. Silbrigrosa, außen etwas heller, sehr großblumig, 12 cm ⌀, schöne Form, stark duftend, gut blühend; Wuchs mittel, 80 cm; Laub dunkelgrün. RA 1958:96; PWR 81. (7,6) D

Silver Moon. *Kl.* Van Fleet 1910. ? (*R. wichuraiana* × 'Devoniensis') × *R. laevigata.* Rahmweiß, Basis bernsteinfarben, großblumig, 10 cm ⌀, locker halbgefüllt, flach, Staub-

Floribunda-Rose 'Tip Top'

Öfterblühende Kletterrose 'Sympathie'

Floribunda-Rose 'Sonia'

Floribunda-Rose 'Orange Sensation'

Floribunda-Rose 'Messestadt Hannover'

Dauerblühende Strauchrose 'Westerland'

Teehybride 'Super Star'

Floribunda-Rose 'Redgold'

fäden tiefgelb, etwas duftend, in Büscheln an starken Trieben; sehr starkwüchsig, 5—6 m; Laub groß, derb, glänzend. GSR 225. (7,8) DM

Silver Star. *TH.* Kordes 1966. 'Sterling Silver' × 'Magenta'-Sämling. Silbrig fliederlila, großblumig, 12 cm ⌀, gut gefüllt, stark duftend, schöne Form, lange Knospe, gut blühend; Wuchs kräftig, 80 cm; Laub dunkelgrün, groß, glänzend. KR 10:74. (7,1) DZ

Silver Wedding. *TH.* Leenders 1965. 'Sterling Silver' × Sämling. Fliederlila, im Verblühen zartlila, großblumig, 10 cm ⌀, becherförmig, locker gefüllt, in Büscheln, etwas duftend; Wuchs aufrecht, kräftig, 80 cm; Laub mittelgroß, grün, etwas glänzend. D

Simone (= 'Mauve Mallerin'). *TH.* Mallerin 1957. ('Gloria Dei' × 'Kordes Sondermeldung') × 'Grey Pearl'. Fliederlila, großblumig, bis 15 cm ⌀, gut gefüllt, Petalen zurückgerollt, duftend, hoch gebaut bis becherförmig, blüht mäßig; Wuchs kräftig; Laub dunkelgrün, derb. (6,4) DWZ

Siren. *Fl.* Kordes 1953. ('Baby Château' × 'Else Poulsen') × 'Kordes Sondermeldung'. Blutrot, großblumig, 7 cm ⌀, locker gefüllt, ohne Duft, becherförmig, sehr reichblühend, in Büscheln; Wuchs mittel, buschig, 60 cm; Laub groß, rötlichgrün, matt. DW

Sir Galahad. *Fl.* Harkness 1967. 'Pink Parfait' × 'Highlight'. Karminrot, Mitte etwas heller als äußere Petalen, mittelgroß, 6 cm ⌀, leicht duftend, in Büscheln, gut blühend; Wuchs buschig, 60 cm; Laub glänzend. D

Sir Lancelot. *Fl.* Harkness 1967. 'Vera Dalton' × 'Woburn Abbey'. Aprikosengelb mit leicht lachs Hauch, im Verblühen heller, großblumig, 8 cm ⌀, locker gefüllt, schwach duftend, gut blühend; Wuchs buschig, 60 cm; Laub klein, hellgrün, matt. GSR 487; WPR 54; RA 1967:32. (7,7) D

'Sissi' → **Mainzer Fastnacht.**

Sissinghurst Castle (= 'Rose des Maures'). *Str.* (*gall.*). Herkunft nicht bekannt, 1947 wieder eingeführt. Purpurkarmin, zur Basis und auf den Petalen weißfleckig, gelbe Staubfäden, mittelgroß, 8 cm ⌀, halbgefüllt, Juni; Wuchs mittel, etwa 1 m, mit Ausläufern, Triebe wenig bewehrt. GSR 90. D

Sitka-Rose → **Rosa rugosa, S. 275**; vgl. ARA 1968: 41—45.

Skaggarak. *Fl.* Poulsen 1970. 'Irish Wonder' × Sämling. Blutrot, großblumig, 10—12 cm ⌀, locker halbgefüllt, gelbe Staubfäden, zuletzt flach, etwas duftend, zu mehreren beisammen, gut blühend.

Skogul. *Fl.* Lundstad 1969. 'Lichterloh' × 'Lumina'. Dunkelrosa, halbgefüllt, 15—20 Petalen, flach, sehr reichblühend, in Büscheln; Wuchs kräftig; Laub tiefgrün. D

'Skyrocket' → **Wilhelm.**

Smoky. *TH.* Combe/Jackson & Perkins 1968. Blutrot mit karmin, mittelgroß, locker gefüllt, etwas duftend, gut haltbar, einzeln an langen Trieben, reichblühend; Wuchs aufrecht, gut verzweigt; Laub reichlich, mittelgroß.

Sneprinsesse. *Pol.* Grootendorst 1946. Sport von 'Dick Koster'. Weiß, mitunter einzelne rote Petalen, mittelgroß, gut gefüllt, in Büscheln; Wuchs niedrig, buschig, 30 cm; Laub hellgrün. DWZ

Snowdance. *Fl.* de Ruiter 1971. 'Orange Sensation' × 'Schneewittchen'. Weiß, großblumig, 8 cm ⌀, gut gefüllt, in großen Ständen, leicht duftend, gut blühend; Wuchs mittel, 60 cm; Laub mittelgrün. DZ

Snowfire. *TH.* Kordes 1970/Jackson & Perkins. Sehr ähnlich 'Neue Revue', aber nicht identisch. Rot und weiß. — Nur in USA in Kultur! ARA 1973:64.

Snowflakes. *Min.* Moore 1954. (*R. wichuraiana* × 'Floradora') × 'Zee'. Weiß, gefüllt, kleinblumig; Wuchs zwergig, 15 cm. DU

'Snowline' → **Edelweiß.**

Soeur Marthe. *Moos.* Vibert 1848. Dunkelrosa, großblumig, gut gefüllt, duftend, einmal und reich blühend; 1 m hoch, aufrecht. DM

Soeur Thérèse. *TH.* Gillot 1931. ('Général Jacqueminot' × 'Juliet') × 'Souvenir de Claudius Pernet'. Goldgelb, Rand etwas karminrot überlaufen, großblumig, gut gefüllt, etwas duftend, becherförmig; Wuchs stark, buschig; Laub derb, lederartig, bronzegrün. SRW 97. (6,4) Z

Solarium. *Kl.* (*Wich.*). Turbat 1925. Samtig-zinnoberrot, goldgelbe Staubfäden, einfach, mittelgroß, bis zu 30 in Büscheln beisammen, einmalblühend; Wuchs stark, bis 3 m; Laub hellgrün, glänzend. D

Soleil d'Or. *Str.* (*foet.*). Pernet-Ducher 1900. 'Antoine Ducher' × 'Persian Yellow'. Orangegelb bis aprikosenfarben, hellrot und lachs schattiert, sehr großblumig, duftend, lange Knospe, aber noch keine gute Form; Laub klein, stark sternrußtau-anfällig. — Dies war die erste erfolgreiche Hybride zwischen *R. foetida* und Remontantrosen, wodurch die bisherige Palette der Rosenfarben (rot, rosa, gelb, weiß) um neue Töne (goldgelb, aprikose, scharlach und kupfrig) erweitert wurde. Die Abkömmlinge wurden zunächst 'Pernetiana'-Rosen genannt, später aber in TH einbezogen. RZ 1900:49. (8,1) DM

Solo. *Kl.* Tantau 1956. 'Crimson Glory'-Sämling. Samtig dunkelrot, großblumig, locker gefüllt, gut duftend, öfterblühend, in großen Büscheln; Wuchs stark, 2—3 m; Laub groß, rötlich, matt. (7,7) DMUWZ

Sombreuil. *Tee.* Robert 1850. Sämling von 'Gigantesque'. Rahmweiß, oft zartrosa überlaufen, großblumig, flach, 10 cm breit, 25 Petalen, schöne Form, leicht duftend, gut blühend; Wuchs kräftig; Laub hellgrün. D

Sommermärchen. *Fl.* Tantau 1945. 'Prof. Gnau' × 'Baby Château'. Dunkelrosa, einfach, schalenförmig, großblumig, etwas duftend, zu vielen in großen Ständen; Wuchs buschig, aufrecht; Laub hellgrün, derb. D

'Song of Paris' → **Saphir.**

Sonia (= 'Sonia Meilland'; 'Sweet Promise'). *Fl. TH.* Meilland 1970. 'Zambra' × ('Baccara' × 'Message'). Hellrosa, mittelgroß, locker gefüllt, rosettenartig, etwas duftend, einzeln oder zu mehreren, reich und öfterblühend; Wuchs kräftig, locker aufrecht; Laub dunkelgrün, derb, mittelgrün. — Wichtige Haussorte. DZ (Tafel 25).

'Sonia Meilland' → **Sonia.**

Sonja Horstmann. *TH.* Kordes 1966. 'Schlösser's Brillant' × 'Primaballerina'. Blutrot, großblumig, gut gefüllt, duftend, schöne Form, sehr reichblühend; gut wüchsig, langstielig, gut verzweigt; Laub groß, dunkelgrün, reichlich. DUZ

Sonnenuntergang. *Fl.* de Ruiter 1970. Feuerrot, fast lackrot, Farbton ähnlich 'Sarabande', halbgefüllt, 15 Petalen, sehr blühwillig; Wuchs niedrig, buschig, 40 cm; Laub frischgrün, glänzend, gesund.

Sonnet. *TH.* Boerner/Jackson & Perkins 1961. 'Golden Masterpiece' × 'Spartan'. Lachsrosa, sehr großblumig, 12 cm Ø, sehr dicht gefüllt, becherförmig, duftend, reichblühend; starkwüchsig. — Haussorte. W

Sonora. *Fl.* Boerner/Jackson & Perkins 1962. 'Orange Mist' × 'Mayday'. Zart ledergelb mit lachsrosa überlaufen, außen auf den Petalen rot gestreift, großblumig, gut gefüllt, haltbar, reichblühend; Wuchs buschig, 50 cm; Laub derb lederartig, dunkelgrün. — Haussorte. RJb 30:80. DWZ

Sophia Loren. *TH.* Tantau 1967. 'Super Star' × 'Ballett'. Blutrot, großblumig, gut gefüllt, gut blühend; Wuchs kräftig, 70—80 cm, buschig; Laub dunkelgrün, glänzend. DUWZ

Soraya. *TH.* Meilland 1955. ('Gloria Dei' × 'Floradora') × 'Grand'mère Jenny'. Orangerot, außen karmin, großblumig, gut gefüllt, becherförmig, etwas duftend, gut blühend, lange starke Stiele; Wuchs kräftig, 80 cm, gut verzweigt; Laub groß, dunkelgrün, glänzend. RA 1956:86; PWR 38; BTR 37. (7,8) DWZ

Sorcier. *Kl.* Hémeray-Aubert 1958. 'Danse du Feu' × Sämling. Orangerot, mittelgroß, locker gefüllt, öfterblühend; Wuchs stark, 2 m; Laub bronzegrün. D

Southampton. *Fl.* Harkness 1971. ('Queen Elizabeth' × 'Allgold') × 'Yellow Cushion'. Gelborange, scharlach angehaucht, mittelgroß, locker gefüllt, etwas duftend, einzeln oder zu mehreren beisammen, reichblühend; Wuchs kräftig; Laub klein, tiefgrün, etwas glänzend. RA 1972:177.

South Seas (= 'Mers du Sud'). *TH.* Morey/Jackson & Perkins 1963. Korallenrosa, im Verblühen mehr silbrigrosa, sehr großblumig, 15 cm Ø, gut gefüllt, becherförmig, zuletzt flach, gut duftend, reichblühend, an langen starken Stielen; Wuchs kräftig, aufrecht; Laub jung rötlich. (7,9) DWZ

Souvenir de Christophe Cochet. *Str.* (*rug.*-H.). Cochet-Cochet 1894. Zartrosa, sehr großblumig, locker gefüllt, hellgelbe Staubfäden, duftend, Sepalen kurz borstig, große rote Früchte; Wuchs stark, 1,5 m; Laub typisch *rugosa*-artig. RZ 1895:21. DW

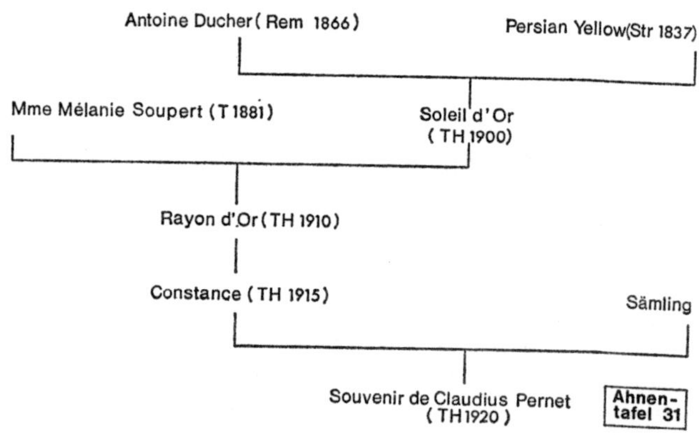

Souvenir de Claudius Pernet. *TH.* Pernet-Ducher 1920. 'Constance' × Sämling. Reingelb, Mitte dunkler, großblumig, gut gefüllt, 30 Petalen, duftend, lange spitze Knospe, reichblühend; Wuchs kräftig, langtriebig; Laub glänzend grün. Z

Souvenir de Jacques Verschuren. *TH.* Verschuren/Pechtold 1950. 'Katharine Pechtold' × 'Orange Delight'. Kupfriggelb, großblumig, gut gefüllt, duftend, Knospe lang zugespitzt, blüht mittel; Wuchs schwach, buschig, 40 cm; Laub wenig, klein, dunkelgrün. RA 1953:104; PWR 54. DWZ

Souvenir de la Malmaison (= 'Queen of Beauty'). *Bourb.* Béluze 1843. 'Mme Desprez' × Teerose. Zart rahmfarbig mit rosa Hauch, später fast ganz weiß, sehr großblumig, 10 cm ⌀, sehr dicht gefüllt und geviertelt, stark duftend, etwas nachblühend im September; Wuchs ziemlich schwach, 50—70 cm. — Berühmte alte Sorte; Malmaison war der Rosengarten der französischen Kaiserin Joséphine, der Gattin Napoleons. SRW 151. (7,1) DMUWZ (siehe Seite 99).

Souvenir de Pierre Notting. *Tee.* Soupert & Notting 1902. 'Maréchal Niel' × 'Maman Cochet'. Goldgelb mit gelborange und kupfrig, Rand rosa, sehr dicht gefüllt, etwas duftend, gut blühend, lange Knospe; Laub hellgrün. D

Souvenir de St. Anne's. *Bourb.* Sport von 'Souvenir de la Malmaison', aber nur halb gefüllt bis fast einfach, zartrosa bis fast weiß. — Gefunden in Irland; 1950 eingeführt durch Hilling. D

Späth 250 ('Späths Jubiläum'). *Fl.* Kordes Söhne 1970. Leuchtend lachsorange, mittelgroß, gut gefüllt, reichblühend, in Büscheln, Blütenform wie 'Spartan'; Wuchs aufrecht, buschig, 60 cm; Laub dunkelgrün, reichlich. DWZ

Spanish Orange. *Fl.* de Ruiter 1966. Leuchtend orange, kleinblumig, 4 cm ⌀, gut gefüllt, doch locker, duftend, sehr reichblühend in Büscheln; Wuchs kräftig; Laub dunkelgrün.

Spanish Sun. *Fl.* Boerner/Jackson & Perkins 1966. 'Yellow Pinocchio'-Sämling × 'Golden Garnette'. Dunkelgelb, großblumig, gut gefüllt, offen, gut duftend, kräftige Stiele; Wuchs buschig, im Freiland 50 cm, unter Glas (Haussorte!) viel stärker; Laub dunkelgrün. DZ

'Sparkling Scarlet' → **Iskra.**

Sparrieshoop. *Str.* Kordes 1952. ('Baby Château' × 'Else Poulsen') × 'Magnifica'. Lachsrosa, außen etwas kräftiger, Mitte heller, großblumig, 10 cm ⌀, einfach, schalenförmig, duftend, reichblühend, öfterblühend; Wuchs stark aufrecht, 2 m; Laub groß, rotgrün, glänzend, gut deckend. GSR 188. (8,0) DMUWZ

Spartan. *Fl.* Boerner/Jackson & Perkins 1955. 'Geranium Red' × 'Fashion'. Orangerot bis korallenrosa, großblumig, 8 cm ⌀, gut gefüllt, stark duftend, in Büscheln, reichblühend; Wuchs buschig, 50 cm; Laub dunkelgrün, glänzend. PWR 157; RA 1955:48. (8,4) DWZ

'Spectacular' → **Danse du Feu.**

Spek's Yellow (= 'Golden Scepter'). *TH.* Verschuren-Pechtold 1947. 'Geheimrat Duisberg' × Sämling. Goldgelb, mittelgroß, gut gefüllt, duftend, blüht nur mäßig reich; Wuchs aufrecht, wenig verzweigt; Laub mittelgroß, deckt schlecht. PWR 67; HRB 101. DZ

Sphinx. *TH.* Gaujard 1967. 'Rose Gaujard' × 'Gail Borden'. Leuchtend reinrosa, Rand etwas heller werdend, sehr großblumig, 10—12 cm ⌀, gut gefüllt, ziemlich duftend, einzeln an langen Stielen, haltbar, gut blühend; Wuchs sehr kräftig, buschig; Laub derb, tiefgrün, reichlich. DZ

Spong. *Str.* (*cent.*). 1805. Rosarot, kleinblumig, rosettenförmig, sehr dicht gefüllt, reichblühend, sehr früh; Wuchs buschig, 1 m, verzweigt; Laub mit runden Blättchen, grob gesägt. D

Spotlight. *TH.* A. Dickson 1969. 'Piccadilly' × Sämling. Lachsrosa mit goldgelb, gefüllt, mittelgroß, kugelig, zu mehreren beisammen, etwas duftend, gut blühend; Wuchs buschig; Laub reichlich, mittelgroß, dunkelgrün. D

Sprint. *Fl.* Gaujard 1961. 'Jolie Princesse' × 'Chanteclerc'. Hellrot, weißliche Mitte, halbgefüllt, becherförmig, später flach, 6 cm ⌀, zu vielen in großen Ständen, reichblühend; Wuchs buschig, 30 cm; Laub bronzegrün, groß. Z

'Stadt Bottrop' → **Curiosa.**

Stadt Darmstadt. *Fl.* de Ruiter 1966. 'Schweizer Gruß' × 'The Doctor'. Hellrot, ziemlich kleinblumig, Petalen stark gewellt, flach, zu vielen in großen Ständen, reichblühend; Laub tiefgrün. DZ

Stadt Kiel. *Str.* Kordes 1962. 'Minna Kordes' × 'Floradora'. Dunkelblutrot mit zinnober, mittelgroß, gut gefüllt, gute Form, etwas duftend, in Büscheln, reich und öfterblühend; Wuchs stark, 1,5 m; Laub sehr groß, tiefgrün. RJb 24:192. DMUWZ

Stadt Luzern. *Fl.* Huber 1967. Zart lachsrosa mit gelbem Grund, mittelgroß, gut gefüllt, becherförmig, einzeln oder zu mehreren; Wuchs kräftig, 1 m hoch; gut belaubt. D

'Stadt Mönchengladbach' → **Marion.**

Stadt Neuss. *Fl.* de Ruiter 1967. Zinnober, später mehr lachs-scharlach, großblumig, 8—10 cm ⌀, halbgefüllt, hochgebaut, zu vielen in großen Ständen, schwach duftend; Wuchs aufrecht, buschig, 100 cm; Laub mittelgroß, dicht, etwas glänzend, grün, jung gerötet. D

Stadtrat Meyn. *Pol.* Tantau 1919. 'Orléans Rose' × ?. Hellrot, großblumig, rosettenartig und sehr dicht gefüllt, flach, zu vielen beisammen, gut blühend; Wuchs buschig. RZ 1912:53; 1921:17. D

Stadt Rosenheim. *Str.* Kordes 1961. 'Spartan' × 'Korona'. Lachsorange, sehr leuchtend, mittelgroß, gut gefüllt, schöne Form, zu vielen beisammen, dauerblühend; Wuchs kräftig, 1,5 m; Laub hellgrün, groß, reichlich. KR 10:117. (7,5) DMUWZ

Stadt Wien (= 'Marielle'). *Fl.* de Ruiter 1963. Karminrosa, verblüht lilarot, großblumig, 6—10 cm ⌀, halbgefüllt, locker und hoch gebaut, Duft schwach, in großen Ständen, sehr reichblühend; Wuchs kräftig, buschig, 60—70 cm; Laub groß, grün, matt, dicht stehend. DZ

Stadt Wuppertal. *Fl.* de Ruiter 1967. Scharlachrot, zuletzt hell karmin, großblumig, 8—10 cm ⌀, ohne Duft, in großen Sträußen, selbstreinigend, halbgefüllt; Wuchs aufrecht, buschig, 80 cm; Laub mittelgroß, grün, etwas glänzend, locker. D

Stämmler. *Rem.* Tantau 1930. 'Victor Verdier' × 'Arabella'. Rosa, gut gefüllt, gut duftend, etwas remontierend, hoch gebaut; Wuchs kräftig, aufrecht, 1,2 m; Laub glänzendgrün. RZ 1931:49. DMUWZ

Standing. *Fl.* Delforge 1969. 'Atlantic' × Sämling. Dunkelrot, mittelgroß, gut gefüllt, etwas duftend, gut haltbar, in Büscheln an kräftigen Stielen, reichblühend; Wuchs kräftig, buschig; Laub mittelgroß, dunkelgrün, glänzend. D

Stanwell Perpetual. *Str.* (*Pimp.*-H.). Lee 1838. *R. damascena* 'Semperflorens' × *R. pimpinellifolia.* Ganz zartrosa, mittelgroß, dicht gefüllt, duftend, sehr reichblühend und etwas remontierend; Wuchs kräftig, 1,5 × 1,5 m, Triebe stark bewehrt; Laub klein. SOR 45; GSR 57. (7,7) DM

Starburst. *Fl.* Meilland 1969. 'Zambra' × 'Suspense'. Rot mit gelb, mittelgroß, gefüllt, hoch gebaut, etwas duftend, haltbar, reichblühend, zu mehreren beisammen; Wuchs buschig; Laub reichlich, mittelgroß, glänzend.

Starfire. *Fl.* Lammerts 1958. 'Charlotte Armstrong' × ('Charlotte Armstrong' × 'Floradora'). Hellrot, sehr großblumig, 12 cm ⌀, gut gefüllt, becherförmig, zu mehreren an langen Stielen, gute Form, Knospe urnenförmig; Wuchs stark, hoch, buschig; Laub sattgrün, glänzend. (8,0) Z

Starina. *Min.* Meilland 1965. ('Dany Robin' × 'Fire King') × 'Perla de Monserrat'. Orangescharlach, kleinblumig, 4 cm ⌀, dicht gefüllt, etwas sternförmig, flach, sehr reichblühend; Wuchs zwergig, 25 cm; Laub klein, glänzend grün. GSR 506. (9,2) DUZ

Starlet. *Fl.* Swim/Armstrong 1957. 'Goldilocks' × Sämling. Reingelb, mittelgroß, 6 cm ⌀, gut gefüllt, zuletzt flach, etwas duftend, reichblühend, einzeln oder zu mehreren, spitze Knospe; Wuchs buschig, gedrungen; Laub mittelgroß, dunkelgrün, glänzend. (7,4) DZ

Star of Persia. *Str.* Pemberton 1919. *R. foetida* × 'Trier'. Goldgelb, mittelgroß, locker gefüllt, etwas sternförmig, Petalen schmal, Staubbeutel goldgelb; Wuchs buschig, bis 2,5 m hoch; Laub sehr ähnlich *R. foetida.* ARA 1924:104. D

Stella. *Fl.* Tantau 1958. 'Horstmanns Jubiläumsrose' × 'Gloria Dei'. Innen rahmgelb mit zartrosa, äußere Petalen hellrosa bis fast karmin, großblumig, 12 cm ⌀, dicht gefüllt, hoch gebaut, etwas duftend, zu mehreren beisammen, reichblühend; Wuchs kräftig, buschig, 60 cm; Laub derb, lederartig, tiefgrün. PWR 66; GR 160; RJb 22:193. (6,7) DUWZ

Stellmacher. *Str.* Tantau 1937. 'D. T. Poulsen' × 'Stämmler'. Hellrot, gefüllt, duftend, in großen Ständen, reichblühend und öfterblühend. D

Stephen Langdon. *Fl.* Sanday 1969. 'Karl Herbst' × 'Sarabande'. Tief scharlachrot bis karmin, großblumig, locker gefüllt, etwas duftend, zu mehreren beisammen und in Büscheln, gut und reich blühend; Wuchs kräftig, gedrungen buschig; Laub dunkelgrün, matt. RA 1971:97. D

Sterling Silver. *TH.* Fisher/Jackson & Perkins 1957. Sämling × 'Gloria Dei'. Fliederlila, im Verblühen heller, mittelgroß, locker gefüllt, becherförmig, gut blühend, Knospe urnenförmig; Wuchs kräftig aufrecht; Laub dunkelgrün, glänzend. RA 1962:80. (5,9) Z

St. Lucia. *TH.* Tantau 1973. Eltern nicht angegeben. Rosa, mittelgroß, gefüllt, duftend, einzeln stehend, langstielig; Wuchs buschig aufrecht, mittelkräftig, 60—80 cm; Laub mittelgroß, etwas glänzend. D

St. Pauli. *Fl.* Kordes 1958. 'Masquerade' × 'Karl Herbst'. Innen hellrot, Basis und außen goldgelb, großblumig, 7 cm ⌀, locker gefüllt, zuletzt flach und mehr rosa, reichblühend und lange, ohne Duft; Wuchs stark, buschig aufrecht, 80 cm; Laub groß, leicht rötlich, glänzend. RA 1962:145. DUZ

Stroller. *Fl.* A. Dickson 1968. 'Isle of Man' × 'Happy Event'. Innen kirschrot, außen goldgelb, großblumig, locker gefüllt, etwas duftend, reichblühend, in Büscheln; Wuchs kräftig aufrecht, 80 cm; Laub dunkelgrün, glänzend. RA 1970:177; GSR 489. D

Stromboli. *Fl.* Leenders 1970. 'Inge Poulsen' × 'Happy Red'. Scharlachrot, mittelgroß, gut gefüllt, lange Knospe; Wuchs buschig; Laub groß, dunkelgrün. D

Sultane. *TH.* Meilland 1946. 'J. B. Meilland' × 'Orange Nassau'. Innen zinnoberrot, außen goldgelb, großblumig, 12 cm ⌀, gut gefüllt, gut duftend, gut blühend; wüchsig, 70 cm, stark verzweigt; Laub groß, grün, glänzend. SRW 102. (6,4) DZ

Sumatra. *Fl.* Mallerin 1956. 'Olga' × 'Fashion'. Zinnoberrot-blutrot, großblumig, 8 cm ⌀, locker gefüllt, zuerst kugelig, später flach, in pyramidalen Ständen; Wuchs mittel; Laub derb. (7,2) DWZ

Summer Fields. *Str.* Mattock. 'Super Star' × 'Goldmarie'. Hell scharlachrot, halbgefüllt, 15 Petalen, duftend, sehr reichblühend; Wuchs kräftig; junges Laub rot, später mattgrün. D

Summer Frost. *Fl.* Boerner 1962. 'Princesse White' × 'Golden Masterpiece'. Weiß, großblumig, 10 cm ⌀, locker gefüllt, becherförmig, duftend; Wuchs gedrungen, reichblühend; Laub dunkel, lederartig. D

Summer Holiday. *TH.* Gregory 1967. 'Super Star' × ?. Zinnoberrot, großblumig, hochgebaut, gut gefüllt, duftend, langstielig; Wuchs stark. RA 1969:96; GSR 367. DZ

Summer Meeting. *Fl.* Harkness 1968. 'Allgold' × 'Circus'. Goldgelb, gut gefüllt, großblumig, etwas duftend, in Büscheln, sehr reichblühend; Wuchs gedrungen buschig; Laub glänzend. RA 1969:97. D

Summer Perfume. *Kl.* Leenders 1961. 'Coral Dawn' × 'Cocorico'. Zinnoberrot, großblumig, locker halbgefüllt, stark duftend, reichblühend; Wuchs stark. D

Summer Queen. *TH.* Delforge 1964. Sport von 'Queen Elizabeth'. Ganz zartrosa Mitte, nach außen zu elfenbeinweiß, großblumig, gut gefüllt, lange Stiele; Wuchs stark aufrecht, 1 m; Laub hellgrün, derb. DZ

Summer Song (= 'Chanson d'Eté'). *Fl.* P. Dickson 1962. Sämling × 'Masquerade'. Orange und gelb gemischt, großblumig, halbgefüllt, 10 cm ⌀, flach, etwas duftend; Wuchs kräftig, 80 cm; Laub glänzend. (6,9) D

Summer Sunshine (= 'Soleil d'Eté'). *TH.* Swim/Armstrong 1962. 'Buccaneer' × 'Lemon Chiffon'. Leuchtend dunkelgelb, großblumig, 10 cm ⌀, locker gefüllt, flach, etwas duftend, langstielig, reichblühend; Wuchs aufrecht, 70 cm; Laub tiefgrün, glänzend, derb. RA 1963:129; WPR 31. (7,6)

Summertime. *TH.* Boerner/Jackson & Perkins 1957. 'Diamond Jubilee' × 'Fashion'. Hellrosa, großblumig, 10 cm ⌀, dicht gefüllt, hoch gebaut, stark duftend, gut blühend; Wuchs buschig; Laub olivgrün. (7,3) DZ

'Sunblest' = **Landora.**

Sunburst. *TH.* Pernet-Ducher 1912. Gelb und orange. — Nachkommen-Verzeichnis in RZ 1929: Beilage Nr. 5; 2 S. (v. Rathlef).

Sundance. *Fl.* Poulsen 1954. 'Poulsen's Supreme' × 'Eugen Fürst'. Orangegelb, später hell rosarot, mittelgroß, 6 cm ⌀, locker gefüllt, 20—25 Petalen, etwas duftend, reichblühend in Büscheln; Wuchs kräftig, aufrecht; Laub hellgrün. RA 1955:148. Z

Sunday Press. *TH.* Kordes/McGredy 1970. Karminrot, sehr großblumig, 12 cm ⌀, sehr dicht gefüllt, schöne Form, einzeln an langen Stielen, blüht ziemlich gut; Wuchs kräftig; Laub reichlich, hellgrün.

Sunday Times (= 'Shrubby Pink'). *Fl.* McGredy 1971. ('Little Darling' × 'Goldilocks') × 'München'. Innen dunkelrosa, außen etwas heller, halbgefüllt, mittelgroß, einzeln und in Büscheln beisammen, leicht duftend, reichblühend, selbstreinigend; Wuchs buschig, gedrungen, 60 cm; Laub klein, dunkelgrün, glänzend. RA 1971:177; GSR 488.

Sundra. *Fl.* Gaujard 1968. 'Club' × 'Lilli Marleen'. Dunkelrot, großblumig, locker halbgefüllt, becherförmig, stark duftend, zu mehreren beisammen, dauerblühend, sehr haltbar; Wuchs buschig, niedrig, 40 cm; Laub reichlich, hellgrün, mittelgroß. DZ

Sundream. *Fl.* Leenders 1971. 'Inge Poulsen' × 'Fiametta'. Lachsorange, später rosa und weiß verblühend, Mitte und Rückseite gelb, mittelgroß, 6—8 cm ⌀, halbgefüllt, etwas duftend, in großen Büscheln; Wuchs buschig, aufrecht, 80 cm; Laub mittelgroß, grün, etwas glänzend. D

Sun King. *TH.* Meilland 1974. Bronzegelb, gut gefüllt, leichter Duft, lange Knospe; Wuchs buschig, aufrecht, 60 bis 80 cm; Laub gesund. D

'Sunlight' → **Grisby.**

Sunmaid. *Fl.* Leenders 1970. 'Floriade' × 'Allgold'. Lachsgelb, Rand zartrosa, Mitte und außen hellgelb, großblumig, halbgefüllt, 10—12 cm ⌀, duftend; Wuchs buschig, 110 cm; Laub mittelgroß, jung rot, stark glänzend. D

Sunrise. *TH.* Leenders 1966. 'Harlequin' × 'Tawny Gold'. Lachsrot, Mitte und außen gelb, verblüht karminrosa, gefüllt, großblumig, etwas duftend, zu mehreren beisammen; Wuchs aufrecht, 70 cm; Laub groß, jung rot, locker. D

Superba. (*moyesii*-Hybride). Van Rossem. 'Charles P. Kilham' × *R. moyesii*. Sehr dunkel bräunlichrot, halbgefüllt, flach, ohne Duft, bringt keine Früchte; Wuchs stark, 2 m hoch oder mehr, Triebe purpurviolett überlaufen. Z

Super-Congo. *TH.* Meilland 1950. 'Congo' × 'Léonce Colombier'. Schwärzlich blutrot mit Samtschimmer, mittelgroß, gut gefüllt, etwas duftend, wenig blühend; Wuchs mittel, buschig, 70 cm; Laub bläulichgrün, matt. SRW 99. Z

Susan Hampshire. *TH.* Meilland 1974. Kräftig rosa, dicht gefüllt, stark duftend, große Knospe, sehr blühwillig; Wuchs stark, 80—90 cm. D

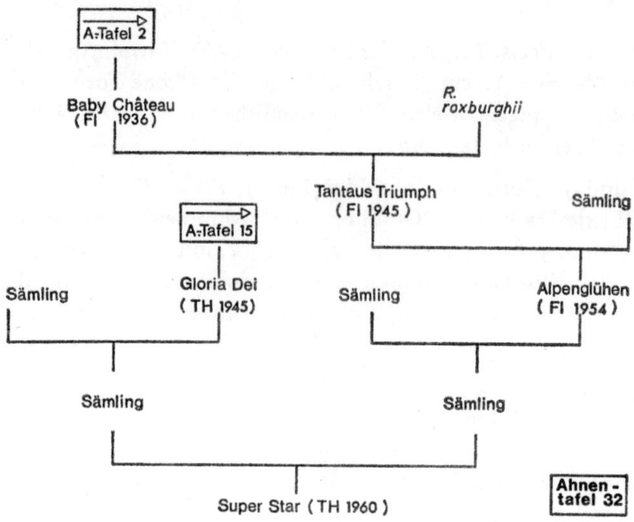

Super Star (= 'Tropicana'). *TH.* Tantau 1960. (Sämling × 'Gloria Dei') × (Sämling × 'Alpenglühen'). Rein lachsorange, sehr klare Farbe, großblumig, 12 cm ⌀, gut gefüllt, sehr gute Form, gut duftend, einzeln oder bis zu 3 an langen Stielen, reichblühend, gut blühend; Wuchs kräftig aufrecht, buschig, im Freiland 60—80 cm; Laub groß, derb, zuerst rötlich, dann dunkelgrün. — Auch als Haussorte ausgezeichnet. Weltsorte! GSR 369; RJb 22:64. (8,8) DUWZ (Taf. 26).

Super Sun. *TH.* Bentley 1967. Sport von 'Piccadilly'. Alle guten Eigenschaften der Muttersorte, aber Farbe jedoch maisgelb. RA 1969:33; GSR 368.

Susan (= 'Susan Massu'). *TH.* Kordes 1970. Hellgelb, später lachsrosa, Mitte gelb, außen hellgelb, sehr großblumig, 12—15 cm ⌀, hoch gebaut, dicht gefüllt, stark duftend, gut blühend, Blüten aufrecht, später oft nickend; Wuchs kräftig, aufrecht, 80—100 cm; Laub mittelgroß, grün, matt, locker. DUWZ

Suspense. *TH.* Meilland 1960. 'Henri Mallerin' × ('Rouge Meilland' × 'Floradora'). Innen karminscharlach, außen dunkelrahmgelb mit feiner roter Aderung, großblumig, 12 cm ⌀, dicht gefüllt, becherförmig, leicht duftend, Knospe eiförmig, gut blühend; Wuchs buschig, kräftig; Laub glänzend, dunkelgrün. PWR 22; BTR 55. (7,6) DZ

Sutter's Gold. *TH.* Swim/Armstrong 1950. 'Charlotte Armstrong' × 'Signora'. Hell orangegelb, mehr oder weniger stark rot geadert oder getuscht, großblumig, 8 cm ⌀, gut gefüllt, reichblühend, lange Knospe, stark duftend; Wuchs stark aufrecht, verzweigt, 90 cm; Laub mittelgroß, glänzend. RA 1952:40; PWR 71; GSR 370; BTR 19. (7,8) DMUWZ

Suzon Lotthé. *TH.* Meilland 1951. 'Gloria Dei' × ('Signora' × 'Mrs. John Laing'). Hellrosa, zum Rand hin dunkler überlaufen, sehr großblumig, hoch gebaut, dicht gefüllt, 60 Petalen, stark duftend, sehr reichblühend; starkwüchsig; Laub dunkelgrün. Z

'Swan Lake' → **Schwanensee.**

Swantje. *Fl.* Tantau 1936. 'Johanna Tantau' × ('Prof. Gnau' × 'Joanna Hill'). Reinweiß, sehr großblumig, gefüllt, zuletzt flach, in Büscheln; Wuchs kräftig, buschig; Laub hellgrün, glänzend. DWZ

'Sweet Briar' = englische Bezeichnung für *Rosa rubiginosa.*

Sweet Fairy. *Min.* de Vink 1964. 'Peon' × Sämling. Hellrosa, kleinblumig, 2,5 cm ⌀, dicht gefüllt, zuletzt flach, Petalen spitz, rosettenförmig, duftend, gut blühend; Wuchs zwergig, buschig, 25 cm; Laub klein, dunkelgrün. (8,0)

Sweet Home. *TH.* Meilland 1971. ('Jolie Madame' × 'Baccara') × ('Baccara' × 'Jolie Madame'). Innen hell karminrot, außen dunkler, mehr zinnoberrot, großblumig, locker gefüllt, becherförmig, etwas duftend, einzeln oder zu mehreren, gut blühend; Wuchs kräftig; Laub reichlich, groß, derb. DZ

Sweet Melody. *Fl.* Leenders 1966. 'Tallyho' × 'Leenders Flamingo'. Innen zart lachsrosa, zur Basis dunkler, außen hellrot, locker gefüllt, mittelgroß, in Büscheln; Wuchs buschig; Laub groß, hellgrün. D

'Sweet Promise' = **Sonia.**

Sweet Repose (= 'The Optimist'). *Fl.* de Ruiter 1955. 'Geheimrat Duisberg' × Floribunda-Sämling. Im Aufblühen rahmgelb und rosa, Basis lachsfarben, später dunkler gelb und karmin, mittelgroß, 7 cm ⌀, duftend, sehr haltbar, einzeln oder zu mehreren, gut blühend; Wuchs stark, verzweigt, 90 cm; Laub mittelgroß, rotgrün, matt. RA 1956:80; PWR 109; GSR 492. DZ

Sweet Salmon. *Fl.* Leenders 1966. 'Golden Perfume' × 'Tawny Gold'. Lachsrosa, Mitte gelblich, sehr großblumig, 12—15 cm ⌀, halbgefüllt, etwas duftend, reichblühend in großen Ständen; Wuchs stark, 110 cm, fast stachellos; Laub mittelgroß, grün, etwas glänzend. D

Sweet Song. *Fl.* Meilland 1971. 'Fidelio' × 'Bettina'. Rosa, großblumig, 10 cm ⌀, locker gefüllt, zuletzt flach, leicht duftend, reich und dauerblühend, zu mehreren und in Büscheln; Wuchs buschig, verzweigt; Laub mittelgroß, mattgrün.

Sweet Sultan. *Kl.* Eacott/LeGrice 1958. 'Kordes Sondermeldung' × 'Honour Bright'. Dunkel karmin-scharlach, einfach, großblumig, 10 cm ⌀, einzeln oder zu mehreren, stark duftend, öfterblühend; Wuchs mittelstark, 2—3 m; Laub rot-dunkelgrün. GSR 262.

Sylvia Dot. *Fl.* Dot 1965. 'Queen Elizabeth' × 'Orient'. Lachsfarbig, mittelgroß, gut gefüllt, hoch gebaut, etwas duftend, reichblühend; Wuchs dicht buschig; Laub bronzegrün, glänzend.

Sympathie. *Ko. Kl.* Kordes 1964. 'Wilhelm Hansmann' × 'Don Juan'. Samtig dunkelrot, großblumig, edle Form, gut gefüllt, stark duftend, bis 10 cm ⌀, zu mehreren beisammen, sehr reichblühend, öfterblühend; Wuchs kräftig, 3 bis 4 m; Laub mittelgroß, sattgrün, glänzend. KR 9:141. (7,1) DMUWZ (Tafel 25).

Symphonie. *TH.* Meilland 1951. 'Gloria Dei' × ('Signora' × 'Mrs. John Laing'). Karminrosa, fein dunkler geadert und schattiert, großblumig, 12 cm ⌀, locker gefüllt, hoch gebaut, stark duftend, gut blühend; Wuchs kräftig, buschig; Laub derb, glänzend. PWR 69. (6,4) Z

Tabarin. *Fl.* Gaujard 1956. 'Opéra' × 'Masquerade'. Aufblühend gelb mit lachsrosa, dann nachdunkelnd zu orangegelb mit scharlach, mittelgroß, 8 cm ⌀, locker halbgefüllt, reichblühend in großen Büscheln; Wuchs kräftig. RA 1958: 113.

Taconis. *Fl.* de Ruiter 1968. 'Ruth Leuwerik' × 'City of Nottingham'. Scharlach mit orange Hauch, mittelgroß, gut gefüllt, zuletzt ziemlich flach, leicht duftend, gut blühend, in Büscheln; Wuchs kräftig; Laub dunkelgrün, glänzend. DMZ

Tahiti. *TH.* Meilland 1947. 'Gloria Dei' × 'Signora'. Orangegelb, mit rosa und karmin Anflug und dunklerer Aderung, sehr großblumig, 12 cm ⌀, gut gefüllt, gut duftend, mäßig blühend; Wuchs stark, verzweigt, 70 cm; Laub mittelgroß, dunkelgrün, glänzend, deckt mäßig. SRW 193. (7,4) DZ

Taifun ('Typhoon'). *TH.* Kordes/McGredy 1973. 'Königin der Rosen' × 'Dr. A. J. Verhage'. Rosa, großblumig, 10 cm ⌀, gut gefüllt, stark duftend, einzeln an kräftigen Stielen, gut blühend; Wuchs kräftig; Laub reichlich. RA 1973:140. D

Taiga ('Tantaga'). *Fl.* Tantau 1972. 'Geisha' × 'Junior Miss'. Rosa, mittelgroß, locker gefüllt, 20 Petalen, in Büscheln, aufrecht; Wuchs kräftig aufrecht, 70 cm; Laub hellgrün, mittelgroß, reichlich. DUZ

Tallyho. *TH.* Swim/Armstrong 1948. 'Charlotte Armstrong' × Sämling. Innen rosarot, außen karminrot, großblumig, 8 cm ⌀, gut gefüllt, duftend, mäßig blühend, Knospe urnenförmig; Wuchs kräftig, verzweigt, 70 cm; Laub mittelgroß, matt, rötlich. PWR 30. (7,5) DZ

Tamango. *Fl.* Meilland 1967. ('Alain' × *Rosa chinensis* 'Mutabilis') × ('Radar' × 'Caprice'). Karminrosa, Rand dunkel karmin schattiert, großblumig, gut gefüllt, ballförmig, etwas duftend, in großen Büscheln, reichblühend; Wuchs kräftig, 80 cm; Laub dunkelgrün. DUZ

Tamara. *TH.* Mondial Roses 1966. 'Parel van Aalsmeer' × 'Kordes Sondermeldung'. Geraniumrot, mittelgroß, gute Form, ohne Duft, reichblühend, einzeln an starken Stielen; Wuchs stark; Laub tiefgrün.

Tambourine. *Fl.* Dickson 1958. 'Kordes Sondermeldung'-Sämling × 'Karl Herbst'. Innen leuchtend kirschrot, außen hellgelb, mittelgroß, 7 cm ⌀, leicht duftend, locker gefüllt, zuletzt flach, in großen Ständen, reichblühend; Wuchs stark; Laub dunkelgrün, derb, glänzend. RA 1960:144. (5,1) DZ

Tam O'Shanter. *Fl.* Cocker 1969. 'Orange Sensation' × 'Circus'. Innen hellgelb, Rand rot, rosettenförmig, mittelgroß, gefüllt, etwas duftend; Wuchs buschig, 60 cm; Laub matt, mittelgroß. D

Tanagra. *TH.* Gaujard 1969. 'Queen Elizabeth' × 'Super Star'. Orangerot, großblumig, gut gefüllt, becherförmig, duftend, einzeln an langen Stielen, sehr haltbar, reich und dauerblühend; Wuchs buschig, 50 cm; Laub matt, reichlich.

'Tanbeedee' → **Belinda.**

Tanger. *TH.* Dot 1949. 'Condesa de Sástago' × 'Gloria Dei'. Innen scharlachkarmin, außen goldgelb, großblumig, stark gefüllt, etwas duftend, kurze Knospe; Wuchs gedrungen. (5,0) Z

Tango. *TH.* Delforge. 1955. 'The Doctor' × 'Karl Herbst'. Rot, großblumig, locker gefüllt, zuletzt flach, duftend, reichblühend; starkwüchsig, buschig, 70 cm; Laub groß, rötlich, matt.

- **1906 Tausendschön**
  - 1908 Weiße Tausendschön
  - 1913 White Tausendschön
  - 1914 → **1914 Echo**
    - 1916 → **1916 Greta Kluis**
      - 1927 → **1927 Präsident Hindenburg**
        - 1930 Anneke Koster
      - 1928 Greta Kluis Superior
      - 1928 Direktor Erik Hjelm
    - 1923 → **1923 Eva Teschendorff**
      - 1926 Climb. Eva Teschendorff
    - 1924 Direktor Struve
    - 1925 Klein Echo
    - 1925 Weiße Echo
    - 1927 Brillant Echo
  - 1917 Roserie
  - 1918 White Tausendschön
  - 1925 Manja Böhn
  - 1931 Red Tausendschön

Spontane Sports der Kletterrose 'Tausendschön' (nach Saakov, verändert)

'Tanjeka' → **Jessika.**

'Tannacht' → **Mainzer Fastnacht.**

'Tanolfeu' → **Olympisches Feuer.**

'Tanorstar' → **Super Star.**

'Tanpeno' → **Pepino.**

'Tanpika' → **Piroschka.**

'Tanrekta' → **Rebecca.**

'Tanschneewa' → **Schneewalzer.**

'Tanta' → **Taora.**

'Tantaga' → **Taiga.**

Tantau's Triumph (= 'Cinnabar'). *Fl.* Tantau 1945. 'Baby Château' × *R. roxburghii.* Scharlachrot und zinnober, mittelgroß, halbgefüllt, becherförmig, etwas duftend, reichblühend, in großen Ständen; Wuchs aufrecht, buschig; Laub derb. DW

Tantau's Überraschung (= 'Tantau's Surprise'). *Fl.* Tantau 1943. 'Bouquet' × 'Hamburg'. Dunkelscharlach mit schwärzlichem Samtschimmer, großblumig, dicht gefüllt, flach, ohne Duft, gut blühend, in Büscheln; Wuchs stark, aufrecht, 80 cm; Laub groß, glänzendgrün. DUWZ

Taora (= 'Tanta'). *Fl.* Tantau 1968. Sämling × 'Super Star'-Sämling. Leuchtend orange, großblumig, gut gefüllt, gute Form, in großen Büscheln, sehr reichblühend, haltbare Farbe; Wuchs buschig, niedrig; Laub mittelgroß, leicht glänzend. RJb 34:176. DUWZ

Tapestry. *TH.* G. Fisher 1958. 'Gloria Dei' × 'Mission Bells'. Hellgelb, stark mit zinnober und rosa überlaufen, sehr großblumig, 12 cm ⌀, dicht gefüllt, zuletzt becherförmig, duftend, gut blühend; Wuchs buschig aufrecht; Laub glänzend. RJb 22:64. Z

Tarantella. *TH.* Tantau 1936. 'Charles P. Kilham' × 'President Herbert Hoover'. Dunkel goldgelb, großblumig, gefüllt, zuletzt flach, etwas duftend; Wuchs buschig; Laub etwas runzelig. SRW 104. DZ

Tatjana. *TH.* Kordes 1970. 'Liebeszauber' × 'Präs. Dr. h. c. Schröder'. Dunkel blutrot mit schwärzlichem Samtschimmer, großblumig, locker gefüllt, stark duftend, lange Knospe, edle Form, einzeln auf dicken langen Trieben; Wuchs stark, buschig; Laub groß, tiefgrün, glänzend. DUZ

Tausendschön. *Kl.* Kiese/J. G. Schmidt 1906. 'Daniel Lacombe' × 'Weißer Herumstreicher'. Dunkelrosa mit großer weißer Mitte, mittelgroß, dicht gefüllt, becherförmig, überreich blühend in großen Ständen an langen Trieben, einmalblühend; Wuchs mittelstark, bis 3 m, Triebe stachellos; Laub mittelgroß, hellgrün, matt. RZ 1913:61. (7,7) DMUWZ

Tawny Gold. *TH.* Leenders 1951. 'Vanessa' × 'Burgemeester van Oppen'. Dunkel gelborange, großblumig, 12 cm ⌀, locker gefüllt, stark duftend, gute Form, zuletzt flach, gut blühend; Wuchs buschig, gedrungen; Laub tiefgrün, derb. Z

Teenager. *TH.* Arnott/Croll 1958. 'Ena Harkness' × 'Sutter's Gold'. Goldgelb, etwas rosa und rot überlaufen, großblumig, locker gefüllt, stark duftend; Wuchs kräftig. RA 1959:144. (6,7) DZ

Teenager. *Fl.* Boerner/Jackson & Perkins 1958. 'Demure' × 'Demure'. Ganz zartrosa mit etwas kräftigerem Anflug, großblumig, dicht gefüllt, hoch gebaut, stark duftend, kräftige Stiele; Wuchs stark, aufrecht; Laub derb. — Haussorte.

Telstar. *Fl.* Gandy 1962. 'Flash' × 'Masquerade'. Goldgelb mit orange, äußere Petalen mehr oder weniger gerötet, ebenso die Spitzen der übrigen Petalen, mittelgroß, später sternförmig, in Büscheln, locker gefüllt; Wuchs kräftig, 90 cm; Laub dunkelgrün. RA 1964:29; GSR 490. D

Temperament. *Fl.* Tantau 1957. 'Fanal' × 'Karl Weinhausen'. Scharlachrot, mittelgroß, 6 cm ⌀, locker gefüllt, später flach, gelbe Staubfäden, etwas duftend, in großen Ständen; Wuchs kräftig, buschig, 80 cm; Laub dunkelgrün, derb, gesund. DUWZ

'Tender Night' → **Florian.**

Teneriffe. *TH.* Bracegirdle. 'Duftwolke' × 'Piccadilly'. Dunkel lachsrot, außen hell lachsrosa, gut gefüllt, 35 Petalen, stark duftend, einzeln stehend; Wuchs aufrecht, mittelkräftig; Laub groß, mittelgrün, glänzend.

Terre de Feu. *Fl.* Kordes/Vilmorin 1968. Dunkelrot, locker gefüllt, großblumig, in Büscheln; 40 cm.

Texas Centennial. *TH.* Watkins 1935. Sport von 'President Herbert Hoover'. Zinnoberrot mit etwas gelb, fast rotbraun wirkend, mittelgroß, gefüllt, etwas duftend, gute Form, lange Knospe; Wuchs kräftig, buschig, 70 cm, lange starke Triebe; Laub groß, mattgrün. ARA 1936:48. (7,0) DZ

Thaïs (= 'Lady Elgin'). *TH.* Meilland 1954. 'Mme Kriloff' × ('Gloria Dei' × 'Genève'). Aprikosengelb, rötlich überlaufen und dunkelrot geadert, großblumig, gut gefüllt, hoch gebaut, duftend, Duft mittel, mäßig blühend; Wuchs mittelstark, 70 cm; Laub derb, dunkelgrün. PWR 7. D

'Theano', Geschwind 1895, ist praktisch identisch mit *R. californica* 'Plena'.

The Beacon. *Kl.* W. Paul 1922. Feuerrot mit weißem Auge, einfach, mitunter leicht gefüllt, in großen Ständen; starkwüchsig, 2,5 m hoch. DMZ

The Bishop (vermutlich = 'L'Evêque'; *gall.*). Lilarot, im Verblühen mehr violett bis grauviolett, Petalen gerollt, zuletzt grau-blau schattiert, dicht gefüllt, rosettenförmig, einmalblühend; Wuchs ziemlich aufrecht, schlank, 1 m; Laub zierlich, glänzend. — Meist fälschlich als *centifolia*-Form bezeichnet. D

The Fairy. *Pol.* Bentall 1932. Sport von 'Lady Godiva'. Hell rosarot, kleinblumig, dicht rosettenförmig gefüllt, 2,5 cm breit, übereich blühend, in großen Ständen aus kleinen Büscheln, remontierend; Wuchs etwa 70 cm × 70 cm, sehr dicht bezweigt; Laub klein, stark glänzend. GSR 491. (9,2) DMUWZ

The Jester (= 'Arlequin'). *Fl.* Leenders 1960. 'Masquerade' × 'High Noon'. Goldgelb, außen gerötet in der Knospe, dicht gefüllt, mittelgroß, sehr reichblühend; Wuchs kräftig; Laub dunkelgrün.

'The Queen Elizabeth Rose' → **Queen Elizabeth.**

Thérèse Bugnet. *Str.* (*rug.*-H.). Bugnet 1950. (*R. acicularis* × *R. rugosa* var. *kamtschatica*) × (*R. amblyotis* × *R. rugosa* 'Plena'). Dunkelrot, dann rosa werdend, großblumig, 10 cm ⌀, flach, duftend, dauerblühend am vorjährigen Holz; Wuchs sehr stark, Jahrestriebe bis 1,8 m; Blätter ähnlich *R. acicularis,* doch größer. (7,3) D

Thusnelda. *Str.* (*rug.*-H.). F. Müller 1886. *R. rugosa* 'Alba' × 'Gloire de Dijon'. Zart silbrig lachsrosa, im Verblühen rosaweiß, halbgefüllt, becherförmig, einzeln oder bis zu 3 beisammen, öfterblühend; Wuchs buschig, bis 1,5 m; Laub runzelig. DMUWZ

Thyrion. *TH.* McGredy 1969. Zart lachsrosa, im Verblühen gerötet, Mitte weißlich, außen hellrosa, sehr großblumig, 12 bis 15 cm ⌀, zuletzt flach, gut gefüllt, duftend, zu mehreren beisammen; Wuchs aufrecht, 80 cm, ziemlich breit; Laub groß, grün, jung rot, dicht. DZ

Tiara. *Fl.* Boerner/Jackson & Perkins 1960. 'Chic' × 'Demure'-Sämling. Weiß, großblumig, 7 cm ⌀, becherförmig, gut gefüllt, duftend, reichblühend, langstielig; Wuchs kräftig, lange starke Stiele. — Haussorte. DZ

Tiffany. *TH.* Lindquist 1954. 'Charlotte Armstrong' × 'Girona'. Lachsrosa, Basis etwas gelb, großblumig, 12 cm ⌀, locker gefüllt, zuletzt etwas flach, stark duftend, gut blühend, lange Knospe, Stiele lang und kräftig; Wuchs aufrecht, buschig, 90 cm; Laub dunkelgrün, matt. PWR 74; GSR 371. (9,1) DZ

Till Uhlenspiegel. *Str.* Kordes 1950. 'Holstein' × 'Magnifica'. Rot mit weißem Auge, mittelgroß, einfach, leicht duftend, einmal- und sehr reichblühend, in großen Büscheln; Wuchs sehr stark, 1,5—3 m, Zweige weit überhängend; Laub groß, rötlichgrün, glänzend. DU

Tip Top. *Fl.* Tantau 1963. Sämling × Sämling. Lachsrosa, reine Farbe, großblumig, halbgefüllt, becherförmig bis flach, duftend, gute Form, sehr reichblühend; Wuchs buschig, 40 cm; Laub dunkelgrün, glänzendg, reichlich. WPR 46; RJb 27:64. (6,7) DUWZ (Tafel 25).

Titian. *Fl.* Riethmüller 1950. Hellrot bis karminrosa, sehr großblumig, 12 cm ⌀, dicht gefüllt, reichblühend, gute Form, sehr haltbar, in Büscheln; Wuchs buschig, 40 cm; Laub dunkelgrün, gesund. DWZ

Tombola. *Fl.* de Ruiter 1967. 'Amor' × ('Ena Harkness' × 'Gloria Dei'). Dunkel lachsrot bis karminrosa, großblumig,

10 cm ⌀, dicht gefüllt, zuletzt flach, stark duftend, gut blühend; Wuchs kräftig, aufrecht; Laub dunkelgrün, glänzend. GSR 493; RA 1967:167; CRA 69:80.

'Tom Thumb' → **Peon.**

Tom Tom. *Fl.* Lindquist 1957. 'Improved Lafayette' × 'Floradora'. Karminrosa, großblumig, gefüllt, zuletzt flach, etwas duftend, in Büscheln, gut blühend; Wuchs buschig aufrecht; Laub tiefgrün, matt. (8,2) DMZ

Toni Lander. *Fl.* Poulsen 1958. 'Kordes Sondermeldung' × 'Circus'. Innen orangerot, außen goldgelb, mehr oder weniger mit rot überlaufen, großblumig, 7 cm ⌀, locker gefüllt, etwas duftend, in großen Büscheln, reichblühend; Wuchs buschig, 50 cm; Laub dunkelgrün, glänzend. RJb 22:128. (6,6) DWZ

Tonnerre. *Fl.* Mallerin 1953. 'Holstein' × 'Français'. Dunkel samtrot, locker gefüllt, großblumig, 7 cm ⌀, zu vielen beisammen, ohne Duft; Wuchs buschig, mittel, 50 cm; Laub mittelgroß, rötlich. RJb 26:32. DMWZ

Tony Jacklin. *Fl.* McGredy 1972. 'City of Leeds' × 'Irish Mist'. Korallenrot, locker gefüllt, edelrosenartig, hoch gebaut, gut duftend, schöne Form, lange Knospe; Wuchs sehr kräftig, 70—80 cm; Laub sehr gesund. D

Topsi. *Fl.* Tantau 1971. 'Duftwolke' × 'Signalfeuer'. Geraniumrot, halbgefüllt, mittelgroß, flach, etwas duftend, dauerblühend; Wuchs niedrig, buschig, 30 cm; Laub mittelgroß, matt, gut deckend RA 1973:5. DUZ

Tornado (= 'Kortor'). *Fl.* Kordes 1973. 'Europeana' × 'Marlena'. Orangerot, mittelgroß, halbgefüllt, schwach duftend, selbstreinigend, in Büscheln, ähnlich 'Fanal', doch Farbe sehr beständig; Wuchs buschig, aufrecht; sehr gesund. D

Torrero. *Fl.* Leenders 1961. 'Ma Perkins' × 'Cocorico'. Orangerot, später mehr rosa, halbgefüllt, großblumig, flach, gelbe Staubfäden, in Büscheln, an langen Stielen; Wuchs buschig, aufrecht; Laub mittelgroß, glänzend. D

Toscana. *Fl.* Jackson & Perkins 1973. Hell orange, großblumig, gefüllt, becherförmig, sehr haltbar, etwas duftend, sehr reichblühend; Wuchs stark; Laub dunkelgrün, glänzend. D

Tour de Malakoff. *Cent.* Soupert & Notting 1856. Purpurkarmin mit lilarosa Anflug, außen heller, später violettblau mit starker Aderung, Mitte grün, großblumig, 10 cm ⌀, locker gefüllt, zuletzt flach, duftend, einmalblühend, reichblühend; Wuchs stark, bis 1,8 m, locker (anbinden!); Blätter ziemlich klein. GSR 71; SOR 13. (6,7) DMU

Trade Wind (auch 'Trade Winds' geschrieben). *TH.* Abrams 1964. ('Multnomah' × Sämling) × ('Carrousel' × Sämling). Dunkelscharlachrot, außen silbrigrosa, großblumig, 12 cm ⌀, hochgebaut, stark duftend, gut gefüllt, schöne Form, lange Knospe; Wuchs kräftig, 90 cm; Laub hellgrün, glänzend. (7,5) DZ

Tradition. *TH.* Kordes 1965. 'Schlösser's Brillant' × 'Don Juan'. Karminscharlach, wetterbeständig, großblumig, 10 cm ⌀, ohne Duft, gutblühend; Wuchs kräftig, langtriebig, 80 cm; Laub groß, mittelgrün, derb. — Auch als Haussorte bewährt. GR 144. (6,3) DUZ

Traumland. *Fl.* Tantau 1958. 'Verb. Tantaus Triumph' × 'Fashion'. Zart lachsrosa, Mitte etwas heller, Staubfäden orange, halbgefüllt, schalenförmig, mittelgroß, 6 cm ⌀, etwas duftend, in Büscheln, gut blühend; Wuchs buschig, 60 cm; Laub mittelgroß, matt. DUWZ

Träumerei (= 'Korrei'). *Fl.* Kordes 1974. 'Königin der Rosen' × Sämling. Orangerosa, mittelgroß, becherförmig, gefüllt, stark duftend, einzeln oder zu mehreren, selbstreinigend; Wuchs kräftig, buschig; reichlich belaubt. D

Travemünde. *Fl.* Kordes 1968. 'Lilli Marleen' × 'Ama'. Dunkelrot, Basis etwas heller, wetterfest, mittelgroß, 7 cm ⌀, gut gefüllt, zu vielen beisammen in großen Ständen, dauerblühend; Wuchs kräftig, buschig, 50 cm; Laub groß, reichlich, dunkelgrün. KR 10:30. DUWZ

Travesti. *Fl.* de Ruiter 1966. 'Orange Sensation' × 'Circus'. Innen gelb und orange, später leuchtend karmin verfärbend, außen gelb, kleinblumig, halbgefüllt, etwas duftend, sehr reichblühend; Wuchs buschig, 60 cm; Laub klein. GSR 494; RA 1967:160.

Traviata. *TH.* Meilland 1962. 'Baccara' × ('Kordes Sondermeldung' × 'Grand'mère Jenny'). Innen karminrot mit weißer Basis, außen weiß mit rosa Saum, großblumig, 10 cm ⌀, gut gefüllt, becherförmig, duftend; Wuchs buschig, starke Triebe; Laub derb. (6,8) UZ

Trier. *Str.* Lambert 1904. Wahrscheinlich Sämling von 'Aglaia'. Weiß mit leicht gelblicher Mitte, im Aufblühen ganz zartrosa, ebenso die Knospe, mittelgroß, 5 cm ⌀, locker gefüllt, leicht duftend, gut blühend, in großen pyramidalen Ständen; Wuchs breit, buschig, 1,5 m; Laub klein, stumpfgrün. RZ 1907:48. DZ

Trio. *Fl.* Dickson 1966. 'Kordes Perfecta' × 'Shot Silk'. Im Aufblühen goldgelb mit breitem rotem Saum, später mehr rosarot mit gelb, mittelgroß, gut gefüllt, zuletzt flach, haltbar, etwas duftend, reichblühend; Wuchs buschig, Triebe lang; Laub dunkelgrün. D

Tristesse. *TH.* Camprubi 1953. 'Charles P. Kilham' × 'Betty Uprichard'. Graulila, mittelgroß, locker gefüllt, später flach, etwas duftend, mäßig blühend; Wuchs buschig; Laub lederartig.

'Troika' → **Royal Dane.**

Trollhättan. *Str.* (*rug.*-Sport). Essunga Plantskola, Schweden. Malvenrosa bis hellrosa, gefüllt, ziemlich groß, lange blühend und remontierend. D

'Tropicana' → **Super Star.**

Truki. *Fl.* Tantau/Ahrens & Sieberz 1967. 'Paddy McGredy' × 'Schweizer Gruß'. Dunkel samtrot, locker gefüllt, 20 bis 25 Petalen, becherförmig, mittelgroß, einzeln und in Büscheln, sehr reichblühend; Wuchs mittelhoch, buschig; Laub dunkelgrün, glänzend. D

Truly Yours. *TH.* Robinson 1971. 'Miss Ireland' × 'Stella'. Lachsrot mit orange, sehr gut gefüllt, 45 Petalen, ziemlich kugelig, stark duftend, einzeln und zu mehreren beisammen; Wuchs kräftig, aufrecht; Laub groß, tiefgrün, glänzend. RA 1972:48; CRA 73:33. D

Türkes Rugosa-Sämling. *Str.* (*rug.*). Türke/Teschendorff 1923. 'Conrad Ferdinand Meyer' × 'Mrs. Aaron Ward'. Zartrosa mit gelber Basis, großblumig, halbgefüllt, stark duftend, lange spitze Knospe; Wuchs buschig, 1 m; Laub runzelig, derb. RZ 1926:68. D

'Turner's Crimson Rambler' → **Crimson Rambler.**

Tuscany. *Str.* (*gall.*). Herkunft unbekannt, aber wahrscheinlich identisch mit Gerard's 'Velvet Rose' von 1596; in England auch 'Old Velvet' genannt. Braunkarmin mit violetten Tönen und weißen Flecken zur Mitte hin, Staubfäden goldgelb, 10 cm ⌀, halbgefüllt, später flach, etwas duftend, einmal gut blühend; Wuchs aufrecht, bis 1,5 m; Blätter klein, stumpfgrün. DWZ

Tuscany Superb. *Str. gall.* Sehr ähnlich 'Tuscany', aber in allen Teilen größer und Blüten dichter gefüllt. GSR 91.

T. V. Times. *TH.* Dickson 1970. 'Gallant' × ('Schlösser's Brillant' × Sämling). Karminrot, sehr großblumig, 14 cm ⌀, dicht gefüllt, gut duftend, einzeln auf kräftigen Stielen, Knospe eiförmig, schwärzlich; Wuchs kräftig, buschig; Laub groß, stumpfgrün, matt. D

'Typhoon' → **Taifun.**

Tyriana. *TH.* Meilland 1963. ('Rouge Meilland' × 'Kordes Sondermeldung') × 'Paris-Match'. Karminrosa, großblumig, 13 cm ⌀, dicht gefüllt, gute Form, gut duftend, hoch gebaut, gut blühend; Wuchs buschig, 70 cm; Laub reichlich, sattgrün, glänzend. (8,0) Z

Tzigane. *TH.* Meilland 1951. 'Gloria Dei' × 'J. B. Meilland'. Innen scharlachrot, außen gelb mit leichtem rotem Hauch, großblumig, becherförmig, duftend, gut blühend; Wuchs mittel, 50 cm, buschig; Laub mittelgroß, glänzend. PWR 55; BTR 25. (5,8) DZ

Udo Jürgens. *TH.* Tantau/Horstmann 1969. Sämling × Sämling. Dunkelrot, gut gefüllt, leicht duftend, gut blühend. DZ

Uetersen. *Str.* Tantau 1939. 'K. of K.' × 'Stämmler'. Leuchtendrot, halbgefüllt, etwas remontierend; Wuchs buschig, 1—1,5 m. DU

Ukrainian Sunrise. *Fl.* Klimenko 1955. Hellrot, im Verblühen rosa, Mitte weißlich, großblumig, halbgefüllt, 10 bis 12 cm ⌀, schwach duftend, in Büscheln; Wuchs aufrecht, 60 cm; buschig; Laub grün, jung rot, mittelgroß, mitteldicht, etwas glänzend. DZ

Ulrich Brunner Fils (= 'Ulrich Brunner'). *Rem.* A. Levet 1882. Herkunft nicht sicher bekannt; angeblich Sämling (oder Sport) von 'Anna de Diesbach' oder Sport von 'Paul Neyron'. Kirschrot, im Verblühen heller, großblumig oder mittelgroß, gut gefüllt, später mehr becherförmig, stark duftend, gut blühend und remontierend; Wuchs stark, bis 1,8 m, wenig bestachelt; Laub groß, glänzend. LR 3. (7,6) DWZ

Una Wallace. *TH.* McGredy 1921. Kirschrosa, großblumig, schöne Form, gut gefüllt, duftend, an langen starken Stielen. RZ 1926:29.

Uncle Walter. *TH.* McGredy 1963. 'Schlösser's Brillant' × 'Gruß an Heidelberg'. Karminscharlach, sehr großblumig, 12 cm ⌀, gut gefüllt, etwas duftend, in Büscheln, auffallend große Kelchzipfel; Wuchs sehr stark, bis 1,8 m (eigentlich schon eine Strauchrose!), Jahrestriebe sehr lang; Laub groß, bronzegrün. KR 9:51. (6,4) DWZ

Unermüdliche. *Str.* (*chin.*-H.). Lambert 1904. 'Comtesse de Leusse' × 'Mme Caroline Testout'. Karmin bis purpurrot, Mitte weiß, mittelgroß, halbgefüllt, zu vielen beisammen, reich- und öfterblühend; niedrig. DMZ

Unique Blanche (= 'Unique', 'White Provence', 'Vierge de Cléry'). *Cent.* 1775 in England gefunden (laut G. S. Thomas). Rahmweiß, glänzend, durchscheinend, becherförmig, wenn halb erblüht, mit deutlichem Auge, duftend, Knospen rot überlaufen, spätblühend; Wuchs buschig, bis 1,5 m. (8,2) DMZ

Unique Moss. *Moos.* Robert 1884. Sport von 'Unique Blanche'. Reinweiß, doch gelegentlich etwas rosa überlaufen, großblumig, sehr dicht gefüllt; Wuchs sehr schlecht, Triebe sehr dicht bestachelt. D

Unique Panachée. *Cent.* Caron 1871. Sport von 'Unique Rouge'. Weiß, mit zarten rosa und lila Streifen (in nahrhaftem Boden jedoch nur weiß), großblumig, dicht gefüllt, kugelig; starkwüchsig. Z

United Nations. *Fl.* Leenders 1949. 'Nathalie Nypels' × 'Rosamunde'. Lachsrosa, Mitte stärker gelblich überlaufen, mittelgroß, locker halbgefüllt, etwas wellige Petalen, in Büscheln blühend; Wuchs kräftig, 80 cm; Laub mittelgroß, glänzend. DZ

Université d'Orléans. *Pol.* Hémeray-Aubert 1966. 'Ronde Endiablée' × ?. Blutrot, kleinblumig, halbkugelig-becherförmig, halbgefüllt, reichblühend, in großen Büscheln. DWZ

„Uns Uwe". Zunächst unter diesem Namen im Handel angeboten, dann aber in → **Uwe Seeler** verändert.

Urdh. *Str.* Tantau 1930. 'Victor Verdier' × 'Papa Lambert'. Kräftig rosa, großblumig, gut gefüllt, stark duftend, etwas remontierend, lange spitze Knospe; Wuchs buschig, kräftig, 1,2 m hoch. RZ 1931:49. DMUZ

Uwe Seeler (= 'Korsee'; = 'Gitta Grummer' in Österreich, 'Orange Vilmorin' in Frankreich). *Fl.* Kordes 1970. 'Queen Elizabeth' × 'Königin der Rosen'. Lachsorange, großblumig, gut gefüllt, duftend, reichblühend, selbstreinigend; Wuchs buschig, straff aufrecht, 70 cm; Laub grün, etwas glänzend, dicht. DUZ

Vagabonde. *Fl.* Lens 1962. 'Mannequin' × 'Fashion'. Lachsorange, mittelgroß, locker gefüllt, hoch gebaut, in Büscheln zu 3 oder mehr zusammen, reichblühend, lange Knospe; Wuchs kräftig, buschig. RJb 24:32. Z

Vainqueur. *TH.* Heizmann/Meilland 1937. Sämling von 'Sensation'. Samtig purpurn, Rückseite tiefrot, sehr großblumig, stark gefüllt, duftend, an langen starken Trieben, Knospe eiförmig, dunkelrot; Wuchs stark; Laub frischgrün. DZ

Val d'Authion. *TH.* Minier 1967. Reinrosa, im Verblühen etwas heller, großblumig, gefüllt, kaum duftend, zu mehreren beisammen; Wuchs kräftig, aufrecht, 100 cm; Laub groß, grün, jung gerötet, dicht, stark glänzend. D

Valencia. *TH.* Kordes 1967. 'Goldene Sonne' × 'Chantré'. Orangegelb mit rotem Anflug, dadurch bronzebraun wirkend, sehr großblumig, gut gefüllt, hoch gebaut, duftend, schöne Form, reichblühend, lange spitze Knospe; Wuchs buschig, kräftig, starktriebig; Laub groß, dunkelgrün, glänzend. (6,7) DZ

Valeta. *Fl.* de Ruiter 1960. 'Signal Red' × 'Fashion'. Zinnoberrot, mittelgroß, locker gefüllt, zu vielen in Büscheln, sehr reichblühend; Wuchs buschig, kräftig; Laub dunkelgrün. DZ

Vanity. *Str.* (*mosch.*-H.). Pemberton 1920. 'Château de Clos Vougeot'-Sämling. Zart karminrosa, fast einfach, großblumig, becherförmig, duftend, in großen lockeren Büscheln, öfterblühend; Wuchs buschig, locker, bis 2,5 m; Laub sattgrün, glänzend. PWR 198; GSR 125; TRT 117. DZ

Vara Bamos. *Fl.* Verbeek 1971. Lachsrosa, gelbe Mitte, außen gelblich, im Verblühen heller, großblumig, 8 cm ⌀, locker gefüllt, zuletzt flach, etwas duftend, gut blühend, in Büscheln zu 5—15; Wuchs buschig aufrecht, 80 cm, wenige große Stacheln; Laub ziemlich klein, locker, glänzend. D

Variegata di Bologna. *Bourb.* Lodi-Bonfiglioli 1909. Weiß, karminrot gestreift und gefleckt, mittelgroß, 8 cm ⌀, dicht gefüllt, ziemlich kugelig, duftend, gut blühend, etwas remontierend, meist zu 3—5 beisammen; Wuchs kräftig buschig, aufrecht, bis 1,5 m. GSR 103. (7,8) DMZ

Varo Iglo. *TH.* Verbeek 1968. Weiß, Mitte mehr rahmweiß, großblumig, 12—15 cm, gefüllt, ohne Duft, becherförmig, zuletzt flach, Knospe groß, rundlich; Wuchs stark, 120 cm, Triebe und Blütenstiele dick und steif; Laub groß, grün, matt, locker. DUZ

Vatertag (= 'Orange Muttertag'). *Pol.* Tantau 1959. Sport aus 'Muttertag', in allen Teilen wie die Stammsorte, aber Blüten orangerot; halbgefüllt, ohne Duft, kleinblumig, gut blühend; Wuchs buschig, 40 cm; Laub hellgrün. — Gut als Topfrose. DUZ

Veilchenblau. *Kl.* J. C. Schmidt 1909. 'Crimson Rambler' × 'Erinnerung an Brod'. Purpurviolett („blau"!) mit weißem Auge, im Verblühen blauviolett, kleinblumig, 3 cm ⌀, etwas duftend, reichblühend in großen Ständen; Wuchs stark, vieltriebig, 3—4 m, Triebe fast stachellos. TCR 2. (6,6) DUWZ

Venusta Pendula. *Kl.* *R. arvensis*-Hybride, Herkunft unbekannt, um 1928 von W. Kordes wieder eingeführt. Rosigweiß, kleinblumig, locker gefüllt, ohne Duft, überreich blühend, einmalblühend; Wuchs sehr stark, bis 6 m hoch; Laub mittelgroß, matt. RZ 1928:80. DMUZ

Vera Dalton. *Fl.* Norman 1961. ('Paul's Scarlet Climber' × 'Paul's Scarlet Climber') × ('Mary' × 'Queen Elizabeth'). Zartrosa, großblumig, 10 cm ⌀, locker gefüllt, flach, gut duftend, in Büscheln, reichblühend; Wuchs kräftig, 1 m; Laub tiefgrün, etwas glänzend, gesund. RA 1962:97; GSR 495. D

Verb. Tantau's Triumph. *Fl.* Tantau 1951. ('Tantau's Triumph' × 'Käthe Duvigneau') × 'Tantau's Triumph'. Orangerot, mittelgroß, locker halbgefüllt, ohne Duft, gut blühend; Wuchs buschig, 50 cm; Laub tiefgrün. — Wuchs buschiger und besser blühend als 'Tantau's Triumph'. DUW

Verena. *Fl.* Hetzel 1973. 'Lucy Cramphorn' × 'Inge Horstmann'. Samtig dunkelrot, innen heller, mittelgroß, dicht gefüllt, hoch gebaut, gut duftend, Blüten einzeln und in Büscheln bis zu 8; Wuchs niedrig, 40 cm; Laub reichlich.

Veronique. *Fl.* Delforge 1961. 'Sumatra' × 'Philippe'. Blutrot, großblumig, fast einfach, 10 cm breit, reichblühend, in Büscheln; wüchsig, buschig; Laub groß, dunkelgrün. D

Vesper. *Fl.* LeGrice 1966. Orange mit bräunlicher Schattierung, mittelgroß, locker gefüllt, zuletzt fast flach, etwas duftend, reichblühend in großen Büscheln, vor allem im Herbst; Wuchs mittelstark, 80 cm; Laub klein, glänzend. RA 1968: 33; GSR 496. (2,0) D

Vesuvius. *Fl.* Vilmorin-Andrieux 1963. Scharlach, im Verblühen karminrosa, mittelgroß, 6—8 cm ⌀, gefüllt, schwach duftend, in großen Ständen; Wuchs buschig aufrecht, 100 cm, Triebe kräftig; Laub mittelgroß, grün, locker. D

Vevey. *TH.* Heizmann 1953. Goldgelb, großblumig, gut gefüllt. DZ

Vie en Rose. *TH.* Delbard/Chabert 1963. 'Walko' × 'Souvenir de J. Chabert'. Hell karminrosa, großblumig, locker gefüllt, gute Form, langstielig, Knospe spitz; Wuchs buschig.

'Vienna Charm' → **Wiener Charme.**

'Vierge de Cléry' → **Unique Blanche.**

Viking. *TH.* Moro 1968. 'Volcano' × 'Rouge Meilland'. Karminrot, großblumig, 12 cm ⌀, sehr dicht gefüllt, duftend, reichblühend; Wuchs kräftig, aufrecht; Laub derb, dunkelgrün. (6,9) D

Villa de Madrid. *TH.* Dot 1965. 'Baccara' × 'Gloria Dei'. Zinnoberrot, wetterbeständig, großblumig, sehr dicht gefüllt, duftend, langer starker Stiel, blüht sehr gut; Wuchs kräftig, aufrecht; Laub groß, tiefgrün, glänzend. (5,7) DZ

'Village Maid' → **centifolia 'Variegata'**, siehe Seite 263.

Ville de Bruxelles (= 'La Ville de Bruxelles'). *Str.* (*dam.*). Vibert 1849. Lachsrosa, dunkler geadert, großblumig, dicht gefüllt, geviertelt, mit deutlich gewölbtem Zentrum, duftend, gut blühend, Blüten meist hängend (durch ihr Gewicht); Strauch wüchsig, kräftig, 1,5 m; Laub hellgrün, groß. D

Ville de Zurich. *Fl.* Gaujard 1967. 'Miss France' × 'Nouvelle Europe'. Orangerot, mittelgroß, locker gefüllt, etwas duftend, zu mehreren beisammen, in großen Büscheln, dauerblühend; Wuchs kräftig, buschig; Laub hellgrün, glänzend. RA 1970:144. Z

Vincent van Gogh. *Fl.* Buisman 1969. 'Allotria' × 'Hobby'. Lachsrot, später mehr lachsrosa, mittelgroß, halbgefüllt, schwach duftend, in Büscheln, Petalen gewellt; Wuchs buschig, 60 cm, kräftig; Laub grün, mittelgroß, mitteldicht, etwas glänzend. DZ

Violacée. *Gall.* Soupert & Notting 1876. Im Aufblühen karmin und schwärzlich, später purpurviolett, goldgelbe Antheren, großblumig, 7 cm ⌀, einfach (in der Literatur meist als gefüllt angegeben!!), bis 10 Petalen, duftend, gut blühend, meist zu 3, Kelch und Stiel kurz drüsig (nicht bemoost!); Wuchs aufrecht, 1,5 m, Triebe dünn; Laub groß, sattgrün, matt. — Ist weder eine Moosrose noch eine Centifolie. (8,2) DMUW

Violaine. *TH.* Gaujard 1968. 'Eminence' × 'Simone'. Dunkellila, großblumig, gut gefüllt, stark duftend, haltbar, gut blühend, einzeln an langen, kräftigen Stielen; Wuchs hoch, buschig, 60 cm; Laub hellgrün, derb. DZ

Violet Carson. *Fl.* McGredy 1964. 'Mme Léon Cuny' × 'Spartan'. Hellrosa, dunkler angehaucht und geadert, Basis und Rückseite gelblich, großblumig, gut gefüllt, duftend, gute Form, in Büscheln, gut blühend; Wuchs kräftig, 70 cm; Laub dunkelgrün, glänzend. GSR 497; WPR 54; RA 1964: 65. (8,0) D

Violet Fontaine. *Str.* Tantau 1972. Eltern nicht angegeben. Violett, großblumig, gefüllt, etwas duftend, zu mehreren beisammen, selbstreinigend; starkwüchsig, bis 1,5 m; Laub groß, etwas glänzend, mitteldicht. D

Violette Dot. *TH.* Dot 1960. 'Rosa de Friera' × 'Prélude'. Bläulichlila, mittelgroß, locker halbgefüllt, duftend, gut blühend, starke Stiele; Wuchs mittel, buschig, breit. D

Violet Wilton. *TH.* Ketten 1930. 'General MacArthur' × 'Mme Charles Lutaud'. Rosarot, Basis rosigweiß, gelblich überlaufen, großblumig, gut gefüllt, 35—40 Petalen, duftend, sehr lange spitze Knospe; Wuchs kräftig. DZ

Virgin. *Fl.* Hill 1971. 'Seventeen' × 'Jack Frost'. Weiß, 8 cm ⌀, großblumig, locker gefüllt, fast kugelig, leicht duftend, dauerblühend, zu mehreren und in Büscheln; Wuchs aufrecht, verzweigt; Laub groß, reichlich, derb, mattgrün.

Virgo. *TH.* Mallerin 1947. 'Blanche Mallerin' × 'Neige Parfum'. Reinweiß, Knospe mitunter zartrosa angehaucht, großblumig, 12 cm ⌀, gut gefüllt, hoch gebaut, etwas duftend, blüht mittel; Wuchs straff aufrecht, 50 cm; Laub dunkelgrün, matt, deckt schlecht. PWR 83; BTR 17. (6,8) DWZ

'Viridiflora' →**R. chinensis 'Viridiflora'**, siehe Seite 296.

Vision. *TH.* Dickson 1967. 'Kordes Perfecta' × 'Gloria Dei'. Goldgelb mit rosa, großblumig, 12 cm ⌀, gut gefüllt, gut blühend; Wuchs kräftig; Laub dunkelgrün, glänzend. D

Vivace. *Fl.* Kordes Söhne 1974. 'Klaus Störtebeker' × ?. Orangerot, großblumig, gefüllt, hoch gebaut, einzeln und zu mehreren beisammen, sehr haltbar, etwas duftend, selbstreinigend, reichblühend; Wuchs stark, aufrecht, buschig. D

Vivacious. *Fl.* Gregory 1971. 'Super Star' × ?. Rosa mit purpur Anflug, großblumig, halbgefüllt, duftend, in Büscheln, gut und reichblühend; Laub mittelgrün. D

Vivarose. *TH.* P. Croix 1964. Innen lachsrosa, später weißlichrosa, Mitte und innen hellgelb, großblumig, 10—12 cm ⌀, gefüllt, etwas duftend, einzeln oder zu mehreren; Wuchs kräftig, aufrecht, 80 cm; Laub groß, rotgrün, glänzend, mitteldicht. D

Vogue. *Fl.* Boerner/Jackson & Perkins 1951. 'Rosenmärchen' × 'Crimson Glory'. Kirschrot mit lachs Anflug, großblumig, 10 cm ⌀, locker gefüllt, duftend, in Büscheln, gut blühend; Wuchs mittel, 50 cm, buschig; Laub mittelgroß, rötlichgrün, matt. PWR 112. (8,2) DUZ

Volcano. *TH.* Moro 1950. 'Charles P. Kilham' × 'Gloria di Roma'. Kirschrot, sehr großblumig, 15 cm ⌀, locker gefüllt, becherförmig, gut duftend, gut blühend; Wuchs stark, buschig, 80 cm; Laub groß, grünrot, glänzend, deckt sehr gut. DWZ

Waldfee. *Str.* Kordes 1960. 'Kordes Sondermeldung' × 'Mrs. John Laing'. Blutrot, großblumig, 10 cm ⌀, dicht gefüllt, fast camellien-förmig, duftend, in Büscheln, öfterblühend; Wuchs kräftig, buschig, 1,5 m; Laub groß, sattgrün. RJb 22:96. DMWZ

Walkyrie. *TH.* Moro 1959. 'Rouge Meilland' × 'Volcano'. Schwärzlich karmesin, sehr großblumig, zuletzt flach, 40 Petalen, einzeln auf starken Stielen, Knospe groß, urnenförmig; Wuchs stark; Laub mittelgroß, graugrün, gesund. — Treibsorte. DZ

Walzertraum (= 'Dream Waltz'). *Fl.* Tantau 1968. Sämling × Sämling. Dunkelrot, mittelgroß, halbgefüllt, leicht duftend, sehr reichblühend; Wuchs kräftig; Laub tiefgrün, glänzend. GSR 405. DWZ

Wedding Day. *Kl.* F. C. Stern 1950. *R. sinowilsonii*-Sämling × ?. Erblüht rahmgelb, dann fast weiß, zuletzt zartrosa überlaufen, einfach, Petalensaum etwas gefranst, stark duftend, überreich blühend in riesigen Ständen; sehr starkwüchsig, 6 m oder höher, sehr stark bewehrt; Laub groß, glänzend. GSR 228.

Weihenstephan. *Str.* Kordes 1964. 'Korona' × Sämling. Leuchtendrosa, halbgefüllt, großblumig, in großen Büscheln, sehr reichblühend; Wuchs kräftig, 1,5 m; Laub groß, tiefgrün. DMUWZ

Weiße aus Sparrieshoop. *Str.* Kordes 1962. Sport von 'Sparrieshoop'. Genau wie der Typ, jedoch Blüten reinweiß. DW

Weiße Gruß an Aachen. *Fl.* Vogel 1944. Sport von 'Gruß an Aachen'. In allem wie die Muttersorte, jedoch Blüten reinweiß, großblumig, dicht gefüllt, zu mehreren beisammen, duftend; Wuchs buschig, 40 cm; Laub mittelgroß. DUWZ

Weiße Nelkenrose. *Str.* (*rug.*-H.). P. Münster 1966. Sport von 'F. J. Grootendorst'. Wie die Stammsorte, aber Blüten weiß, Mitte zart fleischrosa, 3—4 cm ⌀, ohne Duft; Stacheln gelblich; Laub sehr hellgrün. DMU

Wendy Cussons. *TH.* Gregory 1963. (?) 'Kordes Sondermeldung' × 'Eden Rose'. Karminrosa, voll erblüht etwas heller, großblumig, 12 cm ⌀, gut gefüllt, hoch gebaut, stark duftend; Wuchs kräftig, buschig, 90 cm; Laub dunkelgrün, derb, groß. GSR 373; PWR 92; RA 1960:1. (7,1) DZ

Westbroekpark. *Fl.* de Ruiter 1967. 'Orange Sensation' × 'Kimono'. Orangerot, mittelgroß, gut gefüllt, ballförmig, ohne Duft, in Büscheln, reichblühend; Wuchs buschig; Laub dunkelgrün. D

Westerland. *Str.* Kordes 1969. 'Friedrich Wörlein' × 'Circus'. Goldgelb mit orangerot, großblumig, halbgefüllt, stark duftend, reich- und öfterblühend, in großen Büscheln; Wuchs stark, 2 × 2 m, breit; Laub groß, sattgrün. DMUZ (Taf. 26).

Western Sun. *TH.* Poulsen 1965. 'Spek's Yellow'-Sämling × 'Goldene Sonne'. Goldgelb, sehr großblumig, 12 cm ⌀, dicht gefüllt, stark duftend, reichblühend, sehr haltbar, schöne Form; Wuchs buschig; Laub sattgrün, groß, reichlich. RJb 30:49. (6,1) DUWZ

Westminster. *TH.* Robinson 1960. 'Gay Crusader' × 'Gloria Dei'. Innen scharlachrot, außen goldgelb, großblumig, dicht gefüllt, stark duftend, reichblühend, lange schmale Knospe; Wuchs hoch, kräftig; Laub groß, dunkelgrün. RA 1962:16. (6,1) DWZ

Whisky (= 'Whisky Mac'). *TH.* Tantau 1967. Sämling × 'Dr. A. J. Verhage'. Bernsteingelb und orange, großblumig, gut gefüllt, gute Form, duftend, gut blühend; Wuchs stark, buschig, 90 cm; Laub dunkelgrün, groß, reichlich. GSR 374; RJb 34:144. DUZ

White Angel. *Min.* R. S. Moore 1971. (*R. wichuraiana* × 'Floradora') × ('Little Darling' × roter Miniatur-Sämling). Weiß, im Aufblühen Mitte oft etwas gelb, kleinblumig, dicht gefüllt, hoch gebaut, einzeln oder zu mehreren beisammen, etwas duftend, gut haltbar, selbstreinigend; Wuchs niedrig, 25 cm; Laub hellgrün, klein, Triebe nahezu ohne Stacheln.

White Cockade. *Kl.* Cocker 1969. 'New Dawn' × 'Circus'. Weiß, Basis leicht rahmgelb, außen etwas gerötet, mittelgroß, gut gefüllt, schöne Form, duftend, reichblühend, in Büscheln, öfterblühend; Wuchs stark, 2 m; Laub mittelgroß, glänzend. DMZ

White Dorothy (= 'White Dorothy Perkins'). *Kl.* Cant 1908. Sport von 'Dorothy Perkins'. Wie die Stammsorte, aber rahmweiß; kleinblumig, dicht gefüllt, schmale Petalen, einzeln und in Büscheln, zu vielen beisammen, reichblühend. DUZ

'White Knight' → **Message.**

White Masterpiece. *TH.* Boerner/Jackson & Perkins 1969. Rahmweiß, sehr großblumig, gut gefüllt, hoch gebaut, etwas duftend, gut blühend; Wuchs gedrungen, buschig, 60 cm; Laub dunkelgrün.

White Satin. *TH.* Swim & Weeks 1965. 'Mount Shasta' × 'White Butterfly'. Weiß, Mitte grünlichgelb, großblumig, stark gefüllt, duftend, sehr reichblühend; Wuchs stark, lange Stiele; Laub hellgrün, derb. — Treibrose. D

White Spray. *Fl.* LeGrice 1968. Sämling × 'Schneewittchen'. Reinweiß, kleinblumig, gefüllt, schöne Form, duftend, in Büscheln, gut blühend; Wuchs buschig, 70 cm; Laub hellgrün. D

White Tausendschön (= 'Weiße Tausendschön'). *Kl.* W. Paul 1913. Weißer Sport von 'Tausendschön'. Mitunter einzelne Petalen rosa wie bei der Stammsorte, sonst wie diese; fast stachellos. D

White Wings. *TH.* Krebs 1947. Reinweiß, Staubfäden tiefrot, Antheren braun, mittelgroß, 8 cm ⌀, einfach, schalenförmig, sehr schön, duftend, in Büscheln, langstielig; Wuchs buschig, aufrecht, 1 m; Laub dunkelgrün, derb. (7,3) DZ

Wiener Blut. *Fl.* eing. Horstmann 1961. Lachsrot, gut gefüllt, 30 Petalen, stark duftend, in großen Ständen beisammen; Wuchs aufrecht; gut belaubt.

Wiener Blut. *Fl.* W. Berger 1958. Samtig schwarzrot, später leuchtend blutrot, gefüllt, einzeln und in großen Büscheln, reichblühend; Wuchs buschig, aufrecht, 60—70 cm; Laub groß, tiefgrün.

Wiener Charme (= 'Vienna Charm'). *TH.* Kordes 1963. 'Chantré' × 'Goldene Sonne'. Gelborange mit rotem Anflug, daher kupfrig-orange wirkend, sehr großblumig, 15 cm ⌀, locker gefüllt, zuletzt flach, etwas duftend, gut blühend; Wuchs stark, 1 m; Laub dunkelgrün, groß, reichlich. GSR 375; KR 9:29; RJb 26:160. (6,8) DWZ

Wienerwald. *TH.* Kordes Söhne 1974. 'Königin der Rosen' × Sämling. Rosa mit hellorange, großblumig, gefüllt, etwas duftend, mehrere oder einzeln stehend; Wuchs aufrecht, buschig, kräftig; Laub dunkelgrün, lederartig, gesund. D

Wiener Walzer (= 'Pur Sang'). *Fl.* Tantau 1965. 'Lilli Marleen' × 'Konrad-Adenauer-Rose'. Samtig zinnoberrot, großblumig, locker gefüllt, schöne Form, sehr reichblühend, einzeln und in Büscheln; Wuchs buschig; Laub sattgrün, glänzend, reichlich. RJb 30:16. DWZ

Wildfeuer. *Str.* Kordes 1963. 'Dornröschen' × Sämling. Scharlachrot, sehr großblumig, 12 cm ⌀, locker halbgefüllt, reich- und vollblühend; Wuchs sehr stark, 2—3 m. DMUW

Wildfire. *Fl.* Swim/Armstrong 1955. 'Minna Kordes' × 'Rosenmärchen'. Hochrot, einfach bis etwas gefüllt, 7 cm ⌀, mittelgroß, flach, etwas duftend, zu vielen in großen Ständen, sehr reichblühend; Wuchs starkbuschig, 80 cm; Laub rötlichgrün, mittelgroß, matt. SRW 141. DWZ

Wilhelm (= 'Skyrocket'). *Str.* Kordes 1934. 'Robin Hood' × 'J. C. Thornton'. Blutrot, halbgefüllt, großblumig, 9 cm ⌀, goldgelbe Staubfäden, dauerblühend in großen Ständen, große rote Früchte; Wuchs stark, 2 m, etwas überhängend; Laub frischgrün. — Tetraploid. GSR 191. (6,9) DMUWZ

Wilhelm Hansmann. *Ko.-Kl.* Kordes 1955. ('Baby Château' × 'Else Poulsen') × *R. kordesii.* Samtig dunkelrot, mittelgroß, 6 cm ⌀, locker gefüllt, becherförmig, etwas duftend, zu vielen beisammen in großen Ständen, sehr reich- und dauerblühend; Wuchs stark, buschig, 3—4 m hoch; Laub klein, tiefgrün, stark glänzend. KR 9:120; RJb 25:32. DMUWZ

Wilhelm Kordes. *TH.* H. Kordes 1922. 'Gorgeous' × 'Adolf Koschel'. Lachsfarben mit gelb und kupfrig, großblumig, gefüllt, hoch gebaut, duftend; Wuchs buschig, aufrecht; Laub bronzegrün, derb, glänzend. RZ 1927:109.

Wilhelm Teetzmann. *Fl.* Kordes 1943. 'Holstein' × 'Crimson Glory'. Intensiv karmin, großblumig, halbgefüllt, flach, in großen Ständen, reichblühend; starkwüchsig, aufrecht. DZ

William Allen Richardson. *Noisette.* Vve. Ducher 1878. Sport von 'Rêve d'Or'. Aprikosengelb, ziemlich kleinblumig, duftend, dauerblühend; Wuchs sehr stark, bis 2,5 m; Laub groß, dunkelgrün. GSR 229; RXX 146. ∧—∧∧ DZ

William Lobb (= 'Duchesse d'Istrie'). *Moos.* Laffay 1855. Karminpurpur aufblühend, außen lilarosa, dann gleichfarbig graulila, Mitte weiß, großblumig, nur locker gefüllt, später flach, duftend, zu mehreren beisammen, einmalblühend, Kelch, Sepalen und Stiele dicht bemoost; Wuchs stark, bis 2 m, Triebe stark und kurz stachelig-borstig. GSR 76; SOR 15. (6,8) DMUZ

Will Scarlet. *Str.* (*mosch.*-H.). Hilling 1947. Sport von 'Wilhelm', aber Blüten scharlachrot, 7 cm ⌀, halbgefüllt, zu vielen, dauerblühend; Wuchs kräftig; Laub bronzegrün. (8,3) UWZ

Windermere. *Kl.* (*wich.*). Chaplin Bros. 1932. Karminrosa, mittelgroß, locker gefüllt, einmalblühend; Wuchs kräftig, etwas steif; Blätter stark glänzend. DU

Wizo. *TH.* Kriloff 1968. 'Super Star' × ('Gamine' × 'Romantica'). Innen lachsrot, außen etwas dunkler, mittelgroß, locker gefüllt, sehr haltbar, reich- und dauerblühend; Wuchs sehr stark, 1,1 m; Laub rötlichgrün, reichlich. DWZ

Woburn Abbey. *Fl.* Sidey 1962. 'Masquerade' × 'Fashion'. Goldgelb, äußere Petalen rotorange überlaufen, großblumig, 8 cm ⌀, locker gefüllt, becherförmig, später flach, duftend, zu vielen beisammen in großen Ständen, dauerblühend; Wuchs kräftig, buschig, 70 cm; Laub tiefgrün, derb, reichlich. RA 1963:80. DZ

Woman's Realm. *TH.* Gregory 1966. Sämling von 'Chrysler Imperial'. Scharlachrot, großblumig, 8 cm ⌀, Mitte hochgebaut, äußere Petalen abstehend, etwas duftend, sehr reichblühend; Wuchs aufrecht; Laub groß, glänzend, derb. D

'World's Fair' → **Minna Kordes.**

World's Fair Salute. *TH.* Morey/Jackson & Perkins 1964. 'Mardi Gras' × 'New Yorker'. Karminrot, sehr großblumig, 12 cm ⌀, gut gefüllt, sehr lange Knospe, duftend, gut blühend; Wuchs kräftig; Laub derb lederig. (7,0) DZ

Yellow Belinda. *Fl.* van Engelen/Tantau 1972. Sport von 'Belinda'. Goldgelb, gut gefüllt, reichblühend, sonst wie die Muttersorte. → 'Belinda'. — Hausrose. D

Yellow Dazzler (= 'Yellowhammer'). *Fl.* McGredy 1956. 'Poulsen's Yellow' × Sämling. Goldgelb bis hellgelb, großblumig, 7 cm ⌀, dicht gefüllt, duftend, gut blühend; Wuchs kräftig, buschig; Laub tiefgrün, glänzend. — Haussorte. PWR 143; RA 1956:100. D

Yellow Fontaine. *Str.* Tantau 1972. Eltern nicht angegeben. Gelb, großblumig, gefüllt, zu mehreren beisammen, öfterblühend; Wuchs kräftig, buschig, aufrecht, 1,5 m; Laub groß, mitteldicht. D

Yellow Pages. *TH.* McGredy 1972. 'Arthur Bell' × 'Peer Gynt'. Goldgelb, zartrosa überlaufen, großblumig, sehr dicht gefüllt, etwas duftend, einzeln und zu mehreren; Wuchs gedrungen, buschig, 60 cm; Laub hellgrün, etwas glänzend. RA 1972:49; CRA 73:32. D

Yellow Queen Elizabeth. *Fl.* Vlaeminck 1964. Rahmgelber Sport von 'Queen Elizabeth'. Sonst wie die Muttersorte; 1,2 m hoch.

Yesterday. *Fl.* Harkness. ('Phyllis Bide' × 'Shepherd's Delight') × 'Ballerina'. Silbrig, zum Rand hin purpurn werdend, halbgefüllt, 10—15 Petalen, kleinblumig, 3 cm ⌀, flach, duftend, in Büscheln, goldgelbe Staubfäden; Wuchs mittel, buschig; Laub klein, hellgrün, etwas glänzend. RA 1973:121.

Yolande d'Aragon. *Rem.* Vibert 1843. Lebhaft purpurscharlach, am Rand zart lilarosa, großblumig, gefüllt, zuletzt flach, zu mehreren beisammen; buschig, 70 cm. D

York and Lancaster (= *R. damascena* 'Versicolor'). Petalen meist teilweise karmin, teilweise weiß (nicht so deutlich gestreift wie bei *Rosa gallica* 'Versicolor'), mitunter auch einzelne Blüten ganz weiß oder ganz rot, halbgefüllt, großblumig, einmal- und reichblühend; Wuchs buschig, vieltriebig, 1 m; Laub mittelgroß, mattgrün. — Bereits 1551 von dem spanischen Arzt und Botaniker Monardes benannt. Vgl. auch Seite 74. TR 4; SOR 8. (8,2) DMW

Youki San. *TH.* Meilland 1965. 'Lady Sylvia' × 'Message'. Reinweiß, großblumig, dicht gefüllt, schöne Form, lange Knospe, stark duftend, gut blühend; Wuchs mittelhoch, 70 cm; Laub mittelgroß, hellgrün. DUWZ

Yvonne Rabier. *Pol.* Turbat 1910. *R. wichuraiana* × *Polyantha*-Rose. Reinweiß, Mitte gelblich, kleinblumig, dicht gefüllt, in großen Ständen, gut remontierend; Wuchs buschig, niedrig; Laub frischgrün, glänzend. GSR 499.

Zambra. *Fl.* Meilland 1961. ('Goldilocks' × 'Fashion') × ('Goldilocks' × 'Fashion'). Rotorange und aprikosengelb, mittelgroß, 6 cm ⌀, locker gefüllt, flach, duftend, sehr reichblühend, zu vielen beisammen; Wuchs buschig, kräftig, 50 cm; Laub sattgrün, glänzend. GSR 500; PWR 117; RJb 24:217. DUZ

Zauberlehrling. *Fl.* Kordes 1963. Lachsfarbig, großblumig, gut gefüllt, gut blühend; Wuchs stark, doch niedrig. DZ

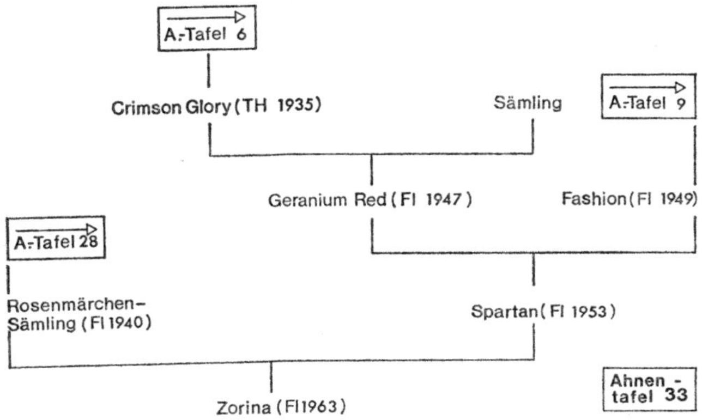

Zéphirine Drouhin. *Bourb.* Bizot 1868. Rosa, weiße Mitte, großblumig, halbgefüllt, flach, duftend, remontierend; Wuchs kräftig, bis 3 m hoch, Triebe unbewehrt; junges Laub bronze. GSR 104; PWR 225. (7,4) DMUW

Zigeunerknabe (= 'Gipsy Boy'). *Bourb.* Lambert 1909. ? 'Russelliana'-Sämling. Karmin-lila, später mehr violettkarmin, goldgelbe Staubfäden, halbgefüllt, mittelgroß, 7 cm ⌀, wenig duftend, einmalblühend, in Büscheln, große kugelige, rote Früchte; Wuchs sehr stark, 2,5 m, Triebe sehr stark bewehrt. — Strauch sollte angebunden werden. GSR 105; PWR 177. (7,8) DMU

Zitronenfalter. *Str.* Tantau 1956. 'Märchenland' × 'Gloria Dei'. Rein goldgelb, großblumig, locker gefüllt, später flach, etwas duftend, in Büscheln, an kräftigen Trieben, öfterblühend; Wuchs kräftig, etwa 1,5 m; Laub sattgrün, lederartig. DMUWZ

Zoé. *Moos.* Pradel 1861. Rosenrot, sehr stark bemoost, Blüten kugelig. DWZ

Zoltan Kodaly. *TH.* Mark, Budapest, 1970 (?). Dunkelrot, dicht gefüllt, zuletzt rosettenförmig, etwa 50 Petalen, etwas duftend, Knospen kugelig. D

Zorina. *Fl.* Boerner/Jackson & Perkins 1965. 'Rosenmärchen'-Sämling × 'Spartan'. Garnette-Typ. Lachsorange, leuchtende Farbe, großblumig, 7 cm ⌀, flach becherförmig, sehr reichblühend; Wuchs buschig, kräftig, 50 cm, lange Stiele; Laub zuerst rötlich, dann dunkelgrün. — Treibsorte. KR 10:76. RJb 30:80. DWZ

Zukunft. *Fl.* Verschuren 1951. Sport von 'Joseph Guy'. Wie die Stammsorte, aber mehr gefüllt und scharlachrot, sehr gut blühend; buschig, 50 cm. DZ

Zulu Queen. *TH.* Kordes 1939. ('Cathrine Kordes' × 'E. G. Hill') × 'Fritz Höger'. Schwarzrot, am Rand dunkelscharlach, großblumig, dicht gefüllt, hochgebaut, duftend, lange Knospe; Wuchs buschig; Laub dunkelgrün, derb. (4,6) DZ

Zweibrücken. *Ko-Kl. R. kordesii* × 'Kordes Sondermeldung'. Tief karminrot, großblumig, locker gefüllt, später flach, gelbe Mitte, etwas duftend, öfterblühend, in großen Büscheln beisammen, sehr reichblühend; Wuchs stark, 3 bis 4 m; Laub groß, dunkelgrün, derb. DMUWZ

Zwergkönig (= 'Dwarfking'). *Min.* Kordes 1954. 'Minna Kordes' × 'Peon'. Dunkelrot, kleinblumig, 3 cm ⌀, sehr dicht gefüllt, flach rosettenförmig, etwas duftend, sehr reichblühend, in Büscheln; Wuchs zwergig, 25 cm; Laub klein, glänzend. GSR 503; KR 9:140. (8,8) DUZ

Zwergkönigin. *Min.* Kordes 1955. 'Minna Kordes' × 'Peon'. Seidig rosa, kleinblumig, gut gefüllt, flach rosettenförmig, in Büscheln, reichblühend; 30 cm; Laub ziemlich groß für die Sorte. KR 9:140. DUZ

LITERATUR

(Titel, welche unter den Abbildungsnachweisen aufgeführt sind, erscheinen hier nicht noch einmal)

BESSA, P.: Album des Roses. 71 S., 23 kol. Taf. Paris (um 1825).

BOOTH, J., & SÖHNE: Gegen Prof. LEHMANN, Botanischer Garten Hamburg, in Betreff der Prachtrose 'Königin von Dänemark'. 24 S. Altona (1833).

BRIGOGNE, A.: Centurie des plus belles Roses. Paris (1855).

BUNYARD, E. A.: Old Garden Roses. 163 S., 32 Taf. London (1936).

Choix des plus belles Roses. Paris (1845—1854).

CURTIS, H.: Beauties of the Rose. 2 Bde., 38 handcolor. Taf. Bristol 1850—1853. — Verf. war Besitzer der West of England Roseries in Bristol; alle Taf. sind von ihm gezeichnet und koloriert.

DÖLL, W.: Der Rosengarten. Übersetzung von WILLIAM PAUL, The Rose. Leipzig (1855).

DUPONT, A.: Choix des roses greffées sur canina vulgo Eglantier qui se trouvent chez Dupont, rue Fontaine au Roi — Faubourg du Temple No. 8. Paris (1809).

FREESE, G.: Die Gartenrose, Klassifikation, Vermehrung, Kultur, Treiberei, Hybridisation und Verwendung derselben. Berlin (1880—1881).

GRAVEREAUX, J.: Les Roses cultivées a L'Hay. Paris (1912). — Hieraus eine auszugsweise Übersetzung und deutsche Bearbeitung von G. KRÜGER, veröffentlicht unter dem Titel „Geschichtlich geordnete Tabelle aller Rosenarten" in Rosen-Zeitung 1912: 118—120; 138—141; 1913: 12—16 und 22—23.

GÜNTHART, L.: Vom Ruhm der Rose. Mit 40 Farbtaf. Zürich (1962).

—: Water Colors and Drawings by Lotte Günthart. 254 S., viele Abb. von Rosen. Pittsburg, Penn. (1970).

HARIOT, P.: Le Livre d'or des Roses; Iconographie, histoire et culture des Roses. 160 S., 60 Farbtaf. Paris (1903 und 1909).

JÄGER, A.: Rosenlexikon. Uftrungen (1936).

JAMAIN, H., & E. FORNEY: Les Roses, histoire, culture, description. Paris (1893).

JOHNSON, A. T.: Rose 'Félicité et Perpétue'. J.RHS 1946: 191.

Journal des Roses. Revue d'arboriculture ornementale (Zeitschrift). Melun (1877—1914). 38 Bände mit vielen Farbtafeln.

KEAYS, F. L.: Old Roses. 222 S., 30 Abb. New York (1935).

KELLER, W.: Verzeichnis der großen Rosen-Sammlung in Duisburg am Rhein. In: Annalen der Blumisterei, Nürnberg 4: 257—287 (1828) und 5: 276—296 (1829). — Bei den darin aufgezählten Rosensorten sind die französischen Namen zumeist verdeutscht worden.

KOMLOSY, F.: Rosen-Album. 92 Farbtafeln. Wien (1868—1872).

LAWRANCE, M.: A Collection of Roses from nature. 90 Farbtafeln. London (1799).

LEHMANN, J. G. C.: Entgegnung auf die letzte Schrift der Herren Gebrüder Booth. 28 S. Hamburg (1834).

MANSFIELD, T. C.: Roses in Colour and Cultivation. 264 S., 80 Farbtaf., 37 Abb. London (1948).

MCFARLAND, J. H.: Roses of the world in color. (1937).

—: Modern Roses 7. Harrisburg (1969).

Nestel's Rosengarten. Ill. Zeitschrift für Rosenfreunde und Rosengärtner; herausgegeb. von H. NESTEL & M. LEBL. — Erschien halbjährlich mit je 8 S. Text und 4 Taf., insgesamt 14 Teile (1866—1879).

NEUBERT, W.: Die Rosen, ihre Beschreibung, Kultur und Vermehrung. Stuttgart (1842).

NIETNER, T.: Die Rose, ihre Geschichte, Arten, Kultur und Verwendung, nebst einem Verzeichnis von 5000 beschriebenen Gartenrosen. 477 S., 12 Farbtaf., 106 Abb., 1 Plan. Berlin (1880).

PAQUET, V.: Choix des plus belles roses. 60 Taf. Paris (1845 bis 1854).

PAUL, W.: The Rose Garden. 10. Aufl. 382 S., 21 Farbtaf., 20 Taf., 80 Abb. London (1903).

PRÉVOST, FILS: Catalogue descriptif méthodique et raisonné des espèces, variétés et sousvariétés du genre rosier. Rouen (1829).

PRONVILLE, A. DE: Nomenclature raisonné des espèces, variétés et sous-variétés du genre Rosier observées au jardin royal des plantes, dans ceux de Trianon, de Malmaison et dans les pépinières dans les environs de Paris. 119 S. Paris (1818).

—: Monographie du genre Rosier. Paris (1824).

REDOUTÉ, P. J.: Les Roses. 3 Bde. mit zusammen 172 Farbtafeln von unübertroffener Schönheit; Text von CL. A. THORY. Paris (1817—1824). — Die 3 Bände kosteten bei Fertigstellung 750 (Gold-)Franken, waren also schon damals sehr kostbar, heute werden Preise bis zu 100 000 DM verlangt. — Ein Neudruck des ganzen Werkes soll ab 1974 bei de Schutter, Antwerpen, erfolgen. Es gibt hiervon auch noch eine billigere Ausgabe in kleinerem Format.

—: Choix de soixante roses (nouvelles, pas encore décrites) dédiée à la Reine des Belges. 60 Taf. Paris (1836).

ROESSIG, K. G.: Die Rosen, nach der Natur gezeichnet und kolorirt, mit kurzen botanischen Beschreibungen begleitet. Mit 120 Farbtaf. Leipzig (1802—1820).

—: Oekonomisch-botanische Beschreibung der verschiedenen und vorzüglicheren Arten, Abarten und Spielarten der Rosen. Band 1: 242 S.; Band 2: 247 S. Leipzig, Kleefeld (1799 bis 1803).

Rosen. Sammlung der neuesten und schönsten aus Frankreich, Belgien und Deutschland bezogenen, in unseren Gärten cultivirten, nach der Natur gezeichneten und colorirten Rosen. 60 Farbtaf. Erschienen bei ARNZ in Düsseldorf (1835—1840).

SIMON, L., & P. COCHET: Nomenclature de tous les noms de roses connus. 2. édit. 175 S. Paris (1906). — Beschreibt 11016 Rosensorten.

SITWELL/RUSSELL/BLUNT: Old Garden Roses. 2 Teile; 16 Farbtaf. (Teil 1 mit Darstellungen der Hauptgruppen, Teil 2 Gallica). London (1955—1957). Von den ursprünglich vorgesehenen 6 Teilen sind nur 2 erschienen.

The Rose Quarterly Journal: Bd. 1—18. London (1952—1969). Alles Erschienene.

VIBERT, J. P.: Observations sur la nomenclature et le classement des Roses, suivies d'un catalogue de celles cultivées. Paris (1824).

WESSELHÖFT, J.: Der Rosenfreund. Weimar (1886).

WRIGHT, W. P.: Roses and Rose Gardens. 3. Aufl. 261 S., 54 Taf. London (1927).

ABBILDUNGSNACHWEISE

Viele der hier benutzten Abkürzungen für die Bildnachweise werden in der gleichen Form auch in der englischen und amerikanischen Fachliteratur verwendet und natürlich auch in den Büchern des Verfassers. Außerdem sei darauf hingewiesen, daß die Kataloge der großen Rosenschulen Hunderte von meist vorzüglichen Farbfotos von Rosen enthalten.

ARA	American Rose Annual; American Rose Society. 1917 →
BB	Britton & Brown, Ill. Flora of the Northern USA and Canada; 3 Bde., New York 1896—1898
BM	Curtis' Botanical Magazine. London 1787 bis 1947; n. s. (New Series) 1945 →
BR	Botanical Register; London 1815—1847
BTR	Bois-Trechslin, Roses. London 1962. 71 Tafeln
Bull. Bot. G. Brux.	Bulletins du Jardin Botanique de Bruxelles; darin viele Arbeiten von Crépin, Boulenger u. a.
CRA	Canadian Rose Annual; 1955 →
DRHS	Dictionary of Gardening; Royal Horticultural Society, London. 4 Bde. 1951; Suppl. 1969
GC	Gardeners Chronicle. London 1841 →
Gfl.	Gartenflora. Berlin und Aachen 1852—1938
GR	Genders, R.: Die Rose (deutsche Ausgabe). Rüschlikon 1968
GSR	Gault/Synge: Dictionary of Roses in Colour. London 1971. 506 farb. Abb.
HM	Hegi: Flora von Mitteleuropa. 13 Bde. München 1908—1931
HRB	Harvey: The Rose in Britain. 4. Aufl. London 1958. 24 Taf.
KHL 2	Krüssmann, G.: Handbuch der Laubgehölze (nur Bd. 2). Berlin 1960—1962
KR	Kordes, W.: Das Rosenbuch, 9. Aufl. (1966) und 10. Aufl. (1971). Hannover
KSR	Keller, Rob.: Synopsis Rosarum Spontanearum Europae Mediae. Zürich 1931. 40 Taf.
LR	Leroy, A.: L'Histoire des Roses. Paris 1954
MD	Mitteilungen der Deutschen Dendrologischen Gesellschaft. Nur wenige Arbeiten über Rosen
MS	McMinn: Manual of Californian Shrubs. Berkeley 1951
NF	New Flora and Silva. London 1928—1940
NK	Nakai: Flora Sylvatica Koreana. Tokyo 1915
PM	Pinney: The Miniature Rose Book. New York 1964
PWR	Park, B.: Die Welt der Rosen (deutsche Ausgabe). Rüschlikon 1962. 242 farb. Abb.
RA	The Rose Annual. Jahrbücher der Royal National Rose Society; 1922 →
RJb	Rosen-Jahrbuch des Vereins Deutscher Rosenfreunde, 1934—1940; 1950 →
RXX	Les plus Belles Roses au début du XXe Siècle. Paris 1912. 138 S., 28 Taf.
RZ	Rosen-Zeitung. Verein Deutscher Rosenfreunde, 1886—1933 (Eine Aufstellung sämtlicher in dieser Zeitschrift farbig abgebildeten Rosensorten siehe im Rosenjahrbuch 1971: 84—89)
SOR	Steen, N.: The Charm of old Roses. London 1967. 48 Taf.
SRW	Suzuki: The Roses of the World. Tokyo 1956. 185 Farbtaf.
TCR	Thomas, G. S.: Climbing Roses Old and New. London 1965. 20 Taf.
TR	Thomas, G. S.: The Old Shrub Roses. London 1961. 17 Taf.
TRT	Thomas, G. S.: Shrub Roses of Today. London 1967. 32 Abb.
WPR	Wheatcroft, H.: In Praise of Roses. London 1970. 64 Farbtaf.
WR	Willmott, E.: The Genus Rosa. 2 Bde. London 1910—1914. — Taf.

Register-Teil

Um die Benutzung des Buches zu erleichtern, wurde das Register in vier Teile gegliedert:

1. Allgemeines Register
2. Rosen-Register
   Es enthält neben den Rosen des systematischen Teiles (Seite 251 bis 302) auch die Namen der auf Seite 1 bis 251 vorkommenden Rosen, jedoch sind bloße Namensnennungen nicht aufgenommen. Synonyme sind *kursiv* gesetzt.
3. Register geographischer Namen
   (Länder, Orte, Berge, Flüsse)
4. Personen-Register

ALLGEMEINES REGISTER

ROSEN-REGISTER

(Abgekürzte Bildnachweise, z. B. ARA, BB, BM, RZ, GSR usw., sind auf Seite 435 erklärt und nicht in dieses Register aufgenommen)

REGISTER GEOGRAPHISCHER NAMEN

PERSONEN-REGISTER